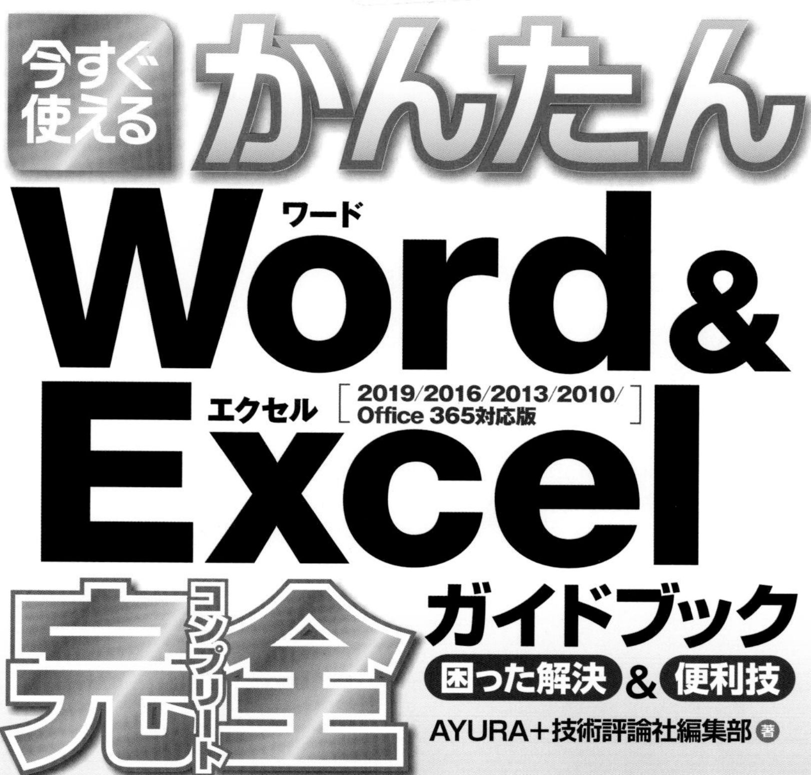
今すぐ使える
かんたん
ワード
Word&
エクセル
Excel
[2019/2016/2013/2010/Office 365対応版]
完全（コンプリート）
ガイドブック
困った解決&便利技
AYURA+技術評論社編集部 著

技術評論社

本書の使い方

- 本書は、Word&Excel の操作に関する質問に、Q&A 方式で回答しています。
- 目次やインデックスの分類を参考にして、知りたい操作のページに進んでください。
- 画面を使った操作の手順を追うだけで、Word&Excel の操作がわかるようになっています。

クエスチョンという単位ごとに、パソコンの機能や操作について解説しています。

クエスチョンに対する回答を簡潔に表しています。複数の回答を表示する場合もあります。

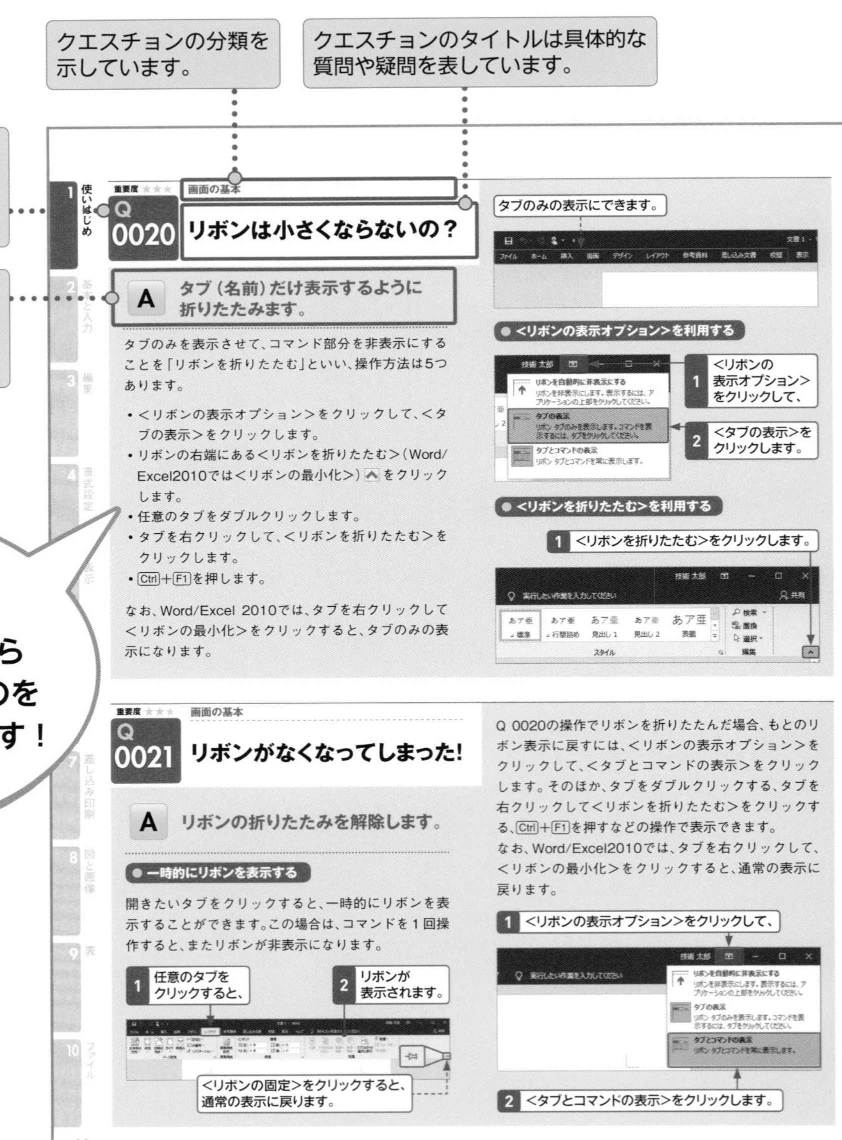

クエスチョンの分類を示しています。
クエスチョンのタイトルは具体的な質問や疑問を表しています。

1 使いはじめ

重要度★★★ 画面の基本

Q 0020 リボンは小さくならないの？

A タブ（名前）だけ表示するように折りたたみます。

タブのみを表示させて、コマンド部分を非表示にすることを「リボンを折りたたむ」といい、操作方法は5つあります。

- <リボンの表示オプション>をクリックして、<タブの表示>をクリックします。
- リボンの右端にある<リボンを折りたたむ>（Word/Excel2010では<リボンの最小化>）をクリックします。
- 任意のタブをダブルクリックします。
- タブを右クリックして、<リボンを折りたたむ>をクリックします。
- Ctrl+F1を押します。

なお、Word/Excel 2010では、タブを右クリックして<リボンの最小化>をクリックすると、タブのみの表示になります。

タブのみの表示にできます。

● <リボンの表示オプション>を利用する

1 <リボンの表示オプション>をクリックして、

2 <タブの表示>をクリックします。

● <リボンを折りたたむ>を利用する

1 <リボンを折りたたむ>をクリックします。

重要度★★★ 画面の基本

Q 0021 リボンがなくなってしまった！

A リボンの折りたたみを解除します。

● 一時的にリボンを表示する

開きたいタブをクリックすると、一時的にリボンを表示することができます。この場合は、コマンドを1回操作すると、またリボンが非表示になります。

1 任意のタブをクリックすると、

2 リボンが表示されます。

<リボンの固定>をクリックすると、通常の表示に戻ります。

Q 0020の操作でリボンを折りたたんだ場合、もとのリボン表示に戻すには、<リボンの表示オプション>をクリックして、<タブとコマンドの表示>をクリックします。そのほか、タブをダブルクリックする、タブを右クリックして<リボンを折りたたむ>をクリックする、Ctrl+F1を押すなどの操作で表示できます。
なお、Word/Excel2010では、タブを右クリックして、<リボンの最小化>をクリックすると、通常の表示に戻ります。

1 <リボンの表示オプション>をクリックして、

2 <タブとコマンドの表示>をクリックします。

62

特長1

質問は、読者の方から実際に寄せられたものを参考に作成されています！

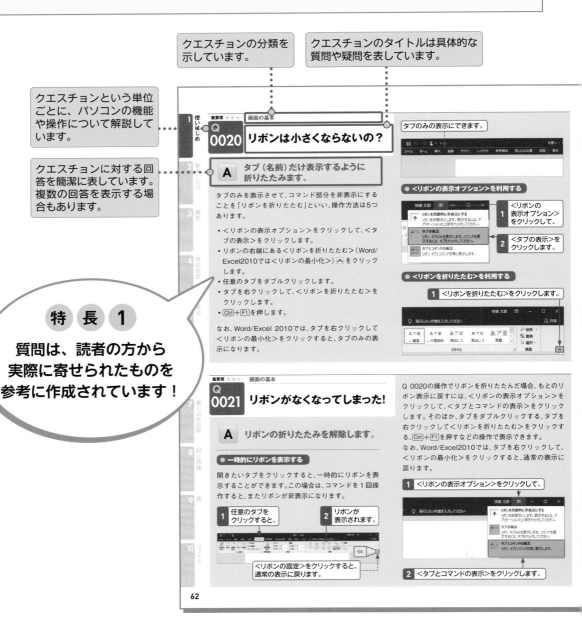

特長2

やわらかい上質な紙を使っているので、開いたら閉じにくい書籍になっています！

利用できないバージョン（Word&Excel2019、2016、2013、2010）がある場合に示しています。

『この操作を知らないと困る』という意味で、各クエスチョンで解説している操作を3段階の「重要度」で表しています。

重要度★★★
重要度★★★
重要度★★★

重要度★★★ 画面の基本 2010

Q 0022 Backstageビューから編集画面に戻りたい！

A ⊖をクリックします。

＜ファイル＞タブをクリックすると、Backstageビューという画面になり、編集画面のリボンが表示されなくなります。編集画面に戻るには、左上にある⊖をクリックします。

参照▶Q 0018

ここをクリックすると、編集画面に戻ります。

新規
情報
新規
開く
上書き保存
オンライン テンプレートの検索

重要度★★★ 画面の基本

Q 0023 コマンドの名前や機能がわからない！

A コマンドにマウスポインターを合わせると説明が表示されます。

コマンドの上にマウスポインターを合わせると、その機能のかんたんな説明が表示されます。これを利用することで、ヘルプなどを参照しなくても、多くの機能を直感的に使えるようになります。

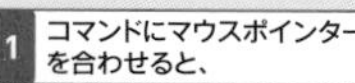
1 コマンドにマウスポインターを合わせると、

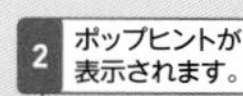
2 ポップヒントが表示されます。

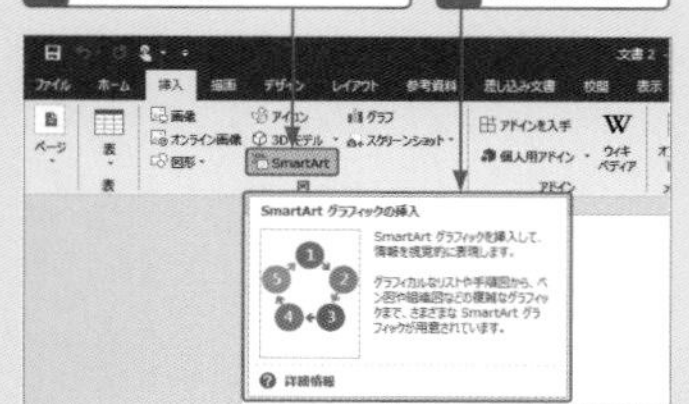
SmartArt グラフィックの挿入

重要度★★★ 画面の基本

Q 0024 使いたいコマンドが見当たらない！

A1 画面のサイズによってコマンドの表示が変わります。

タブのグループとコマンドの表示は、画面サイズによって変わります。画面サイズを小さくしている場合は、リボンが縮小して、グループだけが表示される場合があります。グループをクリックすると、グループ内のコマンドが表示されます。

● 画面サイズが大きい場合

直接クリックできます。

● 画面サイズが小さい場合

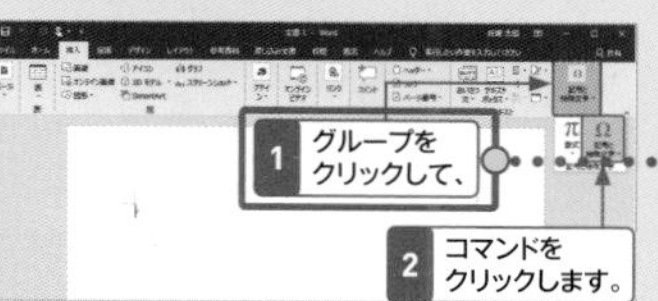
1 グループをクリックして、
2 コマンドをクリックします。

A2 作業の状態によってタブやコマンドの表示が変わります。

リボンやコマンドは、常にすべてが表示されているのではなく、作業の内容に応じて必要なものが表示されるものもあります。たとえば、表を作成して選択すると、「表ツール」の＜デザイン＞タブと＜レイアウト＞タブが新たに表示されます。

表を選択すると、表の編集に必要なタブが表示されます。

63

1 使いはじめ　2 起動と終了　3 画面の基本　4 書式設定　5 表示　6 印刷　7 差し込み印刷　8 図と画像　ファイル

参照するQ番号を示しています。

目的の操作が探しやすいように、ページの両側にインデックス（見出し）を表示しています。

番号付きの記述で、操作の順番が一目瞭然です。

操作の基本的な流れ以外は、このように番号がない記述になっています。

特長3

読者が抱く小さな疑問を予測して、できるだけていねいに解説しています！

パソコンの基本操作

- 本書の解説は、基本的にマウスを使って操作することを前提としています。
- お使いのパソコンのタッチパッド、タッチ対応モニターを使って操作する場合は、各操作を次のように読み替えてください。

1 マウス操作

▼クリック（左クリック）

クリック（左クリック）の操作は、画面上にある要素やメニューの項目を選択したり、ボタンを押したりする際に使います。

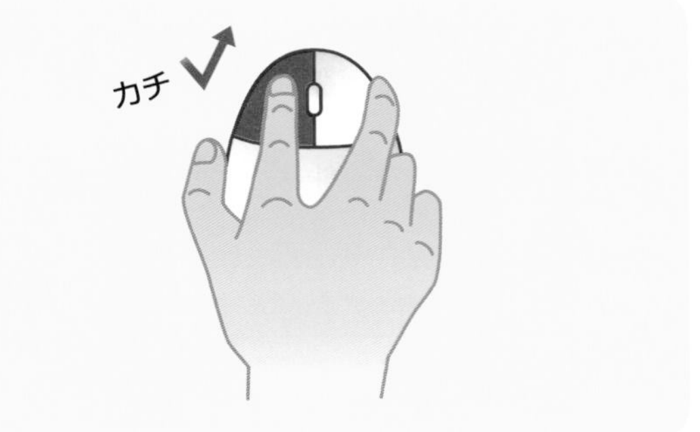

マウスの左ボタンを1回押します。

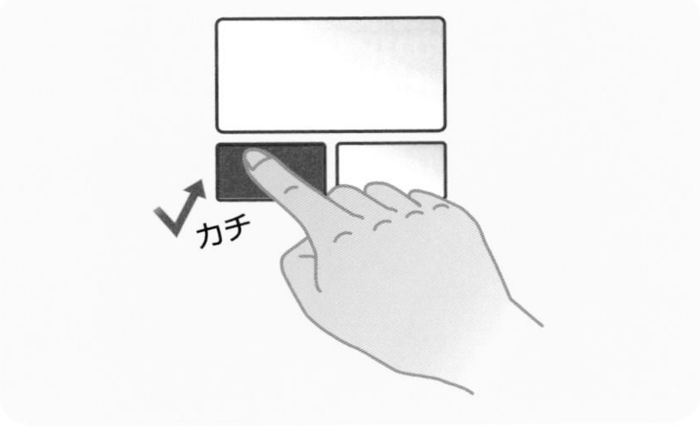

タッチパッドの左ボタン（機種によっては左下の領域）を1回押します。

▼右クリック

右クリックの操作は、操作対象に関する特別なメニューを表示する場合などに使います。

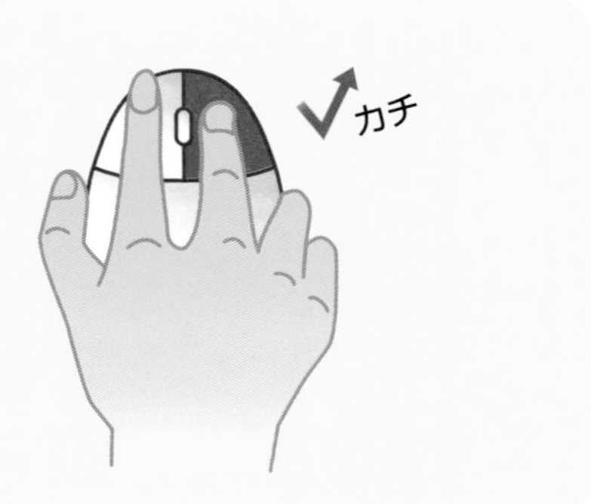

マウスの右ボタンを1回押します。

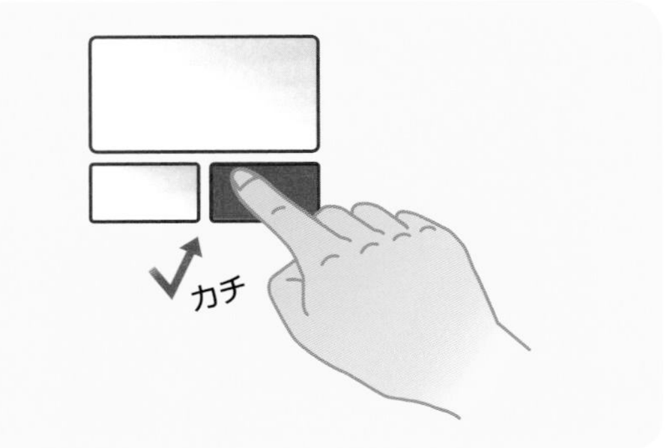

タッチパッドの右ボタン（機種によっては右下の領域）を1回押します。

▼ダブルクリック

ダブルクリックの操作は、各種アプリを起動したり、ファイルやフォルダーなどを開く際に使います。

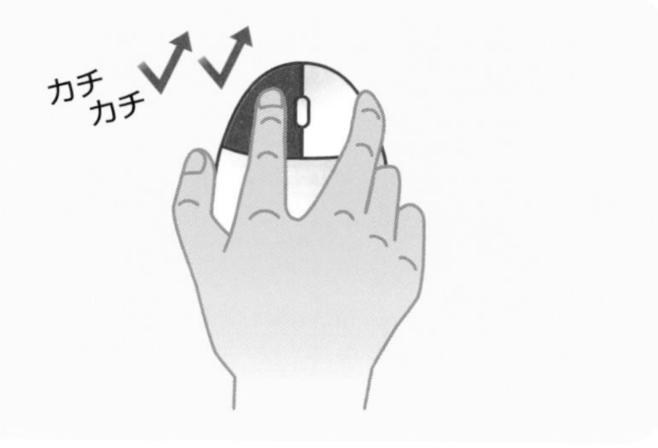

マウスの左ボタンをすばやく2回押します。

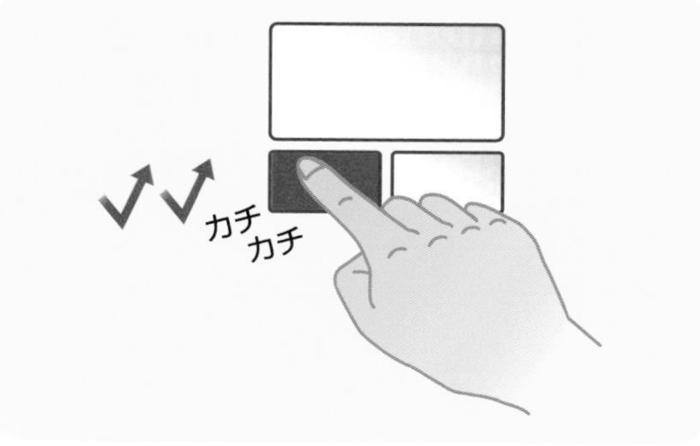

タッチパッドの左ボタン（機種によっては左下の領域）をすばやく2回押します。

▼ドラッグ

ドラッグの操作は、画面上の操作対象を別の場所に移動したり、操作対象のサイズを変更する際などに使います。

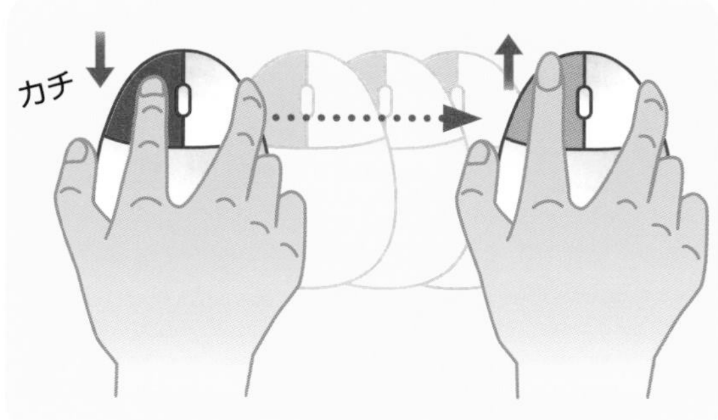

マウスの左ボタンを押したまま、マウスを動かします。目的の操作が完了したら、左ボタンから指を離します。

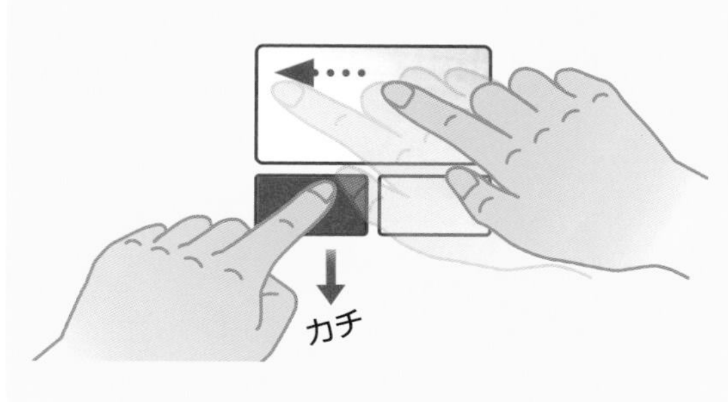

タッチパッドの左ボタン（機種によっては左下の領域）を押したまま、タッチパッドを指でなぞります。目的の操作が完了したら、左ボタンから指を離します。

ホイールの使い方

ほとんどのマウスには、左ボタンと右ボタンの間にホイールが付いています。ホイールを上下に回転させると、Web ページなどの画面を上下にスクロールすることができます。そのほかにも、Ctrl を押しながらホイールを回転させると、画面を拡大／縮小したり、フォルダーのアイコンの大きさを変えることができます。

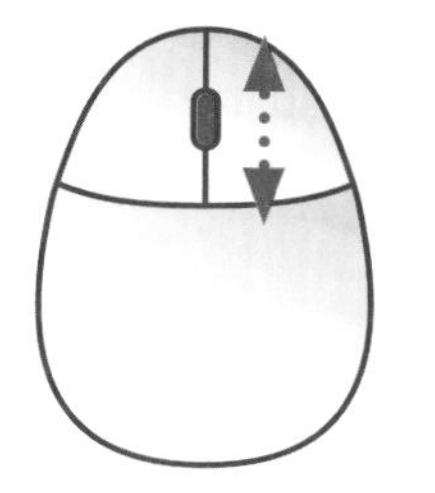

② 利用する主なキー

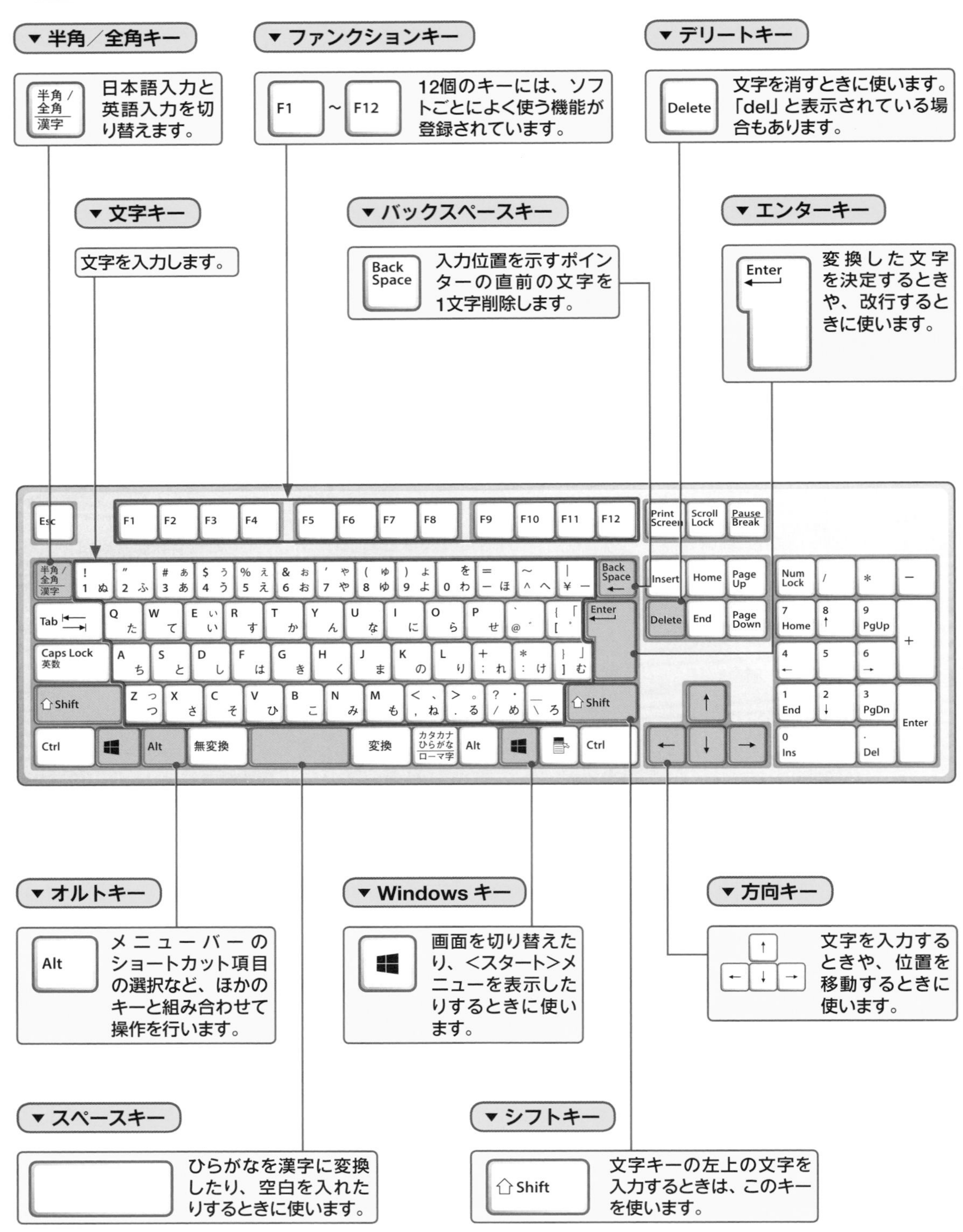

▼半角／全角キー
半角／全角 漢字
日本語入力と英語入力を切り替えます。
▼ファンクションキー
F1 ～ F12
12個のキーには、ソフトごとによく使う機能が登録されています。
▼デリートキー
Delete
文字を消すときに使います。「del」と表示されている場合もあります。
▼文字キー
文字を入力します。
▼バックスペースキー
Back Space
入力位置を示すポインターの直前の文字を1文字削除します。
▼エンターキー
Enter
変換した文字を決定するときや、改行するときに使います。
▼オルトキー
Alt
メニューバーのショートカット項目の選択など、ほかのキーと組み合わせて操作を行います。
▼Windows キー
画面を切り替えたり、<スタート>メニューを表示したりするときに使います。
▼方向キー
文字を入力するときや、位置を移動するときに使います。
▼スペースキー
ひらがなを漢字に変換したり、空白を入れたりするときに使います。
▼シフトキー
Shift
文字キーの左上の文字を入力するときは、このキーを使います。

3 タッチ操作

▼タップ

画面に触れてすぐ離す操作です。ファイルなど何かを選択するときや、決定を行う場合に使用します。マウスでのクリックに当たります。

▼ダブルタップ

タップを2回繰り返す操作です。各種アプリを起動したり、ファイルやフォルダーなどを開く際に使用します。マウスでのダブルクリックに当たります。

▼ホールド

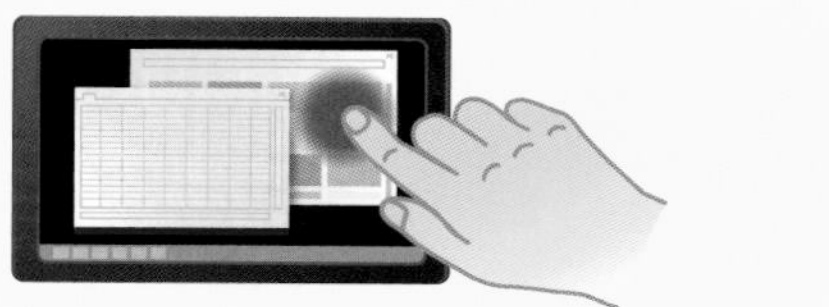

画面に触れたまま長押しする操作です。詳細情報を表示するほか、状況に応じたメニューが開きます。マウスでの右クリックに当たります。

▼ドラッグ

操作対象をホールドしたまま、画面の上を指でなぞり上下左右に移動します。目的の操作が完了したら、画面から指を離します。

▼スワイプ／スライド

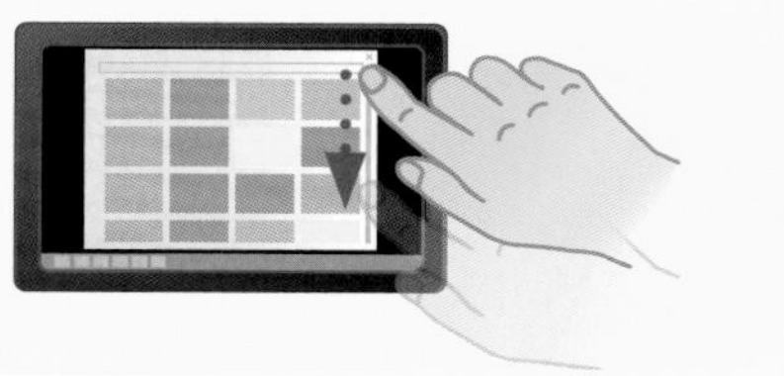

画面の上を指でなぞる操作です。ページのスクロールなどで使用します。

▼フリック

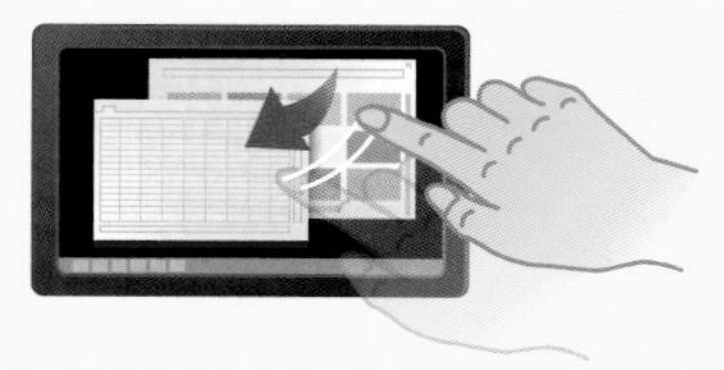

画面を指で軽く払う操作です。スワイプと混同しやすいので注意しましょう。

▼ピンチ／ストレッチ

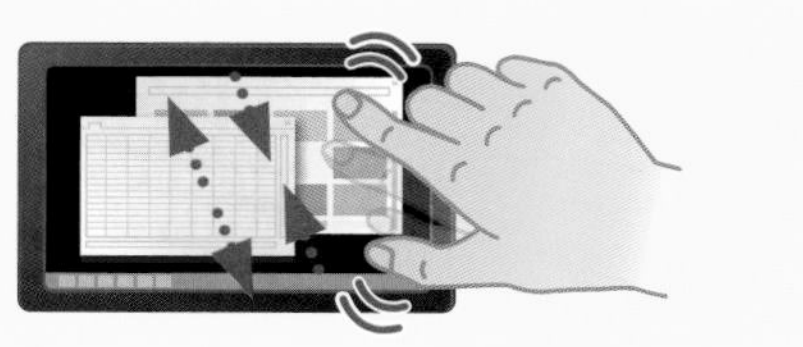

2本の指で対象に触れたまま指を広げたり狭めたりする操作です。拡大（ストレッチ）／縮小（ピンチ）が行えます。

▼回転

2本の指先を対象の上に置き、そのまま両方の指で同時に右または左方向に回転させる操作です。

Contents

第1章 Word＆Excelの使いはじめの「こんなときどうする？」

第2章 Wordの基本と入力の「こんなときどうする？」

Contents

日付や定型文の入力

第3章 Wordの編集の「こんなときどうする？」 …… 101

文字や段落の選択

移動・コピー

Contents

検索・置換

文章校正

コメント

変更履歴

脚注・参照

索引・目次

第4章 Wordの書式設定の「こんなときどうする？」

文字の書式設定

段落の書式設定

スタイル

箇条書き・段落番号

ページの書式設定

テーマ

その他の書式設定

第5章 Wordの表示の「こんなときどうする？」 ……… 165

ページ設定

ヘッダー／フッター

第6章 Wordの印刷の「こんなときどうする？」 …… 185

印刷プレビュー

ページの印刷

Contents

第7章 Wordの差し込み印刷の「こんなときどうする？」

Contents

封筒の宛名

第8章 Wordの図と画像の「こんなときどうする？」 … 227

図形描画

テキストボックス

表の編集

罫線

ページ罫線

Contents

数値の入力

日付の入力

データの移動／コピー

行／列／セルの操作

Contents

第13章 Excelの書式の「こんなときどうする？」 377

表示形式の設定

Contents

条件付き書式

Excelの計算の「こんなときどうする？」 …… 417

数式の入力

個数や合計を求める

条件分岐

日付や時間の計算

データの検索と抽出

文字列の操作

第16章 Excelのグラフの「こんなときどうする？」

グラフの作成

グラフ要素の編集

もとデータの変更

第17章 Excelのデータベースの「こんなときどうする？」

テーブル

ピボットテーブル

データの分析

第 1 章

Word&Excelの使いはじめの「こんなときどうする?」

重要度★★★　概要

Q 0001 Wordってどんなソフト？

A さまざまな用途に対応した文書を作成できるワープロソフトです。

「Word」はマイクロソフトが開発・販売している文書作成ソフト（ワープロソフト）です。Word以外にもワープロソフトは各社から発売されていますが、Wordは世界中でもっとも多くの人に利用されている代表的なワープロソフトです。
Wordは、ビジネスの統合パッケージである「Office」に含まれているほか、単体でも販売されています。

Wordでは、用途や目的に応じた文書を作成できる機能が豊富に用意されています。
文字入力を支援してくれる機能はもちろん、フォント・文字サイズ・文字色、太字・斜体・下線、囲み線、文字の効果などによって、文字を多彩に修飾できます。そのほか、レイアウト機能も豊富に用意されているので、さまざまな種類の文書を作成可能です。
また、イラストや画像の挿入、図形の描画、表の作成などで、見栄えのよい文書を作成することができます。

参照▶Q 0003

タイトルロゴを作成することができます。

文字の色やサイズを変更することができます。

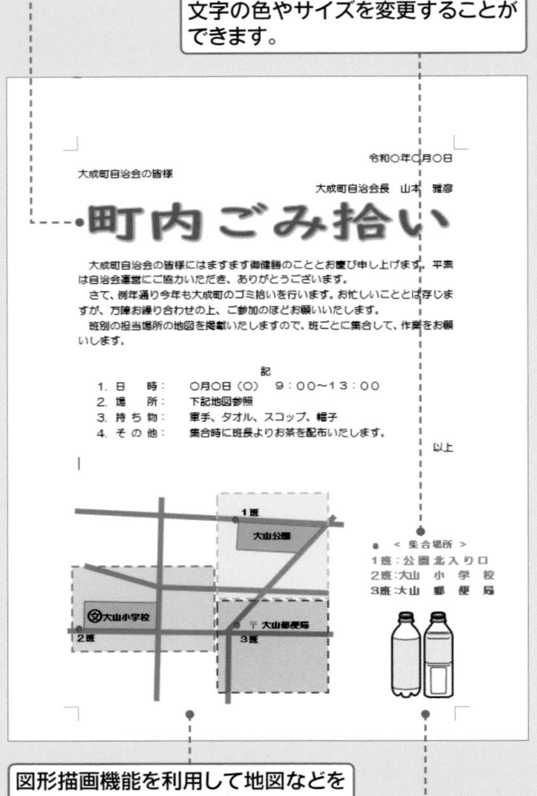

令和〇年〇月〇日

大成町自治会の皆様

大成町自治会長　山本　雅彦

町内ごみ拾い

大成町自治会の皆様にはますます御健勝のこととお慶び申し上げます。平素は自治会運営にご協力いただき、ありがとうございます。
さて、例年通り今年も大成町のゴミ拾いを行います。お忙しいこととは存じますが、万障お繰り合わせの上、ご参加のほどお願いいたします。
班別の担当場所の地図を掲載いたしますので、班ごとに集合して、作業をお願いします。

記

1. 日　時：　〇月〇日（〇）　9：00～13：00
2. 場　所：　下記地図参照
3. 持ち物：　軍手、タオル、スコップ、帽子
4. その他：　集合時に班長よりお茶を配布いたします。

以上

＜集合場所＞
1班：公園北入り口
2班：大山小学校
3班：大山郵便局

図形描画機能を利用して地図などを作成することができます。

イラストや写真を取り込むことができます。

表を作成したり、表の計算機能を利用することができます。

夏祭り盆踊り大会会計報告

総務：前田　太郎

自治会主催の盆踊り大会に、多数ご参加いただきありがとうございました。
皆様のおかげで、楽しい会になりました。今後とも自治会行事にご協力のほどよろしくお願いします。

＜収支報告＞

収入			支出	
会費（男）	4.500×12	54.000	会場費	32.400
会費（女）	3.000×15	45.000	飲み物代	43.200
会費（子供）	800×20	16.000	カラオケ使用料	8.640
自治会補助		50.000	のど自慢商品代	21.600
前回繰越金		30.000	ビンゴ大会商品代	32.400
			クラッカー代	2.160
			貸衣装	5.400
			写真代	8.640
			装飾品他	15.120
			次回繰越金	25.440
合計		195.000	合計	195.000

大成町自治会　総務部

重要度 ★★★　概要

Q 0002 Excelってどんなソフト？

A 集計表や表形式の書類を作成するための表計算ソフトです。

「Excel」は、マイクロソフトが開発・販売している表計算ソフトです。Excel以外にも表計算ソフトは各社から発売されていますが、Excel はもっとも多くの人に利用されている代表的な表計算ソフトです。

Excelは、ビジネスの統合パッケージである「Office」に含まれているほか、単体でも販売されています。

「表計算ソフト」は、表のもとになるマス目（セル）に数値や計算式（数式）を入力して、データの集計や分析をしたり、表形式の書類を作成したりするためのソフトウェアです。膨大なデータの集計をかんたんに行うことができ、データの変更に合わせて、数式の計算結果も自動的に更新されるため、手作業で計算し直す必要はありません。

数式や関数を利用して、複雑な計算や面倒な処理自動で行ったり、表のデータをもとにしてグラフを作成したり、高度な分析を行ったりすることもできます。

また、Excelでは、表のデザインや文字を変更して見栄えのする表を作成でき、数式や関数を利用して、複雑な計算や面倒な処理をかんたんに求めることができます。

さらに、画像やアイコンなどを挿入したり、SmartArtを利用して複雑な図表を作成することもできます。

参照▶Q 0003

データを集計し、数値の計算や並べ替えができます。

表のスタイルを選ぶだけで、見栄えのよい表を作ることができます。

受付日	申し込みI	顧客I	顧客名	コースI	コース名	価格
2009/10/1	100001	1001	大沢　恭子	S001	手作り蕎麦打ちマスターセット	10,800
2009/11/15	100029	1007	須藤　絵里	S001	手作り蕎麦打ちマスターセット	10,800
2009/11/25	100033	1008	鈴木　留美	S001	手作り蕎麦打ちマスターセット	10,800
2009/12/25	100060	1021	野々村　哲哉	S001	手作り蕎麦打ちマスターセット	10,800
2009/12/28	100061	1020	松下　克典	S001	手作り蕎麦打ちマスターセット	10,800
2009/10/2	100003	1003	田中　美紀	S002	手作りうどんマスターセット	10,800
2009/10/8	100008	1008	鈴木　留美	S002	手作りうどんマスターセット	10,800
2009/12/4	100045	1012	服部　有希	S002	手作りうどんマスターセット	10,800
2009/10/1	100002	1002	遠藤　新次郎	S003	手作り絶品カレーマスターキット	9,800
2009/12/19	100056	1019	杉山　菜緒子	S003	手作り絶品カレーマスターキット	9,800
2009/10/15	100012	1012	服部　有希	S004	手作り絶品ミートソースマスターキット	6,800
2009/12/2	100040	1005	小島　大輔	S004	手作り絶品ミートソースマスターキット	6,800
2009/12/5	100047	1020	松下　克典	S004	手作り絶品ミートソースマスターキット	6,800
2009/10/5	100006	1006	笹原　将太	S005	手作り絶品グラタンマスターキット	8,800
2009/11/21	100032	1023	今田　秀	S005	手作り絶品グラタンマスターキット	8,800
2009/12/15	100053	1009	渡辺　浩哉	S005	手作り絶品グラタンマスターキット	8,800
2009/10/8	100009	1009	渡辺　浩哉	S006	手作りアイスクリーム作成キット	5,800
2009/11/10	100025	1025	高橋　剛	S006	手作りアイスクリーム作成キット	5,800
2009/11/21	100030	1009	渡辺　浩哉	S007	手作りシフォンケーキ作成キット	4,800
2009/12/3	100042	1007	須藤　絵里	S009	手作りスープ4種作成キット	3,800
2009/12/8	100050	1006	笹原　将太	S009	手作りスープ4種作成キット	3,800
2009/10/12	100010	1010	小田島　順太郎	S010	手作り巻きずし作成キット	7,800
2009/12/5	100049	1001	大沢　恭子	S010	手作り巻きずし作成キット	7,800
2009/12/10	100051	1008	鈴木　留美	S010	手作り巻きずし作成キット	7,800
2009/12/23	100057	1024	内原　美鈴	S010	手作り巻きずし作成キット	7,800
2009/12/29	100063	1025	高橋　剛	S001	手作り蕎麦打ちマスターセット	10,800
集計						218,800

表の数値を使ってグラフを作成し、データを可視化することができます。

ワードアートやSmartArtを使ってチラシや報告書を作ることも可能です。

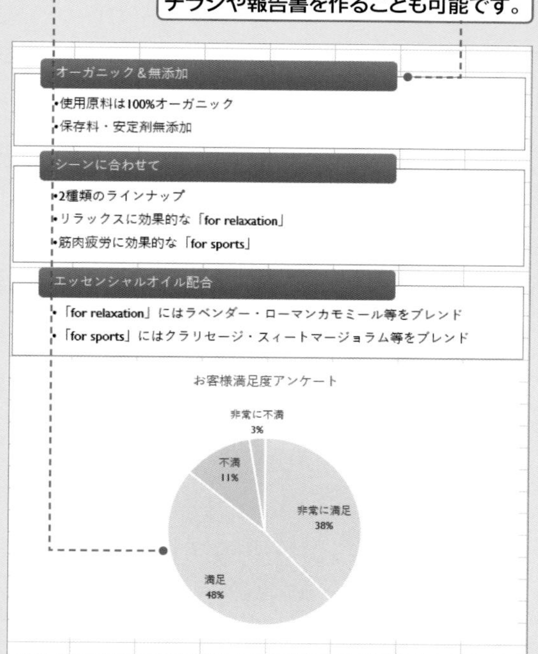

重要度 ★★★　概要　2016 2013 2010

Q 0003 Word 2019/Excel 2019を使いたい!

A Word 2019/Excel 2019または Office 2019をインストールします。

Word/Excelを利用するには、Word 2019/Excel 2019単体またはOffice 2019のパッケージを購入して、パソコンにインストールする必要があります。新たにパソコンを購入する場合は、Word/ExcelなどのOffice製品があらかじめインストールされているパソコン（プリインストール）を選ぶと、すぐに利用することができます。

Office 2019のパッケージは3種類あり、それぞれに含まれているソフトウェアの種類が異なります。Word/Excelはどの製品にも含まれているので、それ以外に使用したいソフトを基準にして選ぶとよいでしょう。

なお、Office 2019を動作させるために必要な環境は下表のとおりです。

● Office 2019を動作させるために必要な環境

構成要素	必要な環境
対応OS	Windows 10、Windows Server 2019
コンピューターおよびプロセッサ（CPU）	1.6GHz以上、2コア
ハードディスクの空き容量	4GB以上の空き容量
メモリ	4GB（64ビット）、2GB（32ビット）
ディスプレイ	1280×768の画面解像度

● 主なOffice 2019製品に含まれているソフトの構成

	Office Home and Business	Office Personal	Office Professional
Word	●	●	●
Excel	●	●	●
Outlook	●	●	●
PowerPoint	●	—	●
Publisher	—	—	●
Access	—	—	●

重要度 ★★★　概要　2016 2013 2010

Q 0004 Office 2019にはどんな種類があるの?

A 大きく分けて 3種類の製品があります。

家庭やビジネスで利用できるOffice 2019には、大きく分けて「Office Premium」「Office 2019」「Office 365 Solo」の3種類があります。Office Premium は、パソコンにプリインストールされている製品、Offi ce 2019とOffice 365 Soloは購入してパソコンにインストールする製品です。ライセンス形態やインストールできるデバイス、OneDriveの容量などが異なります。

● それぞれのOfficeの特徴

	Office Premium	Office 2019	Office 365 Solo
ライセンス形態	永続ライセンス	永続ライセンス	サブスクリプション（月または年ごとの支払い）
インストールできるデバイス	プリインストールされたパソコン＋2台のタブレットやスマートフォンでOffice Mobileアプリを使用可能	2台のWindowsパソコン	Windowsパソコン、Mac、タブレット、スマートフォンなど台数無制限
OneDrive	1TB	5GB	1TB
最新バージョンへのアップグレード	常に最新版にアップグレード（プリインストールされたパソコンに限る）	Office 2019 以降のアップグレードはできない	常に最新版にアップグレード
製品名	西暦4桁の数字を含む	西暦4桁の数字を含む	「365」を含む

重要度★★★　概要　✕2016 ✕2013 ✕2010

Q 0005 Word 2019/Excel 2019を試しに使ってみたい！

Office 365 Solo試用版が無料で1か月間利用できます。

Word 2019/Excel 2019を購入する前に、試しに使ってみたいという場合は、Office 365 Soloの試用版を1か月間無料で利用することができます。試用版は、利用する際にクレジットカードの情報が必要です。試用期間終了後は、翌月からの料金月額1,274円が自動的に課金されますが、試用期間中であれば、いつでもキャンセルすることができます。

Office 365 soloとOffice 2019は、画面表示や機能などが若干異なり、Office 365に搭載されている機能がWord 2019/Excel 2019にはない場合もあります。

参照▶Q 0006

● Office 365 solo試用版のダウンロードページ

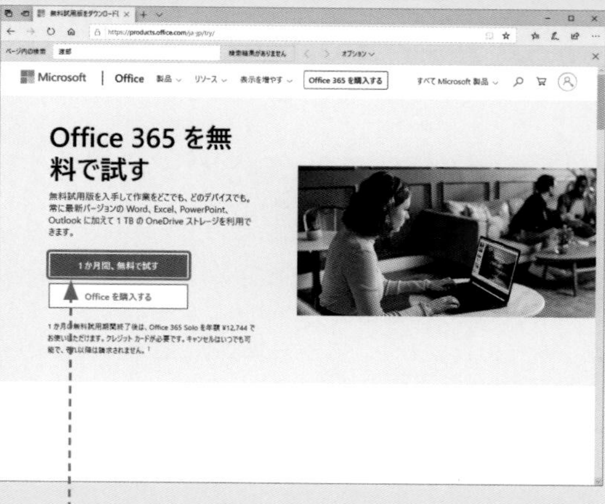

「https://products.office.com/ja-jp/try/」にアクセスして、＜1か月間、無料で試す＞をクリックします。

重要度★★★　概要　✕2019 ✕2016 ✕2013 ✕2010

Q 0006 Office 365 Soloって何？

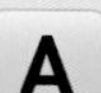

月額や年額の料金を支払って利用するOfficeです。

「Office 365 Solo」は、月額や年額の料金を支払って利用できる個人向けのOffice です。毎月あるいは毎年料金を支払えば、ずっと使い続けることができます。契約は自動的に更新されますが、いつでもキャンセルが可能です。

Office 365 Solo のメリットは、契約を続ける限り、常に最新のOffice アプリケーションが利用できること、Windows パソコンやタブレット、スマートフォンなど、複数のデバイスに台数無制限にインストールできること、1TB のOneDrive が利用できること、などがあげられます。

なお、Office 365 Soloは、Office 2019とはリボンやコマンドの見た目が異なりますが、操作方法や操作手順などは変わりません。

● Office 365 SoloのWordのリボン

● Office 365 SoloのExcelのリボン

● Office 365 Soloの料金

契約期間	料　金
1か月	1,274円
年間一括払い	12,744円

重要度 ★★★　概要

Q 0007 Word/Excelを使うのにMicrosoftアカウントは必要？

A マイクロソフトが提供するサービスを使う場合は必要です。

マイクロソフトがインターネット上で提供しているオンラインストレージサービスのOneDriveやWord Online、Excel Onlineなどのサービスを利用する場合は、Microsoftアカウントが必要です。これらのサービスを利用せず、単にWordやExcelのファイルを作成するだけなら必要はありません。

しかし、OneDriveにファイルをアップして、外出先からでもファイルを呼び出したい場合などは、Microsoftアカウントを取得して、サインインする必要があります。Microsoftアカウントは、「https://signup.live.com/」にアクセスして、メールアドレスとパスワードの組み合わせで作成します。また、アカウントが必要な場合に表示される画面からアカウントを作成してもかまいません。

● Microsoftアカウントの作成

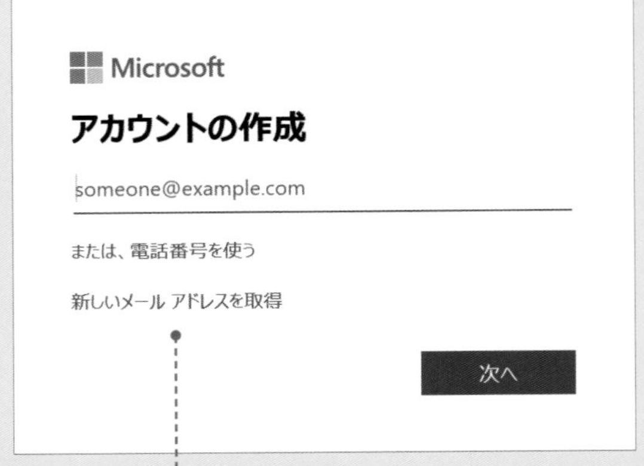

「https://signup.live.com/」にアクセスして、アカウントを作成します。

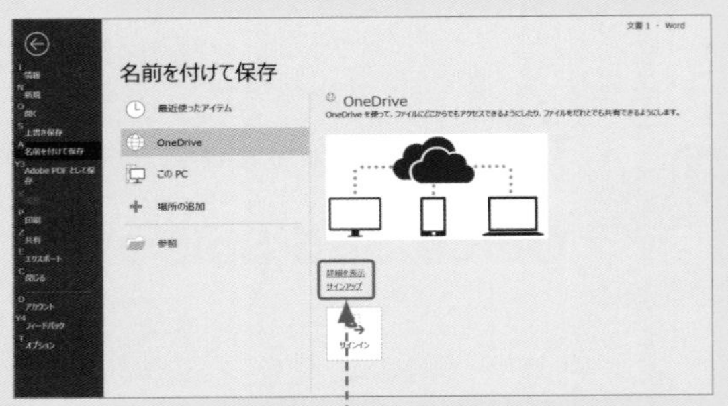

このような画面が表示された場合は、<サインアップ>をクリックして、アカウントを作成します。

重要度 ★★★　概要

Q 0008 使用しているOfficeの情報を確認するには？

A アカウント画面で確認できます。

パソコンにインストールされているOffice 製品の情報は、Office のバージョンによって異なります。Office 2019／2016／2013の場合は、<ファイル>タブの<アカウント>をクリックします。Office 2010の場合は、<ファイル>タブの<ヘルプ>をクリックします。ライセンス認証が済んでいるかどうかも同じ画面で確認できます。

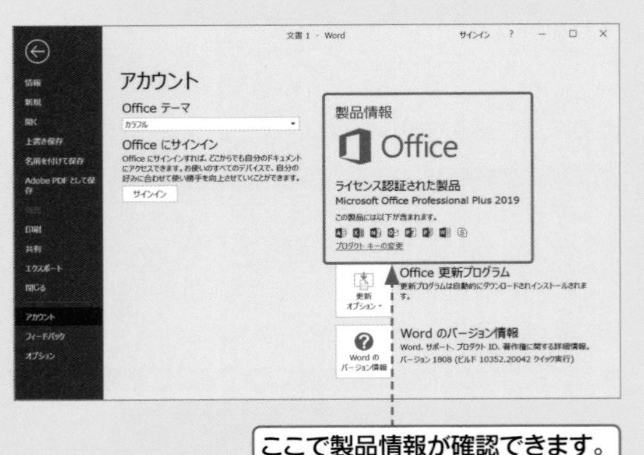

ここで製品情報が確認できます。

重要度★★★　概要

Q 0009 Word/Excelを常に最新の状態にしたい！

A 通常は自動的に更新されます。

Office製品のプログラムは、製品の不具合などを改良して、常に更新が行われています。Office 2019の場合、毎月約1回更新されます。更新日は通常、月の第2火曜日になります。なお、Office 365 Soloは常に新機能が適用されますが、Office 2019に関しては、新機能の追加はありません。

通常は、自動的に更新プログラムがダウンロードされて、インストールされるように設定されており、ユーザーは特に何もする必要はありません。更新プログラムのダウンロード中は、Word/Excelはそのまま利用することができます。更新プログラムがダウンロードされるとインストールが始まりますが、このときWord/Excelを利用している場合、作業内容を保存してアプリを終了するように表示され、アプリを終了すると、更新プログラムをインストールすることができます。

自動更新が有効になっているかどうか、現在のプログラムは最新のものかどうかは、<ファイル>タブの<アカウント>で確認できます。

<Office更新プログラム>で「この製品は更新されません」と表示されている場合は、<更新オプション>をクリックして、<更新を有効にする>をクリックします。「更新プログラムは自動的にダウンロードされインストールされます」という表示になっていればOKです。

最新のものか確認したい場合は、<今すぐ更新>をクリックします。最新の場合は「最新の状態です」と表示され、更新データがある場合は更新が開始します。

なお、Office 2010の場合は、<スタート>をクリックして<すべてのプログラム>→<Windows Update>をクリックします。

● 自動更新が有効になっているか確認する

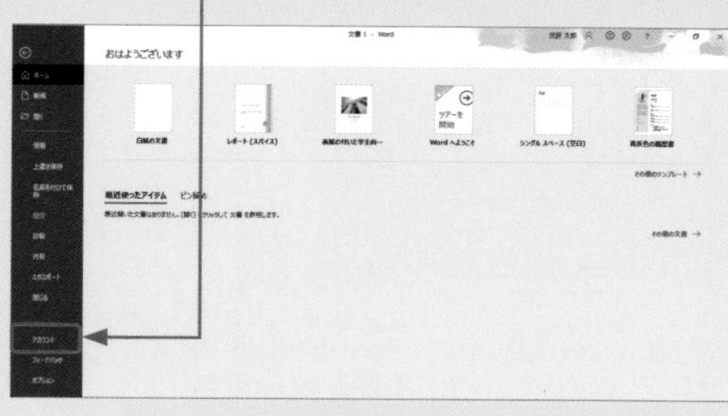

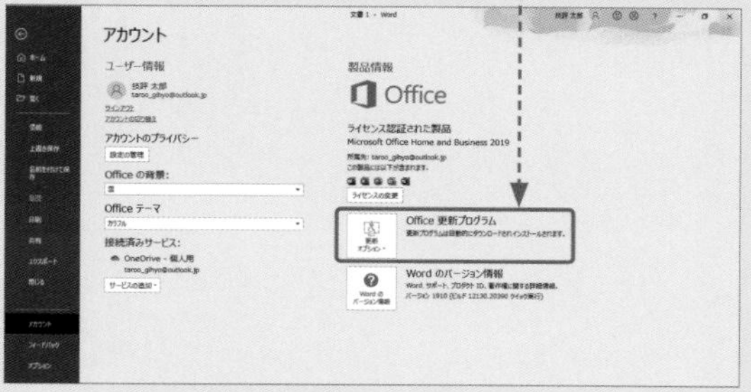

● 自動更新を有効にする

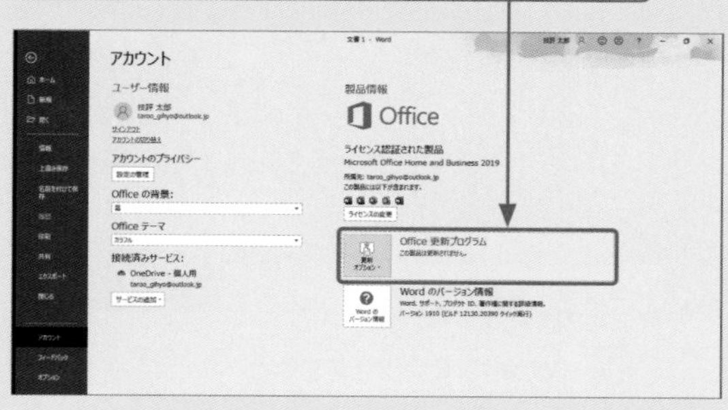

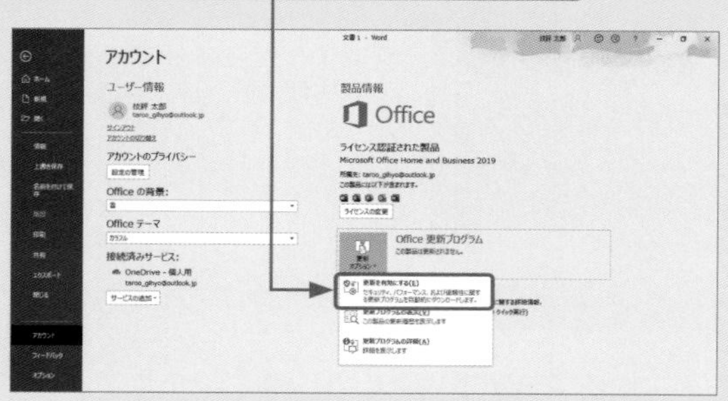

重要度 ★★★　起動と終了

Q 0010 Word/Excelを起動したい!

A1 Windows 10ではスタートメニューから起動します。

Windows 10でWord/Excelを起動するには、<スタート>をクリックして、表示されるメニューから<Word>または<Excel>をクリックします。ここでは、Wordで起動手順を紹介します。

1 Windows 10を起動して、<スタート>をクリックし、

2 スタートメニューを表示します。

3 <Word>をクリックすると、

4 Wordが起動します。

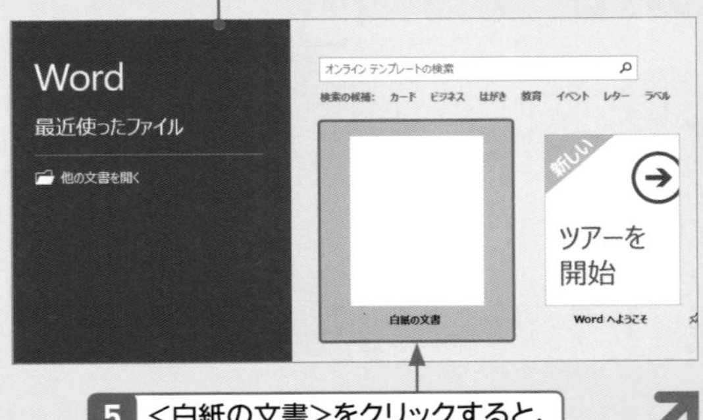

5 <白紙の文書>をクリックすると、

6 新規の文書が開きます。

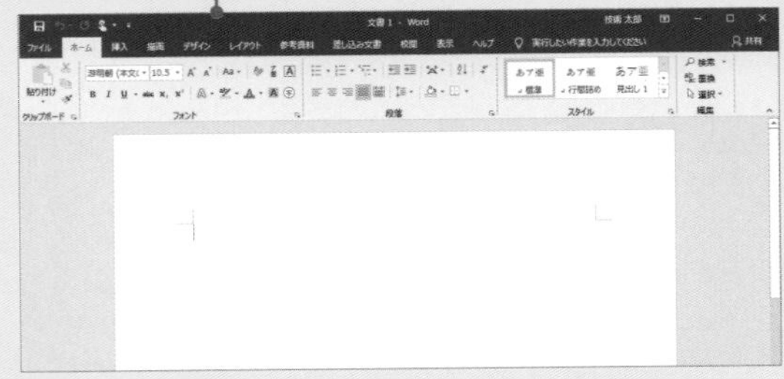

A2 Windows 8.1／8ではスタート画面のアプリの一覧から起動します。

Windows 8.1/8でWordまたはExcel 2016／2013／2010を起動する場合、スタート画面を表示して、各WordまたはExcelのアプリ名をクリックすると、デスクトップ上にWord/Excelが起動します。ここでは、Wordで起動手順を紹介します。

● Windows 8.1でWord 2013を起動する場合

1 デスクトップ画面で<スタート>をクリックして、

2 ここをクリックします。

Windows 8の場合は、スタート画面の何もないところを右クリックして、<すべてのアプリ>をクリックします。

3 アプリの一覧から、<Word 2013>をクリックすると、Wordが起動します。

重要度★★★　起動と終了

Q 0011 Word/Excelを タスクバーから起動したい！

A タスクバーにWord/Excelの アイコンを登録します。

タスクバーにWord/Excelのアイコンを登録しておくと、クリックするだけでかんたんにWord/Excelを起動することができます。起動したWord/Excelのアイコンから登録する方法と、スタートメニューから登録する方法があります。ここでは、Excelで手順を紹介します。いずれもExcelのアイコンを右クリックして、＜タスクバーにピン留めする＞をクリックします。なお、タスクバーからピン留めを外すには、ピン留めしたアイコンを右クリックして、＜タスクバーからピン留めを外す＞をクリックします。

●起動したExcelのアイコンから登録する

Excelを起動しておきます。

1 Excelのアイコンを右クリックして、

2 ＜タスクバーにピン留めする＞をクリックすると、

3 タスクバーにExcelのアイコンが登録されます。

●スタートメニューから登録する

1 ＜スタート＞をクリックします。

2 ＜Excel＞を右クリックして、

3 ＜その他＞にマウスポインターを合わせ、

4 ＜タスクバーにピン留めする＞をクリックします。

Windows 8.1/8の場合は、アプリの一覧を表示して、Excelのアイコンを右クリックし、＜タスクバーにピン留めする＞をクリックします。

●タスクバーからピン留めを外す

1 ピン留めしたアイコンを右クリックして、

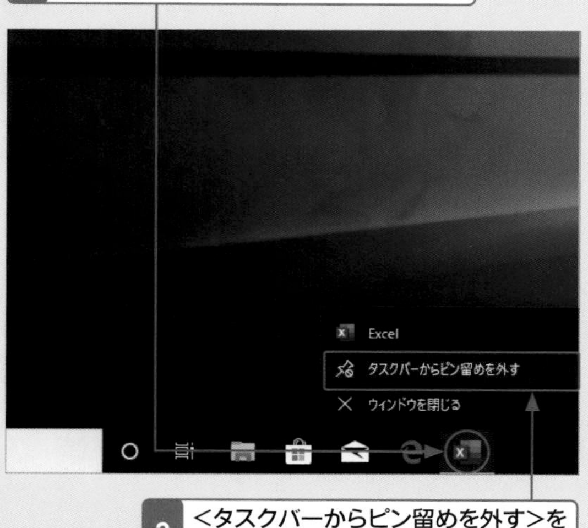

2 ＜タスクバーからピン留めを外す＞をクリックします。

重要度 ★★★ 画面の基本

Q 0012 Word/Excelをデスクトップから起動したい！

A デスクトップにWord/Excelのショートカットアイコンを作成します。

デスクトップにWord/Excelのショートカットアイコンを作成すると、そのアイコンをクリックするだけで起動できます。

● Wordのショートカットアイコンを作成する

1 スタートメニューの＜Word＞を右クリックして、

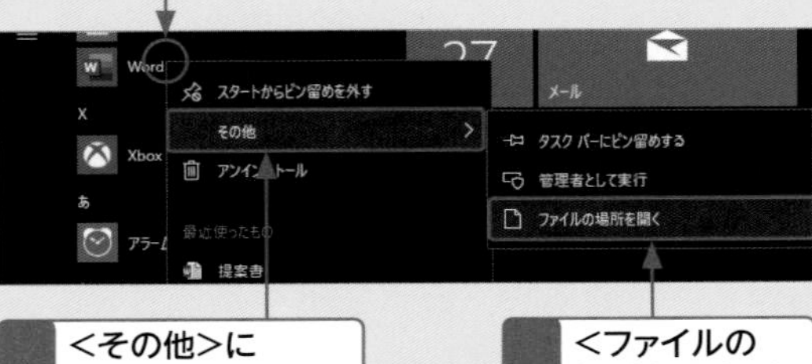

2 ＜その他＞にマウスポインターを合わせ、

3 ＜ファイルの場所を開く＞をクリックします。

Windows 8.1／8の場合は、アプリの一覧を表示して、Wordのアイコンを右クリックし、＜ファイルの場所を開く＞をクリックします。

4 ＜Word＞を右クリックして、

5 ＜送る＞にマウスポインターを合わせ、

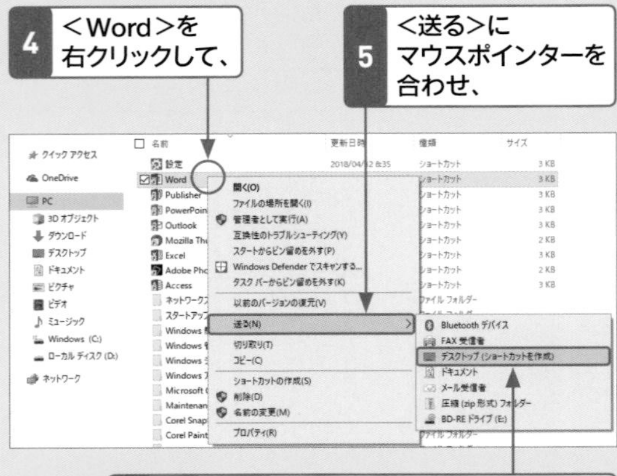

6 ＜デスクトップ（ショートカットを作成）＞をクリックします。

7 デスクトップにショートカットアイコンが作成されます。

● Excelのショートカットアイコンを作成する

1 ＜スタート＞をクリックします。

2 ＜Excel＞を右クリックして、

3 ＜その他＞にマウスポインターを合わせ、

4 ＜ファイルの場所を開く＞をクリックします。

Windows 8.1/8の場合は、アプリの一覧を表示して、Excelのアイコンを右クリックし、＜ファイルの場所を開く＞をクリックします。

5 ＜Excel＞を右クリックして、

6 ＜送る＞にマウスポインターを合わせ、

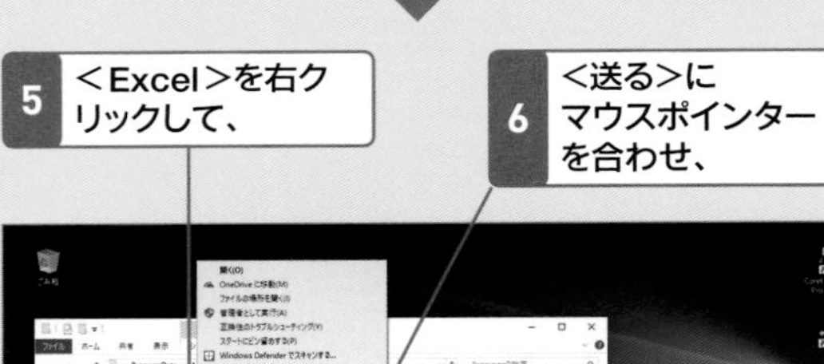

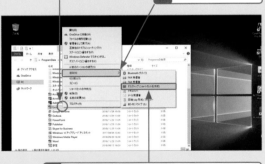

7 ＜デスクトップ（ショートカットを作成）＞をクリックすると、

8 デスクトップにショートカットアイコンが作成されます。

Q 0013 Word/Excelを終了したい！

A1 ＜ファイル＞タブから＜閉じる＞をクリックします。

文書やブックの作業を終了したいが、Word/Excel自体はそのまま起動しておきたいという場合は、＜ファイル＞タブをクリックして＜閉じる＞（Word/Excel 2010では＜終了＞）をクリックします。ここでは、Wordで終了手順を紹介します。

● 文書やブックの作業を終了する

＜ファイル＞タブをクリックします。

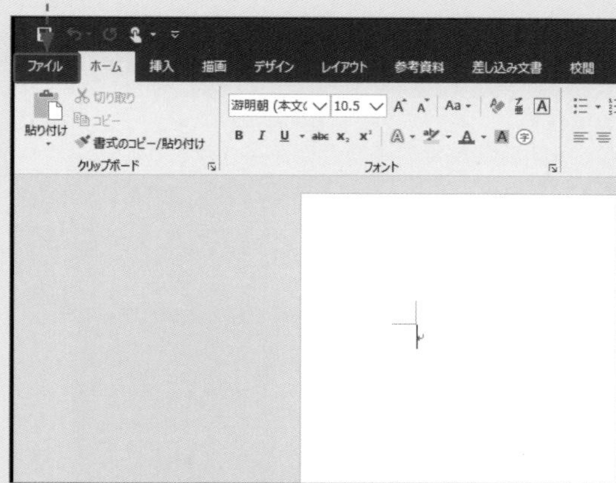

＜閉じる＞をクリックすると、開いていた文書やブックが終了します。

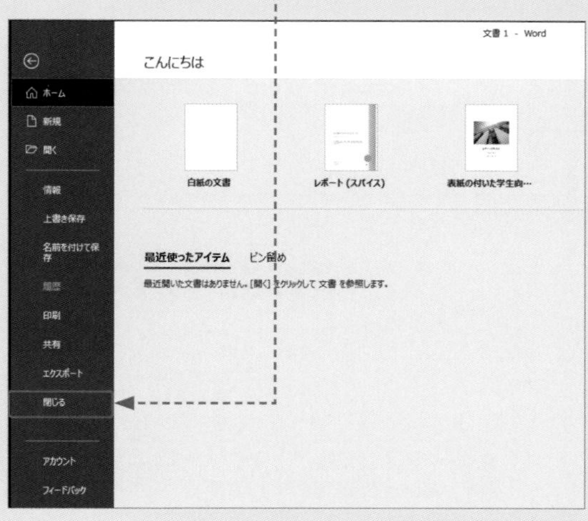

A2 画面右上の＜閉じる＞をクリックします。

1つの文書やブックのみを開いている場合には、ウィンドウの右上にある＜閉じる＞をクリックすると、Word/Excelが終了します。このとき、複数の文書やブックを開いていると、＜閉じる＞をクリックした文書やブックのみが終了し、ほかの文書やブックは開いたままになります。ここでは、Wordの画面で解説していますが、ExcelやWindowsのほとんどのアプリで同じ手順で終了することができます。

参照 ► Q 0014

● Word/Excelを終了する

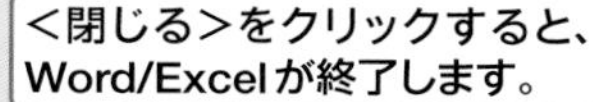

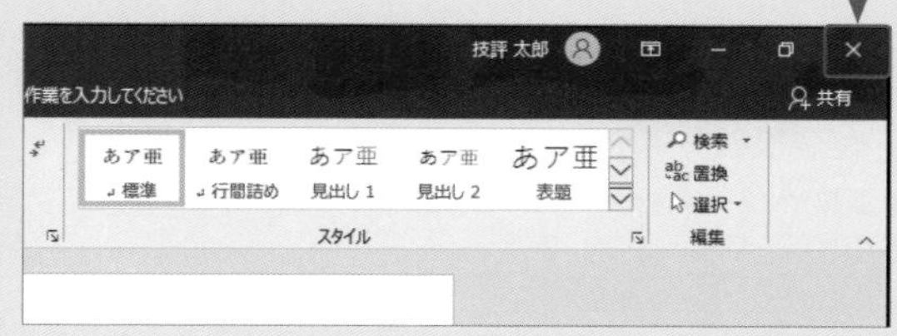

A3 タスクバーのアイコンを右クリックします。

複数の文書やブックを開いている場合に、すべての文書やブックをまとめて終了するには、タスクバーのWord/Excelアイコンを右クリックして、＜すべてのウィンドウを閉じる＞をクリックします。このとき、保存されていない文書がある場合は、確認メッセージが表示されます。ここでは、Wordで終了手順を紹介します。

参照 ► Q 0014

● 複数の文書やブックを終了する

重要度 ★★★ 起動と終了

Q 0014 終了時に「保存しますか？」と聞かれた！

A 文書やブックを保存するかどうかを選択します。

現在編集中の文書やブックを保存していないまま、画面右上の＜閉じる＞ をクリックしたり、複数の文書やブックですべてのウィンドウを閉じようとしたりすると、確認のメッセージが表示されます。

文書やブックを保存するのであれば、＜保存＞をクリックすると上書き保存されます。このとき、文書に名前を付けていない場合には、下の図のような画面が表示されるので、名前を付けて、保存先を指定して、＜保存＞をクリックします。

保存しない場合は＜保存しない＞、終了の操作を取り消すには＜キャンセル＞をクリックします。

参照 ▶ Q 0013

文書やブックを保存してから終了するには、＜保存＞をクリックします。

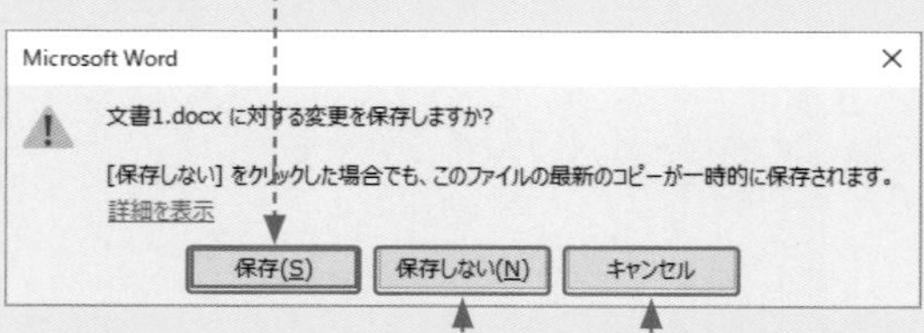

文書やブックを保存せずに終了するには、＜保存しない＞をクリックします。

終了を取り消すには、＜キャンセル＞をクリックします。

クリックして名前を付けることができます。

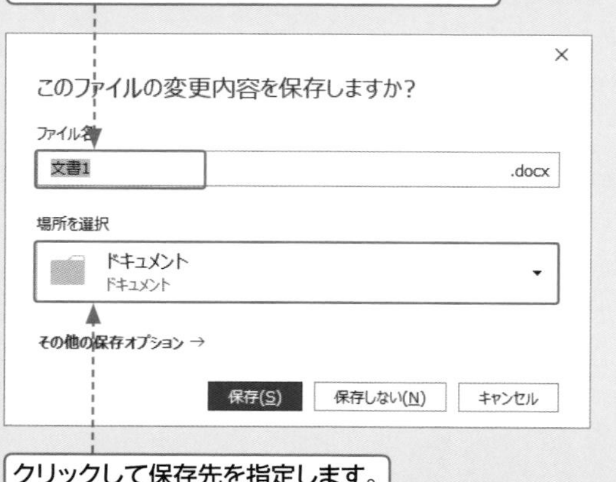

クリックして保存先を指定します。

重要度 ★★★ 起動と終了

Q 0015 Word/Excelが反応しなくなった！

A タスクマネージャーを使って強制終了します。

Word/Excelが動作しないときは、通常は「応答していません」などのメッセージが表示されるので、画面の指示に従います。しばらく経過してもWord/Excelが何の反応もしないときは、タスクマネージャーを起動して、Word/Excelを強制終了します。＜タスクマネージャー＞は、Ctrl＋Alt＋Deleteを押して＜タスクマネージャー＞をクリックするか、タスクバーの何もない場所を右クリックして、＜タスクマネージャー＞をクリックすると起動します。

＜Microsoft Word＞もしくは＜Microsoft Excel＞をクリックして選択し、＜タスクの終了＞をクリックして強制終了します。このとき、最後に文書やブックを保存した以降の編集処理などは保存されません。

ここでは、Wordで強制終了手順を紹介します。

1 タスクバーを右クリックして、

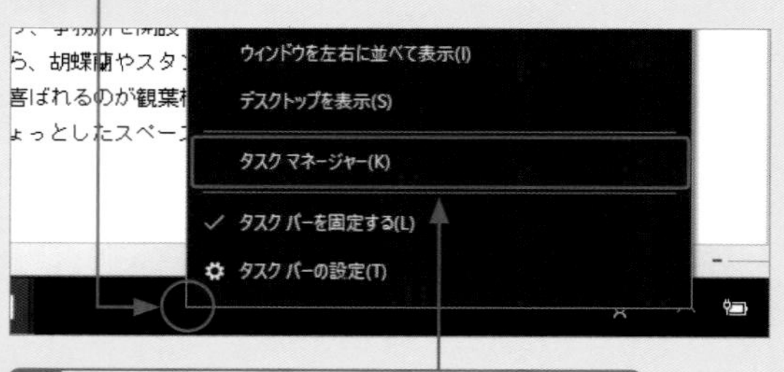

2 ＜タスクマネージャー＞をクリックします。

3 ＜Microsoft Word＞をクリックして、

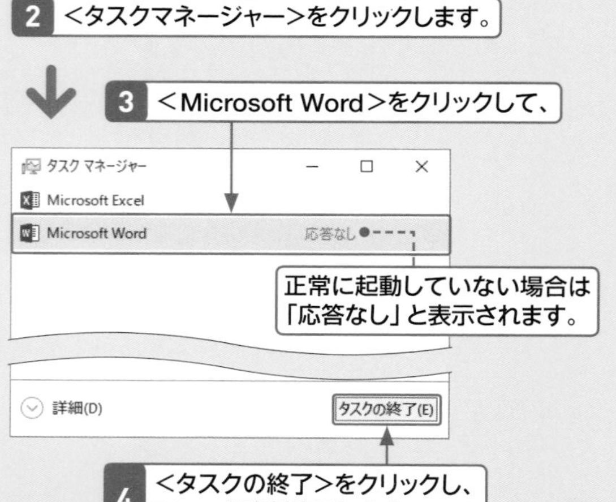

正常に起動していない場合は「応答なし」と表示されます。

4 ＜タスクの終了＞をクリックし、Wordを強制終了します。

重要度 ★★★　画面の基本

Q 0016 リボンやタブって何？

A 操作に必要なコマンドが表示されるスペースです。

「タブ」は、Word/Excelの機能を実行するためのもので、Word/Excelのバージョンによって異なります。Word 2019の初期設定では11（または10）個、Excel 2019の初期設定では10（または9）個のタブが配置されています。

そのほかのタブは、作業に応じて新しいタブとして表示されます。それぞれのタブには、目的別にコマンドがグループ分けされており、コマンドをクリックして直接機能を実行したり、メニューやダイアログボックスなどを表示して機能を実行したりします。

タブの集合体を「リボン」といいます。各コマンドが表示されているリボン部分は、非表示にすることもできます。

以下に、WordとExcelのリボン、およびWordとExcelで共通のタブの主な機能を紹介します。

なお、本書では各部名称について、下図のように使い分けています。

参照▶Q 0019, Q 0020, Q 0024

● Word

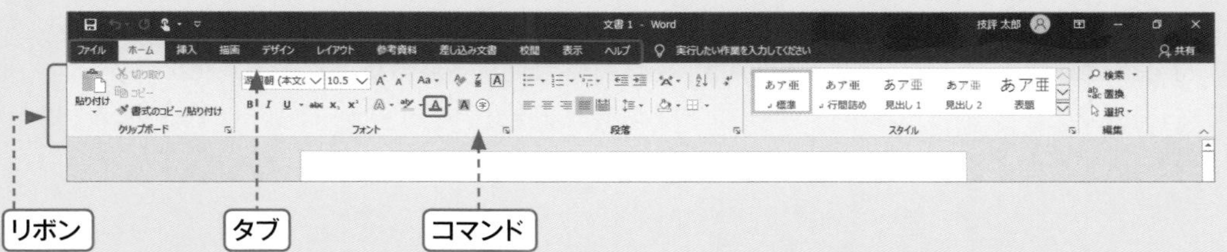

● Excel

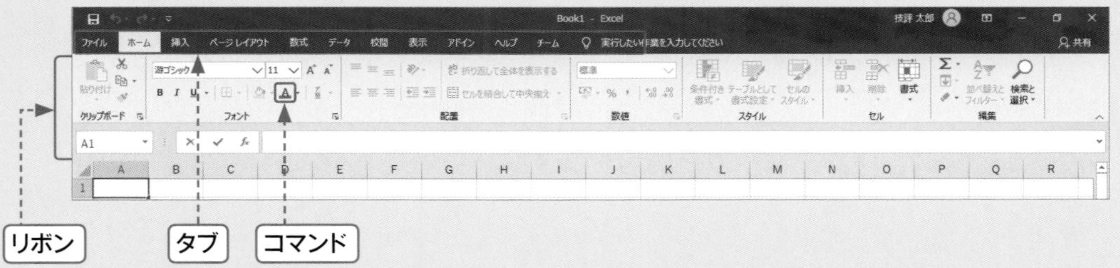

● Word/Excel共通のタブの主な機能

タ　ブ	主な機能
ファイル	文書の情報、新規作成や保存、印刷などファイルに関する操作や、Word/Excelの操作に関する各種オプション機能などが搭載されています。
ホーム	文字書式や文書・セルの書式設定、文字配置の変更やデータの表示形式の変更、コピー／切り取りや貼り付けなど利用頻度が高い機能が搭載されています。
挿入	画像や図形、アイコン、3Dモデル、SmartArtなどを挿入したり、各種グラフやテキストボックスを作成したりする機能が搭載されています。
描画	指やデジタルペン、マウスを使って、文書に直接描画したり、描画を図形に変換したり、数式に変換したりする機能が搭載されています。
校閲	スペルチェック、語句の検索、言語の翻訳などの文章校正や、コメントの挿入、変更履歴の記録や文書の比較、文書への編集の制限など文書の共有に関する機能が搭載されています。
表示	文書の表示モードの切り替えや表示倍率の変更、Wordではルーラーやグリッド線の表示、ウィンドウの分割／切り替えなど、文書表示に関する機能が搭載されています。
ヘルプ	＜ヘルプ＞ウィンドウを表示したり、マイクロソフトにフィードバックを送信したり、動画でWord/Excelの使い方を閲覧したりする機能が搭載されています。

重要度★★★ 画面の基本

Q 0017 バージョンによってできることは違うの？

A 新機能の違いはありますが、基本の操作は同じです。

Word/Excelの機能は、バージョンアップによって、新たに追加される部分は、以前のバージョンとは異なります。また、タブの数や名称、コマンド名、各機能の表示が異なったりします。なお、常に機能が更新されるOffice 365 Soloとも異なる点がありますが、基本的な機能や操作方法は同じです。

Wordのタブを例にバージョンによる違いを見てみましょう。Word 2010では＜ページレイアウト＞タブにあった「テーマ」や「ページ罫線」、「透かし」機能が、Word 2013以降では新設された＜デザイン＞タブに移動しています。

また、Word 2013にあった＜ページレイアウト＞タブは、Word 2016以降は＜レイアウト＞タブと名称が変わっています。

このように、Word/Excelはバージョンアップするたびに使い勝手をよくするように改良されていますが、基本の機能や操作自体は変わりません。

● Word 2010の＜ページレイアウト＞タブ

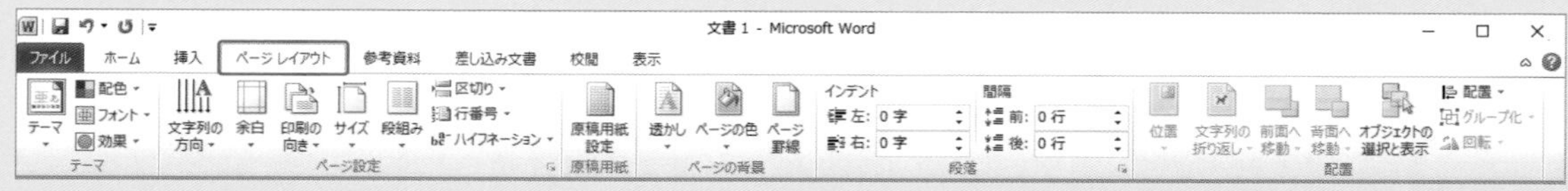

● Word 2013の＜ページレイアウト＞タブ

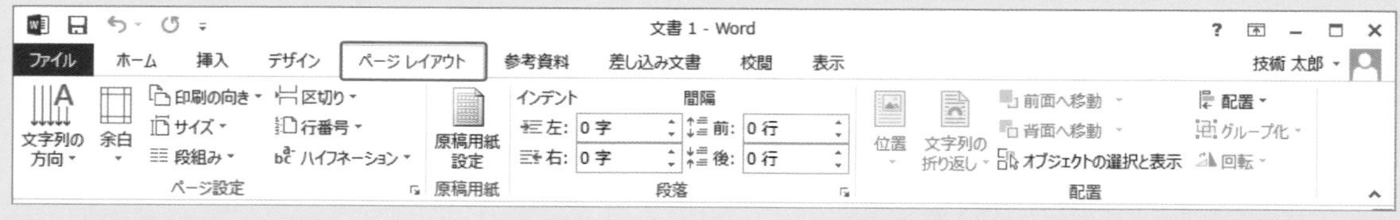

● Word 2016の＜レイアウト＞タブ

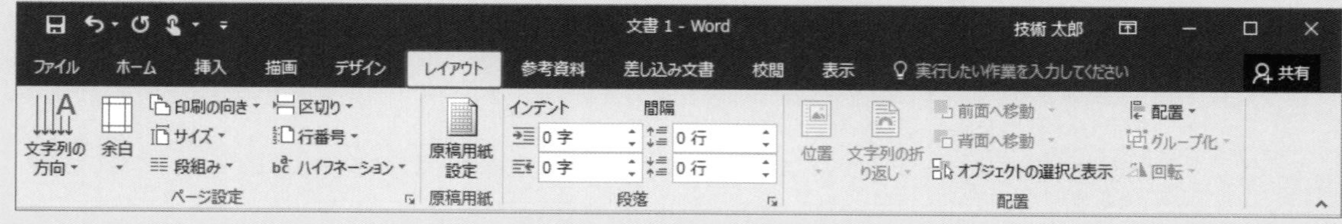

● Word 2019の＜レイアウト＞タブ

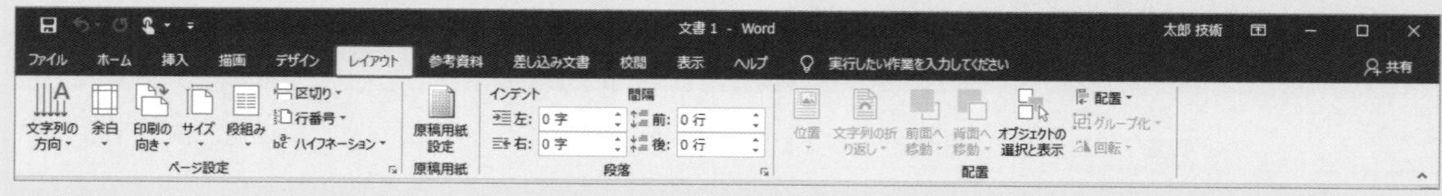

Q 0018 タブの左端にある<ファイル>は何？

A ファイル管理に関連するメニューを表示します。

<ファイル>タブをクリックすると、ファイルを開く／閉じる、新規、保存、印刷など、Word/Excelの基本メニューが表示されます。クリックすると、メニューに関する設定や詳細内容が表示されます。この画面を「Backstageビュー」といいます。
画面はWord 2019の例ですが、Wordの他のバージョンやExcelでは、項目などが若干異なります。

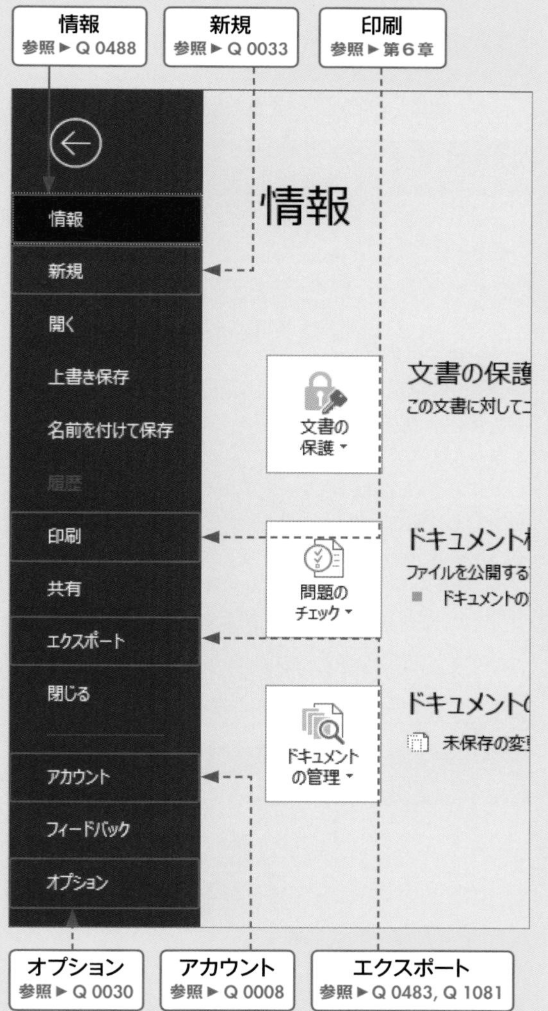

Q 0019 リボンを消して編集画面だけにできないの？

A リボンとタブを非表示にすることができます。

リボンが表示されていると、編集画面が狭くなります。文字の入力だけや、文書を見るだけという場合なら、リボンを非表示にして、編集画面を広く使うと便利です。ここでは、Wordで操作手順を解説しますが、Excelも同様の操作で非表示にすることができます。
<リボンの表示オプション>をクリックして、<リボンを自動的に非表示にする>をクリックすると、リボンが非表示になり、全画面表示になります。
リボンをもとの表示に戻すには、<リボンの表示オプション>をクリックして、<タブとコマンドの表示>をクリックします。

参照▶Q 0020, Q 0021

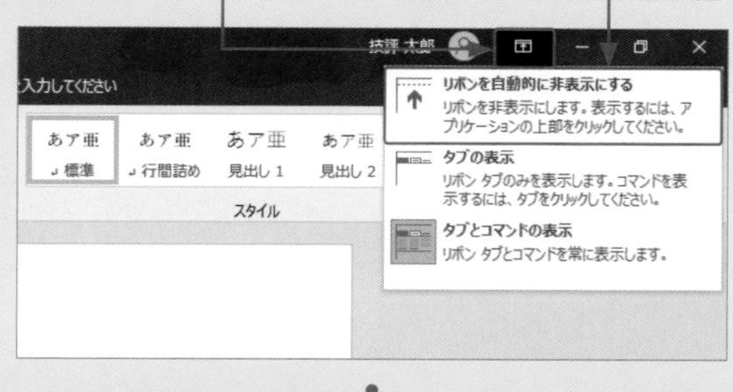

重要度 ★★★　画面の基本

Q 0020 リボンは小さくならないの？

A タブ（名前）だけ表示するように折りたたみます。

タブのみを表示させて、コマンド部分を非表示にすることを「リボンを折りたたむ」といい、操作方法は5つあります。

- ＜リボンの表示オプション＞をクリックして、＜タブの表示＞をクリックします。
- リボンの右端にある＜リボンを折りたたむ＞（Word/Excel2010では＜リボンの最小化＞）をクリックします。
- 任意のタブをダブルクリックします。
- タブを右クリックして、＜リボンを折りたたむ＞をクリックします。
- Ctrl＋F1を押します。

なお、Word/Excel 2010では、タブを右クリックして＜リボンの最小化＞をクリックすると、タブのみの表示になります。

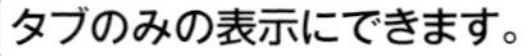

● ＜リボンの表示オプション＞を利用する

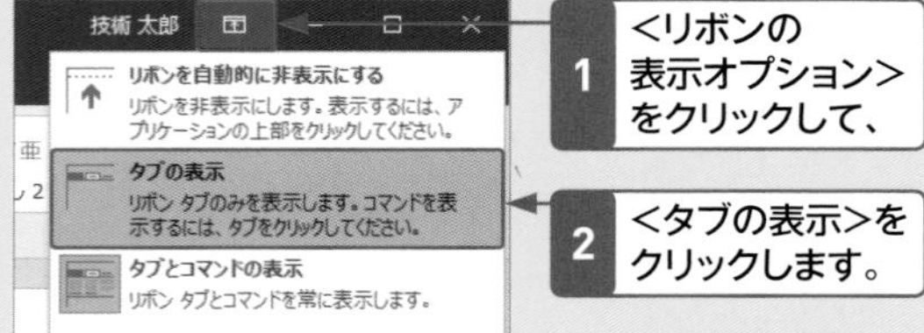

1 ＜リボンの表示オプション＞をクリックして、

2 ＜タブの表示＞をクリックします。

● ＜リボンを折りたたむ＞を利用する

1 ＜リボンを折りたたむ＞をクリックします。

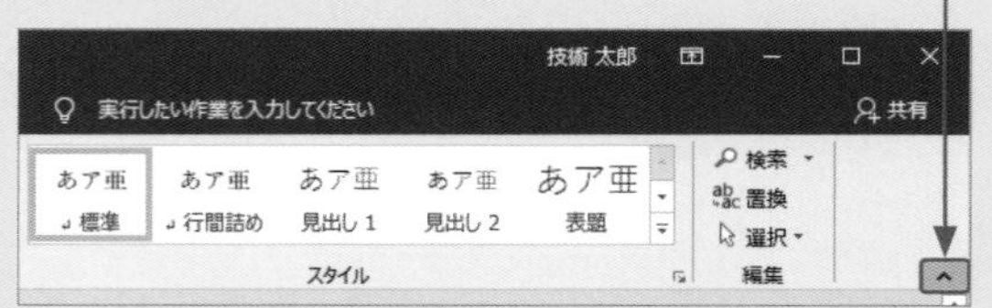

重要度 ★★★　画面の基本

Q 0021 リボンがなくなってしまった!

A リボンの折りたたみを解除します。

● 一時的にリボンを表示する

開きたいタブをクリックすると、一時的にリボンを表示することができます。この場合は、コマンドを1回操作すると、またリボンが非表示になります。

1 任意のタブをクリックすると、

2 リボンが表示されます。

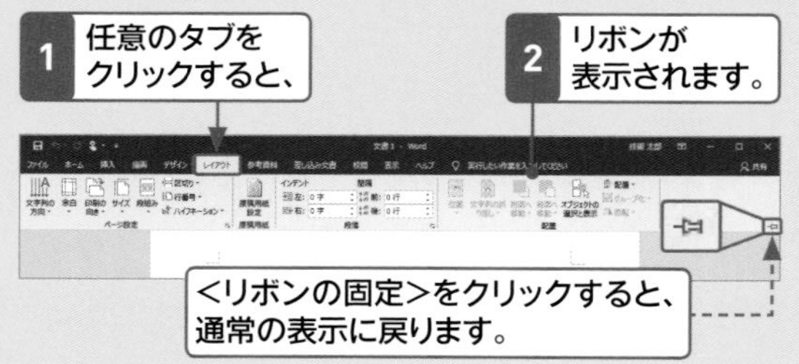

＜リボンの固定＞をクリックすると、通常の表示に戻ります。

Q 0020の操作でリボンを折りたたんだ場合、もとのリボン表示に戻すには、＜リボンの表示オプション＞をクリックして、＜タブとコマンドの表示＞をクリックします。そのほか、タブをダブルクリックする、タブを右クリックして＜リボンを折りたたむ＞をクリックする、Ctrl＋F1を押すなどの操作で表示できます。

なお、Word/Excel2010では、タブを右クリックして、＜リボンの最小化＞をクリックすると、通常の表示に戻ります。

1 ＜リボンの表示オプション＞をクリックして、

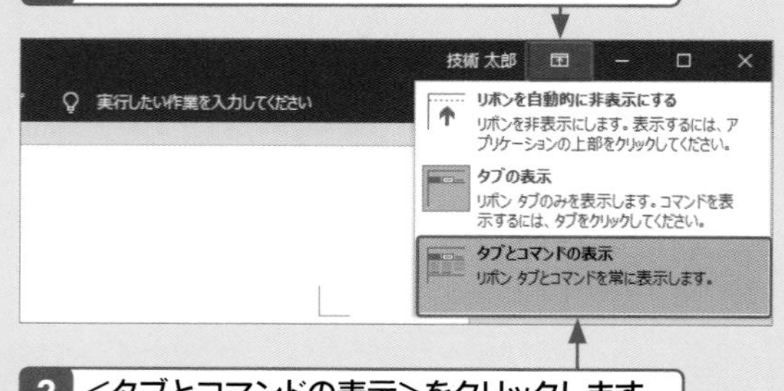

2 ＜タブとコマンドの表示＞をクリックします。

重要度★★★ 画面の基本 2010

Q 0022 Backstageビューから編集画面に戻りたい！

A ←をクリックします。

<ファイル>タブをクリックすると、Backstageビューという画面になり、編集画面のリボンが表示されなくなります。編集画面に戻るには、左上にある←をクリックします。

参照▶Q 0018

ここをクリックすると、編集画面に戻ります。

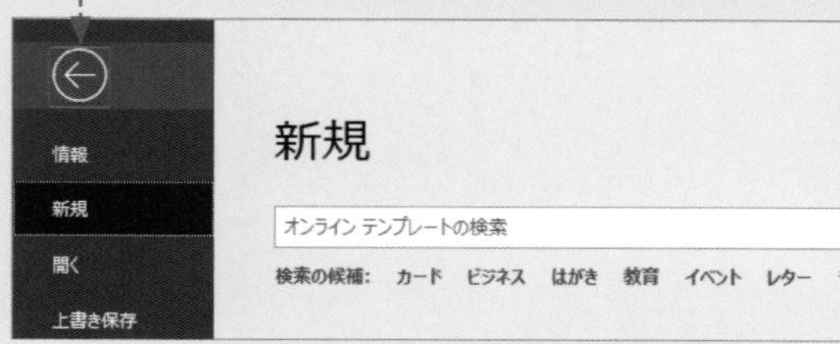

重要度★★★ 画面の基本

Q 0023 コマンドの名前や機能がわからない！

A コマンドにマウスポインターを合わせると説明が表示されます。

コマンドの上にマウスポインターを合わせると、その機能のかんたんな説明が表示されます。これを利用することで、ヘルプなどを参照しなくても、多くの機能を直感的に使えるようになります。

1 コマンドにマウスポインターを合わせると、

2 ポップヒントが表示されます。

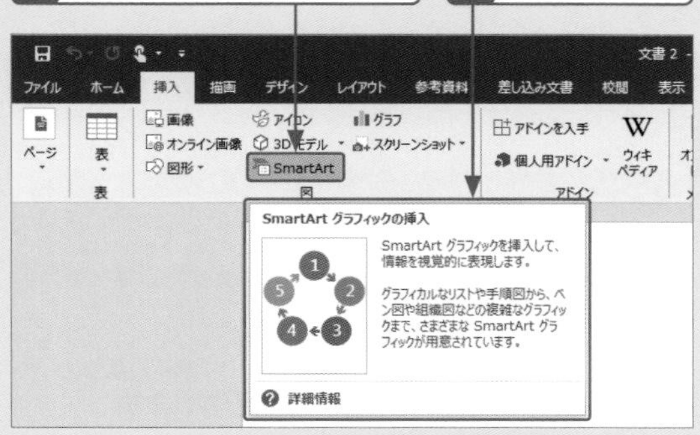

重要度★★★ 画面の基本

Q 0024 使いたいコマンドが見当たらない！

A1 画面のサイズによってコマンドの表示が変わります。

タブのグループとコマンドの表示は、画面サイズによって変わります。画面サイズを小さくしている場合は、リボンが縮小して、グループだけが表示される場合があります。グループをクリックすると、グループ内のコマンドが表示されます。

● 画面サイズが大きい場合

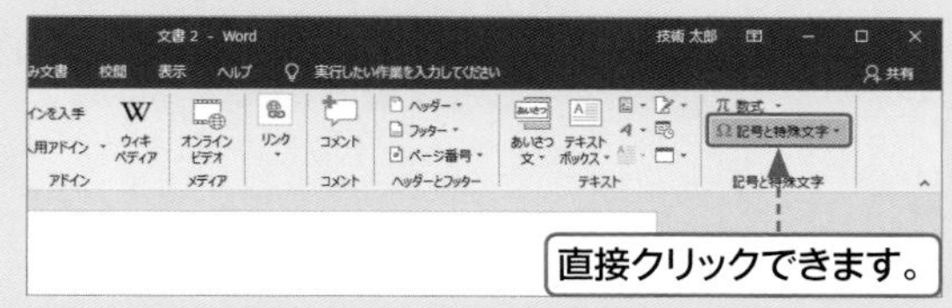

直接クリックできます。

● 画面サイズが小さい場合

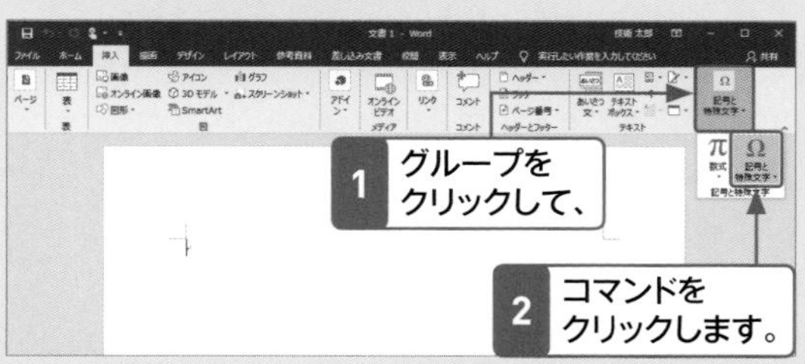

1 グループをクリックして、

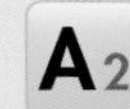

2 コマンドをクリックします。

A2 作業の状態によってタブやコマンドの表示が変わります。

リボンやコマンドは、常にすべてが表示されているのではなく、作業の内容に応じて必要なものが表示されるものもあります。たとえば、表を作成して選択すると、「表ツール」の<デザイン>タブと<レイアウト>タブが新たに表示されます。

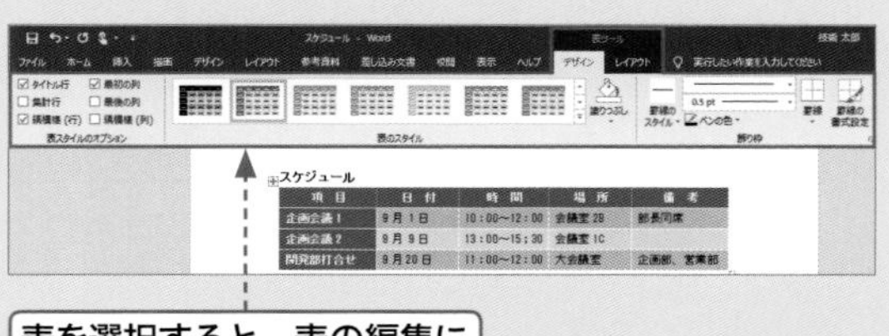

表を選択すると、表の編集に必要なタブが表示されます。

重要度 ★★★ 画面の基本

Q 0025 画面左上に並んでいるアイコンは何？

A 効率的に機能が実行できるクイックアクセスツールバーです。

「クイックアクセスツールバー」は、よく使う機能をコマンドとして登録しておくことができる領域です。クリックするだけで、その機能を利用できるので、タブから探すよりも効率的です。初期設定では、<上書き保存>、<元に戻す>、<繰り返し>の3つのコマンドが用意されていますが、タッチ操作に対応するパソコンの場合は<タッチ／マウスモードの切り替え>も表示されます。なお、<繰り返し>は操作によっては<やり直し>に変わります。

<上書き保存>は、変更した内容を同じファイル名で保存します。<元に戻す>は、直前の操作に戻します。もっと前の操作まで戻したい場合はをクリックして操作を選びます。<繰り返し>は直前の操作を繰り返し、<やり直し>は直前の操作をやり直します。

クイックアクセスツールバーに表示するコマンドを追加するには、<クイックアクセスツールバーのユーザー設定>をクリックして、表示されるメニューの中から目的のコマンドをクリックします。<その他のコマンド>をクリックすれば、コマンドを自由にカスタマイズすることができます。

参照▶Q 0027

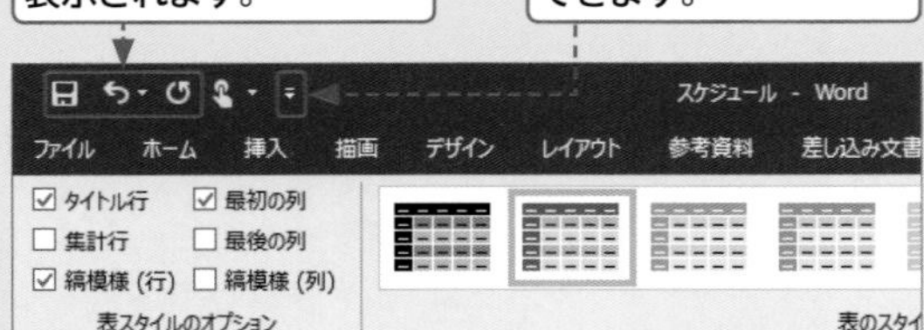

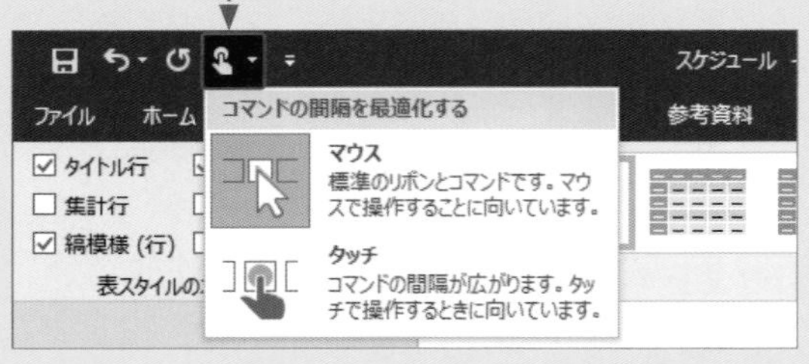

重要度 ★★★ 画面の基本

Q 0026 文字を選択すると表示されるツールバーは何？

A よく使う編集ボタンを集めた簡易ツールバーです。

Wordの文書内の文字や、Excelでセル内の文字を選択すると表示されるツールバーを「ミニツールバー」といいます。ここには、<ホーム>タブにある、よく使う編集コマンドが集められています。書式設定するときに、<ホーム>タブをクリックしてコマンドをクリックしなくても、ミニツールバーを利用してフォントの種類やサイズなどをかんたんに設定できます。

ミニツールバーは、選択する内容によって表示されるコマンドが異なります。

マウスポインターを文字から離すと、ミニツールバーは消えます。

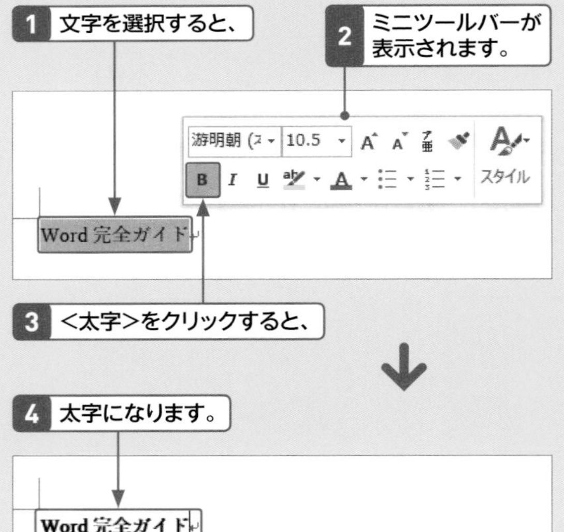

● 表の場合のミニツールバー

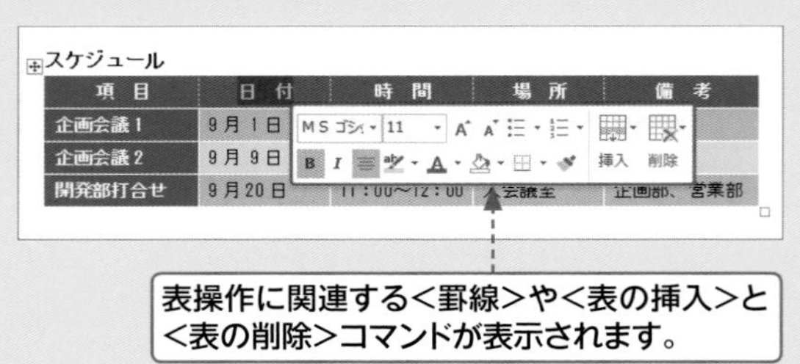

重要度 ★★★ 画面の基本

Q 0027 よく使うコマンドを常に表示させたい！

A ＜クイックアクセスツールバー＞に登録します。

ここでは、Wordの画面で操作を紹介しますが、Excelでも同じ手順で登録できます。登録するには、＜クイックアクセスツールバーのユーザー設定＞をクリックして、一覧から登録したいコマンドをクリックします。この一覧にない場合は、＜その他のコマンド＞をクリックして表示される＜Wordのオプション＞の＜クイックアクセスツールバー＞で、必要なコマンドを追加登録します。

参照▶Q 0025

一覧から登録する

1 ここをクリックして、

2 表示させたい機能（ここでは＜新規作成＞）をクリックすると、

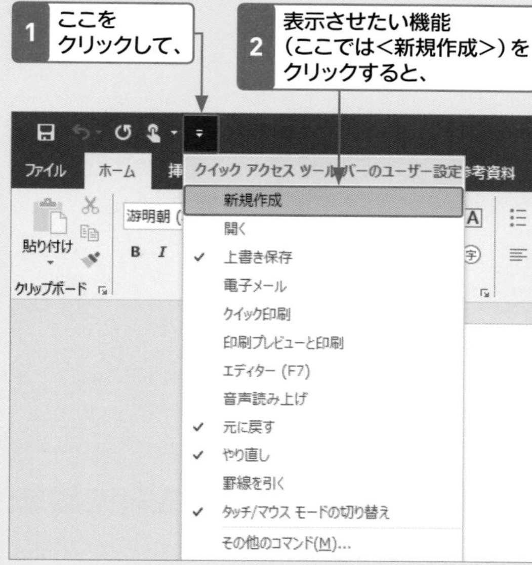

3 ＜クイックアクセスツールバー＞に登録されます。

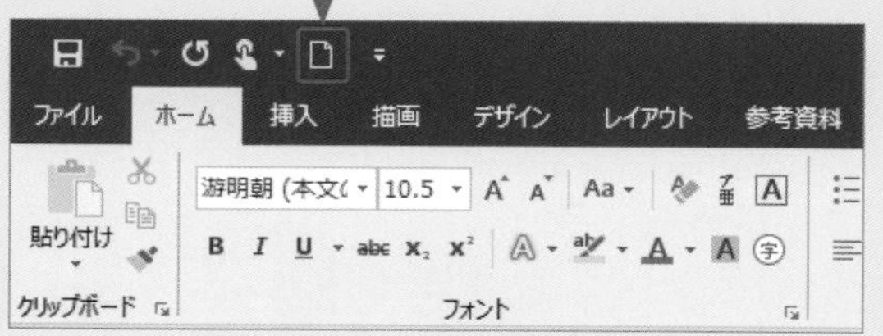

一覧にないコマンドを登録する

1 ここをクリックして、

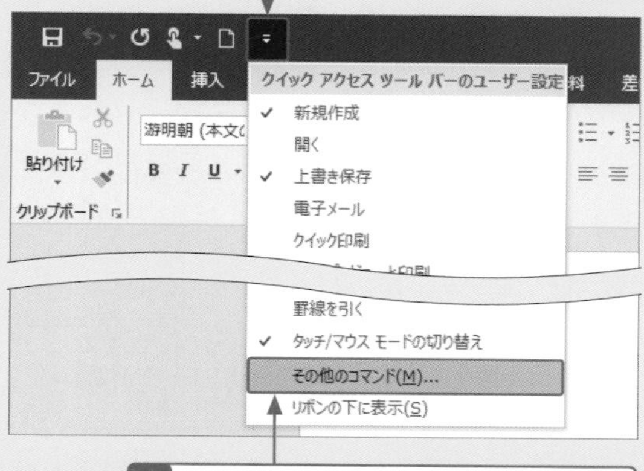

2 ＜その他のコマンド＞をクリックします。

3 ＜すべてのコマンド＞を選択して、

4 目的のコマンドをクリックし、

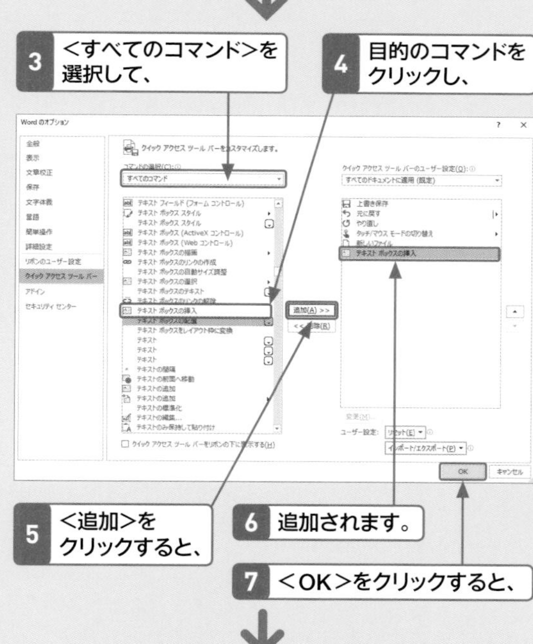

5 ＜追加＞をクリックすると、

6 追加されます。

7 ＜OK＞をクリックすると、

8 ＜クイックアクセスツールバー＞に登録されます。

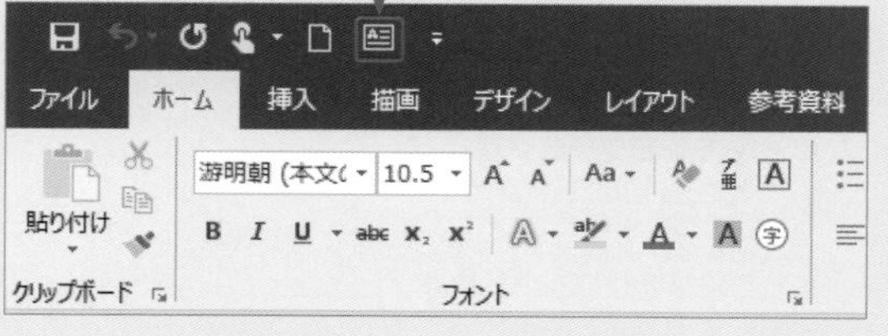

重要度 ★★★ 画面の基本

Q 0028 登録したコマンドを削除したい！

A1 ＜クイックアクセスツールバーから削除＞を利用します。

＜クイックアクセスツールバー＞に登録したコマンドを削除するには、削除したいコマンドを右クリックして、＜クイックアクセスツールバーから削除＞をクリックします。

参照 ▶ Q 0027

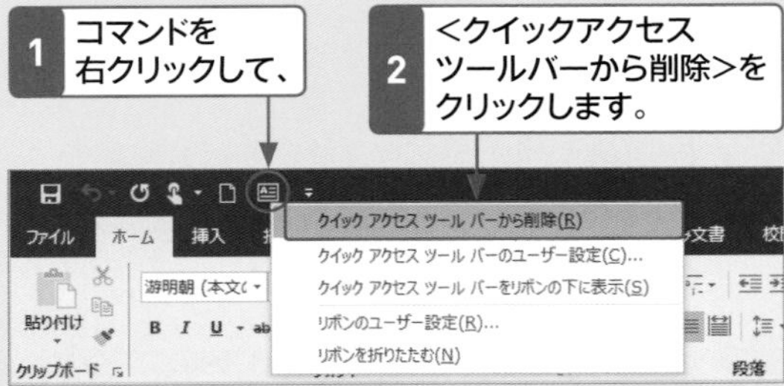

A2 ＜Wordのオプション＞、または＜Excelのオプション＞を利用します。

＜クイックアクセスツールバーのユーザー設定＞をクリックして、＜その他のコマンド＞をクリックするか、＜ファイル＞タブの＜オプション＞をクリックして、＜Wordのオプション＞または＜Excelのオプション＞の＜クイックアクセスツールバー＞を表示すると、コマンドの登録や削除ができます。削除するには、登録されているコマンドを選択し、＜削除＞をクリックします。

参照 ▶ Q 0027, Q 0030

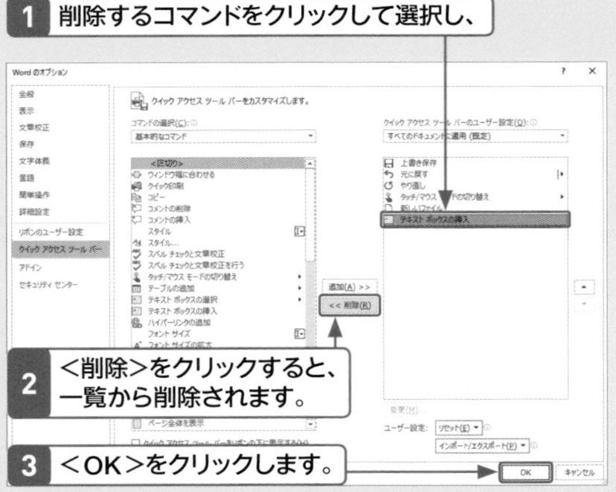

重要度 ★★★ 画面の基本

Q 0029 画面中央に表示される「あ」や「A」は何？

A Windows 10のIME入力モードの切替通知です。

Windows 10 Creators Updateに更新した場合、入力する画面に切り替えたり、入力モードを切り替えたりすると、画面中央に「あ」あるいは「A」という大きな文字がポップアップで一瞬表示されます。これは、入力モードの切り替えを知らせる機能ですが、わずらわしいときは非表示にすることができます。

非表示にするには、入力モード あ を右クリックして、＜プロパティ＞をクリックし、＜Microsoft IMEの設定＞画面で＜IME入力モード切替の通知＞の＜画面中央に表示する＞をクリックしてオフにし、＜OK＞をクリックします。

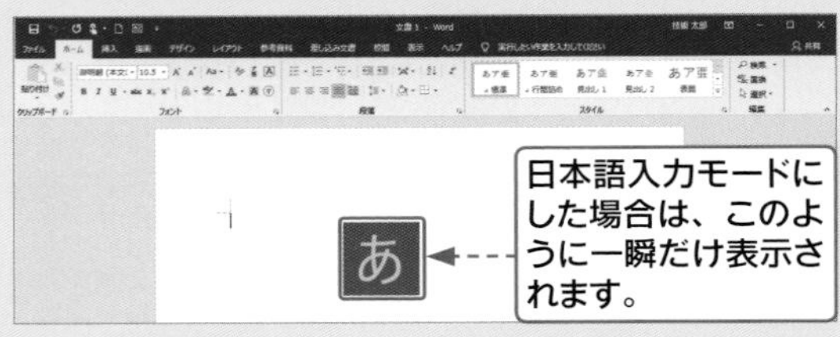

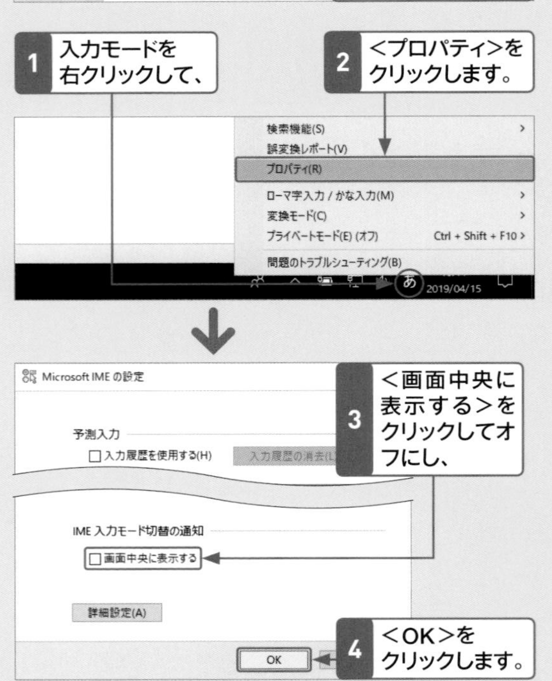

重要度 ★★★　画面の基本

Q 0030 オプションはどこで設定するの？

A <Wordのオプション>または<Excelのオプション>を利用します。

WordやExcelの基本的な機能の設定は、<Wordのオプション>または<Excelのオプション>で行います。設定項目はグループに分けられており、ここではWordの項目を紹介しますが、ExcelではWordの<表示>がなく、<数式>と<データ>があるなど、一部項目が異なるものの、オプション項目を設定するという役割は同じです。<詳細設定>では、編集の設定や表示、印刷などの設定を、<リボンのユーザー設定>ではリボンに表示するコマンドのカスタマイズ、<クイックアクセスツールバー>では表示するコマンドアイコンのカスタマイズを行うことができます。

1 <ファイル>タブをクリックして、Backstageビューを表示します。

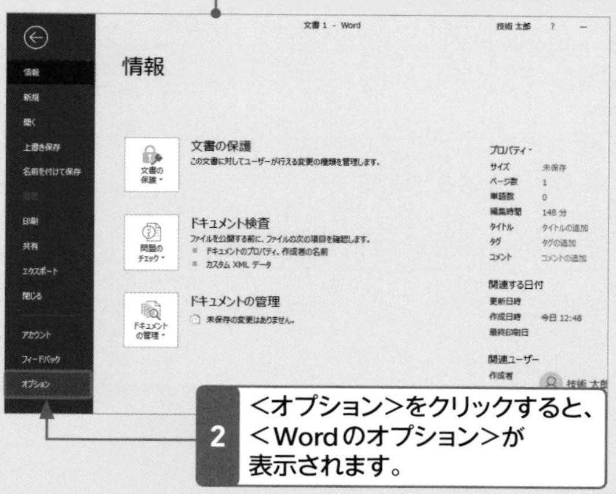

2 <オプション>をクリックすると、<Wordのオプション>が表示されます。

● 全般

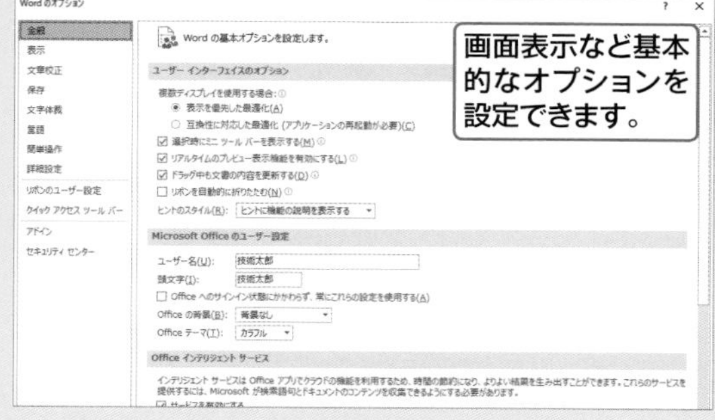

● 表示

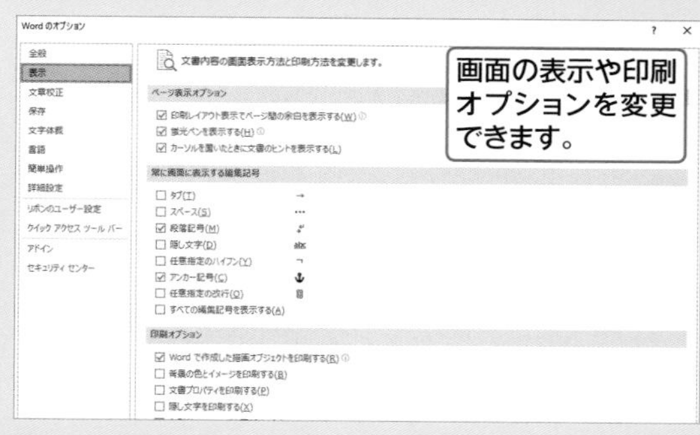

● 文章校正

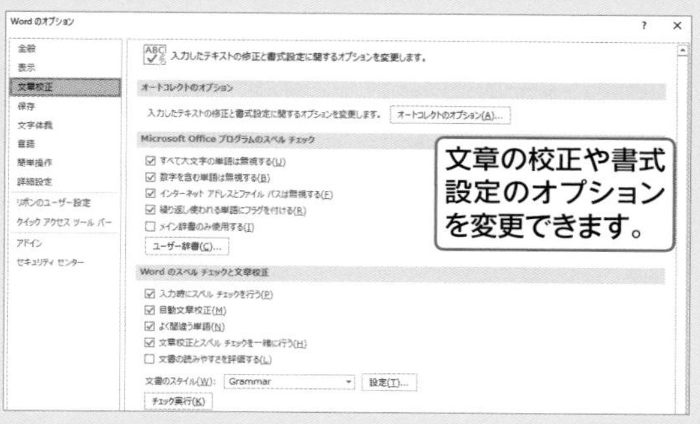

● 保存

保存方法や自動回復などのオプションを設定できます。

● 詳細設定

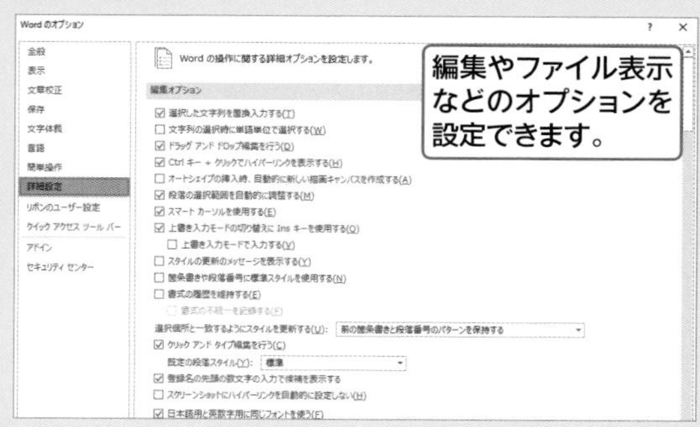

重要度 ★★★　画面の基本

Q 0031 ヘルプを読みたい！

A1 <ヘルプ>ウィンドウを表示します。

Word やExcel を使っていて、操作方法や機能の使い方がわからない場合は、ヘルプを利用します。F1 を押すか、Word/Excel 2019／2016では<ヘルプ>タブの<ヘルプ>をクリックする、Word/Excel 2013／2010では画面右上の<Microsoft Word ヘルプ> ? をクリックする、のいずれかの方法で<ヘルプ>ウィンドウを表示できます。表示されたら、キーワードで検索するか、調べたい項目をクリックして、解説を読みます。

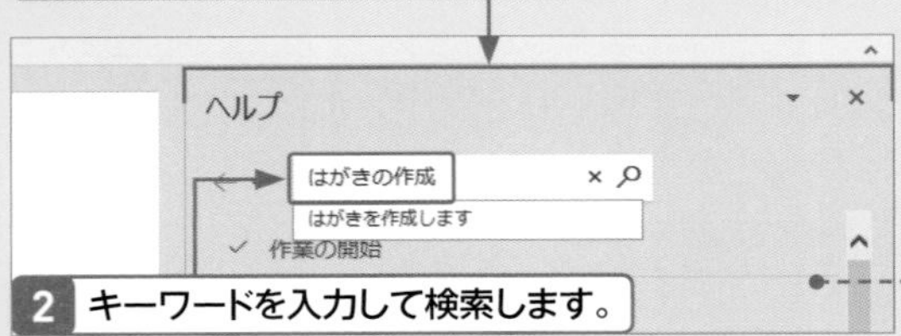

A2 操作アシストを利用します。

Word/Excel 2019／2016では、タブの右端にある「操作アシスト」にキーワードを入力すると、検索項目が表示されます。<"○○"のヘルプを参照>をクリックするとヘルプを表示できます。

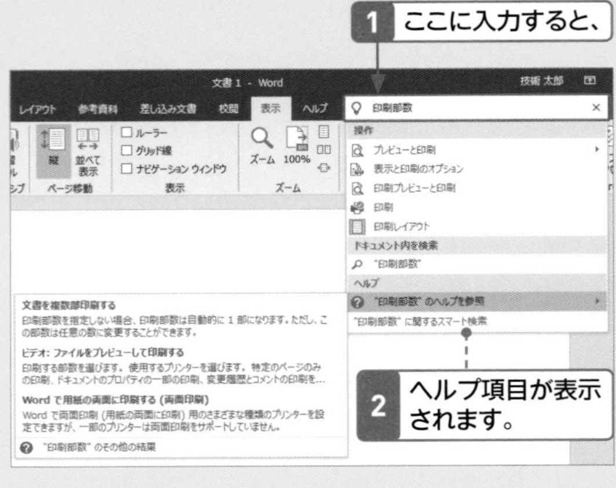

重要度 ★★★　画面の基本　✕2010

Q 0032 画面の上にある模様は消せるの？

A オプションで背景なしにできます。

Word/Excel では、リボンタブの上部に回路や星、雲などの模様を表示できます。Word/Excel 2019の初期設定では非表示ですが、バージョンによっては表示されている場合もあります。<ファイル>タブの<アカウント>をクリックして表示される<アカウント>画面、または<オプション>をクリックして表示される<Wordのオプション>または<Excelのオプション>の<全般>で設定します。<Office の背景>で<背景なし>をクリックすると非表示になり、模様を選択すると変更できます。

● <アカウント>画面

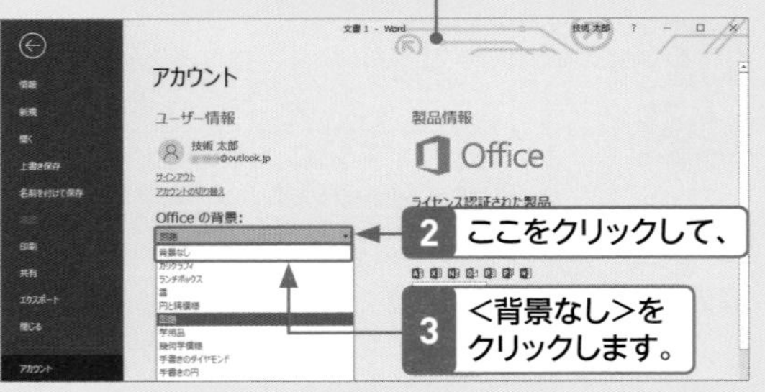

● <Wordのオプション>画面

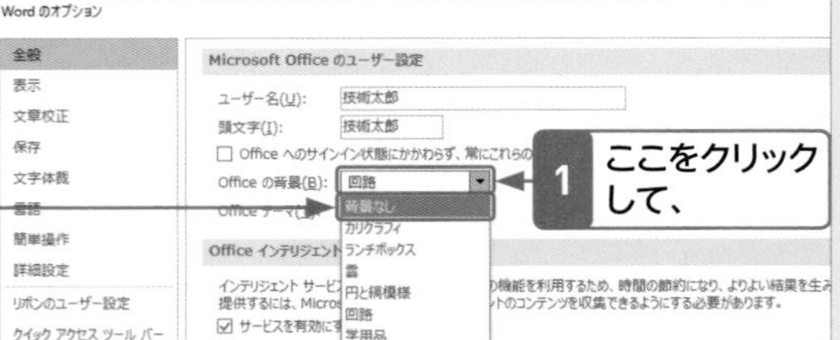

第2章

Wordの基本と入力の「こんなときどうする?」

重要度 ★★★ Word操作の基本

Q 0033 新しい文書はどこで作成するの？

A <ファイル>タブの<新規>から作成します。

Wordを起動して<白紙の文書>をクリックすると、「文書1」という名前の新規文書が作成されます。文書を編集中に新しく文書を作成したい場合は、<ファイル>タブをクリックして、<新規>をクリックし、<白紙の文書>をクリックします。

このほかに、テンプレートから選択することもできます。テンプレートとは、定型書式の文書（ひな型）という意味で、請求書やビジネスレターなどを作る際に、テンプレートから自分用に変更して利用できるので、一から作成するよりも手間が省けます。

1 文書の編集中に<ファイル>タブをクリックして、

2 <新規>をクリックします。

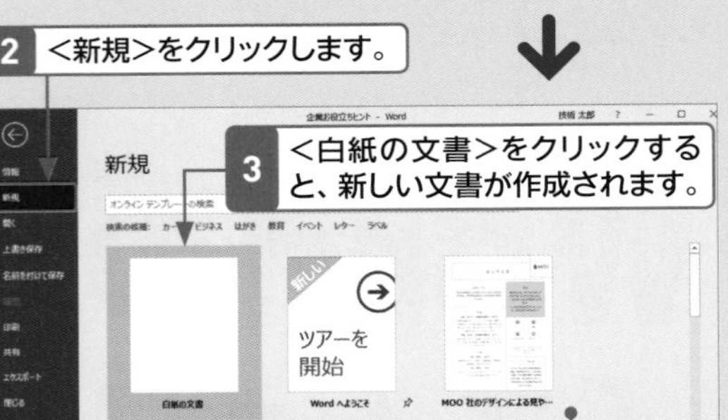

3 <白紙の文書>をクリックすると、新しい文書が作成されます。

テンプレートは一覧から選んだり、検索したりして作成することもできます。

Word 2010の場合は、<新規作成>→<白紙の文書>→<作成>の順にクリックします。

重要度 ★★★ Word操作の基本

Q 0034 ショートカットキーは使えるの？

A Altを押すと、使用可能なショートカットキーを確認できます。

Wordの操作性を向上するのに欠かせないのが、ショートカットキーです。Wordでは機能コマンドのほとんどにショートカットキーが割り当てられており、Altを押すとタブ（一部のコマンド含む）に割り当てられているキーが表示されます。キーを押すと、指定されたタブに切り替わります。さらに、各タブでのショートカットキーは、<ホーム>タブがAlt＋H、<挿入>タブはAlt＋Nというように割り当てられています。

また、よく使うCtrl＋C（コピー）、Ctrl＋V（貼り付け）などはWordのバージョンが変わっても同じです。

巻末に「ショートカットキー一覧」を掲載していますので、併せて参考にしてください。

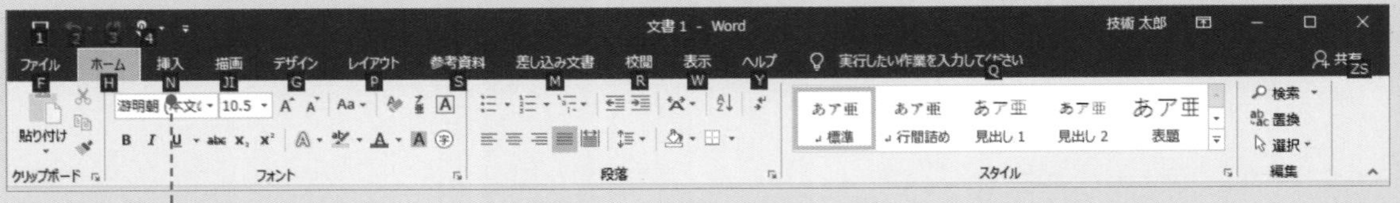

Altを押すと、各タブに割り当てられたショートカットキーが表示されます。

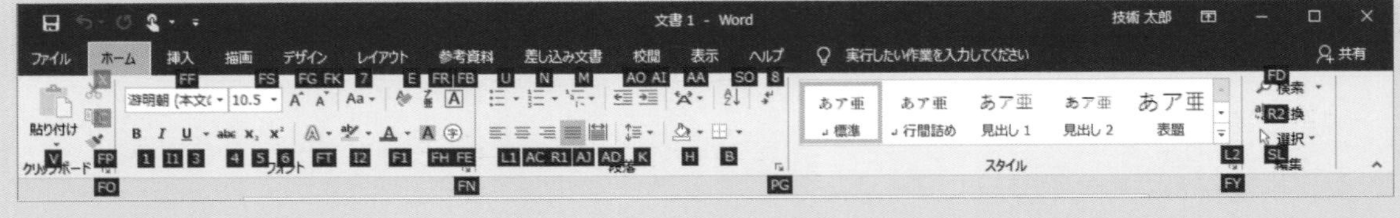

Alt＋Hを押すと、<ホーム>タブに割り当てられたショートカットキーが表示されます。

重要度★★★　文字の入力

Q 0035 ローマ字入力とかな入力を切り替えたい！

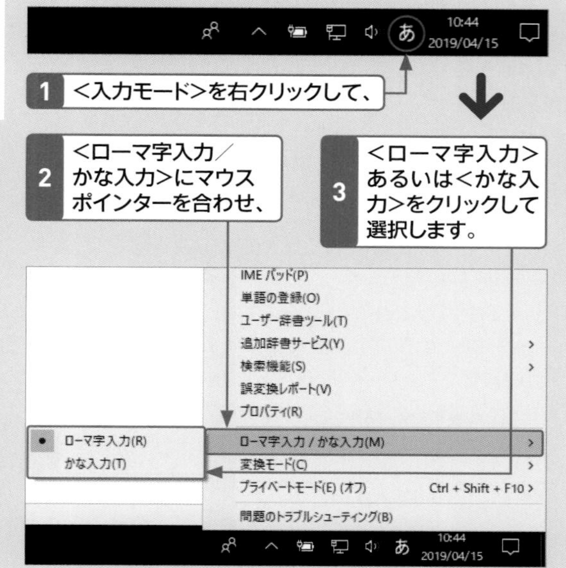

A Alt＋カタカナ／ひらがなを押すか、入力モードで切り替えます。

Wordには、「ローマ字入力」あるいは「かな入力」で日本語を入力できるように、日本語入力システムが導入されています。

Alt＋カタカナ／ひらがなを押して、確認画面で＜はい＞をクリックするか、図のように入力モードから操作することで、ローマ字入力とかな入力を切り替えることができます。

ローマ字入力は、ローマ字読みの英字キーを押して入力します。たとえば、「か」はKAとキーを押します。かな入力は、かな文字のキーを押して入力します。

重要度★★★　文字の入力

Q 0036 日本語を入力したいのに英字が入力される！

A 入力モードを切り替えます。

Microsoft IMEの日本語入力モードでは、「ひらがな」「全角カタカナ」「全角英数（全角のアルファベットと数字）」「半角カタカナ」「半角英数（半角のアルファベットと数字）」を選択できます。

日本語（ひらがな）と英字をかんたんに切り替えるには、＜入力モード＞のアイコンをクリックします。＜入力モード＞のアイコンは、「ひらがな」の場合はあ、「半角英数」の場合はAが表示され、クリックするたびに切り替えられます。

また、キーボードの半角／全角を押しても日本語と英字を切り替えられます。

入力モード	入力例	アイコンの表示
ひらがな	あいうえお	あ
全角カタカナ	アイウエオ	カ
全角英数	ａｉｕｅｏ	A
半角カタカナ	ｱｲｳｴｵ	_カ
半角英数	aiueo	A

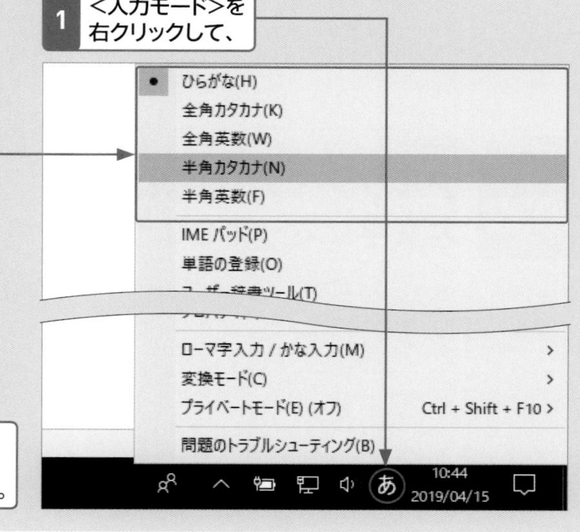

重要度★★★ 文字の入力

Q 0037 入力モードをすばやく切り替えたい！

A キー操作でも、入力モードを切り替えることができます。

キーボードで入力中にすばやく切り替えるには、キーを利用するとよいでしょう。Wordでは＜ひらがな＞モードであっても、ほかのアプリを利用するときは、基本的には＜半角英数＞モードになります。入力モードの切り替えは、キーで行うことになります。キーと入力モードの関係は、表のとおりです。 参照▶Q 0036

キー操作	入力モードの切り替え
カタカナ/ひらがな	＜ひらがな＞モードに切り替えます。
半角/全角	＜半角英数＞モードのときには＜ひらがな＞モードに切り替えます。＜半角英数＞モード以外のときには＜半角英数＞モードに切り替えます。
無変換	＜ひらがな＞＜全角カタカナ＞＜半角カタカナ＞の順にモードを切り替えます。
Shift＋無変換	＜全角英数＞モードと＜半角英数＞モードを切り替えます。

重要度★★★ 文字の入力

Q 0038 アルファベットの小文字と大文字を切り替えたい！

A Shiftを押しながらアルファベットを入力します。

Shiftを押しながらアルファベットを入力すると、現在のモードとは逆の文字が入力されます。通常は、小文字が入力されますが、Shiftを押しながらアルファベットを入力すれば、大文字になります。

Shift＋Capsを押すと、このモードが切り替えられ、Shiftを押さなくても大文字が入力されます（小文字はShiftを押しながら入力）。

パソコンのキーボードに＜A＞ランプまたは＜Caps Lock＞ランプがある場合、このモードが有効になるとランプが点灯します。また、ステータスバーにも表示を設定できます。 参照▶Q 0036, Q 0046

＜入力モード＞が＜半角英数＞の状態でアルファベットのキーを押すと、小文字のアルファベットが入力できます。

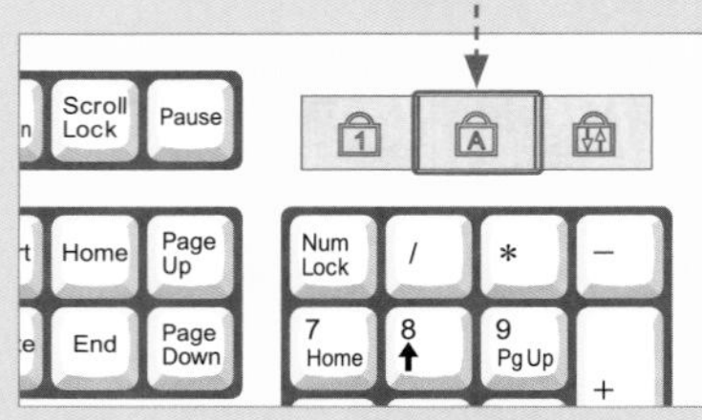

CapsLockを有効にすると「CapsLock」と表示されます。

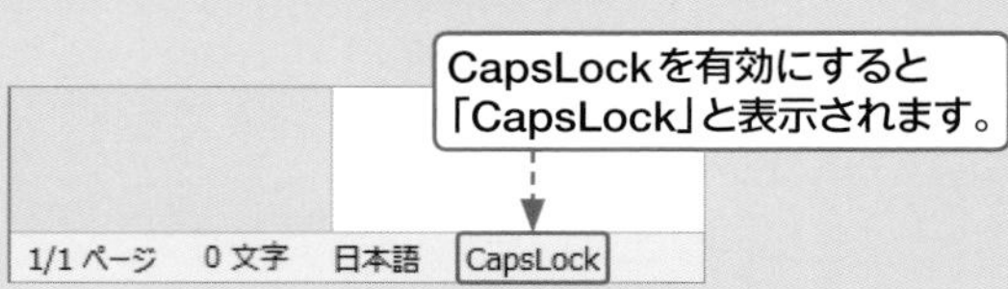

重要度★★★ 文字の入力

Q 0039 アルファベットが常に大文字になってしまう！

A Shift＋Capsを押します。

Shift＋Capsを押すと、アルファベットの大文字が入力できます。気づかないうちにこのキーを押してしまい、大文字入力の状態にしてしまうことがあります。このとき、Shiftを押しながらアルファベットのキーを押すと、小文字が入力されるようになります。

再度Shift＋Capsを押すと、もとの状態に戻ります。

参照▶Q 0038

重要度 ★★★　文字の入力

Q 0040 読みのわからない漢字を入力したい！

A <IMEパッド>を使って手書き入力します。

人名や地名、難解な言葉など、読みのわからない漢字を入力するには、<IMEパッド-手書き>を利用します。<入力モード>を右クリックして、<IMEパッド>をクリックすると、<IMEパッド>を表示できます。<手書き>をクリックして、手書き入力領域にマウスでなぞったり、タッチパネルの場合はペンを利用したりして文字を書きます。候補一覧が表示されるので目的の漢字をクリックして、<Enter>をクリックすると、カーソル位置に入力できます。

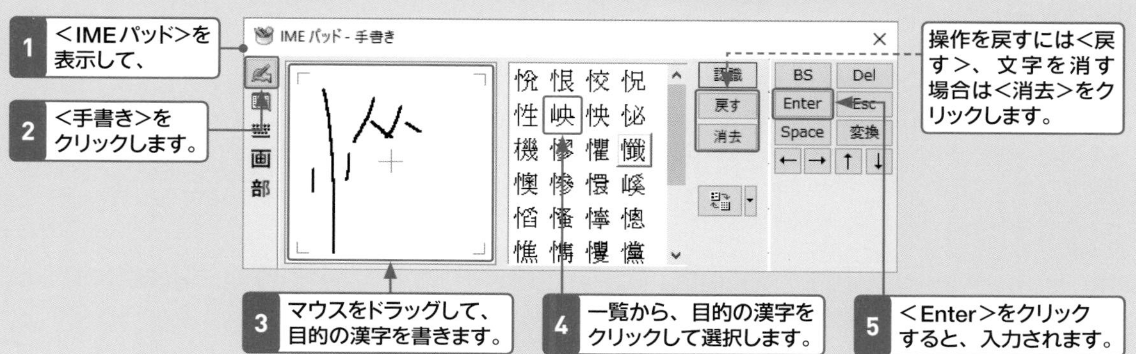

重要度 ★★★　文字の入力

Q 0041 部首や画数から目的の漢字を探したい！

A <IMEパッド>を利用して、部首や画数から目的の漢字を探します。

難しい漢字や読みが浮かばない漢字などを入力する場合、漢字自体がわかっていれば、<IMEパッド-部首>や<IMEパッド-総画数>を利用して、部首や総画数から入力することができます。

部首から漢字を探す場合には<部首>をクリックして、部首の画数を指定すると、該当する漢字が表示されます。また、画数から漢字を探す場合には<総画数>をクリックして、総画数を指定すると、該当する漢字が表示されます。漢字をクリックして、<Enter>をクリックすると、カーソル位置に入力できます。 参照▶Q 0040

● IMEパッド-部首

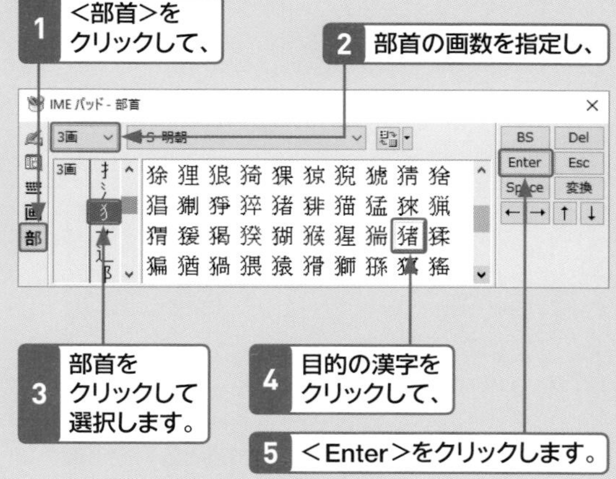

● IMEパッド-総画数

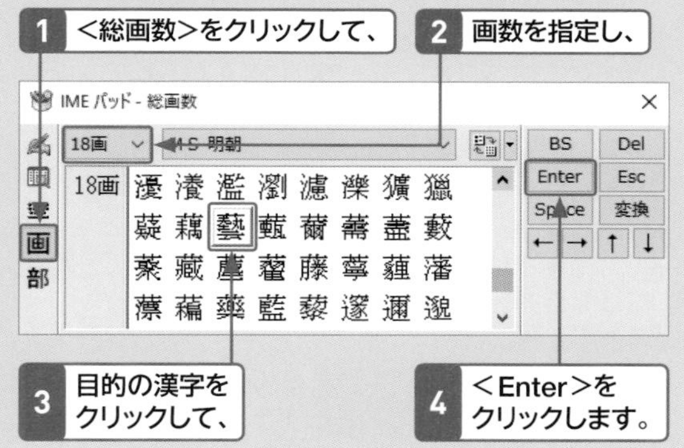

重要度 ★★★　文字の入力

Q 0042 旧字体や異体字を入力したい！

A ＜IMEパッド＞を利用します。

一般に、旧字体とは「沢」に対する「澤」などのように以前使われていた字体で、異体字とは標準の字体と同じ意味や発音を持ち、表記に差異がある文字のことです。Wordでは、これらを異体字としてまとめて扱っています。

通常の漢字変換で候補として表示されるものもありますが、難しい字や読みがわからない場合は＜IMEパッド＞から探して入力できます。＜IMEパッド＞で検索した文字を右クリックして、＜異体字の挿入＞をクリックします。

なお、＜異体字の挿入＞がグレーアウト（選択できない状態）の漢字は、異体字がないということです。

参照 ▶ Q 0040, Q 0041

1 ＜IMEパッド＞を表示して、

2 漢字候補を表示します。

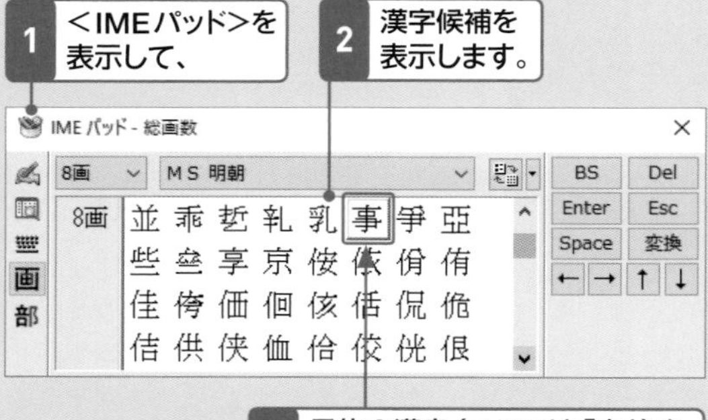

3 目的の漢字（ここでは「事」）を右クリックして、

4 ＜異体字の挿入＞をクリックし、

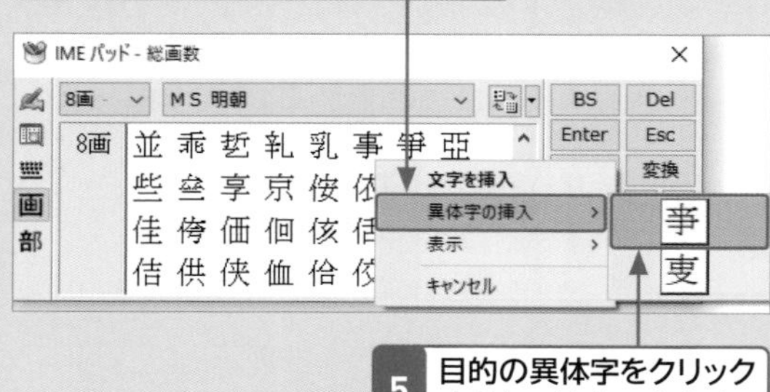

5 目的の異体字をクリックすると、入力できます。

重要度 ★★★　文字の入力

Q 0043 キーボードを使わずに文字を入力したい！

A ＜IMEパッド＞のソフトキーボードから、マウスで文字を入力できます。

＜IMEパッド-ソフトキーボード＞を利用すると、デスクトップにキーボードが表示されます。マウスでソフトキーボード上のキーをクリックすることによって、文字を入力できます。

＜IMEパッド-ソフトキーボード＞を表示するには、＜IMEパッド＞を表示して、＜ソフトキーボード＞をクリックします。

参照 ▶ Q 0040

1 ＜ソフトキーボード＞をクリックすると、

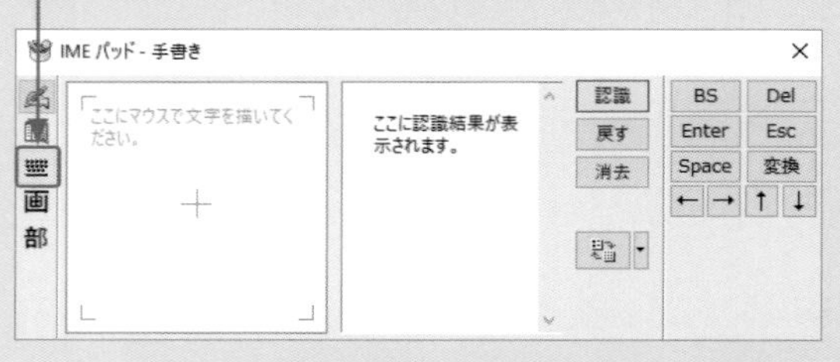

2 ＜配列の切り替え＞から目的のキー配列をクリックして選択すると、

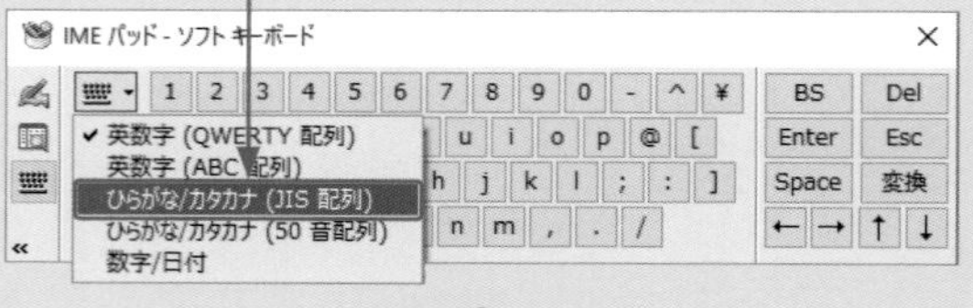

3 選択したキー配列が表示されます。

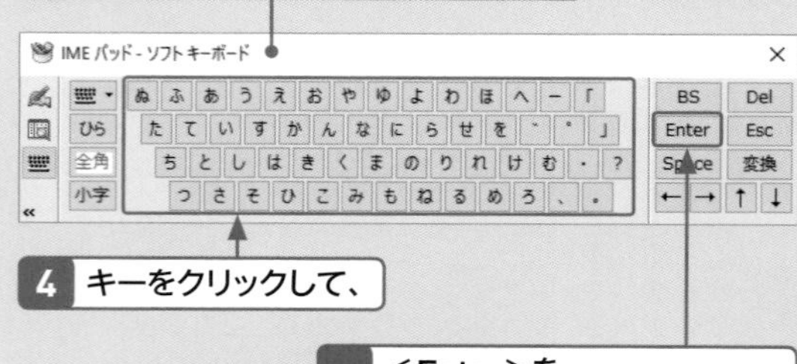

4 キーをクリックして、

5 ＜Enter＞をクリックすると入力できます。

重要度★★★ 文字の入力

Q 0044 小さい「っ」や「ゃ」を1文字だけ入力したい！

A Lまたは X を押してから「つ」「や」などを入力します。

ローマ字入力で、小さい「っ」「ゃ」などを単独で入力するには、Lまたは X を押してから「つ」「や」などを入力します。

● 小さい「っ」の入力

または

● 小さい「ゃ」の入力

または

重要度★★★ 文字の入力

Q 0045 半角スペースをすばやく入力したい！

A ひらがな入力モードで Shift + Space を押します。

日本語の文章を入力しているときでも、半角スペースを入れたい場合があります。半角英数モードにしなくても、ひらがな入力モードのまま Shift + Space を押すと半角のスペースを入力できます。半角スペースには「･」の編集記号が表示されます。編集記号が表示されない場合は、＜ホーム＞タブの＜編集記号の表示／非表示＞をクリックします。 参照▶Q 0250

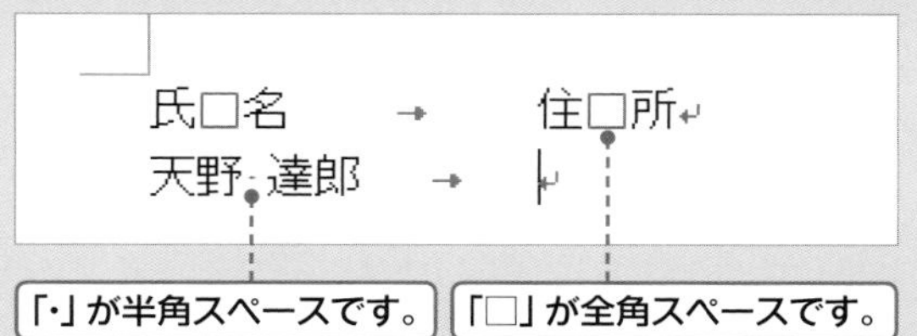

重要度★★★ 文字の入力

Q 0046 入力すると前にあった文字が消えてしまった！

A 上書きモードになっています。

文字が消えてしまうのは、「上書きモード」になっているためです。Insert を押すと「挿入モード」と「上書きモード」を切り替えられます。そのほか、ステータスバーで切り替えることも可能です。Wordの初期設定ではステータスバーにモードが表示されないので、以下の方法で表示させます。

1 ステータスバーを右クリックして、

2 ＜上書き入力＞（Word 2016以前は＜上書きモード＞）をクリックします。

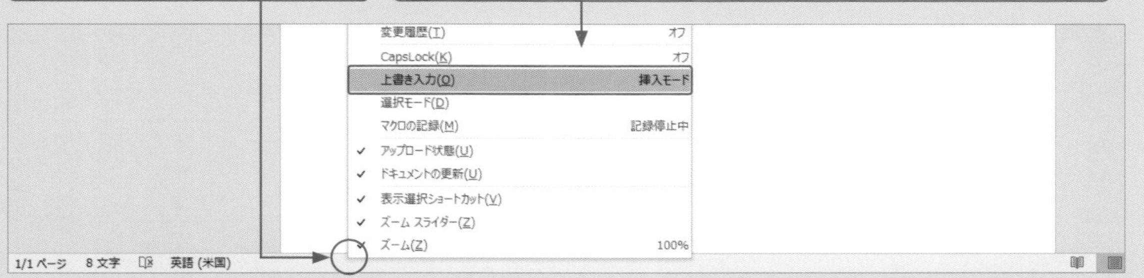

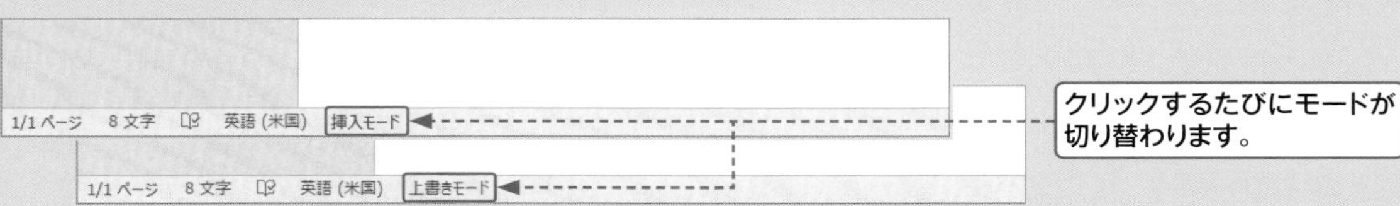

Q 0047 英語以外の外国語で文字を入力したい！

A Windowsの設定画面で言語を追加します。

Officeの言語は、既定で日本語と英語に設定されています。英語以外の外国語を利用するには、言語を追加する必要があります。スタートメニューの<設定>をクリックして、<Windowsの設定>画面の<時刻と言語>で言語を追加します。言語が追加されると、画面右下の入力方式で切り替えられるようになります。

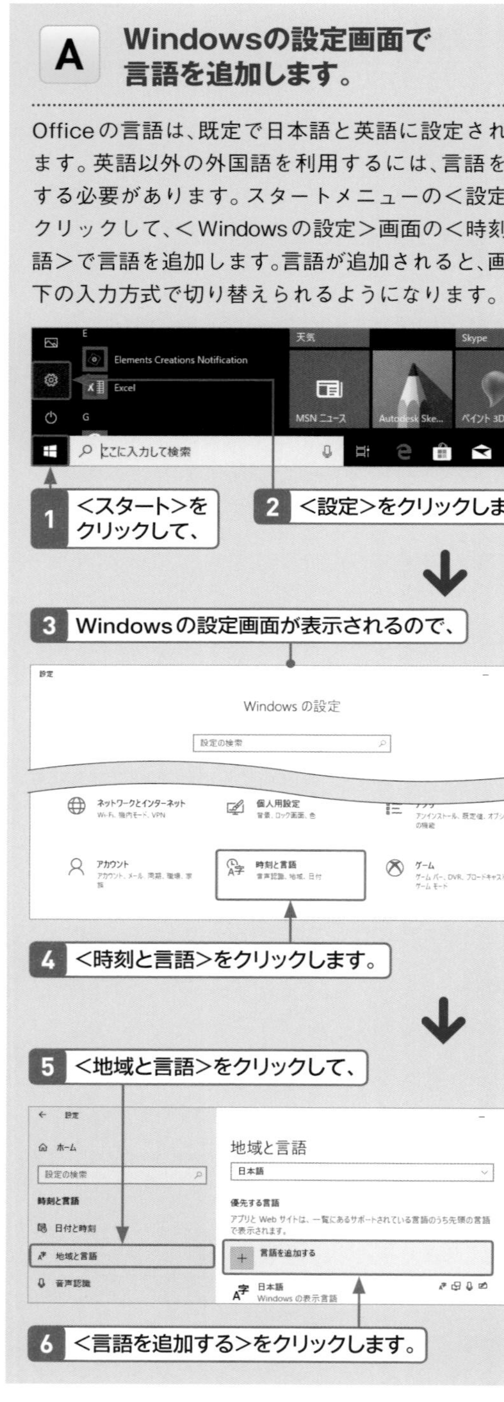

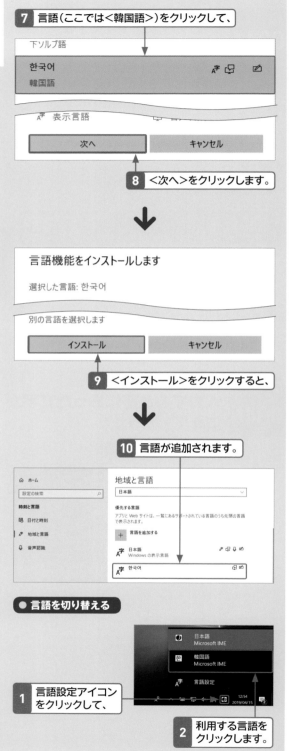

7 言語（ここでは<韓国語>）をクリックして、

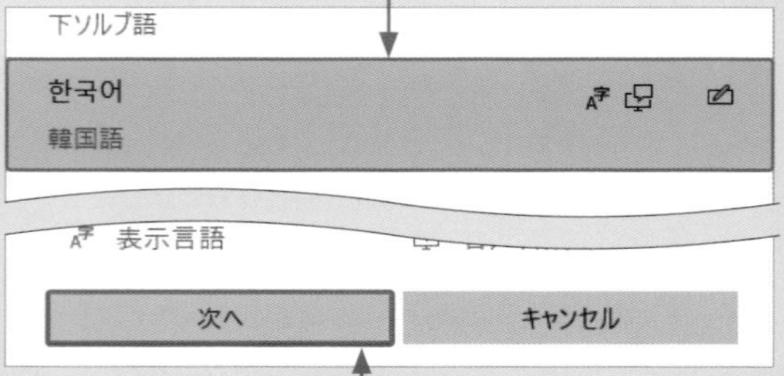

한국어
韓国語

8 <次へ>をクリックします。

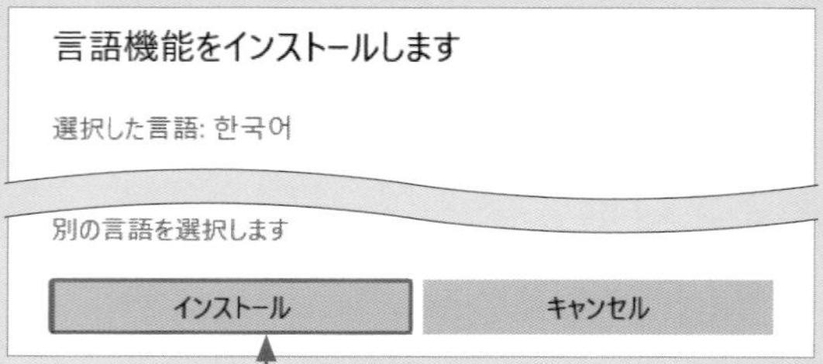

言語機能をインストールします
選択した言語: 한국어

9 <インストール>をクリックすると、

10 言語が追加されます。

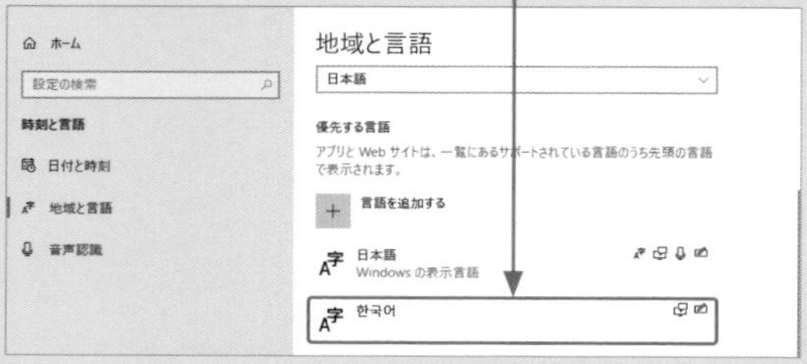

● 言語を切り替える

日本語 Microsoft IME
韓国語 Microsoft IME
言語設定

1 言語設定アイコンをクリックして、

2 利用する言語をクリックします。

重要度★★★　文字の入力

Q 0048 数字キーを押しているのに数字が入力できない！

A NumLock を押して、NumLockをオンにします。

NumLock（Number Lock）がオフになっていると、テンキーの数字を入力できなくなります。
キーボードの種類によって異なりますが、NumLock（あるいは数字キーロックの「1」）にランプが付いている場合は、NumLock を押すとNumLockがオン（ランプが点灯）になり、テンキーからの数字入力ができるようになります。
キーボードにNumLockのランプが付いていない場合でも、数字が入力できないときにはNumLock を押すと入力できるようになります。

NumLockが点灯していると、数字キー（テンキー）が使用できます。

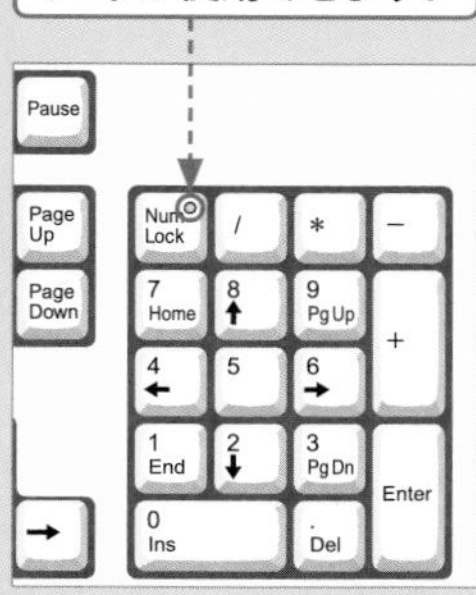

キーボードによっては、このような数字キーロックもあります。

重要度★★★　文字の入力

Q 0049 文字キーを押しているのに数字が入力されてしまう！

A NumLock を押して、NumLockをオフにします。

ノートパソコンのようにテンキーのないパソコンでは、NumLockがオンになっていると、数字キーとして割り当てられているキー（JKLなど）を押した際、割り当てられている数字が入力されます。
数字ではなく、キーに本来割り当てられている文字を入力したい場合には、NumLock を押してNumLockをオフにします。 参照▶Q 0048

重要度★★★　文字の入力

Q 0050 入力した文字の数を確認したい！

A ステータスバーに表示されています。

Wordの初期設定では、ステータスバーに文字カウントが表示されます。文字カウントをクリックするか、<校閲>タブの<文字カウント>をクリックすると<文字カウント>ダイアログボックスが表示され、単語数、文字数、段落数、行数などを確認できます。
また、カウントしたい文字を選択すると、「選択した文字数／総文字数」がステータスバーに表示されます。
文字カウントがステータスバーに表示されない場合は、ステータスバーを右クリックして、<文字カウント>をクリックします。 参照▶Q 0046

ステータスバーに文字カウントが表示されます。

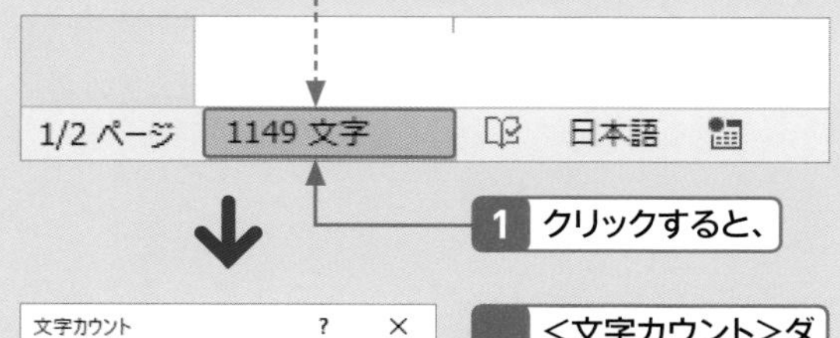

1 クリックすると、

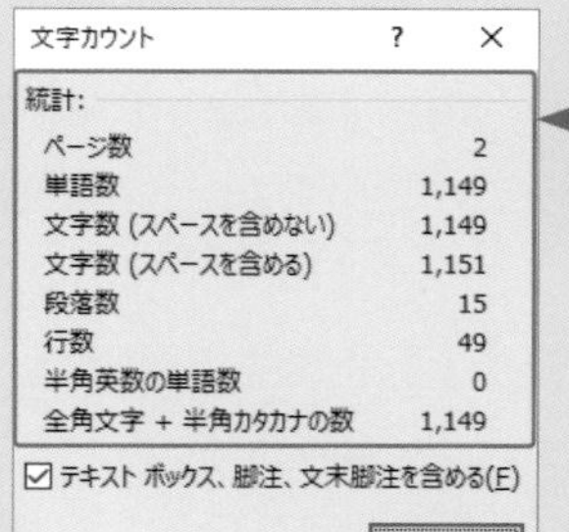

2 <文字カウント>ダイアログボックスに文字数などが表示されます。

● 選択範囲の文字数

選択した文字数と総文字数が表示されます。

重要度 ★★★ 文字の入力

Q 0051 直前に編集していた位置に戻りたい!

A Shift+F5を押します。

直前に編集していた位置にカーソルを移動するには、Shift+F5をを押します。
たとえば、文字を入力してから、数ページ先の位置をクリックしてカーソルを移動した場合、再度入力していた位置に戻りたいというときに利用します。

カーソルの戻る位置は、文字を入力した場合は入力した文字列の末尾、文字を検索した場合は検索した文字列が選択された状態、文字を削除した場合は文字を消した位置になります。
また、この位置は文書を保存したときにも記憶されます。このため、保存して閉じた文書を開いたときにShift+F5を押せば、最後に編集した位置にすぐに移動することができます。
なお、Shift+F5は3つ前までの編集位置を記憶しているので、連続して押すと3つ前までの位置に戻り、もう一度押すと現在の位置に戻ります。

重要度 ★★★ 文字の入力

Q 0052 任意の位置にすばやく入力したい!

A クリックアンドタイプ機能を利用します。

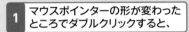

クリックアンドタイプは、文書内の空白領域の指定する位置にカーソルを移動して、すばやく入力できる機能です。
通常は1行目の左端にカーソルが配置されて入力しますが、段落が作成されていない空白領域で、中央や右端などマウスポインターの形が変わったところでダブルクリックすると、その位置から入力できるようになります。

マウスポインターの形	内 容
	1字下げの位置から入力します。
	左揃えの位置から入力します。
	中央揃えの位置から入力します。
	右揃えの位置から入力します。

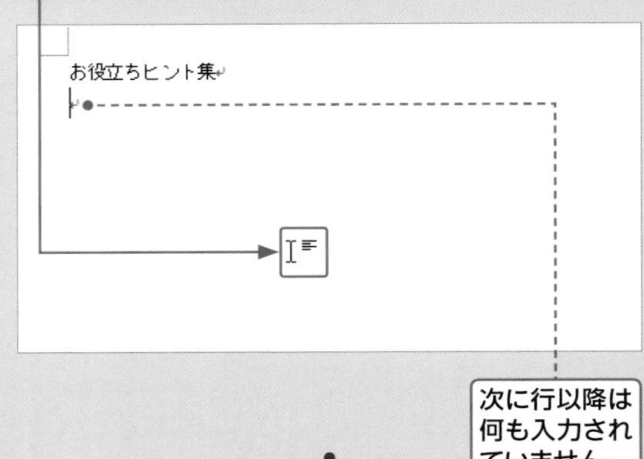
1 マウスポインターの形が変わったところでダブルクリックすると、
お役立ちヒント集
次に行以降は何も入力されていません。

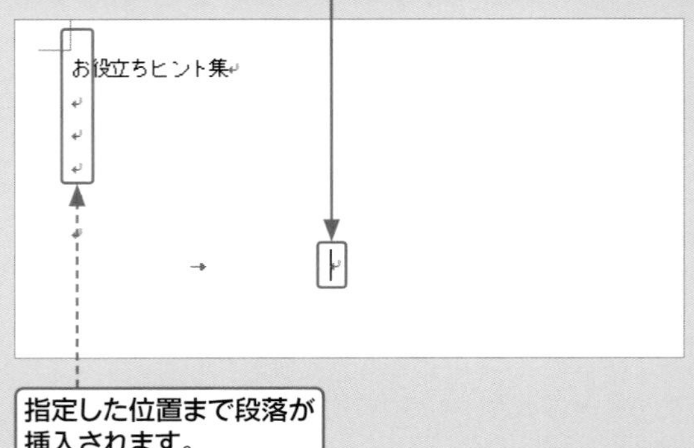
2 カーソルが移動し、その位置から入力できます。
お役立ちヒント集
指定した位置まで段落が挿入されます。

重要度 ★★★ 文字の変換

Q 0053 漢字を入力したい！

A 読みをひらがなで入力して、漢字に変換します。

漢字を入力するには、ローマ字入力またはかな入力でひらがなを入力して、Spaceを押します。
目的の漢字に変換されない場合は、再度Spaceを押して、変換候補を表示します。↓またはSpaceを押して目的の漢字に移動し、Enterを押して入力します。
変換候補の最後に<単漢字>が表示される場合は、クリックすると、一般的な変換候補以外の漢字が表示されます。

参照▶Q 0035, Q 0067

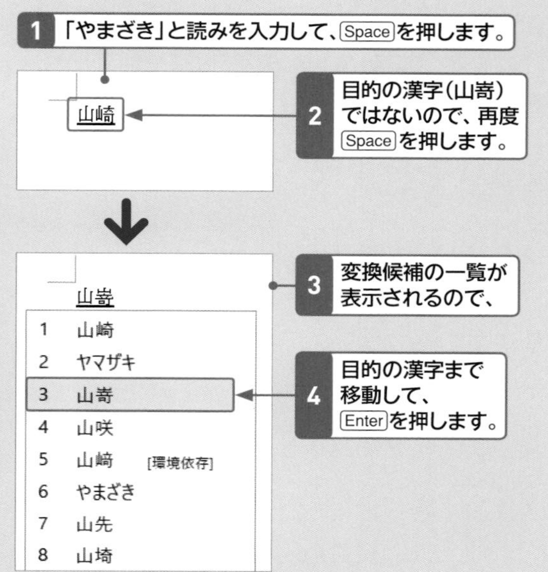
1 「やまざき」と読みを入力して、Spaceを押します。
山崎
2 目的の漢字(山嵜)ではないので、再度Spaceを押します。
山嵜
1 山崎
2 ヤマザキ
3 山嵜
4 山咲
5 山﨑 [環境依存]
6 やまざき
7 山先
8 山埼
3 変換候補の一覧が表示されるので、
4 目的の漢字まで移動して、Enterを押します。

重要度 ★★★ 文字の変換

Q 0054 カタカナやアルファベットに一発で変換したい！

A ファンクションキーを利用します。

キーボードの上の列にあるF1～F12をファンクションキーといい、各キーにさまざまな機能が割り当てられています。
入力したひらがなを選択してF7を押すと、全角カタカナに変更できます。このように、カタカナやアルファベットに変換するにはF6～F9を利用します。
なお、F9あるいはF10を押してアルファベットに変換するときは、キーを押すたびに「小文字」→「先頭だけ大文字」→「大文字」の順に切り替わります。

ファンクションキー	変換される文字
F6	ひらがな
F7	全角カタカナ
F8	半角カタカナ
F9	全角英数
F10	半角英数

重要度 ★★★ 文字の変換

Q 0055 予測入力って何？

A 読みから該当しそうな文字を候補として表示する機能です。

読みの文字を入力し始めると、その読みに合った変換候補が表示されます。これは過去に入力・変換した文字列などが自動的に表示される「予測入力」というMicrosoft IMEの機能です。Tabを押して文字を選択し、Enterを押すと入力できます。無視してそのまま入力を続けると、候補は消えます。入力予測機能はオフにすることもできます。

参照▶Q 0056

ち
地図
チラシ
地域
駐車場
中国
Tab キーで予測候補を選択

文字を入力し始めると、予測候補が表示されます。

重要度 ★★★　文字の変換

Q 0056 予測入力を表示したくない!

A ＜入力履歴を使用する＞をクリックしてオフにします。

予測入力は入力履歴を利用したMicrosoft IMEの機能ですが、この機能を利用したくない場合は、オフにすることができます。＜入力モード＞を右クリックして、＜プロパティ＞をクリックすると表示される＜Microsoft IMEの設定＞画面で設定します。単に入力履歴の使用のみをやめたい場合は、＜予測入力＞の＜入力履歴を使用する＞をクリックしてオフにします。

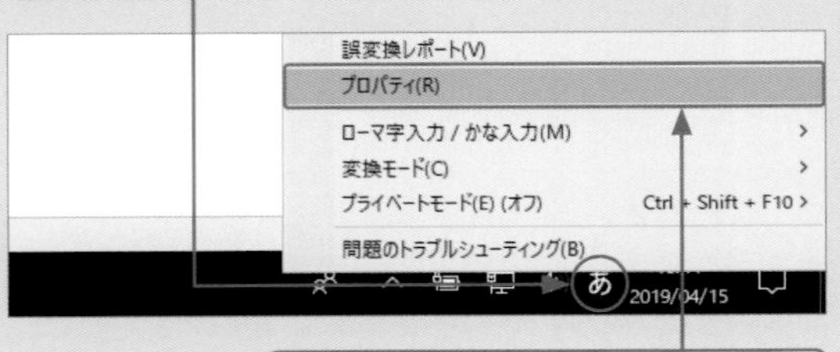

予測入力自体をやめたい場合は、＜詳細設定＞をクリックして、＜Microsoft IMEの詳細設定＞ダイアログボックスの＜予測入力＞タブで＜予測入力を使用する＞をクリックしてオフにします。　参照▶Q 0055

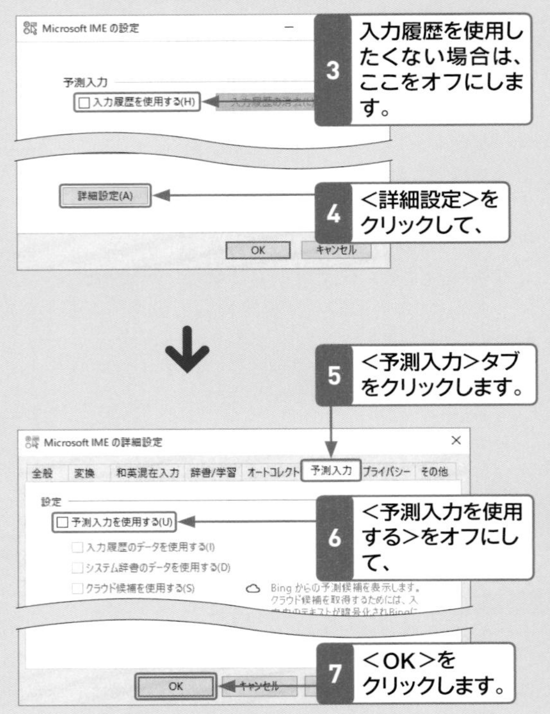

重要度 ★★★　文字の変換

Q 0057 入力した文字列をすぐに変換したい!

A 自動的に変換されるまでの文字列を短くします。

入力した文字列が自動的に変換されるまでの文字列の長さを短くすると、はやく変換されるようになります。これを設定するには、＜Microsoft IMEの詳細設定＞ダイアログボックスの＜変換＞タブで、＜自動変換を行うときの未変換文字列の長さ＞で＜短め＞をクリックしてオンにします。
＜Microsoft IMEの詳細設定＞ダイアログボックスを表示するには、＜入力モード＞を右クリックして、＜プロパティ＞をクリックすると表示される＜Microsoft IMEの設定＞画面の＜詳細設定＞をクリックします。

参照▶Q 0056

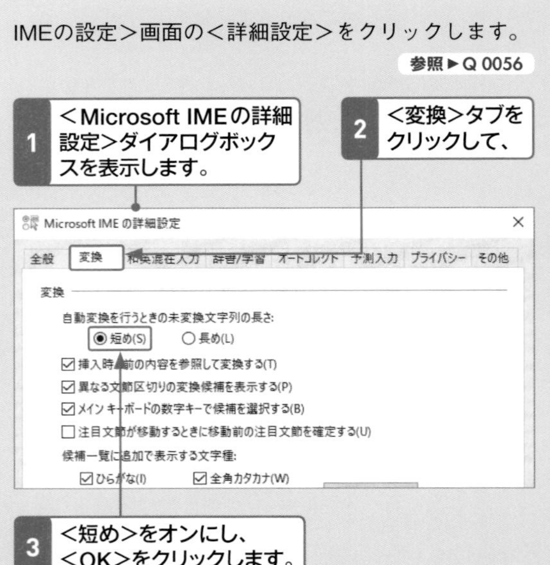

重要度 ★★★ 文字の変換

Q 0058 文節を選んで変換したい！

A ←や→を押して、文節を移動します。

複数の文節を一度に変換すると、一部の文節だけ意図したものと違う漢字に変換される場合があります。その場合は←や→を押すと文節を移動できます。←や→で移動した文節には、太い下線が引かれるので、Spaceを押して再度変換します。
以下の例では、「申し上げます」と変換された文節を「申しあげます」に変換し直します。

1 Spaceを押して変換し、

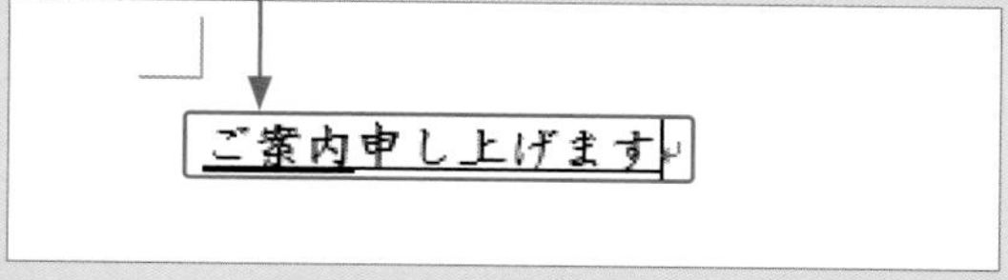

ご案内申し上げます

2 ←や→を押して目的の文節を移動します。

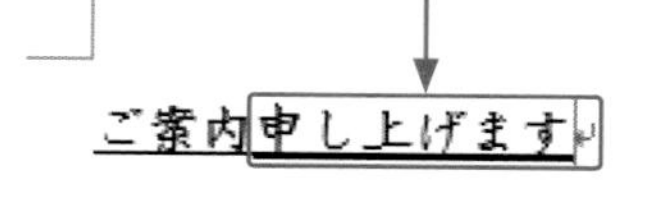

3 Spaceを押して目的の文字に変換します。

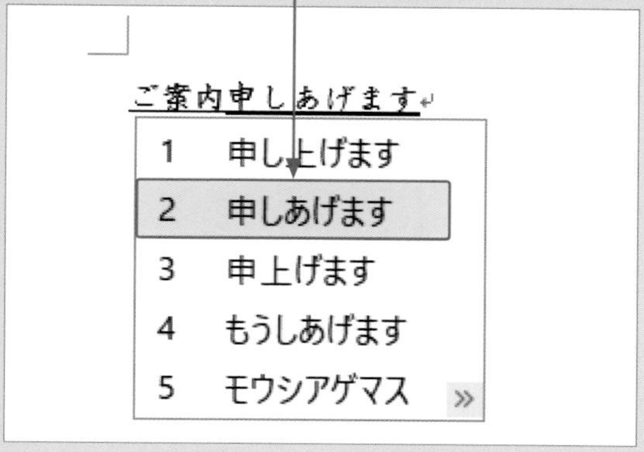

ご案内申しあげます

1 申し上げます
2 申しあげます
3 申上げます
4 もうしあげます
5 モウシアゲマス

重要度 ★★★ 文字の変換

Q 0059 文節の区切りを変更したい！

A Shiftを押しながら←や→を押します。

入力した文字列を変換するときに、文節の区切りがうまく行われなかった場合には、文節の区切りを変更します。Shiftを押しながら←や→を押すと、文節の区切り位置が1文字ずつ移動します。Spaceを押して文節単位で正しい文字に変換します。

「明日は山車で」と変換したいのに、文節が異なる位置で変換されています。

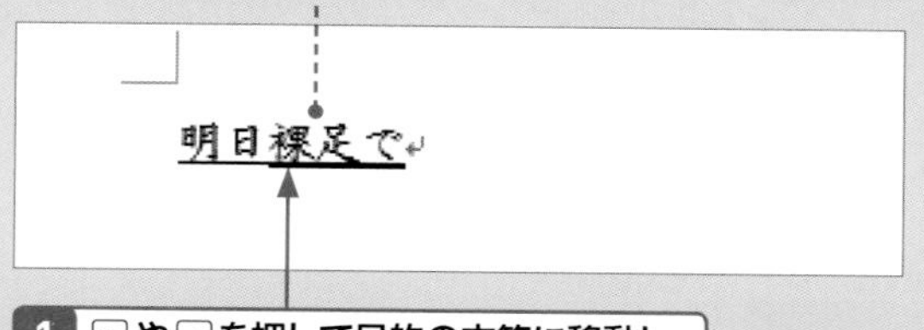

1 ←や→を押して目的の文節に移動し、

2 Shiftを押しながら←や→を押して文節の区切りを変更します。

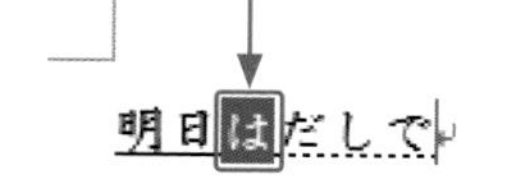

3 変換の必要な文節に移動して、Spaceを押し、目的の文字に変換します。

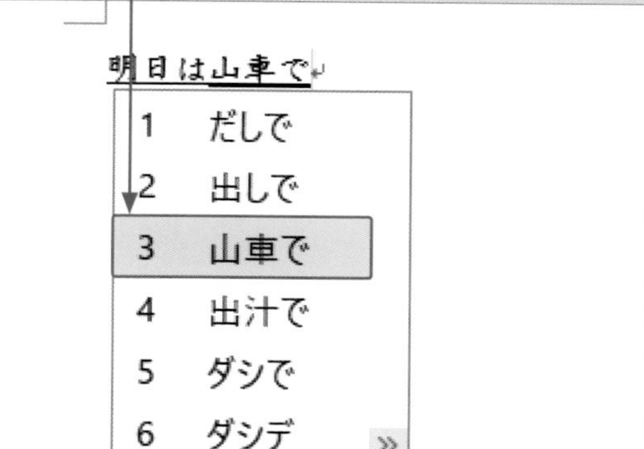

重要度 ★★★ 文字の変換

Q 0060 確定した文字を変換し直したい！

A 変換し直す文字にカーソルを置いて、変換を押します。

変換を確定した文字を別の文字に変換し直すには、変更したい文字にカーソルを移動するか、その文字を選択して、変換 を押します。変換候補が表示されるので、目的の漢字を選択します。

1 変換し直す文字を選択します。

●開業祝いに何を遅ればよい？
知人や取引相手が起業したり、事務所を開設・移転したりし

2 変換 を押して、候補一覧から変換後の文字を選択します。

●開業祝いに何を贈ればよい？
1 遅れ
2 送れ
3 後れ
4 おくれ
5 贈れ
6 オクレ

標準統合辞書
遅れ 〔時間・速度〕「待ち合わせに
送れ 送達, 送別, 過ごす.「荷物を 日々を送る.」
後れ 〔物事の後先〕「同輩に後れ
贈れ 贈与.「記念品を贈る, 感謝

重要度 ★★★ 文字の変換

Q 0061 変換候補の表示をすばやく切り替えたい！

A Shift + ↑ / ↓ を押します。

変換候補がたくさんある場合に、スクロールバーをドラッグしたり、↓ を押したりして順に見ていきますが、最初の一覧に目的の文字がないとわかった場合は、すぐに次の候補を表示させたいものです。Shift + ↓ を押すと、次の一覧が表示されます。前の候補一覧に戻りたい場合は Shift + ↑ を押します。

重要度 ★★★ 文字の変換

Q 0062 変換候補を一覧表示させたい！

A 候補一覧をページ単位で移動することができます。

変換を行うために Space を2回押すと、最大9つの変換候補が表示されますが、候補を探すのに、ずっとスクロールするのは面倒です。このとき Tab を押すか、候補の右下の » をクリックすると、横長に候補一覧が表示されます。一覧表示にすれば目的の文字をすばやく見つけることができます。

また、この状態でさらに候補がある場合は、PageDown や PageUp を押すと、変換候補がページ単位で切り替わります。

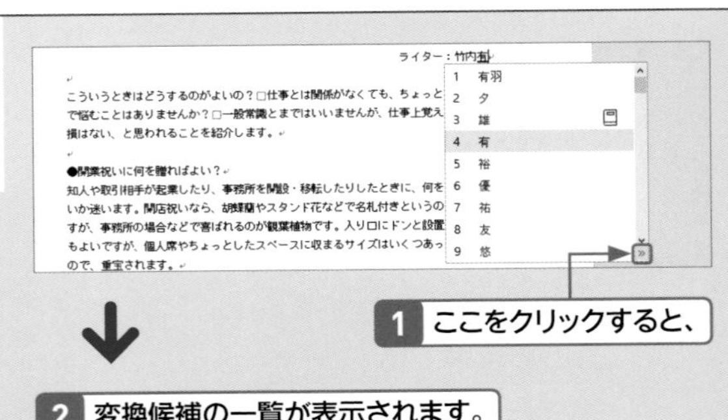

1 ここをクリックすると、

2 変換候補の一覧が表示されます。

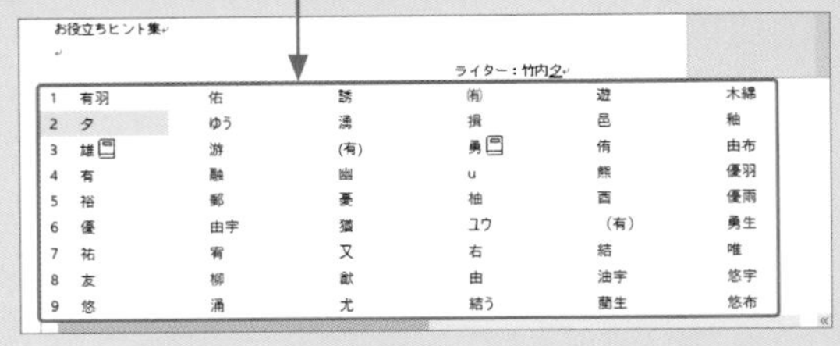

重要度★★★　文字の変換

Q 0063 正しい変換文字を入力したい！

A 変換文字の辞書で意味や使い方を調べることができます。

文字を変換する場合、同じ読みでも複数の漢字が表示され、どれを使うのが正しいのか迷う場合があります。使い方が難しい文字には、辞書マークが付く場合があり、「標準統合辞書」（Word 2013／2010では「標準辞書」）が表示されます。単語の使い方を確認してから、文字を選択するとよいでしょう。

辞書マークのある文字には、意味や使い方が表示されます。

重要度★★★　文字の変換

Q 0064 文中の語句の意味をすばやく調べたい！

A スマート検索機能を利用します。

スマート検索とは、指定した語句に関する意味や情報をWeb上で検索して表示する機能です（Word 2013では＜Bingで検索＞、Word 2010では＜リサーチ＞が同様の機能です）。語句を選択して、右クリックし＜スマート検索＞をクリックするか、＜参考資料＞タブの＜スマート検索＞（Word 2010では＜校閲＞タブの＜リサーチ＞）をクリックします。＜スマート検索＞作業ウィンドウが表示され、語句の定義やWeb上での関連情報などの検索結果が表示されます。

なお、スマート検索を利用するには、＜Wordのオプション＞画面の＜基本設定＞で＜Officeインテリジェントサービス＞を有効にしておく必要があります。

参照►Q 0030

＜参考資料＞タブの＜スマート検索＞でも同じです。

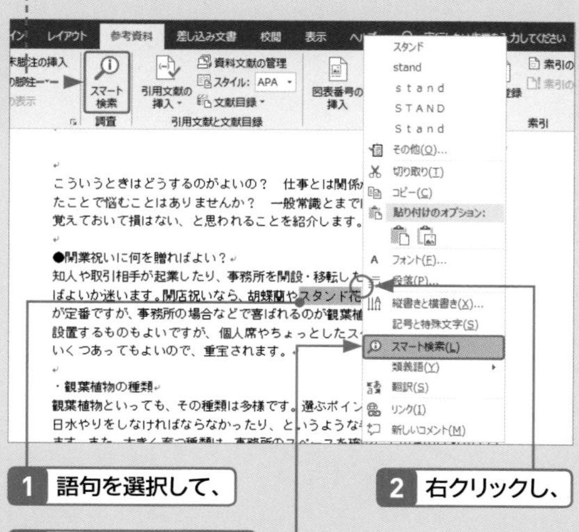

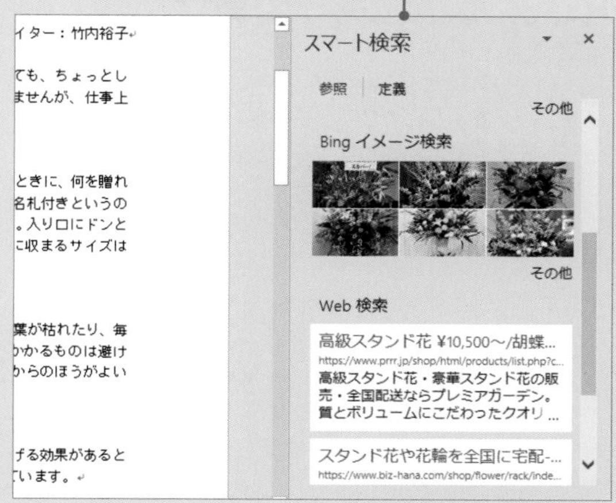

重要度 ★★★ 文字の変換

Q 0065 確定した文字の種類を変更したい！

A <文字種の変換>をクリックして、目的の文字種を選択します。

ひらがなやカタカナ、漢字などに変換して確定したあとから、文字種を変更するには、種類を変更したい文字列を選択して、<ホーム>タブの<文字種の変換>をクリックし、目的の文字種を選択します。

変換する文字の種類は、半角、全角、カタカナ、ひらがなのほかに、文の先頭文字を大文字にする、すべてを大文字／小文字にする、各単語の先頭文字を大文字にする、大文字と小文字を入れ替えるなどの変換が可能です。確定した文字列を入力し直さなくても、すばやく変換できるので便利です。

1 対象の文字列を選択して、

＜人気の観葉植物＞
カポック
カポックは、別名「ｼｪﾌﾚﾗ」といいます。寒さや暑さ、中でも特に育てやすい種類です。花や手のひらのように顔にしてくれそうな雰囲気を持っています。

2 <ホーム>タブの<文字種の変換>をクリックし、

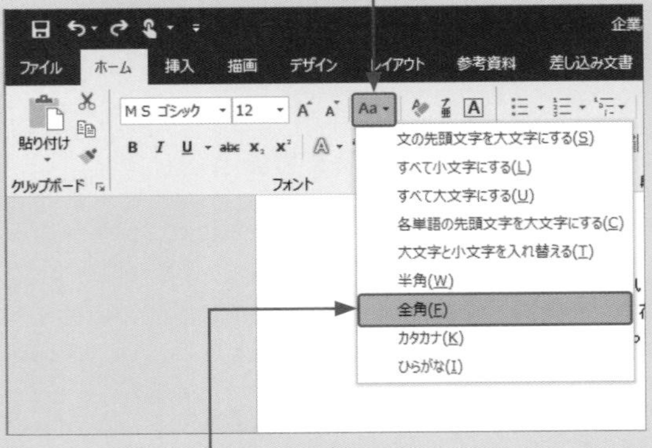

3 目的の文字種を選択すると、

4 文字種が変換されます。

＜人気の観葉植物＞
カポック
カポックは、別名「シェフレラ」といいます。寒さや暑さ物の中でも特に育てやすい種類です。花や手のひらのを笑顔にしてくれそうな雰囲気を持っています。

重要度 ★★★ 文字の変換

Q 0066 環境依存って何？

A パソコンやソフトの環境によっては表示されない文字のことです。

Wordで文字列を変換する際に、候補によっては「環境依存」と表示される場合があります。これは、一般に「環境依存文字」と呼ばれる特殊文字で、パソコンのOSやアプリなどの環境によって表示されなかったり、表示されてもフォントの変更などの編集ができなかったりする場合があります。環境依存文字はほかのパソコンで表示や印刷ができない可能性があるので、使用する場合は注意が必要です。

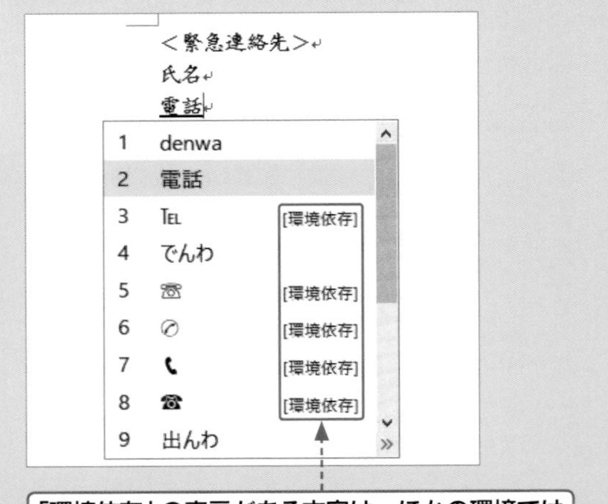

「環境依存」の表示がある文字は、ほかの環境では表示や印刷ができない場合があります。

重要度★★★ 文字の変換

Q 0067 変換候補に<単漢字>と表示された！

A 単漢字辞書の候補を表示します。

Wordでの文字変換は、一般的な候補が表示され、読みによっては表示される変換候補がない場合があります。Microsoft IMEには、「単漢字辞書」が用意されていて、表示される候補以外にも、単漢字の候補がある場合に、単漢字辞書からの候補を探すように促しています。<単漢字>は候補一覧の最後に表示されます。

ここでは、「あお」を変換しています。

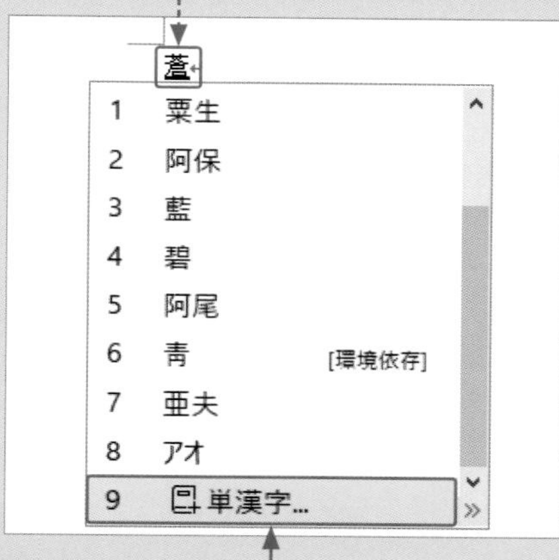

1 <単漢字>をクリックすると、

2 単漢字の候補が表示されます。

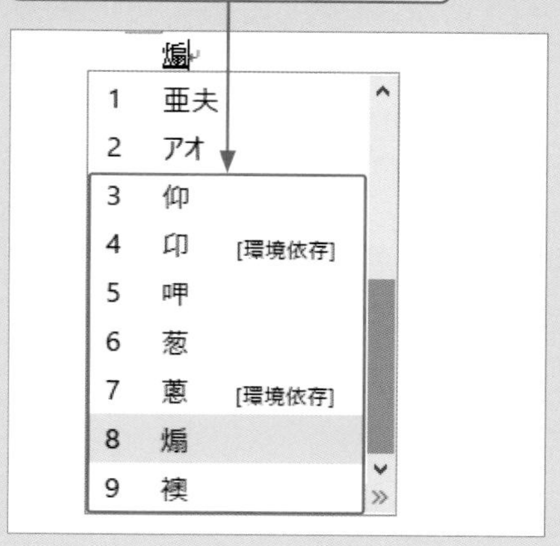

重要度★★★ 文字の変換

Q 0068 郵便番号から住所を入力したい！

A 変換候補一覧から<住所に変換>を選択します。

Wordでは、日本語入力モードの<ひらがな>あで郵便番号を入力して変換すると、該当する住所が変換候補に表示されます。これは、Microsoft IMEの「郵便番号辞書」による変換機能です。<半角英数>や<全角英数>などの入力モードでは、この機能は利用できません。

1 郵便番号を入力して、

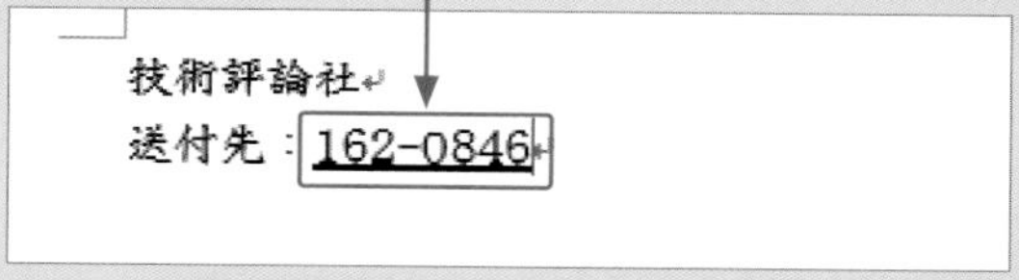

技術評論社
送付先：162-0846

2 Spaceを2回押して変換すると、

3 住所が候補に表示されます。クリックすると（Word 2010では<住所に変換>→住所の候補の順にクリック）、

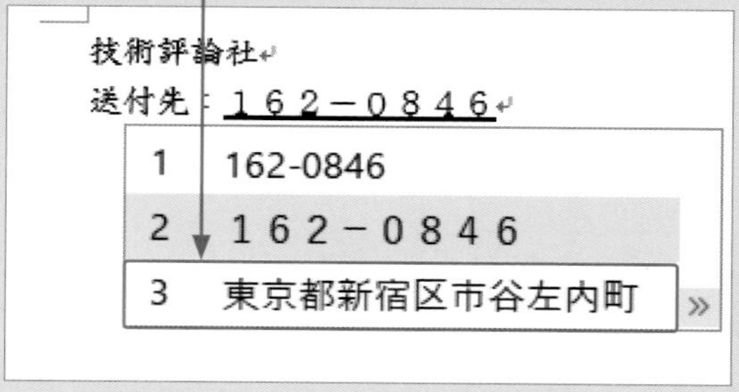

技術評論社
送付先：１６２－０８４６
1 162-0846
2 １６２－０８４６
3 東京都新宿区市谷左内町

4 住所を入力できます。

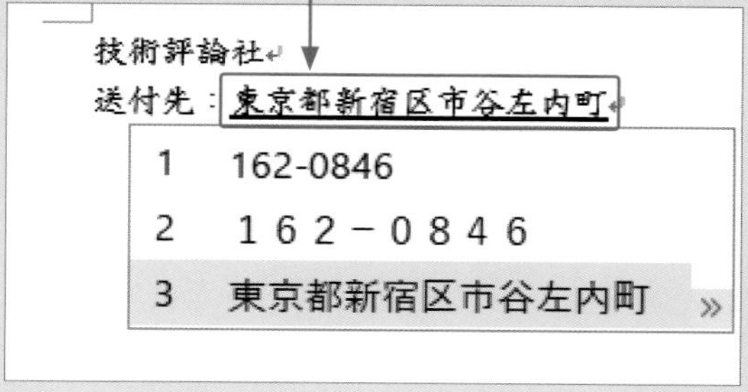

技術評論社
送付先：東京都新宿区市谷左内町
1 162-0846
2 １６２－０８４６
3 東京都新宿区市谷左内町

重要度 ★★★　文字の変換

Q 0069 文の先頭の小文字が大文字に変換されてしまう!

A1 オートコレクト機能で、設定を変更します。

日本語入力モードで英字を入力する際に、文頭のアルファベットを小文字で入力しても大文字に変換されてしまうのは、文字や数字などの入力を支援するオートコレクト機能が働いているためです。

この機能を無効にするには、<ファイル>タブの<オプション>をクリックして<Wordのオプション>を表示し、<文書校正>の<オートコレクトのオプション>をクリックします。表示される<オートコレクト>ダイアログボックスの<オートコレクト>タブで、文頭のアルファベットの小文字を大文字に変換しないように設定します。

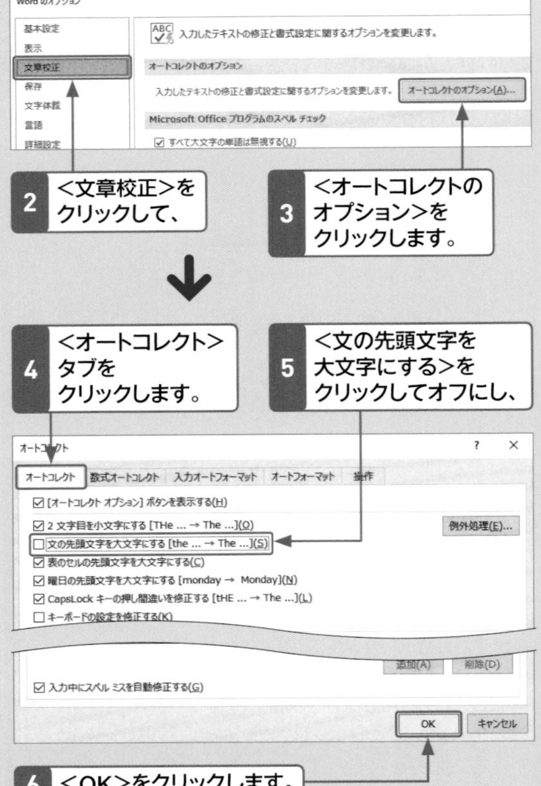

A2 <オートコレクトのオプション>でもとに戻します。

小文字で入力した英字が自動的に大文字に変換された場合、その文字にマウスポインターを合わせると薄い が表示されるので、マウスポインターを合わせて<オートコレクトのオプション> をクリックし、<元に戻す-大文字の自動設定>をクリックするともとに戻ります。

また、ここで<文の先頭文字を自動的に大文字にしない>を選択すると、オートコレクト機能の設定を変更できます。<オートコレクトオプションの設定>を選択すると、左下図の<オートコレクト>ダイアログボックスを表示できます。

1 大文字に変換された文字にマウスポインターを合わせて、 をクリックします。

技術評論社
送付先：東京都新宿区市谷左内町
Tel

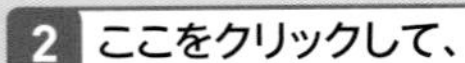

技術評論社
送付先：東京都新宿区市谷左内町
Tel

3 <元に戻す-大文字の自動設定>をクリックすると、小文字に変換されます。

技術評論社
送付先：東京都新宿区市谷左内町
Tel

元に戻す(U) - 大文字の自動設定
文の先頭文字を自動的に大文字にしない(S)
オートコレクト オプションの設定(C)...

ここをクリックすると、<オートコレクト>ダイアログボックスが表示されます。

重要度★★★　文字の変換

Q 0070 (c)と入力すると©に変換されてしまう！

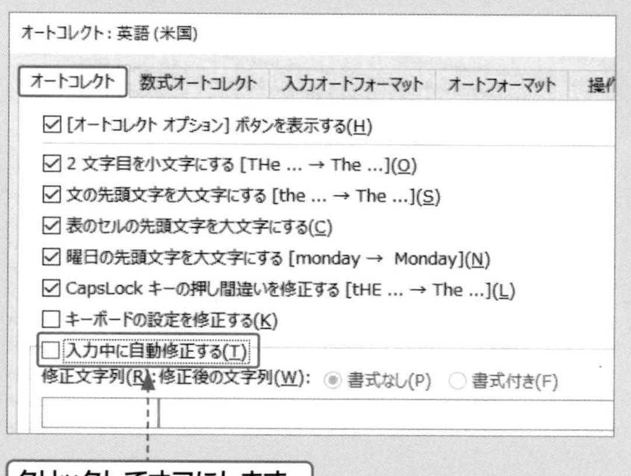

A オートコレクト機能で自動的に変換されないように設定を変更します。

初期設定では、「(c)」は©、「(r)」は®に自動的に変換されるようになっています。この設定を変更するには、＜オートコレクト＞ダイアログボックスの＜オートコレクト＞タブで、＜入力中に自動修正する＞をクリックしてオフにします。

参照▶Q 0069

重要度★★★　文字の変換

Q 0071 「' '」が「‘ ’」になってしまう！

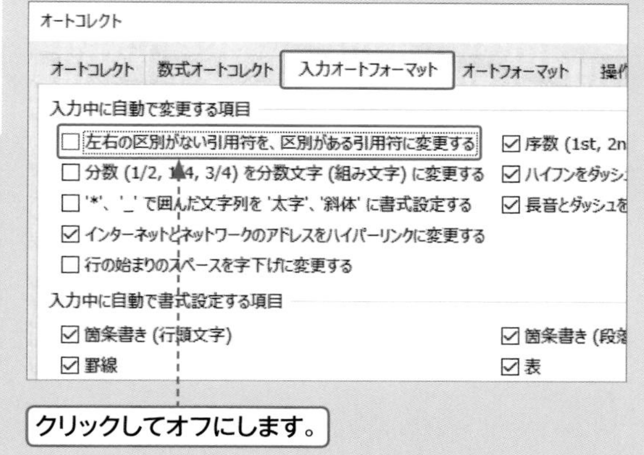

A オートコレクト機能で自動的に変換されないように設定を変更します。

初期設定では、「' '」を入力すると、自動的に「‘ ’」に変換されるようになっています。＜オートコレクト＞ダイアログボックスの＜入力オートフォーマット＞タブで、＜左右の区別がない引用符を、区別がある引用符に変更する＞（Word 2010では＜' 'を‘ ’に変換する＞）をクリックしてオフにすると無効にできます。

参照▶Q 0069

重要度★★★　文字の変換

Q 0072 「-」を連続して入力したら罫線になった！

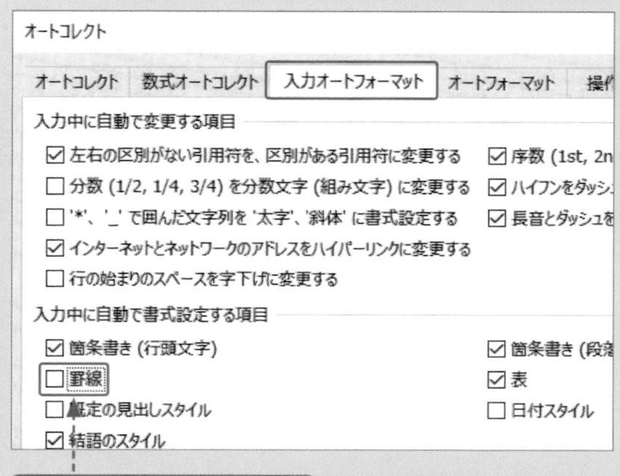

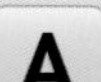

A オートコレクト機能で自動的に変換されないように設定を変更します。

初期設定では、「-（ハイフン）」や「－（マイナス）」を続けて入力して改行すると、自動的に罫線に変換されるようになっています。この設定を無効にするには、＜オートコレクト＞ダイアログボックスの＜入力オートフォーマット＞タブで、＜罫線＞をクリックしてオフにします。

参照▶Q 0069

重要度 ★★★　特殊な文字の入力

Q 0073 入力操作だけで文字を太字や斜体にしたい！

A 文字の前後を * あるいは _ で囲みます。

<オートコレクト>ダイアログボックスの<入力オートフォーマット>タブで、<'*'、'_'で囲んだ文字列を'太字'、'斜体'に書式設定する>をクリックしてオンにします。これで、「*漢字*」と入力すれば太字となり、「_漢字_」と入力すれば斜体になります。

参照▶Q 0069

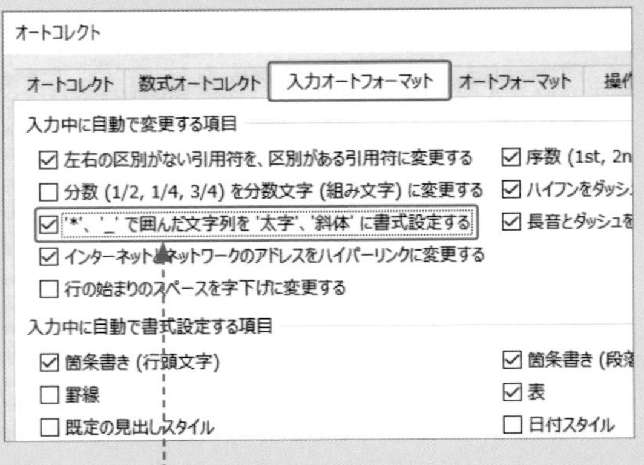

重要度 ★★★　特殊な文字の入力

Q 0074 記号をかんたんに入力したい！

A1 記号の名前を入力して変換します。

◎や▲、★などの記号は、「まる」「さんかく」「ほし」のように、記号の読みを入力して、Space を2回押します。変換候補の中に記号も表示されるので、目的の記号をクリックします。
どのような形の記号を入力するのか迷ったときは、「ずけい」を変換すると多くの記号が変換候補一覧に表示されます。

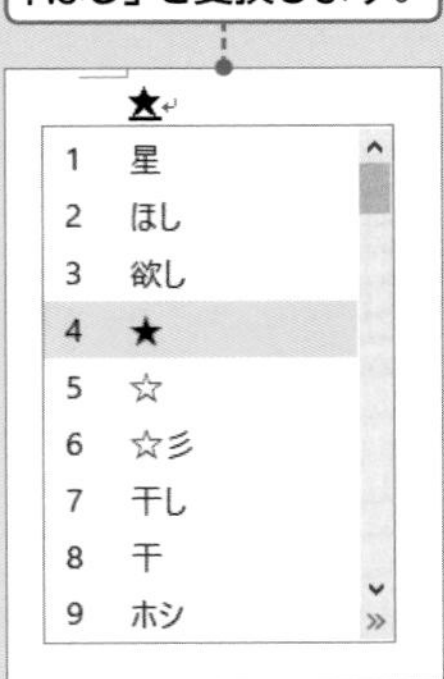

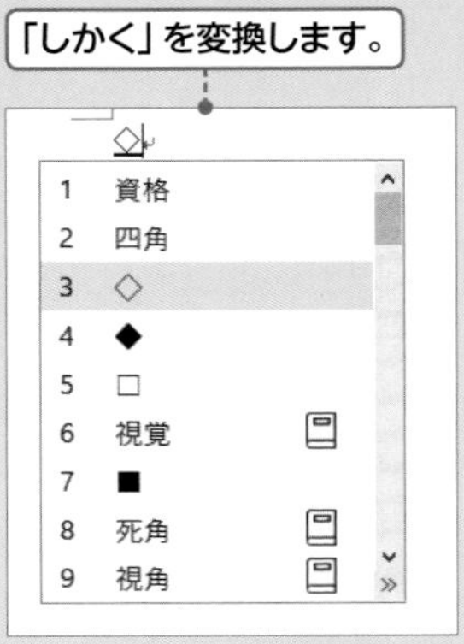

「しかく」を変換します。

A2 <記号と特殊文字>ダイアログボックスを利用します。

<挿入>タブの<記号と特殊文字>をクリックして表示される<記号と特殊文字>ダイアログボックスには、さまざまな記号が用意されています。<種類>を<修飾記号>などの記号にすると記号が表示されます。目的の記号をクリックして、<挿入>をクリックすると入力できます。

参照▶Q 0075

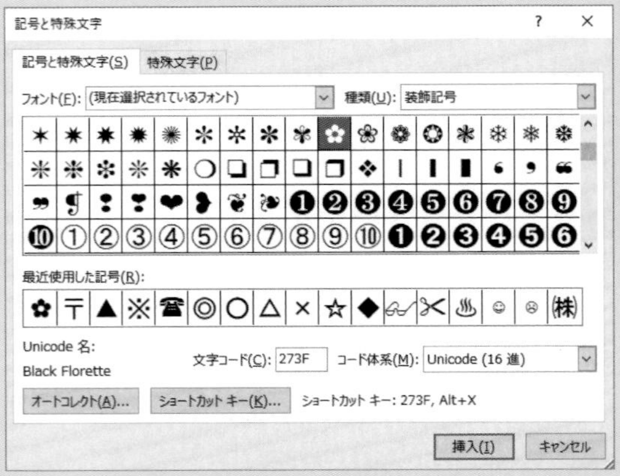

重要度 ★★★　特殊な文字の入力

絵文字を入力したい！

A ＜記号と特殊文字＞ダイアログボックスを利用します。

絵文字などを入力する場合、読みの変換候補に表示される場合もあります。たとえば、「ほし」を変換すると、✷のような絵文字が入力できます。ただし、どのような絵文字があるのかがわからないので、特殊な文字を探すには、＜記号と特殊文字＞ダイアログボックスを利用しましょう。＜記号と特殊文字＞ダイアログボックスを表示するには、＜挿入＞タブの＜記号と特殊文字＞をクリックして、＜その他の記号＞をクリックします。
＜種類＞に＜その他の記号＞を選ぶと、英文字などの記号が表示されます。また、＜フォント＞を「Wingdings」などの記号用のフォントに変更しても、絵文字や特殊な記号を表示できます。

● 変換候補を利用する

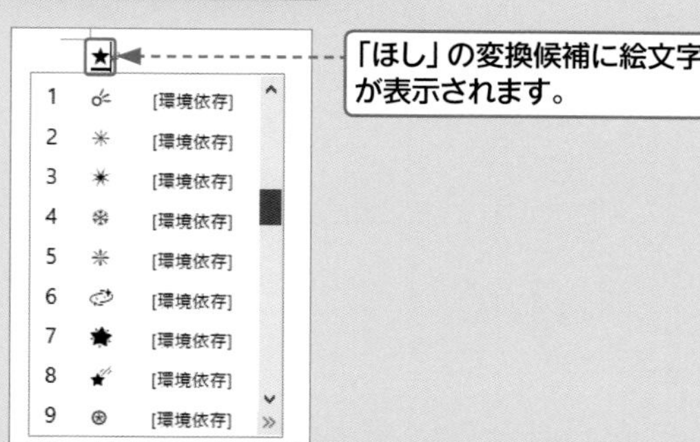

「ほし」の変換候補に絵文字が表示されます。
[環境依存]

● ＜記号と特殊文字＞ダイアログボックスを表示する

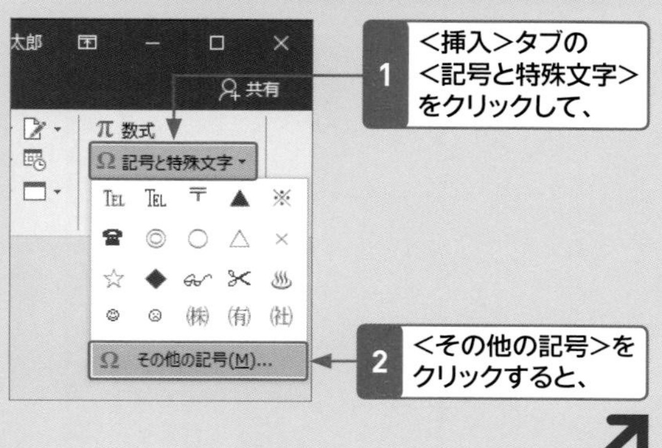

1 ＜挿入＞タブの＜記号と特殊文字＞をクリックして、
2 ＜その他の記号＞をクリックすると、
π 数式
Ω 記号と特殊文字
Ω その他の記号(M)...
共有

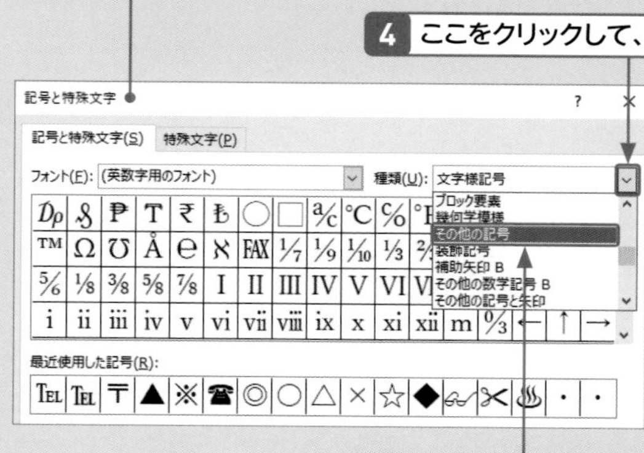

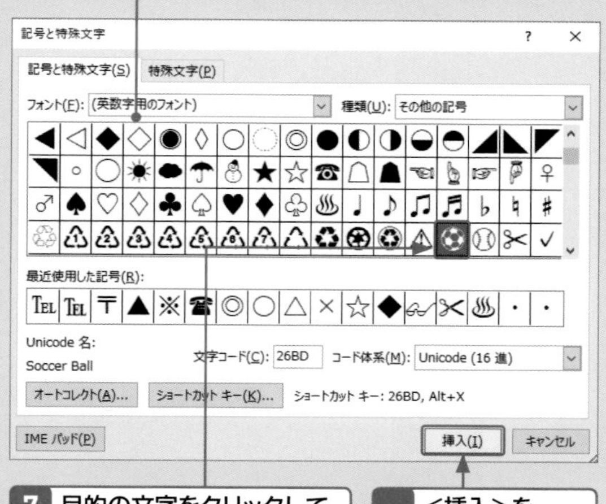

● フォントを変更する

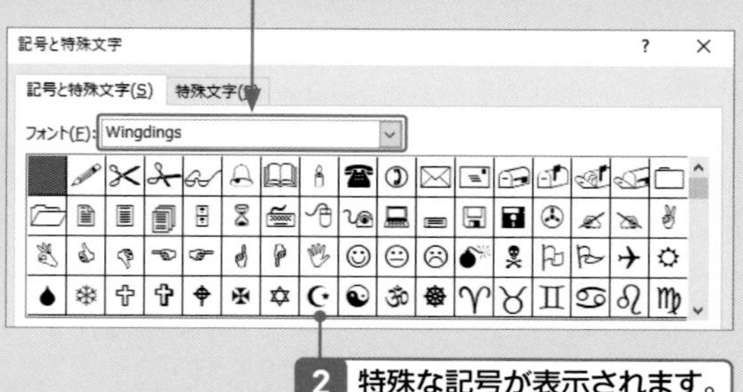

重要度 ★★★ 特殊な文字の入力

Q 0076 ①や②などの丸囲み数字を入力したい！

A 数字を入力して、変換します。

英数モード以外で1、2など、数字を入力して[Space]で変換すると、変換候補一覧に①、②などの丸囲み数字が表示されるので、かんたんに入力できます。なお、丸囲み数字は環境依存文字であり、変換できるのは「50」までです。

参照▶Q 0066, Q 0074

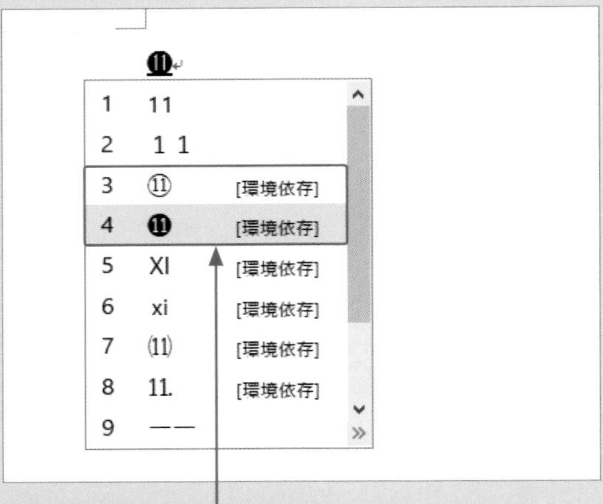

重要度 ★★★ 特殊な文字の入力

Q 0077 51以上の丸囲み数字を入力したい！

A 囲い文字を利用して、丸囲み数字を作ります。

Wordで丸囲み数字に変換できるのは「50」までです。「51」以上の数字は、丸囲み数字に変換できません。この場合は、入力した半角2桁の数字を「囲い文字」にします。なお、3桁以上の数字や、全角2文字を囲い文字にすることはできません。

参照▶Q 0076, Q 0078

重要度 ★★★ 特殊な文字の入力

Q 0078 ○や□で囲まれた文字を入力したい！

A 囲い文字を利用します。

㊙や㊿などのように文字や半角2桁の数字を○や□で囲うには、<囲い文字>を利用します。

入力した半角2桁の数字、あるいは全角1文字を選択して、<ホーム>タブの<囲い文字>をクリックし、<囲い文字>ダイアログボックスの<スタイル>で囲い文字のスタイルを選択して、<囲い文字>で囲う記号を選択し、<OK>をクリックします。

なお、<囲い文字>ダイアログボックスの<囲み>（Word 2016以前は<囲い文字>）の<文字>ボックスに、文字を直接入力することもできます。

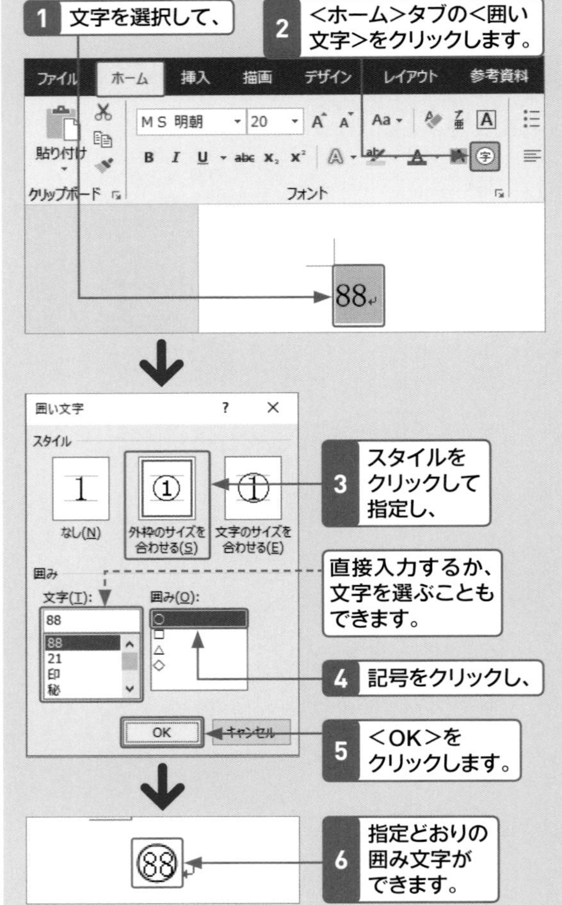

重要度 ★★★　特殊な文字の入力

Q 0079 文字を罫線で囲みたい！

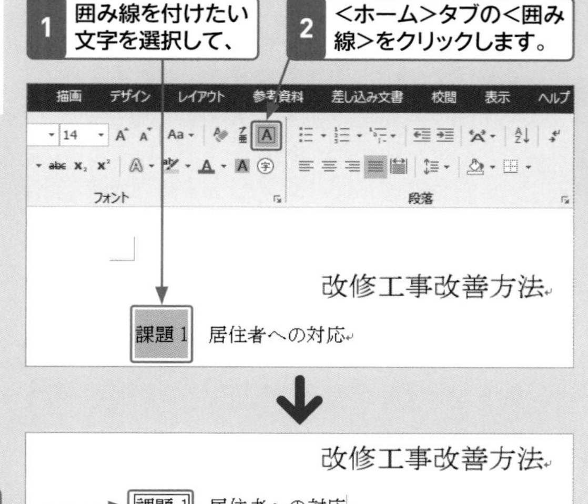

A 囲み線を利用します。

強調させたい文字や、Enterのようにキーを罫線で囲むには、「囲み線」を使います。囲みたい文字を選択して、<ホーム>タブの<囲み線>をクリックします。
あるいは、<囲み線>をクリックしてから文字を入力することで、文字を囲むことができます。この場合は、入力が終わったら、再度<囲み線>をクリックして、囲み線のモードをオフにします。

改修工事改善方法

3 文字に囲み線が付きます。　→　課題 1　居住者への対応

重要度 ★★★　特殊な文字の入力

Q 0080 「株式会社」を㍿のように入力したい！

A 組み文字を利用します。

「組み文字」とは、㍿や㌔などのような、複数の字を組み合わせた文字のことです。文字やフォントを指定するだけで、かんたんに組み文字に変換できます。
組み文字にしたい文字を6文字まで選択し、<ホーム>タブの<拡張書式>をクリックして、<組み文字>をクリックします。
<組み文字>ダイアログボックスで、組み文字のフォントやサイズを指定します。組み文字の大きさは、基本的には通常の文字サイズの半分くらいにします。
なお、㍿などは、辞書に記号として登録されているので、変換時にSpaceを2回押して、<記号>を選択して入力することもできます。

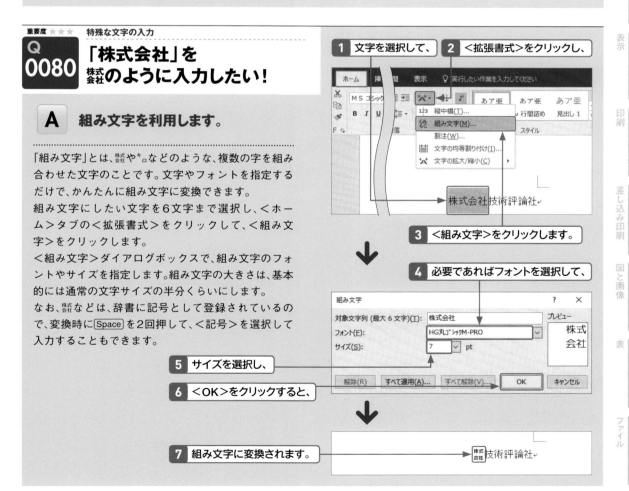

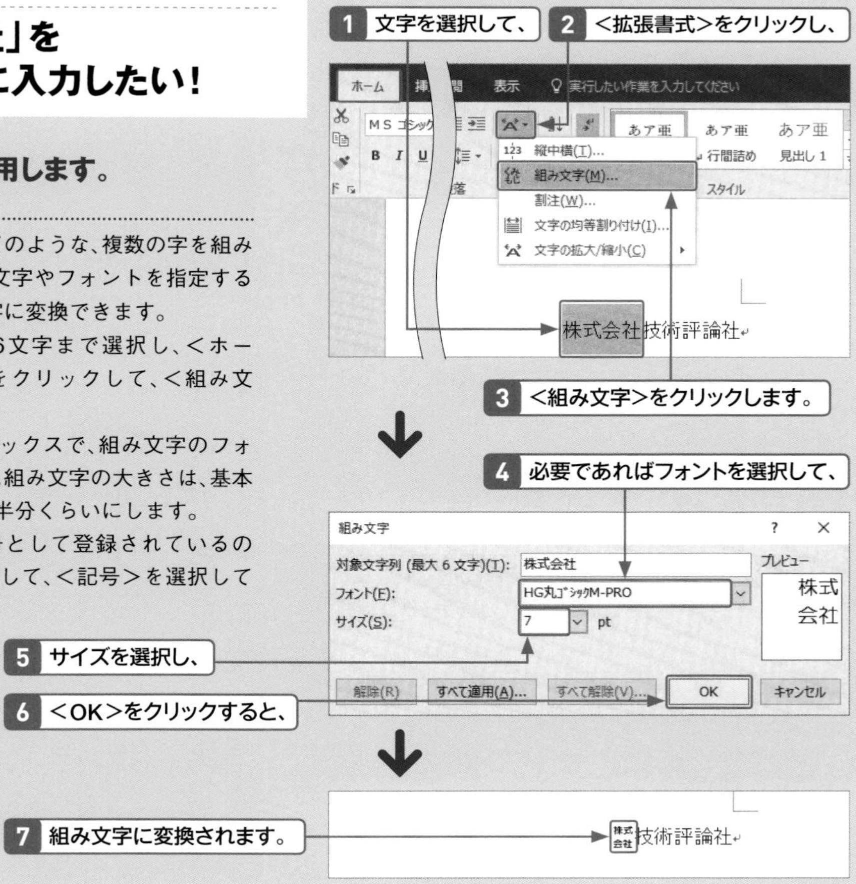

1 文字を選択して、
2 <拡張書式>をクリックし、
ホーム　挿　閲　表示　実行したい作業を入力してください
縦中横(T)...
組み文字(M)...
割注(W)...
文字の均等割り付け(I)...
文字の拡大/縮小(C)
株式会社技術評論社
3 <組み文字>をクリックします。
4 必要であればフォントを選択して、

組み文字
対象文字列 (最大 6 文字)(T):　株式会社
フォント(F):　HG丸ｺﾞｼｯｸM-PRO
サイズ(S):　7 pt
プレビュー　株式会社
解除(R)　すべて適用(A)...　すべて解除(V)...　OK　キャンセル

5 サイズを選択し、
6 <OK>をクリックすると、
7 組み文字に変換されます。　→　㍿技術評論社

重要度★★★ 特殊な文字の入力

Q 0081 メールアドレスが青字になって下線が付いた！

A ハイパーリンクが設定されていますが、解除できます。

メールアドレスやホームページのURLなどを入力して Enter を押すと、文字が青色になり、下線が付きます。これは、ハイパーリンクが設定されたためで、Ctrl を押しながらクリックすると、メールの送信画面やそのホームページ画面が表示できる仕組みです。印刷する際など不要な場合は、リンクを解除しましょう。解除するには、Word 2019ではハイパーリンクを右クリックして、＜ハイパーリンクの削除＞をクリックします。Word 2016以前の場合は、ハイパーリンクの末尾にカーソルを移動して、BackSpace を押します。

入力時にハイパーリンクの設定を利用しない場合は、＜オートコレクト＞ダイアログボックスの＜オートフォーマット＞タブ（Word 2010では＜入力オートフォーマット＞タブ）で、＜インターネットとネットワークのアドレスをハイパーリンクに変更する＞をクリックしてオフにします。

参照▶Q 0069

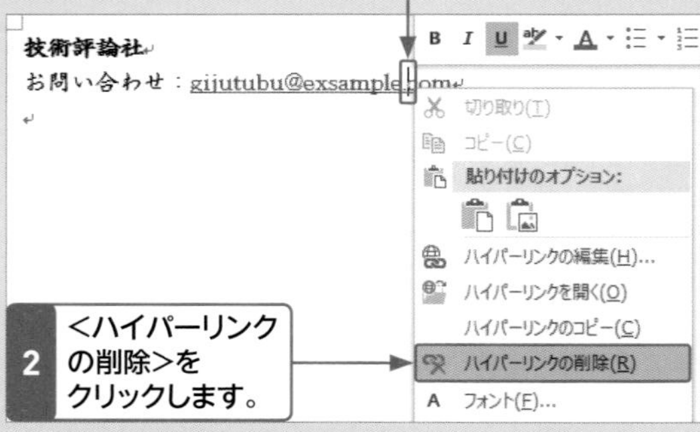

● ＜オートコレクト＞ダイアログボックスで設定する

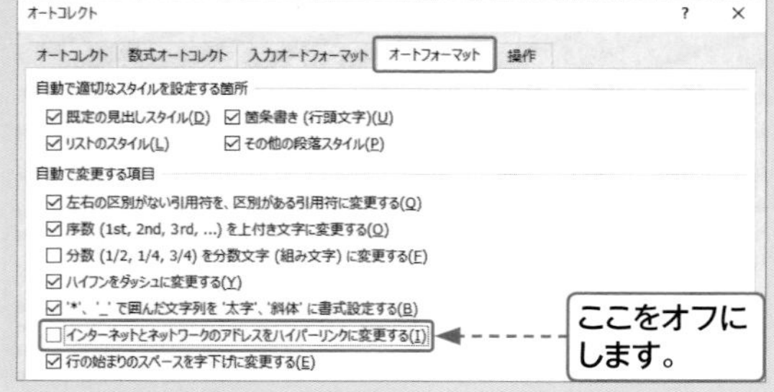

重要度★★★ 特殊な文字の入力

Q 0082 ルート記号を含む数式を入力したい！

A 数式ツールを利用します。

＜挿入＞タブの＜数式＞をクリックすると、＜数式ツール＞の＜デザイン＞タブが表示され、数式フィールドが挿入されます。＜べき乗根＞をクリックして、必要なルート記号を選択し、数式を入力します。

なお、フィールド右端の＜数式オプション＞をクリックして、＜配置＞から配置を調整できます。

1．面積が9㎡の正方形の一辺の長さを求めよ。

6 数式を入力します。

1．面積が9㎡の正方形の一辺の長さを求めよ。

$$\sqrt{9} = \sqrt{3^2} = 3$$

ここをクリックすると、位置や形式を変更できます。

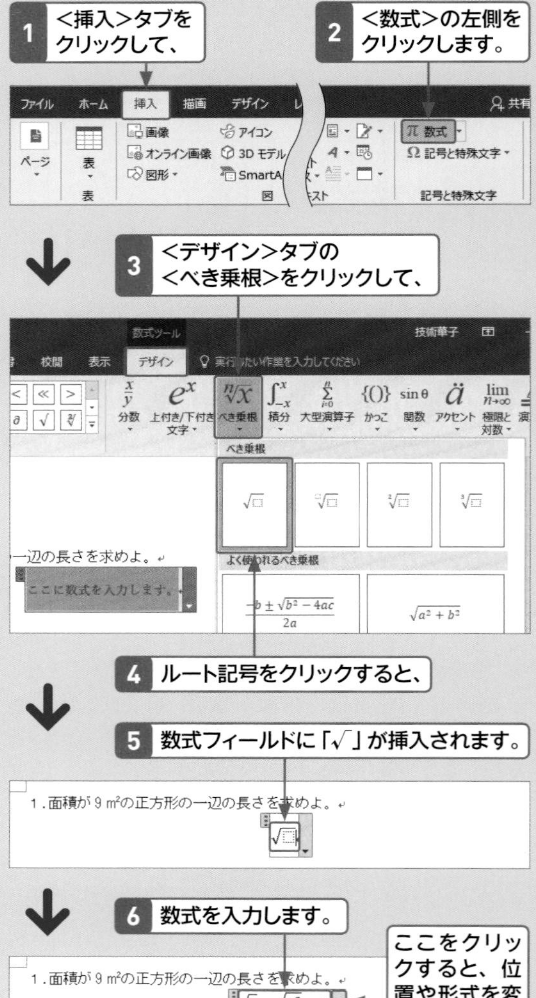

重要度 ★★★ 特殊な文字の入力

Q 0083 分数をかんたんに入力したい！

A 数式ツールを利用します。

分数をかんたんに入力するには、数式ツールの＜分数＞を利用します。使いたい分数の表示形式を選択すると、数式フィールドが表示されるので、⬚にカーソルを合わせて、入力します。
なお、Word 2019では「インクを数式に変換」機能、Word 2016では「インク数式」機能を利用しても、手書き入力することが可能です。 参照▶Q 0082, Q 0084

1 数式ツールの＜デザイン＞タブで＜分数＞をクリックして、

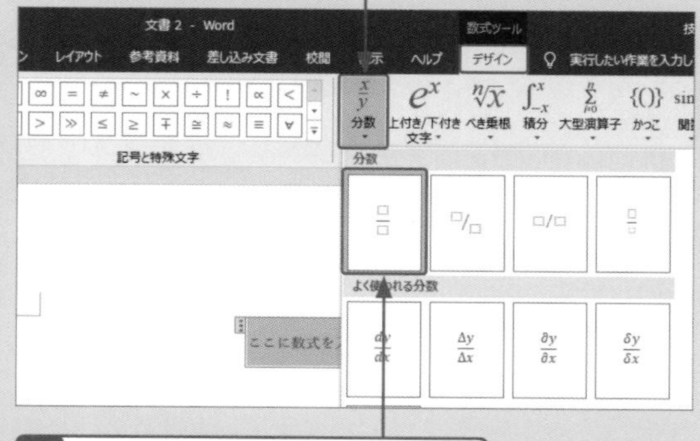

2 目的の表示形式をクリックします。

重要度 ★★★ 特殊な文字の入力 ⊗2013 ⊗2010

Q 0084 数式をかんたんに入力したい！

A ＜数式入力コントロール＞画面で手書き入力ができます。

1 ＜描画＞タブの＜インクを数式に変換＞をクリックすると、

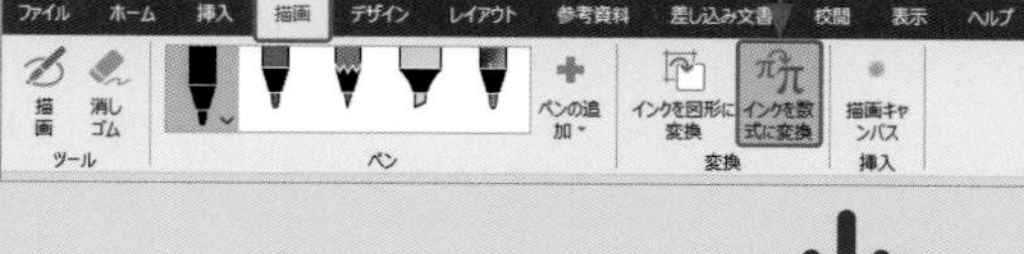

2 ＜数式入力コントロール＞画面が表示されます。

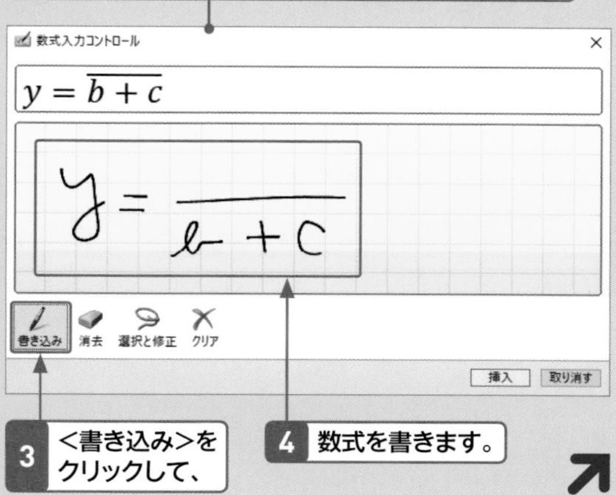

3 ＜書き込み＞をクリックして、

4 数式を書きます。

Word 2019では＜描画＞タブの＜インクを数式に変換＞、あるいはWord 2019／2016では＜挿入＞タブの＜数式＞から＜インク数式＞をクリックすると、＜数式入力コントロール＞画面が表示されます。
この画面にデジタルペンやマウスを使って数式を手書きすると、デジタル処理されます。入力した数式は、文書内に数式フィールドで挿入されます。

5 プレビュー表示で確認して、

6 ＜挿入＞をクリックします。

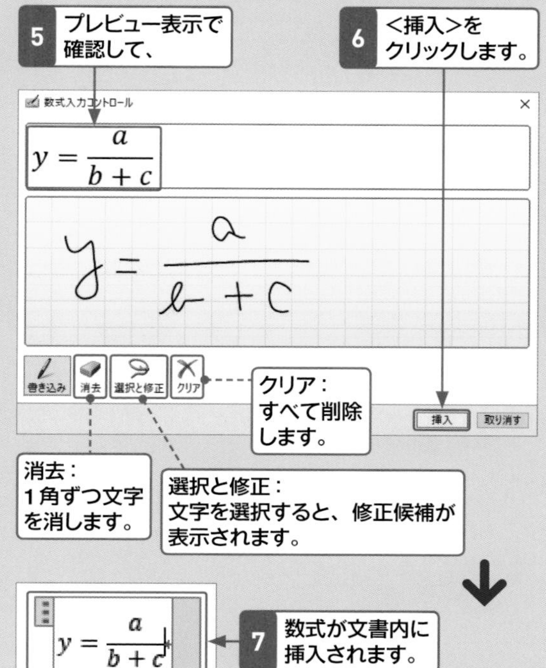

クリア：すべて削除します。

消去：1角ずつ文字を消します。

選択と修正：文字を選択すると、修正候補が表示されます。

7 数式が文書内に挿入されます。

重要度 ★★★ 特殊な文字の入力

Q 0085 ふりがなを付けたい！

A ＜ルビ＞で、ふりがなの文字列や書式を設定します。

目的の文字列を選択して、＜ホーム＞タブの＜ルビ＞ をクリックすると表示される＜ルビ＞ダイアログボックスで、ふりがなの内容や書式などを設定します。＜対象文字列＞に選択した文字列が表示されるので、＜ルビ＞にふりがなを入力します。一般的な単語であれば、あらかじめ正しいふりがなが入力されていますが、特殊な単語の場合は入力したり、修正したりします。なお、ふりがなを付けると行間が広がってしまう場合は、行間を調整します。 参照▶Q 0201

1 ふりがなを付ける文字列を選択して、

2 ＜ルビ＞をクリックします。

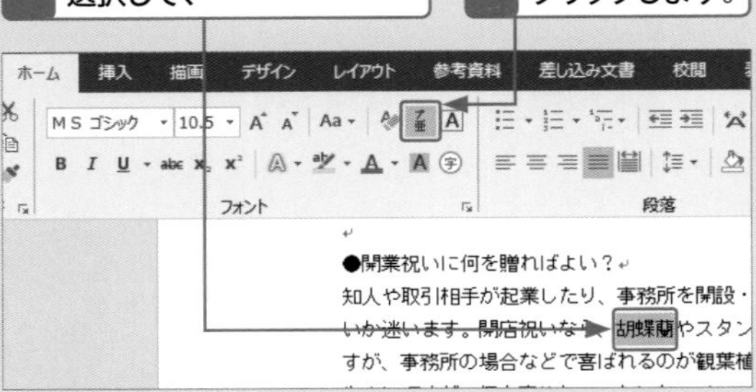

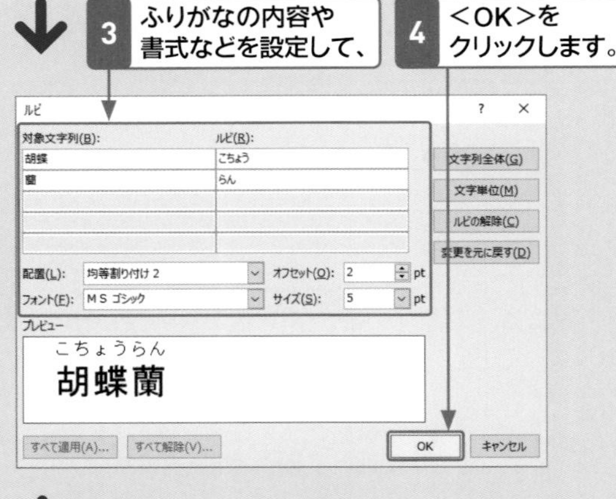

5 ルビが付きます。

起業したり、事務所を開設・移転したりしたときに、何を贈れ
店祝いなら、胡蝶蘭（こちょうらん）やスタンド花などで名札付きというのが定

重要度 ★★★ 特殊な文字の入力

Q 0086 ふりがなを編集したい！

A ＜ルビ＞で調整を行います。

設定済みのふりがなを編集したい場合は、対象の文字列を選択して＜ホーム＞タブの＜ルビ＞ をクリックします。＜ルビ＞ダイアログボックスでふりがなの内容、配置、フォント、サイズなどを変更できます。
熟語などが複数の対象に分かれてしまった場合は、＜文字列全体＞をクリックすると、1つの文字列に変更できます。逆に、1文字ずつにふりがなを付けたい場合は＜文字単位＞をクリックします。
文字列に対してふりがなをどのように配置させるかは＜配置＞で設定できます。通常は均等に割り付けますが、中央揃え、左揃え、右揃えなどに変えてもよいでしょう。
オフセットは、文字とふりがなの行間隔のことです。狭すぎるとふりがなが文字にくっついてしまうので、サイズとともに調整します。 参照▶Q 0085

文字列全体にします。

ルビ
対象文字列(B): 紫香蘭
ルビ(R): しこうらん
文字列全体(G)
文字単位(M)
ルビの解除(C)
変更を元に戻す(D)
配置(L): 均等割り付け 2　オフセット(O): 0 pt
フォント(F): ＭＳ ゴシック　サイズ(S): 5 pt
プレビュー
しこうらん
紫香蘭

配置とオフセットを変更します。

ルビ
対象文字列(B): 紫 / 香 / 蘭
ルビ(R): し / こう / らん
文字列全体(G)
文字単位(M)
ルビの解除(C)
変更を元に戻す(D)
配置(L): 中央揃え　オフセット(O): 2 pt
フォント(F): ＭＳ ゴシック　サイズ(S): 5 pt
プレビュー
し こう らん
紫香蘭

重要度 ★★★　単語の登録

Q 0087 ふりがなを削除したい！

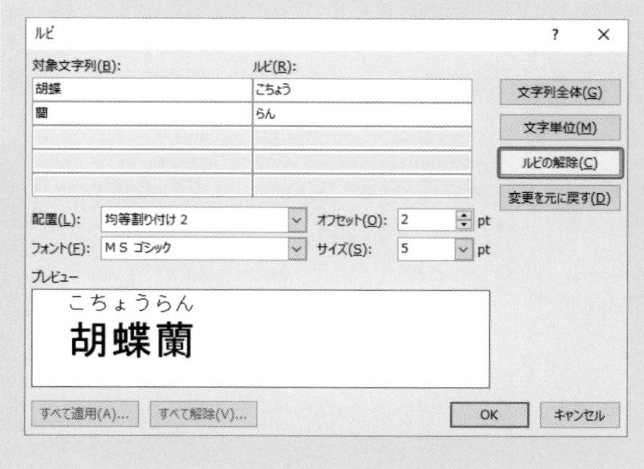

A ＜ルビ＞ダイアログボックスの＜削除＞をクリックします。

ふりがなを削除したい場合は、ふりがなを設定した文字列を選択して、＜ホーム＞タブの＜ルビ＞をクリックし、＜ルビ＞ダイアログボックスを表示します。＜ルビの削除＞をクリックすると、ふりがなの設定が解除されます。

重要度 ★★★　単語の登録

Q 0088 変換候補一覧に目的の単語が表示されない！

A 単語をユーザー辞書に登録します。

会社名や変わった名称などは、一度の変換で正しい文字にすることが難しく、また辞書に登録されていない単語は変換されません。このような場合には、自分でユーザー辞書に登録しましょう。

＜校閲＞タブの＜日本語入力辞書への単語登録＞をクリックすると表示される＜単語の登録＞ダイアログボックスで登録します。このとき、登録する単語を選択しておくと、自動的に入力されます。また、「よみ」は省略できます。

なお、＜単語の登録＞ダイアログボックスは＜入力モード＞を右クリック（Word 2010では＜ツール＞をクリック）して、＜単語の登録＞をクリックしても表示できます。

参照 ▶ Q 0089

4 よみを入力して、

5 品詞を選択し、

6

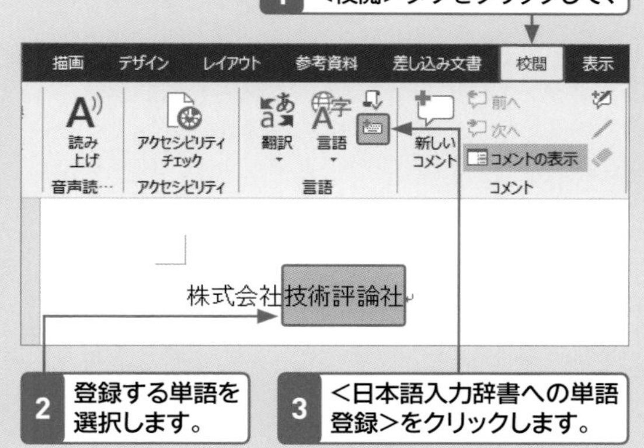

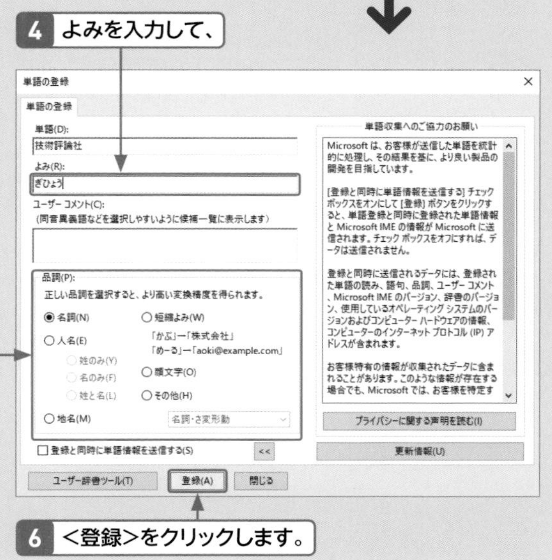

重要度 ★★★ 単語の登録

Q 0089 登録した単語を変更したい！

A Microsoft IMEユーザー辞書ツールを利用します。

＜入力モード＞を右クリック（Word 2010では＜ツール＞をクリック）して、＜ユーザー辞書ツール＞をクリックすると表示される＜Microsoft IMEユーザー辞書ツール＞画面に、登録した内容が一覧表示されます。登録した語句や内容を変更したい場合は、一覧から変更したい語句をクリックして選択し、＜変更＞ボタンをクリックします。＜辞書の変更＞ダイアログボックスが表示されるので、変更して、＜登録＞をクリックします。

また、＜辞書の変更＞ダイアログボックスで＜登録＞ボタンをクリックすると、＜単語の登録＞ダイアログボックスが表示されるので、新規に登録することもできます。 参照▶Q 0088

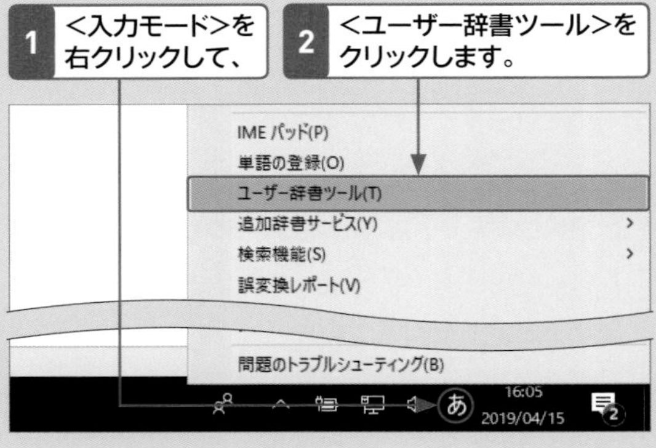

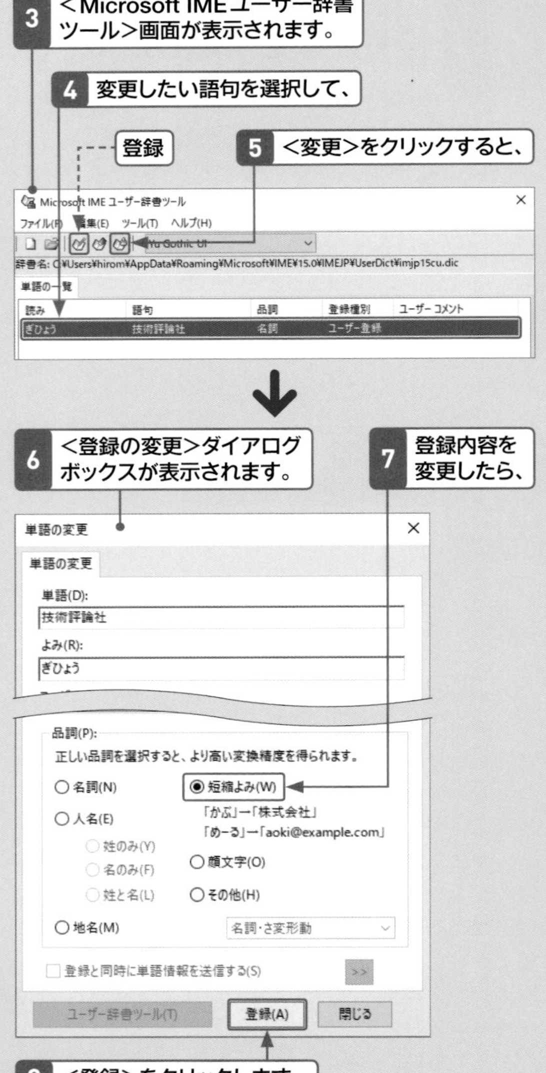

重要度 ★★★ 単語の登録

Q 0090 登録した単語を削除したい！

A Microsoft IMEユーザー辞書ツールを利用します。

＜Microsoft IMEユーザー辞書ツール＞画面で、単語を選択し、＜削除＞をクリックします。 参照▶Q 0089

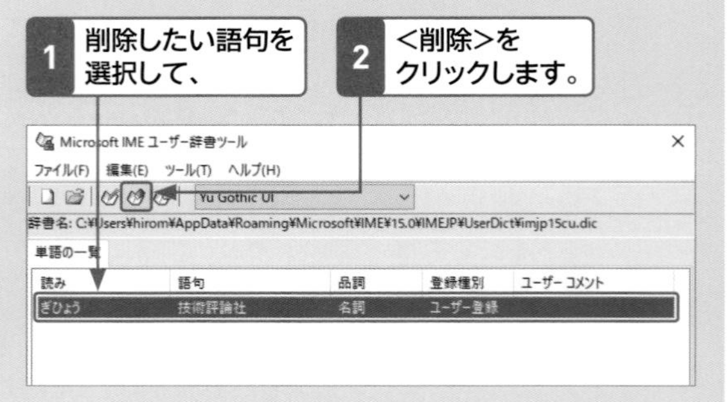

Q 0091 単語をユーザー辞書にまとめて登録したい！

A Microsoft IMEユーザー辞書ツールで読み込みます。

登録したい単語の一覧をテキストファイルとして作成します。テキストファイルはWordのほか、メモ帳やワードパッドなどのエディタでも作成できます。

＜Microsoft IMEユーザー辞書ツール＞を起動して、＜ツール＞メニューの＜テキストファイルからの登録＞をクリックします。 参照▶Q 0089

1 登録したい単語の一覧を、「読み」「語句」「品詞」の順にタブ区切りで入力し、テキストファイルとして保存します。

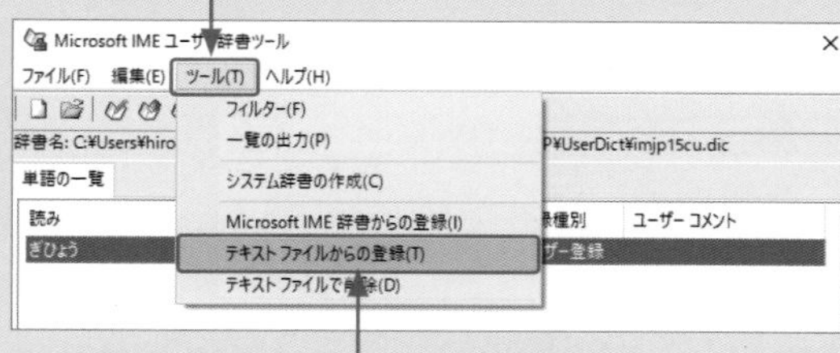

2 ＜Microsoft IMEユーザー辞書ツール＞の＜ツール＞メニューをクリックして、

3 ＜テキストファイルからの登録＞をクリックし、

4 ＜テキストファイルからの登録＞ダイアログボックスでテキストファイルを選択して、＜開く＞をクリックすると、五十音順で追加登録されます。

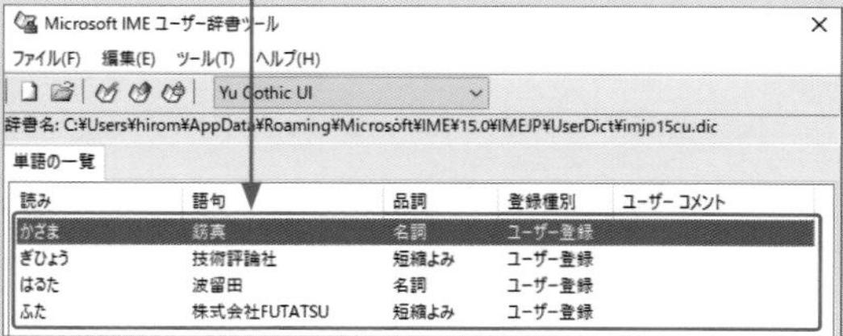

Q 0092 現在の日付や時刻を入力したい！

A ＜日付と時刻＞ダイアログボックスを利用します。

日付や時刻を文書中に入力するには、＜挿入＞タブにある＜日付と時刻＞をクリックして、日付と時刻の入力形式を選択します。なお、時刻の表示は、カレンダーの種類を＜グレゴリオ暦＞（西暦）にした場合に利用できます。

1 ＜挿入＞タブの＜日付と時刻＞をクリックすると、

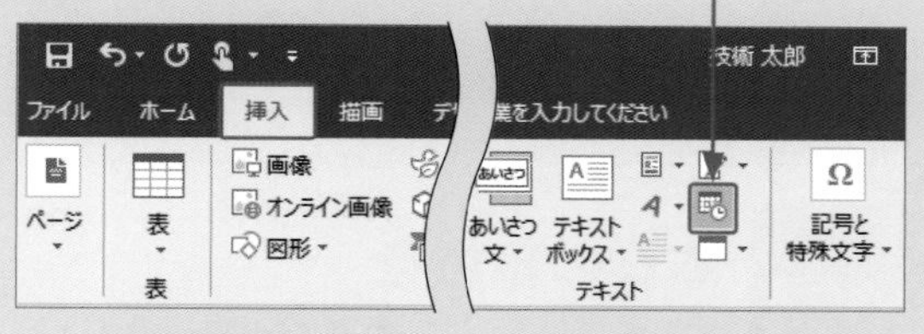

2 ＜日付と時刻＞ダイアログボックスが表示されます。

3 言語とカレンダーの種類を選択して、

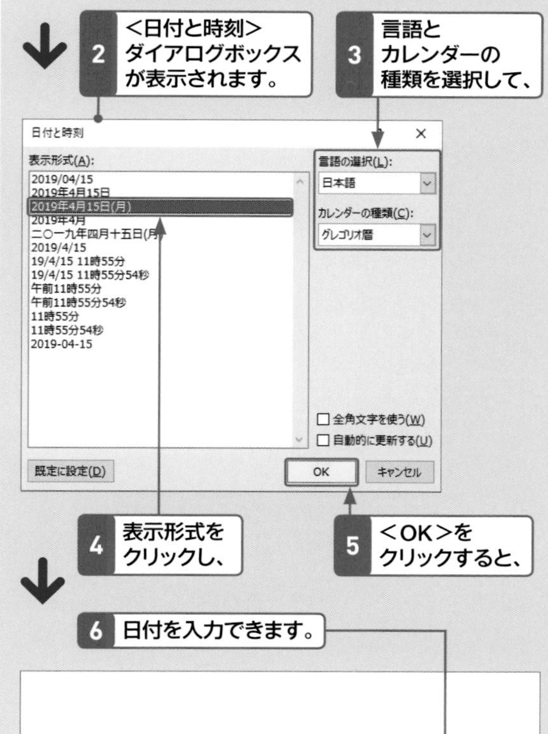

4 表示形式をクリックし、

5 ＜OK＞をクリックすると、

6 日付を入力できます。

重要度★★★　日付や定型文の入力

Q 0093 日付が自動的に更新されるようにしたい！

A ＜日付と時刻＞ダイアログボックスで設定します。

＜日付と時刻＞ダイアログボックスで、＜自動的に更新する＞をクリックしてオンにしてから＜OK＞をクリックすると、文書を開いたときに自動的に現在の日付（時刻）に更新されます。

参照►Q 0092

重要度★★★　日付や定型文の入力

Q 0094 本日の日付をかんたんに入力したい！

A 年号を入力すると、日付を入力できます。

現在の元号や年号を入力して確定すると、本日の日付がポップアップ表示されます。これは、予測入力機能のひとつで、Enter または Tab を押すと、表示されている本日の日付が自動的に入力されます。

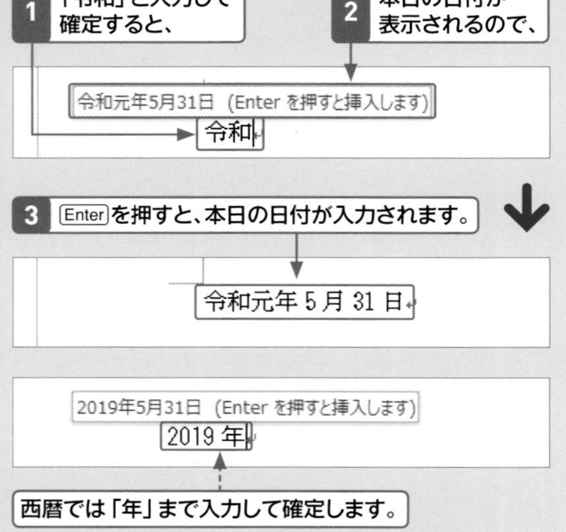

重要度★★★　日付や定型文の入力

Q 0095 定型のあいさつ文をかんたんに入力したい！

A ＜あいさつ文＞ダイアログボックスを利用します。

＜挿入＞タブの＜あいさつ文＞（Word 2013／2010では＜挨拶文＞）から＜あいさつ文の挿入＞をクリックして、表示される＜あいさつ文＞ダイアログボックスで、さまざまな定型のあいさつ文を入力することができます。

1 ＜挿入＞タブの＜あいさつ文＞をクリックして、

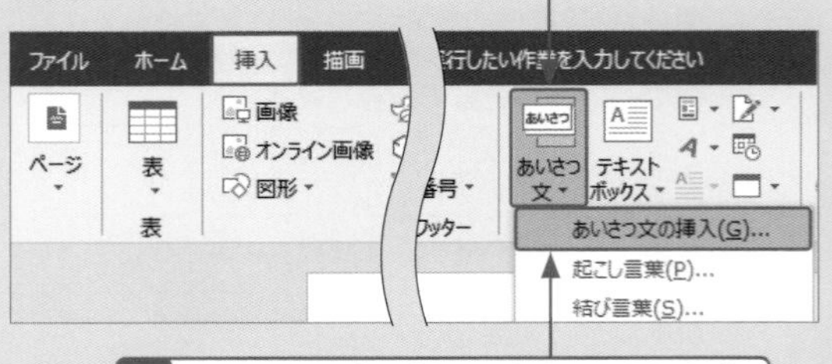

2 ＜あいさつ文の挿入＞をクリックします。

3 月を指定して、

4 目的のあいさつ文をクリックして選択し、

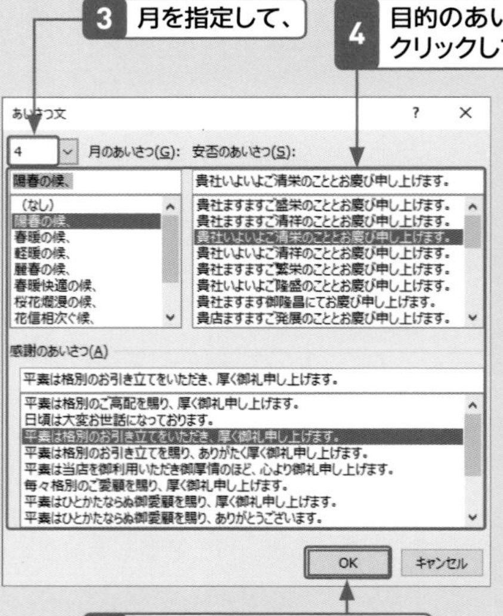

5 ＜OK＞をクリックします。

6 指定したあいさつ文が入力されます。

拝啓

陽春の候、貴社いよいよご清栄のこととお慶び申し上げます。平素は格別のお引き立てをいただき、厚く御礼申し上げます。

敬具

重要度 ★★★ 日付や定型文の入力

Q 0096 あいさつ文で使う表現をかんたんに入力したい！

A ＜起こし言葉＞や＜結び言葉＞を利用します。

あいさつ文における、出だしの「さて」「ところで」などを起こし言葉、最後の「お元気でご活躍ください。」「ご自愛のほど祈ります。」などを結び言葉といいます。起こし言葉は＜起こし言葉＞で、結び言葉は＜結び言葉＞で入力できます。それぞれの設定画面は、＜挿入＞タブの＜あいさつ文＞（Word 2013／2010では＜挨拶文＞）をクリックして選択します。

● 起こし言葉の挿入

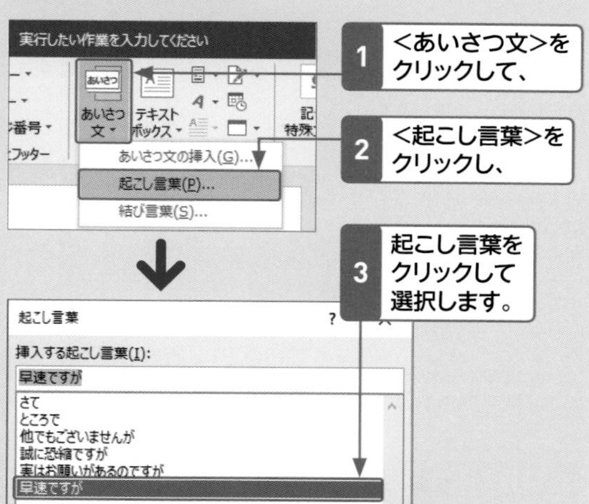

● 結び言葉の挿入

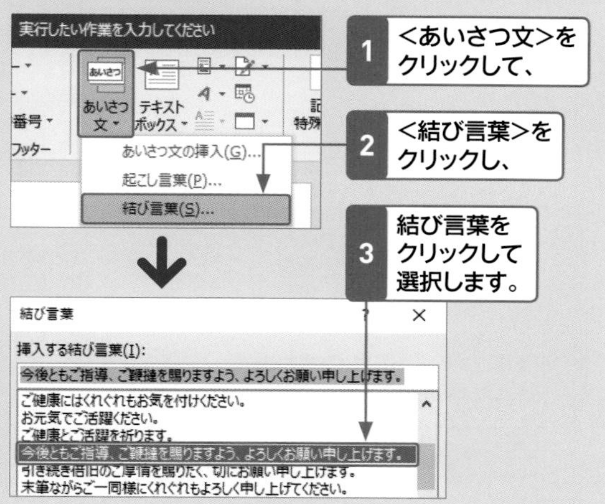

重要度 ★★★ 日付や定型文の入力

Q 0097 「拝啓」を入力して改行したら「敬具」が入力された！

A 入力オートフォーマットで設定を変更します。

初期設定では、「拝啓」などの頭語を入力すると、「敬具」などの結語が右揃えで自動的に挿入されるようになっています。

頭語を入力しても結語が挿入されないようにするには、＜オートコレクト＞ダイアログボックスの＜入力オートフォーマット＞タブで、＜頭語に対応する結語を挿入する＞をクリックしてオフにします。

参照▶Q 0069

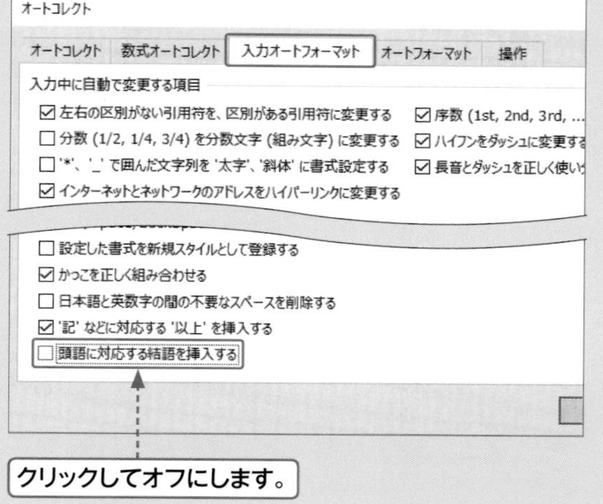

重要度 ★★★ 日付や定型文の入力

Q 0098 「記」を入力して改行したら「以上」が入力された！

A 入力オートフォーマットで設定を変更します。

2つ目以降の段落に「記」と入力すると、「記」が中央揃えとなり、次の行に「以上」が右揃えで挿入されます。

この設定を無効にするには、＜オートコレクト＞ダイアログボックスの＜入力オートフォーマット＞タブで＜'記'などに対応する'以上'を挿入する＞をクリックしてオフにします。

参照▶Q 0097

重要度 ★★★　日付や定型文の入力

Q 0099 よく利用する語句をかんたんに入力したい！

A <定型句>を利用して、語句を登録します。

よく入力する会社名や住所などの語句は、単語登録しておく方法もありますが、設定している書式までは登録することはできません。
こういうときは、定型句として登録しておくとよいでしょう。入力したいときに、定型句ギャラリーから選択するだけで、かんたんに挿入することができます。

参照▶Q 0088

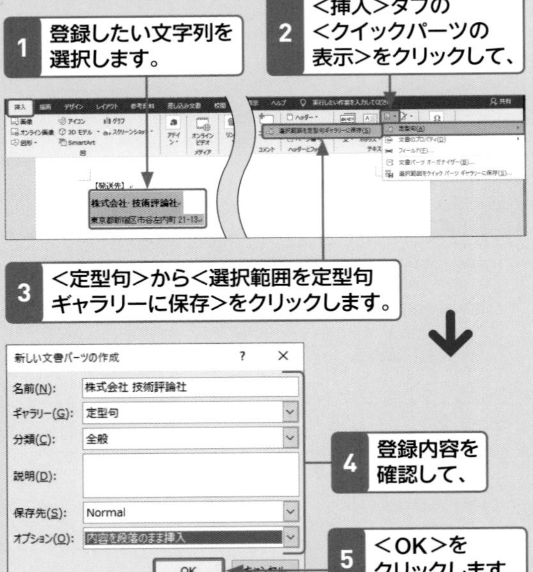

● 定型句を挿入する

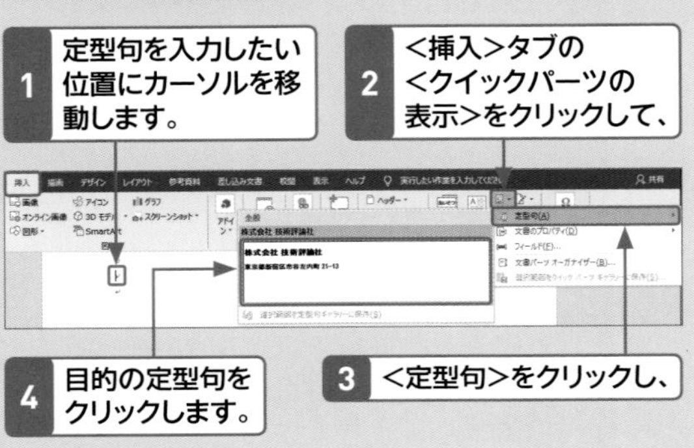

重要度 ★★★　日付や定型文の入力

Q 0100 文書の情報を自動で入力したい！

A <文書のプロパティ>を利用します。

文書の情報は、<ファイル>タブの<情報>の右側に表示されます。情報を登録するには直接入力するか、<プロパティ>→<詳細プロパティ>をクリックして、表示されるプロパティ画面で入力します。文書内に文書情報を挿入するには、<挿入>タブの<クイックパーツの表示>をクリックして、<文書のプロパティ>から項目をクリックします。

● 詳細プロパティ

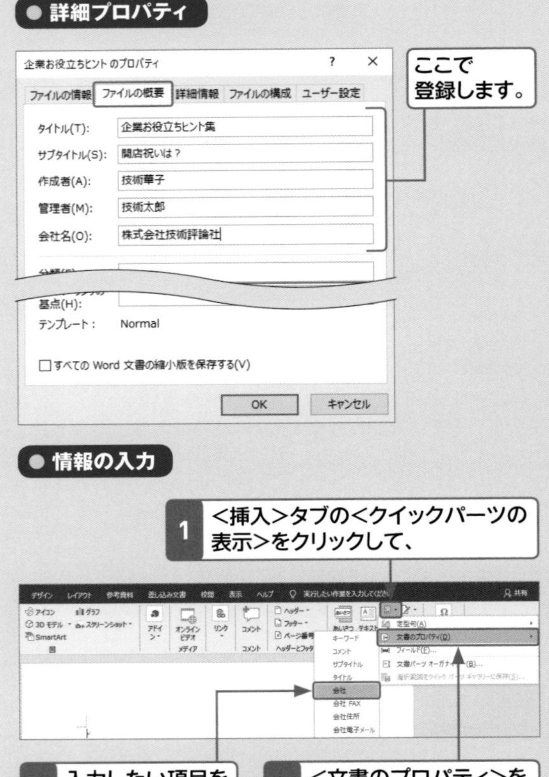

第3章

Wordの編集の「こんなときどうする?」

重要度 ★★★ 文字や段落の選択

Q 0101 行と段落の違いって何？

A 画面上の1行が「行」、改行から改行までが「段落」です。

画面上に表示されている1行を「行」といいます。段落記号 ↵ の次の文章から、次の段落記号までのひとまとまりを「段落」といいます。文字の配置や箇条書きなどは、段落ごとに設定できます。段落に設定する書式のことを「段落書式」といいます。

↵ などの編集記号は、＜ホーム＞タブの＜編集記号の表示／非表示＞ をクリックすると表示できます。任意の位置でShit＋Enterを押すと、「改行」↓ が表示されます。これは、段落内の改行となります。

参照 ▶ Q 0130

1行
段落

こういうときはどうするのがよいの？↵
仕事とは関係がなくても、ちょっとしたことで悩むことはありませんか？↵
一般常識とまではいいませんが、仕事上覚えておいて損はない、と思われることを紹介していきます。↵
↵
●開業祝いに何を贈ればよい？↵
知人や取引相手が起業したり、事務所を開設・移転したりしたときに、何を贈ればよいか迷います。開店祝いなら、胡蝶蘭やスタンド花などで名札付きというのが定番ですが、事務所の場合などで喜ばれるのが観葉植物です。↵

重要度 ★★★ 文字や段落の選択

Q 0102 単語をかんたんに選択したい！

A 単語にマウスポインターを移動してダブルクリックします。

選択したい単語の文字列にマウスポインターを移動してダブルクリックすると、単語が選択されます。

1 選択したい単語の文字列の中にマウスポインターを移動して、ダブルクリックすると、

●開業祝いに何を贈ればよい？↵
知人や取引相手が起業したり、事務所を開設・移転し
いか迷います。開店祝いなら、胡蝶蘭やスタンド花な
すが、事務所の場合などで喜ばれるのが観葉植物です
入り口にドンと設置するものもよいですが、個人席や

2 単語が選択されます。

●開業祝いに何を贈ればよい？↵
知人や取引相手が起業したり、事務所を開設・移転し
いか迷います。開店祝いなら、胡蝶蘭やスタンド花な
すが、事務所の場合などで喜ばれるのが観葉植物です
入り口にドンと設置するものもよいですが、個人席や

重要度 ★★★ 文字や段落の選択

Q 0103 離れた場所にある文字列を同時に選択したい！

A Ctrlを押しながら、文字列を選択します。

文字列をドラッグして選択し、2番目以降はCtrlを押しながらドラッグすると、複数の離れた文字列を選択できます。単語の場合は、Ctrlを押しながらダブルクリックすると、続けて選択できます。

1 最初の文字列を選択して、

●開業祝いに何を贈ればよい？↵
知人や取引相手が起業したり、事務所を開設・移転したりしたときに、何を贈ればよいか迷います。開店祝いなら、胡蝶蘭やスタンド花などで名札付きというのが定番ですが、事務所の場合などで喜ばれるのが観葉植物です。↵
入り口にドンと設置するものもよいですが、個人席やちょっとしたスペースに収まるサイズはいくつあってもよいので、重宝されます。↵

2 2番目以降の文字列は、Ctrlを押しながらドラッグして選択します。

●開業祝いに何を贈ればよい？↵
知人や取引相手が起業したり、事務所を開設・移転したりしたときに、何を贈ればよいか迷います。開店祝いなら、胡蝶蘭やスタンド花などで名札付きというのが定番ですが、事務所の場合などで喜ばれるのが観葉植物です。↵
入り口にドンと設置するものもよいですが、個人席やちょっとしたスペースに収まるサイズはいくつあってもよいので、重宝されます。↵

重要度 ★★★ 文字や段落の選択

Q 0104 四角い範囲を選択したい！

A Alt を押しながら、四角い範囲をドラッグします。

箇条書きの項目部分などに書式を設定したい場合に、1つずつドラッグして選択するよりも、固まりで選択できると便利です。このようなときは、Alt を押しながら、選択したい項目部分を左上からドラッグすると、四角の範囲で選択可能になります。

1 Alt を押して、範囲の左上にマウスカーソルを移動し、

・BASIC 級：学生や入社してからの期間が短い人
・3　級　：実務経験３年程度の係長やリーダー職を目
・2　級　：実務経験５年程度のマネージャー職などを
・1　級　：実務経験１０年以上の部門長などを目指す

2 そのまま選択したい範囲をドラッグします。

・BASIC 級：学生や入社してからの期間が短い人
・3　級　：実務経験３年程度の係長やリーダー職を目
・2　級　：実務経験５年程度のマネージャー職などを
・1　級　：実務経験１０年以上の部門長などを目指す

重要度 ★★★ 文字や段落の選択

Q 0105 文をかんたんに選択したい！

A 選択したい文の中で、Ctrl を押しながらクリックします。

1つの文（センテンス、日本語であれば「。（句点）」で終わる文字列）をかんたんに選択するには、マウスポインターを選択したい文の中に移動して、Ctrl を押しながらクリックします。

1 選択したい文の中にマウスポインターを移動して、Ctrl を押しながらクリックすると、

経営情報
システム経営戦略

それぞれの分野においてレベルによって、1級・2級・3級・BASIC級があり、その中で2つから4つの等級が設定されています。それぞれの等級ごとの対象者としては、

・BASIC 級：学生や入社してからの期間が短い人
・3　級　：実務経験3年程度の係長やリーダー職を目指す人

2 文が選択されます。

経営情報
システム経営戦略

それぞれの分野においてレベルによって、1級・2級・3級・BASIC級があり、その中で2つから4つの等級が設定されています。それぞれの等級ごとの対象者としては、

・BASIC 級：学生や入社してからの期間が短い人
・3　級　：実務経験3年程度の係長やリーダー職を目指す人

重要度 ★★★ 文字や段落の選択

Q 0106 段落をかんたんに選択したい！

A 選択したい段落をすばやく3回クリックします。

選択したい段落にマウスポインターを移動して、ダブルクリックのようにすばやく3回クリック（トリプルクリック）すると、段落が選択できます。クリックがゆっくりでは、段落を選択できない場合があります。

1 選択したい段落にマウスポインターを移動して、3回クリックすると、

ビジネス・キャリア検定受検のすすめ

ビジネス・キャリア検定試験とは、企業の職務遂行に必要な実務能力を評価するために、企業実務に即した専門的知識・能力を客観的に評価する試験です（略称、ビジキャリ）。年2回（2月、10月）、中央職業能力開発協会が試験を実施しています。

<検定の分類>

2 段落が選択されます。

ビジネス・キャリア検定受検のすすめ

ビジネス・キャリア検定試験とは、企業の職務遂行に必要な実務能力を評価するために、企業実務に即した専門的知識・能力を客観的に評価する試験です（略称、ビジキャリ）。年2回（2月、10月）、中央職業能力開発協会が試験を実施しています。

<検定の分類>

重要度 ★★★ 文字や段落の選択

Q 0107 ドラッグ中に単語単位で選択されてしまう!

A <Wordのオプション>で設定を行います。

ドラッグして文字列を選択する際に、選択していないのに単語単位で選択される場合は、1文字単位で選択できるようにします。<ファイル>タブの<オプション>をクリックして、<Wordのオプション>を開き、<詳細設定>で<文字列の選択時に単語単位で選択する>をクリックしてオフにします。

なお、この設定を行っても、ダブルクリックしたときは単語単位で選択できます。

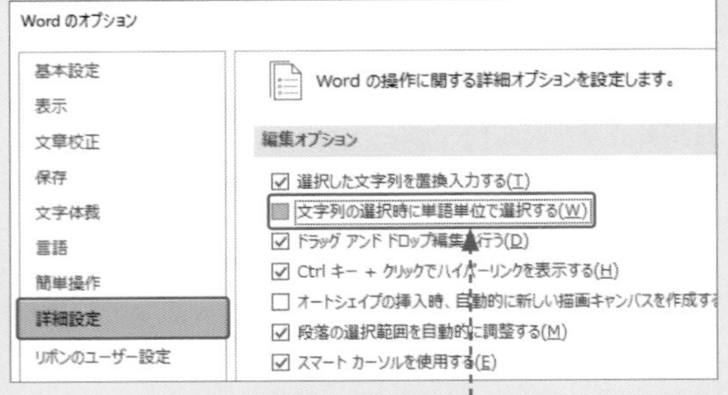

重要度 ★★★ 文字や段落の選択

Q 0108 行をかんたんに選択したい!

A 行の左余白をクリックします。

1行だけを選択するには、行の左余白にマウスポインターを合わせて、の形になったらクリックします。複数行を選択する場合には、選択したい先頭の行にマウスポインターを合わせて、選択したい最後の行までドラッグします。

● 1行だけの選択

●開業祝いに何を贈ればよい?
知人や取引相手が起業したり、事務所を開設・移転したりしたときに、何を贈ればよいか迷います。開店祝いなら、胡蝶蘭やスタンド花などで名札付きというのが定番ですが、事務所の場合などで喜ばれるのが観葉植物です。

選択する行の左余白をクリックします。

● 複数行の選択

●開業祝いに何を贈ればよい?
知人や取引相手が起業したり、事務所を開設・移転したりしたときに、何を贈ればよいか迷います。開店祝いなら、胡蝶蘭やスタンド花などで名札付きというのが定番ですが、事務所の場合などで喜ばれるのが観葉植物です。
入り口にドンと設置するものもよいですが、個人席やちょっとしたスペースに収まるサイズはいくつあってもよいので、重宝されます。
・観葉植物の種類
観葉植物といっても、その種類は多様です。選ぶポイントは、葉が枯れたり、毎日水やりをしたり、というような手間がかかるものは避けます。また、大きく育つ種類は、

選択したい最初の行の左余白から最後の行までドラッグします。

重要度 ★★★ 文字や段落の選択

Q 0109 文書全体をかんたんに選択したい!

A Ctrl+Aを押します。

Ctrl+Aを押すと、文書全体を選択できます。この操作は、Windows自体やほかのアプリケーションでも共通です。

また、次のような方法でも文書全体を選択できます。

- <ホーム>タブの<編集>から<選択>をクリックして、<すべて選択>をクリックします。
- 文書の左余白にマウスポインターを合わせての形になったら、Ctrlを押しながらクリックします。
- 文書の左余白にマウスポインターを合わせての形になったら、トリプルクリック(すばやく3回クリック)します。

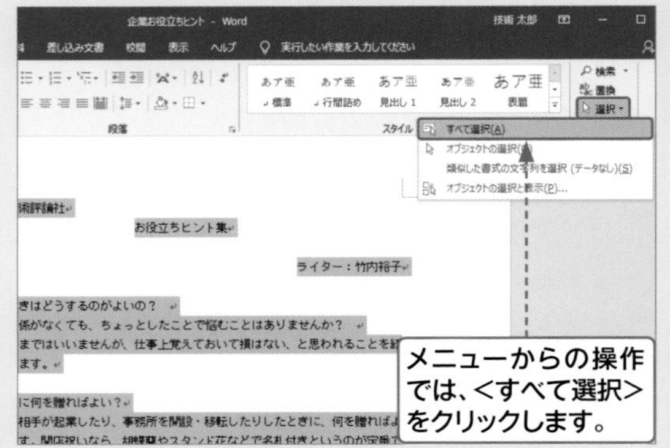

重要度★★★ 文字や段落の選択

Q 0110 ドラッグしないで広い範囲を選択したい！

A 先頭にカーソルを置き、最後で Shift を押しながらクリックします。

選択したい範囲の先頭にカーソルを置いて、選択範囲の最後の位置でShiftを押しながらクリックすると、そこまでの範囲を選択できます。
なお、複数ページにわたるような長い範囲の選択では、マウスのホイールボタンを使ってページをスクロールする、スクロールバーをドラッグする、スクロールボタンを押し続けるなどの操作を組み合わせて、選択範囲の最後にカーソルを移動しましょう。

1 選択範囲の先頭にカーソルを置いて、

お役立ちヒント集
ライター：竹内裕子
こういうときはどうするのがよいの？
仕事とは関係がなくても、ちょっとしたことで悩むことはありませんか？
一般常識とまではいいませんが、仕事上覚えておいて損はない、と思われることを紹介していきます。
●開業祝いに何を贈ればよい？
知人や取引相手が起業したり、事務所を開設・移転したりしたときに、何を贈ればよいか迷います。開店祝いなら、胡蝶蘭やスタンド花などで名札付きというのが定番ですが、事務所の場合などで喜ばれるのが観葉植物です。
入り口にドンと設置するものもよいですが、個人席やちょっとしたスペースに収まるサイズはいくつあってもよいので、重宝されます。
・観葉植物の種類
観葉植物といっても、その種類は多様です。選ぶポイントは、葉が枯れたり、毎日水やりをしたり、というような手間がかかるものは避けます。また、大きく育つ種類は、事務所のスペースを確認してからのほうがよいでしょう。
以下は、人気の観葉植物です。

2 Shiftを押しながら、選択したい範囲の最後の位置をクリックします。

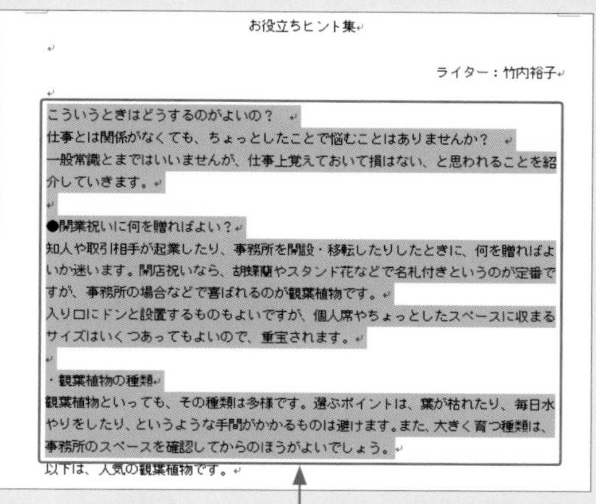
お役立ちヒント集
ライター：竹内裕子
こういうときはどうするのがよいの？
仕事とは関係がなくても、ちょっとしたことで悩むことはありませんか？
一般常識とまではいいませんが、仕事上覚えておいて損はない、と思われることを紹介していきます。
●開業祝いに何を贈ればよい？
知人や取引相手が起業したり、事務所を開設・移転したりしたときに、何を贈ればよいか迷います。開店祝いなら、胡蝶蘭やスタンド花などで名札付きというのが定番ですが、事務所の場合などで喜ばれるのが観葉植物です。
入り口にドンと設置するものもよいですが、個人席やちょっとしたスペースに収まるサイズはいくつあってもよいので、重宝されます。
・観葉植物の種類
観葉植物といっても、その種類は多様です。選ぶポイントは、葉が枯れたり、毎日水やりをしたり、というような手間がかかるものは避けます。また、大きく育つ種類は、事務所のスペースを確認してからのほうがよいでしょう。
以下は、人気の観葉植物です。

3 クリックだけで広範囲を選択できます。

重要度★★★ 文字や段落の選択

Q 0111 キーボードを使って範囲を選択したい！

A Shift、Ctrl、Home、End などを使います。

キーボードで文章を入力中に範囲を選択したい場合、途中でマウスに持ち替えて操作するのは面倒なことです。このようなときに便利なのが、キーボードを利用した範囲選択です。

選択範囲	キー操作
カーソルの右側の1文字	Shiftを押しながら→を押します。
カーソルの左側の1文字	Shiftを押しながら←を押します。
単語	単語の先頭でCtrlとShiftを押しながら→を押します。
1行	Homeを押してからShiftを押しながらEndを押します。
1行下まで	Endを押してからShiftを押しながら↓を押します。
1行上まで	Endを押してからShiftを押しながら↑を押します。
段落	段落の先頭でCtrlとShiftを押しながら↓を押します。
単語、文、段落または文書	F8を押して拡張選択モードをオンにしておきます。単語を選択するにはF8を1回、文を選択するには2回、段落を選択するには3回、文書を選択するには4回押します。 なお、拡張選択モードをオフにするにはEscを押します。

重要度 ★★★ 移動・コピー

Q 0112 文字列をコピーしてほかの場所に貼り付けたい！

A ＜コピー＞と＜貼り付け＞を利用します。

文字列をコピーするには、コピーしたい文字列を選択して、＜ホーム＞タブの＜コピー＞をクリックします。コピーした文字列を貼り付けるには、貼り付けたい位置にカーソルを移動して、＜ホーム＞タブの＜貼り付け＞をクリックします。

キー操作では、Ctrl＋Cを押すと「コピー」、Ctrl＋Vを押すと「貼り付け」ができます。

1 コピーする文字列を選択して、

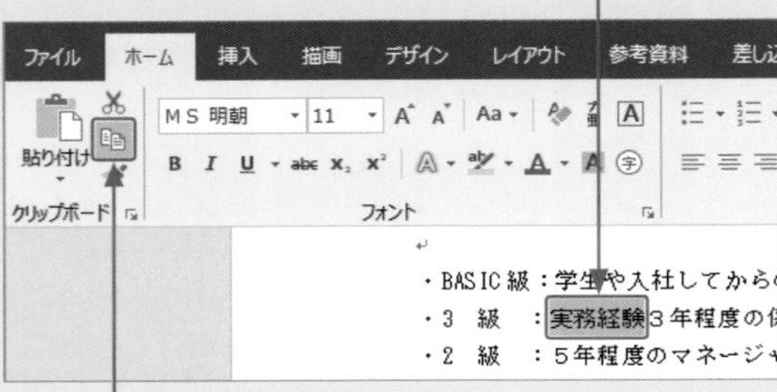

2 ＜コピー＞をクリックします。

3 文字列を貼り付ける位置にカーソルを移動し、

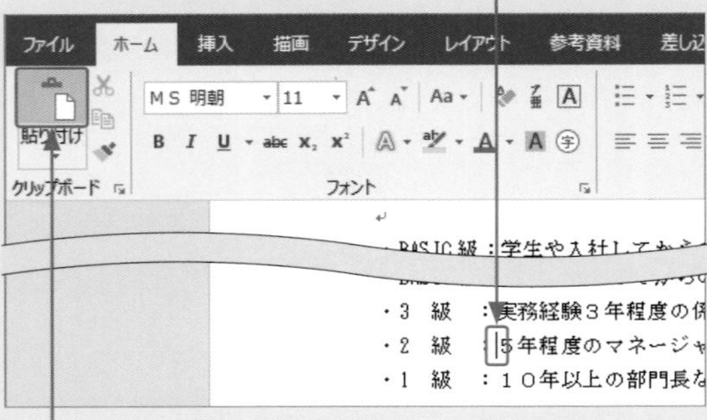

4 ＜貼り付け＞の上部をクリックすると、

5 文字列が貼り付けられます。

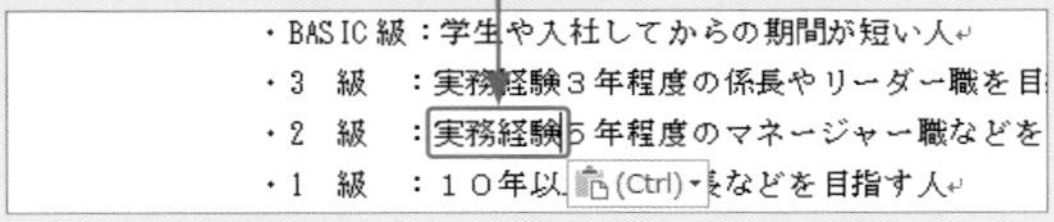

・BASIC級：学生や入社してからの期間が短い人
・3　級　：実務経験3年程度の係長やリーダー職を目
・2　級　：実務経験5年程度のマネージャー職などを
・1　級　：10年以（Ctrl）長などを目指す人

重要度 ★★★ 移動・コピー

Q 0113 文字列を移動したい！

A ＜切り取り＞と＜貼り付け＞を利用します。

対象の文字列を選択し、＜ホーム＞タブにある＜切り取り＞をクリックして切り取ります。次に、切り取った文字列を貼り付けたい位置にカーソルを移動して、＜貼り付け＞をクリックします。

キー操作では、Ctrl＋Xを押すと「切り取り」、Ctrl＋Vを押すと「貼り付け」ができます。 参照▶Q 0116

1 移動したい文字列を選択して、

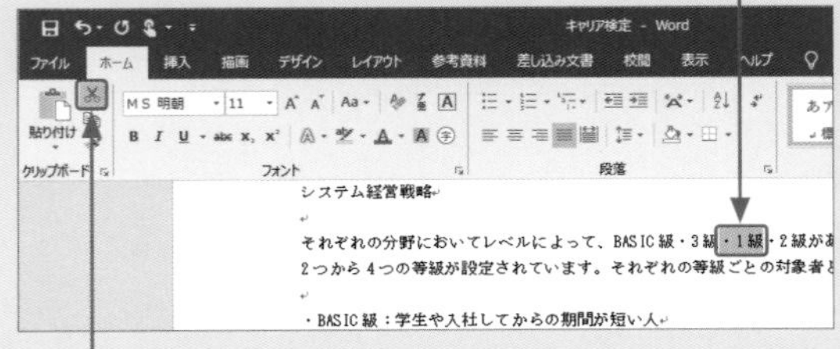

2 ＜切り取り＞をクリックすると、

3 選択した文字列が切り取られます。

4 目的の位置にカーソルを移動して、

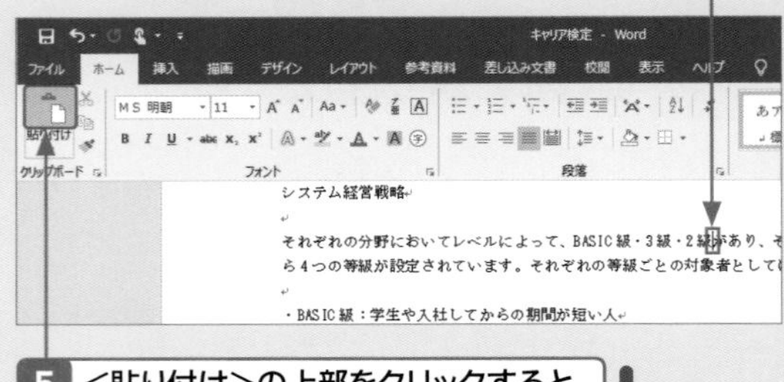

5 ＜貼り付け＞の上部をクリックすると、

6 文字列が貼り付けられます。

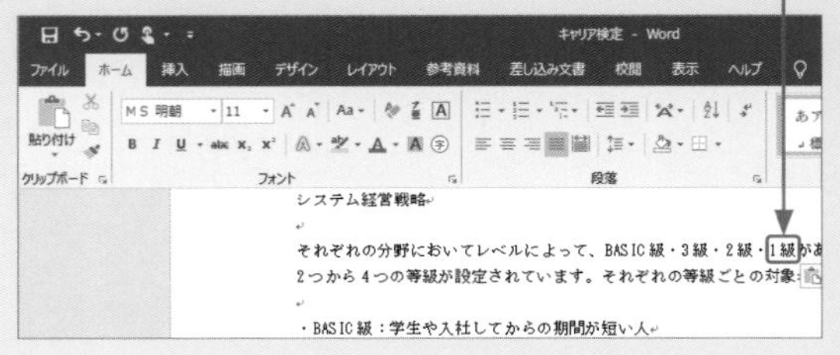

Q 0114 以前にコピーしたデータを貼り付けたい！

A Officeクリップボードを利用します。

コピーや移動用に切り取ったデータを一時的に保管しておく場所がクリップボードです。クリップボードを表示しておくと、任意の位置に何度でも貼り付けることができます。Officeのクリップボード（Officeクリップボード）には、24個までのデータを格納できます。なお、Windowsに用意されたクリップボードは、一度に1つのデータしか保管できません。新たなデータがクリップボードに格納されると、それまでのデータは破棄されてしまいます。

参照▶Q 0112, Q 0113

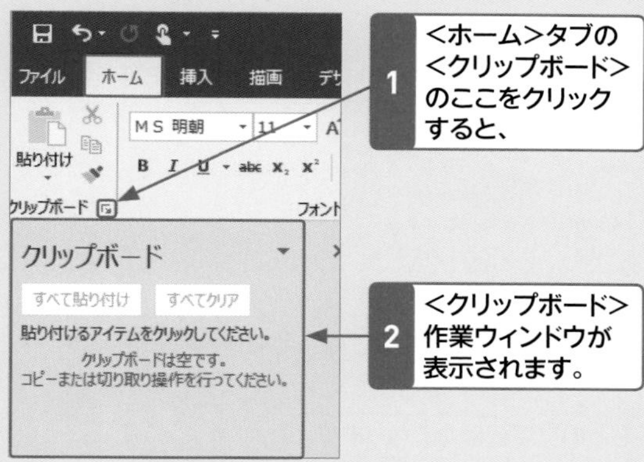

1 ＜ホーム＞タブの＜クリップボード＞のここをクリックすると、

2 ＜クリップボード＞作業ウィンドウが表示されます。

3 コピーや切り取りしたデータが保管され、表示されます。

4 データを挿入したい位置にカーソルを置いて、

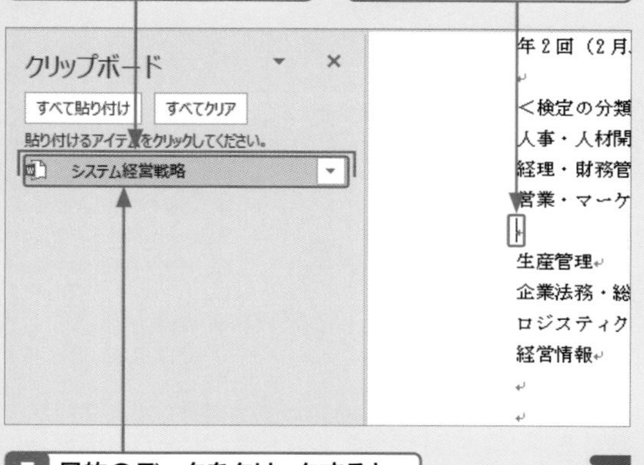

5 目的のデータをクリックすると、

6 選択したデータが挿入されます。

＜検定の分類＞
人事・人材開発・労務管理
経理・財務管理
営業・マーケティング
システム経営戦略
生産管理
企業法務・総務
ロジスティクス
経営情報

● Office クリップボードの操作

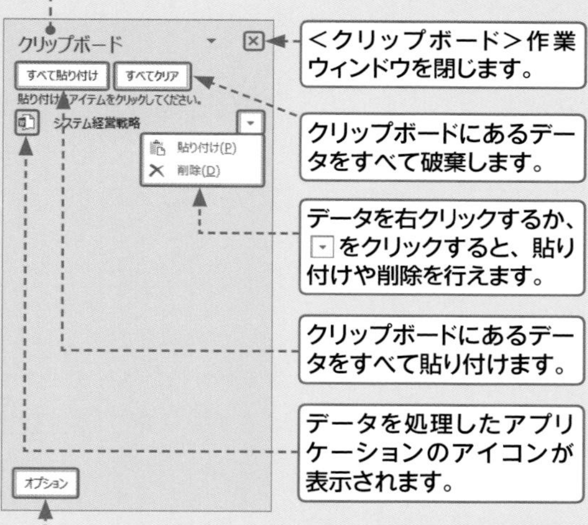

＜クリップボード＞作業ウィンドウは、ドラッグすれば、自由なところに配置できます。

＜クリップボード＞作業ウィンドウを閉じます。

クリップボードにあるデータをすべて破棄します。

データを右クリックするか、▾をクリックすると、貼り付けや削除を行えます。

クリップボードにあるデータをすべて貼り付けます。

データを処理したアプリケーションのアイコンが表示されます。

＜オプション＞をクリックすると、＜クリップボード＞作業ウィンドウの表示方法などを選択できます。

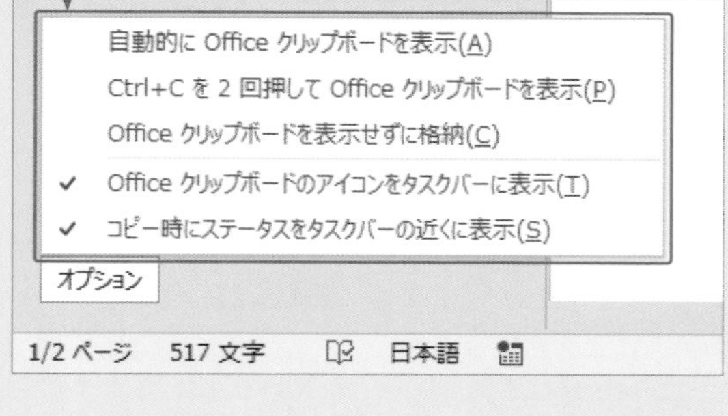

重要度 ★★★ 移動・コピー

Q 0115 文字列を貼り付けるとアイコンが表示された！

A 貼り付け方法を指定できる<貼り付けのオプション>です。

コピーや移動などで貼り付けを行うと、貼り付け先のすぐ下に<貼り付けのオプション>(Ctrl)▾が表示され、クリックすることで貼り付け方法を選択できます。貼り付ける際に<ホーム>タブの<貼り付け>の下の部分をクリックしても、同様に貼り付ける方法が選択できます。

貼り付け方法は貼り付ける対象によって異なりますが、主に以下のものがあります。 参照▶Q 0112, Q 0113

<元の書式を保持>
コピーや切り取り時の書式が維持されて貼り付けられます。

<書式を結合>
貼り付け先の書式と貼り付け前の書式が両方維持されて貼り付けられます。

<図>
図として貼り付けられます。

<テキストのみ保持>
書式を無視してテキストのみ貼り付けられます。コピー、切り取り時に画像などが含まれていても、テキストだけが貼り付けられます。

<既定の貼り付けの設定>
既定の貼り付け方法を設定できます。

1 <貼り付け>をクリックすると表示される<貼り付けのオプション>をクリックして、

2 貼り付け方法（ここでは<書式を結合>）を選択すると、

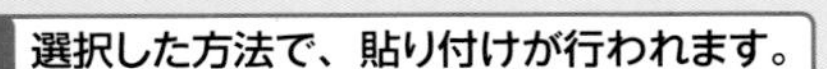

3 選択した方法で、貼り付けが行われます。

重要度 ★★★ 移動・コピー

Q 0116 マウスを使って文字列を移動・コピーしたい！

A 文字列をドラッグ&ドロップします。

移動したい範囲を選択して、目的の位置にドラッグ&ドロップします。コピーしたいときには、Ctrlを押しながら同様にドラッグ&ドロップします。このとき、マウスポインターの形は、移動が、コピーがになります。

なお、この操作で移動・コピーした内容はクリップボードに格納されません。同じ内容を繰り返し貼り付けたい場合は、コピーは<コピー>をクリックするかCtrl＋Cを押し、切り取りは<切り取り>をクリックするかCtrl＋Xを押すことで実行します。

● 移動する場合

1 移動する文字列を選択して、

2 移動する位置にドラッグ&ドロップすると、

もとの文字列はなくなります。

3 選択した文字列が移動します。

● コピーする場合

1 コピーする文字列を選択して、

2 コピーする位置にCtrlを押しながらドラッグ&ドロップすると、

3 選択した文字列がコピーされます。

重要度★★★　検索・置換

Q 0117 文字列を検索したい！

A <ナビゲーション>作業ウィンドウを利用します。

特定の文字列を検索するには、<ホーム>タブの<編集>から<検索>をクリックするか、Ctrl＋Fを押して、画面の左側に表示される<ナビゲーション>作業ウィンドウを利用します。

<ナビゲーション>作業ウィンドウの検索ボックスに、検索したい文字列を入力して、Enterを押すと、文字列の検索が実行され、ウィンドウの下部に結果が表示されます。また、文書内では該当する文字列が黄色のマーカーで強調表示されます。

4 文字列が検索され、結果が表示されます。

検索された文字列はマーカー表示されます。

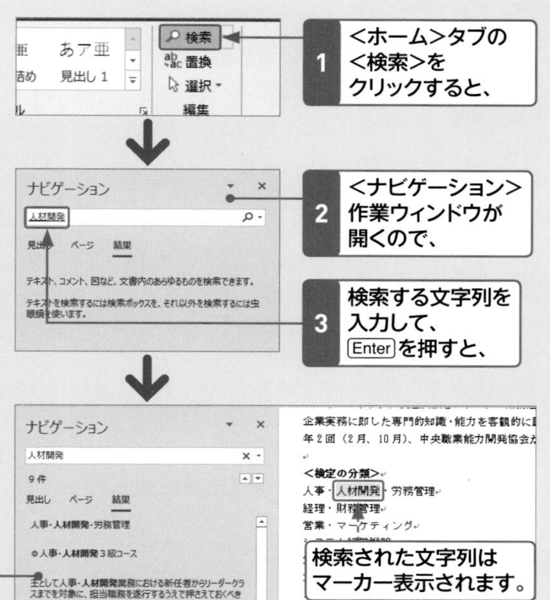

重要度★★★　検索・置換

Q 0118 検索の<高度な検索>って何？

A 検索オプションを利用して、検索を絞り込むことができます。

<ホーム>タブの<検索>の▼をクリックするか、<ナビゲーション>作業ウィンドウの検索ボックス横の▼をクリックして、<高度な検索>を選択すると、<検索と置換>ダイアログボックスが表示されます。また、ナビゲーション作業ウィンドウのキーワードボックス右端の▼をクリックして、<高度な検索>をクリックしても表示できます。この画面では、検索した対象を強調表示にしたり、検索する場所を選択したりできます。

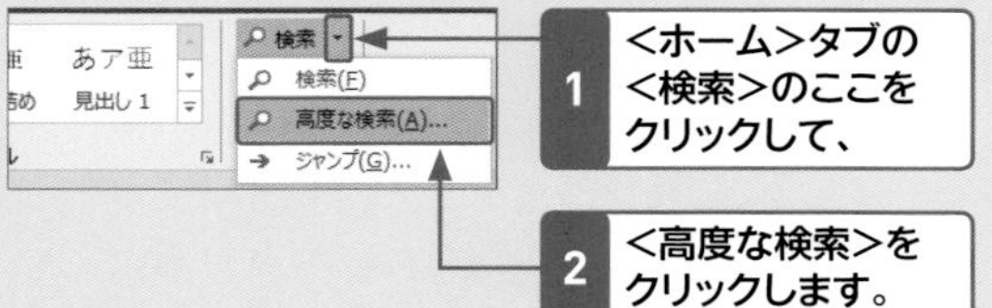

1 <ホーム>タブの<検索>のここをクリックして、
2 <高度な検索>をクリックします。

また、<オプション>をクリックすると、大文字と小文字を区別する、完全に一致する文字列のみを検索するなど、検索する条件を絞り込む指定ができます。

参照▶Q 0119～Q 0123

ここで強調表示の設定ができます。

<オプション>をクリックすると、条件を指定できる<検索オプション>が表示されます。

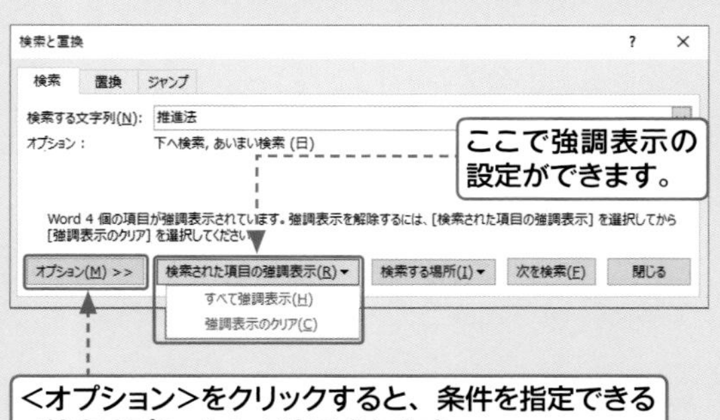

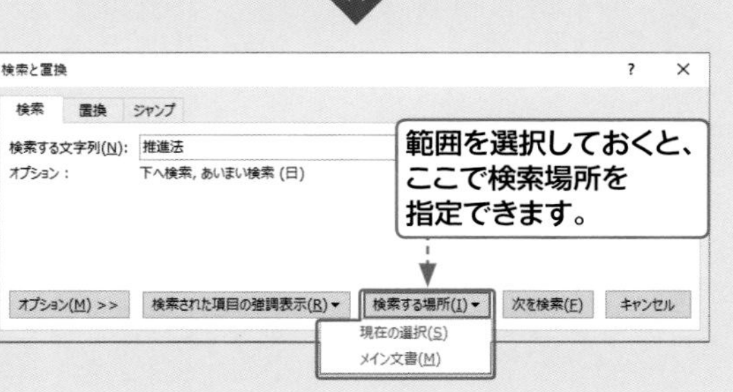

範囲を選択しておくと、ここで検索場所を指定できます。

重要度 ★★★　検索・置換

Q 0119 「○○」で始まって「××」で終わる文字を検索したい！

A ワイルドカードで検索条件を指定します。

ワイルドカードとは不特定な文字列の代用となる半角文字の記号のことで、「＊（アスタリスク）」や「?」などが利用されます。「＊」は任意の文字列の代用、「?」は任意の1文字の代用となります。

ワイルドカードを利用すると、たとえば「有＊料」という文字列を検索すれば、「有」と「料」で囲まれた文字列が検索されることになります。

ワイルドカードを利用して検索するには、＜検索と置換＞ダイアログボックスの＜オプション＞をクリックして、＜検索オプション＞を表示し、＜ワイルドカードを使用する＞をクリックしてオンにします。

参照▶Q 0118

1 ワイルドカードを使った検索文字列を入力して、

2 ＜検索オプション＞を表示します。

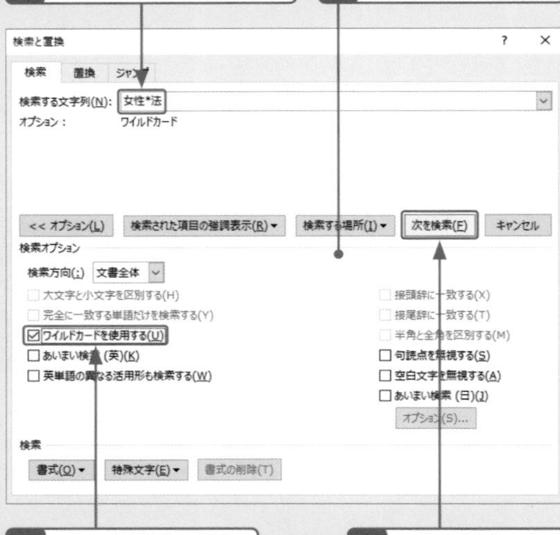

3 ＜ワイルドカードを使用する＞をオンにして、

4 ＜次を検索＞をクリックします。

5 該当する文字列が検索されます。

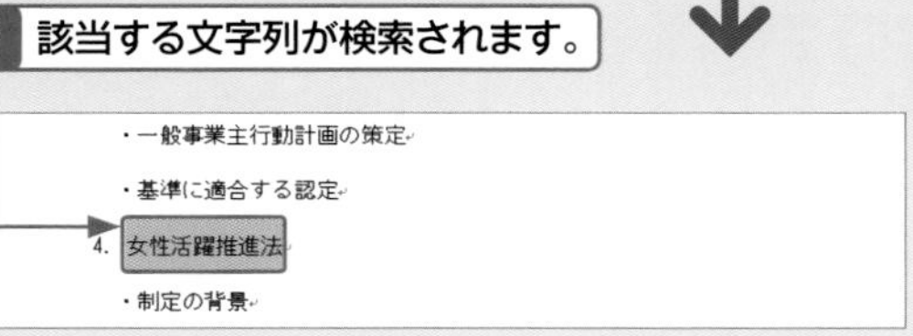

重要度 ★★★　検索・置換

Q 0120 指定した範囲だけ検索したい！

A 最初に検索範囲を選択してから検索します。

通常の検索操作は、文書全体を対象に実行されます。範囲を指定したい場合や、探している語句の位置がおおよそわかっている場合などは、範囲を選択してから検索するとよいでしょう。

参照▶Q 0117

1 検索対象範囲をドラッグして選択します。

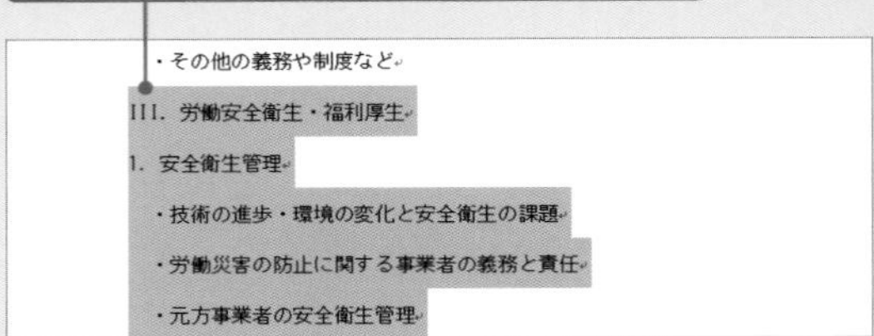

2 ＜ホーム＞タブの＜検索＞をクリックして、ナビゲーションウィンドウを表示します。

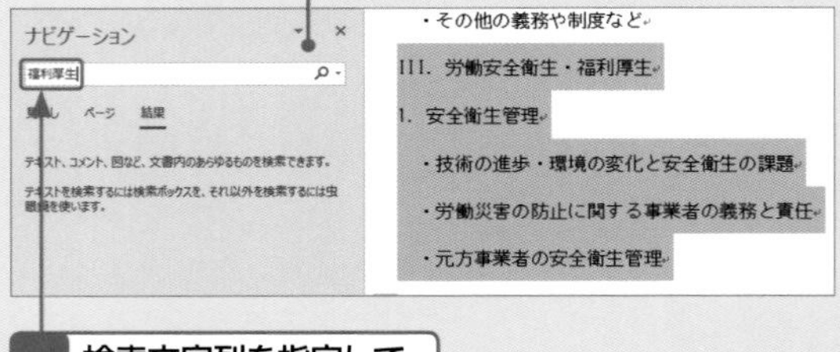

3 検索文字列を指定して、Enterを押すと、

4 指定した範囲内を対象に検索が行われ、結果が表示されます。

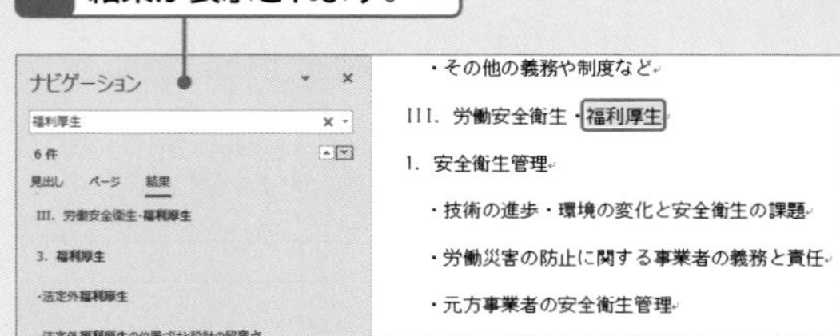

重要度★★★ 検索・置換

Q 0121 大文字と小文字を区別して検索したい！

A 検索のオプションを設定します。

大文字、小文字を区別して検索したい場合は、検索文字列に大文字、小文字を区別して入力しておく必要があります。

検索の初期設定では、半角と全角、大文字と小文字などを区別しない「あいまい検索」が行われるようになっています。そのため、大文字と小文字が区別されずに、すべて該当する文字が結果として表示されます。

条件を設定するには、＜検索と置換＞ダイアログボックスで＜オプション＞をクリックして、＜検索オプション＞を表示します。その後＜あいまい検索＞をクリックしてオフにし、＜大文字と小文字を区別する＞をクリックしてオンにします。

参照▶Q 0118

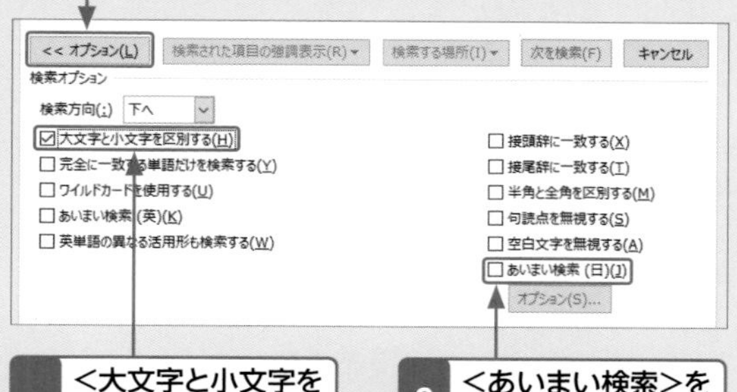

重要度★★★ 検索・置換

Q 0122 ワイルドカードの文字を検索したい！

A 検索のオプションでワイルドカード使用を無効にします。

「*」や「？」などのワイルドカードを使った検索を行っている場合は、これらの文字自体を検索することはできません。検索するには、＜検索と置換＞ダイアログボックスの＜オプション＞をクリックして、＜ワイルドカードを使用する＞をクリックしてオフにします。

参照▶Q 0118, Q 0119

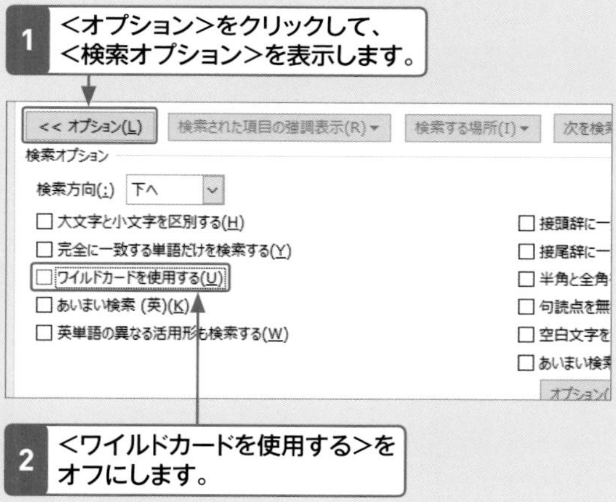

1 ＜オプション＞をクリックして、＜検索オプション＞を表示します。

2 ＜ワイルドカードを使用する＞をオフにします。

重要度★★★ 検索・置換

Q 0123 蛍光ペンを引いた箇所だけ検索したい！

A 検索オプションの書式で蛍光ペンを検索対象にします。

書式を条件に検索することもできます。蛍光ペンで強調している文字を検索するには、＜検索と置換＞ダイアログボックスの＜検索する文字列＞欄にカーソルを置き、＜検索オプション＞の＜書式＞から＜蛍光ペン＞を指定します。

参照▶Q 0118, Q 0184

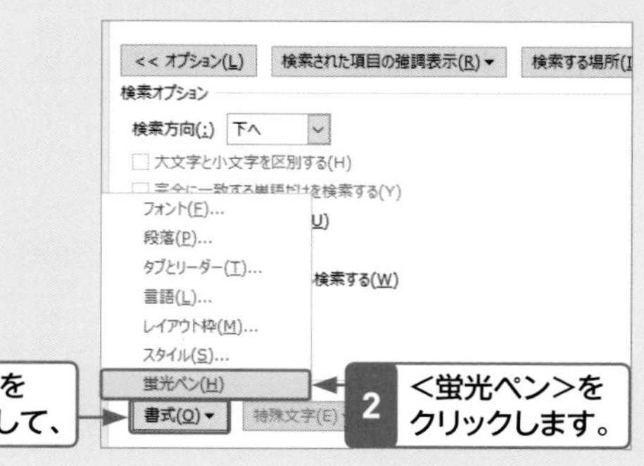

重要度 ★★★　検索・置換

Q 0124 文字列を置換したい！

A ＜検索と置換＞ダイアログボックスの＜置換＞タブを利用します。

特定の文字列を別の文字列に置換するには、＜ホーム＞タブの＜置換＞をクリックする（または Ctrl ＋ H を押す）と表示される＜検索と置換＞ダイアログボックスの＜置換＞タブを利用します。
置換操作は、＜次を検索＞をクリックして1つ1つ確認しながら置換していくか、＜すべて検索＞をクリックして一括で置換するかを選択できます。

● 確認しながら置換する場合

＜ホーム＞タブの＜置換＞をクリックすると、＜検索と置換＞ダイアログボックスの＜置換＞タブが表示されます。

1 置換したい文字列と置換後の文字列を入力して、

2 ＜次を検索＞をクリックすると、

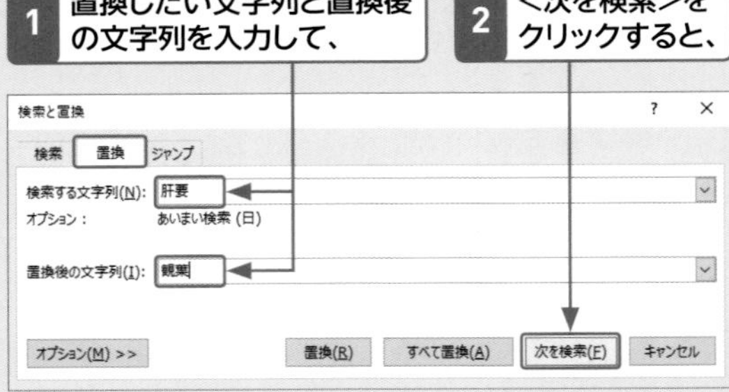

3 置換したい文字列が検索されます。

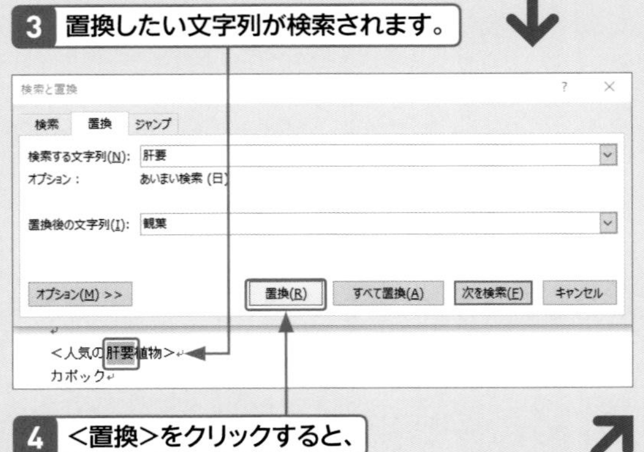

4 ＜置換＞をクリックすると、

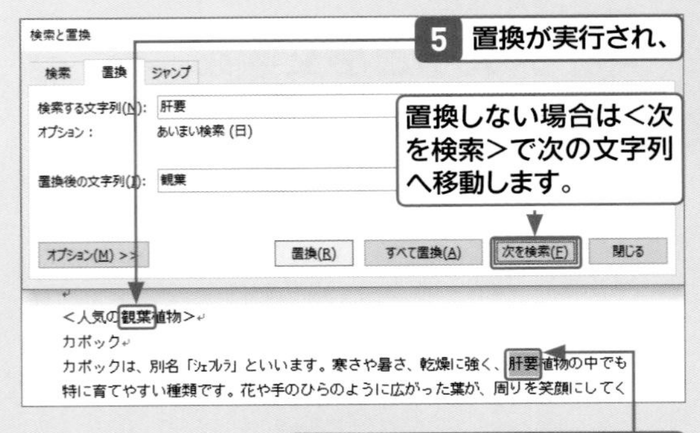

5 置換が実行され、

置換しない場合は＜次を検索＞で次の文字列へ移動します。

6 次の文字列が検索されます。

● 一括で置換する場合

1 置換する文字列と置換後の文字列を入力して、

2 ＜すべて置換＞をクリックすると、

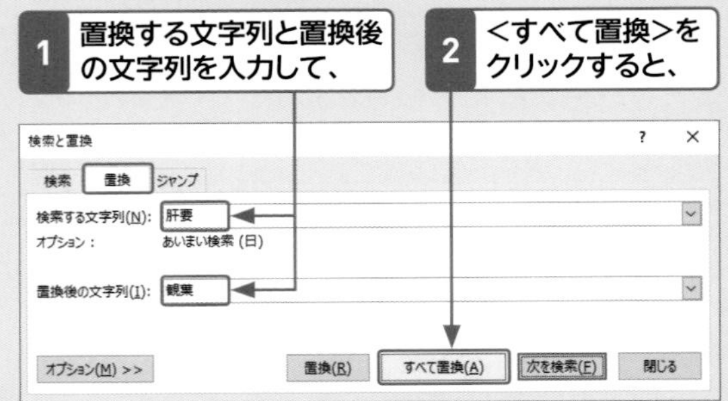

3 置換が実行され確認メッセージが表示されるので、＜OK＞をクリックします。

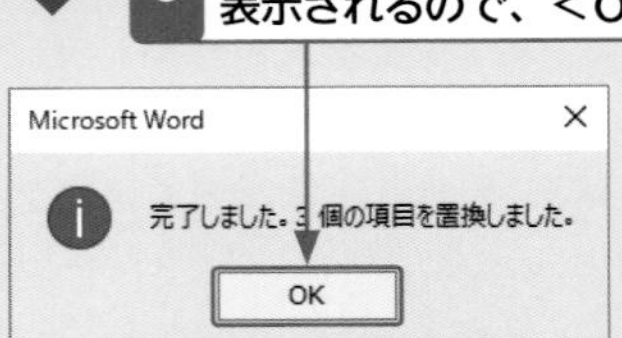

● オプションを利用する

アルファベットや数字の置換では、＜オプション＞で大文字と小文字や、半角と全角の区別もできます。

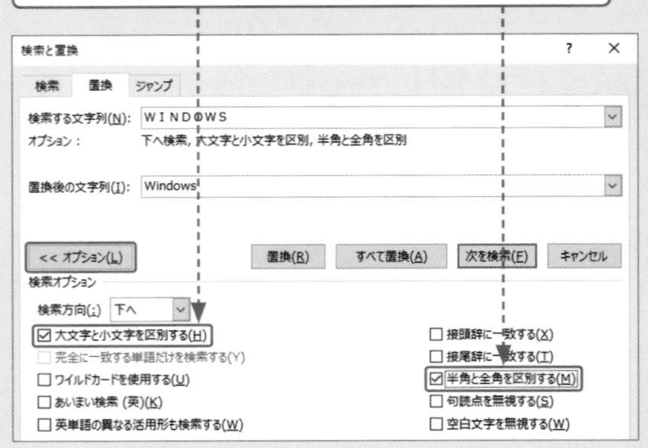

重要度 ★★★　検索・置換

Q 0125 選択した文字列を<検索する文字列>に指定したい!

A 検索する文字列を選択してから、検索を行います。

検索する文字列を都度入力するのは面倒ですし、入力ミスで違う文字列を検索してしまう場合もあります。文書内の検索したい文字列を選択して、<ホーム>タブの<検索>をクリックする（または Ctrl ＋ F を押す）と、ナビゲーションウィンドウの検索ボックスに文字列が入力され、自動的に検索が実行されます。

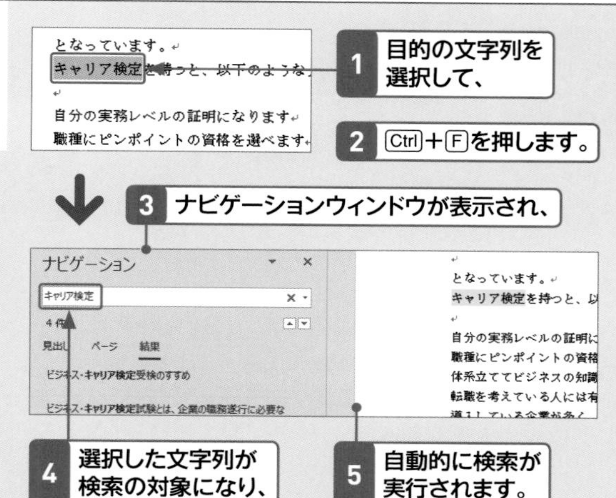

1 目的の文字列を選択して、
2 Ctrl＋Fを押します。
3 ナビゲーションウィンドウが表示され、
4 選択した文字列が検索の対象になり、
5 自動的に検索が実行されます。

重要度 ★★★　検索・置換

Q 0126 余分なスペースをすべて削除したい!

A スペースを無入力状態に置換します。

<検索と置換>ダイアログボックスの<置換>タブで、<検索する文字列>にスペースを入力して、<置換後の文字列>に何も入力せずに置換すれば、スペースを削除できます。

<検索オプション>で<あいまい検索>をクリックしてオンにすると全角も半角も区別されずに検索され、<すべて置換>をクリックすれば一括で置換できます。ただし、英語など単語の区切りとしてのスペースがある文書などでは、半角と全角のそれぞれについて、<次を検索>をクリックして1つずつ確認しながら置換しましょう。

参照▶Q 0124

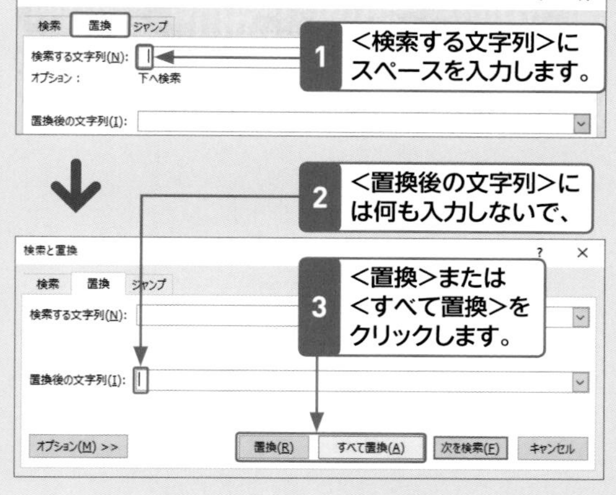

1 <検索する文字列>にスペースを入力します。
2 <置換後の文字列>には何も入力しないで、
3 <置換>または<すべて置換>をクリックします。

重要度 ★★★　検索・置換

Q 0127 誤って文字列をすべて置換してしまった!

A クイックアクセスツールバーの<元に戻す>をクリックします。

誤って文字列を置換してしまった場合は、すぐにクイックアクセスツールバーの<元に戻す>をクリックして置換前の状態に戻します。置換後に別の編集操作をした場合でも、<元に戻す>の▾をクリックして、置換前までさかのぼって取り消すことは可能です。ただし、編集の内容によっては取り消せない場合もあるため、置換する場合は、操作の前にいったんファイルを保存しておくことをおすすめします。

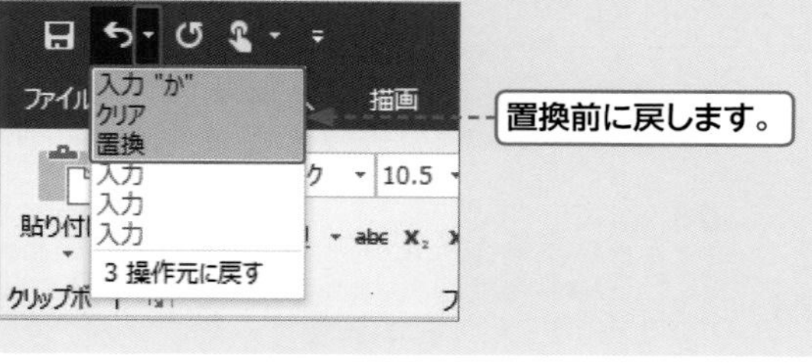

重要度 ★★★ 検索・置換

Q 0128 特定の文字列を削除したい！

A 対象の文字列を無入力状態に置換します。

<検索と置換>ダイアログボックスの<置換>タブで<検索する文字列>に削除したい文字列を入力して、<置換後の文字列>に何も入力せずに、<置換>をクリックします。ただし、必要な文字列まで削除してしまう恐れがあるので、<次を検索>をクリックしながら1つずつ置換しましょう。

参照▶Q 0124

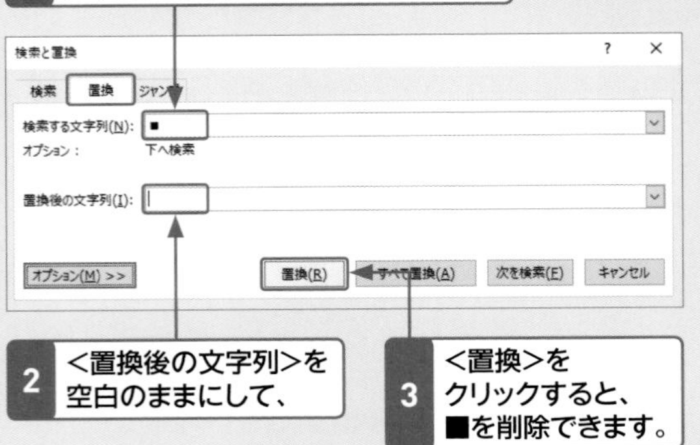

重要度 ★★★ 検索・置換

Q 0129 特定の書式を別の書式に変更したい！

A 変更前の書式と、変更後の書式を条件に指定して置換します。

置換操作では、文字列だけでなく、書式自体の置換を行うことができます。検索する前の書式を検索条件にして、置換後の書式を設定することで、書式を変更することができます。記事の見出しなど、複数の固定された書式を一括で変更する場合に便利です。

<検索と置換>ダイアログボックスの<置換>タブで<オプション>をクリックして、<あいまい検索>をクリックしオフにしておきます。置換前や置換後の書式では、フォントの種類やサイズ、色のほか、段落やスタイルなどでも指定できます。書式の指定を取り消したい場合は、<書式の削除>をクリックします。

ここでは、見出しのフォントの書体、フォントのサイズ、フォントの色を一括で変更します。

参照▶Q 0124

この文字列の書式を変更します。

<検定の分類>
人事・人材開発・労務管理／経理・財務管理／営業・マーケティング／
システム経営戦略／生産管理／企業法務・総務／ロジスティクス／経営

<等級対象者>
それぞれの分野においてレベルによって、BASIC級・3級・2級・1級が
2つから4つの等級が設定されています。等級ごとの対象者像は以下の

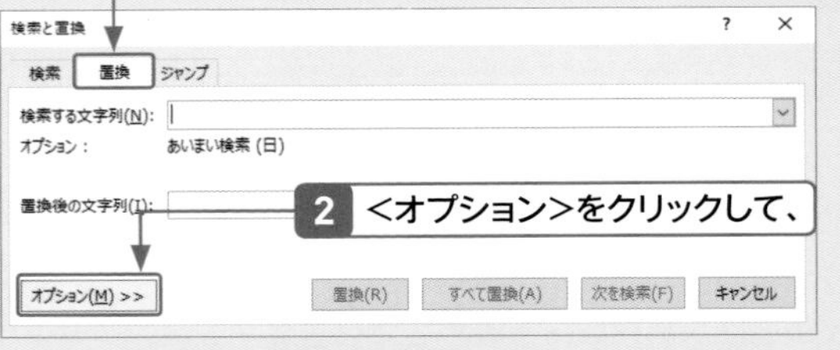

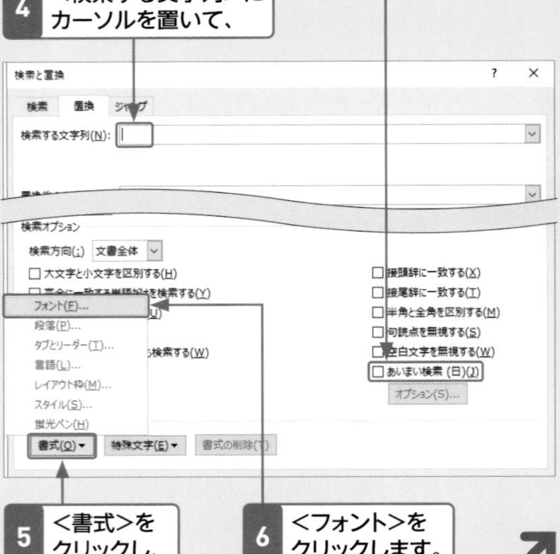

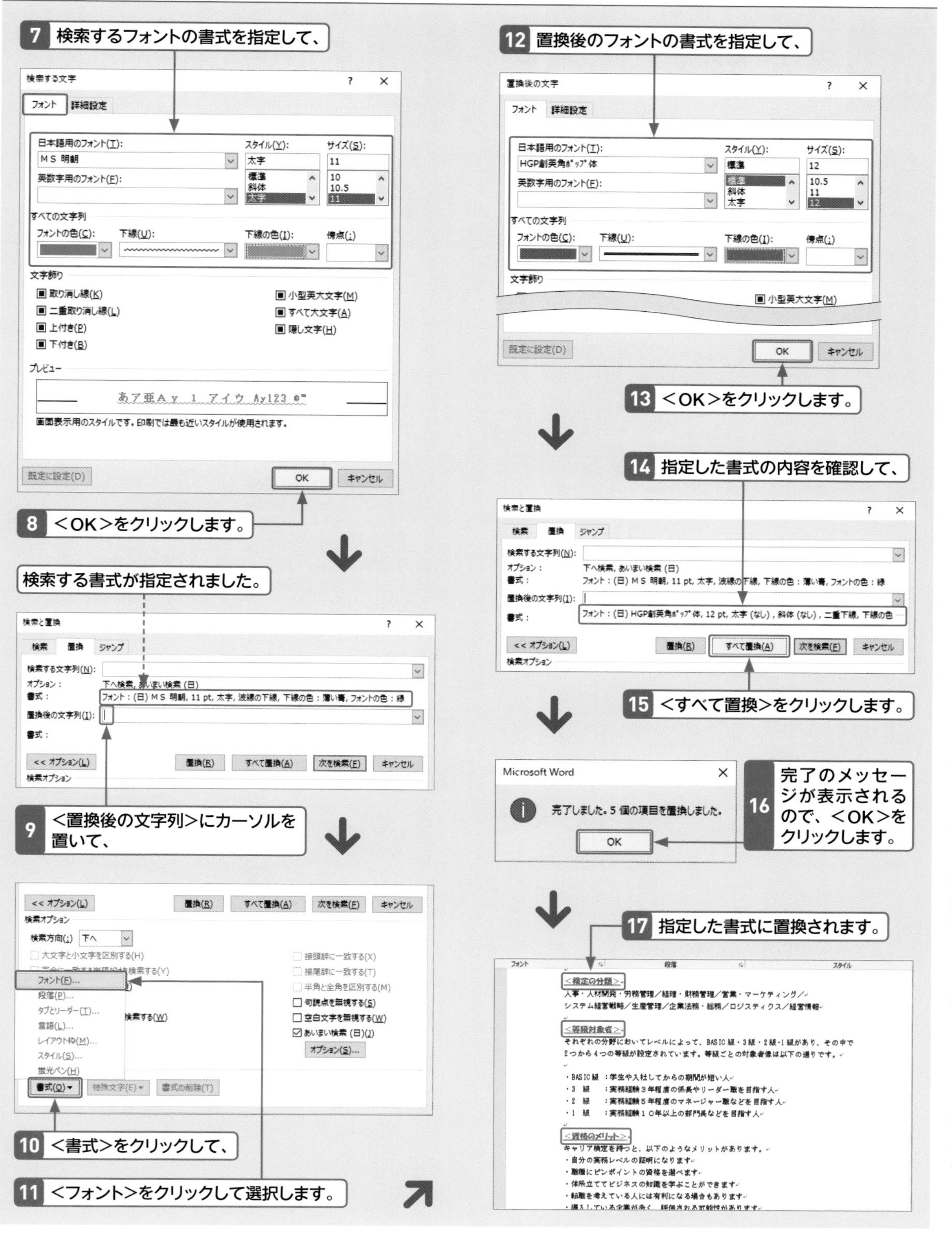
7 検索するフォントの書式を指定して、
検索する文字
フォント
詳細設定
日本語用のフォント(T):
ＭＳ 明朝
英数字用のフォント(F):
スタイル(Y):
太字
標準
斜体
太字
サイズ(S):
11
10
10.5
11
すべての文字列
フォントの色(C):
下線(U):
下線の色(I):
傍点(;)
文字飾り
取り消し線(K)
二重取り消し線(L)
上付き(P)
下付き(B)
小型英大文字(M)
すべて大文字(A)
隠し文字(H)
プレビュー
画面表示用のスタイルです。印刷では最も近いスタイルが使用されます。
既定に設定(D)
OK
キャンセル
8 <OK>をクリックします。
検索する書式が指定されました。
検索と置換
検索
置換
ジャンプ
検索する文字列(N):
オプション：
下へ検索, あいまい検索 (日)
書式：
フォント：(日) ＭＳ 明朝, 11 pt, 太字, 波線の下線, 下線の色：薄い青, フォントの色：緑
置換後の文字列(I):
書式：
<< オプション(L)
置換(R)
すべて置換(A)
次を検索(F)
キャンセル
検索オプション
9 <置換後の文字列>にカーソルを置いて、
検索方向(;)
下へ
大文字と小文字を区別する(H)
接頭辞に一致する(X)
接尾辞に一致する(T)
半角と全角を区別する(M)
句読点を無視する(S)
空白文字を無視する(W)
あいまい検索 (日)(J)
オプション(S)...
フォント(F)...
段落(P)...
タブとリーダー(T)...
言語(L)...
レイアウト枠(M)...
スタイル(S)...
蛍光ペン(H)
書式(O)
特殊文字(E)
書式の削除(T)
10 <書式>をクリックして、
11 <フォント>をクリックして選択します。
12 置換後のフォントの書式を指定して、
置換後の文字
フォント
詳細設定
日本語用のフォント(T):
HGP創英角ﾎﾟｯﾌﾟ体
英数字用のフォント(F):
スタイル(Y):
標準
標準
斜体
太字
サイズ(S):
12
10.5
11
12
すべての文字列
フォントの色(C):
下線(U):
下線の色(I):
傍点(;)
文字飾り
小型英大文字(M)
既定に設定(D)
OK
キャンセル
13 <OK>をクリックします。
14 指定した書式の内容を確認して、
検索と置換
検索
置換
ジャンプ
検索する文字列(N):
オプション：
下へ検索, あいまい検索 (日)
書式：
フォント：(日) ＭＳ 明朝, 11 pt, 太字, 波線の下線, 下線の色：薄い青, フォントの色：緑
置換後の文字列(I):
書式：
フォント：(日) HGP創英角ﾎﾟｯﾌﾟ体, 12 pt, 太字 (なし), 斜体 (なし), 二重下線, 下線の色 …
<< オプション(L)
置換(R)
すべて置換(A)
次を検索(F)
キャンセル
検索オプション
15 <すべて置換>をクリックします。
Microsoft Word
完了しました。5 個の項目を置換しました。
OK
16 完了のメッセージが表示されるので、<OK>をクリックします。
17 指定した書式に置換されます。
フォント
段落
スタイル
<検定の分類>
人事・人材開発・労務管理／経理・財務管理／営業・マーケティング／
システム経営戦略／生産管理／企業法務・総務／ロジスティクス／経営情報
<等級対象者>
それぞれの分野においてレベルによって、BASIC級・3級・2級・1級があり、その中で
2つから4つの等級が設定されています。等級ごとの対象者像は以下の通りです。
・BASIC級：学生や入社してからの期間が短い人
・3 級：実務経験3年程度の係長やリーダー職を目指す人
・2 級：実務経験5年程度のマネージャー職などを目指す人
・1 級：実務経験10年以上の部門長などを目指す人
<資格のメリット>
キャリア検定を持つと、以下のようなメリットがあります。
・自分の実務レベルの証明になります
・職種にピンポイントの資格を選べます
・体系立ててビジネスの知識を学ぶことができます
・転職を考えている人には有利になる場合もあります

重要度 ★★★ 検索・置換

Q 0130 改行↓と段落↵の記号を統一したい！

A 特殊文字の検索を利用して一括で置換します。

インターネット上の記事などWord以外の文書を読み込んだとき、文末に↓と↵の2つの記号が混在している場合があります。Wordでは、↵は「段落記号」、↓は「改行（任意指定の行区切り）」で区別しています。Enterを押すと↵が入力され、Shift＋Enterを押すと↓が入力されます。↓をすべて↵に統一するには、＜検索と置換＞ダイアログボックスの＜置換＞タブで、＜あいまい検索＞をオフにし、特殊文字として指定して、置換を行います。

参照▶Q 0101, Q 0129

1 ＜検索と置換＞ダイアログボックスの＜置換＞タブで、＜検索する文字列＞にカーソルを置きます。

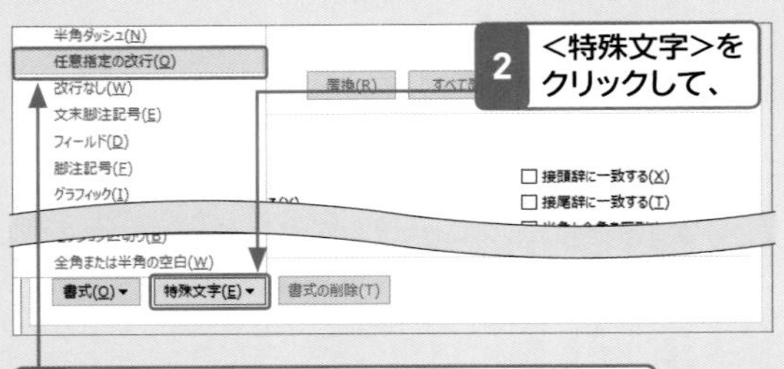

3 ＜任意指定の行区切り＞をクリックします。

4 ＜置換後の文字列＞にカーソルを置いて、

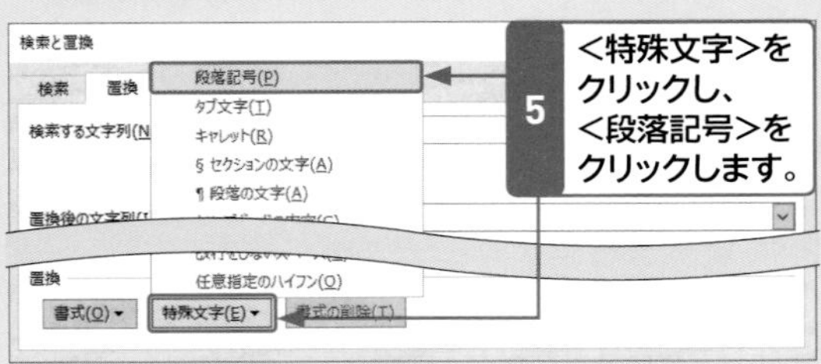

6 ＜すべて置換＞をクリックします。

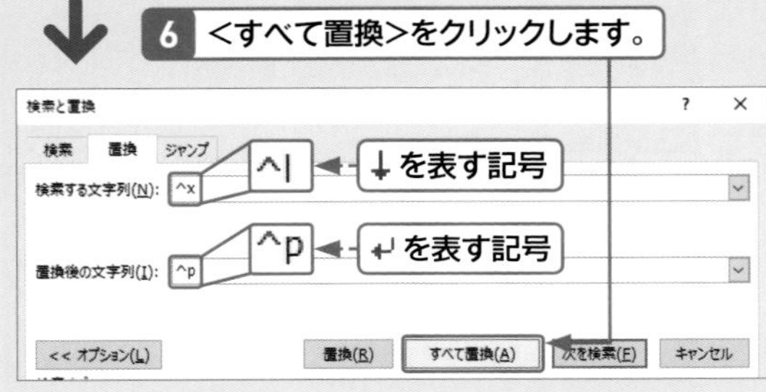

重要度 ★★★ 文章校正

Q 0131 赤や青の下線が表示された！

A 自動文章校正や自動スペルチェック機能が働いています。

文章を入力していると、文字の下に赤の波線や青の二重下線（Word 2013では赤と青の波線、Word 2010では赤と緑の波線）が自動的に表示されることがあります。これはWordの自動文章校正機能や自動スペルチェック機能によるもので、文法上の誤りや表記のゆれ（発音や意味が同じ単語に異なる文字表記が使われていること）、スペルミスなどを指摘してくれています。指摘された部分を修正したり、あるいは無視したりすると、これらの波線は消えます。

参照▶Q 0132～Q 0134

いか迷います。開店祝いなら、胡蝶蘭やスタンド花などで名札付きというのが定番になってますが、事務所の場合などで喜ばれるのが観葉植物です。↵
入り口にドンと設置するものもよいですが、個人席やちょっとした speace に収まる

青の二重下線は、文法上の誤りや送り仮名、カタカナでの表記のゆれなどの部分に対して表示されます。

赤の波線は、スペルミスや辞書にない単語などに対して表示されます。

重要度 ★★★ 文章校正

Q 0132 赤や青の波線を表示したくない！

A ＜Wordのオプション＞の＜文章校正＞で設定を変更します。

＜Wordのオプション＞の＜文章校正＞の＜例外＞で＜この文書のみ、結果を表す波線を表示しない＞をクリックしてオンにすると、赤の波線が表示されません。同様に、＜この文書のみ、文章校正の結果を表示しない＞をクリックしてオンにすると、青の二重線（Word 2013では青の波線、Word 2010では緑の波線）が表示されません。

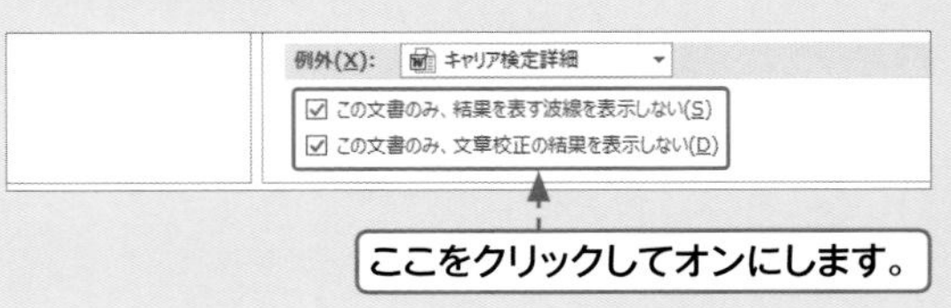

重要度★★★ 文章校正

Q 0133 波線が引かれた箇所をかんたんに修正したい！

A ショートカットメニューから修正候補を選択します。

波線部分を右クリックすると、ショートカットメニューに文章校正機能やスペルチェック機能による修正候補が表示されます。目的の修正候補を選択して、修正します。

参照▶Q 0131

1 青の二重下線部分を右クリックすると、

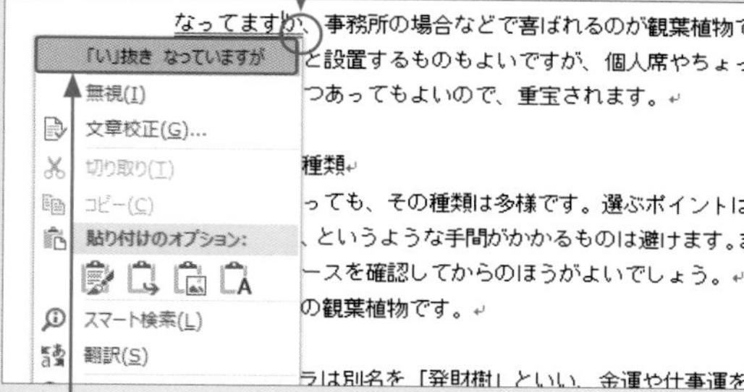

2 「い」抜きが指摘されています。クリックすると、

3 正しく修正され、線が消えました。

4 スペルミスを指摘した波線部分を右クリックすると、

5 修正候補が表示されるので、目的の単語をクリックします。

6 選択内容が反映され、波線が消えました。

重要度★★★ 文章校正

Q 0134 波線や下線が引かれた箇所を修正したくない！

A 修正候補を無視します。

赤の波線や青の二重下線は印刷されるわけではないので、修正の必要がなければ、そのまま放置してもかまいません。

波線や二重下線が表示されていても、その文書の中において正しい表記である場合は、右クリックして<無視>を選択すると線が消えます。<すべて無視>をクリックすると、同じ語句に対するチェックが解除されます（Word 2010にはこの操作はありません）。

また、赤線や青線が引かれている語句を辞書に登録すると、以降の文章校正でその語句がチェックされないようになります。

1 二重下線部分を右クリックすると、

2 揺らぎが指摘されています。<無視>をクリックすると、

3 線が消えます。

重要度 ★★★ 文章校正

Q 0135 あとでまとめて校正したい！

A ＜スペルチェックと文章校正＞を利用します。

＜校閲＞タブの＜スペルチェックと文章校正＞をクリックすると、チェックする対象によって、スペルの場合は＜スペルチェック＞、文法や誤字の場合は＜文章校正＞作業ウィンドウ（Word 2010では＜スペルチェックと文章校正＞ダイアログボックス）が開きます。スペルチェックでは、作業ウィンドウに表示される対象を順にまとめて修正することができます。
スペルチェックや校正では、表示される候補をクリックして修正したり、＜無視＞＜すべて無視＞をクリックして無視したり、特別な用語の場合は＜辞書に追加＞（Word 2016／2013では＜追加＞、Word 2010では＜単語登録＞）をクリックして登録したりします。表記ゆれがある場合は、＜表記ゆれチェック＞ダイアログボックスが表示されます。

1 ＜校閲＞タブをクリックして、

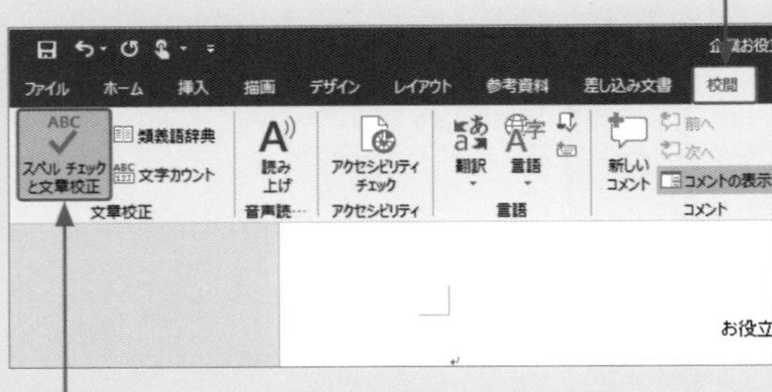

2 ＜スペルチェックと文章校正＞をクリックすると、

3 ＜文章校正＞作業ウィンドウが開きます。

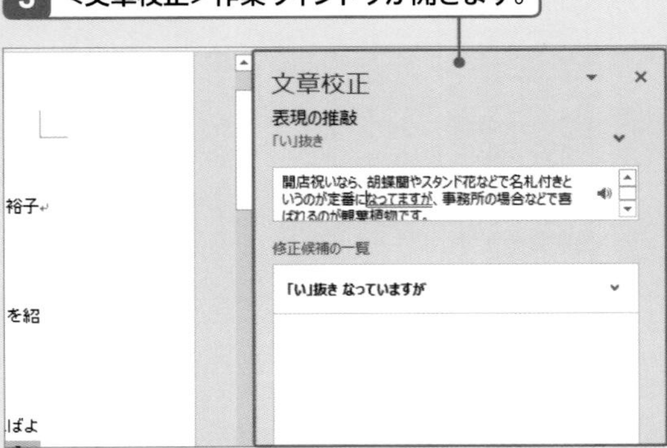

● スペルチェックの修正

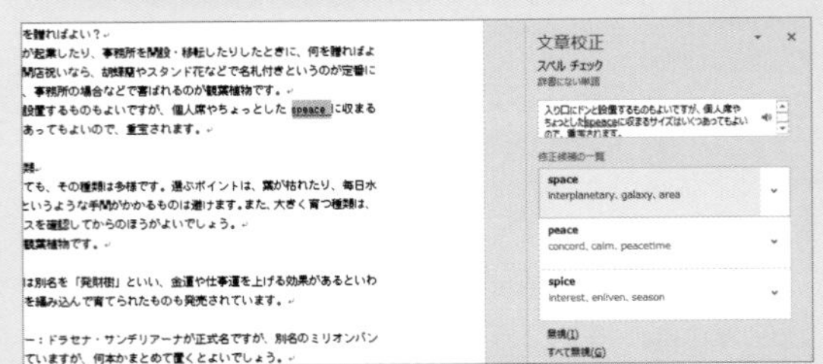

● 文章校正の修正

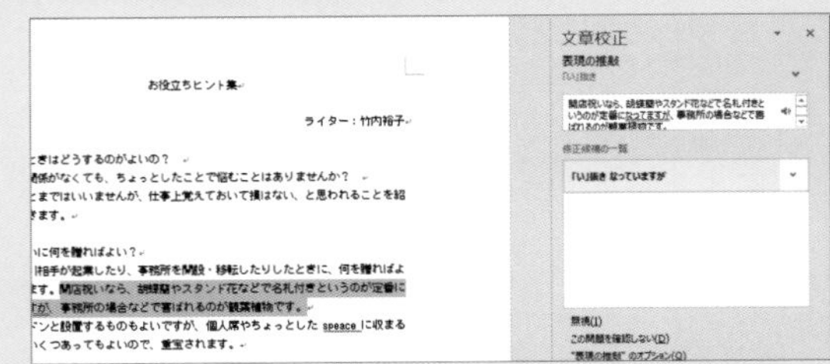

● 単語の登録

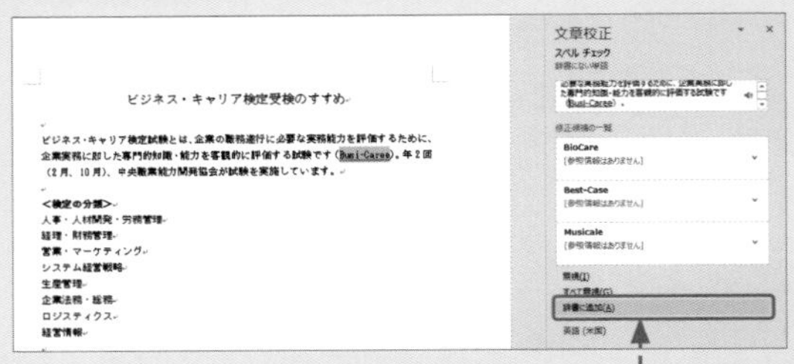

＜辞書に追加＞をクリックすると辞書に登録できます。

● 表記ゆれチェック

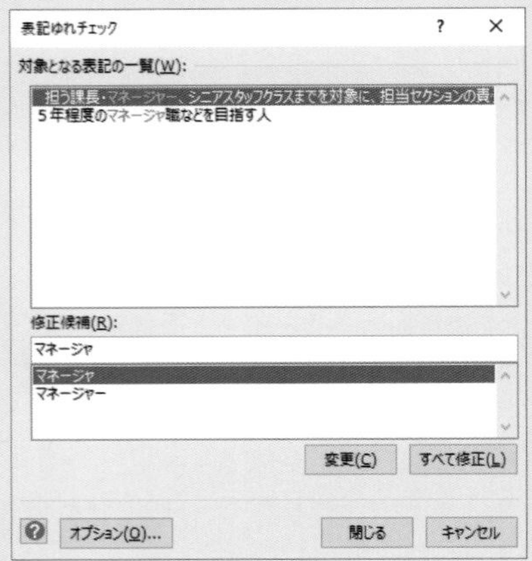

重要度 ★★★ 文章校正

Q 0136 カタカナ以外の表記ゆれもチェックしたい！

A 漢字やかなの表記ゆれのチェックを有効にします。

カタカナに関する表記ゆれだけでなく、漢字やかなの表記ゆれもチェックしたい場合には、<Wordのオプション>の<文章校正>の<Wordのスペルチェックと文章校正>内の<設定>をクリックして、表示される<文書構成の詳細設定>ダイアログボックスで設定を変更します。そのあと、<校閲>タブの<表記ゆれチェック>をクリックして、表記ゆれのチェックをします。

参照▶Q 0030

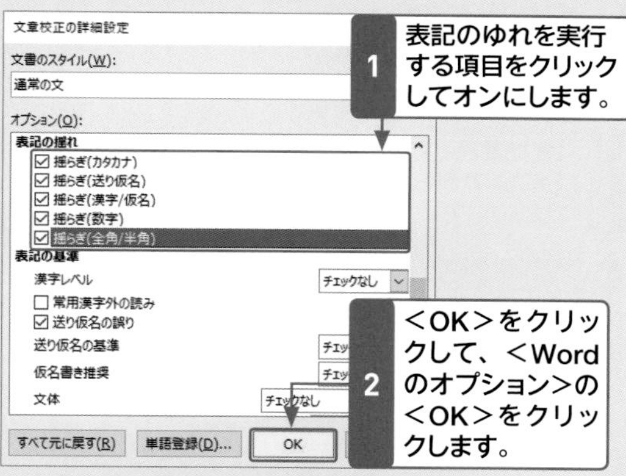

3 <校閲>タブの<表記ゆれチェック>をクリックします。

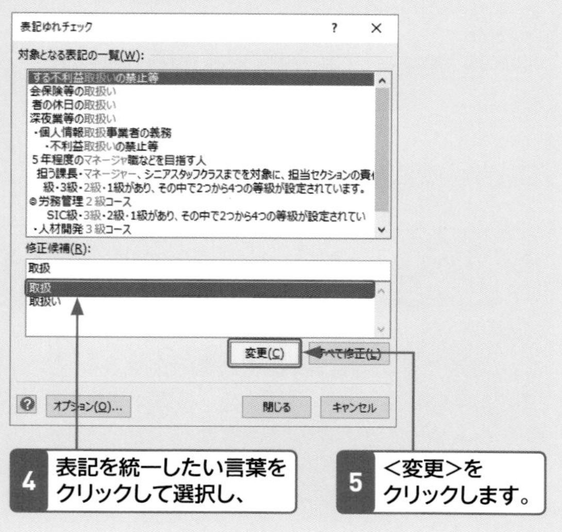

重要度 ★★★ コメント

Q 0137 内容に関するメモを付けておきたい！

A 吹き出しにコメントを入力します。

文書作成中に、あとで確認したいこと、調べておきたいことなどが出てきます。本文に影響せずに利用できる「コメント」を付けておくと便利です。
コメントを付けたい文字列を選択し、<校閲>タブの<新しいコメント>（Word 2013／2010でのコマンド表示は<コメントを挿入>）をクリックします。右側にコメント欄が表示されるので、入力します。

1 コメントを付けたい文字列（または位置）を選択して、

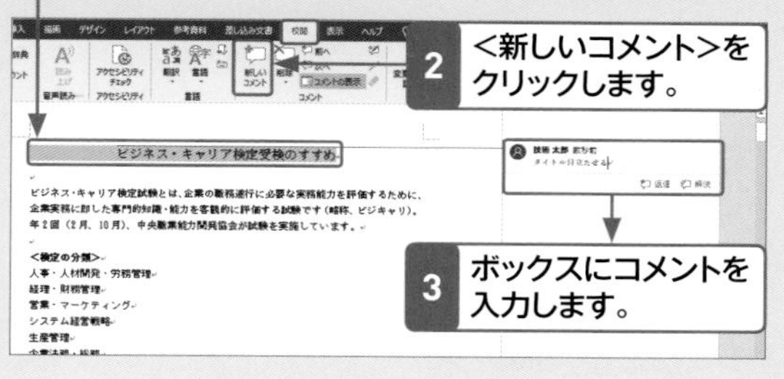

重要度 ★★★ コメント

Q 0138 コメントを削除したい！

A コメントを右クリックして<コメントの削除>をクリックします。

コメントを削除するには、コメントを右クリックして<コメントの削除>をクリックするか、コメントを選択して<校閲>タブの<削除>をクリックします。すべてのコメントを削除する場合は、<校閲>タブの<削除>の下の部分をクリックして、<ドキュメント内のすべてのコメントを削除>をクリックします。

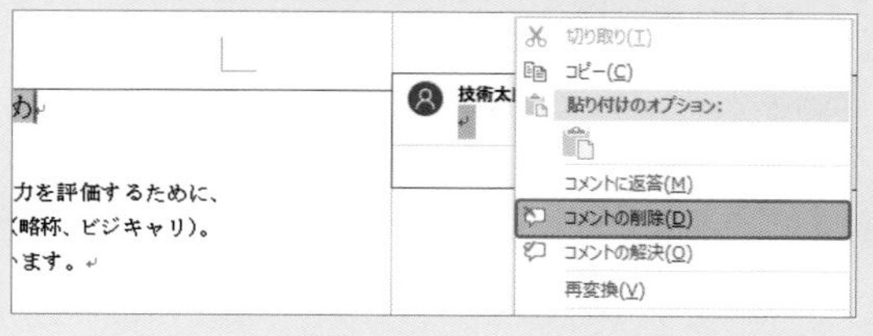

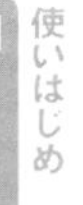

重要度★★★ コメント ⊗2010

Q 0139 コメントに返答したい！

A コメント内の をクリックします。

Word 2019／2016／2013では、作成したコメントに返答することができます。複数で編集している場合、ほかの人がファイルを開き、コメント内の＜返信＞ をクリックすると、コメント内に新たなコメント欄が表示されます。名前も表示されるので、誰が書いた返答コメントなのかもわかるため便利です。返答を書いたファイルを保存して、相手に渡します。 参照▶Q 0138

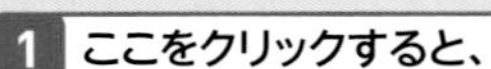

1 ここをクリックすると、

2 返答コメント欄が表示されるので、返事を入力します。

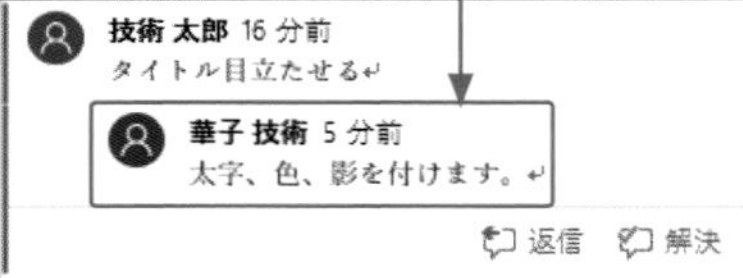

3 戻ってきたファイルで解決なら、＜解決＞をクリックします。

重要度★★★ コメント

Q 0140 校閲者別にコメントを表示したい！

A ＜変更履歴とコメントの表示＞で、表示方法を選択します。

文書を複数の校閲者（ユーザー）が編集し、コメントを付けると、それぞれのコメントが色別で表示されます。＜校閲＞タブの＜変更履歴とコメントの表示＞をクリックして、＜特定のユーザー＞（Word 2010では＜校閲者＞）から校閲者ごとのコメント表示を選択できます。初期設定ではすべての校閲者がオンになっていますが、表示させたい校閲者のみをクリックしてオンにすると（表示させたくない校閲者をオフにします）、特定の校閲者だけのコメントを表示できます。なお、オフに指定した校閲者が返答したコメントは表示されません。 参照▶Q 0139

1 ＜変更履歴とコメントの表示＞をクリックして、

2 ＜特定のユーザー＞にマウスポインターを合わせ、

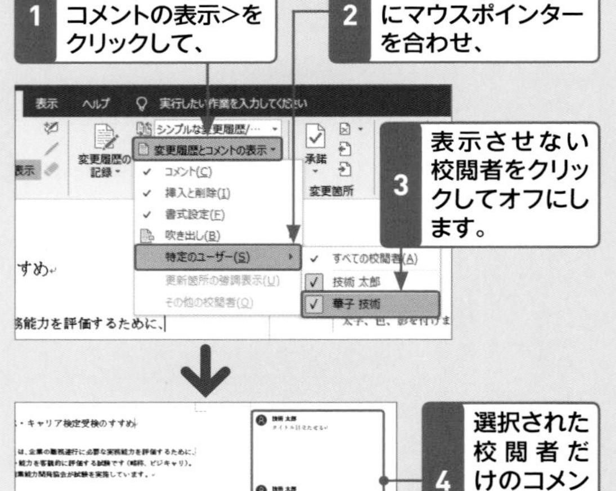

3 表示させない校閲者をクリックしてオフにします。

4 選択された校閲者だけのコメントが表示されます。

重要度★★★ コメント

Q 0141 コメントを表示させたくない！

A コメントの表示をオフにします。

コメントの入っているファイルを開くと常に表示されてしまいますが、コンパクトにしたり、コメントを非表示にしたりすることができます。コンパクトにするには、＜校閲＞タブの＜コメントの表示＞をクリックしてオフにすると、コメント位置に で表示されます（この方法は、Word 2010にはありません）。また、＜校閲＞タブの＜変更履歴とコメントの表示＞をクリックして、＜コメント＞をクリックすると、非表示になります。

重要度★★★　コメント

Q 0142 コメントを印刷したい！

A コメントを印刷対象にします。

通常の印刷では、コメントは印刷されません。
コメントを印刷するには＜ファイル＞タブの＜印刷＞をクリックして、印刷設定画面を表示します。＜すべてのページを印刷＞をクリックし、＜変更履歴／コメントの印刷＞をクリックしてオンにします。＜印刷＞をクリックすると、印刷レイアウトの画面表示のまま、文書とコメントがいっしょに印刷されます。なお、＜校閲＞タブの＜変更履歴／コメントの表示＞で＜特定のユーザー＞で表示する校閲者を指定している場合は、その校閲者のコメントのみが印刷されます。

参照▶Q 0140

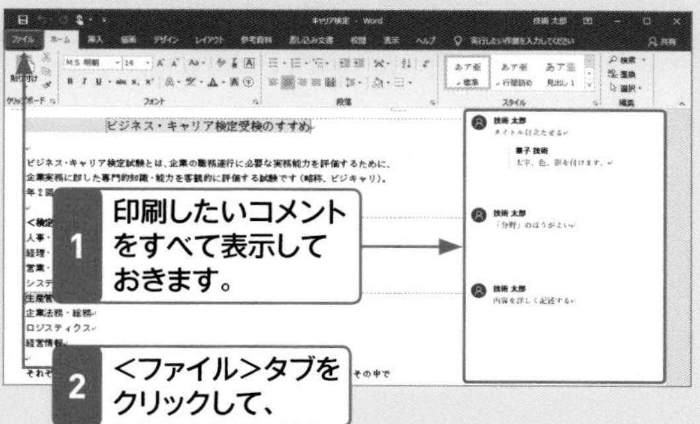

3 ＜印刷＞をクリックします。

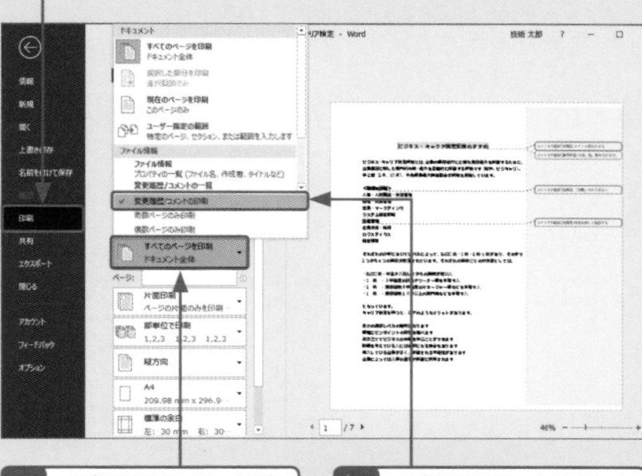

4 ＜すべてのページを印刷＞をクリックし、

5 ＜変更履歴／コメントの印刷＞をクリックしてオンにします。

重要度★★★　変更履歴

Q 0143 変更内容を記録しておきたい！

A 変更履歴を記録します。

変更履歴とは、たとえば書式の変更や文字列の挿入・削除など、どこをどのように変更したのか編集の経緯がわかるように記録・表示される機能です。＜校閲＞タブの＜変更履歴の記録＞をクリックするとオンになり、以降に行った編集作業の履歴が記録されます。変更履歴の記録のオン／オフは、＜変更履歴の記録＞の上部をクリックすると切り替えることができます。
なお、手順1の＜変更内容の表示＞で＜シンプルな変更履歴／コメント＞（Word 2010では＜最終版＞）を選択していると、手順3の  ように変更内容は表示されません。

1 ＜すべての変更履歴／コメント＞（Word 2010では＜最終版：変更箇所／コメントの表示＞）を選択して、

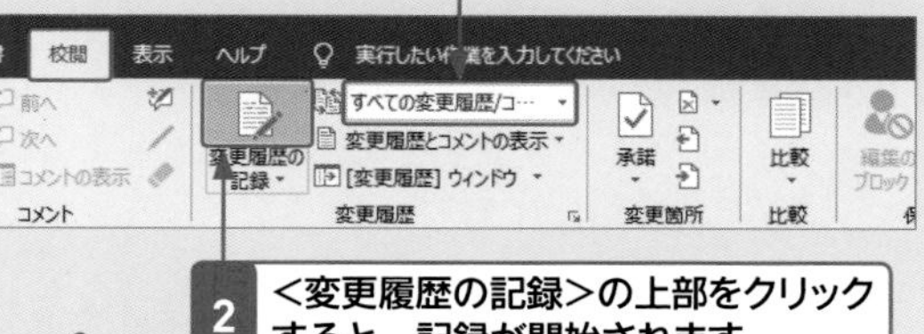

2 ＜変更履歴の記録＞の上部をクリックすると、記録が開始されます。

3 変更を行うと、吹き出し表示領域に変更内容の記録が表示されます。

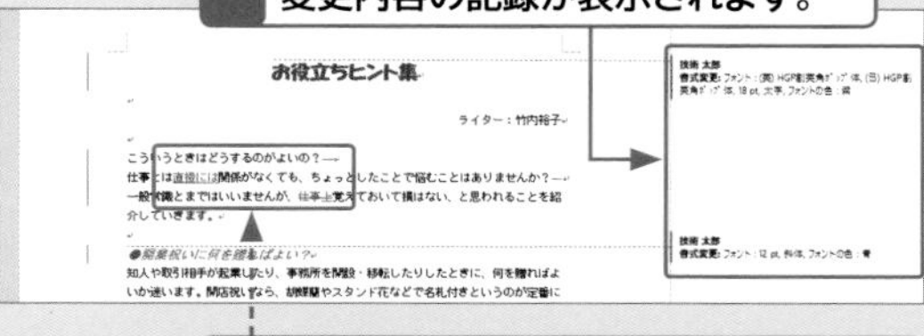

文字を削除すると取り消し線、文字を追加すると挿入した文字に下線が付きます。

4 変更履歴を終わらせる場合は、再度＜変更履歴の記録＞の上部をクリックします。

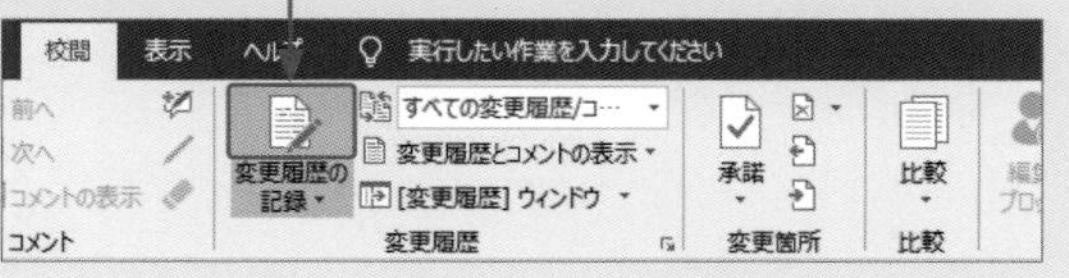

重要度 ★★★ 変更履歴

Q 0144 変更結果を確定したい！

A 変更履歴を承諾します。

現在の変更結果の状態をもとに戻す必要がないときには、＜承諾＞をクリックして、変更履歴を承諾すれば、選択した変更履歴が削除されます。
細かな修正の変更履歴がたくさん表示されると、だんだん煩雑になってくるので、確実な修正は確定し、あとからもとに戻す可能性がある変更履歴のみを残しておきましょう。なお、＜承諾＞の下をクリックすると、＜この変更を反映させる＞＜すべての変更を反映＞＜すべての変更を反映し、変更の記録を停止＞（Word 2010では＜変更の承諾＞＜表示されたすべての変更を反映＞＜ドキュメント内のすべての変更を反映＞）などの操作を選択できます。

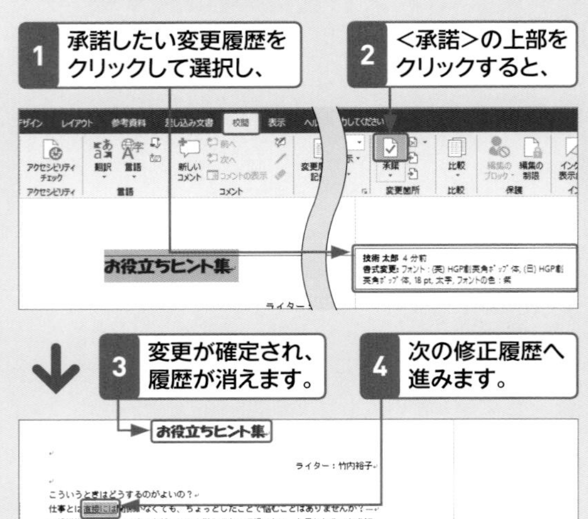

1 承諾したい変更履歴をクリックして選択し、
2 ＜承諾＞の上部をクリックすると、
3 変更が確定され、履歴が消えます。
4 次の修正履歴へ進みます。
お役立ちヒント集

重要度 ★★★ 変更履歴

Q 0145 文書を比較してどこが変わったのか知りたい！

A ＜校閲＞タブの＜比較＞で比較結果を表示します。

＜比較＞を使うと、もとになった文書とそれに手を加えた文書とを比較することができます。
結果を比較した文書には、変更部分が表示された「比較結果文書」と「元の文書」「変更された文書」が表示され、さらに変更履歴ウィンドウにはメイン文書の変更とコメントが表示されます。

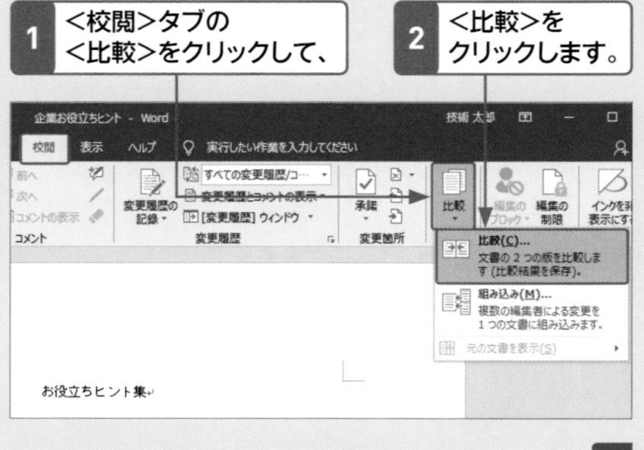

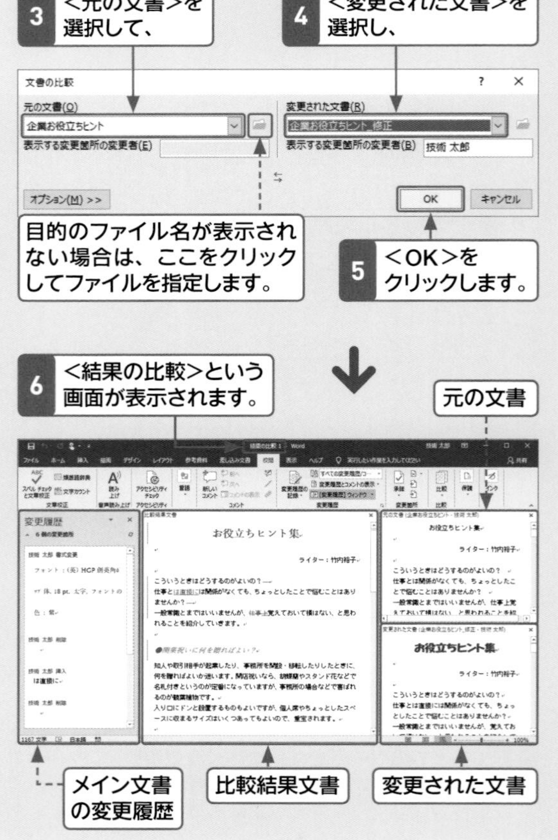

重要度 ★★★　脚注・参照

Q 0146 欄外に用語説明を入れたい！

A 脚注を挿入します。

脚注とは、用語や人物の説明、文章内容の背景解説などを欄外に記述しておくためのものです。脚注を入れる場所は、文書の内容や性格によって異なりますが、「該当ページ末」「節末」「章末」「巻末」などさまざまです。

＜参考資料＞タブにある＜脚注の挿入＞を使うと、基本的には該当ページ末に挿入されます。「節末」「章末」「巻末」などにまとめて脚注を入れる場合には、文末脚注機能を利用します。

脚注を挿入すると、脚注番号が付きます。文書内で先頭から順に連番になるため、脚注を挿入したあとで、その位置より前の位置に脚注を挿入すると、連番は自動で調整されます。

なお、下図のように脚注内容を自動表示するには、＜Wordのオプション＞の＜表示＞で＜カーソルを置いたときに文書のヒントを表示する＞をクリックしてオンにしておきます。 参照▶Q 0030, Q 0149

● 脚注内容の自動表示

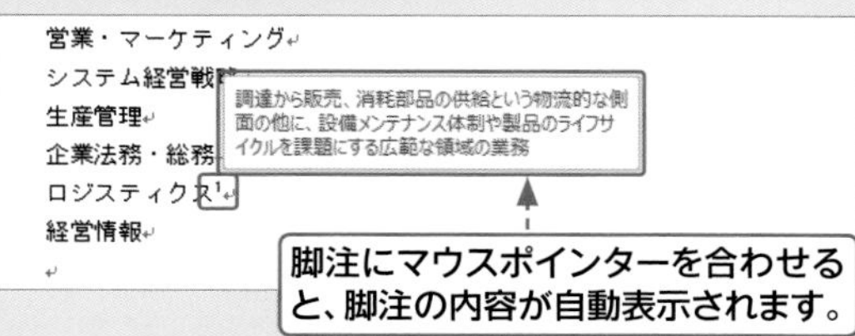

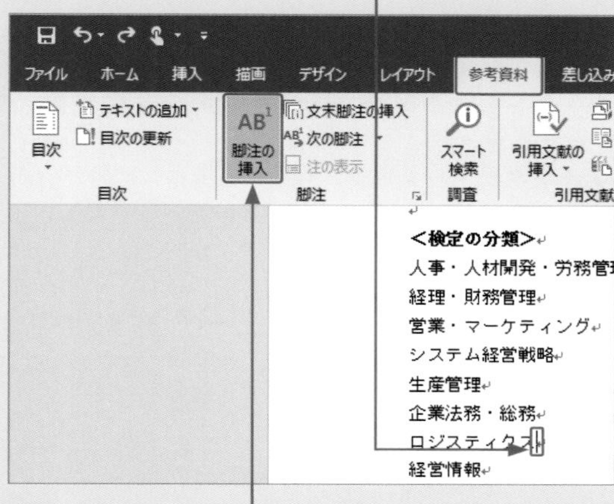

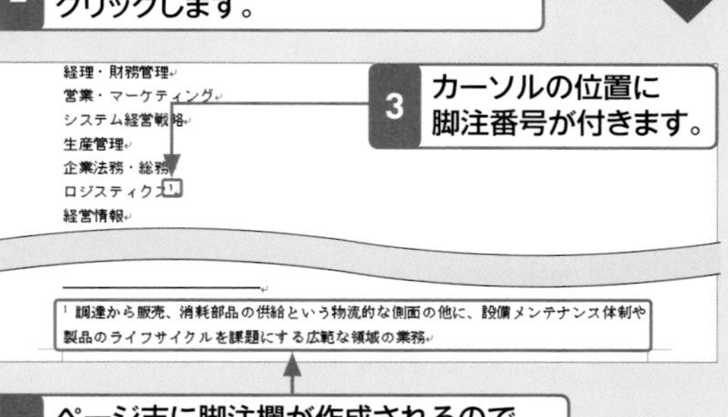

重要度 ★★★　脚注・参照

Q 0147 脚注を削除したい！

A 脚注番号を削除します。

脚注を入れた位置と脚注そのものには、自動で番号が振られます。脚注を削除するには、脚注内容ではなく、脚注番号を選択して Delete を押して削除します。複数の脚注を設定した場合は、削除した番号以降は繰り上がります。 参照▶Q 0146

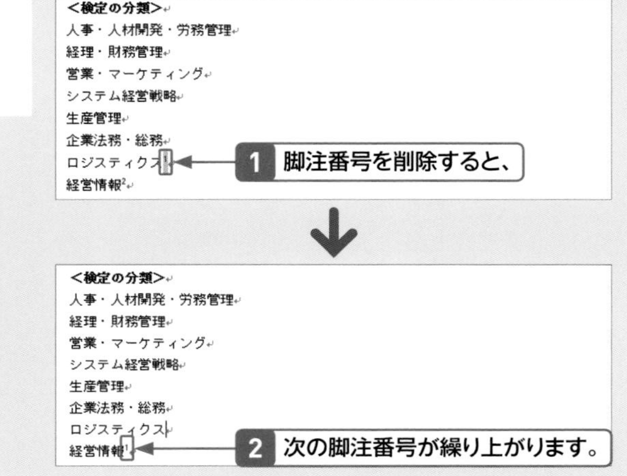

重要度 ★★★ 脚注・参照

Q 0148 脚注の開始番号や書式を変更したい！

A ＜脚注と文末脚注＞ダイアログボックスで設定します。

＜参考資料＞タブの＜脚注＞グループの右下にある ◲ をクリックして表示される＜脚注と文末脚注＞ダイアログボックスで脚注に関する設定ができます。

脚注と文末脚注
場所
脚注(F): ページの最後
文末脚注(E): 文書の最後
変換(C)...
脚注のレイアウト
列(O): セクション レイアウトと一致
書式
番号書式(N): a, b, c, …
任意の脚注記号(U): 記号(Y)...
開始番号(S): a
番号の付け方(M): セクションごとに振り直し

重要度 ★★★ 脚注・参照

Q 0149 脚注のスタイルを設定したい！

A 脚注文字列の文字／段落スタイルを設定します。

脚注のフォントやサイズ、字下げの設定などは、脚注の文章を右クリックし、＜スタイル＞をクリックして表示される＜文字／段落スタイルの設定＞ダイアログボックスから行えます。

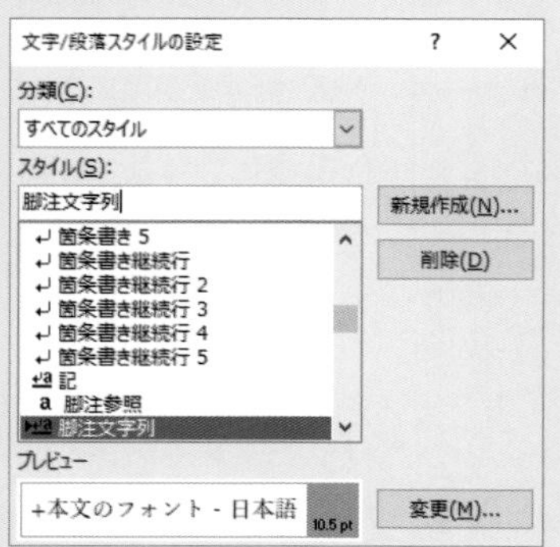

重要度 ★★★ 脚注・参照

Q 0150 文末に脚注を入れたい！

A ＜脚注と文末脚注＞ダイアログボックスで＜文末脚注＞を選択します。

文末脚注とは、該当ページに挿入する脚注とは異なり、節や章、文章全体の最後などにまとめて入れる脚注のことです。脚注を入れる場合、文書の構造や長さなどから判断して、脚注にするか、文末脚注にするかを指定します。脚注は用語解説、文末脚注は参考文献というような使い分けも考えられます。

文末脚注を入れるには、＜参考資料＞タブの＜文末脚注の挿入＞をクリックします。この場合、文書の最後に挿入されますが、節や章の最後など文書の途中に入れたい場合は、必要なページ範囲にあらかじめセクション区切りを入れておき、＜脚注と文末脚注＞ダイアログボックスを利用して、文末脚注を挿入する位置を変更します。文末脚注を削除するには、脚注と同様に、文末脚注番号を選択して、Deleteを押します。

参照 ▶ Q 0146, Q 0148, Q 0233

1 セクションを区切り、文末脚注を入れるセクション内の位置にカーソルを移動します。

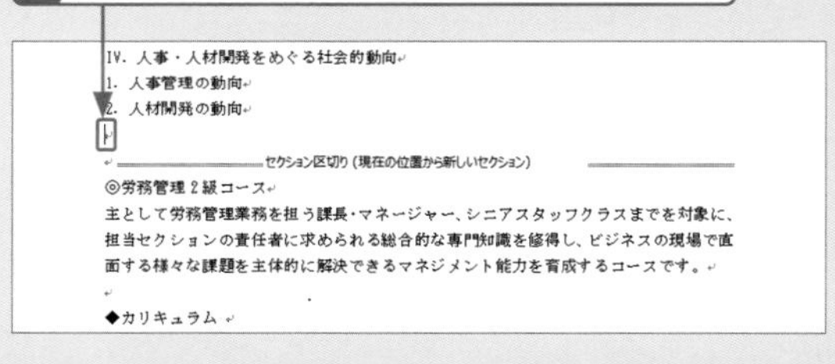

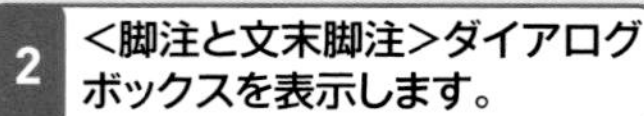

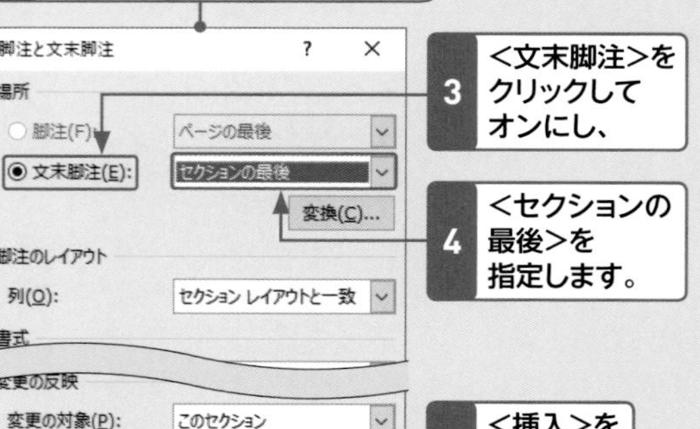

重要度 ★★★　脚注・参照

文末脚注を脚注に変更したい！

A　<脚注と文末脚注>ダイアログボックスで変更します。

脚注と文末脚注は、それぞれを変更したり、入れ替えたりすることができます。脚注を変更するには、<脚注と文末脚注>ダイアログボックスを利用します。<場所>の<文末脚注>をクリックしてオンにして、<変換>をクリックすると、<脚注の変更>ダイアログボックスが表示されるので、<文末脚注を脚注に変更する>をクリックしてオンにします。

参照▶Q 0146, Q 0150

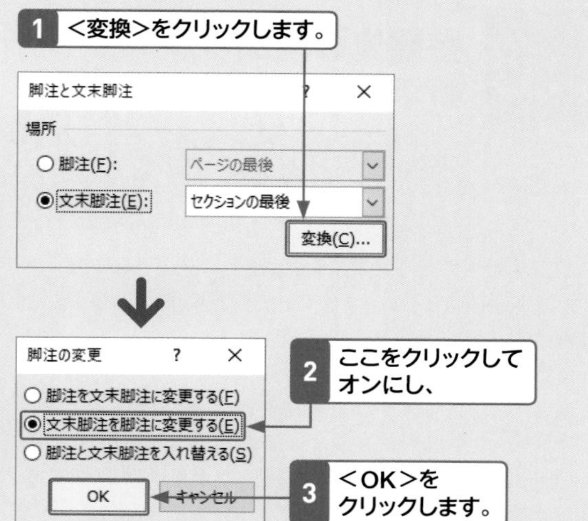

重要度 ★★★　脚注・参照

Q 0152 「P.○○参照」のような参照先を入れたい！

A　<相互参照>ダイアログボックスを利用します。

参照先を入れるには、参照する項目としての見出しや番号付きの項目、図表などを設定しておく必要があります。<参考資料>タブの<相互参照>をクリックして表示される<相互参照>ダイアログボックスで、参照する項目と、参照先(ページ番号、段落番号など)を指定します。参照先が挿入されたら、Ctrl を押しながらクリックすると、参照先にジャンプします。

参照先としてページ番号を挿入するときは、あらかじめ、「ページ参照」などの文章を入力しておき、「ページ」の前にカーソルを移動します。

参照▶Q 0153

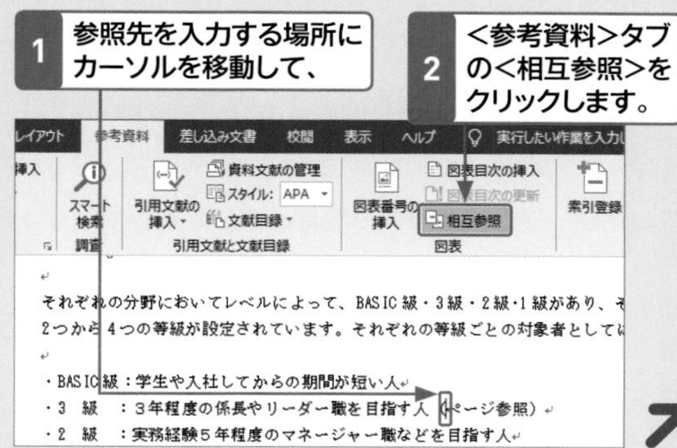

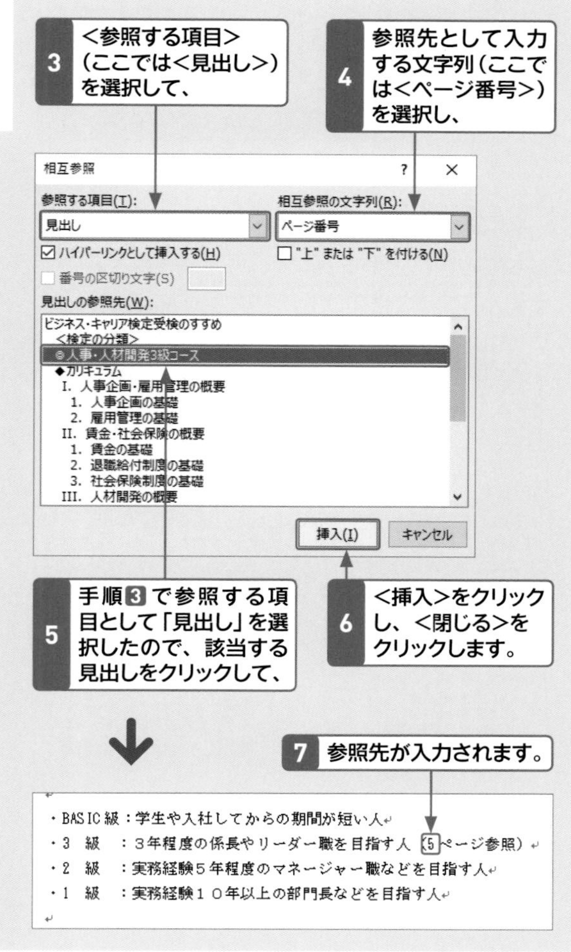

重要度 ★★★ 脚注・参照

Q 0153 参照先の見出しが表示されない！

A 参照先に見出しスタイルを適用します。

相互参照を行おうとしても、参照先に見出しのスタイルが適用されていないために、＜相互参照＞ダイアログボックスに参照先として表示されない場合があります。その場合は、＜ホーム＞タブの＜スタイル＞の右下にある をクリックして＜スタイル＞作業ウィンドウを表示し、見出しにスタイルを適用します。なお、既存の見出しスタイルを適用すると、フォントやサイズ、色などの書式設定も適用されてしまうので注意が必要です。設定した書式をスタイルに設定してから相互参照を設定するのがよいでしょう。 参照▶Q 0152, Q 0211

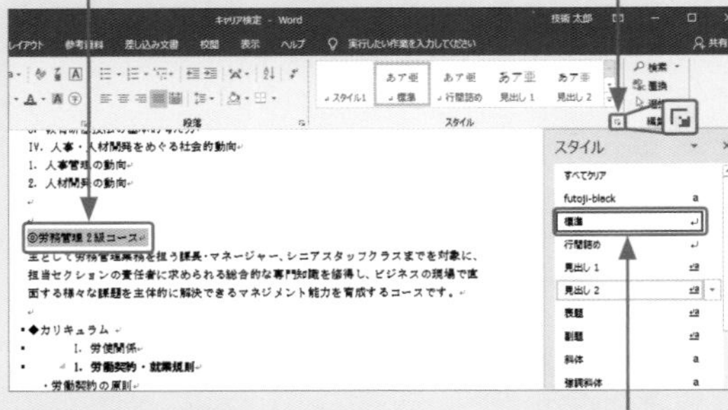

1 スタイルを適用したい見出しを選択します。
2 ここをクリックして、
3 ＜スタイル＞作業ウィンドウを表示し、適用したいスタイルをクリックします。

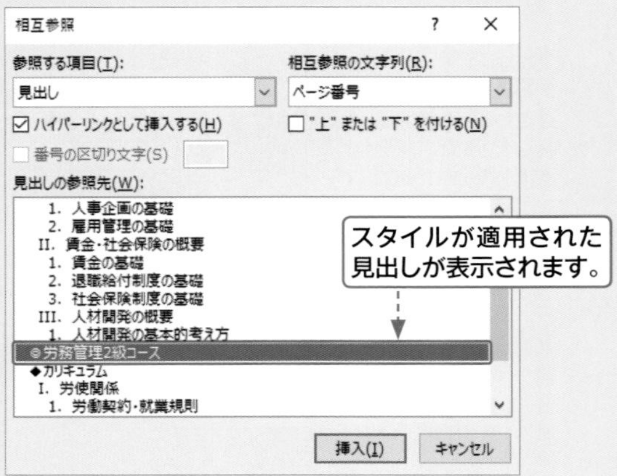

重要度 ★★★ 脚注・参照

Q 0154 参照先のページが変わったのに更新されない！

A フィールドを更新します。

文書編集などでページの増減があった場合は、参照先のページ数がずれてしまいます。参照先の情報は自動的には更新されないので、ページ数などの参照先を選択し、右クリックして、＜フィールド更新＞をクリックすると、参照先が更新されます。

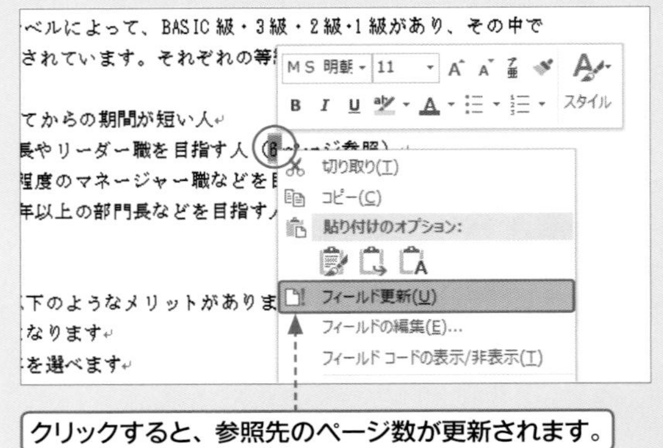

重要度 ★★★ 脚注・参照

Q 0155 参照先にジャンプできない！

A 相互参照を見直します。

参照先のページ数が変更されてしまったとしても、参照先のページ数を Ctrl を押しながらクリックすれば、参照先の見出しなどにジャンプしてくれます。

しかし、参照先が削除されてしまった場合には、文書の先頭にカーソルが移動するだけです。文書全体を見直してみるか、相互参照を再設定して、＜相互参照＞ダイアログボックスに参照先の項目が表示されるかどうか確認してみましょう。

なお、相互参照、あるいは索引や目次は、文書内容が変更されるとすべて直さなければならなくなります。これらは、文書の内容が確定してから設定・作成するようにしましょう。 参照▶Q 0158

重要度★★★ 脚注・参照

Q 0156 文書内の図や表に通し番号を付けたい！

A ＜図表番号の挿入＞で図表番号を挿入します。

＜図表番号の挿入＞では、図表番号、図表のラベル（図、数式、表）、挿入する位置などを設定できます。＜ラベル名＞で図表のラベル名（図、数式、表）を指定して、図表番号やタイトル、挿入する位置などを指定します。なお、番号は自動的に「1」から付けられます。

1 図表番号やタイトルを付けたい図表を選択して、

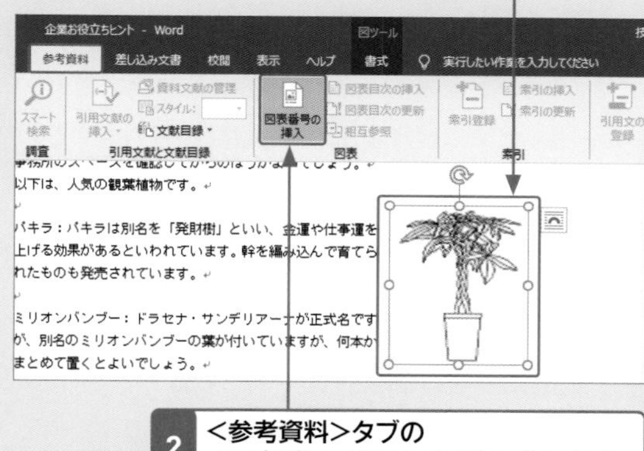

2 ＜参考資料＞タブの＜図表番号の挿入＞をクリックします。

3 ＜図表番号＞ダイアログボックスで図表番号や位置などの設定を行い、

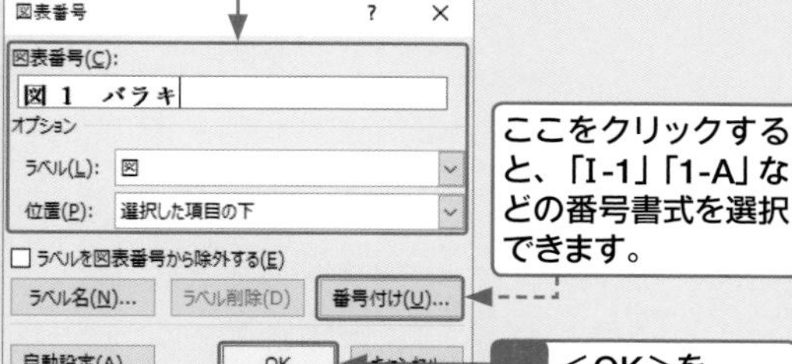

ここをクリックすると、「I-1」「1-A」などの番号書式を選択できます。

4 ＜OK＞をクリックすると、

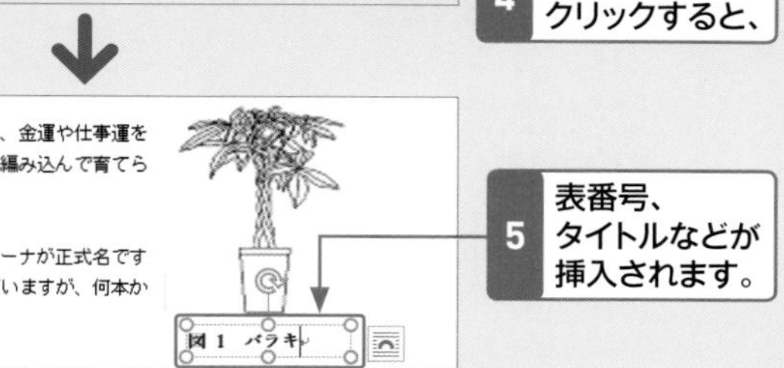

5 表番号、タイトルなどが挿入されます。

重要度★★★ 脚注・参照

Q 0157 引用文献をかんたんに入力したい！

A ＜引用文献の挿入＞で引用文献を登録します。

頻繁に利用する引用文献を登録しておくと、引用文献をかんたんに入力できるようになります。

1 目的の位置にカーソルを置いて、

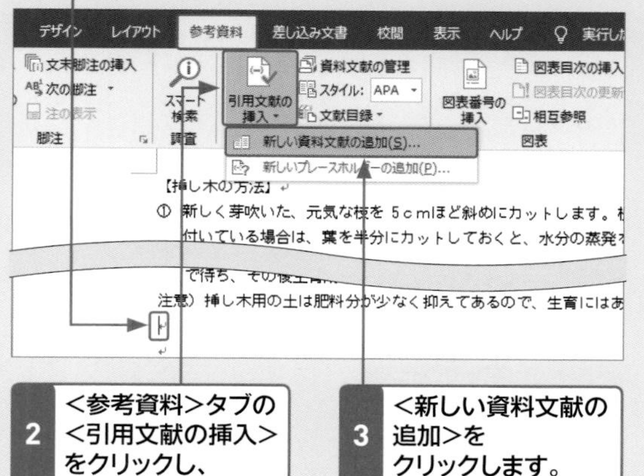

2 ＜参考資料＞タブの＜引用文献の挿入＞をクリックし、

3 ＜新しい資料文献の追加＞をクリックします。

4 必要事項を入力して、

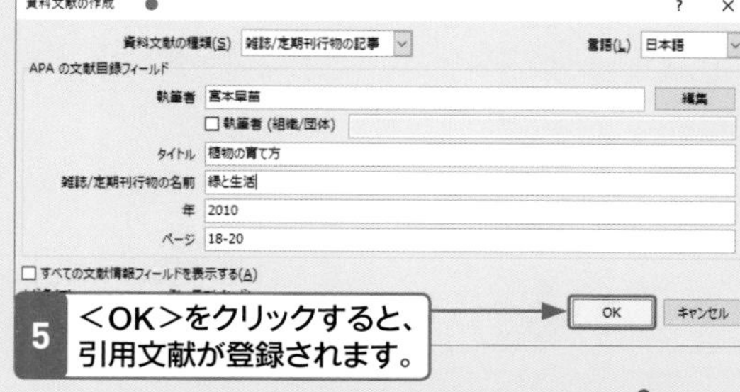

5 ＜OK＞をクリックすると、引用文献が登録されます。

6 ＜引用文献の挿入＞をクリックして、

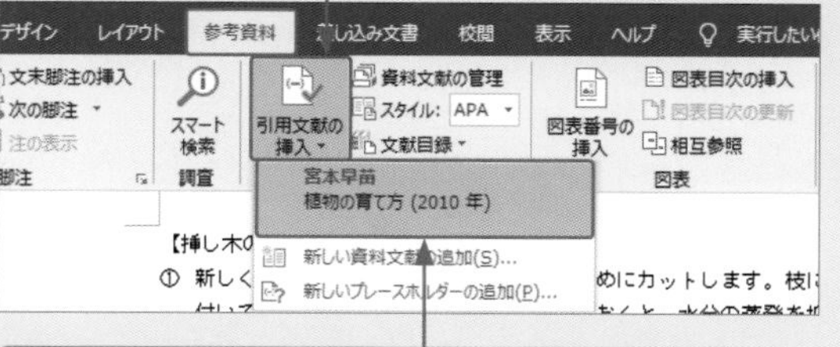

7 登録された引用文献を選択すれば入力できます。

重要度 ★★★ 目次・索引

Q 0158 目次を作りたい！

A <参考資料>タブの<目次>を利用します。

目次を作成するには、目次に入れたい見出しに見出し用のスタイルを設定しておく必要があります。スタイルの設定には、<ホーム>タブの<スタイル>から選ぶ、アウトライン表示でアウトラインレベルを設定する、<参考資料>タブの<テキストの追加>でレベルを設定する方法があります。
<参考資料>タブの<目次>をクリックして、使いたい目次のレイアウトを選択するだけで、自動的に目次を作成できます。ページの移動などがあった場合は、あとから目次を更新できます。
また、目次を削除したい場合は、<参考資料>タブの<目次>をクリックして、<目次の削除>をクリックします。

参照 ▶ Q 0153, Q 0160

● <目次>を作成する

1 目次を挿入する位置にカーソルを置いて、

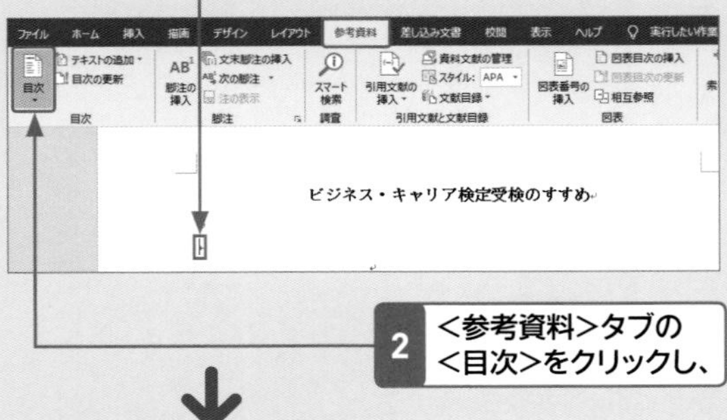

2 <参考資料>タブの<目次>をクリックし、

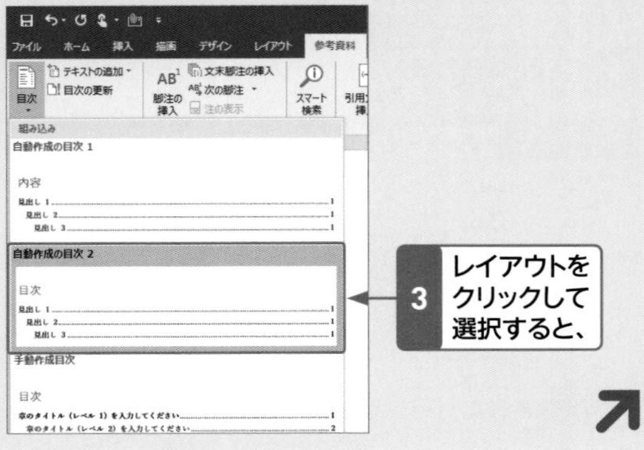

3 レイアウトをクリックして選択すると、

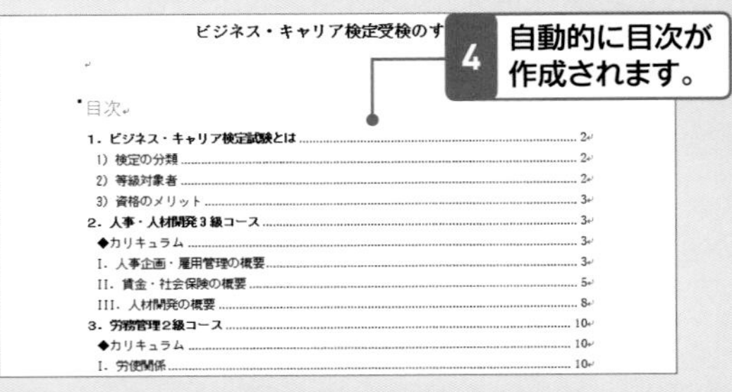

4 自動的に目次が作成されます。

● アウトライン表示で見出しを設定する

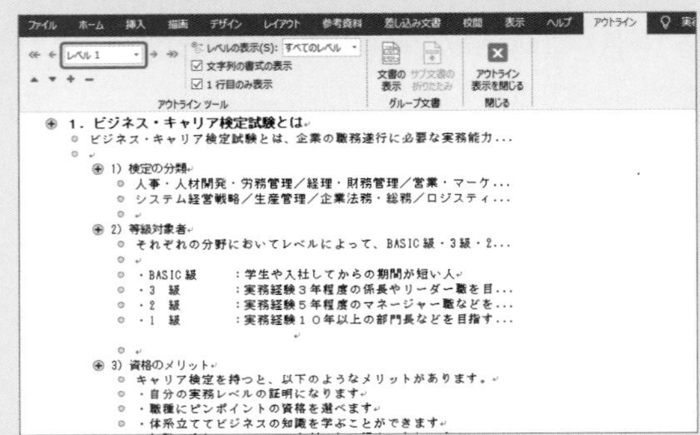

● 見出しレベルを設定する

1 見出しレベルが適用されていなければ、見出しの行にカーソルを置いて、

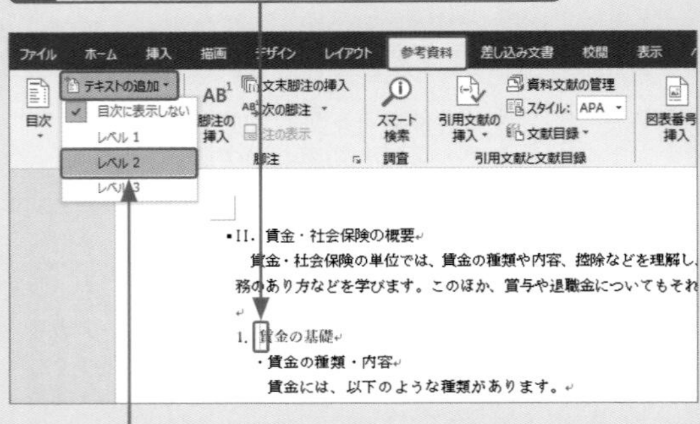

2 <参考資料>タブの<テキストの追加>をクリックして、レベルをクリックすると、

3 レベルが設定されます。

Q 0159 索引を作りたい！

A ＜参考資料＞タブの＜索引＞を利用します。

索引を作成するには、最初に必要な索引項目をすべて登録して、そのあとで索引の形式を指定します。
索引にしたい文字列を選択して、＜参考資料＞タブの＜索引登録＞をクリックすると、索引項目と読みが自動的に入力されます。索引はアルファベット順、五十音順に並べられるので、ここで読みが間違っていると、正しい索引が作成できないので確認が必要です。なお、登録の順番はページの最初から順に指定しなくても、途中で前のページに戻ったりしてもかまいません。
索引の項目をすべて登録したら、索引の形式（レイアウト）を指定すると、索引が作成できます。

索引語の登録

1 索引語を選択して、

2 ＜参考資料＞タブの＜索引登録＞をクリックします。

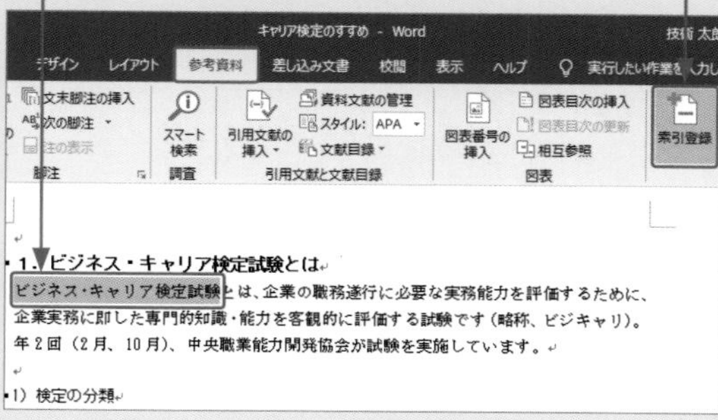

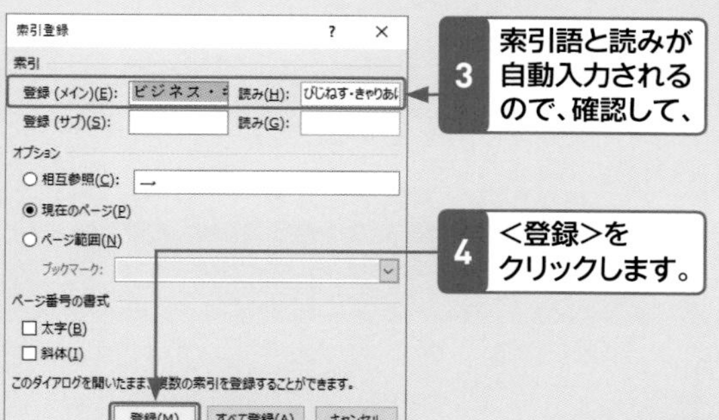

3 索引語と読みが自動入力されるので、確認して、

4 ＜登録＞をクリックします。

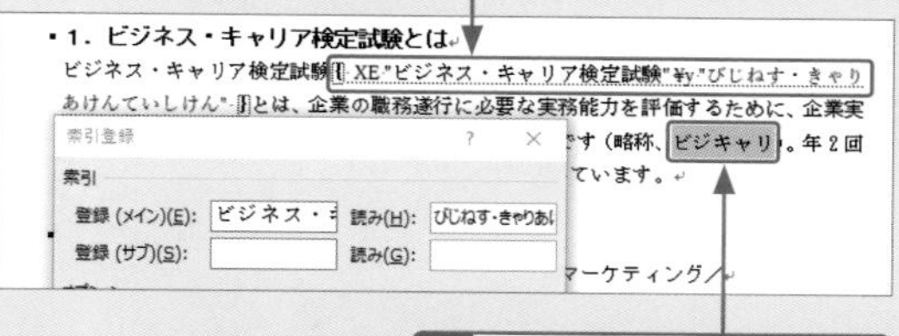

5 登録された索引の情報フィールドが挿入されます。

6 そのまま次の索引項目を選択します。

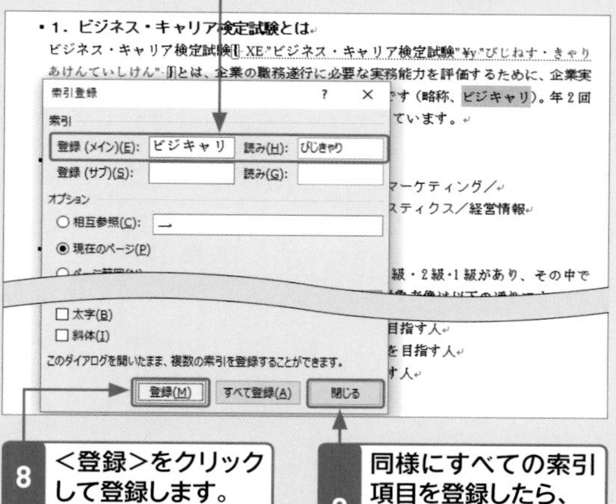

7 ＜索引登録＞画面をクリックすると、次に選択した索引項目と読みが入力されるので、

8 ＜登録＞をクリックして登録します。

9 同様にすべての索引項目を登録したら、＜閉じる＞をクリックします。

索引の作成

1 索引を作成する位置にカーソルを置き、

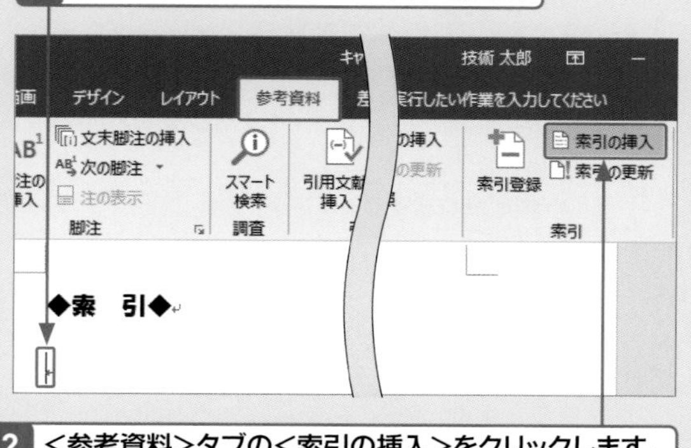

2 ＜参考資料＞タブの＜索引の挿入＞をクリックします。

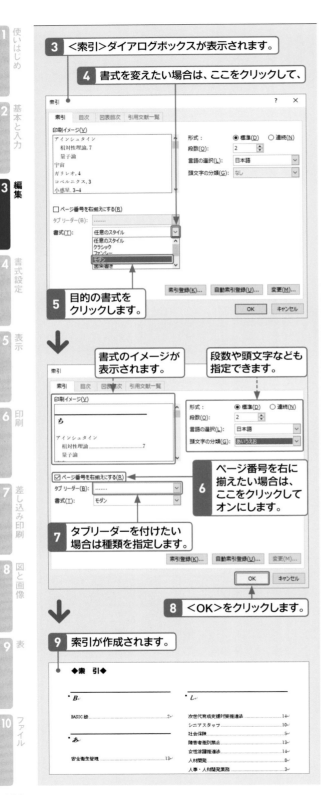

3 <索引>ダイアログボックスが表示されます。

4 書式を変えたい場合は、ここをクリックして、

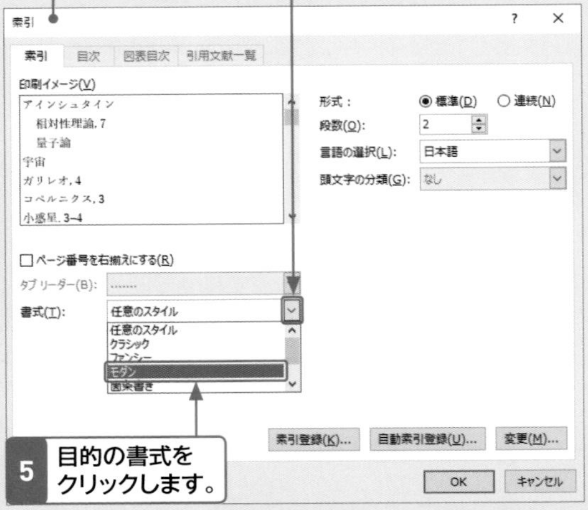

5 目的の書式をクリックします。

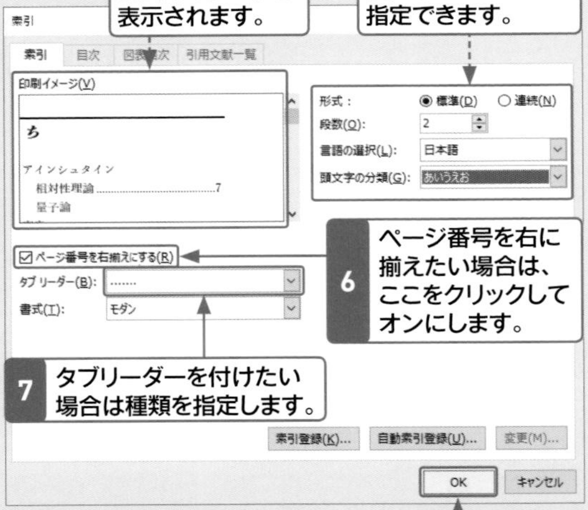

書式のイメージが表示されます。

段数や頭文字なども指定できます。

6 ページ番号を右に揃えたい場合は、ここをクリックしてオンにします。

7 タブリーダーを付けたい場合は種類を指定します。

8 <OK>をクリックします。

9 索引が作成されます。

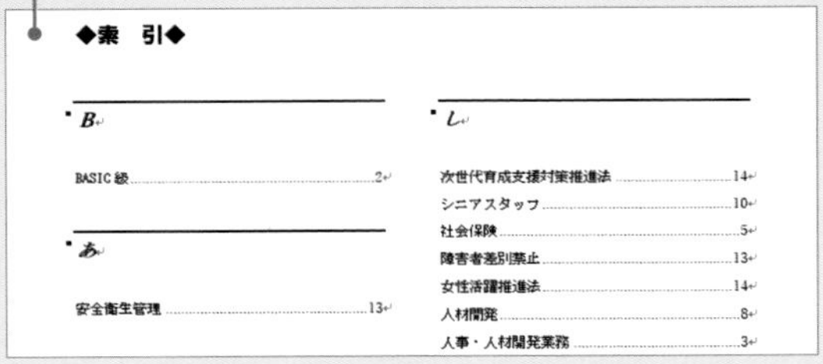

重要度 ★★★ 目次・索引

Q 0160 目次や索引が本文とずれてしまった！

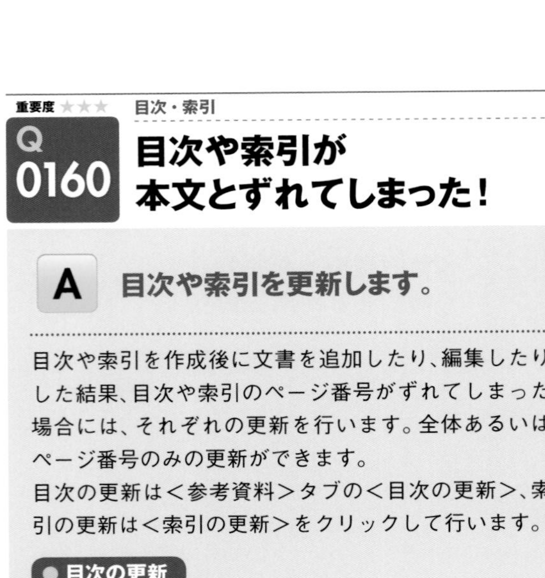

A 目次や索引を更新します。

目次や索引を作成後に文書を追加したり、編集したりした結果、目次や索引のページ番号がずれてしまった場合には、それぞれの更新を行います。全体あるいはページ番号のみの更新ができます。
目次の更新は<参考資料>タブの<目次の更新>、索引の更新は<索引の更新>をクリックして行います。

● 目次の更新

1 <目次の更新>をクリックして、

2 いずれかの更新方法をオンにして、

3 <OK>をクリックします。

● 索引の更新

<索引の更新>をクリックすると、自動的に更新されます。

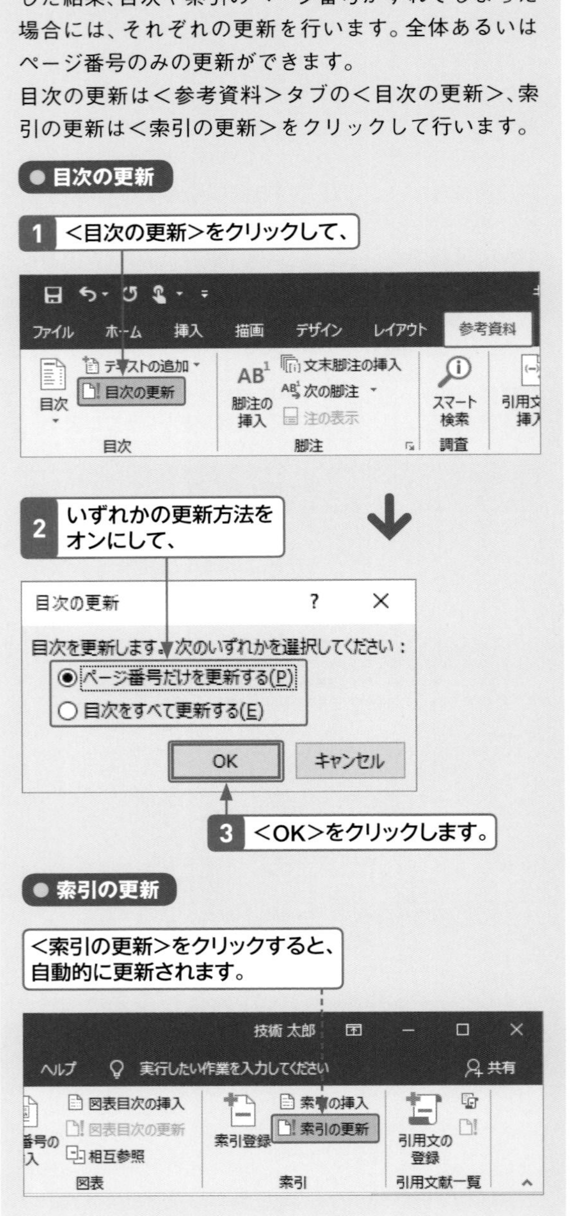

第4章

Wordの書式設定の「こんなときどうする?」

重要度 ★★★ 文字の書式設定

Q 0161 「pt（ポイント）」ってどんな大きさ？

A 1pt＝約0.35mmです。

「pt」は文字の大きさ（フォントサイズ）や図形のサイズなどを表す単位です。1ptは約0.35mmです。

重要度 ★★★ 文字の書式設定

Q 0162 どこまで大きな文字を入力できる？

A ＜フォントサイズ＞ボックスに、直接サイズを入力します。

＜ホーム＞タブの＜フォントサイズ＞ボックスの ▾ をクリックして選択できる文字サイズは、最大72ptです。72pt以上の大きさの文字サイズや、文字サイズ一覧に表示されていない文字サイズを指定するには、＜フォントサイズ＞ボックスに目的の文字サイズを直接入力します。

1 文字を選択して、

2 文字サイズを直接入力して、Enter を押すと、

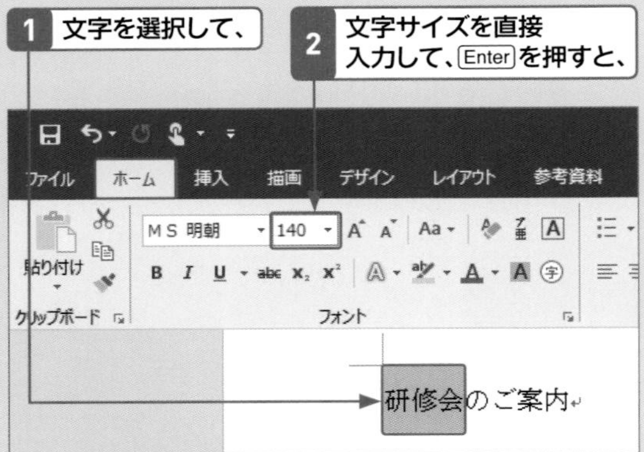

3 指定した文字サイズに変更されます。

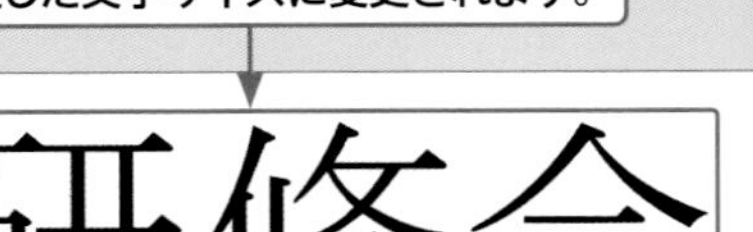

重要度 ★★★ 文字の書式設定

Q 0163 文字サイズを少しだけ変更したい！

A1 ＜ホーム＞タブの＜フォントの拡大＞、＜フォントの縮小＞を利用します。

文字サイズは＜フォントサイズ＞ボックスから変更できますが、大きさをいろいろ試したい場合など、選択を繰り返す必要があるので面倒です。文字列を選択したまま、＜フォントの拡大＞、＜フォントの縮小＞をクリックするたびに、＜フォントサイズ＞ボックスの数値の順に1ランクずつ大きく（小さく）することができます。

参照▶Q 0162

1 文字列を選択して、

現在のサイズ

2 ＜フォントの拡大＞を3回クリックすると、

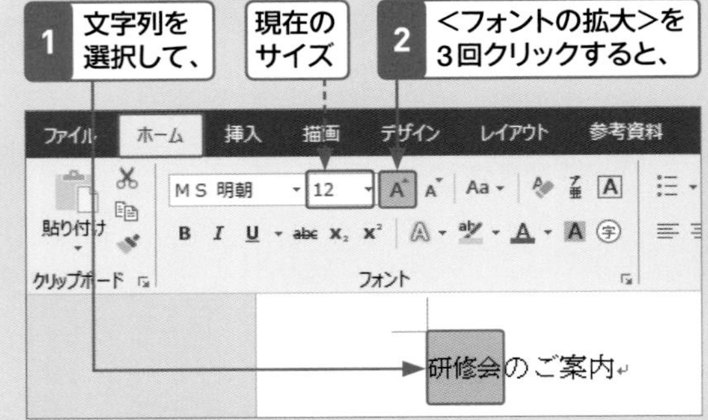

3 3ランク大きくなりました。

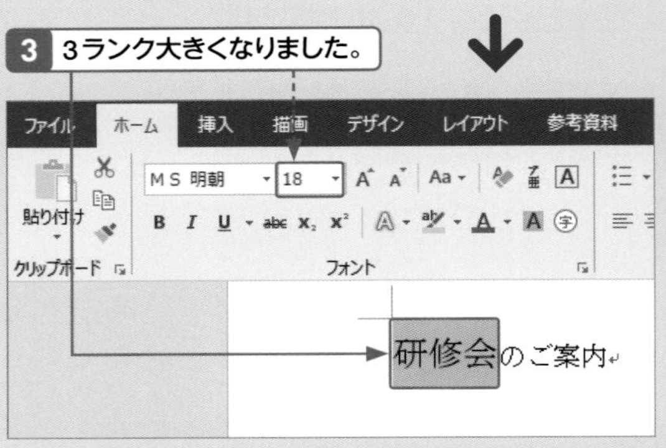

A2 キーボードで1ptずつ大きく（小さく）できます。

文字列を選択して、Ctrl＋］を押すと1pt（ポイント）ずつ大きくなり、Ctrl＋［を押すと1ptずつ小さくなります。
また、文字を選択しないで、Ctrl＋］（Ctrl＋［）を押すと、カーソルのある位置から、次に入力する文字のサイズが1pt大きく（小さく）なります。

参照▶Q 0161

重要度 ★★★ 文字の書式設定

Q 0164 文字を太字や斜体にしたい！

A <ホーム>タブの<太字>、<斜体>を利用します。

文字を太くするには、文字列を選択して<ホーム>タブの<太字>、斜体ならば<斜体>をクリックします。文字を選択すると表示されるミニツールバーも利用できます。取り消すには、オンになっている B や I をクリックしてオフにします。

参照▶Q 0026

● 太字の設定

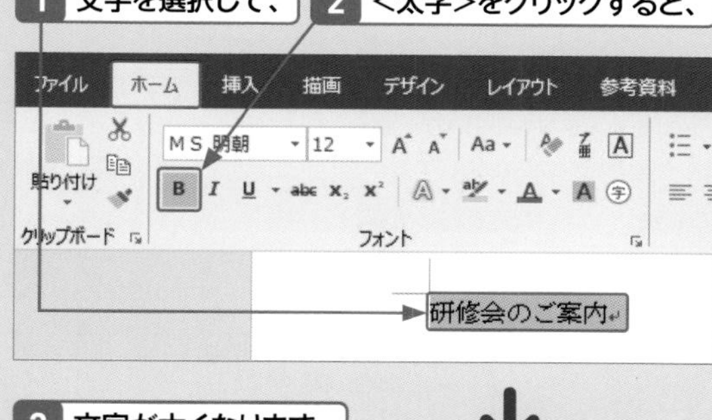

3 文字が太くなります。

研修会のご案内

● 斜体の設定

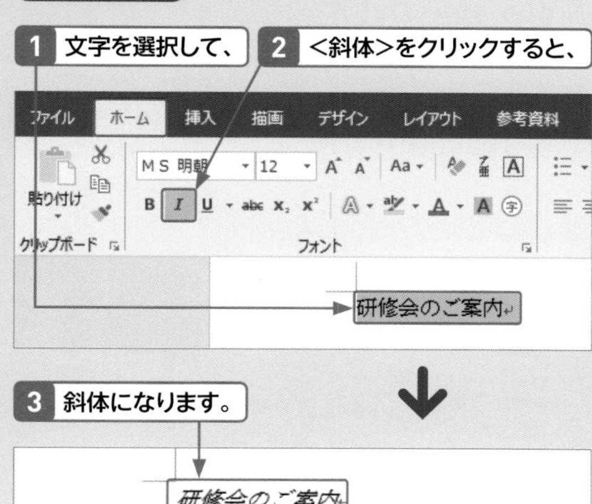

重要度 ★★★ 文字の書式設定

Q 0165 文字に下線を引きたい！

A <下線>を利用します。

文字に下線を引くには、文字列を選択して<ホーム>タブ<下線>をクリックします。右横の ▾ をクリックすると、線種の一覧が表示されるので、目的の線種を選択できます。この下線の色は変更することも可能です。下線を取り消すには、文字列を選択してオンになっている<下線> U をクリックしてオフにします。

参照▶Q 0166

● 下線を引く

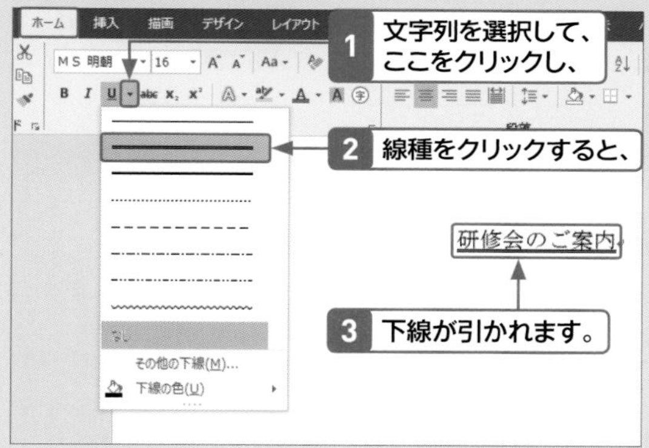

● 下線の色を変える

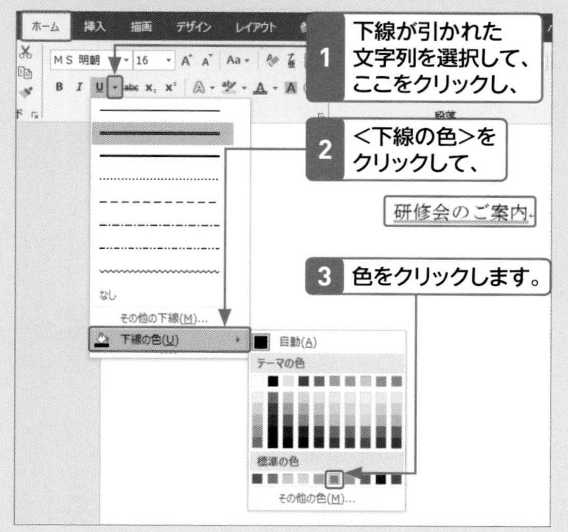

重要度 ★★★ 文字の書式設定

Q 0166 下線の種類を変更したい！

A <下線>から<その他の下線>を選択します。

<ホーム>タブの<下線>の▾をクリックして、<その他の下線>を選択して表示される<フォント>ダイアログボックスで、下線の線種や色などの細かな設定を変更できます。

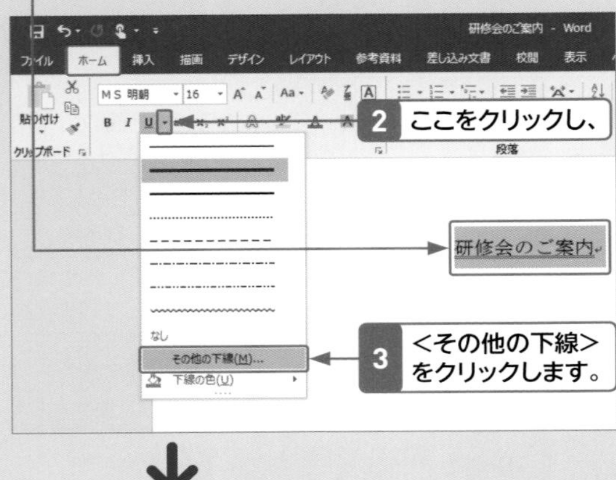

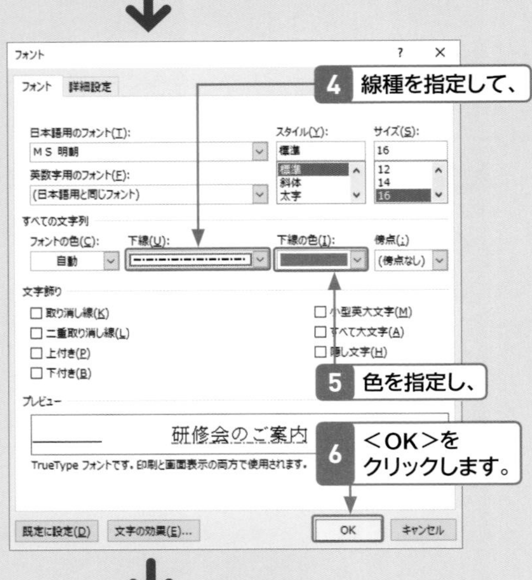

研修会のご案内

7 下線の種類が変更されます。

重要度 ★★★ 文字の書式設定

Q 0167 文字に取り消し線を引きたい！

A <取り消し線>を利用します。

取り消し線を引く場合は、文字列を選択して<ホーム>タブの<取り消し線>をクリックします。もとに戻すには、文字列を選択して、オンになっている<取り消し線> abc をクリックします。

二重取り消し線を引きたい場合は、取り消し線を引いた文字列を選択して、右クリックし<フォント>を選択するか、<フォント>グループ右下にある  をクリックすると表示される<フォント>ダイアログボックスで指定します。

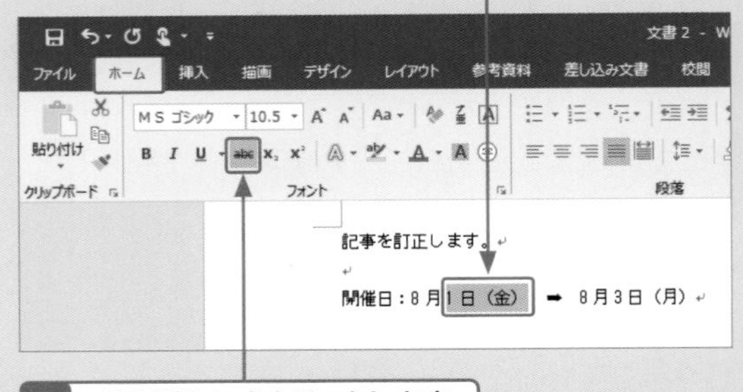

3 文字列に取り消し線が引かれます。

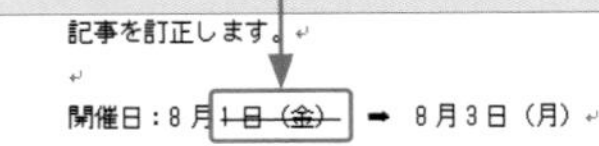

●二重取り消し線

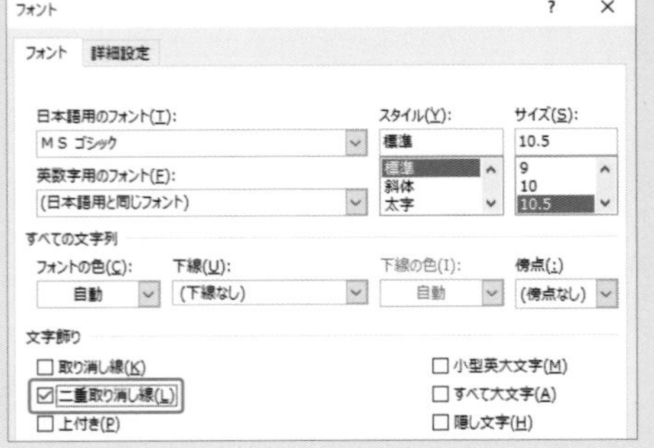

重要度 ★★★　文字の書式設定

Q 0168 上付き文字や下付き文字を設定したい！

A <上付き>や<下付き>を利用します。

上付き文字は通常の文字より上部に、下付き文字は下部に配置される添え字です。設定するには、文字列を選択して<ホーム>タブの<上付き> x^2 や<下付き> x_2 をクリックするか、<フォント>ダイアログボックスの<フォント>タブで<上付き>や<下付き>をクリックしてオンにします。なお、この設定をしたまま次の文字を入力すると、上付き（下付き）で入力されてしまうので、必ず<ホーム>タブの x^2 あるいは x_2 をクリックしてオフにしておきます。このような操作が必要になるため、上付きや下付きは、文章の入力が済んでから設定するほうがよいでしょう。

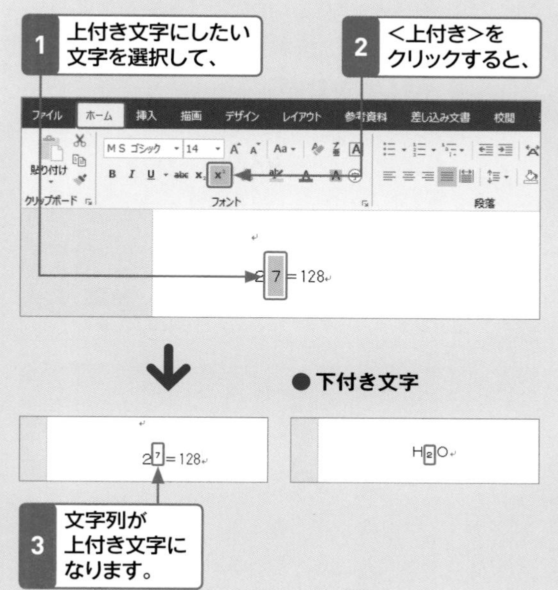

重要度 ★★★　文字の書式設定

Q 0169 フォントの種類を変更したい！

A <フォント>ボックスでフォントを変更します。

フォントの種類を変更するには、文字列を選択して、<ホーム>タブの<フォント>ボックスの▼をクリックします。フォント一覧が表示されるので、そこから目的のフォントを選択します。

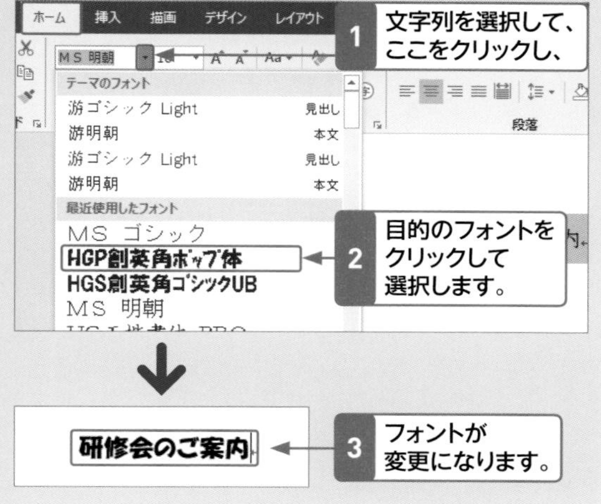

重要度 ★★★　文字の書式設定

Q 0170 標準のフォントを変更したい！

A 標準にしたいフォントを既定として設定します。

初期設定の標準フォントは「游明朝」（Word 2013／2010は「MS明朝」）の10.5ptです。変更するには、<フォント>ダイアログボックスでフォントを設定して、<既定に設定>をクリックします。適用する対象を確認するメッセージが表示されるので選択します。

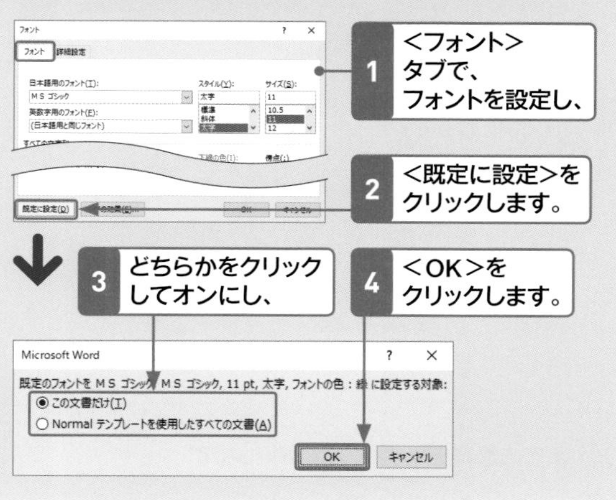

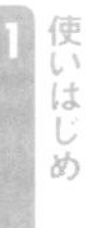

重要度★★★ 文字の書式設定

Q 0171 文字に派手な飾りを付けたい!

A <文字の効果と体裁>からさらに効果を付けます。

文字を選択して、<ホーム>タブの<文字の効果と体裁>(Word 2010では<文字の効果>)をクリックすると、<文字の輪郭><影><反射><光彩>から効果を選択できます。ここでは、文字の輪郭の色、影、反射、光彩の順に設定しますが、好みの効果を利用しましょう。

効果を取り消したい場合は、設定した文字列を選択して、それぞれの効果で<なし>を選択します。

1 文字列を選択して、<文字の効果と体裁>をクリックし、

プレビューされるので、確認しながら選びます。

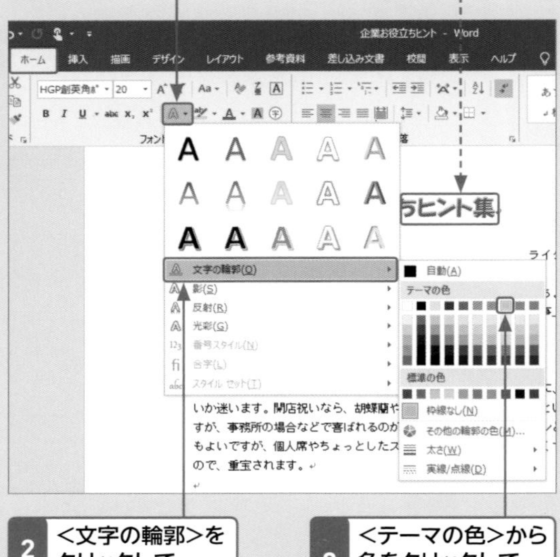

2 <文字の輪郭>をクリックして、

3 <テーマの色>から色をクリックして選択します。

4 文字列を選択したまま<文字の効果と体裁>をクリックして、

5 <影>をクリックし、

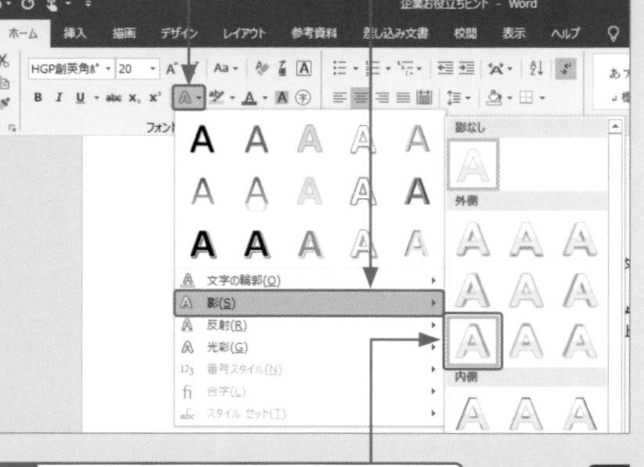

6 影の種類をクリックして選択します。

7 同様に、<反射>をクリックします。

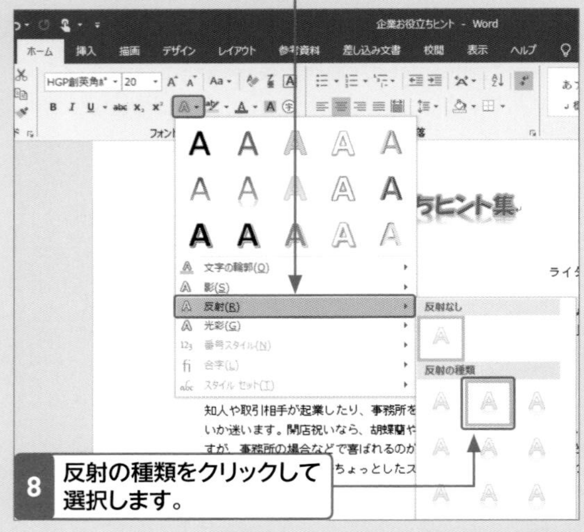

8 反射の種類をクリックして選択します。

9 同様に、<光彩>をクリックします。

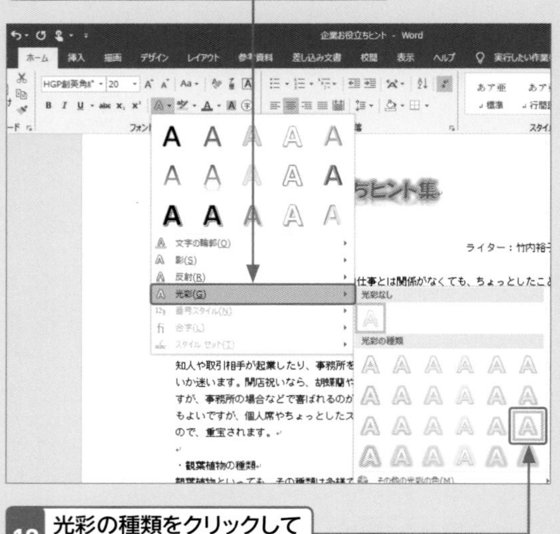

10 光彩の種類をクリックして選択します。

重要度 ★★★　文字の書式設定

Q 0172 文字に色を付けたい！

A ＜フォントの色＞を利用します。

文字列を選択して＜ホーム＞タブの＜フォントの色＞の ▾ をクリックすると、＜テーマの色＞と＜標準の色＞から文字に色を設定できます。

また、＜その他の色＞をクリックすれば、さらに多くの色を選択できます。

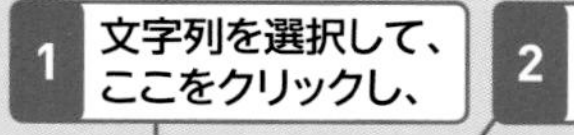

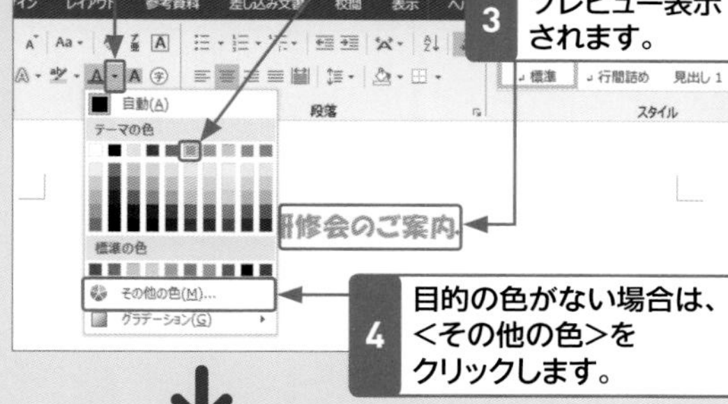

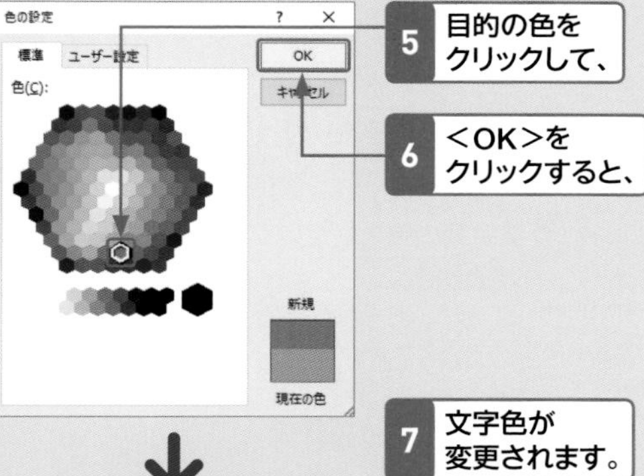

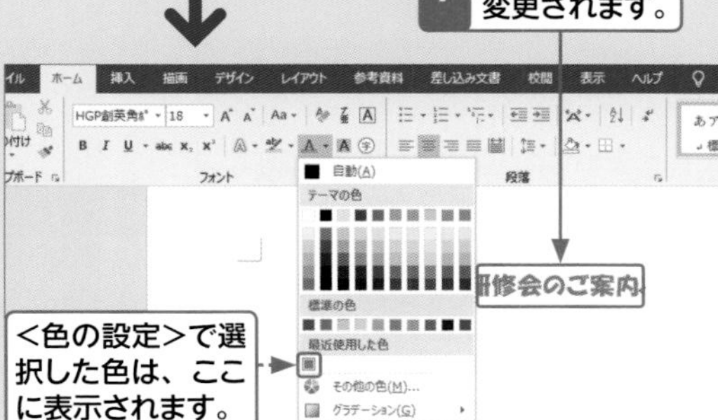

重要度 ★★★　文字の書式設定

Q 0173 上の行と文字幅が揃わない！

A 等幅フォントを利用します。

フォントには、文字によって字間が異なるプロポーショナルフォント（たとえば「MS P明朝」）と、常に一定の幅で表現される等幅フォント（たとえば「MS明朝」）があります。文字幅を揃えるには、等幅フォントを利用しましょう。

参照 ▶ Q 0169

重要度 ★★★　文字の書式設定

Q 0174 離れた文字に一度に同じ書式を設定したい！

A Ctrl を押しながら文字を選択します。

最初の文字列を選択して、Ctrl を押しながら続けて次の文字列を選択し、書式を設定します。文字列が選択された状態なら、そのまま複数の書式設定ができます。

参照 ▶ Q 0103

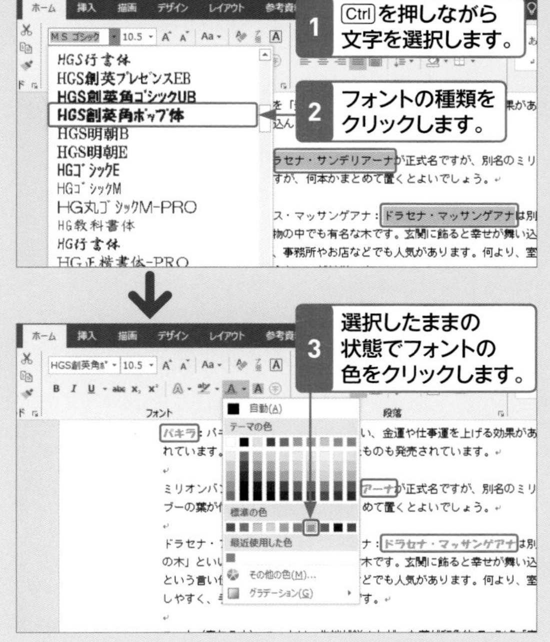

重要度 ★★★　文字の書式設定

Q 0175 指定した幅に文字を均等に配置したい！

A 均等割り付けを設定します。

指定した幅の中に文字列を均等に配置することを、均等割り付けといいます。

文字列を選択して、＜ホーム＞タブの＜均等割り付け＞をクリックします。このとき、段落記号 ↵ を含めずに選択するようにします。

表示される＜文字の均等割り付け＞ダイアログボックスで、文字列の幅（文字数）を指定すると、その幅に文字列が均等に配置されます。取り消す場合は、文字を選択して、＜文字の均等割り付け＞ダイアログボックスの＜解除＞をクリックします。 参照 ▶ Q 0177

1 段落記号を含めずに文字列を選択して、

2 ＜均等割り付け＞をクリックします。

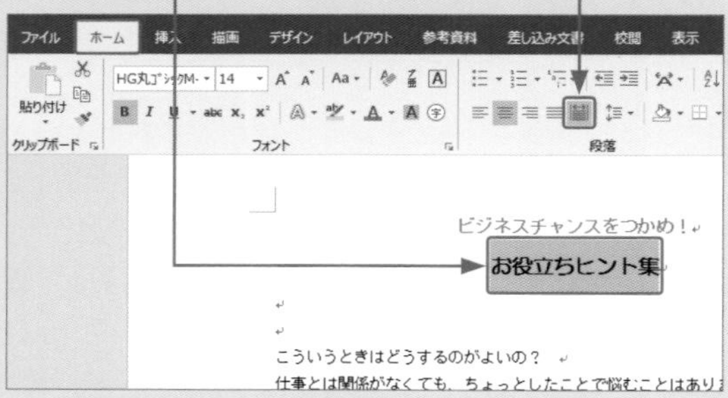

3 文字列の幅を指定して、

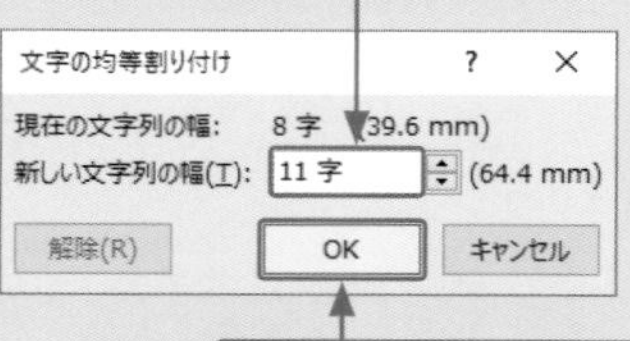

4 ＜OK＞をクリックすると、

5 指定した幅の中に均等に配置されます。

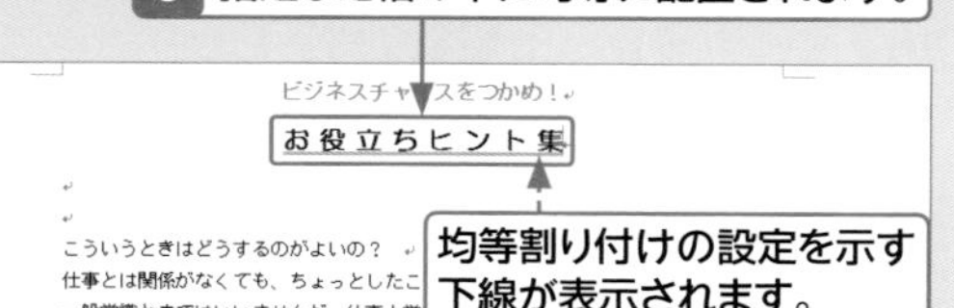

均等割り付けの設定を示す下線が表示されます。

重要度 ★★★　文字の書式設定

Q 0176 複数行をまとめて均等に配置したい！

A 行を選択してから＜文字の均等割り付け＞を利用します。

複数行をまとめて均等割り付けにする場合は、複数行をブロックで選択して、＜ホーム＞タブの＜拡張書式＞をクリックし、＜文字の均等割り付け＞を利用します。このとき、通常の行選択ではなく、Alt を押しながらブロックで選択する必要があります。また、＜ホーム＞タブの＜文字の均等割り付け＞は段落幅で割り付けられてしまうので、必ず＜拡張書式＞にある＜文字の均等割り付け＞を使います。 参照 ▶ Q 0104

1 先頭にカーソルを移動して、Alt を押しながらブロックの右下までドラッグして選択します。

2 ＜ホーム＞タブの＜拡張書式＞をクリックして、

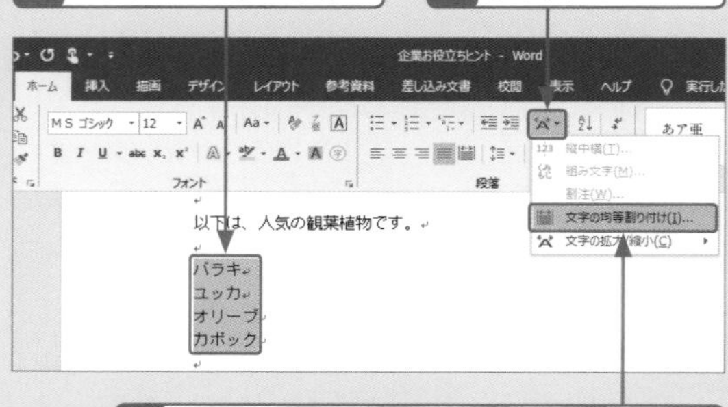

3 ＜文字の均等割り付け＞をクリックします。

4 文字列の幅を指定して、

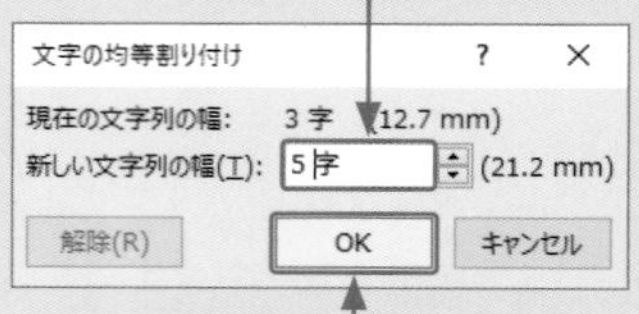

5 ＜OK＞をクリックします。

6 複数行を一度に配置できます。

重要度★★★ 文字の書式設定

Q 0177 行全体に文字が割り付けられてしまった！

A 段落記号を選択範囲に入れないようにします。

均等割り付けを行う文字列を選択するときに、段落記号 ↵ まで選択すると段落全体への均等割り付けになってしまいます。必ず文字列のみを選択するか、＜ホーム＞タブの＜拡張書式＞から＜文字の均等割り付け＞をクリックしましょう。 参照▶Q 0175, Q 0176

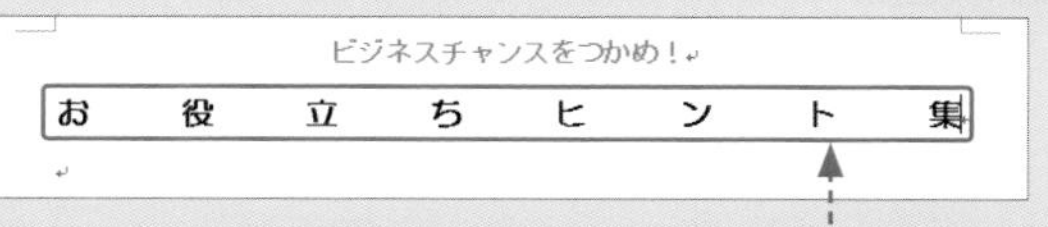

段落記号まで選択すると、行全体に均等割り付けされてしまいます。

重要度★★★ 文字の書式設定

Q 0178 書式だけをコピーしたい！

A ＜書式のコピー／貼り付け＞を利用します。

文字列を選択して、＜ホーム＞タブの＜書式のコピー／貼り付け＞をクリックすると、マウスポインターが 🖌 に変わります。この状態で、目的の文字列を選択すると、書式だけがコピーされます。

なお、＜書式のコピー／貼り付け＞をダブルクリックすると、Esc を押して解除するまで繰り返し書式コピーが行えます。

1 目的の文字列を選択して、

2 ＜書式のコピー／貼り付け＞をクリックします。

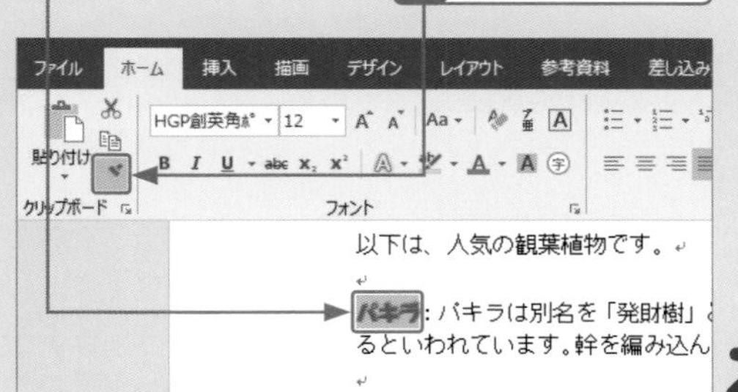

3 コピーした書式を適用したい文字列をドラッグして選択すると、

パキラ：パキラは別名を「発財樹」といい、金運や仕事運を上るといわれています。幹を編み込んで育てられたものも発売

ミリオンバンブー：ドラセナ・サンデリアーナが正式名です オンバンブーの葉が付いていますが、何本かまとめて置くう。

4 コピーした書式が適用されます。

パキラ：パキラは別名を「発財樹」といい、金運や仕事運を上るといわれています。幹を編み込んで育てられたものも発売

ミリオンバンブー：ドラセナ・サンデリアーナが正式名ですがオンバンブーの葉が付いていますが、何本かまとめて置くと

重要度★★★ 文字の書式設定

Q 0179 書式だけを削除したい！

A ＜ホーム＞タブの＜すべての書式をクリア＞をクリックします。

設定した書式を削除して、文字列を標準状態に戻したい場合には、文字列を選択して、＜ホーム＞タブの＜すべての書式をクリア＞（Word 2010では＜書式のクリア＞）をクリックするか、Ctrl＋Shift＋N を押します。標準では、フォントが「游明朝」（Word 2013／2010では「MS明朝」）の10.5ptで、両端揃えになっています。

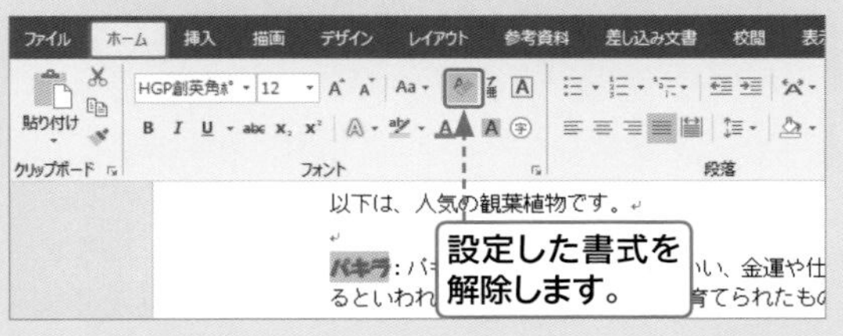

設定した書式を解除します。

重要度★★★　文字の書式設定

Q 0180 英数字の前後に空白が入らないようにしたい！

A 日本語と英数字の間隔の自動調整をオフにします。

英数字前後の空白をなくすには、<ホーム>タブの<段落>グループ右下にある をクリックすると表示される<段落>ダイアログボックスの<体裁>タブで、<日本語と英字の間隔を自動調整する>と<日本語と数字の間隔を自動調整する>をクリックしてオフにします。

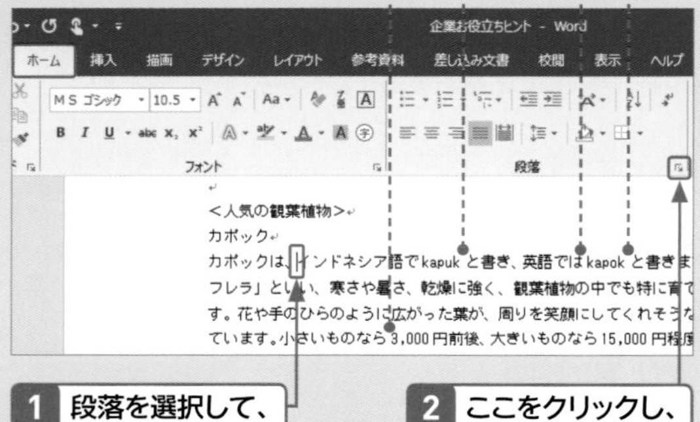

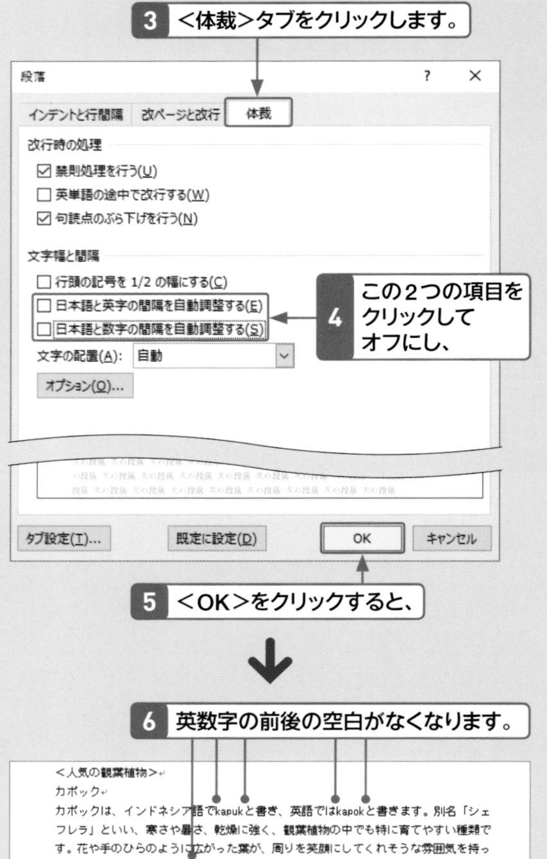

重要度★★★　文字の書式設定

Q 0181 英単語の途中で改行したい！

A <段落>ダイアログボックスの<体裁>タブで設定します。

英単語が1行内に収まらない場合などは、単語前で自動的に改行されます。<段落>ダイアログボックスの<体裁>タブで、<英単語の途中で改行する>をオンにすると、英単語の途中で改行されるようになります。なお、1つの単語だということを示すために、Ctrl＋Shift＋\ を押して、間にハイフンを挿入するとよいでしょう。英文の場合は<レイアウト>タブの<ハイフネーション>をクリックして<自動>をクリックすると、自動的にハイフンが挿入されるようになります。

参照▶Q 0180

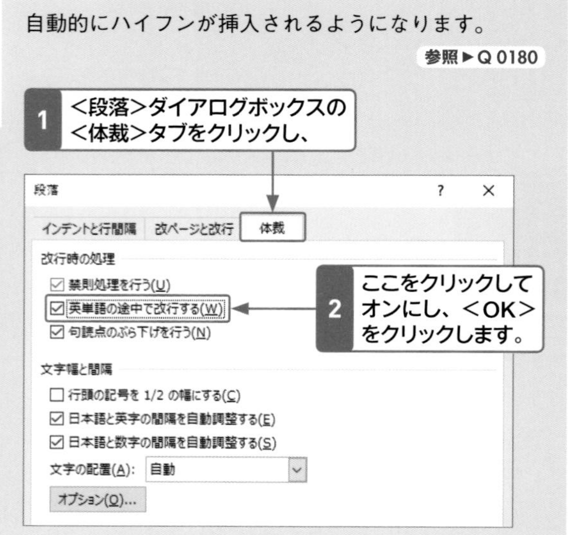

重要度 ★★★　文字の書式設定

Q 0182 行頭が「っ」や「ゃ」で始まらないようにしたい！

A 「禁則文字」の設定を変更します。

「っ」「ゃ」などの拗音や ）」などの閉じるカッコは、文頭に配置しないのが一般的です。これらを行頭禁則文字といい、(「など行末に配置しない文字のことを行末禁則文字といいます。通常は、＜段落＞ダイアログボックスの＜体裁＞タブで＜禁則処理を行う＞をオンにしていれば禁則処理されますが、さらに各種の記号などを禁則処理したい場合は、＜Wordのオプション＞の＜文字体裁＞で、＜禁則文字の設定＞を＜高レベル＞にします。

参照 ▶ Q 0030, Q 0180

オリーブ：オリーブは、特に飲食関係に人気の観葉植物です。葉は少し銀色を帯びており、落ち着いた印象を与える効果があります。種類も豊富なので、設置場所に合ったものを選ぶとよいでしょう。

モンステラ：モンステラは、葉にハートの形の深い切れ目が入っている、(特徴的な)植物です。大きく成長するのでスペースがない場合、小型の品種を選ぶとよいでしょう。

禁則文字が行頭に来ています。

オリーブ：オリーブは、特に飲食関係に人気の観葉植物です。葉は少し銀色を帯びており、落ち着いた印象を与える効果があります。種類も豊富なので、設置場所に合ったものを選ぶとよいでしょう。

モンステラ：モンステラは、葉にハートの形の深い切れ目が入っている、(特徴的な)植物です。大きく成長するのでスペースがない場合、小型の品種を選ぶとよいでしょう。

禁則処理をすると、先頭に配置されないようになります。

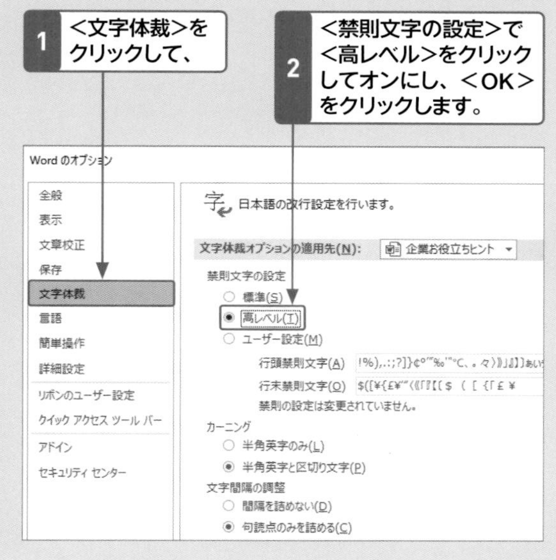

重要度 ★★★　文字の書式設定

Q 0183 行頭や行末にこない文字を指定したい！

A ユーザー設定で指定します。

行頭や行末にこさせたくない禁則文字は、＜Wordのオプション＞の＜文字体裁＞の＜禁則文字の設定＞で自動的に設定できますが、それ以外に追加したい文字、あるいは設定されている文字を外したい場合には、＜ユーザー設定＞で指定できます。

行頭にこさせたくない文字は＜行頭禁則文字＞、行末にこさせたくない文字は＜行末禁則文字＞に追加し、外したい文字は選択して Delete を押して削除します。

参照 ▶ Q 0030, Q 0182

1 ＜Wordのオプション＞の＜文字体裁＞をクリックして、

2 ＜ユーザー設定＞をクリックしてオンにします。

3 ＜行頭禁則文字＞や＜行末禁則文字＞で禁則文字を追加したり、削除したりします。

4 ＜OK＞をクリックします。

重要度 ★★★ 文字の書式設定

Q 0184 蛍光ペンを引いたように文字を強調したい！

A ＜ホーム＞タブの＜蛍光ペンの色＞を利用します。

蛍光ペンを利用するには、強調したい文字列を選択して、＜ホーム＞タブの＜蛍光ペンの色＞の ▾ をクリックし、色を選択します。文字列を選択せずに＜蛍光ペンの色＞をクリックすると、マウスポインターが 🖊 に変わり、Esc を押して解除するまで繰り返し文字列を選択できます。なお、Word 2019の＜描画＞タブでも、同様に蛍光ペンを利用できます。

参照 ▶ Q 0426

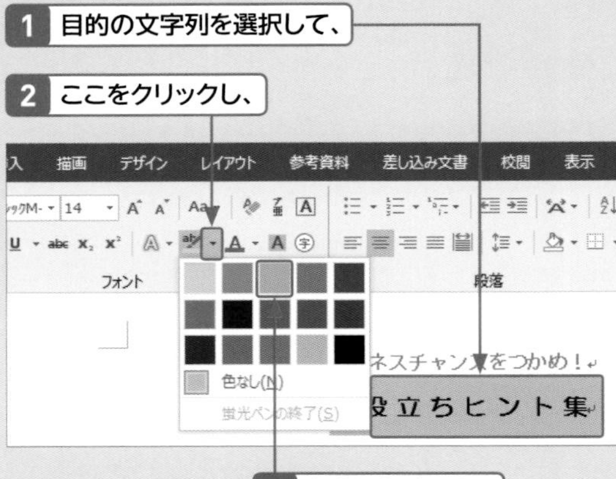

4 文字列が選択した色で塗られます。

ビジネスチャンスをつかめ！
お役立ちヒント集

蛍光ペンの色を濃くする場合は、フォントの色を薄い種類にすると文字を読みやすくなります。

● あとから文字列を選択する

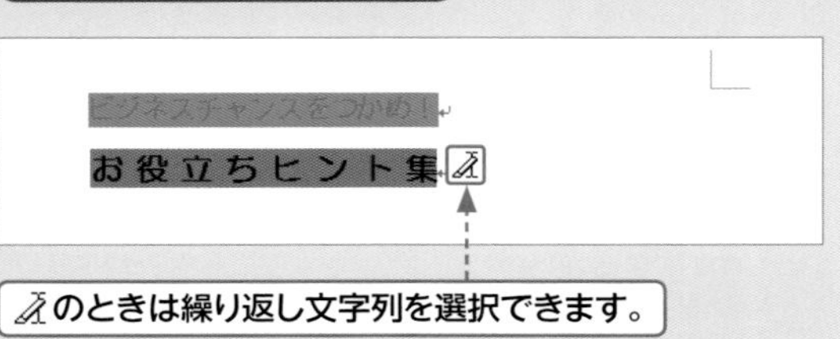

🖊 のときは繰り返し文字列を選択できます。

重要度 ★★★ 文字の書式設定

Q 0185 文字に網をかけたい！

A ＜ホーム＞タブの＜文字の網かけ＞を利用します。

文字の網掛けは、文字列の強調に使います。1色で印刷する場合など、蛍光ペンを利用できないときに利用すると便利です。

参照 ▶ Q 0184

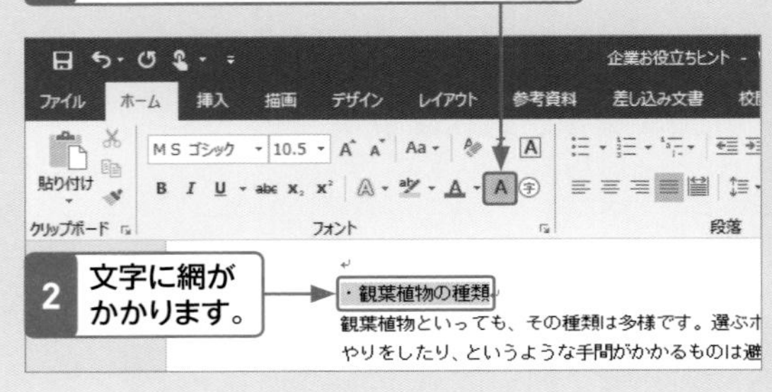

重要度 ★★★ 文字の書式設定

Q 0186 文字と文字の間隔を狭くしたい！

A ＜フォント＞ダイアログボックスの＜詳細設定＞タブで設定します。

文字の間隔を狭めるには、＜ホーム＞タブの＜フォント＞グループの右下にある ◲ をクリックすると表示される＜フォント＞ダイアログボックスを利用します。＜詳細設定＞タブにある＜文字間隔＞で＜狭く＞を選択して、＜間隔＞で数値を指定します。数値が大きいと文字が重なってしまうので、結果を見ながら調整します。

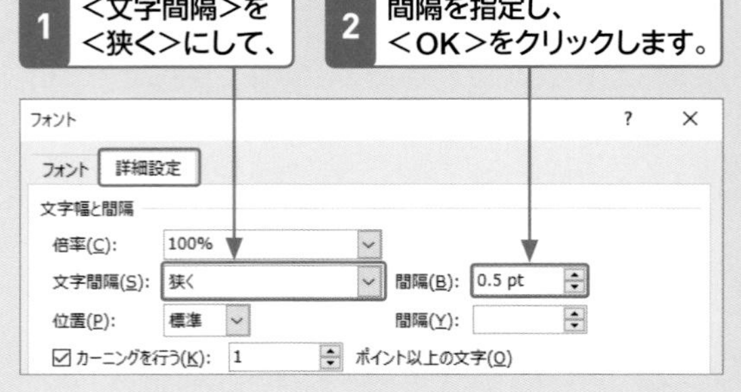

重要度★★★　文字の書式設定

Q 0187 用語の説明をカッコ付きの小さな文字で入力したい！

A 「割注」を利用します。

用語の解説など、本文中に2行にして組み込んで表示することを「割注」といいます。用語の後ろに説明文を入力して選択し、＜ホーム＞タブの＜拡張書式＞をクリックして、＜割注＞をクリックします。＜割注＞ダイアログボックスが表示されるので、本文にカッコを付けている場合はそのまま、カッコがない場合は＜括弧で囲む＞を選択して、＜OK＞をクリックします。

このほか、ドラセナ・フレグランス・マッサンゲアナ（別名「幸福の木」といい、玄関に飾ると幸せが舞い込んでくるという言い伝えがある）、ユッカ（先端が鋭くとがった葉が印象的で、別名「青年の木」という）などがあります。

1 カッコ付きの場合は、割注を設定する文字列のみを選択して、

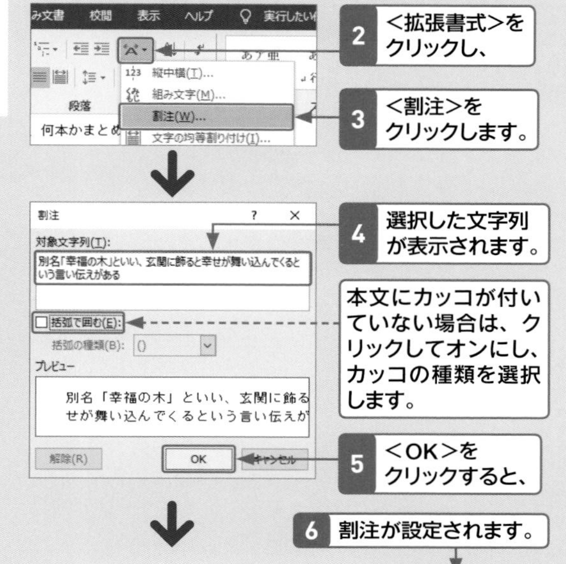

重要度★★★　文字の書式設定

Q 0188 隣り合った文字に1文字ずつ囲み線を付けたい！

A 文字と文字の間にスペースを入れておきます。

文字を囲むには、＜ホーム＞タブの＜囲み線＞Ａを利用します。ただし、連続する文字列の場合は全体がまとめて囲まれてしまいます。1文字ずつ囲み線を付けたい場合には、文字と文字の間にスペースを入れて、1文字ずつ囲み線を設定します。

重要度★★★　段落の書式設定

Q 0189 文字を特定の位置で揃えたい！

A タブを挿入します。

揃えたい文字の前でTabを押すとタブが挿入され、複数行の文字位置を特定の位置で揃えることができます。既定では4文字単位でタブ位置が設定されます。このため、Tabを押す前の文字数によって、次の文字列の先頭位置が異なる場合があります。なお、＜ホーム＞タブの＜編集記号の表示／非表示＞をクリックすると、タブなどの編集記号を表示できます。参照▶Q 0190

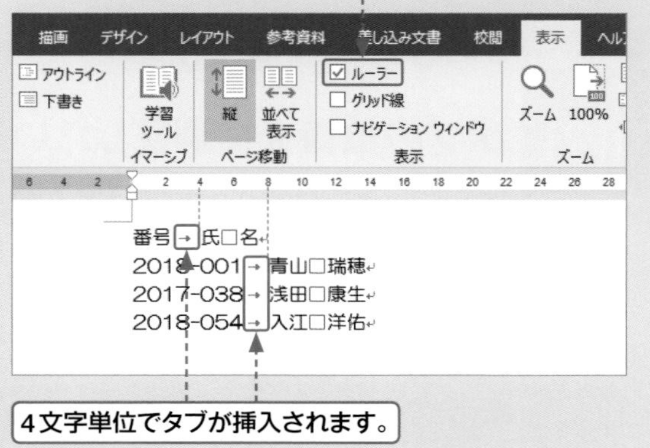

重要度 ★★★ 段落の書式設定

Q 0190 タブの間隔を自由に設定したい！

A タブマーカーを利用してタブ位置を設定します。

タブ間隔を調整したい段落を選択して、ルーラー上をクリックするとタブマーカーが表示され、タブの間隔を自由に設定できます。

タブは通常＜左揃えタブ＞になっているため、タブ位置で文字列が左揃えになります。タブの種類は、左揃えタブのほか、＜中央揃えタブ＞、＜右揃えタブ＞、＜小数点揃えタブ＞、＜縦棒タブ＞があり、たとえば数値なら右揃え、文字は中央揃えにするなど、タブを使って揃える位置を変更できます。タブの種類の切り替えはルーラーの左端で行います。

なお、タブ位置の設定を解除するには、タブマーカーをルーラーの外へドラッグします。 参照▶Q 0189, Q 0193

● タブの種類の切り替え

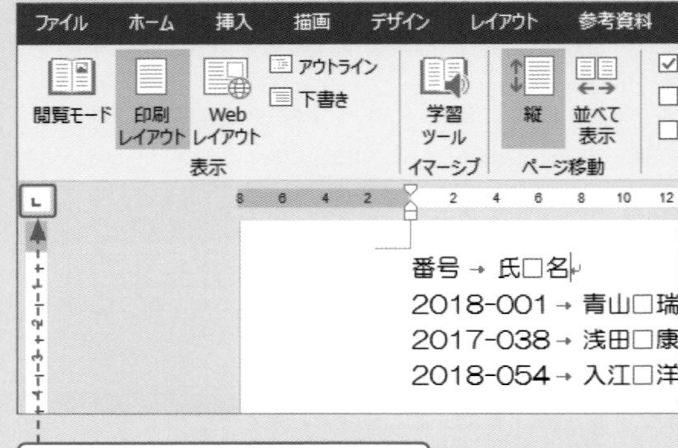

● タブ位置を指定する

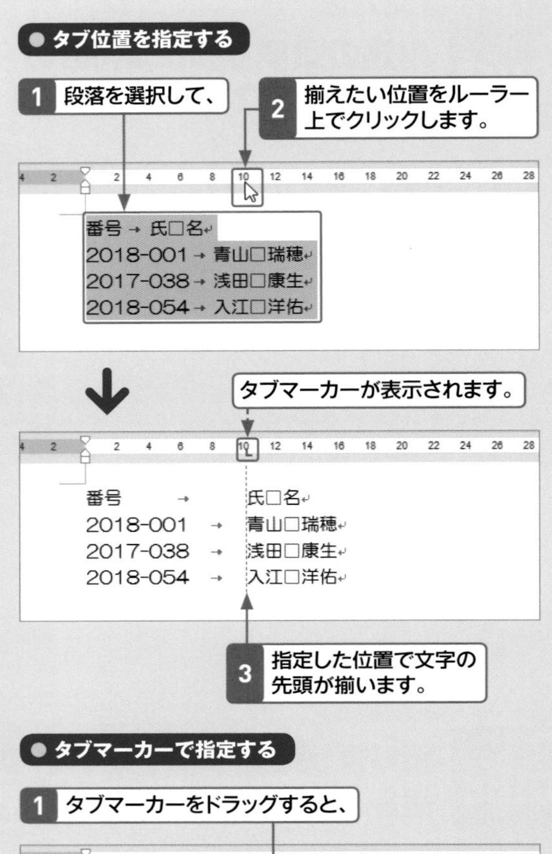

● タブマーカーで指定する

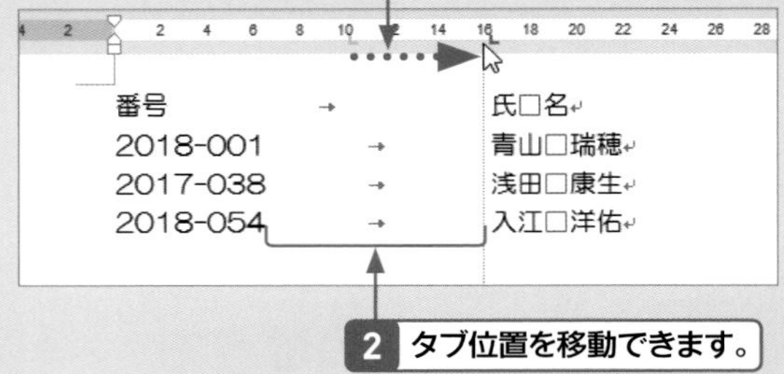

重要度 ★★★ 段落の書式設定

Q 0191 タブの位置を微調整したい！

A Altを押しながらタブマーカーをドラッグします。

Altを押しながら、ルーラー上のタブマーカーをドラッグすると、サイズ表示が変わり、タブ位置を細かく調整できます。

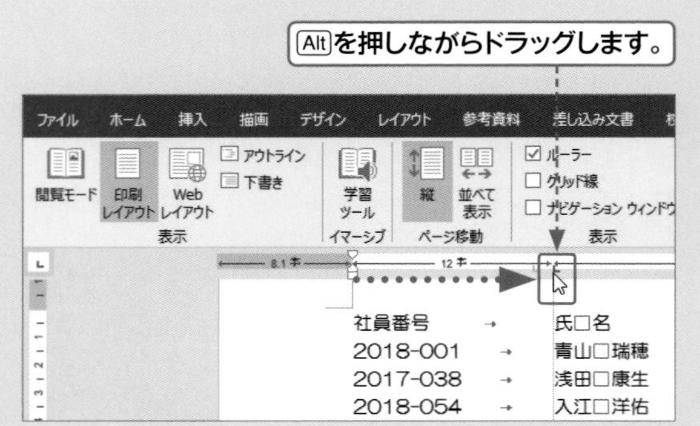

重要度 ★★★ 段落の書式設定

タブの間を点線でつなぎたい！

A リーダーを設定します。

＜タブとリーダー＞ダイアログボックスの＜リーダー＞で、タブを点線や直線などに変更できます。

＜タブとリーダー＞ダイアログボックスを表示するには、＜ホーム＞タブの＜段落＞グループ右下にある をクリックして表示される＜段落＞ダイアログボックスで＜タブ設定＞をクリックします。

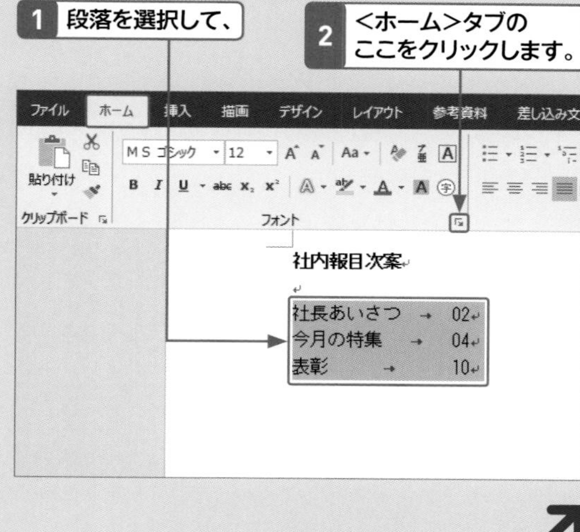

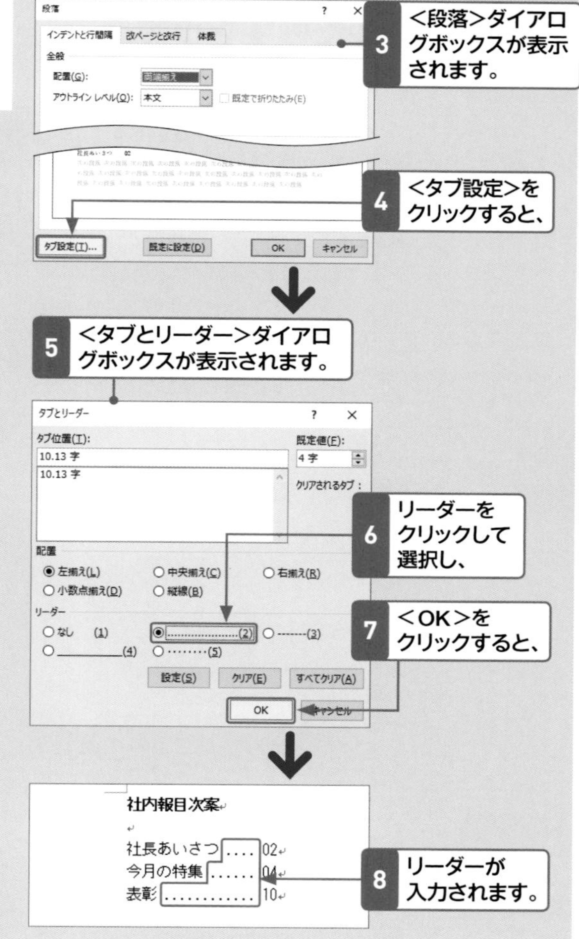

3 <段落>ダイアログボックスが表示されます。
4 <タブ設定>をクリックすると、
5 <タブとリーダー>ダイアログボックスが表示されます。
6 リーダーをクリックして選択し、
7 <OK>をクリックすると、
8 リーダーが入力されます。
社内報目次案
社長あいさつ 02
今月の特集 04
表彰 10

重要度 ★★★ 段落の書式設定

入力した文字を右端できれいに揃えたい！

A ＜右揃えタブ＞を設定します。

文字を右端で揃えるには、タブの種類を＜右揃えタブ＞ にしてタブを設定します。あるいは、＜タブとリーダー＞ダイアログボックスを表示して＜右揃え＞を選択します。

参照▶Q 0189, Q0190

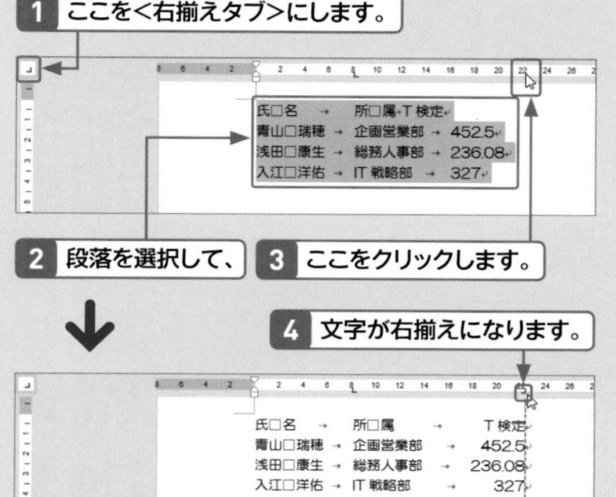

重要度 ★★★ 段落の書式設定

Q 0194 入力した数字を小数点できれいに揃えたい！

A ＜小数点揃えタブ＞を設定します。

数字を小数点で揃えるには、タブの種類を＜小数点揃えタブ＞ にしてタブを設定します。あるいは、＜タブとリーダー＞ダイアログボックスでを表示して＜小数点揃えタブ＞を選択します。 参照▶Q 0190

● ＜小数点揃えタブ＞を利用する

1 ここを＜小数点揃えタブ＞にします。

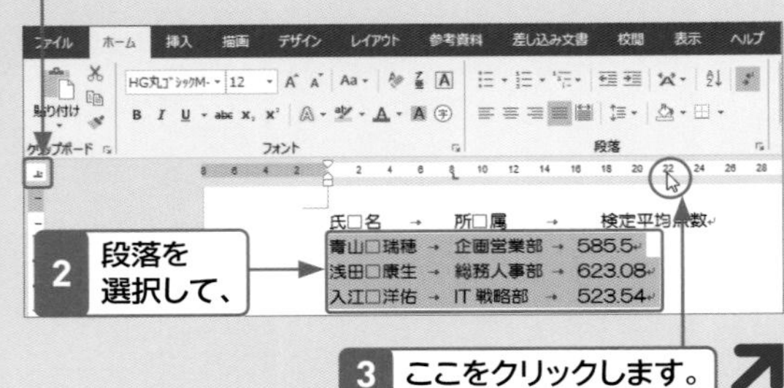

3 ここをクリックします。

4 小数点の位置で数字が揃います。

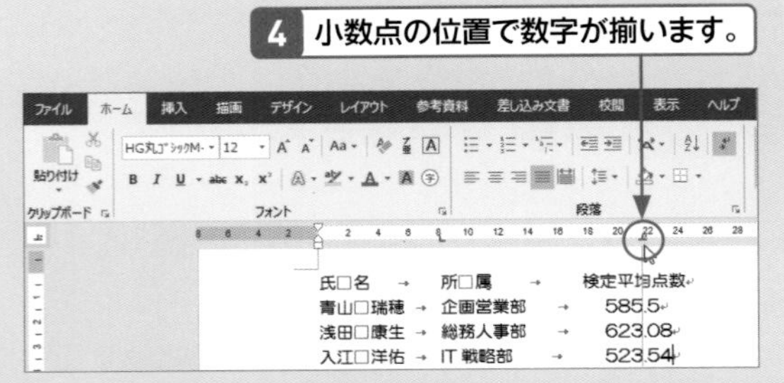

● ＜タブとリーダー＞ダイアログボックスを利用する

1 揃えたいタブ位置を指定して、

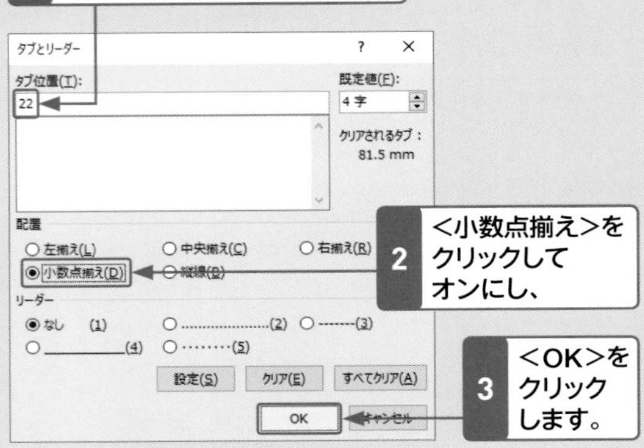

重要度 ★★★ 段落の書式設定

Q 0195 段落の先頭を下げたい！

A インデントを設定します。

「インデント」とは、段落や行の先頭の位置を下げることです。インデントを設定したい段落にカーソルを移動して、ルーラーのインデントマーカーを使って、インデントを設定します。

段落の先頭を下げる（字下げ）には、先頭にカーソルを移動して、＜1行目のインデント＞ をドラッグします。なお、字下げの字数を正確にしたい場合は、＜段落＞ダイアログボックスを表示して＜インデント＞の＜最初の行＞を＜字下げ＞にし、幅に文字数を指定します。 参照▶Q0189, Q 0190

1 字下げする先頭にカーソルを置きます。

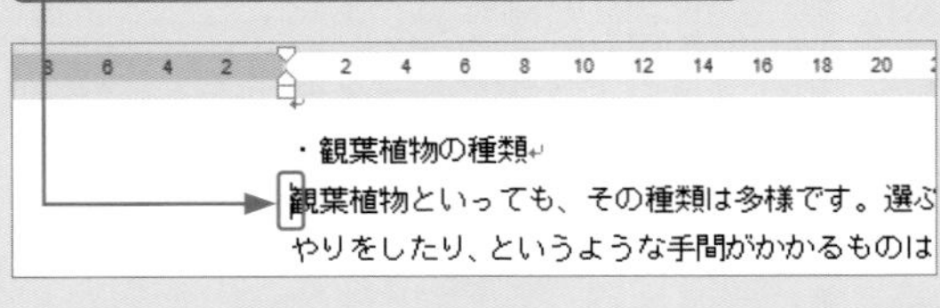

・観葉植物の種類
観葉植物といっても、その種類は多様です。選ぶ
やりをしたり、というような手間がかかるものは

2 ＜1行目のインデント＞をドラッグすると、

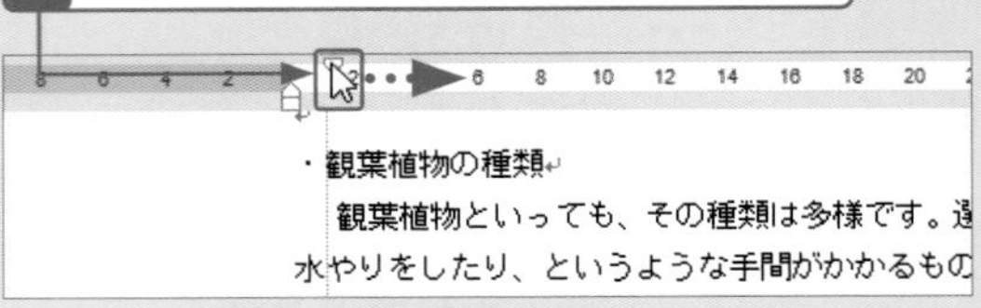

・観葉植物の種類
観葉植物といっても、その種類は多様です。
水やりをしたり、というような手間がかかるもの

3 自由に先頭の位置を下げられます。

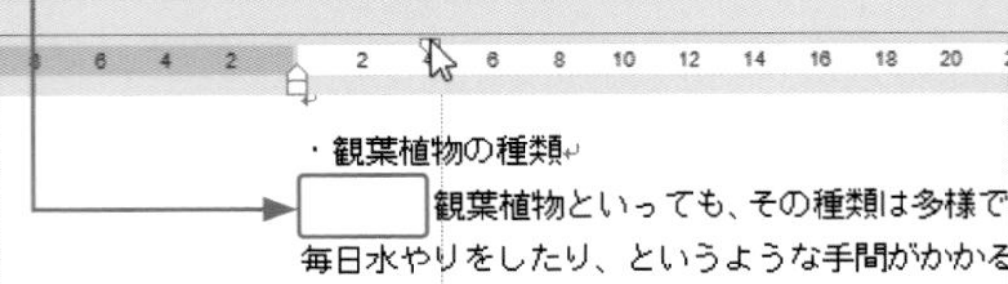

・観葉植物の種類
観葉植物といっても、その種類は多様で
毎日水やりをしたり、というような手間がかかる

重要度 ★★★ 段落の書式設定

Q 0196 段落の2行目以降を下げたい！

A ぶら下げインデントを設定します。

段落が項目とその説明文などの場合、2行目以降を項目の文字数分下げると項目部分が目立つようになります。その場合は、設定したい段落を選択して、<ぶら下げインデント>をドラッグします。

1 段落内にカーソルを置いて、

2 ぶら下げインデントをドラッグすると、

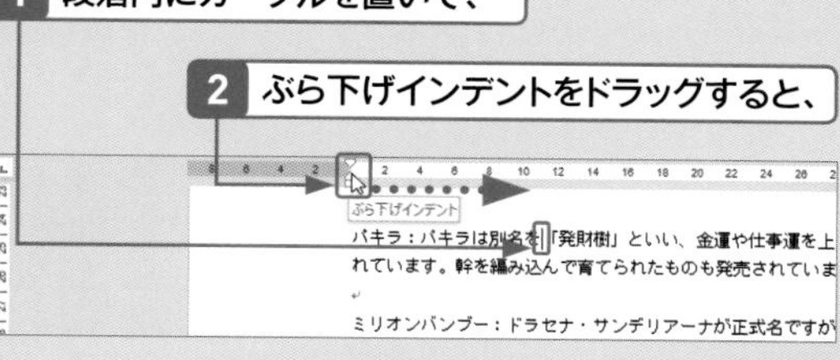

なお、ぶら下げインデントの文字数を正確にしたい場合は、<段落>ダイアログボックスを表示して<インデント>の<最初の行>を<ぶら下げ>にし、幅に文字数を指定します。

参照▶Q 0189, Q 0190

3 2行目以降の行が字下げされます。

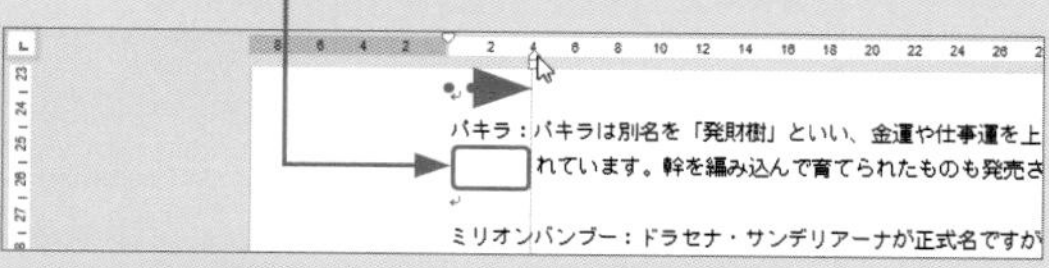

● <段落>ダイアログボックスを利用する

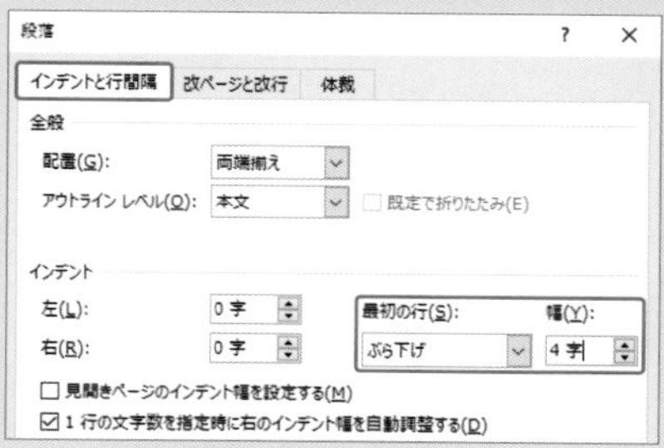

重要度 ★★★ 段落の書式設定

Q 0197 段落全体の位置を下げたい！

A 左インデントを設定します。

段落全体の先頭位置を下げたい場合は、左インデントを利用します。段落を選択して、<左インデント>を下げたい位置までドラッグします。

また、<ホーム>タブの<インデントを増やす>をクリックしても段落を1文字ずつ下げることができます。

1 段落にカーソルを置いて、

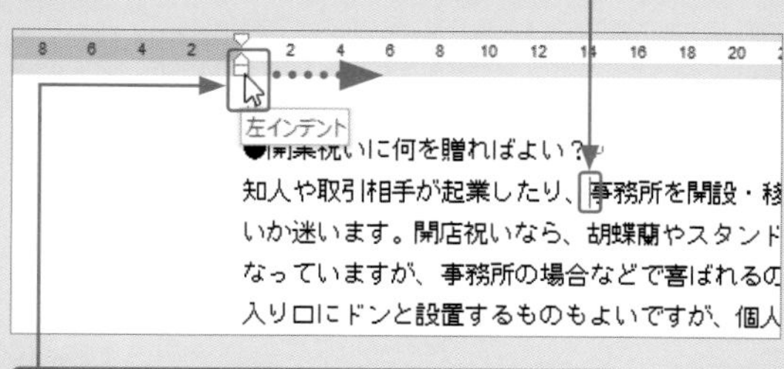

2 <左インデント>をドラッグします。

挿入したインデントを減らしたいときは、<ホーム>タブの<インデントを減らす>をクリックします。

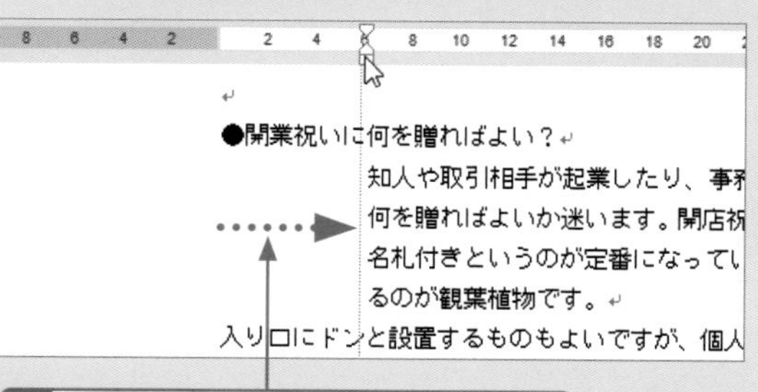

3 段落の先頭がすべて字下げされます。

● <ホーム>タブから設定する

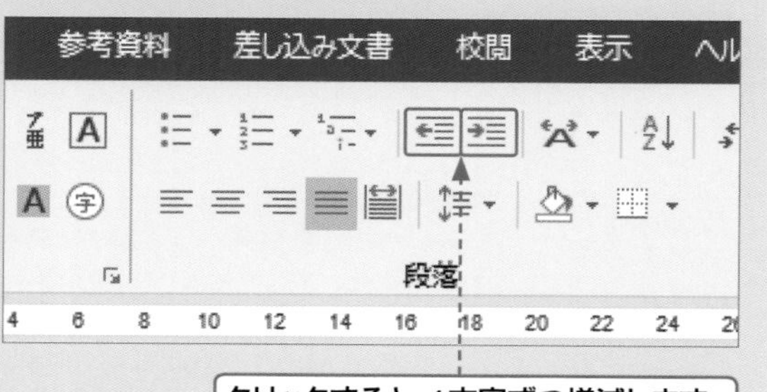

クリックすると、1文字ずつ増減します。

重要度 ★★★ 段落の書式設定

Q 0198 インデントマーカーを1文字分ずつ移動させたい！

A グリッド線の間隔を1文字に設定します。

インデントマーカーを1文字ずつ移動させるには、＜グリッド線＞ダイアログボックスでグリッド線の間隔を1字に設定します。
＜グリッド線＞ダイアログボックスは、＜ページ設定＞ダイアログボックスの＜文字数と行数＞タブで＜グリッド線＞をクリックして表示します。なお、文字単位で指定するには、＜Wordのオプション＞の＜詳細設定＞で＜単位に文字幅を使用する＞をクリックしてオンにしておく必要があります。 参照▶Q 0234

1 ここをクリックしてオンにし、

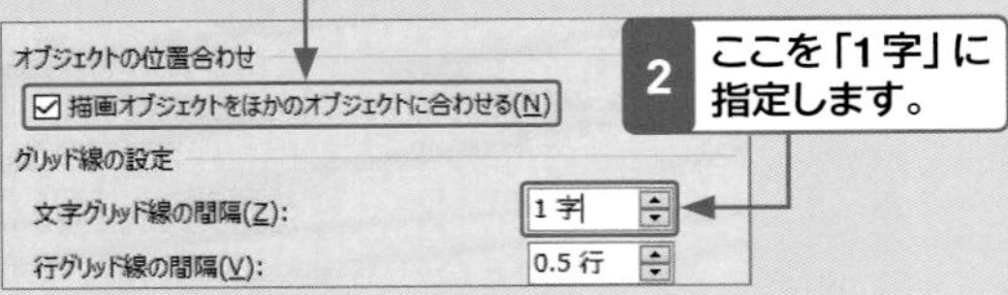
オブジェクトの位置合わせ
描画オブジェクトをほかのオブジェクトに合わせる(N)
グリッド線の設定
文字グリッド線の間隔(Z): 1 字
行グリッド線の間隔(V): 0.5 行
2 ここを「1字」に指定します。

重要度 ★★★ 段落の書式設定

Q 0199 「行間」ってどこからどこまでのこと？

A 行の文字の上から次の行の文字の上までの間隔が「行間」です。

Wordでの「行間」とは、行の文字の上から次の行の文字の上までの間隔（行送り）を指します。行間は＜ページ設定＞ダイアログボックスの＜文字数と行数＞タブで行数を設定すると、行数に合わせて自動調整されます。
また、＜段落＞ダイアログボックスの＜インデントと行間隔＞タブでは、行間だけではなく、段落と段落の間隔を設定することもできます。 参照▶Q 0180, Q 0200

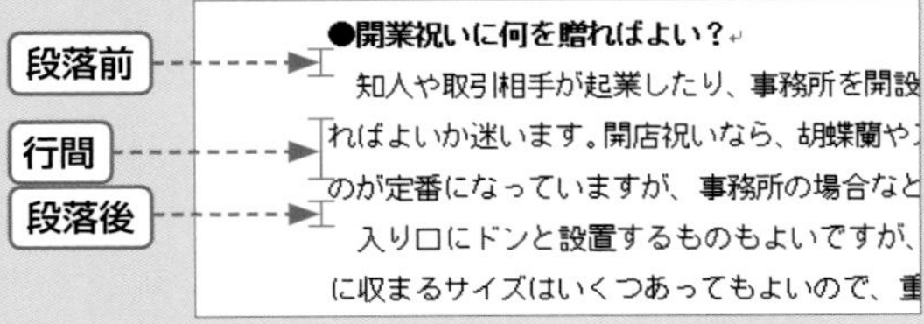
段落前
行間
段落後
●開業祝いに何を贈ればよい？
知人や取引相手が起業したり、事務所を開設
ればよいか迷います。開店祝いなら、胡蝶蘭や
のが定番になっていますが、事務所の場合など
入り口にドンと設置するものもよいですが、
に収まるサイズはいくつあってもよいので、重

重要度 ★★★ 段落の書式設定

Q 0200 行間を変更したい！

A ＜行と段落の間隔＞または＜段落＞ダイアログボックスで設定します。

段落内の行間を広げたい場合は、＜ホーム＞タブの＜行と段落の間隔＞をクリックして、行間を指定します。また、＜段落＞グループ右下にある をクリックして表示される＜段落＞ダイアログボックスの＜インデントと行間隔＞タブで、＜行間＞として＜倍数＞や＜固定値＞、＜間隔＞に任意の値を指定できます。
なお、段落の前後の行間を広げたい場合は、＜段落＞ダイアログボックスの＜インデントと行間隔＞タブや、＜レイアウト＞タブ（Word 2013／2010では＜ページレイアウト＞タブ）の＜段落＞グループの＜間隔＞で指定します。 参照▶Q 0199

1 目的の段落にカーソルを移動して、
2 ＜行と段落の間隔＞をクリックし、

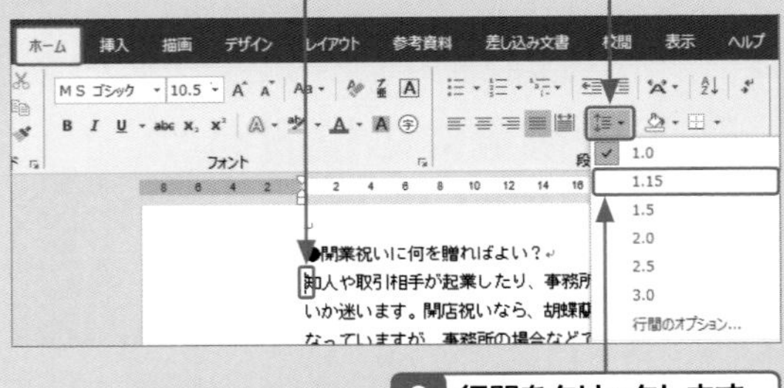
ホーム 挿入 描画 デザイン レイアウト 参考資料 差し込み文書 校閲 表示 ヘルプ
1.0
1.15
1.5
2.0
2.5
3.0
行間のオプション...
●開業祝いに何を贈ればよい？

3 行間をクリックします。

4 行間が広がります。

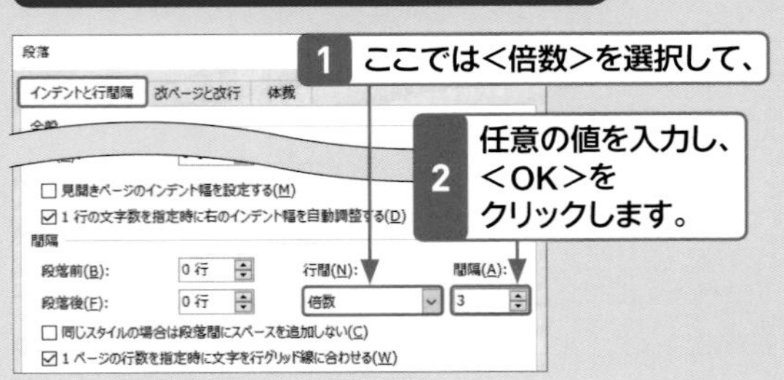
●開業祝いに何を贈ればよい？
知人や取引相手が起業したり、事務所を開設・移転したりしたときに、何を贈ればよいか迷います。開店祝いなら、胡蝶蘭やスタンド花などで名札付きというのが定番になっていますが、事務所の場合などで喜ばれるのが観葉植物です。
入り口にドンと設置するものもよいですが、個人席やちょっとしたスペースに収まる

● ＜段落＞ダイアログボックスで指定する

1 ここでは＜倍数＞を選択して、
2 任意の値を入力し、＜OK＞をクリックします。

段落
インデントと行間隔 改ページと改行 体裁
見開きページのインデント幅を設定する(M)
1 行の文字数を指定時に右のインデント幅を自動調整する(D)
間隔
段落前(B): 0 行 行間(N): 倍数 間隔(A): 3
段落後(E): 0 行
同じスタイルの場合は段落間にスペースを追加しない(C)
1 ページの行数を指定時に文字をグリッド線に合わせる(W)

重要度 ★★★　段落の書式設定

Q 0201 ふりがなを付けたら行間が広がってしまった！

A 行間を固定値にして行間隔を指定します。

ふりがな（ルビ）を付けた行の上下の行間は自動的に広がってしまう場合があります。

段落の行間を一定にしたい場合は、<段落>グループ右下にある をクリックして表示される<段落>ダイアログボックスの<インデントと行間隔>タブで、<行間>を<固定値>にし、<間隔>には、フォントサイズに6～8プラスした値を指定して、ほかの行とのバランスを見ながら調整します。

このとき、ふりがなの段落だけでなく、文書全体で同じ行間に指定したほうが、見栄えがよくなります。

参照▶Q 0085

ふりがなを設定したら行間が広がってしまいました。

●開業祝いに何を贈ればよい？
知人や取引相手が起業したり、事務所を開設・移転したりしたときに、何を贈ればよいか迷います。開店祝いなら、胡蝶蘭やスタンド花などで名札付きというのが定番になっていますが、事務所の場合などで喜ばれるのが観葉植物です。
入り口にドンと設置するものもよいですが、個人席やちょっとしたスペースに収まる

行間を変更すると、段落すべてが一定の行間になります。

●開業祝いに何を贈ればよい？
知人や取引相手が起業したり、事務所を開設・移転したりしたときに、何を贈ればよいか迷います。開店祝いなら、胡蝶蘭やスタンド花などで名札付きというのが定番になっていますが、事務所の場合などで喜ばれるのが観葉植物です。
入り口にドンと設置するものもよいですが、個人席やちょっとしたスペースに収まる

1　＜固定値＞を選択して、

2　間隔を指定し、＜OK＞をクリックします。

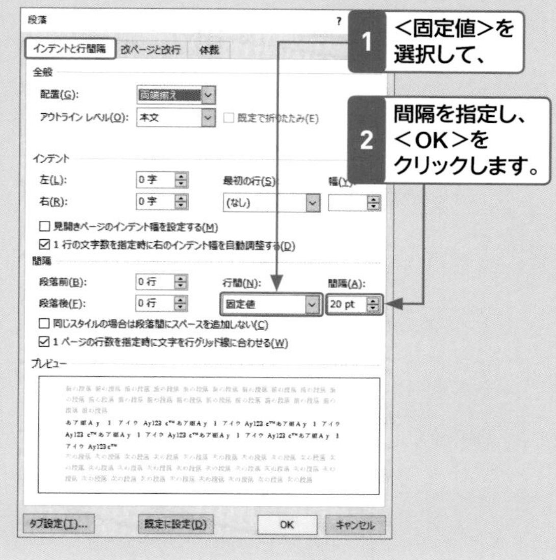

重要度 ★★★　段落の書式設定

Q 0202 段落の最後の行だけが次のページに分かれてしまう！

A <段落>ダイアログボックスで、設定します。

段落の最後の1行だけが、次のページの最初に配置されてしまうことがあります。これを防止するには、分割された段落内にカーソルを移動して、<段落>グループ右下にある をクリックして表示される<段落>ダイアログボックスの<改ページと改行>タブで、<改ページ時1行残して段落を区切らない>をクリックしてオンにします。この操作は前ページに1行入るように調整していますが、ページ設定での行数、余白などによっては、この操作でも解消できない場合があります。その際は、<ページ設定>ダイアログボックスで上下の余白を狭めたり、行数を減らしたりして、1ページの行数を調整します。

参照▶Q 0180, Q 0263

段落の最後の1行だけが、ページの最初になってしまっています。

◎人事・人材開発３級コース
主として人事・人材開発業務における新任者からリーダークラスまでを対象に、担当職務を遂行するうえで押さえておくべき幅広い基礎的な専門知識を修得し、

あらゆる企業で通用する実務能力を育成するコースです。

1 <段落>ダイアログボックスの<改ページと改行>タブをクリックし、

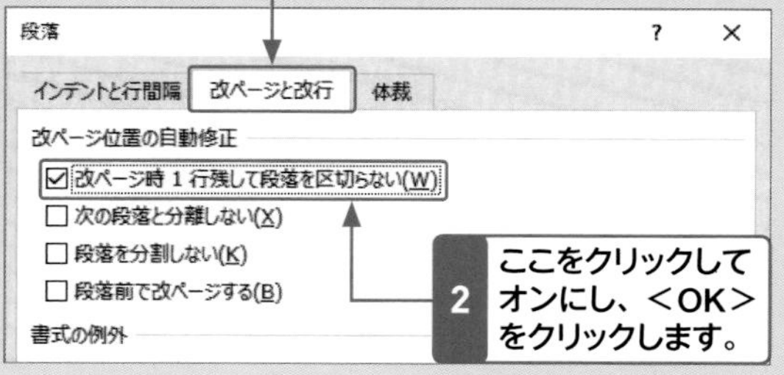

重要度 ★★★ 段落の書式設定

Q 0203 次の段落とページが分かれないようにしたい！

A <段落>ダイアログボックスで段落を分割しないように設定します。

見出しがページの最後に配置されてしまい、次のページから本文が始まってしまうことがあります。
見出しを次ページに送るようにするには、見出しにカーソルを移動して、<段落>ダイアログボックスを開き、<改ページと改行>タブで<次の段落と分離しない>をクリックしてオンにします。 参照▶Q 0180

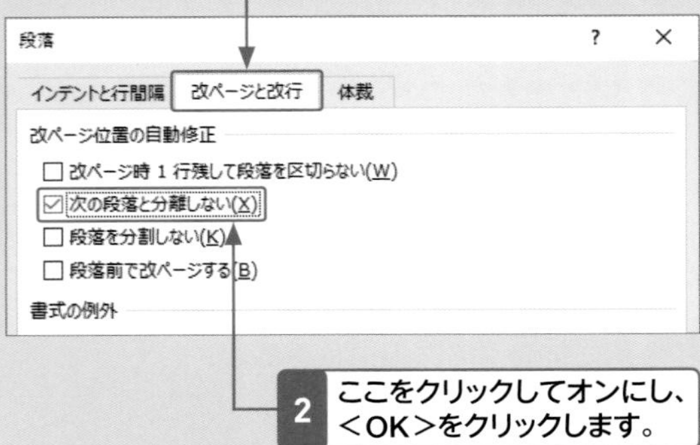

重要度 ★★★ 段落の書式設定

Q 0204 段落の途中でページが分かれないようにしたい！

A 1つの段落がページをまたがないように設定します。

1つの段落を同じページ内に収めたい場合は、段落が2ページにわたって分割されないように設定します。段落内にカーソルを移動して、<段落>ダイアログボックスを開き、<改ページと改行>タブで<段落を分割しない>をクリックしてオンにします。ただし、この操作では、2ページに分かれた段落全体が次ページへ送られるので、あまり長い段落の場合には向きません。
参照▶Q 0180

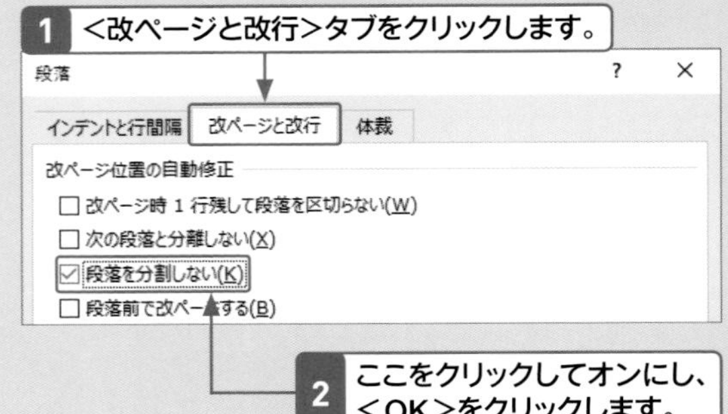

重要度 ★★★ 段落の書式設定

Q 0205 文章を左右2つのブロックに分けたい！

A 段組みを設定します。

段組みとは、文書や段落などをいくつかのブロックで横に区切って並べることです。範囲を選択して、<レイアウト>タブ（Word 2013／2010では<ページレイアウト>タブ）の<段組み>をクリックして、段を選択します。なお、最初に範囲を指定しないと、文書全体が段組みの対象になります。また、<段組み>をクリックして、<段組みの詳細設定>をクリックすると<段組み>ダイアログボックスが表示され、詳細な設定ができます。
参照▶Q 0206, Q 0207

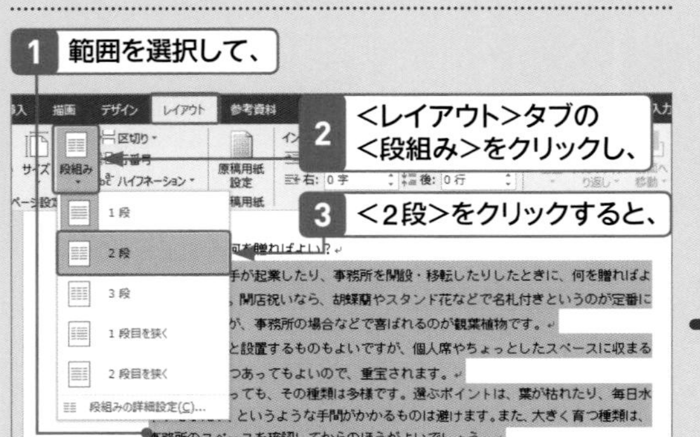

重要度 ★★★　段落の書式設定

Q 0206 段組みの間に境界線を入れたい！

A <段組み>ダイアログボックスで境界線を設定します。

段組み部分にカーソルを置いて、<段組み>ダイアログボックスで<境界線を引く>をクリックしてオンにすると、段の間に線が引かれます。<段組み>ダイアログボックスを開くには、<段組み>をクリックし、<段組みの詳細設定>をクリックします。 参照▶Q 0205

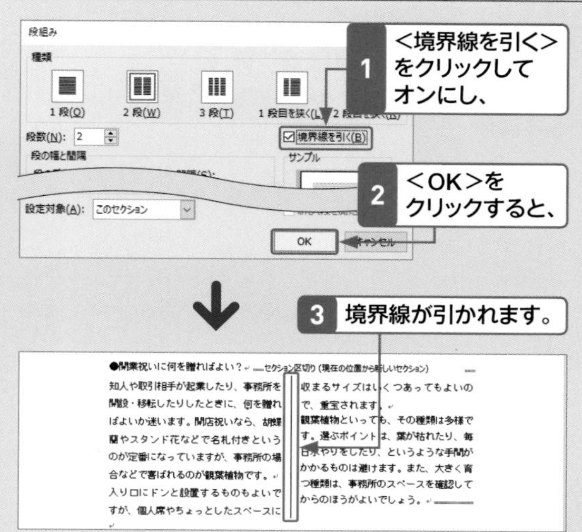

重要度 ★★★　段落の書式設定

Q 0207 1段目と2段目の幅が異なる2段組みにしたい！

A <段組み>ダイアログボックスで段の幅を指定します。

段の幅を変更するには、<段組み>ダイアログボックスの<1段目を狭く>や<2段目を狭く>をクリックして選択するか、段の幅の数値を自分で設定する方法があります。段の幅を指定するとともに、段間の幅も変更すると、オリジナルの段組みを作成できます。

● 自動で変更する

1 <1段目を狭く>または<2段目を狭く>をクリックして、

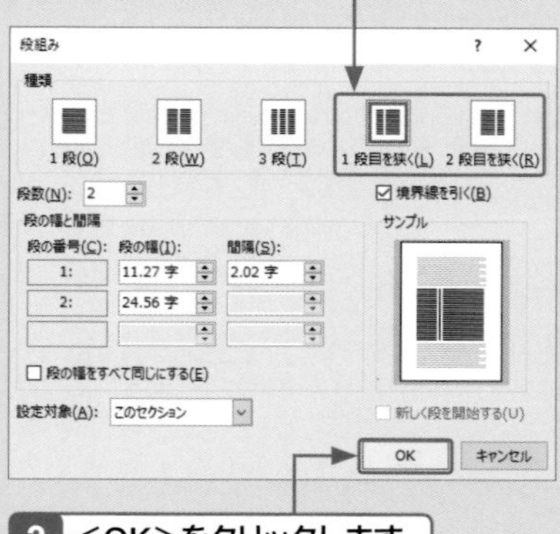

2 <OK>をクリックします。

● 数値を指定する

1 ここをオフにします。

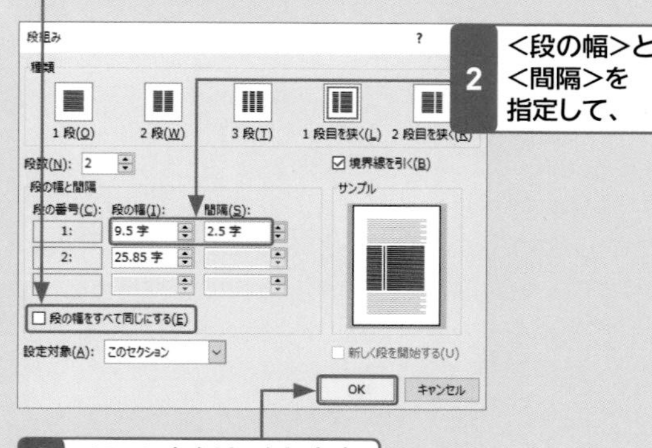

3 <OK>をクリックします。

4 段の幅が異なる2段組みになります。

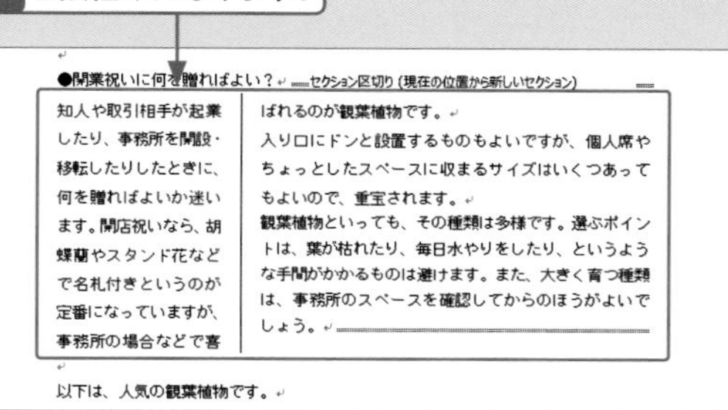

重要度 ★★★　段落の書式設定

Q 0208 段組みの途中で文章を次の段へ送りたい！

A 段区切りを入れます。

段組みの中で、次の段へ送りたい位置にカーソルを移動して、Ctrl＋Shift＋Enterを押すと、文章の途中で次の段に文章を送ることができます。
または、＜レイアウト＞タブ（Word 2013／2010では＜ページレイアウト＞タブ）の＜ページ／セクション区切りの挿入＞ 区切り をクリックして、＜段区切り＞をクリックしても同様の操作ができます。

1 目的の位置にカーソルを置き、

2 Ctrl＋Shift＋Enterを押します。

●開業祝いに何を贈ればよい？ セクション区切り（現在の位置から新しいセクション）

知人や取引相手が起業したり、事務所を開設・移転したりしたときに、何を贈ればよいか迷います。開店祝いなら、胡蝶蘭やスタンド花などで名札付きというのが定番になっていますが、事務所の場合などで喜ばれるのが観葉植物です。
入り口にドンと設置するものもよいで

収まるサイズはいくつあってもよいので、重宝されます。
観葉植物といっても、その種類は多様です。選ぶポイントは、葉が枯れたり、毎日水やりをしたり、というような手間がかかるものは避けます。また、大きく育つ種類は、事務所のスペースを確認してからのほうがよいでしょう。

3 次の段に送られました。

●開業祝いに何を贈ればよい？ セクション区切り（現在の位置から新しいセクション）

知人や取引相手が起業したり、事務所を開設・移転したりしたときに、何を贈ればよいか迷います。開店祝いなら、胡蝶蘭やスタンド花などで名札付きというのが定番になっていますが、事務所の場合などで喜ばれるのが観葉植物です。
段区切り

入り口にドンと設置するものもよいですが、個人席やちょっとしたスペースに収まるサイズはいくつあってもよいので、重宝されます。
観葉植物といっても、その種類は多様です。選ぶポイントは、葉が枯れたり、毎日水やりをしたり、というような手間がかかるものは避けます。また、大きく育

重要度 ★★★　段落の書式設定

Q 0209 書式設定が次の行に引き継がれないようにしたい！

A ＜ホーム＞タブの＜すべての書式をクリア＞を利用します。

書式を設定した段落や文字列の末尾でEnterを押すと、次の段落に書式が引き継がれてしまいます。この場合は、＜ホーム＞タブの＜すべての書式をクリア＞（Word 2010では＜書式のクリア＞）をクリックすると、既定の書式になります。また、書式設定された段落末でCtrl＋Spaceを押すと文字書式が解除されるので、そのあとでEnterを押して改行します。

1 書式を設定した段落でEnterを押すと、

お役立ちヒント集

2 次の段落にも書式が引き継がれています。

3 ＜すべての書式をクリア＞をクリックすると、

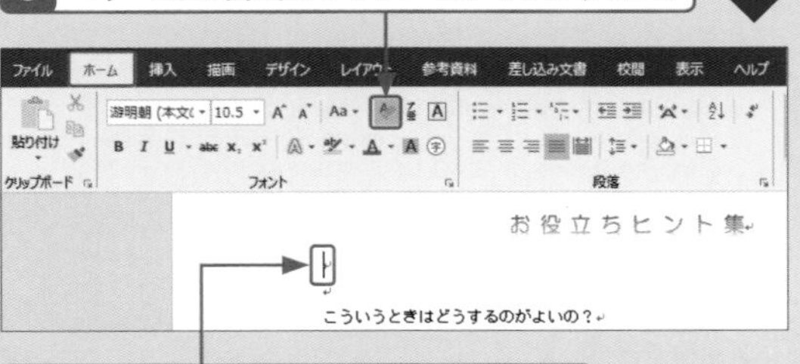

4 既定の書式で、両端揃えになります。

重要度 ★★★　段落の書式設定

Q 0210 書式設定の一部を解除したい！

A Ctrl＋Qを押します。

書式を付けた文字列や行、段落を選択してCtrl＋Qを押すと、段落書式のみが解除されます。ただし、段落が＜スタイル＞で作成されていない場合は左インデントが設定されてしまいます。文字列を選択してCtrl＋Spaceを押すと、段落書式はそのままで、文字書式だけが解除されます。

参照▶Q 0211

段落書式：中央揃え／文字書式：フォントサイズ「14」、フォント「MS明朝」、太字、文字の均等割り付け

ビジネスチャンスをつかめ！
お 役 立 ち ヒ ン ト 集

Ctrl＋Qを押すと、段落書式のみが解除されます。

ビジネスチャンスをつかめ！
お 役 立 ち ヒ ン ト 集

Ctrl＋Spaceを押すと、文字書式が解除されます。

ビジネスチャンスをつかめ！
お役立ちヒント集

重要度★★★　スタイル

よく使う書式を登録しておきたい！

A <スタイル>作業ウィンドウで新しいスタイルを作成します。

登録したい書式を選択し、<ホーム>タブの<スタイル>の をクリックして表示される<スタイル>作業ウィンドウの<新しいスタイル>をクリックすると、新しいスタイルを登録できます。なお、<スタイルギャラリーに追加する>がオンになっていれば、作成したスタイルはスタイルギャラリーにも追加されます。
また、<スタイル>作業ウィンドウでスタイル名の をクリックし、<変更>をクリックすると、登録されているスタイルの設定を変更できます。

● スタイルの登録

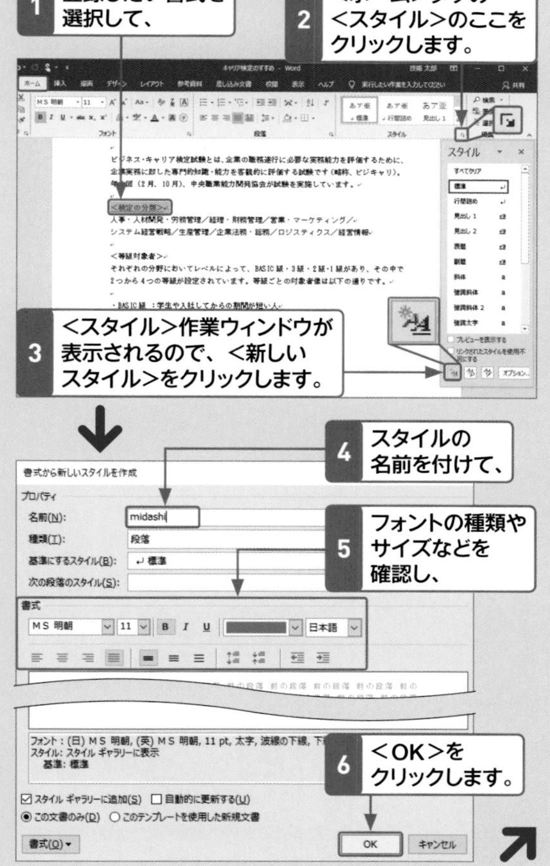

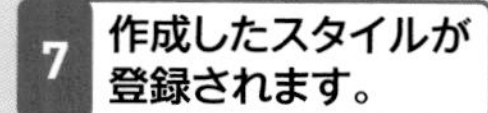

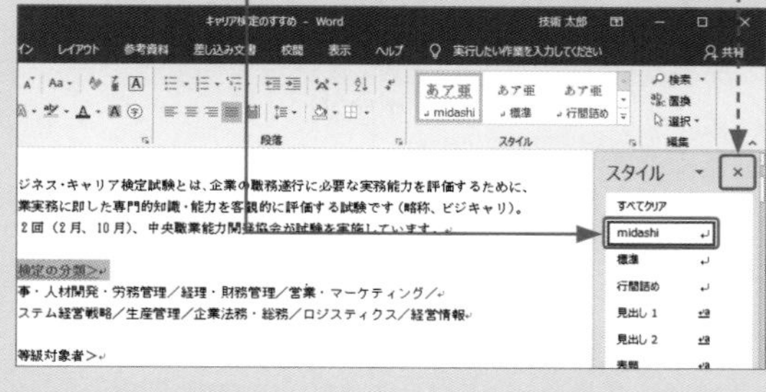

● スタイルの変更

1 スタイル名のここをクリックして、

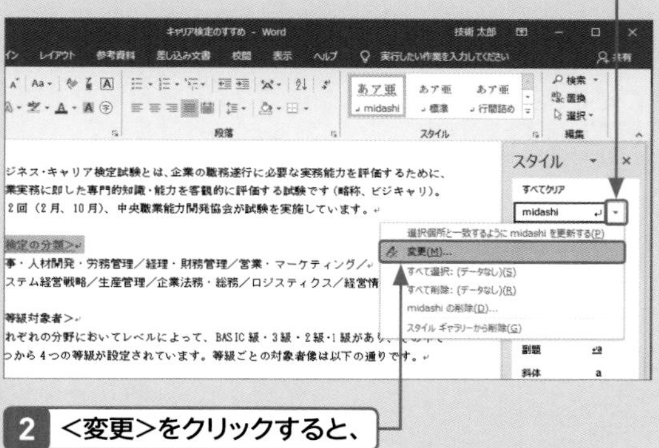

3 <スタイルの変更>ダイアログボックスが表示されるので、設定を変更できます。

重要度 ★★★　スタイル

Q 0212 使用しているスタイルだけを表示したい！

A ＜スタイルウィンドウオプション＞で設定します。

＜スタイル＞作業ウィンドウでは、開いている文書で使用しているスタイルだけを表示できます。＜スタイル＞作業ウィンドウの右下にある＜オプション＞をクリックして、＜スタイルウィンドウオプション＞ダイアログボックスを表示し、＜表示するスタイル＞で＜使用中のスタイル＞をクリックします。なお、自分でテンプレートに登録したオリジナルのスタイルがある場合は、この設定にしても表示されます。

参照▶Q 0211

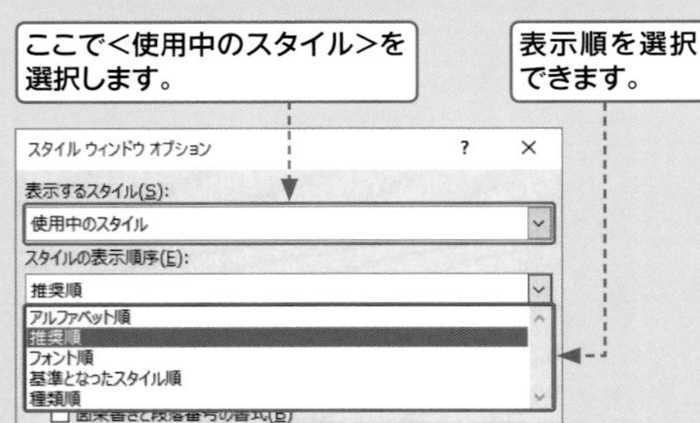

重要度 ★★★　スタイル

Q 0213 スタイルのプレビューを表示させたい！

A ＜スタイル＞作業ウィンドウで設定します。

＜スタイル＞作業ウィンドウでは、通常、スタイル名が同じフォントで表示されます。どのようなスタイルなのか、その内容も表示したい場合は、下部にある＜プレビューを表示する＞をクリックしてオンにします。

参照▶Q 0211

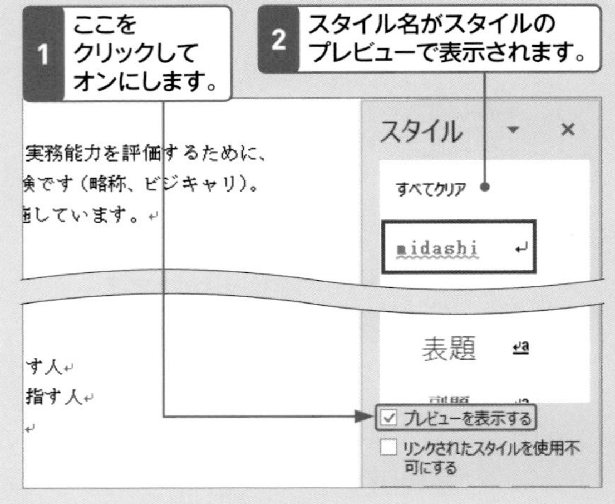

重要度 ★★★　スタイル

Q 0214 見出しの次の段落もスタイルを指定したい！

A ＜スタイルの変更＞ダイアログボックスで設定します。

1 スタイル名のここをクリックして、

2 ＜変更＞をクリックします。

＜スタイルの変更＞ダイアログボックスの＜次の段落のスタイル＞から、次の段落のスタイルを設定できます。なお、段落スタイルは既定から選ぶか、事前に登録しておく必要があります。

参照▶Q 0211

3 ＜次の段落のスタイル＞のここをクリックして、

4 次の段落のスタイルをクリックします。

重要度 ★★★　スタイル

Q 0215 スタイルをもっと手軽に利用したい！

A スタイルギャラリーのスタイルを適用します。

スタイルを適用したい段落を選択して、＜ホーム＞タブの＜スタイル＞から目的のスタイルを選択します。＜その他＞をクリックすると、スタイルギャラリーの一覧が表示されます。このとき、＜スタイル＞作業ウィンドウの＜新しいスタイル＞で作成したスタイルも、スタイルギャラリーに登録されます。参照▶Q 0211

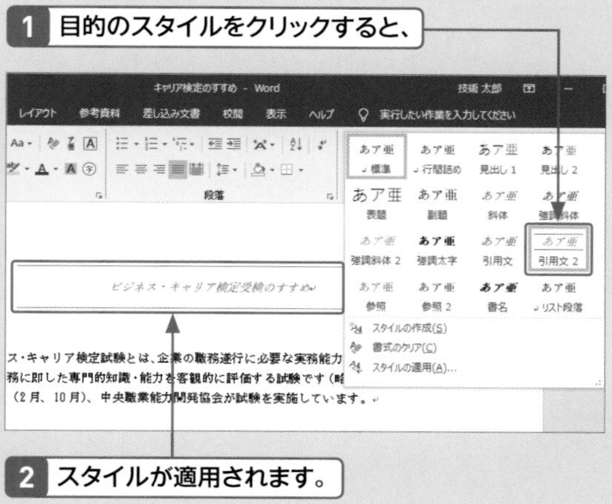

1 目的のスタイルをクリックすると、

2 スタイルが適用されます。

重要度 ★★★　箇条書き・段落番号

Q 0216 行頭に番号の付いた箇条書きを設定したい！

A 段落の先頭で「1.」と入力します。

段落の先頭で「1.」と入力し、文字を入力してEnterを押すと、自動的に次の行に「2.」と表示されます。ただし、この機能は自動入力の設定がオフになっていると利用できません。参照▶Q 0221

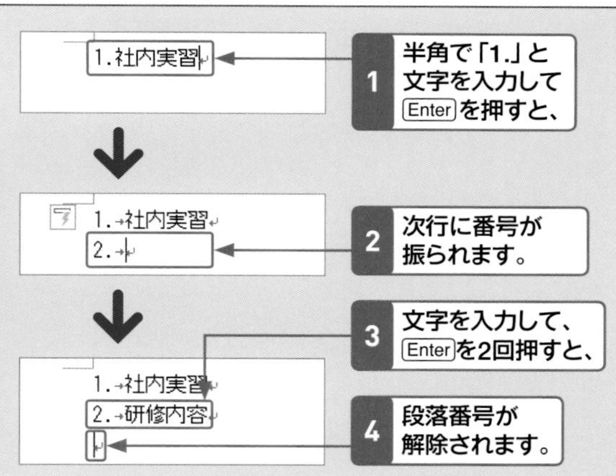

1.社内実習
1 半角で「1.」と文字を入力してEnterを押すと、
1.→社内実習
2.→
2 次行に番号が振られます。
3 文字を入力して、Enterを2回押すと、
1.→社内実習
2.→研修内容
4 段落番号が解除されます。

重要度 ★★★　箇条書き・段落番号

Q 0217 箇条書きの途中に段落番号のない行を追加したい！

A 段落番号に続く文字の先頭部分でEnterを押します。

箇条書き中に行頭記号や段落番号のない行を1行入れたい場合は、入れたい行の前段落末でEnterを押して改行します。箇条書きの形式になるので、再度Enterを押すと、通常の段落になります。

このとき、数字やアルファベットなど連続番号の箇条書きであれば、次の行の数字が正しく変更されます。

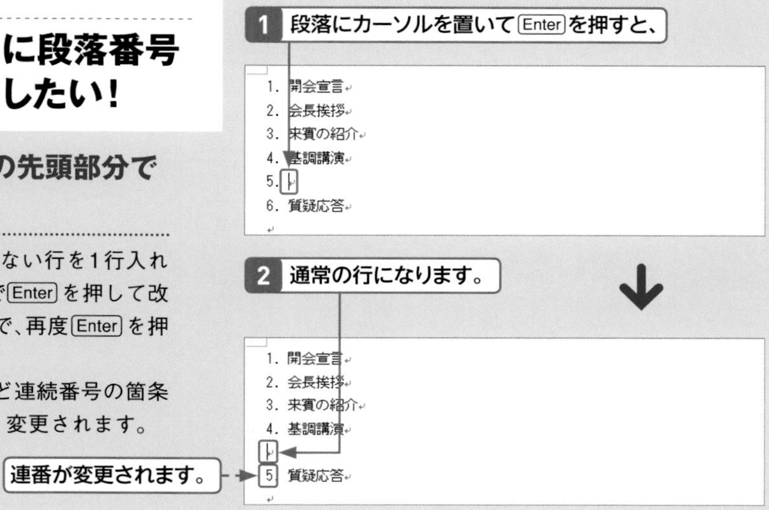

1 段落にカーソルを置いてEnterを押すと、

1. 開会宣言
2. 会長挨拶
3. 来賓の紹介
4. 基調講演
5.
6. 質疑応答

2 通常の行になります。

1. 開会宣言
2. 会長挨拶
3. 来賓の紹介
4. 基調講演

5 質疑応答

連番が変更されます。

重要度 ★★★ 箇条書き・段落番号

Q 0218 箇条書きの段落内で改行したい！

A [Shift]+[Enter]を押して、段落を分けずに改行します。

箇条書きの段落内で、次の行を箇条書きにしたくないときは、[Shift]+[Enter]を押して、段落記号ではなく改行を挿入します。編集記号は↓になります。

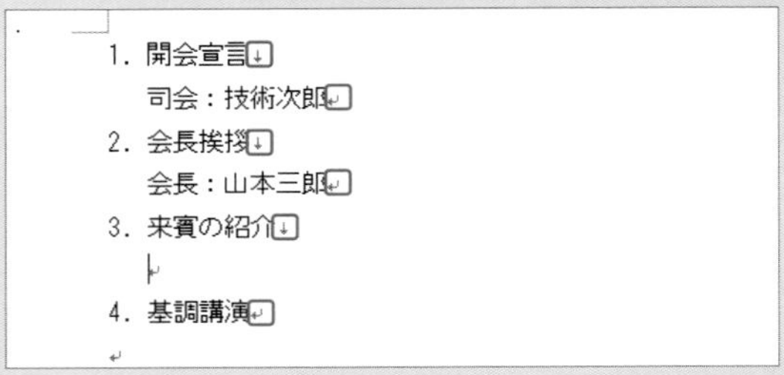

1. 開会宣言↓
   司会：技術次郎↵
2. 会長挨拶↓
   会長：山本三郎↵
3. 来賓の紹介↓
   ↵
4. 基調講演↵

↵

重要度 ★★★ 箇条書き・段落番号

Q 0219 入力済みの文章を番号付きの箇条書きにしたい！

A <ホーム>タブの<段落番号>を利用します。

番号を振らずに入力した文字列に対して、あとから連番を振ることができます。文字列を選択して、<ホーム>タブの<段落番号>をクリックすると、設定されている番号が振られます。

1 箇条書きを選択して、

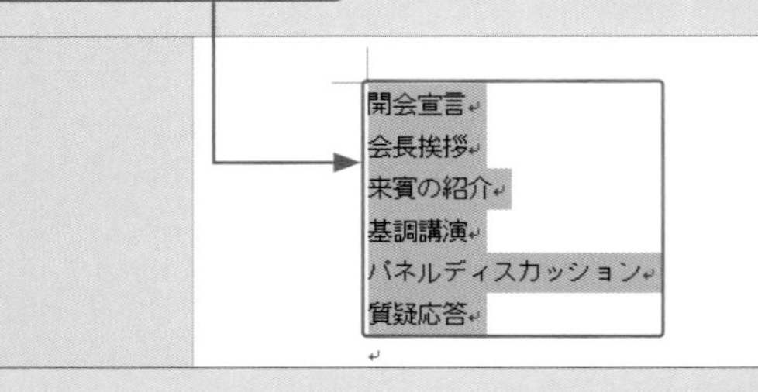

このとき、<段落番号>の▾をクリックすると、スタイルを選択できます。

参照 ▶ Q 0220

2 <段落番号>をクリックすると、

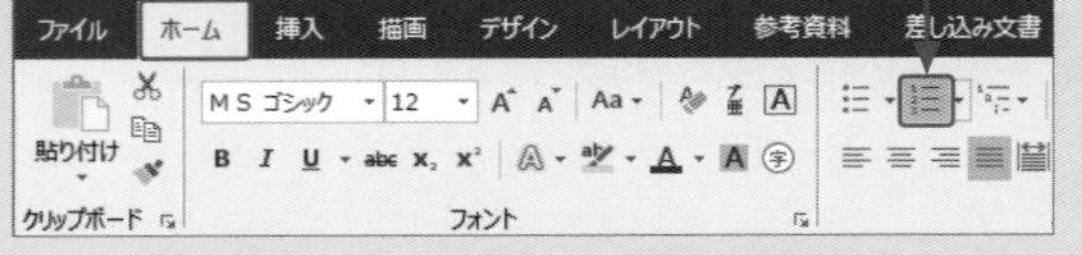

3 番号が振られます。

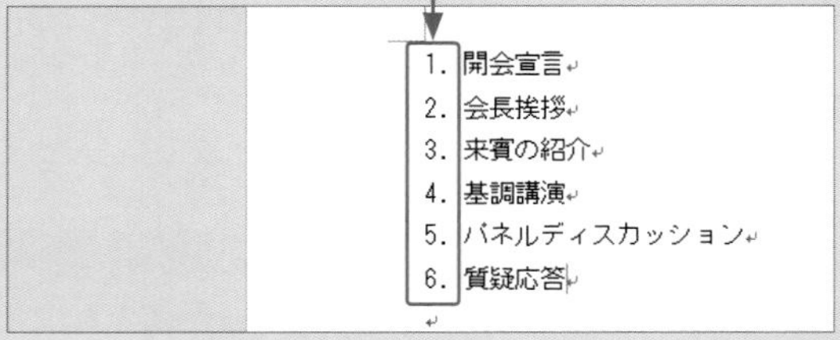

1. 開会宣言↵
2. 会長挨拶↵
3. 来賓の紹介↵
4. 基調講演↵
5. パネルディスカッション↵
6. 質疑応答↵

重要度 ★★★ 箇条書き・段落番号

Q 0220 箇条書きの記号を変更したい！

A 行頭文字ライブラリ、番号ライブラリから記号を選択します。

箇条書き部分を選択して、<ホーム>タブの<箇条書き>☰あるいは<段落番号>☰の▾をクリックすると、<行頭文字ライブラリ>あるいは<番号ライブラリ>から行頭の記号を変更できます。

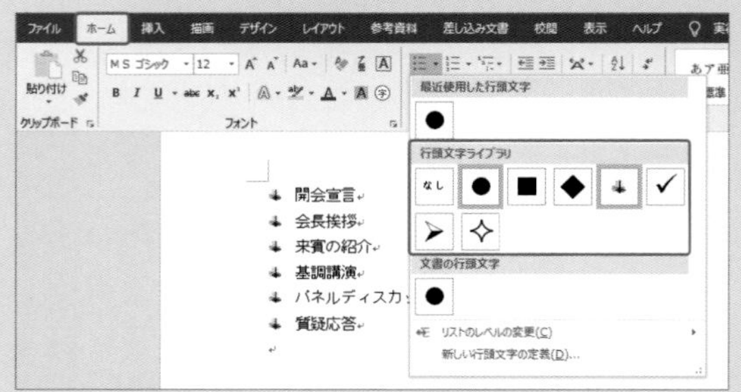

重要度★★★　箇条書き・段落番号

Q 0221 箇条書きになってしまうのをやめたい！

A 入力オートフォーマットの設定を解除します。

箇条書きになるのは、入力オートフォーマット機能がオンになっているためです。これをやめさせるには、＜Wordのオプション＞の＜文章校正＞で＜オートコレクトのオプション＞をクリックし、＜入力オートフォーマット＞タブの＜箇条書き（行頭文字）＞および＜箇条書き（段落番号）＞をクリックしてオフにします。これにより、行の先頭に数字や記号を入力しても、箇条書きの書式は適用されなくなります。

参照▶Q 0030

ここをクリックしてオフにします。

重要度★★★　箇条書き・段落番号

Q 0222 途中から段落番号を振り直したい！

A 右クリックして、＜1から再開＞をクリックします。

連続した段落番号の途中に通常の行を追加した場合、あるいは1行だけ番号を解除した場合、次の行の番号は自動的に続けて振られます。このとき、次の番号を「1」から振り直すことができます。

振り直したい番号の段落をすべて選択して、右クリックし、＜1から再開＞をクリックします。

参照▶Q 0217

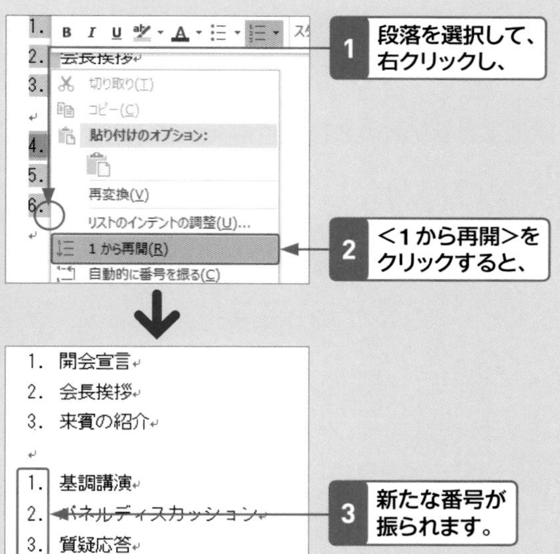

重要度★★★　箇条書き・段落番号

Q 0223 途切れた段落番号を連続させたい！

A 段落を選択して、＜段落番号＞をクリックします。

連続させたい段落を選択して、＜ホーム＞タブの＜段落番号＞をクリックすると、途切れていた段落番号が連続の番号に振り直されます。

参照▶Q 0222

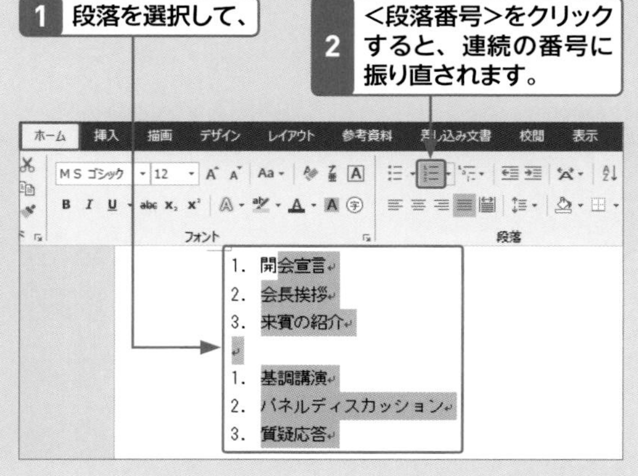

重要度 ★★★　箇条書き・段落番号

Q 0224 段落番号を「.」の位置で揃えたい！

A ＜新しい番号書式の定義＞で、＜右揃え＞にします。

＜ホーム＞タブの＜段落番号＞の▼をクリックして、＜新しい番号書式の定義＞をクリックすると表示される＜新しい番号書式の定義＞ダイアログボックスで、＜配置＞を＜右揃え＞に設定すると、段落番号が「.」の位置で揃います。

8.→パネラーから一言
9.→総括
10.社長挨拶
11.閉会

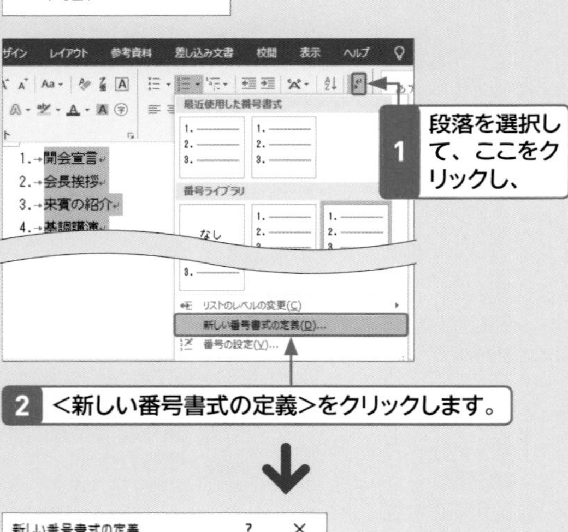

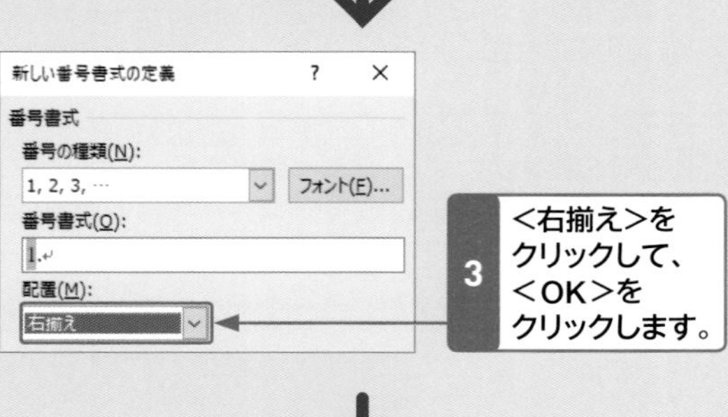

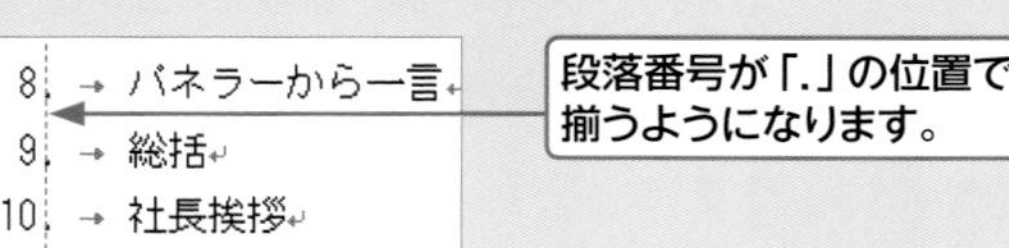

重要度 ★★★　箇条書き・段落番号

Q 0225 行頭の記号と文字を揃えたい！

A リストのインデントの調整を利用します。

箇条書きや段落番号、行頭文字（記号）を入力すると、最初の文字はぶら下げインデントの位置で設定されます。文字の位置が離れすぎたり、ずれてしまったりする場合は、＜リストのインデントの調整＞で設定し直します。文字位置を揃えたい段落を選択して右クリックし、＜リストのインデントの調整＞をクリックして、表示される＜リストのインデントの調整＞ダイアログボックスで、調整したい項目を設定します。なお、＜番号に続く空白の扱い＞を＜タブ文字＞にすると、＜タブ位置の追加＞の設定もできます。

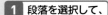

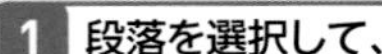

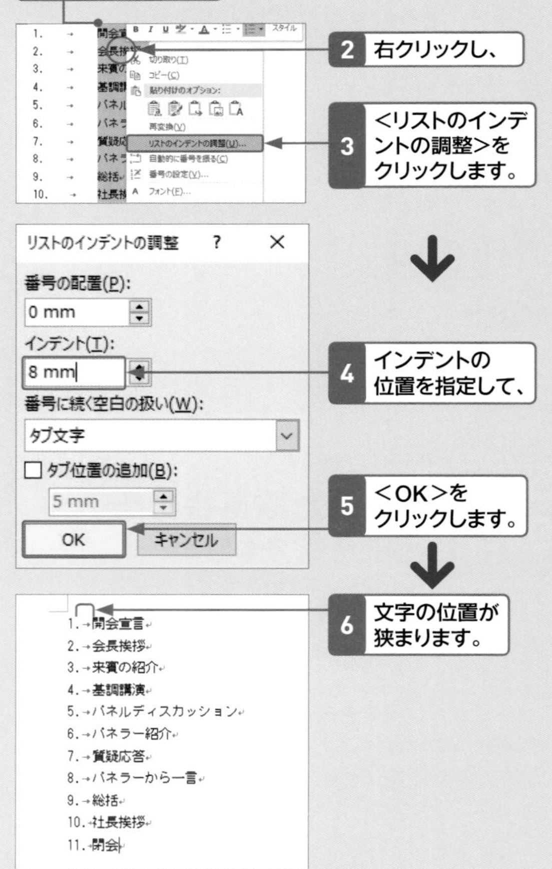

重要度 ★★★　箇条書き・段落番号

Q 0226 オリジナルの段落番号を設定したい！

A ＜新しい番号書式の定義＞ダイアログボックスで設定します。

段落を選択して、＜新しい番号書式の定義＞ダイアログボックスを表示し、番号書式やフォントなどを設定すると、オリジナルの段落番号を作成できます。

参照▶Q 0224

1 番号の種類を選択して、

2 数字の前後に、文字や記号を入力します。

3 必要であれば＜フォント＞をクリックして、

4 フォントを設定します。

5 ＜OK＞をクリックして、＜OK＞をクリックすると、

6 指定した書式の段落番号が振られます。

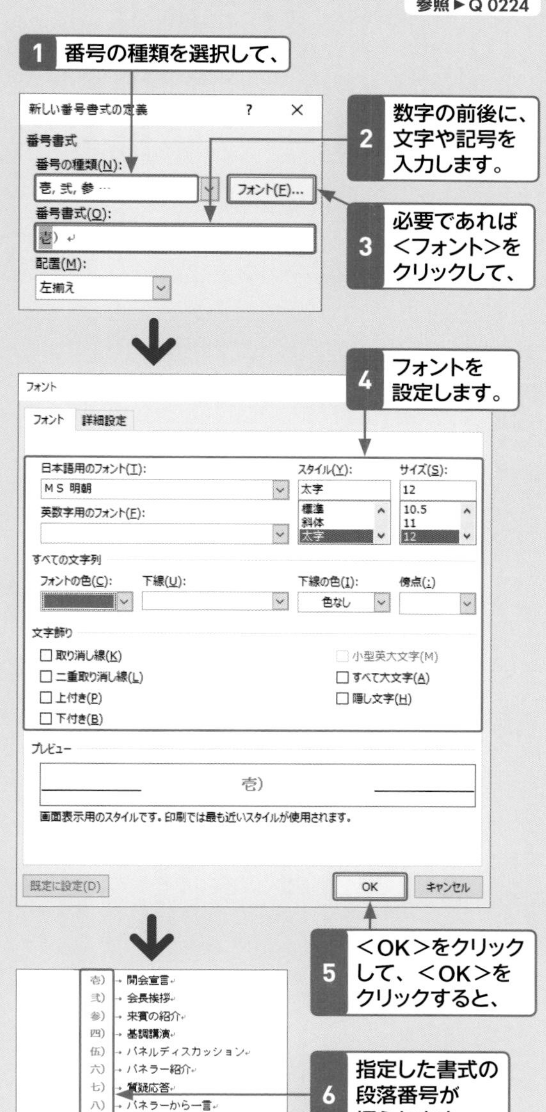

重要度 ★★★　箇条書き・段落番号

Q 0227 箇条書きの記号にアイコンのような絵を使いたい！

A ＜新しい行頭文字の定義＞ダイアログボックスで選択します。

＜ホーム＞タブの＜箇条書き＞の▾をクリックして、＜新しい行頭文字の定義＞をクリックすると表示される＜新しい行頭文字の定義＞ダイアログボックスで、＜記号＞をクリックして、目的の記号を選択します。

6 アイコンのような行頭記号が挿入されます。

- ❊ → 開会宣言
- ❊ → 会長挨拶
- ❊ → 来賓の紹介
- ❊ → 基調講演

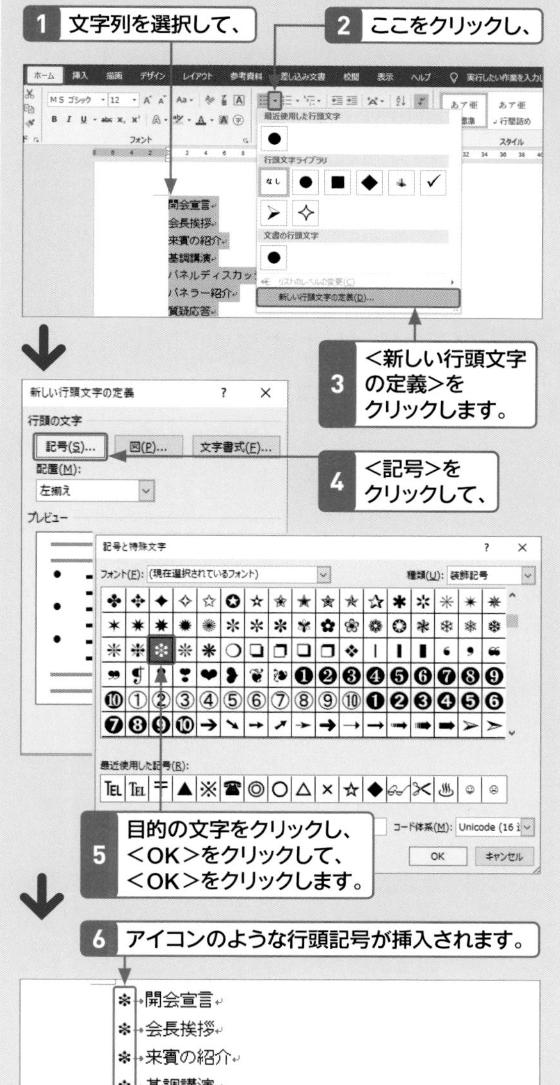

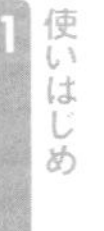

重要度 ★★★　ページの書式設定

Q 0228 文書全体を縦書きにしたい！

A ＜文字列の方向＞を＜縦書き＞に設定します。

<レイアウト>タブ(Word 2013／2010では<ページレイアウト>タブ)の<文字列の方向>をクリックして、<縦書き>をクリックすると、縦書きになります。ただし、縦書きになったとき、レイアウトが崩れた部分の微調整などが必要になります。また、余白の設定、ページ番号、ヘッダー、フッターなどの確認、調整も必要な場合があります。

1 ＜文字列の方向＞をクリックして、

2 ＜縦書き＞をクリックすると、

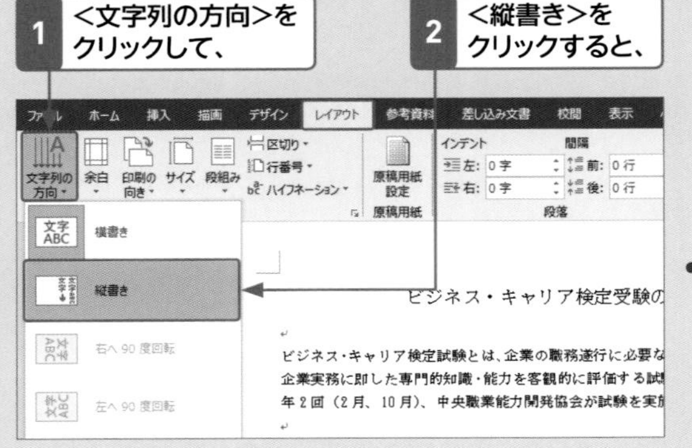

3 文書が＜縦書き＞になります。

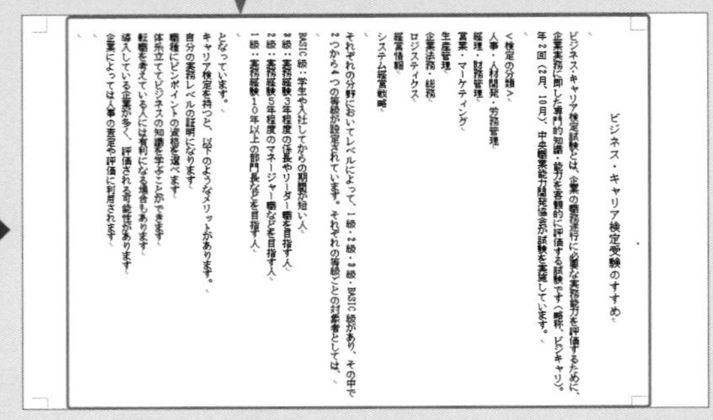

重要度 ★★★　ページの書式設定

Q 0229 縦書きにすると数字が横に向いてしまう！

A 「縦中横」を設定します。

文字列の方向を縦書きにすると、半角の英数字は横向きになってしまいます。<ホーム>タブの<拡張書式>をクリックして、<縦中横>をクリックすると、横向きになっている数字を縦にできます。なお、同じ文字がほかにもある場合、手順4で<すべて適用>をクリックするとすべての同じ文字に適用できます。

参照▶Q 0228

1 文字列を選択して、

2 ＜拡張書式＞をクリックし、

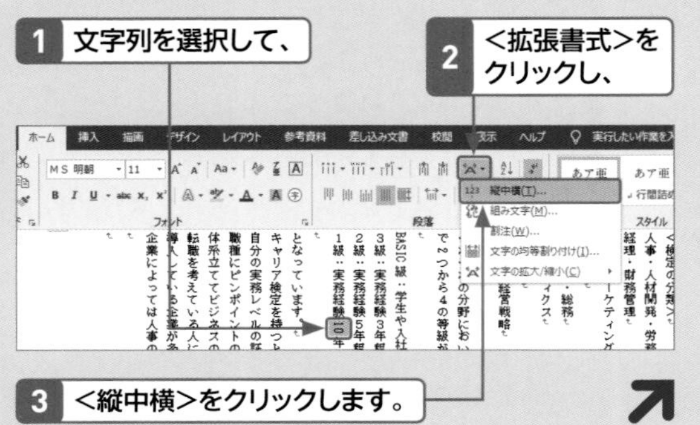

3 ＜縦中横＞をクリックします。

4 ＜行の幅に合わせる＞がオンになっていることを確認して、

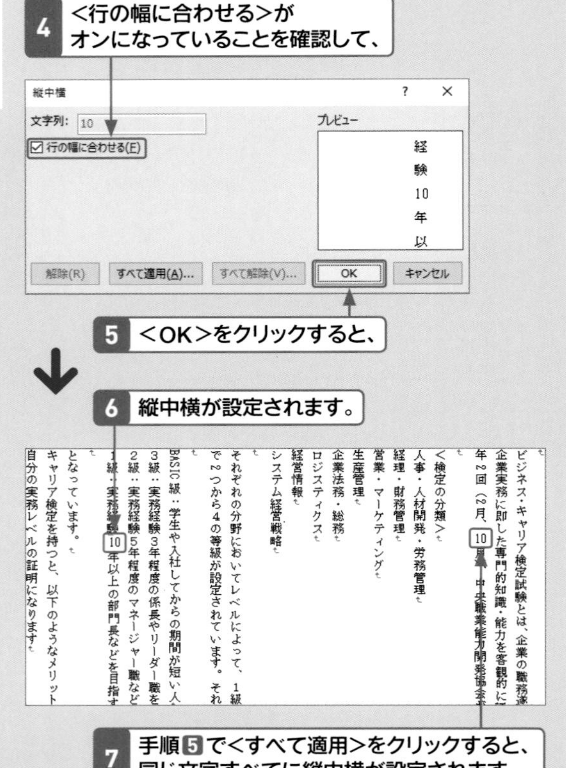

5 ＜OK＞をクリックすると、

6 縦中横が設定されます。

7 手順5で＜すべて適用＞をクリックすると、同じ文字すべてに縦中横が設定されます。

重要度 ★★★　ページの書式設定

Q 0230 区切りのよいところでページを変えたい！

A 「ページ区切り」を挿入します。

区切りのよいところで改ページしたい場合、「ページ区切り」を挿入して、強制的に改ページすることができます。ページ区切りを挿入するには、＜挿入＞タブの＜ページ＞（画面サイズによっては＜ページ＞グループ）から＜ページ区切り＞をクリックします。＜レイアウト＞タブ（Word 2013／2010では＜ページレイアウト＞タブ）の＜ページ／セクション区切りの挿入＞ 区切り をクリックして、＜改ページ＞をクリックしても同じです。

参照▶Q 0233, Q 0234

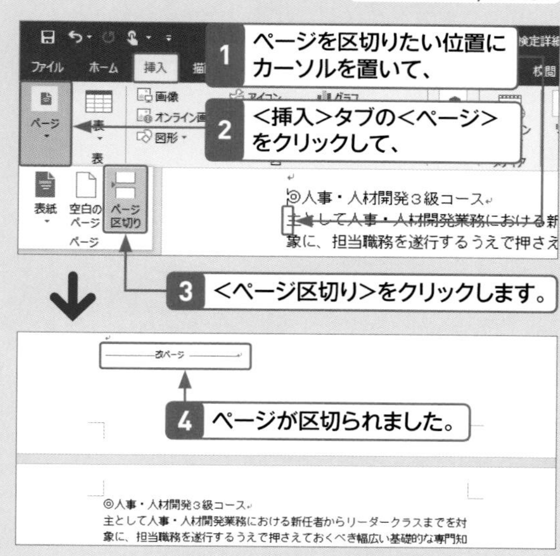

重要度 ★★★　ページの書式設定

Q 0231 改ページすると前のページの書式が引き継がれてしまう！

A Ctrl＋Shift＋Nを押して、書式を解除します。

「ページ区切り」を挿入すると、新しいページでは直前に使用していた書式が引き継がれます。前の書式を使用したくないときには、Ctrl＋Shift＋Nを押すと設定されている書式を解除できます。

参照▶Q 0230

重要度 ★★★　ページの書式設定

Q 0232 用紙に透かし文字を入れたい！

A ＜透かし＞を利用します。

＜デザイン＞タブ（Word 2010では＜ページレイアウト＞タブ）の＜透かし＞をクリックすると、透かし文字を挿入できます。入れたい文字がない場合は、＜ユーザー設定の透かし＞をクリックし、表示される＜透かし＞ダイアログボックスで、＜テキスト＞から文字を選択するか、ボックスに直接入力します。

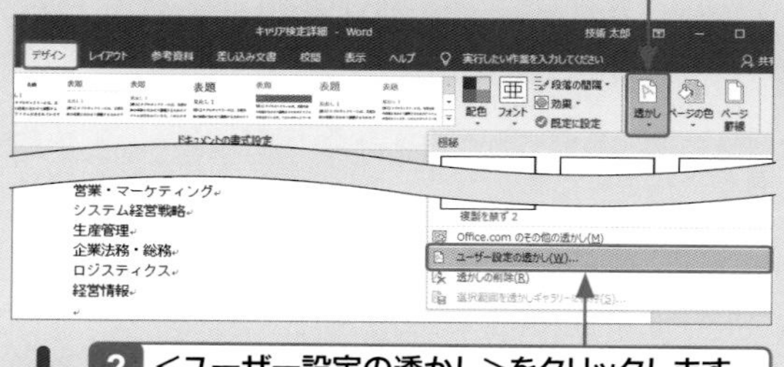

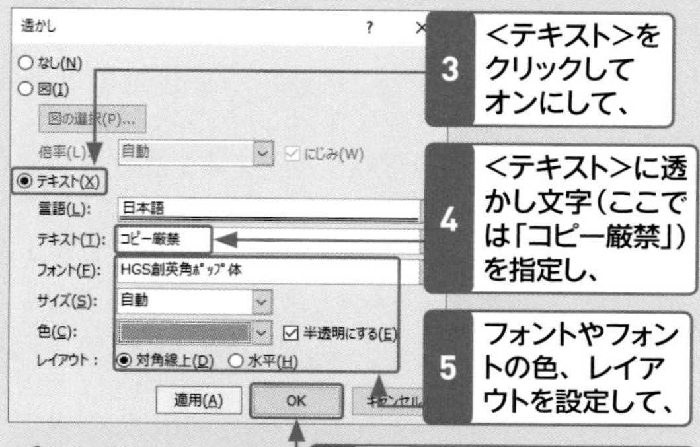

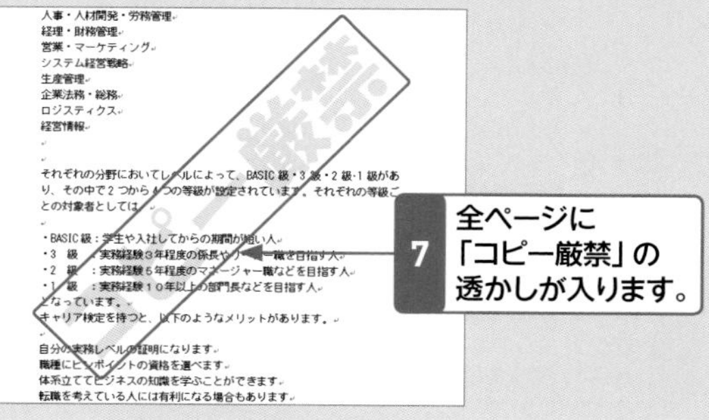

コピー厳禁
7 全ページに「コピー厳禁」の透かしが入ります。

重要度★★★ ページの書式設定

Q 0233 セクションって何？

A ページ設定を行える範囲のことです。

「セクション」とは、ページ設定を行うことができる範囲の単位です。文書を「章」や「節」などのセクションで区切っておくと、そのセクションのみにページ設定ができ、目次や索引などを作成する際にも便利です。

<レイアウト>タブ（Word 2013／2010では<ページレイアウト>タブ）の<ページ／セクション区切りの挿入> 区切り をクリックすると、目的のページ区切り、セクション区切りを挿入できます。

重要度★★★ ページの書式設定

Q 0234 1つの文書に縦書きと横書きのページを混在させたい！

A セクション区切りを挿入して、セクションを縦書きにします。

セクション区切りを挿入すると、セクションごとに縦書きや横書きが異なるページ設定ができるようになります。

縦書きと横書きを分ける位置にカーソルを移動し、<レイアウト>タブ（Word 2013／2010では<ページレイアウト>タブ）の<ページ／セクション区切りの挿入> 区切り をクリックして、セクション区切りを挿入します。

縦書きにしたいセクションにカーソルを移動して、<ページ設定>グループの右下にある をクリックして<ページ設定>ダイアログボックスを表示します。<文字数と行数>タブの<縦書き>をクリックしてオンにし、設定対象を<このセクション>に指定すると、そのセクションが縦書きになります。 参照▶Q 0233

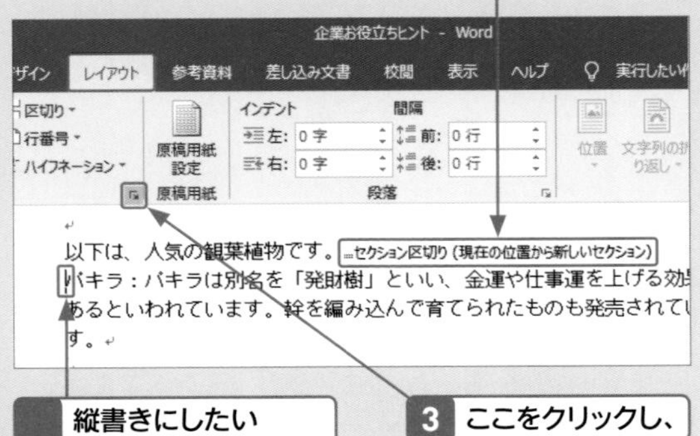

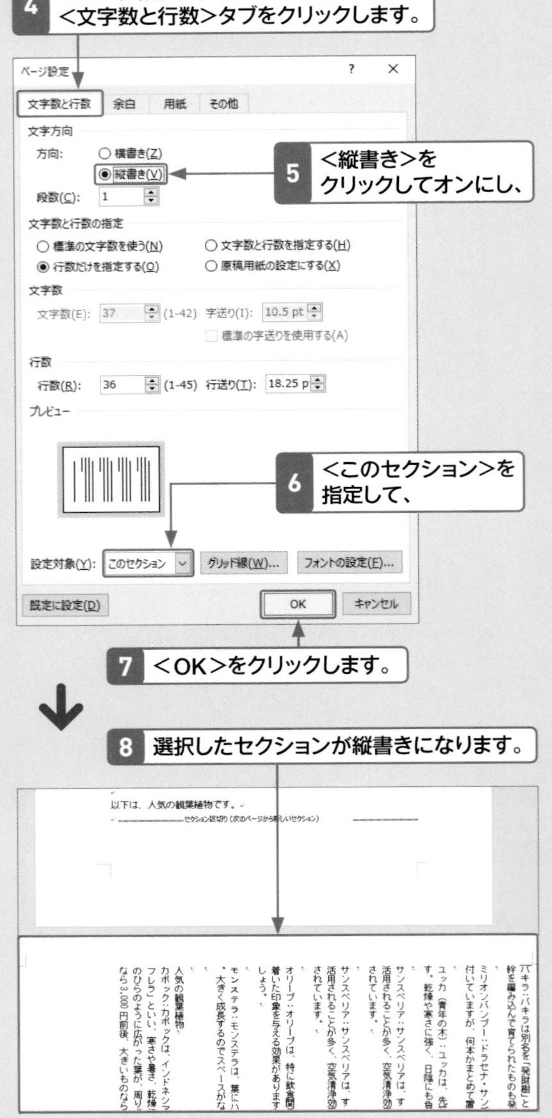

重要度★★★　ページの書式設定

Q 0235 改ページやセクション区切りを削除したい！

A ページやセクション区切りの編集記号を削除します。

改ページやセクション区切りの編集記号が表示されていない場合は、＜ホーム＞タブの＜編集記号の表示／非表示＞ をクリックして表示します。改ページやセクション区切りの記号の前にカーソルを移動するか、記号を選択して[Delete]を押します。

下は、人気の観葉植物です。 セクション区切り (現在の位置から新しいセクション)

キラ：パキラは別名を「発財樹」といい、金運や仕事運を上げるといわれています。幹を編み込んで育てられたものも発売され

カーソルを置いて、[Delete]を押すと削除できます。

重要度★★★　テーマ

Q 0236 テーマって何？

A 文書全体のデザインのまとまりです。

テーマとは、文書全体の統一感を保つようにデザインされたものです。＜デザイン＞タブ（Word 2010では＜ページレイアウト＞タブ）の＜テーマ＞には、文書全体の見出しや本文のフォント、色などのデザインが各テーマによって用意されています。テーマをクリックするだけで、文書全体のデザインをかんたんに整えることができます。なお、テーマを利用するには、フォントやフォントの色などがそれぞれの＜テーマ＞から選択されている必要があります。

テーマを解除したい場合は、手順3で左上にある＜Office＞をクリックします。

参照▶Q 0237

1 ＜デザイン＞タブをクリックして、

2 ＜テーマ＞をクリックし、

3 目的のテーマをクリックすると、

4 文書にテーマが反映されます。

ビジネスチャンスをつかめ！

お役立ちヒント集

こういうときはどうするのがよいの？

仕事とは関係がなくても、ちょっとしたことで悩むことはありませんか？

一般常識とまではいいませんが、仕事上覚えておいて損はない、と思われ

重要度★★★　テーマ

Q 0237 テーマを指定しても変更されない！

フォントの種類や色はテーマを利用します。

テーマを利用するには、フォントの種類や色としてそれぞれ＜テーマのフォント＞や＜テーマの色＞を指定しておく必要があります。また、見出しや本文のスタイルは、＜スタイル＞内のスタイルを指定しておく必要があります。それ以外の種類を設定していると、変更したいテーマをクリックしても適用されません。

● テーマのフォント

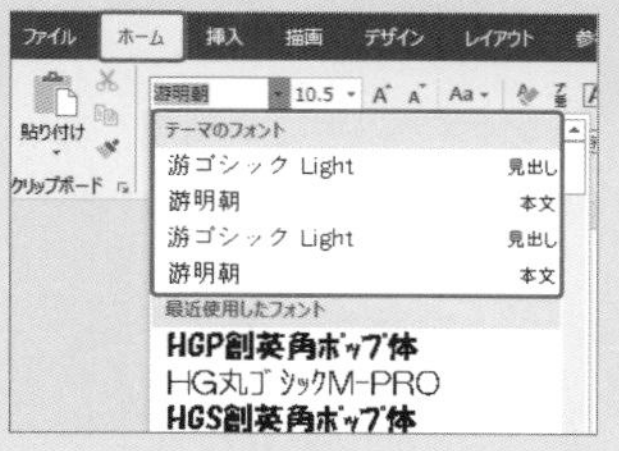

● テーマの色

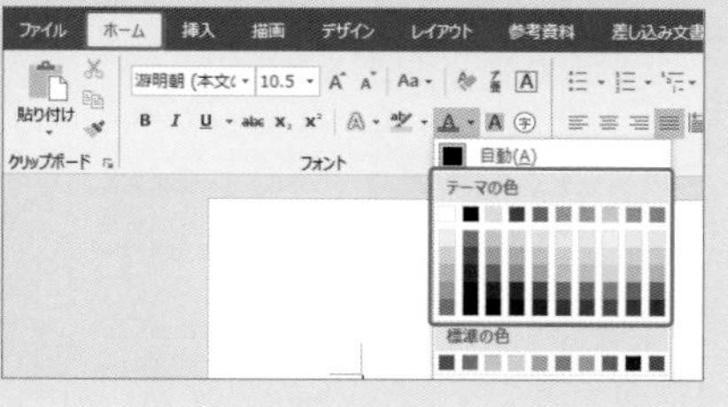

重要度 ★★★ テーマ

Q 0238 テーマの色を変更したい！

A ＜テーマの色＞から選択します。

＜テーマ＞に用意されているスタイルセットだけでなく、色セットのみを変更することができます。

＜デザイン＞タブ（Word 2010では＜ページレイアウト＞タブ）の＜テーマの色＞ をクリックして、配色の1つをクリックします。

変更したあとでもとに戻したい場合は、＜テーマの色＞から＜Office＞をクリックします。

1 ＜デザイン＞タブの＜テーマの色＞をクリックします。

2 色の種類をクリックすると、

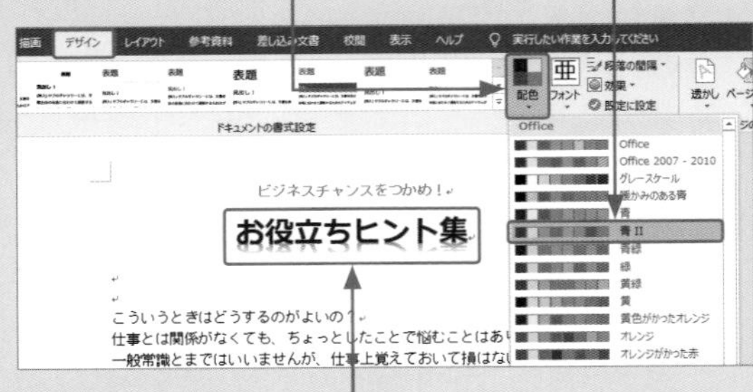

3 文書内の色が変わります。

重要度 ★★★ テーマ

Q 0239 テーマのフォントを変更したい！

A ＜テーマのフォント＞から選択します。

＜テーマ＞に用意されているスタイルセットだけでなく、フォントセットのみを変更することができます。

＜デザイン＞タブ（Word 2010では＜ページレイアウト＞タブ）の＜テーマのフォント＞ 亜 をクリックして、フォントの1つをクリックします。

変更したあとでもとに戻したい場合は、＜テーマのフォント＞から＜Office＞をクリックします。

1 ＜デザイン＞タブの＜テーマのフォント＞をクリックして、

2 フォントをクリックすると、

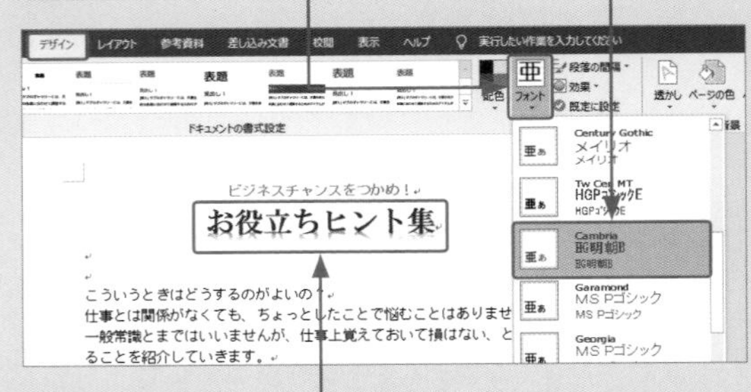

3 文書内のフォントが変わります。

重要度 ★★★ その他の書式設定

Q 0240 ルーラーの単位を「字」から「mm」に変更したい！

A ＜Wordのオプション＞から変更できます。

1 ＜詳細設定＞をクリックします。

2 ＜単位に文字幅を使用する＞をクリックしてオフにします。

ルーラーは、初期設定では文字単位で表示されます。＜Wordのオプション＞の＜詳細設定＞で、＜単位に文字幅を使用する＞をクリックしてオフにすると、mm単位表示になります。なお、ルーラーはWordの初期設定では表示されていません。＜表示＞タブの＜ルーラー＞をクリックしてオンにすると表示されます。

参照▶Q 0030, Q 0191

● 文字単位

● mm単位

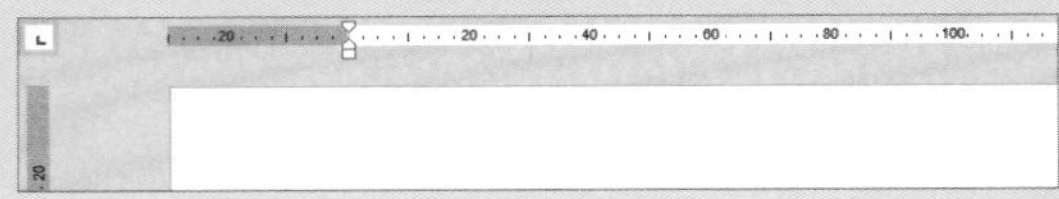

第5章

Wordの表示の「こんなときどうする?」

重要度 ★★★　表示モード

Q 0241 文書の表示方法を切り替えたい！

A <表示>タブの<文書の表示>を利用します。

Wordの文書表示モードには、<閲覧モード>（Word 2010では<全画面閲覧>）、<印刷レイアウト>、<Webレイアウト>、<アウトライン>、<下書き>の5つがあり、<表示>タブで切り替えることができます。また、画面右下の表示選択ショートカットで<閲覧モード>、<印刷レイアウト>、<Webレイアウト>の切り替えができます（Word 2010ではすべてのモードが表示されます）。

●閲覧モード

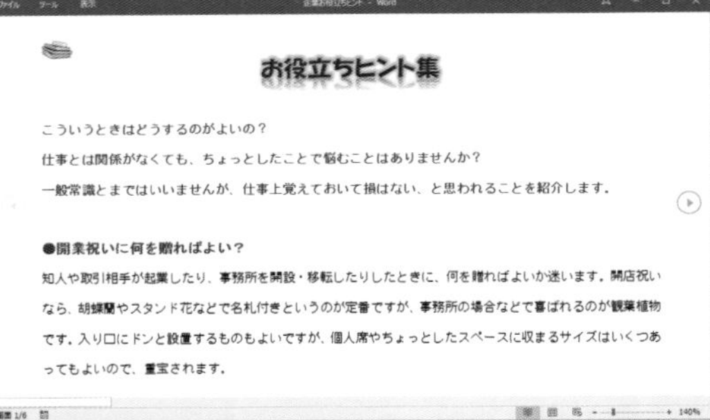

ページを閲覧するための簡素化された表示方法です。<表示>をクリックして、<レイアウト>から表示を変更できます（画面は<列のレイアウト>、Q 0242参照）。

●印刷レイアウト

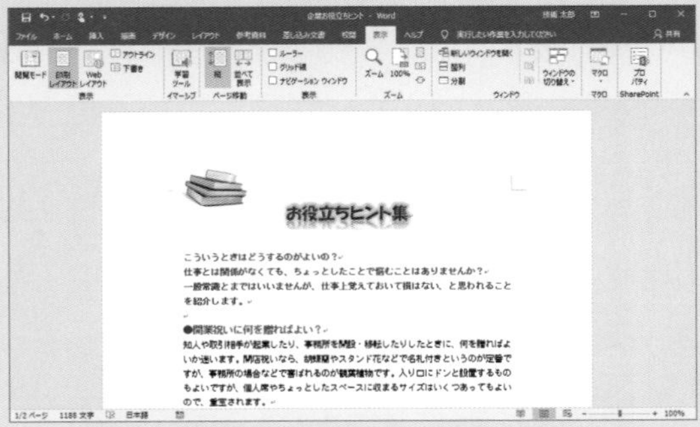

印刷時の仕上がりを確認しながら文書を作成する場合の表示方法です。

●Webレイアウト

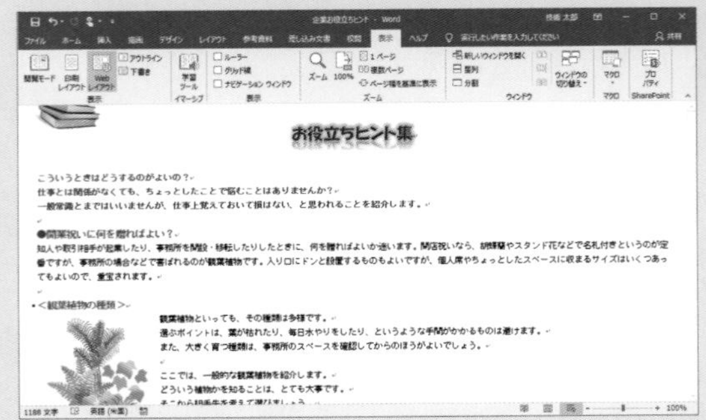

Web用の文書を作成するときの表示方法です。

●アウトライン

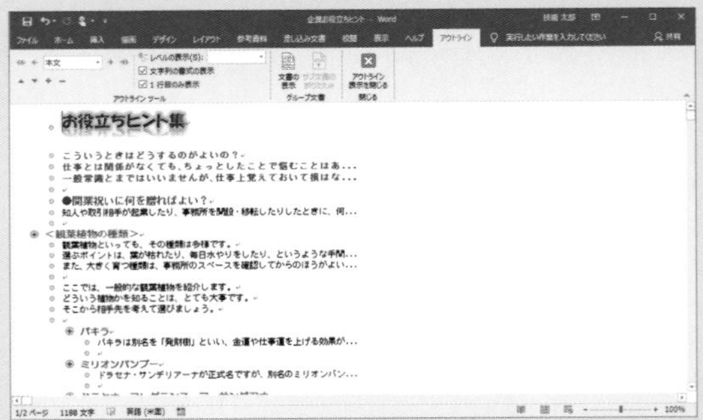

文書の階層構造を視覚的に把握できる表示方法です。

●下書き

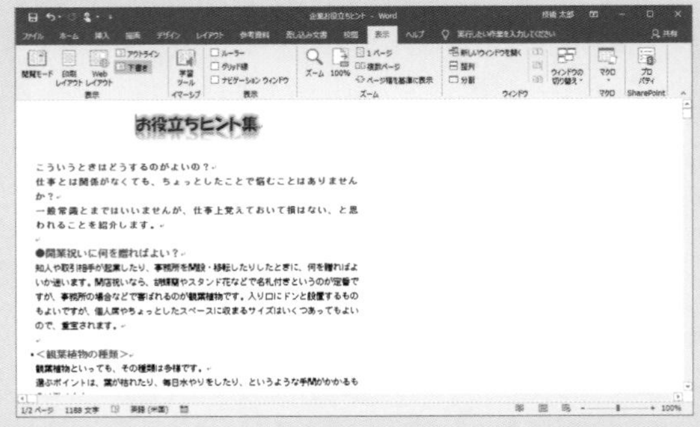

デザインや画像などは省略され、文字入力に集中するための表示方法です。

重要度★★★ 表示モード ⊗2010

Q 0242 閲覧モードはどんなモード？

A タッチ操作に対応した、文書を見るだけのモードです。

閲覧モードはWord 2013以降のバージョンに導入されている機能で、表示が簡素化しているほか、横にスライドさせて文書を表示するタッチ操作に対応しています。画像や図などは正しい配置で表示されない場合があります。閲覧モードには、画面に表示できない部分を横方向に表示する<列のレイアウト>と、文書の状態で表示される<用紙のレイアウト>があり、これは<表示>メニューで切り替えることができます。また、Word 2019／2016には、音節、テキストの間隔を広げる、読み上げ機能があります。

閲覧モードは単に見るだけ（閲覧）なので、編集を行いたい場合は画面右下の<印刷レイアウト>をクリックするか、<表示>メニューの<文書の編集>をクリックします。

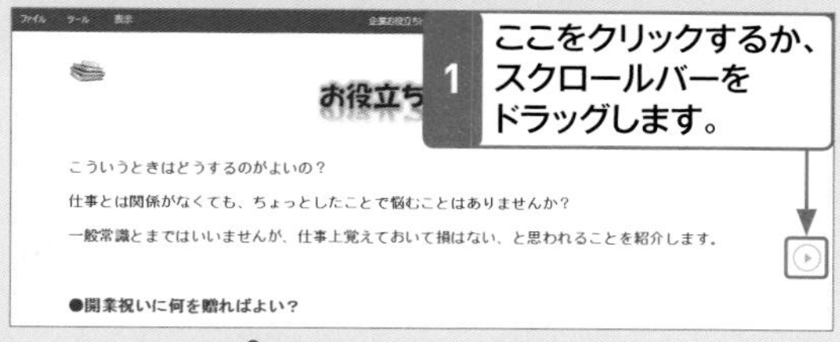
1 ここをクリックするか、スクロールバーをドラッグします。
お役立ち
こういうときはどうするのがよいの？
仕事とは関係がなくても、ちょっとしたことで悩むことはありませんか？
一般常識とまではいいませんが、仕事上覚えておいて損はない、と思われることを紹介します。
●開業祝いに何を贈ればよい？

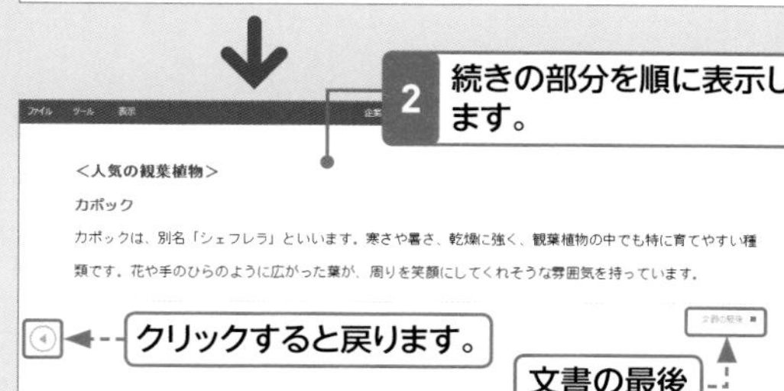
2 続きの部分を順に表示します。
<人気の観葉植物>
カポック
カポックは、別名「シェフレラ」といいます。寒さや暑さ、乾燥に強く、観葉植物の中でも特に育てやすい種類です。花や手のひらのように広がった葉が、周りを笑顔にしてくれそうな雰囲気を持っています。
クリックすると戻ります。
文書の最後

● <表示>メニュー

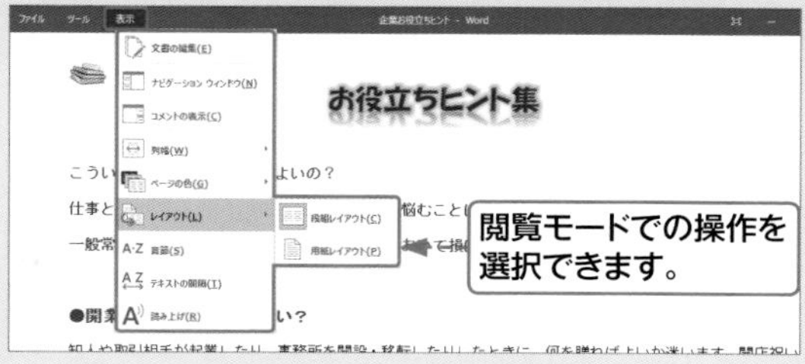
ファイル ツール 表示
企業お役立ちヒント - Word
文書の編集(E)
ナビゲーション ウィンドウ(N)
コメントの表示(C)
列幅(W)
ページの色(G)
レイアウト(L)
段組レイアウト(C)
用紙レイアウト(P)
音節(S)
テキストの間隔(T)
読み上げ(R)
お役立ちヒント集
閲覧モードでの操作を選択できます。

重要度★★★ 画面表示

Q 0243 文書を自由に拡大／縮小したい！

A マウスのホイールボタンを使います。

マウスの中央にホイールボタンが付いているマウスを利用している場合は、Ctrlを押しながらホイールボタンを回転させることで、表示倍率を変更できます。上（前）に回転させると10%ずつ拡大され、下（手前）に回転させると10%ずつ縮小されます。

また、画面右下のズームスライダーを左右にドラッグすると拡大／縮小できるほか、左右の－＋をクリックすると10%単位で拡大／縮小できます。さらに、ズームの右にある%表示をクリックすると表示される<ズーム>ダイアログボックスでも変更できます。

参照▶Q 0244

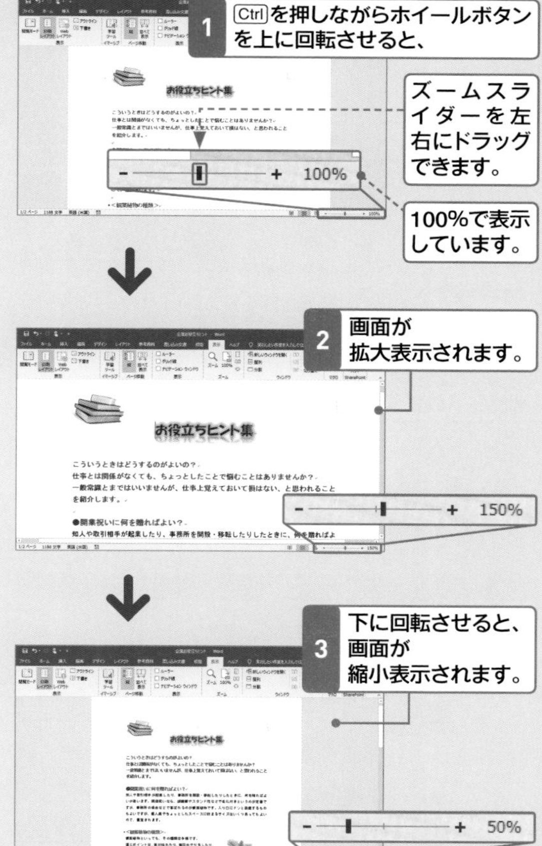
1 Ctrlを押しながらホイールボタンを上に回転させると、
お役立ちヒント集
ズームスライダーを左右にドラッグできます。
100%
100%で表示しています。
2 画面が拡大表示されます。
150%
3 下に回転させると、画面が縮小表示されます。
50%

重要度 ★★★ 画面表示

Q 0244 文書の画面表示を切り替えて使いたい！

A <表示>タブの<ズーム>を利用します。

文字内容がよく見えるように文書表示を拡大したり、レイアウトを確認するために文書表示を縮小したりするためには、ズーム機能を利用します。画面右下のズームスライダーや左右の<拡大><縮小>をクリックしても倍率を変更できます。
<表示>タブの<ズーム>グループには、<ズーム><100％><1ページ><複数ページ><ページ幅を基準に表示>の5つのコマンドが用意されています。

● <ズーム>ダイアログボックスを利用する

1 <表示>タブの<ズーム>をクリックして、<ズーム>ダイアログボックスを表示します。

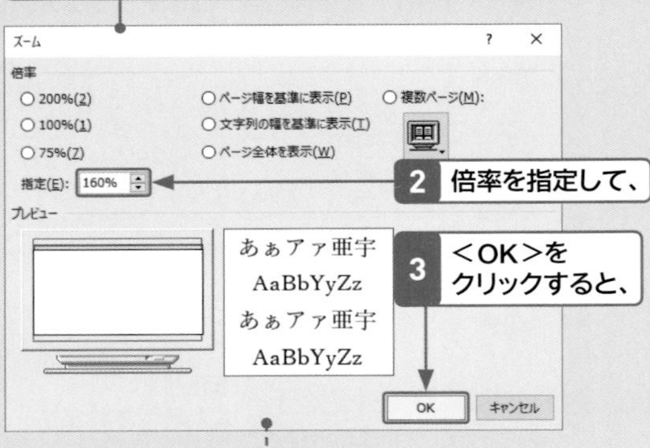

2 倍率を指定して、

3 <OK>をクリックすると、

画面右下の表示倍率をクリックしても表示できます。

4 文書の表示倍率が変更されます。

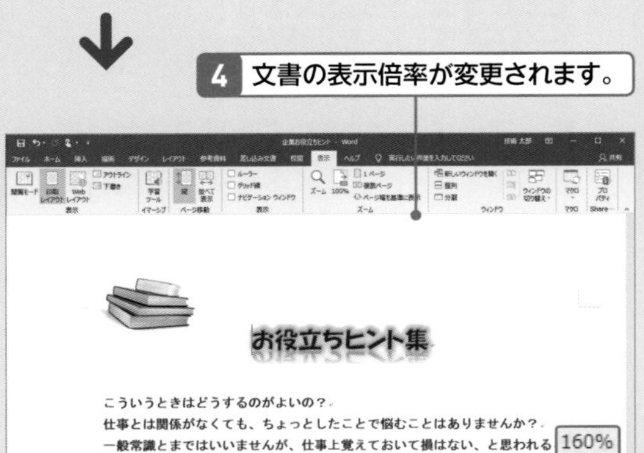

● 1ページ表示

<1ページ>をクリックすると、文書ウィンドウに1ページ全体が表示されます。

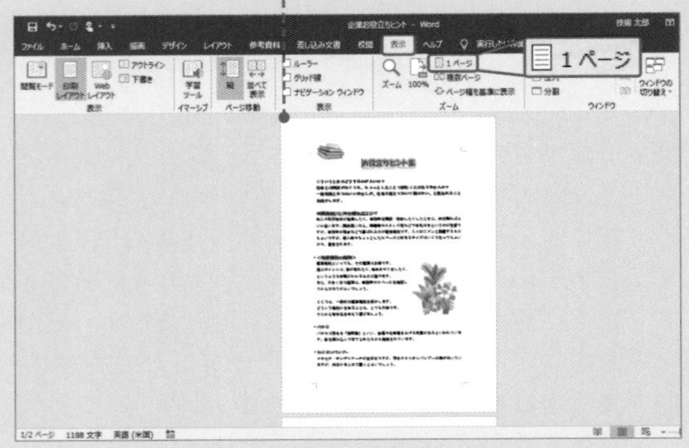

● 複数ページ表示

<複数ページ>（Word 2010では<2ページ表示>）をクリックすると、文書ウィンドウに見開きや複数ページが表示されます。

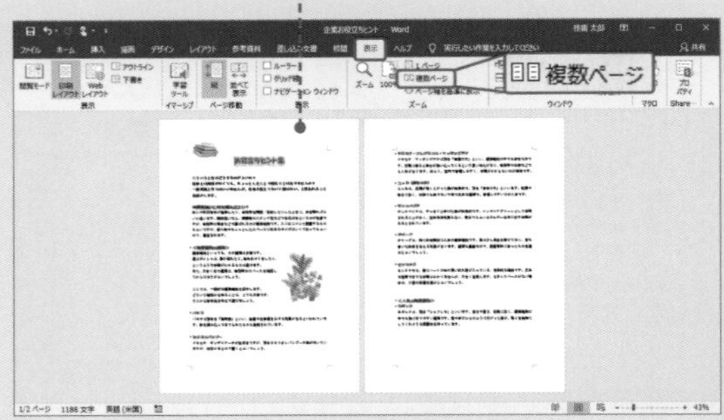

● ページ幅を基準に表示

<ページ幅を基準に表示>をクリックすると、文書ウィンドウに用紙サイズがいっぱいに表示されます。

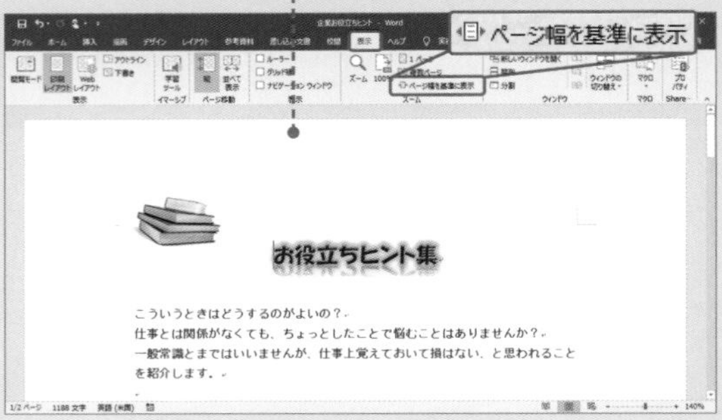

重要度★★★　画面表示

Q 0245 ルーラーを表示させたい！

A ＜表示＞タブの＜ルーラー＞をクリックしてオンにします。

Wordの初期設定では、画面の上と左側にルーラーが表示されていません。ルーラーが必要な場合は、＜表示＞タブの＜ルーラー＞をクリックしてオンにすると表示されます。

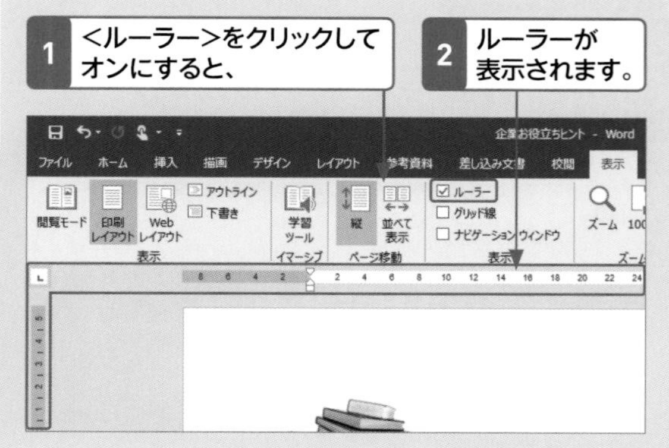

重要度★★★　画面表示

Q 0246 詳細設定の画面を開きたい！

A グループ名の右にある から表示できます。

グループ名の右端にある は、詳細設定画面（ダイアログボックス）や作業ウィンドウが用意されていることを示しています。クリックすると、表示できます。このほか、＜段組み＞ダイアログボックスのようにコマンドのメニューから表示できるものもあります。

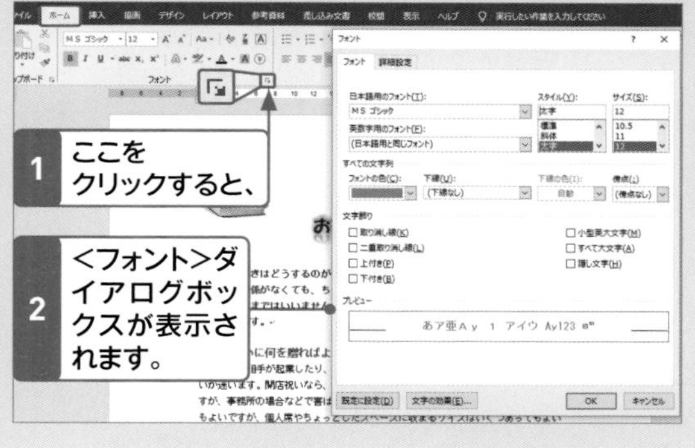

重要度★★★　画面表示

Q 0247 作業ウィンドウを使いたい！

A 作業内容に応じて表示されます。

Wordでは、作業内容によって自動的に作業ウィンドウが表示されます。たとえば、＜ホーム＞タブの＜クリップボード＞グループや＜スタイル＞グループなどの右下にある をクリックすると、＜クリップボード＞作業ウィンドウや＜スタイル＞作業ウィンドウが表示されます。また、Wordを強制終了した場合は、次回の起動時に＜ドキュメントの回復＞作業ウィンドウが自動的に表示されます。作業ウィンドウは自由に移動させることができ、右上の や＜閉じる＞をクリックすると、作業ウィンドウが閉じます。

● ＜クリップボード＞作業ウィンドウ

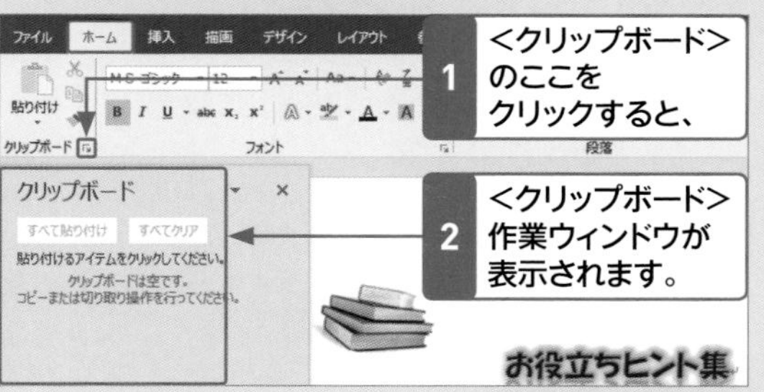

● ＜スタイル＞作業ウィンドウ

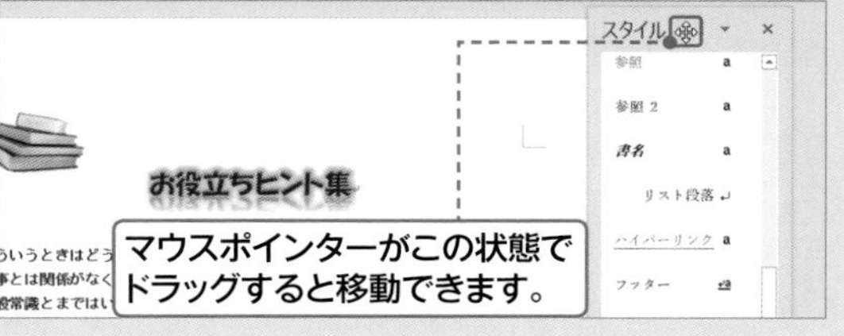

マウスポインターがこの状態でドラッグすると移動できます。

重要度★★★ 画面表示

Q 0248 行番号を表示したい!

A <レイアウト>タブの<行番号>を利用します。

行番号は、現在何行目を編集しているのか、あるいは入力している分量を知るには便利な機能です。<レイアウト>タブ(Word 2013/2010では<ページレイアウト>タブ)の<行番号>をクリックして、<連続番号>など目的に合った付け方をクリックします。なお、行番号は印刷されるので、不要な場合は<なし>をクリックします。

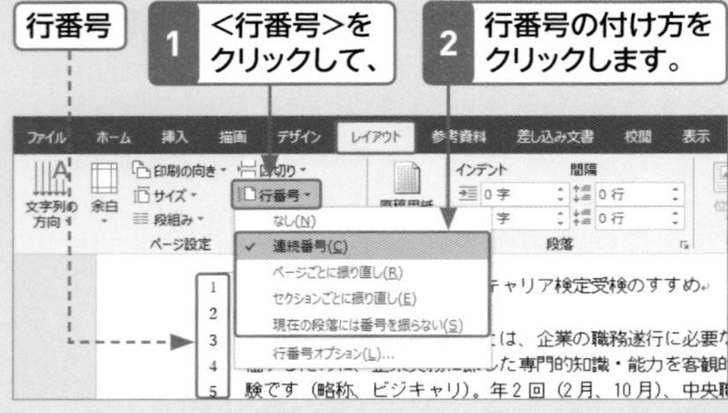

重要度★★★ 画面表示

Q 0249 スペースを入力したら□が表示された!

A 編集記号が表示される状態になっています。

通常は段落記号(↵)以外の編集記号は表示されませんが、表示している場合は、全角スペースが□で表示されます。編集記号の表示/非表示は、<ホーム>タブの<編集記号の表示/非表示>で切り替えます。

参照▶Q 0250

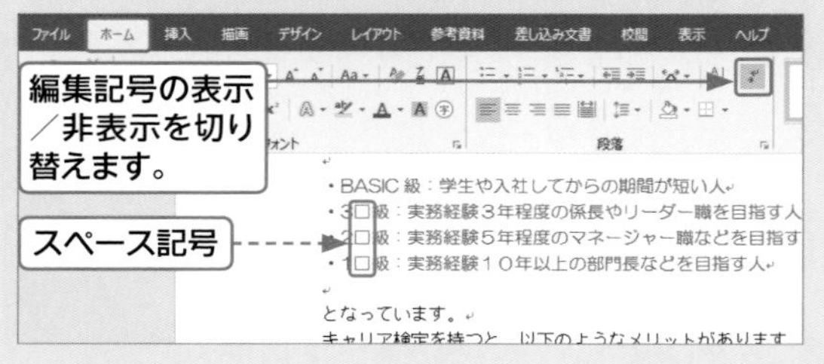

重要度★★★ 画面表示

Q 0250 特定の編集記号をいつも画面表示したい!

A <Wordのオプション>で設定します。

編集記号の段落記号は常に表示されます。段落記号を非表示にしたり、ほかの編集記号を個別に表示したい場合は、<Wordのオプション>の<表示>で、<常に画面に表示する編集記号>から目的の編集記号をクリックしてオンにします。このとき、<すべての編集記号を表示する>をオンにするとすべて表示されます。

参照▶Q 0030, Q 0249

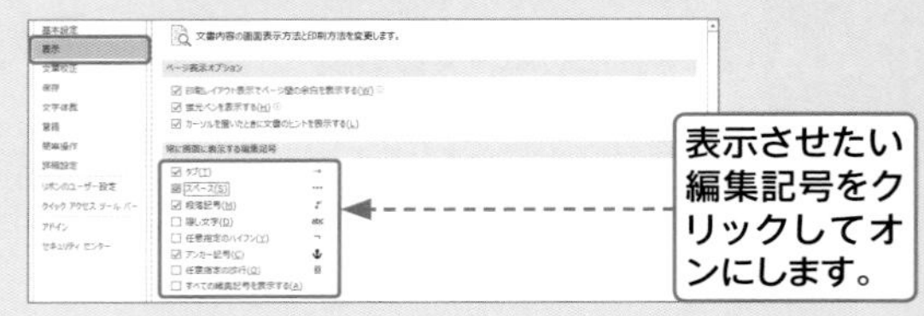

重要度★★★ 画面表示

Q 0251 レポート用紙のような横線を表示したい!

A グリッド線を表示します。

<表示>タブの<グリッド線>をクリックしてオンにすると、ページ全体に罫線が引かれて、行が見やすくなります。グリット線は印刷されません。

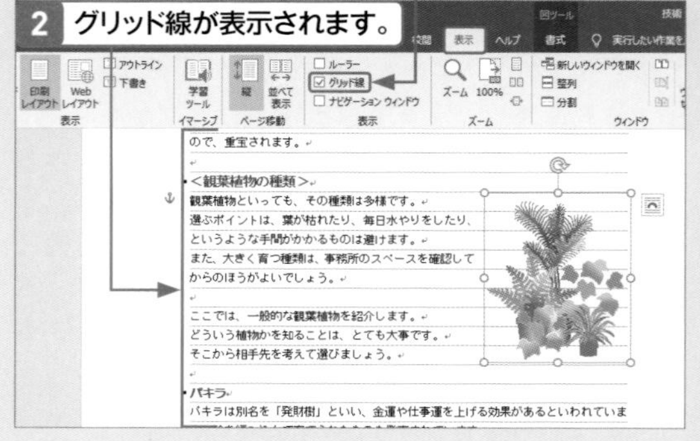

重要度 ★★★　画面表示

Q 0252 ステータスバーの表示をカスタマイズしたい！

A ステータスバーの何もない部分を右クリックします。

ステータスバーには、初期設定で＜ページ番号＞＜文字カウント＞＜スペルチェックと文章校正＞＜言語＞＜表示選択ショートカット＞＜ズーム＞＜ズームスライダー＞などが表示されるようになっています。
ステータスバーに表示する項目を自分でカスタマイズするには、ステータスバーの何もないところを右クリックして、＜ステータスバーのユーザー設定＞から表示する項目をクリックしてオンにし、非表示にする項目をオフにします。

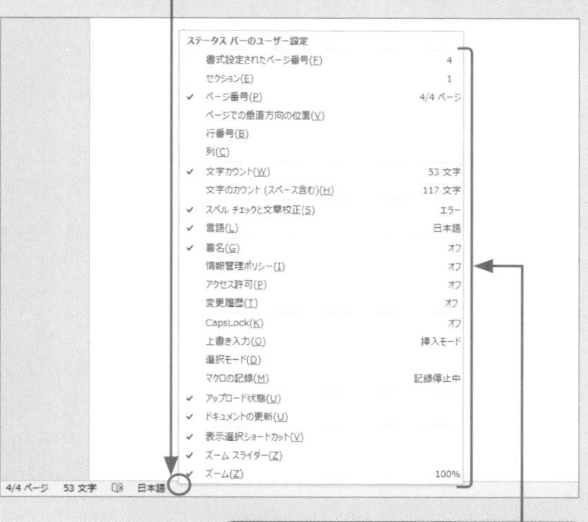

重要度 ★★★　文書の表示方法

Q 0253 ページとページの間を詰めて表示したい！

A ページ間の表示／非表示を切り替えます。

初期設定では、ページの間には空白を入れて見やすくしています。しかし、ページ移動する際に、このスペースが邪魔に感じることもあります。
ページとページの間を詰めて表示するには、ページとページの間にマウスポインターを合わせて、の状態になったらダブルクリックします。の状態でダブルクリックすると、もとの表示に戻ります。
常に余白設定を詰めた状態にしたい場合は、＜Wordのオプション＞の＜表示＞で＜印刷レイアウト表示でページ間の余白を表示する＞をクリックしてオフにします。なお、ヘッダーやフッター、ページ番号を設定している場合は、ページの間を詰めるとそのスペースも表示されなくなります。

参照 ▶ Q 0030

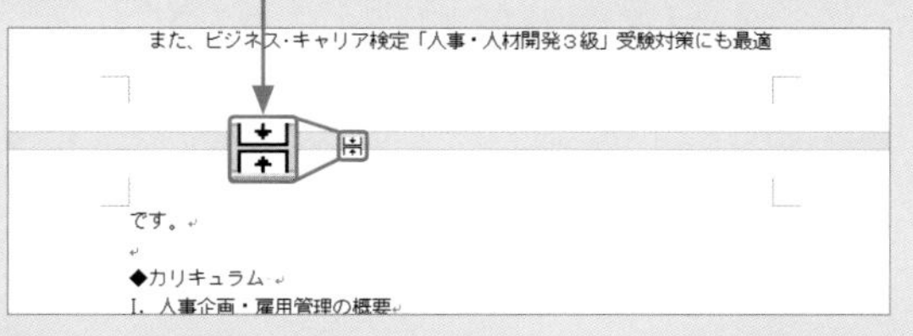

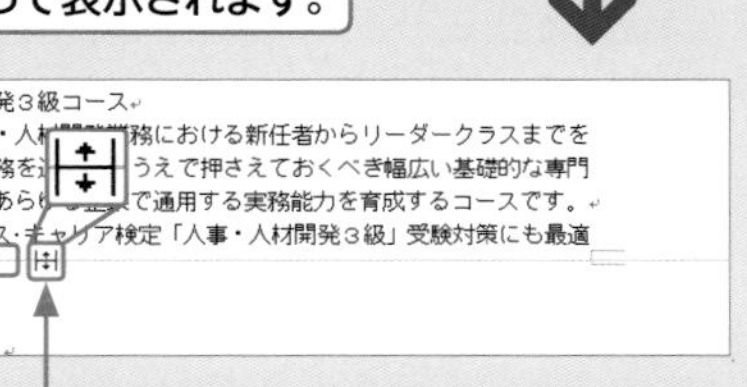

● ＜Wordのオプション＞を利用する

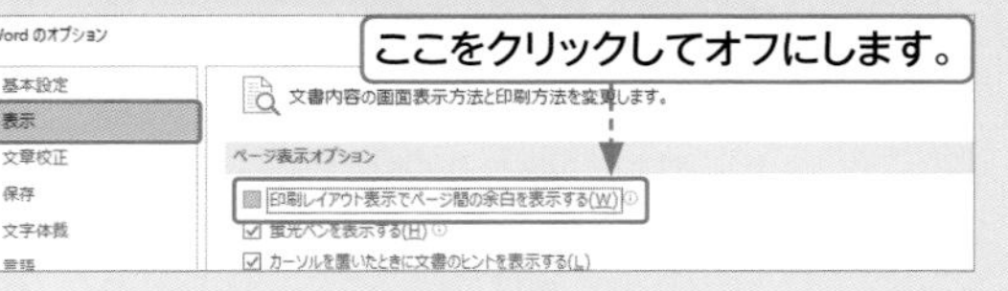

重要度 ★★★　文書の表示方法

Q 0254 複数の文書を並べて配置したい！

A ＜整列＞、または＜並べて比較＞を利用します。

複数の文書を開いている場合、＜表示＞タブの＜整列＞をクリックすると、開いている文書が上下に整列表示されます。どの文書を開いているのかがわかりやすくなります。

また、＜表示＞タブの＜並べて比較＞をクリックすると、開いている文書が左右に表示されます。＜並べて比較＞はもとの文書に編集を加えて新しい文書にした際に、どの程度変わったのかを比較できる機能です。片方の文書をスクロールすると、もう片方も連動してスクロールされるので、同じ部分を対比できるようになります。

表示を解除するには、どちらかの画面の上部をダブルクリックします。

● ＜整列＞を利用する

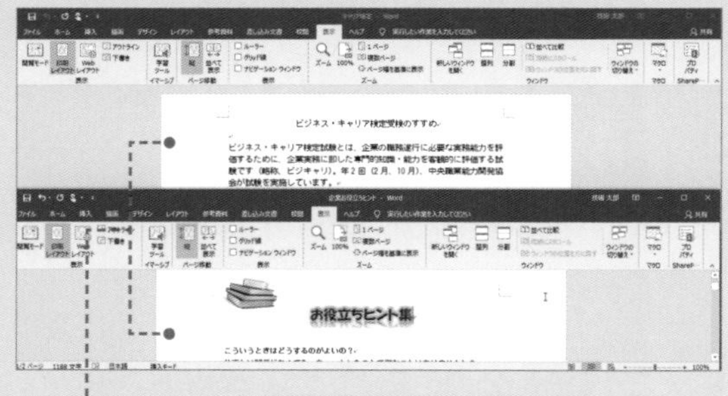

開いている文書が上下に整列表示されます。

● ＜並べて比較＞を利用する

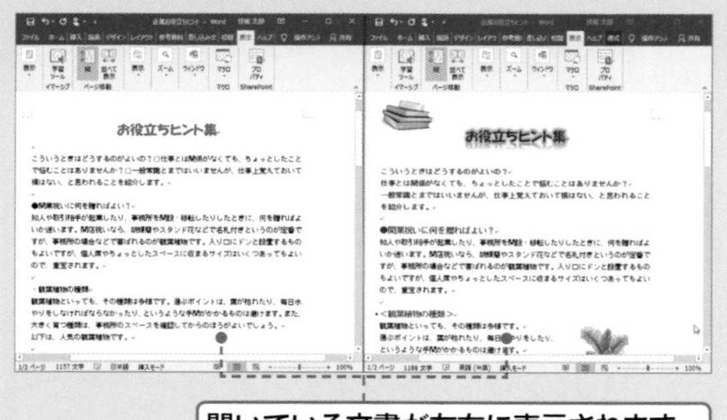

開いている文書が左右に表示されます。

重要度 ★★★　文書の表示方法

Q 0255 1つの文書を上下に分割して表示したい！

A ＜表示＞タブの＜分割＞を利用します。

＜表示＞タブの＜分割＞をクリックすると、文書が上下に分割されて表示され、それぞれの画面でページを移動することができます。また、区切り線の上にマウスポインターを合わせて÷の形になったら、ドラッグして分割する位置を指定できます。

なお、分割表示をしているときは、＜分割＞の名称は＜分割の解除＞となります。この＜分割の解除＞をクリックすると、分割表示は解除されます。

1 ＜分割＞をクリックすると、

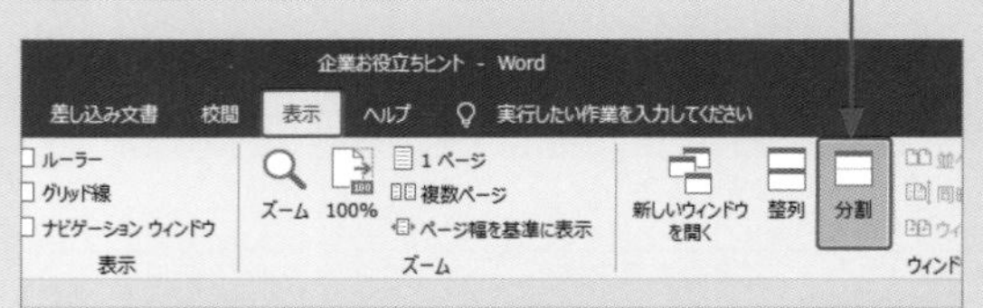

2 区切り線が表示され、文書が上下に分割表示されます。

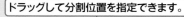

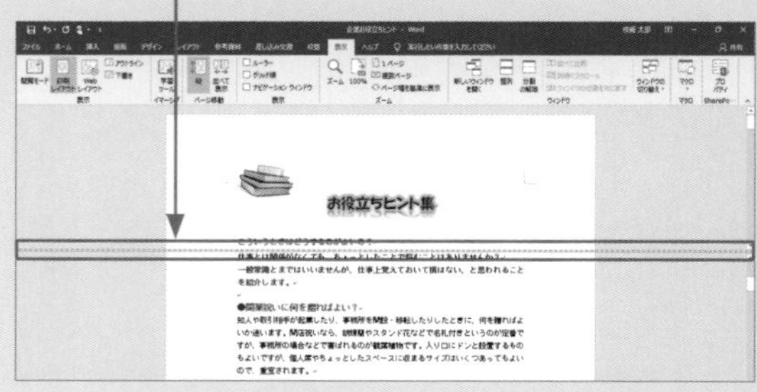

ドラッグして分割位置を指定できます。

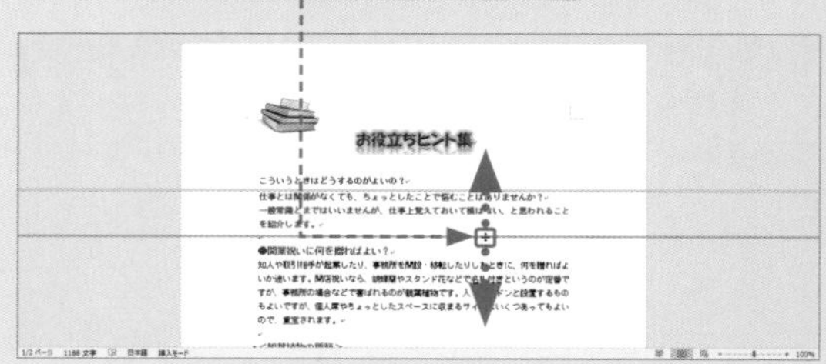

重要度 ★★★ 文書の表示方法

Q 0256 文書の見出しだけを一覧で表示したい！

A <ナビゲーション>作業ウィンドウを開きます。

<表示>タブの<ナビゲーションウィンドウ>をクリックしてオンにすると、画面の左側に<ナビゲーション>作業ウィンドウが表示されます。<見出し>をクリックすると、文書内の見出しが表示されます。見出しをクリックすると、その見出しのページに移動します。なお、見出しを表示させるには、<スタイル>作業ウィンドウで見出しを設定するか、アウトラインでレベルを適用させておく必要があります。

1 <表示>タブの<ナビゲーションウィンドウ>をクリックしてオンにすると、

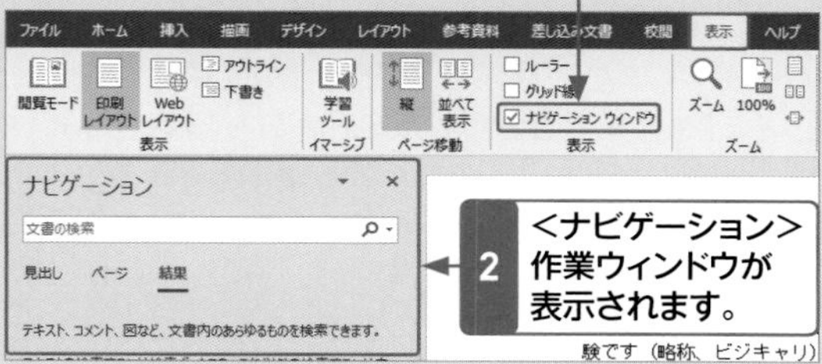

3 <見出し>をクリックすると、

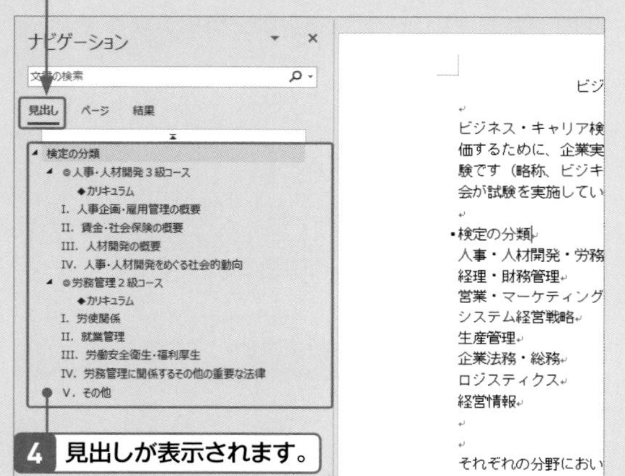

重要度 ★★★ 用紙設定

Q 0257 用紙サイズを設定したい！

<レイアウト>タブの<サイズ>で用紙設定します。

<レイアウト>タブ（Word 2013／2010では<ページレイアウト>タブ）の<サイズ>をクリックして、目的の用紙サイズを選択します。この一覧以外のサイズを設定するには、<その他の用紙サイズ>をクリックして表示される<ページ設定>ダイアログボックスでサイズを指定します。なお、印刷できる用紙サイズはプリンターの機種により異なり、サイズによっては印刷できない場合があります。

1 <レイアウト>タブをクリックして、

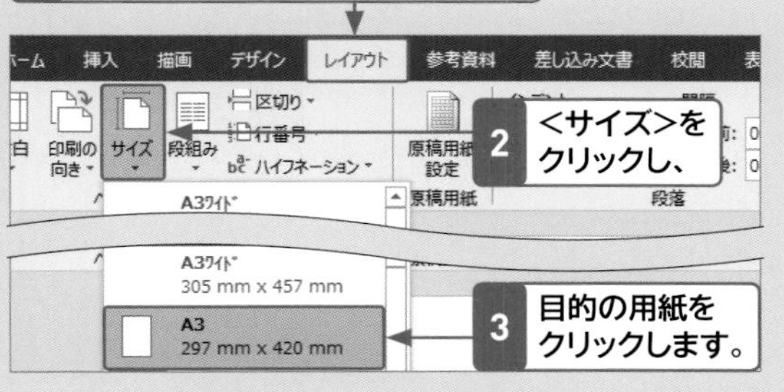

● 自分で用紙サイズを指定する

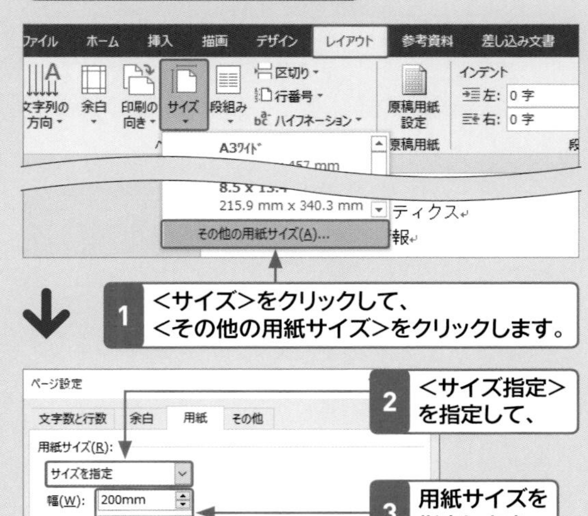

重要度 ★★★　用紙設定

Q 0258 用紙を横置きで使いたい！

A ＜レイアウト＞タブの＜印刷の向き＞で横を選択します。

用紙の向きは、初期設定では＜縦＞になっています。＜横＞にしたい場合は、＜レイアウト＞タブ（Word 2013／2010では＜ページレイアウト＞タブ）の＜印刷の向き＞をクリックして、＜横＞をクリックします。なお、＜レイアウト＞タブの＜ページ設定＞グループ右下にある ◪ をクリックして表示される＜ページ設定＞ダイアログボックスでも用紙の向きを設定できます。

1 ＜レイアウト＞タブの＜印刷の向き＞をクリックして、

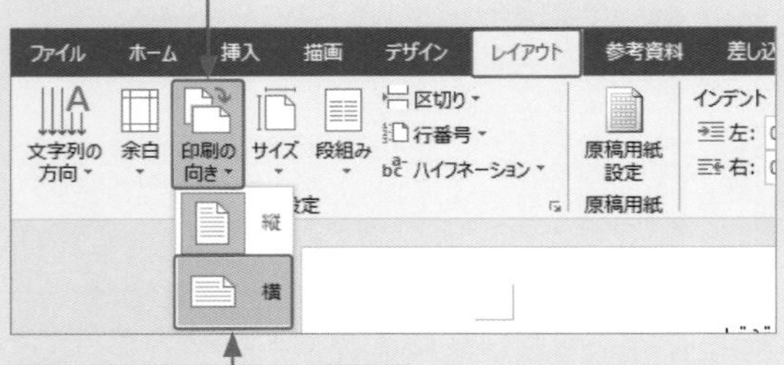

2 ＜横＞をクリックします。

● ＜ページ設定＞ダイアログボックスを利用する

1 ここをクリックして、＜ページ設定＞を開きます。

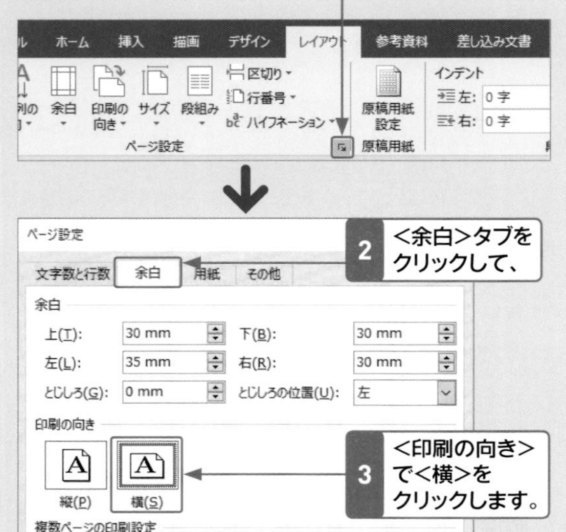

2 ＜余白＞タブをクリックして、

3 ＜印刷の向き＞で＜横＞をクリックします。

重要度 ★★★　用紙設定

Q 0259 文書の作成後に用紙サイズや余白を変えたい！

A ＜レイアウト＞タブの＜サイズ＞または＜余白＞で変更します。

用紙サイズの変更は＜レイアウト＞タブ（Word 2013／2010では＜ページレイアウト＞タブ）の＜サイズ＞、余白の変更は＜余白＞でかんたんに変更できます。
ただし、すでに作成した文書に用紙サイズや余白の変更を行うと、図表などを挿入している場合にはレイアウトが崩れてしまうことがあります。基本的には、文書を作成する最初の段階で、用紙サイズを決めておきましょう。あとから用紙サイズを変更したときは、レイアウトや余白などを再度調整する必要があります。

参照 ▶ Q 0257, Q 0263

A4サイズで作成しています。

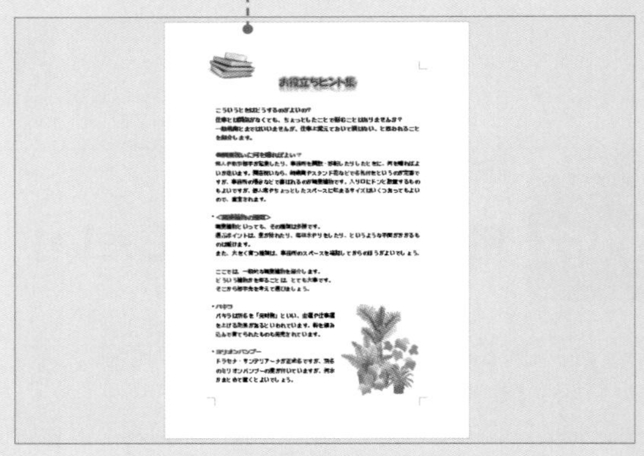

サイズをB5に変更したら、レイアウトが崩れてしまいました。

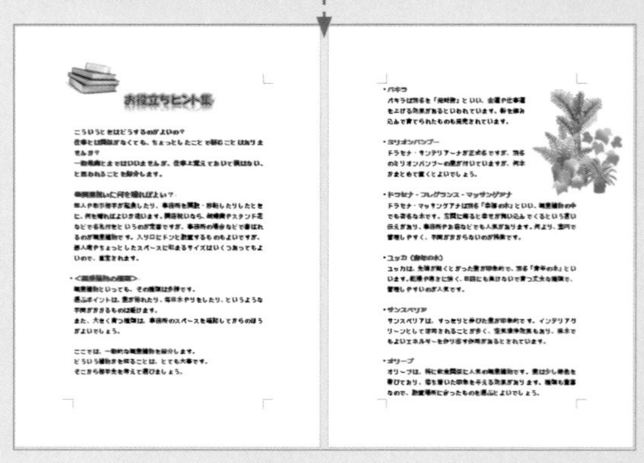

重要度 ★★★ 用紙設定

Q 0260 1ページの行数や文字数を設定したい！

A <ページ設定>ダイアログボックスを利用します。

1ページの行数や1行の文字数は、<レイアウト>タブ（Word 2013／2010では<ページレイアウト>タブ）の<ページ設定>グループ右下にある をクリックして表示される<ページ設定>ダイアログボックスで設定できます。

<文字数と行数>タブで、<文字数と行数を指定する>をクリックして、<文字数>と<行数>を指定します。このとき、<字送り>と<行送り>は自動的に調整されます。行間や字間が狭い、または広い場合は、余白で調整します。

<文字数と行数>タブではこのほかに、縦書き／横書き、段組みの設定もできます。 参照 ▶ Q 0263

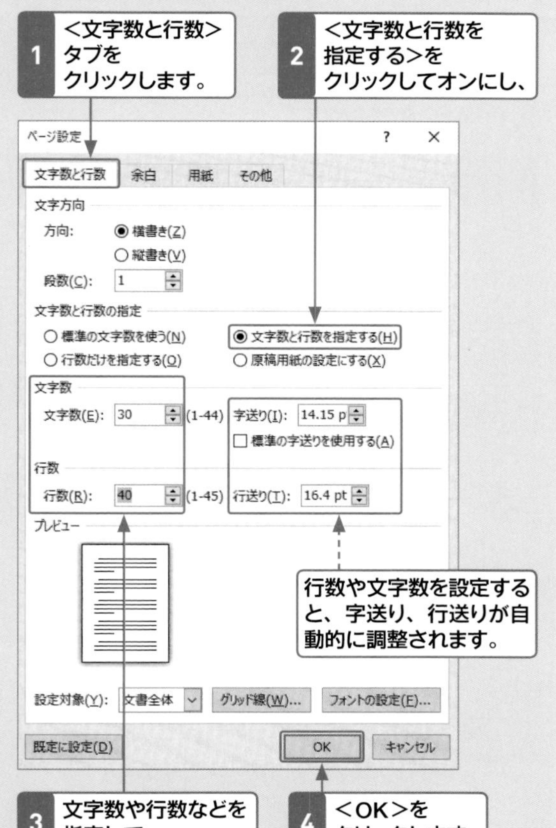

重要度 ★★★ 用紙設定

Q 0261 ページ設定の「既定」って何？

A 新規文書を作成したときにあらかじめ設定される書式のことです。

Word 2019／2016で新規文書を作成したときの「既定」の値は、初期設定では次のようになっています（カッコ内はWord 2013／2010）。

- フォント　游明朝（MS明朝）
- フォントサイズ　10.5ポイント
- 用紙サイズ　A4
- 1ページの行数　36行
- 1行の文字数　40文字
- 1ページの余白　上：35mm、下左右：30mm

初期設定とは異なるページ設定をよく使う場合には、その設定を既定として登録しておくと便利です。既定を変更するには、<ページ設定>ダイアログボックスの<文字数と行数>タブで文字方向や段数、文字数と行数、<余白>タブで余白や印刷の向き、<用紙>タブで用紙サイズ、<その他>タブでセクションやヘッダーとフッターなど各タブ単位で設定し、<既定に設定>をクリックします。 参照 ▶ Q 0258, Q 0262

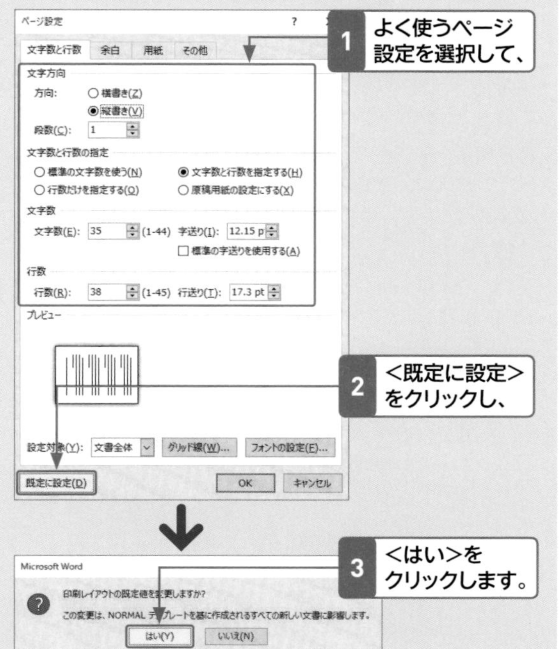

重要度 ★★★ 用紙設定

Q 0262 いつも同じ用紙サイズで新規作成したい！

A ページ設定の既定を変更します。

いつも使う用紙が初期設定のA4ではない場合は、目的の用紙サイズを既定として登録しておきます。＜ページ設定＞ダイアログボックスの＜用紙＞タブの＜用紙サイズ＞で用紙を選択し、＜既定に設定＞をクリックします。

A4に戻したい場合は、同様に＜用紙＞タブの＜用紙サイズ＞で＜A4＞を指定して、＜既定に設定＞をクリックします。

参照▶Q 0261

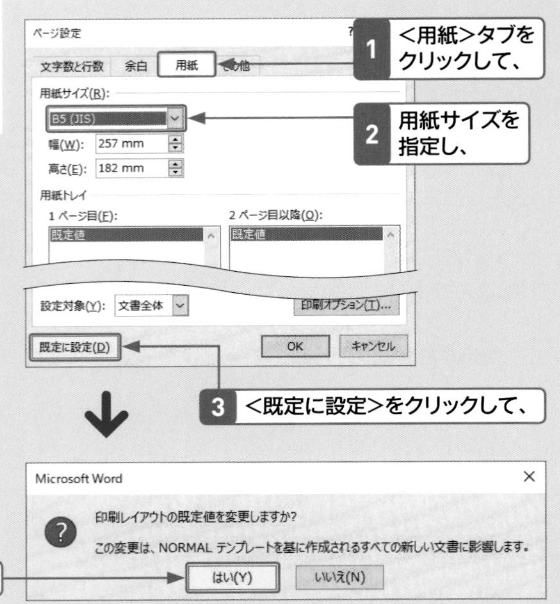

重要度 ★★★ 余白

Q 0263 余白を調整したい！

A ＜レイアウト＞タブの＜余白＞で設定します。

用紙内の文書を入力できる範囲は、余白の設定によって決まります。＜レイアウト＞タブ（Word 2013／2010では＜ページレイアウト＞タブ）の＜余白＞をクリックすると、余白の設定が一覧表示されるので、目的の余白をクリックします。自分で余白サイズを決めたい場合には、＜ユーザー設定の余白＞をクリックして、＜ページ設定＞ダイアログボックスの＜余白＞タブで各余白のサイズを入力します。

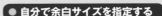

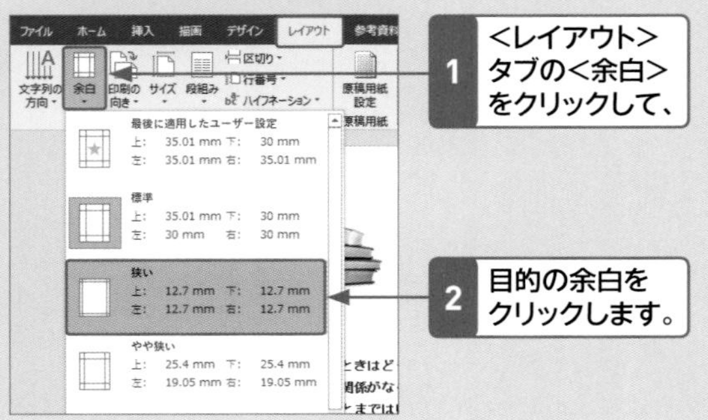

● 自分で余白サイズを指定する

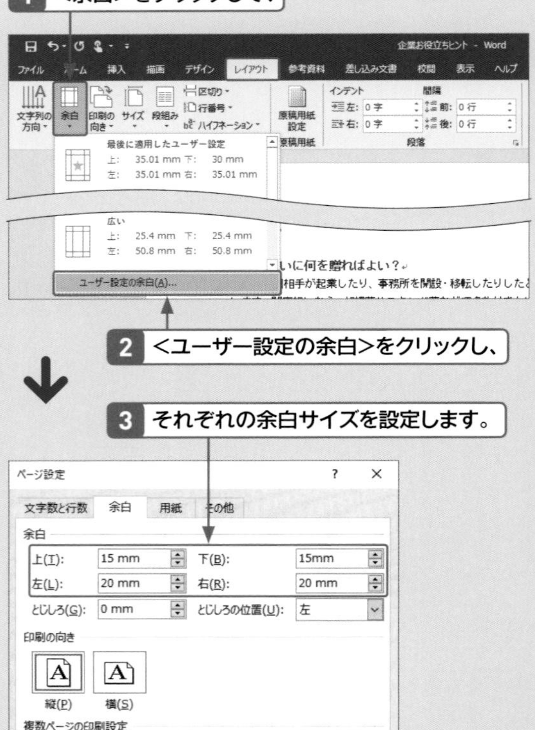

重要度 ★★★　余白

Q 0264 レイアウトを確認しながら余白を調整したい！

A ルーラー上をドラッグします。

ルーラー上の余白位置にマウスポインターを合わせて、マウスポインターが⇔の形に変わったら、マウスをドラッグして余白位置を調整します。
ルーラーを表示するには、＜表示＞タブの＜ルーラー＞をクリックしてオンにします。

上余白も調整できます（下余白も同様）。

右余白も調整できます。

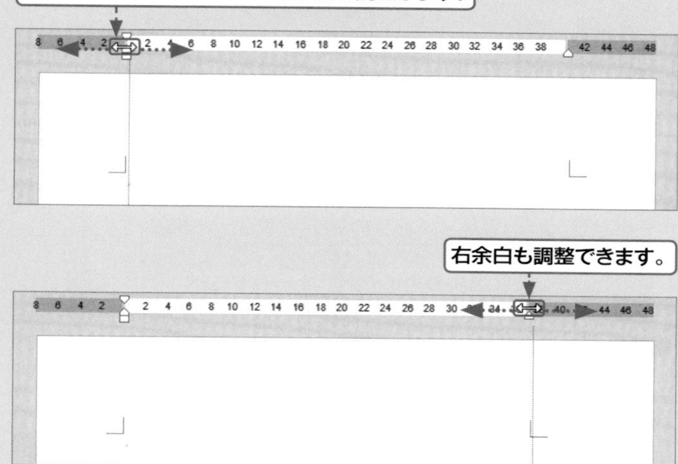

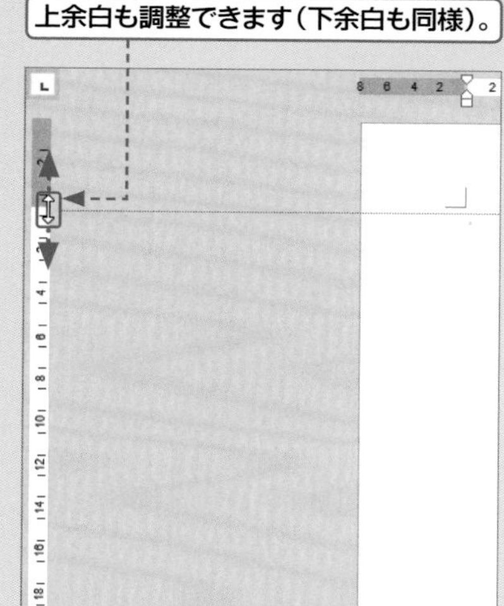

重要度 ★★★　余白

Q 0265 とじしろって何？

A 文書を綴じる際の余白のことで、上部か左側に設定します。

とじしろは、ホチキスなどで用紙を綴じる際に文字がかからないようにとっておく幅のことで、上部または左側にページの余白とは別に設定できます。また、見開きページにする場合は左右のページ位置が揃うように、偶数ページは右側、奇数ページは左側にとじしろが設定されるので、きれいに製本ができます。
＜ページ設定＞ダイアログボックスの＜余白＞タブで、＜見開きページ＞を選択して、＜とじしろ＞の数値を設定します。

参照▶Q 0263

見開きページの場合、綴じる部分が同じ幅になります。

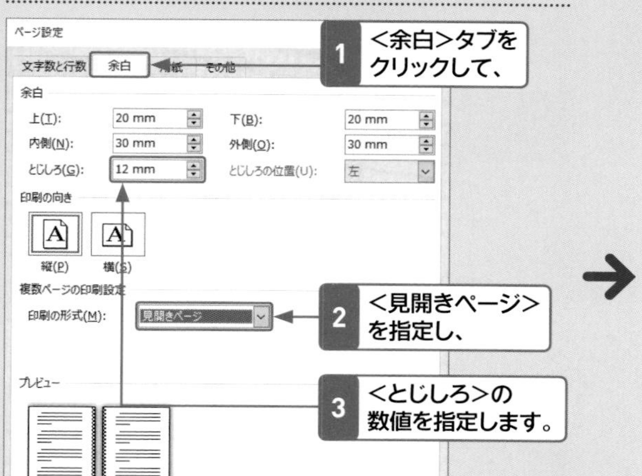

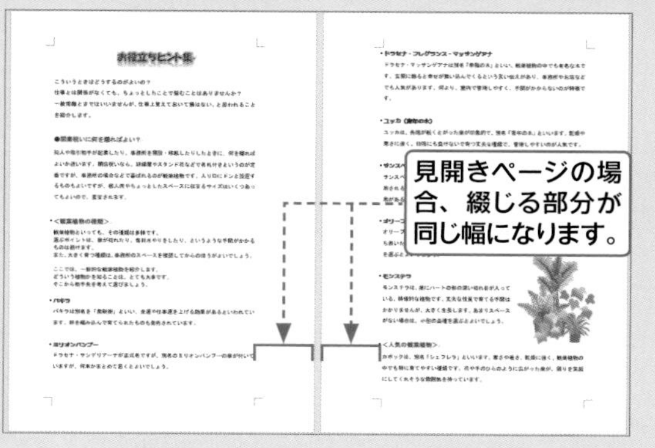

重要度★★★ ページ設定

Q 0266 ページ番号を付けたい!

A ＜挿入＞タブの＜ページ番号＞でページ番号を付けます。

＜挿入＞タブの＜ページ番号＞をクリックして、＜ページの上部＞＜ページの下部＞＜ページの余白＞＜現在の位置＞の中からページ番号の位置を選択すると、ページ番号のデザイン一覧が表示されます。ここから、本文のレイアウトにふさわしいページ番号デザインを選択できます。ページ番号が設定されると、＜ヘッダー／フッターツール＞編集モード画面になります。通常の編集画面に戻るには、ヘッダー／フッターツールの＜デザイン＞タブにある＜ヘッダーとフッターを閉じる＞をクリックします。

なお、設定したページ番号を削除するには、ヘッダー／フッターツールの＜デザイン＞タブ、もしくは＜挿入＞タブの＜ページ番号＞をクリックして＜ページ番号の削除＞をクリックします。

参照▶Q 0273

● ＜ページの上部＞のデザイン一覧

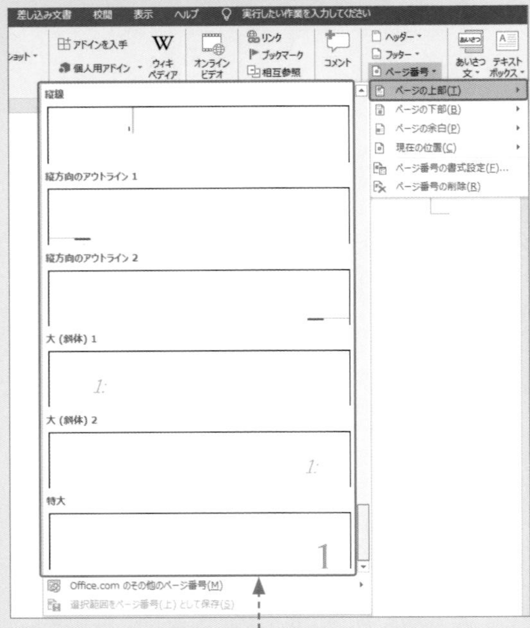

シンプルなものから凝ったデザインまで用意されています。

● ページ番号の設定

1 ＜挿入＞タブの＜ページ番号＞をクリックして、

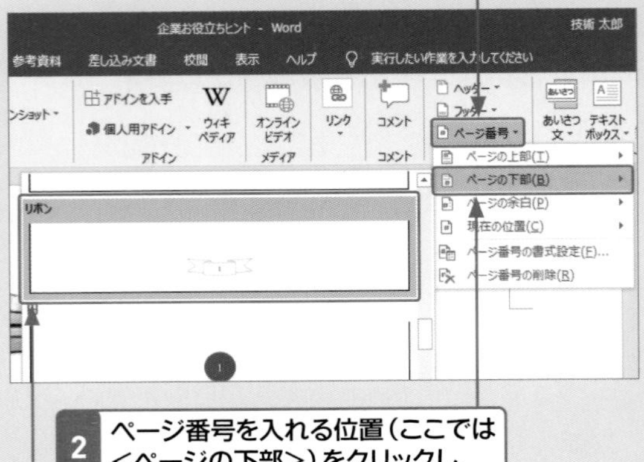

2 ページ番号を入れる位置（ここでは＜ページの下部＞）をクリックし、

3 目的のデザインをクリックすると、

4 ページ番号が挿入されます。

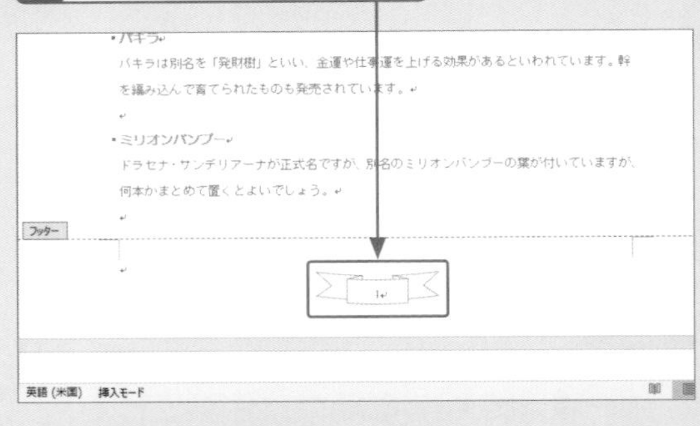

● ページ番号の削除

1 ＜ページ番号＞をクリックして、

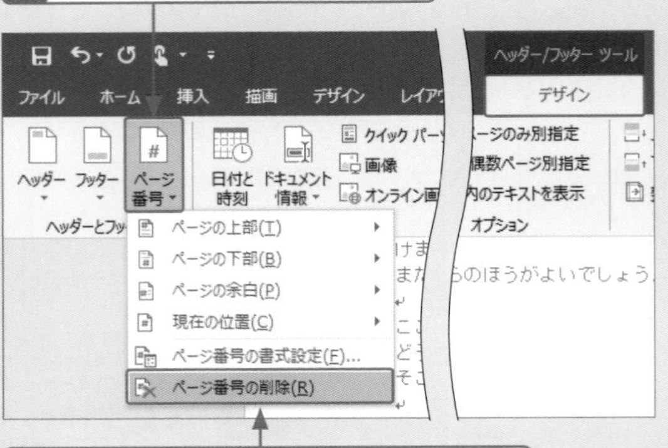

2 ＜ページ番号の削除＞をクリックします。

Q 0267 漢数字のページ番号を縦書きにしたい！

A 文字列を縦書きにします。

本文が縦書きの場合、ページ番号も縦書きの漢数字にすると、凝った印象になります。ただし、2桁以上の数字は「一〇」「一一」になってしまいます。10ページ以上の文書の場合は、漢数字を縦置きにするとよいでしょう。まず、<挿入>タブの<ページ番号>をクリックして、<ページの余白>の<縦、左>を選択します。次に、<ページ番号>をクリックして、<ページ番号の書式設定>をクリックし、<番号書式>から漢数字<一, 二, 三…>を選択します。

左余白部分にページ番号が設定されるので、テキストボックスにカーソルを移動し、<書式>タブの<文字列の方向>で<縦書き>にします（必要であれば、フォントやサイズを変更します）。ページ番号の縦位置は、テキストボックスをドラッグして調整します。

参照 ▶ Q 0266, Q 0268

1 <ページの余白>の<縦、左>を選択して、番号書式を漢数字にします。

2 余白のボックスに表示された数字を選択して、

3 <書式>タブの<文字列の方向>をクリックして、

4 <縦書き>をクリックします。

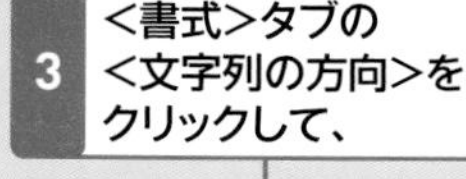

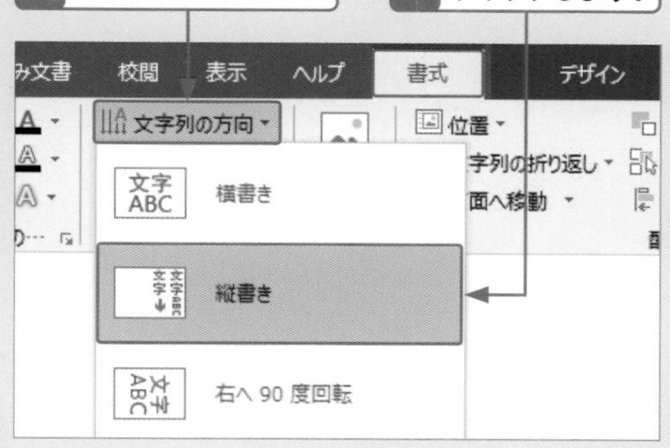

5 <ホーム>タブまたはミニツールバーでフォントやフォントサイズを変更します。

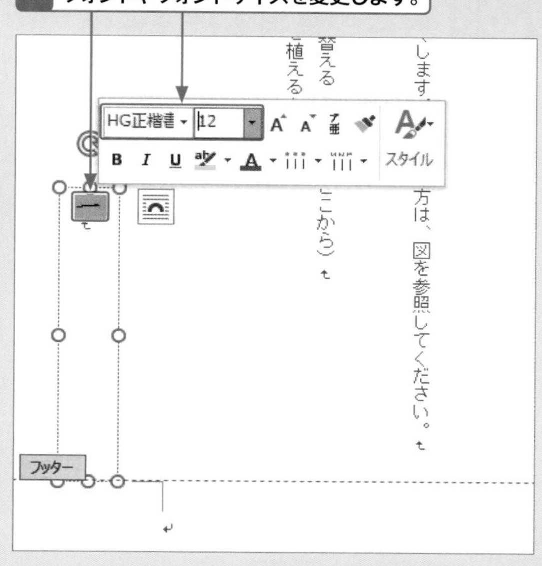

6 ボックスをドラッグして、位置を調整します。

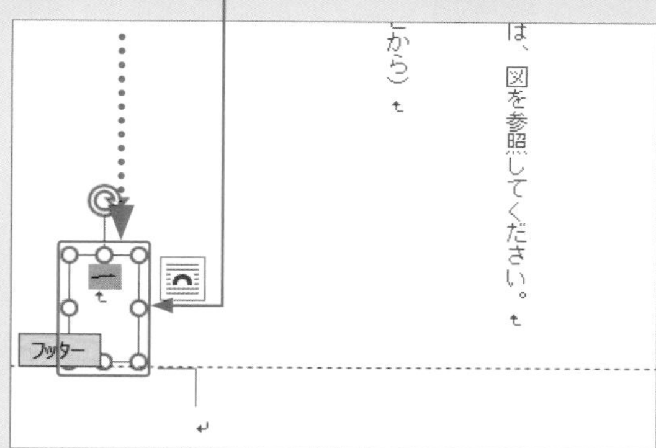

7 2桁の数字も縦書きになります。

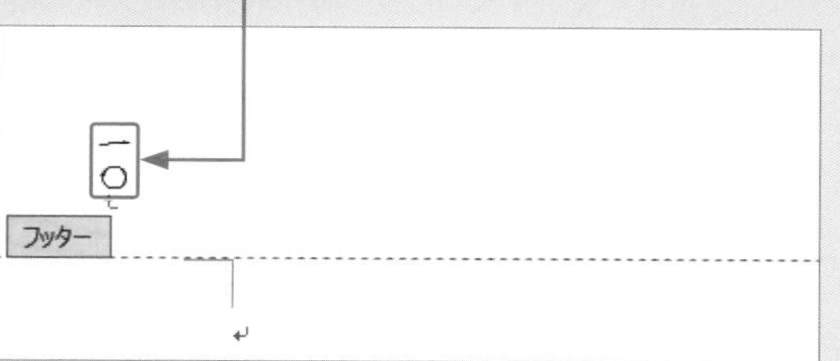

重要度 ★★★　ページ設定

Q 0268 「i」「ii」「iii」…の ページ番号を付けたい！

A ＜ページ番号の書式＞ダイアログボックスを利用します。

ページ番号は一般的に「1」「2」「3」ですが、ほかの数字にしたい場合もあります。また、目次やまえがきなど特定のページには、本文のページ番号とは違う文字を使いたい場合もあります。ページ番号の種類や書式を変更するには、＜挿入＞タブの＜ページ番号＞から＜ページ番号の書式設定＞をクリックすると表示される＜ページ番号の書式＞ダイアログボックスを利用します。

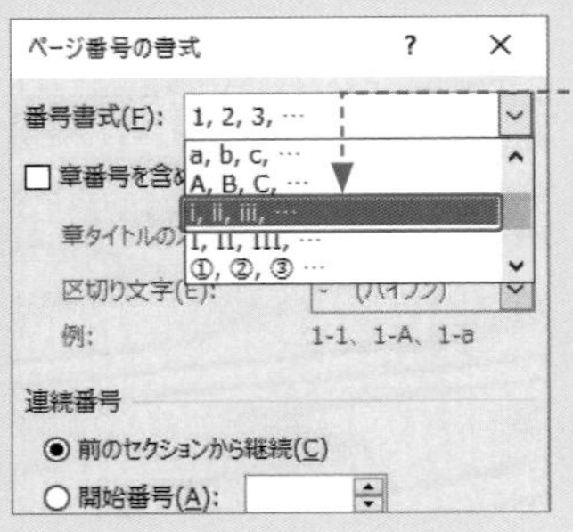

＜番号書式＞から、目的の書式をクリックして選択します。

重要度 ★★★　ページ設定

Q 0269 表紙のページに ページ番号を付けたくない！

A ＜先頭ページのみ別指定＞で設定します。

ヘッダー／フッターツールの＜デザイン＞タブまたは＜ページ設定＞ダイアログボックスの＜その他＞タブで、＜先頭ページのみ別指定＞をクリックしてオンにすると、先頭ページには番号が表示されなくなります。ただし、ヘッダーやフッターも表示されなくなります。その場合は、表示ページのみをセクションで区切って設定するとよいでしょう。 参照►Q 0233, Q 0277

ここをクリックしてオンにすると、

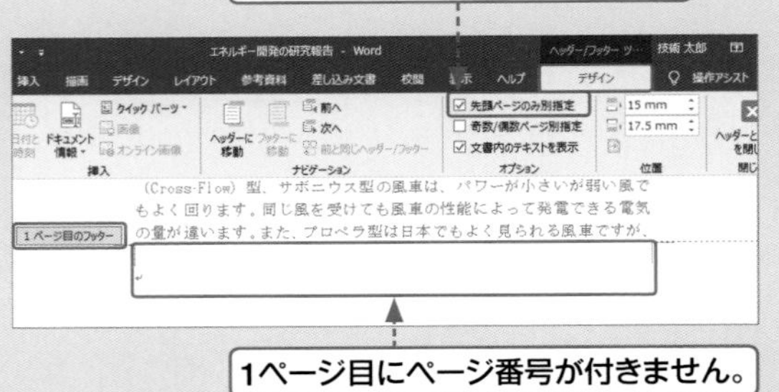

1ページ目にページ番号が付きません。

重要度 ★★★　ページ設定

Q 0270 ページ番号と総ページ数を 付けたい！

A X／Y型のページ番号を選択します。

総ページ数を合わせて表示するには、ページ番号のデザインを選択するときに、＜X／Yページ＞の中からデザインを選択します。

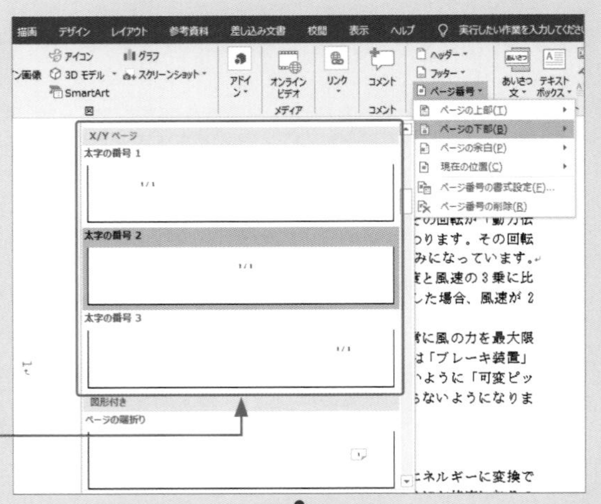

1 ＜X／Yページ＞の中からデザインを選ぶと、

2 ページ番号が「現在のページ番号／総ページ数」の形で付けられます。

いは台風などの風が強すぎて危険な場合には、発電することができません。風力発電は発電量が風に左右されるため、「風況（風の吹き方）」のよいところに設置されます。同じ場所でも、夏は風がほとんど吹かない

フッター　　11 / 12

重要度 ★★★　ページ設定

Q 0271 目次や本文などに別々のページ番号を付けたい！

A セクション区切りを挿入します。

目次・本文・索引などを別々のセクションとして設定しておくと、それぞれのセクションごとに「1」から始まるページ番号を付けることができます。カーソルを置いた位置からセクションを区切る、次のページから区切るなどの方法を選択します。各セクションの最初のページで、ページ番号を挿入します。そして、＜ページ番号の書式＞ダイアログボックスで開始番号を設定します。

ここでは、目次ページのページ番号を変更します。

● 目次のセクション区切りを挿入する

1 目次の前にカーソルを置き、

2 ＜レイアウト＞タブ（Word 2013／2010では＜ページレイアウト＞タブ）をクリックして、

3 ＜ページ／セクション区切りの挿入＞をクリックし、

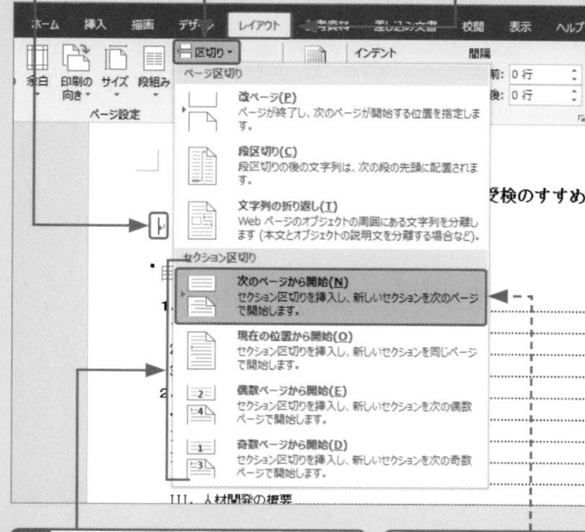

4 目的のセクション区切り方法をクリックして選択します。

＜次のページから開始＞を選択すると、カーソル位置に改ページが挿入され、次ページから新たなセクションが始まります。

5 目次の最後の位置でも同様にセクションを区切り、目次のみのセクションを作ります。

● 挿入したセクションのページ番号を設定する

1 ＜挿入＞タブの＜ページ番号＞をクリックして、

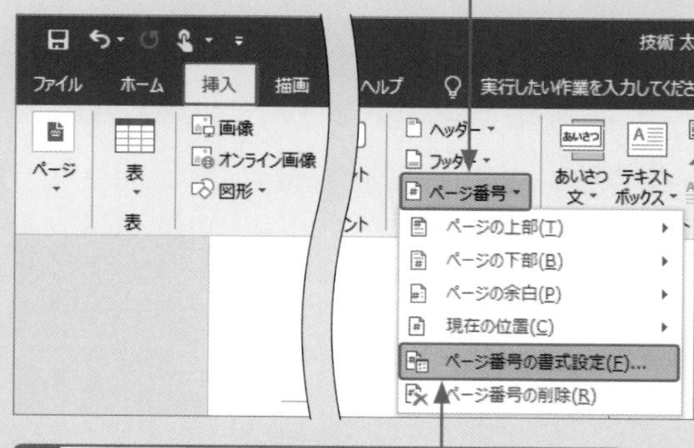

2 ＜ページ番号の書式設定＞をクリックします。

3 番号書式を指定して、

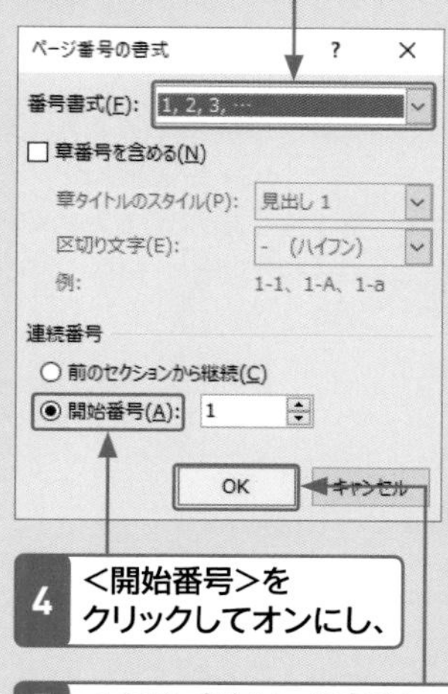

4 ＜開始番号＞をクリックしてオンにし、

5 ＜OK＞をクリックすると、

6 指定したページ番号が付けられます。

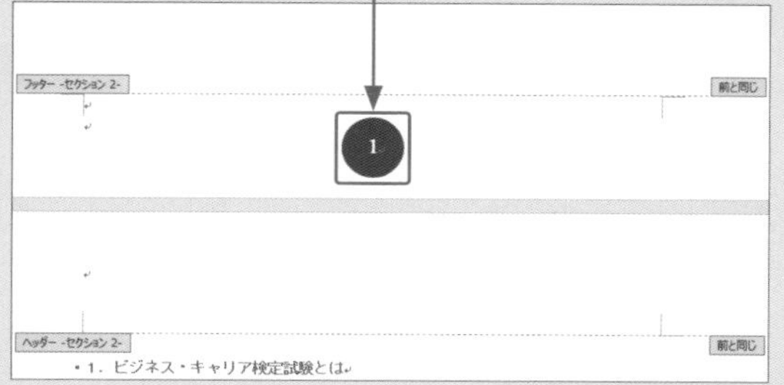

重要度 ★★★ ページ設定

Q 0272 ページ番号を「2」から始めたい！

A ＜ページ番号の書式＞ダイアログボックスを利用します。

ページ番号を設定するには、＜挿入＞タブの＜ページ番号＞をクリックして、＜ページ番号の書式設定＞をクリックし、＜ページ番号の書式＞ダイアログボックスを表示します。＜番号書式＞を＜1,2,3…＞に指定して、＜開始番号＞を「2」にします。 参照▶Q 0271

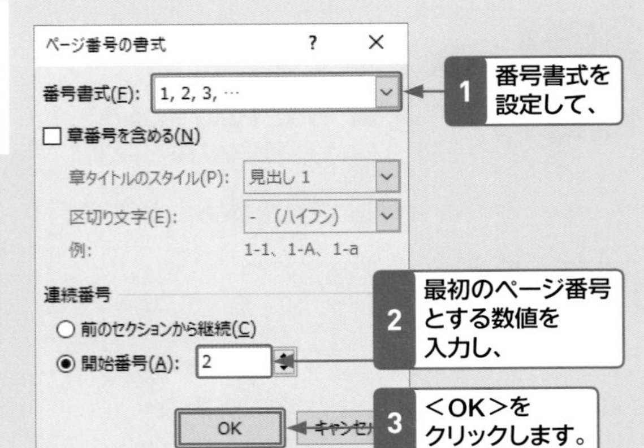

重要度 ★★★ ヘッダー／フッター

Q 0273 すべてのページにタイトルを表示したい！

A ヘッダーやフッターにタイトルを設定します。

ヘッダー（ページ上部）、フッター（ページ下部）とは、余白の特定の位置に文字列を毎ページ表示するためのスペースです。ヘッダー／フッターを利用するには、上下の余白部分をダブルクリックして直接入力するか、＜挿入＞タブ（または、ヘッダー／フッターツールの＜デザイン＞タブ）の＜ヘッダー＞／＜フッター＞をクリックして、位置とデザインを選択します。すべてのページにタイトルや作成者などを表示したい場合は、その要素のあるデザインを選ぶとよいでしょう。なお、タイトルや作成者は、ファイルに登録されていると自動的に挿入されます。

また、ヘッダーやフッターを表示して、＜デザイン＞タブの＜クイックパーツの表示＞→＜文書のプロパティ＞からタイトルを挿入することもできます。

ヘッダー／フッターの編集中は、ヘッダー／フッターツール画面が表示されています。本文の編集を行う場合は、＜ヘッダーとフッターを閉じる＞をクリックします。 参照▶Q 0100

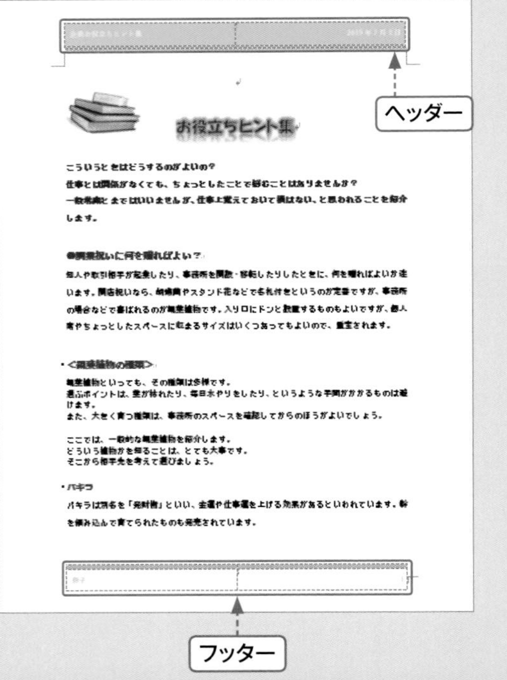

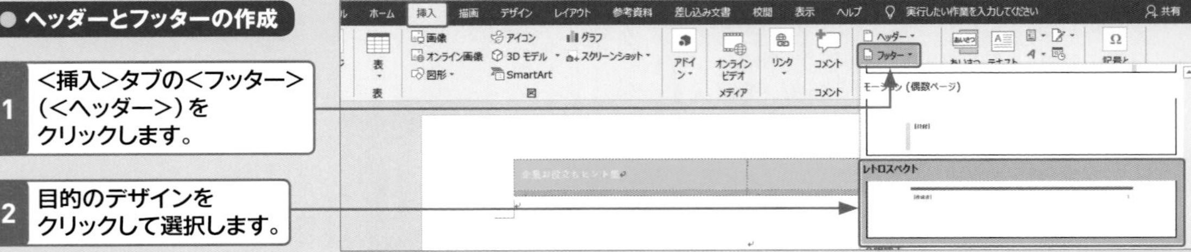

重要度★★★ ヘッダー／フッター

Q 0274 すべてのページに日付を入れたい！

A 日付を入力できるヘッダー／フッターを利用します。

＜挿入＞タブの＜ヘッダー＞／＜フッター＞をクリックして、「日付」が表示されているデザインは、全ページに日付を指定できるようになっています。
日付のデザインは、カレンダーを表示して、挿入する日付を指定します。
また、ヘッダーやフッターを表示して、＜デザイン＞タブの＜日付と時刻＞をクリックすると日付を挿入することができます。＜自動的に更新する＞をオンにすると、文書を開く日付に更新されます。

参照▶Q 0092, Q 0273

● ヘッダーに日付を入れる

1 日付の入ったデザインを選びます。

2 ＜日付＞をクリックして、ここをクリックすると、

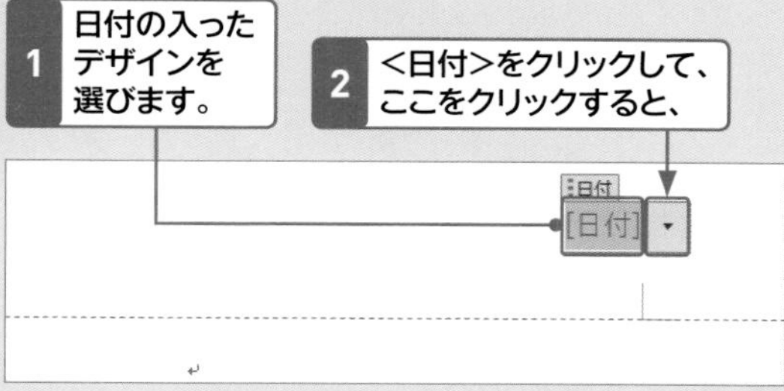

3 カレンダーが表示されるので、日付をクリックします。

4 日付が挿入されます。

重要度★★★ ヘッダー／フッター

Q 0275 ヘッダーやフッターに書式を設定したい！

A 本文と同様に書式を設定できます。

ヘッダーやフッターは、本文と同様に書式を設定できます。ヘッダーやフッターを閉じている場合は、ヘッダー／フッター部分をダブルクリックするか、＜挿入＞タブの＜ヘッダー＞／＜フッター＞をクリックして、＜ヘッダーの編集＞／＜フッターの編集＞をクリックすると表示されます。文字列を選択して、＜ホーム＞タブなどのコマンドやツールバーで編集します。

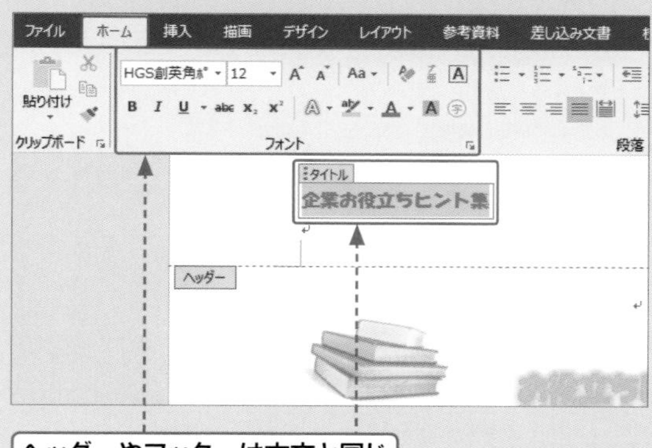

ヘッダーやフッターは本文と同じように編集が可能です。

重要度★★★ ヘッダー／フッター

Q 0276 すべてのページにロゴや写真を入れたい！

A ヘッダーやフッターにロゴや写真を挿入します。

ヘッダー／フッターツールの＜デザイン＞タブの＜画像＞をクリックするとロゴや写真のデータを選択し、挿入できます。画像のサイズを調整して、目的の位置へ移動します。

参照▶Q 0275, Q 0406

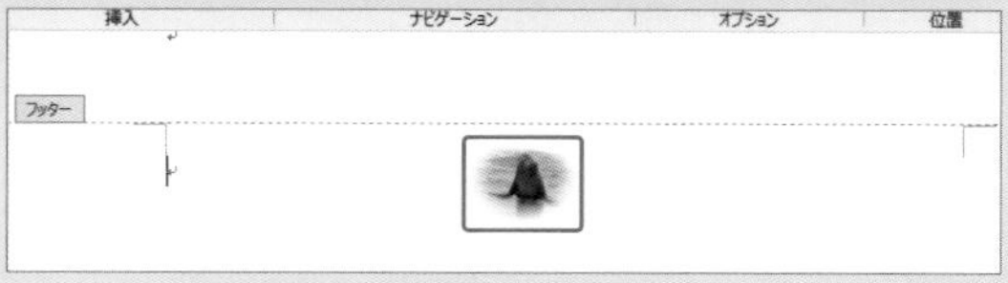

挿入　ナビゲーション　オプション　位置
フッター

重要度 ★★★　ヘッダー／フッター

Q 0277 左右で異なるヘッダーとフッターを設定したい！

A <ページ設定>ダイアログボックスで設定します。

＜ページ設定＞ダイアログボックスの＜その他＞タブ、またはヘッダー／フッターツールの＜デザイン＞タブで、＜奇数／偶数ページ別指定＞をクリックしてオンにすると、ページの左右で設定を変えられます。左右のページでページ番号の位置を変える場合も、同様に操作します。

参照▶Q 0260

重要度 ★★★　ヘッダー／フッター

Q 0278 ヘッダーとフッターの余白を調整したい！

A <デザイン>タブの<位置>で位置調整を行います。

ヘッダーやフッターの余白は、ヘッダー／フッターツールの＜デザイン＞タブの＜位置＞グループでそれぞれの位置を数値で調整します。また、タイトルや見出し、著者名など複数の項目がある場合には、＜整列タブの挿入＞をクリックして、項目間をタブで揃えることもできます。画像や作成したテキストボックスなどは、ドラッグして調整します。

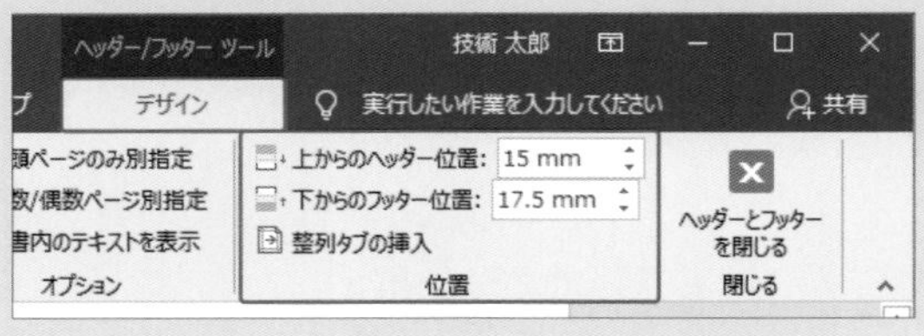

重要度 ★★★　ヘッダー／フッター

Q 0279 左右の余白にヘッダーとフッターを設定したい！

A <ページ番号>の<ページの余白>を利用します。

縦書きの場合は、上下左右の余白にヘッダーやフッターを入れたほうが見栄えがよくなります。余白を利用する場合は、＜挿入＞タブの＜ページ番号＞をクリックして、＜ページの余白＞の＜縦、右＞または＜縦、左＞をクリックし、文字を入力し直します。

参照▶Q 0267

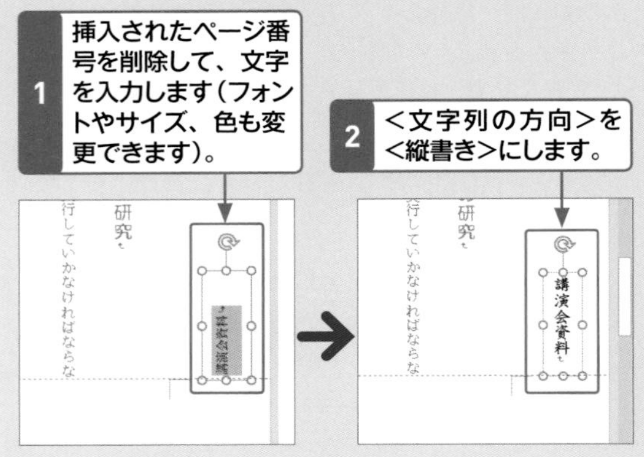

1 挿入されたページ番号を削除して、文字を入力します（フォントやサイズ、色も変更できます）。
2 ＜文字列の方向＞を＜縦書き＞にします。
講演会資料

重要度 ★★★　ヘッダー／フッター

Q 0280 ヘッダー／フッターに移動したい！

A <ヘッダーに移動><フッターに移動>をクリックします。

ヘッダー（あるいはフッター）を表示して、ヘッダー／フッターツールの＜デザイン＞タブの＜フッターに移動＞（あるいは＜ヘッダーに移動＞）をクリックすると、すばやく移動して表示することができます。

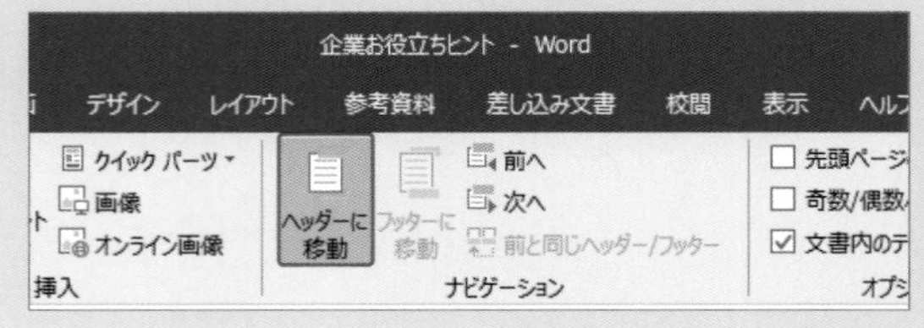

第6章

Wordの印刷の「こんなときどうする?」

重要度 ★★★　印刷プレビュー

Q 0281 画面表示と印刷結果が違う！

A 印刷プレビューで、印刷結果を確認します。

文書を作成後、そのまま印刷すると、画面の表示と印刷結果が異なることがあります。このような印刷の無駄を防ぐため、印刷する前に、文書のプレビュー（印刷プレビュー）で印刷結果のイメージページを確認しましょう。

参照▶Q 0283

1 ＜ファイル＞タブをクリックして、

2 ＜印刷＞をクリックします。

3 印刷プレビューが表示されます。

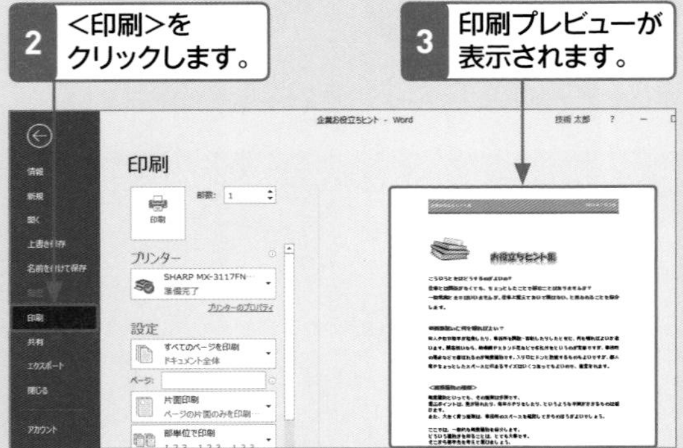

重要度 ★★★　印刷プレビュー

Q 0282 印刷プレビューで次ページを表示したい！

A ＜次のページ＞を利用します。

印刷プレビューを表示すると、左下にページ数が表示されます。複数ページの文書の場合、＜次のページ＞▶をクリックすると、次ページが表示されます。また、右側のスクロールバーをスクロールすると、次ページ以降が表示できます。

ここをクリックしてページを移動します。

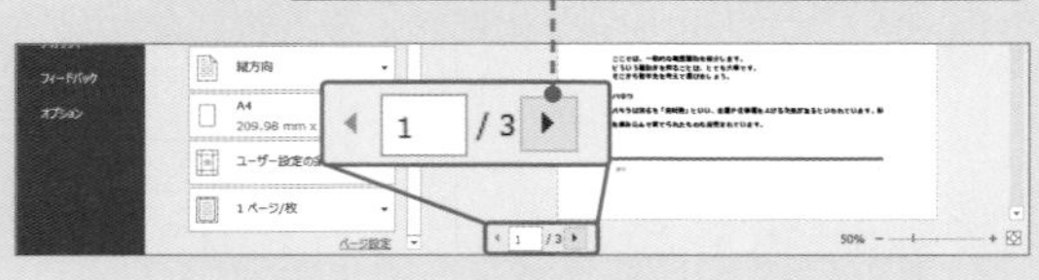

重要度 ★★★　印刷プレビュー

Q 0283 印刷プレビュー画面をすぐに表示したい！

A クイックアクセスツールバーに登録します。

印刷プレビュー画面は、Ctrl＋Pを押しても表示できます。また、＜クイックアクセスツールバーのユーザー設定＞をクリックして、＜印刷プレビューと印刷＞をクリックし、クイックアクセスツールバーにアイコンを登録しておくと、クリックするだけですばやくこの画面を表示できます。

印刷プレビューとは別に、印刷プレビューを通常の画面で表示して、ページ設定や表示方法など印刷関連のコマンドが用意されている「印刷プレビューの編集モード」があります。表示するには、＜クイックアクセスツールバーのユーザー設定＞の＜その他のコマンド＞をクリックするか、＜Wordのオプション＞画面を表示して、＜クイックアクセスツールバー＞で＜印刷プレビューの編集モード＞のアイコンを追加します。

参照▶Q 0027, Q 0030

1 ＜Wordのオプション＞の＜クイックアクセスツールバー＞で＜すべてのコマンド＞を選択して、

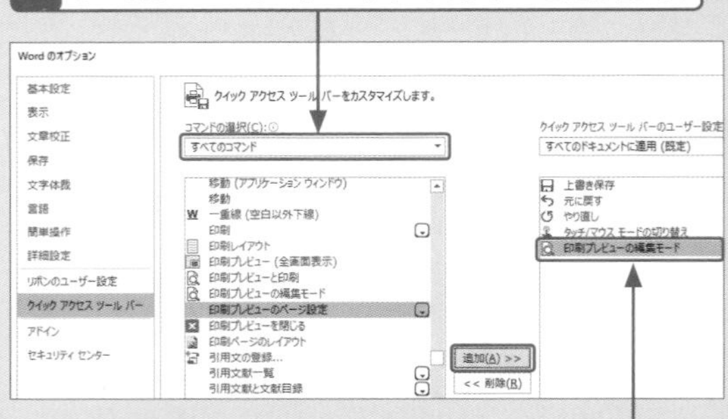

2 ＜印刷プレビューの編集モード＞を追加します。

● 印刷プレビューの編集モードのリボンタブ

＜印刷プレビューと印刷＞　＜印刷プレビューの編集モード＞

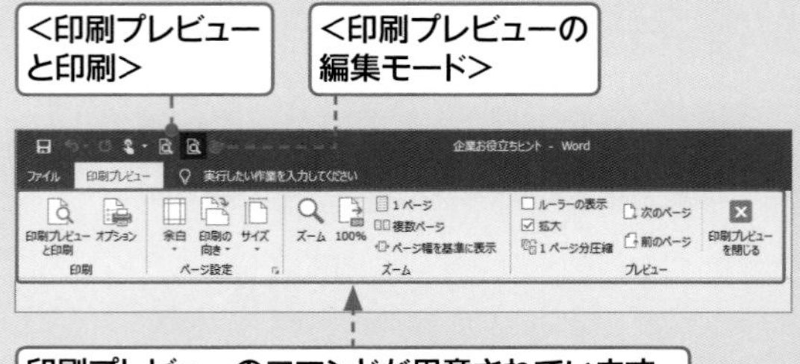

印刷プレビューのコマンドが用意されています。

重要度 ★★★ 印刷プレビュー

Q 0284 印刷プレビューに複数ページを表示したい！

A 表示を縮小します。

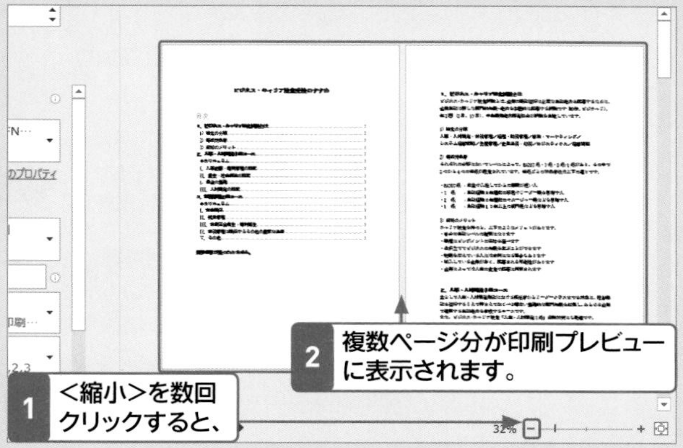

文書のプレビューに複数ページ分を表示するには、印刷プレビューを表示し、<縮小>を数回クリックします。

また、印刷プレビューの編集モードを利用できる場合は、<複数ページ>（Word 2010では<2ページ>）をクリックすると複数ページを表示することができます。

参照 ▶ Q 0281, Q 0283

● 印刷プレビューの編集モード

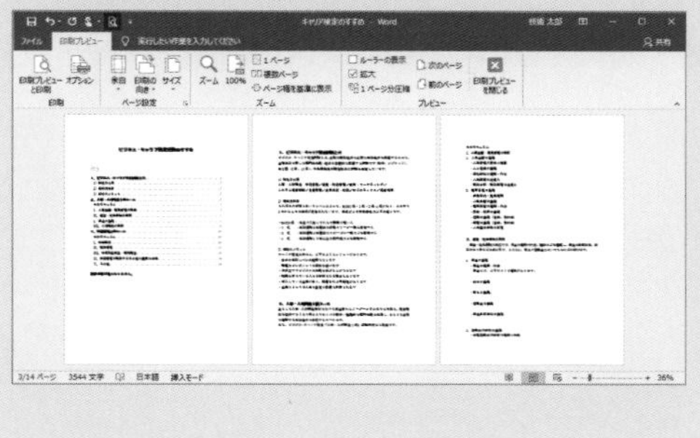

重要度 ★★★ 印刷プレビュー

Q 0285 印刷プレビューの表示を拡大／縮小したい！

A ズームスライダーを利用します。

印刷プレビューを拡大／縮小するには、ズームスライダーを左右にドラッグするか、スライダーの左右にある<拡大>／<縮小>をクリックします。

また、印刷プレビューの編集モードの場合は、画面右下のズームのほか、<印刷プレビュー>タブの<ズーム>をクリックして、<ズーム>ダイアログボックスで倍率を指定できます。

参照 ▶ Q 0283

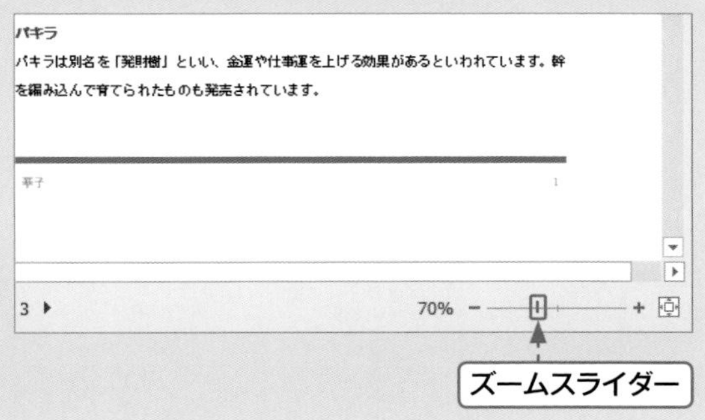

重要度 ★★★ 印刷プレビュー

Q 0286 ページに合わせてプレビュー表示したい！

A <ページに合わせる>を利用します。

印刷プレビューを開くと、ページが拡大されてプレビュー内に収まっていなかったり、縮小されていたりする場合があります。こういうとき、1ページが表示されるようにするには、プレビューの下のスライダーなどで拡大／縮小しなくても、<ページに合わせる>をクリックすると、プレビューのページに合わせて自動的に1ページ分を表示できます。

参照 ▶ Q 0285

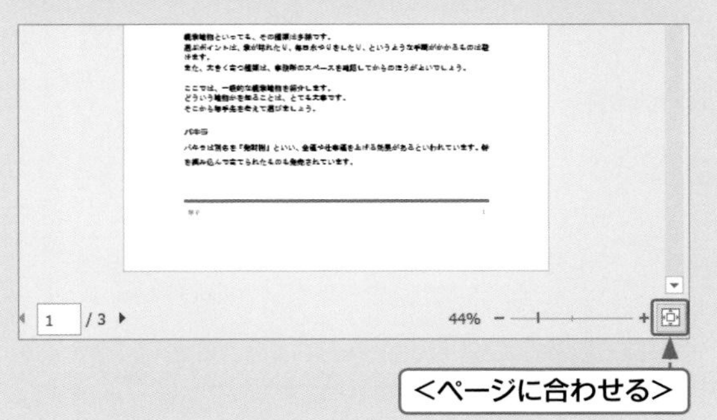

重要度★★★　ページの印刷

Q 0287 とにかくすぐに印刷したい！

A ＜クイック印刷＞を利用します。

すぐに印刷したいということが多い場合は、クイックアクセスツールバーに＜クイック印刷＞のアイコンを登録しておきましょう。アイコンをクリックするだけで、＜印刷＞画面やプレビュー画面などを表示せずに、すぐに文書が印刷されます。ただし、このときの印刷設定は、直前に設定された内容または既定の内容になるので注意してください。
なお、クイックアクセスツールバーに登録するには、＜クイックアクセスツールバーのユーザー設定＞をクリックして、＜クイック印刷＞をクリックします。

参照▶Q 0027

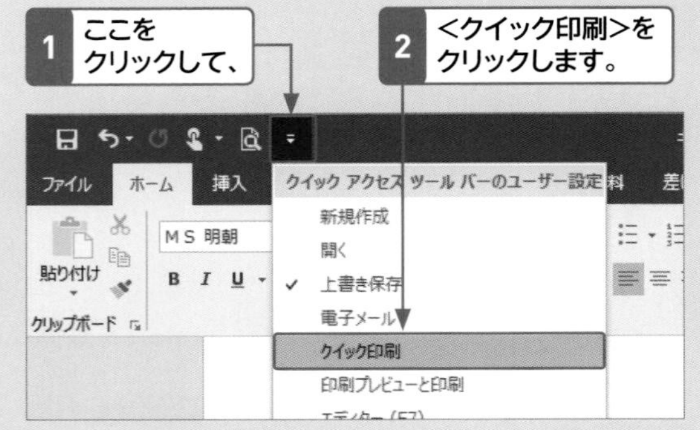

3 クイックアクセスツールバーに登録されます。クリックすると、すぐに印刷が実行されます。

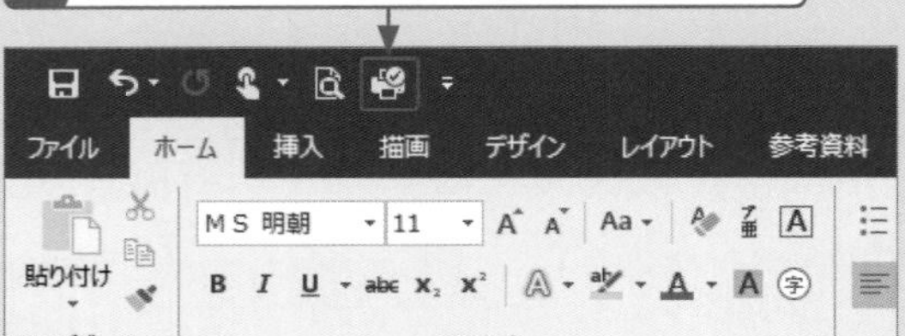

重要度★★★　ページの印刷

Q 0288 現在表示されているページだけを印刷したい！

A ＜印刷＞で＜現在のページ＞を選択して印刷します。

現在印刷プレビューに表示されているページのみを印刷するには、＜印刷＞の＜設定＞で＜現在のページの印刷＞を選択します。なお、事前に目的のページにカーソルを移動しておくと、印刷プレビューを開いたときにそのページが表示されます。

参照▶Q 0282

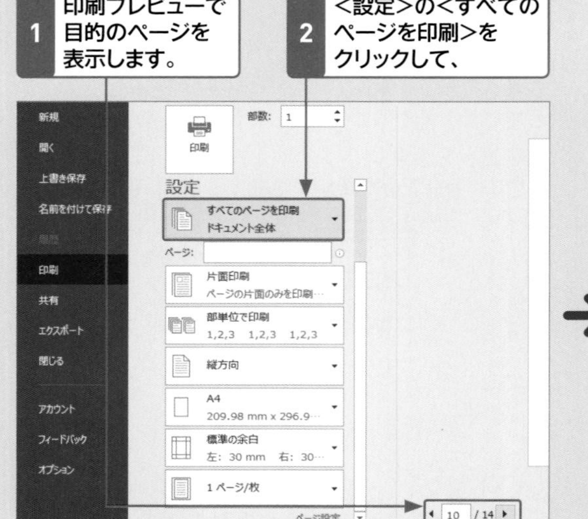

3 ＜現在のページを印刷＞をクリックします。

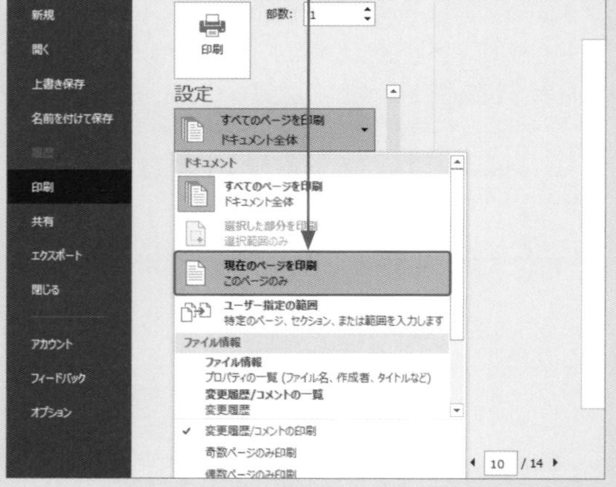

Q 0289 必要なページだけを印刷したい！

A 印刷ページを指定して印刷します。

必要なページだけを印刷したい場合には、<印刷>の<設定>で<ページ>欄に目的のページ数を指定します（<ページ>欄をクリックすると自動的に<ユーザー指定の範囲>に変更されます）。
ページ数を指定するには、連続している複数ページを印刷する場合は、「2-5」のように「-（ハイフン）」でつなげて入力します。離れている複数のページを印刷する場合は、「2,4,8」のように「,（カンマ）」で区切って入力します。

参照▶Q 0299

● 連続している複数ページを指定する場合

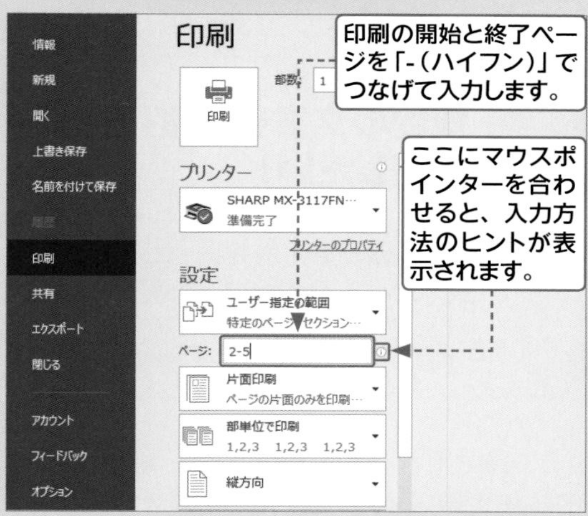

印刷の開始と終了ページを「-（ハイフン）」でつなげて入力します。
ここにマウスポインターを合わせると、入力方法のヒントが表示されます。

● 離れたページを指定する場合

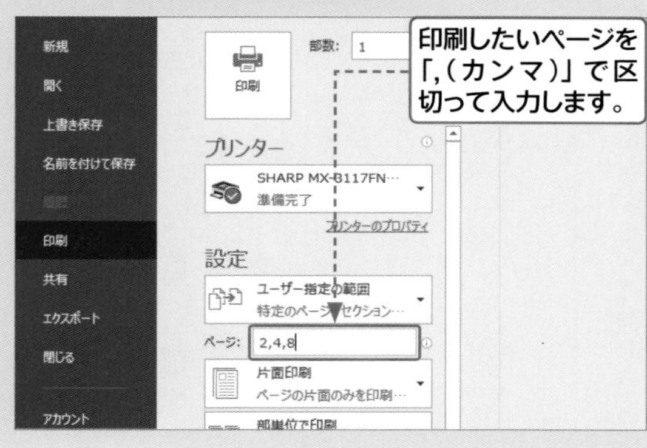

Q 0290 ページの一部だけを印刷したい！

A 印刷したい範囲を選択して、印刷を実行します。

文書の特定の範囲だけを印刷したい場合は、最初に文書内の印刷したい範囲を選択します。<印刷>の<設定>で<すべてのページを印刷>をクリックして、<選択した部分を印刷>を選択します。

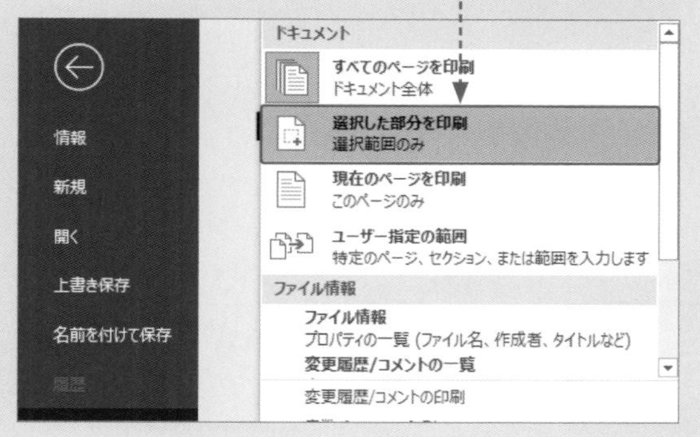

Q 0291 1つの文書を複数部印刷したい！

A <印刷>で印刷部数を指定します。

印刷部数は、<印刷>の<部数>ボックスに印刷したい部数を入力して指定します。

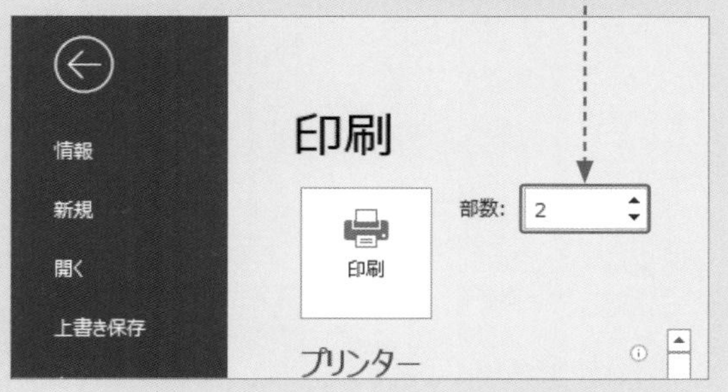

重要度 ★★★ ページの印刷

Q 0292 部単位で印刷って何？

A 2部以上の印刷で、ページ順に印刷するひとまとまりのことです。

文書を2部以上印刷する場合、1ページ目から最後のページまでのひとまとまりを印刷する＜部単位で印刷＞、ページごとに指定した部数を印刷する＜ページ単位で印刷＞が指定できます。

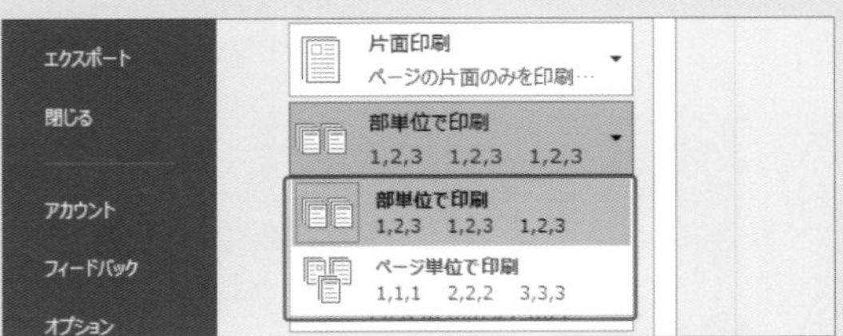

●部単位

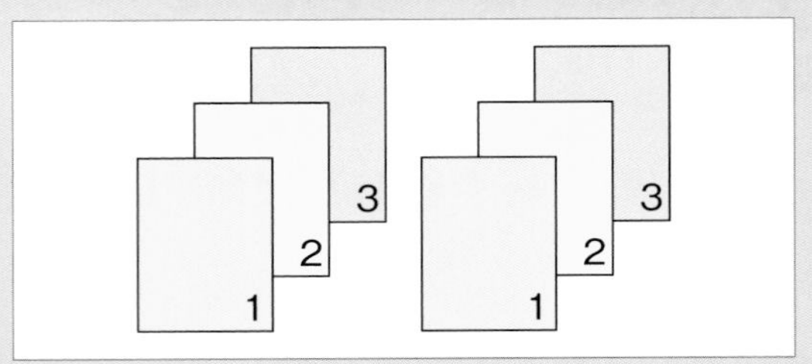

●ページ単位

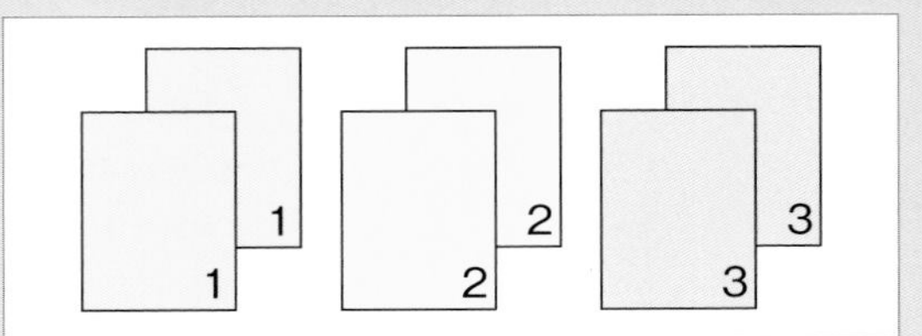

重要度 ★★★ ページの印刷

Q 0293 ファイルを開かずに印刷したい！

A ファイルを右クリックして、＜印刷＞を実行します。

エクスプローラーで文書を右クリックして、＜印刷＞をクリックすると、直接印刷できます。この場合、＜印刷＞画面は表示されないため、印刷ページや枚数の指定はできません。エクスプローラーの表示は、タスクバーの＜エクスプローラー＞をクリックします。

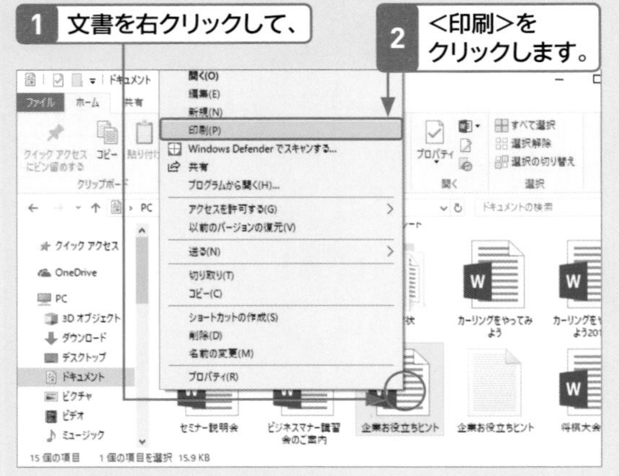

重要度 ★★★ ページの印刷

Q 0294 複数の文書を一度に印刷したい！

A すべてのファイルを選択して右クリックし、＜印刷＞を実行します。

エクスプローラーで複数の文書ファイルを選択して、いずれかのファイルを右クリックし、＜印刷＞をクリックします。

なお、複数のファイルを選択するには、離れている場合はCtrlを押しながらファイルを1つずつクリックし、かたまっている場合はShiftを押しながら最初と最後のファイルをクリックします。

参照▶Q 0293

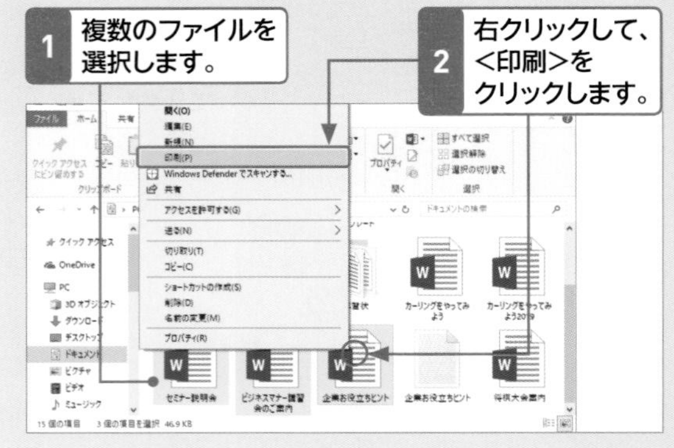

重要度 ★★★　ページの印刷

Q 0295 1枚の用紙に複数のページを印刷したい！

A 縮小したページを、1枚の用紙に並べて印刷します。

図表の配置などレイアウトを確認する際など、1枚に1ページずつ印刷するより複数のページを印刷したほうがわかりやすくなります。＜ファイル＞タブの＜印刷＞で＜1ページ／枚＞をクリックして、1枚の用紙で印刷したいページ数をクリックします。なお、あまりページ数が多いと、文字が読めない場合があります。

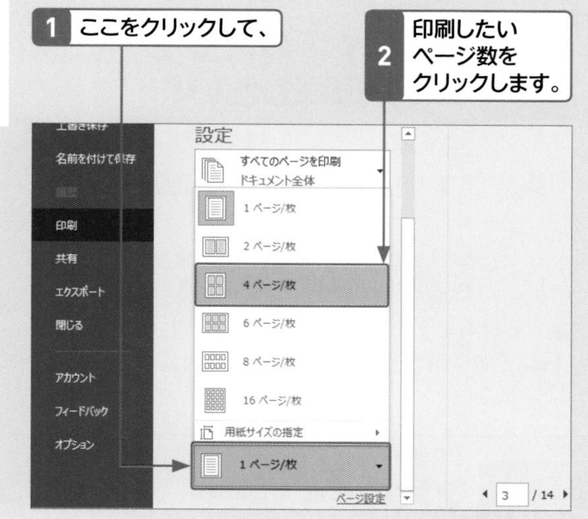

重要度 ★★★　ページの印刷

Q 0296 一部の文字を印刷しないようにしたい！

A 隠し文字にします。

個人情報など印刷したくない文字は、「隠し文字」にします。隠し文字とは、文字は入力してあっても印刷できない文字のことをいいます。

設定するには、文字を選択して、＜フォント＞ダイアログボックスの＜隠し文字＞をオンにします。この状態で印刷すると、隠し文字部分は印刷されません。なお、＜Wordのオプション＞の＜表示＞で＜常に画面に表示する編集記号＞の＜隠し文字＞をオフにすると、画面上でも表示されなくなります。

参照 ▶ Q 0030

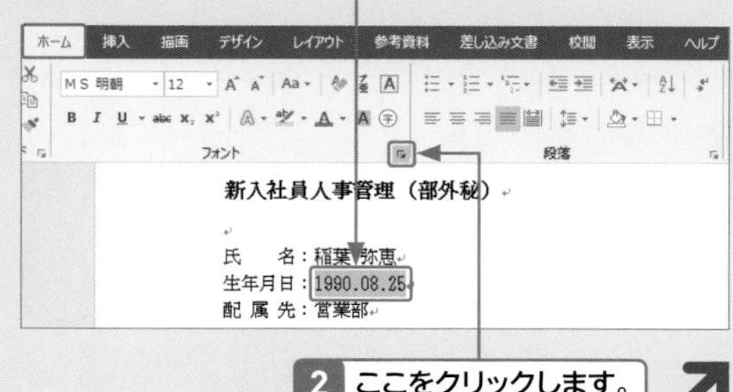

2 ここをクリックします。

3 ＜隠し文字＞をクリックしてオンにし、

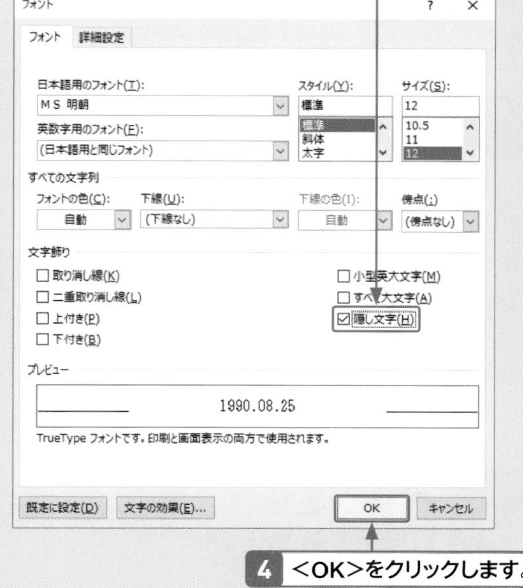

5 指定した部分が隠し文字になります（＜隠し文字＞を表示する）。

新入社員人事管理（部外秘）

氏　　名：稲葉　弥恵
生年月日：1990.08.25
配 属 先：営業部

1 使いはじめ
2 基本と入力
3 編集
4 書式設定
5 表示
6 印刷
7 差し込み印刷
8 図と画像
9 表
10 ファイル

重要度 ★★★ ページの印刷

Q 0297 A3サイズの文書をA4で印刷したい！

A A4サイズに縮小して印刷します。

ページ設定で設定した用紙サイズと異なるサイズの用紙に印刷したい場合は、<ファイル>タブの<印刷>で<用紙サイズ>からサイズを指定します。ここでは、文書に指定している用紙サイズ<A3>をクリックして、用紙サイズメニューから<A4>をクリックします。

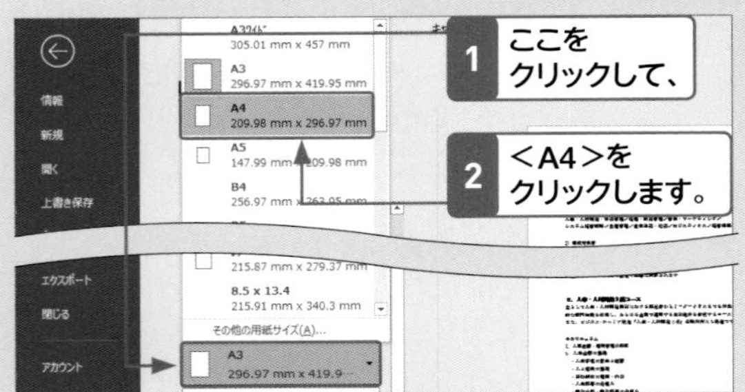

重要度 ★★★ ページの印刷

Q 0298 2枚のA4文書をA3用紙1枚に印刷したい！

A 1枚あたりのページ数と用紙サイズを指定します。

A4の文書の2ページ分を1枚の用紙に印刷する場合は、<ファイル>タブの<印刷>で<1ページ／枚>をクリックし、<2ページ／枚>をクリックします。さらに、<用紙サイズの指定>をクリックして、<A3>を指定します。これで、A4の2ページ分が、A3用紙1枚に自動的に印刷されます。

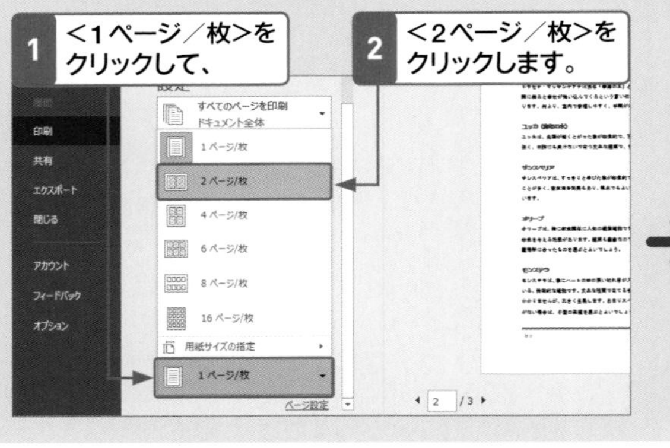

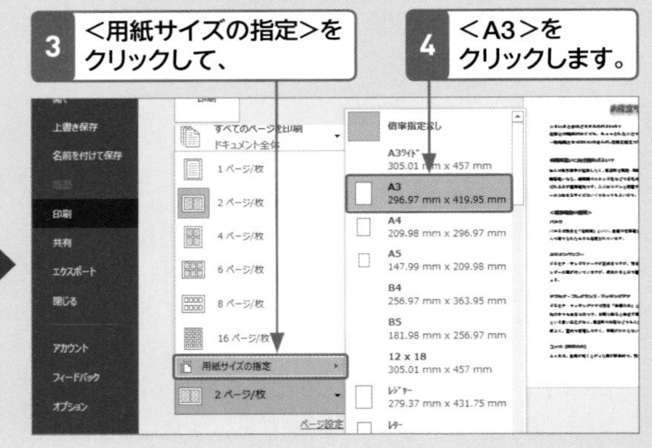

重要度 ★★★ ページの印刷

Q 0299 ページを指定しても印刷されない！

A セクションを指定して印刷します。

文書にセクション区切りを挿入して、セクションを設定していると、セクションごとにページ数がカウントされます。そのため、セクション区切りを挿入した文書で指定したページを印刷するには、セクション番号と、そのセクション内でのページ番号で指定する必要があります。この場合、<印刷>の<ページ>欄に、「p（ページ番号）s（セクション番号）」を入力します。たとえば、セクション2の2ページ目からセクション3の4ページまでを印刷するには、「p2s2-p4s3」と入力します。

参照 ▶ Q 0233, Q 0289

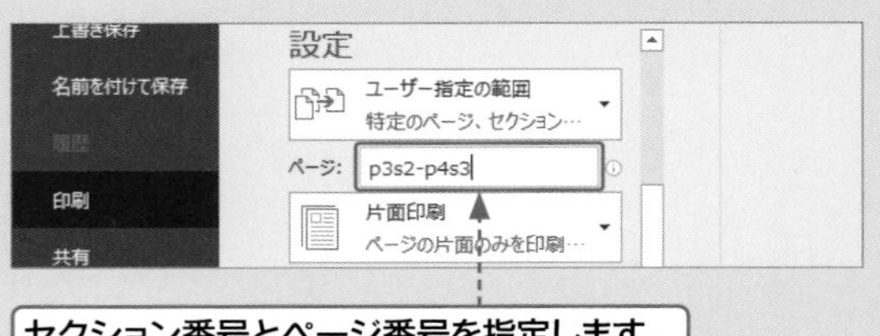

重要度 ★★★　ページの印刷

Q 0300 白紙のページが余分に印刷される！

A 白紙ページにある段落記号を削除します。

文書を印刷すると、最後に余分な白紙のページが印刷されることがあります。これは、白紙のページに段落記号 ↵ が挿入されていることが原因です。段落記号を削除しておきましょう。
ただし、ページの最後に表など固定されたオブジェクトが配置されていると、次ページの段落記号が削除できない場合があります。その場合は、印刷範囲を指定して印刷します。

参照▶Q 0289

重要度 ★★★　ページの印刷

Q 0301 挿入した図が印刷されない！

A <Wordのオプション>を利用します。

作成した図や挿入したイラスト、画像などが印刷されない場合は、オブジェクトの印刷がオフになっています。<Wordのオプション>の<表示>で、<印刷オプション>の<Wordで作成した描画オブジェクトを印刷する>をクリックしてオンにします。

参照▶Q 0030

Word のオプション
基本設定
表示
文章校正
保存
文字体裁
言語
簡単操作
詳細設定
リボンのユーザー設定
クイック アクセス ツール バー
アドイン
セキュリティ センター

ページ表示オプション
☑ 印刷レイアウト表示でページ間の余白を表示する(W)
☑ 蛍光ペンを表示する(H)
☑ カーソルを置いたときに文書のヒントを表示する(L)
常に画面に表示する編集記号
☐ タブ(T)
☐ スペース(S)
☑ 段落記号(M)
☑ 隠し文字(D)
☐ 任意指定のハイフン(Y)
☑ アンカー記号(C)
☐ 任意指定の改行(O)
☑ すべての編集記号を表示する(A)
印刷オプション
☑ Word で作成した描画オブジェクトを印刷する(R)
☐ 背景の色とイメージを印刷する(B)
☐ 文書プロパティを印刷する(P)
☐ 隠し文字を印刷する(X)

ここをクリックしてオンにします。

重要度 ★★★　ページの印刷

Q 0302 文書の背景の色も印刷したい！

A <Wordのオプション>を利用します。

ページの背景に色を付けるには、<デザイン>タブ（Word 2010では<ページレイアウト>タブ）の<ページの色>をクリックして色を選択します。
通常は、背景に設定した色や塗りつぶし効果は印刷されません。印刷したい場合は、<Wordのオプション>の<表示>で、<背景の色とイメージを印刷する>をクリックしてオンにします。

参照▶Q 0030

● 背景に色を付ける

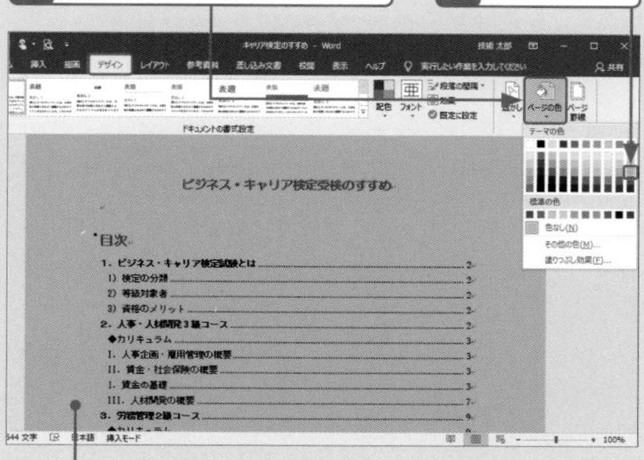

● 背景を印刷する

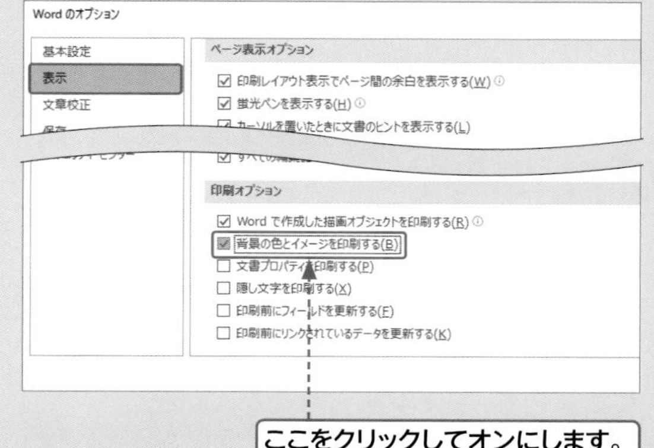

重要度 ★★★ ページの印刷

Q 0303 カラープリンターでグレースケール印刷したい！

A プリンターのプロパティでグレースケール印刷に設定します。

グレースケール印刷は、黒の印刷でも濃淡をつけた印刷ができます。単に黒色のみの印刷をモノクロ印刷といいます。グレースケールで印刷するには、プリンターのプロパティで設定します。なお、プリンターのプロパティの内容は、プリンターの機種によって異なります。詳しくは、使用しているプリンターのマニュアルを参照してください。

1 <プリンターのプロパティ>をクリックします。

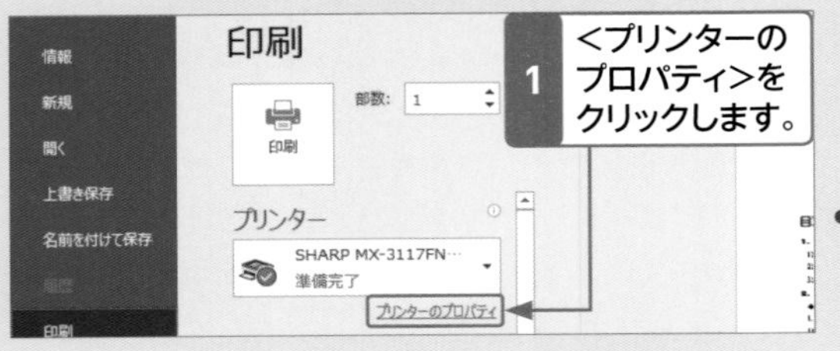

2 <グレースケール>をクリックしてオンにします。

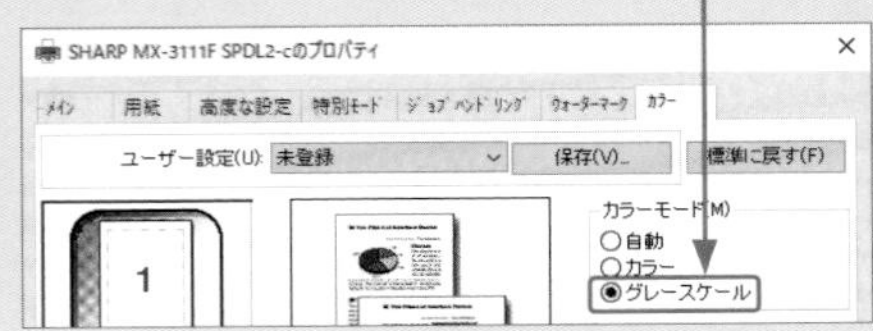

重要度 ★★★ ページの印刷

Q 0304 特定のページだけを横向きに印刷したい！

A ページをセクションで区切り、印刷の向きを横に設定します。

セクション区切りを挿入すると、セクション単位で文字列の方向や余白、印刷の向きなどの設定が可能です。例として、横向きにしたいページ（範囲）をセクションで区切ります。セクション区切りを設定するには、区切りの最初の位置にカーソルを置いて<レイアウト>タブ（Word 2013／2010では<ページレイアウト>タブ）の<ページ／セクション区切りの挿入>［区切り］をクリックして、<次のページから開始>をクリックし、セクション範囲の最後の位置にもセクション区切りを挿入します。次に、設定したセクション内にカーソルを移動して、<印刷の向き>をクリックし<横>をクリックします。あるいは、<ページ設定>ダイアログボックスの<余白>を開いて、<印刷の向き>で<横>にし、余白を設定します。 参照▶Q 0233, Q 0234

1 横向きにしたいページの最初の位置にカーソルを移動して、

2 <ページ／セクション区切りの挿入>をクリックし、

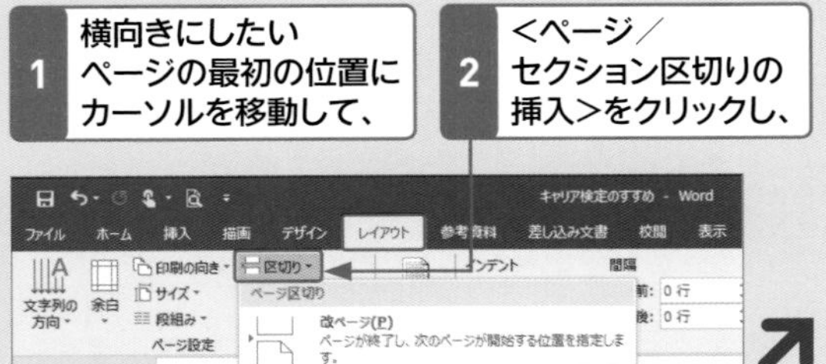

3 <次のページから開始>をクリックしてセクション区切りを挿入します。

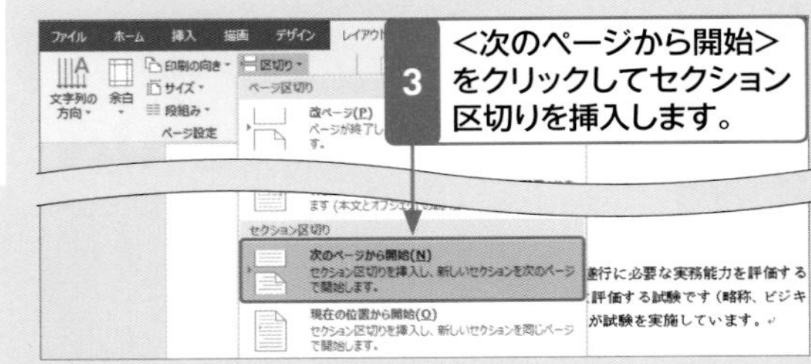

4 範囲の最後の位置で、同様にセクション区切りを挿入します。

5 セクションを区切ったページにカーソルを移動して、

6 <印刷の向き>をクリックし、

7 <横>をクリックします。

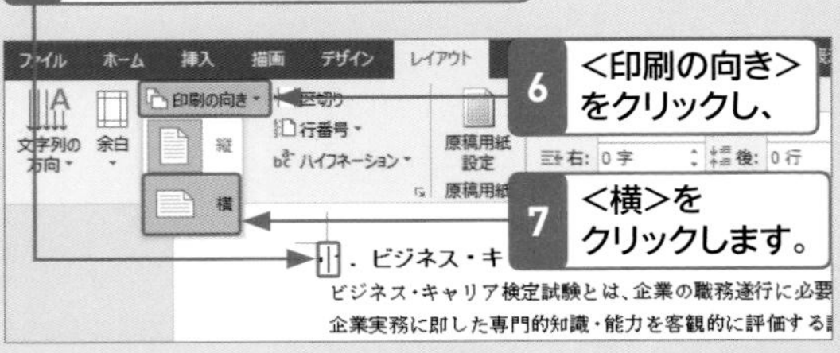

8 横向きのページが作成されます。

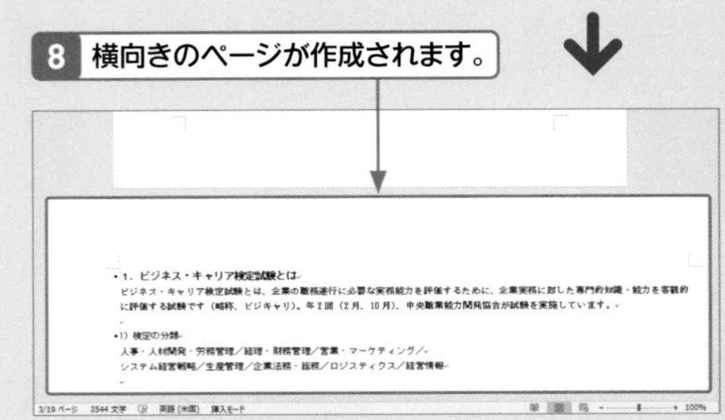

重要度★★★ ページの印刷

Q 0305 「余白が～大きくなっています」と表示された！

A 余白を調節して、文書の印刷範囲を印刷可能な範囲内に収めます。

プリンターがサポートしないページサイズで印刷を実行しようとすると、「いくつかのセクションで、上下の余白がページの高さより大きくなっています。」あるいは「いくつかのセクションで、左右の余白、段間隔または段落インデントがページの幅より大きくなっています。」といったメッセージが表示されることがあります。これは、通常使っているプリンターを別のプリンターに変更した場合などに見られる現象です。この場合は、＜ページ設定＞ダイアログボックスの＜余白＞タブで余白の値を調節します。

参照▶Q 0263

Microsoft Word
いくつかのセクションで、左右の余白、段間隔または段落インデントがページの幅より大きくなっています。
ヘルプの表示(E) >>
OK

Microsoft Word
いくつかのセクションで、上下の余白がページの高さより大きくなっています。
OK

重要度★★★ ページの印刷

Q 0306 数行だけはみ出た文書を1ページに収めたい！

A 印刷プレビューの編集モードの1ページ分圧縮機能を利用します。

1 印刷プレビューの編集モード画面を表示して、

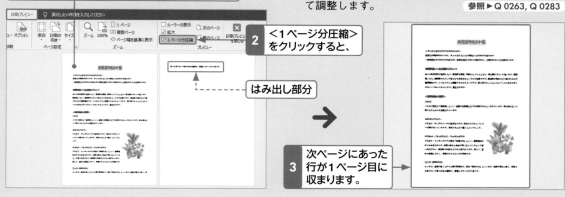

2 ＜1ページ分圧縮＞をクリックすると、

はみ出し部分

3 次ページにあった行が1ページ目に収まります。

次のページに数行だけはみ出した場合は、＜印刷プレビューの編集モード＞の＜1ページ分圧縮＞をクリックすると、はみ出た行を前のページに収めることができます。

なお、1ページ分圧縮機能を利用しても収められないときは、「これ以上ページを圧縮することはできません。」と表示されます。この場合には、＜ページ設定＞ダイアログボックスの＜余白＞タブで上下余白を減らして調整します。

参照▶Q 0263, Q 0283

重要度★★★ ページの印刷

Q 0307 「余白を印刷可能な範囲に…」と表示された！

A ＜修正＞をクリックすると、自動修正されます。

上下左右の余白の設定をする際に、印刷できない部分にまで文書が配置されるような余白の値を指定すると、以下のようなメッセージが表示されます。＜修正＞をクリックすると、自動的に最小値が設定されます。＜無視＞をクリックすると、指定した余白の値になりますが、印刷できない場合がありますので注意してください。

Microsoft Word
一部の余白が印刷可能なページ範囲の外に設定されています。余白を印刷可能な範囲内に移動してください。
ヘルプの表示(E) >>
修正(F) 無視(I)

重要度 ★★★ ページの印刷

Q 0308 ポスター印刷ができない？

A プリンターのプロパティで指定します。

ポスター印刷とは、大きなサイズの文書をA4サイズ数枚に分割して、A4用紙に印刷し、それぞれをつなぎ合わせるとポスターになるというものです。

これは、Wordの機能ではなく、プリンターの機能です。<(プリンター名)のプロパティ>ダイアログボックスを表示して、<ポスター印刷>をクリックしてオンにします。この機能に対応していない場合もあるので、詳しくはプリンターのマニュアルで確認してください。

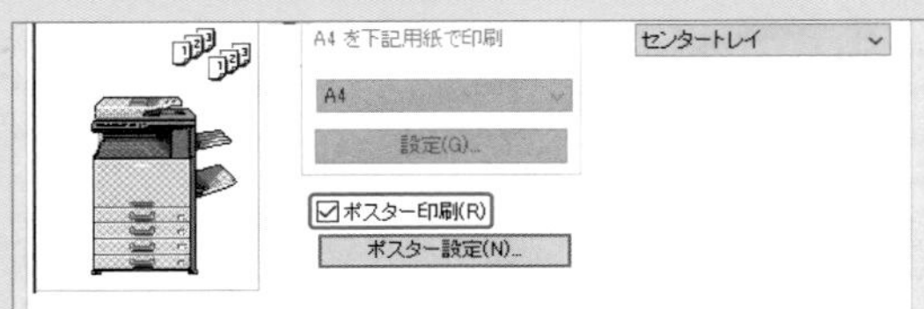

重要度 ★★★ はがきの印刷

Q 0309 はがきいっぱいに写真を印刷したい！

A プリンターの設定を「フチなし」にします。

はがきの文面いっぱいに写真を印刷するには、<ファイル>タブの<印刷>で<プリンターのプロパティ>をクリックすると表示される<(プリンター名)のプロパティ>ダイアログボックスで、「フチなし」にします。なお、「フチなし」への対応はプリンターによって異なり、できない場合もあります。また、「フチなし」を設定するために、「フォトプリント紙」などを選択する必要があることもあります。詳細については、使用しているプリンターのマニュアルを参照してください。

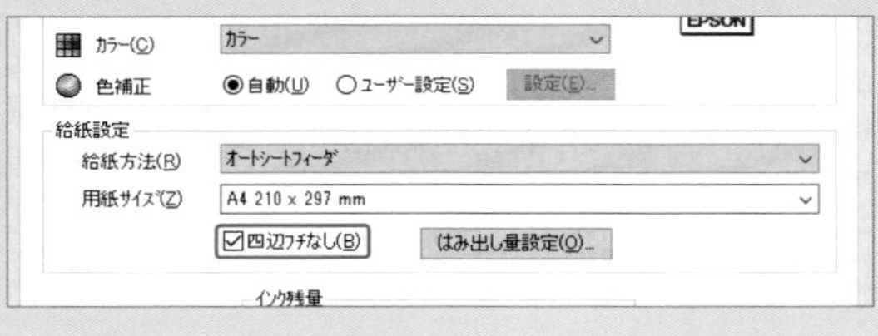

重要度 ★★★ 原稿用紙の印刷

Q 0310 原稿用紙で文書を印刷したい！

A <原稿用紙設定>を利用します。

<レイアウト>タブ（Word 2013／2010では<ページレイアウト>タブ）の<原稿用紙設定>を利用すると、原稿用紙の罫線が自動的に現れ、原稿用紙イメージのページになります。文字を入力すると、原稿用紙のマス目単位で文字が並びます。印刷を実行すると、原稿用紙イメージのまま印刷することができます。

1 <レイアウト>タブをクリックして、

2 <原稿用紙設定>をクリックすると、

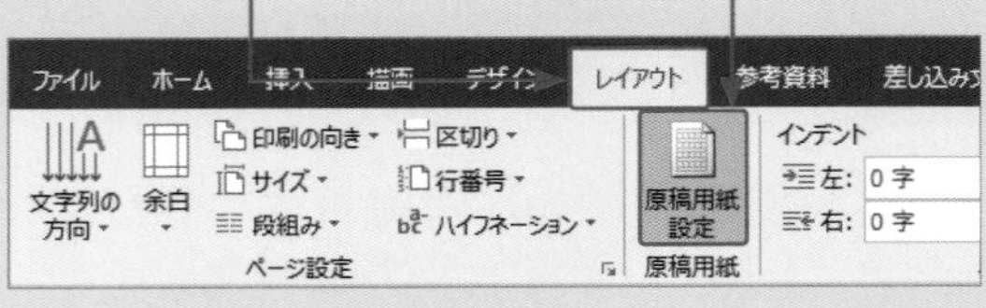

3 <原稿用紙設定>ダイアログボックスが表示されます。

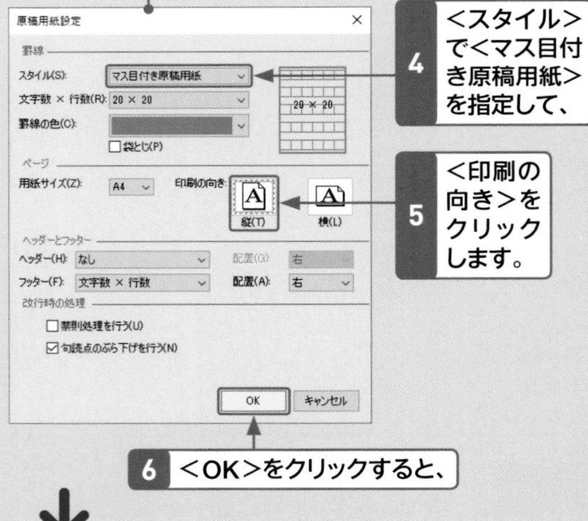

4 <スタイル>で<マス目付き原稿用紙>を指定して、

5 <印刷の向き>をクリックします。

6 <OK>をクリックすると、

7 原稿用紙のページに変わります。

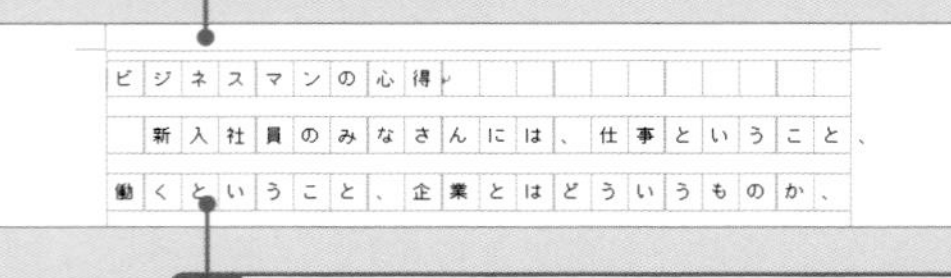

8 文字の入力や編集をして、印刷します。

重要度★★★　原稿用紙の印刷

Q 0311 原稿用紙に袋とじ部分を作成したい！

A ＜原稿用紙設定＞ダイアログボックスで＜袋とじ＞を指定します。

袋とじは中央で折る際の余白部分のことで、＜原稿用紙設定＞ダイアログボックスで＜袋とじ＞をクリックしてオンにします。ただし、＜用紙サイズ＞や＜文字数×行数＞などによっては＜袋とじ＞を指定できないこともあります。

参照▶Q 0310

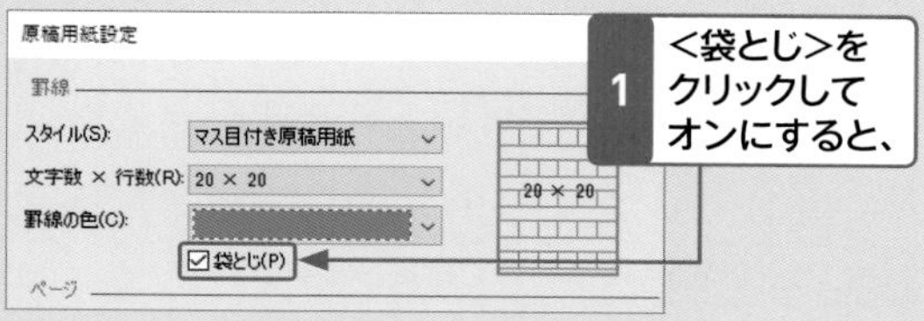

原稿用紙設定
罫線
スタイル(S): マス目付き原稿用紙
文字数 × 行数(R): 20 × 20
罫線の色(C):
☑袋とじ(P)
ページ

1 ＜袋とじ＞をクリックしてオンにすると、

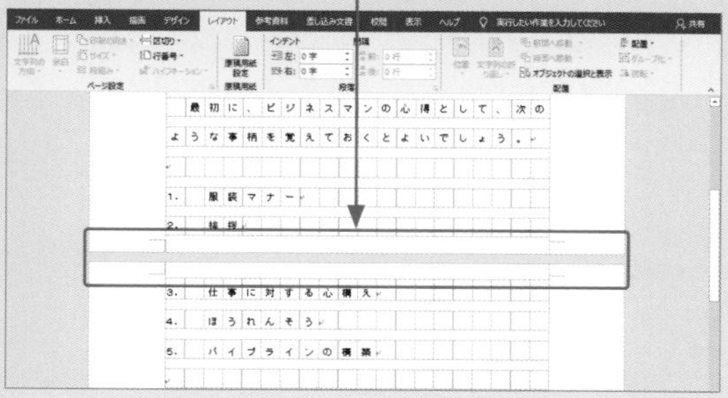

2 袋とじ部分のある原稿用紙が作成されます。

重要度★★★　原稿用紙の印刷

Q 0312 原稿用紙の行数や文字数を設定したい！

A ＜原稿用紙設定＞ダイアログボックスの＜文字数×行数＞から選択します。

＜原稿用紙設定＞ダイアログボックスで原稿用紙の行数や文字数を指定するには、＜文字数×行数＞ボックスの選択肢から選びます。この選択肢にない文字数×行数には設定できません。選択肢は用紙サイズによって異なります。たとえば、「A4」サイズは「20×20」と「20×10」が選択できますが、「B4」サイズでは「20×20」のみです。

参照▶Q 0310

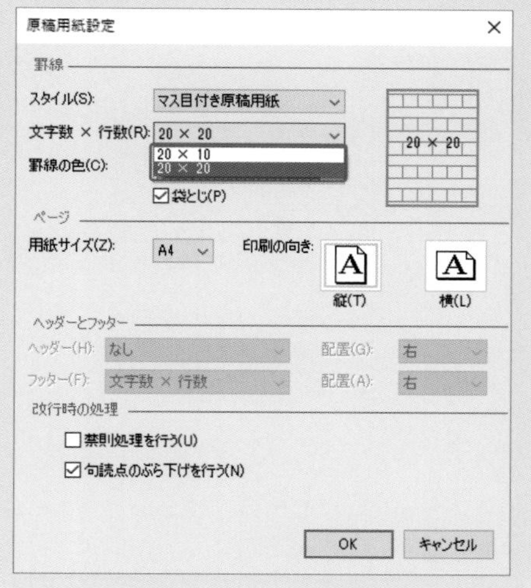

重要度★★★　原稿用紙の印刷

Q 0313 縦書き用の原稿用紙を作成したい！

A ＜文字数×行数＞や＜印刷の向き＞で設定します。

縦書き用の原稿用紙にするには、＜原稿用紙設定＞ダイアログボックスの＜文字数×行数＞と＜印刷の向き＞で設定します。たとえば、＜文字数×行数＞を「20×20」にした場合は、＜印刷の向き＞を＜横＞にします。また、＜文字数×行数＞を「20×10」にした場合は、＜印刷の向き＞を＜縦＞にすると、縦書き用の原稿用紙になります。

参照▶Q 0310

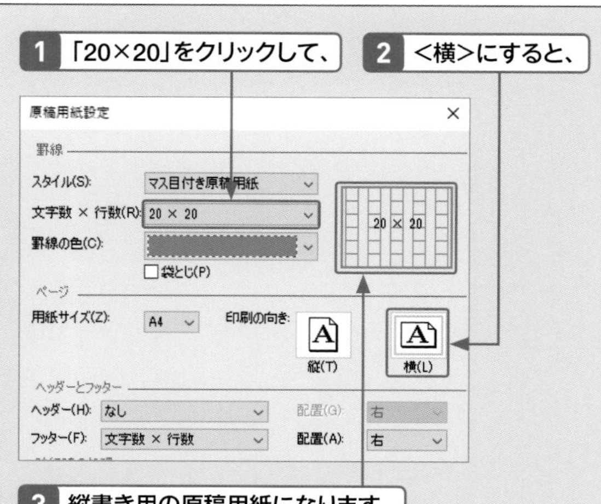

重要度 ★★★ 原稿用紙の印刷

Q 0314 句読点が原稿用紙の行頭にこないように印刷したい！

A 句読点のぶら下げの設定を行います。

行頭に句読点がこないようにするには、＜原稿用紙設定＞ダイアログボックスの＜句読点のぶら下げを行う＞をクリックしてオンにします。句読点が最後のマスの下に配置されます。

参照 ▶ Q 0310

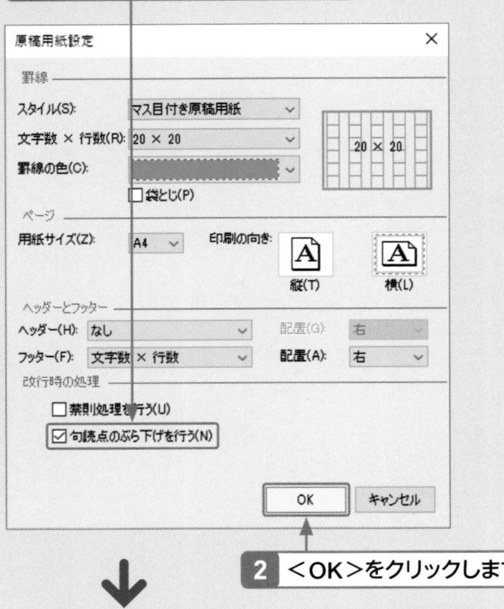

重要度 ★★★ 原稿用紙の印刷

Q 0315 市販の原稿用紙に印刷したい！

A 原稿用紙のサイズに合わせて、行数と文字数を設定します。

市販の原稿用紙に印刷する場合は、ページ設定を用紙に合わせる必要があります。＜レイアウト＞タブ（Word 2013／2010では＜ページレイアウト＞タブ）の＜ページ設定＞グループ右下の をクリックして表示される＜ページ設定＞ダイアログボックスの＜文字数と行数＞タブで、＜原稿用紙の設定にする＞をクリックしてオンにし、＜文字方向＞で横書きか縦書きを選択します。また、20行×20文字の原稿用紙の場合は、＜行数＞と＜文字数＞を＜20＞に指定します。

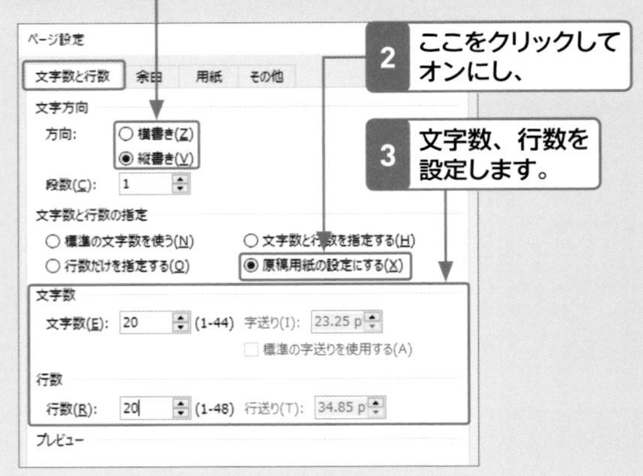

重要度 ★★★ 原稿用紙の印刷

Q 0316 市販の原稿用紙のマス目からずれて印刷される！

A 余白を調整して、印刷位置を修正します。

市販の原稿用紙に文書を印刷してみて、印刷位置が大きくずれる、または文字がマス目の中央に印刷されない場合は、余白の設定で印刷位置を調整します。＜ページ設定＞ダイアログボックスの＜余白＞タブでは、上下左右の余白を0.1mm単位で指定できます。

参照 ▶ Q 0318

重要度 ★★★　印刷方法

Q 0317 両面印刷をしたい！

A プリンターによって異なります。

大量の文書の場合には両面印刷を利用すると、扱いやすくなり用紙の節約にもなります。自動で両面印刷ができる機能のプリンターを利用している場合は、<両面印刷（長辺を綴じます）>あるいは<両面印刷（短辺を綴じます）>をクリックするだけで両面印刷にできます。自動給紙できないプリンターの場合は、<手動で両面印刷>をクリックします。裏面を印刷するために用紙をセットするよう求めるメッセージが表示されたら、用紙を裏返します。このとき、上下が逆にならないように注意してください。

● 自動で両面印刷

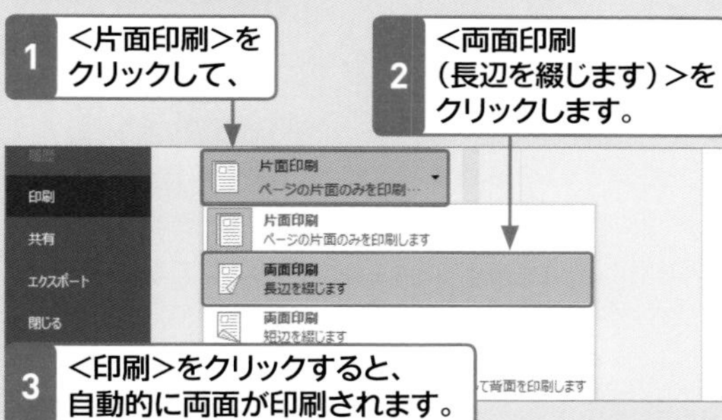

● 手動で両面印刷

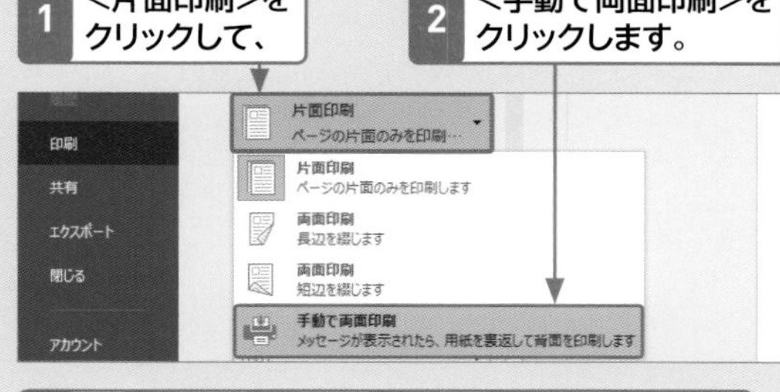

3 <印刷>をクリックすると、片面が印刷されます。

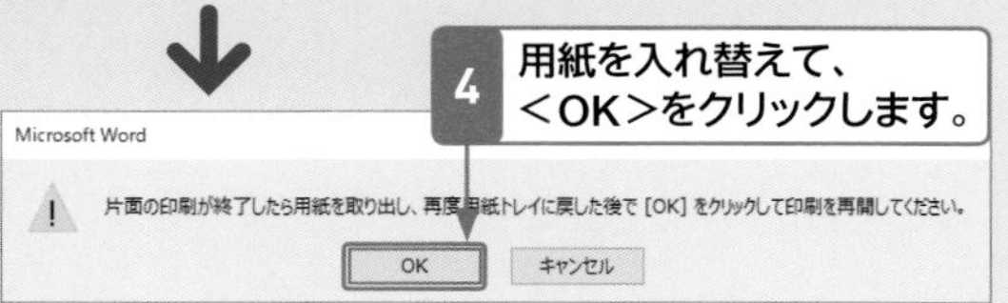

重要度 ★★★　印刷方法

Q 0318 見開きのページを印刷したい！

A 印刷の形式を見開きページに選択します。

見開きのページを作成するには、<ページ設定>ダイアログボックスの<余白>タブで、<見開きページ>をクリックします。見開きページにすると、左ページと右ページで、余白が左右対象になります。

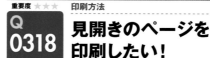

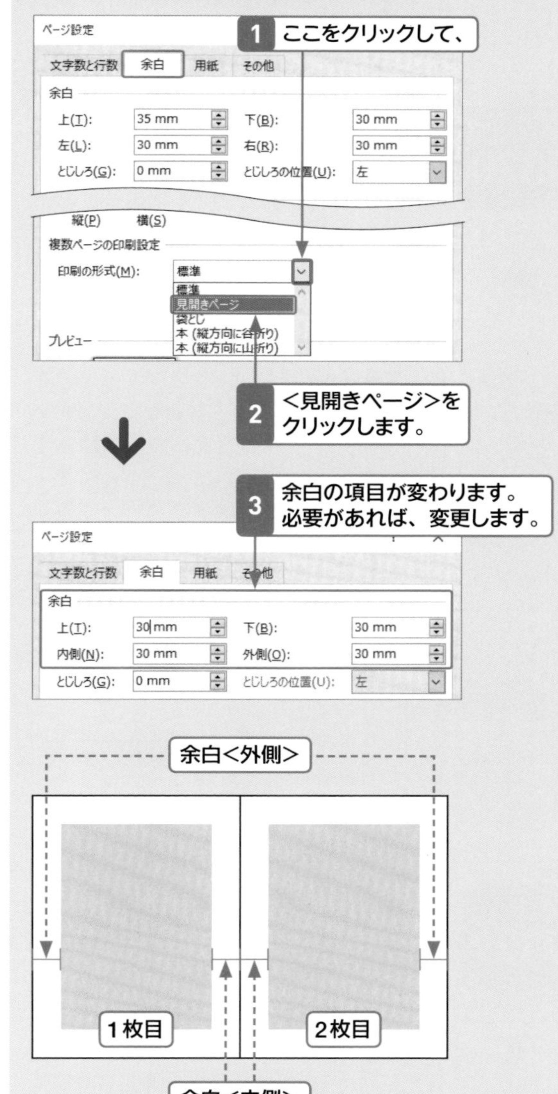

重要度★★★ 印刷方法

Q 0319 袋とじの印刷を行いたい！

A 印刷の形式を袋とじに設定します。

1枚の用紙に2ページ分を印刷し、山折りにして綴じるような「袋とじ」の文書を作成するには、＜ページ設定＞ダイアログボックスで＜余白＞タブを表示して、＜印刷の形式＞で＜袋とじ＞をクリックします。袋とじの余白を調整したいときには、＜余白＞の＜外側＞＜内側＞＜左＞＜右＞の値を指定します。

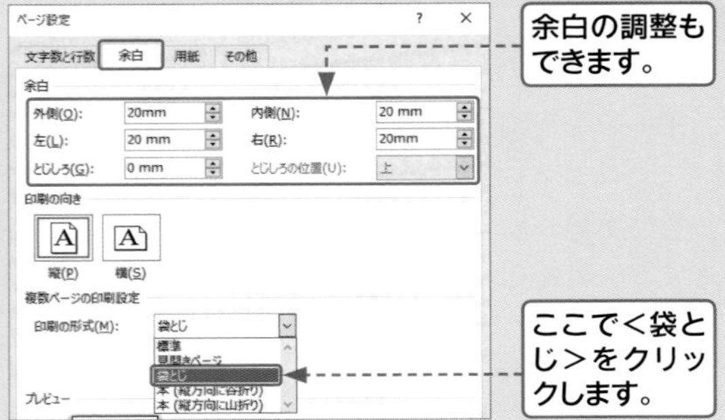

重要度★★★ 印刷方法

Q 0320 1ページ目が一番上になるように印刷したい！

A 印刷の順序を逆に設定します。

プリンターによっては、複数ページの文書を印刷すると、1ページ目から積まれていき、最終ページが一番上になる場合があります。このようなときは、＜Wordのオプション＞を開き、＜詳細設定＞の＜印刷＞で＜ページの印刷順序を逆にする＞をクリックしてオンにすると、最終ページから印刷が始まり、1ページ目を一番上にしてくれます。 参照▶Q 0030

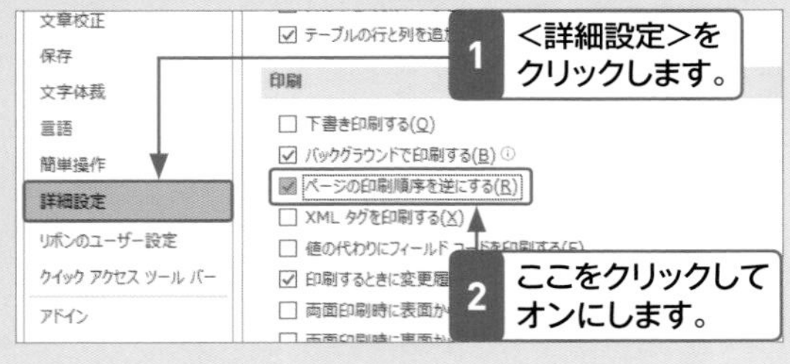

重要度★★★ 印刷方法

Q 0321 文書の作成者名などの情報が印刷された！

A 文書プロパティの印刷設定を解除します。

文書のファイル名や保存されている場所、作成者名や作成日時などの情報を「文書プロパティ」といいます。文書プロパティの印刷が設定されていると、文書の最後のページに印刷されます。印刷させたくない場合は、＜Wordのオプション＞を開き、＜表示＞の＜印刷オプション＞で＜文書プロパティを印刷する＞をクリックしてオフにします。 参照▶Q 0030

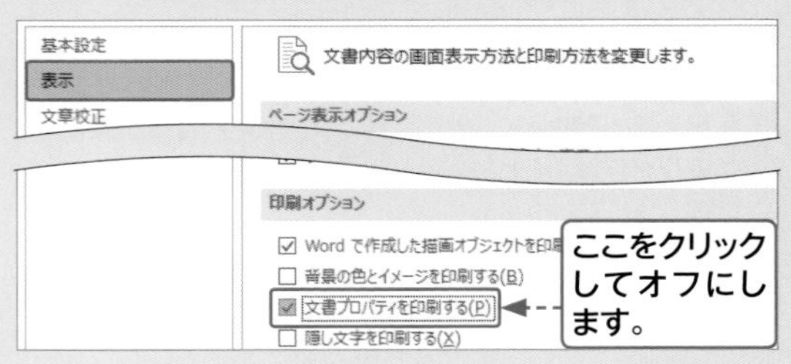

重要度★★★ 印刷方法

Q 0322 文書の一部の文字列が印刷されない！

A 隠し文字が印刷されるように設定します。

文書中の一部の文字列が印刷されない場合は、その文字列に隠し文字が設定されています。
＜Wordのオプション＞を開き、＜表示＞の＜印刷オプション＞で、＜隠し文字を印刷する＞をクリックしてオンにします。

参照▶Q 0296, Q 0321

第7章

Wordの差し込み印刷の「こんなときどうする?」

重要度 ★★★ 文書への差し込み

Q 0323 アドレス帳を作成して文書に差し込みたい!

A <差し込み印刷ウィザード>を利用します。

「差し込み印刷」を利用すると、もとの文書となる「メイン文書」に、「差し込みフィールド」と呼ばれる領域を挿入して、文書の宛先だけをほかのファイルから差し込んで印刷したり、封筒の宛名やラベルに印刷したりできます。まずは、このもととなるアドレス帳(住所録)を作成しましょう。ここでは、差し込む文書を準備して、<差し込み印刷ウィザード>を使ってアドレス帳を作成し、文書に差し込むまでを解説します。

なお、Word 2019/2016のアドレス帳には「敬称」欄が設定されていません。文書に敬称を入れたい場合は、手順27のように直接入力するか、「敬称」欄を追加します。Word 2013/2010には設定されているので、自動的に挿入できます。

このほか、Excelで作成したものをWordの文書に差し込むことも可能です。

参照 ▶ Q 0324, Q 0325, Q 0332, Q 0333

1 文書を開き、<差し込み文書>タブの<差し込み印刷の開始>をクリックして、

2

クリックします。

3 文書の種類(ここでは<レター>)をクリックしてオンにし、

<差し込み印刷>作業ウィンドウが表示されます。

4 <次へ:ひな形の選択>をクリックします。

5 <現在の文書を使用>をクリックしてオンにし、

6 <次へ:宛先の選択>をクリックします。

7 <新しいリストの入力>をクリックしてオンにし、

8 <作成>をクリックすると、

9 <新しいアドレス帳>ダイアログボックスが表示されます。

10 必要な項目を入力します。

欄の移動は Tab を押して、宛先を追加するには<新しいエントリ>をクリックします。

11 すべての宛先を入力したら、<OK>をクリックします。

保存先は自動的に<ドキュメント>の<My Data Sources>が選択されます。

12 ファイル名を入力して、

13 <保存>をクリックします。

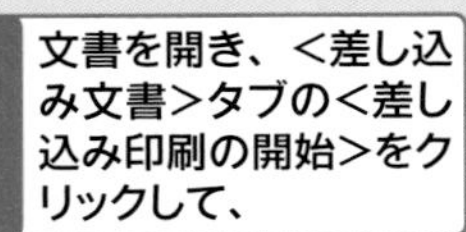

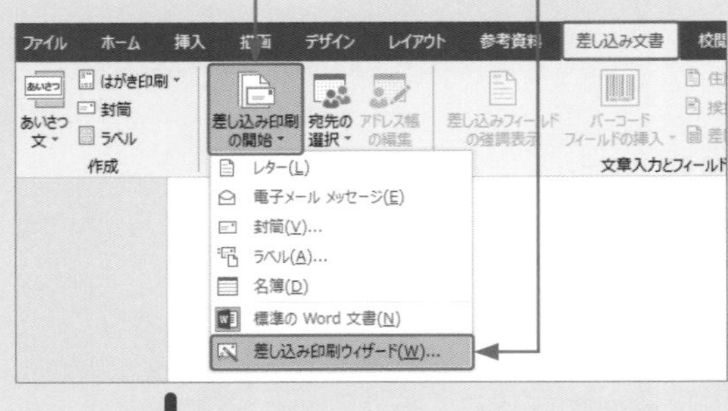

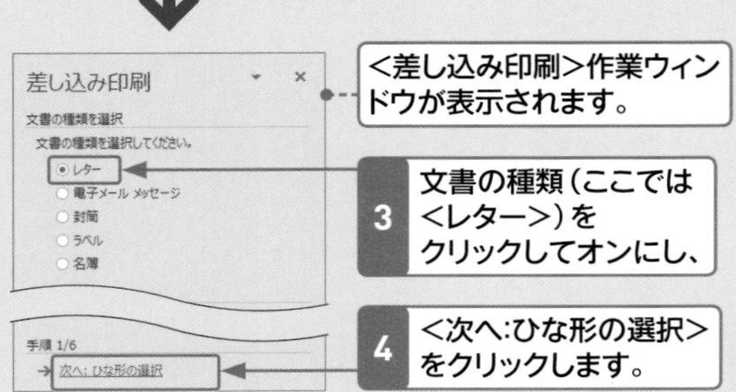

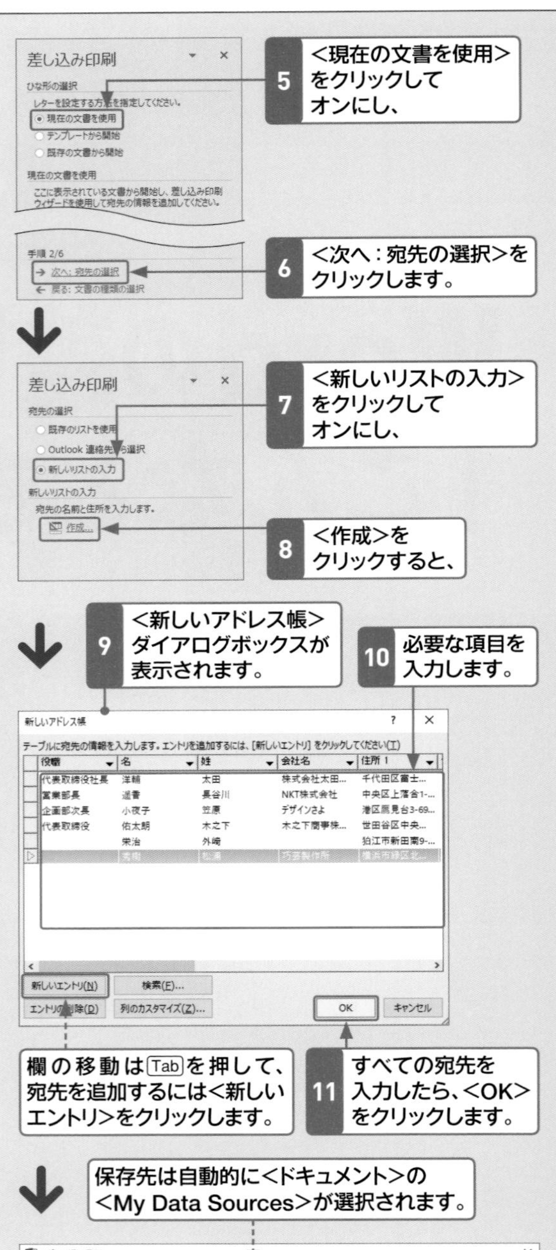

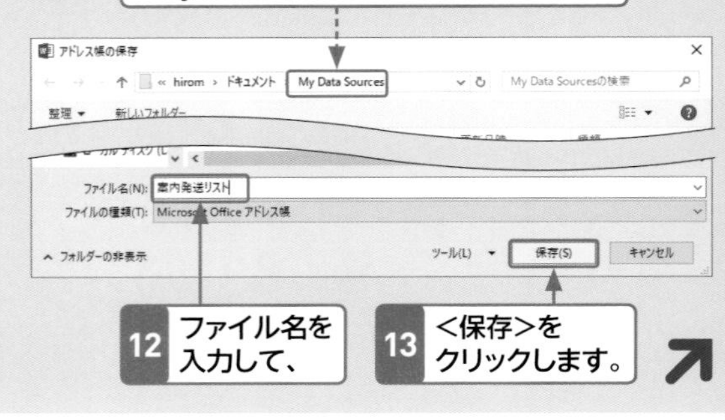

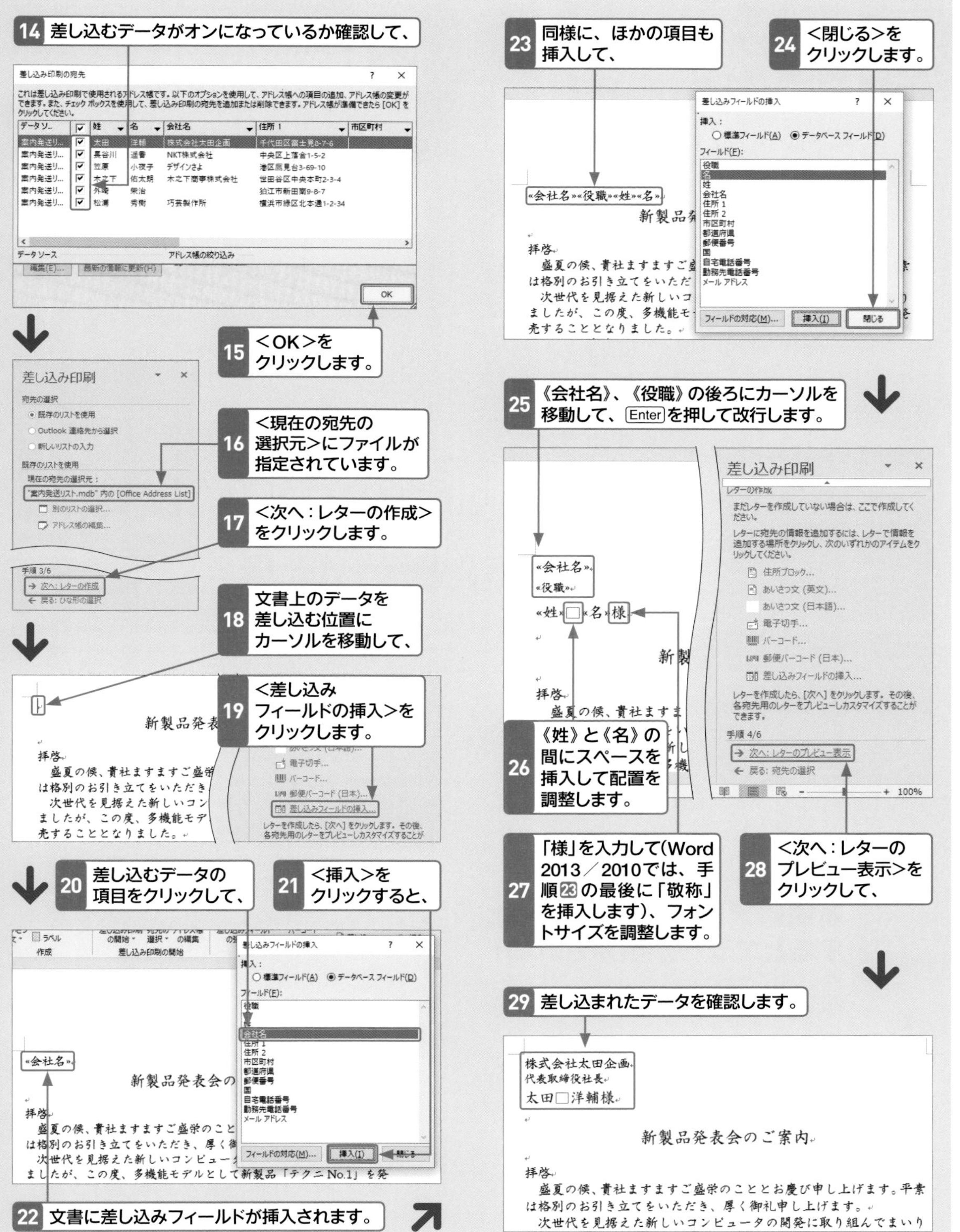
14 差し込むデータがオンになっているか確認して、
15 ＜OK＞をクリックします。
16 ＜現在の宛先の選択元＞にファイルが指定されています。
17 ＜次へ：レターの作成＞をクリックします。
18 文書上のデータを差し込む位置にカーソルを移動して、
19 ＜差し込みフィールドの挿入＞をクリックします。
20 差し込むデータの項目をクリックして、
21 ＜挿入＞をクリックすると、
22 文書に差し込みフィールドが挿入されます。
23 同様に、ほかの項目も挿入して、
24 ＜閉じる＞をクリックします。
25 《会社名》、《役職》の後ろにカーソルを移動して、Enterを押して改行します。
26 《姓》と《名》の間にスペースを挿入して配置を調整します。
27 「様」を入力して(Word 2013／2010では、手順23の最後に「敬称」を挿入します)、フォントサイズを調整します。
28 ＜次へ：レターのプレビュー表示＞をクリックして、
29 差し込まれたデータを確認します。

重要度 ★★★ 文書への差し込み

Q 0324 新規のアドレス帳を作成したい！

A ＜新しいアドレス帳＞画面で入力します。

Wordで新規にアドレス帳を作成する場合、＜差し込み印刷ウィザード＞を利用すると、手順を追って作成できるので便利です。文書に差し込まない場合など、たんにアドレス帳のみを作成したい場合は、＜差し込み文書＞タブの＜宛先の選択＞で＜新しいリストの入力＞をクリックして、＜新しいアドレス帳＞ダイアログボックスでデータを入力します。 参照 ▶ Q 0323, Q 0325

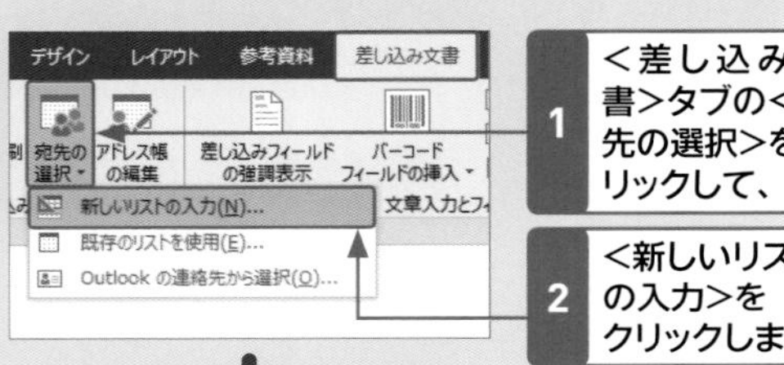

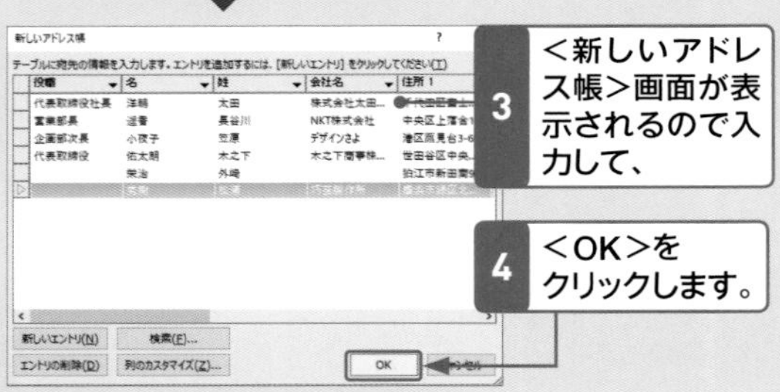

重要度 ★★★ 文書への差し込み

Q 0325 新規にアドレス帳を作ろうとするとエラーが表示される！

A アドレス帳をExcelなどで作成します。

新規にアドレス帳を作成する場合に、＜差し込み文書＞タブの＜宛先の選択＞で＜新しいリストの入力＞をクリックしても、パソコンの環境によっては＜新しいアドレス帳＞ダイアログボックスが表示されない事例があります。こういう場合は、Excelなどでアドレス帳を作成して利用するとよいでしょう。 参照 ▶ Q 0326

重要度 ★★★ 文書への差し込み

Q 0326 Excelの住所録を利用して宛先を印刷したい！

A Excelのデータを文書に差し込んで印刷します。

差し込み印刷では、Wordで作成したアドレス帳のほかに、Excelで作成したデータも文書に挿入できます。ただし、差し込み印刷に利用できるExcelのデータは、それぞれの列の1行目に項目名が入力され、項目ごとに数値や文字列が入力されている必要があります。

Wordの文書にExcelのデータを挿入する（差し込む）には、＜差し込み印刷ウィザード＞を利用します。

＜差し込み印刷＞タブの＜宛先の選択＞で＜既存のリスト＞をクリックして、Excelのファイルを指定してもかまいません。その場合は、＜差し込み印刷＞タブの＜差し込みデータフィールドの挿入＞をクリックすると、P.205の手順13の画面が表示されるので、同様に操作を行います。 参照 ▶ Q 0323, Q 0338

● Excelのデータ要素

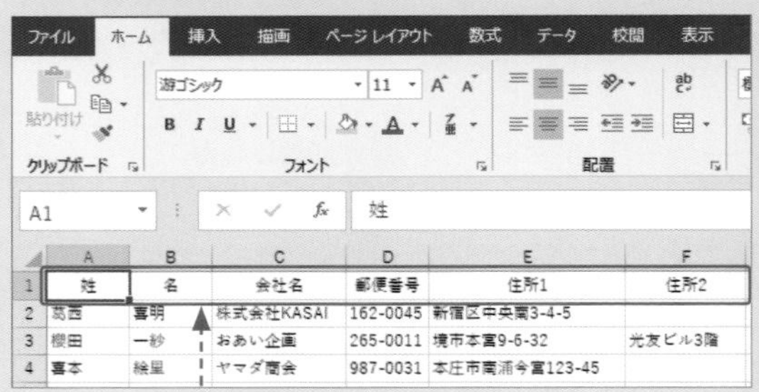

● Excelデータを差し込む

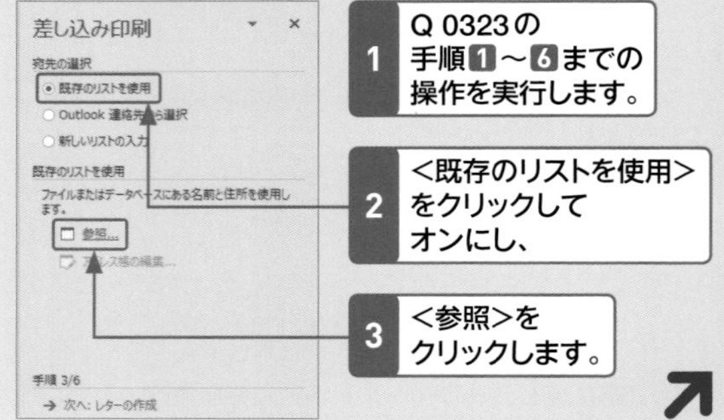

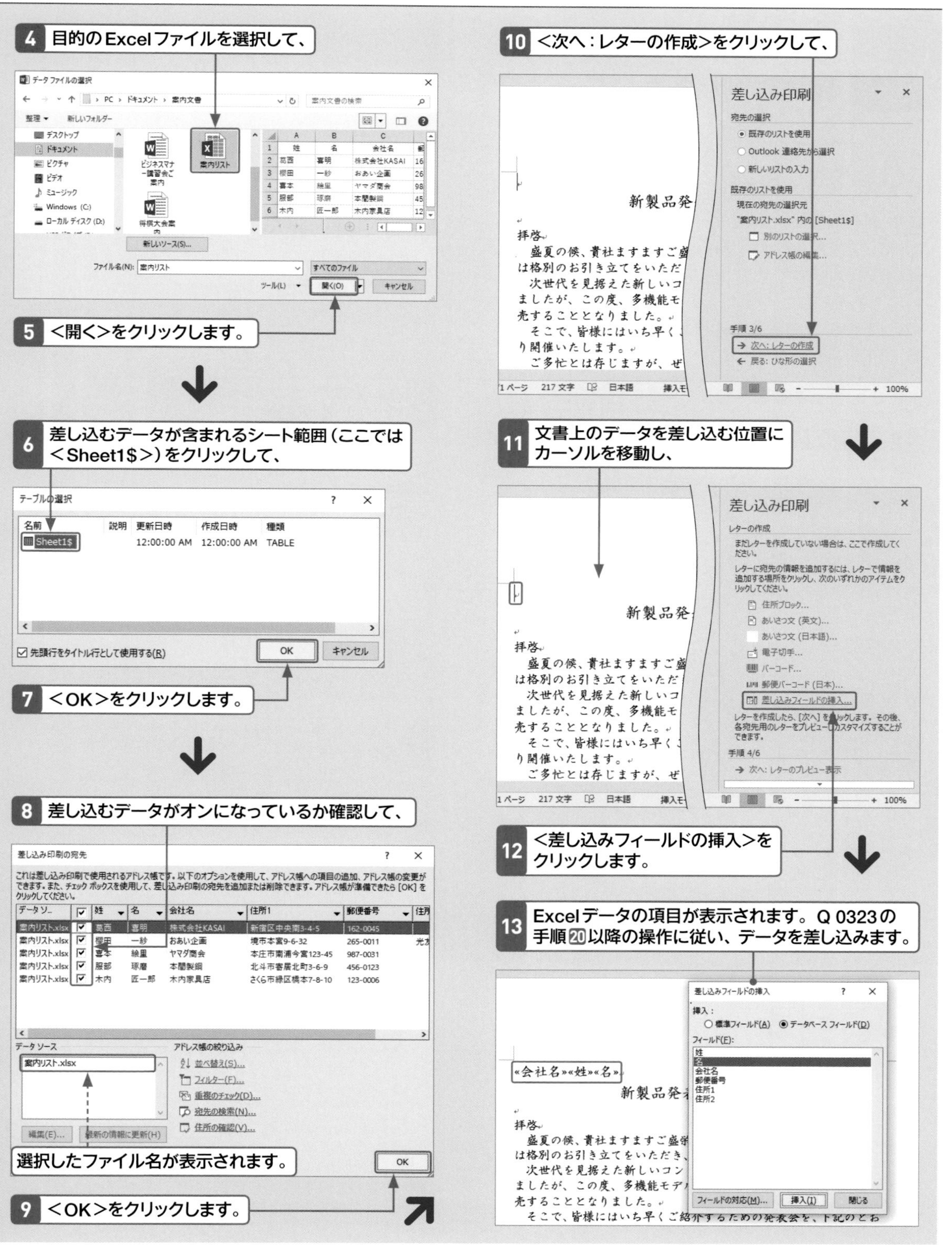
4 目的のExcelファイルを選択して、
5 <開く>をクリックします。
6 差し込むデータが含まれるシート範囲（ここでは<Sheet1$>）をクリックして、
7 <OK>をクリックします。
8 差し込むデータがオンになっているか確認して、
選択したファイル名が表示されます。
9 <OK>をクリックします。
10 <次へ：レターの作成>をクリックして、
11 文書上のデータを差し込む位置にカーソルを移動し、
12 <差し込みフィールドの挿入>をクリックします。
13 Excelデータの項目が表示されます。Q 0323の手順20以降の操作に従い、データを差し込みます。

重要度 ★★★　文書への差し込み

Q 0327 Outlookの「連絡先」を宛先に利用したい!

A Outlookの「連絡先」のデータを文書に差し込むことができます。

電子メールソフトのOutlookを利用している場合、Outlookの連絡先を差し込み印刷に利用できます。Outlookの連絡先を差し込み印刷に利用するには、<差し込み印刷>作業ウィンドウの<宛先の選択>で<Outlook連絡先から選択>をクリックしてオンにし、以下の手順に従います。 参照▶Q 0326

1 Q 0323の手順1～6までの操作を実行します。

2 <Outlook連絡先から選択>をクリックしてオンにし、

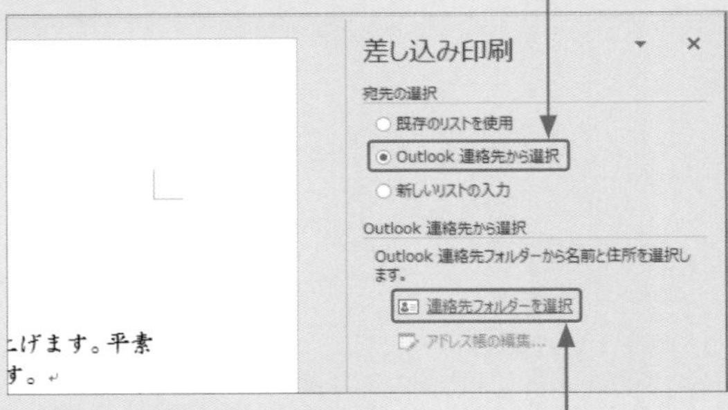

3 <連絡先フォルダーを選択>をクリックします。

Word 2010では、<プロファイルの選択>ダイアログボックスが表示されるので、プロファイル名を入力し、<OK>をクリックします。

4 <連絡先>をクリックして、

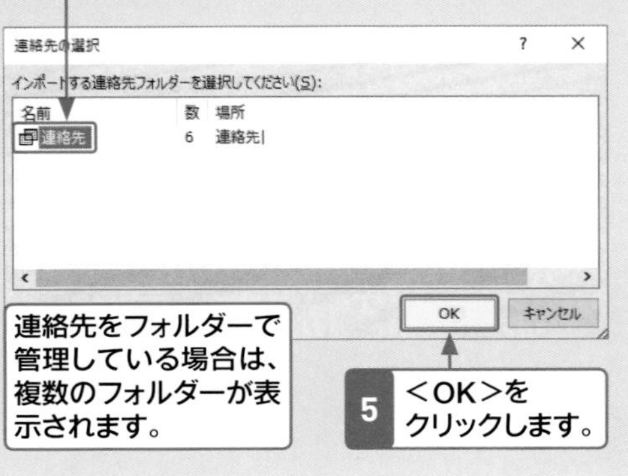

連絡先をフォルダーで管理している場合は、複数のフォルダーが表示されます。

5 <OK>をクリックします。

6 <差し込み印刷の宛先>ダイアログボックスが表示されます。

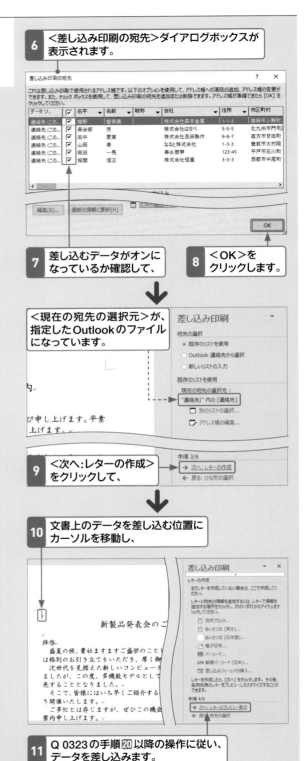

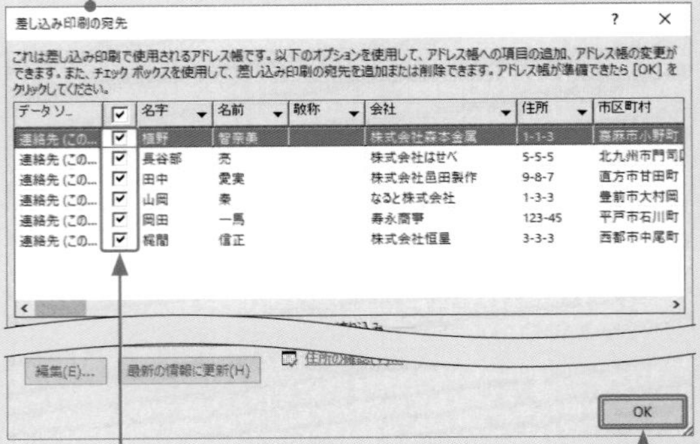

7 差し込むデータがオンになっているか確認して、

8 <OK>をクリックします。

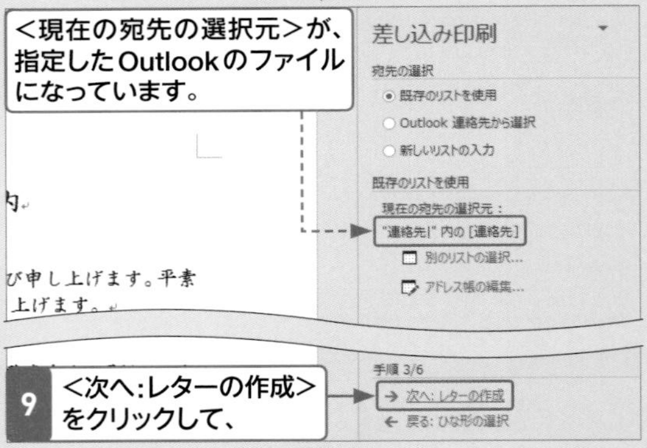

<現在の宛先の選択元>が、指定したOutlookのファイルになっています。

9 <次へ:レターの作成>をクリックして、

10 文書上のデータを差し込む位置にカーソルを移動し、

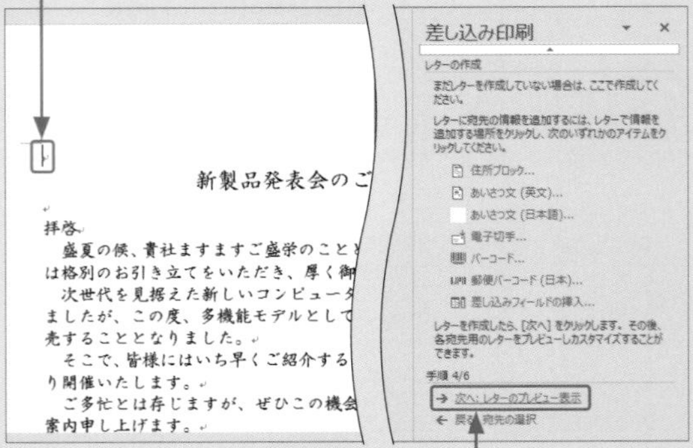

11 Q 0323の手順20以降の操作に従い、データを差し込みます。

重要度 ★★★　文書への差し込み

Q 0328 Outlookの連絡先のデータを書き出したい！

A <ファイル>タブの<開く／エクスポート>から書き出します。

Outlookの「連絡先」のデータをテキストファイルとして書き出すと、CSV形式のファイルとして保存されます。CSVファイルは、データを「,」(カンマ)で区切った形式のファイルで、Excelなどの表計算ソフトやWordなどのワープロソフトで開いて利用することができます。Outlookの連絡先のデータをテキストファイルとして書き出す（エクスポートする）には、Outlookを起動して、以下の手順に従います。

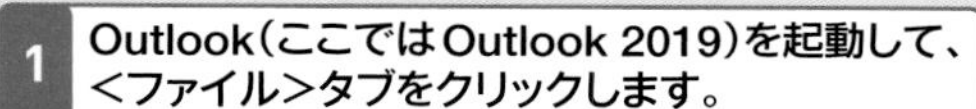

1 Outlook(ここではOutlook 2019)を起動して、<ファイル>タブをクリックします。

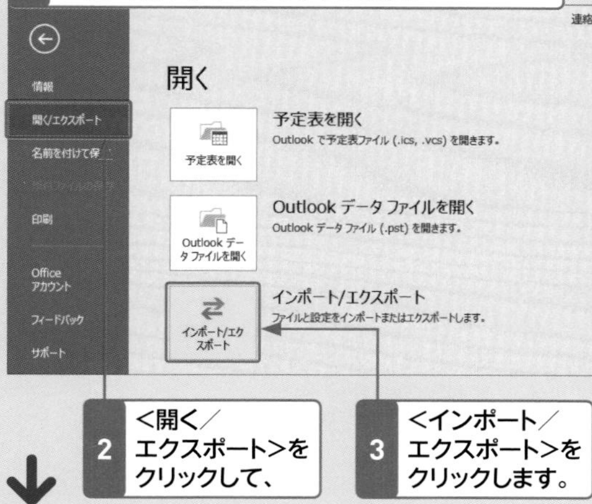

2 <開く／エクスポート>をクリックして、

3 <インポート／エクスポート>をクリックします。

4 <ファイルにエクスポート>をクリックして、

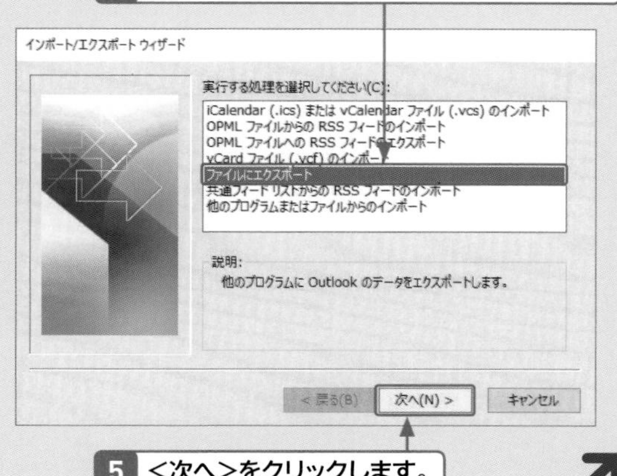

5 <次へ>をクリックします。

6 <テキストファイル（カンマ区切り）>をクリックして、

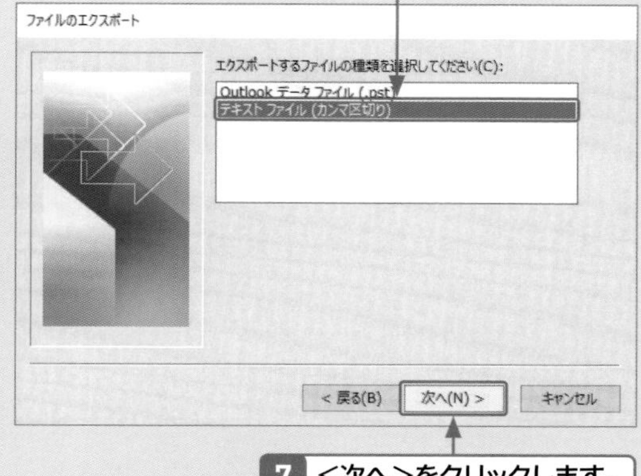

7 <次へ>をクリックします。

8 <連絡先>をクリックして、

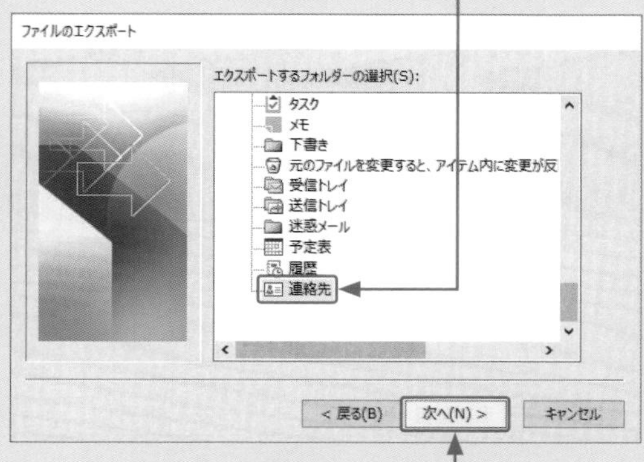

9 <次へ>をクリックします。

10 <参照>をクリックします。

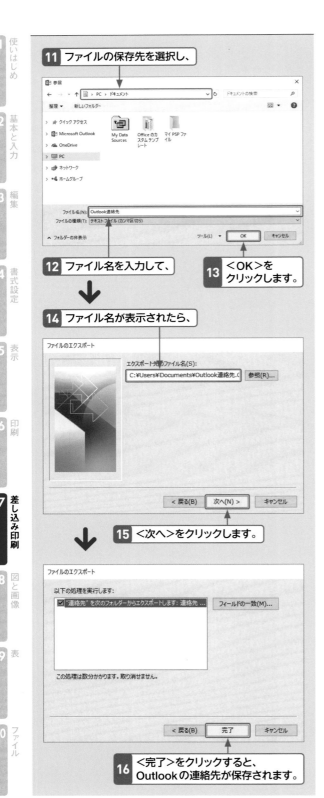

11 ファイルの保存先を選択し、

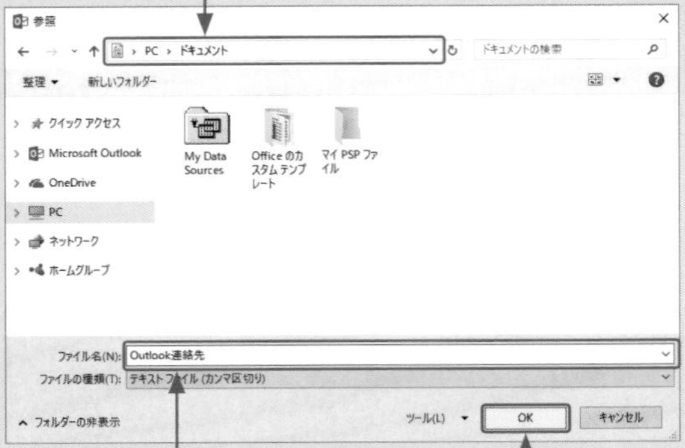

12 ファイル名を入力して、

13 <OK>をクリックします。

14 ファイル名が表示されたら、

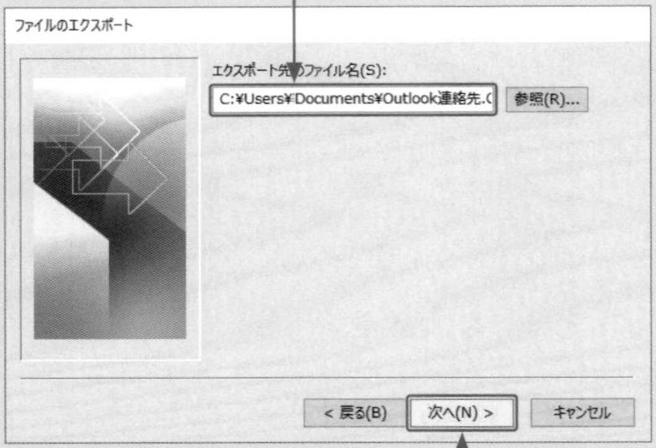

15 <次へ>をクリックします。

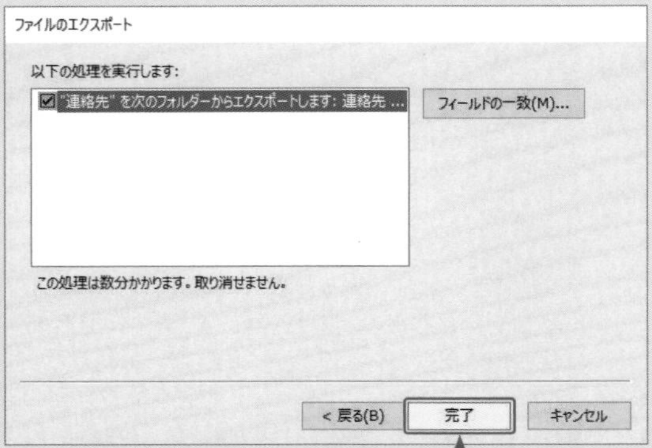

16 <完了>をクリックすると、Outlookの連絡先が保存されます。

重要度 ★★★　文書への差し込み

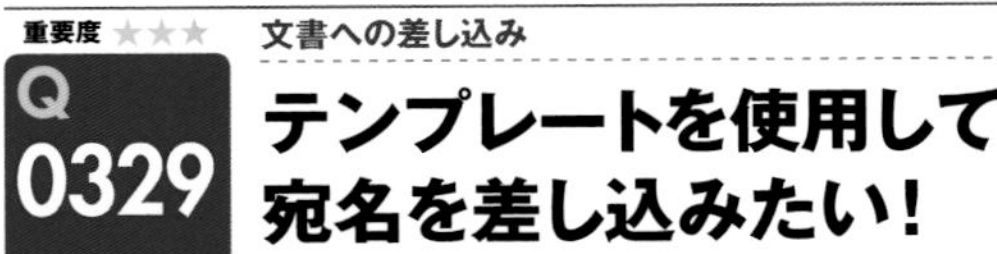

Q 0329 テンプレートを使用して宛名を差し込みたい!

A テンプレートを利用します。

Wordには宛名を差し込めるレターのテンプレートが用意されています。レターにデータを差し込むには、<差し込み印刷ウィザード>を起動して、<差し込み印刷>作業ウィンドウの<ひな形の選択>を表示し、以下の手順に従います。

参照▶Q 0323

1 Q 0323の手順1～4までの操作をします。

2 <テンプレートから開始>をクリックしてオンにし、

3 <テンプレートの選択>をクリックします。

4 <レター>をクリックして、

5 目的の種類をクリックし、

6 <OK>をクリックすると、

7 選択したテンプレートが表示されます。

8 Q 0323の手順6以降の操作に従い、データを差し込みます。

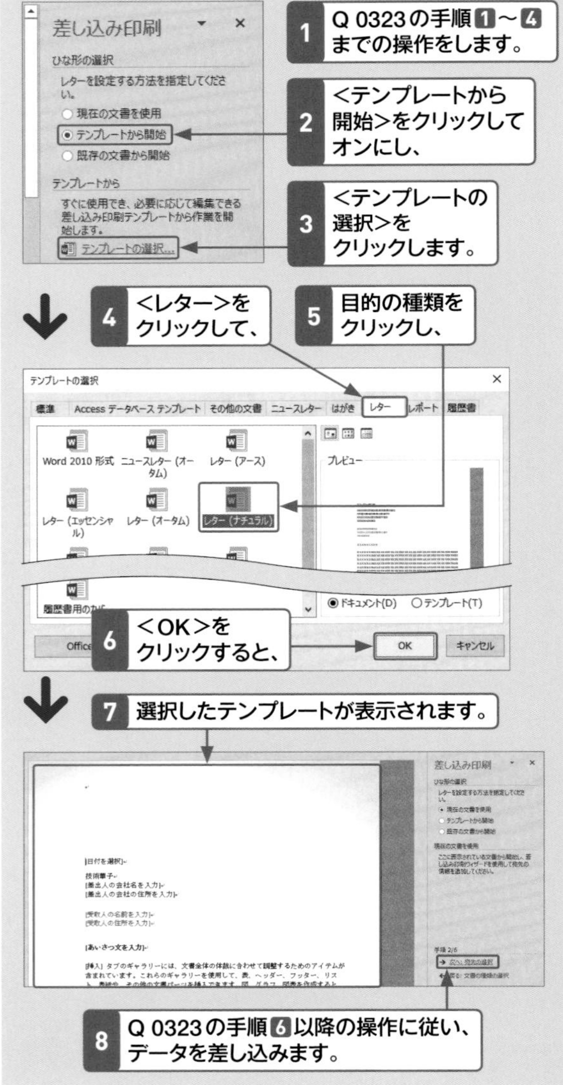

重要度 ★★★　文書への差し込み

Q 0330 差し込む項目をあとから追加したい！

A <差し込みフィールドの挿入>を利用します。

差し込み印刷が設定された文書に、あとから差し込み項目を追加するには、挿入位置にカーソルを移動して、<差し込み文書>タブの<差し込みフィールドの挿入>の ▾ をクリックし、目的の項目をクリックします。ほかに、最初に差し込んだときと同じ方法でも追加できます。<差し込み文書>タブの<差し込みフィールドの挿入>をクリックして、<差し込みフィールドの挿入>ダイアログボックスから挿入します。
なお、アドレス帳に該当の項目がない人の場合は、追加した項目（行）を空けずに差し込まれます。

参照▶Q 0323

1 項目を追加したい位置にカーソルを移動して、

2 <差し込みフィールドの挿入>のここをクリックし、

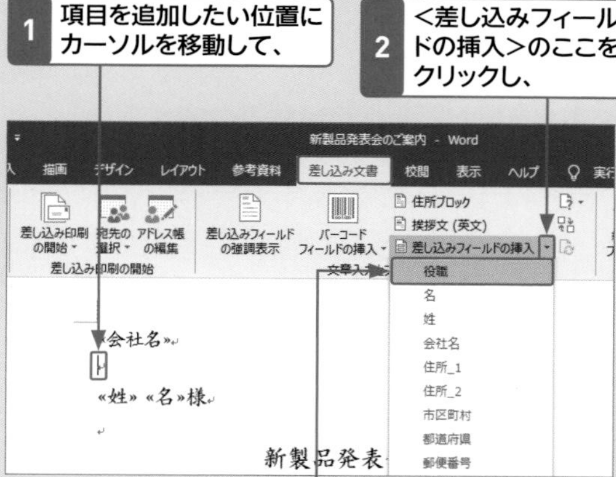

3 追加したい項目をクリックします。

4 項目が挿入されます。

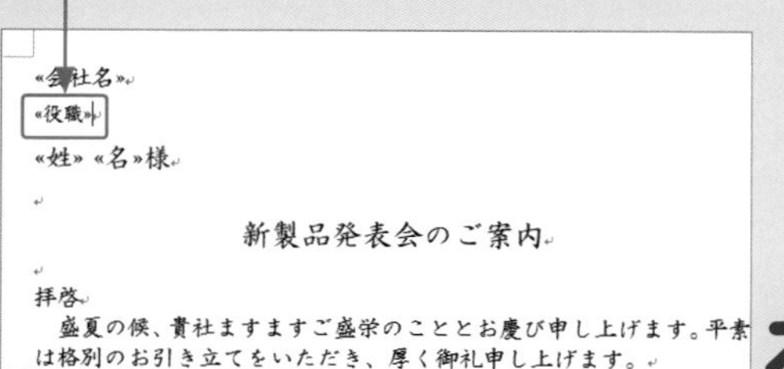

5 <結果のプレビュー>をクリックすると、

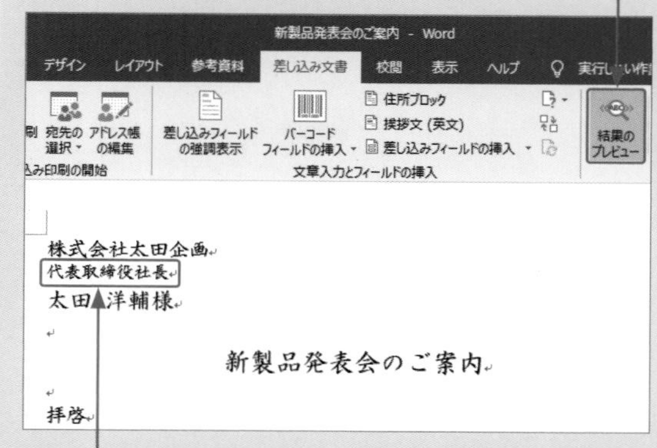

6 データが差し込まれていることを確認できます。

該当の項目がない人は、項目（行）をあけずに差し込まれます。

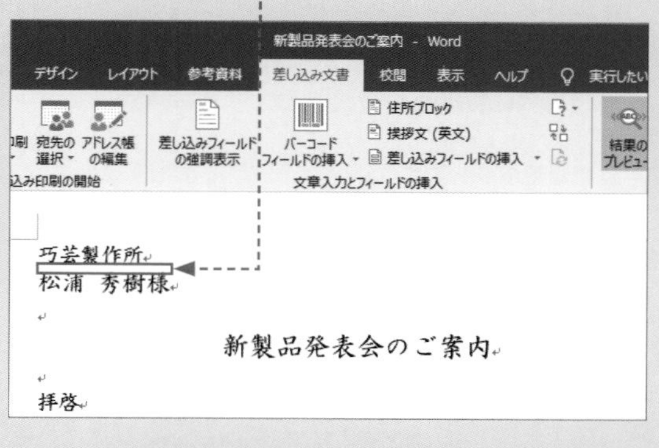

● <差し込みフィールドの挿入>ダイアログボックス

1 項目を選択して、

2 <挿入>をクリックすると、

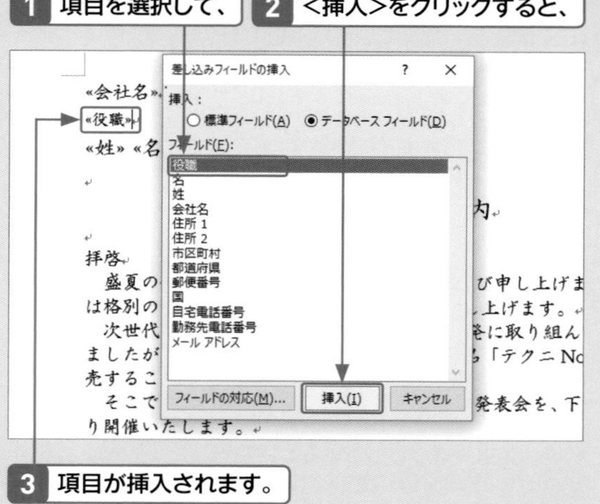

3 項目が挿入されます。

重要度 ★★★ 文書への差し込み

Q 0331 条件を指定して抽出したデータを差し込みたい！

A1 <差し込み印刷の宛先>ダイアログボックスを利用します。

Wordで条件を指定して抽出したデータを差し込みたい場合は、<差し込み文書>タブの<アドレス帳の編集>をクリックして、<差し込み印刷の宛先>ダイアログボックスを表示し、抽出する項目見出しの▼をクリックして、表示される一覧から抽出条件を指定します。また、<データソース>列の右にあるチェックボックスで抽出する人をオンにすることでも、印刷するレコード（情報）を指定できます。

なお、次回<差し込み印刷の宛先>ダイアログボックスを表示すると、抽出した状態のままになってしまします。操作を終えたら、手順2で<（すべて）>をクリックして、もとに戻しておきましょう。

ここでは同じ会社の人を抽出します。

1 ここをクリックして、

2 抽出する条件を指定すると、

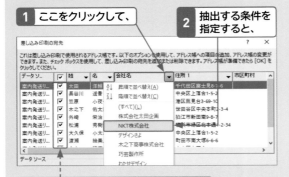

ここをオン／オフにしても指定できます。

3 データが抽出されます。

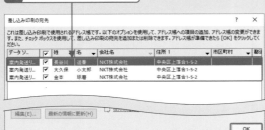

4 <OK>をクリックすると、抽出したデータが文書に差し込まれます。

A2 <フィルターと並べ替え>ダイアログボックスを利用します。

Wordで条件を指定して抽出したデータを差し込みたい場合は、<差し込み文書>タブの<アドレス帳の編集>をクリックして、<差し込み印刷の宛先>ダイアログボックスを表示し、<フィルター>をクリックします。表示される<フィルターと並べ替え>ダイアログボックスで、抽出する条件を指定します。

1 <フィルター>をクリックして、

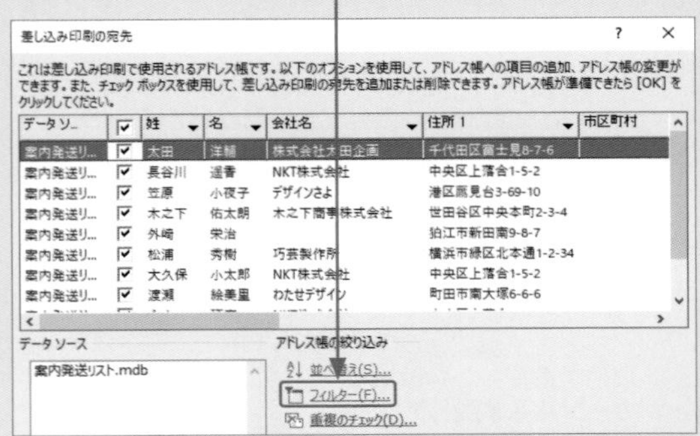

2 <レコードのフィルター>をクリックし、

3 フィールドと抽出する条件を選択して、

4 抽出したい値を入力し、

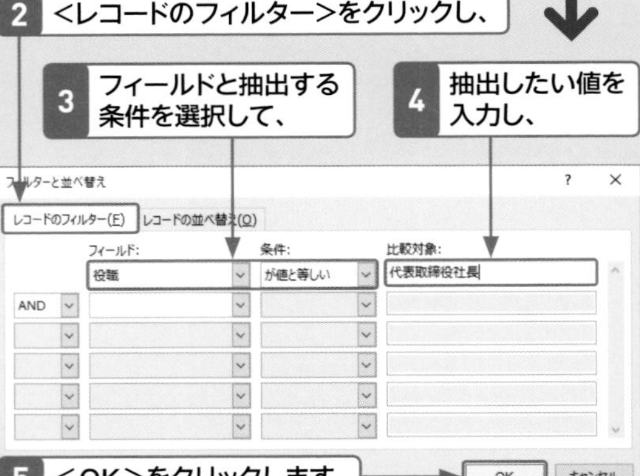

5 <OK>をクリックします。

6 データが抽出されます。

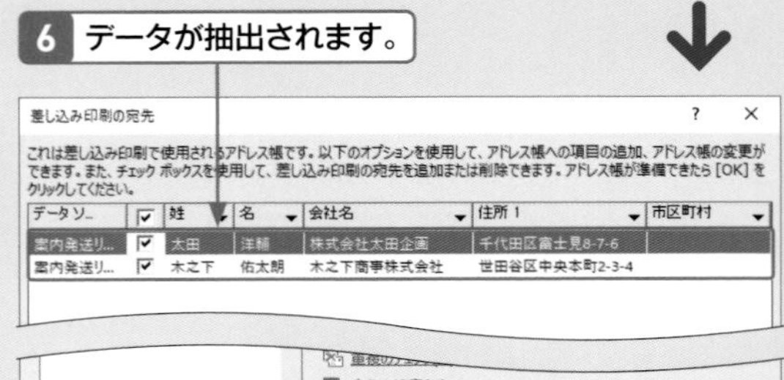

7 <OK>をクリックすると、抽出したデータが文書に差し込まれます。

重要度 ★★★　文書への差し込み

Q 0332 差し込み印刷で作成したアドレス帳を編集したい！

A ＜データソースの編集＞ダイアログボックスで編集します。

差し込み印刷を設定する際にWordで作成したアドレス帳（住所録）は、文書で使用しているときでも編集することができます。

＜差し込み文書＞タブの＜アドレス帳の編集＞をクリックして表示される＜差し込み印刷の宛先＞ダイアログボックスで、アドレス帳を指定し、＜編集＞をクリックします。＜データソースの編集＞ダイアログボックスでデータを編集できます。

なお、ほかのアドレス帳データを利用している場合は、＜差し込み印刷＞作業ウィンドウの＜宛先の選択＞画面で＜別のリストの選択＞をクリックして、＜データファイルの選択＞ダイアログボックスで目的のアドレス帳を選択し、＜差し込み印刷の宛先＞ダイアログボックスを表示します。

参照 ▶ Q 0323

1 ＜差し込み文書＞タブの＜アドレス帳の編集＞をクリックすると、

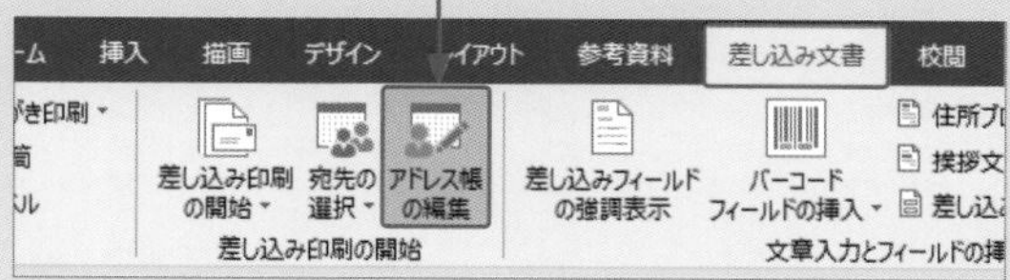

2 ＜差し込み印刷の宛先＞ダイアログボックスが表示されます。

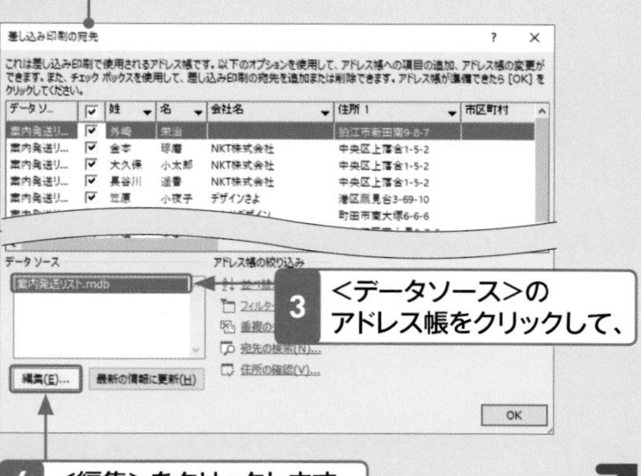

3 ＜データソース＞のアドレス帳をクリックして、

4 ＜編集＞をクリックします。

5 ＜データソースの編集＞ダイアログボックスが表示されるので、

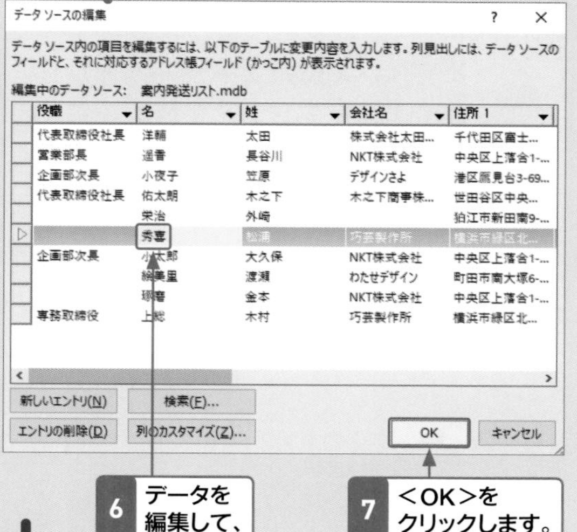

6 データを編集して、

7 ＜OK＞をクリックします。

8 変更確認のメッセージが表示されるので、＜はい＞をクリックして、

9 変更の反映を確認して、

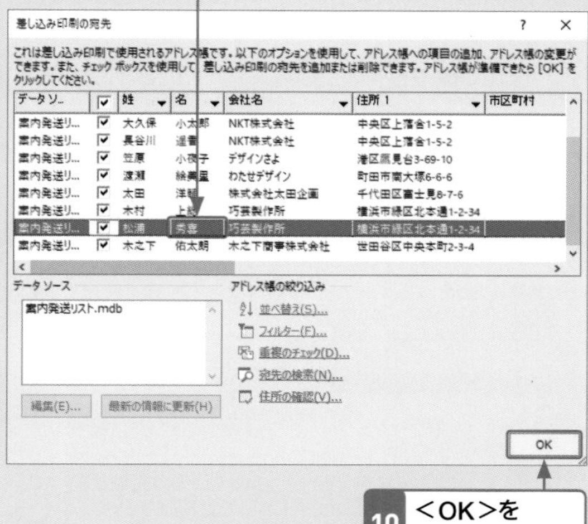

10 ＜OK＞をクリックします。

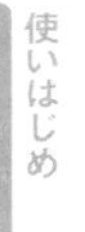

Q 0333 アドレス帳の項目をあとから追加したい！

A <アドレス帳のユーザー設定>ダイアログボックスを利用します。

Wordで作成したアドレス帳（住所録）の項目（フィールド）の追加や削除は、<データソースの編集>ダイアログボックスから行えます。表示するには、<差し込み文書>タブの<アドレス帳の編集>をクリックして<差し込み印刷の宛先>ダイアログボックスを表示し、<データソース>のアドレス帳を選択して、<編集>をクリックします。

参照▶Q 0332

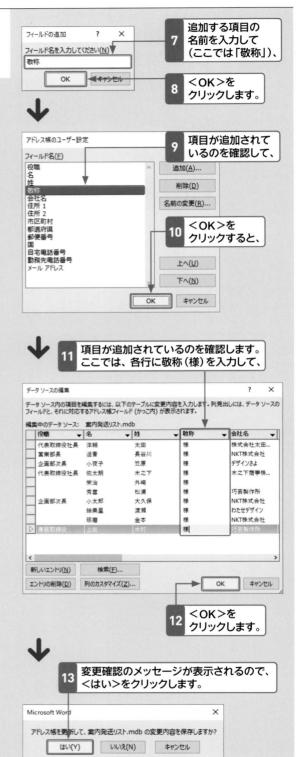

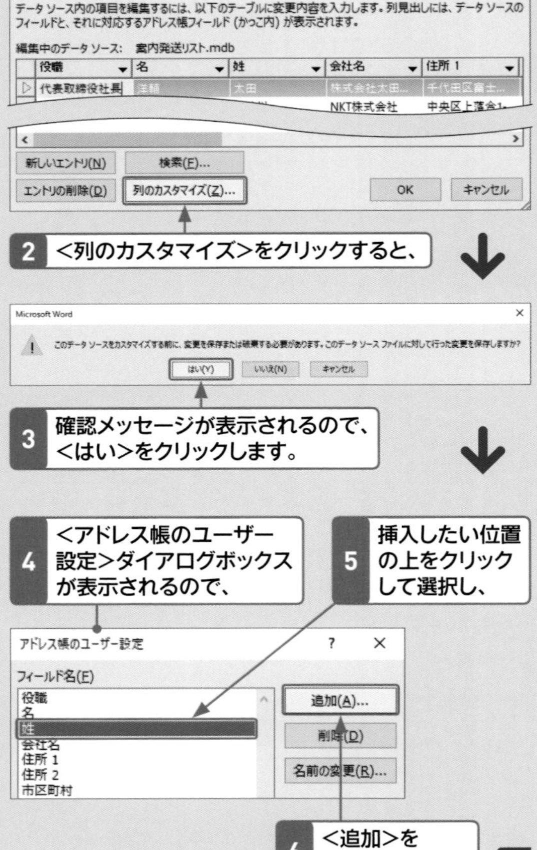

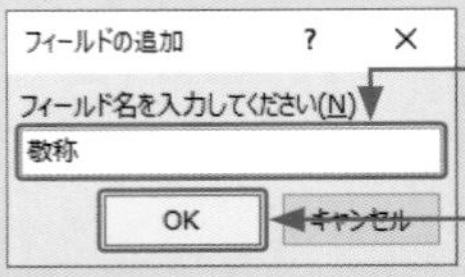

7 追加する項目の名前を入力して（ここでは「敬称」）、

8 <OK>をクリックします。

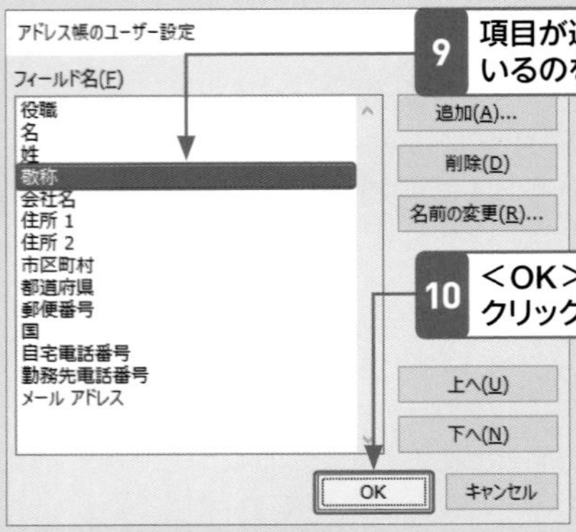

9 項目が追加されているのを確認して、

10 <OK>をクリックすると、

11 項目が追加されているのを確認します。ここでは、各行に敬称（様）を入力して、

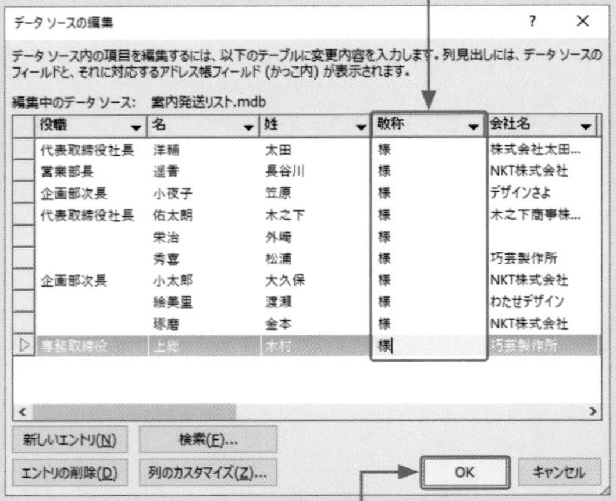

12 <OK>をクリックします。

13 変更確認のメッセージが表示されるので、<はい>をクリックします。

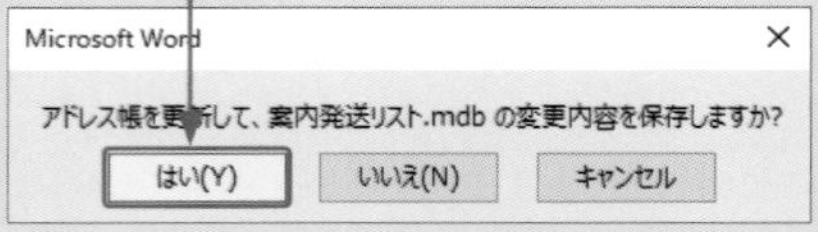

重要度★★★　文書への差し込み

Q 0334 宛名のフォントを変更したい！

A フォントの種類やサイズを変更すると、すべての宛名に反映されます。

宛名のフォントやサイズを変更したい場合は、通常の変更と同様に、宛名の差し込みフィールドを選択して、<ホーム>タブの<フォント>または<フォントサイズ>ボックスで指定します。文字列を選択すると表示されるショートカットメニューを利用すれば、<ホーム>タブをクリックする手間が省けます。

なお、差し込みフィールドを選択する際は、フィールド名の前後にある《》を含めて選択します。差し込みフィールドではなく、結果のプレビューでデータが差し込まれた状態で操作してもかまいません。

1 項目名を選択すると、ショートカットメニューが表示されます。

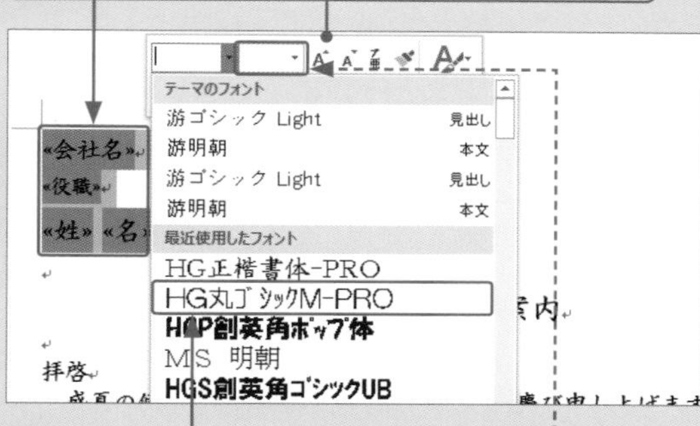

2 変更したいフォントをクリックします。

フォントサイズも同様に変更できます。

3 フォントが変更されます。<結果のプレビュー>をクリックしてデータに反映されていることを確認します。

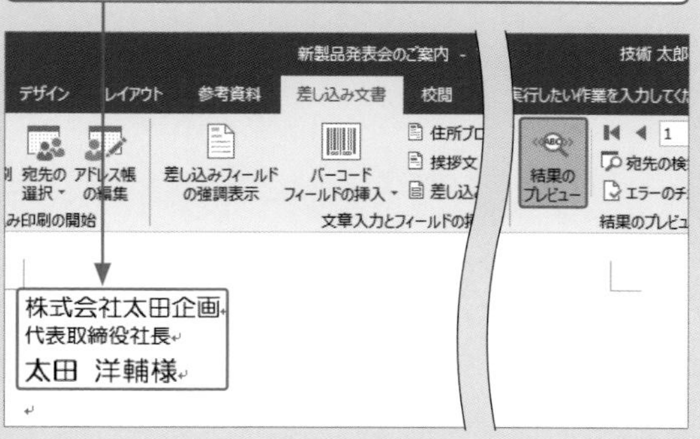

重要度★★★　文書への差し込み

Q 0335 データを差し込んだらすぐに印刷したい！

A <プリンターに差し込み>ダイアログボックスを利用します。

<差し込み文書>タブの<完了と差し込み>をクリックして<文書の印刷>をクリックするか、<差し込み印刷>作業ウィンドウ最後の<差し込み印刷の完了>で、<印刷>をクリックすると、<プリンターに差し込み>ダイアログボックスが表示されます。<OK>をクリックすると、<印刷>ダイアログボックスが表示されるので、設定して印刷を実行します。 参照▶Q 0291

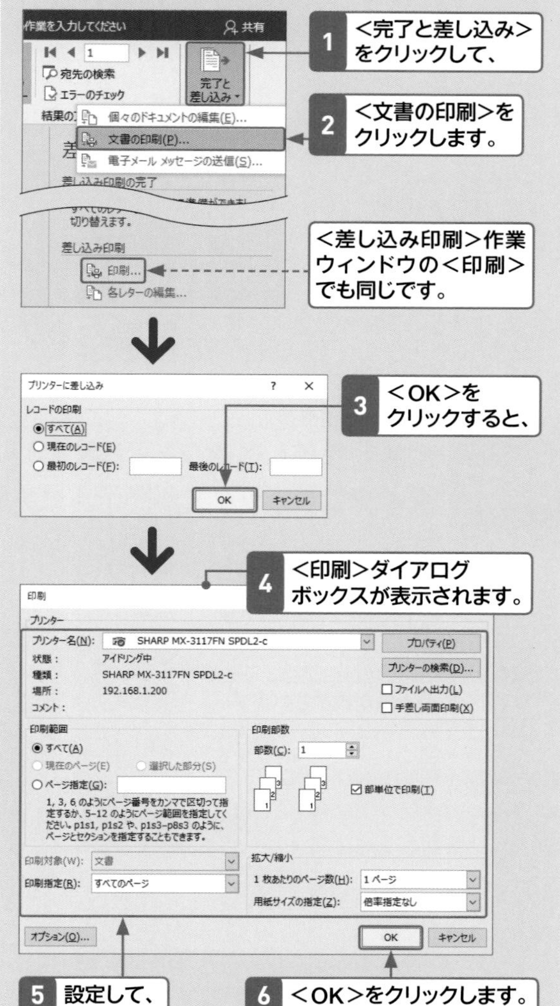

重要度 ★★★ 文書への差し込み

Q 0336 データを差し込んで保存したい！

A <新規文書への差し込み>ダイアログボックスを利用します。

データを差し込んだ状態の文書ファイルを新規文書として保存することができます。たとえば、1ページの元文書の場合、1ページ目にアドレス帳の1人目の宛先が差し込まれ、2ページ目に2人目の宛先… というように、指定した宛先分のページが「レター1」という新規文書として作成されるので、名前を付けて保存します。

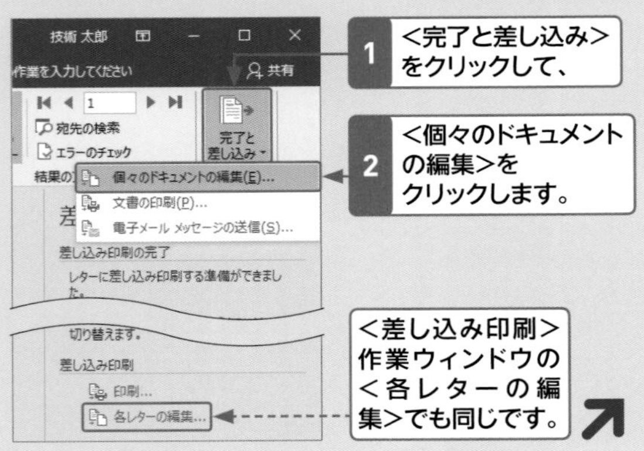

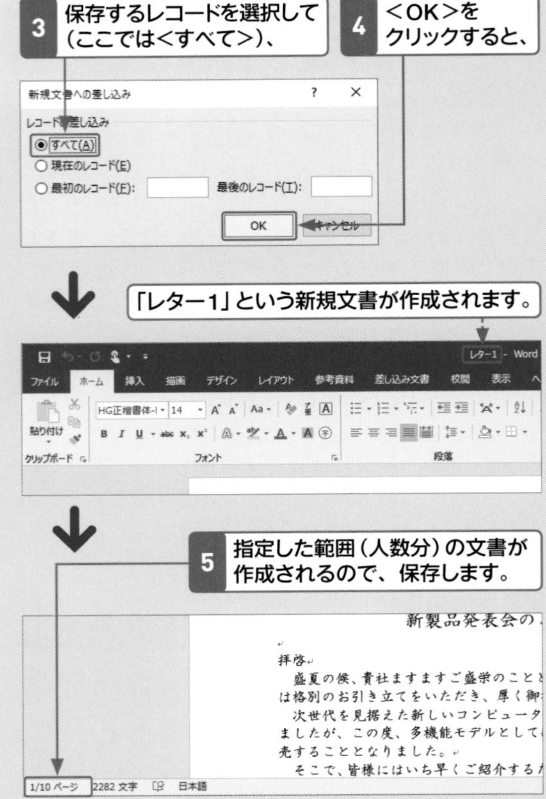

重要度 ★★★ 文書への差し込み

Q 0337 <無効な差し込みフィールド>ダイアログボックスが表示された！

A アドレス帳の項目名と差し込みフィールド名を一致させます。

アドレス帳の項目と差し込みフィールド名が一致しない場合、<無効な差し込みフィールド>ダイアログボックスが表示されます。たとえば、アドレス帳の項目を差し込みフィールドに挿入したあとで、アドレス帳の項目を変更した場合など、<結果のプレビュー>をクリックすると発生します。

アドレス帳の項目とデータファイルのフィールドの割り当てが合うように変更するか、<フィールドの削除>をクリックしてフィールド自体の削除を行います。

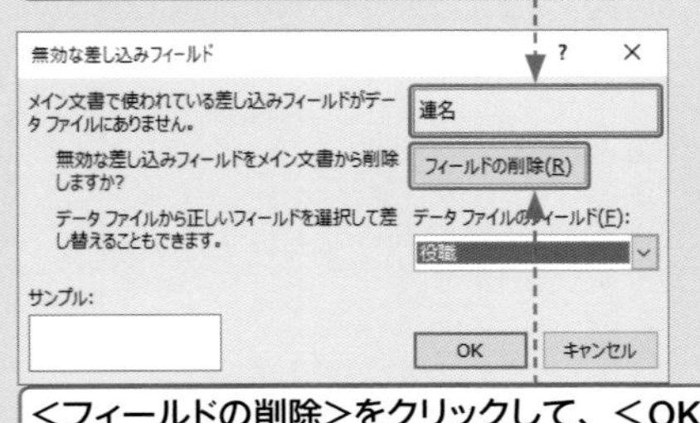

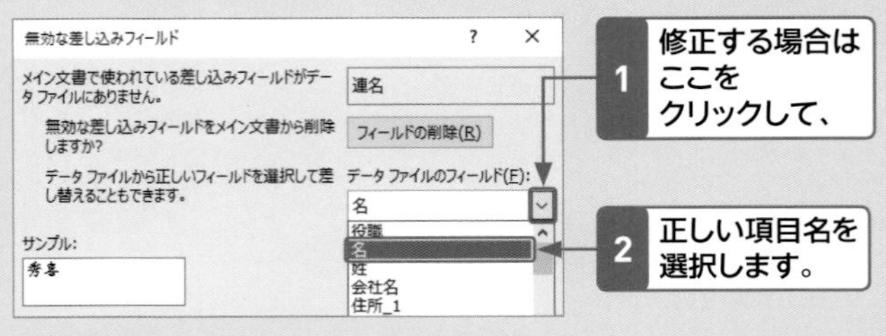

重要度 ★★★　文書への差し込み

Q 0338 アドレス帳の項目が間違っている！

A <フィールドの対応>ダイアログボックスで関連付けを修正します。

アドレス帳を差し込んだ文書を作成したときに、項目に表示されるデータの内容が入れ替わってしまっている場合があります。このような場合は、フィールドの対応を確認して、それぞれの関連付けを正しく修正します。

<差し込み文書>タブの<フィールドの対応>をクリックして、<フィールドの対応>ダイアログボックスを表示します。対応が違っている項目の⌵をクリックし、プルダウンリストから正しい項目をクリックして選択します。

<フィールドの対応>ダイアログボックスは、<差し込みフィールドの挿入>ダイアログボックスの<フィールドの対応>をクリックしても表示できます。

参照 ▶ Q 0337

1 フィールドを挿入して、

2 <結果のプレビュー>をクリックしたら、

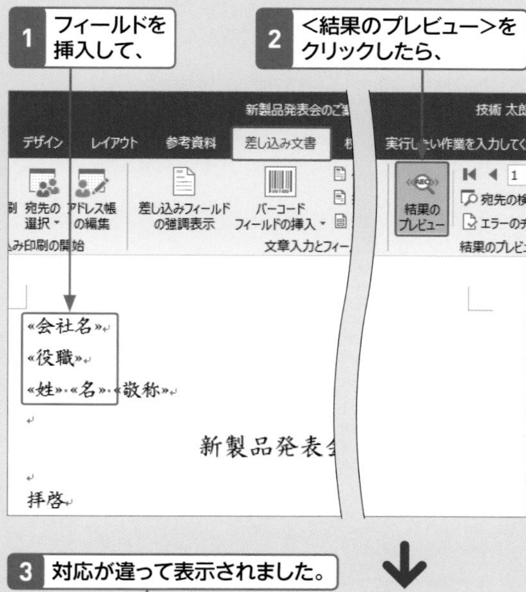

3 対応が違って表示されました。

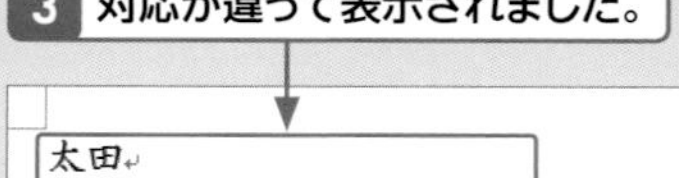

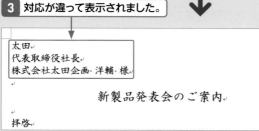

● フィールドの対応の修正

1 <差し込み文書>タブの<フィールドの対応>をクリックして、

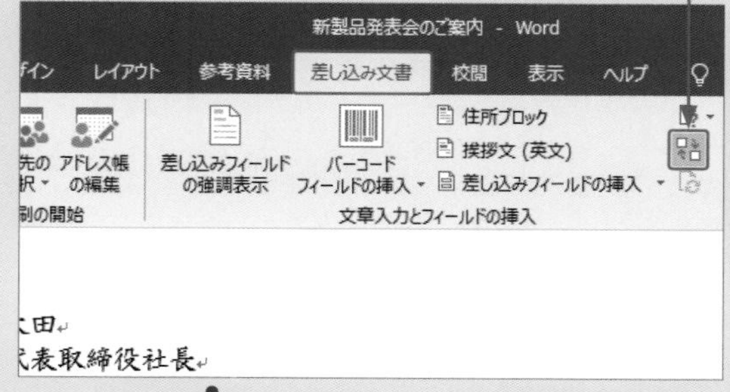

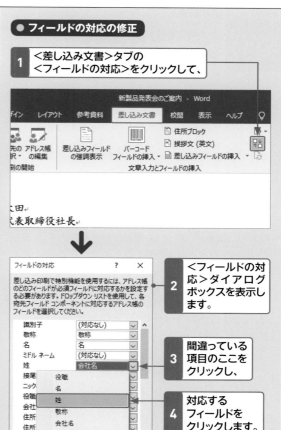

2 <フィールドの対応>ダイアログボックスを表示します。

3 間違っている項目のここをクリックし、

4 対応するフィールドをクリックします。

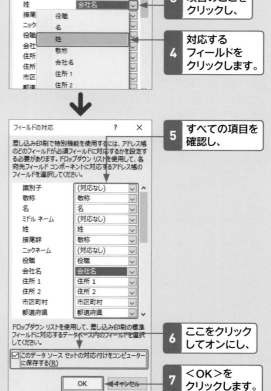

フィールドの対応

差し込み印刷で特別機能を使用するには、アドレス帳のどのフィールドが必須フィールドに対応するかを設定する必要があります。ドロップダウン リストを使用して、各宛先フィールド コンポーネントに対応するアドレス帳のフィールドを選択してください。

識別子	(対応なし)
敬称	敬称
名	名
ミドル ネーム	(対応なし)
姓	会社名

（リスト：役職／名／姓／敬称／会社名／住所 1／住所 2）

5 すべての項目を確認し、

識別子	(対応なし)
敬称	敬称
名	名
ミドル ネーム	(対応なし)
姓	姓
接尾辞	敬称
ニックネーム	(対応なし)
役職	役職
会社名	会社名
住所 1	住所 1
住所 2	住所 2
市区町村	市区町村
都道府県	都道府県

ドロップダウン リストを使用して、差し込み印刷の標準フィールドに対応するデータベース内のフィールドを選択してください。

☑ このデータ ソース セットの対応付けをコンピューターに保存する(R)

OK　キャンセル

6 ここをクリックしてオンにし、

7 <OK>をクリックします。

重要度★★★　はがきの宛名

Q 0339 はがきの宛名面を作成したい!

A <はがき宛名面印刷ウィザード>を利用します。

はがきの宛名面は、<差し込み文書>タブの<作成>から<はがき印刷>をクリックして、<宛名面の作成>をクリックすると表示される<はがき宛名面印刷ウィザード>に従うと、かんたんに作成することができます。

<はがき宛名面印刷ウィザード>では、はがきの種類、縦書き/横書き、フォントなどの選択を順に行い、差出人情報を入力して、住所録を指定すれば完了です。ここでは、まだアドレス帳(住所録)が作成されていなくても大丈夫です。

使用する住所録はQ 0340を参考に作成しましょう。なお、ExcelやWordで作成した住所録、Outlookから書き出した連絡先のファイルを利用することもできます。その場合は、手順14で<既存の住所録ファイル>をクリックしてオンにし、<参照>をクリックしてファイルを指定すると、はがきの宛名面の完成時に宛名が挿入されます。ただし、差し込むデータは、住所や氏名などの項目が正しく整っている必要があります。

1 <差し込み文書>タブをクリックして、

2 <はがき印刷>をクリックし、

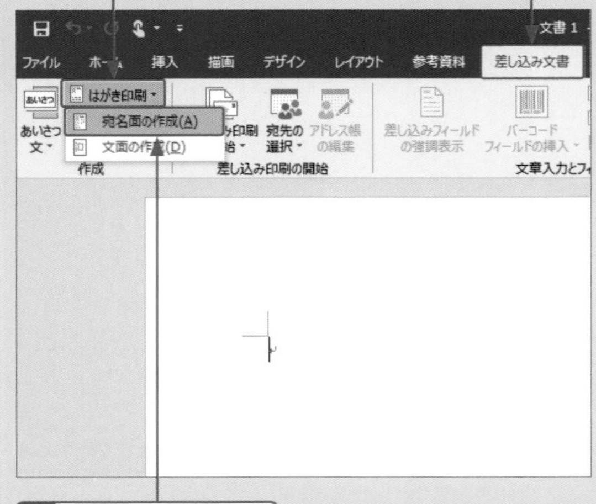

3 <宛名面の作成>をクリックします。

4 新しいWord文書が開き、<はがき宛名面印刷ウィザード>が起動するので、

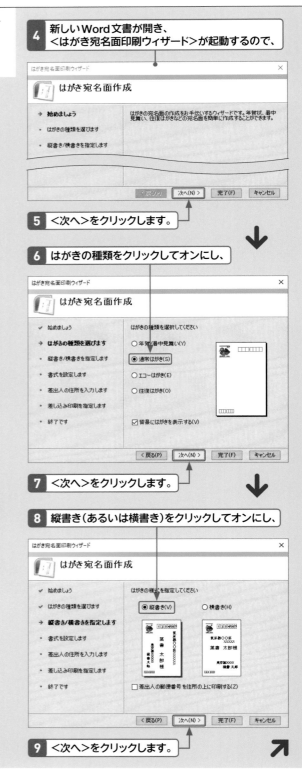

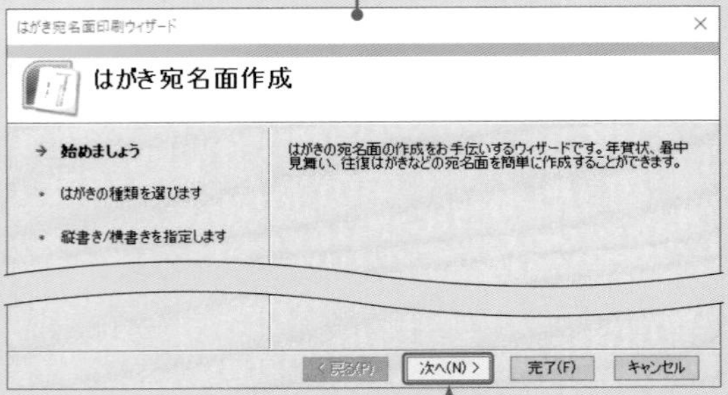

はがき宛名面印刷ウィザード
はがき宛名面作成
始めましょう
はがきの種類を選びます
縦書き/横書きを指定します
はがきの宛名面の作成をお手伝いするウィザードです。年賀状、暑中見舞い、往復はがきなどの宛名面を簡単に作成することができます。
< 戻る(P)　次へ(N) >　完了(F)　キャンセル

5 <次へ>をクリックします。

6 はがきの種類をクリックしてオンにし、

はがき宛名面印刷ウィザード
はがき宛名面作成
始めましょう
はがきの種類を選びます
縦書き/横書きを指定します
書式を設定します
差出人の住所を入力します
差し込み印刷を指定します
終了です
はがきの種類を選択してください
年賀/暑中見舞い(Y)
通常はがき(S)
エコーはがき(E)
往復はがき(O)
背景にはがきを表示する(V)
< 戻る(P)　次へ(N) >　完了(F)　キャンセル

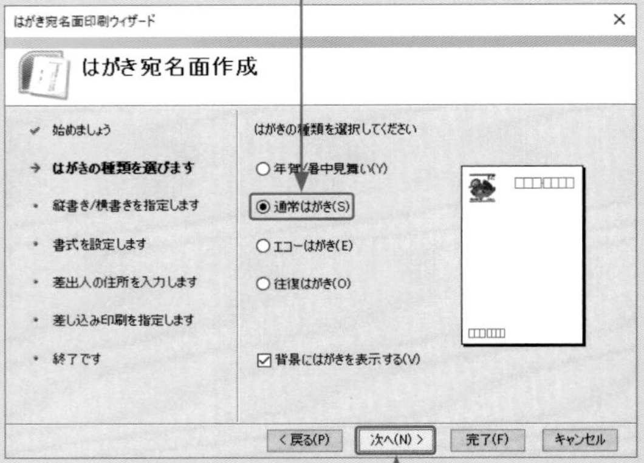

7 <次へ>をクリックします。

8 縦書き(あるいは横書き)をクリックしてオンにし、

はがき宛名面印刷ウィザード
はがき宛名面作成
始めましょう
はがきの種類を選びます
縦書き/横書きを指定します
書式を設定します
差出人の住所を入力します
差し込み印刷を指定します
終了です
はがきの様式を指定してください
縦書き(V)
横書き(H)
差出人の郵便番号を住所の上に印刷する(Z)
< 戻る(P)　次へ(N) >　完了(F)　キャンセル

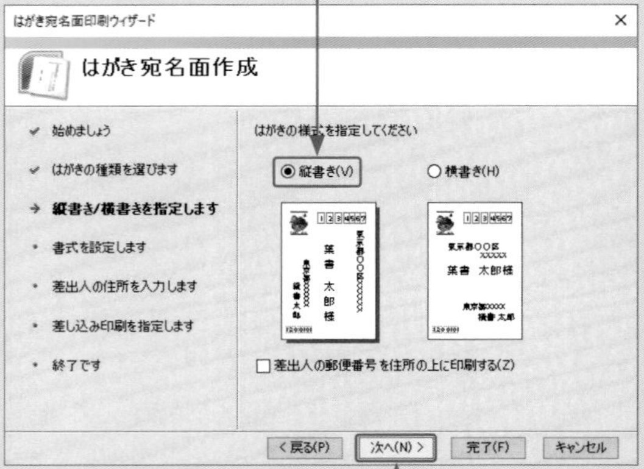

9 <次へ>をクリックします。

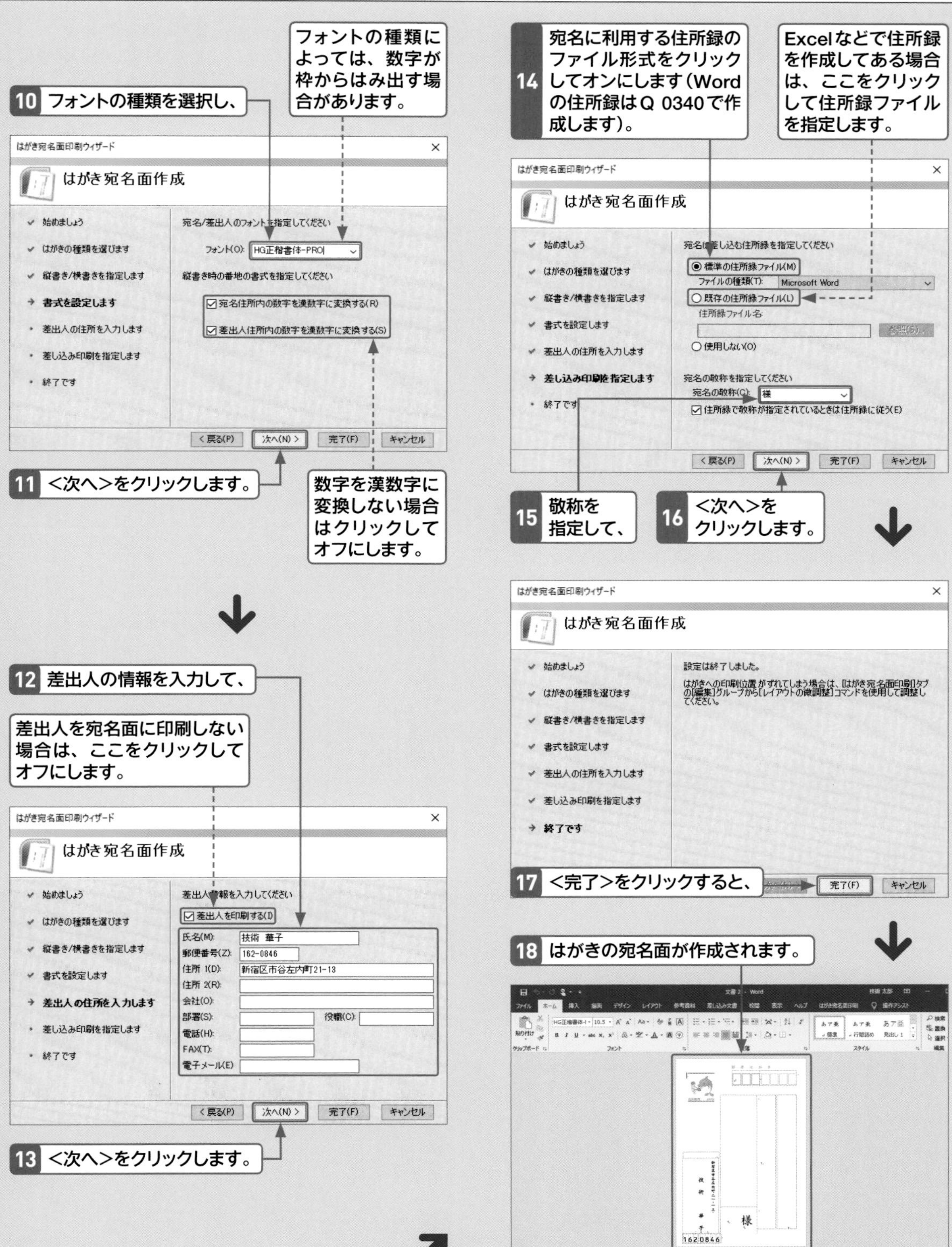

10 フォントの種類を選択し、
フォントの種類によっては、数字が枠からはみ出す場合があります。
はがき宛名面印刷ウィザード
はがき宛名面作成
始めましょう
はがきの種類を選びます
縦書き/横書きを指定します
書式を設定します
差出人の住所を入力します
差し込み印刷を指定します
終了です
宛名/差出人のフォントを指定してください
フォント(O): HG正楷書体-PRO
縦書き時の番地の書式を指定してください
宛名住所内の数字を漢数字に変換する(R)
差出人住所内の数字を漢数字に変換する(S)
< 戻る(P)
次へ(N) >
完了(F)
キャンセル
11 <次へ>をクリックします。
数字を漢数字に変換しない場合はクリックしてオフにします。
12 差出人の情報を入力して、
差出人を宛名面に印刷しない場合は、ここをクリックしてオフにします。
差出人情報を入力してください
差出人を印刷する(I)
氏名(M): 技術 華子
郵便番号(Z): 162-0846
住所 1(D): 新宿区市谷左内町21-13
住所 2(R):
会社(O):
部署(S):
役職(C):
電話(H):
FAX(T):
電子メール(E)
13 <次へ>をクリックします。
14 宛名に利用する住所録のファイル形式をクリックしてオンにします(Wordの住所録はQ 0340で作成します)。
Excelなどで住所録を作成してある場合は、ここをクリックして住所録ファイルを指定します。
宛名に差し込む住所録を指定してください
標準の住所録ファイル(M)
ファイルの種類(T): Microsoft Word
既存の住所録ファイル(L)
住所録ファイル名
参照(S)...
使用しない(O)
宛名の敬称を指定してください
宛名の敬称(C): 様
住所録で敬称が指定されているときは住所録に従う(E)
15 敬称を指定して、
16 <次へ>をクリックします。
設定は終了しました。
はがきへの印刷位置がずれてしまう場合は、[はがき宛名面印刷]タブの[編集]グループから[レイアウトの微調整]コマンドを使用して調整してください。
17 <完了>をクリックすると、
18 はがきの宛名面が作成されます。

重要度 ★★★ はがきの宛名

Q 0340 はがきの宛名面に差し込むアドレス帳を作成したい！

A ＜データフォーム＞ダイアログボックスで入力します。

Q 0339の手順で作成したはがきの宛名面に差し込むアドレス帳を作成するには、＜差し込み文書＞タブの＜アドレス帳の編集＞をクリックして表示される＜データフォーム＞ダイアログボックスを使用します。1件ずつ入力して、＜レコードの追加＞をクリックし、アドレス帳を作成していきます。
ここで保存されたファイルは、＜ドキュメント＞の＜My Data Sources＞フォルダーに「Adress20」というファイル名で保存されます。次回以降、＜はがき宛名面印刷ウィザード＞で差し込む住所録を＜標準の住所録ファイル＞に指定すると、このアドレス帳のデータが表示されます。はがきの宛名面に差し込むアドレス帳は、Q 0323やQ 0324、Q 0326、Q 0327で作成した住所録でもかまいません。その際は、Q 0339の手順14で＜既存の住所録ファイル＞をオンにしてファイル名を指定します。

参照▶Q 0325, Q 0343

Q 0339で作成したはがきの宛名面を表示します。

1 ＜差し込み文書＞タブをクリックし、

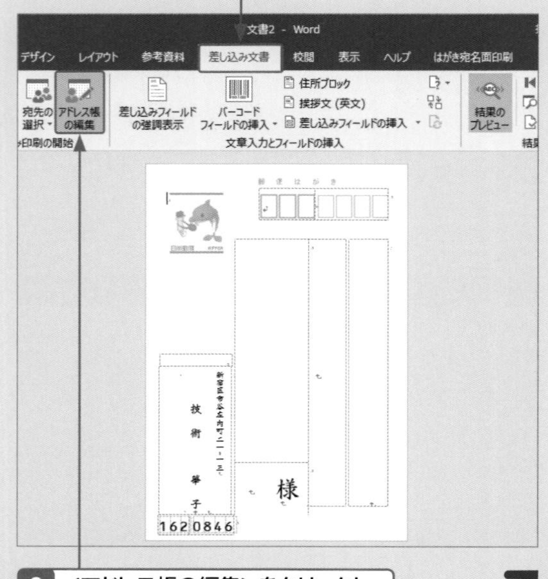
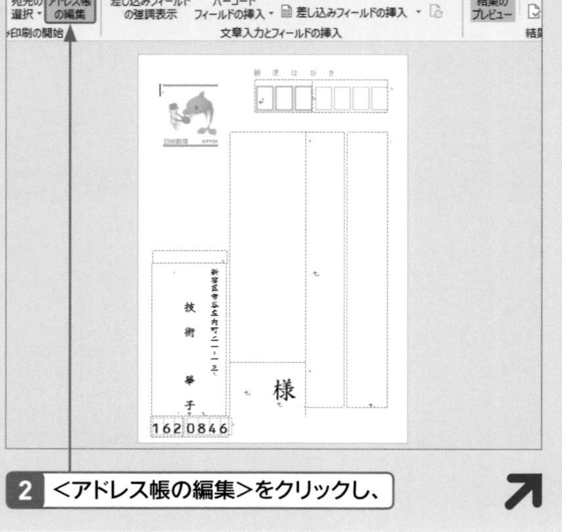

2 ＜アドレス帳の編集＞をクリックし、

3 ＜差し込み印刷の宛先＞ダイアログボックスを表示します。

4 自動的に作成されたアドレス帳をクリックして、

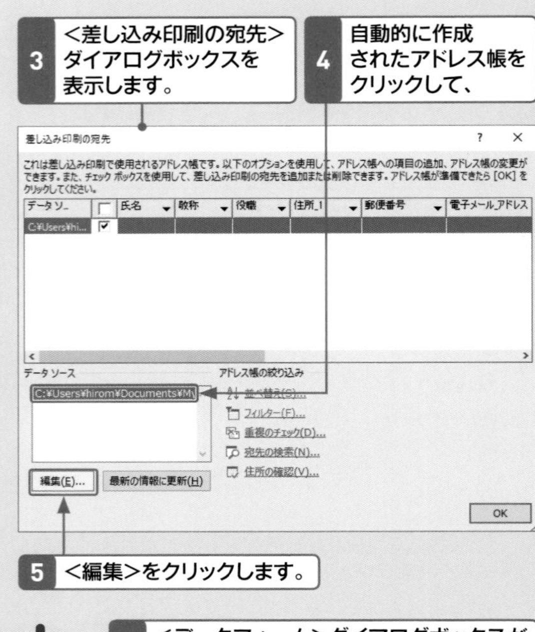

5 ＜編集＞をクリックします。

6 ＜データフォーム＞ダイアログボックスが表示されるので、

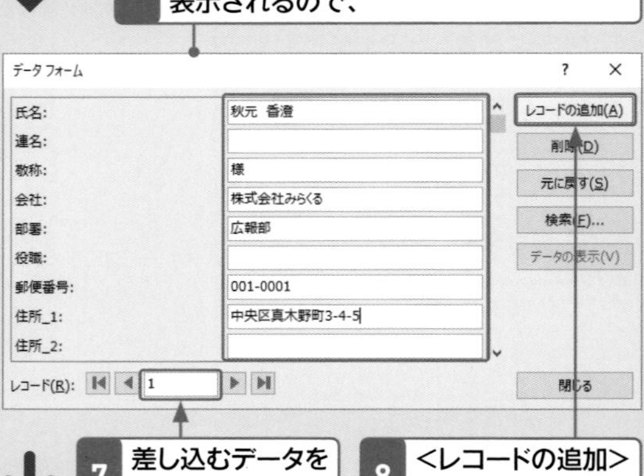

7 差し込むデータを入力して、

8 ＜レコードの追加＞をクリックします。

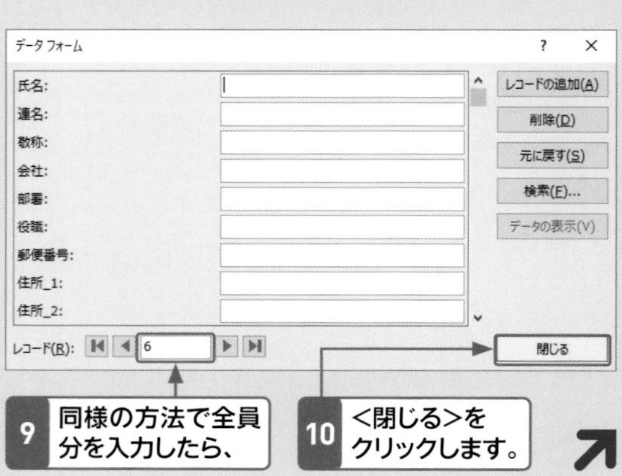

9 同様の方法で全員分を入力したら、

10 ＜閉じる＞をクリックします。

11 宛先が登録されたことを確認して、

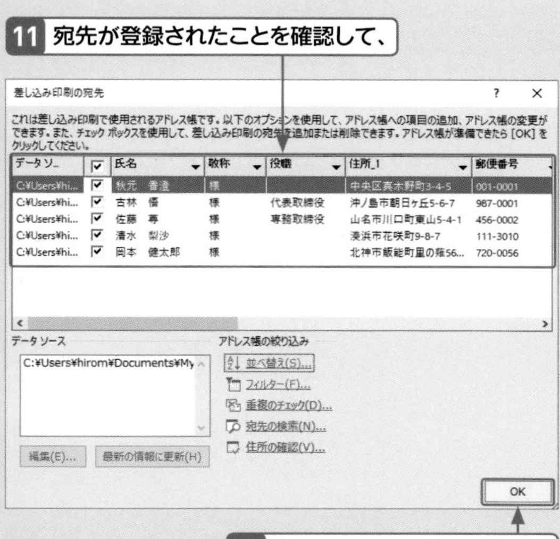

12 <OK>をクリックすると、はがきの宛名面に戻ります。

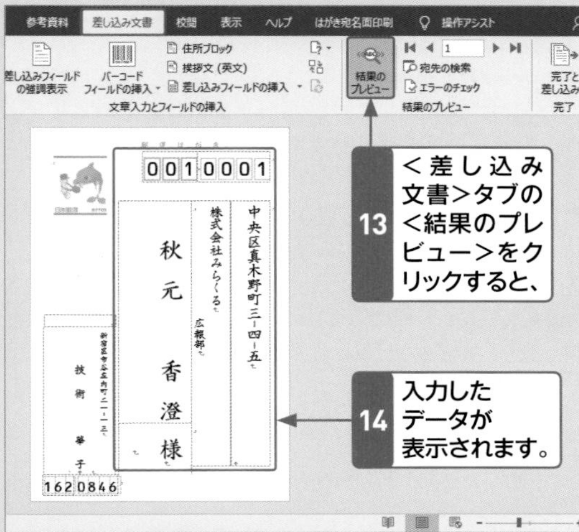

13 <差し込み文書>タブの<結果のプレビュー>をクリックすると、

14 入力したデータが表示されます。

● 作成されたアドレス帳

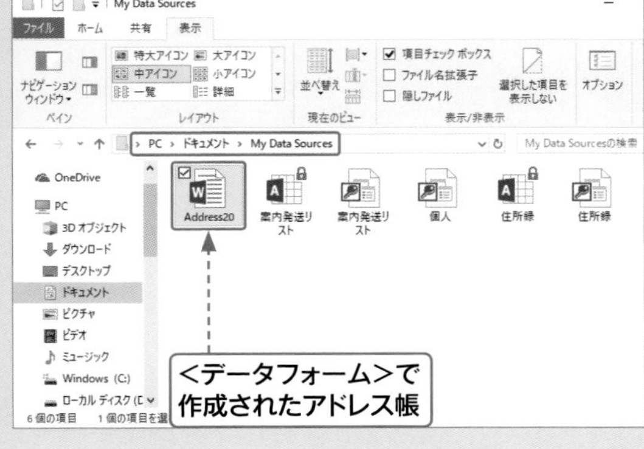

<データフォーム>で作成されたアドレス帳

重要度 ★★★ はがきの宛名

Q 0341 1件だけ宛名面を作成したい!

A 直接宛名面に入力します。

はがきの宛名を一人だけ印刷したい場合は、<はがき宛名面ウィザード>で宛名面を作成して、はがきに宛名を直接入力します。このとき、ウィザードの住所録指定の画面では、<使用しない>を選択します。

宛名面には、郵便番号、住所、会社、氏名、敬称の5つのフィールドが作成されているので、それぞれのフィールドにカーソルを移動して入力します。 参照▶Q 0339

● 住所録の指定画面

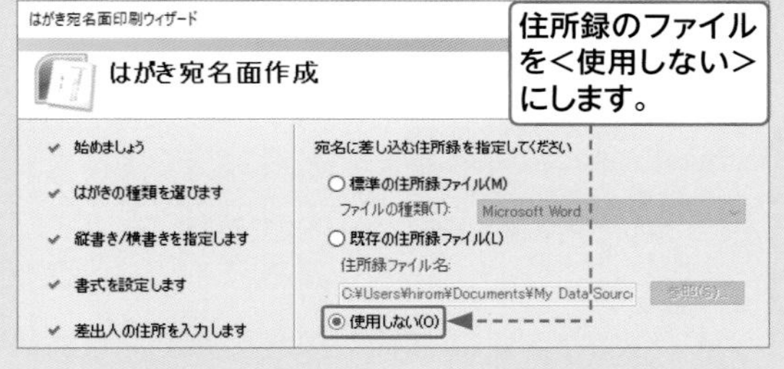

住所録のファイルを<使用しない>にします。

● 宛名面の作成

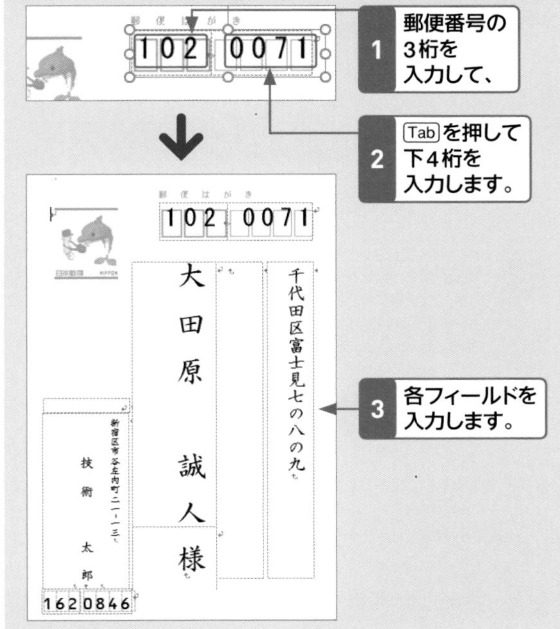

1 郵便番号の3桁を入力して、

2 Tab を押して下4桁を入力します。

3 各フィールドを入力します。

重要度 ★★★　はがきの宛名

Q 0342 往復はがきを作成したい！

A はがきの種類を＜往復はがき＞に指定します。

往復はがきには、「往信面」（左側が送る宛名、右側が返信の文面）と「返信面」（左側が返信先の宛名、右側が案内などの文面）があります。往復はがきを作成する場合、両面とも＜はがき宛名面印刷ウィザード＞で、はがきの種類を＜往復はがき＞に設定します。
どちらの面から作成してもかまいませんが、返信面のときには、差出人情報画面で＜差出人を印刷する＞をクリックしてオフにし、アドレス帳の指定画面では＜使用しない＞をクリックしてオンにし、宛名面の各テキストボックス内に直接返信先の宛名を入力します。

参照▶Q 0339, Q 0341

● 往復はがきを指定する

1 ＜はがき宛名面印刷ウィザード＞を起動して、

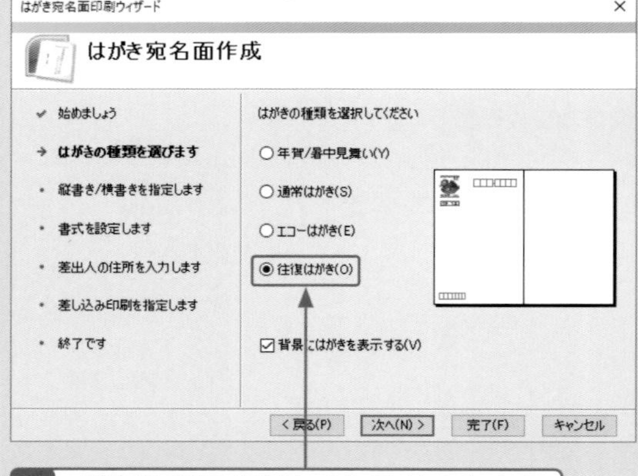

2 ＜往復はがき＞をクリックしてオンにします。

● 往信面を作成する

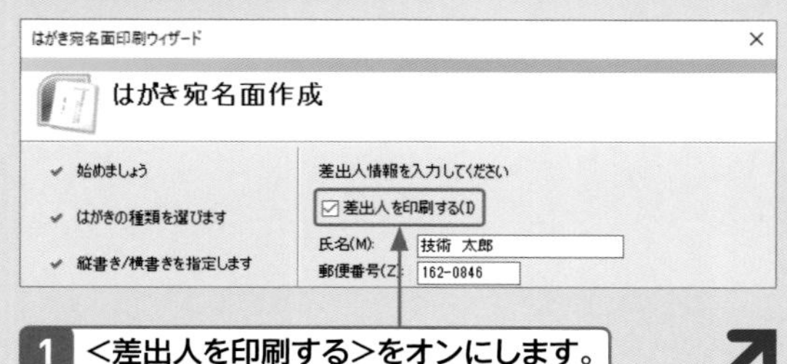

1 ＜差出人を印刷する＞をオンにします。

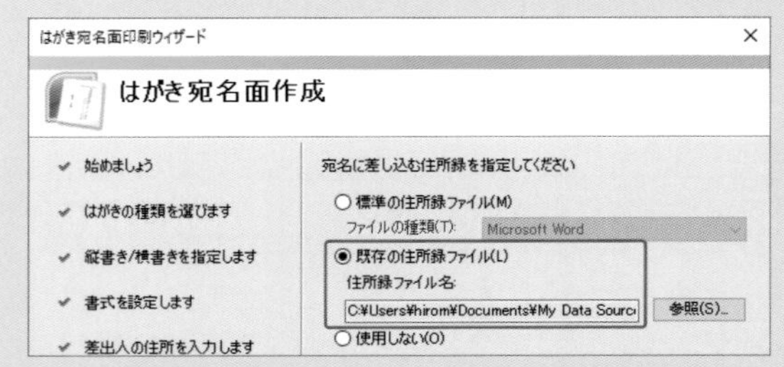

2 宛名の住所録のファイルを指定して、はがきを完成させます。

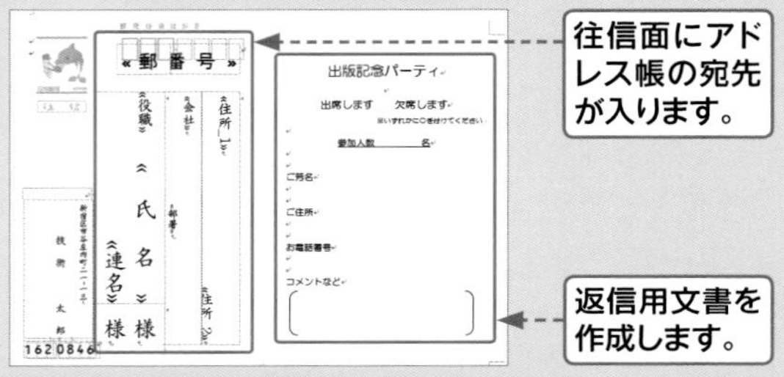

● 返信面を作成する

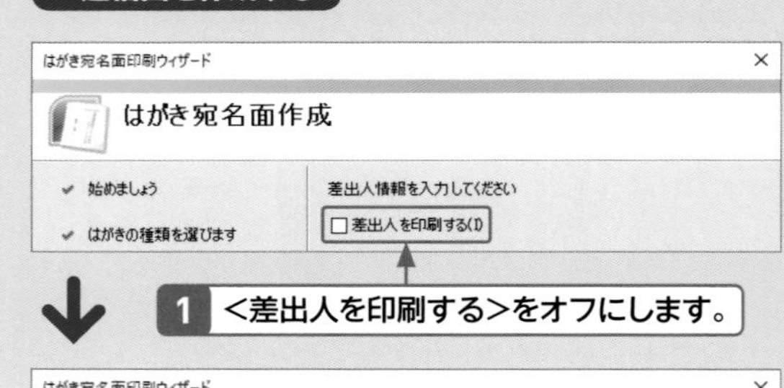

1 ＜差出人を印刷する＞をオフにします。

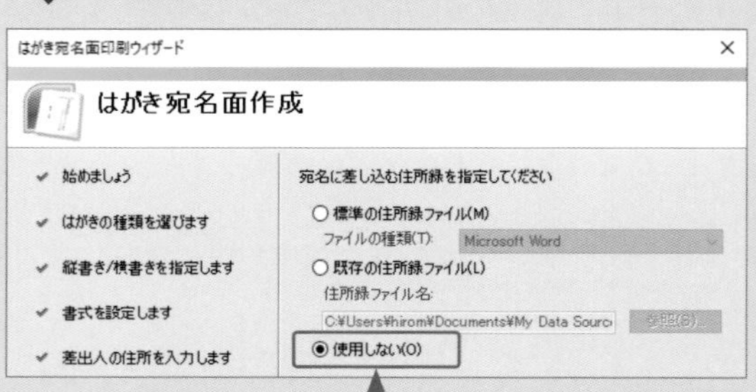

2 宛名の住所録で＜使用しない＞をクリックしてオンにし、はがきを完成させます。

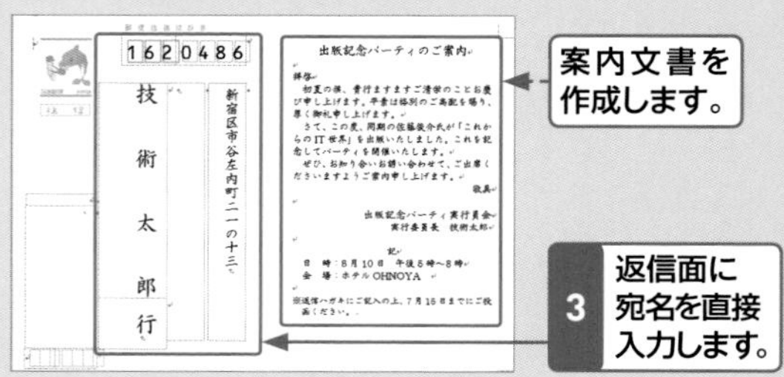

3 返信面に宛名を直接入力します。

重要度★★★　はがきの宛名

Q 0343 Excelの住所録をはがきの宛先に差し込みたい！

A 差し込み印刷設定時にExcelのファイルを指定します。

はがきの宛名面にExcelの住所録データを差し込むには、<はがき宛名面印刷ウィザード>の差し込み印刷を指定する画面で、<既存の住所録ファイル>をクリックしてオンにし、<参照>をクリックします。<住所録ファイルを開く>ダイアログボックスが表示されるので、目的のExcelファイルを選択し、<開く>をクリックすると、ファイルが指定されます。参照▶Q 0339

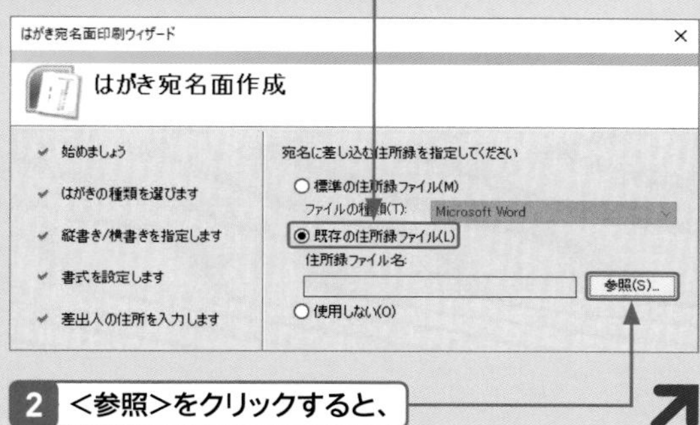

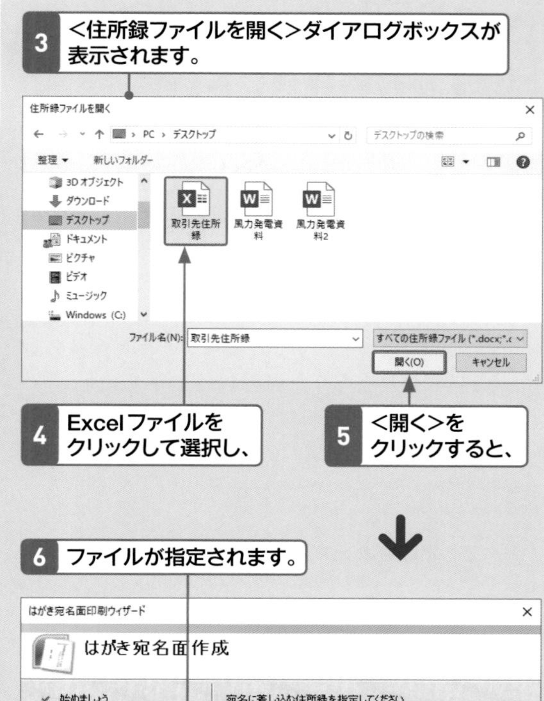

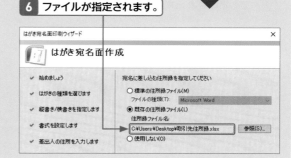

重要度★★★　はがきの宛名

Q 0344 Excelの住所録が読み込めない！

A 見出しとフィールドを対応させます。

Excelで住所録の見出し（項目名）を、たとえば「姓」と「名」を分けずに「氏名」として作成した場合に、このデータを<はがき宛名面ウィザード>で差し込むと、ほかの項目が挿入されてしまうことがあります。こういうときは、フィールドと項目を1つずつ確認して対応させていきます。<差し込み文書>タブの<フィールドの対応>  をクリックして、<フィールドの対応>ダイアログボックスを表示します。違っているフィールド をクリックして、挿入したい項目を指定し、すべて正しく対応されたら保存します。参照▶Q 0338

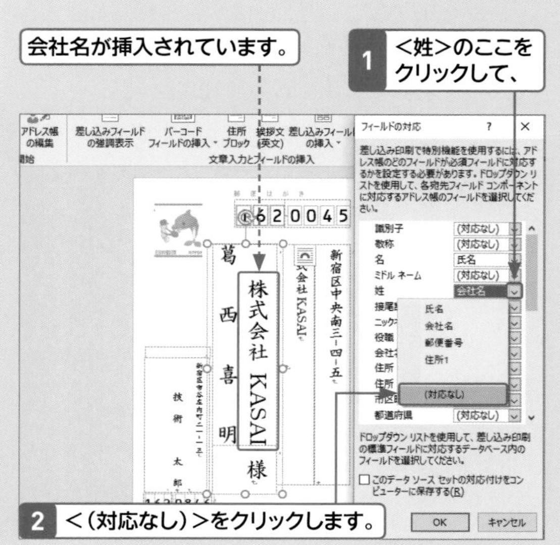

重要度★★★　ラベルの宛名

Q 0345 1枚の用紙で同じ宛名ラベルを複数作成したい！

A 1つの宛名をすべてのラベルに反映します。

ラベル用紙の枠すべてを同じ宛先にしたラベルを作成するには、<ラベルオプション>ダイアログボックスでラベル用の枠を作成して、宛名用の住所録を作成し、住所録をラベルに差し込んで、レイアウトを調整します。差し込む宛先の選択で住所録を指定するので、すでにある住所録内の一人を対象にする場合は、住所録で選択しておくとよいでしょう。 参照▶Q 0323

● 宛名用ラベルの枠を作成する

1 <差し込み文書>タブの<差し込み印刷の開始>をクリックして、

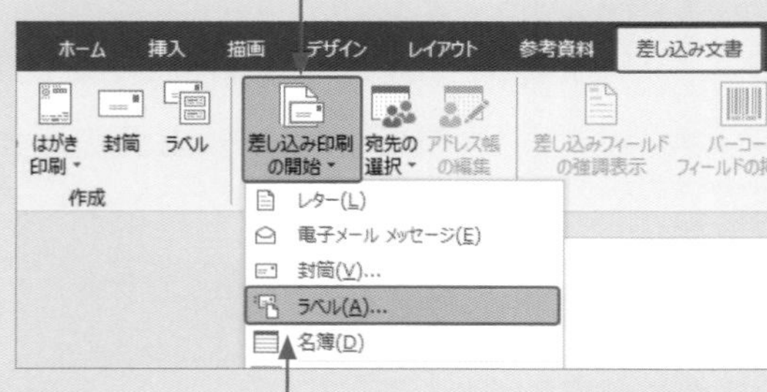

2 <ラベル>をクリックします。

3 プリンターの種類と用紙トレイをクリックして選択し、

4 名刺用ラベルの製造元と製品番号を指定し、

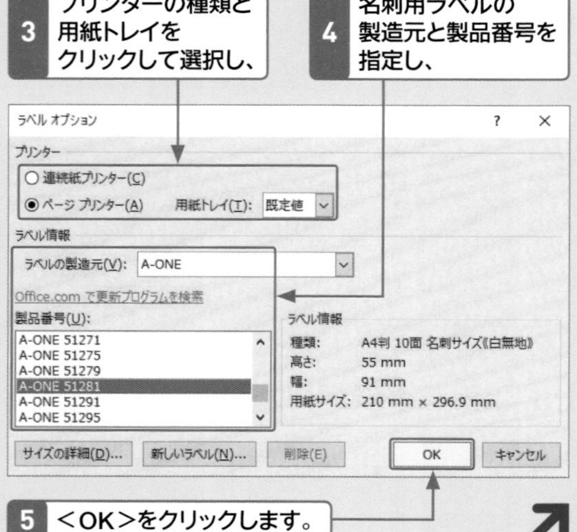

5 <OK>をクリックします。

6 名刺用ラベルの枠が表示されます。

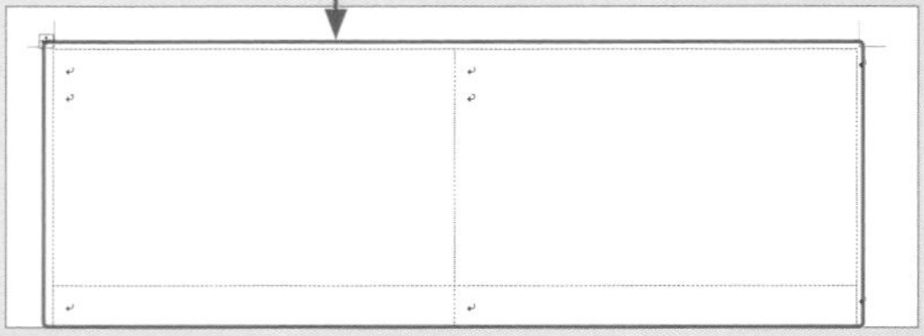

● 差し込むデータを作成する

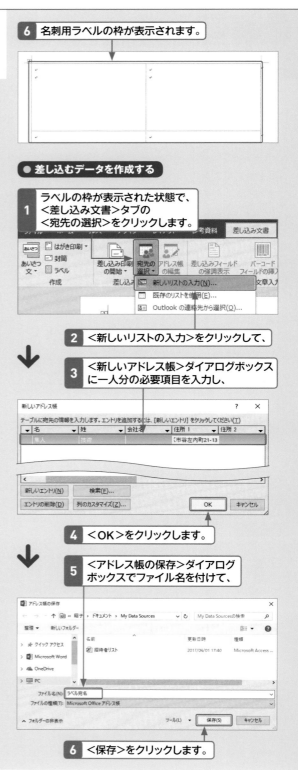

1 ラベルの枠が表示された状態で、<差し込み文書>タブの<宛先の選択>をクリックします。

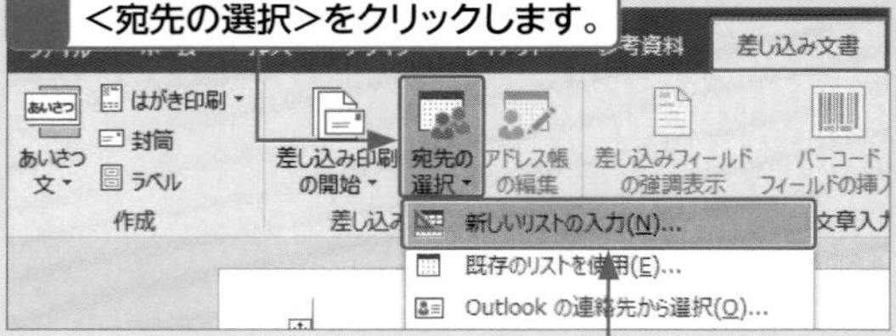

2 <新しいリストの入力>をクリックして、

3 <新しいアドレス帳>ダイアログボックスに一人分の必要項目を入力し、

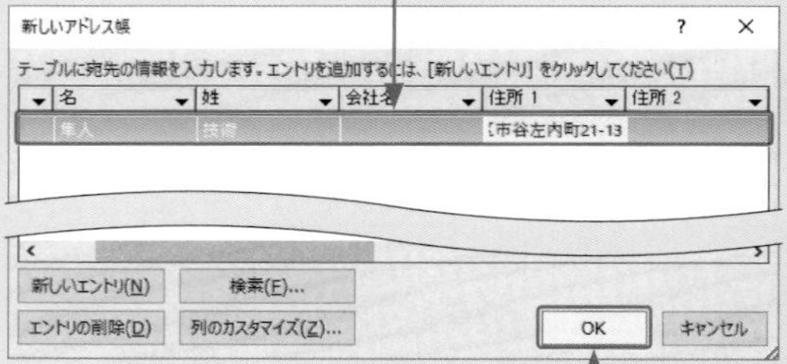

4 <OK>をクリックします。

5 <アドレス帳の保存>ダイアログボックスでファイル名を付けて、

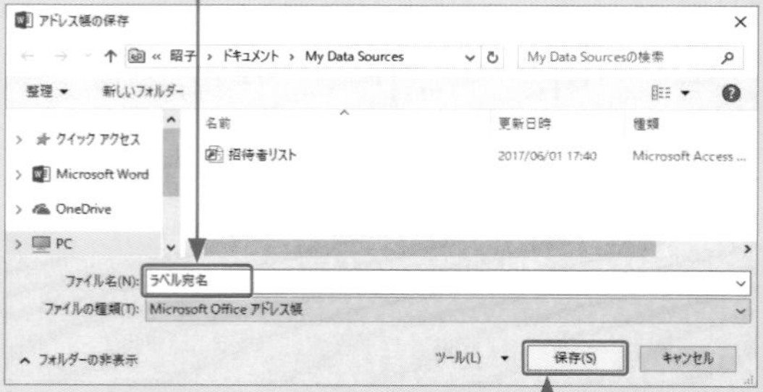

6 <保存>をクリックします。

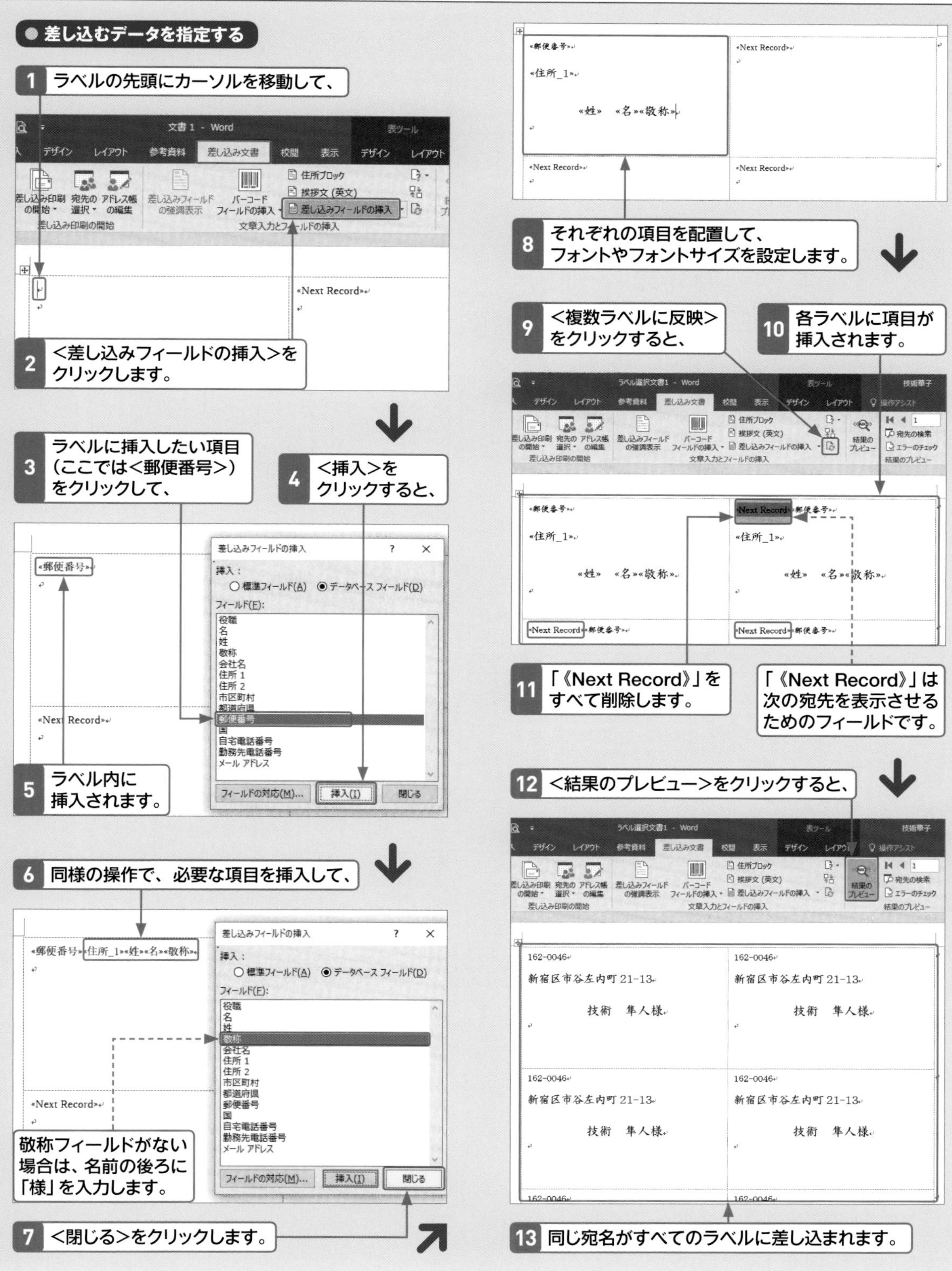
● 差し込むデータを指定する
1 ラベルの先頭にカーソルを移動して、
2 <差し込みフィールドの挿入>をクリックします。
3 ラベルに挿入したい項目（ここでは<郵便番号>）をクリックして、
4 <挿入>をクリックすると、
5 ラベル内に挿入されます。
6 同様の操作で、必要な項目を挿入して、
敬称フィールドがない場合は、名前の後ろに「様」を入力します。
7 <閉じる>をクリックします。
8 それぞれの項目を配置して、フォントやフォントサイズを設定します。
9 <複数ラベルに反映>をクリックすると、
10 各ラベルに項目が挿入されます。
11 「《Next Record》」をすべて削除します。
「《Next Record》」は次の宛先を表示させるためのフィールドです。
12 <結果のプレビュー>をクリックすると、
13 同じ宛名がすべてのラベルに差し込まれます。
162-0046
新宿区市谷左内町 21-13
技術　隼人様

重要度★★★ ラベルの宛名

Q 0346 差出人のラベルをかんたんに印刷したい！

A ＜封筒とラベル＞ダイアログボックスで差出人の情報を登録します。

差出人の宛名ラベルを作成するには、＜差し込み文書＞タブの＜ラベル＞をクリックして、＜封筒とラベル＞（Word 2013／2010では＜宛名ラベル作成＞）ダイアログボックスの＜ラベル＞タブで＜宛先＞欄に宛先を入力して、＜印刷＞をクリックします。

また、＜Wordのオプション＞の＜詳細設定＞の＜住所＞に住所・氏名を入力しておくと、差出人の情報として使用できるようになります。この場合は、＜差出人住所を印刷する＞をクリックしてオンにすると、登録してある住所・氏名が挿入されます。

なお、このラベルで使用するフォントを変更したい場合は、文字列を選択して右クリックし、＜フォント＞をクリックして＜フォント＞ダイアログボックスを表示し、サイズや色を指定します。 参照►Q 0030

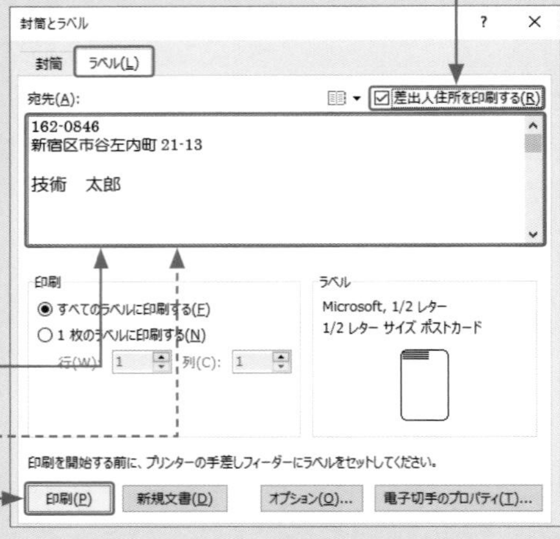

重要度★★★ ラベルの宛名

Q 0347 使用したいラベル用紙が一覧にない！

A ラベルのサイズを指定します。

Q 0345の手順4で、＜ラベルオプション＞ダイアログボックスのラベルの一覧に目的の宛名ラベルのサイズがない場合は、サイズを指定して、オリジナルのテンプレートを作成します。

テンプレートを作成するには、＜宛名ラベル作成＞ダイアログボックスの＜オプション＞をクリックすると表示される＜ラベルオプション＞ダイアログボックスで、＜新しいラベル＞をクリックして、＜ラベルオプション＞画面（右図）を表示します。＜ラベル名＞に名前を入力して、ラベル用紙の余白やラベルの高さ、幅などを入力し、＜OK＞をクリックします。 参照►Q 0345

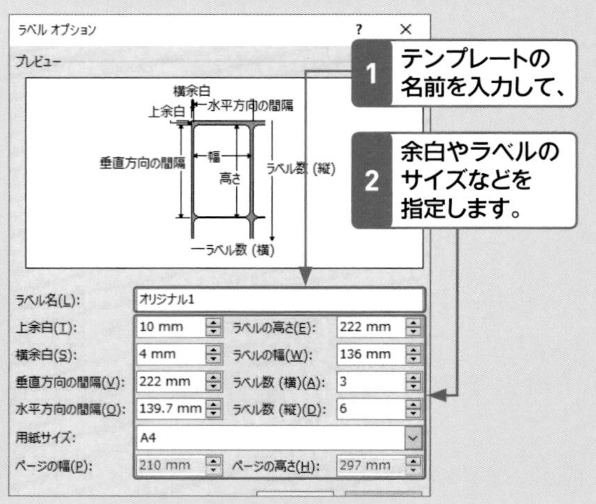

重要度 ★★★　ラベルの宛名

Q 0348 宛名によって使用する敬称を変更したい！

A あらかじめ敬称のフィールドを作成しておきます。

アドレス帳（住所録）を作成する場合は、「敬称」欄を設けておくと、郵送物の宛名に利用する場合に便利です。差し込み印刷ウィザードで作成したアドレス帳には「敬称」の項目がないため、＜列のカスタマイズ＞で列を追加するとよいでしょう。

また、「敬称」（列）を作成して、宛名ごとに利用する敬称を入力しておくと、差し込み印刷の設定を行う際に＜敬称＞フィールドを関連付けることができます。

参照 ▶ Q 0333, Q 0340

Excelの住所録では「敬称」欄を作成しておきます。

	A	B	C	D	E
1	姓	名	敬称	郵便番号	住所1
2	葛西	喜明	様	162-0045	新宿区中央南3-4-5
3	櫻田	一紗	ちゃん	265-0011	境市本宮9-6-32
4	喜本	絵里	先生	987-0031	本庄市南浦今宮123-45
5	服部	琢磨	様	456-0123	北斗市寄居北町3-6-9
6	木内	匠一郎	様	123-0006	さくら市緑区橋本7-8-10

Wordのアドレス帳では、＜データソースの編集＞ダイアログボックスで＜列のカスタマイズ＞をクリックして列を追加します。

データ ソースの編集

データ ソース内の項目を編集するには、以下のテーブルに変更内容を入力します。列見出しには、データ ソースのフィールドと、それに対応するアドレス帳フィールド (かっこ内) が表示されます。

編集中のデータ ソース:　ラベル宛名.mdb

役職	名	姓	敬称	会社名
	隼人	技術	様	

重要度 ★★★　ラベルの宛名

Q 0349 あとから敬称を追加したい！

A 1枚目のラベルに敬称を入力して、すべてのラベルに反映します。

アドレス帳に「敬称」を設定していない場合、宛名に敬称を付けるには、差し込み印刷フィールドを設定後、1枚目のラベルで宛名のフィールドの後ろにカーソルを移動して、「様」などの敬称を入力します。＜差し込み文書＞タブの＜複数ラベルに反映＞ をクリックすると、2枚目以降のラベルにも敬称が追加されます。なお、宛名ラベルのそれぞれに異なる宛先を表示する場合は、「《Next Record》」を削除する必要はありません。

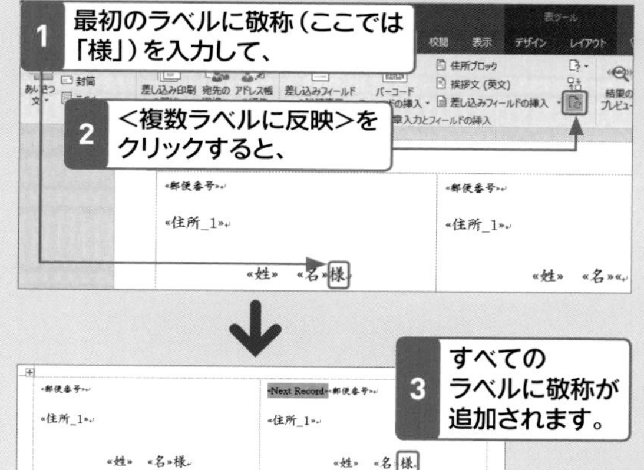

重要度 ★★★　ラベルの宛名

Q 0350 ラベルの枠が表示されない！

A グリッド線を表示します。

ラベルの枠が表示されていない場合は、グリッド線が非表示になっています。表ツールの＜レイアウト＞タブの＜グリッド線の表示＞をクリックすると、表示されます。なお、この枠線は印刷されません。

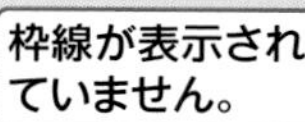

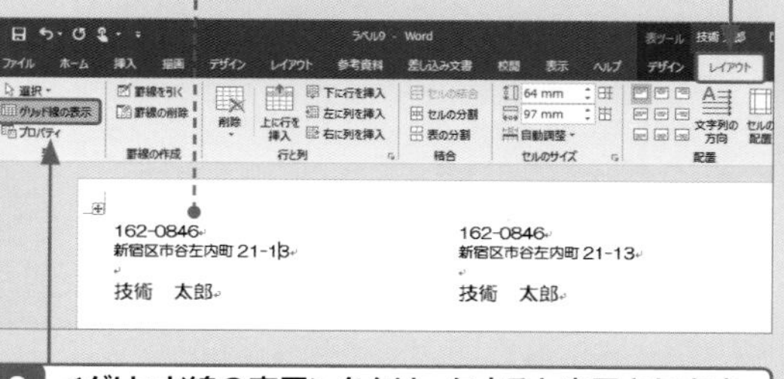

重要度 ★★★ 封筒の宛名

Q 0351 封筒に宛名を印刷したい！

A ＜差し込み印刷ウィザード＞で住所録を挿入します。

封筒の宛名印刷も、はがきや文書と同様です。＜差し込み印刷＞作業ウィンドウで＜封筒＞を選択して、封筒のサイズや差し込む住所録を指定し、差し込みフィールドを挿入します。

また、＜挿し込み文書＞タブの＜封筒＞をクリックして表示される＜封筒とラベル＞ダイアログボックスに宛先を直接入力することもできます。封筒のサイズや向き、文字の書式を指定して、印刷できます。

参照 ▶ Q 0323, Q 0346

1 ＜差し込み印刷＞作業ウィンドウで＜封筒＞を選択して、

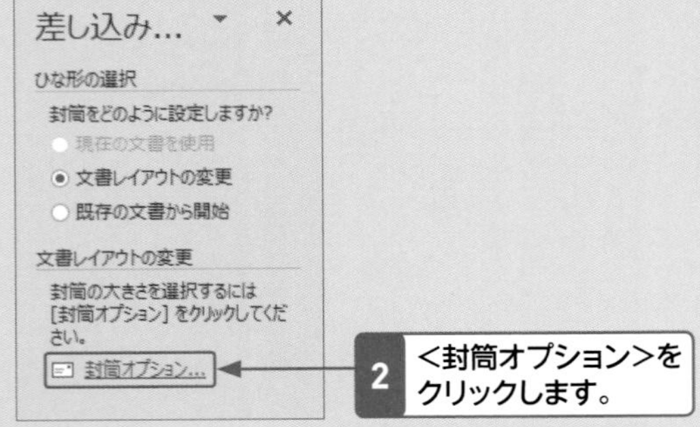

2 ＜封筒オプション＞をクリックします。

3 ＜封筒のサイズ＞をクリックして、＜OK＞をクリックします。

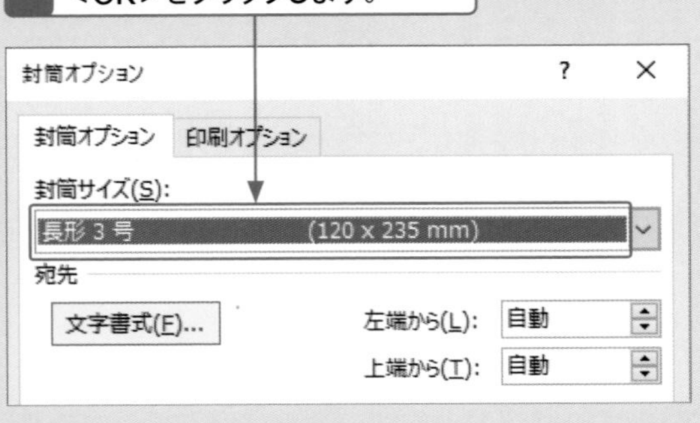

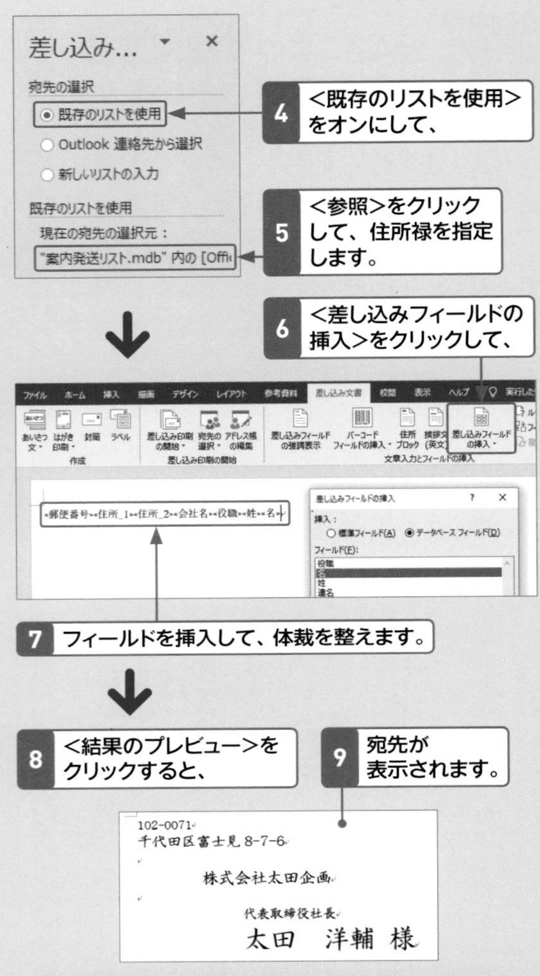

4 ＜既存のリストを使用＞をオンにして、

5 ＜参照＞をクリックして、住所録を指定します。

6 ＜差し込みフィールドの挿入＞をクリックして、

7 フィールドを挿入して、体裁を整えます。

8 ＜結果のプレビュー＞をクリックすると、

9 宛先が表示されます。

● ＜封筒とラベル＞ダイアログボックスを利用する

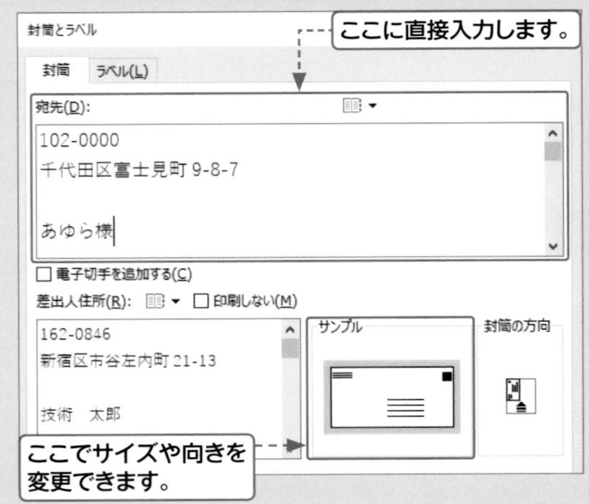

第8章

Wordの図と画像の「こんなときどうする?」

重要度 ★★★ 図形描画

Q 0352 文書に図形を描きたい！

A <挿入>タブの<図形>から図形を選択します。

文書に図形を描くには、<挿入>タブの<図形>をクリックして、表示される一覧から目的の図形を選択し、画面上でドラッグします。マウスボタンを離すと図形が描かれ、初期設定では青色に塗りつぶされます。また、図形を選択している状態では、図形の周りにハンドル○や回転ハンドル が表示されます。これらのハンドルはサイズ変更や回転させるときに利用します。

参照▶Q 0360

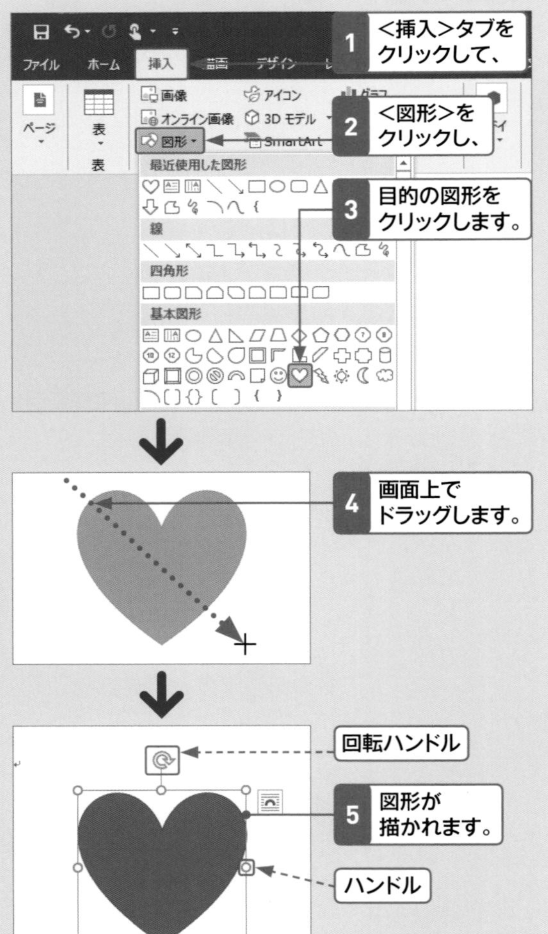

重要度 ★★★ 図形描画

Q 0353 正円や正多角形を描きたい！

A Shift を押しながらドラッグします。

<挿入>タブの<図形>から図形を選択して、文書内でクリックすると、正円や四辺が同じサイズの多角形が描けます（台形などはできません）。また、図形を描く際や、正円・正多角形のサイズを変更する際に、Shift を押しながらドラッグすると、縦横比が固定されたままで図形を描くことができます。

参照▶Q 0352

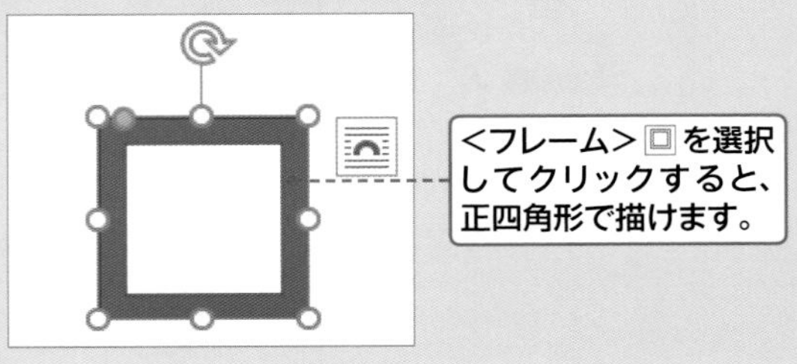

<フレーム> を選択してクリックすると、正四角形で描けます。

重要度 ★★★ 図形描画

Q 0354 水平・垂直の線を描きたい！

A Shift を押しながらドラッグします。

<挿入>タブの<図形>から<直線>を選択して、Shift を押しながらドラッグすると、水平方向または垂直方向にまっすぐな線を引くことができます。
また、<表示>タブの<グリッド線>をクリックしてオンにし、グリッド線を表示し、線に沿ってドラッグすると、横の直線が引きやすくなります。

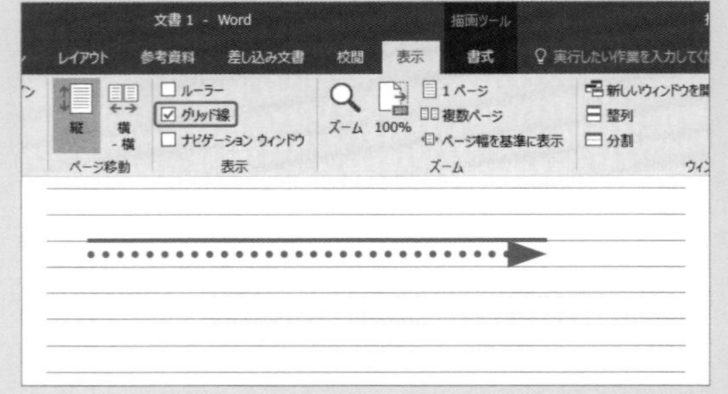

重要度 ★★★　図形描画

Q 0355 図形の形をあとから変更したい！

A <図形の変更>を利用します。

図形を描画したあとで図形を変更したい場合は、図形を選択して、描画ツールの<書式>タブの<図形の編集>をクリックし、<図形の変更>をクリックし、表示される一覧から変更したい図形をクリックします。スタイルを設定している図形の場合は、同じスタイルが反映されます。

参照▶Q 0361, Q 0363

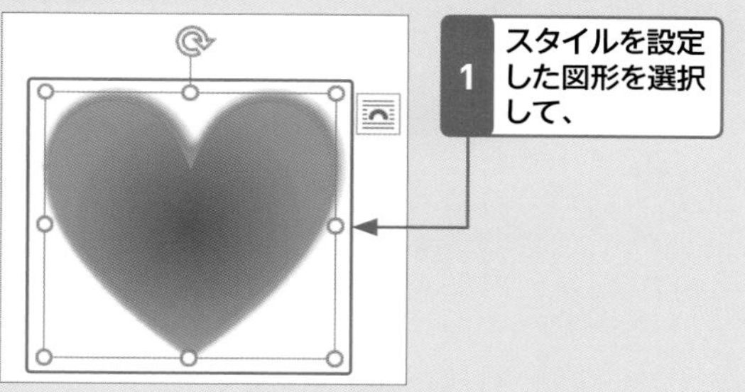

1 スタイルを設定した図形を選択して、

2 <図形の編集>をクリックし、

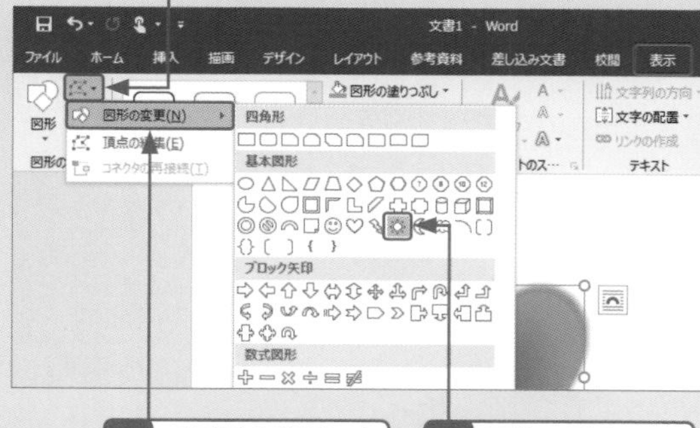

3 <図形の変更>をクリックします。

4 目的の形をクリックすると、

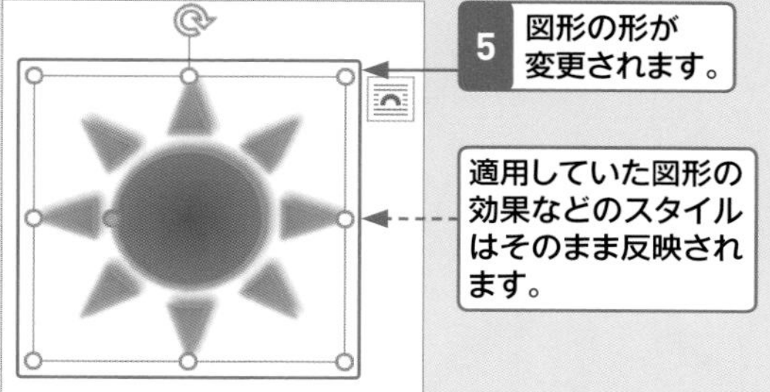

5 図形の形が変更されます。

適用していた図形の効果などのスタイルはそのまま反映されます。

重要度 ★★★　図形描画

Q 0356 矢印の形を変えたい！

A <図形の書式設定>作業ウィンドウを利用します。

矢印の矢の形は、線の太さや始点／終点の形などを変更することができます。描画した矢印を右クリックして、<図形の書式設定>をクリックします。<図形の書式設定>作業ウィンドウ（Word 2010ではダイアログボックス）が表示されるので、<始点矢印の種類>や<終点矢印の種類>からクリックして選択します。

1 両矢印を引いて、右クリックし、

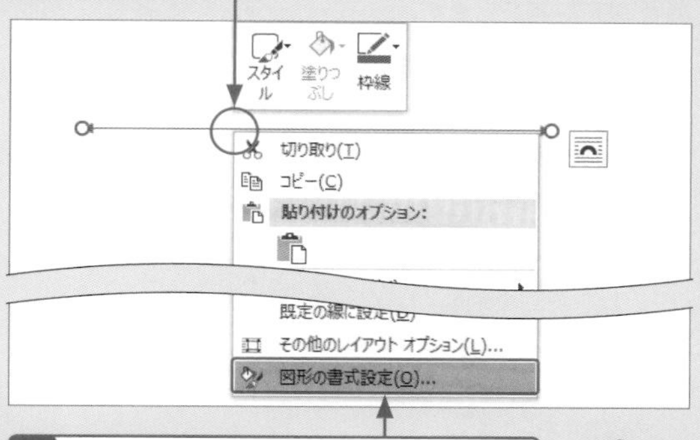

2 <図形の書式設定>をクリックします。

3 <始点矢印の種類>（Word 2010では<始点の種類>）から変えたい形をクリックします。

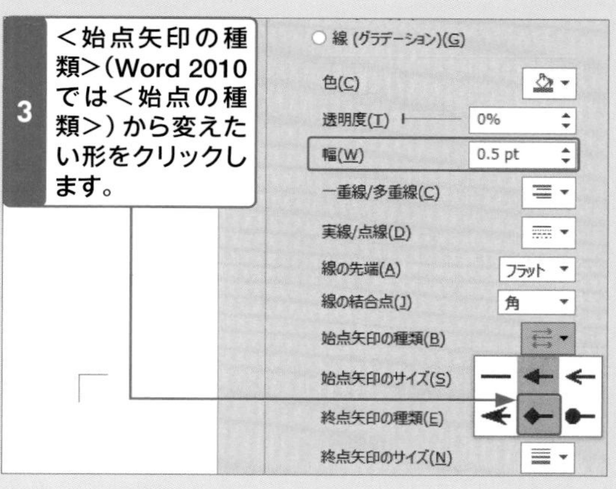

4 そのほか、終点の矢印や線の太さも変更できます。

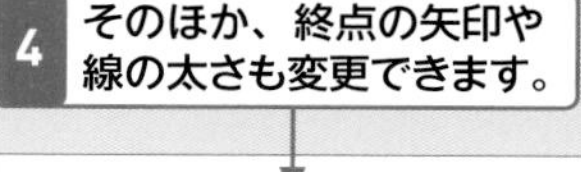

重要度 ★★★　図形描画

Q 0357 図形を変形させたい！

A ハンドルをドラッグします。

図形をクリックして選択すると、図形の周りにハンドル○が表示されます。このハンドルをドラッグすると、図形のサイズを変更したり、変形したりできます。
また、オレンジの調整ハンドル◎が表示される場合は、図形の輪郭を変形できます。
変形を取りやめたい、やり直したい場合は、クイックアクセスツールバーの<元に戻す>をクリックします。

1 図形を選択します。

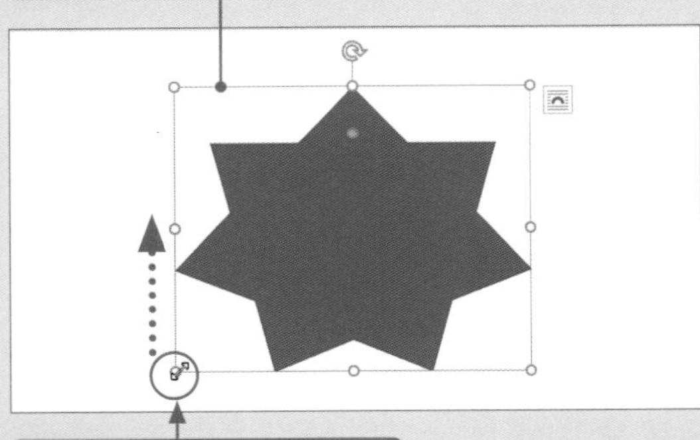

2 ハンドルをドラッグすると、

3 図形が変形されます。

● 調整ハンドルを利用する

1 調整ハンドルをドラッグすると、

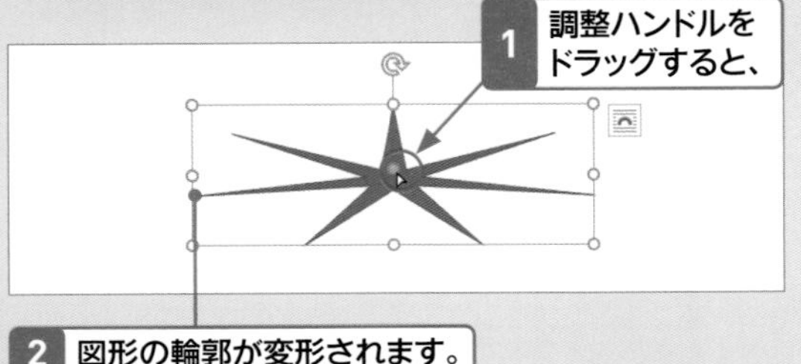

2 図形の輪郭が変形されます。

重要度 ★★★　図形描画

Q 0358 図形を細かく変形させたい！

A <頂点の編集>を利用します。

図形を選択して、描画ツールの<書式>タブの<図形の編集>→<頂点の編集>をクリックするか、図形を右クリックして、<図形の編集>をクリックすると、図形の頂点に■が表示されます。この■をドラッグすると、図形を変形できます。なお、頂点のない図形はこの機能は使えません。

1 図形を選択して、<図形の編集>をクリックし、

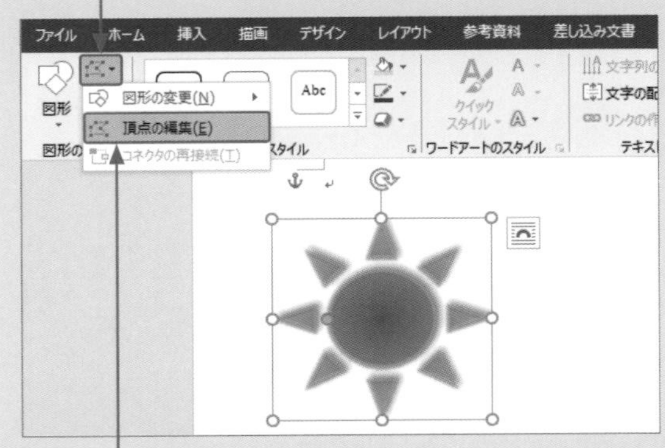

2 <頂点の編集>をクリックします。

3 頂点が表示されるので、

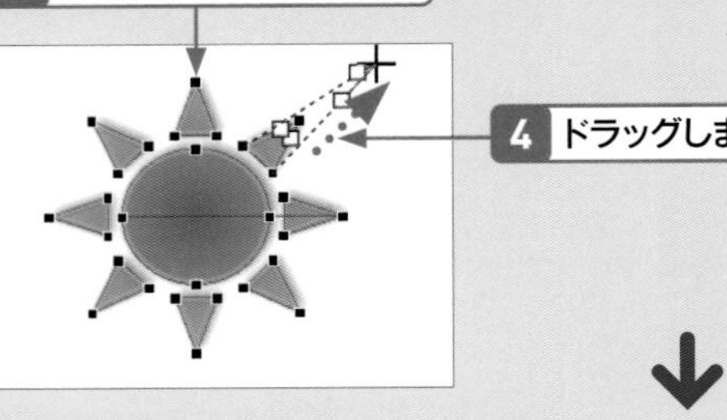

4 ドラッグします。

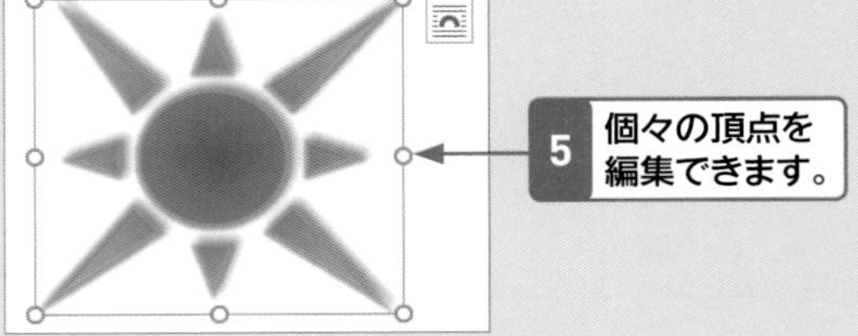

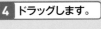

5 個々の頂点を編集できます。

重要度 ★★★ 図形描画

Q 0359 図形に頂点を追加したい！

A 頂点を右クリックして<頂点の追加>をクリックします。

図形に変形用の頂点を追加したい場合は、図形を選択し、描画ツールの<書式>タブの<図形の編集>→<頂点の編集>をクリックします。追加された■を右クリックして、<頂点の編集>をクリックし、ドラッグすると変形できます。

参照▶Q 0358

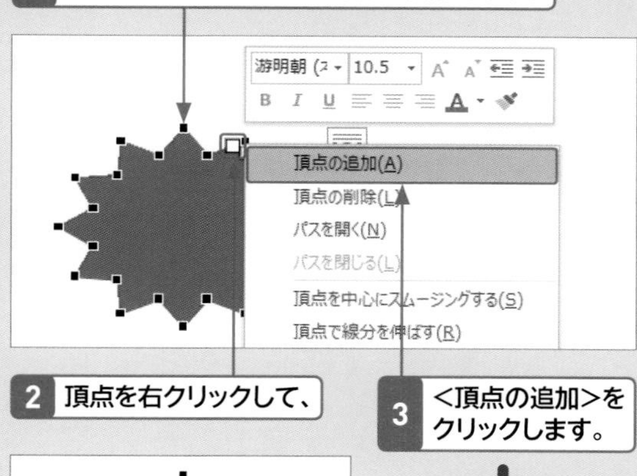

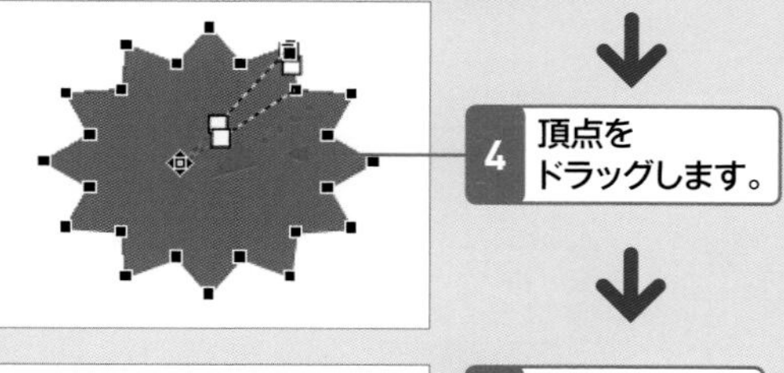

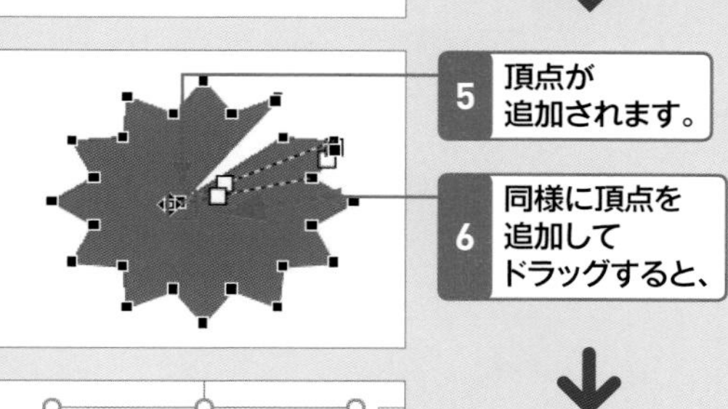

5 頂点が追加されます。
6 同様に頂点を追加してドラッグすると、

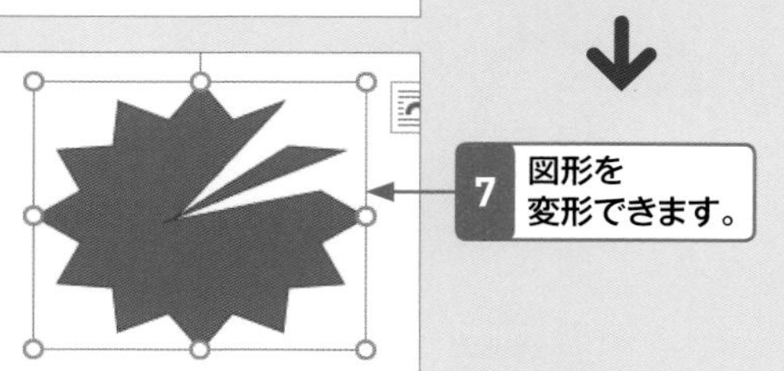

重要度 ★★★ 図形描画

Q 0360 図形の上下を反転させたい！

A <オブジェクトの回転>を利用します。

図形の上下を反転させるには、図形を選択して、描画ツールの<書式>タブの<オブジェクトの回転>（Word 2010では<回転>）をクリックして、<上下反転>をクリックします。このとき、左右反転や、左右90度回転も可能です。また、図形の回転ハンドル をドラッグすると自由な角度で回転できます。

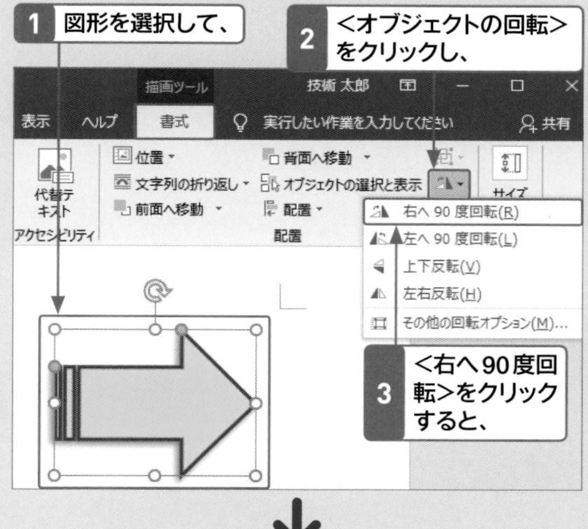

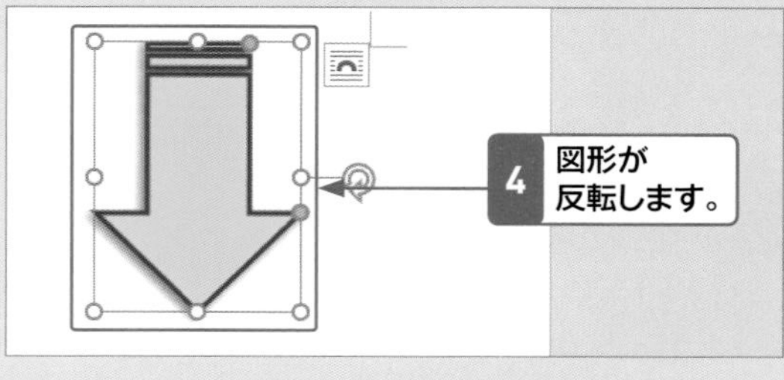

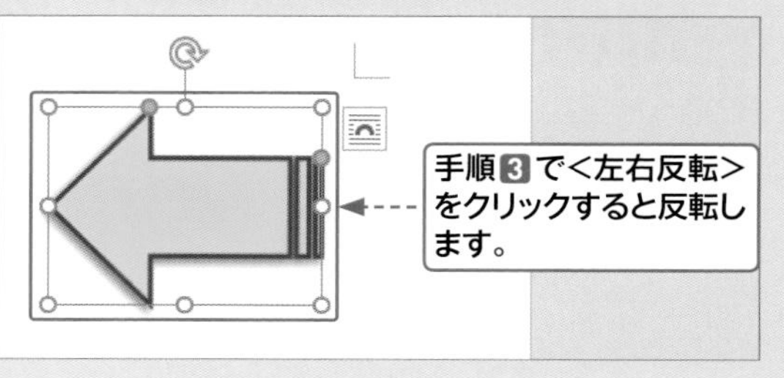

重要度 ★★★ 図形描画

Q 0361 図形の色を変更したい！

A <図形の塗りつぶし>を利用します。

図形の色は図形の中の塗りつぶしの色と、枠線の色で作られています。図形の色を変更するには、図形の中の塗りつぶしのほか、必要であれば枠線の色も変更します。描画ツールの<書式>タブの<図形の塗りつぶし>の右側をクリックすると表示される色の一覧から、目的の色をクリックします。さらに、<図形の枠線>の右側をクリックして、枠線の色を変更します。

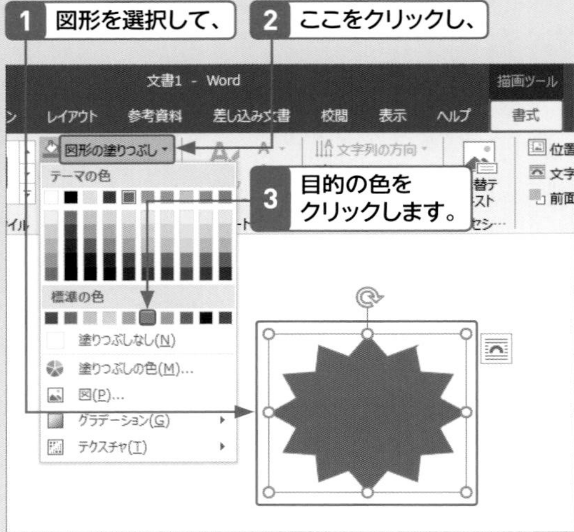

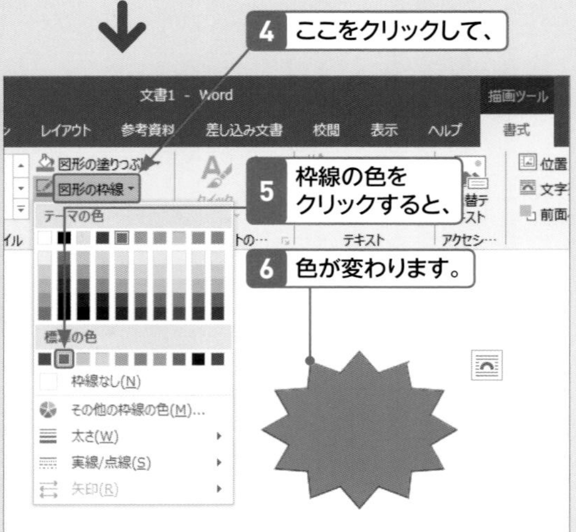

重要度 ★★★ 図形描画

Q 0362 図形の色を半透明にしたい！

A 図形の透明度を変更します。

重なった図形の下の図形を見せたいときや、図形の下の文字を読めるようにしたいときには、上の図形の色を半透明にします。半透明にしたい図形を右クリックして、<図形の書式設定>をクリックすると表示される<図形の書式設定>作業ウィンドウ（Word 2010ではダイアログボックス）の<塗りつぶし>で、<透明度>の値を変更します。

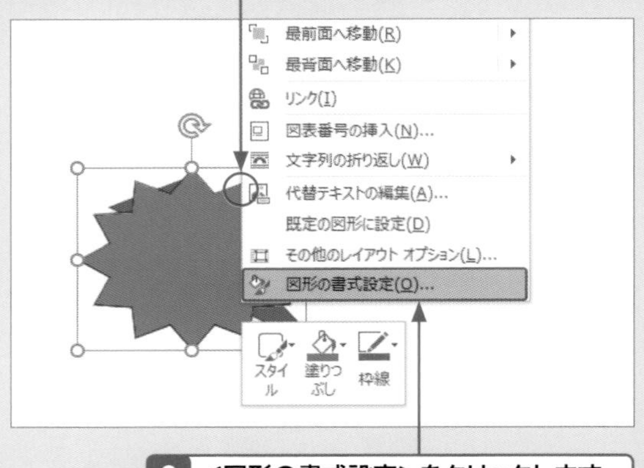

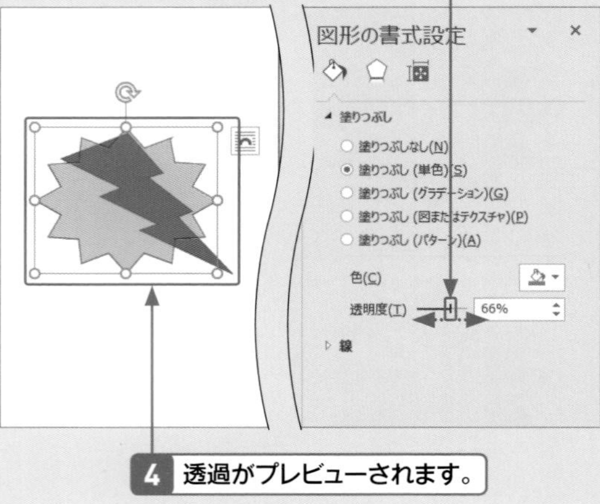

重要度 ★★★　図形描画

Q 0363 図形にグラデーションを付けたい!

A1 <図形のスタイル>ギャラリーを利用します。

図形を選択して、描画ツールの<書式>タブの<図形のスタイル>で<その他>▼をクリックして表示される<図形のスタイル>のギャラリーには、グラデーションの図形も用意されており、自由に設定できます。

1 <図形のスタイル>のギャラリーを表示して、

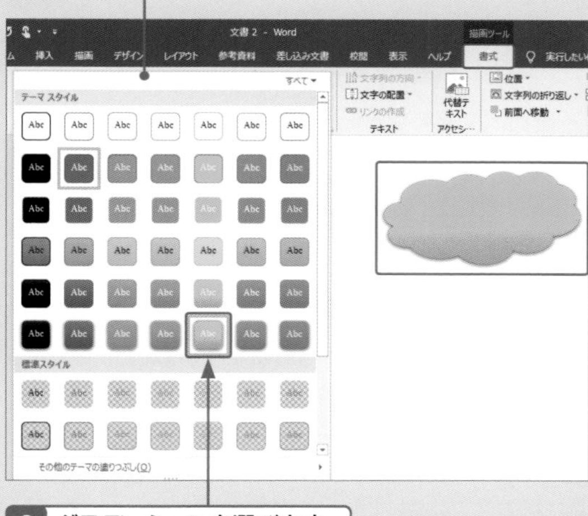

2 グラデーションを選びます。

A2 <図形の塗りつぶし>を利用します。

<図形の塗りつぶし>の右側をクリックして、<グラデーション>から方向などのバリエーションを選ぶこともできます。

また、<その他のグラデーション>をクリックして表示される<図形の書式設定>作業ウィンドウで、グラデーションを細かく設定できます。

1 ここをクリックして、

2 <グラデーション>をクリックします。

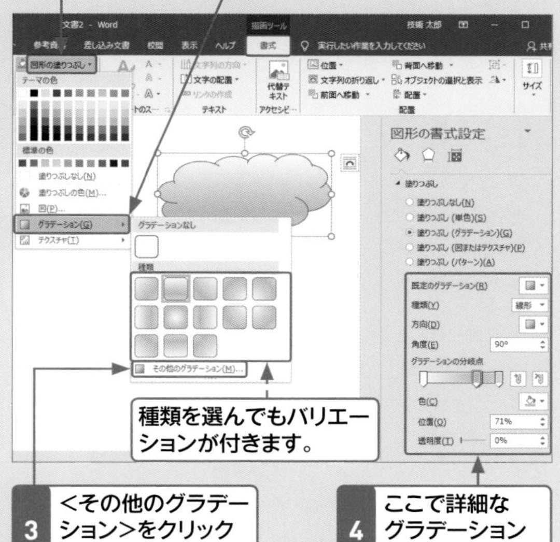

種類を選んでもバリエーションが付きます。

3 <その他のグラデーション>をクリックして、

4 ここで詳細なグラデーションを設定できます。

重要度 ★★★　図形描画

Q 0364 複数の図形を選択したい!

A Shiftを押しながら選択します。

複数の図形を描いて移動する場合などは、すべての図形を選択する必要があります。Shiftを押しながら必要な図形をすべてクリックすると選択できます。

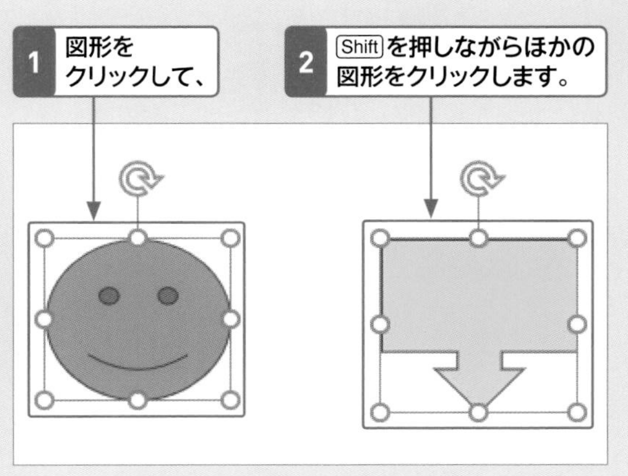

1 図形をクリックして、
2 Shiftを押しながらほかの図形をクリックします。

重要度 ★★★ 図形描画

Q 0365 図形を重ねる順番を変更したい！

A <最前面へ移動>、<最背面へ移動>を利用します。

複数の図形や写真の重ね順を変更するには、順序を変更したい図形を右クリックして、<最前面へ移動>あるいは<最背面へ移動>をクリックし、それぞれ目的の順番を選択します。なお、描画ツールの<書式>タブの<前面へ移動><背面へ移動>でも同じ操作ができます。図形の重ね順は、次の中から選択できます。

<最前面へ移動>

- **最前面へ移動**
  ページ内のすべての図形のいちばん上に移動します。
- **前面へ移動**
  現在の重ね順から、1つ上に移動します。
- **テキストの前面へ移動**
  テキストの下にある場合に上に移動します。

<最背面へ移動>

- **最背面へ移動**
  ページ内のすべての図形のいちばん下に移動します。
- **背面へ移動**
  現在の重ね順から、1つ下に移動します。
- **テキストの背面へ移動**
  テキストの上にある場合に下に移動します。

2 <最背面へ移動>から<背面へ移動>をクリックすると、

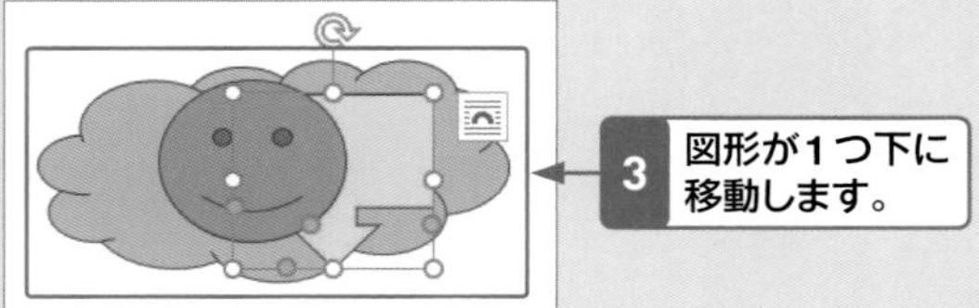

重要度 ★★★ 図形描画

Q 0366 重なった図形の下にある図形が選択できない！

A Tab を押すと、下の図形を選択できます。

大きい図形の下に小さい図形が重なって見えなくなってしまった場合は、上にある図形を選択して Tab を押すと、その下にある図形を選択できます。
文書内に図形やテキストボックスなど多数配置されている場合は、<ホーム>タブの<選択>をクリックし、<オブジェクトの選択と表示>をクリックすると表示される<選択>（Word 2010では<オブジェクトの選択と表示>）作業ウィンドウで目的の図形をクリックして図形を選択します。

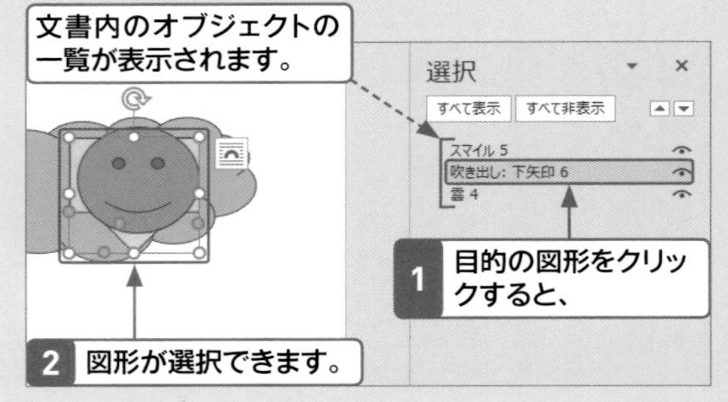

重要度 ★★★ 図形描画

Q 0367 図形をかんたんにコピーしたい！

A Ctrl を押しながらドラッグします。

図形を選択して、Ctrl を押しながらドラッグすると、選択した図形をコピー（複製）できます。

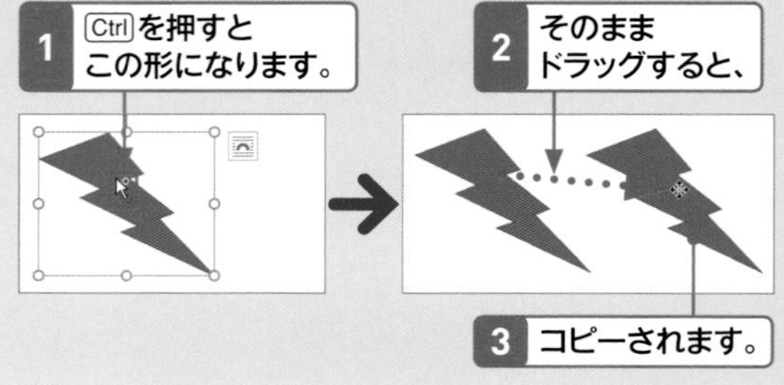

1 Ctrl を押すとこの形になります。
2 そのままドラッグすると、
3 コピーされます。

重要度★★★ 図形描画

Q 0368 図形の左端をきれいに揃えたい!

A <オブジェクトの配置>の<左揃え>を利用します。

図形の配置は、描画ツールの<書式>タブの<オブジェクトの配置>(Word 2010では<配置>)を利用します。選択した複数の図を対象に<左揃え><左右中央揃え><右揃え>ができます。図形をすべて選択して、<オブジェクトの配置>の<左揃え>をクリックすると、いちばん左の図形の左端に揃います。また、揃える基準(用紙、余白)を先に指定しておくと、用紙の左端、あるいは余白の左端に揃えて配置できます。

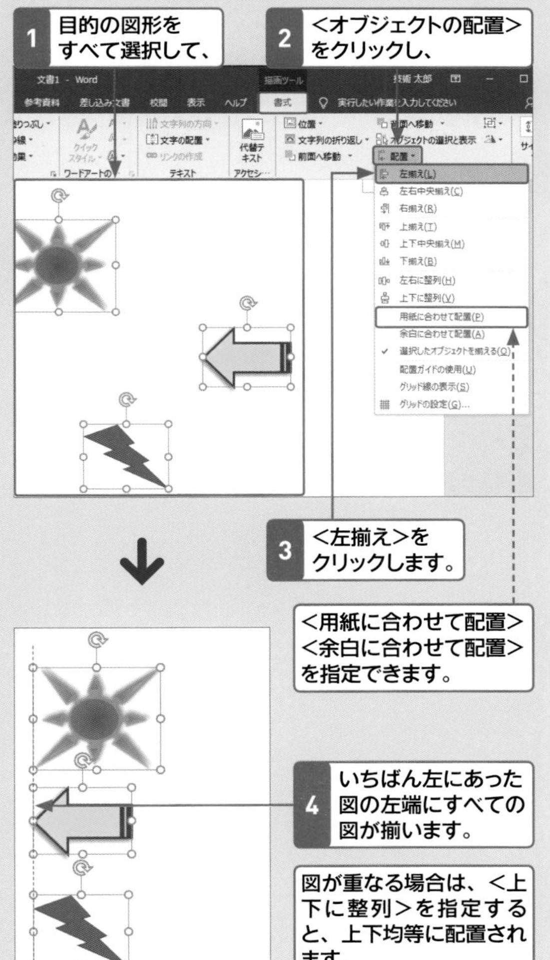

重要度★★★ 図形描画

Q 0369 きれいに配置するためにマス目を表示したい!

A 文字グリッド線と行グリッド線を設定します。

<表示>タブの<グリッド線>や、描画ツールの<書式>タブの<オブジェクトの配置>(Word 2010では<配置>)をクリックし、<グリッド線の表示>をクリックしてオンにすると、行の線(グリッド線または行グリッド線)が引かれます。また、マス目のようにグリッド線を引くには、以下の方法で設定します。

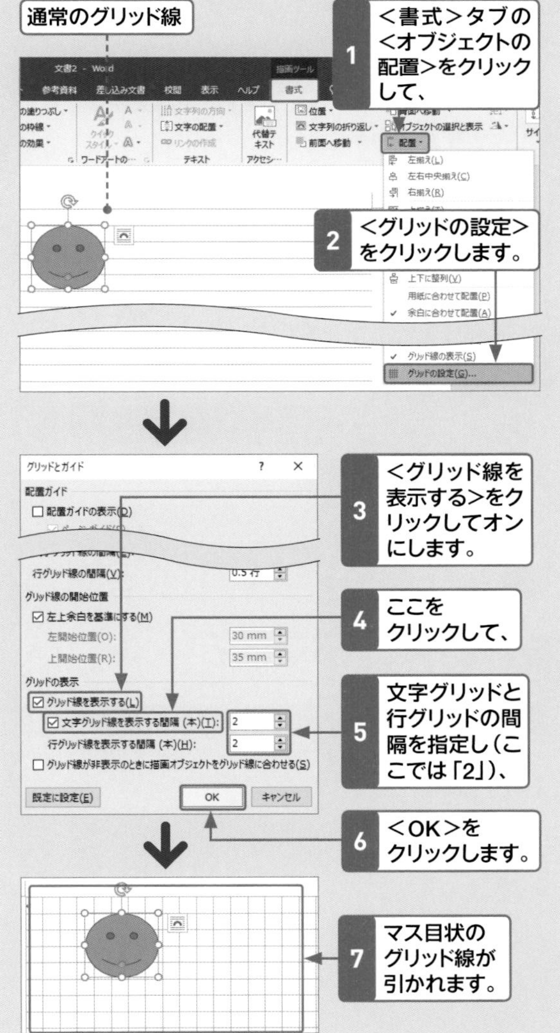

重要度 ★★★ 図形描画

Q 0370 複数の図形を一度に操作したい！

A 「描画キャンバス」を利用します。

「描画キャンバス」は、複数の図形をまとめて操作するための領域です。地図など細かい図形をたくさん利用して描画した場合、それらを移動する際にはすべての図形を選択しなければなりません。描画キャンバス内に描画すると、1つのオブジェクトとして扱われるため自由に移動することができます。なお、描画キャンバスを移動する場合は、＜文字列の折り返し＞を＜行内＞以外に指定します。
また、描画キャンバスのサイズは、枠線上にマウスポインター合わせて⤡の形になったらドラッグすると変更できます。

1 ＜挿入＞タブの＜図形＞をクリックして、

2 ＜新しい描画キャンバス＞をクリックすると、

3 描画キャンバスが挿入されます。

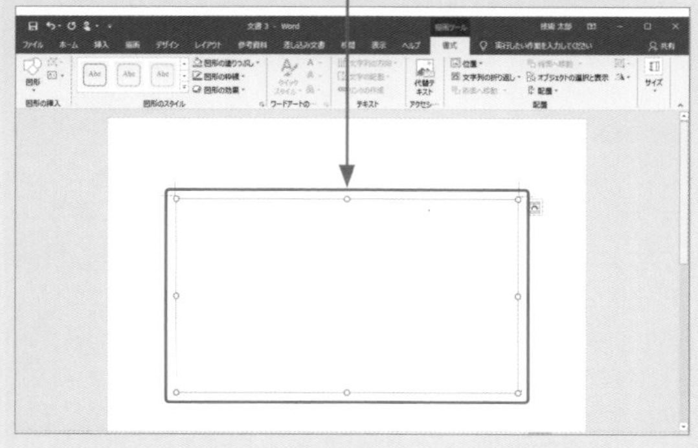

重要度 ★★★ 図形描画

Q 0371 図形の中に文字を入力したい！

A 右クリックして、＜テキストの追加＞を選択します。

文字を入れたい図形を右クリックして、＜テキストの追加＞をクリックすると、カーソルが配置され、文字を入力できます。また、図形の中にテキストボックスを配置することでも、図形に文字を入力したように見せることができます。
なお、図形の中で＜吹き出し＞は、自動的に図中にカーソルが配置され文字を入力できます。

参照▶Q 0373, Q 0376

1 図形を右クリックして、
2 ＜テキストの追加＞をクリックすると、

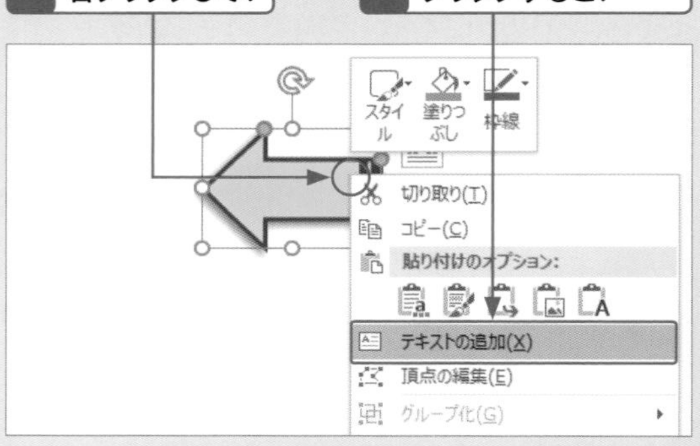

3 図形にカーソルが配置され、

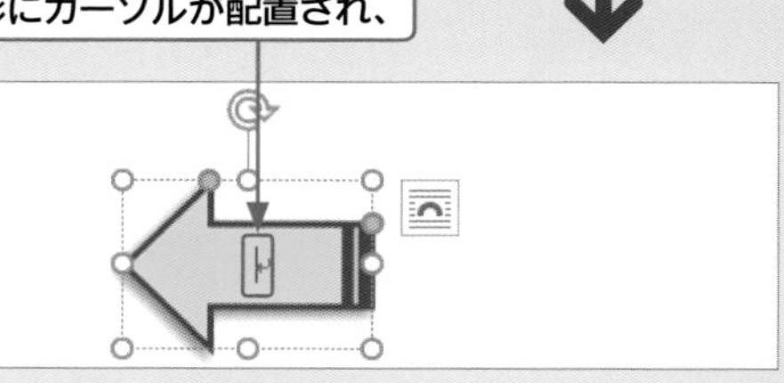

4 文字を入力できるようになります。

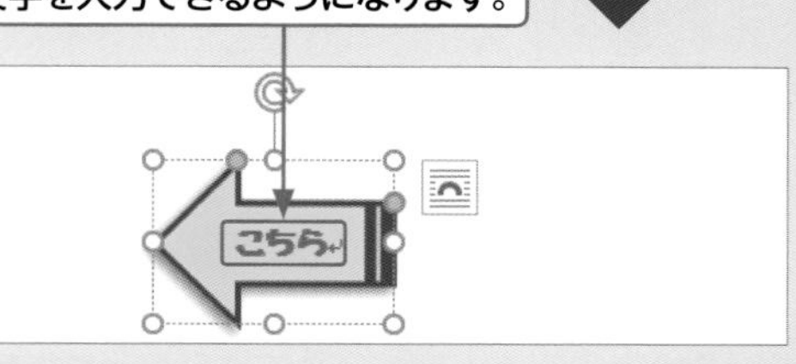

図形内の文字も通常と同じように、フォントやサイズ、色などを変更できます。

重要度 ★★★　図形描画

Q 0372 図形に入力した文字が隠れてしまった！

A 文字列に合わせて図形のサイズを自動的に調整します。

図形を右クリックして、＜図形の書式設定＞をクリックし、＜図形の書式設定＞作業ウィンドウ（Word 2010ではダイアログボックス）の＜文字のオプション＞から＜テキストボックス＞をクリックします。テキストボックスの設定項目が表示されるので、ここでテキストボックスを調整します。
文字列を折り返さずに図形を調整したい場合は、＜図形内でテキストを折り返す＞をクリックしてオフにし、＜テキストに合わせて図形のサイズを調整する＞をクリックしてオンにします。それでも文字が表示されない場合は、テキストボックスの余白を小さくします。
なお、図形をもとのサイズのままにしたい場合は、フォントサイズを小さくしましょう。

1 ＜文字のオプション＞→＜テキストボックス＞の順にクリックします。

2 ここをクリックしてオンにし、図の文字列が表示されるか確認します。

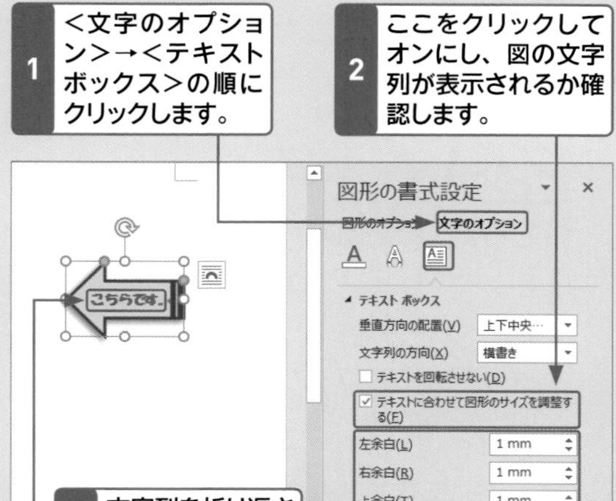

3 文字列を折り返さない場合は、ここをクリックしてオフにします。

4 文字がすべて見えるようになりました。

この操作をしても文字が見えない場合は、余白を減らします。

重要度 ★★★　図形描画

Q 0373 吹き出しを描きたい！

A ＜図形＞の＜吹き出し＞から選択します。

＜挿入＞タブの＜図形＞をクリックして、＜吹き出し＞の中から目的の図形をクリックします。文書上をドラッグすると、吹き出しが作成され、自動的にカーソルが配置されるので、文字を入力します。調整ハンドル◯をドラッグして、吹き出し口のバランスを整えます。

1 ＜挿入＞タブの＜図形＞をクリックして、

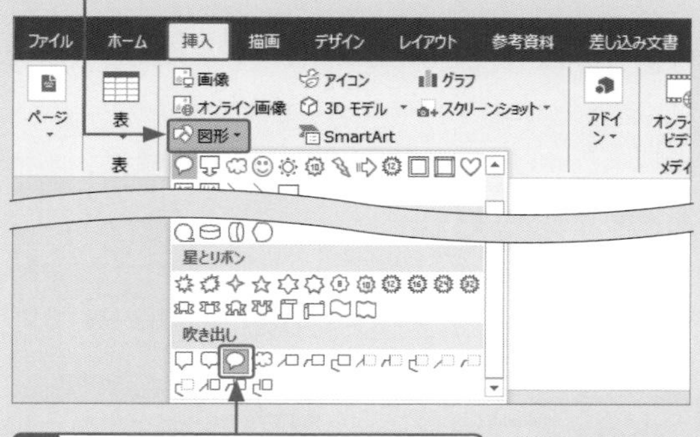

2 目的の吹き出しをクリックします。

3 文書上をドラッグすると、吹き出しが作成されます。

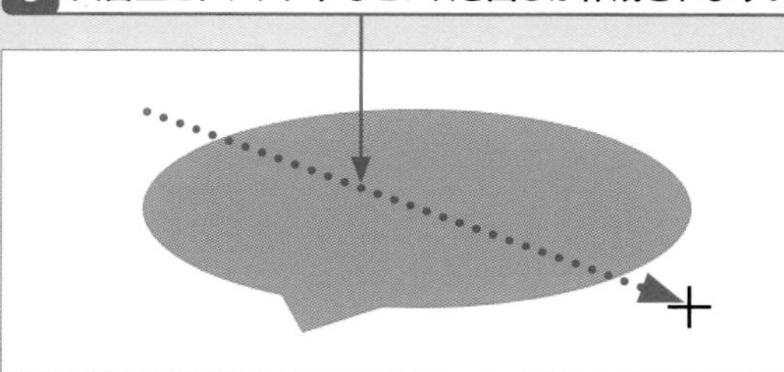

4 文字を入力して、スタイルを整えます。

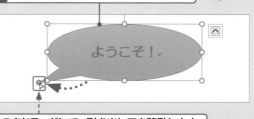

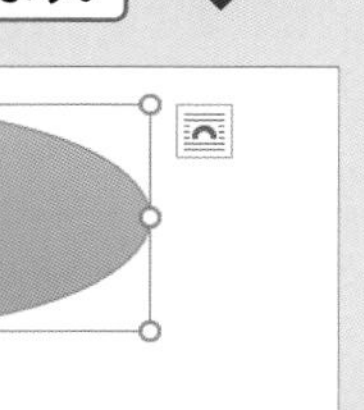

ここをドラッグして、引き出し口を移動します。

重要度★★★ 図形描画

Q 0374 図形を立体的に見せたい！

A 面取りや3-D回転を利用します。

図形を立体的に見せるには、図形を選択して、描画ツールの<書式>タブの<図形の効果>をクリックし、<面取り>や<3-D回転>から効果をクリックして選択します。それぞれの効果を組み合わせるほか、<3-Dオプション>をクリックして、<図形の書式設定>作業ウィンドウ（Word 2010ではダイアログボックス）を表示すれば、細かな設定も行えます。

1 目的の図形を選択して、

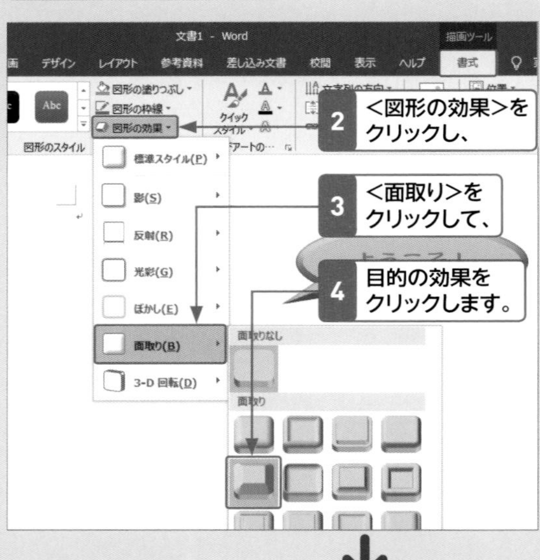

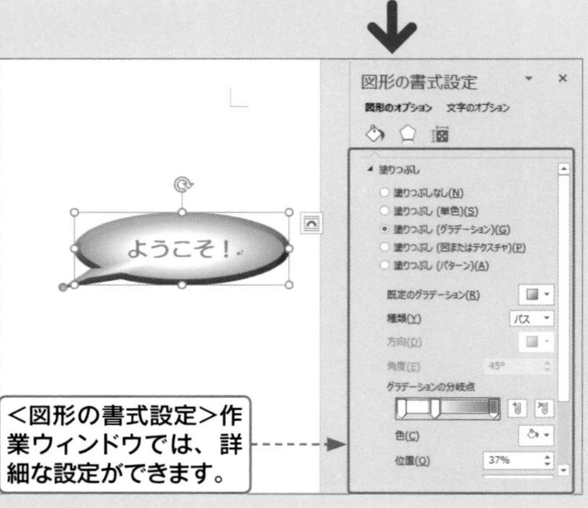

重要度★★★ 図形描画

Q 0375 作った図を1つにまとめたい！

A 図をグループ化します。

図形をグループ化すると、まとめて移動したり、同じサイズに変更したりすることができます。このとき、グループ化したい図形をShiftを押しながらすべて選択して、描画ツールの<書式>タブの<オブジェクトのグループ化>（Word 2010では<グループ化>）をクリックして、<グループ化>をクリックします。

ただし、グループ化したあとにスタイルの変更などを行うと、すべての図に反映されてしまうので、グループ化は個々の図を完成させてから行いましょう。不都合がある場合は、グループ化を一旦解除して個々に設定し直します。グループ化の解除は、図形を選択して、<オブジェクトのグループ化>をクリックし、<グループ解除>をクリックします。

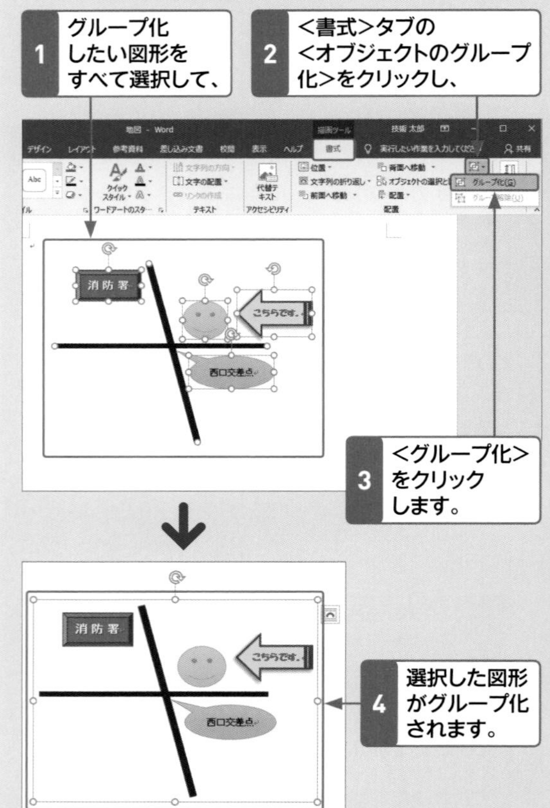

重要度 ★★★　テキストボックス

Q 0376 文字を自由に配置したい！

A テキストボックスを利用します。

文字を自由な位置に配置するには、テキストボックスを利用します。横書きの文書に縦書きの文章を入れたいときなどに便利です。
テキストボックスを挿入するには、<挿入>タブの<テキストボックス>をクリックして、縦書きか横書きのテキストボックス、あるいは組み込まれているスタイルを利用します。ここでは、縦書きテキストボックスを挿入します。テキストボックスは、図や文書の文字と同様にスタイルやフォントを変更できます。

1 <挿入>タブの<テキストボックス>をクリックして、

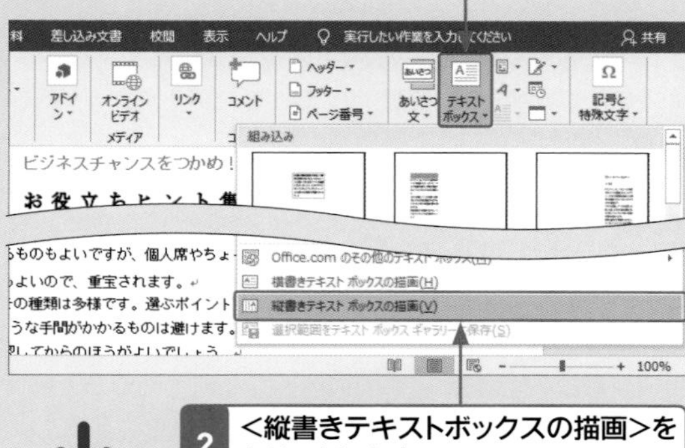

2 <縦書きテキストボックスの描画>をクリックします。

3 目的の位置でドラッグすると、テキストボックスが挿入されます。

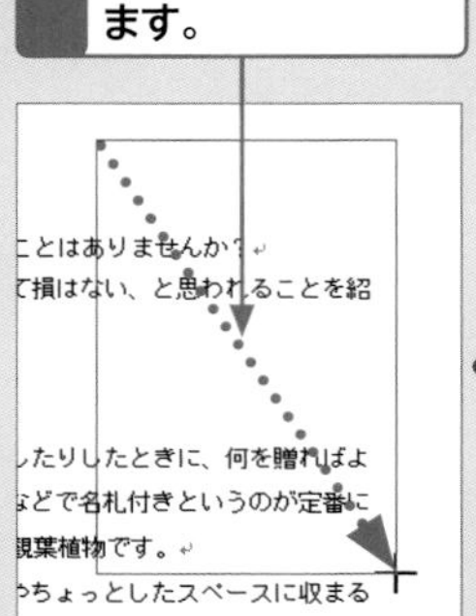

4 文字を入力して、スタイルを整えます。

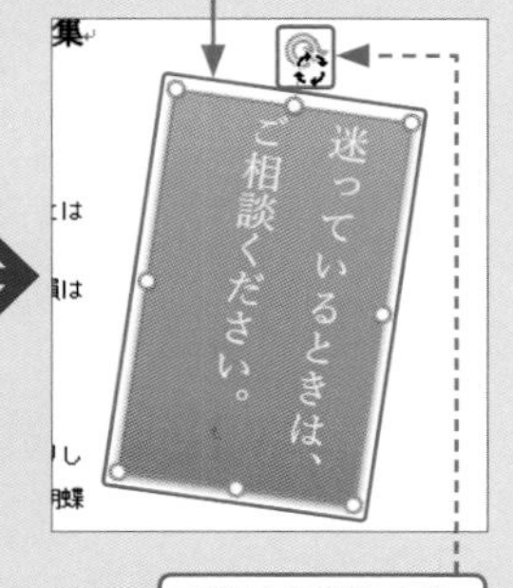

回転も可能です。

重要度 ★★★　テキストボックス

Q 0377 文書中の文字からテキストボックスを作成したい！

A 文字を選択して、<テキストボックス>をクリックします。

文書中に入力してある文字列を選択し、<挿入>タブの<テキストボックス>をクリックして、<横書きテキストボックスの描画>または<縦書きテキストボックスの描画>をクリックします。文書上をドラッグすると、選択した文字列が入力されたテキストボックスが作成できます。

1 テキストボックスにしたい文字を選択して、

2 <テキストボックス>をクリックし、

3 <横書きテキストボックスの描画>をクリックすると、

4 文字の入力されたテキストボックスが自動的に作成されます。

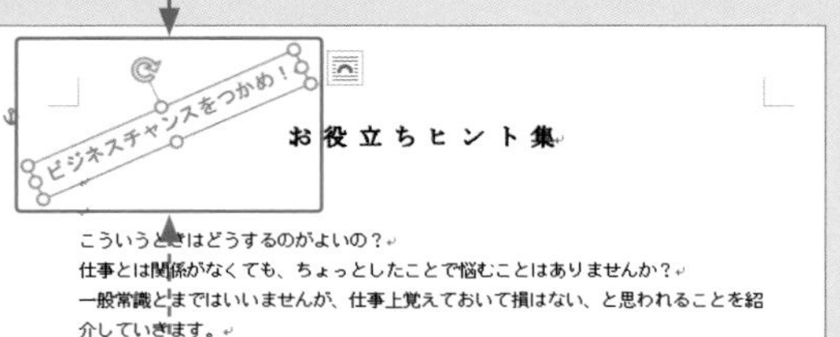

移動やスタイルの変更、回転などもできます。

重要度 ★★★ テキストボックス

Q 0378 1つの文章を複数のテキストボックスに挿入したい！

A テキストボックスの間にリンクを設定します。

複数のテキストボックスに続けて文章を表示するには、テキストボックス間にリンクを設定します。文章を入力したテキストボックスと空のテキストボックスを用意して、以下の手順に従うと、文章を入力したテキストボックスに表示しきれていない文章が空のテキストボックスに流し込まれます。

空のテキストボックスを用意しておきます。

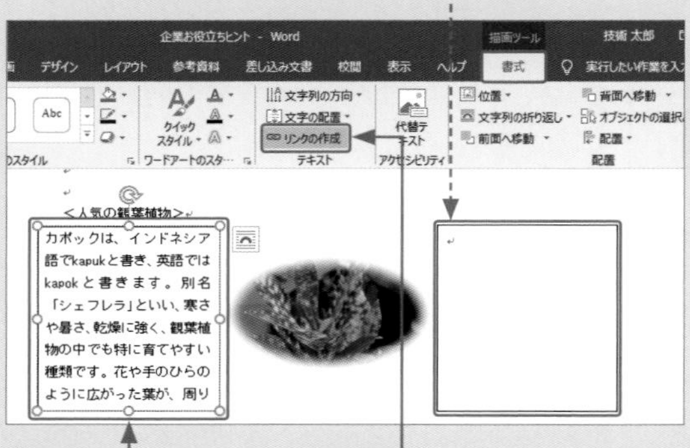

1 文章が入りきらないテキストボックスをクリックして、

2 描画ツールの<書式>タブの<リンクの作成>をクリックします。

3 マウスポインターの形が変化したら、空のテキストボックス上でクリックすると、

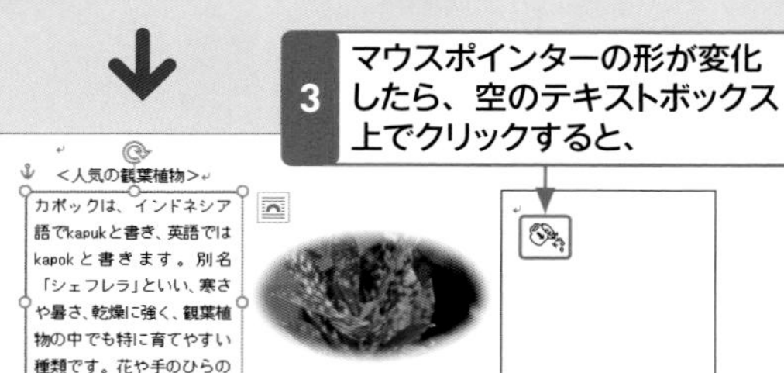

4 表示しきれなかった文章が流し込まれます。

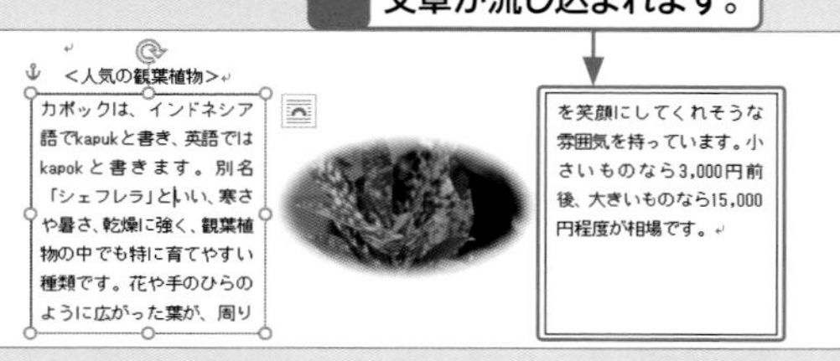

重要度 ★★★ テキストボックス

Q 0379 テキストボックスの枠線を消したい！

A <図形の枠線>で<線なし>にします。

テキストボックスも図形と同じ扱いで、テキストボックス内は描画ツールの<書式>タブにある<図形の塗りつぶし>で色を変更でき、<図形の枠線>で色や太さを変更できます。テキストボックスは文書内に自由に配置できる文字として利用するため、枠線がないほうがよいでしょう。<図形の枠線>の右側をクリックして、<枠線なし>（Word 2016以前は<枠なし>）をクリックします。

1 テキストボックスをクリックして選択します（ここでは Shift を押しながら2つめもクリックします）。

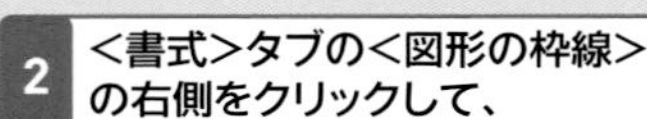

2 <書式>タブの<図形の枠線>の右側をクリックして、

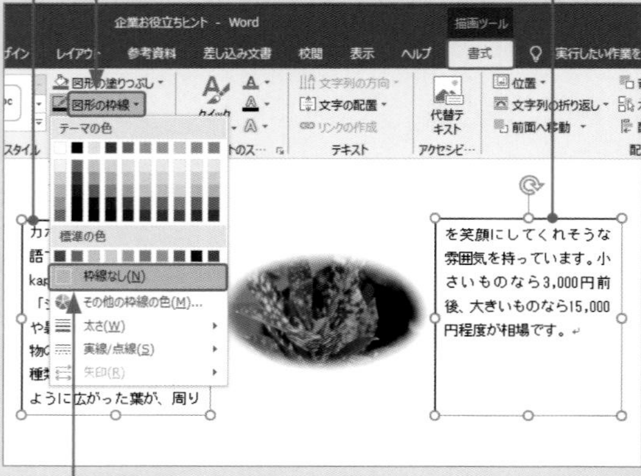

3 <枠線なし>をクリックします。

4 枠線が消えました。

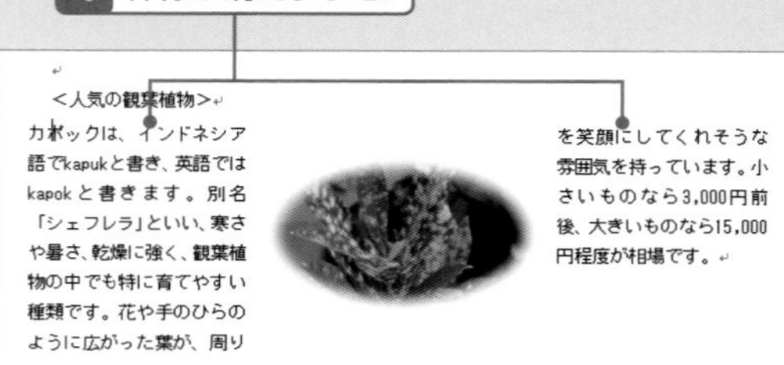

重要度 ★★★ アイコン ⊗2013 ⊗2010

Q 0380 ピクトグラムのような アイコンを挿入したい！

A ＜挿入＞タブの＜アイコンの挿入＞をクリックして選びます。

Word 2019／2016では、＜アイコンの挿入＞ が利用できます。＜アイコンを挿入＞ダイアログボックスに、人物やコミュニケーション、顔や標識などさまざまな分類のアイコンが用意されています。これらのアイコンは、視覚的に表現する必要があるときに便利です。挿入時のサイズは25.4mm四方で、通常の図と同様に扱うことができます。

1 アイコンを挿入する位置にカーソルを移動して、

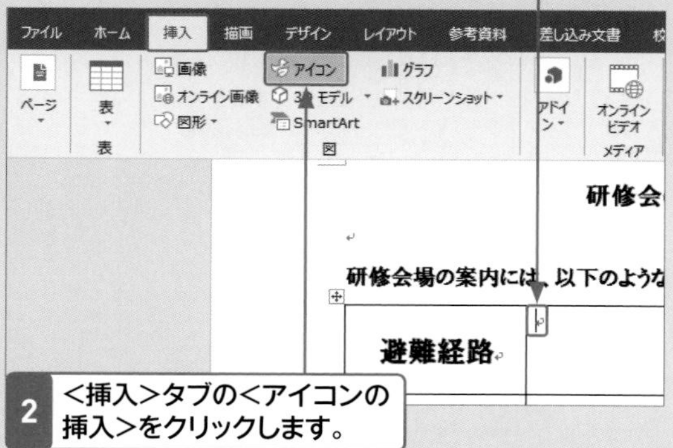

2 ＜挿入＞タブの＜アイコンの挿入＞をクリックします。

3 目的のアイコンをクリックして、

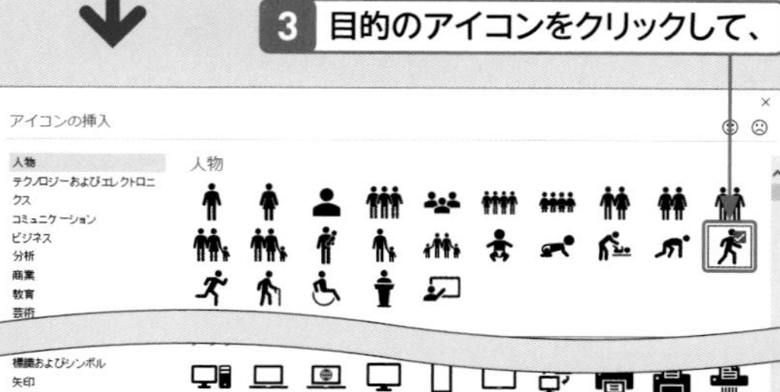

4 ＜挿入＞をクリックします。

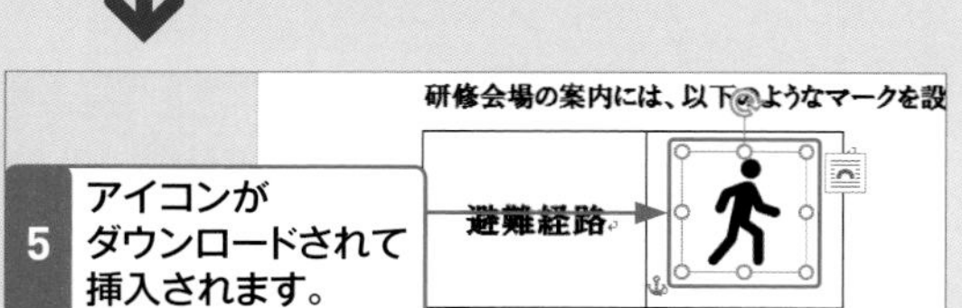

5 アイコンがダウンロードされて挿入されます。

重要度 ★★★ アイコン ⊗2013 ⊗2010

Q 0381 アイコンのサイズを変更したい！

A ハンドルをドラッグします。

挿入したアイコンは通常の図と同じ扱いなので、自由にサイズを変更できます。アイコンの周りにあるハンドル○をドラッグします。Shiftを押しながらドラッグすると、縦横の比率を同じにして拡大・縮小ができます。

参照▶Q 0380

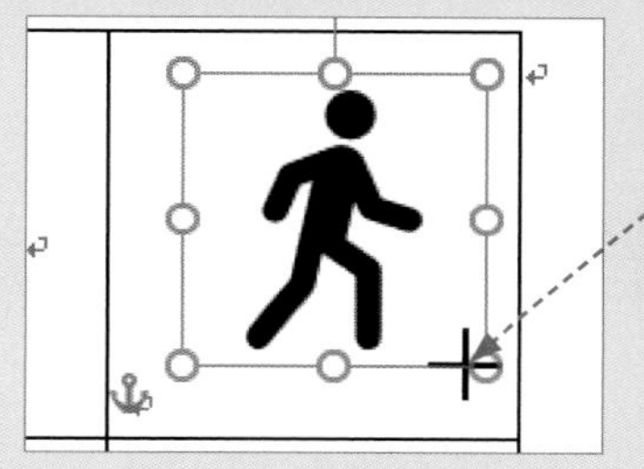

重要度 ★★★ アイコン ⊗2013 ⊗2010

Q 0382 アイコンの色を変更したい！

A ＜グラフィックの塗りつぶし＞から色を選択します。

挿入したアイコンは通常の図と同じ扱いなので、自由に色を変更することができます。アイコンを選択して、グラフィックツールの＜書式＞タブの＜グラフィックの塗りつぶし＞から色を選択します。

参照▶Q 0380

1 ＜グラフィックの塗りつぶし＞の右側をクリックして、

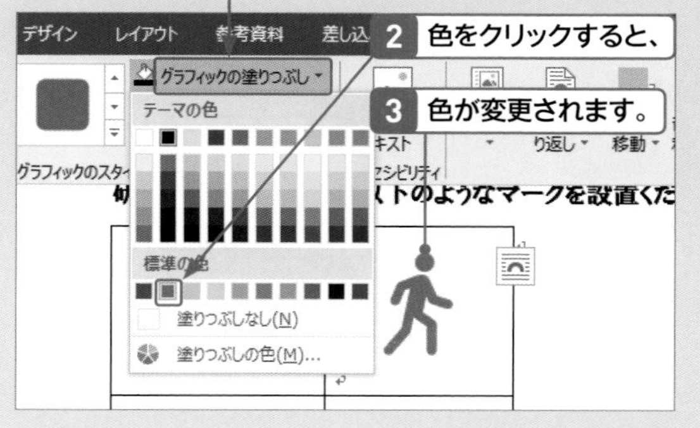

2 色をクリックすると、

3 色が変更されます。

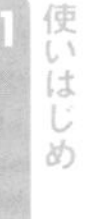

重要度 ★★★　3Dモデル　2016 2013 2010

Q 0383 3Dモデルを挿入したい！

A <3Dモデル>画面から選びます。

Word 2019では、3Dデータを使用した画像（3Dモデル）を挿入することができます。オンラインで検索して挿入するか、手持ちのファイルを読み込みます。

参照▶Q 0384, Q 0385

1 ＜挿入＞タブの＜3Dモデル＞をクリックして、

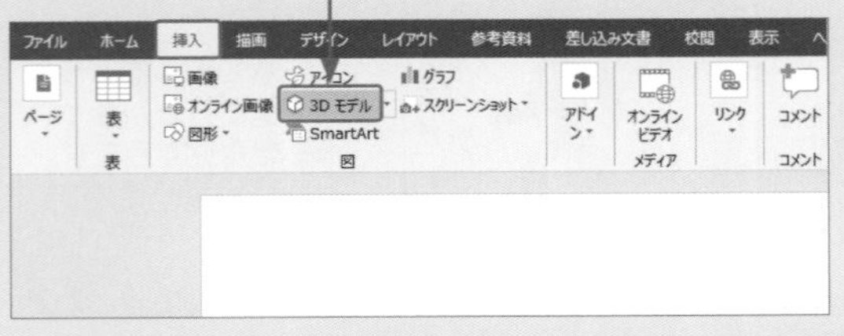

キーワードを入力して検索できます。

2 分類をクリックし、

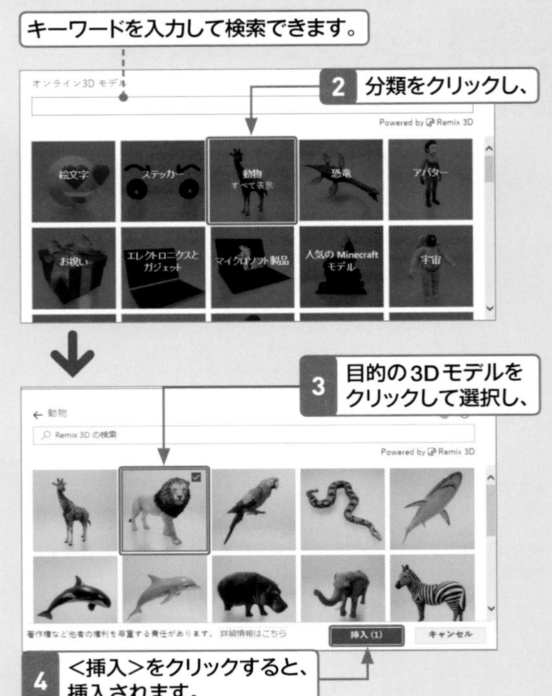

3 目的の3Dモデルをクリックして選択し、

4 ＜挿入＞をクリックすると、挿入されます。

重要度 ★★★　3Dモデル　2016 2013 2010

Q 0384 3Dモデルの大きさや向きを変えたい！

A 中央をドラッグすると向きが変わります。

3Dモデルもオブジェクトと同様に、周りのハンドル○をドラッグしてサイズを変更できます。向きを変更するには、中央の部分をドラッグします。

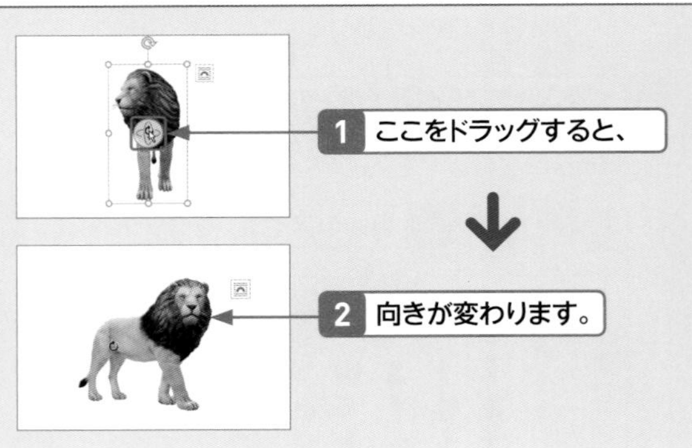

重要度 ★★★　3Dモデル　2016 2013 2010

Q 0385 3Dモデルをズームしたい！

A <パンとズーム>を利用します。

3Dモデルを選択すると、＜3Dモデルツール＞の＜書式設定＞タブが表示されます。＜パンとズーム＞をクリックすると が表示されるので、上下にドラッグするとズーム表示になります。

重要度★★★　ワードアート

Q 0386 タイトルロゴを作成したい！

A ワードアートを作成します。

文書にタイトルロゴを付けたい場合には、ワードアートを作成します。「ワードアート」とは、デザインされた文字を作成する機能のことです。＜ホーム＞タブの＜文字の効果と体裁＞（Word 2010では＜文字の効果＞）とほぼ同じデザインですが、ワードアートは文字と異なり図として扱われます。

ワードアートを挿入するには、＜挿入＞タブの＜ワードアート＞からデザインを選び、文字を入力します。

1 ＜挿入＞タブの＜ワードアート＞をクリックして、

2 目的のワードアートをクリックします。

3 ワードアートが挿入されるので、

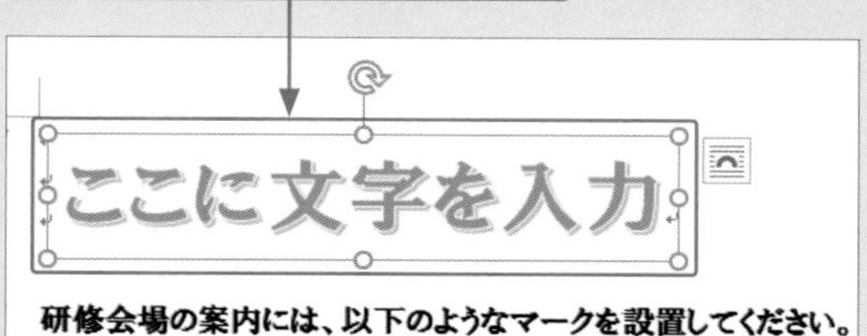

4 文字を入力して、フォントやサイズ、色などのスタイルを整えます。

研修会の注意事項
研修会場の案内には、以下のようなマークを設置してください。

重要度★★★　ワードアート

Q 0387 ワードアートを変形させたい！

A ＜文字の効果＞から＜変形＞を選択します。

ワードアートの形を変更するには、ワードアートを選択して、描画ツールの＜書式＞タブの＜文字の効果＞をクリックし、＜変形＞をクリックすると表示される一覧から形状をクリックして選択します。

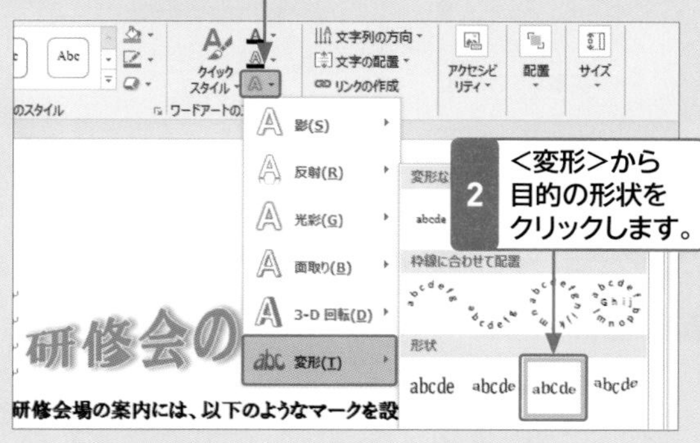

重要度★★★　ワードアート

Q 0388 ワードアートのデザインをあとから変えたい！

A ＜クイックスタイル＞からデザインを選びます。

ワードアートのデザインは、描画ツールの＜書式＞タブの＜クイックスタイル＞をクリックして、デザインをクリックすれば変更できます。

参照►Q 0389, Q 0390

重要度 ★★★ ワードアート

Q 0389 ワードアートのフォントを変えたい！

A ＜ホーム＞タブのフォントボックスで変更します。

ワードアートのフォントの変更方法は、通常の文字修飾と同じです。ワードアートを選択して、＜ホーム＞タブのフォントボックスの▾をクリックし、変更したいフォントをクリックします。同様に、サイズも＜ホーム＞タブを利用して変更します。なお、フォントやフォントサイズによっては、行が増えたりボックスが広がったりしてしまう場合があります。その場合、あとから文字列の改行やボックスの調整などを行います。

1 ワードアートを選択して、＜ホーム＞タブをクリックします。

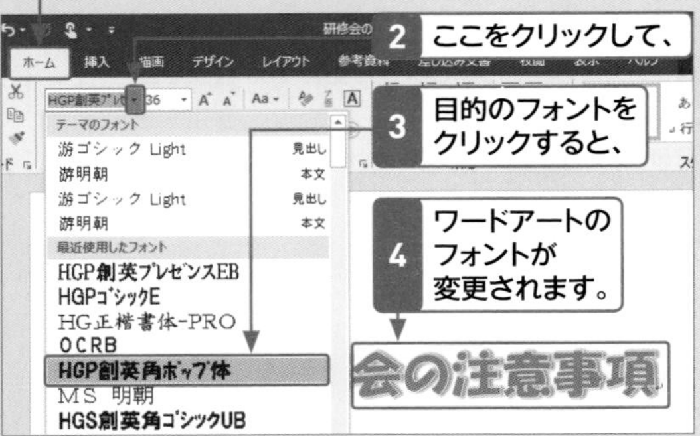

重要度 ★★★ ワードアート

Q 0390 ワードアートの色を変えたい！

A ＜文字の塗りつぶし＞を利用します。

ワードアートの色を変更するには、ワードアートの文字を選択して、描画ツールの＜書式＞タブの＜文字の塗りつぶし＞の▾をクリックし、目的の色をクリックします。なお、ワードアートの影の色は、＜文字の効果＞をクリックし、＜影＞→＜影のオプション＞の順にクリックして表示される＜図形の書式設定＞作業ウィンドウ（Word 2010では＜文字の効果の設定＞ダイアログボックス）の＜色＞から変更します。

1 ワードアートを選択して、ここをクリックし、

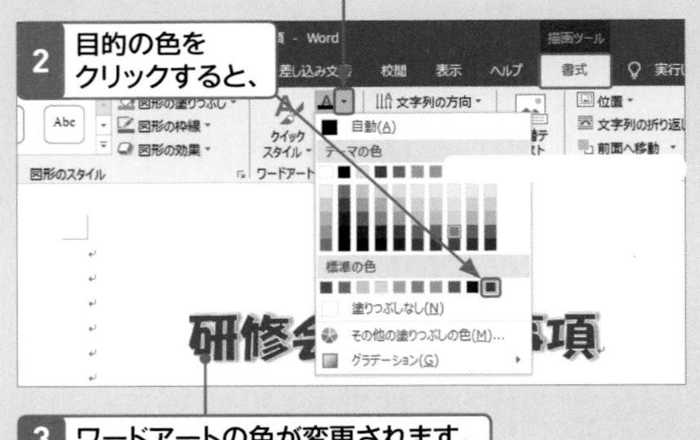

重要度 ★★★ ワードアート

Q 0391 ワードアートを縦書きにしたい！

A ＜文字列の方向＞から＜縦書き＞を選択します。

ワードアートを選択して、描画ツールの＜書式＞タブの＜文字列の方向＞をクリックし、＜縦書き＞をクリックすると、ワードアートを縦書きにできます。＜レイアウト＞タブ（Word 2013／2010では＜ページレイアウト＞タブ）の＜文字列の方向＞でも同様です。もとに戻すには、＜横書き＞をクリックします。
文字が広がってワードアートの囲み枠が小さい場合は、枠を広げて文字が見えるように調整します。

1 ＜書式＞タブの＜文字列の方向＞をクリックし、

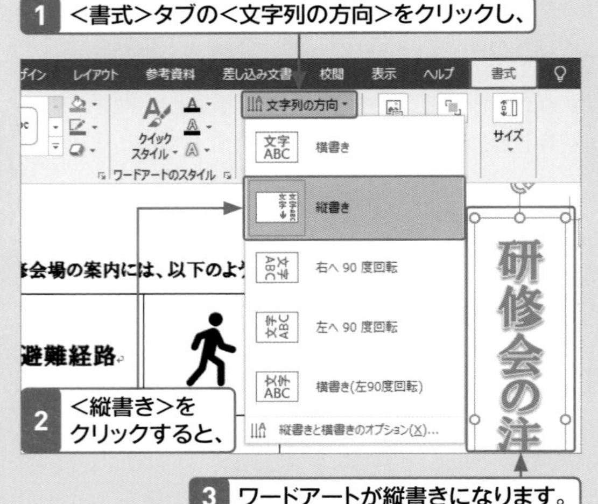

重要度 ★★★　ワードアート

Q 0392 ワードアートを回転させたい！

A 回転ハンドルをドラッグすると回転できます。

ワードアートを選択すると、ワードアートの上に回転ハンドル が表示されるので、これを左右にドラッグします。また、描画ツールの＜書式＞タブの＜オブジェクトの回転＞（Word 2010では＜回転＞） をクリックすると、左右へ90度回転、上下／左右反転ができます。

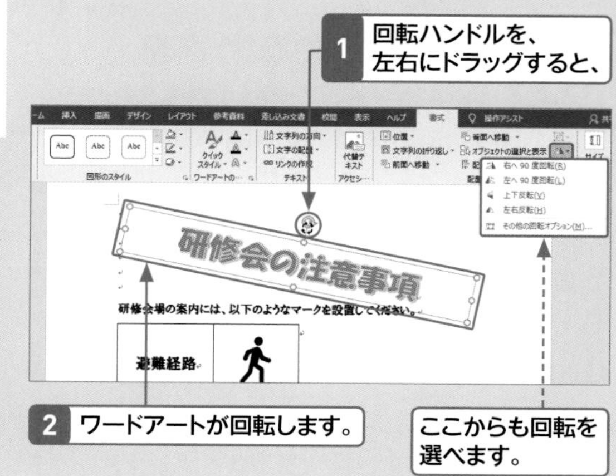

1 回転ハンドルを、左右にドラッグすると、
研修会の注意事項
2 ワードアートが回転します。
ここからも回転を選べます。

重要度 ★★★　ワードアート

Q 0393 ワードアートの大きさを変更したい！

A ワードアートのハンドルをドラッグします。

枠を広げるには、ワードアートの四隅にあるハンドルにマウスポインターを移動して、マウスポインターの形が に変わった状態でドラッグします。
ただし、ワードアートの枠を広げても、文字のサイズは変わりません。＜ホーム＞タブの＜フォントサイズ＞でフォントサイズを変更すると、文字のサイズに合わせて枠が調整されます。

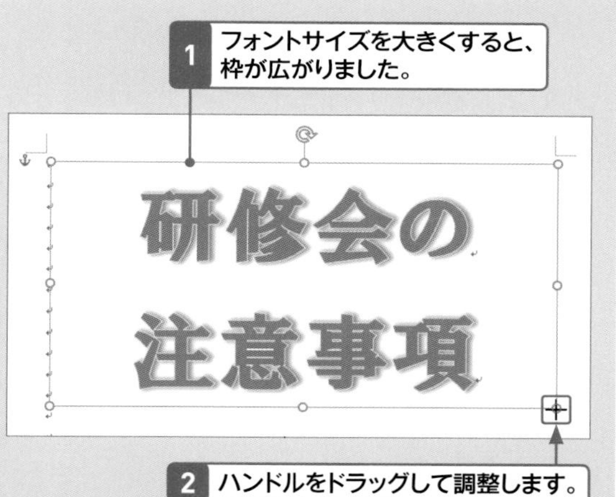

1 フォントサイズを大きくすると、枠が広がりました。
研修会の
注意事項
2 ハンドルをドラッグして調整します。

重要度 ★★★　ワードアート

Q 0394 ワードアートの背景に色を付けたい！

A ＜図形の塗りつぶし＞を利用します。

色を変える場合は、ワードアートを選択して、描画ツールの＜書式＞タブで＜図形の塗りつぶし＞の右側をクリックして、色を選択します。このとき、ワードアートの枠線も太さや色を変えるとさらに際立ちます。枠線は、＜書式＞タブの＜図形の枠線＞の右側をクリックして選択します。

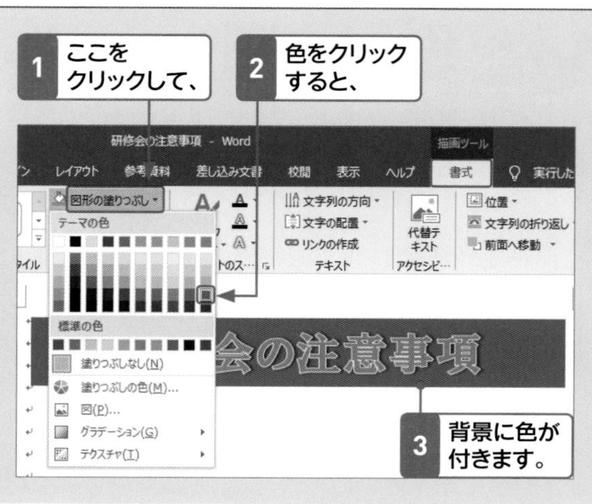

1 ここをクリックして、
2 色をクリックすると、
図形の塗りつぶし
テーマの色
標準の色
塗りつぶしなし(N)
塗りつぶしの色(M)...
図(P)...
グラデーション(G)
テクスチャ(T)
会の注意事項
3 背景に色が付きます。

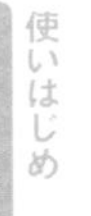

重要度 ★★★　SmartArt

Q 0395 見栄えのする図表をかんたんに作りたい！

A SmartArtを利用します。

SmartArtには、各種の視覚的な図が用意されています。利用するには、＜挿入＞タブの＜SmartArt グラフィックの挿入＞をクリックして、＜SmartArt グラフィックの選択＞ダイアログボックスから選択します。

各パーツ内に文字を入力するには、パーツをクリックしてカーソルを配置するか、テキストウィンドウ内のパーツに対応する欄をクリックして入力します。テキストウィンドウが表示されていない場合は、SmartArt ツールの＜デザイン＞タブの＜テキストウィンドウ＞をクリックしてオンにします。

入力した文字のフォントやサイズは、通常の文字と同様に変更できます。

1 ＜挿入＞タブをクリックして、

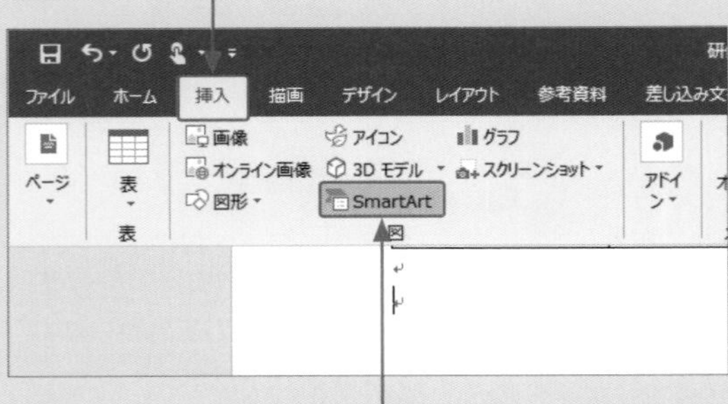

2 ＜SmartArtグラフィックの挿入＞をクリックします。

3 目的の図を選択して、

図の解説が表示されます。

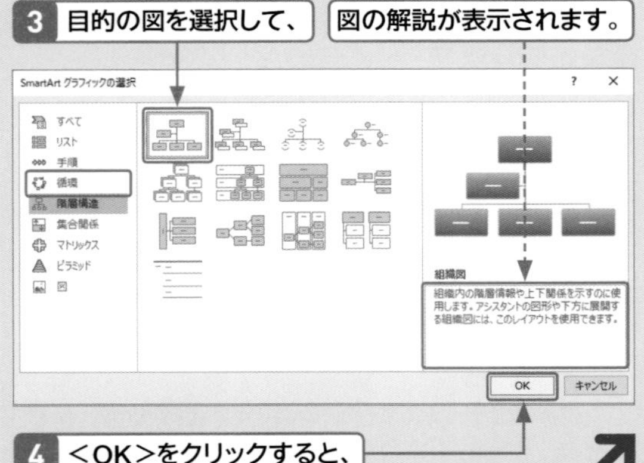

4 ＜OK＞をクリックすると、

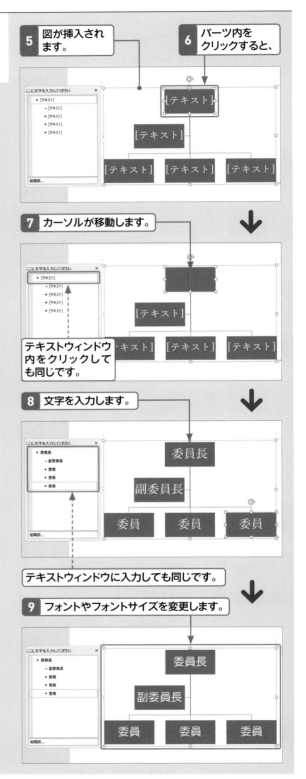

5 図が挿入されます。

6 パーツ内をクリックすると、

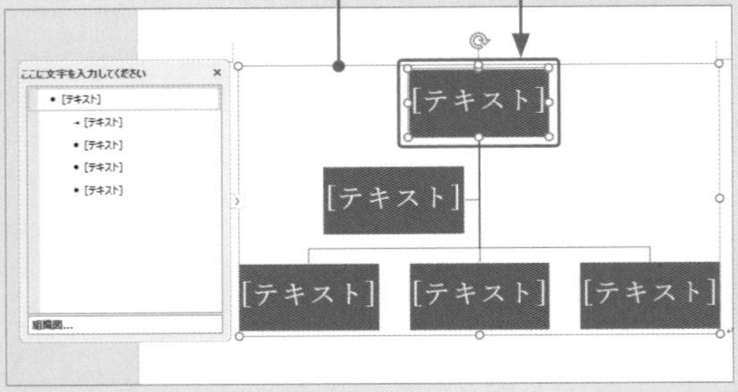

7 カーソルが移動します。

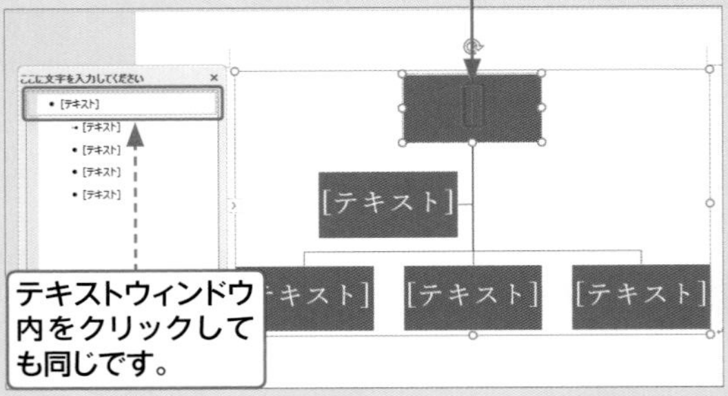

テキストウィンドウ内をクリックしても同じです。

8 文字を入力します。

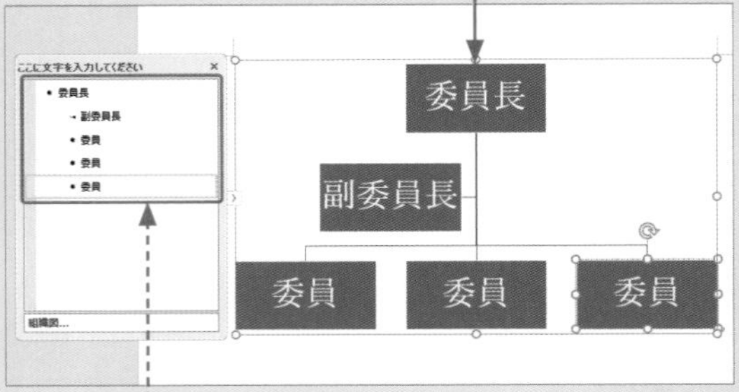

テキストウィンドウに入力しても同じです。

9 フォントやフォントサイズを変更します。

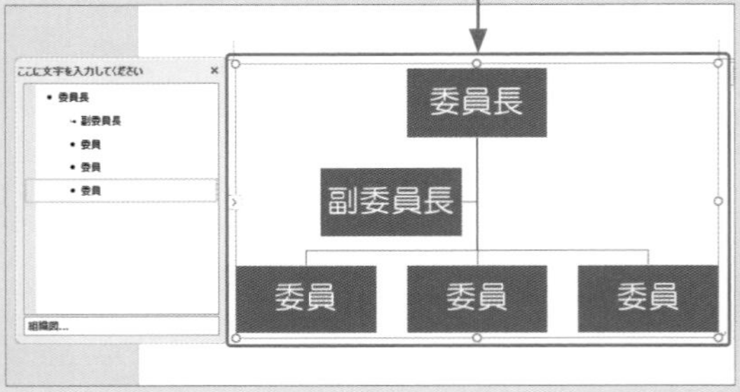

重要度 ★★★　SmartArt

Q 0396 図表にパーツを追加したい!

A ＜図形の追加＞を利用します。

追加したい位置のパーツを選択して、SmartArtツールの＜デザイン＞タブで＜図形の追加＞の▾をクリックし、追加したい位置を選びます。そのほか、テキストウィンドウで追加したい位置をクリックしても、パーツが増えます。なお、マトリックスなどの図表によってはパーツを追加できない種類もあり、＜デザイン＞タブの＜図形の追加＞は非表示になっています。

1 図の中で追加したい位置のパーツを選択します。

2 ＜図形の追加＞のここをクリックして、

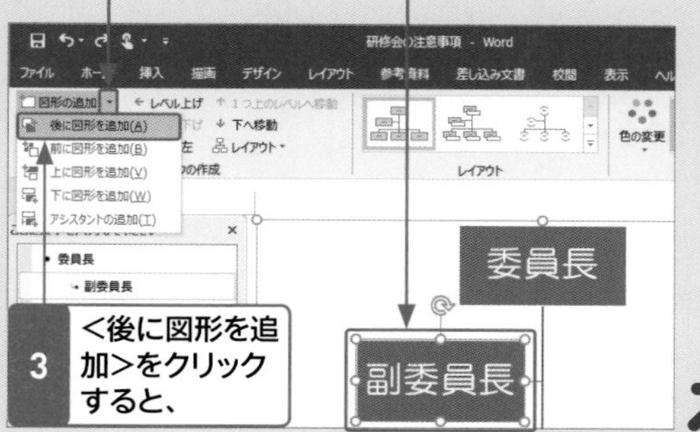

4 パーツが追加され、組織図が全体的に調整されます。

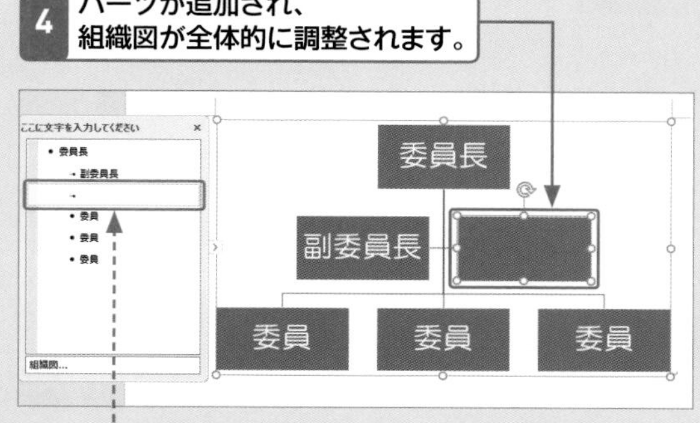

テキストウィンドウにも欄が追加されます。

5 文字を入力して、フォントを揃えます。

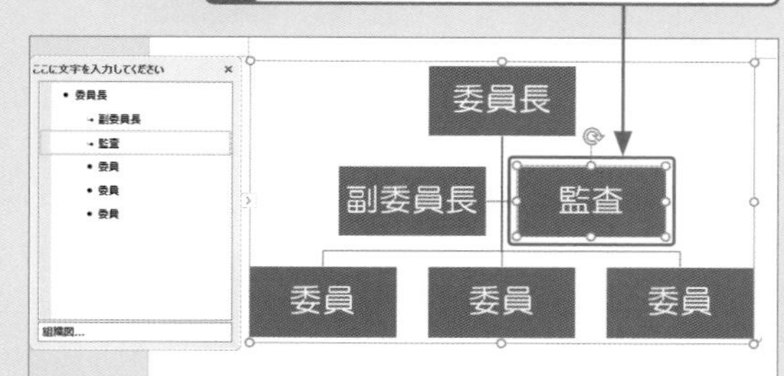

重要度 ★★★　SmartArt

Q 0397 図表のパーツを削除したい!

A パーツを選択して、Delete を押します。

パーツを削除するには、削除したいパーツを選択して、Delete または BackSpace を押すか、テキストウィンドウのパーツの文字を選択して、Delete を押します。削除された分、全体の配置が調整されます。

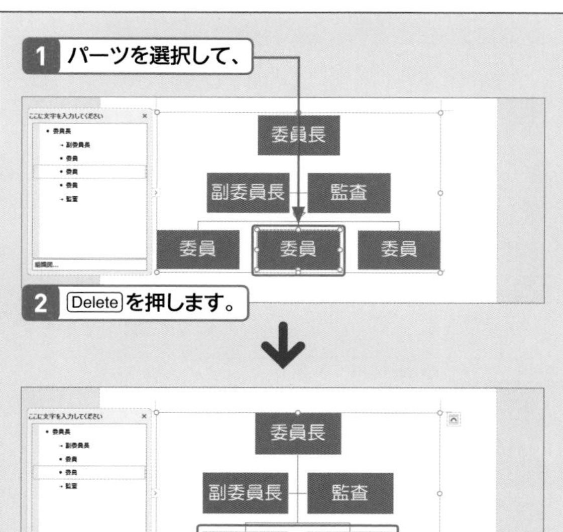

3 削除され、配置が調整されます。

重要度 ★★★ SmartArt

Q 0398 図表のデザインを変更したい！

A <デザイン>タブから選択します。

SmartArtのデザインを変える場合、スタイルを変更することと、図の種類そのものを変更することがあります。スタイルを変更するには、SmartArtツールの<デザイン>タブで<SmartArtのスタイル>ギャラリーの<その他>をクリックして、スタイルを選択します。また、図の種類を変更するには、SmartArtツールの<デザイン>タブで<レイアウト>の<その他>をクリックして、レイアウトを選択します。

● スタイルの変更

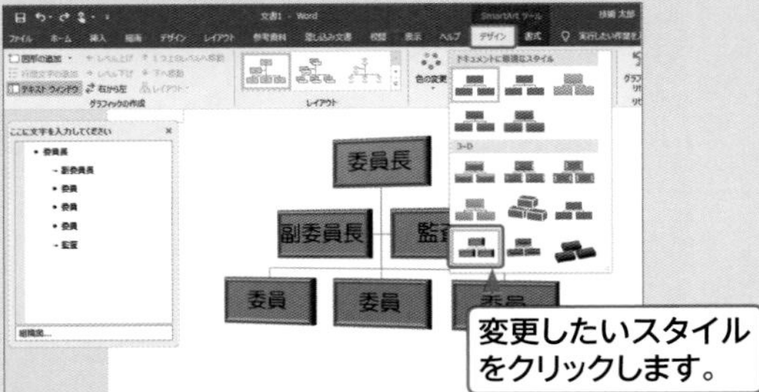
委員長
副委員長
委員
委員
変更したいスタイルをクリックします。

● レイアウトの変更

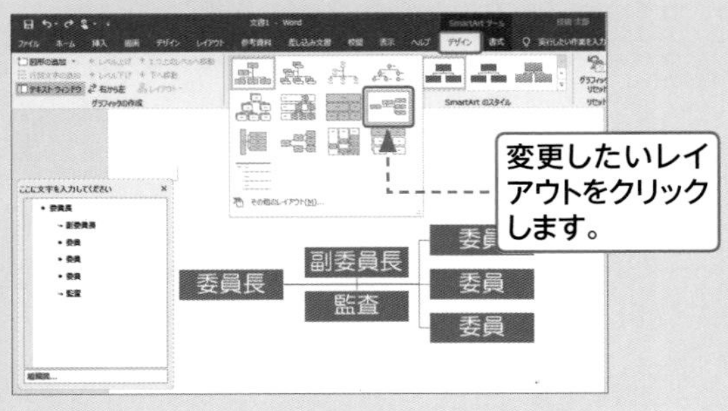
変更したいレイアウトをクリックします。
委員長
副委員長
監査
委員
委員
委員

重要度 ★★★ SmartArt

Q 0399 図表の色を変更したい！

A <図形の塗りつぶし>を利用します。

SmartArtの色を変更する場合、パーツごとに色を変更したいときは、SmartArtツールの<書式>タブで<図形の塗りつぶし>で色を選びます。パーツをまとめて配色する場合は、SmartArtツールの<デザイン>タブで<色の変更>から選ぶと便利です。

● パーツ単位で色を変更する

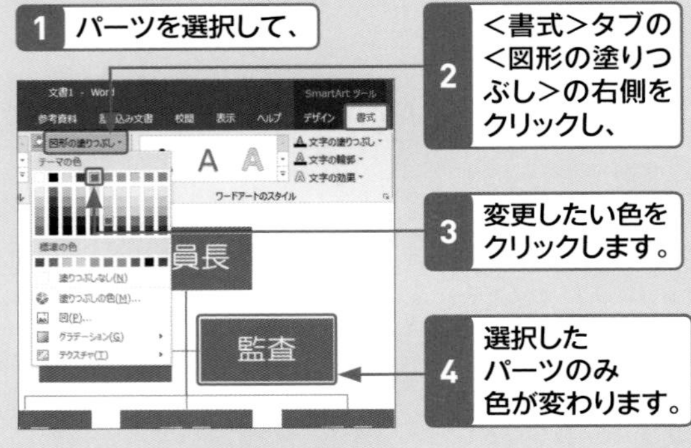
1 パーツを選択して、
2 <書式>タブの<図形の塗りつぶし>の右側をクリックし、
3 変更したい色をクリックします。
4 選択したパーツのみ色が変わります。
員長
監査

● <色の変更>を利用する

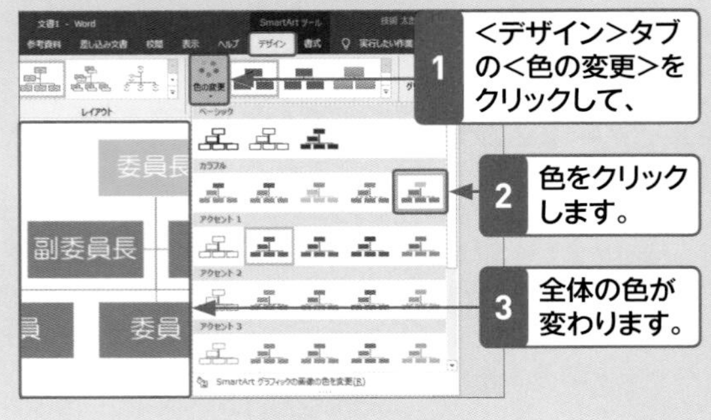
1 <デザイン>タブの<色の変更>をクリックして、
2 色をクリックします。
3 全体の色が変わります。
委員長
副委員長
委員

重要度 ★★★ SmartArt

Q 0400 変更した図表をもとに戻したい！

A <グラフィックのリセット>をクリックします。

作成したSmartArtにパーツを追加したり、色を変えたりしたあとで、もとの図に戻したい場合は、SmartArtツールの<デザイン>タブで<グラフィックのリセット>をクリックします。

SmartArt ツール
技術 太郎
ヘルプ
デザイン
書式
実行したい作業を入力して
グラフィックのリセット
SmartArt のスタイル
リセット

重要度★★★ SmartArt

Q 0401 図表のパーツのサイズを大きくしたい！

A ハンドルをドラッグします。

パーツを選択して表示されるハンドル○にマウスポインターを合わせて、の形になったらドラッグします。

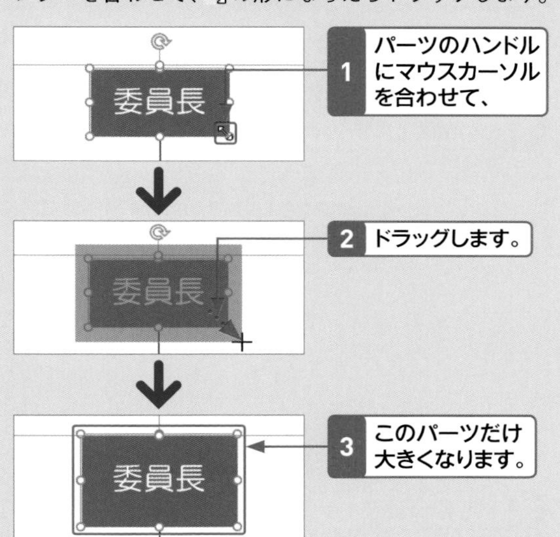

委員長
1 パーツのハンドルにマウスカーソルを合わせて、
2 ドラッグします。
3 このパーツだけ大きくなります。

重要度★★★ 図の位置

Q 0402 真上や真横に図を移動させたい！

A Shiftを押しながらドラッグします。

図を移動させる場合は、ドラッグすると自由に動かすことができます。真上や真横などに移動させる場合は、Shiftを押しながらドラッグします。この方法は、斜め方向に動かすことができなくなるので、水平、垂直方向にのみの移動に固定されます。<表示>タブの<グリッド線>をクリックしてオンにし、グリッド線を表示すると、まっすぐに移動していることがわかります。

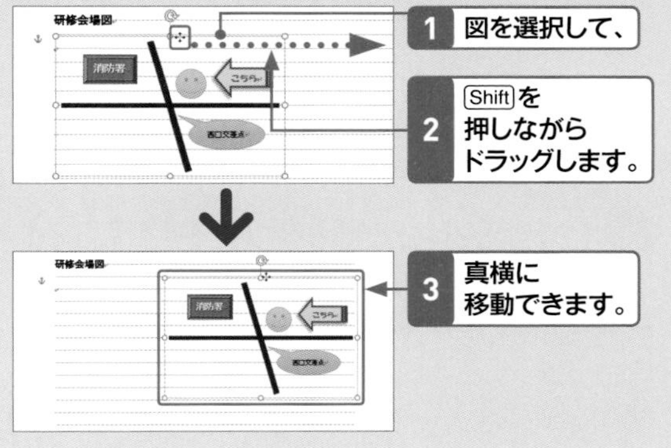

研修会場図
消防署
こちら
1 図を選択して、
2 Shiftを押しながらドラッグします。
3 真横に移動できます。

重要度★★★ 図の位置

Q 0403 文字と一緒に図も移動してしまう！

A ページ上で固定させます。

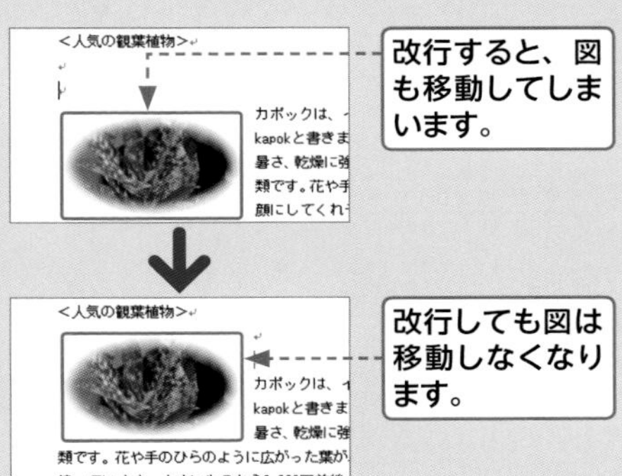

<人気の観葉植物>
カポックは、
kapokと書きま
暑さ、乾燥に強
類です。花や手
囲気を持ってい
改行すると、図も移動してしまいます。
改行しても図は移動しなくなります。
類です。花や手のひらのように広がった葉が、
持っています。小さいものなら3,000円前後、

図を文字と一緒に移動するか、ページ上の位置に固定しておくかは、<文字列の折り返し>で設定します。位置を固定する場合は、<書式>タブの<文字列の折り返し>または<レイアウトオプション>（Word 2019／2016／2013）で、<ページ上の位置を固定>（Word 2013では<ページ上で位置を固定する>）をオンにします。Word 2010の場合は、図を右クリックして、<レイアウトの詳細設定>をクリックし、<レイアウト>ダイアログボックスの<位置>タブで<文字列と一緒に移動する>をオフにします。

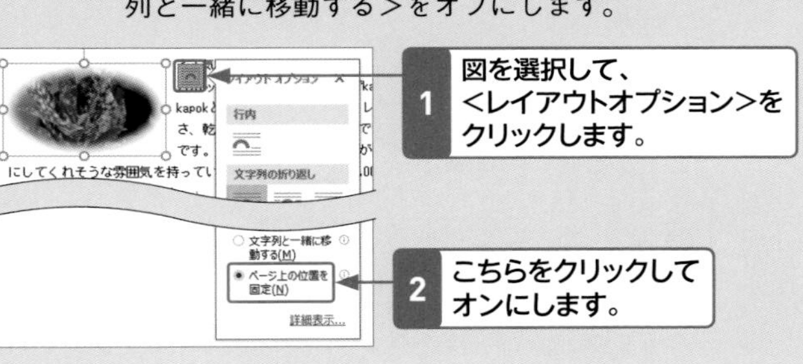

レイアウト オプション
行内
文字列の折り返し
文字列と一緒に移動する(M)
ページ上の位置を固定(N)
詳細表示...
1 図を選択して、<レイアウトオプション>をクリックします。
2 こちらをクリックしてオンにします。

重要度 ★★★　画像

Q 0404 パソコンの画面を画像として挿入したい！

A スクリーンショットを利用します。

インターネットで検索した画面をWord文書に挿入できる機能がスクリーンショットです。画面上の必要な範囲を指定して、そのまま文書に挿入できます。挿入した画面は、画像として扱うことができます。

まず、Webブラウザ（ここではMicrosoft Edge）を起動して、利用する画像を検索して表示します。次に、Word文書を開いて、挿入する位置にカーソルを移動します。Wordの＜挿入＞タブをクリックして、＜スクリーンショット＞をクリックし、＜画面の領域＞をクリックします。Webブラウザの画面に切り替わり、白い画面になるので、必要な部分をドラッグすると、その部分のみが文書に挿入されます。

1 インターネット上の地図を表示しておきます。

2 文書を用意します。

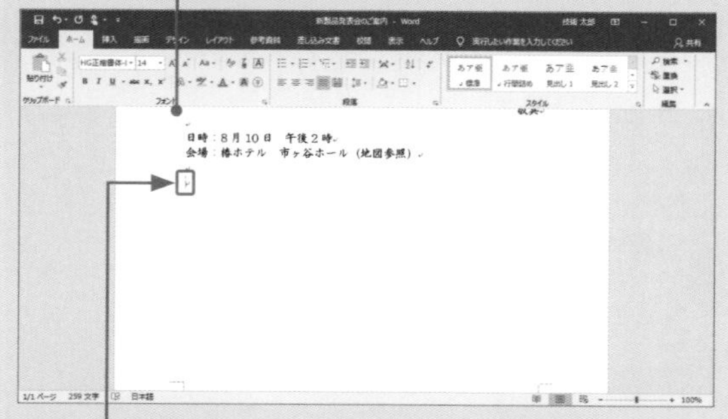

3 地図を挿入する位置にカーソルを移動します。

4 ＜挿入＞タブをクリックして、

5 ＜スクリーンショット＞をクリックし、

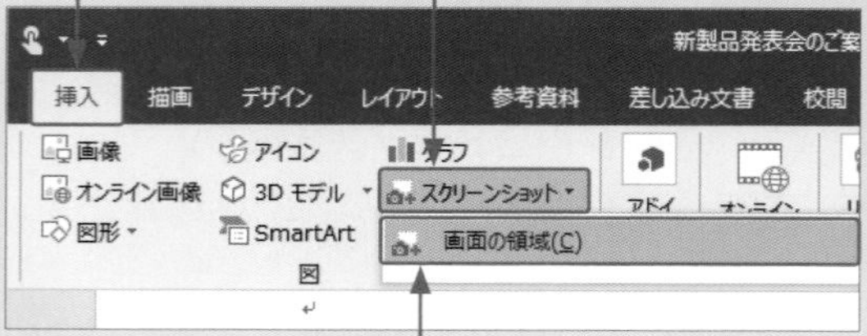

6 ＜画面の領域＞をクリックします。

7 白い画面上にマウスポインターが表示されるので、

8 利用する範囲をドラッグすると、

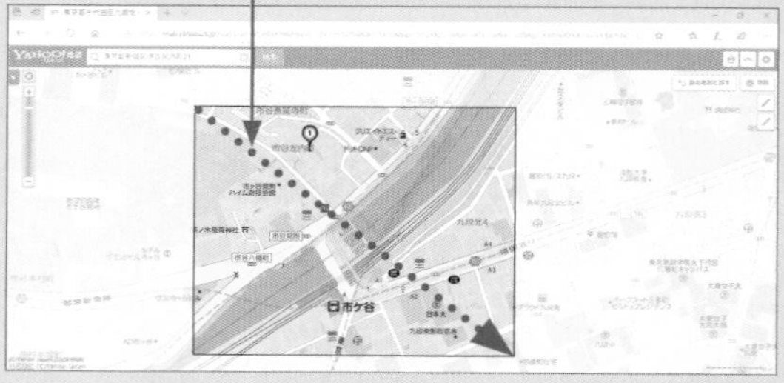

9 文書に挿入されます。

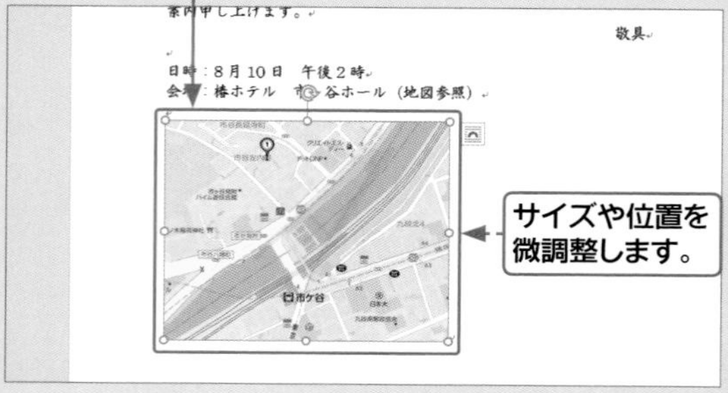

サイズや位置を微調整します。

重要度 ★★★ 画像

Q 0405 インターネットから画像やイラストを挿入したい！

A <オンライン画像>で画像やイラストを検索します。

インターネットから画像やイラストを挿入するには、<挿入>タブの<オンライン画像>をクリックして、<オンライン画像>ウィンドウで画像を検索します。検索には、表示されるカテゴリーをクリックするか、検索キーワードを入力し、表示される一覧から選びます。この一覧には、画像のほか、イラスト(クリップアート)、アニメーション、線画などが表示されるので、写真またはイラストのみに絞り込むと探しやすくなります。既定では、Creative Commonsのみが検索されるようになっていますが、文書を広く配布する場合などは、著作権を念のため確認しましょう。

Word 2010では、<挿入>タブの<クリップアート>をクリックして表示される<クリップアート>作業ウィンドウで、写真を検索して挿入します。

1 <挿入>タブの<オンライン画像>をクリックします。

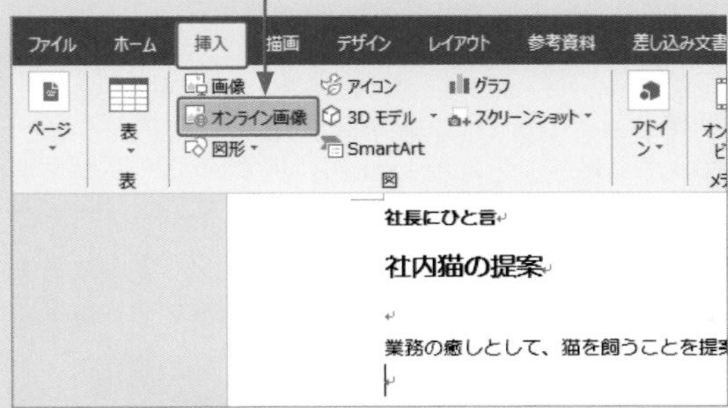

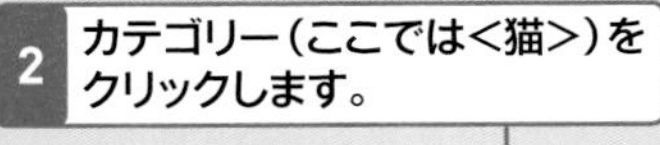

2 カテゴリー(ここでは<猫>)をクリックします。

あるいは、キーワードを入力して、Enterを押します。

3 ここをクリックして、

4 <写真>をクリックします。

5 目的の画像が見つかったらクリックして、

画像の右下に表示される ⋯ をクリックすると、画像情報が表示されます。

6 <挿入>をクリックすると、

7 文書に画像が挿入されます。

8 <レイアウトオプション>をクリックして、

9 <行内>以外をクリックし、

10 サイズを変更し、移動します。

重要度 ★★★　画像

Q 0406 デジカメの写真を文書に挿入したい！

A <図の挿入>ダイアログボックスを利用します。

デジタルカメラの写真を利用するには、メモリカードをパソコンに差し込むか、デジカメとパソコンをケーブルでつなぎます。あるいは、写真データをパソコン内に保存しておきます。そして、<挿入>タブの<画像>（Word 2010では<図>）をクリックし、<図の挿入>ダイアログボックスで目的の写真をクリックします。挿入した写真は、サイズを変更したり、移動したりして配置します。

参照 ▶ Q 0407, Q 0409

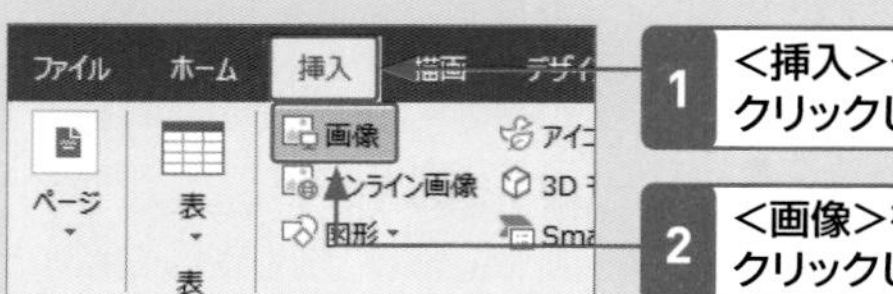

3 写真の保存先を選択して、

4 目的の写真をクリックし、

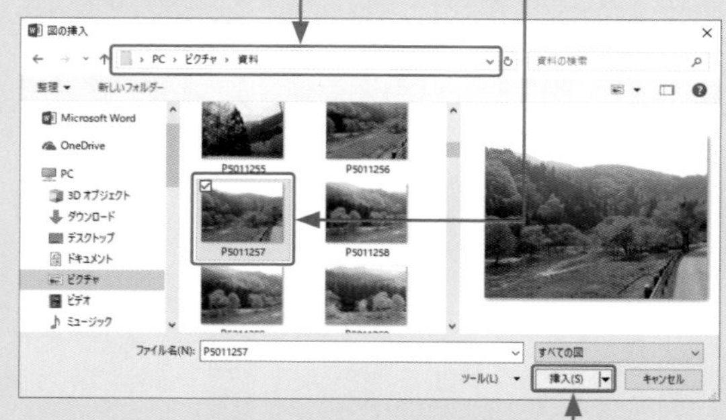

5 <挿入>をクリックすると、

6 写真が文書に挿入されます。

重要度 ★★★　画像

Q 0407 写真のサイズを変更したい！

A ハンドルをドラッグします。

写真のサイズを変更するには、写真を選択すると周りに表示されるハンドル○をドラッグします。サイズを数値で指定する方法もあります。

参照 ▶ Q 0408

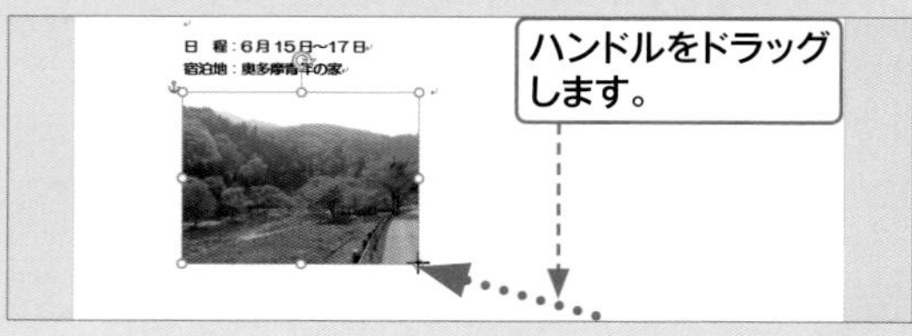

重要度 ★★★　画像

Q 0408 写真のサイズを詳細に設定したい！

A サイズを指定します。

写真を選択して、図ツールの<書式>タブの<サイズ>で<高さ>と<幅>のボックスから、サイズを数値で設定できます。また、<サイズ>グループ右下の をクリックすると表示される<レイアウト>ダイアログボックスの<サイズ>タブでも指定できます。

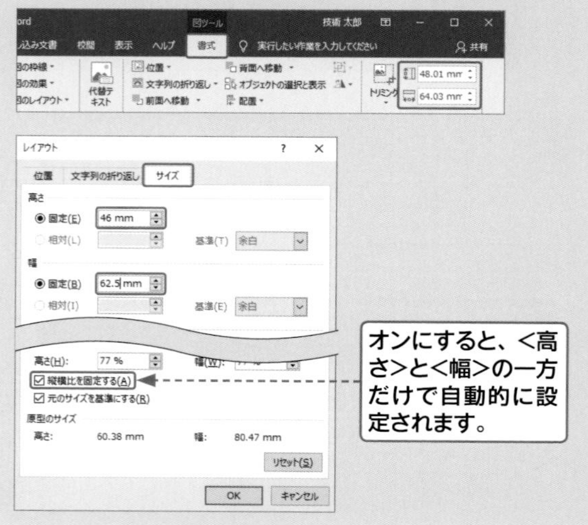

重要度 ★★★　画像

Q 0409 写真を移動したい！

A <文字列の折り返し>を<行内>以外にします。

挿入した写真は、移動できないように固定で配置されます。移動したい場合は、図ツールの<書式>タブの<文字列折り返し>をクリックして、<行内>以外にします。また、Word 2019／2016／2013では、写真をクリックすると表示される<レイアウトオプション>▣を利用することもできます。なお、文字列の折り返しは、画像だけでなく、挿入したワードアートやイラストなどのオブジェクトにも適用できます。

● <文字列の折り返し>を利用する

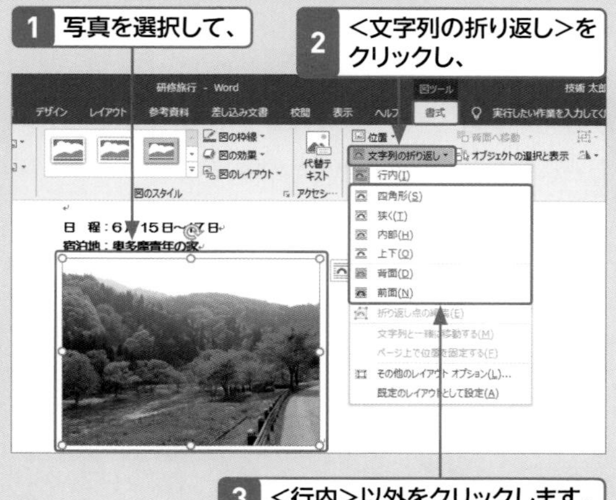

● <レイアウトオプション>を利用する

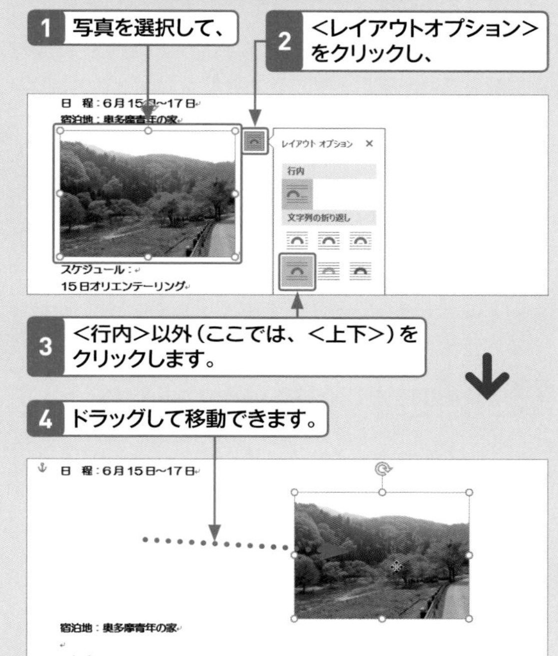

重要度 ★★★　画像

Q 0410 写真に沿って文字を表示したい！

A <文字列の折り返し>を<四角形>にします。

文章がある中に写真を配置する場合は、図ツールの<書式>タブの<文字列の折り返し>をクリックするか、Word 2019／2016／2013では<レイアウトオプション>▣をクリックして、<四角形>（Word 2013／2010では<四角>）または<内部>にすると、写真の周りに文章が流し込まれます。文章の中央に写真を置くと、写真の左右に文章が分かれてしまうので、文書の端に置くとよいでしょう。

参照 ▶ Q 0409

1 写真を選択して、
2 <レイアウトオプション>をクリックして、

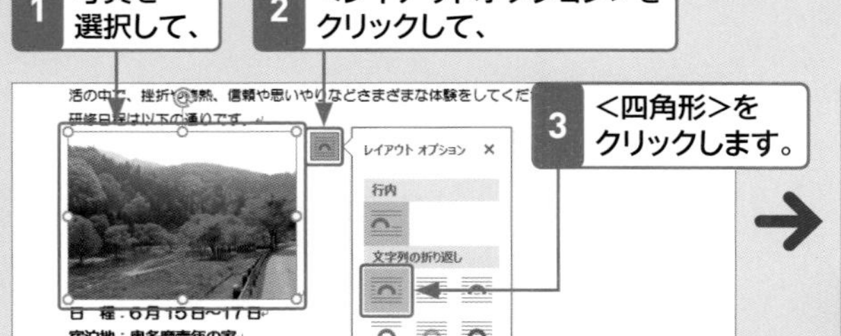

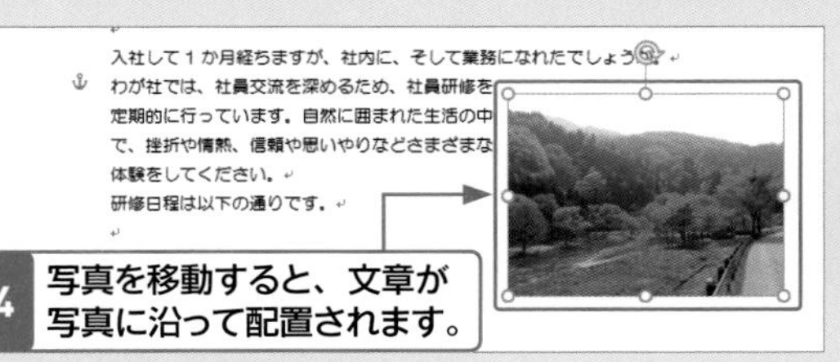

重要度★★★ 画像

Q 0411 写真を文書の前面や背面に配置したい!

A <文字列の折り返し>を<前面><背面>にします。

文字よりも写真のほうを目立たせたい場合など、写真を文章の上に配置することができます。また、文章の背景に写真を配置することもできます。

配置するには、図ツールの<書式>タブの<文字の折り返し>をクリックするか、Word 2019／2016／2013では<レイアウトオプション>をクリックして、<前面>または<背面>をクリックします。ただし、前面に配置すると文字が隠れてしまったり、背面に配置すると文字が読みづらくなってしまうので、利用する場合は注意が必要です。 参照▶Q 0409, Q 0410

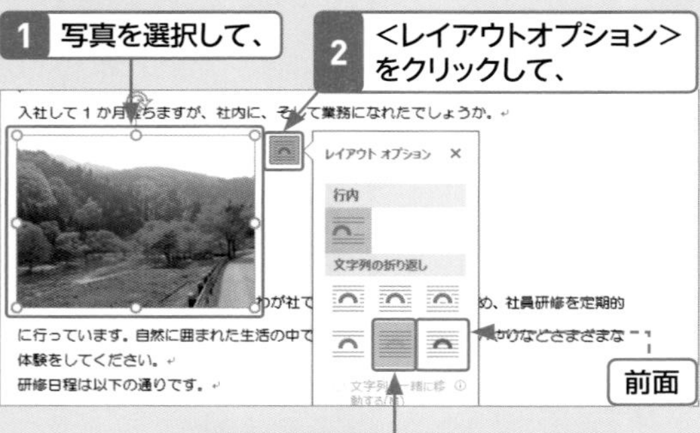

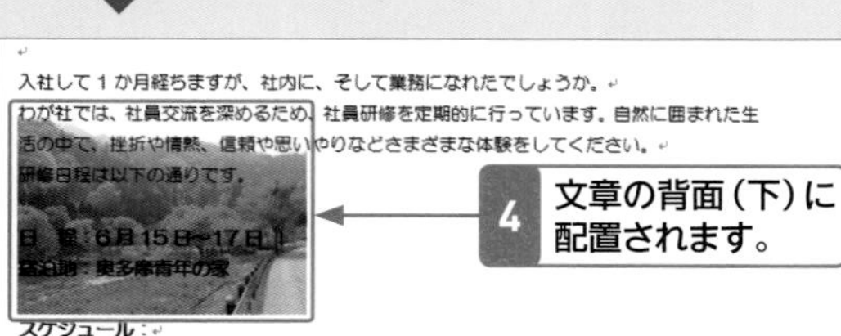

● <前面>

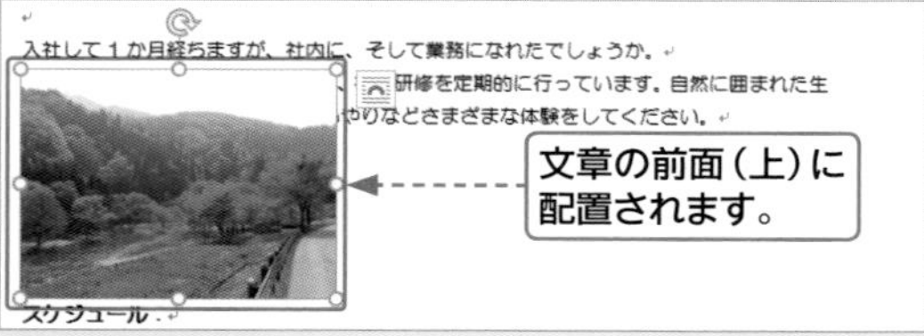

重要度★★★ 画像

Q 0412 写真の一部分だけを表示したい!

A <書式>タブの<トリミング>を利用します。

トリミングとは、写真の不要な部分を隠す作業のことです。写真を選択して、図ツールの<書式>タブの<トリミング>をクリックし、ハンドルをドラッグすると、写真が切り取られます。なお、<トリミング>による切り取りはWord文書上のみの処理なので、もとの写真データに変化はありません。また、トリミングをもとに戻したい場合は、<書式>タブの<調整>にある<図のリセット>をクリックします。 参照▶Q 0423

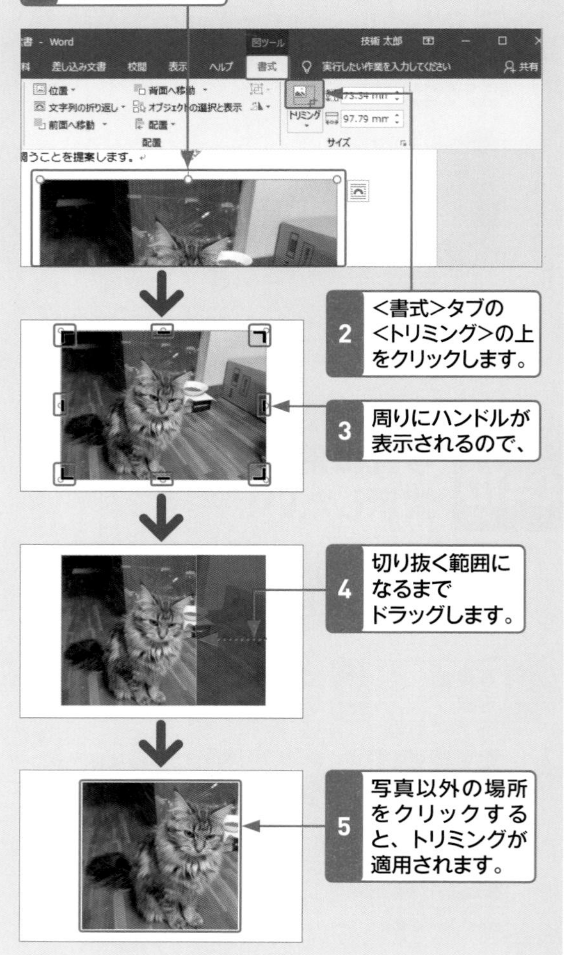

重要度 ★★★　画像

Q 0413 写真を好きな形で見せたい！

A ＜図に合わせてトリミング＞を利用します。

写真を選択して、図ツールの＜書式＞タブの＜トリミング＞の下部分をクリックし、＜図に合わせてトリミング＞をクリックして、図形を選択します。この処理はWord文書上のみの処理なので、もとの写真データに変化はありません。

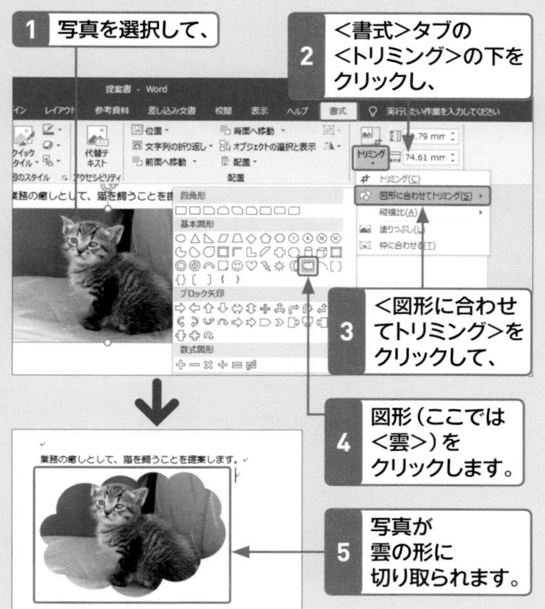

1 写真を選択して、
2 ＜書式＞タブの＜トリミング＞の下をクリックし、
3 ＜図形に合わせてトリミング＞をクリックして、
4 図形（ここでは＜雲＞）をクリックします。
5 写真が雲の形に切り取られます。
業務の癒しとして、猫を飼うことを提案します。

重要度 ★★★　画像

Q 0414 写真の周囲をぼかしたい！

A ＜図の効果＞の＜ぼかし＞を利用します。

写真の周囲をぼかすには、目的の写真を選択し、図ツールの＜書式＞タブの＜図の効果＞をクリックして、＜ぼかし＞から種類を選択します。なお、＜ぼかしのオプション＞をクリックして＜図の書式設定＞作業ウィンドウ（Word 2010ではダイアログボックス）で詳細の設定ができます。この加工はWord文書上のみの処理なので、もとの写真データに変化はありません。

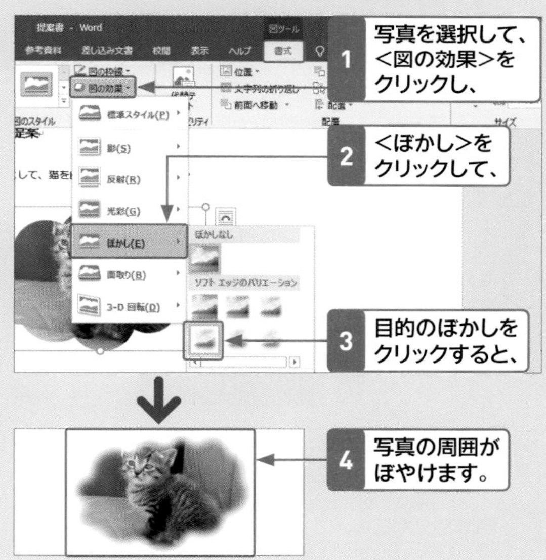

重要度 ★★★　画像

Q 0415 写真の周囲に影を付けたい！

A ＜図の効果＞で＜影＞を選びます。

写真に影を付けるには、写真を選択して、＜書式＞タブの＜図の効果＞をクリックして、＜影＞から種類を選択します。なお、＜影のオプション＞をクリックして＜図の書式設定＞作業ウィンドウ（Word 2010ではダイアログボックス）で詳細設定ができます。

この加工はWord文書上のみの処理なので、もとの写真データに変化はありません。

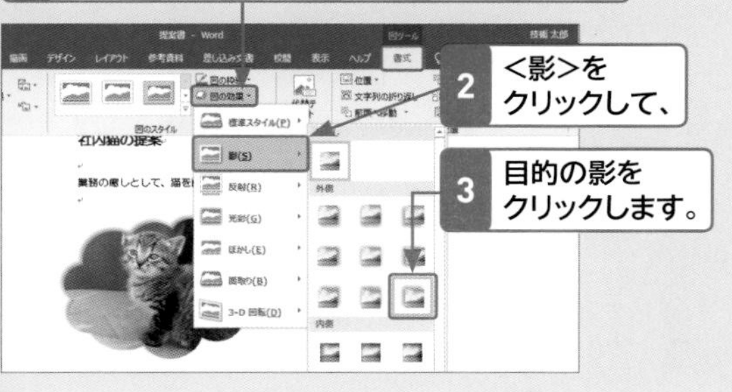

重要度 ★★★　画像

Q 0416 写真の背景を削除したい！

A <背景の削除>を利用します。

写真の背景を削除するには、写真を選択して、図ツールの<書式>タブの<背景の削除>をクリックし、範囲を指定します。背景が残る場合は、<削除する領域としてマーク>をクリックして、背景部分をクリックまたはドラッグします。また、背景でない部分が削除される場合は、<保持する領域としてマーク>をクリックして、必要な部分を選択します。この加工はWord文書上のみの処理なので、もとの写真データに変化はありません。なお、写真によっては、背景を削除できない場合があります。

1 写真を選択して、

2 <背景の削除>をクリックすると、

3 削除部分がこのように表示されます。

4 背景が残っている場合は、<削除する領域としてマーク>をクリックして、

5 削除する部分をクリックしたり、ドラッグして囲んだりして選択します（Word 2013／2010の場合はクリック）。

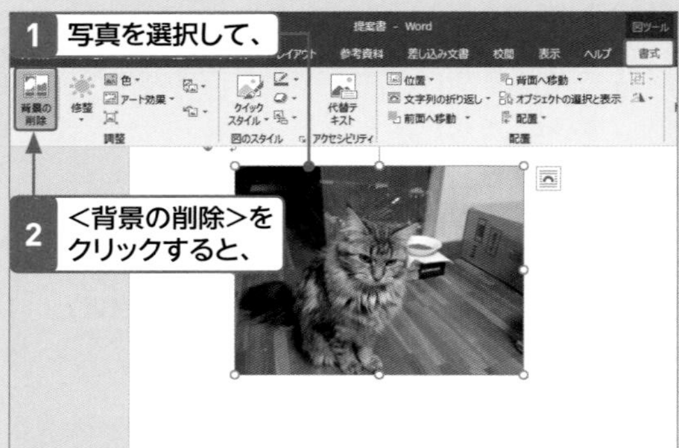

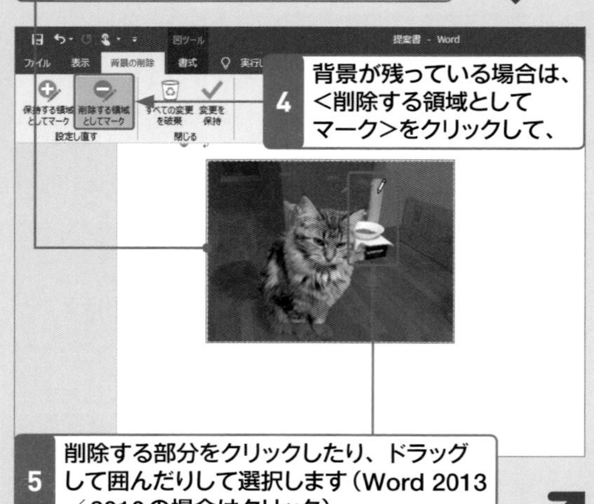

6 削除を解除したい場合は、<保持する領域としてマーク>をクリックして、

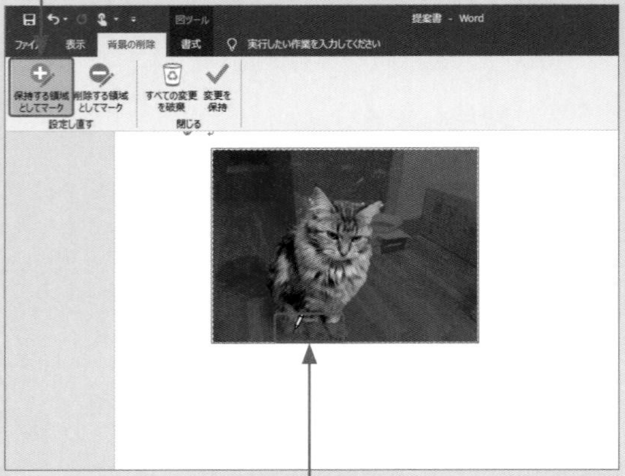

7 戻す部分を選択します。

8 背景がすべて削除部分になったら、<変更を保持>をクリックします。

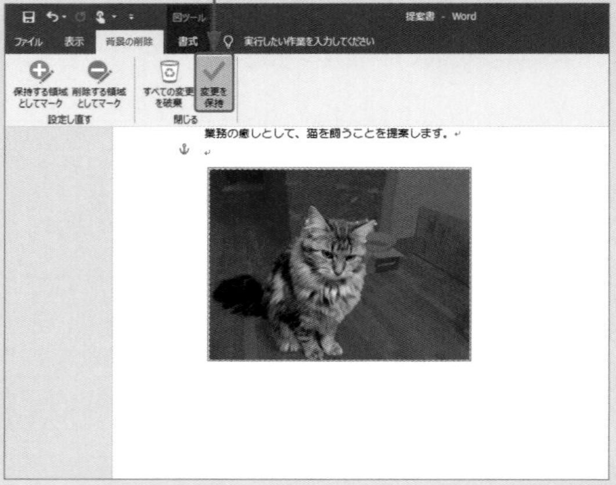

9 背景が削除されました。

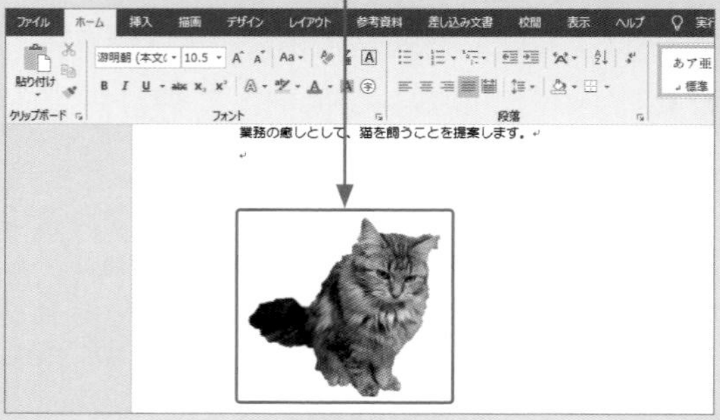

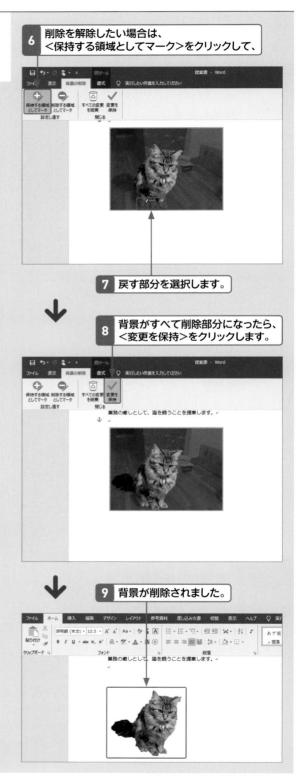

重要度★★★　画像

Q 0417 写真の中に文字を入れたい！

A テキストボックスを写真の上に配置します。

テキストボックスを挿入するには、<挿入>タブの<テキストボックス>をクリックして、<横書き（縦書き）テキストボックスの描画>をクリックし、写真の上でドラッグします。
テキストボックス内に文字を入力して、書式設定をします。このとき、文字が目立つようなフォントや色、枠線の色などを使うとよいでしょう。テキストボックスを塗りつぶしなし、線なしにすると、文字だけが写真に入ります。

参照▶Q 0365, Q 0376

1 テキストボックスを作成します。

2 文字を入力して、フォントや色、文字効果などを設定します。

3 描画ツールの<書式>タブの<図形の塗りつぶし>の右側をクリックして、

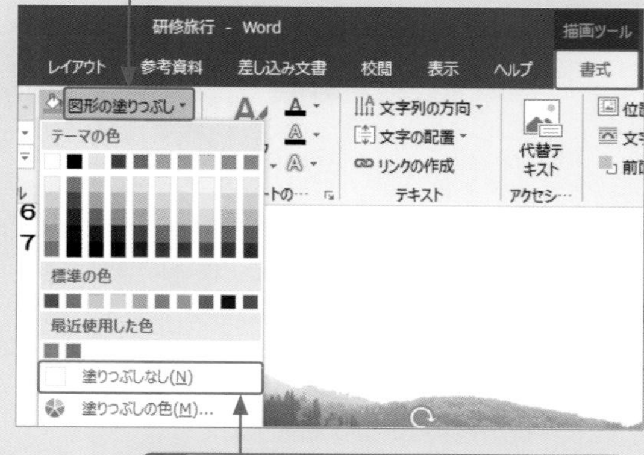

4 <塗りつぶしなし>をクリックします。

5 <書式>タブの<図形の枠線>の右側をクリックして、

6 <枠線なし>をクリックします。

7 写真に文字が入ります。

重要度 ★★★ 画像

Q 0418 暗い写真を明るくしたい！

A <明るさ>で目的の明るさを指定します。

暗い写真を明るくするには、図ツールの<書式>タブの<修整>で、目的の明るさを指定します。
明るさを指定したあとでもとに戻す場合は、手順3で<明るさ／コントラスト>の一覧の中央の写真を選びます。そのほか、直後ならクイックアクセスツールバーの<元に戻す> をクリックするか、<書式>タブの<図のリセット> をクリックしても戻せます。

1 写真を選択して、

2 <書式>タブの<修整>をクリックし、

この明るさがもとの写真です。

3 <明るさ／コントラスト>から目的の明るさをクリックすると、

4 写真が補正されます。

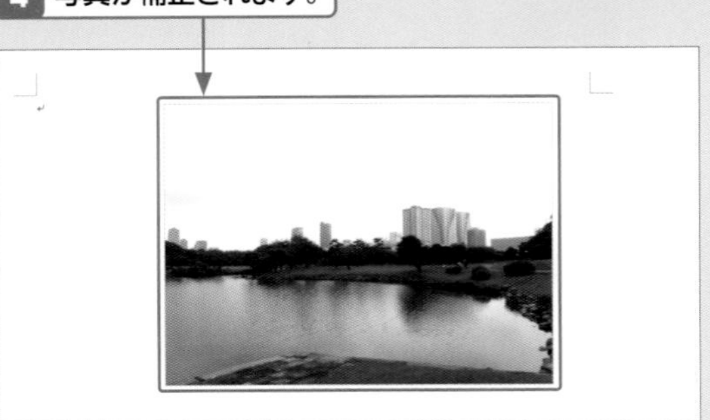

重要度 ★★★ 画像

Q 0419 カラー写真をモノクロで使いたい！

A <色の変更>から<グレースケール>を選択します。

写真を選択して、図ツールの<書式>タブの<色>をクリックし、表示される一覧から<グレースケール>をクリックすると、写真がモノクロになります。
また、<白黒>をクリックすると、写真の明るい部分を白、暗い部分を黒にした写真になります。

1 写真を選択して、<書式>タブの<色>をクリックして、

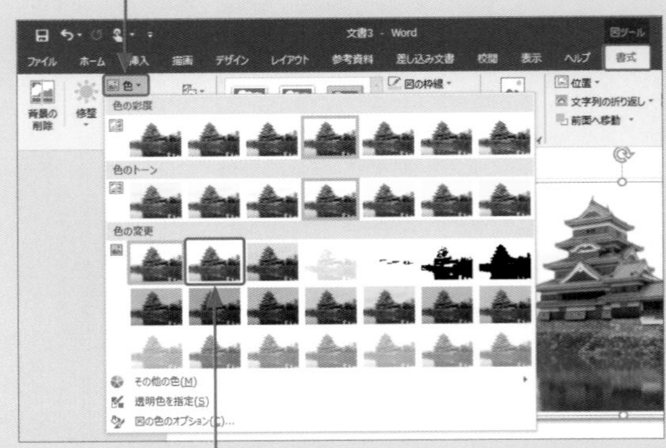

2 <グレースケール>をクリックします。

● もとの写真

● グレースケール

● 白黒50%

重要度★★★ 画像

Q 0420 写真を文書の背景として使いたい！

A 写真を背面に置いて、<ウォッシュアウト>にします。

写真を文書の背景に利用するには、配置をテキストの背面にします。その際、文書の文字が読めるように、写真の色を薄くする必要があります。

まず、挿入した写真の<文字列の折り返し>を<背面>にします。文書の全面に広がるように、<書式>タブの<サイズ>で高さをページサイズに近い数値を指定して拡大します。このとき、写真を拡大すると見栄えがよくない場合は、ほかの写真に差し替えましょう。

<書式>タブの<色>で<ウォッシュアウト>を選びます。薄すぎる場合は、<色>から1色のものを選んでもよいでしょう。

参照▶Q 0409, Q 0418

1 背景にしたい写真を挿入して、

2 <レイアウトオプション>をクリックし、

3 <背面>をクリックします。

4 文書の全面になるように拡大します。

5 <書式>タブの<色>をクリックして、

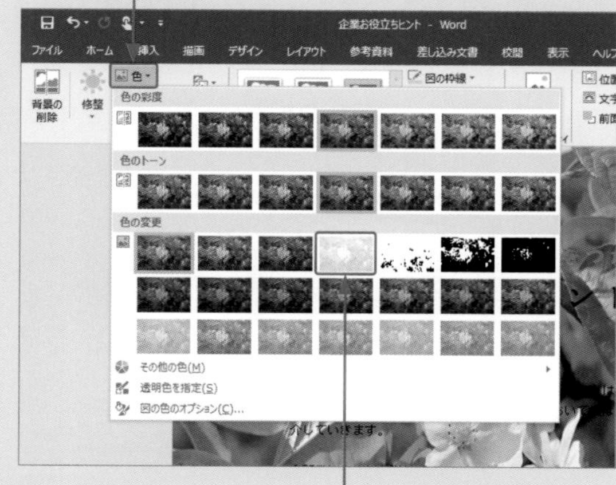

6 <ウォッシュアウト>をクリックすると、

7 写真の色が薄くなります。

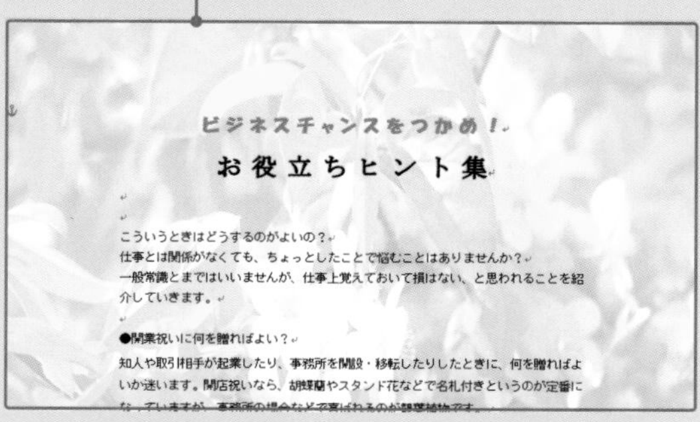

● <色の変更>を利用する

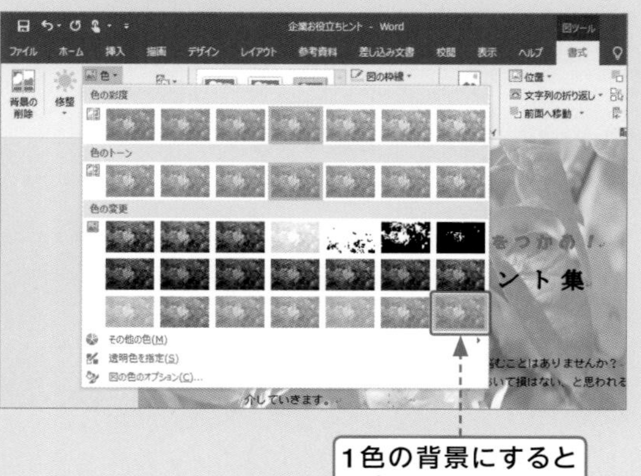

1色の背景にすると目立ちます。

重要度 ★★★ 画像

Q 0421 写真にフレームを付けたい!

A <クイックスタイル>ギャラリーで設定します。

写真にフレームを付けるには、写真を選択して、図ツールの<書式>タブの<クイックスタイル>(Word 2010では<図のスタイル>)ギャラリーから選択します。フレームはさまざまな種類があるので、写真に合わせて選ぶことができます。

1 写真を選択して、<クイックスタイル>をクリックし、

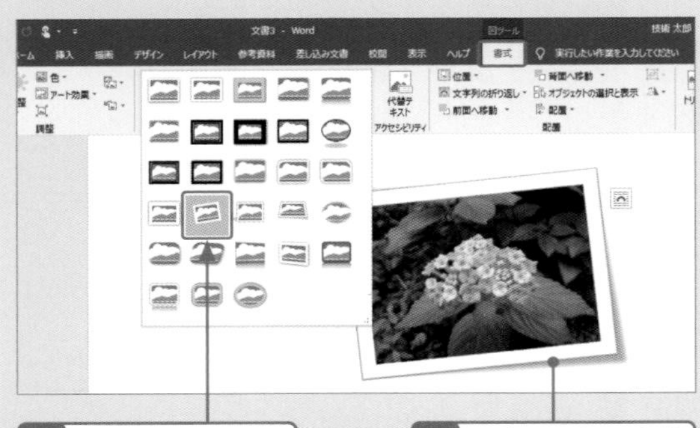

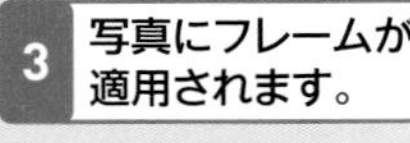

2 目的のスタイルをクリックすると、

3 写真にフレームが適用されます。

重要度 ★★★ 画像

Q 0422 写真を芸術作品のように見せたい!

A <アート効果>を利用します。

写真を選択して、図ツールの<書式>タブの<アート効果>を利用すると、鉛筆書きのスケッチ風にしたり、ガラスを通して見た絵のようになったりと、写真にさまざまな効果を付けることができます。

取り消したい場合は、<アート効果>をクリックして左上のもとの写真をクリックするか、<図のリセット>をクリックします。

また、<アート効果のオプション>をクリックすると表示される<図の書式設定>作業ウィンドウ(Word 2010ではダイアログボックス)から自由にアート効果を付けることもできます。 参照▶Q 0423

1 写真を選択して、<書式>タブの<アート効果>をクリックし、

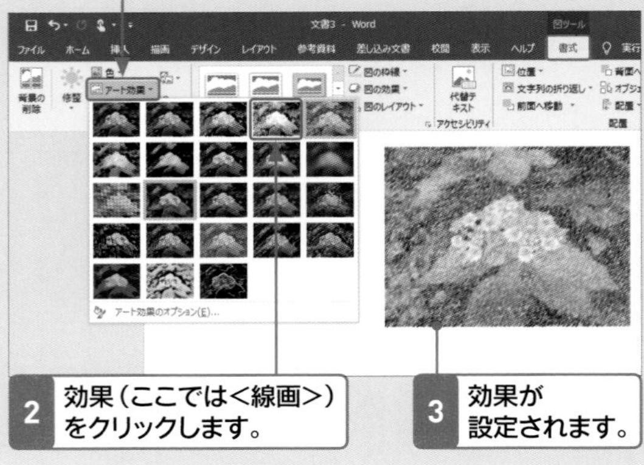

2 効果(ここでは<線画>)をクリックします。

3 効果が設定されます。

重要度 ★★★ 画像

Q 0423 変更した写真をもとに戻したい!

A <図のリセット>を利用します。

写真にさまざまな修整を加えたあとで、最初の状態の写真に戻したい場合は、<書式>タブの<図のリセット>をクリックします。また、<図のリセット>のをクリックすると、図への修整のみをリセットする<図のリセット>と、図への修正に加えサイズもリセットする<図とサイズのリセット>を選ぶことができます。

なお、変更直後なら、クイックアクセスツールバーの<元に戻す>をクリックしても戻せます。

重要度★★★ 画像

Q 0424 変更した画像をファイルとして保存したい！

A <図として保存>を利用します。

写真、スクリーンショットなどは、Word文書の中のオブジェクトとして保存されますが、編集した画像自体をファイルとして保存することが可能です。写真を右クリックして、<図として保存>をクリックし、<名前を付けて保存>ダイアログボックスでファイル名を指定して、<ファイルの種類>で種類を選択します。

参照►Q 0404

1 Word文書に挿入して編集した画像を右クリックして、

2 <図として保存>をクリックします。

3 <名前を付けて保存>ダイアログボックスが表示されるので、

4 ファイル名を入力して、

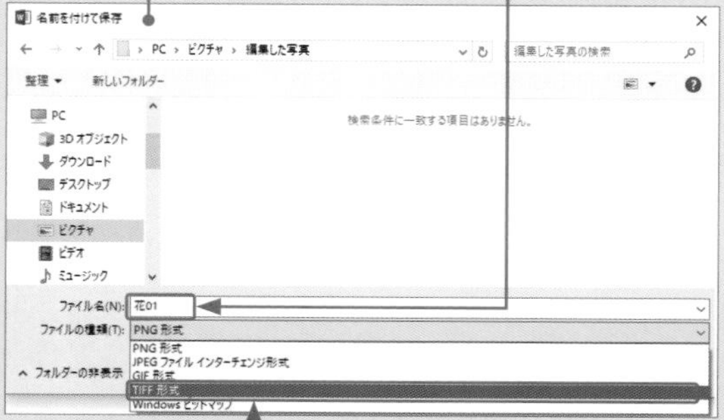

5 <ファイルの種類>で保存したい形式をクリックして、<保存>をクリックします。

重要度★★★ インクツール ✕2013 ✕2010

Q 0425 文書に手書きで文字を書き込みたい！

A <描画>タブのペン機能を利用します。

本書では、<描画>タブのペンやツール、変換機能を総じてインクツールと呼びます。デジタルペンを使って手書きしたり、マーカーを引いたりできます。また、ペンの種類や色を変更したり、ペンを追加したりすることもできます。そのほか、手書きの図をデジタル処理して通常の図形に変換する機能や、入力するのが難しい数式も手書きするとデジタル処理で数式に変換する機能があります。Word 2016では<校閲>タブの<インクの開始>をクリックすると、<描画>タブと同様の<ペン>タブが表示されます。

なお、<描画>タブが表示されていない場合は、<Wordのオプション>画面の<リボンのユーザー設定>をクリックし、<描画>をクリックしてオンにします。

1 <描画>タブをクリックして、

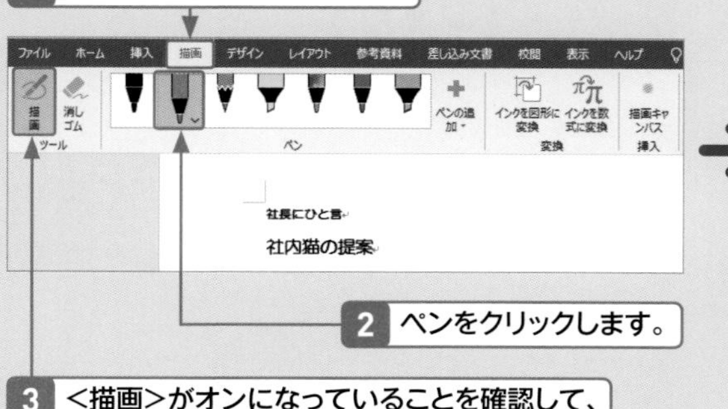

2 ペンをクリックします。

3 <描画>がオンになっていることを確認して、

4 画面上に文字を書きます。

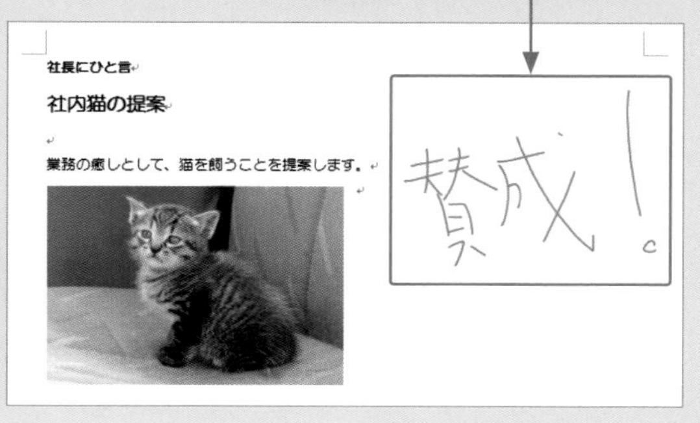

重要度 ★★★ インクツール ×2013 ×2010

Q 0426 ペンの種類を変更したい！

A ペンをクリックして、ペンの太さや色を指定します。

ペンの種類は、ペンをクリックすると表示される一覧から目的の種類や太さ、色を選べます。毎回異なるペンを使う場合は、それぞれを設定しておくと便利です。また、＜ペンの追加＞をクリックすると、ペンを追加登録できます。

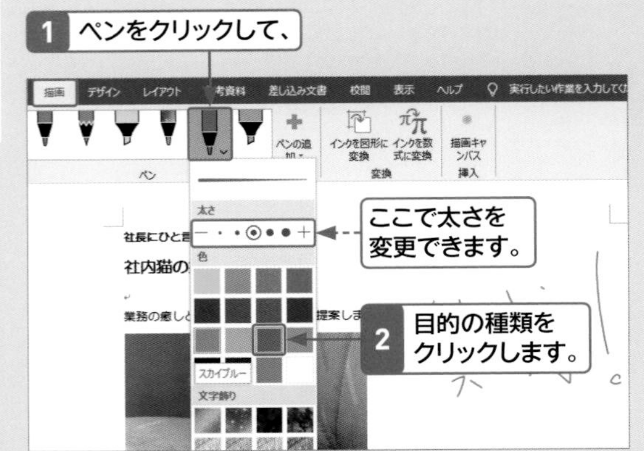
1 ペンをクリックして、
ここで太さを変更できます。
2 目的の種類をクリックします。

重要度 ★★★ インクツール ×2013 ×2010

Q 0427 書き込んだ文字を消したい！

A ＜消しゴム＞を利用します。

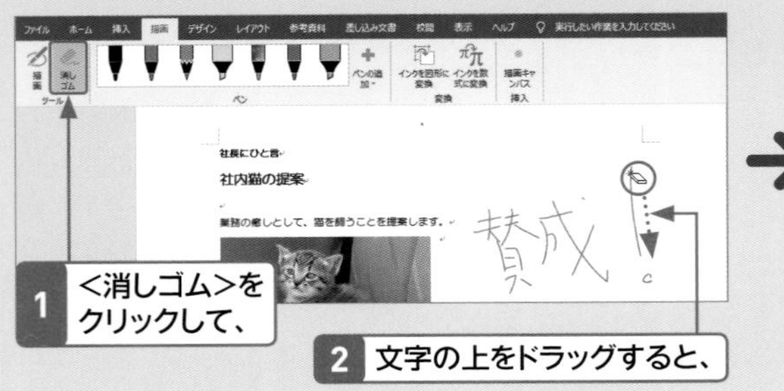
1 ＜消しゴム＞をクリックして、
2 文字の上をドラッグすると、

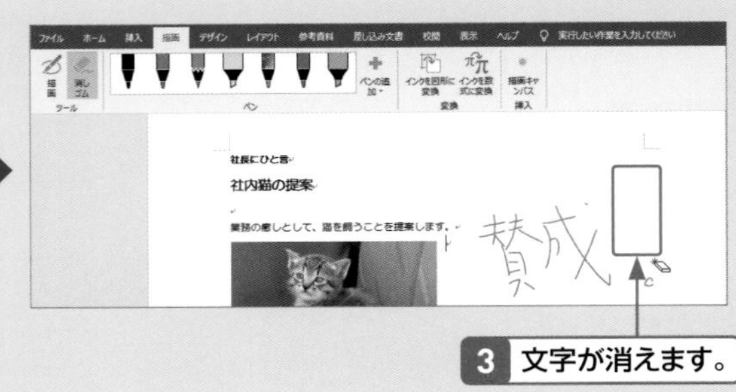
3 文字が消えます。

手書きで入力した文字を消したい場合は、＜消しゴム＞をクリックして、マウスポインターが の形になったら、消したい部分をクリックまたはドラッグします。終了したら、＜消しゴム＞をクリックして解除するか、＜描画＞をクリックしてオンにします。

重要度 ★★★ インクツール ×2013 ×2010

Q 0428 書き込みを図や数式に変換したい！

A ＜インクを図形に変換＞や＜インクを数式に変換＞を利用します。

Word 2019では、＜描画＞タブの＜インクを図形に変換＞をクリックして、手書きの図を描画すると、自動的にデジタルの図に変換されます。

また、＜インクを数式に変換＞（Word 2016では＜挿入＞タブの＜数式＞→＜インク数式＞）をクリックすると、＜数式入力コントロール＞ウィンドウが表示され、手書きした数式がデジタル処理されて、文書にフィールドで挿入されます。

参照 ▶ Q 0084

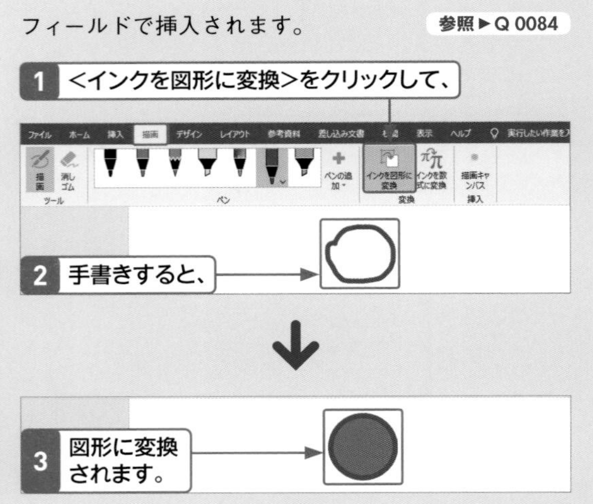
1 ＜インクを図形に変換＞をクリックして、
2 手書きすると、
3 図形に変換されます。

第9章

Wordの表とグラフの「こんなときどうする?」

重要度 ★★★ 表の作成

Q 0429 表を作りたい！

A ＜挿入＞タブの＜表＞を利用します。

表を作成する方法はいくつかありますが、＜挿入＞タブの＜表＞をクリックして、表のマス目をマウスで選択するのがいちばんかんたんです。

表を作成すると、表ツールの＜デザイン＞タブと＜レイアウト＞タブが表示されます。ここには、表を編集する便利な機能が用意されています。

表のマス目1つ1つを「セル」と呼びます。セル内にカーソルを移動して、文字を入力します。キーボードで右隣のセルに移動するには Tab あるいは → を押します。

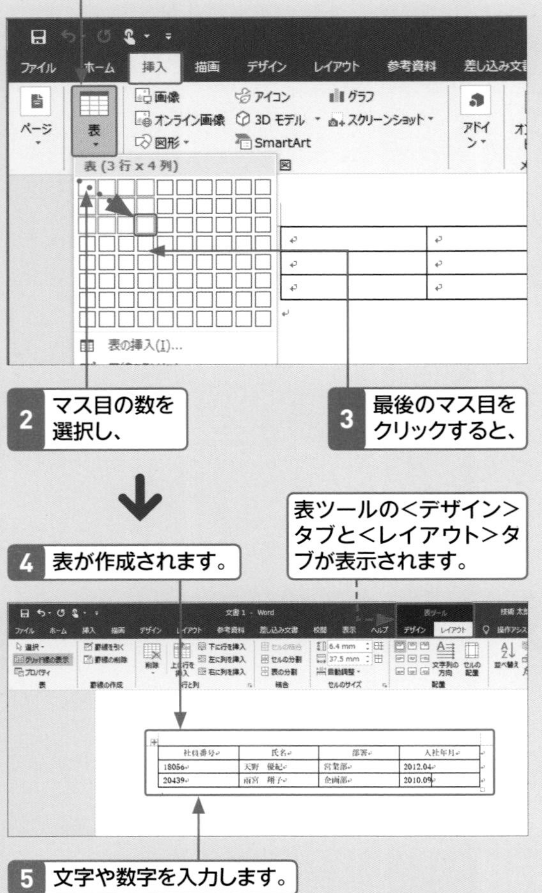
1 ＜挿入＞タブの＜表＞をクリックして、
2 マス目の数を選択し、
3 最後のマス目をクリックすると、
4 表が作成されます。
表ツールの＜デザイン＞タブと＜レイアウト＞タブが表示されます。
5 文字や数字を入力します。

重要度 ★★★ 表の作成

Q 0430 表全体をかんたんに削除したい！

A 表を選択して BackSpace を押します。

表の左上に表示される表の移動ハンドル ⊞ をクリックすると、表全体が選択されます。表全体を選択して BackSpace を押すと、表を削除できます。あるいは、表ツールの＜レイアウト＞タブの＜削除＞をクリックし、＜表の削除＞をクリックします。

1 ここをクリックして表を選択します。
2 ＜削除＞をクリックして、
3 ＜表の削除＞をクリックします。

重要度 ★★★ 表の作成

Q 0431 表は残して文字だけ削除したい！

A 表を選択して Delete を押します。

表の移動ハンドル ⊞ をクリックして表全体を選択し、Delete を押せば、表の罫線だけ残して文字を削除できます。

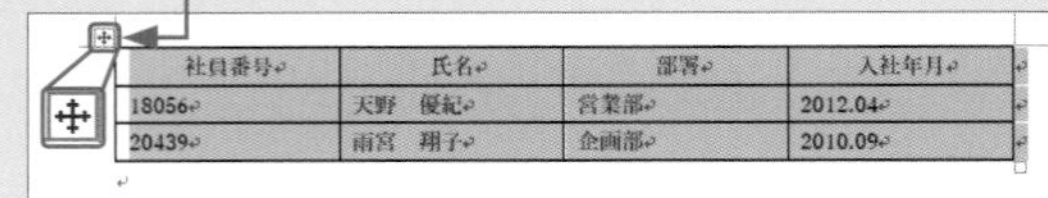
1 ここをクリックして表全体を選択し、Delete を押します。

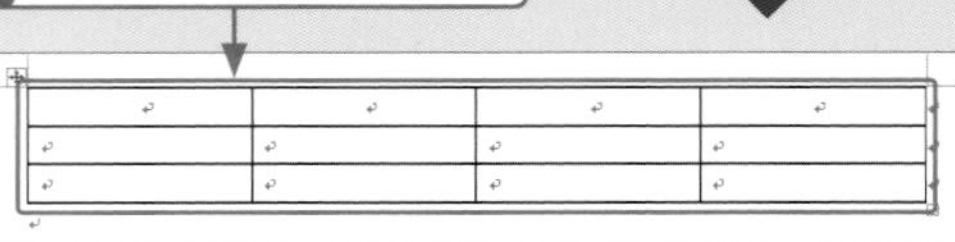
2 文字だけが削除されます。

重要度 ★★★　表の作成

Q 0432 Excel感覚で表を作成したい！

A <Excelワークシート>を利用します。

<挿入>タブの<表>から<Excelワークシート>をクリックすると、Excelのワークシートが挿入されます。Excelと同じ操作でワークシートを作成したら、ワークシートを必要な大きさにします。

なお、この機能はMicrosoft Excelがインストールされていなければ利用できません。

Excel用のリボンに変わります。

4 ワークシート以外の部分をクリックすると、Word文書内に表として表示されます。

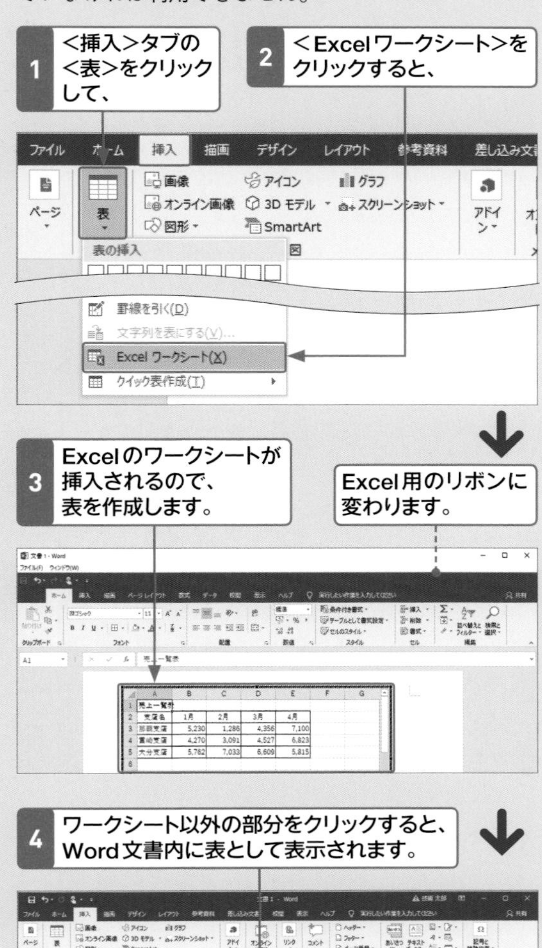

重要度 ★★★　表の作成

Q 0433 最初からデザインされた表を利用したい！

A <クイック表作成>を利用します。

<挿入>タブの<表>から<クイック表作成>をクリックすると、あらかじめデザインされた表を利用することができます。カレンダーなど作成したい表のイメージに合うものを選んで、修正をすれば作成がスムーズです。

し、

3 目的の表のスタイルをクリックすると、

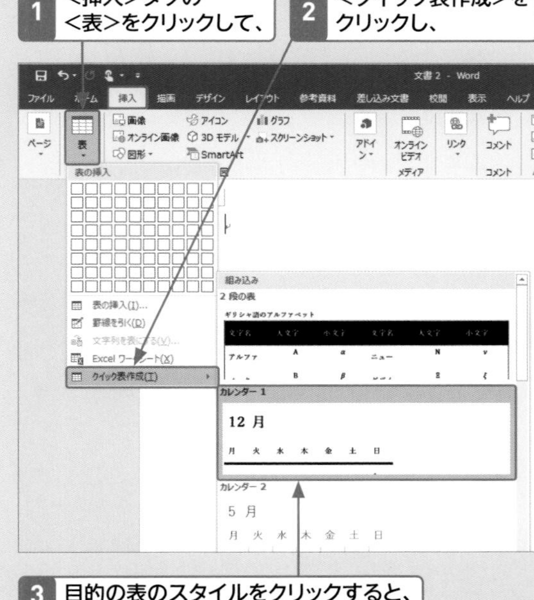

4 表が挿入されるので、目的の形に整形します。

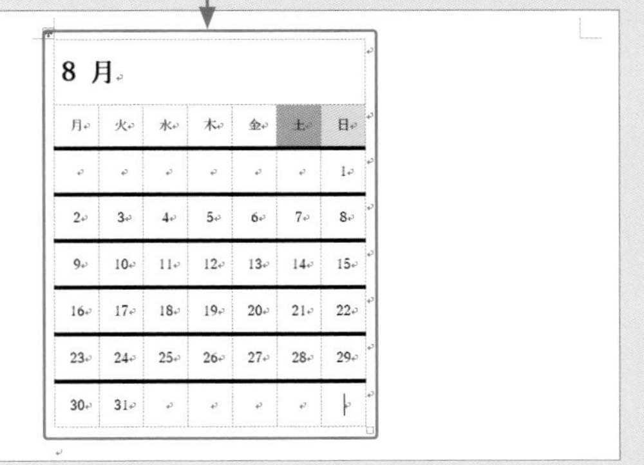

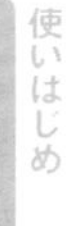

重要度 ★★★　表の編集

Q 0434 入力済みの文字列を表組みにしたい！

A ＜表の挿入＞を利用します。

文字列を表にする場合、あらかじめタブやカンマで区切って表のもととなる文字を入力しておきます。表にする部分を選択し、＜挿入＞タブの＜表＞から＜表の挿入＞をクリックします。

1 タブで区切った文字列を選択します。

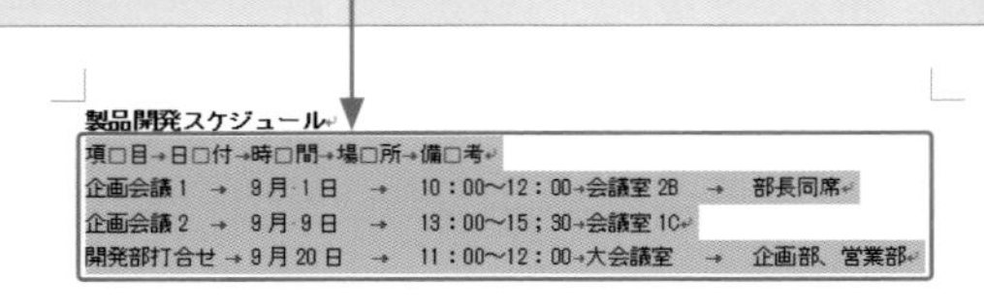

2 ＜挿入＞タブの＜表＞をクリックして、

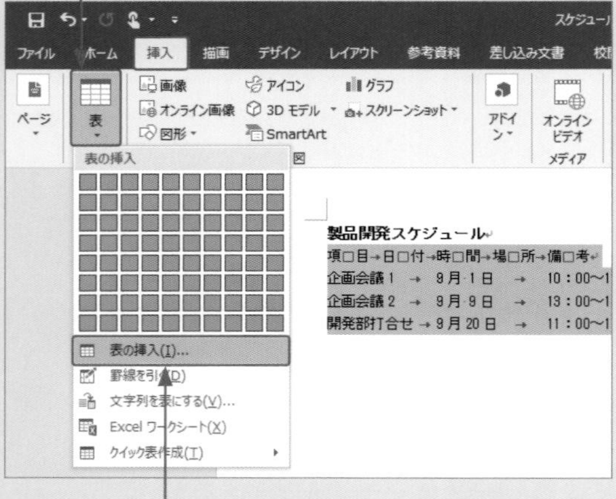

3 ＜表の挿入＞をクリックします。

4 選択した部分が表に変換されます。

製品開発スケジュール

項　目	日　付	時　間	場　所	備　考
企画会議 1	9月 1日	10：00〜12：00	会議室 2B	部長同席
企画会議 2	9月 9日	13：00〜15：30	会議室 1C	
開発部打合せ	9月 20日	11：00〜12：00	大会議室	企画部、営業部

重要度 ★★★　表の編集

Q 0435 文字は残して表だけを削除したい！

A ＜表の解除＞を利用します。

表だけを削除したい場合は、まず表全体を選択するか、表内にカーソルを移動して表を選択します。表ツールの＜レイアウト＞タブの＜表の解除＞をクリックすると、＜表の解除＞ダイアログボックスが表示されるので、文字の区切り方を選択すると、表が消えて文字列のみになります。

1 表を選択します。

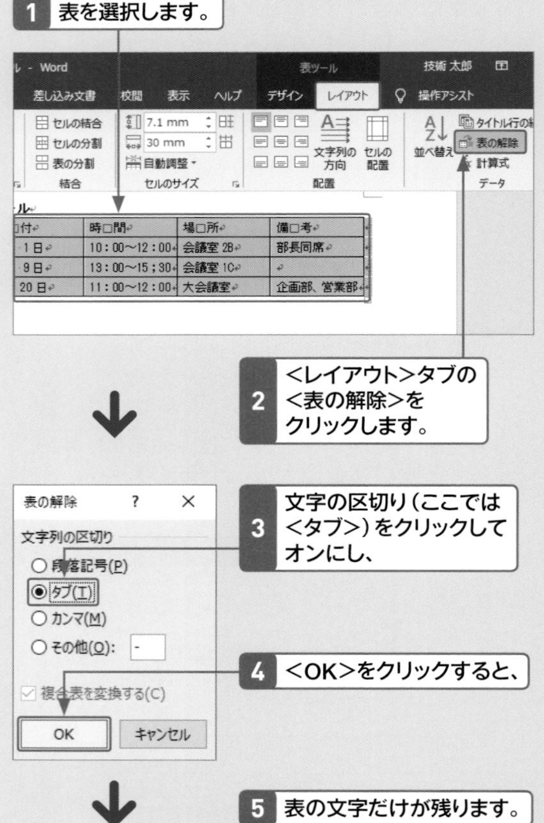

2 ＜レイアウト＞タブの＜表の解除＞をクリックします。

3 文字の区切り（ここでは＜タブ＞）をクリックしてオンにし、

4 ＜OK＞をクリックすると、

5 表の文字だけが残ります。

製品開発スケジュール
項□目 → 日□付 → 時□間 → 場□所 → 備□考
企画会議 1 → 9月 1日 → 10：00〜12：00→会議室 2B → 部長同席
企画会議 2 → 9月 9日 → 13：00〜15：30→会議室 1C →
開発部打合せ → 9月 20日 → 11：00〜12：00→大会議室 → 企画部、営業部

重要度 ★★★ 表の編集

Q 0436 表の2ページ目にも見出し行を表示したい！

A ＜タイトル行の繰り返し＞を利用します。

2ページ以上にわたる表では、2ページ以降の先頭行の見出し（タイトル行）が表示されないので、項目がわかりづらくなります。こういうときは、すべてのページの先頭にタイトル行が入るようにするとよいでしょう。タイトル行を選択して、表ツールの＜レイアウト＞タブの＜タイトル行の繰り返し＞をクリックします。

2ページ以降はタイトル行がありません。

20176	鈴木　道哉	法務部	2010.10
21965	瀬戸　麻理恵	営業部	2011.12

18367	高橋　大輝	営業部	1999.10
19074	高村田　裕	企画部	2015.04
20165	千倉　佑太朗	開発部	2012.11

1 タイトル行を選択して、

2 ＜タイトル行の繰り返し＞をクリックします。

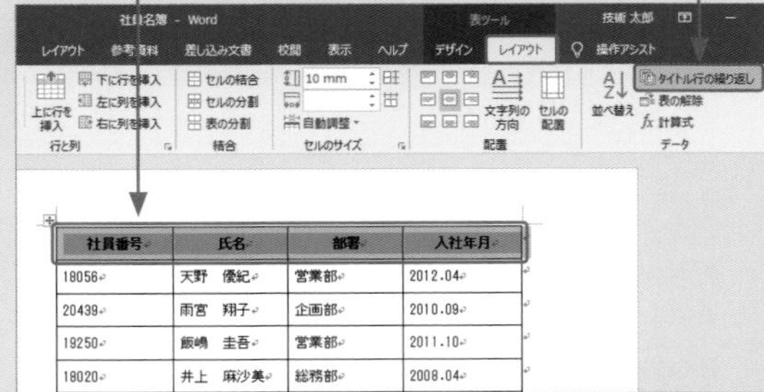

社員番号	氏名	部署	入社年月
18056	天野　優紀	営業部	2012.04
20439	雨宮　翔子	企画部	2010.09
19250	飯嶋　圭吾	営業部	2011.10
18020	井上　麻沙美	総務部	2008.04

3 表の2ページ以降にも、タイトル行が表示されます。

20176	鈴木　道哉	法務部	2010.10
21965	瀬戸　麻理恵	営業部	2011.12

社員番号	氏名	部署	入社年月
18367	高橋　大輝	営業部	1999.10
19074	高村田　裕	企画部	2015.04
20165	千倉　佑太朗	開発部	2012.11

重要度 ★★★ 表の編集

Q 0437 表全体を移動したい！

A 表のハンドルをドラッグします。

表内にカーソルを移動したり、表にマウスポインターを合わせると、表の左上に表の移動ハンドル⊞が表示されます。このハンドルをドラッグすると、表を移動できます。また、＜表のプロパティ＞を利用すると、表の配置を左揃え、中央揃え、右揃え、あるいは左揃えで左端からのインデント（字下げ）位置を指定できます。＜表のプロパティ＞を表示するには、表ツールの＜レイアウト＞タブで＜プロパティ＞をクリックします。

1 表のハンドルにマウスポインターを合わせて、

2 ドラッグします。

3 表が目的の位置に移動します。

社員番号	氏名	部署	入社年月
18056	天野　優紀	営業部	2012.04
20439	雨宮　翔子	企画部	2010.09
19250	飯嶋　圭吾	営業部	2011.10
18020	井上　麻沙美	総務部	2008.04

● 表のプロパティ

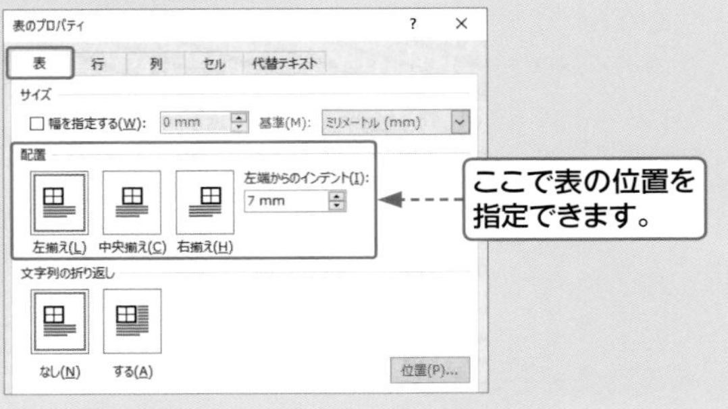

ここで表の位置を指定できます。

重要度 ★★★ 表の編集

Q 0438 表の下の部分が次のページに移動してしまった！

A 段落の設定を変更します。

段落の設定で、＜次の段落と分離しない＞や＜段落前で改ページする＞がオンになっていると、表の下の部分が次のページへ移動してしまうことがあります。＜ホーム＞タブの＜段落＞グループ右下にある をクリックして表示される＜段落＞ダイアログボックスの＜改ページと改行＞タブで、これらをクリックしてオフにします。

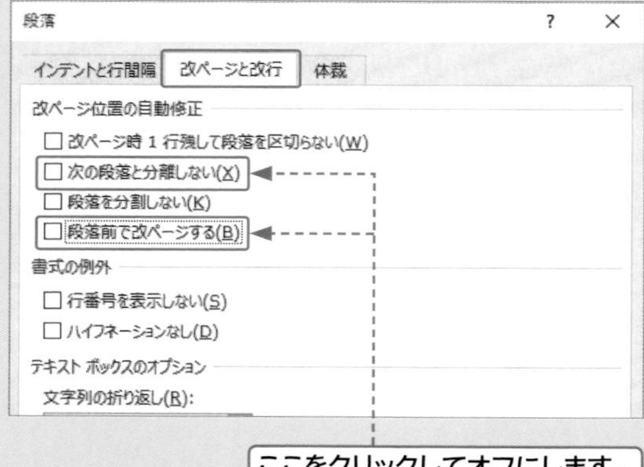

重要度 ★★★ 表の編集

Q 0439 表全体のサイズをかんたんに変更したい！

A 表をドラッグしてサイズを変更します。

表の右下の角にマウスポインターを移動し、 の形になったらそのままドラッグすればサイズを変更できます。

1 角にマウスポインターを合わせて、この形になったら、

2 ドラッグすると、サイズを変更できます。

重要度 ★★★ 表の編集

Q 0440 列の幅や行の高さを変更したい！

A 表の罫線にマウスポインターを合わせてドラッグします。

列の幅を変更するには、変更したい列の罫線の上にマウスポインターを合わせると、 の形になるので、そのまま変更したい左右の方向にドラッグします。
行の高さを変更するには、変更したい行の罫線の上にマウスポインターを合わせると、 の形になるので、そのまま変更したい上下の方向にドラッグします。
もとのサイズに戻したい場合は、ドラッグで戻すのではなく、クイックアクセスツールバーの＜元に戻す＞ をクリックします。

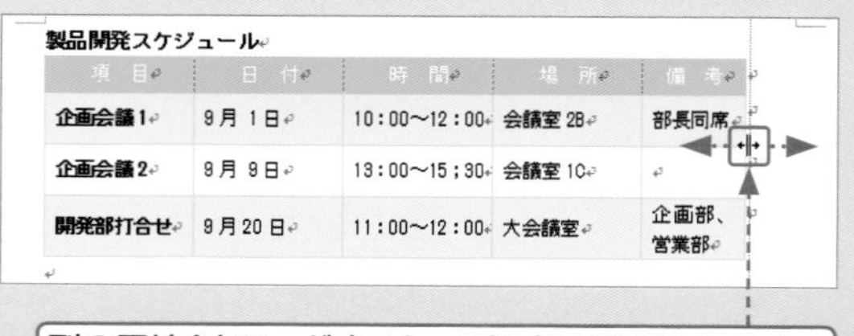

列の罫線をドラッグすると、列の幅が変更されます。

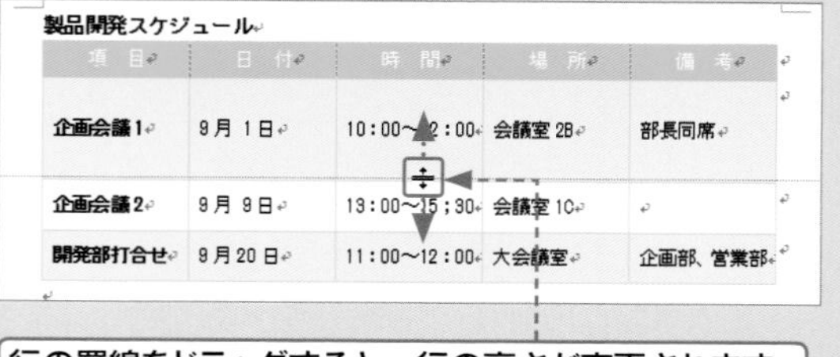

行の罫線をドラッグすると、行の高さが変更されます。

重要度 ★★★ 表の編集

Q 0441 一部のセルだけ幅を変更したい！

A 目的のセルだけを選択してからドラッグします。

一部のセルの幅を変更したい場合は、最初にセルを選択します。セルを選択するには、マウスカーソルをセルの左下に移動し、➚の形になったらクリックします。セルを選択したら、縦線にマウスポインターを合わせて⟛になったらドラッグします。

1 セルにマウスポインターを合わせてクリックし、

受付シフト

担当	10：00～11：00	11：00～12：00	12：00～13：00
山崎			
江藤			
五十嵐			
森			

幅をもとに戻したい場合は、同様にしてドラッグします。ただし、ほかの行と揃わなくなった場合は、表全体の幅を揃える必要があります。 参照▶Q 0444, Q 0446

2 セルを選択します。

3 線にマウスポインターを合わせ、

4 ドラッグすると、特定のセルの幅を変更できます。

重要度 ★★★ 表の編集

Q 0442 列の幅や行の高さを均等に揃えたい！

A <幅を揃える>や<高さを揃える>を利用します。

表ツールの<レイアウト>タブにある<高さを揃える>や<幅を揃える>をクリックすると、行の高さや列の幅が表全体で均等に揃います。

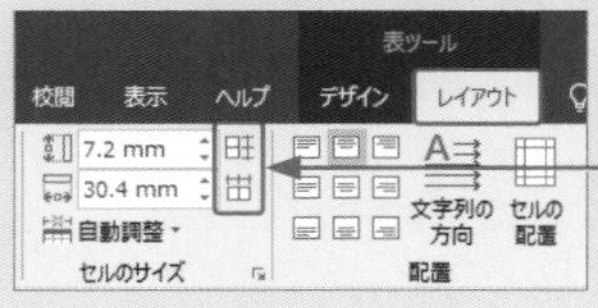

<幅を揃える>や<高さを揃える>をクリックします。

重要度 ★★★ 表の編集

Q 0443 文字列の長さに列の幅を合わせたい！

A 罫線上をダブルクリックします。

揃えたい列の右側の罫線にマウスポインターを合わせると、⟛の形になるのでダブルクリックします。
また、表ツールの<レイアウト>タブで<自動調整>の<文字列の幅に合わせる>をクリックすると、表全体の列幅を文字列の長さに揃えることができます。 参照▶Q 0444

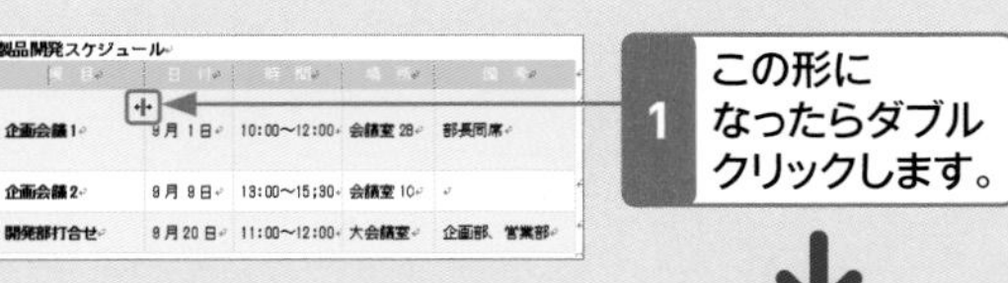

1 この形になったらダブルクリックします。

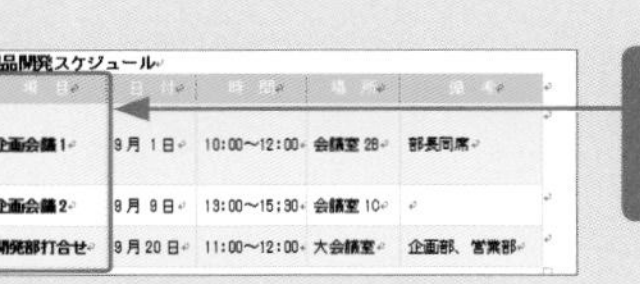

2 1番長い文字列に合わせて変更されます。

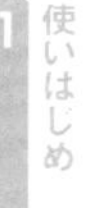

重要度 ★★★ 表の編集

Q 0444 自動的に列幅を合わせたい！

A ＜自動調整＞機能を利用します。

表ツールの＜レイアウト＞タブの＜自動調整＞で、＜文字列の幅に自動調整＞（Word 2016以前は＜文字列の幅に合わせる＞）をクリックすると、各列幅が文字数に合わせて調整されます。また、＜ウィンドウ幅に自動調整＞（Word 2016以前は＜ウィンドウサイズに合わせる＞）にすると、表の横幅がウィンドウサイズ（文書の横幅）になり、表全体の幅が調整されます。

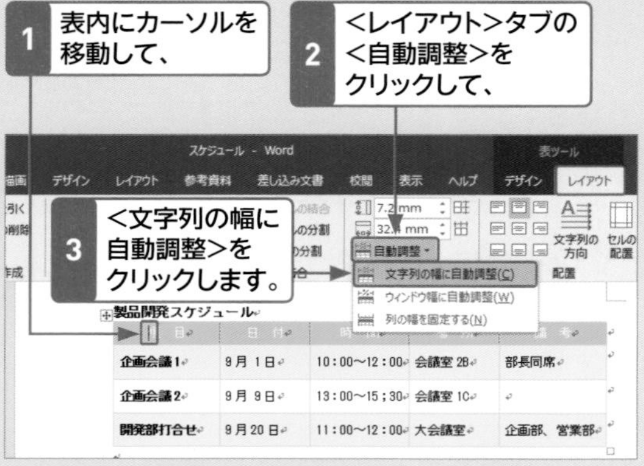

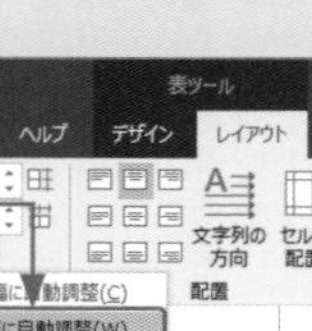

4 すべての幅が文字列に合わせて自動調整されます。

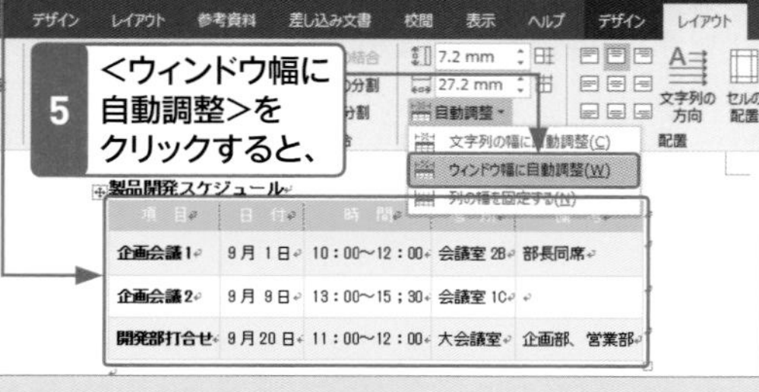

6 横幅に合わせて自動調整されます。

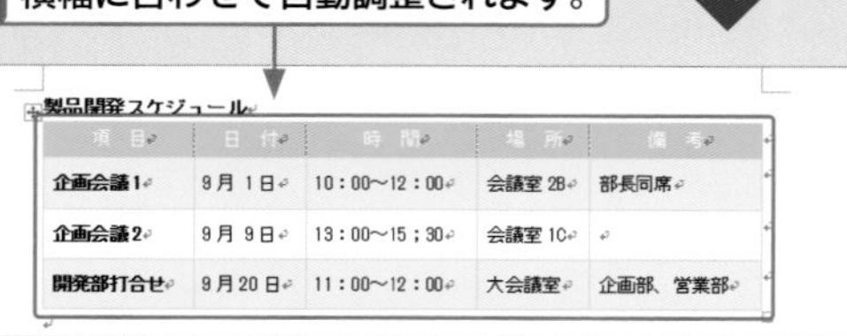

重要度 ★★★ 表の編集

Q 0445 セル内の余白を調整したい！

A ＜表のオプション＞画面で余白を変更します。

セル内は既定で、左右に1.9mm（上下は0）の余白が設定されています。文字の位置を内側にしたい、上下の空白を入れたいといった場合は、余白を変更します。表を選択して、表ツールの＜レイアウト＞タブの＜プロパティ＞をクリックし、＜表のプロパティ＞ダイアログボックスの＜オプション＞をクリックします。そのあとで、＜表のオプション＞画面の＜既定のセルの余白＞で数値を指定します。

1 ＜レイアウト＞タブの＜プロパティ＞をクリックします。

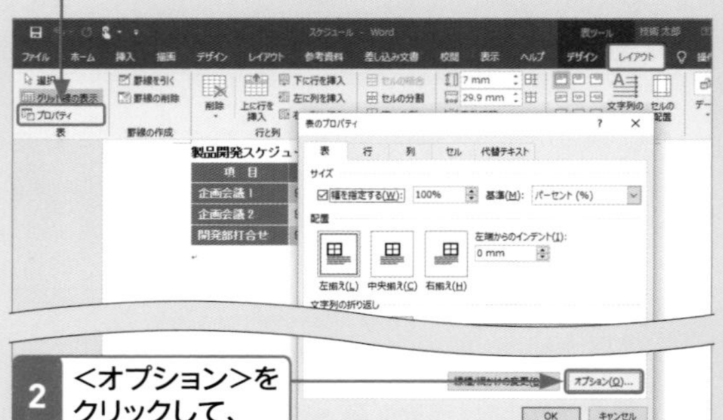

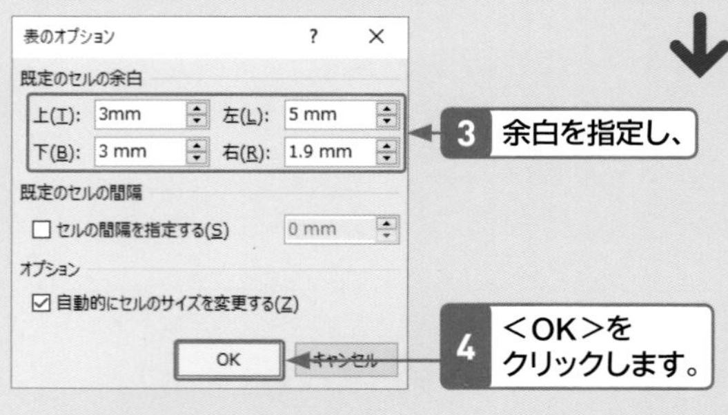

5 余白が設定され、表のサイズも変更されます。

Q 0446 列の幅や行の高さを数値で指定したい！

A1 <列の幅の設定>や<行の高さの設定>で指定します。

列の幅や行の高さを正確な数値で指定したい場合は、列や行にカーソルを移動するか、列や行を選択して、表ツールの<レイアウト>タブで<列の幅の設定>、<行の高さの設定>の数値ボックスで指定します。ただし、表のサイズによっては指定した数値から自動的に修正される場合もあります。

3 <列の幅の設定>と<行の高さの設定>にそれぞれ数値を指定すると、

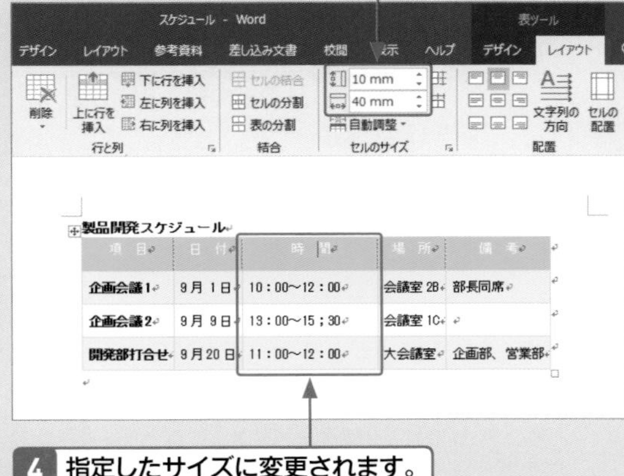

A2 <表のプロパティ>ダイアログボックスを利用します。

指定したい列や行の位置にカーソルを移動して、表ツールの<レイアウト>タブの<プロパティ>をクリックすると表示される<表のプロパティ>ダイアログボックスでも指定できます。<行>タブで行の高さ、<列>タブで列幅も数値で指定できます。

1 指定したい列または行にカーソルを移動して、

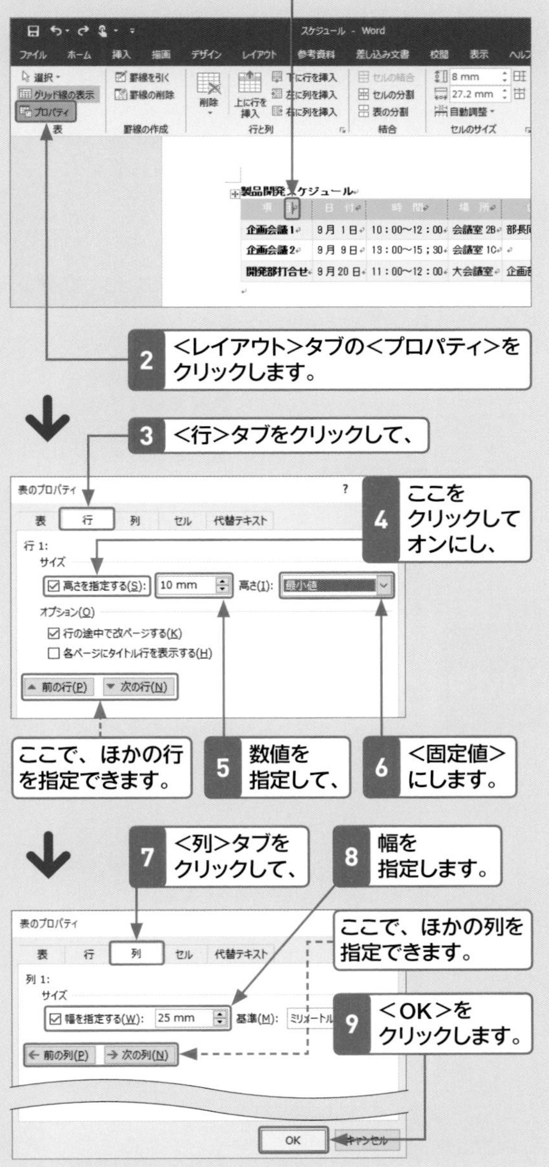

重要度 ★★★ 表の編集

Q 0447 列や行の順序を入れ替えたい!

A 列や行を選択して、ドラッグします。

列や行を選択して、入れ替えたいセルにカーソルが移動するようにドラッグして貼り付けます。
なお、この方法は、表によっては変形してしまう場合があります。ドラッグしてうまくいかない場合は、入れ替えたい列や行を選択して Ctrl + X を押して切り取り、移動先の位置で Ctrl + V を押して貼り付けます。

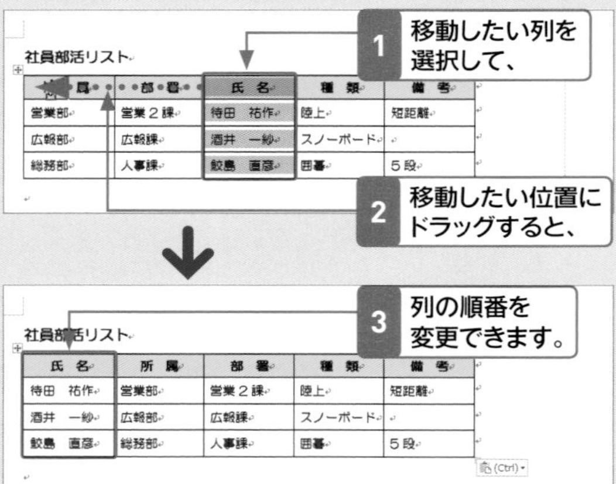

重要度 ★★★ 表の編集

Q 0448 複数のセルを1つにまとめたい!

A <セルの結合>を利用します。

結合したいセルを選択して、表ツールの<レイアウト>タブの<セルの結合>をクリックすると、結合して1つになります。

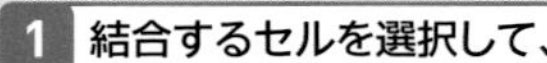

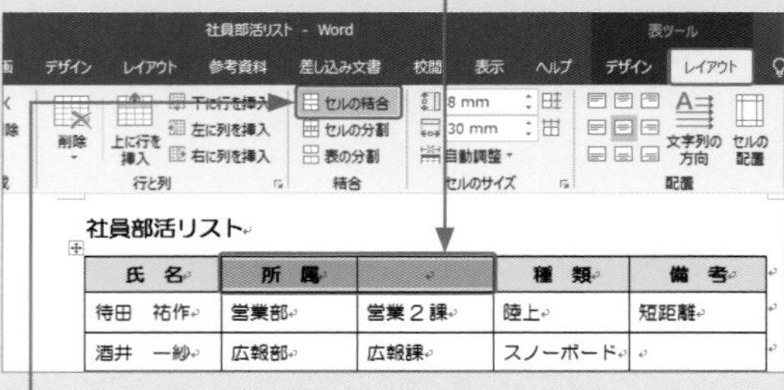

2 <セルの結合>をクリックすると、

3 セルが結合されます。

氏 名	所 属		種 類	備 考
待田 祐作	営業部	営業2課	陸上	短距離
酒井 一紗	広報部	広報課	スノーボード	

重要度 ★★★ 表の編集

Q 0449 1つのセルを複数のセルに分けたい!

A <セルの分割>を利用します。

セルを分割したい場合は、分割したいセルを選択して、表ツールの<レイアウト>タブの<セルの分割>をクリックします。<セルの分割>ダイアログボックスで、分割したい行数と列数を指定します。

1 分割するセルにカーソルを移動して、

氏 名	所 属	部 署	種 類	備 考
待田 祐作	営業部	営業2課	陸上	短距離
酒井 一紗	広報部	広報課	スノーボード	
鮫島 直彦	総務部	人事課	囲碁	5段

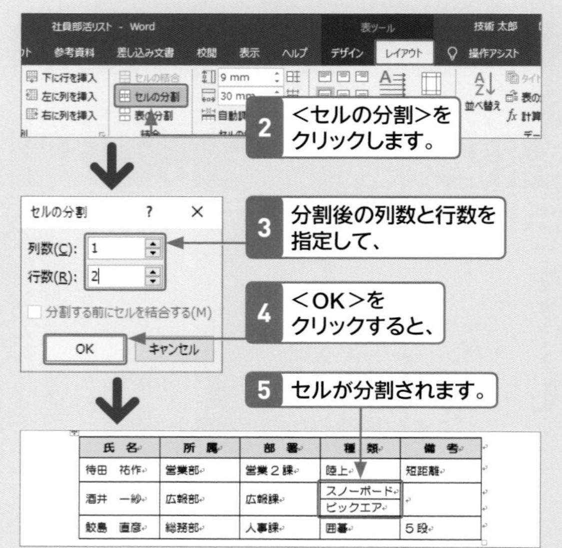

重要度★★★ 表の編集

Q 0450 列や行を追加したい！

A1 挿入マーカーを利用します。

Word 2019／2016／2013では、行(列)を挿入したい位置にマウスポインターを合わせると挿入マーカーが表示されます。挿入マーカーをクリックすると、行(列)が挿入されます。

1 挿入マーカーをクリックすると、

2 行が挿入されます。

A2 コマンドを利用します。

挿入したい位置にカーソルを移動して、表ツールの＜レイアウト＞タブの＜上に行を挿入＞＜下に行を挿入＞／＜左に列を挿入＞＜右に列を挿入＞をクリックします。

1 カーソルを移動して、

2 ＜右に列を挿入＞をクリックすると、

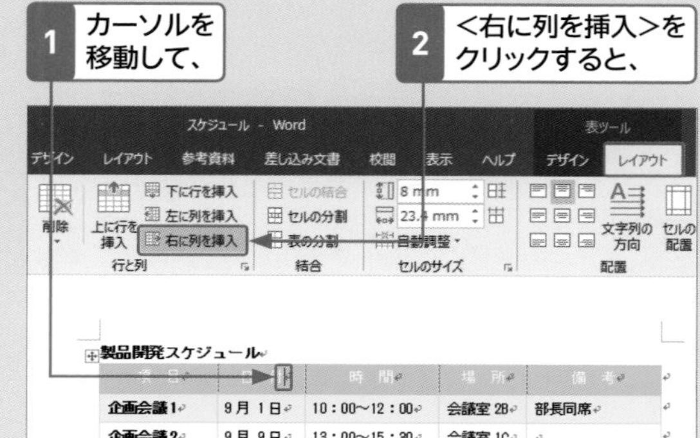

3 右の列が挿入されます。

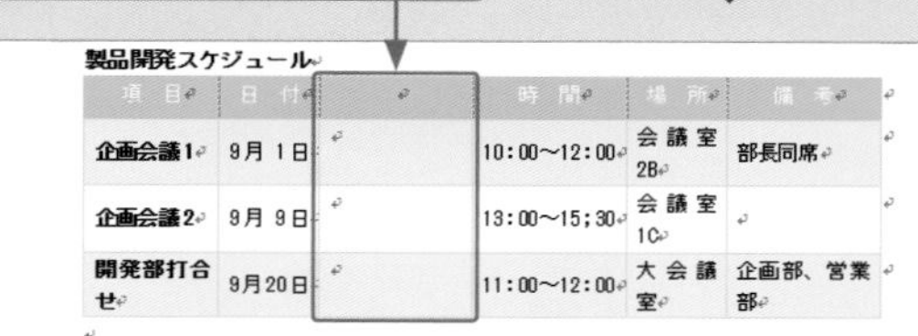

重要度★★★ 表の編集

Q 0451 不要な列や行を削除したい！

A ＜削除＞を利用します。

列や行を削除するには、削除したい列や行を選択して、表ツールの＜レイアウト＞タブで＜削除＞をクリックし、＜列の削除＞または＜行の削除＞をクリックします。このとき、1行や1列を削除したい場合は、その位置にカーソルを移動しておくだけでもかまいません。

そのほか、列や行を選択して、BackSpace を押す、行や列を右クリックして＜行の削除＞(または＜列の削除＞)をクリックする方法でも削除できます。

1 削除する行を選択して、

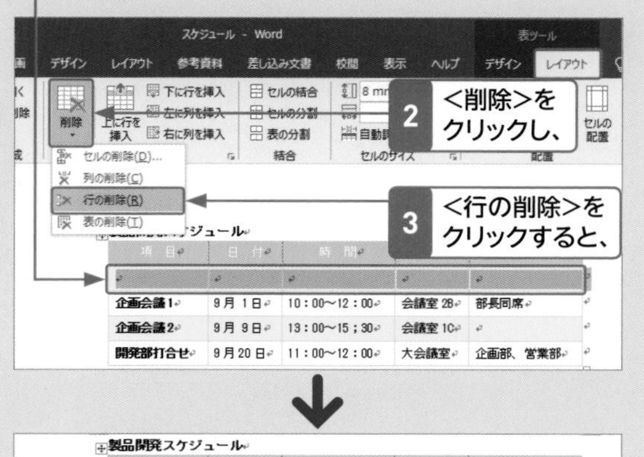

4 行が削除されます。

重要度 ★★★　表の編集

Q 0452 セルを追加したい！

A ＜表の行／列／セルの挿入＞ダイアログボックスを利用します。

セルを追加したい位置にカーソルを移動して、表ツールの＜レイアウト＞タブの＜行と列＞グループの右下にある＜セルの挿入＞をクリックします。＜表の行／列／セルの挿入＞ダイアログボックスで、＜セルを挿入後、右に伸ばす＞または＜セルを挿入後、下に伸ばす＞をクリックしてオンにします。
ただし、セル幅が異なる表内でセルを追加すると表がずれてしまうので、場合よってはあとからセル幅を調整する必要があります。

1 セルを追加する位置にカーソルを移動して、

社員部活リスト - Word　表ツール
レイアウト　参考資料　差し込み文書　校閲　表示　ヘルプ　デザイン　レイアウト
上に行を挿入　下に行を挿入　左に列を挿入　右に列を挿入　行と列
セルの結合　セルの分割　表の分割　結合
8 mm　25 mm　自動調整　セルのサイズ
文字列の方向　セルの配置　配置

社員部活リスト

氏 名	所 属	部 署	種 類	備 考
待田 祐作	営業部	営業２課	陸上	短距離
酒井 一紗	広報部	広報課	スノーボード	

2 ここをクリックします。

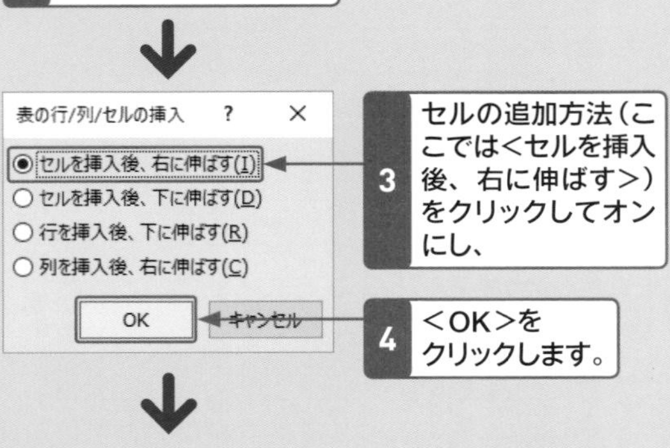

5 セルが追加され、もとのセルが右に伸びます。

社員部活リスト

氏 名	所 属	部 署	種 類		備 考
待田 祐作	営業部	営業２課	陸上	短距離	
酒井 一紗	広報部	広報課	スノーボード		

重要度 ★★★　表の編集

Q 0453 セルを削除したい！

A ＜削除＞を利用します。

削除したいセルを選択して、表ツールの＜レイアウト＞タブの＜削除＞から＜セルの削除＞をクリックすると、セルを削除できます。＜表の行／列／セルの削除＞ダイアログボックスが表示されるので、＜セルを削除後、左に詰める＞または＜セルを削除後、上に詰める＞をクリックしてオンにします。
セル幅が異なる表内でセルを削除すると、表がずれてしまうので、あとからセル幅を調整する必要があります。

1 削除するセルにカーソルを移動して、

2 ＜削除＞をクリックし、

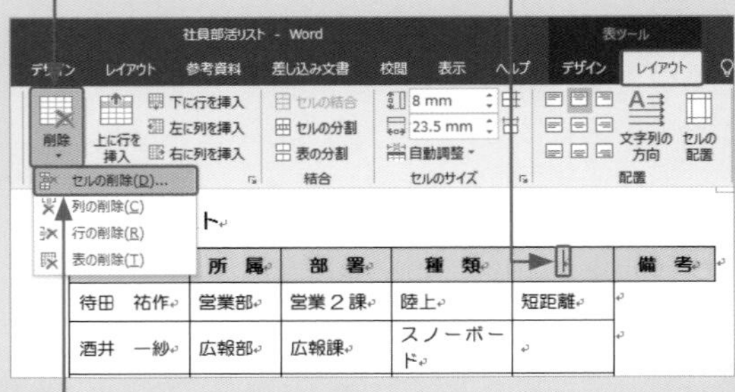

3 ＜セルの削除＞をクリックします。

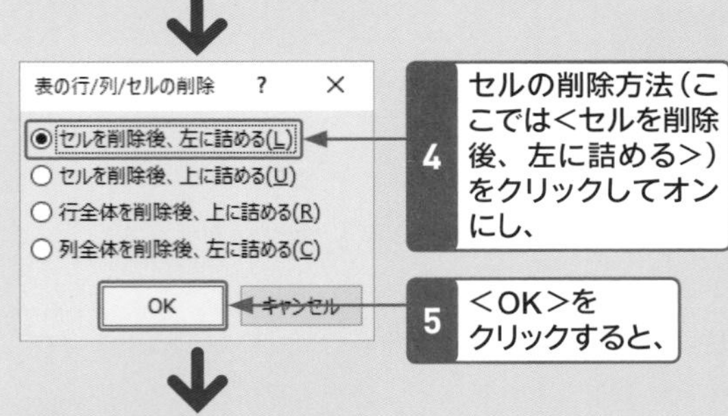

6 セルが削除され、隣のセルが移動します。

社員部活リスト

氏 名	所 属	部 署	種 類	備 考
待田 祐作	営業部	営業２課	陸上	短距離
酒井 一紗	広報部	広報課	スノーボード	
鮫島 直彦	総務部	人事課	囲碁	５段

重要度★★★ 表の編集

Q 0454 あふれた文字をセル内に収めたい！

A <セルのオプション>ダイアログボックスで均等割り付けを設定します。

<表のプロパティ>ダイアログボックスの<セル>タブの<オプション>をクリックして、<セルのオプション>ダイアログボックスを表示し、<文字列をセル幅に均等に割り付ける>をクリックしてオンにします。<表のプロパティ>ダイアログボックスを表示するには、セルにカーソルを移動して<レイアウト>タブの<プロパティ>、またはセルを右クリックして<表のプロパティ>をクリックします。

参照►Q 0446

文字幅が狭くなり、1行に収まります。

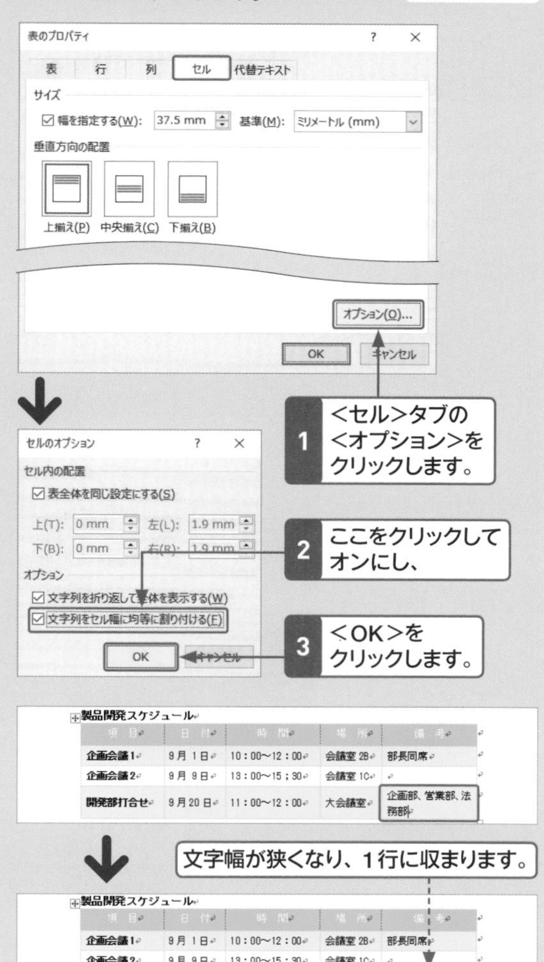

重要度★★★ 表の編集

Q 0455 表に入力したデータを五十音順に並べたい！

A <並べ替え>ダイアログボックスを利用します。

表を並べ替えるには、<ホーム>タブまたは表ツールの<レイアウト>タブにある<並べ替え>をクリックして表示される<並べ替え>ダイアログボックスで条件を指定します。

名前で並べ替える場合は、漢字が正しい読みの五十音順にならない場合があります。ふりがなの列を作り、その列を基準にするとよいでしょう。

また、手順4でそのほかの見出し項目を基準にして並べ替えることもできます。

6 ふりがなの昇順でデータが並べ替えられます。

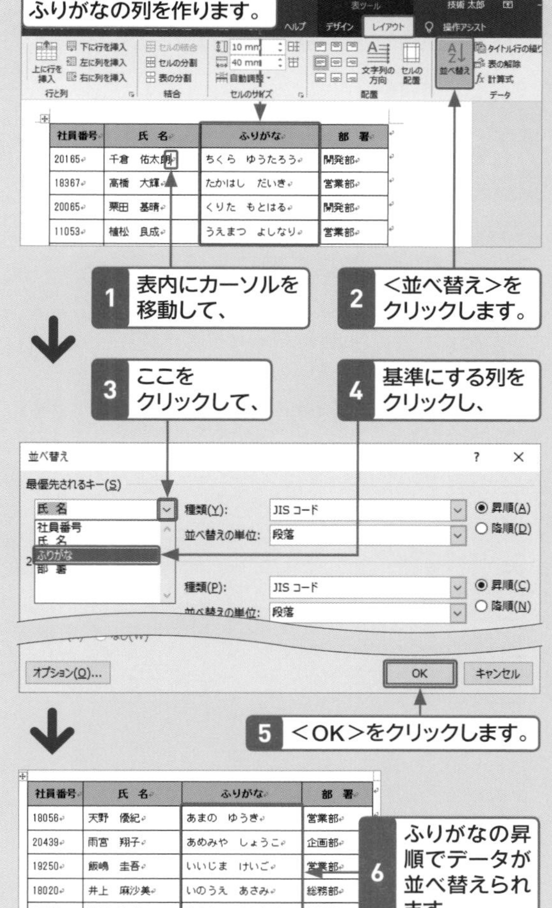

重要度★★★ 表の編集

Q 0456 1つの表を2つに分割したい！

表は、行単位で分割することができます。
分割したい行にカーソルを移動して、表ツールの<レイアウト>タブの<表の分割>をクリックします。分割された位置には、通常の段落が入ります。

A <表の分割>を利用します。

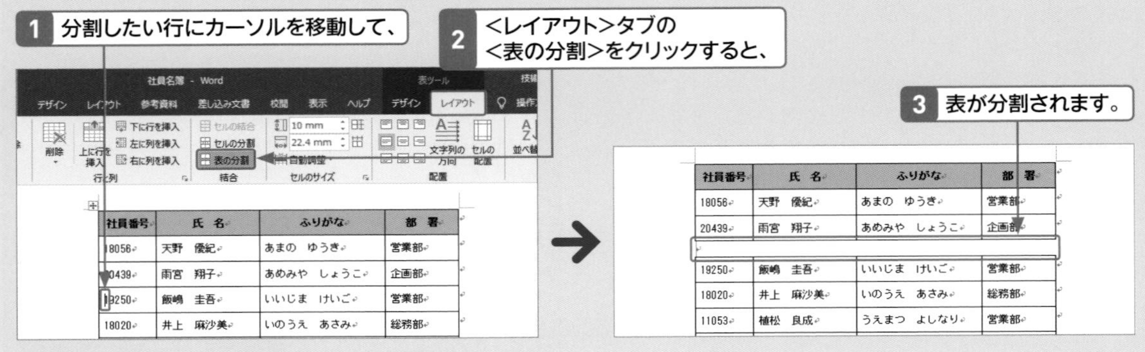

重要度★★★ 表の編集

Q 0457 1つの表を分割して横に並べたい！

A1 表を分割して横にドラッグします。

1つの細長い表の場合、最後まで見るのにドラッグするのが面倒だったり、印刷時には用紙の無駄になったりします。こういうときは、均等になる位置で表を分割して、下の表をドラッグし、上の表の横に移動するとよいでしょう。

参照▶Q 0456

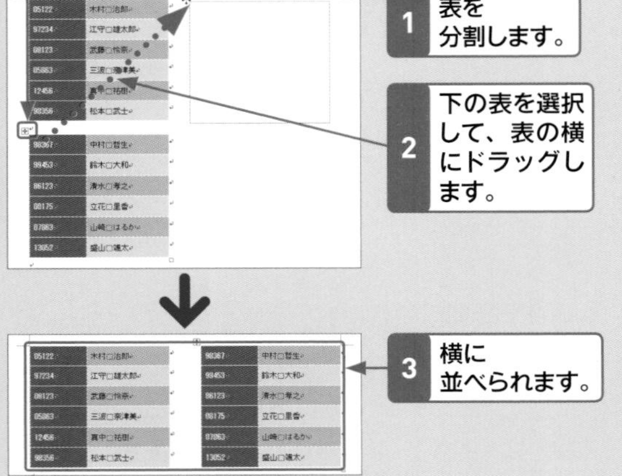

A2 段組みを設定します。

表を選択して、<レイアウト>タブ（Word 2013／2010では<ページレイアウト>タブ）の<段組み>をクリックし、<2段組み>をクリックすると、表が2段に並べられます。列幅が変更されてしまう場合は、あとから調整します。

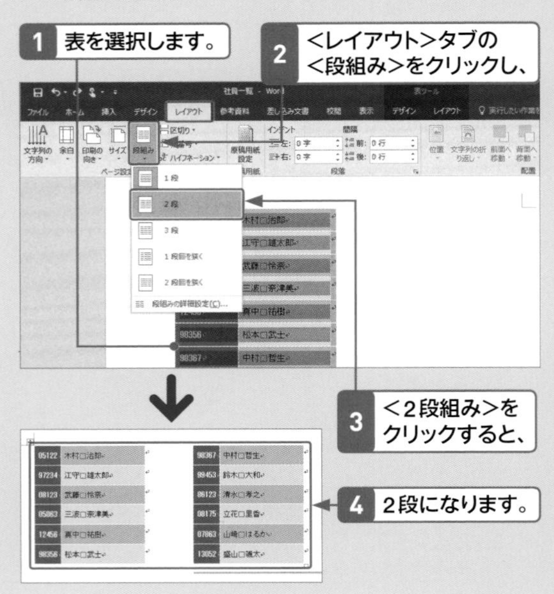

重要度★★★ 罫線

Q 0458 表の一部だけ罫線の太さや種類を変更したい!

A 罫線の書式設定を変更して、罫線の上をなぞります。

すでに引かれている罫線を、ほかの線種で上書きします。表ツールの＜デザイン＞タブで、＜ペンの色＞や＜ペンのスタイル＞＜ペンの太さ＞をクリックして選択します。マウスポインターが の形になるので、変更したい罫線上をドラッグします。

＜罫線＞の下部分をクリックして＜罫線を引く＞をクリックしてから、書式を変更して、マウスポインターが の形の状態で、罫線上を引いても同じです。

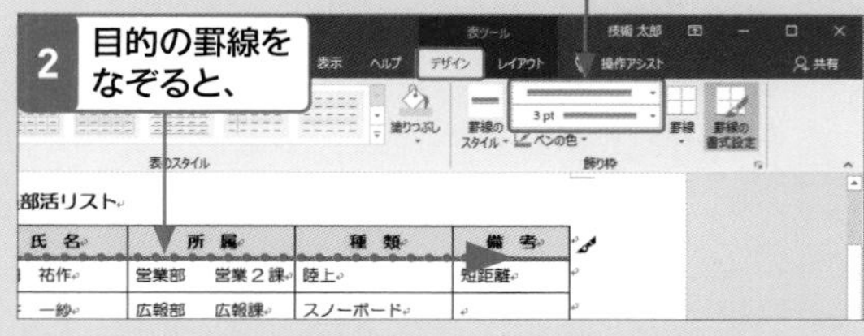

3 設定された書式に罫線が変わります。

4 Esc を押して解除します。

重要度★★★ 罫線

Q 0459 セルはそのままで罫線を消したい!

A ＜罫線なし＞にします。

印刷したくない罫線がある場合は、＜ペンのスタイル＞を＜罫線なし＞にして、罫線の上をドラッグします。マウスポインターを近づけたり、グリッド線の表示を表示すると、セルが区切られていることがわかります。

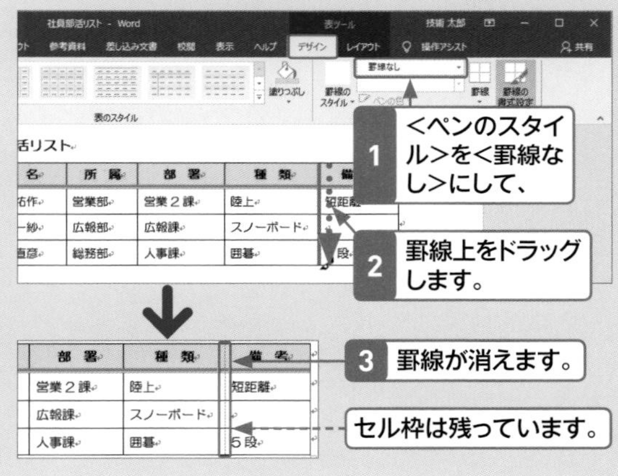

1 ＜ペンのスタイル＞を＜罫線なし＞にして、
2 罫線上をドラッグします。
3 罫線が消えます。
セル枠は残っています。

重要度★★★ 罫線

Q 0460 セルの一部だけ罫線を削除したい!

A ＜罫線の削除＞を利用します。

表ツールの＜レイアウト＞タブ（Word 2010では＜デザイン＞タブ）の＜罫線の削除＞をクリックすると、マウスポインターが の形になるので、削除したい罫線上をドラッグします。罫線を削除すると、隣のセルと合体されます。Esc を押すか、＜罫線の削除＞をクリックすると解除されます。

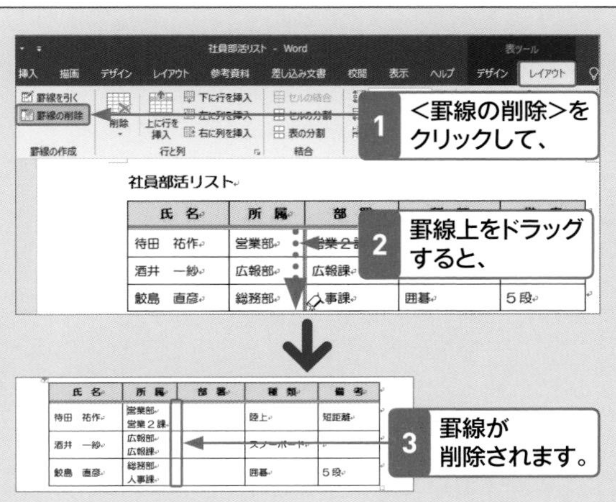

重要度 ★★★ 罫線

Q 0461 切り取り線の引き方を知りたい！

A1 図形の罫線を利用します。

＜挿入＞タブの＜図形＞で＜直線＞をクリックして罫線を引き、罫線の種類を点線や破線に変更します。中央にテキストボックスで「切り取り線」を入れ、枠線を消すと、切り取り線ができます。 参照▶Q 0354, Q 0379

1 罫線を引いて、選択します。

2 ＜書式＞タブの＜図形の枠線＞の右側をクリックして、

3 ＜実線／点線＞をクリックし、

4 点線または破線をクリックします。

5 破線に変わります。

6 テキストボックスを挿入して、「切り取り線」と入力します。

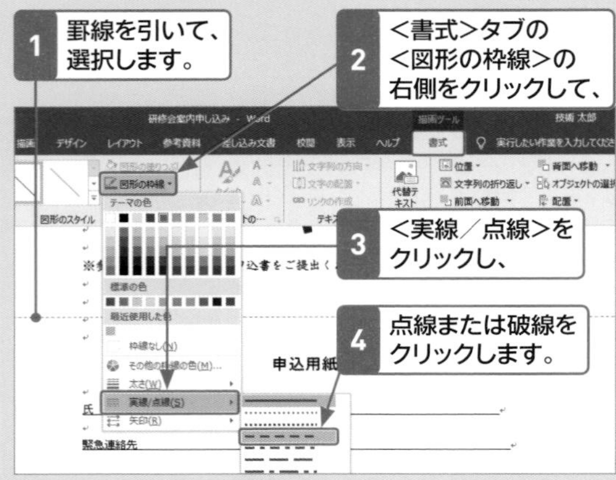

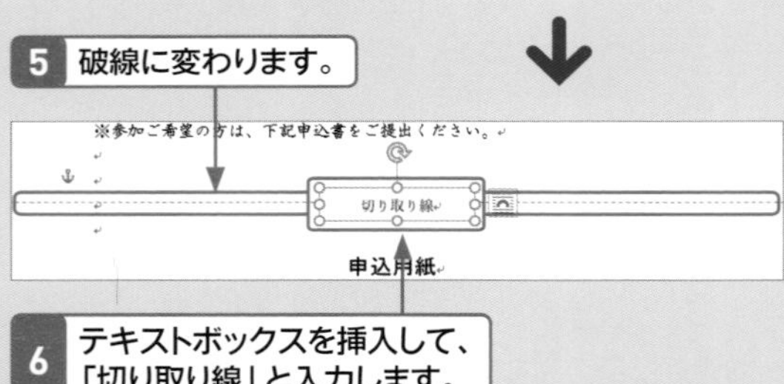

A2 文字の「-」を利用します。

半角の「-」を中央付近まで入力して、「切り取り線」と入力し、再度最後まで「-」を入力します。

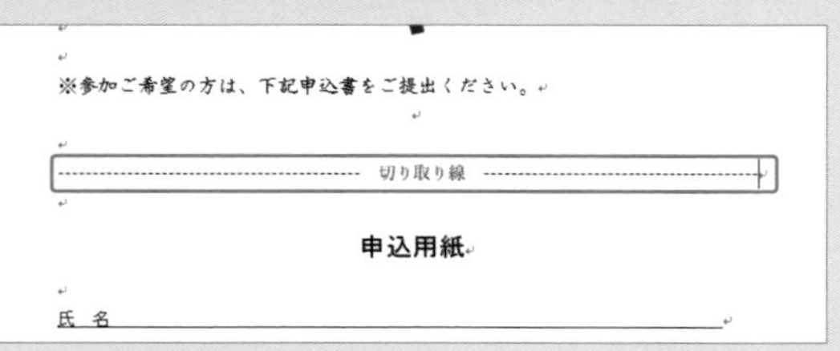

重要度 ★★★ ページ罫線

Q 0462 ページ全体を線で囲みたい！

A ＜ページ罫線＞を利用します。

＜デザイン＞タブ（Word 2010では＜ページレイアウト＞タブ）の＜ページ罫線＞をクリックすると表示される＜線種とページ罫線と網かけの設定＞ダイアログボックスの＜ページ罫線＞タブを利用すると、ページ全体を罫線で囲むことができます。

2 ＜ページ罫線＞タブが選択されていることを確認して、

3 ＜囲む＞をクリックし、

4 罫線を指定します。

5 ＜文書全体＞を指定して、

6 ＜OK＞をクリックすると、

7 ページ全体が罫線で囲まれます。

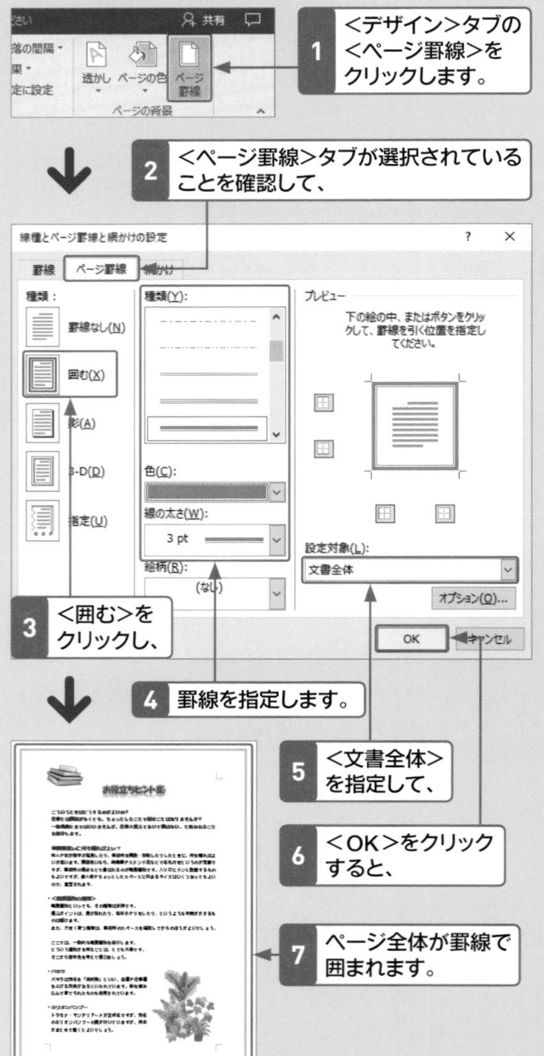

重要度★★★ ページ罫線

Q 0463 ページ全体を飾りのような線で囲みたい！

A ページ罫線の設定を変更します。

<線種とページ罫線と網かけの設定>ダイアログボックスの<ページ罫線>タブで<絵柄>をクリックすると、ページ全体を絵柄で囲むことができます。

参照▶Q 0462

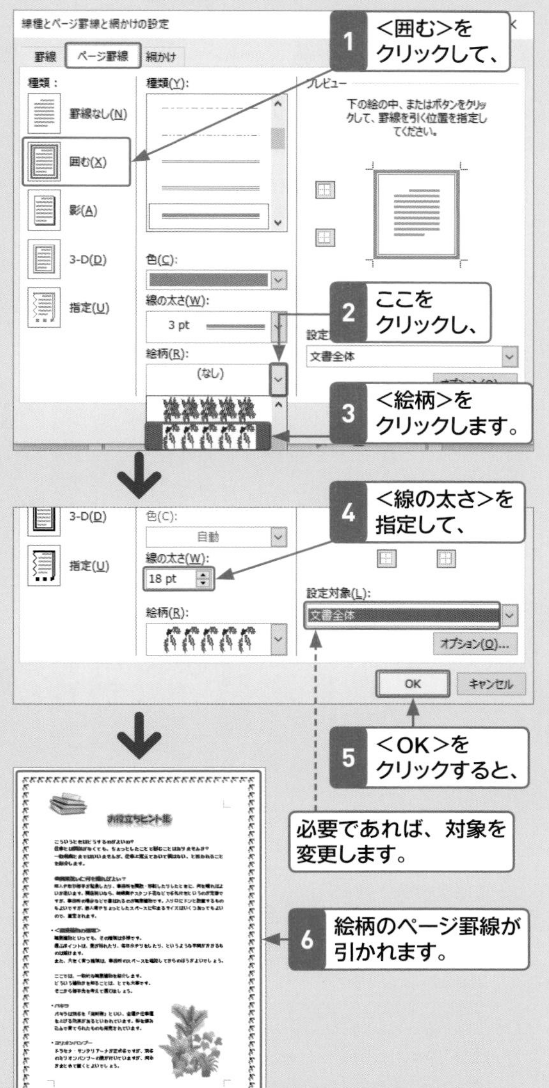

重要度★★★ ページ罫線

Q 0464 ページ罫線の余白位置を設定したい！

A <罫線とページ罫線のオプション>ダイアログボックスを利用します。

ページ罫線の余白の初期設定は、ページの端を基準として24ptになっています。これを変更するには、<線種とページ罫線と網かけの設定>ダイアログボックスの<ページ罫線>タブで<オプション>をクリックすると表示される<罫線とページ罫線のオプション>ダイアログボックスで設定します。また、余白の基準として<ページの端>か<本文>をクリックして選択することができます。

参照▶Q 0462

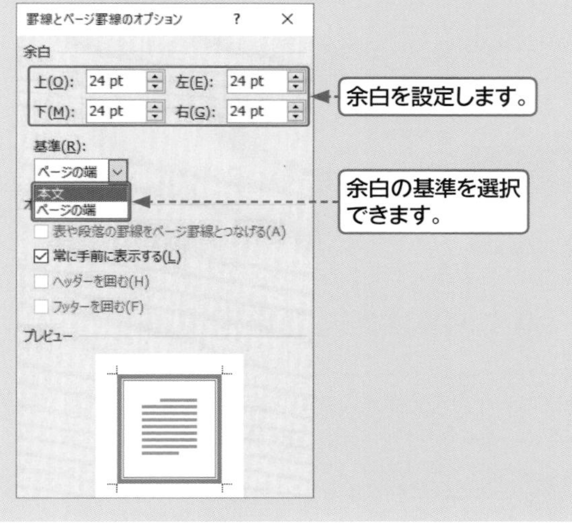

余白を設定します。
余白の基準を選択できます。

重要度★★★ ページ罫線

Q 0465 ページ罫線が表示されない！

A <印刷レイアウト>モードにします。

ページ罫線が設定されている場合、ページ罫線が表示されるのは<印刷レイアウト>モードのときだけです。それ以外のモード（閲覧モード、Webレイアウト、アウトライン、下書き）のときは、ページ罫線は表示されません。なお、Word 2010では<全画面閲覧>モードでも表示されます。

参照▶Q 0241

重要度 ★★★　表のデザイン

Q 0466 セル内の文字の配置を変更したい！

A ＜配置＞グループのコマンドを利用します。

初期設定では、Wordの表はセルの左上を基準に両端揃えで入力されます。セルを選択して、表ツールの＜レイアウト＞タブの＜配置＞グループにある配置コマンドをクリックすると、文字の配置を変更できます。

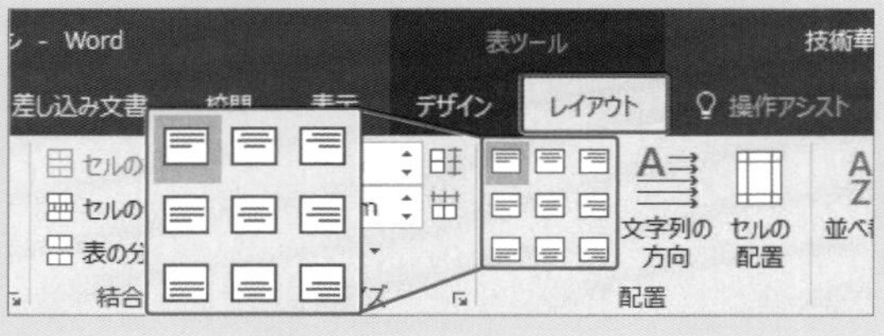

重要度 ★★★　表のデザイン

Q 0467 表のセルや行、列に色を付けたい！

A ＜塗りつぶし＞を利用します。

表ツールの＜デザイン＞タブの＜塗りつぶし＞から色を選ぶと、セルや行、列に色を付けられます。

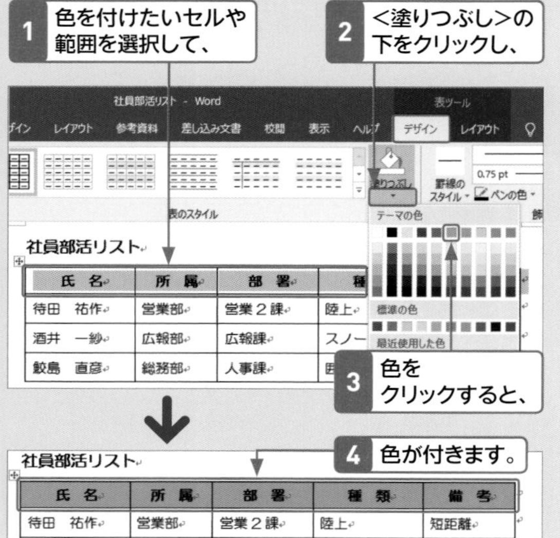

重要度 ★★★　表のデザイン

Q 0468 表をかんたんにデザインしたい！

A ＜表のスタイル＞を利用します。

表ツールの＜デザイン＞タブの＜表のスタイル＞には組み込みデザインがあらかじめ用意されており、クリックするだけで適用できます。なお、デザインの文字は＜両端揃え（上）＞に配置されるので、中央に揃えるとよいでしょう。 参照▶Q 0466

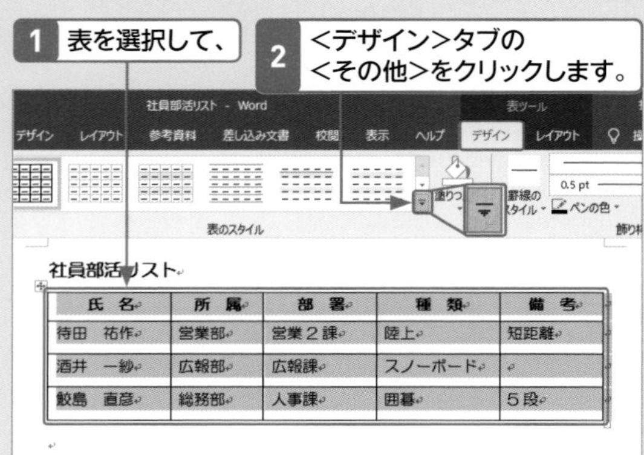

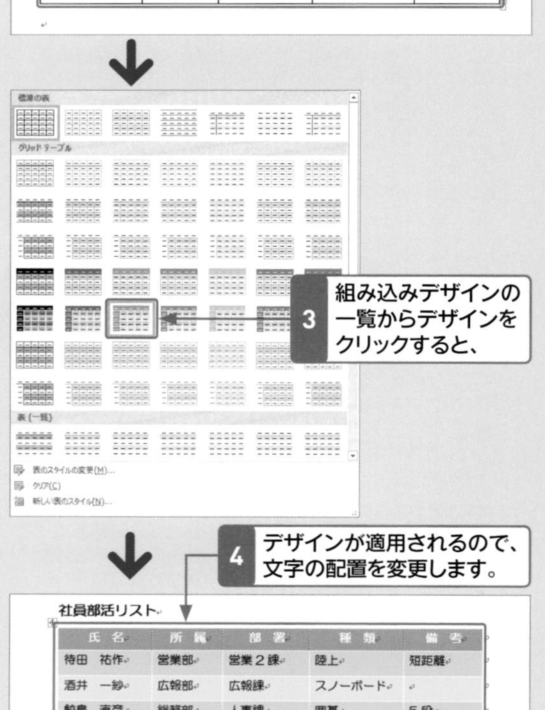

3 組み込みデザインの一覧からデザインをクリックすると、
4 デザインが適用されるので、文字の配置を変更します。

重要度 ★★★　表のデザイン

Q 0469 特定の行と列だけにデザインを適用したい！

A <表スタイルのオプション>を利用します。

<表のスタイル>に用意されている組み込みデザインは、表ツールの<デザイン>タブの<表スタイルのオプション>で選択された行と列に対してのみ適用されます。
組み込みデザインに適用したい行や列は、<表スタイルのオプション>で選択しておきましょう。それに合ったデザインが一覧に表示されます。 参照▶Q 0468

ここで選択された列と行に対して、デザインが適用されます。

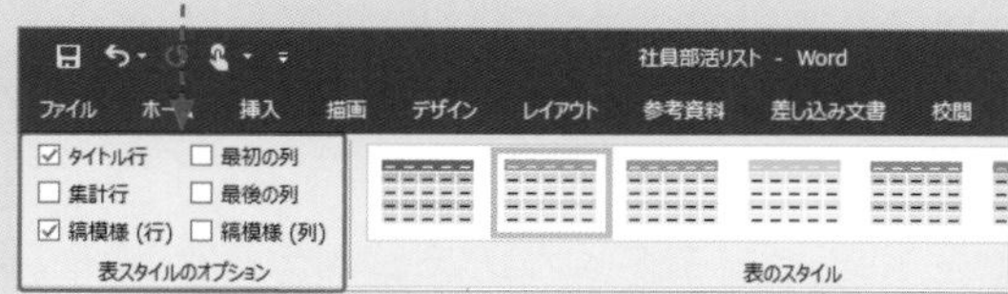

● <最初の列><縞模様 (列)>の例

社員部活リスト

氏　名	所　属	部　署	種　類	備　考
待田　祐作	営業部	営業２課	陸上	短距離
酒井　一紗	広報部	広報課	スノーボード	
鮫島　直彦	総務部	人事課	囲碁	５段

● <タイトル行><縞模様 (行)>の例

社員部活リスト

氏　名	所　属	部　署	種　類	備　考
待田　祐作	営業部	営業２課	陸上	短距離
酒井　一紗	広報部	広報課	スノーボード	
鮫島　直彦	総務部	人事課	囲碁	５段

● <タイトル行><最初の列>の例

社員部活リスト

氏　名	所　属	部　署	種　類	備　考
待田　祐作	営業部	営業２課	陸上	短距離
酒井　一紗	広報部	広報課	スノーボード	
鮫島　直彦	総務部	人事課	囲碁	５段

重要度 ★★★　表のレイアウト

Q 0470 表の周りに本文を回り込ませたい！

A 文字列の折り返しを設定します。

表の周りに本文を回り込ませる処理を「文字列の折り返し」といいます。表ツールの<レイアウト>タブの<プロパティ>をクリックすると表示される<表のプロパティ>ダイアログボックスで、<表>タブの<文字列の折り返し>で<する>をクリックしてオンにします。表と文字の間隔など詳細は、<位置>をクリックすると表示される、<表の位置>ダイアログボックスで設定します。

1 <文字列の折り返し>で<する>をクリックします。

2 <位置>をクリックして、

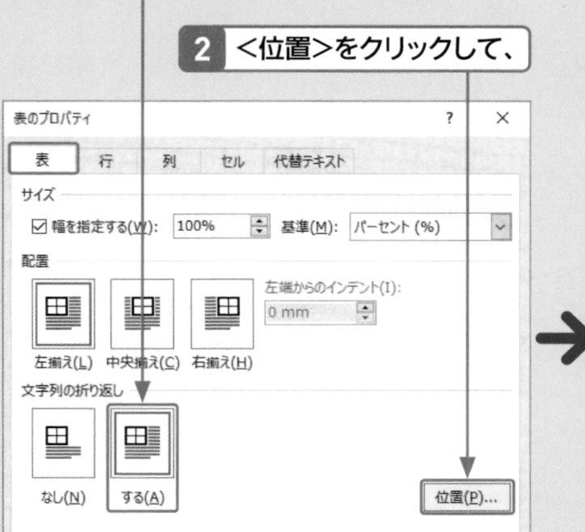

3 <周囲の文字列との間隔>を設定します。

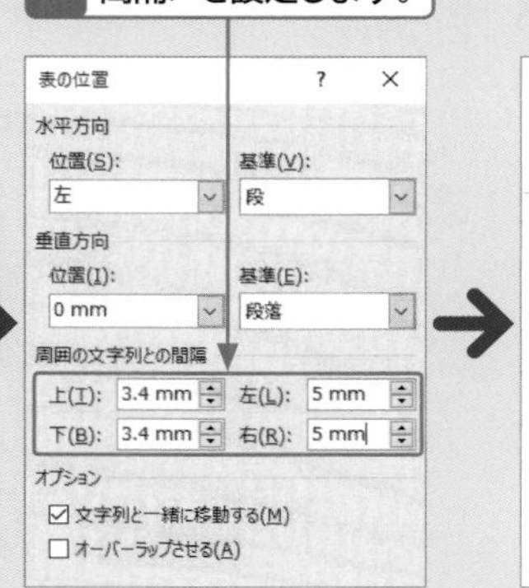

4 文字列が回り込みます。

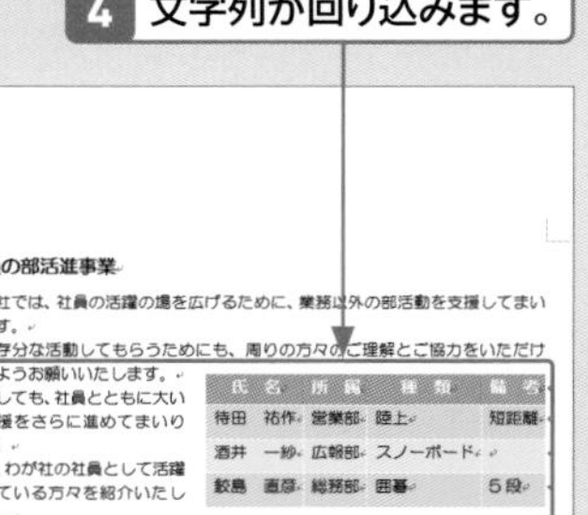

重要度 ★★★ Excelの表の利用

Q 0471 Excelで作成した表をWordで利用したい！

A Excelの表をコピーして、Wordの文書に貼り付けます。

Excelの表を選択して＜ホーム＞タブの＜コピー＞をクリック（またはCtrl＋Cを押す）してコピーし、Wordの文書を開いて＜ホーム＞タブの＜貼り付け＞をクリック（またはCtrl＋Vを押す）すると、貼り付けられます。このとき、＜元の書式を保持＞形式で貼り付けられます。ただし、表の高さがもとのサイズとは異なって貼り付けられる場合があります。

なお、貼り付ける際に＜貼り付け＞の下の部分 貼り付け か、貼り付けた表の右下の＜貼り付けのオプション＞ (Ctrl) をクリックすると、貼り付ける形式を変更できます。

参照 ▶ Q 0472

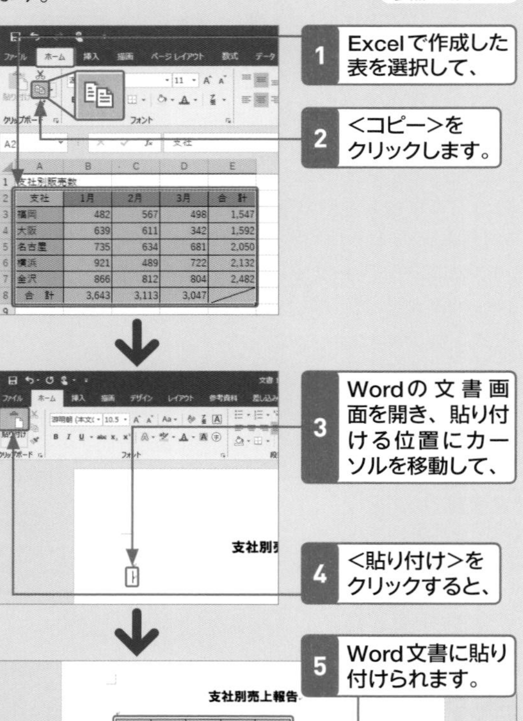

1 Excelで作成した表を選択して、
2 ＜コピー＞をクリックします。
3 Wordの文書画面を開き、貼り付ける位置にカーソルを移動して、
4 ＜貼り付け＞をクリックすると、
5 Word文書に貼り付けられます。
支社別売上報告

重要度 ★★★ Excelの表の利用

Q 0472 コピーしたExcelの表の行を変更したい！

A 表のプロパティで行の設定を変更します。

Excelの表をWord文書にコピーすると、＜元の書式を保持＞形式で貼り付けられます。Word 2013／2010では行の罫線をドラッグすると高さを変更できますが、Word 2019／2016ではドラッグで自由に変更できない場合があります。これを解決するには、2つの方法があります。1つは、表のプロパティを表示し、＜行＞タブの＜高さを指定する＞をクリックしてオンにし、＜高さ＞を＜固定値＞にします（下図参照）。

もう1つは、表の右下の＜貼り付けのオプション＞ (Ctrl) をクリックして、＜貼り付け先のスタイルを使用＞ をクリックし、Wordの表として扱えるようにします。

参照 ▶ Q 0471

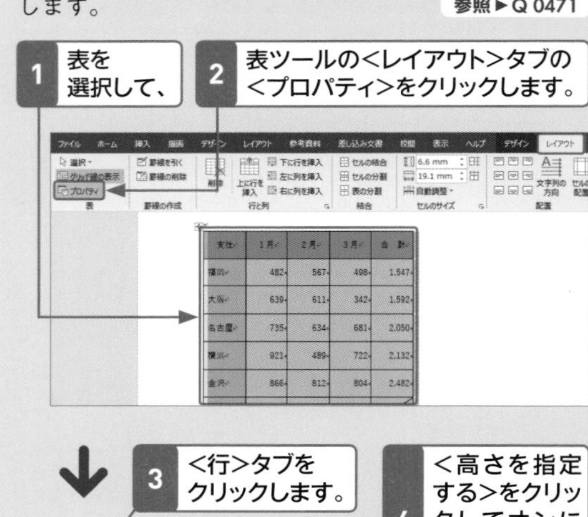

1 表を選択して、
2 表ツールの＜レイアウト＞タブの＜プロパティ＞をクリックします。
3 ＜行＞タブをクリックします。
4 ＜高さを指定する＞をクリックしてオンにし、数値を指定します。
表のプロパティ
表
行
列
セル
代替テキスト
高さを指定する(S):
高さ(I):
固定値
5 ＜固定値＞にして、＜OK＞をクリックします。

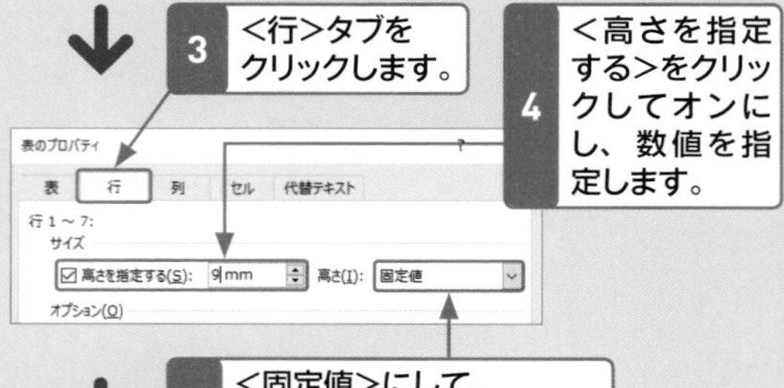

6 行の高さをドラッグで変更できます。

重要度 ★★★ Excelの表の利用

Q 0473 Wordに貼り付けた表をExcelの機能で編集したい！

A ＜Microsoft Excelワークシートオブジェクト＞として貼り付けます。

Excelの表をWordに貼り付けるときに、＜形式を選択して貼り付け＞を選び、貼り付ける形式を＜Microsoft Excelワークシートオブジェクト＞にします。貼り付けた表をダブルクリックすると、WordのリボンがExcel用に切り替わり、Excelの機能を使って編集ができるようになります。

なお、Word文書に貼り付ける際に＜リンク貼り付け＞をした場合は、Wordで編集したデータがもとのExcelデータにも反映されます。

参照 ▶ Q 0471, Q 0475

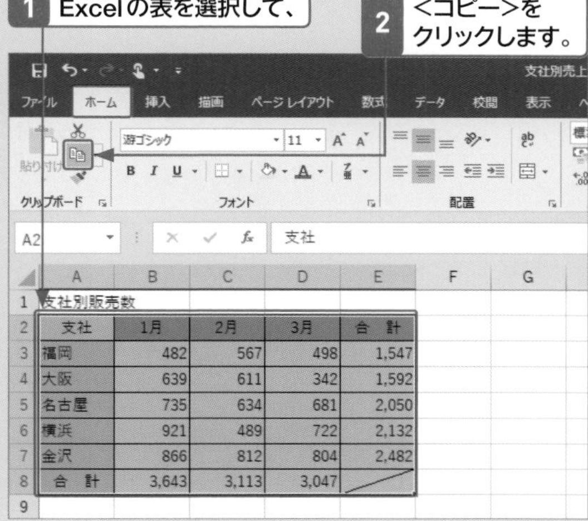
1 Excelの表を選択して、
2 ＜コピー＞をクリックします。
支社別販売数
支社	1月	2月	3月	合計
福岡	482	567	498	1,547
大阪	639	611	342	1,592
名古屋	735	634	681	2,050
横浜	921	489	722	2,132
金沢	866	812	804	2,482
合計	3,643	3,113	3,047	

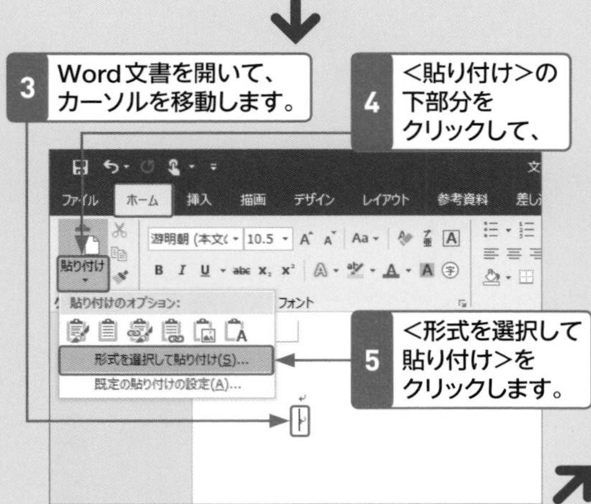
3 Word文書を開いて、カーソルを移動します。
4 ＜貼り付け＞の下部分をクリックして、
貼り付けのオプション:
形式を選択して貼り付け(S)...
既定の貼り付けの設定(A)...
5 ＜形式を選択して貼り付け＞をクリックします。

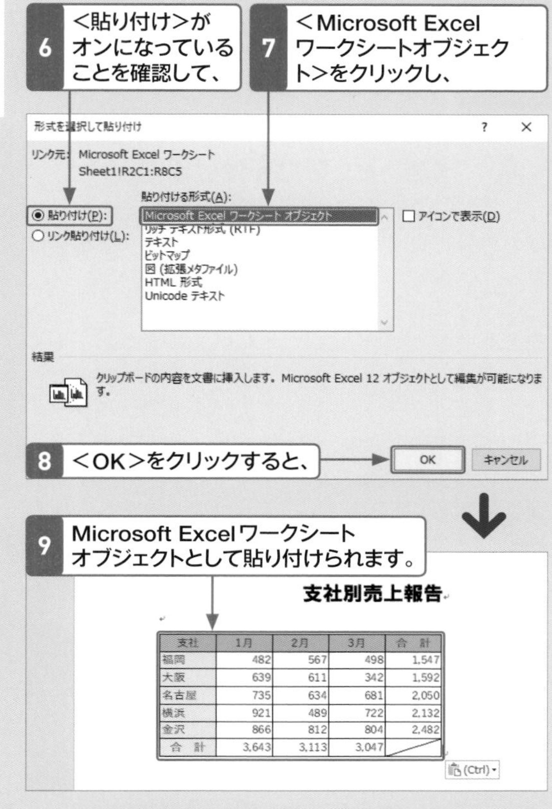
6 ＜貼り付け＞がオンになっていることを確認して、
7 ＜Microsoft Excel ワークシートオブジェクト＞をクリックし、
形式を選択して貼り付け
リンク元: Microsoft Excel ワークシート
Sheet1!R2C1:R8C5
貼り付ける形式(A):
貼り付け(P):
リンク貼り付け(L):
Microsoft Excel ワークシート オブジェクト
リッチ テキスト形式 (RTF)
テキスト
ビットマップ
図 (拡張メタファイル)
HTML 形式
Unicode テキスト
アイコンで表示(D)
結果
クリップボードの内容を文書に挿入します。Microsoft Excel 12 オブジェクトとして編集が可能になります。
8 ＜OK＞をクリックすると、
OK
キャンセル
9 Microsoft Excelワークシートオブジェクトとして貼り付けられます。
支社別売上報告

● 貼り付けたExcelの表を編集する

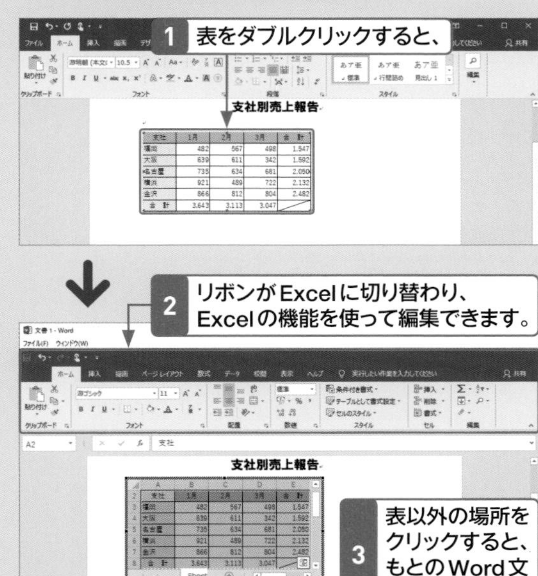
1 表をダブルクリックすると、
支社別売上報告
2 リボンがExcelに切り替わり、Excelの機能を使って編集できます。
3 表以外の場所をクリックすると、もとのWord文書に戻ります。

重要度 ★★★　Excelの表の利用

Q 0474 Excelの表データが編集されないようにしたい！

A <図>として貼り付けます。

ほかの人にファイルを渡す場合や、大事な文書を作成している場合は、表の内容を変更されないように、Excelの表を図として貼り付けると安全です。
図として貼り付けるには、Excelの表をコピーしてWordに貼り付けるときに、<形式を選択して貼り付け>を選び、貼り付ける形式を<図（拡張メタファイル）>にします。なお、Wordの<貼り付け>の下をクリックし、<図>をクリックしても、図として貼り付けることができます。

参照▶Q 0473, Q 0477

1 <貼り付け>がオンになっていることを確認して、

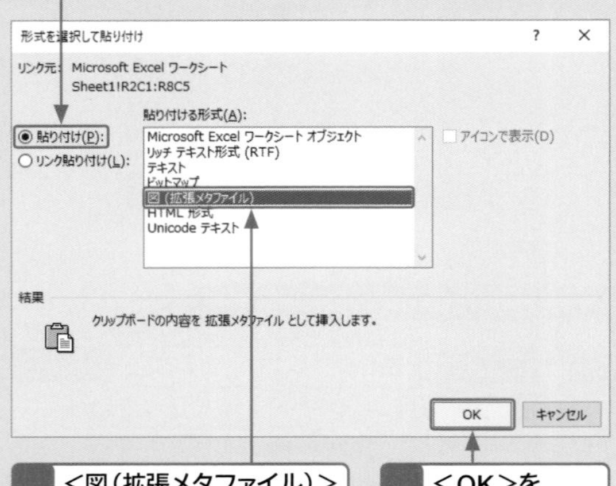

2 <図（拡張メタファイル）>をクリックし、

3 <OK>をクリックします。

4 表が図として貼り付けられます。

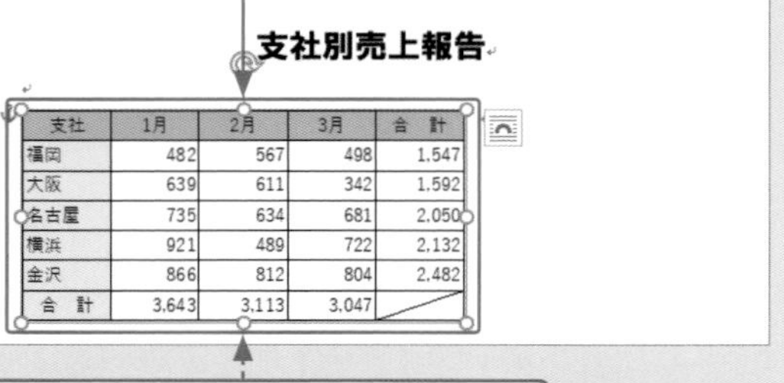

支社別売上報告

支社	1月	2月	3月	合　計
福岡	482	567	498	1,547
大阪	639	611	342	1,592
名古屋	735	634	681	2,050
横浜	921	489	722	2,132
金沢	866	812	804	2,482
合　計	3,643	3,113	3,047	

デザインやデータの編集はできません。

重要度 ★★★　Excelの表の利用

Q 0475 Excelの表とWordの表を連係させたい！

A <リンク貼り付け>を行います。

Excel上でデータを修正した結果が、Word文書にコピーした表にも反映されるようにするには、リンク貼り付けを利用します。Excelの表をコピーしてWordに貼り付けるときに、<形式を選択して貼り付け>を選び、貼り付ける形式を<リンク貼り付け>にします。
なお、自動的に更新されない場合は、Word側の表を右クリックして、<データの更新>をクリックします。

参照▶Q 0473

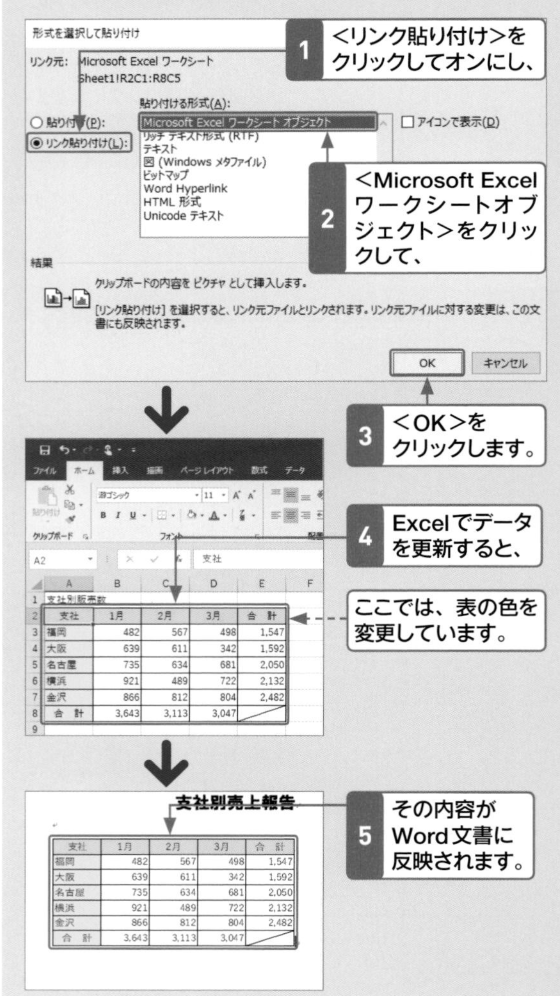

	A	B	C	D	E
1	支社別販売数				
2	支社	1月	2月	3月	合　計
3	福岡	482	567	498	1,547
4	大阪	639	611	342	1,592
5	名古屋	735	634	681	2,050
6	横浜	921	489	722	2,132
7	金沢	866	812	804	2,482
8	合　計	3,643	3,113	3,047	

支社別売上報告

支社	1月	2月	3月	合　計
福岡	482	567	498	1,547
大阪	639	611	342	1,592
名古屋	735	634	681	2,050
横浜	921	489	722	2,132
金沢	866	812	804	2,482
合　計	3,643	3,113	3,047	

重要度★★★ Excelの表の利用

Q 0476 リンク貼り付けした表が編集できない！

A Excelファイルが移動または削除されている可能性があります。

リンク貼り付けされたExcelの表は、もととなるExcelの表が別の場所に移動されたり、削除されてしまったりすると、編集できない場合があります。
このようなときは、実際に存在しているExcelファイルを利用して、もう一度リンク貼り付けを行います。

参照▶Q 0475

重要度★★★ Excelの表の利用

Q 0477 形式を選択して貼り付ける方法を知りたい！

A 貼り付けたあとExcelの表をどのように扱うか決めます。

Excelの表をコピーしてWord文書に貼り付けるには、さまざまな方法があります。貼り付けあと、その表をどのように扱うかによって貼り付け方法が異なります。どのような貼り付け方法があるのかを理解しておくと、表を利用する際にも便利です。
貼り付け方法は、<ホーム>タブの<貼り付け>の下部分をクリックするか、<貼り付けのオプション> (Ctrl) をクリックすると表示される貼り付けオプションから選択します。このときに選択できる項目は、コピー元のデータによって異なります。
また、<形式を選択して貼り付け>を選択すると表示される<形式を選択して貼り付け>ダイアログボックスでは<貼り付け>と<リンク貼り付け>を選択できます。<リンク貼り付け>は、元データが変更されると貼り付けたデータも連係して変更されます。この貼り付け方法は、Office製品で共通です。

●貼り付け

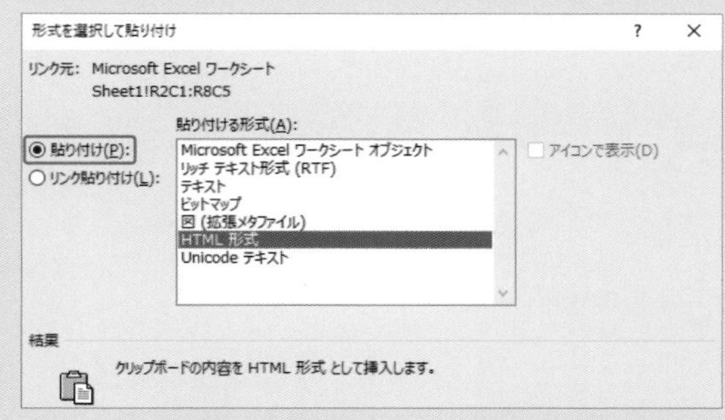

●リンク貼り付け

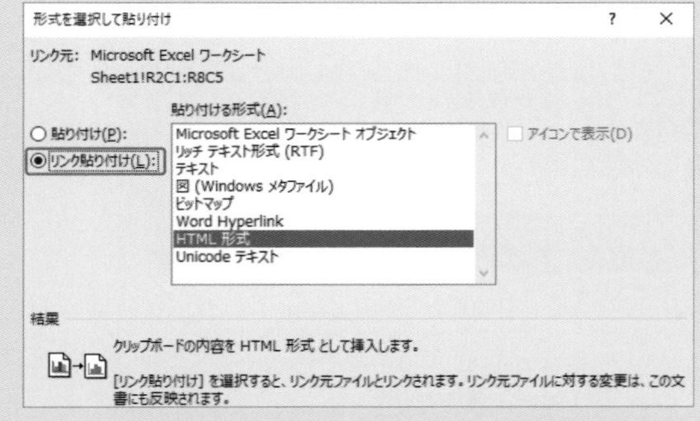

貼り付ける形式	内　容
Microsoft Excelワークシシートオブジェクト	ワークシートの状態で貼り付けられます。Excelワークシートオブジェクトとして編集が可能になります。
リッチテキスト形式	書式情報の付いたテキストとして貼り付けます。
テキスト	文字情報のみのテキストとして貼り付けます。
図（拡張メタファイル）	ピクチャ（拡張メタファイル形式）として貼り付けます。鮮明で、拡大縮小しても文字や図の配置に影響しません。
ビットマップ	ビットマップとして貼り付けます。画像アプリのない人でも見ることができます。
Word Hyperlink	ハイパーリンクとして貼り付けます。リンク先のファイルを表示できます（Word 2013以降）。
HTML形式	HTML形式として貼り付けます。
Unicodeテキスト	書式情報を持たないテキストとして貼り付けます。

Excelのグラフを Wordで利用したい！

A リンク貼り付けを利用します。

Excelのグラフは、表から作成します。このグラフをWordで利用するには、グラフをコピーしてWord文書に貼り付けます。貼り付ける際に「リンク貼り付け」を利用すると、もとの数値が変更になった場合に、Wordに貼り付けたグラフにも反映させることができます。単に貼り付けた場合は、自動的に反映されないため、再度グラフを貼り付け直す必要があります。

貼り付けたもとの表のファイルを移動してしまったり、削除してしまったりすると、グラフは反映されません。

1 Excelを起動して、

2 グラフを選択し、

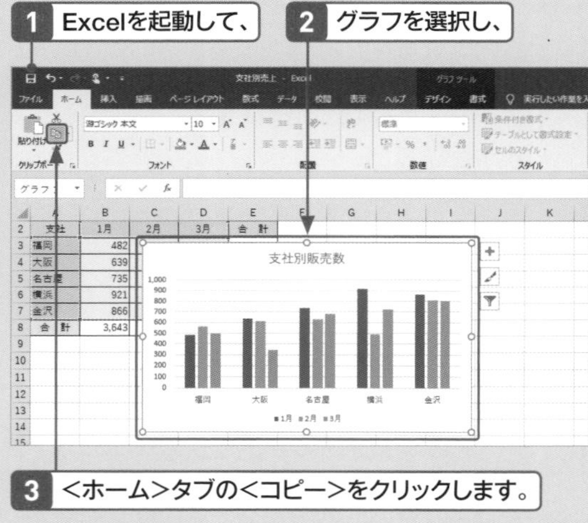

3 <ホーム>タブの<コピー>をクリックします。

4 Wordの文書を表示します。

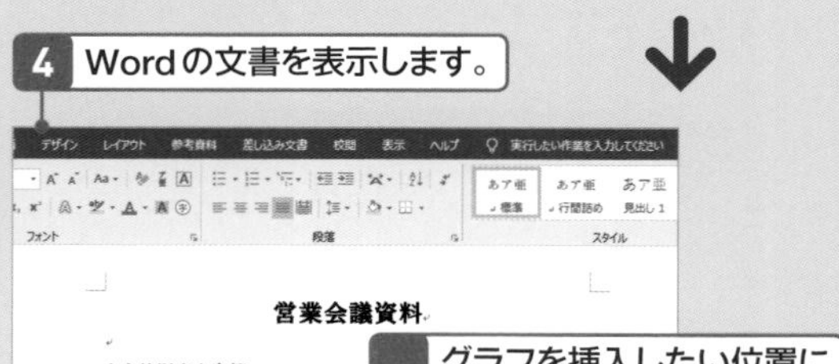

5 グラフを挿入したい位置にカーソルを移動して、

6 <ホーム>タブの<貼り付け>の下をクリックします。

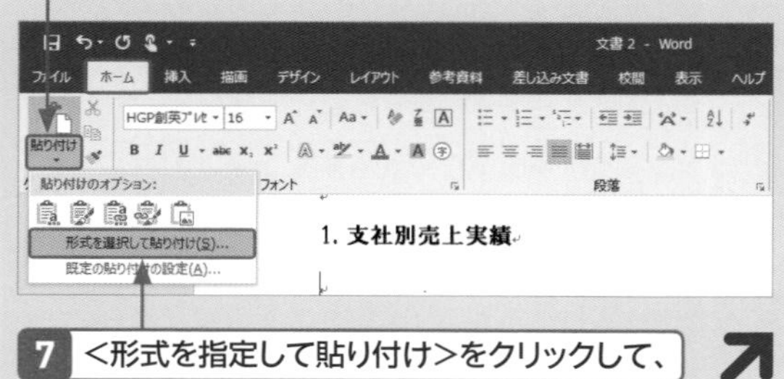

7 <形式を指定して貼り付け>をクリックして、

8 <リンク貼り付け>をクリックしてオンにし、

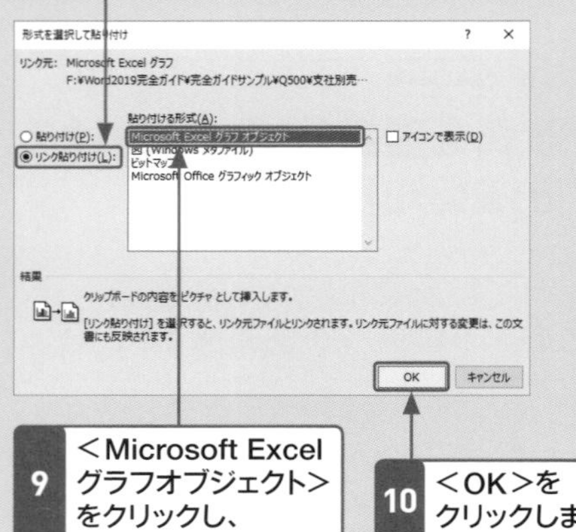

9 <Microsoft Excel グラフオブジェクト>をクリックし、

10 <OK>をクリックします。

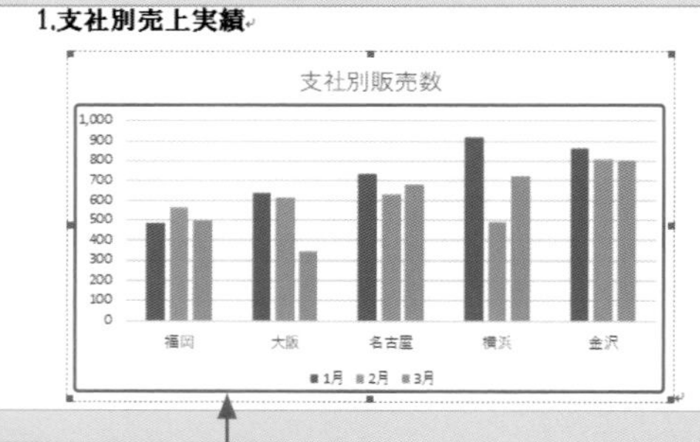

11 グラフが貼り付けられました。

● もとの値を変更した場合

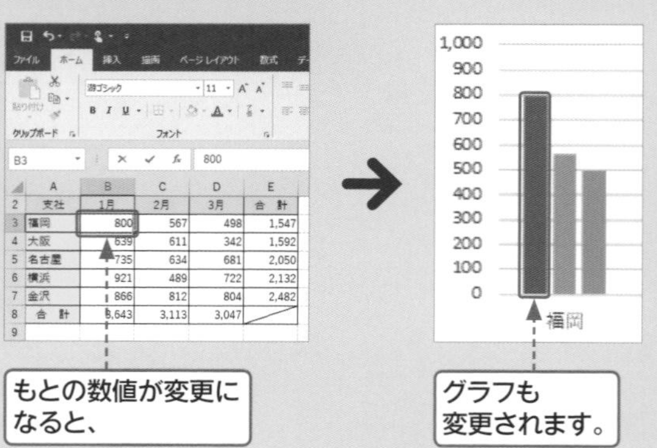

もとの数値が変更になると、

グラフも変更されます。

第10章

Wordのファイルの「こんなときどうする?」

重要度 ★★★ ファイル（文書）の保存

Q 0479 OneDriveって何？

A マイクロソフトのオンラインストレージサービスです。

OneDriveは、クラウド型のオンラインストレージサービスです（5GBで無料）。インターネット上にファイルを保存しておくため、インターネットが利用できる環境であればパソコン、タブレット、スマートフォンなどから共通のファイルを閲覧・編集・保存できます。

OneDriveを初めて利用するには、スタートメニューから＜OneDrive＞をクリックして、画面に従って設定します。サインインしていればいつでも、エクスプローラー上で、通常のフォルダーと同様にファイルのコピーや移動ができます。

インターネット上で利用する場合は、Webブラウザでマイクロソフトのウェブサイト「onedraive.live.com/about/ja-jp」を表示して、サインインします。また、インターネット上で利用できる無料のアプリ「Word Online」を利用して作成された文書は、OneDriveに自動的に保存されます。

重要度 ★★★ ファイル（文書）の保存

Q 0480 上書き保存と名前を付けて保存はどう違うの？

A 変更した文書のもとの文書を残すか、残さないかの違いです。

文書を作成してファイル名を付けて保存した文書を再度開いて変更を加えた場合、同じ名前で保存するか（上書き保存）、違う名前を付けて保存（名前を付けて保存）するか、2つの保存方法があります。

同じ名前で保存する場合は、修正された部分のもとの内容が消えて、変更した新しい内容にファイルが変わります。上書き保存するには、クイックアクセスツールバーの＜上書き保存＞をクリックするか、＜ファイル＞タブをクリックして＜上書き保存＞をクリックします。別名で保存する場合は、＜名前を付けて保存＞ダイアログボックスを表示して、名前を変更してします。これで、もとのファイルはそのまま残り、変更を加えた新しいファイルが作成されることになります。

● 上書き保存

● 名前を付けて保存

重要度 ★★★ ファイル（文書）の保存

Q 0481 大事なファイルを変更できないようにしたい！

A ファイルを読み取り専用で開くように設定します。

読み取り専用とはファイルの保護機能の1つで、「ファイルを開いて見ることはできるが、変更はできない」という制限です。ほかの人に内容を変更されては困る場合などに利用します。読み取り専用に設定するには、<（ファイル名）のプロパティ>ダイアログボックスの<全般>タブで、<読み取り専用>をクリックしてオンにします。読み取り専用にしたファイルを開くと、文書名の横に［読み取り専用］が表示されます。このファイルは内容を変更されても上書き保存はできません。プロパティのダイアログボックスを表示するには、エクスプローラーで文書ファイルのアイコンを右クリックして、<プロパティ>をクリックします。

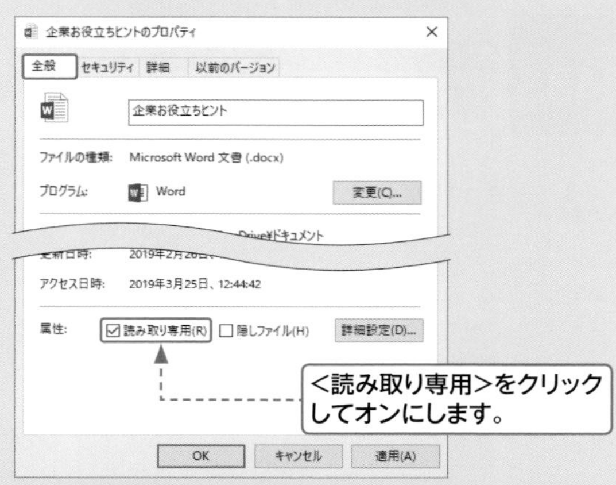

重要度 ★★★ ファイル（文書）の保存

Q 0482 Word以外の形式でファイルを保存したい！

A 保存時にファイルの種類を変更します。

Wordのファイルを渡す相手がWordを持っていない場合には、読み取れるファイル形式に変更する必要があります。編集せずに文書を見るだけなら「PDF」、文字だけ読めればよいなら「書式なし」のように変更して保存し直すことができます。

ファイルの種類を変更するには、<名前を付けて保存>ダイアログボックスで<ファイルの種類>からファイル形式を選択します。

参照► Q 0483

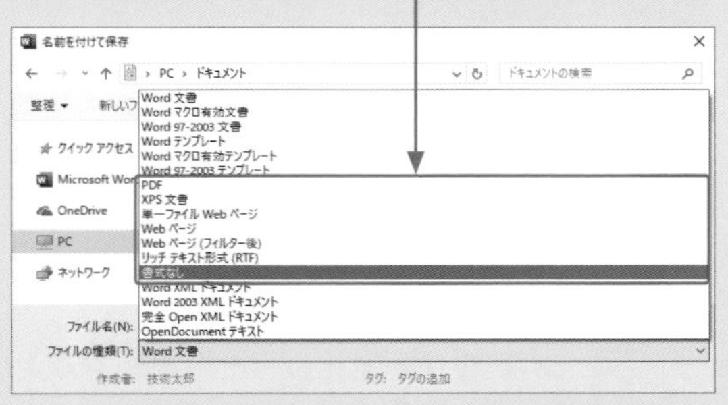

●主なファイル形式

ファイル形式	内　容
PDF	文書のレイアウトを画像のようにそのまま保存できる形式です。拡張子は「.pdf」。
Webページ	Web用にHTML形式で保存されます。拡張子は「.html」「.htm」。
リッチテキスト	Word文書をMacなどでも読み取れるように変換できるファイル形式です。拡張子は「.rtf」。
書式なし	Wordの書式設定を解除した文字のみ（テキスト）の形式です。拡張子は「.txt」。

重要度 ★★★ ファイル（文書）の保存

Q 0483 文書を「PDF」形式で保存したい！

A 保存時にファイルの種類をPDFにします。

「PDF」とは、文書の書式設定やレイアウトを崩さずにファイルを配布できるファイル形式です。Word文書をPDF形式（XPS形式）で保存する方法は、手順のとおりです。なお、＜名前を付けて保存＞ダイアログボックスで、＜ファイルの種類＞から＜PDF＞をクリックしても同じです。この場合、Word文書としては保存されていないので、PDFにする前に保存しておくとよいでしょう。Wordでは、Wordで作成したPDFファイルを通常のWord文書と同様に開くことができますが、グラフィック要素が多い場合は表示できないこともあります。Adobe ReaderなどのPDFリーダー（PDFを表示する専用アプリケーション）を利用するとよいでしょう。

参照▶Q 0482

1 ＜ファイル＞タブをクリックして、＜エクスポート＞（Word 2010では＜保存と送信＞）をクリックします。

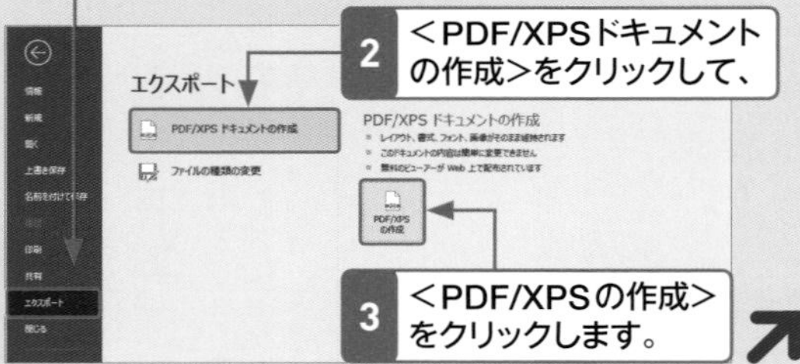

2 ＜PDF/XPSドキュメントの作成＞をクリックして、

3 ＜PDF/XPSの作成＞をクリックします。

4 保存先を指定して、

5 名前を入力し、

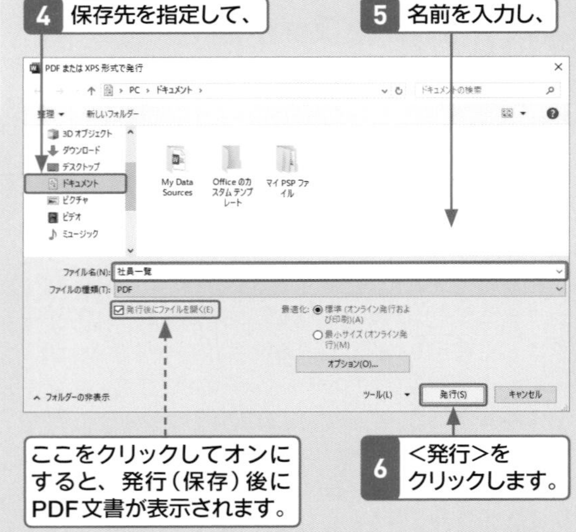

ここをクリックしてオンにすると、発行（保存）後にPDF文書が表示されます。

6 ＜発行＞をクリックします。

PDFファイル形式で保存されています。

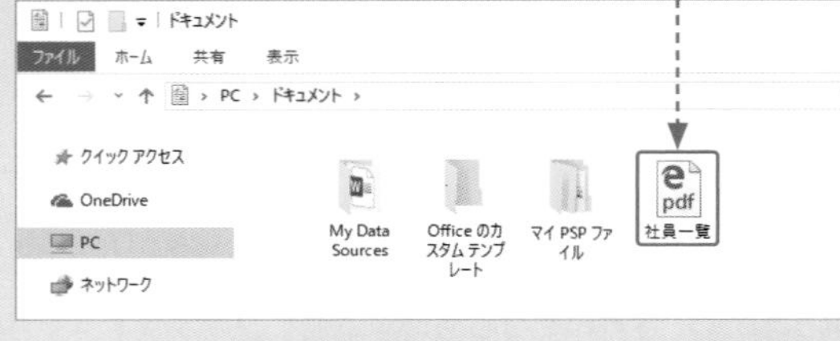

WordでPDFファイルを開く際は、確認のメッセージが表示されます。

重要度 ★★★ ファイル（文書）の保存

Q 0484 ファイルを旧バージョンの形式で保存したい！

A 旧バージョンで利用できない機能を削除して保存します。

Word 2019で作成したファイルを旧バージョン（Word 2003以前）で保存するには、＜名前を付けて保存＞ダイアログボックスで＜ファイルの種類＞を＜Word 97-2003文書＞にします。旧バージョンにすると、Wordの各バージョン特有の機能を使って作成された部分が自動で削除されたり、旧バージョン用に変更されたりします。

1 ここをクリックして、

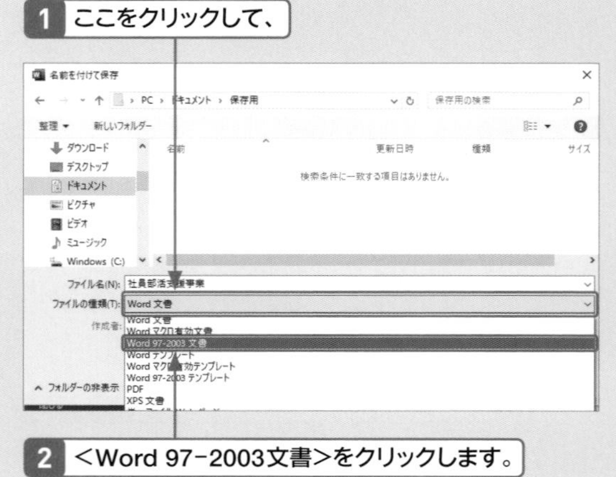

2 ＜Word 97-2003文書＞をクリックします。

重要度★★★ ファイル（文書）の保存

Q 0485 旧バージョンとの互換性を確認したい！

A 互換性チェックを実行します。

Wordのバージョンは、Word 97-2003、2010、2013、2016、2019というように機能の向上とともにバージョンが変わってきました。同じWord文書でも、バージョンが異なると、使用されている機能を有効にできない場合もあります。開いているWordでサポートされていない機能（互換性）が文書内のにあるかどうかを確認することができます。＜ファイル＞タブの＜情報＞をクリックして、＜問題のチェック＞の＜互換性チェック＞をクリックし、表示するバージョンを選択して確認します。

参照▶Q 0017

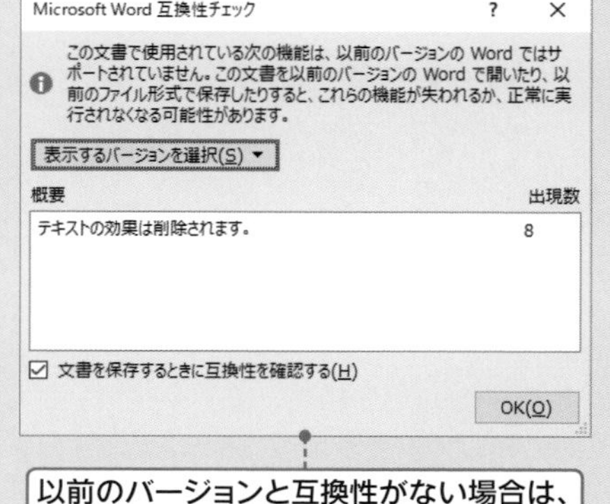

以前のバージョンと互換性がない場合は、このように表示されます。

重要度★★★ ファイル（文書）の保存

Q 0486 「ファイル名は有効ではありません」と表示された！

A ファイル名に使用できない文字を入力しています。

ファイル名を入力する際には、Windowsの規則に準じます。ファイル名に使用できない文字には、「/（半角スラッシュ）」、「¥（円記号）」、「<>（不等号）」、「*（アスタリスク）」、「?（疑問符）」、「"（ダブルクォーテーション）」、「:（コロン）」、「;（セミコロン）」、「|（縦棒）」などがあります。付けた場合は保存されない状態のまま（反応なし）か、図のようなメッセージが表示されるので、＜OK＞をクリックして、名前を付け直します。

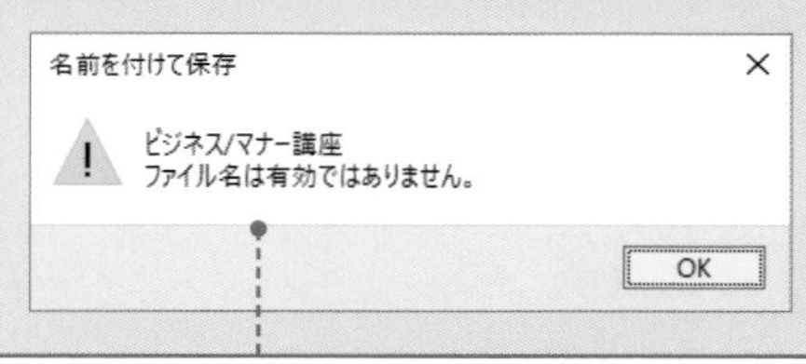

ファイル名に「/」を付けた場合に表示されます。

重要度★★★ ファイル（文書）の保存

Q 0487 使用フォントをほかのパソコンでも表示させたい！

A 「フォントの埋め込み」を使用します。

自分のパソコンで使用しているフォントで作成した文書をほかのパソコンで開こうとしても、同じフォントがインストールされていない場合は、別のフォントに置き換えられて表示されます。ほかのパソコン上でも同じように表示したい場合は、＜Wordのオプション＞の＜保存＞で、＜ファイルにフォントを埋め込む＞をクリックしてオンにします。なお、埋め込み可能なフォントは、TrueTypeとOpenTypeのみです。

参照▶Q 0030

ここをクリックしてオンにします。

Q 0488 ファイルに個人情報が保存されないようにしたい！

A 保存時に作成者の情報が削除されるように設定します。

Wordの初期設定では、文書の作成者の情報がファイルに保存されるようになっています。個人情報は、＜ファイル＞タブの＜情報＞をクリックして右側に表示される文書情報ウィンドウに＜作成者＞や＜最終更新者＞として表示されます。

文書の保存時に作成者の情報が削除されるように設定するには、＜ドキュメントのプロパティ＞で情報を削除します。

さらに、個人情報が残っているかどうかを確認するために、＜ファイル＞タブの＜情報＞で＜問題のチェック＞をクリックして、＜ドキュメント検査＞を実行します。検査結果で個人情報があれば、＜すべて削除＞をクリックします。ただし、この結果には、文書内のコメントなど必要な情報もあるので、削除する場合は注意が必要です。

● ドキュメントプロパティを利用する

1 ＜プロパティ＞から＜詳細プロパティ＞をクリックします。

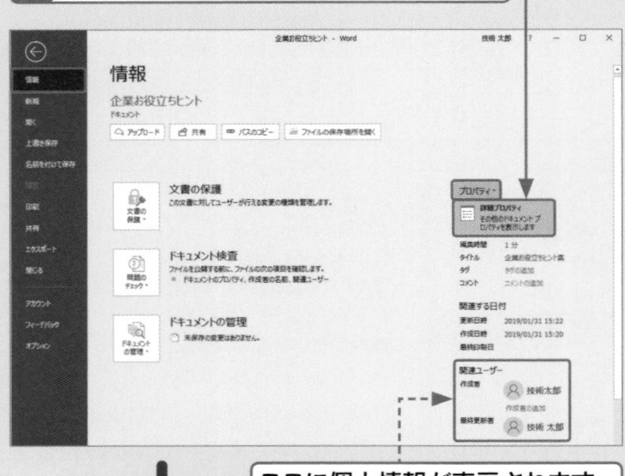

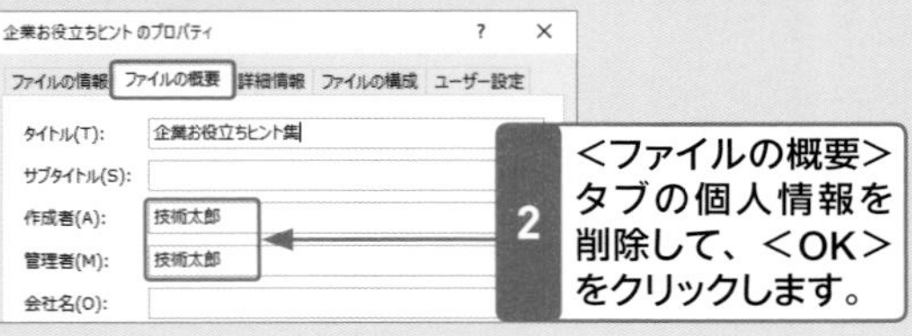

● ドキュメント検査を利用する

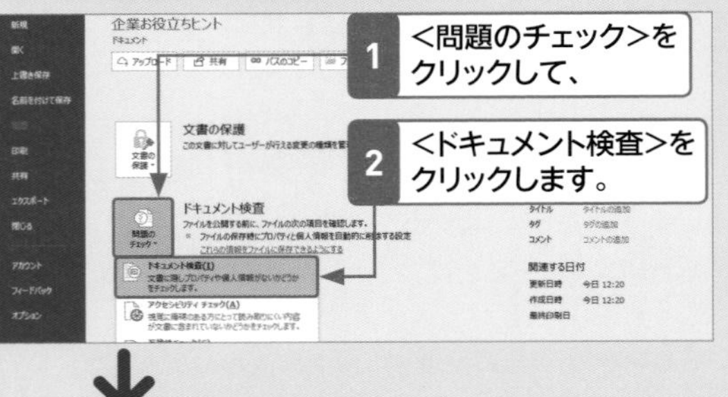

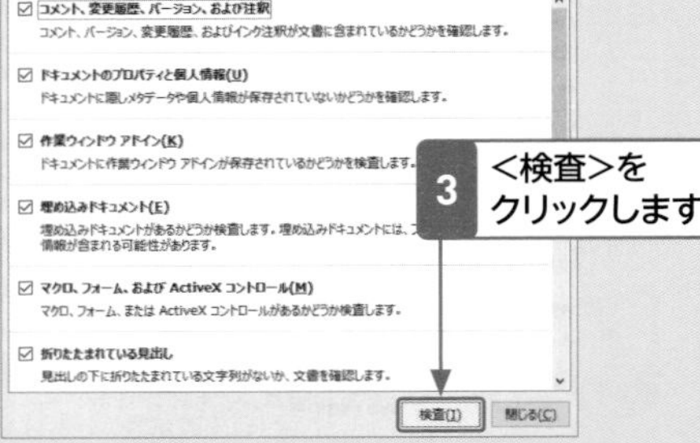

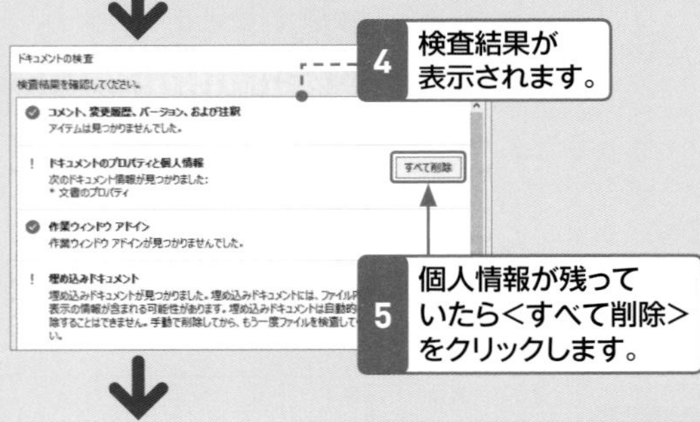

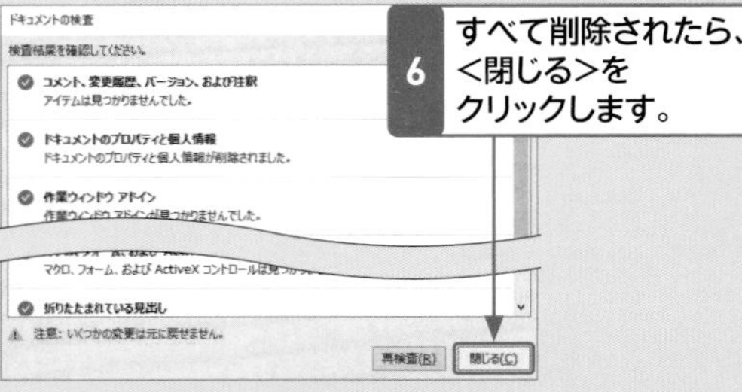

個人情報が削除されます。

1 使いはじめ
2 基本と入力
3 編集
4 書式設定
5 表示
6 印刷
7 差し込み印刷
8 図と画像
9 表
10 ファイル

Q 0489 他人にファイルを開かれないようにしたい！

A ファイルにパスワードを設定します。

作業した文書のファイルをほかの人が開いたり、上書きしたりできないようにするには、文書に読み取りパスワードと書き込みパスワードを設定します。
読み取りパスワードを設定すると、ファイルを開く際にパスワードの入力を求められ、パスワードを入力しないとファイルを開けなくなります。
書き込みパスワードを設定すると、ファイルを開く際にパスワードの入力を求められ、パスワードを入力しないとファイルを読み取り専用でしか開けなくなります。この場合、上書き保存はできません。
パスワードの設定を解除するには、設定したパスワードを削除して、ファイルを保存し直します。

1 <ファイル>タブの<名前を付けて保存>をクリックして、<名前を付けて保存>ダイアログボックスを表示し、保存先を指定します。

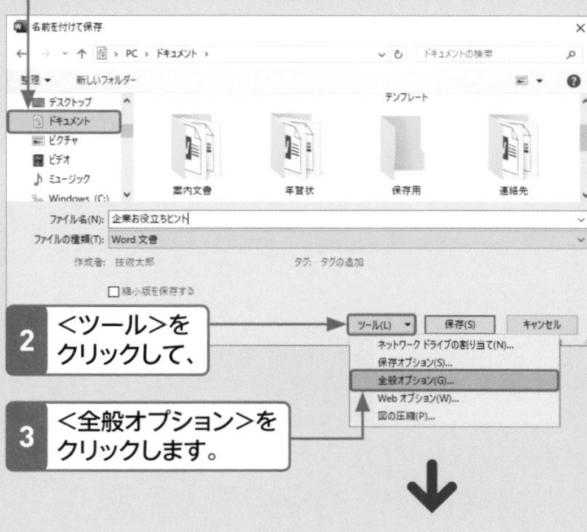

2 <ツール>をクリックして、

3 <全般オプション>をクリックします。

全般オプション
全般オプション
この文書のファイル暗号化オプション
読み取りパスワード(O): *****
この文書のファイル共有オプション
書き込みパスワード(M):
読み取り専用を推奨(E)

4 <読み取りパスワード>にパスワードを入力して、

5 <書き込みパスワード>にパスワードを入力し、<OK>をクリックします。

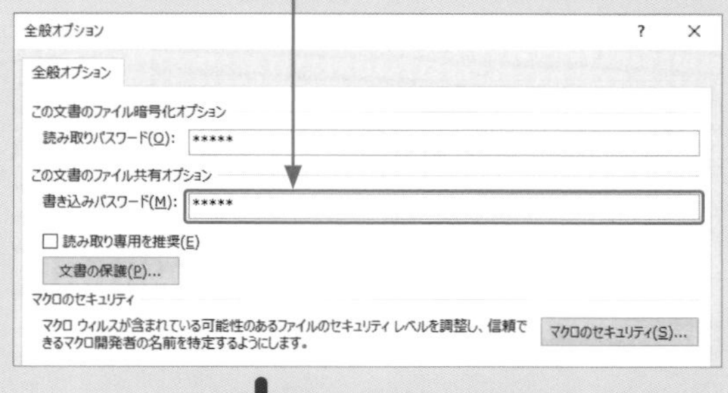

6 読み取りパスワードを入力して、

パスワードの確認
読み取りパスワードをもう一度入力してください(P):
*****
注意: パスワードは、覚えやすいものを使ってください (大文字と小文字が区別されることにも注意してください)。
OK　キャンセル

7 <OK>をクリックします。

8 書き込みパスワードを入力して、

パスワードの確認
書き込みパスワードをもう一度入力してください(P):
*****
注意: 変更を加えるためのパスワードは、セキュリティの機能ではありません。この文書は誤って編集されないように保護されますが、暗号化されません。悪意のあるユーザーによって、ファイルが編集されたり、パスワードが削除されたりする可能性があります。
OK　キャンセル

9 <OK>をクリックし、<保存>をクリックします。

パスワード
パスワードを入力してください。
C:¥...¥案内文書¥企業お役立ちヒント.docx
*****
OK

パスワード
'企業お役立ちヒント' は さんにより保護されています。
上書き保存できる状態で開くにはパスワードが必要です。
パスワード(P): *****
読み取り専用(R)　OK　キャンセル

ファイルを開く際は、設定したパスワードを入力します。

重要度★★★ ファイル（文書）の保存

Q 0490 最終版って何？

A 編集作業を終えた最終的な文書です。

「最終版」とは、編集作業をすべて終えて、これ以上編集はしない、ほかの人にも編集しないでほしいということを示すために設定するものです。最終版にすると読み取り専用になり、編集ができなくなりますが、＜編集する＞をクリックすれば編集することは可能です。

3 確認画面で＜OK＞をクリックします。

4 最終版に設定されます。

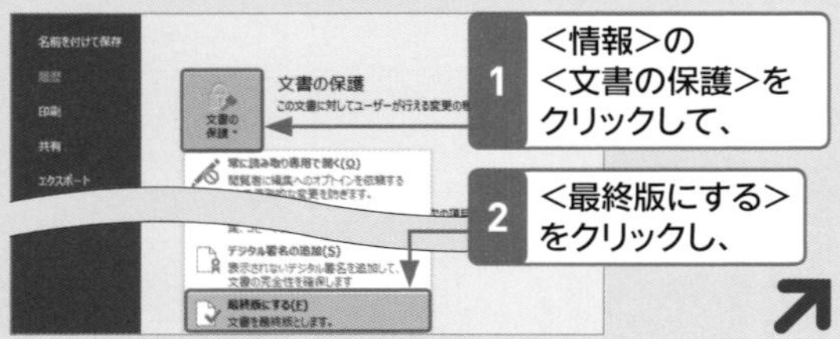

文書の保護
1 ＜情報＞の＜文書の保護＞をクリックして、
2 ＜最終版にする＞をクリックし、

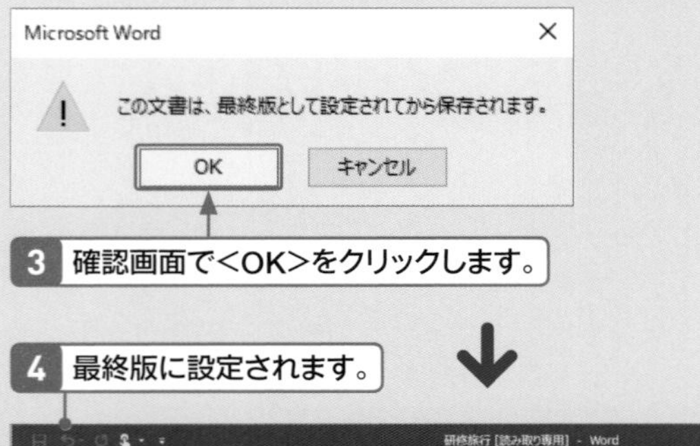

重要度★★★ ファイル（文書）の保存

Q 0491 Wordの作業中に強制終了してしまった！

A 作業中だったファイルを回復して開きます。

Wordの作業中に強制終了した場合、自動的に再起動して編集中の文書が表示されたり、＜ドキュメントの回復＞作業ウィンドウが表示されたりすることがあります。再起動されなくても、再度Wordを起動すると表示される＜復元されたファイルの表示＞をクリックして、＜ドキュメントの回復＞作業ウィンドウから最新のファイルをクリックすると開くことができます。これらの画面は表示されない場合もあります。

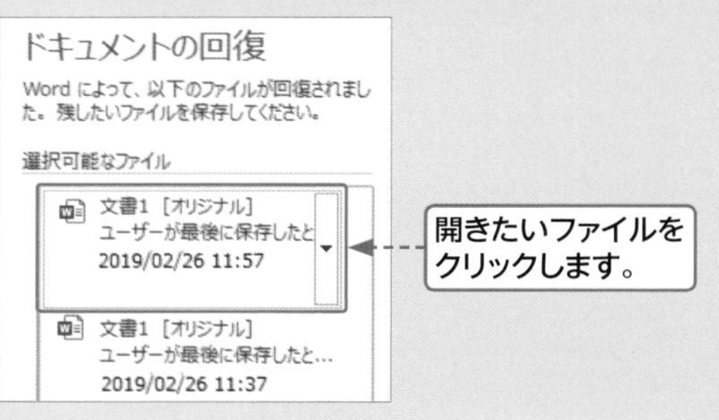

重要度★★★ ファイル（文書）の保存

Q 0492 ファイルのバックアップを作りたい！

A 一定間隔でバックアップファイルを作成する機能を利用します。

文書の作成中に自動的にバックアップを作成するように設定できます。＜Wordのオプション＞の＜保存＞で、＜次の間隔で自動回復用データを保存する＞をクリックしてオンにし、バックアップを行う間隔を指定します。さらに、＜保存しないで終了する場合、最後に自動保存されたバージョンを残す＞もクリックしてオンにします。バックアップファイルは「*.asd」という拡張子で保存され、Windowsフォルダー上に表示されますが、Wordの＜開く＞から開くことはできません。なお、＜自動回復用ファイルの場所＞の＜参照＞をクリックしてフォルダーを指定すると、バックアップファイルの保存先を変更できます。 参照▶Q 0030

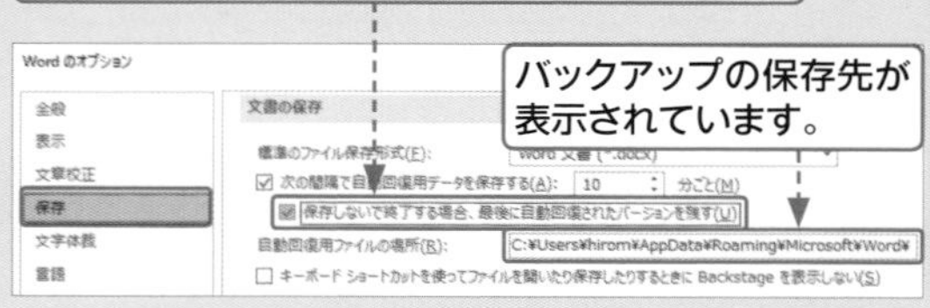

重要度★★★ ファイル（文書）の保存

Q 0493 ファイルの保存先をドキュメント以外にしたい！

A 既定の保存先を変更します。

ファイルの既定の保存先を変更するには、<Wordのオプション>の<保存>で、<既定のファイルの場所>の<参照>をクリックして、<フォルダーの変更>ダイアログボックスで保存先を指定します。このとき、<新しいフォルダー>をクリックしてフォルダーを新規作成し、保存先に指定することもできます。

参照▶Q 0030

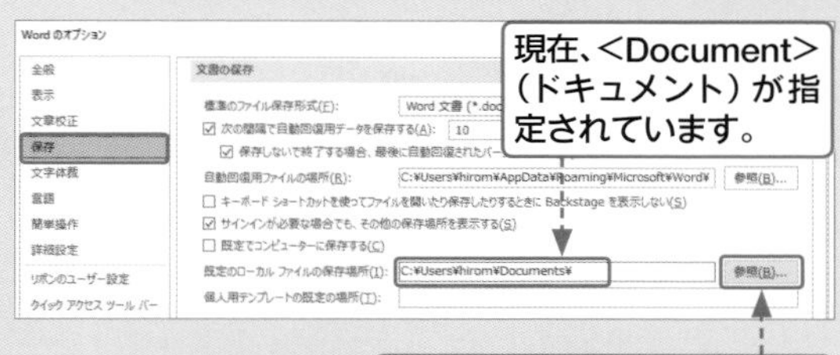

現在、<Document>（ドキュメント）が指定されています。
ここで保存先を変更できます。

重要度★★★ ファイル（文書）の保存

Q 0494 保存しないで新規文書を閉じてしまった！

A 保存されていない文書の回復が可能です。

Wordには、ファイルを閉じる際に表示される保存するかどうかのメッセージで、<保存しない>を選択した場合でも、文書を自動的にバックアップする機能があります。<ファイル>タブの<開く>（Word 2010では、<ファイル>タブの<最近使用したファイル>）をクリックして、画面下の<保存されていない文書の回復>をクリックすると、自動保存されたファイルが表示されます。

新規作成の場合はファイル名が付いていないので、複数表示される場合は閉じた日時をもとにファイルを探します。目的のファイルを選択して、<開く>をクリックすると、閉じられたときの状態で文書が開きます。

重要度★★★ ファイル（文書）を開く

Q 0495 保存した日時を確かめたい！

A ファイルの表示方法を<詳細>表示にします。

複数の場所に保存してしまった同一のファイルなど、どれが最新なのかわからなくなります。その場合は、ファイルの更新日時を確認するとよいでしょう。<ファイル>タブの<開く>をクリックすると表示される<ファイルを開く>ダイアログボックスを利用します。<表示方法>の▼をクリックして、<詳細>をクリックすると、ファイルの更新日時や種類、サイズなどを表示できます。この表示方法は、エクスプローラーの画面でも同様です。

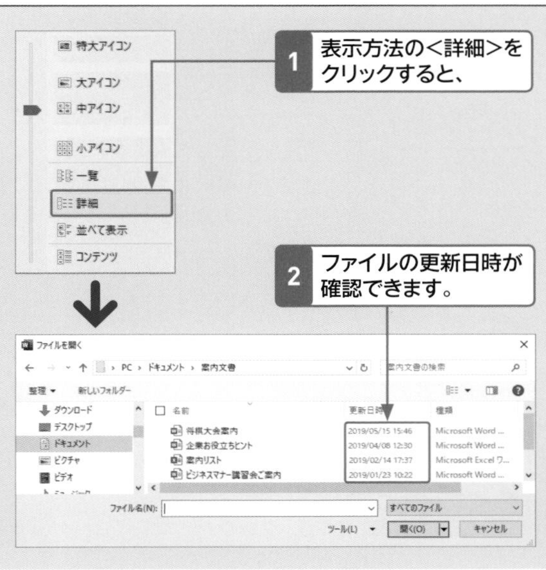

重要度 ★★★ ファイル（文書）を開く

Q 0496 文書ファイルをダブルクリックしてもWordが起動しない！

A ファイルがWord以外のアプリに関連付けられています。

通常、Wordで作成した文書には「docx」や「doc」という拡張子が付いており、これがWordアプリに関連付けられています。Wordファイルのアイコンをダブルクリックしたときに Word以外のアプリが起動してしまうのは、この関連付けが正しくないためなので、設定し直す必要があります。

Windows 10では、＜アプリの管理＞画面で＜ファイルの種類ごとに既定のアプリを選ぶ＞をクリックして、「docx」や「doc」を確認します。ほかのアプリに設定されている場合はクリックして、＜Word＞を選択します。＜Word＞がない場合は＜Microsoft Storeでアプリを探す＞をクリックして選択します。

Windows 8／8.1の場合は、コントロールパネルの＜プログラム＞→＜既定のプログラム＞→＜ファイルの種類またはプロトコルのプログラムへの関連付け＞の順にクリックします。＜関連付けを設定する＞で「.docx」を選択して、＜プログラムの変更＞をクリックし、＜Word＞を選択します。

参照 ▶ Q 0499

● Windows 10の場合

1 ＜スタート＞→＜設定＞→＜アプリ＞をクリックします。

2 ＜既定のアプリ＞をクリックします。

3 ＜ファイルの種類ごとに既定のアプリを選ぶ＞をクリックして、

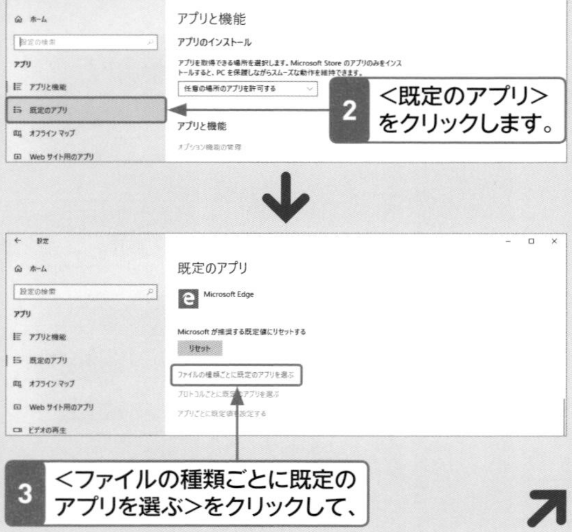

4 ＜.docx＞や＜.doc＞を表示します。

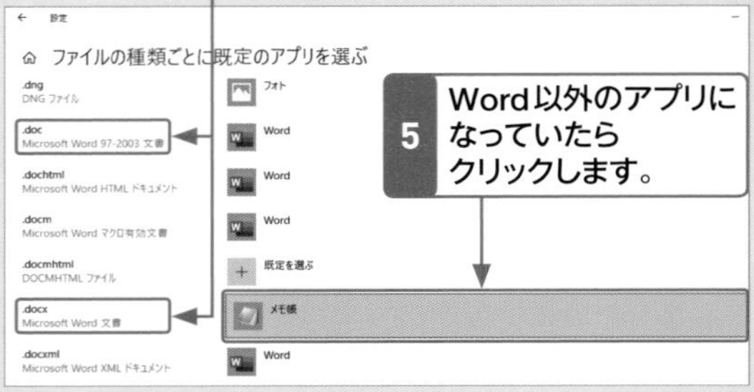

5 Word以外のアプリになっていたらクリックします。

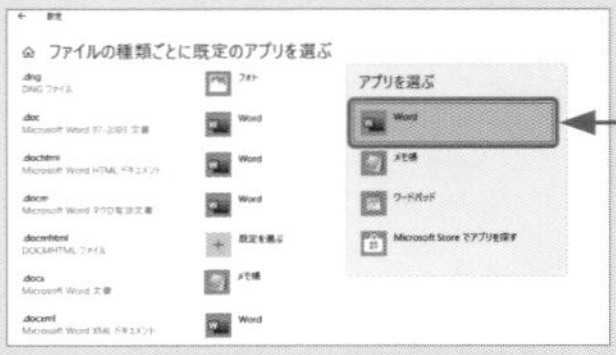

6 ＜Word＞をクリックすると、正しく設定されます。

● Windows 8／8.1の場合

ほかのアプリが関連付けられています。

1 ＜関連付けを設定する＞画面を表示します。

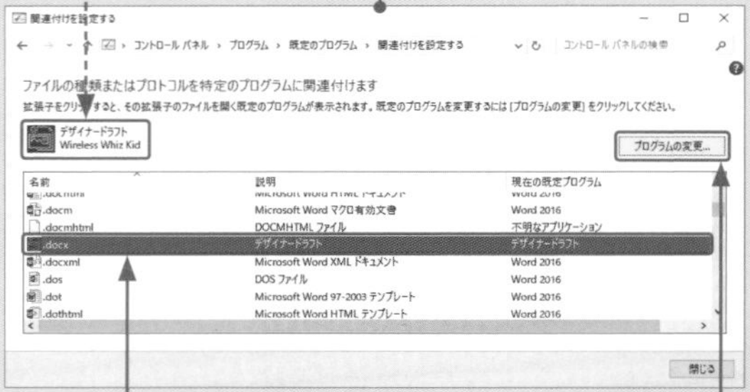

2 ＜.docx＞を選択して、

3 ＜プログラムの変更＞をクリックします。

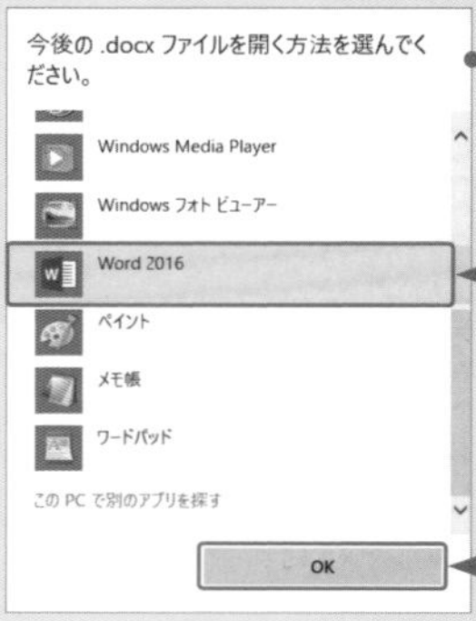

4 選択画面が表示されるので、

5 Word（ここでは＜Word 2016＞）をクリックし、

6 ＜OK＞をクリックすると、正しく設定されてます。

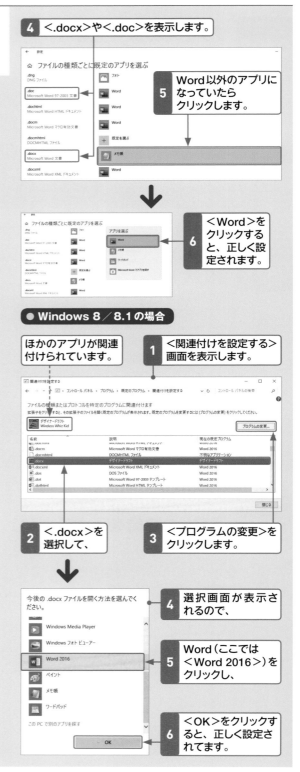

重要度 ★★★　ファイル（文書）を開く

Q 0497 開きたいファイルの場所がわからない！

A ファイル検索を利用して探します。

開きたいファイルがどこに保存されているかわからないときは、＜ファイルを開く＞ダイアログボックスで検索します。検索場所は＜PC＞（あるいは覚えている場所）を指定して、検索ボックスにファイル名を入力します。ファイル名は一部の文字でもかまいません。検索が実行され、該当するファイルが表示されます。このとき、表示方法を＜詳細＞にしておくと、保存場所や保存日時が確認できます。
検索結果に目的のファイルが表示されたらクリックして、＜開く＞をクリックします。ファイルの検索は、エクスプローラーでも同様に行えます。 参照▶Q 0495

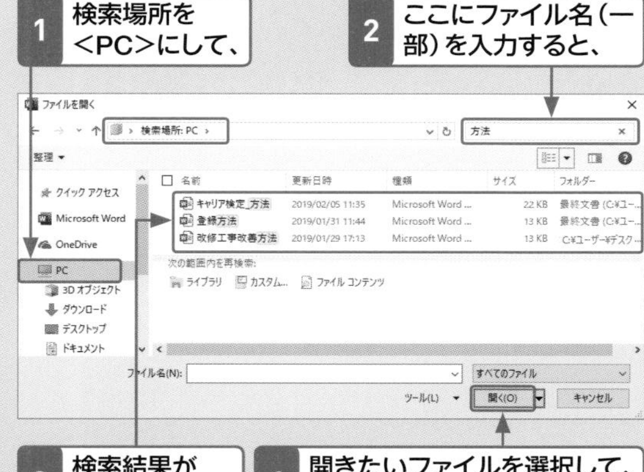

重要度 ★★★　ファイル（文書）を開く

Q 0498 最近使った文書が表示されない！

A ＜Wordのオプション＞で表示数を指定します。

＜ファイル＞タブの＜開く＞をクリックして、＜最近使ったアイテム＞（Word 2013では＜最近使った文書＞、Word 2010では＜ファイル＞タブの＜最近使用したファイル＞）に最近使った文書ファイルが表示されます。表示されない場合は、＜Wordのオプション＞の＜詳細設定＞で、＜最近使った文書の一覧に表示する文書の数＞（Word 2010では＜最近使用したドキュメントの一覧に表示するドキュメントの数＞）の数値ボックスに、表示したいファイル数を指定します。

参照▶Q 0030

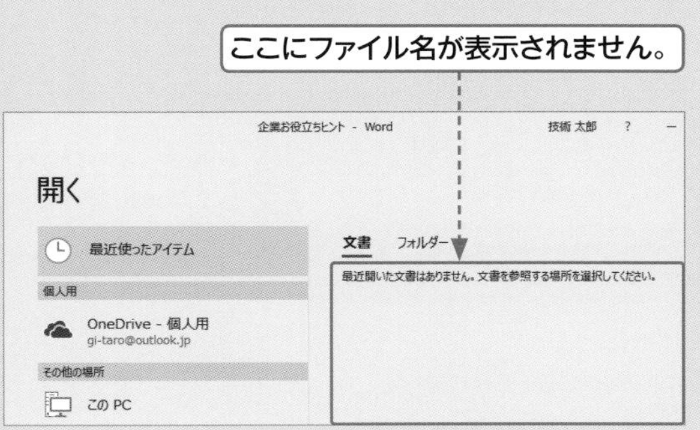

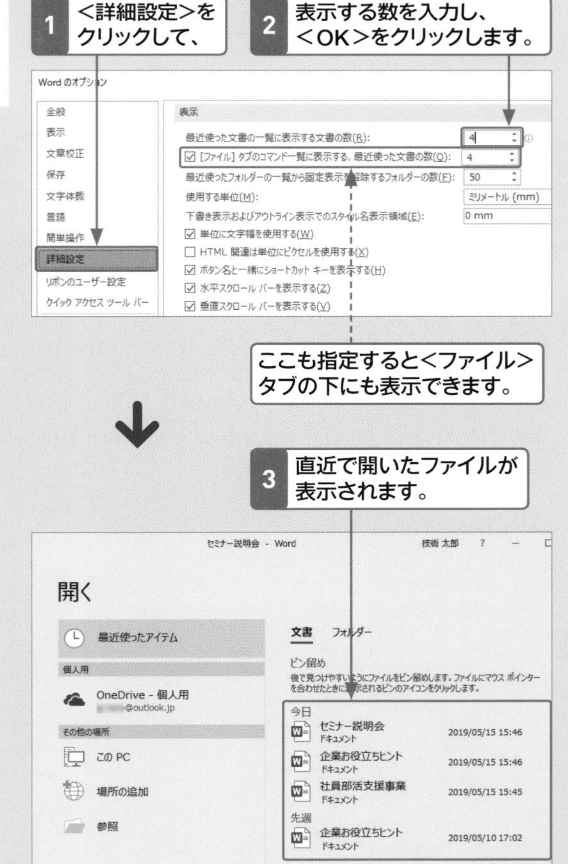

重要度★★★ ファイル（文書）を開く

Q 0499 ファイルの種類がわからない！

A 拡張子を表示させます。

Windows 10の初期設定では、ファイルの種類を示す拡張子が表示されません。ファイルの種類はアイコンの形状でも判別できますが、わかりにくい場合は拡張子を表示させましょう。タスクバーの をクリックしてエクスプローラーを表示し、＜表示＞タブをクリックして、＜ファイル名拡張子＞をクリックしてオンにします。ファイル名の後ろに拡張子が表示されます。

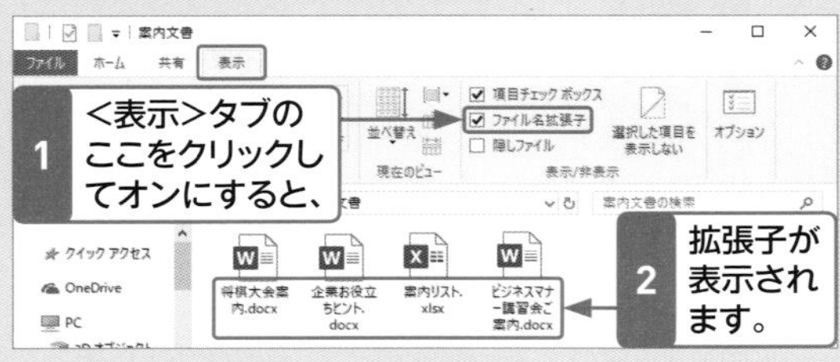

重要度★★★ ファイル（文書）を開く

Q 0500 Wordのファイルが表示されない！

A 表示させるファイルの種類を変更します。

＜ファイルを開く＞ダイアログボックスでは、ファイルの種類がWord以外のファイル形式になっていると、Wordのファイルが表示されません。この場合は＜すべてのWord文書＞、＜Word文書＞または＜すべてのファイル＞をクリックして選択すると表示されます。

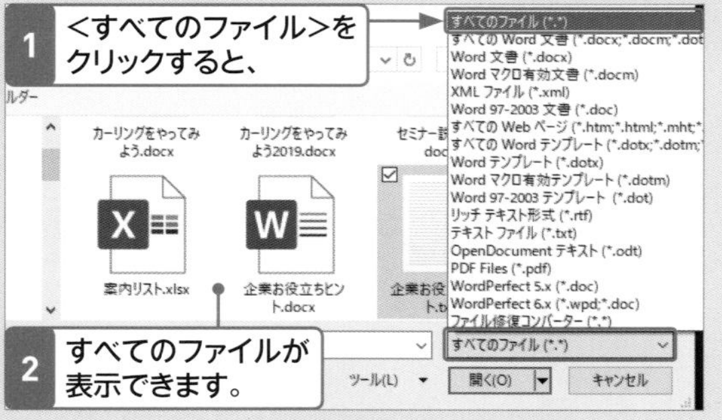

重要度★★★ ファイル（文書）を開く

Q 0501 セキュリティの警告が表示される！

A マクロファイルなどを開く際に表示されます。

マクロ（自動的に処理する機能）を利用しているファイルなど、特定のファイルを開こうとすると、警告メッセージバーが表示される場合があります。

＜コンテンツの有効化＞をクリックすると、信頼済みのドキュメントとなり、次回からは警告は表示されなくなります。

なお、特定のフォルダーに保存しているファイルに警告がされないように設定しておくことができます。設定は、＜Wordのオプション＞の＜セキュリティセンター＞で行います。

参照▶Q 0030

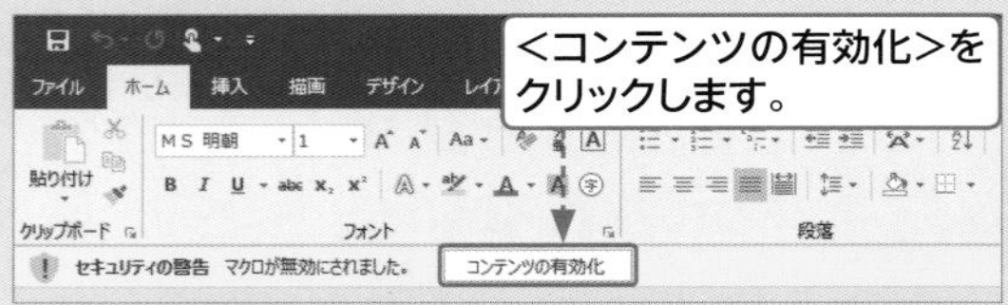

● 警告されないフォルダーを設定する

1 ＜Wordのオプション＞の＜セキュリティセンター＞で＜セキュリティセンターの設定＞をクリックします。

2 ＜信頼できる場所＞をクリックして、

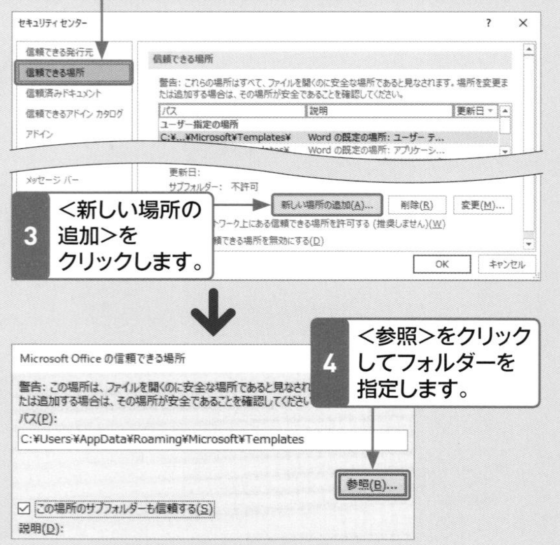

重要度★★★ ファイル（文書）を開く

Q 0502 ファイルが読み取り専用になってしまった！

A パソコンを再起動してみましょう。

ファイルの編集中にWordが応答しなくなって強制終了した場合など、編集していたファイルが読み取り専用になってしまうことがあります。このようなときは、パソコンを再起動すると解消できる場合があります。ネットワーク上の共有ファイルをほかの人が編集中の場合も、読み取り専用になります。 参照▶Q 0504

重要度★★★ ファイル（文書）を開く ✖2010

Q 0503 前回表示していたページを表示したい！

A ＜再開＞をクリックします。

Word 2019／2016／2013では、「再開」機能が利用できます。複数ページある文書を開いた際に、前回終了時に表示していたページに移動できる機能で、最初は文書の先頭の右側に吹き出しのメッセージで、前回終了した日にちや時間などが表示されます。時間が経つとアイコンに変わってしまいますが、クリックすれば吹き出しが表示されます。吹き出しをクリックすると、前回最後に表示していたページに移動します。
ただし、何らかの操作を始めてしまうと、吹き出しやアイコンが消え＜再開＞機能は利用できなくなります。

文書を開くと、再開が表示されます。

このようなアイコンで表示される場合もあります。

重要度★★★ ファイル（文書）を開く

Q 0504 「編集のためロックされています」と表示される！

A ほかの人がファイルを開いています。

このメッセージは、ネットワーク上にあるファイルをほかのユーザーが開いている場合に表示されます。以下の3つから動作を選択します。

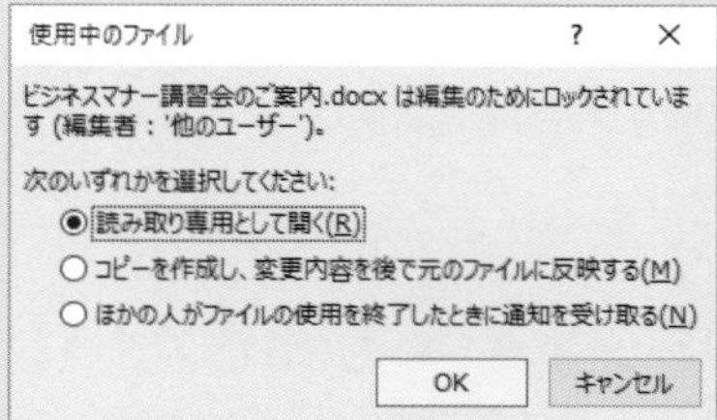

- 読み取り専用として開く
  編集と上書き保存ができない状態でファイルが開きます。コピーとして、名前を付けて保存することは可能です。

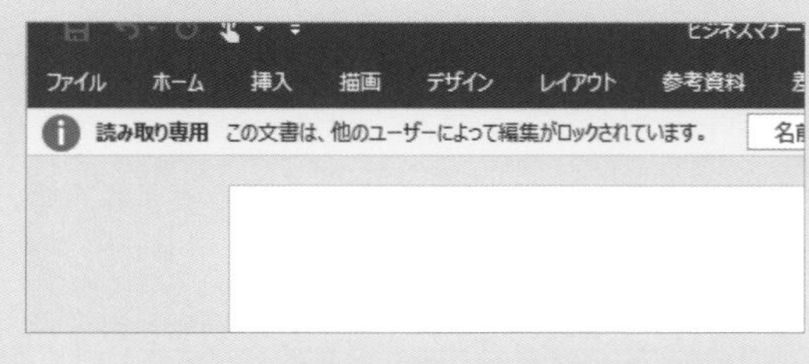

- コピーを作成し、変更内容を後でもとのファイルに反映する
  編集ができる状態でファイルが開きます。変更を行うと文書のコピーが作成され、コピーに加えた変更は後ほどもとの文書に反映されます。これは、複数のユーザーが同時に編集できるようにする機能です。

- ほかの人がファイルの使用を終了したときに通知を受け取る
  ほかの人が文書を閉じた場合に通知が表示されます。＜編集＞をクリックすると編集が可能になります。

ファイル使用可能 ? ×
ビジネスマナー講習会のご案内.docx は編集できるようになりました。
[編集] を選択すると、開いたファイルを編集できます。
編集(W)
キャンセル

重要度 ★★★　ファイル（文書）を開く

Q 0505 「保護ビュー」と表示された！

A ネット経由で入手したファイルのため安全を確認します。

添付ファイルやインターネット上からダウンロードしたファイルを開くと「保護ビュー」（または「保護されたビュー」）というモードで表示されることがあります。これはファイルがメールやインターネット上を経由しているため、有害なコンテンツが埋め込まれている可能性があると判断された結果、読み取り専用で開かれているものです。安全であると判断したら、＜編集を有効にする＞をクリックすると、通常の編集画面になります。なお、黄色の警告バーのほか、ファイル自体に問題がある場合に表示される赤色の警告バーもあるので、内容を確認します。

＜編集を有効にする＞をクリックします。

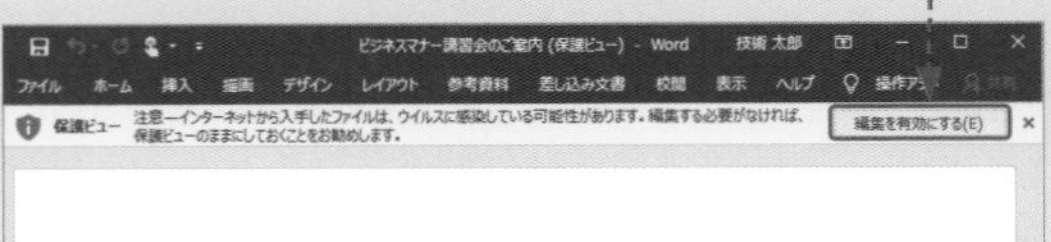

重要度 ★★★　ファイル（文書）を開く

Q 0506 PDFファイルを開きたい！

A Wordで開くことができます。

Wordで作成したPDFファイルは、Wordで開くことができ、編集することも可能です。
ただし、ほかのアプリケーションで作成したPDFファイルは、Wordでは開くことができない場合があります。また、スキャナーで作成したPDFファイルを開いた場合は、編集はできません。　参照▶Q 0483, Q 0500

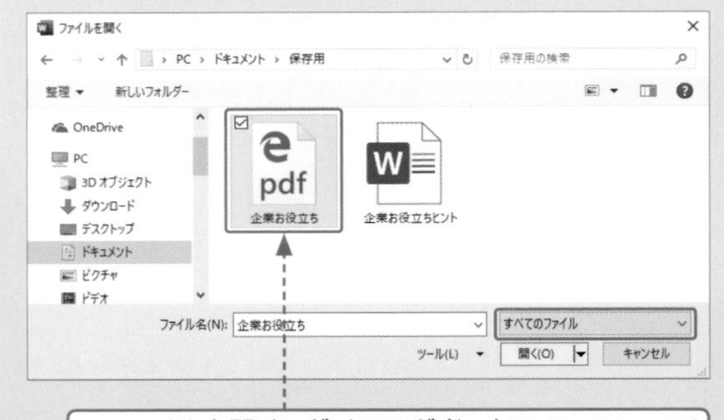

＜ファイルを開く＞ダイアログボックスで、Wordで作成したPDFファイルを開きます。

重要度 ★★★　ファイル（文書）を開く

Q 0507 添付ファイルを開くと閲覧モードで表示される！

A すぐに編集できないようになっています。

メールに添付されたWordファイルを開くと、閲覧モードで表示されることがあります。＜表示＞をクリックして＜文書の編集＞をクリックするか、画面右下の＜印刷レイアウト＞をクリックして、印刷レイアウトの文書編集モードにします。
添付ファイルで送られてきたWordファイルを閲覧モードで開かないように設定を変更することもできます。＜Wordのオプション＞の＜基本設定＞で＜電子メールの添付ファイルや編集できないファイルを閲覧表示で開く＞（Word 2010では＜電子メールの添付ファイルを全画面閲覧表示で開く＞）をクリックしてオフにします。
ただし、電子メールでの添付ファイルからウイルスに感染する危険もあるため、怪しい添付ファイルを直接開くことは避けましょう。　参照▶Q 0030, Q 0241

1 ＜表示＞をクリックして、

閲覧モードでファイルが表示されます。

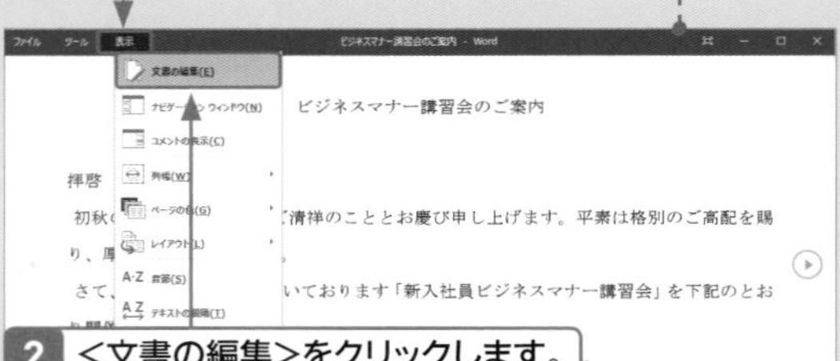

2 ＜文書の編集＞をクリックします。

重要度 ★★★　ファイルの操作

Q 0508 2つのファイルを1つの文書にまとめたい！

A 一方のファイルにもう一方のファイルを挿入します。

2つの文書ファイルを1つの文書ファイルにまとめるには、ファイルからテキストを挿入する機能を使用して、文書の指定する位置にもう一方のファイルを挿入します。

文書ファイルを開き、挿入したい位置にカーソルを移動します。＜挿入＞タブの＜オブジェクト＞の▾をクリックして、＜テキストをファイルから挿入＞（Word 2016以前では＜ファイルからテキスト＞）をクリックします。＜ファイルの挿入＞ダイアログボックスで挿入するファイルを選択して、＜挿入＞をクリックすると、カーソルの位置にファイルの内容が挿入されます。まとめられたファイルは、上書き保存するか別の名前を付けて保存すれば1つのファイルとなります。

●挿入するファイル文書

この文書すべてを挿入します。

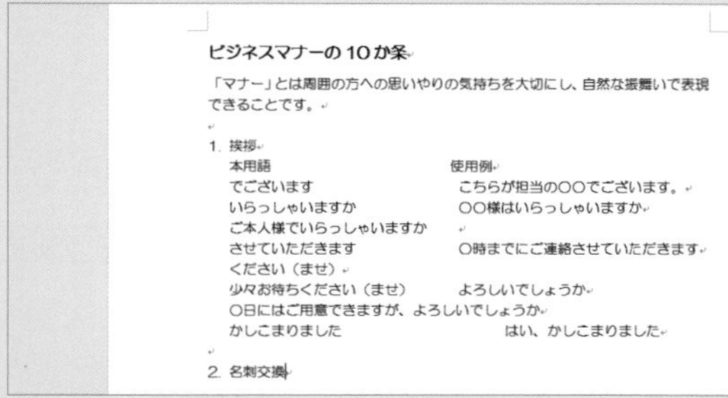

1 挿入する位置にカーソルを移動して、

2 ＜挿入＞タブをクリックします。

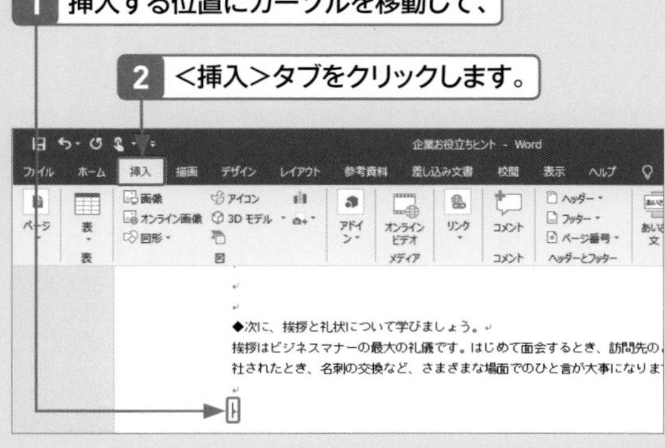

3 ここをクリックして、

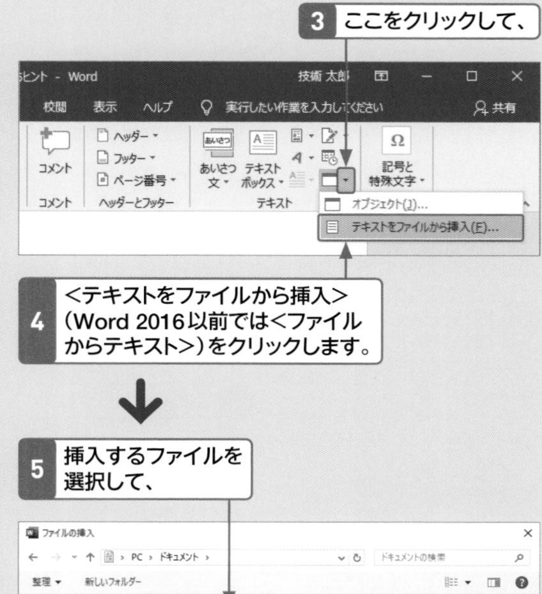

4 ＜テキストをファイルから挿入＞（Word 2016以前では＜ファイルからテキスト＞）をクリックします。

5 挿入するファイルを選択して、

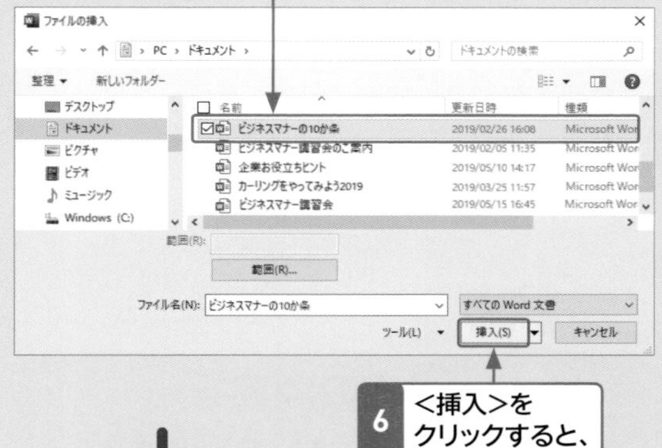

6 ＜挿入＞をクリックすると、

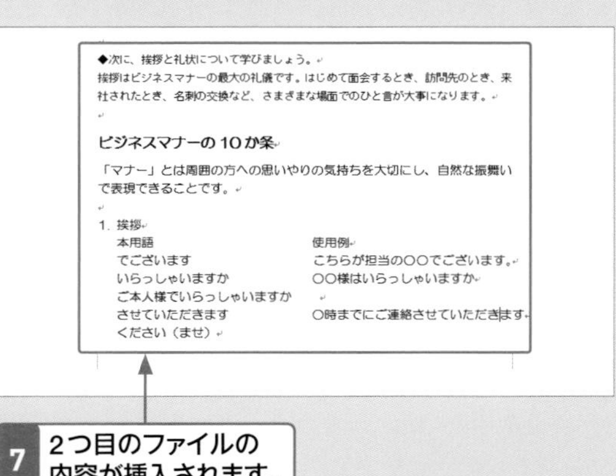

7 2つ目のファイルの内容が挿入されます。

重要度 ★★★ ファイルの操作

Q 0509 旧バージョンのファイルを最新の形式にしたい！

A 最新バージョンで保存し直します。

ここでいう旧バージョンとは、Word 2003以前のバージョンで作成された文書で、拡張子が「doc」のファイルを指します。旧バージョンのファイルを開き、＜名前を付けて保存＞ダイアログボックスで＜ファイルの種類＞を＜Word文書＞にすると、現在のバージョンで保存されます。＜旧バージョンの互換性を維持＞をオンにしておくと、旧バージョンの機能を維持して保存することができます。

参照▶Q 0484

1 旧バージョンのファイルを開き、＜名前を付けて保存＞ダイアログボックスを表示します。

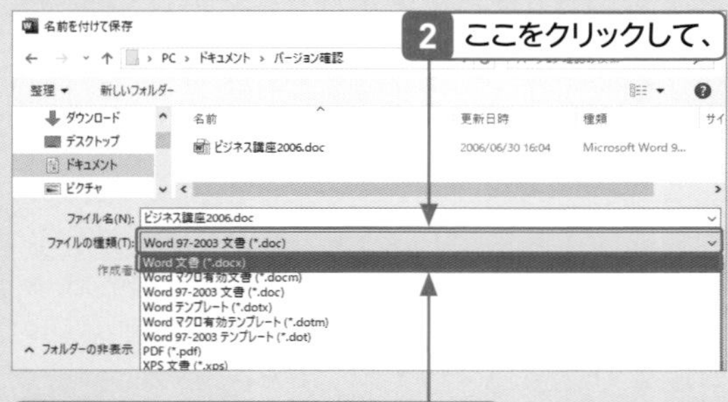

2 ここをクリックして、

3 ＜Word文書＞をクリックします。

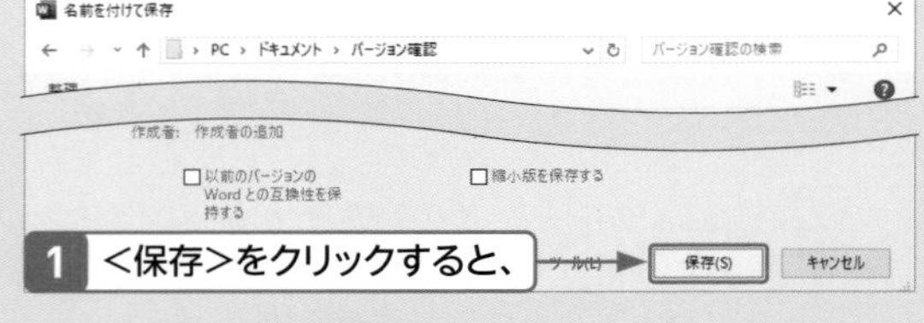

4 ＜保存＞をクリックすると、

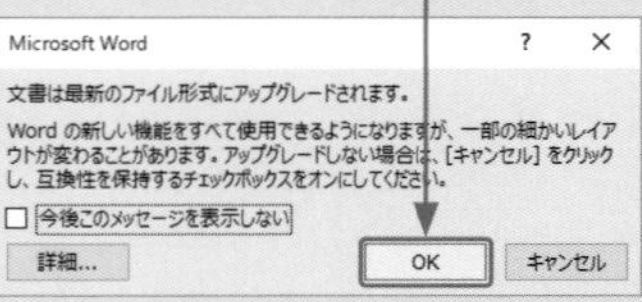

5 確認メッセージが表示されるので、＜OK＞をクリックします。

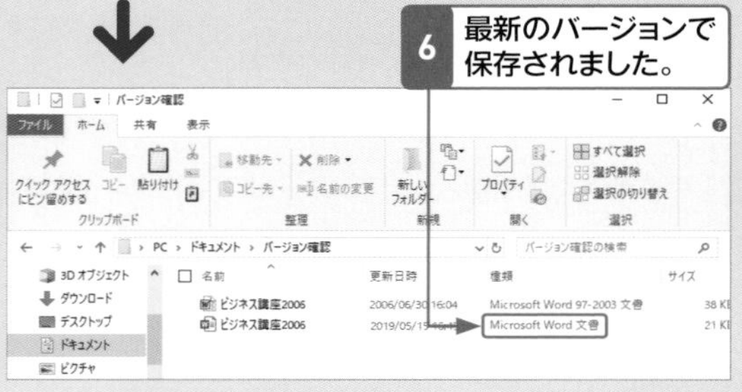

6 最新のバージョンで保存されました。

重要度 ★★★ ファイルの操作

Q 0510 ファイルの内容を確認したい！

A 保存する際にファイルの縮小版を保存します。

ファイルを開く前に、どのようなファイルか確認させることができます。文書を保存する際に＜名前を付けて保存＞ダイアログボックスで＜縮小版を保存する＞をクリックしてオンにしておきます。エクスプローラーまたは＜ファイルを開く＞ダイアログボックスで、アイコンの表示サイズを＜中アイコン＞以上にすると、アイコンが縮小版で表示されます。
また、エクスプローラーの＜表示＞タブから＜プレビューウィンドウ＞をクリックすると、プレビューウィンドウに内容が表示されます。

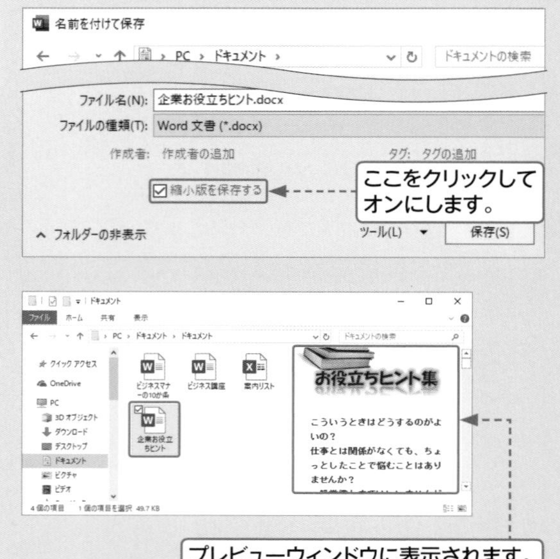

第11章

Excelの基本と入力の「こんなときどうする?」

重要度 ★★★　Excel操作の基本

Q 0511 セルって何？

A データを入力するための マス目のことです。

「セル」は、ワークシートを構成する1つ1つのマス目のことをいいます。セルには数値や文字、日付データ、数式などを入力できます。セルのマス目を利用して、さまざまな表を作成したり、計算式を入力して集計表を作成したりします。

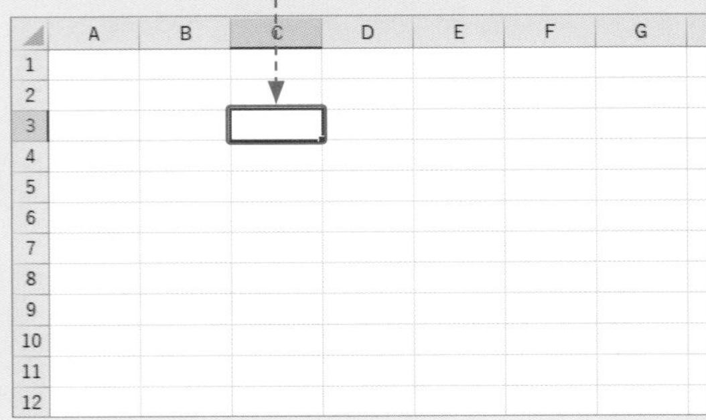

重要度 ★★★　Excel操作の基本

Q 0512 ワークシートって何？

A Excelの作業スペースです。

「ワークシート」は、Excel でさまざまな作業を行うためのスペースで、単に「シート」とも呼ばれます。ワークシートは格子状に分割されたセルによって構成されています。セルの横の並びが「行」、縦の並びが「列」です。1枚のワークシートは最大「104万8,576行×1万6,384列（A～XFD列）」のセルで構成されています。ワークシートは必要に応じて追加や削除することができます。

列

「行」と「列」に沿ってセルを敷き詰めるように並べて構成されているのがワークシートです。

行

シート見出しをクリックすると、ワークシートを切り替えることができます。

重要度 ★★★　Excel操作の基本

Q 0513 ブックって何？

A 1つあるいは複数のワークシートから構成されたExcelの文書のことです。

「ブック」は、1つあるいは複数のワークシートから構成されたExcelの文書（ドキュメント）のことです。ブックは「.xlsx」という拡張子を持った1つのファイルになります。

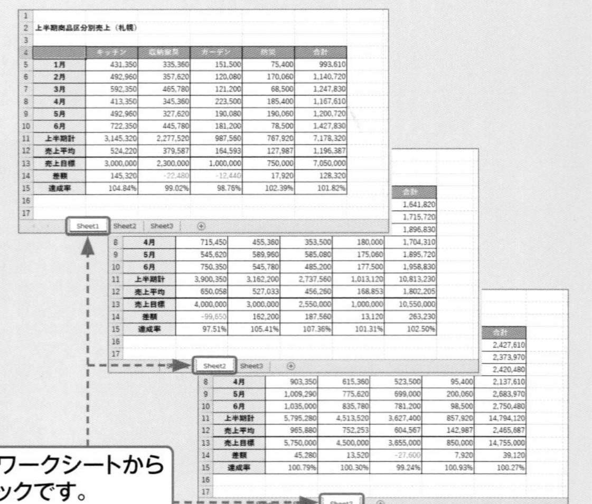

重要度 ★★★　Excel操作の基本

Q 0514 アクティブセルって何？

A 操作の対象となっているセルです。

「アクティブセル」は、現在操作の対象となっているセルをいいます。アクティブセルは、Excelのバージョンによって緑色や黒色の太枠で表示されます。
複数のセル範囲を選択した場合は、セルがグレーや青く反転します。その中で白く表示されているのがアクティブセルです。データの入力や編集は、アクティブセルに対して行われます。

アクティブセルのセル番号が表示されます。

B3

	A	B	C	D	E
1					
2					
3					
4					
5					

操作の対象となっているセルをアクティブセルといいます。

重要度 ★★★　Excel操作の基本

Q 0515 右クリックで表示されるツールバーは何に使うの？

A 操作対象に対して書式などを設定するためのものです。

セルを右クリックしたり、テキストを選択したりすると、ミニツールバーが表示されます。ミニツールバーには、選択した対象に対して書式を設定するコマンドが用意されています。表示されるコマンドの内容は、操作する対象によって変わります。ミニツールバーを利用すると、タブをクリックして目的のコマンドをクリックするより操作がすばやく実行できます。

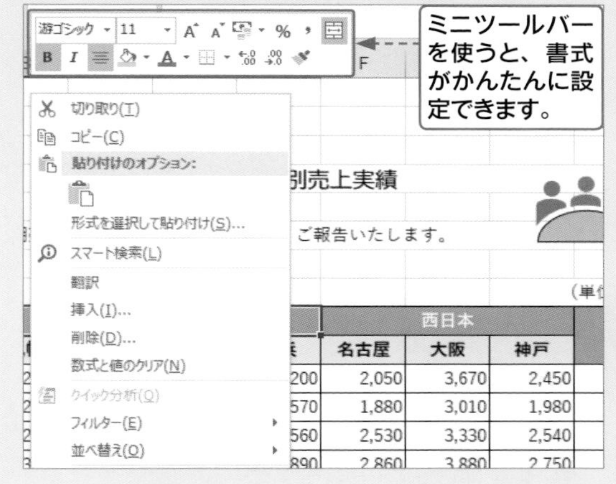

重要度 ★★★　Excel操作の基本

Q 0516 同じ操作を繰り返したい！

A F4を押すか、Ctrlを押しながらYを押します。

直前に行った操作をほかのセルにも繰り返し実行するには、F4を押すか、Ctrlを押しながらYを押します。

例として、セルに背景色を設定します。

	A	B	C	D	E	F
1	東日本商品区分別売上					
2		キッチン	収納家具	ガーデン	防災	合計
3	札幌	3,145,320	2,277,520	987,560	767,920	7,178,320
4	仙台	3,900,350	3,162,200	2,737,560	1,013,120	10,813,230
5	東京	5,795,280	4,513,520	3,627,400	857,920	14,794,120
6	横浜	5,344,780	4,333,520	3,307,400	799,920	14,794,120
7						

1 ほかのセル範囲を選択して、

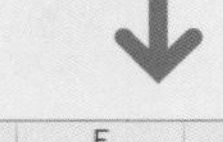

2 F4を押すか、Ctrlを押しながらYを押すと、

3 直前の操作（ここでは背景色の設定）が繰り返されます。

	A	B	C	D	E	F
1	東日本商品区分別売上					
2		キッチン	収納家具	ガーデン	防災	合計
3	札幌	3,145,320	2,277,520	987,560	767,920	7,178,320
4	仙台	3,900,350	3,162,200	2,737,560	1,013,120	10,813,230
5	東京	5,795,280	4,513,520	3,627,400	857,920	14,794,120
6	横浜	5,344,780	4,333,520	3,307,400	799,920	14,794,120
7						

重要度 ★★★ Excel操作の基本

Q 0517 操作をもとに戻したい！

A ＜元に戻す＞や＜やり直し＞を利用します。

クイックアクセスツールバーの＜元に戻す＞をクリックすると、操作を取り消して直前の状態に戻すことができます。Ctrlを押しながらZを押しても同様に操作できます。

操作を取り消したあと、クイックアクセスツールバーの＜やり直し＞をクリックすると、取り消した操作をやり直すことができます。Ctrlを押しながらYを押しても同様に操作できます。

また、複数の操作をまとめて取り消したり、やり直したりすることもできます。＜元に戻す＞や＜やり直し＞のをクリックして、一覧から目的の操作を選択します。

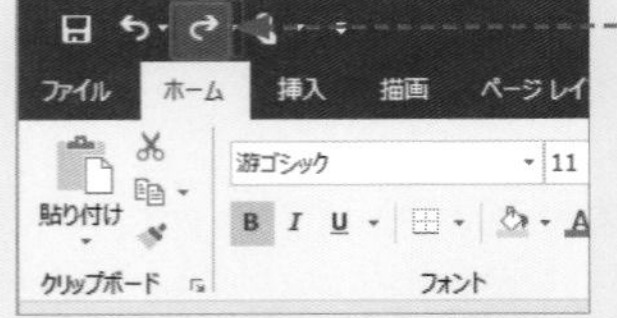

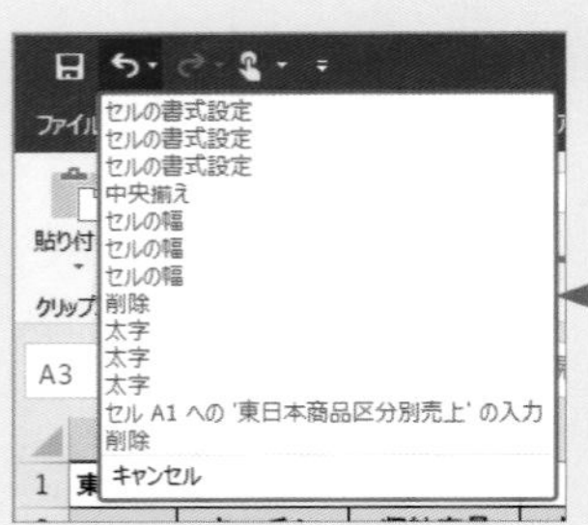

重要度 ★★★ Excel操作の基本

Q 0518 新しいブックを作成するには？

A ＜ファイル＞タブの＜新規＞から作成します。

Excelを起動して＜空白のブック＞をクリックすると、「Book1」という名前の新規ブックが作成されます。ブックを編集中に、別のブックを新規に作成する場合は、＜ファイル＞タブの＜新規＞をクリックして、＜空白のブック＞をクリックします。Excel 2010の場合は＜ファイル＞タブの＜新規作成＞をクリックして、＜空白のブック＞をクリックし、＜作成＞をクリックします。

ブックは、空白の状態から作成したり、テンプレートから作成したりできます。 参照▶Q 1104

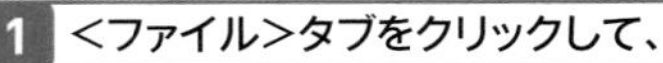

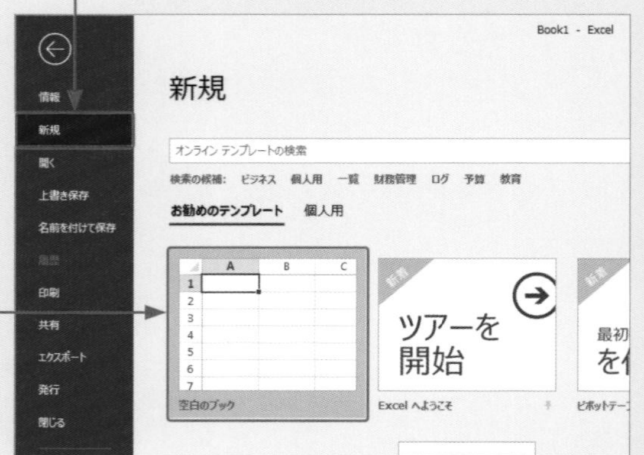

重要度★★★ Excel操作の基本

Q 0519 Excel全体の機能はどこで設定するの？

A ＜ファイル＞タブから＜オプション＞をクリックして設定します。

Excelの全体的な機能の設定は、＜ファイル＞タブから＜オプション＞をクリックすると表示される＜Excelのオプション＞ダイアログボックスで行います。Excelを操作するための一般的なオプションのほか、リボンやクイックアクセスツールバーのカスタマイズ、アドインの管理やセキュリティーに関する設定など、Excel全体に関する詳細な設定を行うことができます。

1 ＜ファイル＞タブをクリックして、

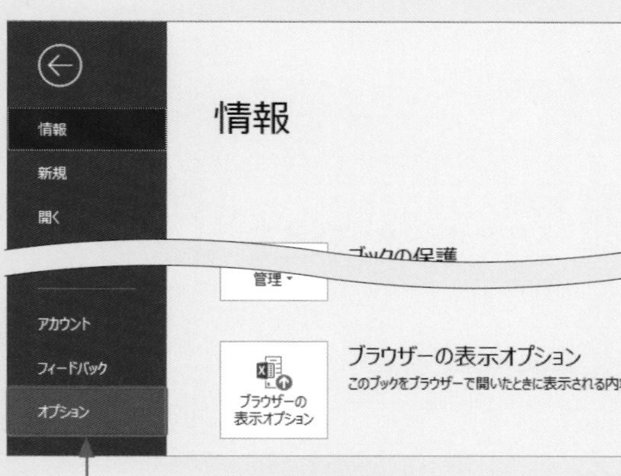

2 ＜オプション＞をクリックすると、

3 ＜Excelのオプション＞ダイアログボックスが表示されます。

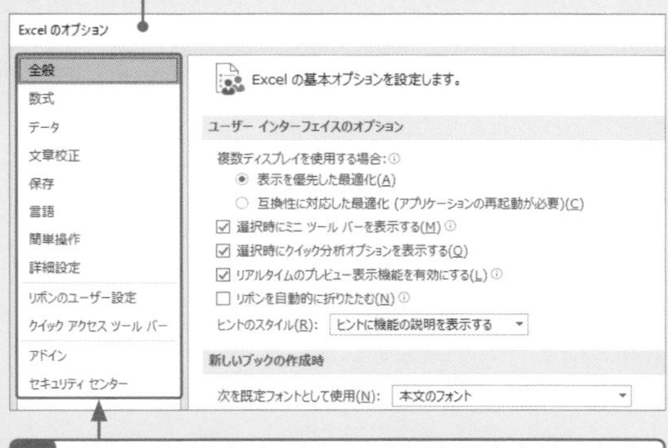

4 目的の項目をクリックして、必要な設定を行います。

重要度★★★ Excel操作の基本

Q 0520 アルファベットの列番号が数字になってしまった！

A ＜Excelのオプション＞ダイアログボックスで設定を変更します。

通常は「A」「B」…のようにアルファベットで表示されている列番号が「1」「2」…のように数字で表示された場合は、＜Excelのオプション＞ダイアログボックスで＜R1C1参照形式を使用する＞をクリックしてオフにします。R1C1参照形式は、ワークシートの行と列を数字で表すセル参照の方式です。

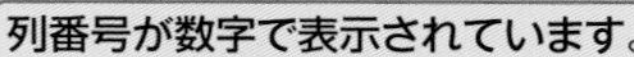

列番号が数字で表示されています。

1 ＜ファイル＞タブをクリックして、

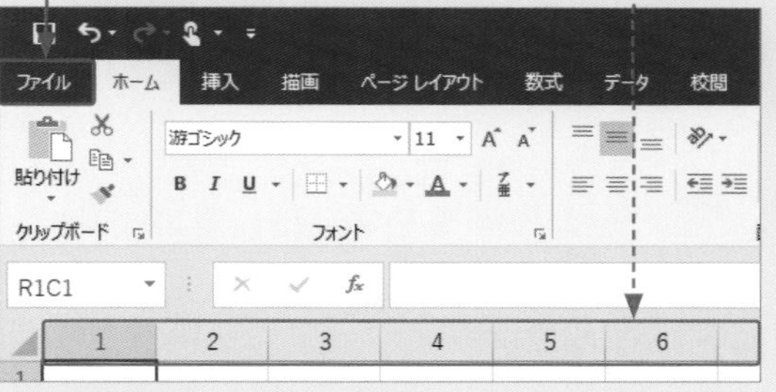

2 ＜オプション＞をクリックし、＜Excelのオプション＞ダイアログボックスを表示します。

3 ＜数式＞をクリックして、

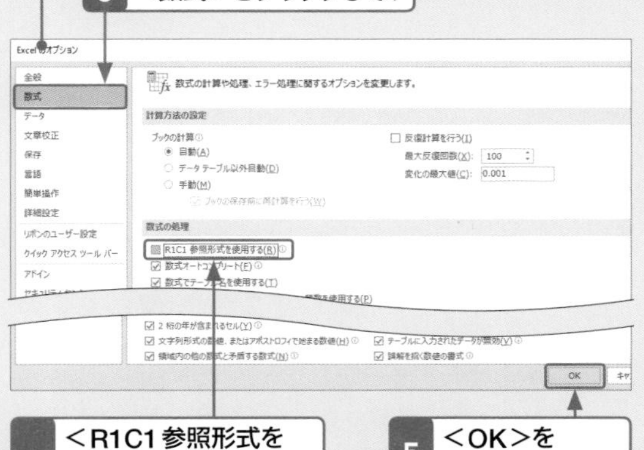

4 ＜R1C1参照形式を使用する＞をクリックしてオフにし、

5 ＜OK＞をクリックすると、

6 列番号がアルファベットに戻ります。

重要度 ★★★ セルの移動

Q 0521 ←→を押してもセルが移動しない！

A Enter や Tab で移動します。

既存のデータを修正するためにセル内にカーソルを表示しているときは、←→を押すとセル内でカーソルが移動し、セルの移動ができません。また、数式の入力中は、参照先のセルが移動します。このような場合は、Enter や Tab を押すと移動できます。

● セル内にカーソルがある場合

	A	B	C
1	第１四半期地区別売上高		
2		札幌	仙台

←→を押すと、セル内でカーソルが移動します。

● 数式を入力中の場合

	A	B	C	D	E	F
1	第１四半期地区別売上高					
2		札幌	仙台	東京	横浜	合計
3	1月	2,940	3,260	4,980	4,200	15,380
4	2月	2,410	2,760	4,240	3,570	12,980
5	3月	2,350	3,760	5,120	4,560	15,790
6	合計	=B3+C4				
7						

←→を押すと、参照先のセルが移動します。

重要度 ★★★ セルの移動

Q 0522 ←→を押すと隣のセルにカーソルが移動してしまう！

A F2を押して、セルを編集モードにします。

Excelでデータを入力する場合、新規にデータを入力するときの「入力モード」と、セルを修正するときの「編集モード」があります。入力モードのときに←→を押して文字を修正しようとすると、隣のセルにカーソルが移動してしまいます。この場合は、F2を押して編集モードに切り替えると、目的の位置にカーソルを移動することができます。

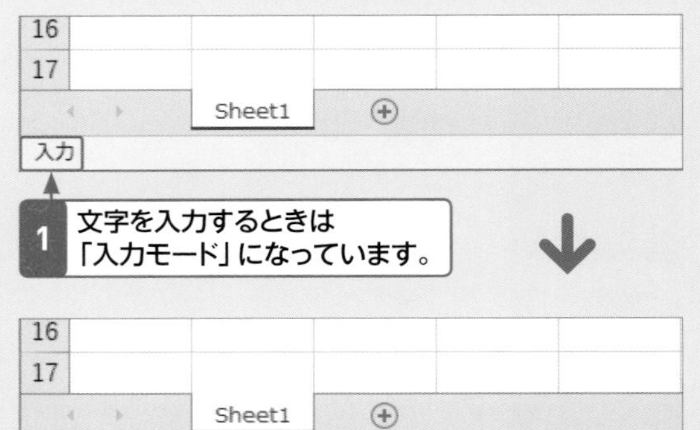

2 F2を押して「編集モード」に切り替えると、目的の位置にカーソルを移動することができます。

重要度 ★★★ セルの移動

Q 0523 Enterを押したあとにセルを右に移動したい！

A <Excelのオプション>ダイアログボックスで変更します。

Enter を押して入力を確定したとき、初期設定ではアクティブセルは下に移動します。移動方向を右に変えたいときは、<Excelのオプション>ダイアログボックスの<詳細設定>で変更します。
ただし、自動リターン機能を利用する場合は、移動方向は初期設定のまま「下」にしておきます。 参照▶Q 0524

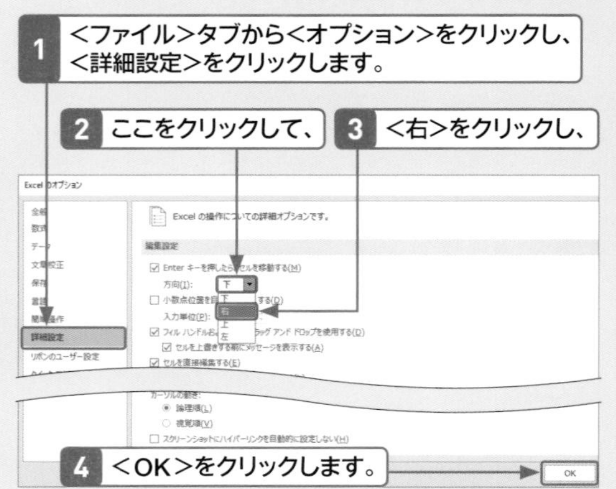

重要度 ★★★　セルの移動

Q 0524 データを入力するときに効率よく移動したい！

A 自動リターン機能を利用します。

データを入力する際、Tab を押しながら右のセルに移動し、データを入力します。行の末尾まで入力を終えたら Enter を押すと、アクティブセルが移動を開始したセルの直下に移動します。この機能を「自動リターン機能」といいます。

1 このセルから Tab で移動しながらデータを入力し、

2 ここで Enter を押すと、

	A	B	C	D	E	F
1	第１四半期地区別売上高					
2		札幌	仙台	東京	横浜	合計
3	1月	2940	3260	4980	5200	
4	2月					

3 移動を開始したセルの直下に移動します。

重要度 ★★★　セルの移動

Q 0525 決まったセル範囲にデータを入力したい！

A セル範囲を選択して Enter や Tab を押します。

セル範囲をあらかじめ選択した状態でデータを入力すると、アクティブセルは選択したセル範囲の中だけを移動します。行方向にアクティブセルを移動する場合は Tab で、列方向に移動する場合は Enter で移動します。矢印キーを押すと、選択範囲が解除されてしまうので注意が必要です。

1 セル範囲を選択して、Tab で移動しながらデータを入力し、

2 ここで Tab を押すと、

	A	B	C	D	E	F	G	H
1	第１四半期地区別売上高							
2		札幌	仙台	東京	横浜	合計		
3	1月	2940	3260	4980	4200			
4	2月							
5	3月							

3 すぐ下の行の左端のセルに移動します。

重要度 ★★★　セルの移動

Q 0526 セル［A1］にすばやく移動したい！

A Ctrl を押しながら Home を押します。

Ctrl を押しながら Home を押すと、アクティブセルがセル［A1］に移動します。Home が ← と併用されているキーボードの場合は、Fn と Ctrl を押しながら Home を押します。

1 ここで Ctrl ＋ Home を押すと、

	A	B	C	D	E	F	G
1	第１四半期地区別売上高						
2		札幌	仙台	東京	横浜	合計	
3	1月	2,940	3,260	4,980	4,200	15,380	
4	2月	2,410	2,760	4,240	3,570	12,980	
5	3月	2,350	3,760	5,120	4,560	15,790	
6	合計	7,700	9,780	14,340	12,330	44,150	
7							

2 アクティブセルがセル［A1］に移動します。

重要度 ★★★　セルの移動

Q 0527 行の先頭にすばやく移動したい！

A Home を押します。

Home を押すと、現在アクティブセルがある行のA列に移動できます。Home が ← と併用されているキーボードの場合は、Fn を押しながら Home を押します。

1 ここで Home を押すと、

	A	B	C	D	E	F
1	第１四半期地区別売上高					
2		札幌	仙台	東京	横浜	合計
3	1月	2,940	3,260	4,980	4,200	15,380
4	2月	2,410	2,760	4,240	3,570	12,980
5	3月	2,350	3,760	5,120	4,560	15,790
6	合計	7,700	9,780	14,340	12,330	44,150
7						

2 アクティブセルがA列に移動します。

重要度 ★★★　セルの移動

Q 0528 表の右下端にすばやく移動したい!

A Ctrl を押しながら End を押します。

Excel ではアクティブセルを含む、空白行と空白列で囲まれた矩形（くけい）のセル範囲を1つの表として認識しており、これを「アクティブセル領域」と呼びます。Ctrl を押しながら End を押すと、表の右下端に移動します。End が → と併用されているキーボードの場合は、Fn と Ctrl を押しながら End を押します。

1 ここで Ctrl + End を押すと、

	A	B	C	D	E
1	第１四半期地区別売上高				
2		名古屋	大阪	神戸	福岡
3	1月	2,050	3,670	2,450	3,200
4	2月	1,880	3,010	1,980	2,990
5	3月	2,530	3,330	2,540	3,880
6	合計	6,460	10,010	6,970	10,070
7					

アクティブセル領域

2 表の右下端に移動します。

重要度 ★★★　セルの移動

Q 0529 データが入力されている範囲の端に移動したい!

A Ctrl を押しながら ↑ ↓ ← → を押します。

Ctrl を押しながら ↑ ↓ ← → を押すと、アクティブセルがデータ範囲（データが連続して入力されている範囲）の端に移動します。また、アクティブセルの上下左右の境界線にマウスポインターを移動すると、形が ✥ に変わります。その状態でダブルクリックしても、移動できます。

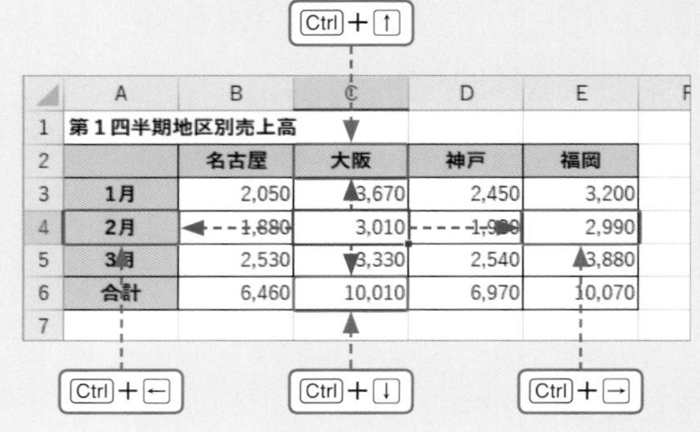

	A	B	C	D	E
1	第１四半期地区別売上高				
2		名古屋	大阪	神戸	福岡
3	1月	2,050	3,670	2,450	3,200
4	2月	1,880	3,010	1,980	2,990
5	3月	2,530	3,330	2,540	3,880
6	合計	6,460	10,010	6,970	10,070
7					

重要度 ★★★　セルの移動

Q 0530 画面単位でページを切り替えたい!

A PageDown を押します。

PageDown を押すと、ワークシートが上にスクロールして、次の画面にアクティブセルが移動します。また、PageUp を押すと、ワークシートが下にスクロールして、前の画面にアクティブセルが移動します。PageDown や PageUp が ↓ ↑ と併用されているキーボードの場合は、Fn と同時に押します。

表が横長の場合は、Alt を押しながら PageDown を押すと右画面に、Alt を押しながら PageUp を押すと左画面に移動します。

縦長の表や横長の表を移動したいときに利用すると便利です。

	A	B	C	D	E
1	顧客名簿				
2	顧客No.	名前	郵便番号	都道府県	市区町村
3	1	阿川 香住	112-0012	東京都	文京区大塚x-x-x
4	2	浅田 真弓	252-0318	神奈川県	相模原市上鶴間x-x
5	3	飯田 真弓	252-0318	神奈川県	相模原市鶴間x-x
6	4	石井 秀樹	103-0012	東京都	中央区日本橋本町x
7	5	岩佐 美智子	134-0088	東京都	江戸川区西葛西x-x
8	6	上田 涼子	273-0132	千葉県	鎌ヶ谷市粟野x-x
9	7	江成 乙哉	101-0051	東京都	千代田区神田神宝町x

2 次の画面にアクティブセルが移動します。

	A	B	C	D	E
18	16	小田 真琴	224-0025	神奈川県	横浜市都筑区早渕xx
19	17	葛宮 清司	273-0132	千葉県	鎌ケ谷市うれし野xx
20	18	片柳 満ちる	101-0054	東京都	千代田区神田錦町x-x
21	19	加藤 美優	101-0051	東京都	千代田区神田神保町x
22	20	川崎 祐樹	135-0053	東京都	江東区辰巳x-x-x
23	21	河田 愛	247-0072	神奈川県	鎌倉市岡本x
24	22	神田 秋生	352-0032	埼玉県	新座市新堀xx
25	23	北野 美樹	157-0063	東京都	世田谷区粕谷x-x-x
26	24	鬼頭 裕理	113-0033	東京都	文京区本郷x-x

重要度 ★★★　セルの移動

Q 0531 指定したセルにすばやく移動したい！

A1 <名前ボックス>にセル番号を入力します。

<名前ボックス>に移動したいセル番号を入力すると、そのセルに移動できます。画面に表示されていないセルにアクティブセルを移動したいときに利用すると便利です。

1 <名前ボックス>にセル番号（ここでは「E45」）を入力して、Enterを押すと、

名前ボックス：E45　数式バー：1月

	A	B	C	D	E	F
1						
2	上半期商品区分別売上（札幌）					
3						
4		キッチン	収納家具	ガーデン	防災	合計
5	1月	431,350	335,360	151,500	75,400	993,610
6	2月	492,960	357,620	120,080	170,060	1,140,720

2 アクティブセルがセル［E45］に移動します。

名前ボックス：E45　数式バー：850000

	A	B	C	D	E	F
40	4月	903,350	615,360	523,500	95,400	2,137,610
41	5月	1,009,290	775,620	699,000	200,060	2,683,970
42	6月	1,035,000	835,780	781,200	98,500	2,750,480
43	上半期計	5,795,280	4,513,520	3,627,400	857,920	14,794,120
44	売上平均	965,880	752,253	604,567	142,987	2,465,687
45	売上目標	5,750,000	4,500,000	3,655,000	850,000	14,755,000
46	差額	45,280	13,520	-27,600	7,920	39,120
47	達成率	100.79%	100.30%	99.24%	100.93%	100.27%
48						
49						
50	上半期商品区分別売上（横浜）					
51						

A2 <ジャンプ>ダイアログボックスを利用します。

<ホーム>タブの<検索と選択>をクリックして<ジャンプ>をクリックし、<ジャンプ>ダイアログボックスを表示します。<参照先>にセル番号を入力して<OK>をクリックすると、そのセルに移動できます。

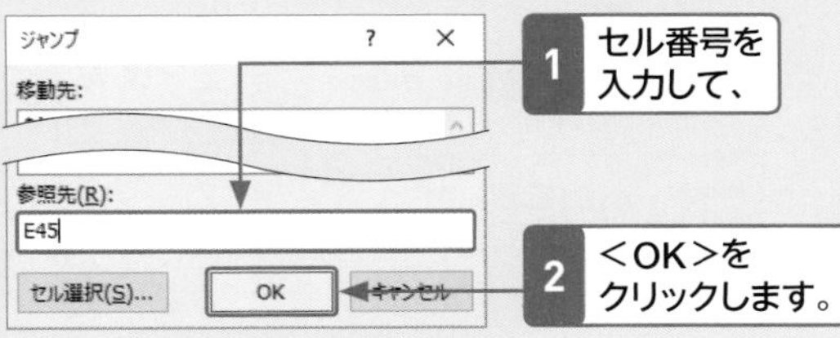

重要度 ★★★　セルの移動

Q 0532 アクティブセルが見つからない！

A Ctrlを押しながらBackSpaceを押します。

スクロールバーなどで画面をスクロールしていると、アクティブセルがどこにあるかわからなくなる場合があります。この場合、<名前ボックス>でセル番号を確認することもできますが、Ctrlを押しながらBackSpaceを押すと、アクティブセルのある位置まで画面がすばやく移動できます。

重要度 ★★★　セルの移動

Q 0533 選択範囲が勝手に広がってしまう！

A F8を押して拡張モードをオフにします。

↑↓←→を押したり、セルをクリックした際に、セルが選択できず選択範囲だけが広がってしまう場合は、拡張モードがオンになっていると考えられます。この場合は、F8を押して拡張モードをオフにします。

ステータスバーに<選択範囲の拡張>と表示されています。

1 セルをクリックすると、複数のセル範囲が選択されてしまいます。

29	売上目標	4,000,000	3,000,000	2,550,000	1
30	差額	-99,650	162,200	187,560	
31	達成率	97.51%	105.41%	107.36%	
32					

Sheet1　準備完了　選択範囲の拡張

2 F8を押すと、

29	売上目標	4,000,000	3,000,000	2,550,000	1
30	差額	-99,650	162,200	187,560	
31	達成率	97.51%	105.41%	107.36%	
32					

Sheet1　準備完了

3 拡張モードがオフになり、セルがクリックできるようになります。

重要度 ★★★ セルの移動

Q 0534 セルが移動せずに画面がスクロールしてしまう!

A ScrollLockを押してスクロールロックをオフにします。

↑↓←→やPageUp PageDownなどを押した際に、アクティブセルは移動せずに、シートだけがスクロールする場合は、スクロールロックがオンになっていると考えられます。この場合は、ScrollLockを押してスクロールロックをオフにします。なお、キーボードの種類によってScrollLockの表示が異なる場合があります。

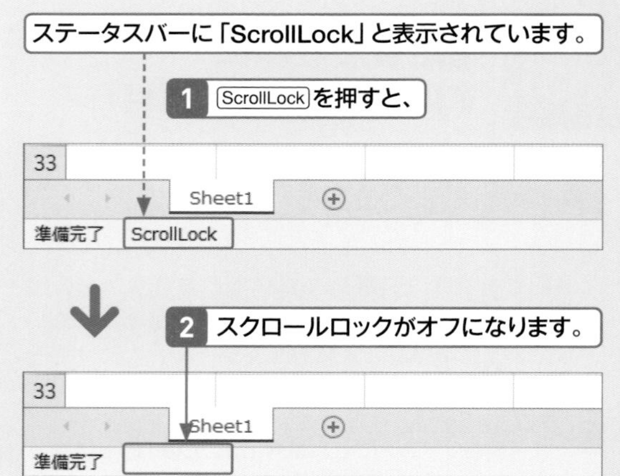

重要度 ★★★ データの入力

Q 0535 セルは2行なのに数式バーが1行になっている!

A 数式バーは広げることができます。

数式バー右端の ⌄ をクリックすると、数式バーを広げることができます。もとのサイズに戻す場合は、⌃ をクリックします。また、数式バーの下の境界線にマウスポインターを合わせ、ポインターの形が ⇕ に変わった状態で下方向にドラッグしても広げることができます。

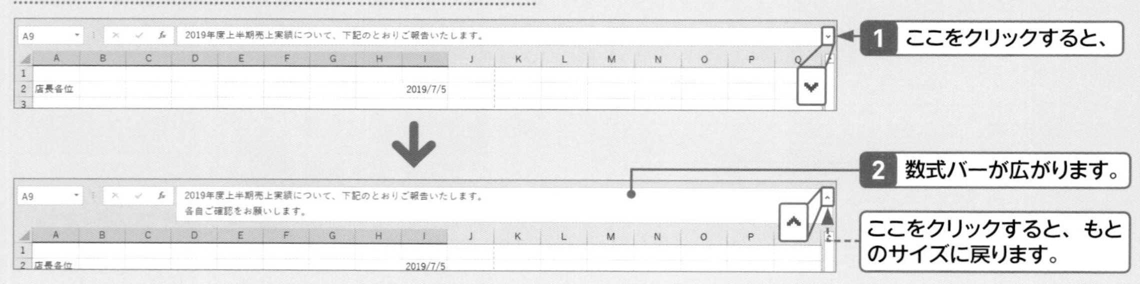

重要度 ★★★ データの入力

Q 0536 1つ上のセルと同じデータを入力するには?

A セルをクリックしてCtrlを押しながらDを押します。

すぐ上のセルと同じデータを入力するには、下のセルをクリックして、Ctrlを押しながらDを押します。また、左横のセルと同じデータを入力するには、右横のセルをクリックして、Ctrlを押しながらRを押します。フィルハンドルをドラッグするより効率的です。

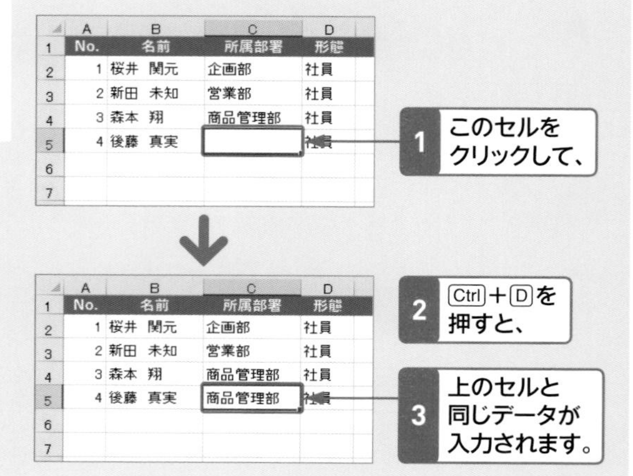

重要度 ★★★　データの入力

Q 0537 入力可能なセルにジャンプしたい！

シートの保護によって、特定のセルだけ入力や編集ができるように設定されている表の場合、見た目では入力できるセルを見分けることができません。このような場合は、任意のセルをクリックしてから Tab を押すと、入力可能なセルにアクティブセルが移動します。

参照▶Q 1118

A Tab を押すと入力可能なセルだけに移動します。

1 ここで Tab を押すと、

2 入力できるセルに移動します。

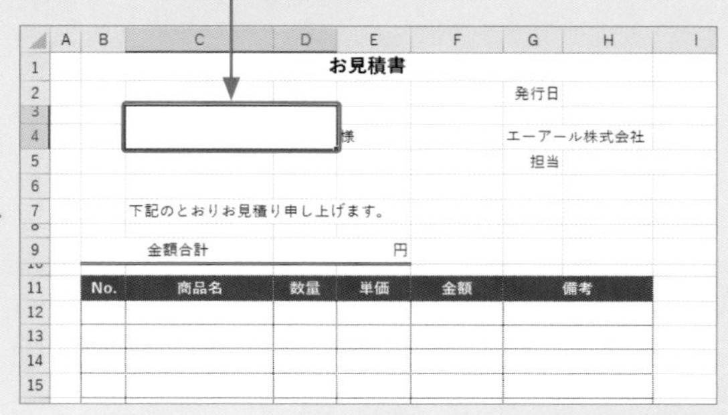

お見積書
発行日
様
エーアール株式会社
担当
下記のとおりお見積り申し上げます。
金額合計
円
No.
商品名
数量
単価
金額
備考

重要度 ★★★　データの入力

Q 0538 セル内の任意の位置で改行したい！

A 改行する位置で Alt を押しながら Enter を押します。

セル内に文字が入りきらない場合は、セル内で文字を改行します。目的の位置で改行するには、改行したい位置にカーソルを移動して、Alt を押しながら Enter を押します。セル内で改行すると、行の高さが自動的に変わります。

また、文字を自動的に折り返す方法もありますが、この場合は折り返す位置を指定できません。

参照▶Q 0719

1 改行したい位置にカーソルを移動して、

2 Alt ＋ Enter を押すと、セル内で改行されます。

3 Enter を押して確定すると、行の高さが自動的に変わります。

重要度 ★★★　データの入力

Q 0539 日本語が入力できない！

A 入力モードを切り替えて日本語が入力できる状態にします。

Excelを起動した直後は、入力モードが「半角英数」入力（アルファベット入力）になっています。半角/全角を押すと、「ひらがな」入力（日本語入力）と「半角英数」入力を切り替えることができます。入力モードは、タスクバーの通知領域にある入力モードアイコンで確認できます。

● 入力モードアイコンの表示

A　10:38　2018/10/18

「半角英数」入力モード

あ　10:38　2018/10/18

「ひらがな」入力モード

重要度 ★★★　データの入力

Q 0540 入力済みのデータの一部を修正するには？

A セルをダブルクリックして編集できる状態にします。

入力したデータを部分的に修正するには、セルをダブルクリックするか、F2を押して編集できる状態にします。単にセルをクリックしてデータを入力すると、セルの内容が新しいデータに上書きされてしまうので注意が必要です。

「上半期」を「第1四半期」に修正します。

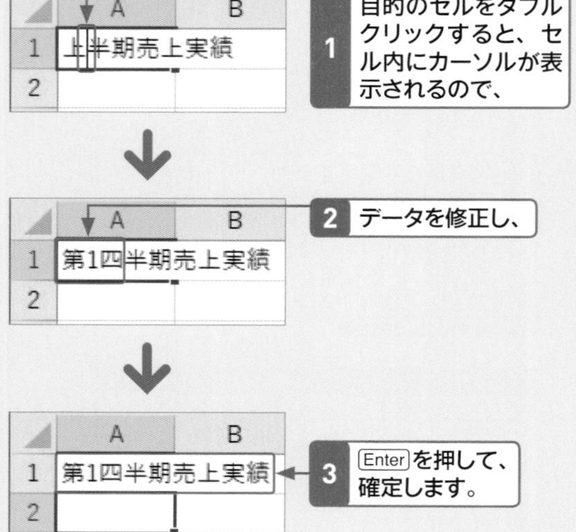

A
B
上半期売上実績
1 目的のセルをダブルクリックすると、セル内にカーソルが表示されるので、
第1四半期売上実績
2 データを修正し、
3 Enterを押して、確定します。

重要度 ★★★　データの入力

Q 0541 同じデータを複数のセルにまとめて入力したい！

A Ctrlを押しながらEnterを押します。

同じデータを複数のセルに入力するには、あらかじめセル範囲を選択してからデータを入力し、Ctrlを押しながらEnterを押して確定します。

1 目的のセル範囲を選択します。

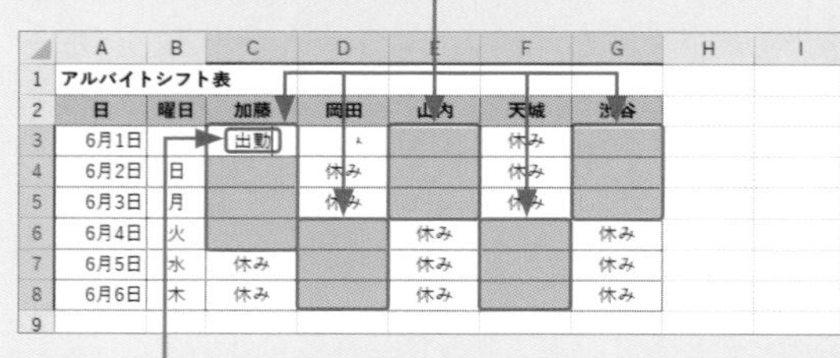

アルバイトシフト表
日
曜日
加藤
岡田
山内
天城
渋谷
出勤
休み

2 セルを選択した状態のままデータを入力して、

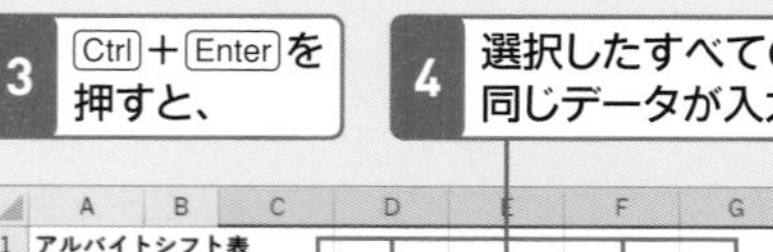

3 Ctrl＋Enterを押すと、
4 選択したすべてのセルに同じデータが入力されます。

	A	B	C	D	E	F	G	H	I
1	アルバイトシフト表								
2	日	曜日	加藤	岡田	山内	天城	渋谷		
3	6月1日	土	出勤	休み	出勤	休み	出勤		
4	6月2日	日	出勤	休み	出勤	休み	出勤		
5	6月3日	月	出勤	休み	出勤	休み	出勤		
6	6月4日	火	出勤	出勤	休み	出勤	休み		
7	6月5日	水	休み	出勤	休み	出勤	休み		
8	6月6日	木	休み	出勤	休み	出勤	休み		
9									

重要度 ★★★　データの入力

Q 0542 「℃」や「kg」などの単位を入力したい!

A1 「たんい」と入力して変換します。

「℃」や「kg」などの単位記号を入力するには、「たんい」と入力して、変換候補の一覧から目的の単位記号を選択します。また、「ど」や「きろぐらむ」など、単位の読みを入力して変換しても、変換候補に単位記号が表示されます。

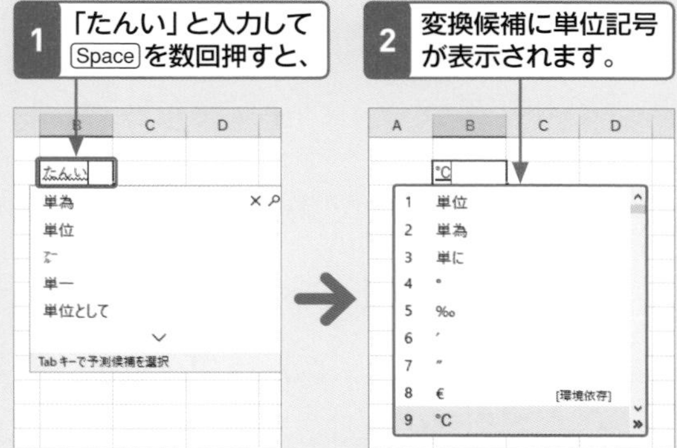

A2 <IMEパッド>の<文字一覧>から選択します。

通知領域の入力モードアイコンを右クリックして、<IMEパッド>をクリックします。<IMEパッド>が表示されるので、<文字一覧>をクリックして、<シフトJIS>の<単位記号>をクリックし、目的の記号を選択します。変換候補から入力できない場合などに利用するとよいでしょう。

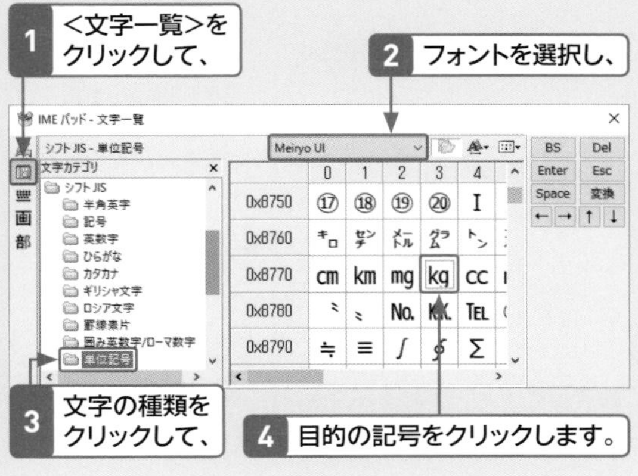

重要度 ★★★　データの入力

Q 0543 囲い文字を入力したい!

A IMEパッドの<文字一覧>を利用します。

①、②や㊙、㊝などの囲い文字は、「まるひ」「まるゆう」などと読みを入力して変換することができますが、変換できない囲い文字を入力するには、<IMEパッド>の<文字一覧>を利用します。

1 Q 0542のA2の方法で<IMEパッド>を表示して、<文字一覧>をクリックし、

2 <Unicode(基本多言語面)>をクリックして、

3 フォントを選択します。

4 <囲み英数字>をクリックすると、

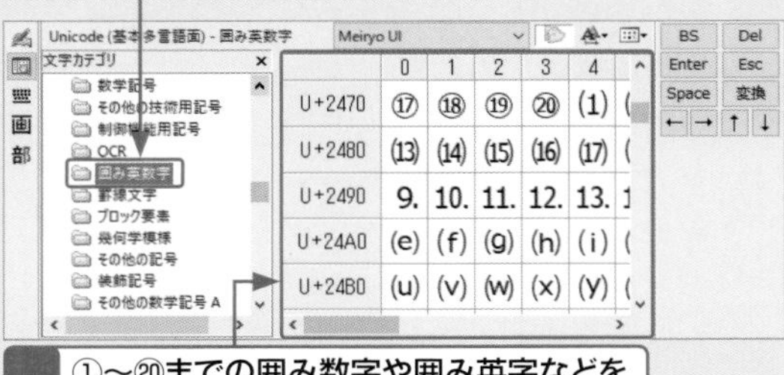

5 ①〜⑳までの囲み数字や囲み英字などを入力することができます。

6 <囲みCJK文字/月>をクリックすると、

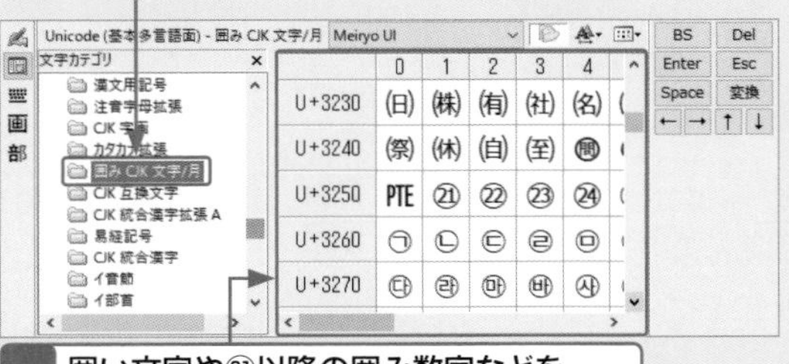

7 囲い文字や㉑以降の囲み数字などを入力することができます。

重要度★★★ データの入力

Q 0544 「Σ」や「√」などを使った数式を表示したい！

A1 ＜数式ツール＞を利用します。

「Σ」や「√」「∫」などの数学記号を使った数式を入力するには、＜数式ツール＞を利用します。ただし、数式ツールで入力した数式は、Excel上で画像データとして扱われるため、計算には利用できません。

1 ＜挿入＞タブをクリックして、

2 ＜記号と特殊文字＞をクリックし、

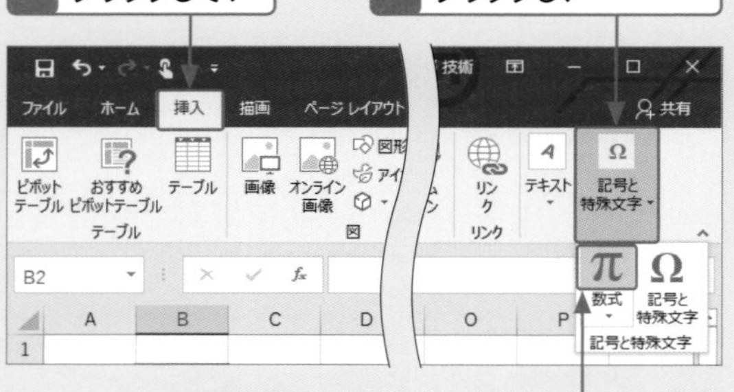

3 ＜数式＞のここをクリックします。

4 ＜数式ツール＞が表示されるので、

5 ここでは＜べき乗根＞をクリックして、

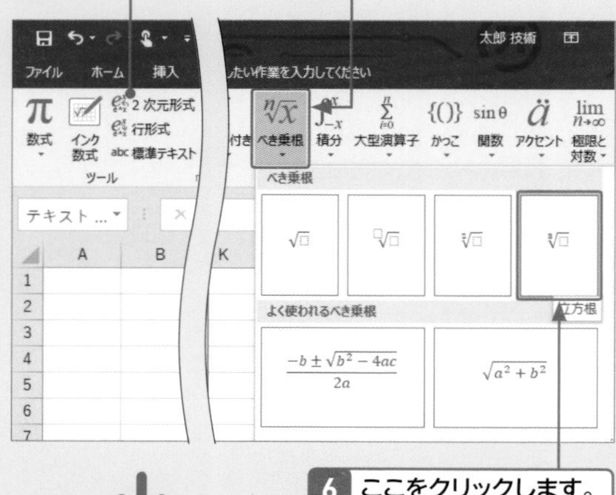

6 ここをクリックします。

7 数式と点線の枠が表示されるので、

8 点線枠の中に数式を入力します。

A2 ＜インク数式＞を利用します。

Excel 2019/2016では、＜インク数式＞を利用して、マウスやデジタルペン、ポインティングデバイス、指などを使って数式を手書きで入力することができます。書き込んだ数式はすぐに認識されて、データに変換されます。
なお、＜インク数式＞は、＜描画＞タブから利用することもできます。

1 ＜挿入＞タブの＜記号と特殊文字＞をクリックして、

2 ＜数式＞のここをクリックし、

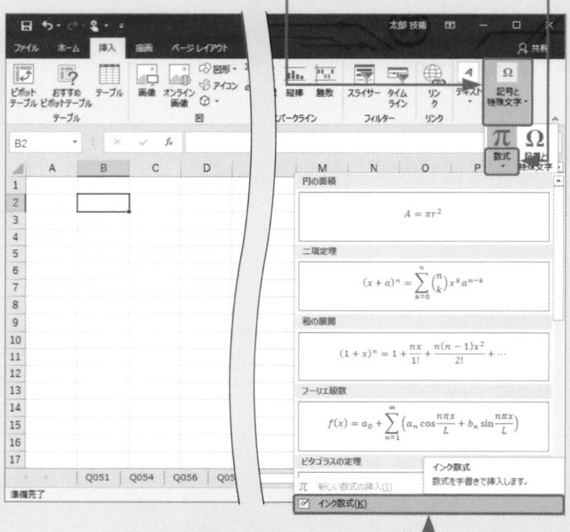

3 ＜インク数式＞をクリックします。

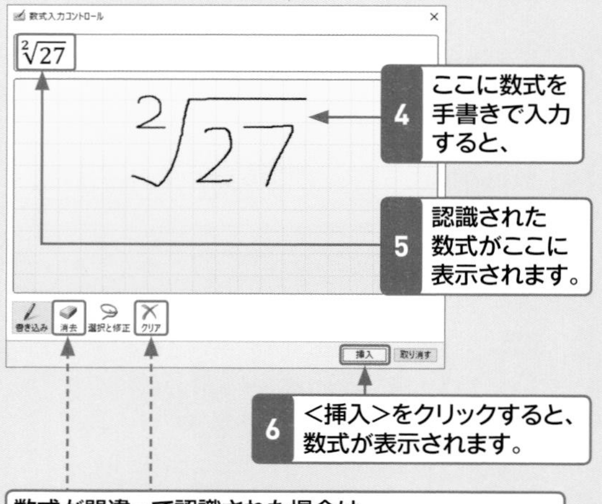

4 ここに数式を手書きで入力すると、

5 認識された数式がここに表示されます。

6 ＜挿入＞をクリックすると、数式が表示されます。

数式が間違って認識された場合は、＜消去＞や＜クリア＞をクリックして、書き直します。

重要度 ★★★ データの入力

Q 0545 入力の途中で入力候補が表示される！

A オートコンプリート機能によるものです。

Excelでは「オートコンプリート」機能により、同じ列内の同じ読みから始まるデータが自動的に入力候補として表示されます。表示されたデータを入力する場合は、入力候補が表示されたときに Enter を押します。

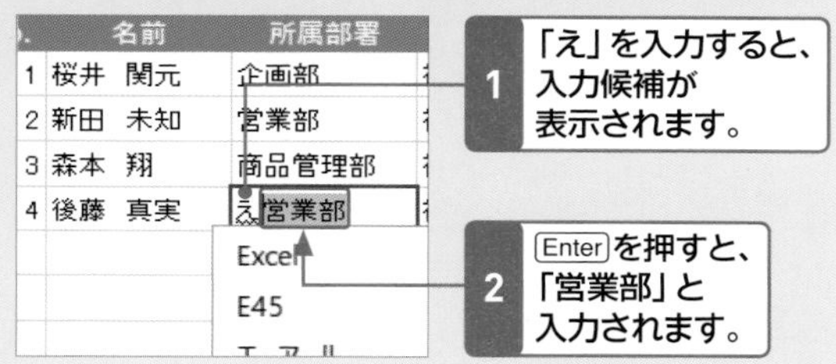

重要度 ★★★ データの入力

Q 0546 入力時に入力候補を表示したくない！

A Delete を押すか、無視して入力を進めます。

入力候補を消去するには、Delete を押すか、表示される入力候補を無視して入力を続けます。

入力候補を表示させたくない場合は、<ファイル>タブから<オプション>をクリックすると表示される<Excelのオプション>ダイアログボックスの<詳細設定>で、<オートコンプリートを使用する>をオフにします。

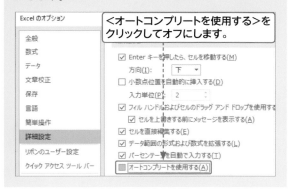

<オートコンプリートを使用する>をクリックしてオフにします。

重要度 ★★★ データの入力

Q 0547 同じ文字を何度も入力するのは面倒！

A Alt を押しながら ↓ を押してリストから入力します。

Alt を押しながら ↓ を押すと、同じ列内の連続したセルに入力されているデータのリストが表示されます。リストから目的の文字を選択して Enter を押すと、その文字が入力されます。

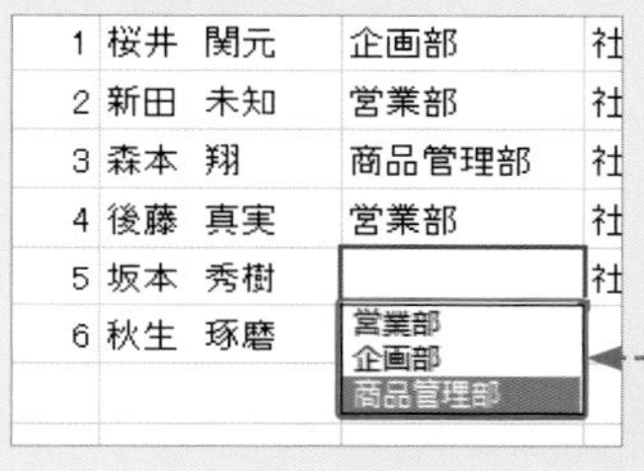

重要度 ★★★ データの入力

Q 0548 確定済みの漢字を再変換したい！

A 文字を選択して 変換 を押します。

確定済みの漢字を再変換するには、文字が入力されているセルをダブルクリックして、目的の漢字を選択、あるいはカーソルを置いて、変換 を押します。

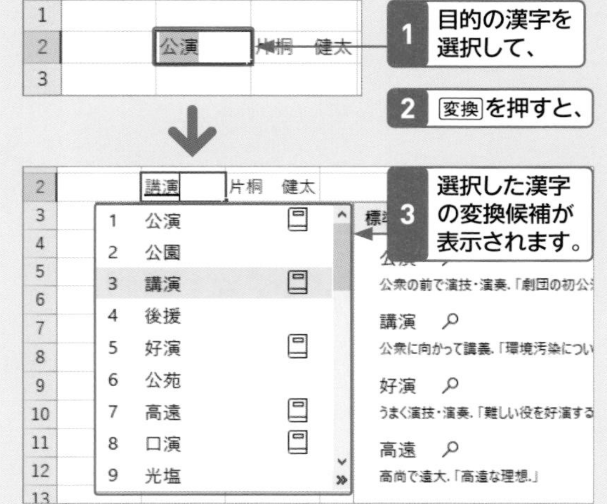

重要度★★★ データの入力

Q 0549 姓と名を別々のセルに分けたい!

A1 フラッシュフィル機能を利用します。

Excel 2019/2016/2013では、データをいくつか入力すると、入力したデータのパターンに基づいて残りのデータが自動的に入力される「フラッシュフィル」という機能が用意されています。この機能を利用すると、氏名の姓と名をかんたんに分割できます。

「姓+全角スペース+名」の形式で名前が入力されています。

1 姓を入力して、Enterを押します。

2 <データ>タブをクリックして、

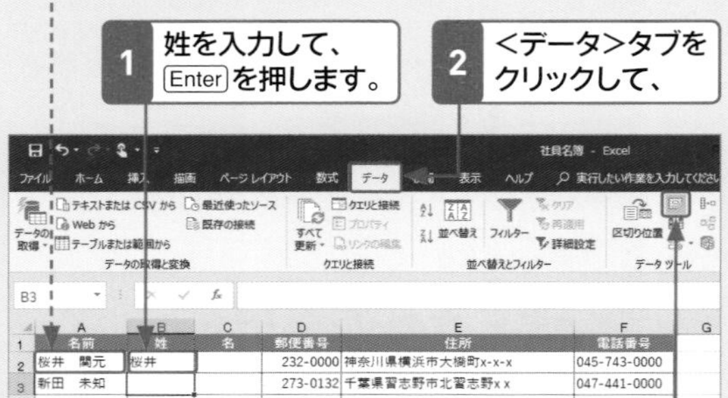

3 <フラッシュフィル>をクリックすると、

4 残りの姓が自動的に入力されます。

	A 名前	B 姓	C 名	D 郵便番号	E 住所	F 電話番号
2	桜井 関元	桜井		232-0000	神奈川県横浜市大槻町x-x-x	045-743-0000
3	新田 未知	新田		273-0132	千葉県習志野市北習志野xx	047-441-0000
4	森本 翔	森本		104-0032	東京都中央区八丁堀x-x	03-3552-0000
5	後藤 真実	後藤		130-0026	東京都墨田区両国x-x	03-5638-0000
6	高梨 業理	高梨		259-1217	神奈川県平塚市長持xxx	0463-35-0000
7	八角 大洋	八角		145-8502	東京都品川区西五反田x-x	03-3779-0000
8	坂本 秀樹	坂本		273-0132	千葉県鎌ケ谷市粟林x-x	047-441-0000
9	西田 歩夢	西田		180-0000	東京都武蔵野市吉祥寺西町xx	03-5215-0000
10	秋生 琢磨	秋生		160-0008	東京都新宿区三栄xxx	03-5362-0000
11	石川 桜	石川		160-8584	東京都新宿区信濃町xx	03-5362-0000
12	花井 愛子	花井		227-0043	神奈川県横浜市青葉区藤が丘x-x-x	04-2777-0000
13	本間 健太郎	本間		166-0013	東京都杉並区堀の内x-x	03-6765-0000

5 「名」の列も同様の方法で入力します。

	A 名前	B 姓	C 名	D 郵便番号	E 住所	F 電話番号
2	桜井 関元	桜井	関元	232-0000	神奈川県横浜市大槻町x-x-x	045-743-0000
3	新田 未知	新田	未知	273-0132	千葉県習志野市北習志野xx	047-441-0000
4	森本 翔	森本	翔	104-0032	東京都中央区八丁堀x-x	03-3552-0000
5	後藤 真実	後藤	真実	130-0026	東京都墨田区両国x-x	03-5638-0000
6	高梨 業理	高梨	業理	259-1217	神奈川県平塚市長持xxx	0463-35-0000
7	八角 大洋	八角	大洋	145-8502	東京都品川区西五反田x-x	03-3779-0000
8	坂本 秀樹	坂本	秀樹	273-0132	千葉県鎌ケ谷市粟林x-x	047-441-0000
9	西田 歩夢	西田	歩夢	180-0000	東京都武蔵野市吉祥寺西町xx	03-5215-0000
10	秋生 琢磨	秋生	琢磨	160-0008	東京都新宿区三栄xxx	03-5362-0000
11	石川 桜	石川	桜	160-8584	東京都新宿区信濃町xx	03-5362-0000
12	花井 愛子	花井	愛子	227-0043	神奈川県横浜市青葉区藤が丘x-x-x	04-2777-0000
13	本間 健太郎	本間	健太郎	166-0013	東京都杉並区堀の内x-x	03-6765-0000

A2 <区切り位置指定ウィザード>を利用します。

フラッシュフィルが利用できるのは、データに何らかの一貫性がある場合に限られます。フラッシュフィルが利用できないときや、Excel 2010の場合は、区切り文字を指定して文字列を分割する<区切り位置指定ウィザード>を利用しましょう。

1 文字が入力された1列分のセル範囲を選択して、

2 <データ>タブをクリックし、

3 <区切り位置>をクリックします。

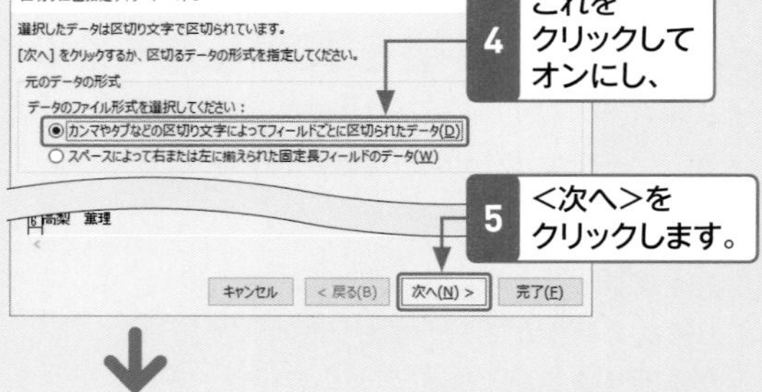

4 これをクリックしてオンにし、

5 <次へ>をクリックします。

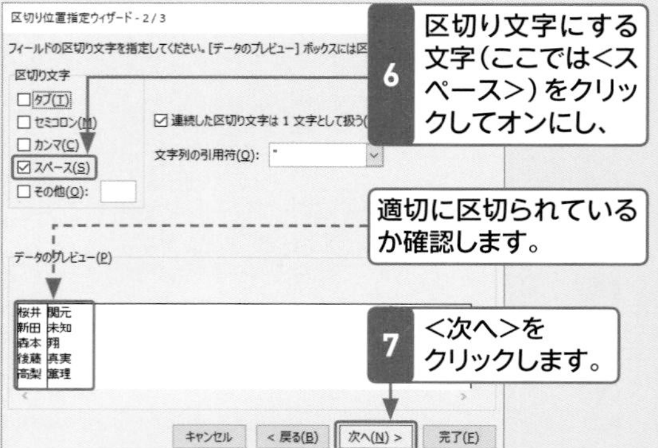

6 区切り文字にする文字(ここでは<スペース>)をクリックしてオンにし、

適切に区切られているか確認します。

7 <次へ>をクリックします。

8 区切ったあとの列のデータ形式を指定して<完了>をクリックし、続いて<OK>をクリックすると、データが分割されます。

重要度 ★★★　データの入力

Q 0550 入力したデータをほかのセルに一括で入力したい！

A Ctrl＋Dを押すと下方向に、Ctrl＋Rを押すと右方向に入力できます。

入力したデータと同じデータを下方向に入力するには、データが入力されているセルと、同じデータを入力したいセル範囲をまとめて選択し、Ctrlを押しながらDを押します。同様に、Ctrlを押しながらRを押すと、同じデータを右方向に入力できます。

● 下方向に一括で入力する場合

1 入力したデータを含めてセル範囲をまとめて選択し、

2 Ctrl＋Dを押すと、

3 同じデータが下方向に入力されます。

● 右方向に一括で入力する場合

1 入力したデータを含めてセル範囲をまとめて選択し、

	A	B	C	D	E	F
1	セール期間シフト表					
2		夏木	佐伯	渡良瀬	秋山	
3	2019/6/3(月)	通常勤務				

2 Ctrl＋Rを押すと、

3 同じデータが右方向に入力されます。

	A	B	C	D	E	F
1	セール期間シフト表					
2		夏木	佐伯	渡良瀬	秋山	
3	2019/6/3(月)	通常勤務	通常勤務	通常勤務	通常勤務	

重要度 ★★★　データの入力

Q 0551 セルに複数行のデータを表示したい！

A <書式>をクリックして、<行の高さの自動調整>をクリックします。

セルに複数の行を入力した場合、通常は行の高さが自動的に調整されますが、自動調整されずに文字が隠れてしまうときがあります。このような場合は、セルをクリックして、<ホーム>タブの<書式>をクリックし、<行の高さの自動調整>をクリックします。また、セル番号の下の境界線をダブルクリックしても、同様に自動調整されます。

この操作は、文字のサイズに合わせて行の高さが自動調整されない場合にも利用できます。

1 セルをクリックして、

2 <ホーム>タブの<書式>をクリックし、

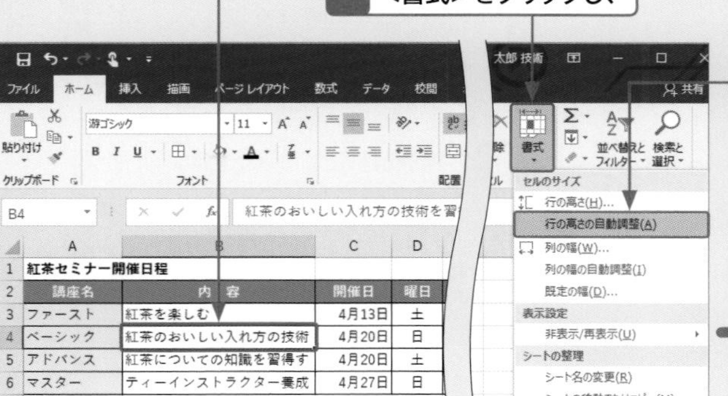

3 <行の高さの自動調整>をクリックすると、

4 セルの高さが調整されます。

	A	B	C	D	E
1	紅茶セミナー開催日程				
2	講座名	内容	開催日	曜日	時間
3	ファースト	紅茶を楽しむ	4月13日	土	13:00~15:00
4	ベーシック	紅茶のおいしい入れ方の技術を習得する	4月20日	日	11:00~13:00
5	アドバンス	紅茶についての知識を習得す	4月20日	土	10:00~12:00
6	マスター	ティーインストラクター養成	4月27日	日	13:00~15:00
7					

重要度 ★★★ データの入力

Q 0552 BackSpace と Delete の違いを知りたい！

A BackSpace はカーソルの左の文字を、Delete は右の文字を削除します。

セル内にカーソルがある場合、BackSpace を押すとカーソルの左の文字が削除され、Delete を押すとカーソルの右の文字が削除されます。
また、複数のセルを選択した場合は、BackSpace を押すと選択範囲内のアクティブセルのデータのみが削除されます。Delete を押すと選択範囲内のすべてのデータが削除されます。

● 複数のセルを選択した場合

1 複数のセルを選択します。

	A	B	C	D	E	F	G	H
1	アルバイトシフト表							
2	日	曜日	加藤	岡田	山内	天城	渋谷	
3	6月1日	土	○	×	○	×	○	
4	6月2日	日	○	×	○	×	○	
5	6月3日	月	○	×	○	×	○	
6	6月4日	火	○	○	×	○	×	
7	6月5日	水	×	○	×	○	○	
8	6月6日	木	×	○	○	○	×	

2 BackSpace を押すと、選択範囲内のアクティブセルのデータのみが削除されます。

	A	B	C	D	E	F	G	H
1	アルバイトシフト表							
2	日	曜日	加藤	岡田	山内	天城	渋谷	
3	6月1日	土		×	○	×	○	
4	6月2日	日	○	×	○	×	○	
5	6月3日	月	○	×	○	×	○	
6	6月4日	火	○	○	×	○	×	
7	6月5日	水	×	○	×	○	○	
8	6月6日	木	×	○	○	○	×	

Delete を押すと、選択範囲内のすべてのデータが削除されます。

	A	B	C	D	E	F	G	H
1	アルバイトシフト表							
2	日	曜日	加藤	岡田	山内	天城	渋谷	
3	6月1日	土						
4	6月2日	日						
5	6月3日	月						
6	6月4日	火						
7	6月5日	水						
8	6月6日	木						

重要度 ★★★ データの入力

Q 0553 セルを移動せずに入力データを確定したい！

A データの入力後に Ctrl を押しながら Enter を押します。

セルにデータを入力後、Ctrl を押しながら Enter を押すと、セルを移動せずに入力が確定されます。入力後すぐに書式を設定する場合など、セルを選択し直さずに済むので効率的です。

重要度 ★★★ データの入力

Q 0554 郵便番号を住所に変換したい！

A 「ひらがな」モードで郵便番号を入力して変換します。

入力モードを「ひらがな」にして郵便番号を入力し、Space を押すと、入力した番号に該当する住所が変換候補として表示されます。

1 「162−0846」と入力して、

	名前	郵便番号	住所1	住所2
1	名前	郵便番号	住所1	住所2
2	高木 真一	162-0846	１６２−０８４６	
3	浅田 真己	252-0318		
4	石川 秀樹	103-0012		

"162-0846"
Tab キーで予測候補を選択

2 Space を押すと、変換候補が表示されます。

	名前	郵便番号	住所1	住所2
2	高木 真一	162-0846	東京都新宿区市谷左内町	
3	浅田 真己	252-0318		
4	石川 秀樹	103-0012		

1 162-0846
2 １６２−０８４６
3 東京都新宿区市谷左内町

3 住所を選択して Enter を押すと、

4 郵便番号から住所が変換されます。

	名前	郵便番号	住所1	住所2
2	高木 真一	162-0846	東京都新宿区市谷左内町	
3	浅田 真己	252-0318		
4	石川 秀樹	103-0012		

重要度 ★★★ データの入力

Q 0555 セルのデータをすばやく削除したい！

A フィルハンドルを選択範囲内の内側にドラッグします。

セル範囲を選択したあと、フィルハンドルを選択範囲内の内側にドラッグすると、範囲内のデータが削除されます。キーボードを使用することなく、マウスだけで操作が完了するので効率的です。

また、Ctrl を押しながらドラッグすると、書式もいっしょに削除できます。

1 セル範囲を選択します。

	A	B	C	D	E	F	G
1		札幌	仙台	東京	横浜	合計	
2	1月	2,940	3,260	4,980	4,200	15,380	
3	2月	2,410	2,760	4,240	3,570	12,980	
4	3月	2,350	3,760	5,120	4,560	15,790	
5	4月	3,120	3,850	5,440	4,890	17,300	
6	5月	2,880	3,680	4,890	4,560	16,010	
7	6月	3,850	4,120	5,530	5,050	18,550	
8	上半期計	17,550	21,430	30,200	26,830	96,010	
9							

2 フィルハンドルにマウスポインターを合わせて、

3 選択範囲内の内側にドラッグすると、

	A	B	C	D	E	F	G
1		札幌	仙台	東京	横浜	合計	
2	1月	2,940	3,260	4,980	4,200	15,380	
3	2月	2,410	2,760	4,240	3,570	12,980	
4	3月	2,350	3,760	5,120	4,560	15,790	
5	4月	3,120	3,850	5,440	4,890	17,300	
6	5月	2,880	3,680	4,890	4,560	16,010	
7	6月	3,850	4,120	5,530	5,050	18,550	
8	上半期計	17,550	21,430	30,200	26,830	96,010	
9							

4 範囲内のデータが削除されます。

	A	B	C	D	E	F	G
1		札幌	仙台	東京	横浜	合計	
2	1月					0	
3	2月					0	
4	3月					0	
5	4月					0	
6	5月					0	
7	6月					0	
8	上半期計	0	0	0	0	0	
9							

重要度 ★★★ データの入力

Q 0556 先頭の小文字が大文字に変わってしまう！

A オートコレクト機能によるものです。無効にすることができます。

英単語を入力すると、先頭に入力した小文字が自動的に大文字に変換される場合があります。これは、英文の先頭文字を自動的に大文字に変換するオートコレクト機能が有効になっているためです。

この機能を無効にするには、以下の手順で＜文の先頭文字を大文字にする＞をオフにします。

1 ＜ファイル＞タブをクリックして、＜オプション＞をクリックします。

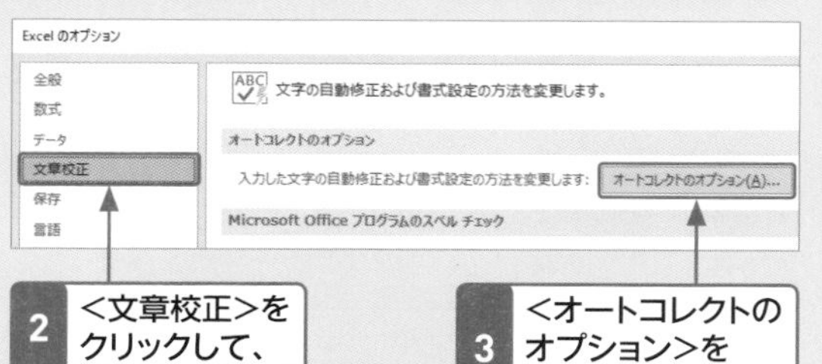

2 ＜文章校正＞をクリックして、

3 ＜オートコレクトのオプション＞をクリックします。

4 ＜オートコレクト＞をクリックして、

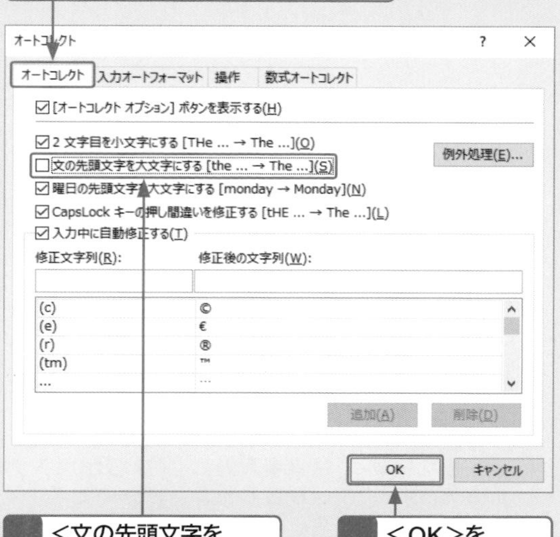

5 ＜文の先頭文字を大文字にする＞をクリックしてオフにし、

6 ＜OK＞をクリックします。

重要度 ★★★ データの入力 ⊗2010

Q 0557 タッチ操作でデータを入力したい！

A タッチキーボードを利用します。

Excel 2019/2016/2013では、タッチ操作対応のパソコンやディスプレイを利用して文字を入力できます。タッチキーボードは、画面上に表示されるキーボードです。タスクバーにある＜タッチキーボード＞をタップすると、タッチキーボードが表示されます。
＜タッチキーボード＞が表示されていない場合は、タスクバーをホールド（長押し）して、Windows 10の場合は＜タッチキーボードボタンを表示＞を、Windows 8.1/8の場合は、＜ツールバー＞から＜タッチキーボード＞をタップします。

● タッチキーボードを表示する

＜タッチキーボード＞をタップすると、タッチキーボードが表示されます。

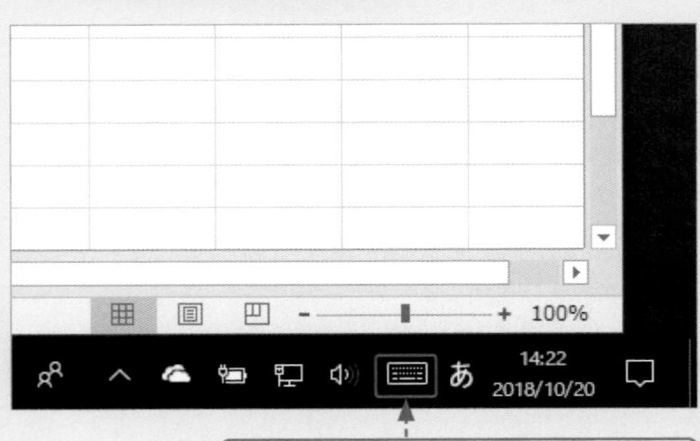

● タッチキーボードの機能

&123
記号・数字を入力するキーボードに切り替わります。再度タップすると、もとに戻ります。

Enter／確定
改行を入力したり、変換した文字を確定します。

BackSpace
カーソルの左側の文字を削除します。

閉じる
タッチキーボードを閉じます。

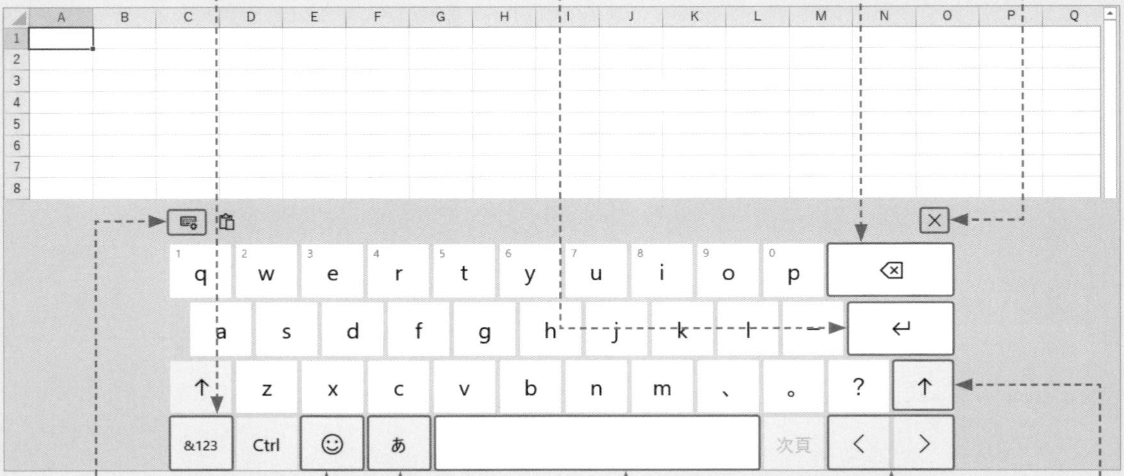

キーボード
キーボードの種類を切り替えます。

絵文字
絵文字入力に切り替わります。再度タップすると、もとに戻ります。

あ／A
ひらがな入力モードと半角英数入力モードを切り替えます。

スペース／次候補
空白を入力したり、候補を順に切り替えます。

＜／＞
矢印の方向にカーソルを移動します。

上矢印
英字の大文字と小文字入力を切り替えます。

● 日本語を入力する

1 入力するセルをタップして、 2 「k」をタップし、

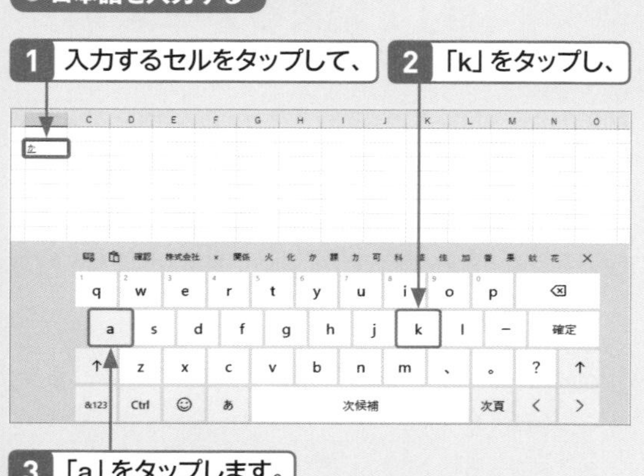

3 「a」をタップします。

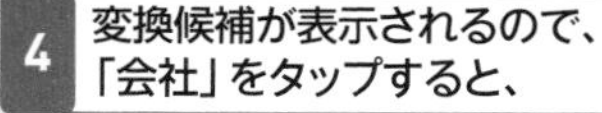

4 変換候補が表示されるので、「会社」をタップすると、

変換候補に目的の文字がない場合は、続きの文字をタップします。

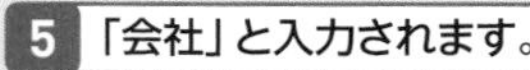

5 「会社」と入力されます。

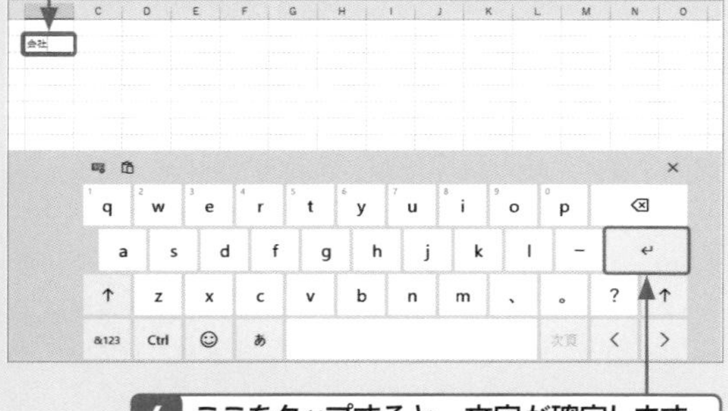

6 ここをタップすると、文字が確定します。

重要度 ★★★ データの入力 ⊗2010

Q 0558 フラッシュフィルで自動表示されたデータを確定したい！

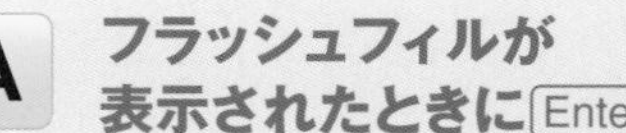

A フラッシュフィルが表示されたときにEnterを押します。

Excel 2019/2016/2013では、先頭から2つのセルに左のセルと同じパターンのデータを入力すると、入力の途中でフラッシュフィルが自動的に実行され、下のセルに入力候補が表示される場合があります。表示された候補を確定するには、Enterを押します。入力候補を確定したくない場合は、無視して入力を続けます。なお、確定後に表示される<フラッシュフィルオプション>をクリックして、<フラッシュフィルを元に戻す>をクリックすると、入力が取り消されます。

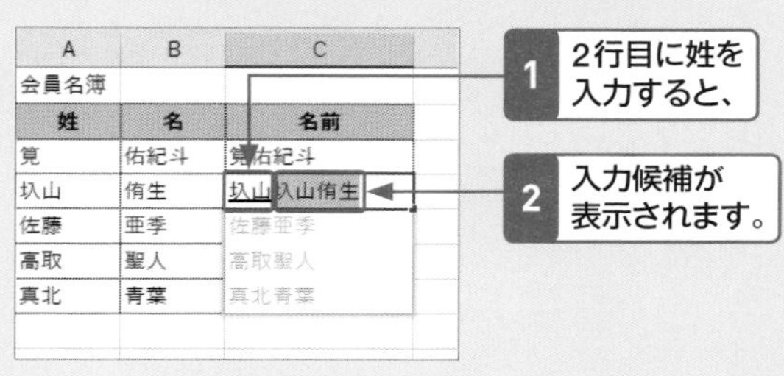

1 2行目に姓を入力すると、

2 入力候補が表示されます。

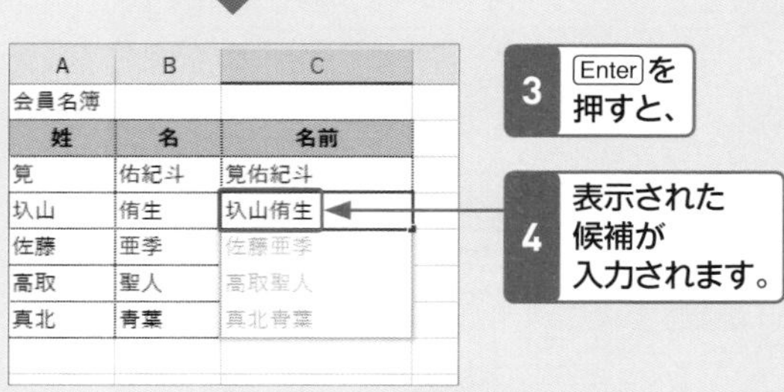

3 Enterを押すと、

4 表示された候補が入力されます。

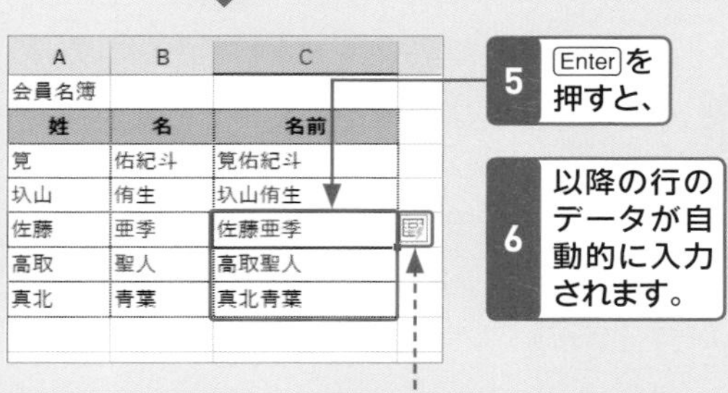

5 Enterを押すと、

6 以降の行のデータが自動的に入力されます。

ここをクリックして、<フラッシュフィルを元に戻す>をクリックすると、入力が取り消されます。

重要度★★★ データの入力

Q 0559 メールアドレスを入力するとリンクが設定される！

A 入力オートフォーマット機能によるものです。

メールアドレスやWebページのURLを入力すると、入力オートフォーマット機能により自動的にハイパーリンクが設定され、下線が付いて文字が青くなります。自動的にハイパーリンクが設定されないようにするには、下の手順で操作します。

再びハイパーリンクが設定されるようにするには、<オートコレクト>ダイアログボックスの<入力オートフォーマット>で、<インターネットとネットワークのアドレスをハイパーリンクに変更する>をオンにします。

参照 ▶ Q 0556

1 メールアドレスを入力すると、ハイパーリンクが設定されます。

1	セミナー出席者名簿		
2	番号	名前	メールアドレス
3	1	目黒　雪美	y-meguro@example.com
4	2	品田　比奈乃	
5	3	秋田　隼人	

2 ここにマウスポインターを合わせて、

3 <オートコレクトオプション>をクリックします。

4 <ハイパーリンクを自動的に作成しない>をクリックすると、

1	セミナー出席者名簿		
2	番号	名前	メールアドレス
3	1	目黒　雪美	y-meguro@example.com
4	2	品田　比奈乃	

元に戻す(U) - ハイパーリンク
ハイパーリンクを自動的に作成しない(S)
オートコレクト オプションの設定(C)...

5 ハイパーリンクが解除されます。

1	セミナー出席者名簿		
2	番号	名前	メールアドレス
3	1	目黒　雪美	y-meguro@example.com
4	2	品田　比奈乃	shinahina@example.com
5	3	秋田　隼人	akitahayato@example.com

6 以降はハイパーリンクが設定されないようになります。

重要度★★★ データの入力

Q 0560 「@」で始まるデータが入力できない！

A 先頭に「'」(シングルクォーテーション)を付けて入力します。

Excelでは、データの先頭に「@」を付けると関数と認識されるため、関数名以外の文字列は入力できません。「@」から始まる文字列を入力するときは、先頭に「'」(シングルクォーテーション)を付けて入力します。また、表示形式を「文字列」に変更してから入力する方法もあります。

参照 ▶ Q 0574

重要度★★★ データの入力

Q 0561 「/」で始まるデータが入力できない！

A 先頭に「'」(シングルクォーテーション)を付けて入力します。

Excelでは、半角英数入力の状態で「/」を押すと、ショートカットキーが表示されるように設定されています。「/」で始まるデータを入力したい場合は、先頭に「'」(シングルクォーテーション)を付けて入力します。また、セルを編集できる状態にして「/」を入力する方法もあります。

重要度★★★ データの入力

Q 0562 1つのセルに何文字まで入力できる？

A 32,767文字まで入力できます。

Excelでは、1つのセルに32,767文字まで入力することができます。セル内の文字数が1,024を超える場合、1,024文字以降はセルには表示されませんが、ワークシートの行の高さと列幅を増やすと、表示できる場合があります。また、セルを編集したり選択した際に、数式バーには表示されます。

重要度★★★ データの入力

Q 0563 メッセージが出てデータが入力できない！

A シートが保護されています。シートの保護を解除しましょう。

データを入力しようとすると、「～保護されているシート上にあります」というメッセージ画面が表示される場合は、「シートの保護」が設定されています。シートの保護とは、データが変更されたり、移動、削除されたりしないように、保護する機能です。
データを入力する必要がある場合は、シートの保護を解除します。パスワードが設定されている場合は、パスワードを入力する必要があります。

参照▶Q 1117, Q 1118

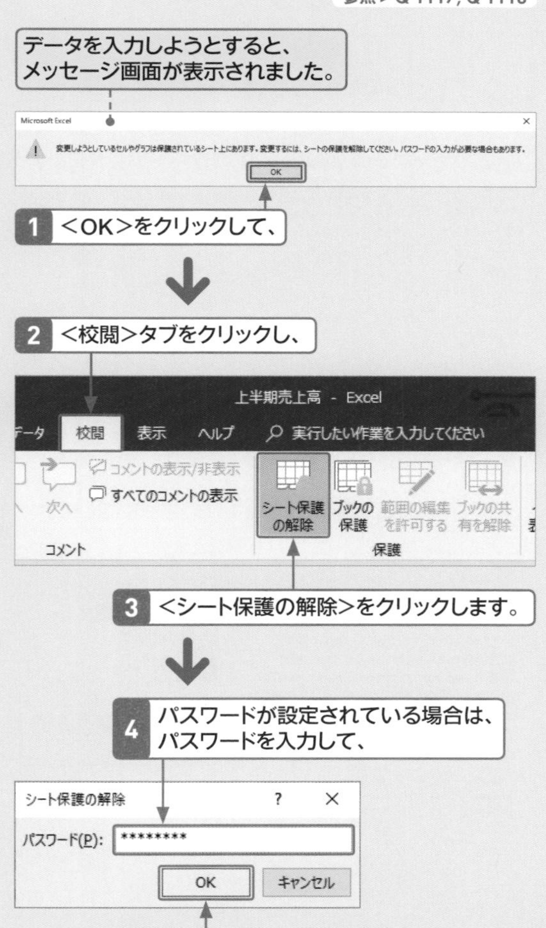

重要度★★★ データの入力

Q 0564 セルごとに入力モードを切り替えたい！

A データの入力規則を設定しましょう。

データの入力規則の機能を利用すると、セルの選択時に、指定した入力モードに自動的に切り替わるように設定できます。住所録の入力など、頻繁に入力モードの切り替えが必要な場合に利用すると便利です。

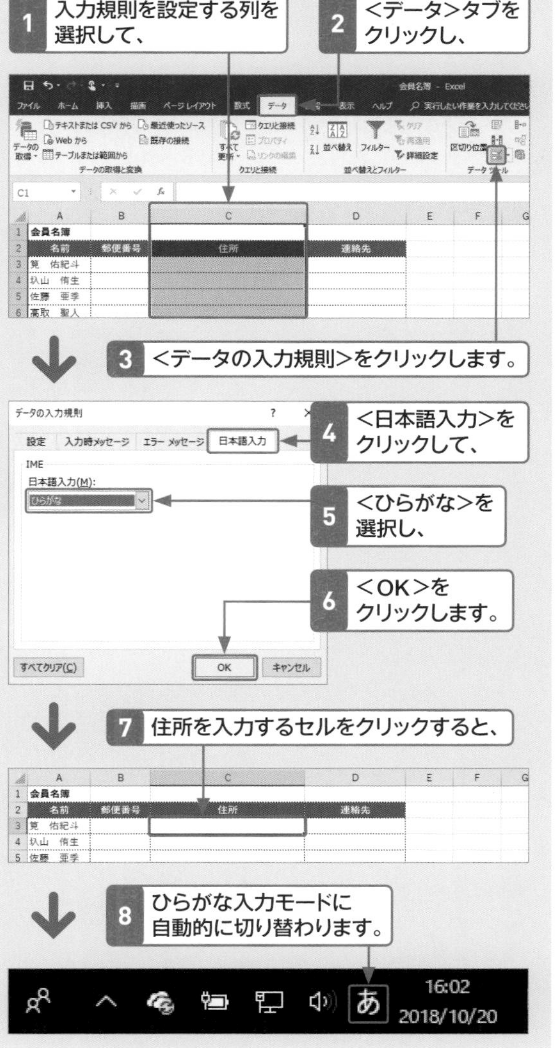

重要度 ★★★ データの入力

Q 0565 スペルミスがないかどうか調べたい!

A F7を押して、スペルチェックを行います。

入力した英単語のスペルに間違いがないかを調べるには、「スペルチェック」機能を利用します。<校閲>タブの<スペルチェック>を利用する方法もありますが、F7を使ったほうが簡単に実行できます。
なお、単語が辞書に登録されていない場合もスペルミスとされることがありますが、その場合は、<無視>をクリックします。

1 セル[A1]をクリックして、F7を押します。

2 スペルミスの単語があると、そのセルがアクティブになり、

3 <スペルチェック>ダイアログボックスが表示されます。

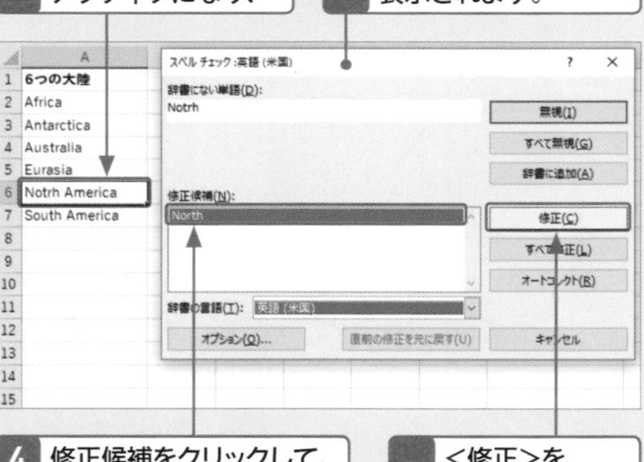

4 修正候補をクリックして、

5 <修正>をクリックすると、

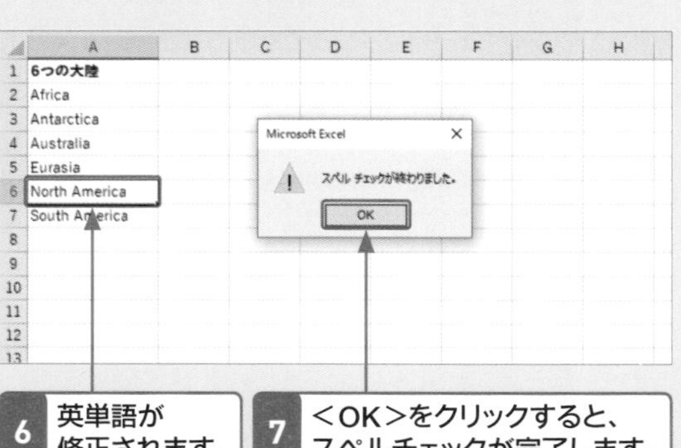

6 英単語が修正されます。

7 <OK>をクリックすると、スペルチェックが完了します。

重要度 ★★★ データの入力

Q 0566 入力中のスペルミスが自動修正されるようにしたい!

A 間違えやすいスペルをオートコレクトに登録します。

間違えやすいスペルがある場合は、「オートコレクト」に間違ったスペルと正しいスペルを登録しておくと便利です。オートコレクトに単語を登録しておくと、間違えて入力したスペルを自動的に変換してくれます。

1 <ファイル>タブをクリックして<オプション>をクリックします。

2 <文章校正>をクリックして、

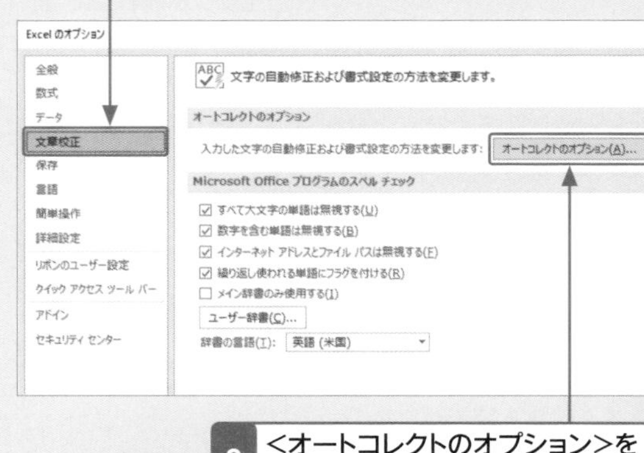

3 <オートコレクトのオプション>をクリックします。

4 <オートコレクト>をクリックして、

5 <入力中に自動修正する>がオンになっていることを確認します。

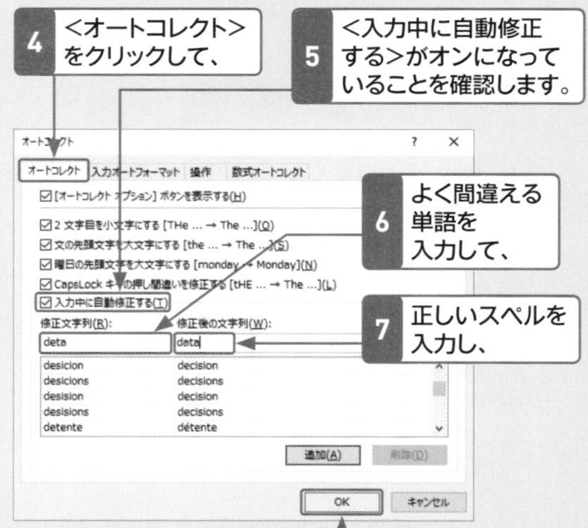

6 よく間違える単語を入力して、

7 正しいスペルを入力し、

8 <OK>をクリックします。

重要度 ★★★ 数値の入力

Q 0567 小数点が自動で入力されるようにしたい!

A <Excelのオプション>の<詳細設定>で設定します。

小数データを続けて入力する場合、数値を「12345」と入力すると、「123.45」のように自動的に小数点が付くと便利です。小数点を自動で入力するには、<Excelのオプション>ダイアログボックスで設定します。
なお、あらかじめ小数点を付けて入力した場合は、入力した小数点が優先され、この設定は無視されます。

1 <ファイル>タブをクリックして<オプション>をクリックします。

2 <詳細設定>をクリックして、

3 <小数点位置を自動的に挿入する>をクリックしてオンにします。

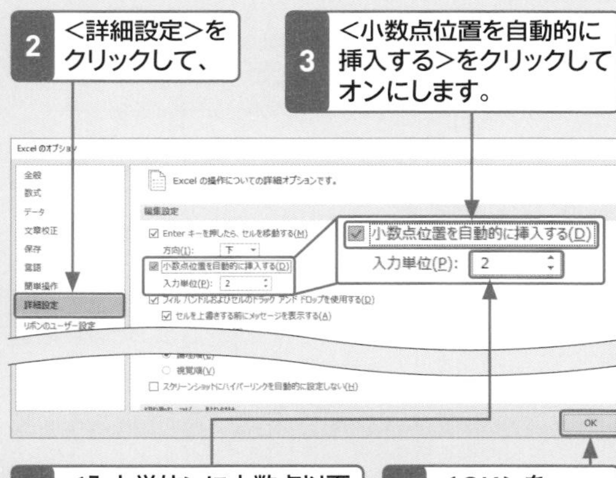

4 <入力単位>に小数点以下の桁数を指定し、

5 <OK>をクリックします。

6 「12345」と入力して、Enterを押すと、

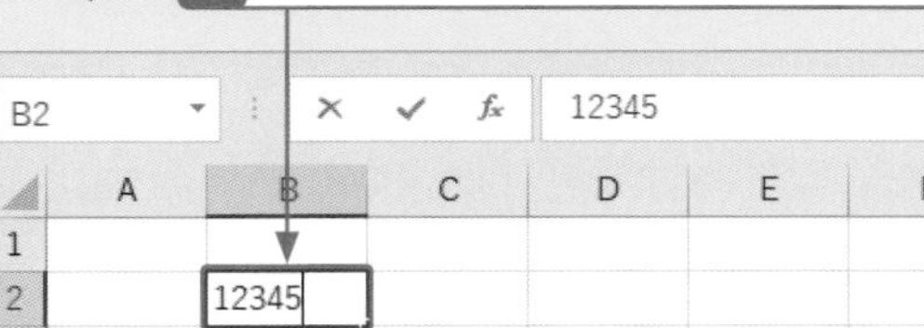

7 「123.45」と表示されます。

123.45

重要度 ★★★ 数値の入力

Q 0568 数値が「####」に変わってしまった!

A セル内に数値が収まるように調整します。

セルの幅に対して数値の桁数が大きすぎるため、セル内に数値が収まっていない場合は、「#####」のように表示されます。このような場合は、列幅を広げる、フォントサイズを小さくする、文字を縮小して表示するなどして、セル内に数値が収まるように調整します。

参照 ▶ Q 0635, Q 0709, Q 0729

数値が「####」と表示された場合は…

	東日本商品区分別売上					
2		キッチン	収納家具	ガーデン	防災	合計
3	札幌	3,145,320	2,277,520	987,560	767,920	7,178,320
4	仙台	3,900,350	3,162,200	2,737,560	1,013,120	#######
5	東京	5,795,280	4,513,520	3,627,400	857,920	#######
6	横浜	5,795,280	4,513,520	3,627,400	857,920	#######
7	合計	#######	#######	#######	3,496,880	#######

列幅を広げる

	東日本商品区分別売上					
2		キッチン	収納家具	ガーデン	防災	合計
3	札幌	3,145,320	2,277,520	987,560	767,920	7,178,320
4	仙台	3,900,350	3,162,200	2,737,560	1,013,120	10,813,230
5	東京	5,795,280	4,513,520	3,627,400	857,920	14,794,120
6	横浜	5,795,280	4,513,520	3,627,400	857,920	14,794,120
7	合計	18,636,230	14,466,760	10,979,920	3,496,880	47,579,790

フォントサイズを小さくする

	東日本商品区分別売上					
2		キッチン	収納家具	ガーデン	防災	合計
3	札幌	3,145,320	2,277,520	987,560	767,920	7,178,320
4	仙台	3,900,350	3,162,200	2,737,560	1,013,120	10,813,230
5	東京	5,795,280	4,513,520	3,627,400	857,920	14,794,120
6	横浜	5,795,280	4,513,520	3,627,400	857,920	14,794,120
7	合計	18,636,230	14,466,760	10,979,920	3,496,880	47,579,790

縮小して表示する

	東日本商品区分別売上					
2		キッチン	収納家具	ガーデン	防災	合計
3	札幌	3,145,320	2,277,520	987,560	767,920	7,178,320
4	仙台	3,900,350	3,162,200	2,737,560	1,013,120	10,813,230
5	東京	5,795,280	4,513,520	3,627,400	857,920	14,794,120
6	横浜	5,795,280	4,513,520	3,627,400	857,920	14,794,120
7	合計	18,636,230	14,466,760	10,979,920	3,496,880	47,579,790

重要度 ★★★　数値の入力

Q 0569 入力したデータをそのままセルに表示したい！

A セルの表示形式を目的の書式に設定します。

セルに「,」や「%」付きの数値データを入力すると、Excelは純粋な数値だけを取り出して記憶し、画面に表示するときは「表示形式」に従って数値を表示します。通常は、入力データに近い表示形式が自動設定されるため、ほぼ入力したとおりに表示されます。

数値が目的の書式で表示されない場合は、＜ホーム＞タブの＜数値の書式＞（Excel 2013/2010では＜表示形式＞）や、＜セルの書式設定＞ダイアログボックスから表示形式を設定します。

● ＜数値の書式＞（＜表示形式＞）で設定する

1 ＜ホーム＞タブの＜数値の書式＞のここをクリックして、

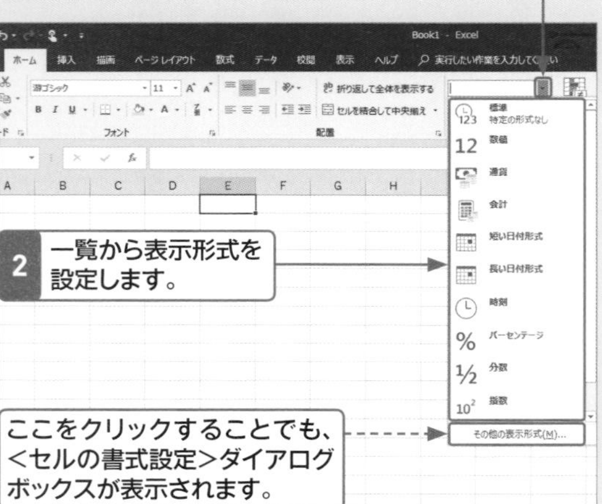

● ＜セルの書式設定＞ダイアログボックスで設定する

1 ＜ホーム＞タブの＜数値＞グループのここをクリックして、

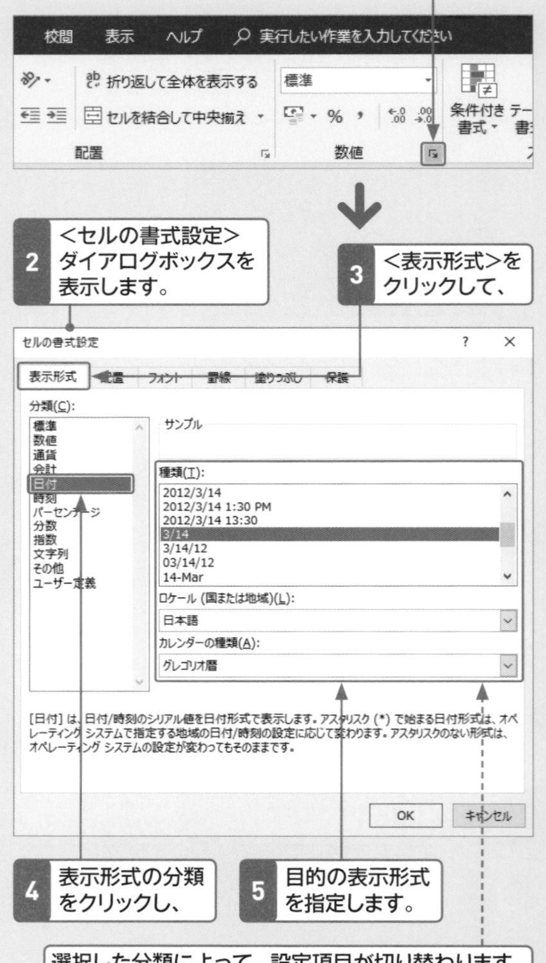

重要度 ★★★　数値の入力

Q 0570 数値が「3.14E+11」のように表示されてしまった！

A セルの幅を広げるか、セルの表示形式を変更します。

セルの表示形式が「標準」の場合、数値の桁数が大きすぎると、セル内に数値が収まらず、「3.14E+11」のような指数形式で表示されることがあります。この「3.14E+11」には「3.14×10^{11}」という意味があり、「314,000,000,000」と同じ値です。

また、表示形式が「指数」の場合は、数値の桁数にかかわらず指数形式で表示されます。この場合は、セルの表示形式を「数値」や「通貨」などに変更します。

参照 ▶ Q 0569

重要度 ★★★　数値の入力

Q 0571 分数を入力したい！

A1 分数の前に「0」と半角スペースを入力します。

たとえば、「3/5」と入力して確定すると「3月5日」と表示され、日付として認識されてしまいます。「3/5」のような分数を入力したい場合は、分数の前に「0」と半角スペースを入力します。
また、分数を入力すると自動的に約分されます。たとえば「0 2/10」と入力すると「1/5」と表示されます。この場合、<ユーザー定義>の表示形式を作成して、分母の数値を指定することができます。

参照▶Q 0686

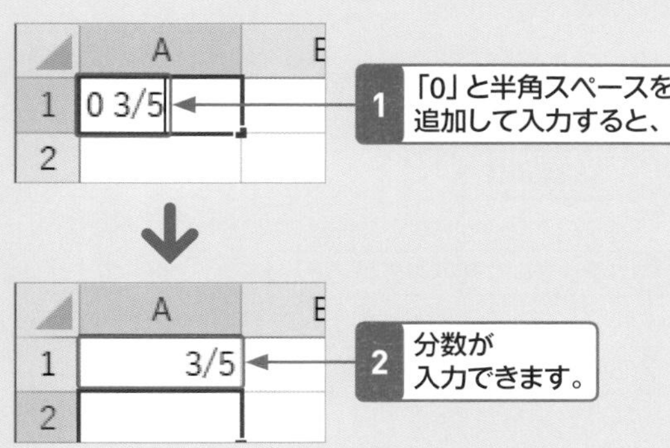

A2 セルの表示形式を分数に変更します。

分数を入力するセルをクリックして、<ホーム>タブの<数値の書式>（Excel 2013/2010では<表示形式>）の ▾ をクリックし、<分数>をクリックすると、分数が入力できるようになります。

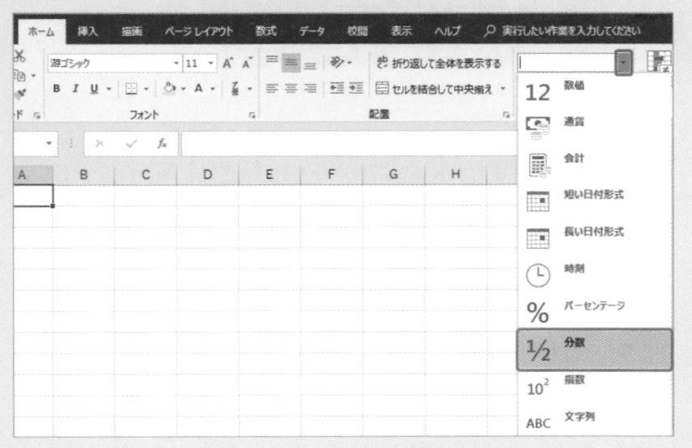

重要度 ★★★　数値の入力

Q 0572 $\frac{1}{3}$ と実際の分数のように表示させたい！

A <数式ツール>や<インク数式>を利用します。

<挿入>タブの<数式>をクリックすると表示される<数式ツール>や<インク数式>を利用すると、画像として挿入することができます。ただし、計算には使用できません。

参照▶Q 0544

重要度 ★★★　数値の入力

Q 0573 小数点以下の数字が表示されない！

A <小数点以下の表示桁数を増やす>を利用します。

たとえば、「0.025」と入力しても小数点以下の数字が表示されず「0」と表示される場合は、表示形式の小数点以下の桁数が「0」になっている可能性があります。
この場合は、<ホーム>タブの<小数点以下の表示桁数を増やす>をクリックすると、表示する小数点以下の桁数を1桁ずつ増やすことができます。<小数点以下の表示桁数を減らす>をクリックすると、表示する小数点以下の桁数を1桁ずつ減らすことができます。

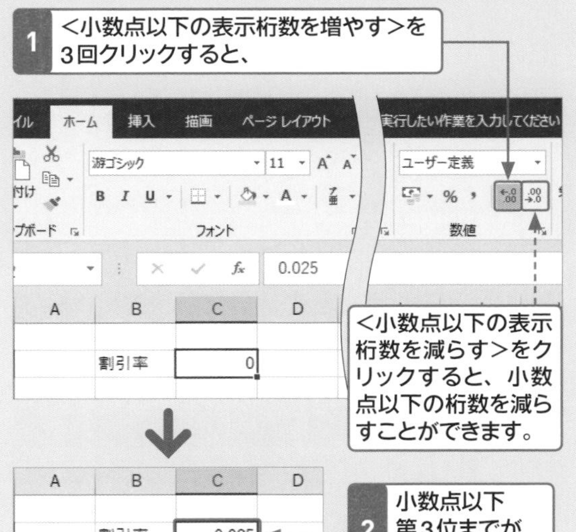

重要度 ★★★ 数値の入力

Q 0574 「001」と入力すると「1」と表示されてしまう!

A 表示形式を「文字列」に変更してから入力します。

Excelでは、数値の先頭の「0」(ゼロ)は、入力しても確定すると消えてしまいます。「01」「001」のように数値の先頭に「0」が必要な場合は、表示形式を「文字列」に変更してから入力します。

なお、数値を文字列として入力すると、エラーインジケーターが表示されますが、無視しても構いません。気になる場合は、非表示にすることもできます。

参照▶Q 0775

1 目的のセルを範囲選択して、<ホーム>タブの<数値の書式>(Excel 2013/2010では<表示形式>)のここをクリックし、

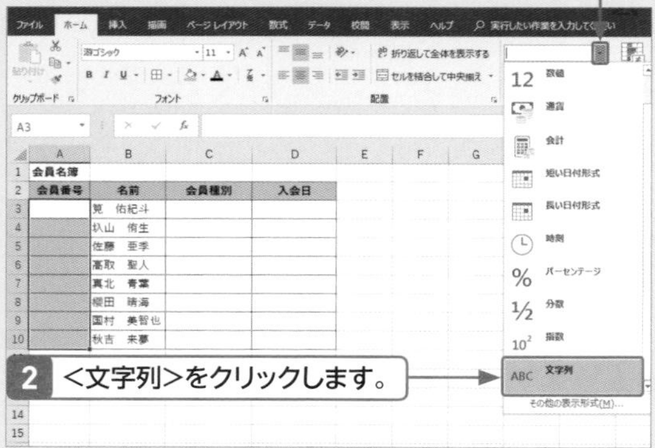

2 <文字列>をクリックします。

3 「011」と入力して、Enterを押すと、

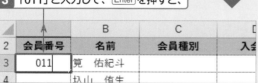

	A	B	C	D
2	会員番号	名前	会員種別	入会
3	011	筧 佑紀斗		
4		扒山 侑生		

4 先頭に「0」が付く数値が入力されます。

	A	B	C	D
2	会員番号	名前	会員種別	入会
3	011	筧 佑紀斗		
4		扒山 侑生		

セルにエラーインジケーターが表示されます。

重要度 ★★★ 数値の入力

Q 0575 小数点以下の数値が四捨五入されてしまう!

A セル幅に合わせて四捨五入されています。

表示形式を「標準」にしている場合、小数点以下の桁数がセル幅に対して大きいときは、自動的にセル幅に合わせて四捨五入されます。しかし、実際に入力した数値は四捨五入されていないので、列幅を広げると数値が四捨五入されずに表示されます。

なお、セルの幅に関係なく、小数点以下の桁数を設定することもできます。

参照▶Q 0681

数値がセル幅に合わせて四捨五入されています。

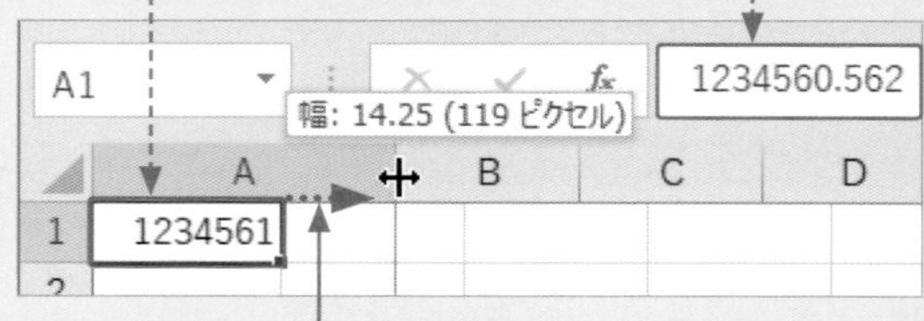

1 ドラッグして列幅を広げると、

2 四捨五入されずに表示されます。

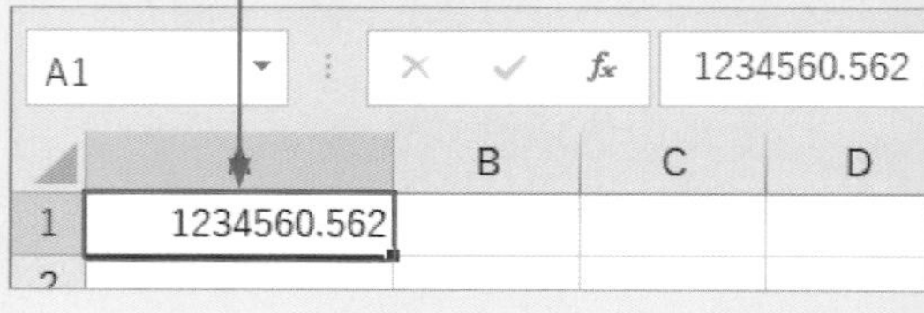

重要度 ★★★ 数値の入力

Q 0576 16桁以上の数値を入力できない!

A 数値の有効桁数は15桁です。

Excelでは、数値の有効桁数は15桁です。表示形式が「数値」の場合、セルに16桁以上の数値を入力すると、16桁以降の数字が「0」に置き換えられて表示されます。

なお、表示形式を「標準」にすると、桁数の多い数値は指数形式で表示されます。

参照▶Q 0570

Q 0577 数値を「0011」のように指定した桁数で表示したい！

A セルの表示形式で桁数分の「0」を指定します。

たとえば、商品番号が4桁に設定されていて「0011」から始まるような場合、数値の先頭の「0」は、入力しても確定すると消えてしまいます。
このような場合は、セルの表示形式を設定して、「11」と入力して確定すると、足りない桁数分の「0」が自動的に補完され、「0011」と表示されるように設定します。入力した数値は計算に利用できます。

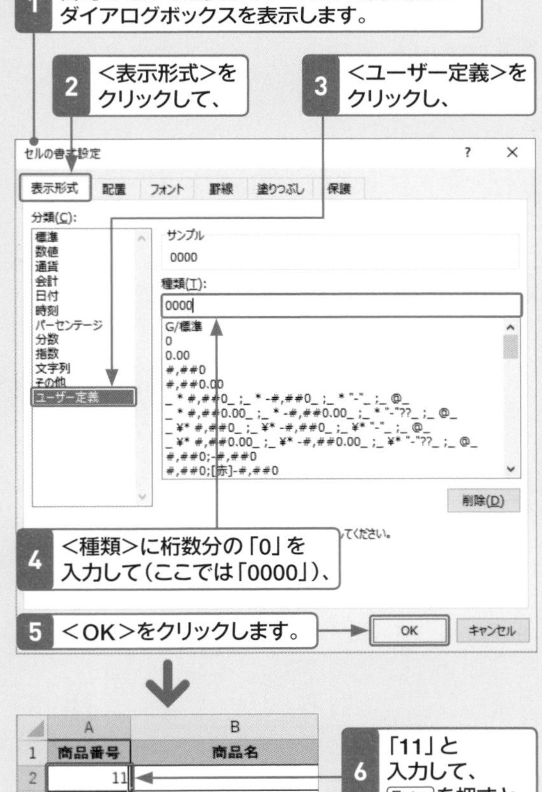

	A	B
1	商品番号	商品名
2	11	
3		

6 「11」と入力して、Enterを押すと、

	A	B
1	商品番号	商品名
2	0011	
3		

7 「0011」と表示されます。

Q 0578 「(1)」と入力したいのに「-1」に変換されてしまう！

A「'」(シングルクォーテーション)を付けて入力します。

Excelでは、「(1)」「(2)」…のようなカッコ付きの数値を入力すると、負の数字と認識され「-1」「-2」…と表示されます。カッコ付きの数値をそのまま表示させたい場合は、先頭に「'」(シングルクォーテーション)を付けて入力します。
また、セルの表示形式を「文字列」に変更してから入力してもカッコ付きの数値が入力できます。

参照 ▶ Q 0574

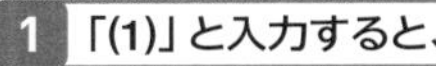

	A	B	C	D	E
1					
2		(1)			
3					

2 負の数字として認識されます。

	A	B	C	D	E
1					
2		-1			
3					

● 「'」(シングルクォーテーション)を付けて入力すると…

1 「'」に続いて「(1)」と入力すると、

	A	B	C	D	E
4					
5		'(1)			
6					

2 文字列として認識され、正しく表示されます。

	A	B	C	D	E
4					
5		(1)			
6					

重要度 ★★★ 日付の入力

Q 0579 「2019/4」と入力したいのに「Apr-19」になってしまう!

A セルの表示形式で「yyyy/m」と設定します。

「2019/4」のように年数と月数だけを入力すると、初期設定では「Apr-19」のように「英語表記の月-2桁の年数」の書式で表示されます。

「年／月」と入力したい場合は、目的のセルをクリックして、＜セルの書式設定＞ダイアログボックスを表示し、「yyyy/m」と設定します。「yyyy」は4桁の西暦を、「m」は月数を表す書式記号です。

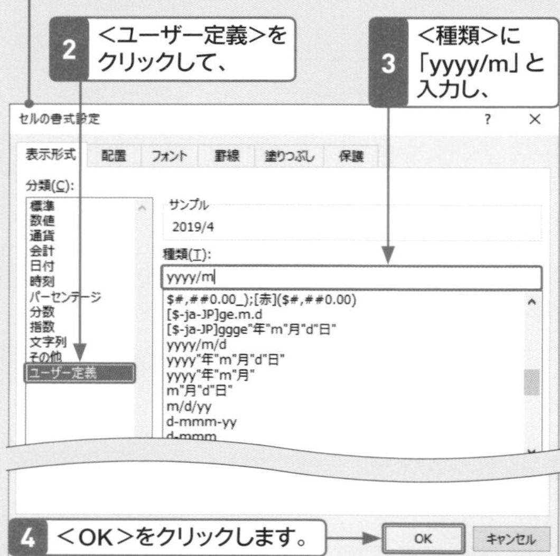

重要度 ★★★ 日付の入力

Q 0580 「1-2-3」と入力したいのに「2001/2/3」になってしまう!

A 表示形式を「文字列」に変更してから入力します。

住所の番地の「1-2-3」のように、数値を「-」(ハイフン)で区切って入力すると、そのデータは日付として認識され、自動的に「日付」の表示形式が設定されます。このため、「1-2-3」は「2001/2/3」と表示されてしまいます。このような場合は、データを文字として扱うために、表示形式を「文字列」に変更してから入力します。また、先頭に「'」(シングルクォーテーション)を付けて入力しても、文字列として入力できます。

参照▶Q 0574

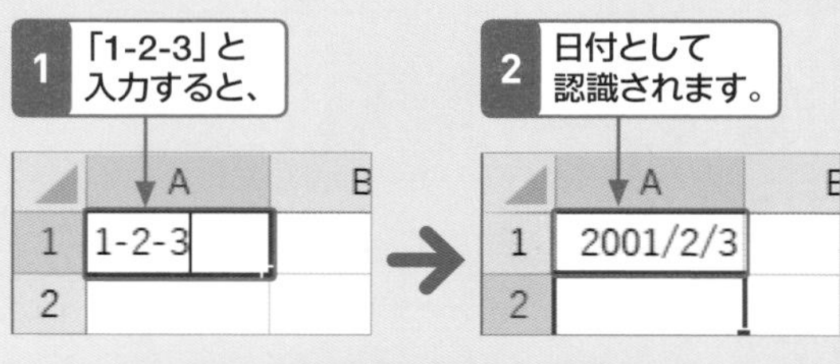

● 表示形式を「文字列」に変更すると…

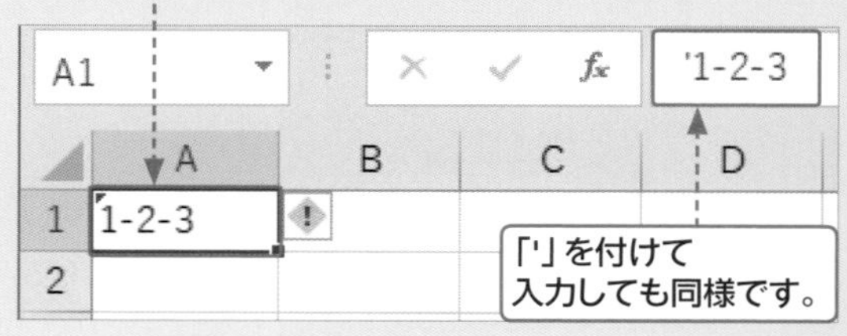

重要度 ★★★ 日付の入力

Q 0581 同じセルに日付と時刻を入力したい!

A 日付と時刻を半角スペースで区切って入力します。

日付と時刻を同じセルに続けて入力するには、日付と時刻の間に半角スペースを入力して「2019/4/15 10:30」のように入力します。

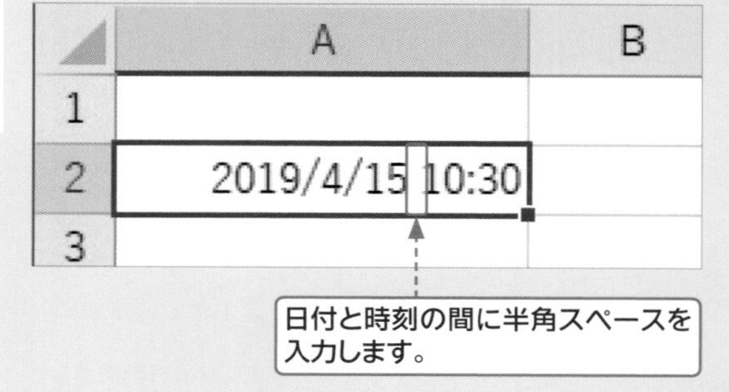

重要度 ★★★　日付の入力

Q 0582 現在の日付や時刻をかんたんに入力するには？

A Ctrlを押しながら;や:を押します。

今日の日付を入力する場合はCtrlを押しながら;（セミコロン）を、現在の時刻を入力する場合Ctrlを押しながら:（コロン）を押します。入力されるデータはその時点のものです。最新の日付や時刻に自動的に更新されるようにするには、TODAY関数やNOW関数を使用します。

参照▶Q 0876

Ctrl +[;]を押すと、今日の日付が入力されます。

▲	A	B	C
1			
2		今日の日付	2019/2/18
3			
4		現在の時刻	18:28
5
7			

Ctrl +[:]を押すと、現在の時刻が入力されます。

重要度 ★★★　日付の入力

Q 0583 和暦で入力したのに西暦で表示されてしまう！

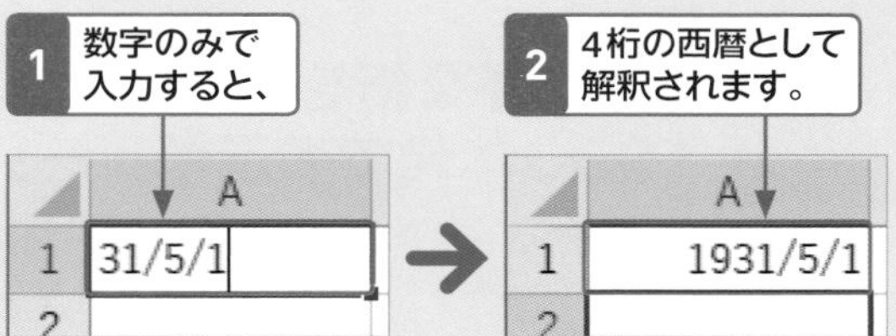

● 年号を表す記号を付けて入力すると…

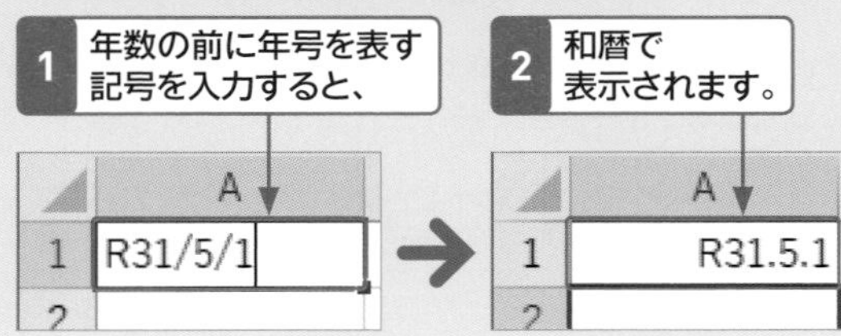

A 年号を表す記号を付けて入力します。

セルに「31/4/15」のように、年数を和暦のつもりで入力しても、Excelでは「1931/4/15」のような4桁の西暦として解釈されます。和暦の日付を正しく表示するには、年数の前に「R」（令和）「H」（平成）といった年号を表す記号を付けて入力する必要があります。
なお、<セルの書式設定>ダイアログボックスで、日付の表示形式を和暦に設定することもできます。

参照▶Q 0586, Q 0693

1 年数の前に年号を表す記号を入力すると、

▲	A
1	R31/5/1
2	

➡

2 和暦で表示されます。

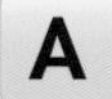

重要度 ★★★　日付の入力

Q 0584 時刻を12時間制で入力するには？

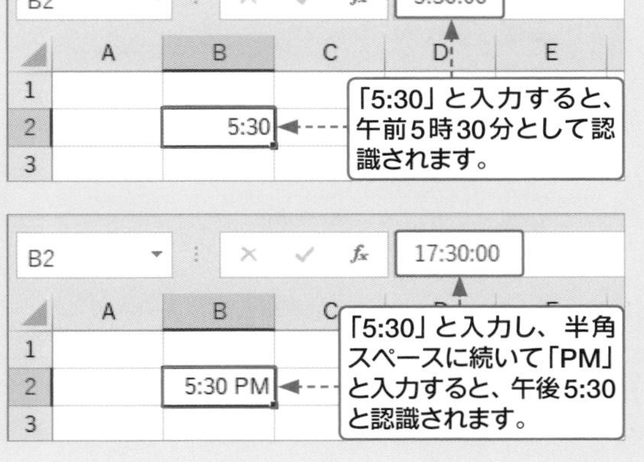

5:30:00
5:30
「5:30」と入力すると、午前5時30分として認識されます。
17:30:00
5:30 PM
「5:30」と入力し、半角スペースに続いて「PM」と入力すると、午後5:30と認識されます。

A 半角スペースと「AM」または「PM」を追加します。

セルに「5:30」と入力すると、午前5時30分として認識されます。12時間制で時刻を認識させるには、「5:30 PM」のように、時刻のあとに半角スペースと「AM」または「PM」を入力します。

重要度 ★★★　日付の入力

Q 0585 日付を入力すると「43570」のように表示される！

A 表示形式を「日付」に変更します。

数値、通貨、会計、分数、文字列などの表示形式が設定されているセルに、「2019/4/15」のような日付を入力すると、「43570」のような数値が表示されます。この数値は「シリアル値」と呼ばれています。日付を正しく表示させるには、セルの表示形式を「日付」に変更します。

参照▶Q 0569, Q 0858

「2019/4/15」と入力すると、「43570」と表示されました。

	A	B	C	D
1	43570			
2				

表示形式を「日付」に変更すると、日付が正しく表示されます。

	A	B	C	D
1	2019/4/15			
2				

重要度 ★★★　日付の入力

Q 0586 西暦の下2桁を入力したら1900年代で表示された！

A 「30」～「99」は1900年代と解釈されます。

Windowsの初期設定では、2桁の年数は「30」～「99」が1900年代、「0」～「29」が2000年代と解釈されるので、意図しない年代で表示されることがあります。これを避けるには、下の手順で設定を変更します。

1 検索ボックスに「コントロールパネル」と入力して、<コントロールパネル>をクリックします。

2 <日付、時刻、または数値の形式の変更>をクリックして、

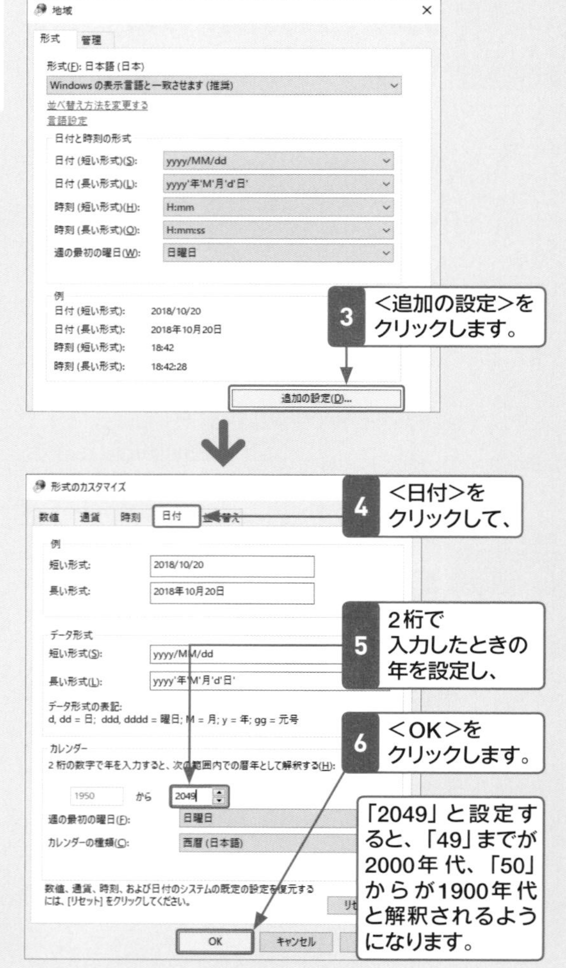

重要度★★★　連続データの入力

Q 0587 月曜日から日曜日までをかんたんに入力したい！

A オートフィル機能を利用します。

「日曜日」「月曜日」「1月」「2月」などの曜日や日付、「第1四半期」「第2四半期」のような数値と文字の組み合わせなど、規則正しく変化するデータを効率よく入力するには、「オートフィル」機能を利用します。オートフィルは、セルの値をもとに隣接するセルに連続したデータを入力したり、セルのデータをコピーしたりする機能です。

オートフィルを利用するには、初期値となるデータを選択して、「フィルハンドル」（右上図参照）を下方向か右方向にドラッグします。

なお、連続データが作成されるデータのリストは、「ユーザー設定リスト」に登録されています。はじめに確認してみましょう。

● ユーザー設定リストを確認する

1 <ファイル>タブをクリックして、<オプション>をクリックします。

2 <詳細設定>をクリックして、

3 <ユーザー設定リストの編集>をクリックすると、

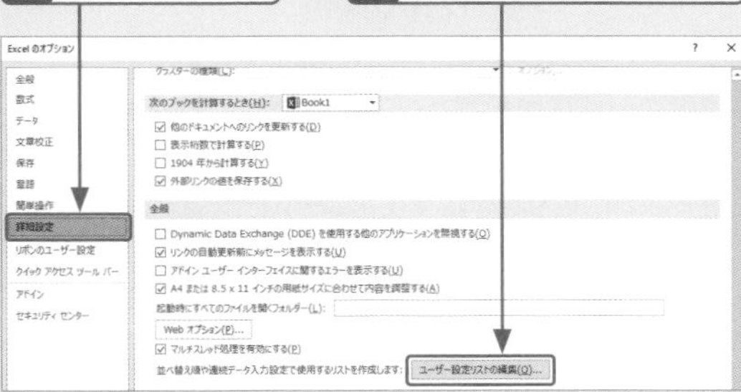

4 連続データとして扱われるデータを確認できます。

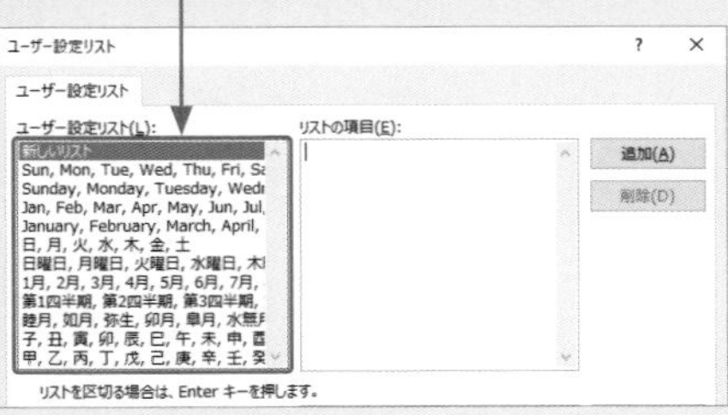

● フィルハンドル

	A	B
1	週間予定表	
2	日付	曜日
3	6月3日	月
4	6月4日	

セルの右下隅にある四角形がフィルハンドルです。

● オートフィルを利用する

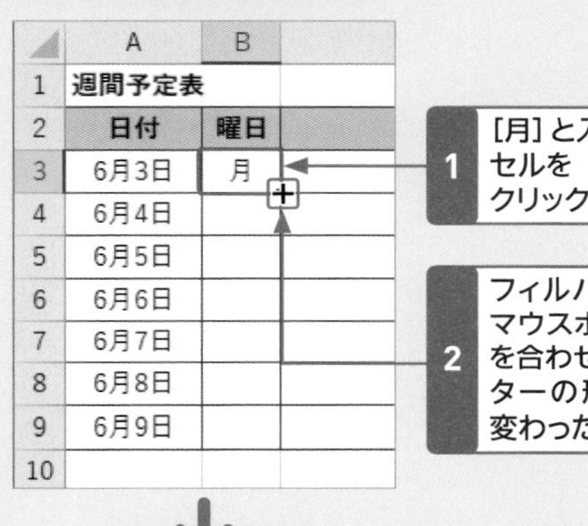

	A	B
1	週間予定表	
2	日付	曜日
3	6月3日	月
4	6月4日	
5	6月5日	
6	6月6日	
7	6月7日	
8	6月8日	
9	6月9日	
10		日

3 ドラッグすると、

	A	B
1	週間予定表	
2	日付	曜日
3	6月3日	月
4	6月4日	火
5	6月5日	水
6	6月6日	木
7	6月7日	金
8	6月8日	土
9	6月9日	日
10		

4 月曜日から日曜日までの連続データが入力されます。

重要度 ★★★　連続データの入力

Q 0588 オリジナルの連続データを入力したい!

A 新しいユーザー設定リストを作成します。

支店名や部署名など、オリジナルの連続データを効率よく入力したい場合は、<ユーザー設定リスト>ダイアログボックスに、その連続データを登録します。
なお、下の手順ではダイアログボックスに直接データを入力していますが、データを入力したセル範囲を択し、<ユーザー設定リスト>ダイアログボックスで<インポート>をクリックしても、登録できます。

1 <ファイル>タブをクリックして、<オプション>をクリックします。

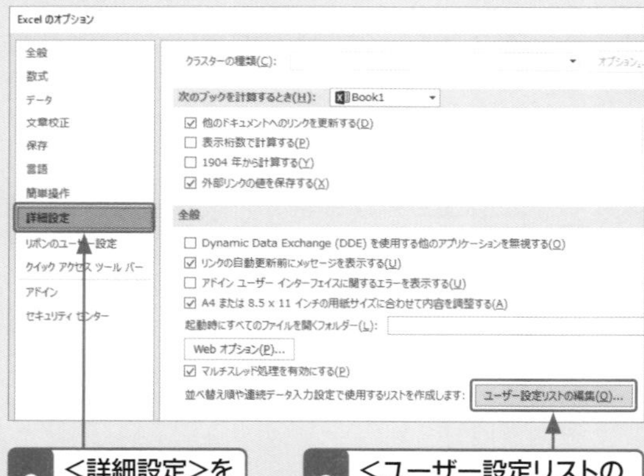

2 <詳細設定>をクリックして、

3 <ユーザー設定リストの編集>をクリックします。

4 連続データを改行しながら入力し、

5 <OK>をクリックして、

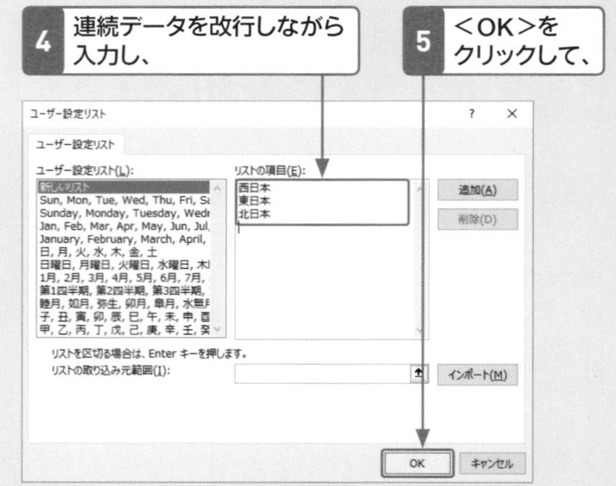

6 <Excelのオプション>ダイアログボックスの<OK>をクリックします。

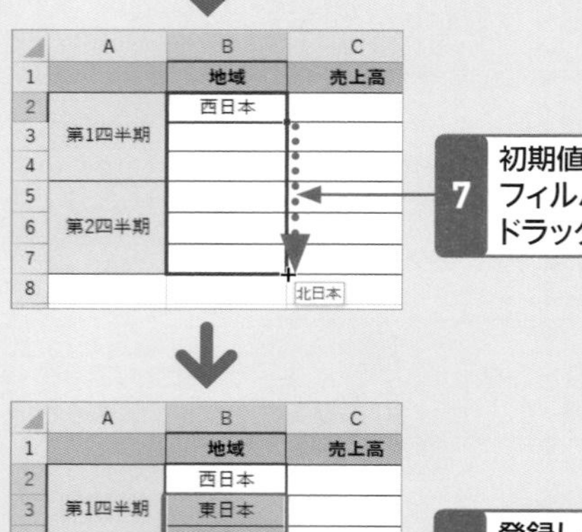

7 初期値を入力してフィルハンドルをドラッグすると、

	A	B	C
1		地域	売上高
2	第1四半期	西日本	
3		東日本	
4		北日本	
5	第2四半期	西日本	
6		東日本	
7		北日本	
8			

8 登録した連続データが入力されます。

重要度 ★★★　連続データの入力

Q 0589 オートフィル機能が実行できない!

A <Excelのオプション>ダイアログボックスで設定を変更します。

フィルハンドルが実行できない、またはフィルハンドルが表示されない場合は、フィルハンドルが無効に設定されています。<Excelのオプション>ダイアログボックスの<詳細設定>を表示して、<フィルハンドルおよびセルのドラッグアンドドロップを使用する>をオンにします。

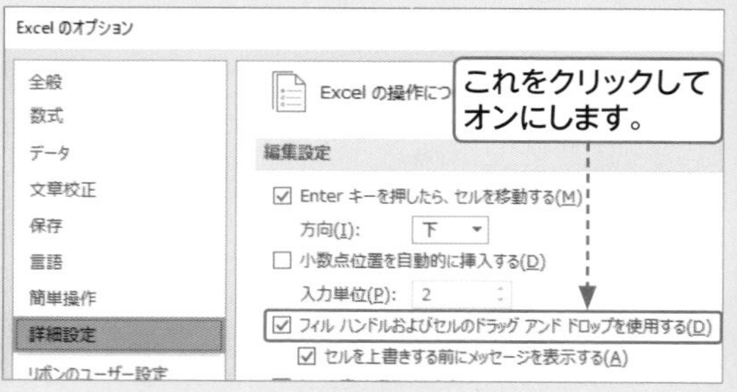

重要度 ★★★　連続データの入力

Q 0590 数値の連続データをかんたんに入力したい！

A 初期値のセルを2つ選択し、フィルハンドルをドラッグします。

初期値が「数値」の場合、フィルハンドルをドラッグしても、連続データが入力されず数値がコピーされます。数値の連続データを入力するには、セルに2つの初期値を入力し、両方のセルを選択してフィルハンドルをドラッグします。また、Ctrlを押しながらフィルハンドルをドラッグしても、連続データを入力できます。

● 1つずつ増加する数値を入力する

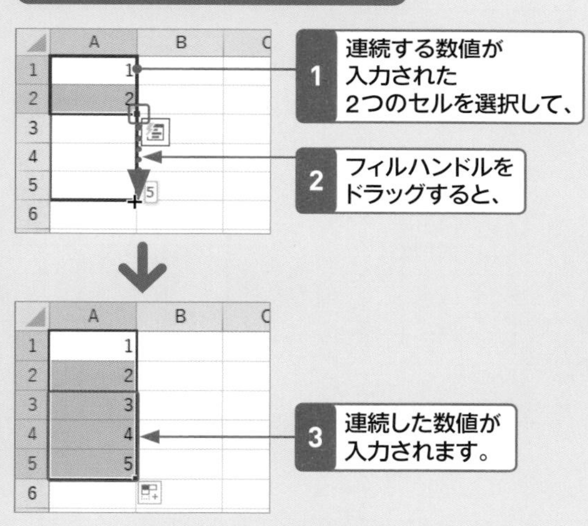

1 連続する数値が入力された2つのセルを選択して、
2 フィルハンドルをドラッグすると、
3 連続した数値が入力されます。

● 1以外の増分で増加する数値を入力する

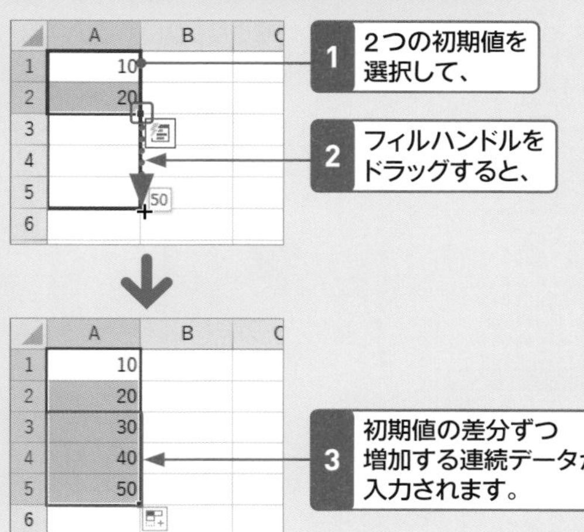

1 2つの初期値を選択して、
2 フィルハンドルをドラッグすると、
3 初期値の差分ずつ増加する連続データが入力されます。

重要度 ★★★　連続データの入力

Q 0591 連続データの入力をコピーに切り替えたい！

A <オートフィルオプション>をクリックして切り替えます。

オートフィル機能を実行すると、右下に<オートフィルオプション>が表示されます。これをクリックするとメニューが表示され、<セルのコピー>か<連続データ>かを選択することができます。また、書式だけをコピーしたり、データだけをコピーしたりすることもできます。

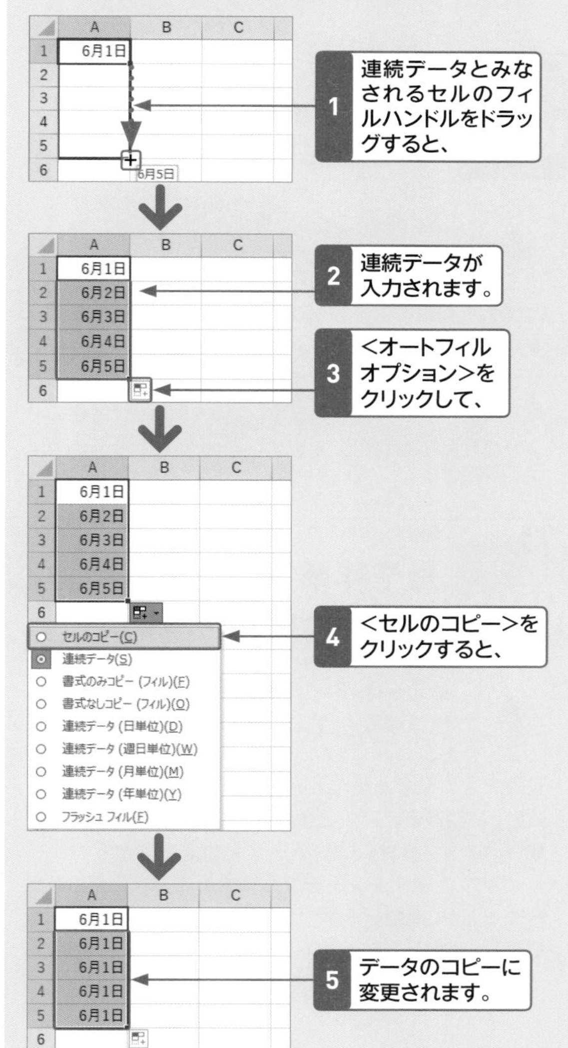

1 連続データとみなされるセルのフィルハンドルをドラッグすると、
2 連続データが入力されます。
3 <オートフィルオプション>をクリックして、
4 <セルのコピー>をクリックすると、
セルのコピー(C)
連続データ(S)
書式のみコピー (フィル)(F)
書式なしコピー (フィル)(O)
連続データ (日単位)(D)
連続データ (週日単位)(W)
連続データ (月単位)(M)
連続データ (年単位)(Y)
フラッシュ フィル(F)
5 データのコピーに変更されます。

重要度 ★★★ 連続データの入力

Q 0592 「1」から「100」までをかんたんに連続して入力したい！

A <連続データ>ダイアログボックスを利用します。

「1」～「100」のような大量の連続データを入力する場合は、オートフィルよりも<連続データ>ダイアログボックスを利用したほうが効率的です。連続データの初期値を入力したセルをクリックして、<ホーム>タブの<フィル>をクリックし、<連続データの作成>をクリックして設定します。

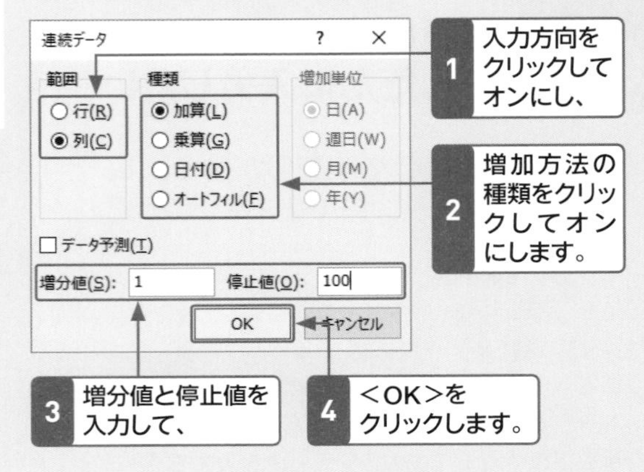

重要度 ★★★ 連続データの入力

Q 0593 オートフィル操作をもっとかんたんに実行したい！

A フィルハンドルをダブルクリックします。

隣接する列にデータが入力されている場合、連続データの初期値が入力されているセルのフィルハンドルをダブルクリックだけで、隣接する列のデータと同じ数の連続データが入力されます。この方法は、数式やデータのコピーでも利用できます。

1 フィルハンドルをダブルクリックすると、

	A	B
1	週間予定表	
2	日付	曜日
3	6月3日	月
4	6月4日	
5	6月5日	
6	6月6日	
7	6月7日	
8	6月8日	
9	6月9日	
10		

重要度 ★★★ 連続データの入力

Q 0594 月や年単位で増える連続データを入力したい！

A <オートフィルオプション>をクリックして切り替えます。

日付を入力したセルを選択してオートフィルを実行すると、初期設定では1日ずつ増加する連続データが作成されます。日付の連続データを作成してから<オートフィルオプション>をクリックして、メニューを表示すると、<連続データ（月単位）>や<連続データ（年単位）>が表示されます。これらを利用すると、月単位や年単位で増加する連続データに変わります。

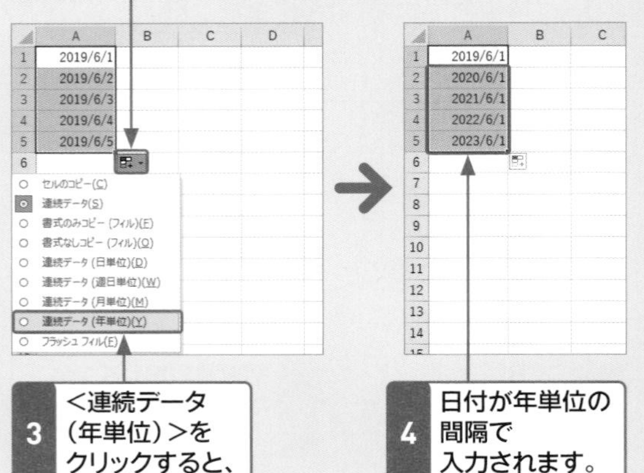

重要度 ★★★　連続データの入力

Q 0595 月末の日付だけを連続して入力したい！

A ＜オートフィルオプション＞をクリックして切り替えます。

月末を入力したセルを選択してオートフィルを実行すると、初期設定では1日ずつ増加する連続データが作成されます。月末の日付だけを連続して入力したい場合は、日付の連続データを作成してから＜オートフィルオプション＞をクリックして、＜連続データ（月単位）＞をクリックします。

1 月末を入力してオートフィルを実行します。

2 ＜オートフィルオプション＞をクリックして、

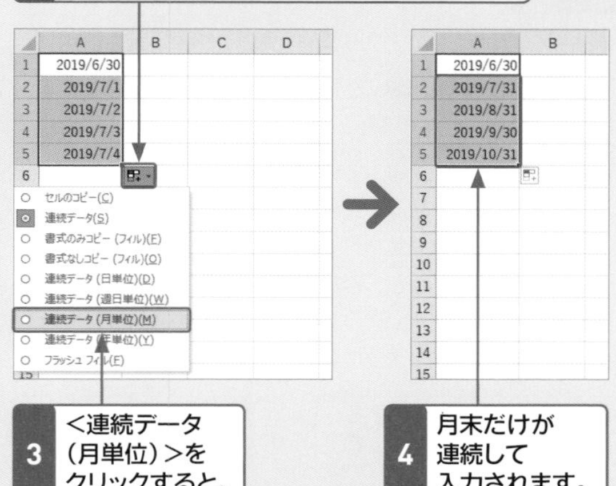

3 ＜連続データ（月単位）＞をクリックすると、

4 月末だけが連続して入力されます。

重要度 ★★★　連続データの入力　2010

Q 0596 タッチ操作で連続データを入力したい！

A セルをホールドし、＜オートフィル＞をタップして実行します。

タッチ動作で連続データを入力するには、1つ目のデータを入力したセルをホールドします。ミニツールバーが表示されるので、＜オートフィル＞をタップし、オートフィル用のアイコンをスライドします。

1 1つ目のデータを入力したセルをホールドすると、

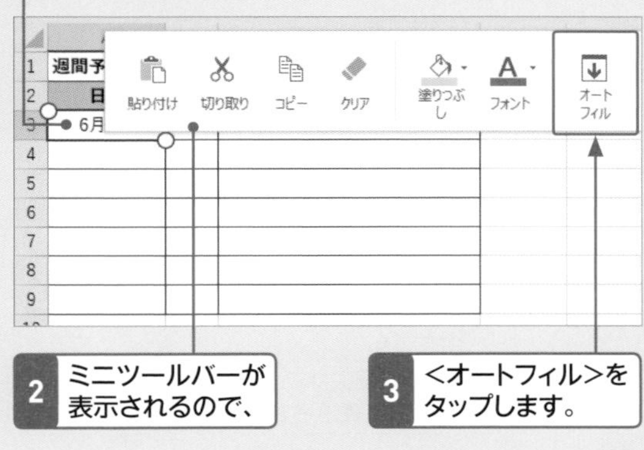

2 ミニツールバーが表示されるので、

3 ＜オートフィル＞をタップします。

4 オートフィル用のアイコンが表示されるので、

	A	B	C	D	E
1	週間予定表				
2	日付	曜日	予定		
3	6月3日				

5 アイコンをスライドすると、

6 連続データが入力されます。

	A	B	C	D	E
1	週間予定表				
2	日付	曜日	予定		
3	6月3日				
4	6月4日				
5	6月5日				
6	6月6日				
7	6月7日				
8	6月8日				
9	6月9日				

重要度 ★★★ 入力規則

Q 0597 入力できる数値の範囲を制限したい！

A セルに入力規則を設定します。

指定した範囲の数値しか入力できないように制限するには、セルに入力規則を設定します。対象のセル範囲を選択して、<データの入力規則>ダイアログボックスの<設定>を表示し、下の手順で条件を設定します。制限するデータは、数値のほか、日付や時刻、文字列の長さなども指定できます。

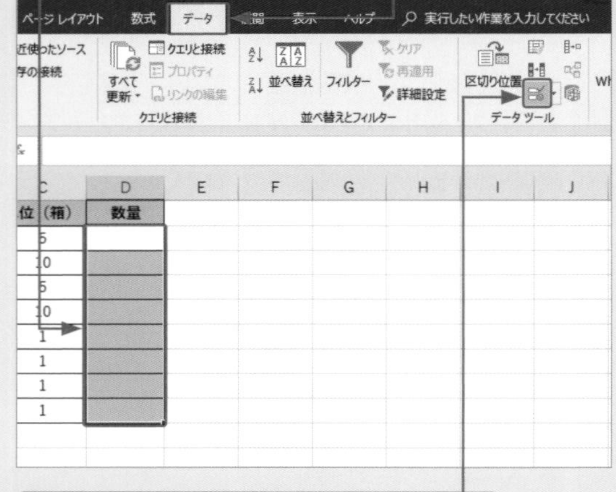

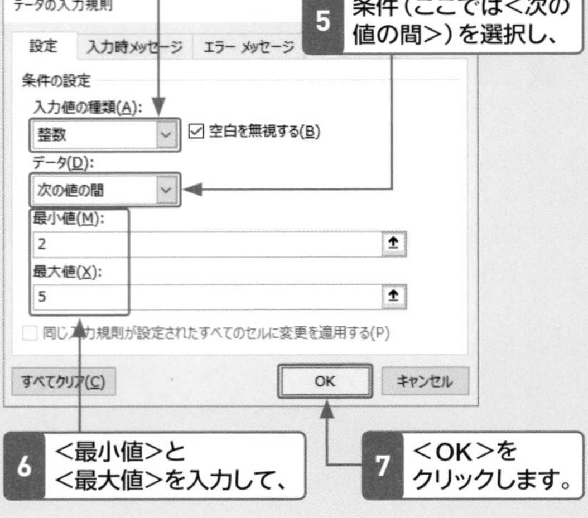

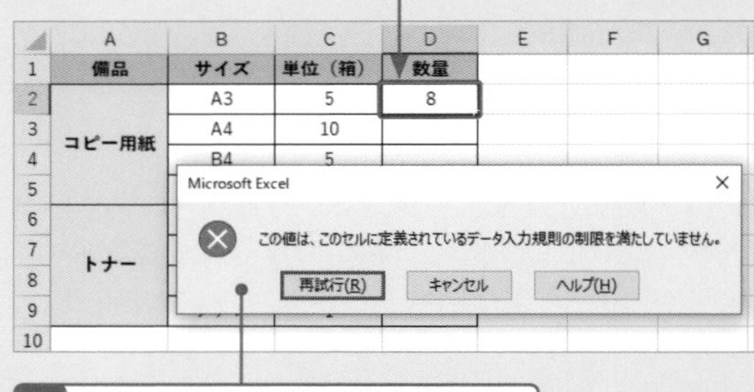

重要度 ★★★ 入力規則

Q 0598 入力規則の設定の際にメッセージが表示された！

A 選択範囲の一部にすでに入力規則が設定されています。

選択したセル範囲の一部にすでに入力規則が設定されていると、<データ>タブの<データの入力規則>をクリックした際に、右図のようなメッセージが表示されます。これは、既存の入力規則が間違って変更されないようにするための予防措置です。変更しても問題ない場合は、<はい>をクリックして入力規則を設定します。

重要度★★★ 入力規則

Q 0599 入力規則にオリジナルのメッセージを設定したい！

A <データの入力規則>ダイアログボックスで設定します。

入力規則に違反したときに、正しい値の入力を促すためのオリジナルのメッセージを表示するには、<データの入力規則>ダイアログボックスの<エラーメッセージ>を表示して設定します。エラーメッセージだけでなく、エラーメッセージのタイトルやダイアログボックスに表示されるマークも設定できます。

参照▶Q 0597

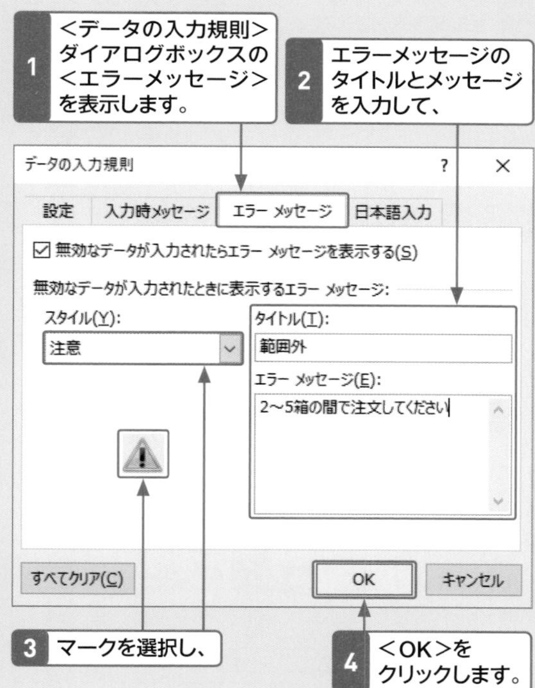

入力規則に違反すると、設定したエラーメッセージが表示されます。

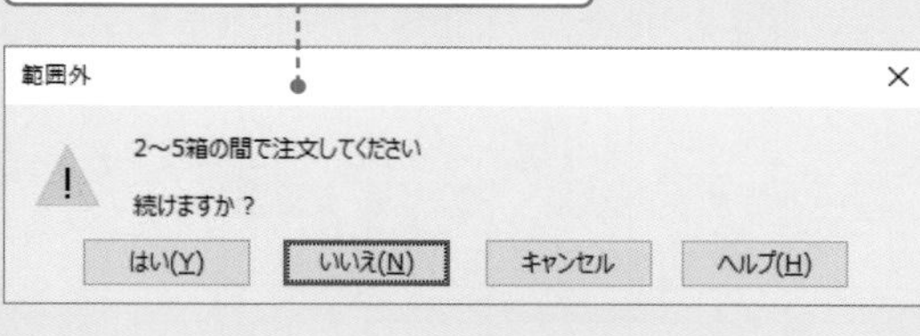

重要度★★★ 入力規則

Q 0600 データを一覧から選択して入力したい！

A ドロップダウンリストを作成します。

セルにドロップダウンリストを設定すると、入力するデータを一覧から選択できます。入力対象のセル範囲を選択して、<データ>タブの<データの入力規則>をクリックし、<データの入力規則>ダイアログボックスの<設定>を表示して、下の手順で設定します。

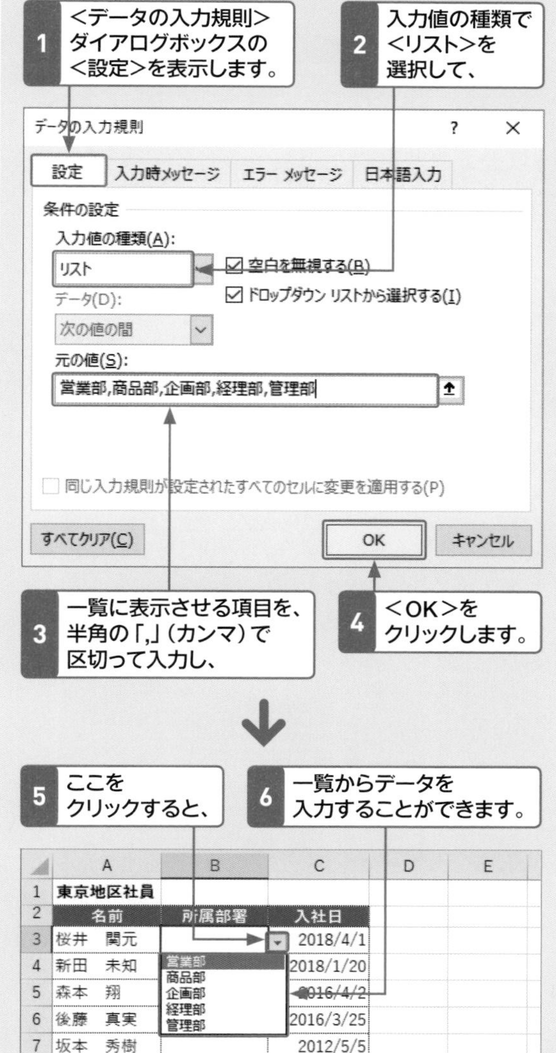

重要度 ★★★　入力規則

Q 0601 ドロップダウンリストの内容が横一列に表示された！

A 全角の「,」や「、」が入力されている可能性があります。

ドロップダウンリストの項目が横一列に表示される場合は、＜データの入力規則＞ダイアログボックスに入力したリストの項目が、半角の「,」(カンマ)ではなく、全角の「，」もしくは「、」(読点)で区切られています。半角に変更すると、項目が縦に並ぶようになります。

参照▶Q 0600

2	名前	所属部署	入社日
3	桜井　関元		2018/4/1
4	新田　未知	営業部、商品部、企画部、経理	2018/1/20

ドロップダウンリストの項目が横一列に表示されています。

重要度 ★★★　入力規則

Q 0602 セル範囲からドロップダウンリストを作成したい！

A セル範囲を入力規則の＜元の値＞に指定します。

＜データの入力規則＞ダイアログボックスに直接データを入力するのではなく、同じワークシート内に入力されているデータのセル範囲を＜元の値＞に指定することで、そのデータをドロップダウンリストの項目として利用できます。

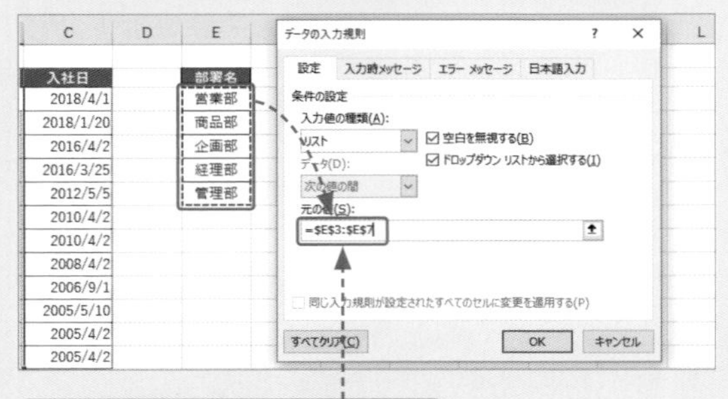

重要度 ★★★　入力規則

Q 0603 入力する値によってリストに表示する内容を変えたい！

A リストに表示する項目をINDIRECT関数で指定します。

データを入力する際に、入力する値によってリストに表示する内容を変えることもできます。＜データの入力規則＞ダイアログボックスの＜元の値＞に、リストに表示する項目をINDIRECT関数で指定します。あらかじめリストの項目にするセル範囲に名前を付けておくことがポイントです。

参照▶Q 0791

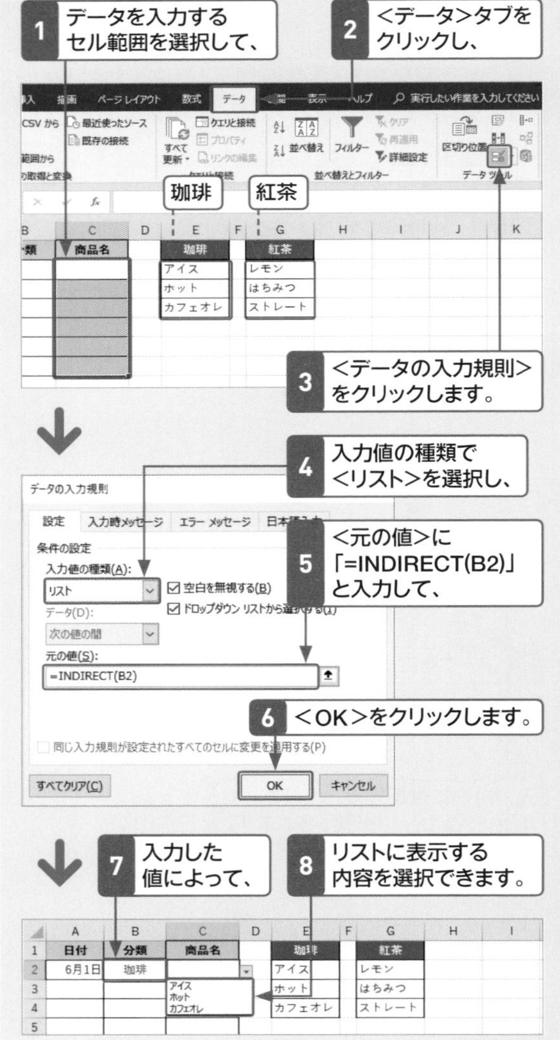

第12章

Excelの編集の「こんなときどうする?」

重要度 ★★★ セルの選択

Q 0604 選択範囲を広げたり狭めたりするには？

A Shift を押しながら ↑ ↓ ← → を押して、範囲を指定します。

範囲選択を修正したい場合は、はじめから選択し直すのではなく、選択範囲を広げたり狭めたりすると効率的です。Shift を押しながら ↑ ↓ ← → を押すと、現在の選択範囲を広げたり狭めたりすることができます。

1 セル範囲を選択します。

	A	B	C	D	E	F
1	上半期売上高					
2		札幌	仙台	東京	横浜	
3	1月	2,940	3,260	4,980	4,200	
4	2月	2,410	2,760	4,240	3,570	
5	3月	2,350	3,760	5,120	4,560	
6	4月	3,120	3,850	5,440	4,890	
7	5月	2,880	3,680	4,890	4,560	
8	6月	3,850	4,120	5,530	5,050	
9	上半期計	17,550	21,430	30,200	26,830	
10						

2 Shift を押しながら → を押すと、選択範囲が右方向に広がります。

	A	B	C	D	E	F	G
1	上半期売上高						
2		札幌	仙台	東京	横浜		
3	1月	2,940	3,260	4,980	4,200		
4	2月	2,410	2,760	4,240	3,570		
5	3月	2,350	3,760	5,120	4,560		
6	4月	3,120	3,850	5,440	4,890		
7	5月	2,880	3,680	4,890	4,560		
8	6月	3,850	4,120	5,530	5,050		
9	上半期計	17,550	21,430	30,200	26,830		
10							

3 そのまま Shift を押しながら ↓ を押すと、下方向に選択範囲が広がります。

	A	B	C	D	E	F	G
1	上半期売上高						
2		札幌	仙台	東京	横浜		
3	1月	2,940	3,260	4,980	4,200		
4	2月	2,410	2,760	4,240	3,570		
5	3月	2,350	3,760	5,120	4,560		
6	4月	3,120	3,850	5,440	4,890		
7	5月	2,880	3,680	4,890	4,560		
8	6月	3,850	4,120	5,530	5,050		
9	上半期計	17,550	21,430	30,200	26,830		
10							

重要度 ★★★ セルの選択

Q 0605 離れたセルを同時に選択したい！

A Ctrl を押しながら新しいセル範囲を選択します。

離れたセル範囲を同時に選択するには、最初のセル範囲を選択したあと、Ctrl を押しながら別のセル範囲を選択していきます。

1 最初のセル範囲を選択します。

1		名古屋	大阪	神戸	福岡	合計
2	1月	2,050	3,670	2,450	3,200	11,370
3	2月	1,880	3,010	1,980	2,990	9,860
4	3月	2,530	3,330	2,540	3,880	12,280
5	合計	6,460	10,010	6,970	10,070	33,510

2 Ctrl を押しながら別のセル範囲を選択します。

1		名古屋	大阪	神戸	福岡	合計
2	1月	2,050	3,670	2,450	3,200	11,370
3	2月	1,880	3,010	1,980	2,990	9,860
4	3月	2,530	3,330	2,540	3,880	12,280
5	合計	6,460	10,010	6,970	10,070	33,510

重要度 ★★★ セルの選択

Q 0606 広いセル範囲をすばやく選択したい！

A Shift を押しながら終点となるセルをクリックします。

広いセル範囲をすばやく正確に選択するには、始点となるセルを選択したあと、Shift を押しながら終点となるセルをクリックします。選択する範囲が広い場合などに便利です。

1 選択範囲の始点となるセルをクリックし、

1		1月	2月	3月	4月	5月	6月
2	キッチン	953,350	909,290	985,000	903,350	1,009,290	1,035,000
3	収納家具	745,360	775,620	765,780	615,360	775,620	835,780
4	ガーデン	523,500	509,000	591,200	523,500	699,000	781,200
5	合計	2,222,210	2,193,910	2,341,980	2,042,210	2,483,910	2,651,980

2 Shift を押しながら終点となるセルをクリックします。

1		1月	2月	3月	4月	5月	6月
2	キッチン	953,350	909,290	985,000	903,350	1,009,290	1,035,000
3	収納家具	745,360	775,620	765,780	615,360	775,620	835,780
4	ガーデン	523,500	509,000	591,200	523,500	699,000	781,200
5	合計	2,222,210	2,193,910	2,341,980	2,042,210	2,483,910	2,651,980

重要度 ★★★　セルの選択

Q 0607 行や列全体を選択したい！

A 行番号または列番号をクリックまたはドラッグします。

行全体を選択するには、行番号をクリックします。複数の行を選択するには、行番号をドラッグします。また、列全体を選択するには、列番号をクリックします。複数の列を選択するには、列番号をドラッグします。

● 行を選択する

1 行番号にマウスポインターを合わせて、

	A	B	C	D	E	F
1	第1四半期売上高					
2		名古屋	大阪	神戸	福岡	合計
3	1月	2,050	3,670	2,450	3,200	11,370
4	2月	1,880	3,010	1,980	2,990	9,860
5	3月	2,530	3,330	2,540	3,880	12,280
6	合計	6,460	10,010	6,970	10,070	33,510
7						

2 クリックすると、行全体が選択されます。

	A	B	C	D	E	F
1	第1四半期売上高					
2		名古屋	大阪	神戸	福岡	合計
3	1月	2,050	3,670	2,450	3,200	11,370
4	2月	1,880	3,010	1,980	2,990	9,860
5	3月	2,530	3,330	2,540	3,880	12,280
6	合計	6,460	10,010	6,970	10,070	33,510
7						

● 複数の列を選択する

1 列番号にマウスポインターを合わせて、

	A	B	C	D	E	F	G	H
1	第1四半期売上高							
2		名古屋	大阪	神戸	福岡	合計		
3	1月	2,050	3,670	2,450	3,200	11,370		
4	2月	1,880	3,010	1,980	2,990	9,860		
5	3月	2,530	3,330	2,540	3,880	12,280		
6	合計	6,460	10,010	6,970	10,070	33,510		
7								

2 そのままドラッグすると、複数の列が選択されます。

	A	B	C	D	E	F	G	H
1	第1四半期売上高							
2		名古屋	大阪	神戸	福岡	合計		
3	1月	2,050	3,670	2,450	3,200	11,370		
4	2月	1,880	3,010	1,980	2,990	9,860		
5	3月	2,530	3,330	2,540	3,880	12,280		
6	合計	6,460	10,010	6,970	10,070	33,510		
7								
8								
9								

重要度 ★★★　セルの選択

Q 0608 表全体をすばやく選択したい！

A Ctrl と Shift と : を同時に押します。

Excelではアクティブセルを含む、空白行と空白列で囲まれた矩形（くけい）のセル範囲を1つの表として認識しており、これを「アクティブセル領域」と呼びます。表内のいずれかのセルをクリックして、Ctrl と Shift と : を同時に押すと、アクティブセル領域をすばやく選択できます。タイトルなどと表が連続している場合は、タイトルを含めた範囲が選択されます。

表内のいずれかのセルをクリックして、Ctrl ＋ Shift ＋ : を押すと、表全体が選択されます。

	A	B	C	D	E	F	G	H
1	第1四半期売上高							
2		名古屋	大阪	神戸	福岡	合計		
3	1月	2,050	3,670	2,450	3,200	11,370		
4	2月	1,880	3,010	1,980	2,990	9,860		
5	3月	2,530	3,330	2,540	3,880	12,280		
6	合計	6,460	10,010	6,970	10,070	33,510		

重要度 ★★★　セルの選択

Q 0609 ワークシート全体をすばやく選択したい！

A ワークシート左上の行番号と列番号が交差する部分をクリックします。

ワークシート全体を選択するには、ワークシート左上隅の行番号と列番号が交差する部分をクリックします。ワークシート全体のフォントやフォントサイズを変えるときなどに有効です。

ここをクリックすると、ワークシート全体が選択されます。

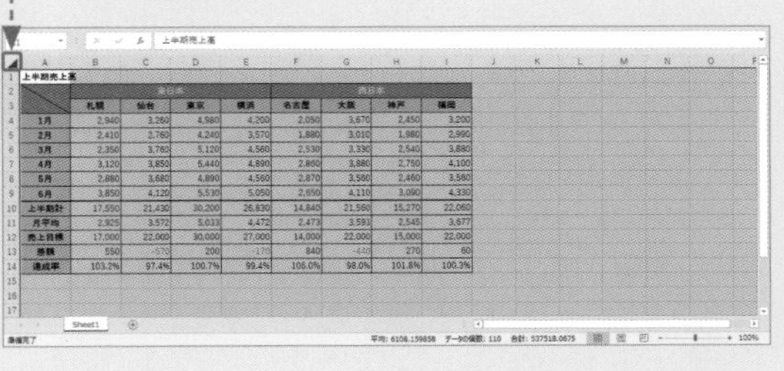

重要度 ★★★ セルの選択 2016 2013 2010

Q 0610 選択範囲から一部のセルを解除したい!

A Ctrl を押しながら選択を解除したいセルをクリックします。

セル範囲を複数選択したあとで、特定のセルだけ選択を解除したい場合は、Ctrl を押しながら選択を解除したいセルをクリックあるいはドラッグします。

また、行や列をまとめて選択した場合に、一部の列や行の選択を解除するには、選択を解除したい列番号や行番号を Ctrl を押しながらクリックあるいはドラッグします。

● セルの選択を1つずつ解除する

1 セル範囲を選択します。

	A	B	C	D	E
1	第1四半期売上実績				
2		前年度	今年度	前年比	差額
3	札幌	16,790	17,550	105%	760
4	仙台	21,890	21,430	98%	-460
5	東京	29,980	30,200	101%	220
6	横浜	25,350	26,830	106%	1,480
7	合計	94,010	96,010	102%	2,000

2 Ctrl を押しながら選択を解除したいセルをクリックすると、選択が解除されます。

● 複数のセルをまとめて解除する

1 セル範囲を選択します。

	A	B	C	D	E	F	G
1	第1四半期売上実績						
2		前年度	今年度	前年比	差額		
3	札幌	16,790	17,550	105%	760		
4	仙台	21,890	21,430	98%	-460		
5	東京	29,980	30,200	101%	220		
6	横浜	25,350	26,830	106%	1,480		
7	合計	94,010	96,010	102%	2,000		
8							

2 Ctrl を押しながら選択を解除したいセル範囲をドラッグすると、

3 ドラッグした範囲のセルの選択が解除されます。

	A	B	C	D	E	F	G
1	第1四半期売上実績						
2		前年度	今年度	前年比	差額		
3	札幌	16,790	17,550	105%	760		
4	仙台	21,890	21,430	98%	-460		
5	東京	29,980	30,200	101%	220		
6	横浜	25,350	26,830	106%	1,480		
7	合計	94,010	96,010	102%	2,000		
8							

重要度 ★★★ セルの選択

Q 0611 ハイパーリンクが設定されたセルを選択できない!

A ポインターが十字の形になるまでマウスのボタンを押し続けます。

ハイパーリンクの設定を変更するには、セルを選択する必要がありますが、クリックするとリンク先にジャンプしてしまいます。この場合は、ハイパーリンクが設定されたセルをクリックして、マウスのボタンを押し続け、ポインターの形が ✚ に変わった状態でマウスのボタンを離すと、選択できます。

また、ハイパーリンクを右クリックして<ハイパーリンクの編集>をクリックし、表示される<ハイパーリンクの編集>ダイアログボックスで編集することもできます。

1 ハイパーリンクが設定されたセルをクリックして、マウスのボタンを押し続け、

	A	B	C	D	E	F
1	セミナー出席者名簿					
2	番号	名前	メールアドレス			
3	1	目黒　雪美	y-meguri@example.com			
4	2	品田　比奈乃				
5	3	秋田　隼人				
6						

2 ポインターの形が ✚ に変わった状態でマウスのボタンを離すと、セルが選択できます。

	A	B	C	D	E	F
1	セミナー出席者名簿					
2	番号	名前	メールアドレス			
3	1	目黒　雪美	y-meguri@example.com			
4	2	品田　比奈乃				
5	3	秋田　隼人				
6						

重要度 ★★★　セルの選択

Q 0612 同じセル範囲を繰り返し選択したい！

A セル範囲に名前を付けておきます。

同じセル範囲を何度も選択する場合は、セル範囲に名前を付けておくと便利です。セル範囲に名前を付けておくと、<名前ボックス>の ▾ をクリックして表示されるリストから選択するだけで、セル範囲を選択できます。セル範囲の名前は複数指定できます。なお、セル範囲の名前には、一部の記号が使えないなどの制限があります。

参照▶Q 0792

1 セル範囲を選択して、

今年度売上　17550

	A	B	C	D	E	F
2		前年度	今年度	前年比	差額	
3	札幌	16,790	17,550	105%	760	
4	仙台	21,890	21,430	98%	-460	
5	東京	29,980	30,200	101%	220	
6	横浜	25,350	26,830	106%	1,480	
7	合計	94,010	96,010	102%	2,000	

2 名前を入力すると、

今年度売上　17550

今年度売上
前年度売上

	A	B	C	D	E	F
2		前年度	今年度	前年比	差額	
3	札幌	16,790	17,550	105%	760	
4	仙台	21,890	21,430	98%	-460	
5	東京	29,980	30,200	101%	220	
6	横浜	25,350	26,830	106%	1,480	
7	合計	94,010	96,010	102%	2,000	

3 <名前ボックス>で範囲が選択ができます。

重要度 ★★★　セルの選択

Q 0613 データが未入力の行だけをすばやく隠したい！

A 空白セルだけを選択し、そのセルを含む行を非表示にします。

データが入力されていない行や列を非表示にするには、<選択オプション>ダイアログボックスで空白セルだけを選択します。続いて、<ホーム>タブの<書式>をクリックし、<非表示／再表示>から<行を表示しない>（または<列を表示しない>）をクリックします。

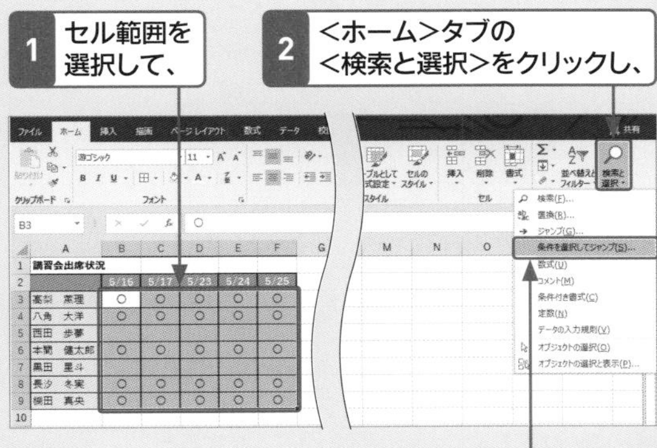

1 セル範囲を選択して、

2 <ホーム>タブの<検索と選択>をクリックし、

3 <条件を選択してジャンプ>をクリックします。

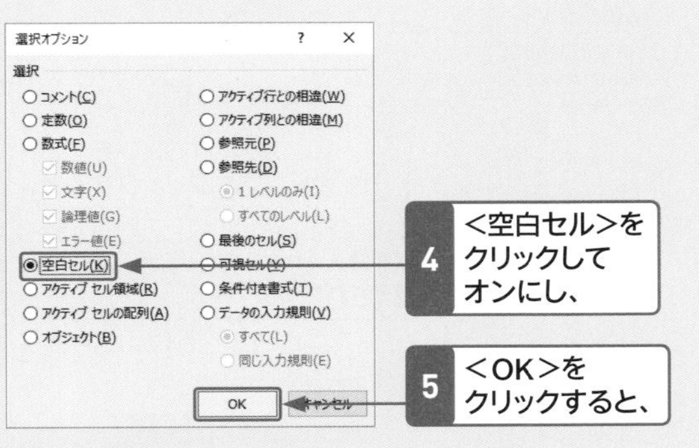

4 <空白セル>をクリックしてオンにし、

5 <OK>をクリックすると、

6 空白セルだけが選択されます。

7 <書式>をクリックして、

8 <非表示／再表示>にマウスポインターを合わせ、

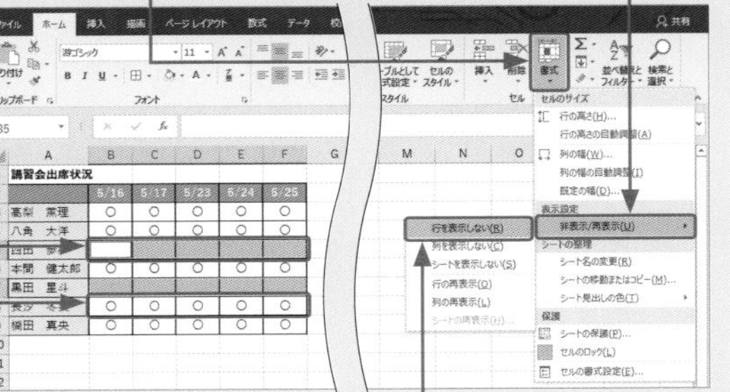

9 <行を表示しない>（または<列を表示しない>）をクリックします。

重要度 ★★★ セルの選択

Q 0614 数値が入力されたセルだけをまとめて削除したい！

A 数値のセルだけを選択してから削除します。

表内の見出しや数式は残して、数値データだけをまとめて削除するには、表内のいずれかのセルをクリックして、<ホーム>タブの<検索と選択>をクリックし、<条件を選択してジャンプ>をクリックします。<選択オプション>ダイアログボックスが表示されるので、下の手順で操作します。

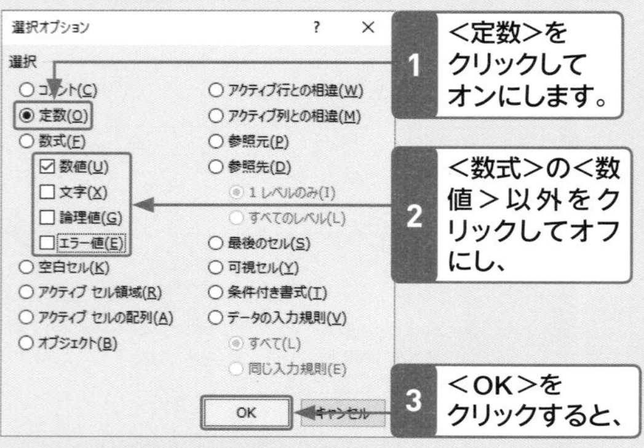

4 数値の入力されているセルだけが選択されます。

	A	B	C	D	E	F	G
1	第1四半期売上高						
2		名古屋	大阪	神戸	福岡	合計	
3	1月	2,050	3,670	2,450	3,200	11,370	
4	2月	1,880	3,010	1,980	2,990	9,860	
5	3月	2,530	3,330	2,540	3,880	12,280	
6	合計	6,460	10,010	6,970	10,070	33,510	
7							

	A	B	C	D	E	F	G
1	第1四半期売上高						
2		名古屋	大阪	神戸	福岡	合計	
3	1月					0	
4	2月					0	
5	3月					0	
6	合計	0	0	0	0	0	
7							

数式が入力されていたセルには「0」が表示されます。

重要度 ★★★ セルの選択 2010

Q 0615 セル範囲を選択すると表示されるコマンドは何？

A 条件付き書式やグラフなどを利用して、データを分析できるツールです。

Excel 2019/2016/2013では、数値を入力したセル範囲を選択すると、選択したセルの右下に<クイック分析>が表示されます。このコマンドをクリックすると、下図のようなメニューが表示されます。いずれかの項目にマウスポインターを合わせると、結果がプレビューされるので、データをすばやく分析することができます。クリックすると、その情報が表示されます。

2 <クイック分析>が表示されます。

		キッチン	収納家具	ガーデン	合計
1		キッチン	収納家具	ガーデン	合計
2	1月	953,350	745,360	523,500	2,222,210
3	2月	909,290	775,620	509,000	2,193,910
4	3月	985,000	765,780	591,200	2,341,980
5	合計	2,847,640	2,286,760	1,623,700	6,758,100
6					

3 <クイック分析>をクリックすると、メニューが表示されます。

4 いずれかの項目にマウスポインターを合わせると、

		キッチン	収納家具	ガーデン	合計
2	1月	953,350	745,360	523,500	2,222,210
3	2月	909,290	775,620	509,000	2,193,910
4	3月	985,000	765,780	591,200	2,341,980
5	合計	2,847,640	2,286,760	1,623,700	6,758,100

書式設定(F) グラフ(C) 合計(O) テーブル(T) スパークライン(S)
データ バー カラー アイコン 指定の値 上位 クリア...
条件付き書式では、目的のデータを強調表示するルールが使用されます。

5 結果がプレビューされます。

6 クリックすると、その情報が表示されます。

重要度 ★★★ データの移動／コピー

Q 0616 表を移動／コピーしたい！

A1 <切り取り>（あるいは<コピー>）と<貼り付け>を利用します。

表を移動するには、<ホーム>タブの<切り取り>と<貼り付け>を、コピーするには、<コピー>と<貼り付け>を利用します。また、マウスの右クリックメニューから<切り取り>（あるいは<コピー>）、<貼り付け>を利用する方法もあります。この方法で表を移動／コピーすると、セル内のデータだけでなく、罫線などの書式も移動／コピーされます。
コピーもとのセル範囲が点滅している間は、何度でも貼り付けることができます。Esc を押すと点滅が消えます。

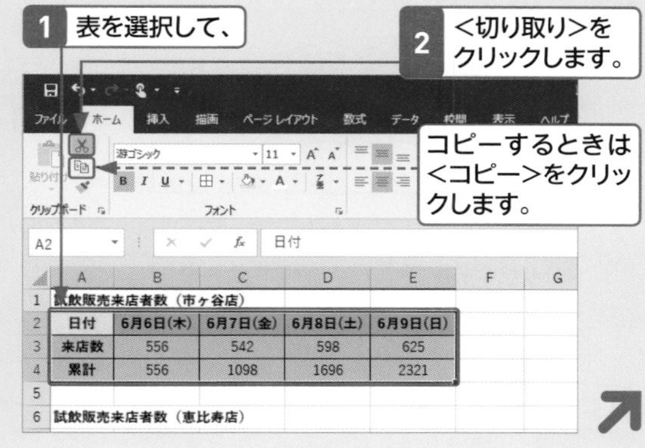

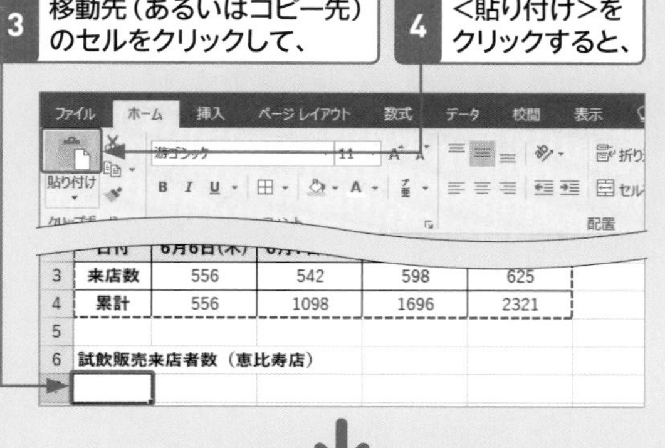

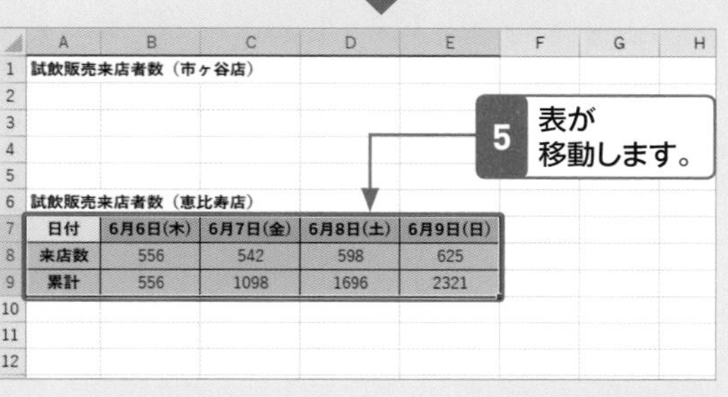

A2 ショートカットキーを使用します。

ショートカットキーで移動／コピーすることもできます。セル範囲を選択して、Ctrl を押しながら X を押して切り取り（コピーするときは C を押してコピーし）ます。続いて、移動先のセルをクリックして、Ctrl を押しながら V を押して貼り付けます。

重要度 ★★★ データの移動／コピー

Q 0617 1つのセルのデータを複数のセルにコピーしたい！

A 貼り付け先のセル範囲を選択してからデータを貼り付けます。

1つのセルのデータや数式を複数のセルにコピーしたい場合は、まず、コピーもとのセルをクリックして、<ホーム>タブの<コピー>をクリックします。続いて、コピー先のセル範囲を選択して、<ホーム>タブの<貼り付け>をクリックします。

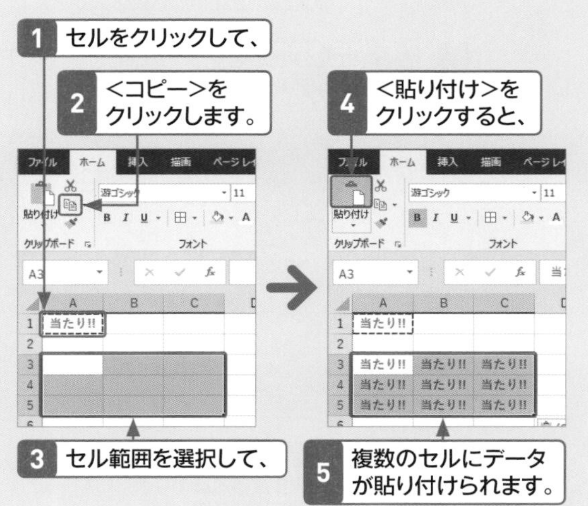

1 セルをクリックして、
2 <コピー>をクリックします。
3 セル範囲を選択して、
4 <貼り付け>をクリックすると、
5 複数のセルにデータが貼り付けられます。

重要度 ★★★ データの移動／コピー

Q 0618 コピーするデータを保管しておきたい！

A <クリップボード>作業ウィンドウを利用します。

コピーや削除をしたデータを一時的に保管しておく場所が「クリップボード」です。Windowsに用意されているクリップボードには、一度に1つのデータしか保管できませんが、Officeクリップボードには、Officeの各アプリケーションのデータを24個まで格納できます。クリップボードを利用すると、データを効率よくコピーすることができます。

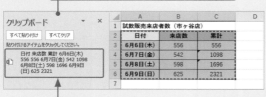

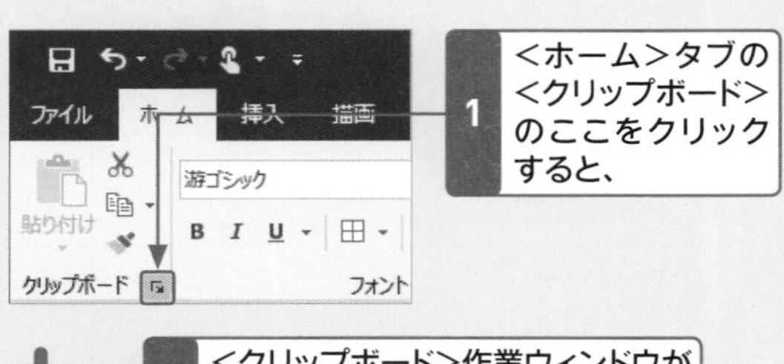
ファイル
ホーム
挿入
描画
貼り付け
游ゴシック
クリップボード
フォント
1 <ホーム>タブの<クリップボード>のここをクリックすると、
2 <クリップボード>作業ウィンドウが表示されます。
3 データをコピーすると、クリップボードにデータが格納されます。

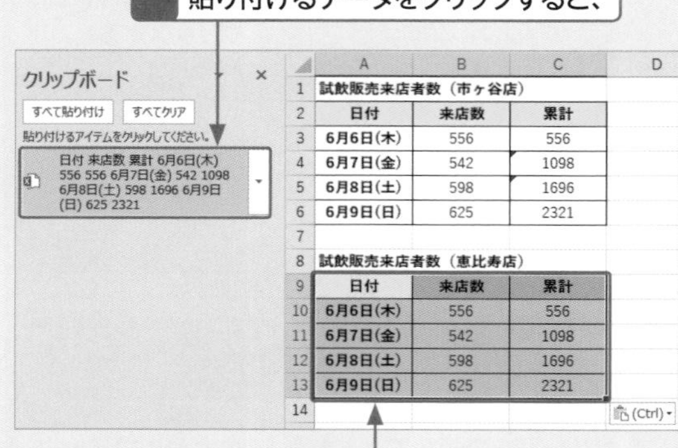
4 貼り付け先のセルをクリックして、貼り付けるデータをクリックすると、
クリップボード
すべて貼り付け
すべてクリア
貼り付けるアイテムをクリックしてください。
試飲販売来店者数（市ヶ谷店）
試飲販売来店者数（恵比寿店）
5 データが貼り付けられます。

重要度 ★★★ データの移動／コピー

Q 0619 表をすばやく移動／コピーしたい！

A ドラッグ操作で移動／コピーできます。

表の移動やコピーは、マウスのドラッグ操作で行うこともできます。コマンドやショートカットキーを使うよりすばやく実行できます。

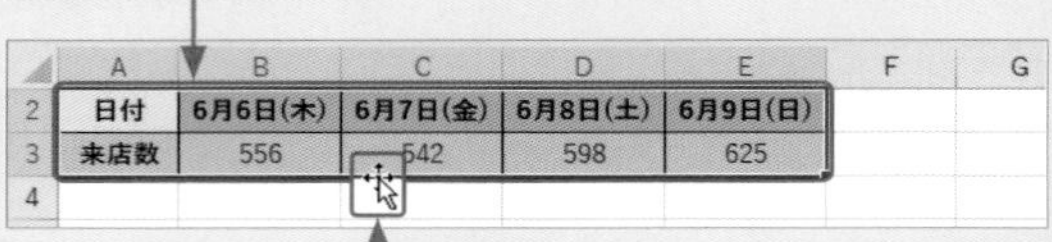
1 表を選択して、
日付
6月6日(木)
6月7日(金)
6月8日(土)
6月9日(日)
来店数
556
542
598
625

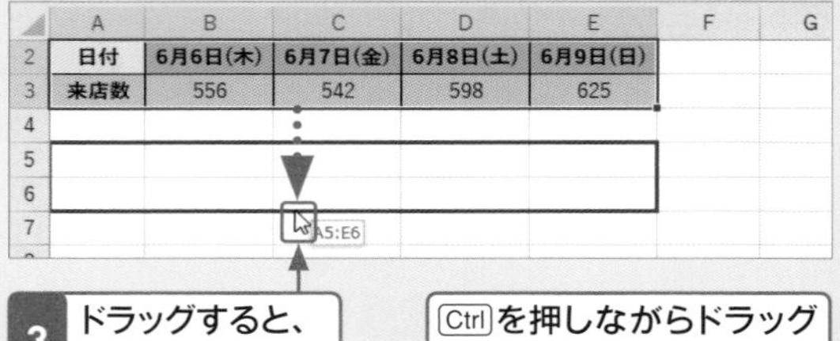
2 表の枠にマウスポインターを合わせ、形が に変わった状態で、
A5:E6
3 ドラッグすると、表が移動します。
Ctrl を押しながらドラッグするとコピーができます。

重要度 ★★★ データの移動／コピー

Q 0620 クリップボードのデータをすべて削除するには？

A <クリップボード>作業ウィンドウの<すべてクリア>をクリックします。

Officeクリップボードに保管されているすべてのデータを削除するには、<クリップボード>作業ウィンドウを表示して、<すべてクリア>をクリックします。

参照▶Q 0618

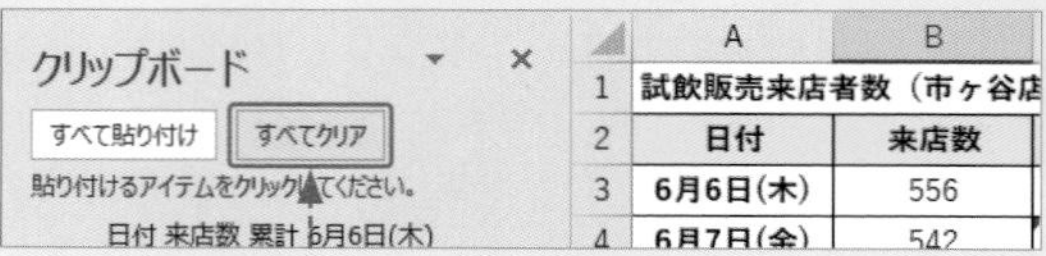
クリップボード
すべて貼り付け
すべてクリア
貼り付けるアイテムをクリックしてください。
試飲販売来店者数（市ヶ谷店
<すべてクリア>をクリックします。

重要度 ★★★ データの移動／コピー

Q 0621 書式はコピーせずにデータだけをコピーしたい！

A 貼り付けのオプションの<値と数値の書式>を利用します。

セルに設定されている罫線や背景色などの書式はコピーせずに、入力されている値と数値の書式だけをコピーする場合は、<貼り付け>の下の部分をクリックして、<値と数値の書式>をクリックします。

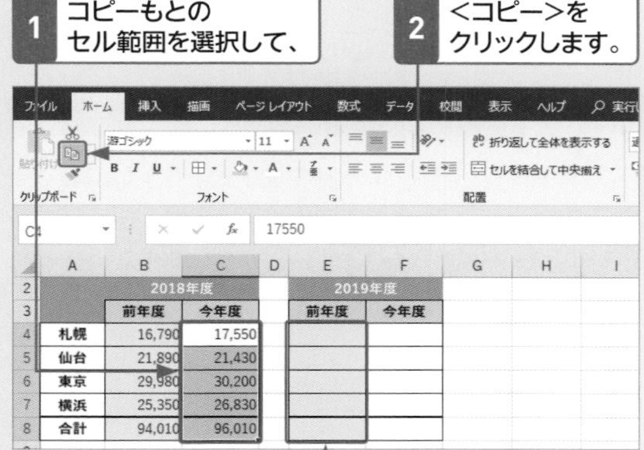

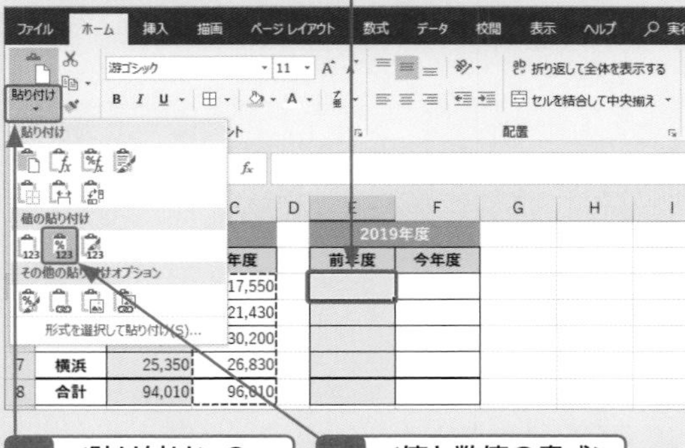

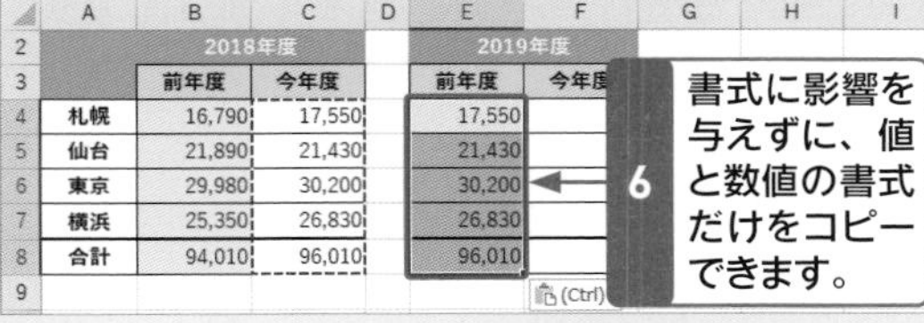

6 書式に影響を与えずに、値と数値の書式だけをコピーできます。

重要度 ★★★ データの移動／コピー

Q 0622 数式を削除して計算結果だけをコピーしたい！

A 貼り付けのオプションの<値>を利用します。

通常、数式が入力されているセルをコピーすると、数式もコピーされます。表示されている計算結果だけをコピーして利用したいときは、<貼り付け>の下の部分をクリックして<値>をクリックします。

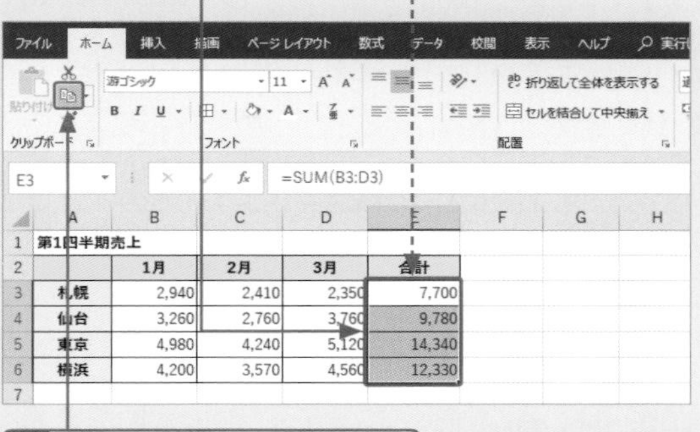

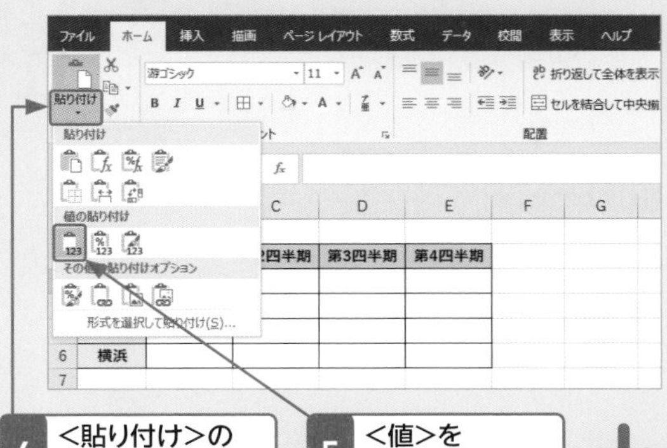

11 基本と入力
12 編集
13 書式
14 計算
15 関数
16 グラフ
17 データベース
18 印刷
19 ファイル
20 連携・共同編集

重要度 ★★★ データの移動／コピー

Q 0623 表の作成後に行と列を入れ替えたい！

A 貼り付けのオプションの<行列を入れ替える>を利用します。

表の作成後に行と列を入れ替えるには、表全体をコピーして、<貼り付け>の下の部分をクリックし、<行列を入れ替える>をクリックします。貼り付けたあとに、もとの表を削除して、表を移動するとよいでしょう。なお、コピーする表によっては、表を貼り付けたあとで罫線を調整する必要があります。

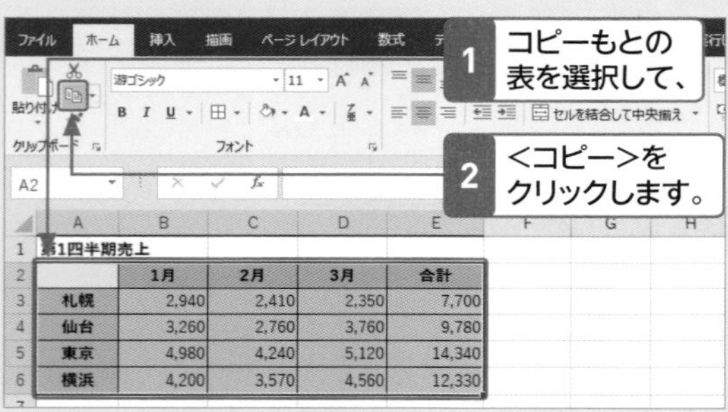

3 コピー先のセルをクリックして、

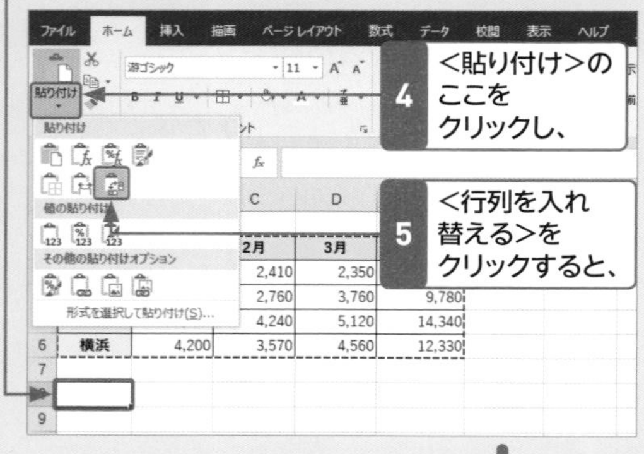

6 表の行と列を入れ替えて貼り付けることができます。

	A	B	C	D	E
1	第1四半期売上				
2		1月	2月	3月	
3	札幌	2,940	2,410	2,350	
4	仙台	3,260	2,760	3,760	
5	東京	4,980	4,240	5,120	14,340
6	横浜	4,200	3,570	4,560	12,330
7					
8		札幌	仙台	東京	横浜
9	1月	2,940	3,260	4,980	4,200
10	2月	2,410	2,760	4,240	3,570
11	3月	2,350	3,760	5,120	4,560
12	合計	7,700	9,780	14,340	12,330
13					

重要度 ★★★ データの移動／コピー

Q 0624 もとの列幅のまま表をコピーしたい！

A 貼り付けのオプションの<元の列幅を保持>を利用します。

表全体をコピーしたとき、コピーもとと貼り付け先で列幅が異なっていて、データが正しく表示されない場合があります。また、列幅を再度調整するのは面倒です。この場合は、下の手順で操作すると、列幅を保持してコピーできます。

1 コピーもとの表を選択して、

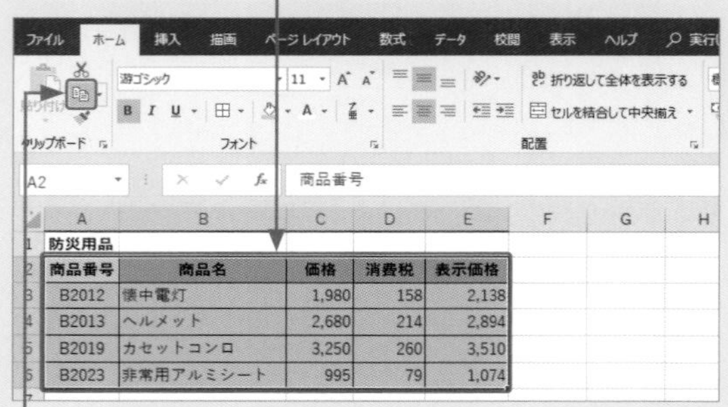

2 <コピー>をクリックします。

3 コピー先のセルをクリックして、

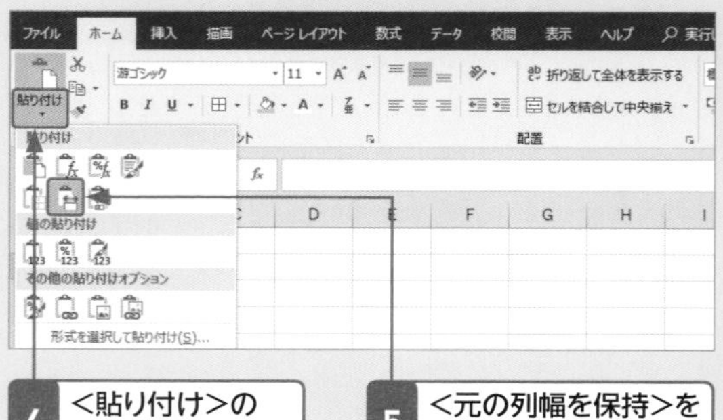

4 <貼り付け>のここをクリックし、

5 <元の列幅を保持>をクリックすると、

6 列幅を保持して貼り付けることができます。

	A	B	C	D	E
1					
2	商品番号	商品名	価格	消費税	表示価格
3	B2012	懐中電灯	1,980	158	2,138
4	B2013	ヘルメット	2,680	214	2,894
5	B2019	カセットコンロ	3,250	260	3,510
6	B2023	非常用アルミシート	995	79	1,074
7					

重要度 ★★★　データの移動／コピー

Q 0625 コピー元とコピー先を常に同じデータにしたい！

A 貼り付けのオプションの<リンク貼り付け>を利用します。

同じデータを別々のセルで利用したいときは、「リンク貼り付け」を利用すると便利です。リンク貼り付けすると、コピー元のセルを変更しても、コピー先のセルが自動的に更新されます。

1 セル範囲を選択してコピーし、コピー先のセルをクリックします。

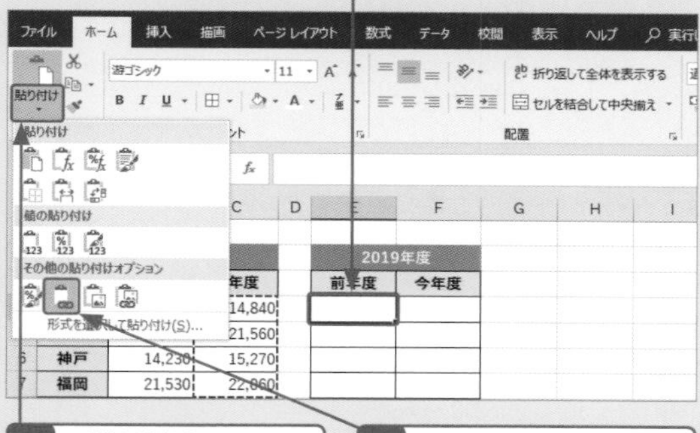

2 <貼り付け>のここをクリックして、

3 <リンク貼り付け>をクリックすると、

4 データがリンクされた状態で貼り付けられます。

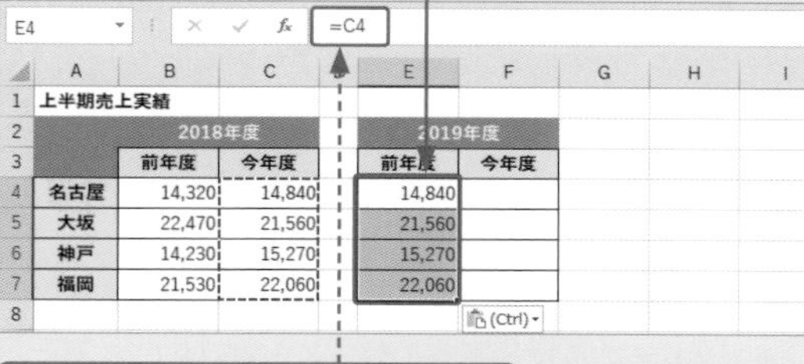

	A	B	C	D	E	F
1	上半期売上実績					
2		2018年度			2019年度	
3		前年度	今年度		前年度	今年度
4	名古屋	14,320	14,840		14,840	
5	大坂	22,470	21,560		21,560	
6	神戸	14,230	15,270		15,270	
7	福岡	21,530	22,060		22,060	

コピー先に、コピー元を参照する数式が入力されます。

5 コピー元を修正すると、

6 コピー先のセルの内容も自動的に更新されます。

	A	B	C	D	E	F
1	上半期売上実績					
2		2018年度			2019年度	
3		前年度	今年度		前年度	今年度
4	名古屋	14,320	15,500		15,500	
5	大坂	22,470	21,560		21,560	
6	神戸	14,230	15,270		15,270	
7	福岡	21,530	22,060		22,060	

重要度 ★★★　データの移動／コピー

Q 0626 行や列単位でデータを移動／コピーしたい！

A Shift を押しながらドラッグします。

行や列単位でデータを移動する場合は、行または列を選択して、行や列の境界線にマウスポインターを合わせ、Shift を押しながらドラッグします。また、行や列単位でデータをコピーする場合は、Shift と Ctrl を押しながらドラッグします。

1 行番号をクリックして行を選択します。

	A	B	C	D	E	F
2		キッチン	収納家具	ガーデン	防災	合計
3	札幌	3,145	2,278	988	768	7,178
4	仙台	3,900	3,162	2,738	1,013	10,813
5	東京	5,795	4,514	3,627	858	14,794
6	横浜	5,345	4,334	3,307	800	13,786
7	名古屋	3,818	3,082	2,648	1,079	10,627
8	大阪	5,275	4,234	3,207	767	13,483
9	神戸	3,653	3,292	1,138	1,044	9,127
10	福岡	3,783	2,842	1,088	919	8,631

2 選択した行の境界線にマウスポインターを合わせて、

3 Shift を押しながら移動先までドラッグすると、

	A	B	C	D	E	F
2		キッチン	収納家具	ガーデン	防災	合計
3	札幌	3,145	2,278	988	768	7,178
4	仙台	3,900	3,162	2,738	1,013	10,813
5	東京	5,795	4,514	3,627	858	14,794
6	横浜	5,345	4,334	3,307	800	13,786
7	名古屋	3,818	3,082	2,648	1,079	10,627
8	大阪	5,275	4,234	3,207	767	13,483
9	神戸	3,653	3,292	1,138	1,044	9,127
10	福岡	3,783	2,842	1,088	919	8,631

10:10

移動先に太線が表示されます。

コピーするときは、Shift + Ctrl を押しながらドラッグします。

4 行単位でデータが移動されます。

	A	B	C	D	E	F
2		キッチン	収納家具	ガーデン	防災	合計
3	仙台	3,900	3,162	2,738	1,013	10,813
4	東京	5,795	4,514	3,627	858	14,794
5	横浜	5,345	4,334	3,307	800	13,786
6	名古屋	3,818	3,082	2,648	1,079	10,627
7	大阪	5,275	4,234	3,207	767	13,483
8	神戸	3,653	3,292	1,138	1,044	9,127
9	札幌	3,145	2,278	988	768	7,178
10	福岡	3,783	2,842	1,088	919	8,631

重要度 ★★★ 行／列／セルの操作

Q 0627 行や列を挿入したい！

A1 <ホーム>タブの<挿入>を利用します。

行番号、列番号をクリックして行や列を選択し、<ホーム>タブの<挿入>をクリックすると、選択した行の上側あるいは列の左側に行や列を挿入できます。
また、複数の行や列を選択して、同様の操作を行えば、選択した行や列の数だけ挿入することができます。

1 行（または列）番号をクリックして、

	A	B	C	D	E	F
1		1月	2月	3月	4月	5月
2	キッチン	953,350	909,290	985,000	903,350	1,009,2
3	収納家具	745,360	775,620	765,780	615,360	775,6
4	ガーデン	523,500	509,000	591,200	523,500	699,0
5	合計	2,222,210	2,193,910	2,341,980	2,042,210	2,483,9

2 <ホーム>タブの<挿入>をクリックすると、

3 行（または列）が挿入されます。

	A	B	C	D	E	F	G
1		1月	2月	3月	4月	5月	6月
2	キッチン	953,350	909,290	985,000	903,350	1,009,290	1,035,000
3							
4	収納家具	745,360	775,620	765,780	615,360	775,620	835,780
5	ガーデン	523,500	509,000	591,200	523,500	699,000	781,200
6	合計	2,222,210	2,193,910	2,341,980	2,042,210	2,483,910	2,651,980

A2 ショートカットメニューの<挿入>を利用します。

行番号あるいは列番号をクリックして行や列を選択し、右クリックして<挿入>をクリックします。

1 列（または行）を選択して右クリックし、

2 <挿入>をクリックすると、列（または行）が挿入されます。

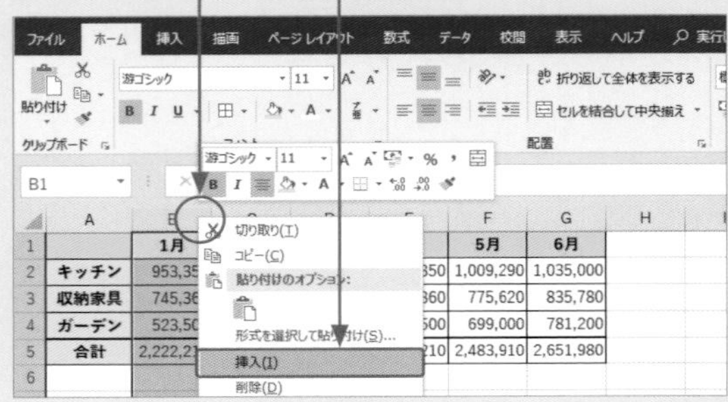

重要度 ★★★ 行／列／セルの操作

Q 0628 行や列を挿入した際に書式を引き継ぎたくない！

A 行や列を挿入した際に表示される<挿入オプション>を利用します。

初期設定では、行を挿入すると上にある行の書式が、列を挿入すると左にある列の書式が適用されます。書式を引き継ぎたくない場合は、行や列を挿入すると表示される<挿入オプション>をクリックして、<書式のクリア>をクリックします。

列を挿入すると左にある列の書式が適用されます。

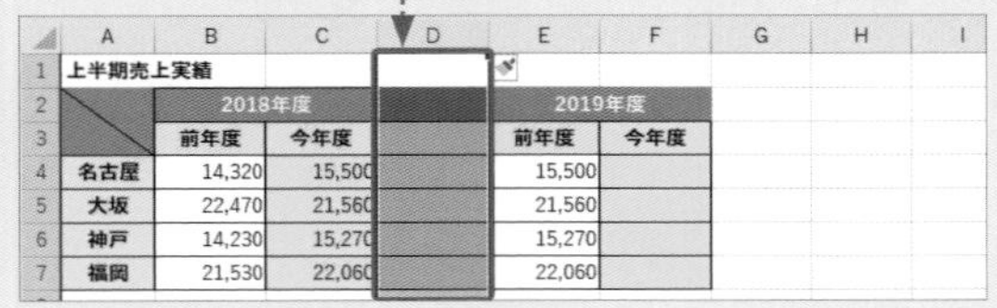

	A	B	C	D	E	F
1	上半期売上実績					
2		2018年度			2019年度	
3		前年度	今年度		前年度	今年度
4	名古屋	14,320	15,500		15,500	
5	大坂	22,470	21,560		21,560	
6	神戸	14,230	15,270		15,270	
7	福岡	21,530	22,060		22,060	

1 <挿入オプション>をクリックして、

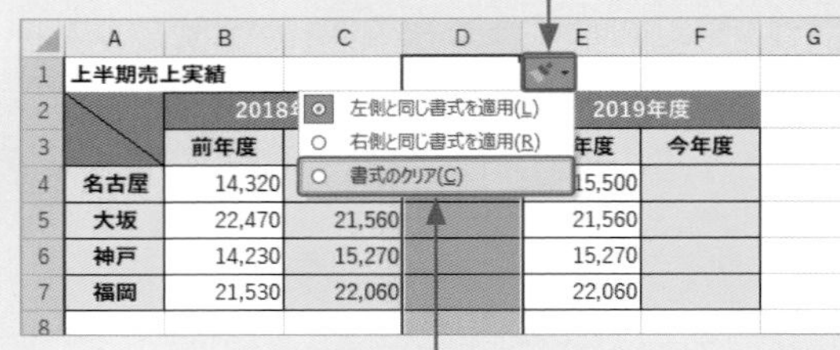

2 <書式のクリア>をクリックすると、

3 書式がクリアされます。

	A	B	C	D	E	F
1	上半期売上実績					
2		2018年度			2019年度	
3		前年度	今年度		前年度	今年度
4	名古屋	14,320	15,500		15,500	
5	大坂	22,470	21,560		21,560	
6	神戸	14,230	15,270		15,270	
7	福岡	21,530	22,060		22,060	
8						

重要度★★★ 行／列／セルの操作

Q 0629 挿入した行を下の行と同じ書式にしたい！

A 行を挿入した際に表示される＜挿入オプション＞を利用します。

行を挿入すると上にある行の書式が適用されます。下の行と同じ書式にしたい場合は、行を挿入すると表示される＜挿入オプション＞をクリックして、＜下と同じ書式を適用＞をクリックします。

1 ＜挿入オプション＞をクリックして、

	A	B	C	D	E	F	G
1		1月	2月	3月	4月	5月	6月
2							
3	チン	953,350	909,290	985,000	903,350	1,009,290	1,035,000
	上と同じ書式を適用(A)		775,620	765,780	615,360	775,620	835,780
	下と同じ書式を適用(B)		509,000	591,200	523,500	699,000	781,200
	書式のクリア(C)		2,193,910	2,341,980	2,042,210	2,483,910	2,651,980
7							
8							

2 ＜下と同じ書式を適用＞をクリックすると、

3 下の行の書式が適用されます。

	A	B	C	D	E	F	G
1		1月	2月	3月	4月	5月	6月
2							
3	キッチン	953,350	909,290	985,000	903,350	1,009,290	1,035,000
4	収納家具	745,360	775,620	765,780	615,360	775,620	835,780
5	ガーデン	523,500	509,000	591,200	523,500	699,000	781,200
6	合計	2,222,210	2,193,910	2,341,980	2,042,210	2,483,910	2,651,980
7							
8							

重要度★★★ 行／列／セルの操作

Q 0630 行や列を削除したい！

A ＜ホーム＞タブの＜削除＞を利用します。

行番号あるいは列番号をクリックして行や列を選択し、＜ホーム＞タブの＜削除＞をクリックすると、行や列を削除できます。また、行番号や列番号を右クリックして＜削除＞をクリックしても、削除できます。

1 行（または列）番号をクリックして、

2 ＜ホーム＞タブの＜削除＞をクリックすると、

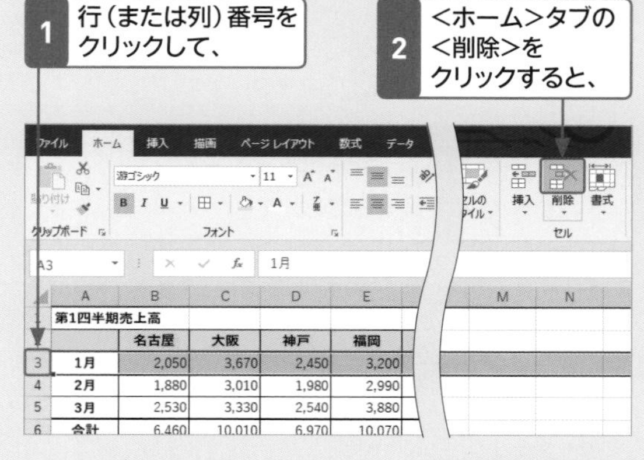

3 行（または列）が削除されます。

	A	B	C	D	E	F	G	H
1	第1四半期売上高							
2		名古屋	大阪	神戸	福岡	合計		
3	2月	1,880	3,010	1,980	2,990	9,860		
4	3月	2,530	3,330	2,540	3,880	12,280		
5	合計	4,410	6,340	4,520	6,870	22,140		

重要度★★★ 行／列／セルの操作

Q 0631 「クリア」と「削除」の違いを知りたい！

A クリアはセルが残りますが、削除はセル自体が削除されます。

入力したデータを消去する方法には、「クリア」と「削除」があります。「クリア」は、セルの数式や値、書式を消す機能で、行や列、セルはそのまま残ります。＜ホーム＞タブの＜クリア＞をクリックすると、クリアする条件を選択できます。＜書式のクリア＞では罫線が消え、配置や色などの書式設定が既定に戻ります。また、クリアしたいセル範囲を選択して Delete を押すと、データだけをクリアすることができます。

「削除」は、行や列、セルそのものを消す操作です。削除したあとは行や列、セルが移動します。

参照▶Q 0630, Q 0633

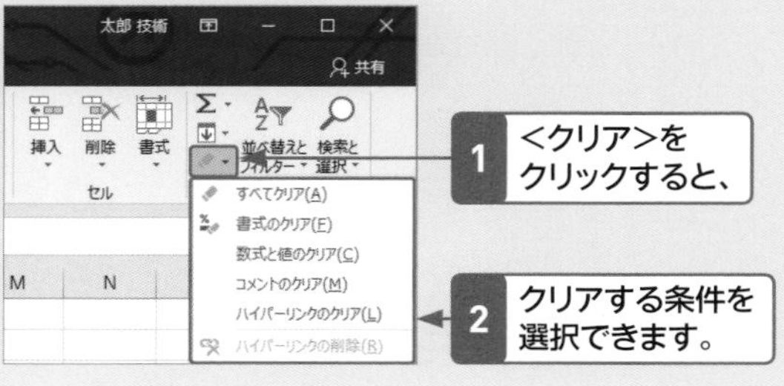

重要度 ★★★　行／列／セルの操作

Q 0632 セルを挿入したい！

A ＜挿入＞から＜セルの挿入＞をクリックします。

行や列単位ではなく、セル単位で挿入する場合は、下の手順で挿入後のセルの移動方向を指定します。
また、手順**1**、**2**のかわりに、セルを右クリックして＜挿入＞をクリックしても、＜セルの挿入＞ダイアログボックスが表示されます。

1 挿入位置のセルを選択し、

2 ＜ホーム＞タブの＜挿入＞のここをクリックして、

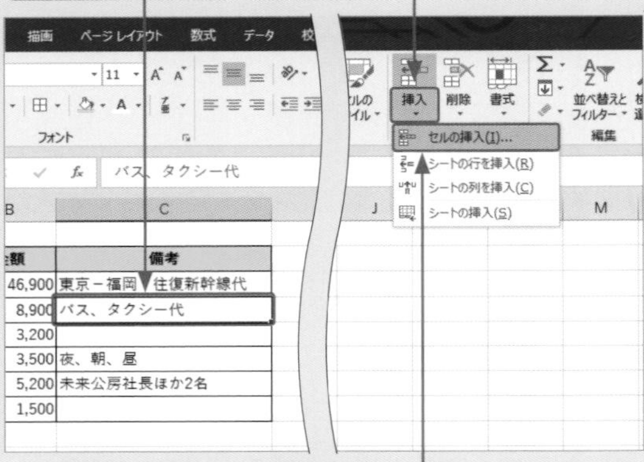

3 ＜セルの挿入＞をクリックします。

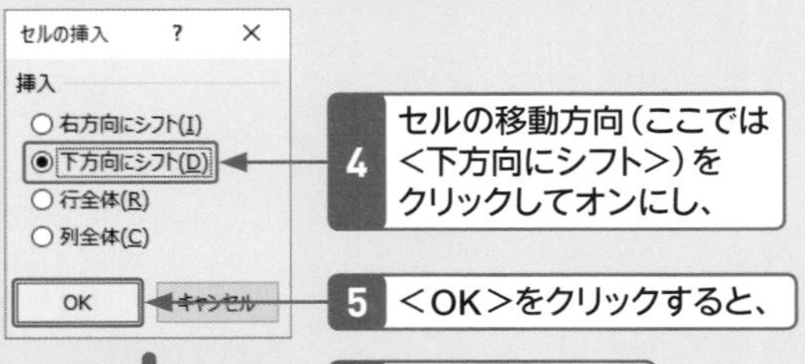

4 セルの移動方向（ここでは＜下方向にシフト＞）をクリックしてオンにし、

5 ＜OK＞をクリックすると、

6 セルが挿入され、

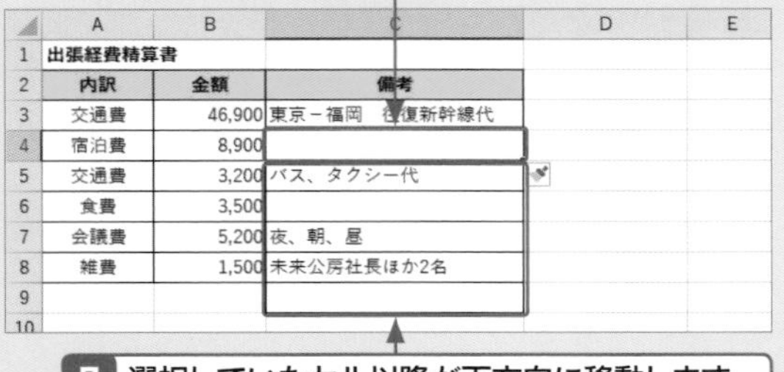

7 選択していたセル以降が下方向に移動します。

重要度 ★★★　行／列／セルの操作

Q 0633 セルを削除したい！

A ＜削除＞から＜セルの削除＞をクリックします。

セル内に入力されているデータごとセルを削除するには、下の手順で削除後のセルの移動方向を指定します。
また、手順**1**、**2**のかわりに、セルを右クリックして＜削除＞をクリックしても、＜削除＞ダイアログボックスが表示されます。

1 削除するセルを選択し、

2 ＜ホーム＞タブの＜削除＞のここをクリックして、

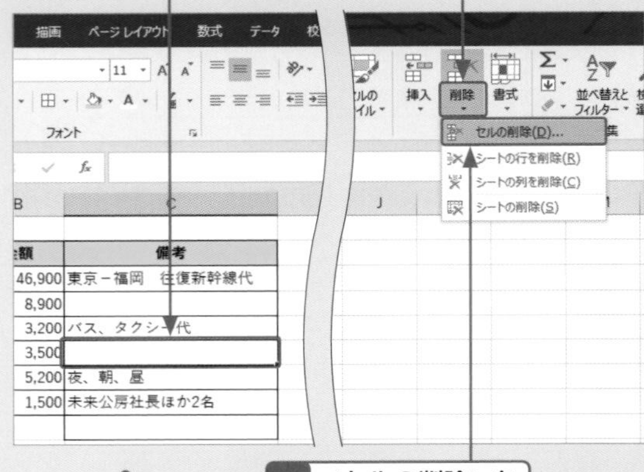

3 ＜セルの削除＞をクリックします。

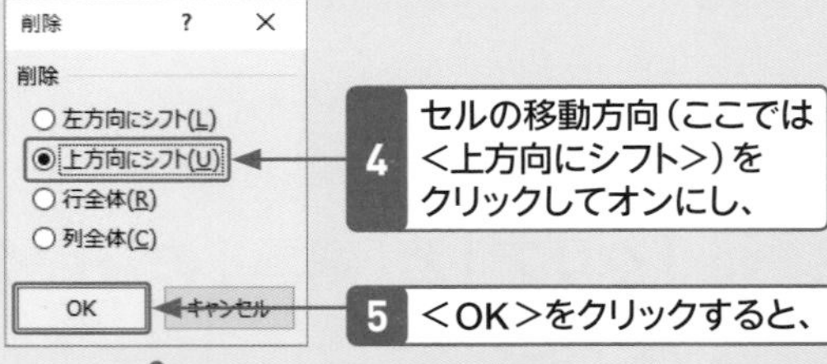

4 セルの移動方向（ここでは＜上方向にシフト＞）をクリックしてオンにし、

5 ＜OK＞をクリックすると、

6 セルが削除され、

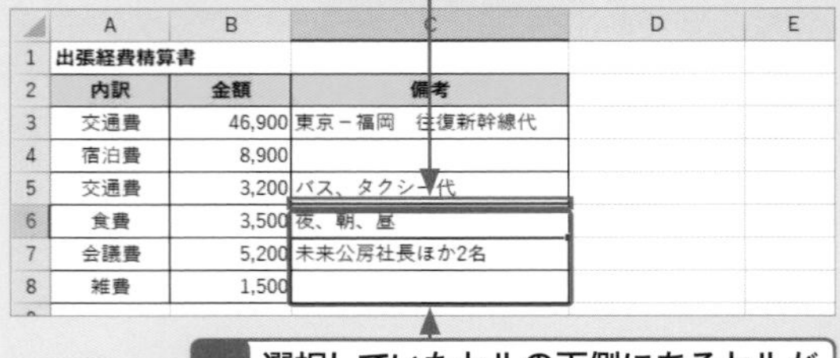

7 選択していたセルの下側にあるセルが上に移動します。

重要度 ★★★　行／列／セルの操作

Q 0634 データをセル単位で入れ替えたい！

A セル範囲を選択して、Shiftを押しながらドラッグします。

データをセル単位で入れ替えたい場合は、セル範囲を選択して、その境界線にマウスポインターを合わせ、Shiftを押しながら移動先までドラッグします。

コピーする場合は、CtrlとShiftを押しながらドラッグします。ドラッグ中は、挿入先に太い実線が表示されるので、それを目安にするとよいでしょう。

1 移動したいセル範囲を選択します。

	A	B	C	D	E	F
1	会員名簿					
2	番号	名前	入会日	会員種別		
3	101	筧　佑紀斗	2019/3/5	ベーシック		
4	102	圦山　侑生	2019/2/27	ミドル		
5	103	佐藤　秋良	2019/2/15	ベーシック		
6	104	高取　聖	2019/1/18	ミドル		
7	105	真北　青葉	2019/1/26	アドバンス		
8						

2 境界線にマウスポインターを合わせ、ポインターの形が✥に変わった状態で、

3 Shiftを押しながらドラッグすると、

	A	B	C	D	E	F
1	会員名簿					
2	番号	名前	入会日	会員種別		
3	101	筧　佑紀斗	2019/3/5	ベーシック		
4	102	圦山　侑生	2019/2/27	ミドル		
5	103	佐藤　秋良	2019/2/15	ベーシック		
6	104	高取　聖	2019/1/18	ミドル		
7	105	真北　青葉	2019/1/26	アドバンス		
8						

C7:D7

コピーする場合は、Ctrl＋Shiftを押しながらドラッグします。

4 セル範囲が移動して挿入されます。

	A	B	C	D	E	F
1	会員名簿					
2	番号	名前	入会日	会員種別		
3	101	筧　佑紀斗	2019/3/5	ベーシック		
4	102	圦山　侑生	2019/2/15	ベーシック		
5	103	佐藤　秋良	2019/1/18	ミドル		
6	104	高取　聖	2019/2/27	ミドル		
7	105	真北　青葉	2019/1/26	アドバンス		
8						

重要度 ★★★　行／列／セルの操作

Q 0635 行の高さや列の幅を変更したい！

A 行番号や列番号の境界線をドラッグします。

行の高さを変更するには、高さを変更する行番号の境界線にマウスポインターを合わせ、ポインターの形が┿に変わった状態で、目的の位置までドラッグします。

列の幅を変更するには、幅を変更する列番号の境界線にマウスポインターを合わせ、ポインターの形が✛に変わった状態で、目的の位置までドラッグします。

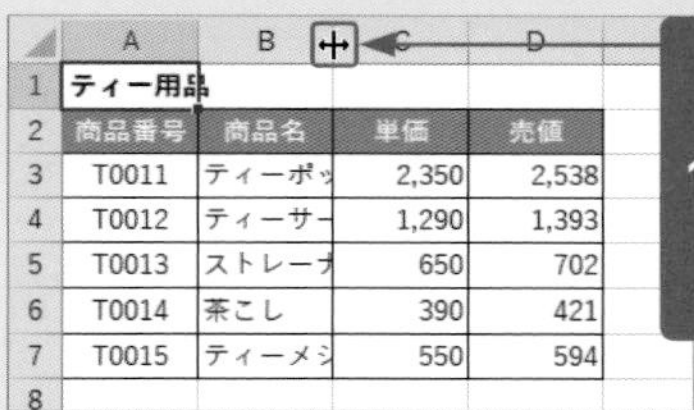

1 列番号の境界線にマウスポインターを合わせ、形が✛に変わった状態で、

ドラッグ中に列幅の数値が表示されます。

2 ドラッグすると、列の幅が変更されます。

重要度 ★★★　行／列／セルの操作

Q 0636 複数の行の高さや列の幅を揃えたい！

A 複数の行や列を選択して境界線をドラッグします。

複数行の高さや複数列の幅を同じサイズに変更するには、変更する複数の行や列を選択します。いずれかの行番号や列番号の境界線にマウスポインターを合わせ、ポインターの形が┿や✛に変わった状態で、目的の位置までドラッグします。

重要度 ★★★ 行／列／セルの操作

Q 0637 列の幅や行の高さの単位を知りたい！

A 列幅は文字数、行の高さはポイントです。

列幅の単位は文字数、行の高さの単位はポイント（1ポイント＝0.35mm）です。
なお、列幅の単位である文字数では、標準フォントの文字サイズ（初期設定では11ポイント）の1／2を「1」として数えます。つまり、幅が「10」のセルには、11ポイントの半角文字が10文字分入力できます。

重要度 ★★★ 行／列／セルの操作

Q 0638 文字数に合わせてセルの幅を調整したい！

A 列の境界線をダブルクリックします。

文字数に合わせてセルの幅を調整するには、調整したい列の境界線をダブルクリックします。この操作を行うと、同じ列内で、もっとも文字数が多いセルに合わせてセルの幅が調整されます。

1 列の境界線をダブルクリックすると、

	A	B	C	D	E	F
1	ティー用品					
2	商品番号	商品名	単価	売値		
3	T0011	ティーポッ	2,350	2,538		
4	T0012	ティーサー	1,290	1,393		
5	T0013	ストレーナ	650	702		
6	T0014	茶こし	390	421		
7	T0015	ティーメジ	550	594		

2 同列内のもっとも文字数の多いセルに合わせて幅が調整されます。

	A	B	C	D	E	F
1	ティー用品					
2	商品番号	商品名	単価	売値		
3	T0011	ティーポット	2,350	2,538		
4	T0012	ティーサーバー	1,290	1,393		
5	T0013	ストレーナー	650	702		
6	T0014	茶こし	390	421		
7	T0015	ティーメジャー	550	594		

重要度 ★★★ 行／列／セルの操作

Q 0639 選択したセルに合わせて列の幅を調整したい！

A <書式>の<列の幅の自動調整>を利用します。

表に長いタイトルが入力されている列の境界線をダブルクリックすると、タイトルに合わせて列幅が調整されてしまいます。この場合は、目的のセルをクリックして、<ホーム>タブの<書式>をクリックし、<列の幅の自動調整>をクリックします。
行の高さを変更するには、同様に<行の高さの自動調整>をクリックします。

1 目的のセルをクリックして、

2 <ホーム>タブの<書式>をクリックし、

3 <列の幅の自動調整>をクリックすると、

4 選択したセルの幅に合わせて列幅が変更されます。

	A	B
1	おいしい紅茶を入れる・プロの技術が身につく！	
2	コース名	内　容
3	紅茶を楽しむ	自分で紅茶を入れてバリエーションを
4	スペシャルティーセミナー	紅茶についてもっと深く学ぼう
5	実践紅茶レッスン	おいしい紅茶の入れ方の技術を習得し
6	紅茶特別講習会	ティーパーティなどで紅茶の話をでき
7		

重要度 ★★★　行／列／セルの操作

Q 0640 行の高さや列の幅を数値で指定したい！

A <書式>の<行の高さ>や<列の幅>を利用します。

行の高さを数値で指定するには、右の手順で<行の高さ>ダイアログボックスを表示し、目的の数値を入力して、<OK>をクリックします。
列の幅は、<列の幅>をクリックして表示される<列の幅>ダイアログボックスを利用します。

1 行番号をクリックして、

2 <ホーム>タブの<書式>をクリックし、

3 <行の高さ>をクリックします。

4 目的の数値を入力して、

5 <OK>をクリックします。

重要度 ★★★　行／列／セルの操作

Q 0641 行や列を非表示にしたい！

A <書式>の<非表示／再表示>から設定します。

列を非表示にするには目的の列を選択して、下の手順で操作します。また、列を右クリックして<非表示>をクリックしても、非表示にできます。
行の場合も、同様の操作で非表示にできます。

1 目的の列を選択します。

2 <ホーム>タブの<書式>をクリックして、

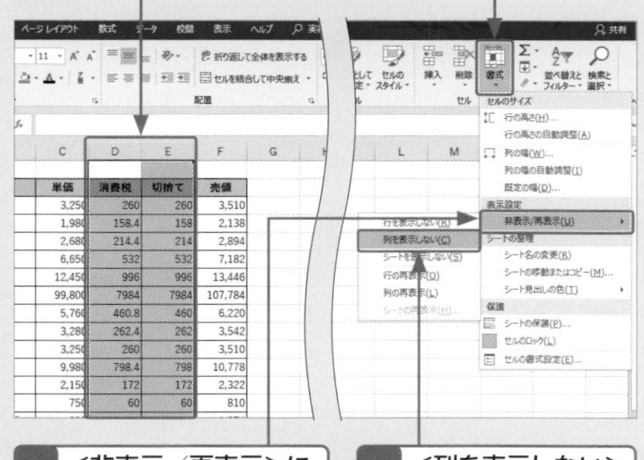

3 <非表示／再表示>にマウスポインターを合わせ、

4 <列を表示しない>をクリックすると、

5 選択した列が非表示になります。

重要度 ★★★　行／列／セルの操作

Q 0642 非表示にした行や列を再表示したい！

A <書式>の<非表示／再表示>から再表示します。

非表示にした列を再表示するには、下の手順で操作します。また、右クリックして<再表示>をクリックしても、再表示にできます。行の場合も、同様の操作で再表示できます。なお、列[A]や行[1]を非表示にした場合は、列[B]や行[2]からウィンドウの左端あるいは上に向けてドラッグし、非表示の列や行を選択します。

1 非表示にした列をはさむように、左右の列を選択します。

2 <ホーム>タブの<書式>をクリックして、

3 <非表示／再表示>にマウスポインターを合わせ、

4 <列の再表示>をクリックします。

重要度 ★★★ 行／列／セルの操作

Q 0643 表の一部を削除したら別の表が崩れてしまった！

A セルの削除と行の削除を使い分けましょう。

ワークシート内に複数の表がある場合、セルの一部を削除した際に、右図のようにほかの表のレイアウトが崩れてしまうことがあります。このような場合は、セル単位の削除ではなく、行単位で削除するなど、状況によって削除する対象を使い分けるとよいでしょう。

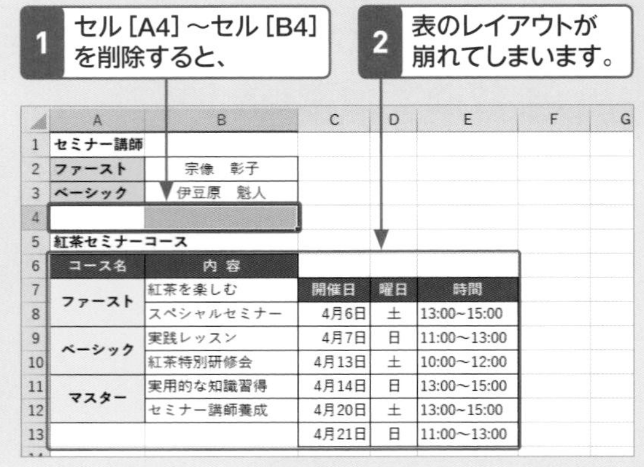

重要度 ★★★ ワークシートの操作

Q 0644 新しいワークシートを挿入したい！

A1 シート見出しの<新しいシート>を利用します。

Excel 2019/2016/2013の標準設定では、新規に作成したブックには1枚のワークシートが、Excel 2010では3枚のワークシートが表示されています。ワークシートは必要に応じて追加することができます。

Excel 2019/2016/2013では、シート見出しの右にある<新しいシート>をクリックすると、現在選択されているシートの後ろに新しいシートが追加されます。Excel 2010の場合は、<ワークシートの挿入>をクリックすると、シートの末尾に追加されます。

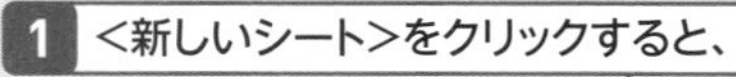

2 新しいシートが現在のシートの後ろに追加されます。

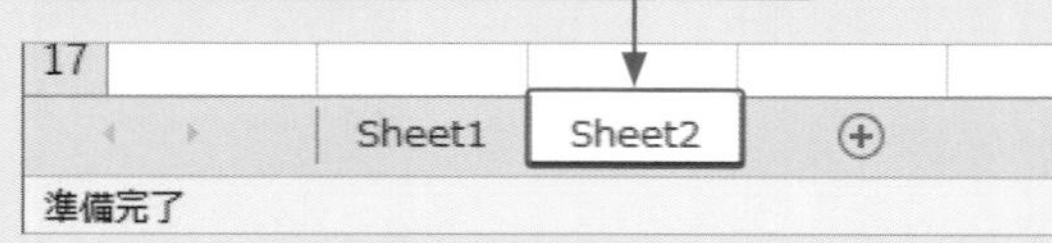

Excel 2010の場合は、シートの末尾に追加されます。

A2 <ホーム>タブの<挿入>を利用します。

<ホーム>タブの<挿入>から<シートの挿入>をクリックすると、現在選択しているシートの前に新しいシートが追加されます。

1 シートを挿入する後ろのシート見出しをクリックします。

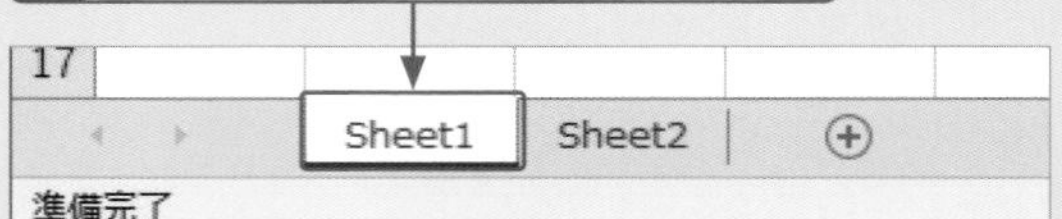

2 <ホーム>タブの<挿入>のここをクリックして、

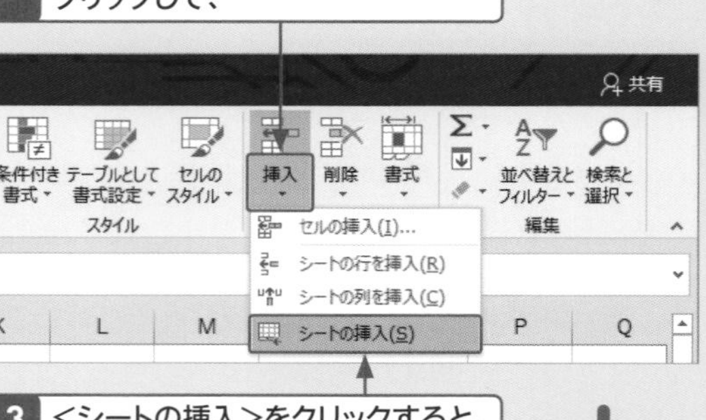

3 <シートの挿入>をクリックすると、

4 選択したシートの前に新しいシートが追加されます。

重要度★★★　ワークシートの操作

Q 0645 ワークシートをほかのブックに移動／コピーしたい！

A ＜シートの移動またはコピー＞ダイアログボックスを利用します。

異なるブック間でワークシートを移動やコピーするには、対象となるすべてのブックを開いてから、下の手順で操作します。＜シートの移動またはコピー＞ダイアログボックスは、＜ホーム＞タブの＜書式＞をクリックして、＜シートの移動またはコピー＞をクリックしても表示できます。

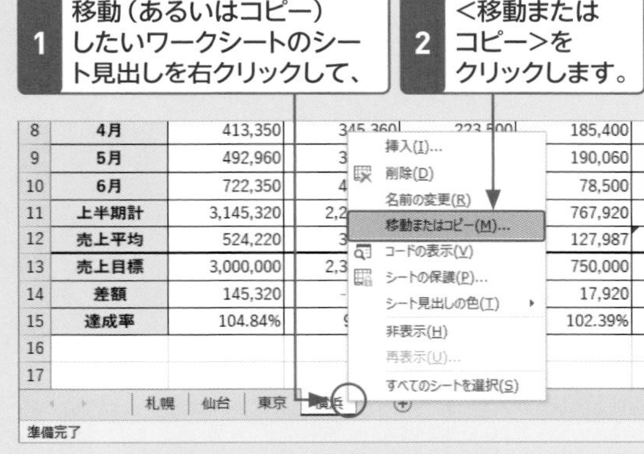

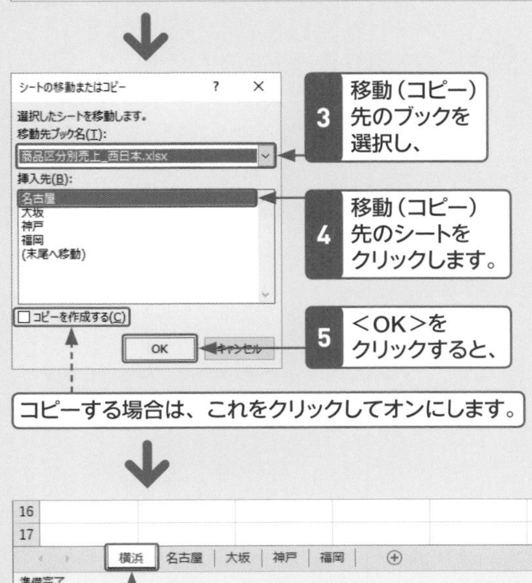

6 手順3、4で選択したシートと場所にシートが移動（あるいはコピー）されます。

重要度★★★　ワークシートの操作

Q 0646 ワークシートの見出しが隠れてしまった！

A1 ◀や▶あるいは…をクリックします。

1つのブックに多くのワークシートがある場合、シート見出しが画面から隠れてしまいます。◀や▶をクリックすると、シート見出しが前後にスクロールします。シート見出しの左右にある…をクリックすると、スクロールにしたうえで、隠れていたワークシートが前面に表示されます。

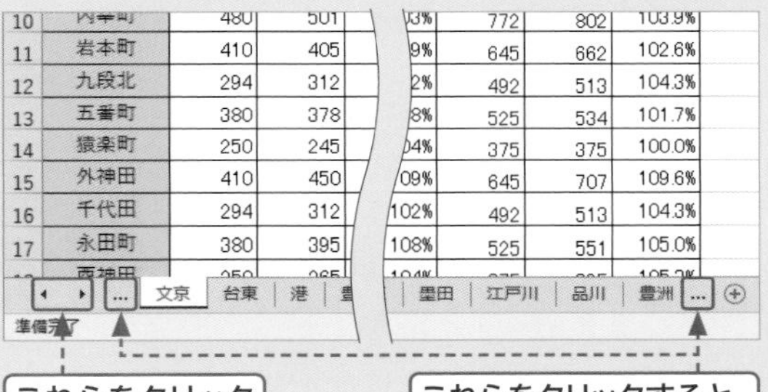

これらをクリックすると、シート見出しが左右にスクロールします。

これらをクリックすると、スクロールに加えて、隠れていたシートが前面に表示されます。

A2 ＜シートの選択＞ダイアログボックスから切り替えます。

◀や▶を右クリックすると表示される＜シートの選択＞ダイアログボックスを利用すると、すべてのシート見出しが一覧で表示されます。その中から目的のシート名をクリックします。

なお、Excel 2010の場合は、ダイアログボックスではなく、シート名の一覧が表示されます。

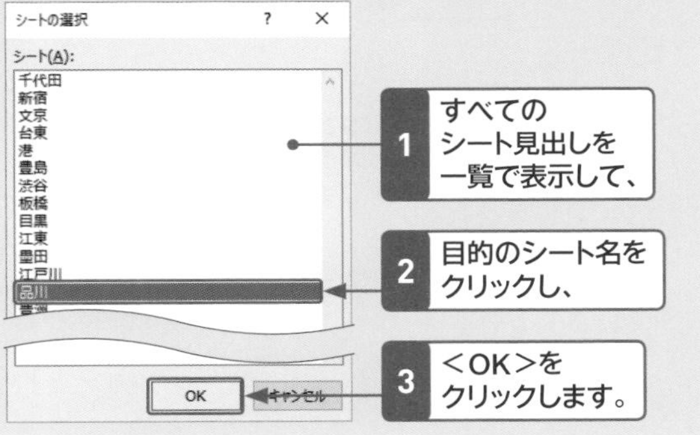

重要度★★★ ワークシートの操作

Q 0647 ワークシートをブック内で移動／コピーしたい！

A シート見出しをドラッグします。

同じブックの中でワークシートを移動するには、シート見出しをドラッグします。ワークシートをコピーするには、Ctrl を押しながらシート見出しをドラッグします。ドラッグすると、見出しの上に▼マークが表示されるので、移動先やコピー先の位置を確認できます。

● ワークシートを移動する

3 マウスのボタンを離すと、その位置にシートが移動します。

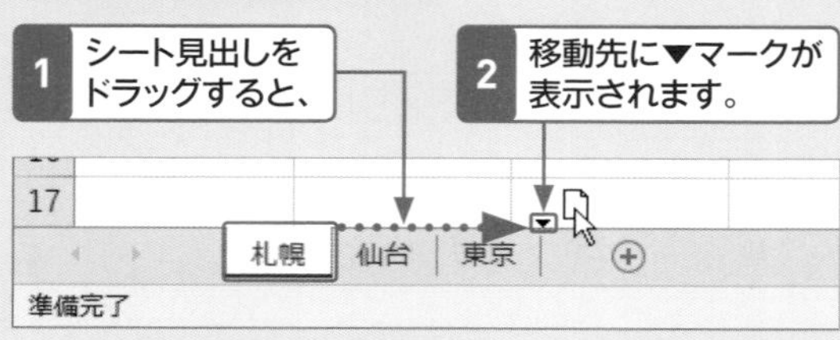

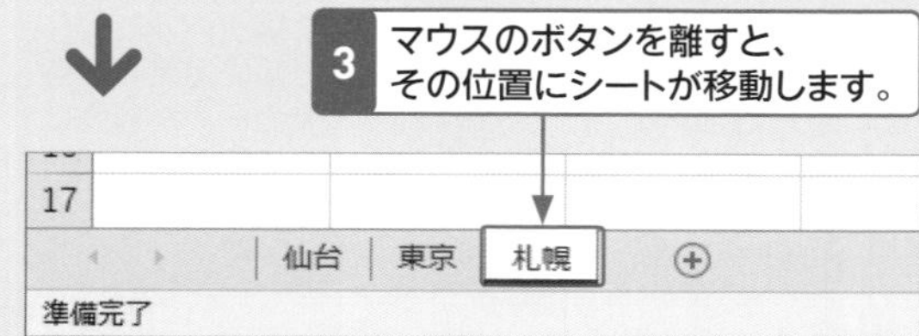

● ワークシートをコピーする

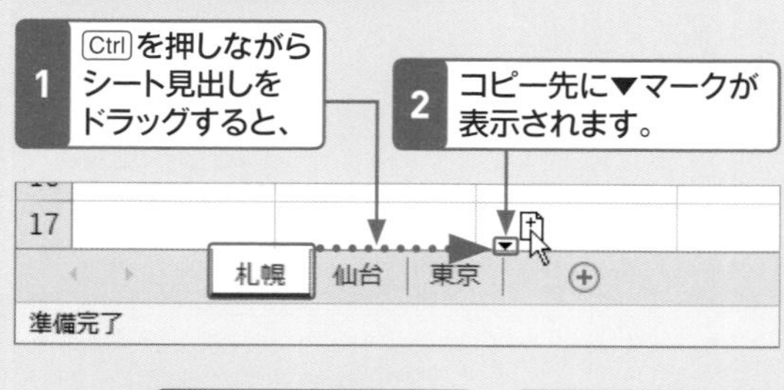

1 Ctrl を押しながらシート見出しをドラッグすると、
2 コピー先に▼マークが表示されます。

3 マウスのボタンを離すと、その位置にシートがコピーされます。

コピーされたシート名には「(2)」「(3)」などの連番が付きます。

17
札幌
仙台
東京
準備完了

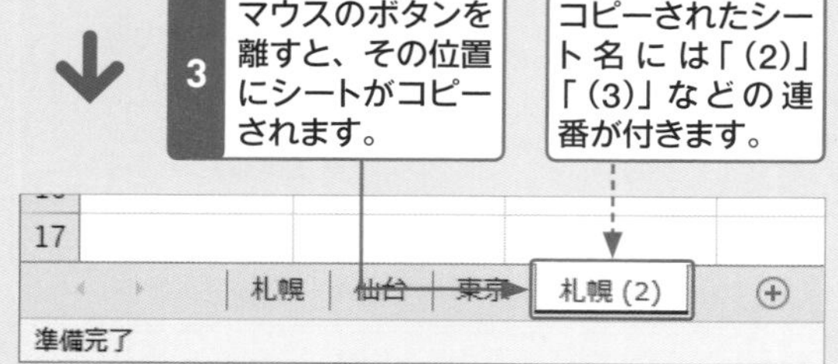

重要度★★★ ワークシートの操作

Q 0648 ワークシートの名前を変更したい！

A シート見出しをダブルクリックして、シート名を入力します。

シート名を変更するには、シート見出しをダブルクリックします。シート見出しの文字が反転表示されるので、新しいシート名を入力して、Enter を押します。なお、シート名は半角・全角にかかわらず31文字まで入力できますが、「￥」「＊」「？」「:」「／」「[」「]」は使用できません。また、シート名を空白にすることはできません。

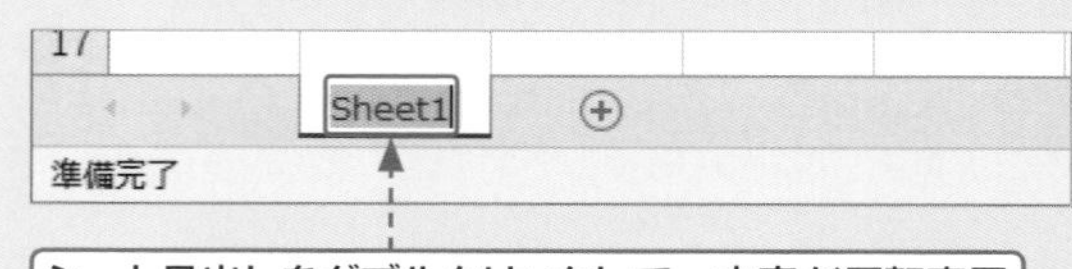

重要度★★★ ワークシートの操作

Q 0649 不要になったワークシートを削除したい！

A シート見出しを右クリックして<削除>をクリックします。

ワークシートを削除するには、シート見出しを右クリックして<削除>をクリックします。ワークシートにデータが入力されている場合は、確認のメッセージが表示されるので、<削除>をクリックすると、削除できます。削除したシートはもとに戻すことができないので、注意が必要です。

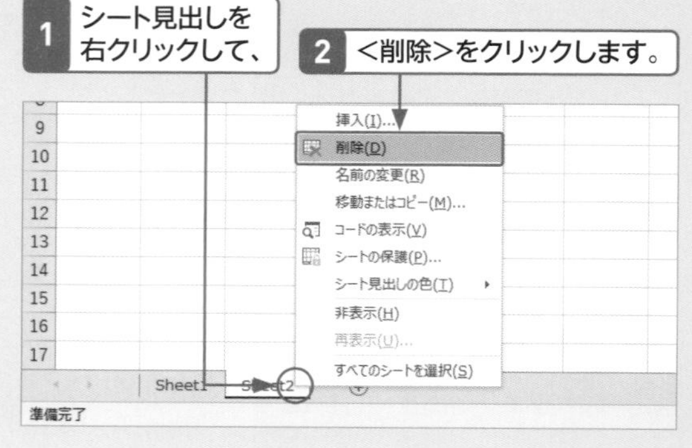

重要度 ★★★　ワークシートの操作

Q 0650 ワークシートの見出しを色分けしたい！

A シート見出しを右クリックして<シート見出しの色>から色を選択します。

シート見出しごとに異なる色を設定しておけば、ワークシートの管理に役立ちます。シート見出しに色を設定するには、下の手順で操作します。また、<ホーム>タブの<書式>からも設定できます。
なお、手順 **3** で<その他の色>を選択すると、表示された以外の色を指定できます。<色なし>を選択すると、標準設定に戻ります。

1 シート見出しを右クリックして、

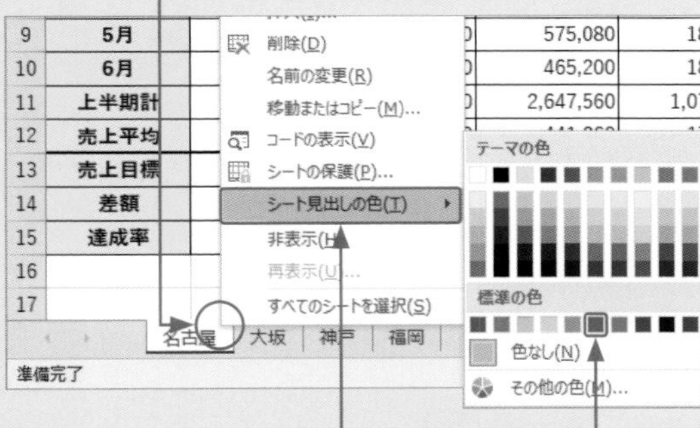

2 <シート見出しの色>にマウスポインターを合わせ、

3 目的の色をクリックすると、

4 シート見出しに色が設定されます。

5 ほかのシート見出しをクリックすると、シート見出しの色がこのように表示されます。

重要度 ★★★　ワークシートの操作

Q 0651 複数のワークシートをまとめて編集したい！

A ワークシートをグループ化してから編集します。

複数のワークシートに同じ形式の表を作成する場合は、目的のワークシートをグループ化します。ワークシートをグループ化すると「グループ」として設定され、前面に表示されているワークシートに行った編集が、グループに含まれるほかのワークシートにも反映されます。

1 このシートが表示されている状態で、

2 Shift を押しながらこのシート見出しをクリックすると、

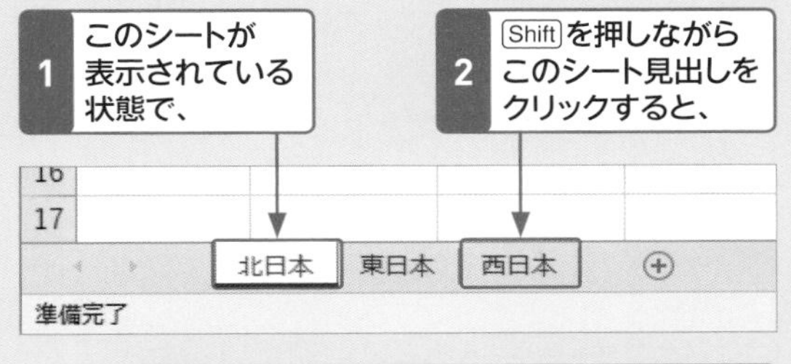

離れたシート見出しをグループ化する場合は、Ctrl を押しながらクリックします。

タイトルバーに「［グループ］」と表示されます。

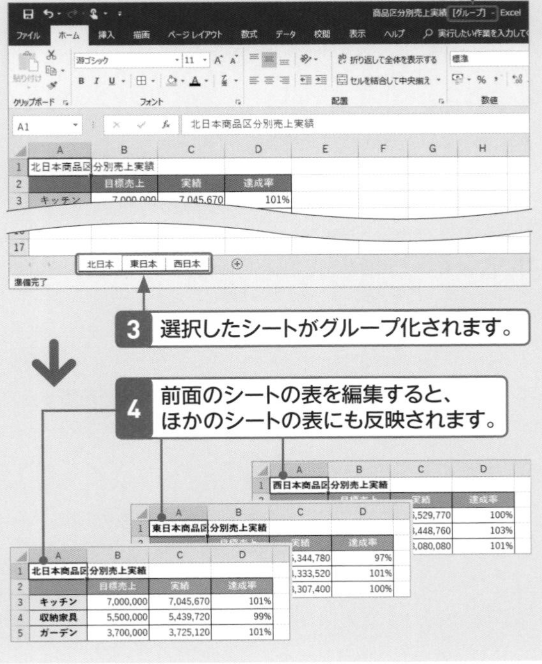

3 選択したシートがグループ化されます。

4 前面のシートの表を編集すると、ほかのシートの表にも反映されます。

重要度 ★★★ ワークシートの操作

Q 0652 シート見出しがすべて表示されない！

A <Excelのオプション>ダイアログボックスで設定を変更します。

シート見出しがすべて表示されていない場合は、シート見出しが表示されない設定になっていると考えられます。<ファイル>タブをクリックして<オプション>をクリックし、<Excelのオプション>ダイアログボックスで設定を変更します。

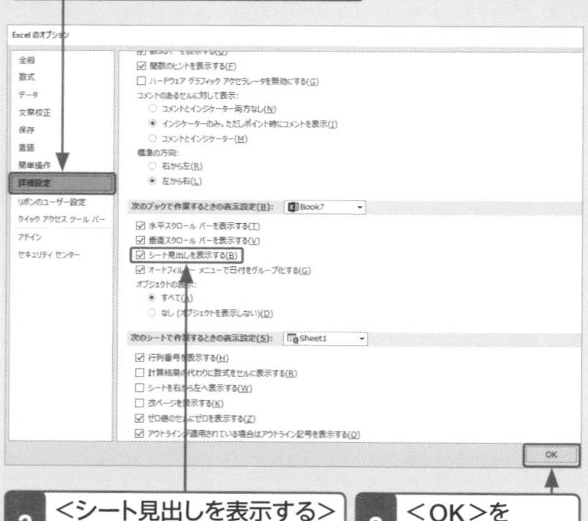

重要度 ★★★ ワークシートの操作

Q 0653 ワークシートのグループ化を解除するには？

A 前面に表示されているシート以外のシート見出しをクリックします。

ブック内のすべてのワークシートをグループにしている場合は、前面に表示されているワークシート以外のシート見出しをクリックすると、グループが解除されます。一部のワークシートをグループにしている場合は、グループに含まれていないワークシートのシート見出しをクリックします。

重要度 ★★★ データの検索／置換

Q 0654 特定のデータが入力されたセルを探したい！

A 検索機能を利用します。

ワークシート上のデータの中から特定のデータを見つけ出すには、<検索と置換>ダイアログボックスの<検索>を表示して検索します。

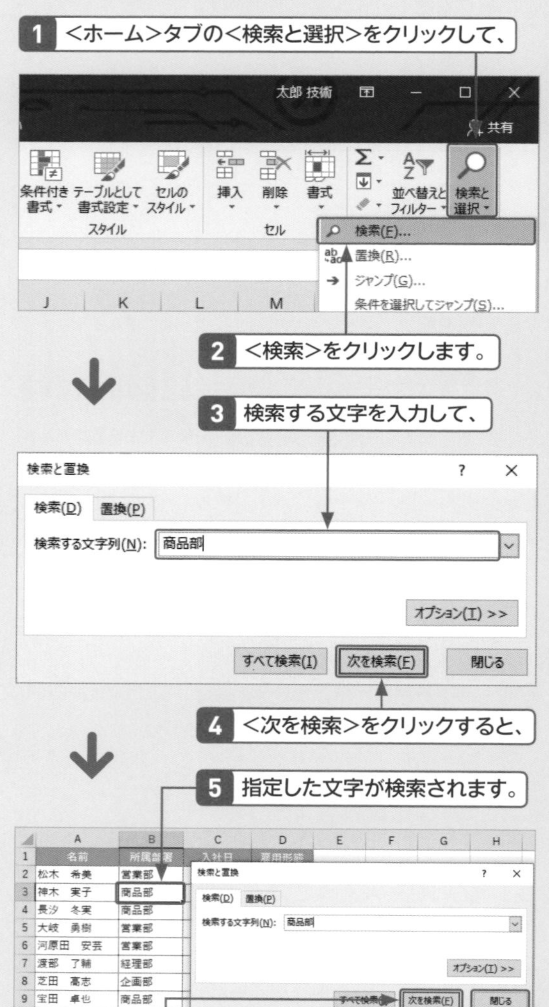

重要度 ★★★　データの検索／置換

Q 0655 ブック全体から特定のデータを探したい！

A <検索と置換>ダイアログボックスのオプション機能を利用します。

現在表示しているワークシートだけでなく、ブック全体から特定のデータを検索するには、<検索と置換>ダイアログボックスの<検索>を表示して、<オプション>をクリックします。<オプション>項目が表示されるので、<検索場所>で<ブック>を選択して検索します。なお、ここで設定したオプション項目は、別の検索を行う際にも踏襲されるので、必要に応じて設定し直しましょう。

1 <オプション>をクリックします。

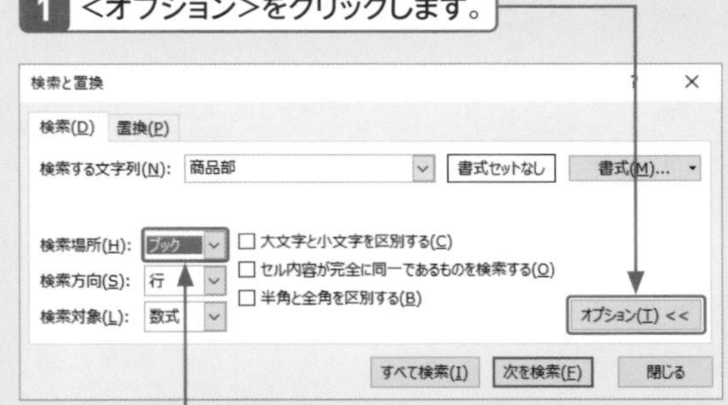

2 <検索場所>で<ブック>を選択して、検索します。

重要度 ★★★　データの検索／置換

Q 0656 特定の文字をほかの文字に置き換えたい！

A 置換機能を利用します。

ワークシート上の特定のデータを別のデータに置き換えるには、<検索と置換>ダイアログボックスの<置換>を表示して置き換えます。

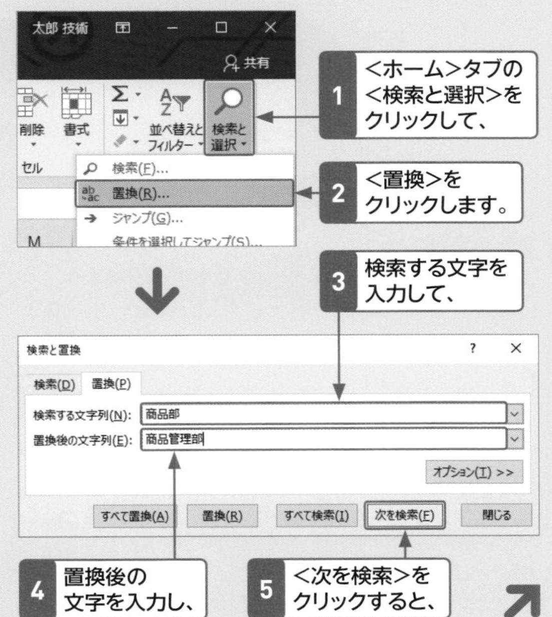

1 <ホーム>タブの<検索と選択>をクリックして、

2 <置換>をクリックします。

3 検索する文字を入力して、

4 置換後の文字を入力し、

5 <次を検索>をクリックすると、

6 置換する文字が検索されます。

<すべて置換>をクリックすると、該当するデータをまとめて置換できます。

7 <置換>をクリックすると、

8 文字が置き換わり、

9 次の文字が検索されます。

重要度★★★　データの検索／置換

Q 0657 特定の範囲を対象に探したい！

A 検索する範囲を指定してから検索を行います。

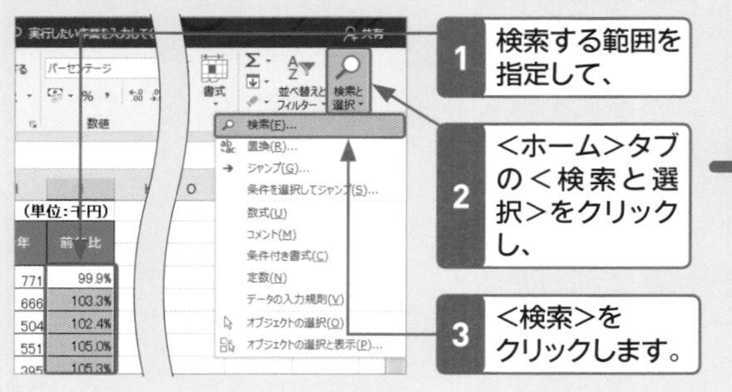

1 検索する範囲を指定して、
2 <ホーム>タブの<検索と選択>をクリックし、
3 <検索>をクリックします。

<検索と置換>ダイアログボックスで検索を行う場合、通常は現在表示しているワークシート全体が検索対象になります。特定の範囲を検索したい場合は、あらかじめ検索範囲を選択してから検索を実行します。

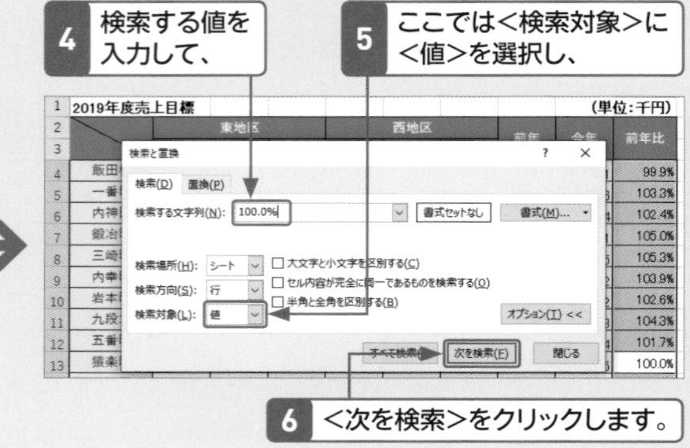

重要度★★★　データの検索／置換

Q 0658 セルに入力されている空白を削除したい！

A スペースを検索して、置換で取り除きます。

たとえば、「姓＋半角スペース＋名」の形式で名前が入力されていて、半角スペースが不要になった場合、置換機能を利用して不要なスペースを削除できます。<検索と置換>ダイアログボックスの<置換>を表示して、<検索する文字列>に半角スペースを入力します。<置換後の文字列>には何も入力せずに、<すべて置換>をクリックします。

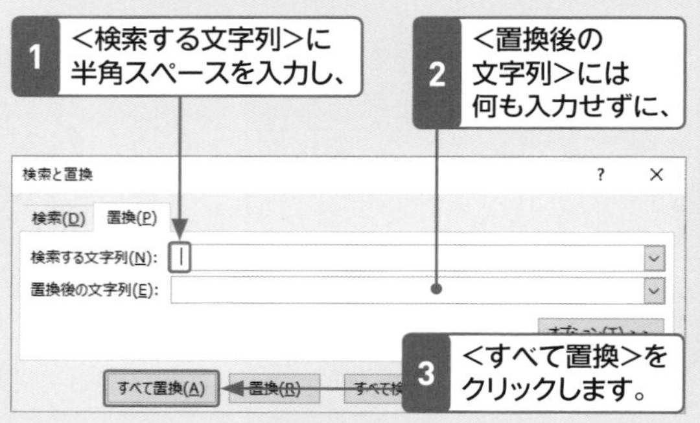

重要度★★★　データの検索／置換

Q 0659 「検索対象が見つかりません。」と表示される！

A <検索と置換>ダイアログボックスのオプション機能を利用します。

検索条件とデータの一部が一致しているはずなのに、何も検索されない場合は、検索文字列の後ろにスペース（空白）が入っている場合があります。全角と半角の区別がつきにくい文字もあるので、正しく入力されているかどうかを確認します。

また、<検索と置換>ダイアログボックスの<検索>を表示して<オプション>をクリックし、オプション項目を確認しましょう。<大文字と小文字を区別する><セル内容が完全に同一であるものを検索する><半角と全角を区別する>がオンになっている場合は、必要に応じてオフにします。<検索対象>も併せて確認します。

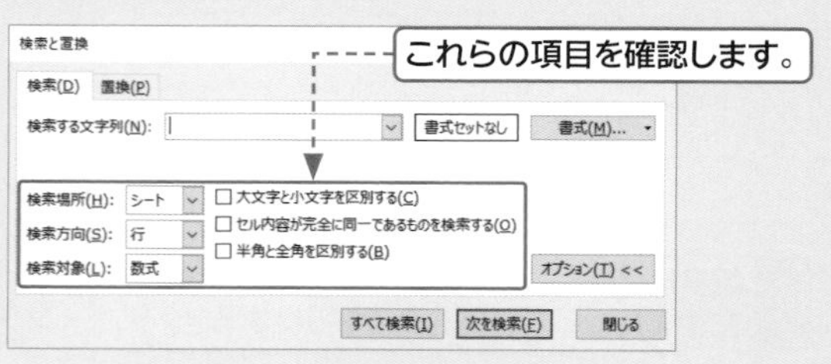

重要度 ★★★ データの検索／置換

Q 0660 <検索>ダイアログボックスを表示せずに検索したい！

A ダイアログボックスを閉じて、Shift を押しながら F4 を押します。

同じ条件で繰り返し検索を行うとき、そのつど<検索と置換>ダイアログボックスを表示するのは面倒です。このような場合は、検索条件を設定したあと、<検索と置換>ダイアログボックスを閉じ、Shift を押しながら F4 を押すと、ダイアログボックスを表示せずに検索ができます。

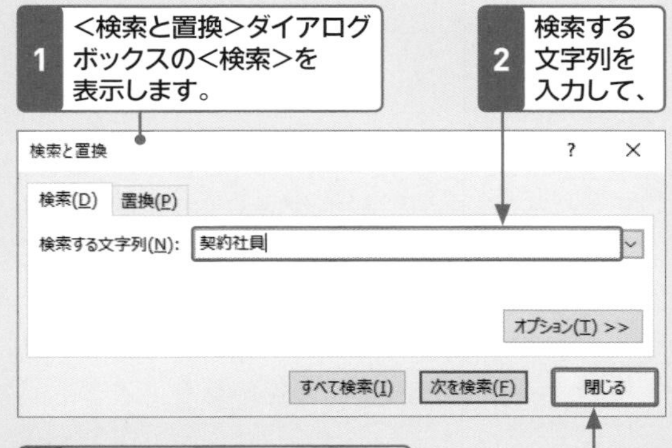

3 <閉じる>をクリックします。

4 Shift を押しながら F4 を押すと、データが検索されます。

	A	B	C	D	E	F
1	名前	所属部署	雇用形態	入社日		
2	松木　希美	営業部	社員	2018/4/5		
3	神木　実子	商品管理部	社員	2016/12/1		
4	長汐　冬実	企画部	パート	2016/12/1		
5	大岐　勇樹	営業部	社員	2014/4/2		
6	河原田　安芸	営業部	社員	2014/4/2		
7	渡部　了輔	経理部	契約社員	2013/4/1		
8	芝田　高志	企画部	社員	2012/4/1		
9	宝田　卓也	商品管理部	社員	2011/5/5		
10	横田　真央	人事部	パート	2011/5/5		
11	宇多　純一	営業部	契約社員	2010/4/2		
12	清水　光一	商品管理部	社員	2010/4/2		
13	飛田　秋生	営業部	パート	2010/4/2		

5 続けて検索する場合は、F4（直前の操作の繰り返し）を押すと検索できます。

	A	B	C	D	E	F
1	名前	所属部署	雇用形態	入社日		
2	松木　希美	営業部	社員	2018/4/5		
3	神木　実子	商品管理部	社員	2016/12/1		
4	長汐　冬実	企画部	パート	2016/12/1		
5	大岐　勇樹	営業部	社員	2014/4/2		
6	河原田　安芸	営業部	社員	2014/4/2		
7	渡部　了輔	経理部	契約社員	2013/4/1		
8	芝田　高志	企画部	社員	2012/4/1		
9	宝田　卓也	商品管理部	社員	2011/5/5		
10	横田　真央	人事部	パート	2011/5/5		
11	宇多　純一	営業部	契約社員	2010/4/2		
12	清水　光一	商品管理部	社員	2010/4/2		
13	飛田　秋生	営業部	パート	2010/4/2		

重要度 ★★★ データの検索／置換

Q 0661 「○」で始まって「△」で終わる文字を検索したい！

「*」や「?」のワイルドカードを利用します。

たとえば、「東京」で始まって「劇場」で終わる文字を検索したい場合は、「東京＊劇場」のように、ワイルドカードの「＊」を使用することができます。
「ワイルドカード」は、文字のかわりとして使うことができる特殊文字で、0文字以上の任意の文字列を表す半角の「＊」（アスタリスク）と、任意の1文字を表す「?」（クエスチョン）があります。
検索文字を「東京??劇場」とした場合は、2文字の劇場だけが検索されます。

「東京」で始まって「劇場」で終わる文字を検索する場合は、「東京*劇場」と入力します。

	A	B	C	D	E
1	◆東京都の劇場・美術館・工芸館・文学館				
2	東京芸術劇場				
3	帝国劇場				
4	日生劇場				
5	東京宝塚劇場				
6	国立演舞場				

検索と置換
検索(D)　置換(P)
検索する文字列(N): 東京*劇場

● ワイルドカードの使用例

使用例	意　味
東京都*	「東京都」を含む文字列
*県	「県」を含む文字列
東	「東」を含む文字列
東?	「東」を含む2文字の文字列
??県	「県」を含む3文字の文字列

重要度 ★★★ データの検索／置換

Q 0662 「*」や「?」を検索したい！

A 記号の前に「~」(チルダ)を付けて検索します。

半角の「*」(アスタリスク)や「?」(クエスチョン)を含んだ文字列を検索したい場合、単に「*」や「?」を指定すると、すべてが表示されてしまいます。「*」や「?」自体を検索したい場合は、記号の前に半角の「~」(チルダ)を付けて検索します。「~」は、次の文字が文字列であることを示す印です。

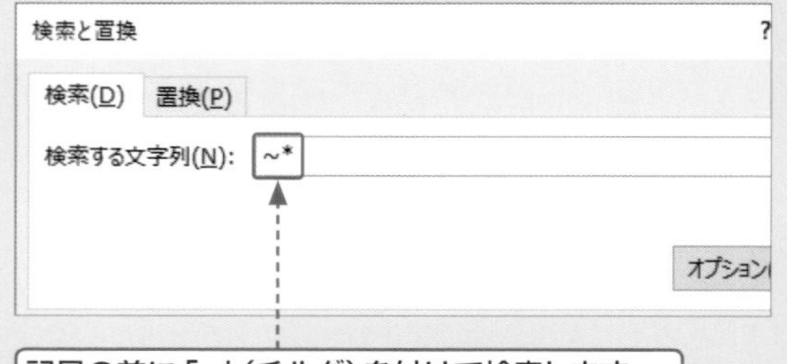

重要度 ★★★ データの検索／置換

Q 0663 ワークシート内の文字の色をまとめて変更したい！

A 置換機能を利用します。

文字やセルに設定した特定の書式だけを置き換えたいときは、置換機能を利用すると便利です。<検索と置換>ダイアログボックスの<オプション>をクリックして、<検索する文字列>の<書式>で置換もとの書式を設定し、<置換後の文字列>の<書式>で置き換えたい書式を設定して<すべて置換>をクリックします。

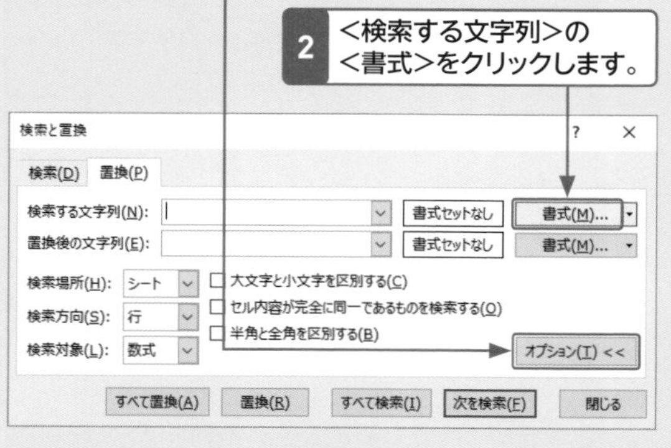

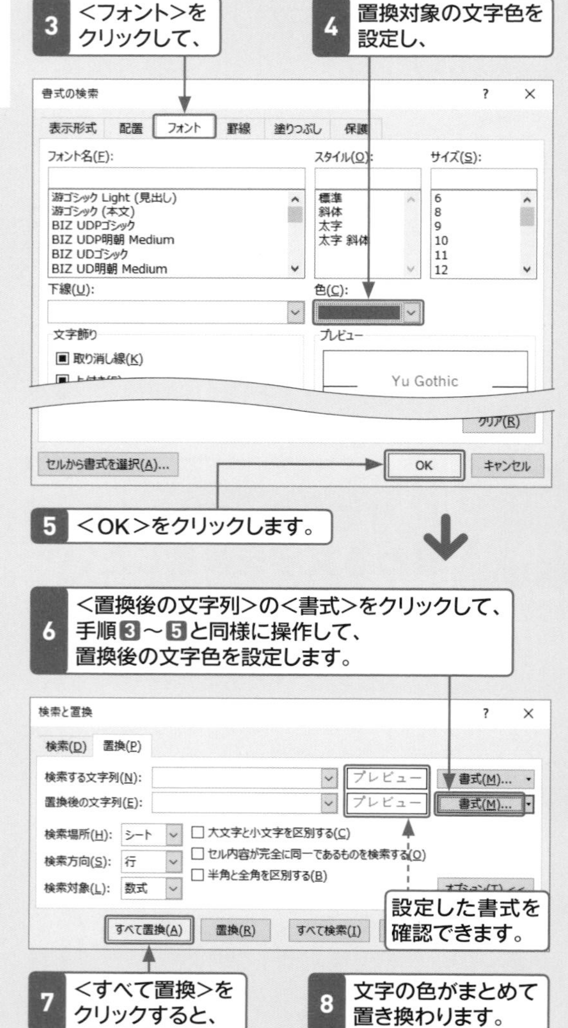

重要度 ★★★　データの検索／置換

Q 0664 セル内の改行をまとめて削除したい！

A 置換機能を利用して改行文字を空白に置き換えます。

Alt を押しながら Enter を押すと、セル内で改行されますが、この改行は、画面には表示されない特殊な改行文字によって指定されています。セル内の改行を削除して文字列を1行にするには、置換機能を利用して、この改行文字を削除します。

なお、<置換後の文字列>にスペース（空白文字）を入力すれば、改行文字が空白に置き換わり、間にスペースを入れることができます。

セル内の改行をまとめて削除します。

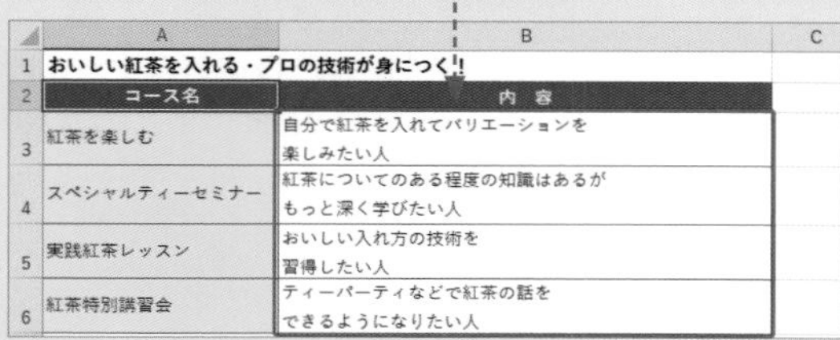

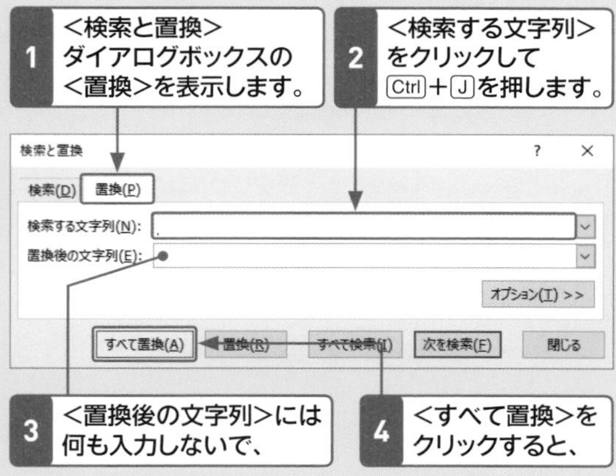

5 セル内の改行がまとめて削除されます。

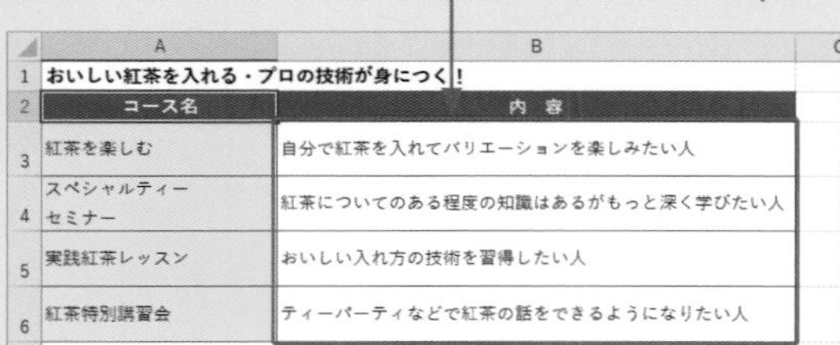

重要度 ★★★　データの検索／置換

Q 0665 データを検索してセルに色を付けたい！

A 置換機能を利用します。

特定のデータが入力されたセルに色を付けたい場合は、置換機能を利用すると便利です。<検索と置換>ダイアログボックスの<オプション>をクリックして、下の手順で設定します。

1 <検索と置換>ダイアログボックスの<置換>を表示して<オプション>をクリックします。

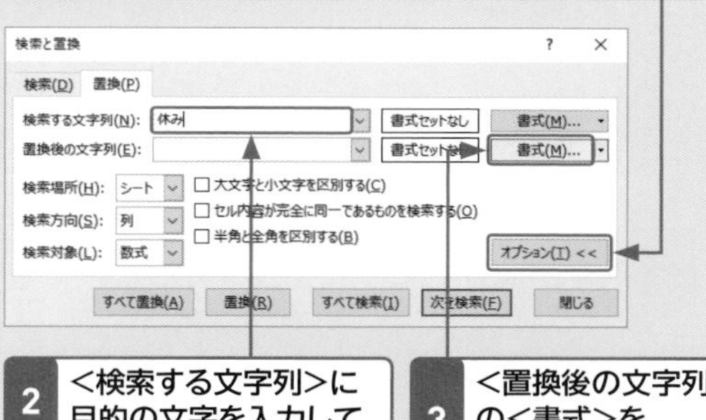

2 <検索する文字列>に目的の文字を入力して、

3 <置換後の文字列>の<書式>をクリックします。

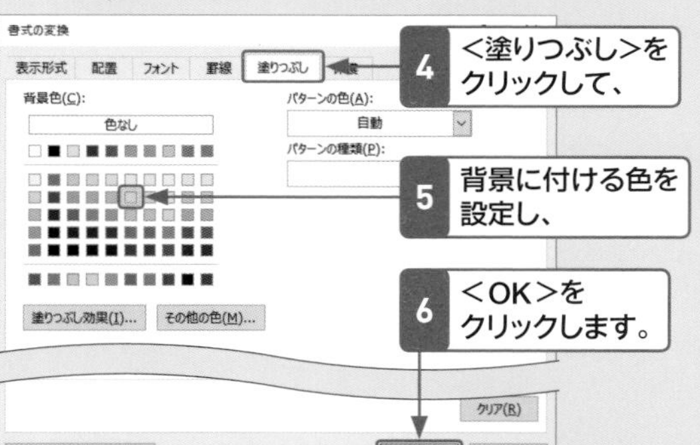

7 <検索と置換>ダイアログボックスの<すべて置換>をクリックすると、

8 指定した文字が含まれるセルに色が付きます。

1	アルバイトシフト表						
2	日	曜日	加藤	岡田	山内	天城	渋谷
3	6月1日	土	出勤	休み	出勤	休み	出勤
4	6月2日	日	出勤	休み	出勤	休み	出勤
5	6月3日	月	出勤	休み	出勤	休み	出勤
6	6月4日	火	出勤	出勤	休み	出勤	休み
7	6月5日	水	休み	出勤	休み	出勤	休み
8	6月6日	木	休み	出勤	休み	出勤	休み

重要度 ★★★　ハイパーリンク

Q 0666 ハイパーリンクを一括で解除したい！

A ＜ホーム＞タブの＜クリア＞を利用します。

ハイパーリンクは、入力の際に解除することもできますが、入力後に一括で削除することも可能です。
ハイパーリンクが設定されているセル範囲を選択して、<ホーム>タブの<クリア>をクリックし、<ハイパーリンクのクリア>をクリックすると、ハイパーリンクの設定が解除されます。ただし、青字と下線の設定は残ります。書式も含めて解除したい場合は、<ハイパーリンクの削除>をクリックします。

参照 ▶ Q 0559

1 ハイパーリンクが設定されているセル範囲を選択します。

2 <ホーム>タブの<クリア>をクリックし、

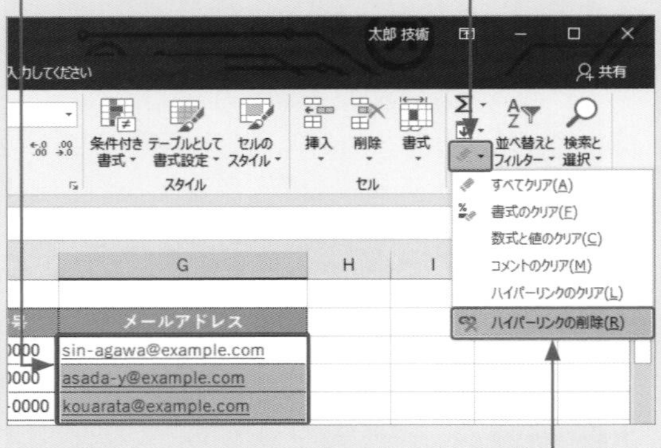

3 <ハイパーリンクの削除>をクリックすると、

4 ハイパーリンクと書式の両方が解除されます。

E	F	G	H
住所2	電話番号	メールアドレス	
	03-3944-0000	sin-agawa@example.com	
工房	0424-50-0000	asada-y@example.com	
井ハイツ	090-4744-0000	kouarata@example.com	
	090-8502-0000	mayu-iida@example.com	
	03-5800-0000	hide-ishi@example.com	
どきビルディング	03-5638-0000	ito-ayu@example.com	
	03-5678-0000	oto^yuka@example.com	
番町ビル10F	03-4334-0000	ooki-ryo@example.com	
	03-5275-0000	yoogimi@example.com	

重要度 ★★★　ハイパーリンク

Q 0667 ほかのワークシートへのリンクを設定したい！

A ＜挿入＞タブの＜ハイパーリンク＞を利用します。

セルにハイパーリンクを挿入すると、クリックするだけで、特定のワークシートのセルが表示されるようになります。ハイパーリンクを挿入するセルをクリックして、<挿入>タブの<リンク>をクリックし、表示される<ハイパーリンクの挿入>ダイアログボックスでリンク先を指定します。

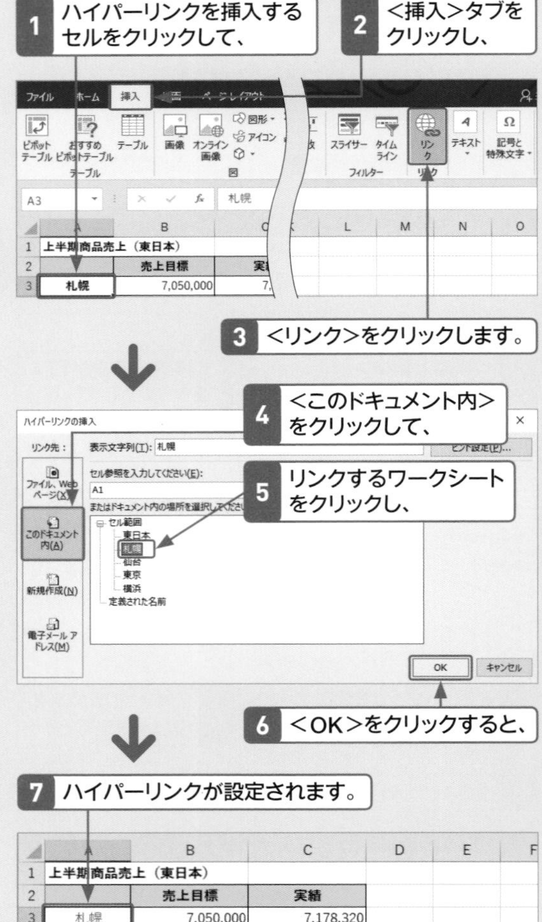

7 ハイパーリンクが設定されます。

	A	B	C	D	E	F
1	上半期商品売上（東日本）					
2		売上目標	実績			
3	札幌	7,050,000	7,178,320			
4	仙台	10,550,000	10,813,230			
5	東京	14,755,000	14,794,120			
6	横浜	13,400,000	14,794,120			
7	合計	45,755,000	47,579,790			

重要度 ★★★ 表示設定

Q 0668 表の行と列の見出しを常に表示しておきたい！

A ウィンドウ枠を固定します。

表の列見出しと行見出しを常に表示しておきたいときは、ウィンドウ枠を固定します。ウィンドウ枠を固定すると、選択したセルより上にある行や左にある列は固定され、画面をスクロールしても表示されたままになります。

ウィンドウ枠の固定を解除するには、<表示>タブの<ウィンドウ枠の固定>をクリックし、<ウィンドウ枠固定の解除>をクリックします。

1 固定しないセル範囲内の左上のセルをクリックします。

2 <表示>タブをクリックして、

3 <ウィンドウ枠の固定>をクリックし、

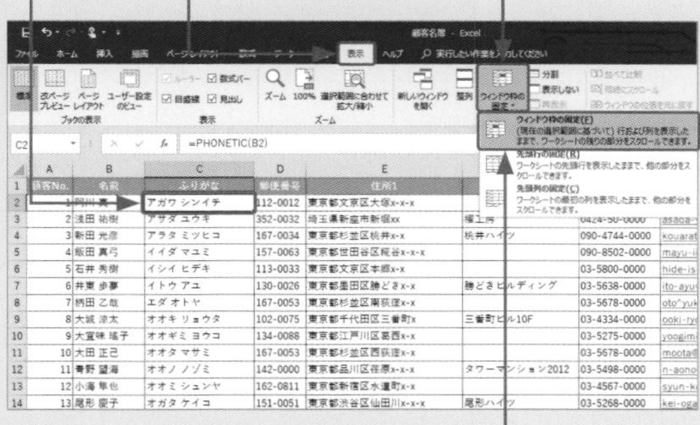

4 <ウィンドウ枠の固定>をクリックすると、

5 このセルが固定されます。

6 選択したセルの上側と左側に境界線が表示されます。

重要度 ★★★ 表示設定

Q 0669 ワークシートを分割して表示したい！

A <表示>タブの<分割>を利用します。

ワークシートを分割して表示するには、分割する位置の行や列番号あるいはセルをクリックして、<表示>タブの<分割>をクリックします。ワークシートを分割すると、ワークシート上に分割バーが表示されます。分割を解除するには、再度<分割>をクリックするか、分割バーをダブルクリックします。

1 分割する位置の下の行番号をクリックします。

2 <表示>タブをクリックして、

3 <分割>をクリックすると、

2019年度売上目標 （単位：千円）

	東地区			西地区					
	前年	今年	前年比	前年	今年	前年比	前年	今年	前年比
飯田橋	480	470	98%	292	301	103%	772	771	99.9%
一番町	410	409	100%	235	257	109%	645	666	103.3%
内神田	294	303	103%	198	201	102%	492	504	102.4%
鍛冶町	380	395	104%	145	156	108%	525	551	105.0%
三崎町	250	265	106%	125	130	104%	375	395	105.3%
内幸町	480	501	104%	292	301	103%	772	802	103.9%
岩本町	410	405	99%	235	257	109%	645	662	102.6%
九段北	294	312	106%	198	201	102%	492	513	104.3%
五番町	380	378	99%	145	156	108%	525	534	101.7%
猿楽町	250	245	98%	125	130	104%	375	375	100.0%
外神田	410	450	110%	235	257	109%	645	707	109.6%
千代田	294	312	106%	198	201	102%	492	513	104.3%
永田町	380	395	104%	145	156	108%	525	551	105.0%
西神田	250	265	106%	125	130	104%	375	395	105.3%

4 指定した位置でワークシートが分割され、分割バーが表示されます。

重要度 ★★★　表示設定

Q 0670 同じブック内のワークシートを並べて表示したい!

A 新しいウィンドウを開いて整列します。

同じブック内のワークシートを並べて表示するには、新しいウィンドウを開いて整列します。
<表示>タブの<ウィンドウ>グループにある<新しいウィンドウを開く>をクリックすると、同じブックが新しいウィンドウで表示されます。 参照▶Q 0672

新しいウィンドウを開くと、ブック名の後ろに「:2」と表示されます。

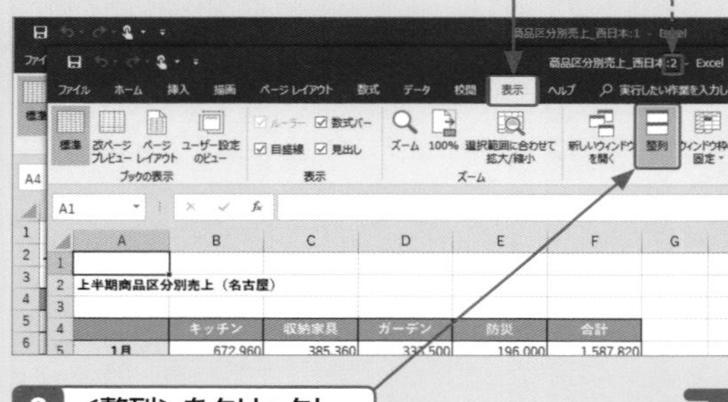

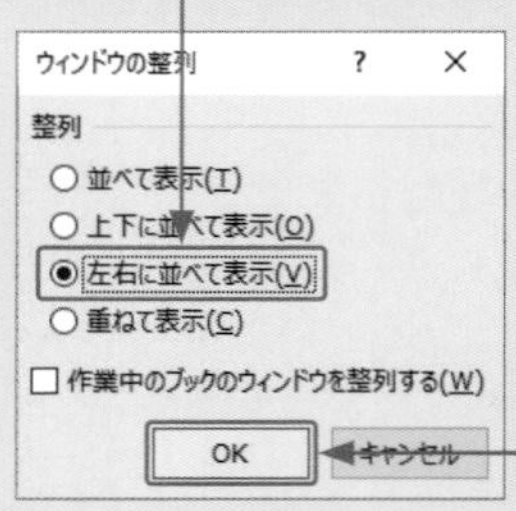

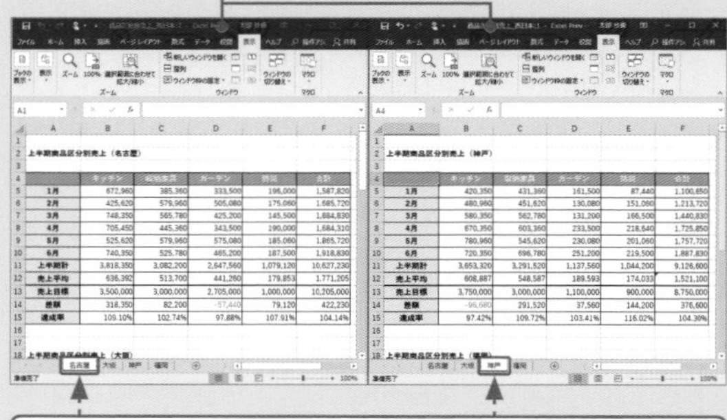

5 2つのウィンドウが左右に並んで表示されます。

ウィンドウごとに別のワークシートを表示させることもできます。

重要度 ★★★　表示設定

Q 0671 スクロールバーが消えてしまった!

A <Excelのオプション>ダイアログボックスの<詳細設定>で設定します。

スクロールバーが表示されないときは、<ファイル>タブをクリックして<オプション>クリックし、<Excelのオプション>ダイアログボックスを表示します。<詳細設定>をクリックして、<次のブックで作業するときの表示設定>で、該当する項目をオンにします。

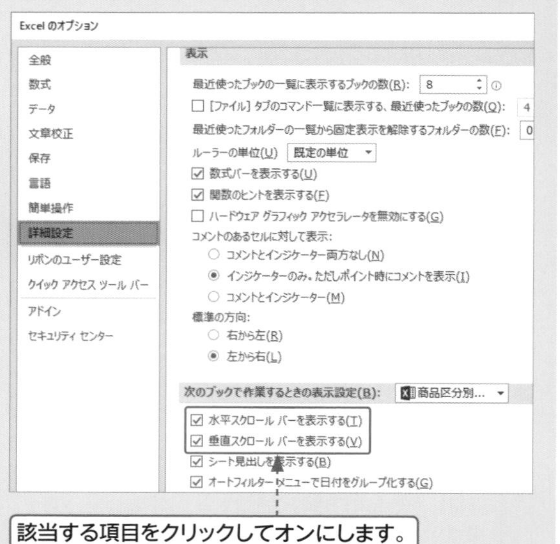

該当する項目をクリックしてオンにします。

重要度 ★★★　表示設定

Q 0672 並べて表示したワークシートをもとに戻したい！

A ウィンドウを1つだけ残して、残りを閉じます。

並べて表示したワークシートの状態をもとに戻すには、閉じたいワークシートをクリックして、ウィンドウの右上にある＜閉じる＞をクリックし、ウィンドウを閉じます。表示されているウィンドウが1つになった状態で、＜最大化＞をクリックします。

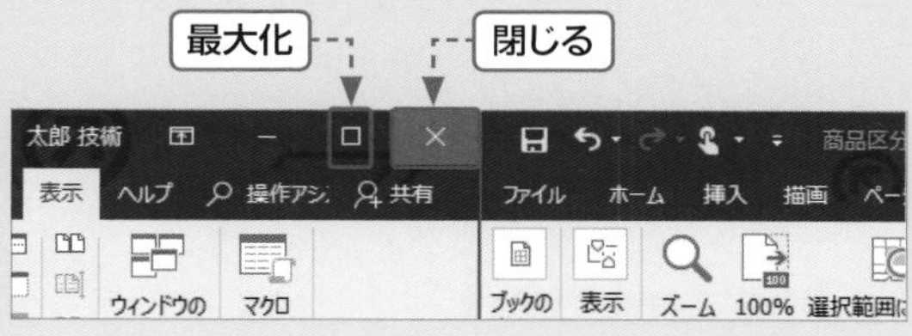

最大化
閉じる

重要度 ★★★　表示設定

Q 0673 セルの枠線を消したい！

A ＜表示＞タブの＜目盛線＞をオフにします。

セルの枠線を非表示にすると、表の罫線がわかりやすくなります。枠線を非表示にするには、＜表示＞タブの＜目盛線＞（Excel 2013/2010では＜枠線＞）をオフにします。表示させる場合はオンに戻します。

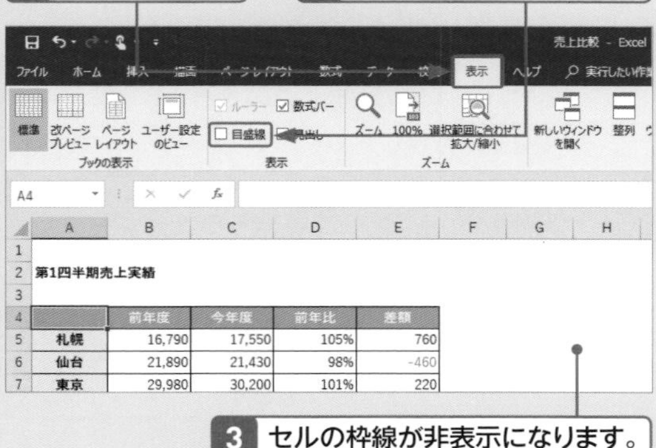

1 ＜表示＞タブをクリックして、
2 ＜目盛線＞をクリックしてオフにすると、
3 セルの枠線が非表示になります。

重要度 ★★★　表示設定

Q 0674 セルに数式を表示したい！

A ＜数式＞タブの＜数式の表示＞をクリックします。

セルに入力されている数式を確認するには、数式が入力されているセルをクリックして数式バーで確認する方法と、セルをダブルクリックしてセル内で確認する方法があります。

セルに入力されている数式をまとめて確認したい場合は、＜数式＞タブの＜数式の表示＞をクリックします。数式を表示させると、設定されているカンマ区切りなどの表示形式は無視されますが、非表示に戻すともとの形式で表示されます。

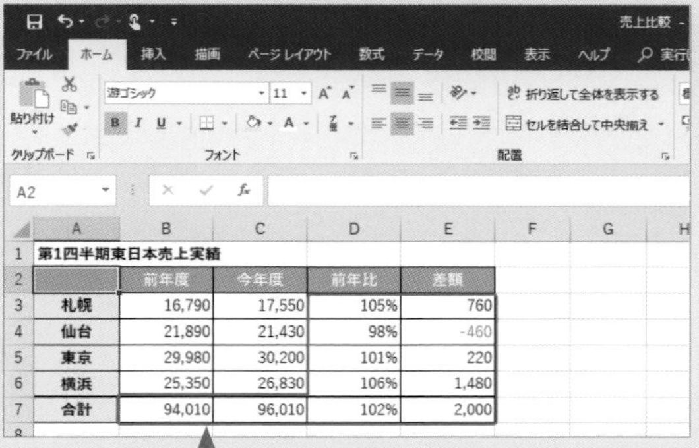

数式の入力されているセルには計算結果が表示されます。

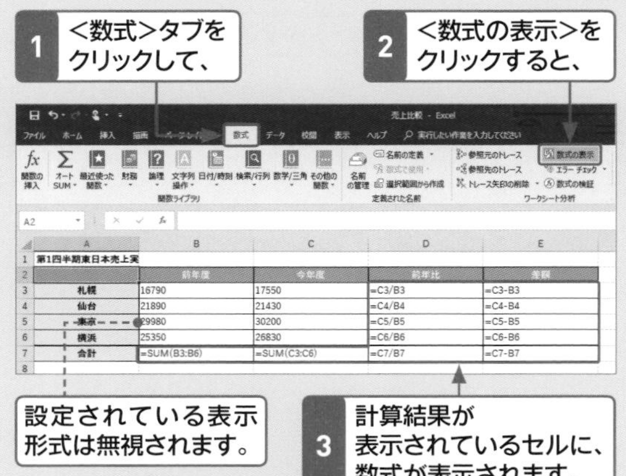

1 ＜数式＞タブをクリックして、
2 ＜数式の表示＞をクリックすると、
設定されている表示形式は無視されます。
3 計算結果が表示されているセルに、数式が表示されます。

重要度 ★★★ 表示設定

Q 0675 ワークシートを全画面に表示したい！

A <リボンの表示オプション>を利用します。

Excelのウィンドウを最大化してリボンを非表示にすると、ワークシート以外の構成要素が非表示になり、デスクトップサイズいっぱいにワークシートが表示されます。ワークシートを全画面に表示するには、<リボンの表示オプション>を利用します。
全画面表示を解除するには、画面上部をクリックしてリボンを一時的に表示し、<元のサイズに戻す>をクリックします。
Excel 2010の場合は、<表示>タブの<ブックの表示>グループにある<全画面表示>をクリックします。

1 <リボンの表示オプション>をクリックして、

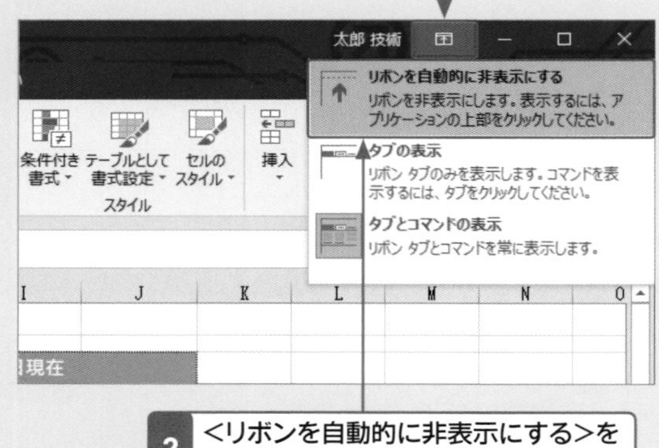

2 <リボンを自動的に非表示にする>をクリックすると、

3 ワークシートが全画面に表示されます。

重要度 ★★★ 表示設定

Q 0676 画面の表示倍率を変更したい！

A ズームスライダーで調整します。

画面右下にある「ズームスライダー」のつまみを左右に動かすと、倍率10〜400%の間で画面の表示倍率を調整できます。左右の<縮小>、<拡大>をクリックすると、10%きざみで倍率を変更できます。
また、ズームスライダーの右に表示されている数字をクリックすると、<ズーム>ダイアログボックスが表示され、表示倍率を設定できます。<表示>タブの<ズーム>グループにも、倍率設定用のコマンドが用意されています。

ズームスライダーのつまみと左右のコマンドで倍率を調整できます。

世帯数	人口 総数	男	女
33,596	59,788	29,987	29,801
85,381	149,640	71,448	78,192
141,710	249,242	117,353	131,889
213,800	338,488	170,255	168,233
116,661	213,969	101,755	112,214
113,981	193,822	99,346	94,476
144,952	265,238	131,814	133,424
258,160	506,511	250,950	255,561

130%

1 ここをクリックすると、

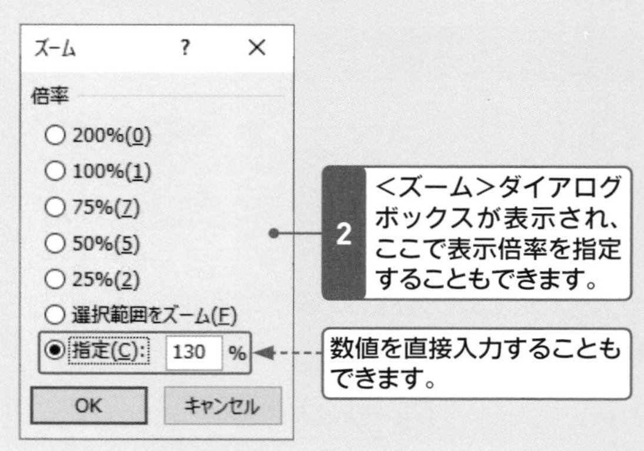

2 <ズーム>ダイアログボックスが表示され、ここで表示倍率を指定することもできます。

数値を直接入力することもできます。

重要度 ★★★　表示設定

Q 0677 複数のワークシートを並べて内容を比較したい！

A ＜表示＞タブの＜並べて比較＞を利用します。

複数のブックやワークシートの内容を並べて比較したいときは、比較したいブックやワークシートをあらかじめ表示しておき、＜表示＞タブの＜並べて比較＞をクリックします。現在選択されているウィンドウのスクロールバーをドラッグすると、ほかのウィンドウも同様にスクロールされるので、内容の比較などが効率的に行えます。

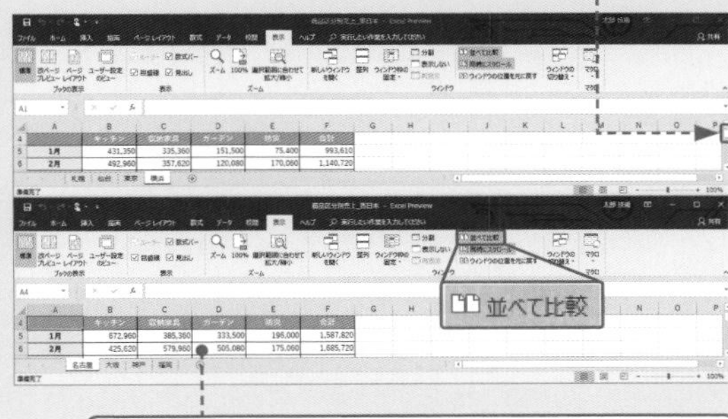
一方のウィンドウをスクロールすると、
並べて比較
もう一方のウィンドウも同様にスクロールします。

重要度 ★★★　表示設定

Q 0678 配置を指定してウィンドウを整列したい！

A 左上に表示したいウィンドウを選択して整列を行います。

複数のウィンドウが表示されている状態で、ウィンドウを整列する際、ウィンドウが配置される位置は指定できません。
ただし、特定のウィンドウを選択してからウィンドウの整列を行うと、選択されているウィンドウが必ず画面の左、または上に配置されます。

参照 ▶ Q 0670

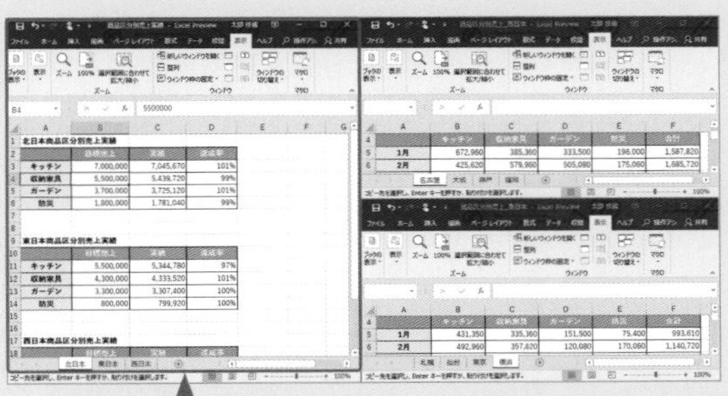
直前に表示していたウィンドウが左（または上）に表示されます。

重要度 ★★★　表示設定

Q 0679 表全体が入る大きさに表示サイズを調整したい！

A ＜選択範囲に合わせて拡大／縮小＞を利用します。

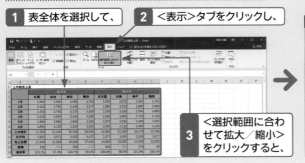

表全体が画面全体に表示されるように表示サイズを調整するには、表全体を選択して、＜表示＞タブの＜選択範囲に合わせて拡大／縮小＞をクリックします。
同様の方法で、選択したセル範囲をウィンドウ全体に表示することもできます。

1 表全体を選択して、
2 ＜表示＞タブをクリックし、
3 ＜選択範囲に合わせて拡大／縮小＞をクリックすると、

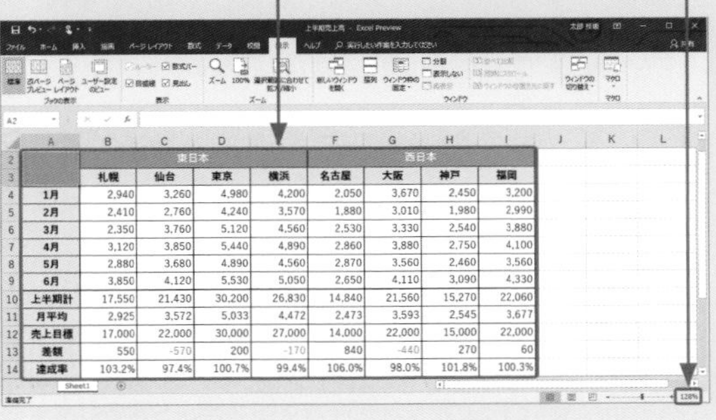
4 表全体が入る大きさに、表示倍率が変わります。

	東日本				西日本			
	札幌	仙台	東京	横浜	名古屋	大阪	神戸	福岡
1月	2,940	3,260	4,980	4,200	2,050	3,670	2,450	3,200
2月	2,410	2,760	4,240	3,570	1,880	3,010	1,980	2,990
3月	2,350	3,760	5,120	4,560	2,530	3,330	2,540	3,880
4月	3,120	3,850	5,440	4,890	2,860	3,880	2,750	4,100
5月	2,880	3,680	4,890	4,560	2,870	3,560	2,460	3,560
6月	3,850	4,120	5,530	5,050	2,650	4,110	3,090	4,330
上半期計	17,550	21,430	30,200	26,830	14,840	21,560	15,270	22,060
月平均	2,925	3,572	5,033	4,472	2,473	3,593	2,545	3,677
売上目標	17,000	22,000	30,000	27,000	14,000	22,000	15,000	22,000
差額	550	-570	200	-170	840	-440	270	60
達成率	103.2%	97.4%	100.7%	99.4%	106.0%	98.0%	101.8%	100.3%

重要度 ★★★　表示設定

Q 0680 リボンのタブ名を変更したい！

A ＜Excelのオプション＞ダイアログボックスから変更します。

リボンは、よく使うコマンドを集めたオリジナルのリボンを作成したり、既存のリボンに新しいグループコマンドを追加したり、タブの表示／非表示を切り替えたり、タブの名前を変更したりと、カスタマイズが可能です。ここでは、リボンのタブ名を変更してみましょう。変更したタブを初期の状態に戻すには、＜リセット＞をクリックして＜すべてのユーザー設定をリセット＞をクリックし、＜はい＞をクリックします。

1 ＜ファイル＞タブをクリックして、

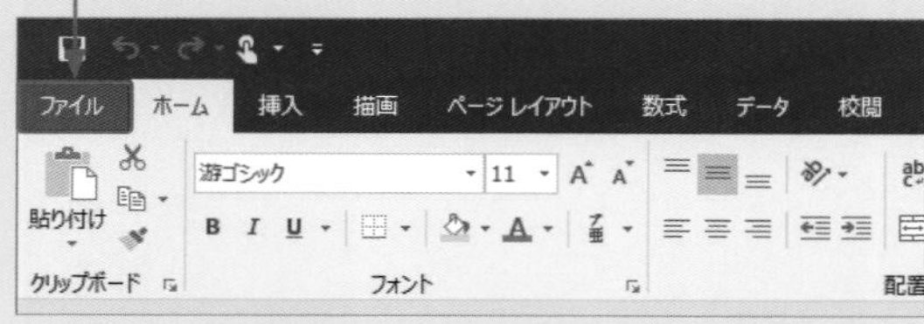

2 ＜オプション＞をクリックします。

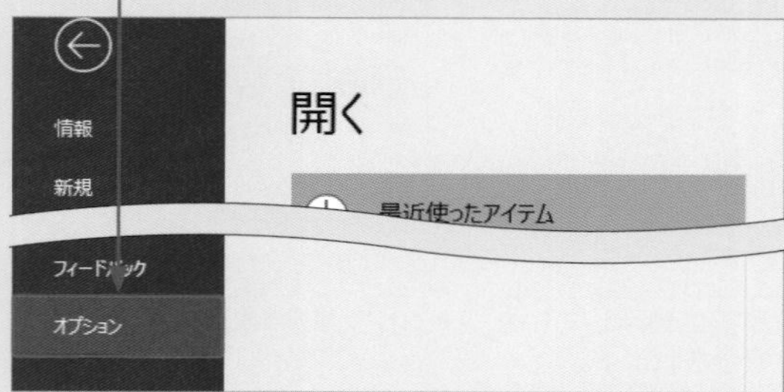

3 ＜リボンのユーザー設定＞をクリックして、

4 名前を変更したいタブをクリックし、

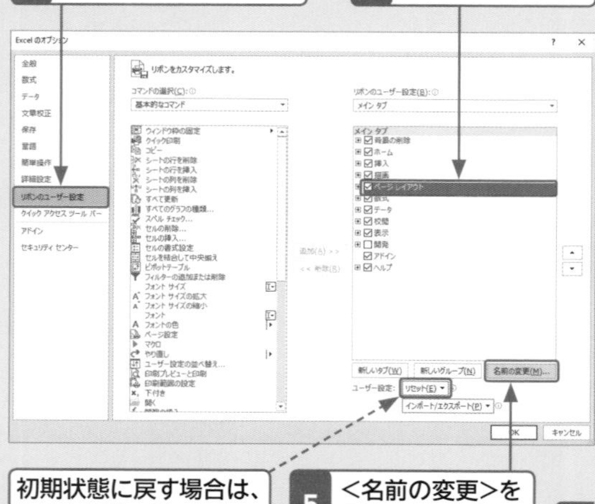

初期状態に戻す場合は、ここをクリックします。

5 ＜名前の変更＞をクリックします。

6 変更したい名前を入力して、

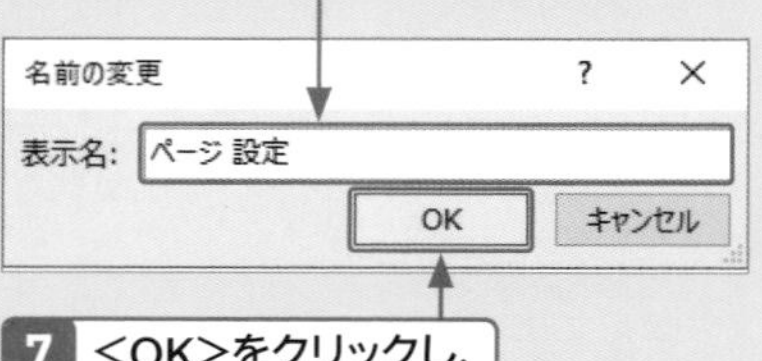

7 ＜OK＞をクリックし、

8 ＜OK＞をクリックすると、

9 タブの名前が変更されます。

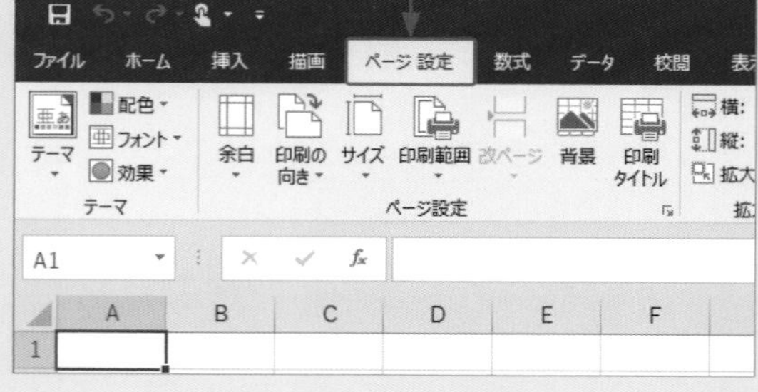

第13章

Excelの書式の「こんなときどうする?」

重要度 ★★★ 表示形式の設定

Q 0681 小数点以下を四捨五入して表示したい！

A 数値の表示形式を利用します。

入力内容を変えずに小数点以下を四捨五入して表示するには、目的のセル範囲を選択して、<ホーム>タブの<小数点以下の表示桁数を減らす> を利用します。また、<数値>グループの右下にある をクリックして、<セルの書式設定>ダイアログボックスを表示し、下の手順で設定することもできます。

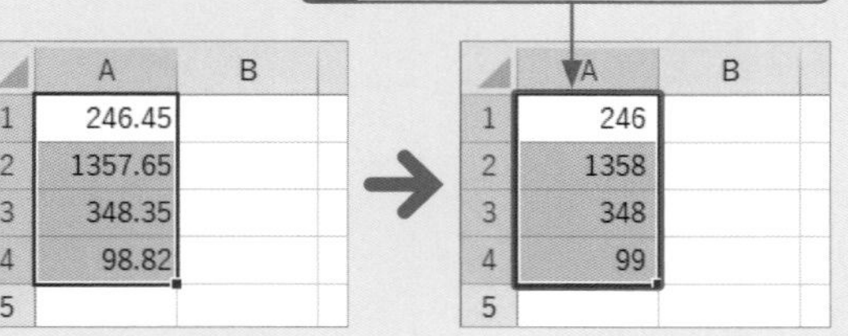

重要度 ★★★ 表示形式の設定

Q 0682 パーセント表示にすると100倍の値が表示される！

A あらかじめ表示形式をパーセント形式に設定しておきます。

入力済みの数値をパーセント形式に設定すると、数値が100倍に、つまり、「1」が「100%」で表示されます。数値にパーセント形式を設定する場合は、<ホーム>タブの<パーセントスタイル> % をクリックして、セルをあらかじめパーセント形式に設定しておきます。

なお、すでに入力された数値を正しくパーセント表示するには、下の手順で操作します。

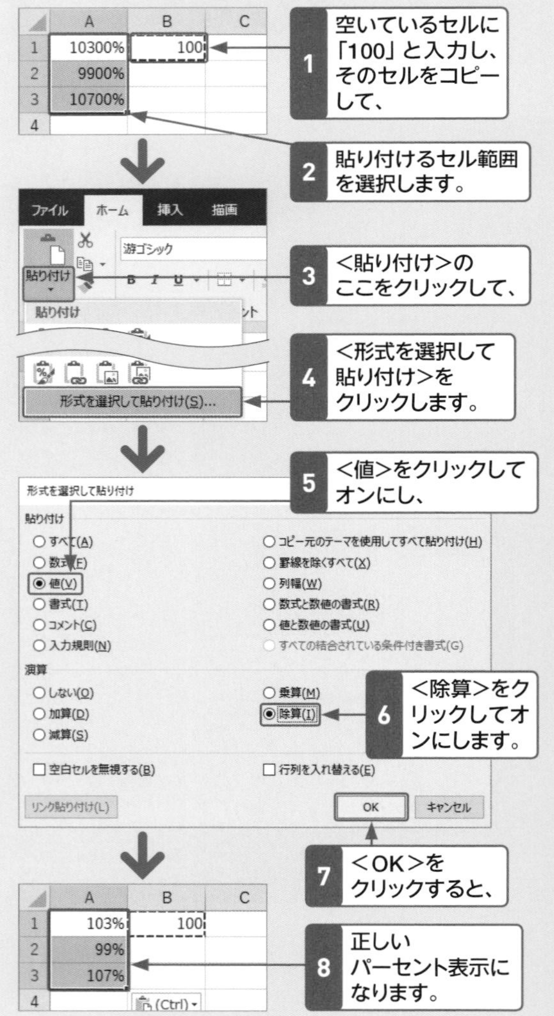

重要度 ★★★　表示形式の設定

Q 0683 表内の「0」のデータを非表示にしたい！

A <Excelのオプション>ダイアログボックスの<詳細設定>で設定します。

表内に「0」が入力されているとき、その「0」のデータだけを非表示にすることができます。<ファイル>タブをクリックして<オプション>をクリックし、<Excelのオプション>ダイアログボックスで設定します。

表内に「0」が入力されています。

	A	B	C	D	E	F	G
2		コーヒー	紅茶	緑茶	ウーロン茶	合計	
3	6/3(月)	255	145	125	135	660	
4	6/4(火)	221	0	112	129	462	
5	6/5(水)	0	0	0	0	0	
6	6/6(木)	209	148	132	121	610	
7	6/7(金)	0	134	135	134	403	
8	6/8(土)	199	165	118	0	482	
9	6/9(日)	176	138	0	106	420	
10	合計	1060	730	622	625	3037	

1 <Excelのオプション>ダイアログボックスの<詳細設定>をクリックし、

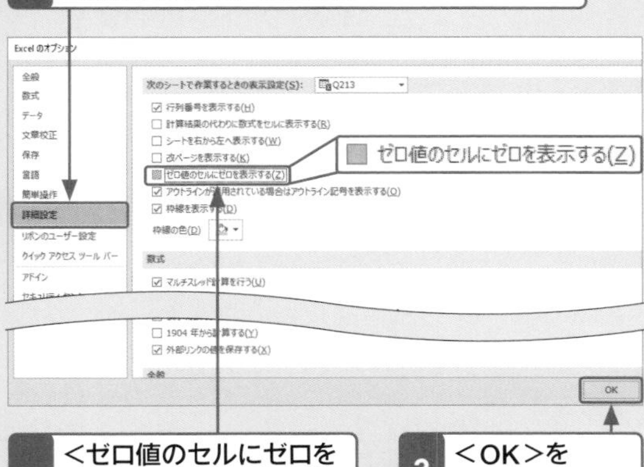

2 <ゼロ値のセルにゼロを表示する>をクリックしてオフにします。

3 <OK>をクリックすると、

4 「0」が非表示になります。

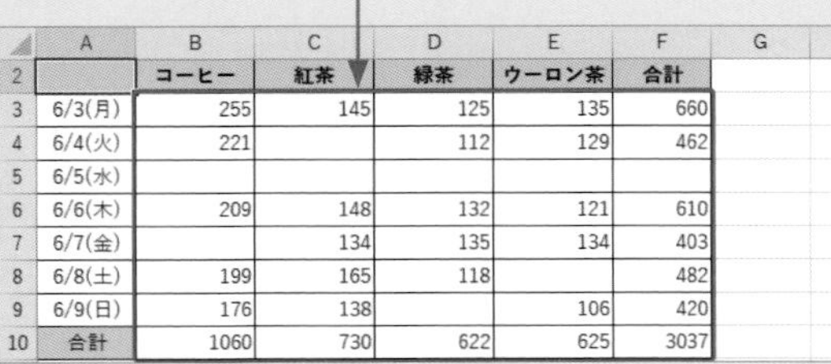

	A	B	C	D	E	F	G
2		コーヒー	紅茶	緑茶	ウーロン茶	合計	
3	6/3(月)	255	145	125	135	660	
4	6/4(火)	221		112	129	462	
5	6/5(水)						
6	6/6(木)	209	148	132	121	610	
7	6/7(金)		134	135	134	403	
8	6/8(土)	199	165	118		482	
9	6/9(日)	176	138		106	420	
10	合計	1060	730	622	625	3037	

重要度 ★★★　表示形式の設定

Q 0684 特定のセル範囲の「0」を非表示にしたい！

A 桁区切りスタイルとユーザー定義を利用します。

特定のセル範囲の「0」だけを非表示にするには、目的のセル範囲を選択して、下の手順で操作すると、かんたんに設定できます。

1 「0」を非表示にするセル範囲を選択して、

2 <ホーム>タブの<桁区切りスタイル>をクリックします。

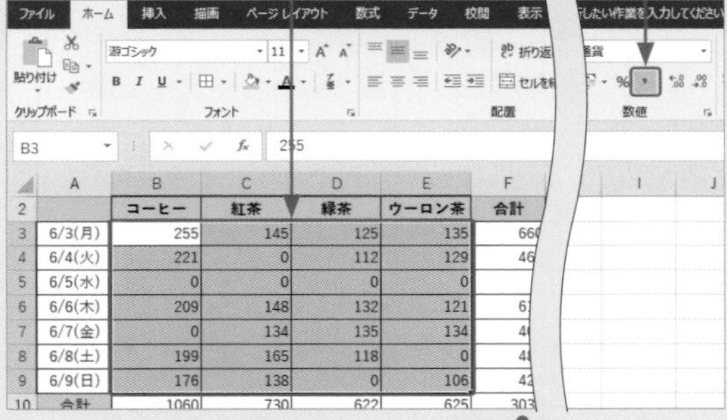

3 <セルの書式設定>ダイアログボックスの<ユーザー定義>をクリックして、

4 <種類>に表示されている書式記号の末尾に「;」を追加します。

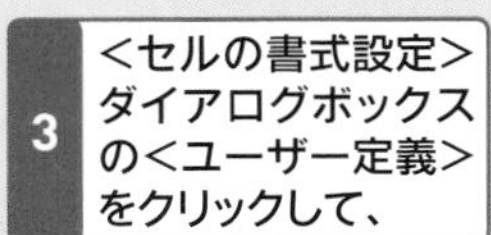

5 <OK>をクリックすると、

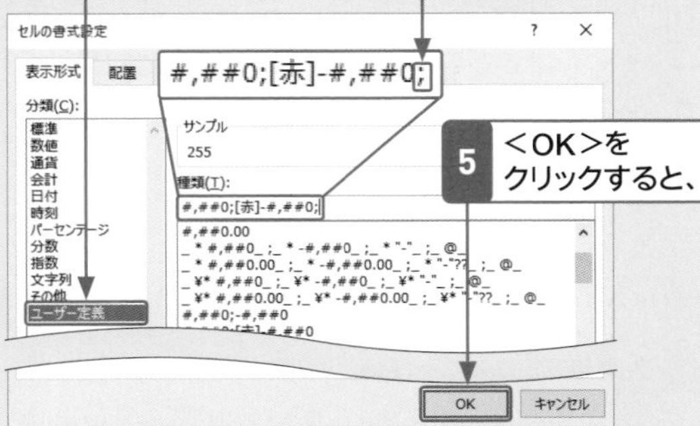

6 選択したセル範囲の「0」が非表示になります。

	A	B	C	D	E	F	G	H
2		コーヒー	紅茶	緑茶	ウーロン茶	合計		
3	6/3(月)	255	145	125	135	660		
4	6/4(火)	221		112	129	462		
5	6/5(水)					0		
6	6/6(木)	209	148	132	121	610		
7	6/7(金)		134	135	134	403		
8	6/8(土)	199	165	118		482		
9	6/9(日)	176	138		106	420		
10	合計	1060	730	622	625	3037		

重要度 ★★★ 表示形式の設定

Q 0685 数値に単位を付けて入力すると計算できない！

A ユーザー定義の<種類>に目的の単位を入力します。

数値のあとに単位を付けたい場合、「1,000円」のように単位付きで入力すると、文字列として扱われるため計算ができません。数値に単位を付けて表示したい場合は、<セルの書式設定>ダイアログボックスの<ユーザー定義>で、目的の単位を入力します。

単位付きで入力すると文字列として扱われるため、計算ができません。

2	商品番号	商品名	単価	数量	売上
3	TH304	アップルティー	890円	24	#VALUE!
4	TH305	ローズティー	1,250円	12	#VALUE!
5	TH308	ハイビスカス	1,380円	24	#VALUE!
6	TH309	プリンスミル	3,250円	6	#VALUE!

1 単位を付けたいセル範囲を選択して、<セルの書式設定>ダイアログボックスを表示し、<ユーザー定義>をクリックします。

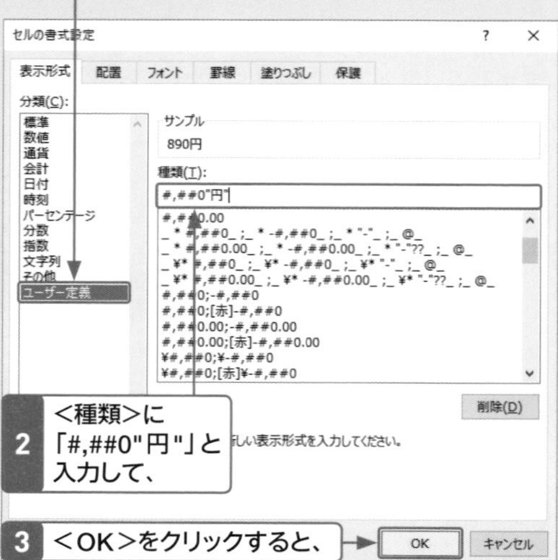

2 <種類>に「#,##0"円"」と入力して、

3 <OK>をクリックすると、

4 計算に影響しない単位が表示されます。

2	商品番号	商品名	単価	数量	売上
3	TH304	アップルティー	890円	24	21,360
4	TH305	ローズティー	1,250円	12	15,000
5	TH308	ハイビスカス	1,380円	24	33,120
6	TH309	プリンスミル	3,250円	6	19,500

重要度 ★★★ 表示形式の設定

Q 0686 分数の分母を一定にしたい！

A ユーザー定義の表示形式を「# ?/15」のように設定します。

通常は分数を入力すると数値に合わせて自動的に約分されます。分母を「15」などに固定したい場合は、<セルの書式設定>ダイアログボックスで、「# ?/15」というユーザー定義の表示形式を作成します。

1 目的のセル範囲を選択して、

2 <ホーム>タブの<数値>グループのここをクリックします。

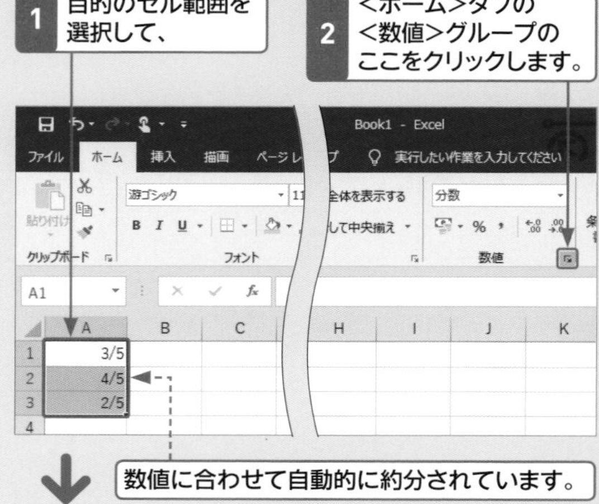

数値に合わせて自動的に約分されています。

3 <ユーザー定義>をクリックして、

4 <種類>に「# ?/15」と入力し、

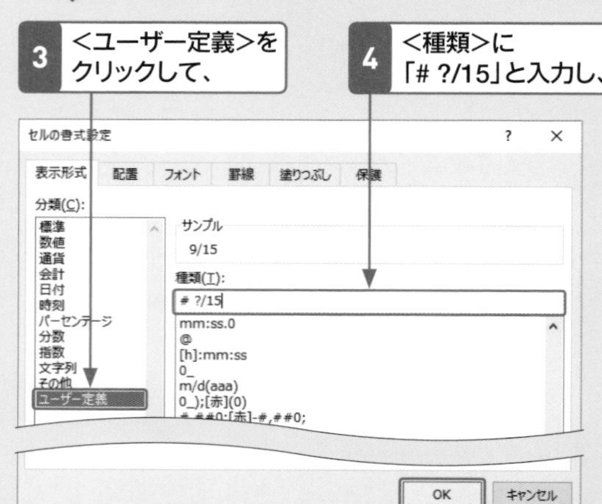

5 <OK>をクリックすると、

6 分数の数値の分母がすべて「15」になります。

重要度 ★★★　表示形式の設定

Q 0687 正の数と負の数で文字色を変えたい！

A 表示形式の<数値>で設定します。

数値に桁区切りスタイルを設定すると、通常、負（マイナス）の数値は赤色で表示されますが、セルの表示形式を利用して赤色を設定することもできます。桁数が少ない場合などに利用するとよいでしょう。

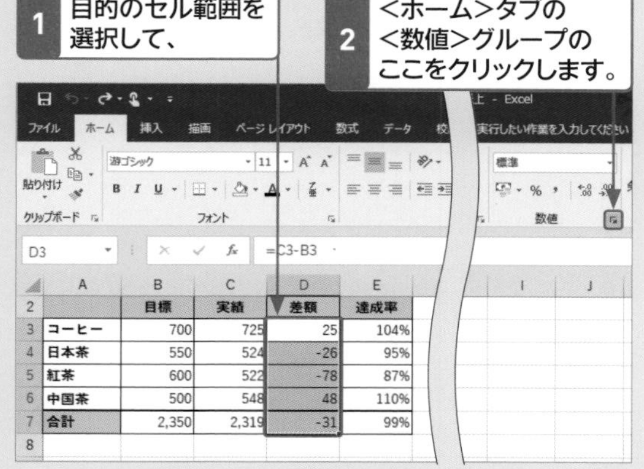

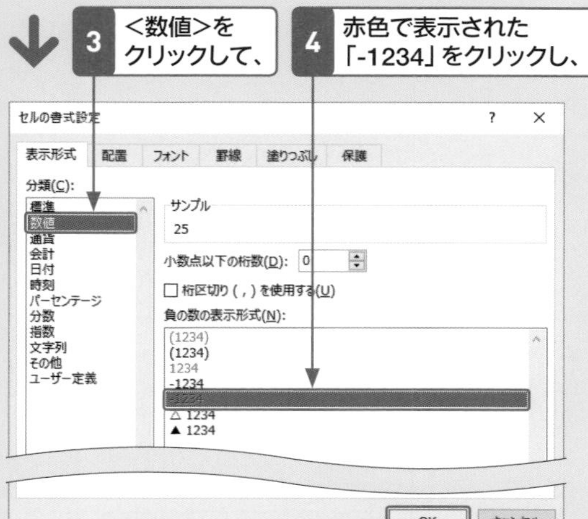

重要度 ★★★　表示形式の設定

Q 0688 漢数字を使って表示したい！

A 表示形式で漢数字の種類を指定します。

請求書や見積書の金額などを漢数字で表示したい場合は、<セルの書式設定>ダイアログボックスの<表示形式>の<その他>から漢数字の種類を指定します。漢数字（一十百千）と大字（壱拾百阡）の2種類から選択できます。

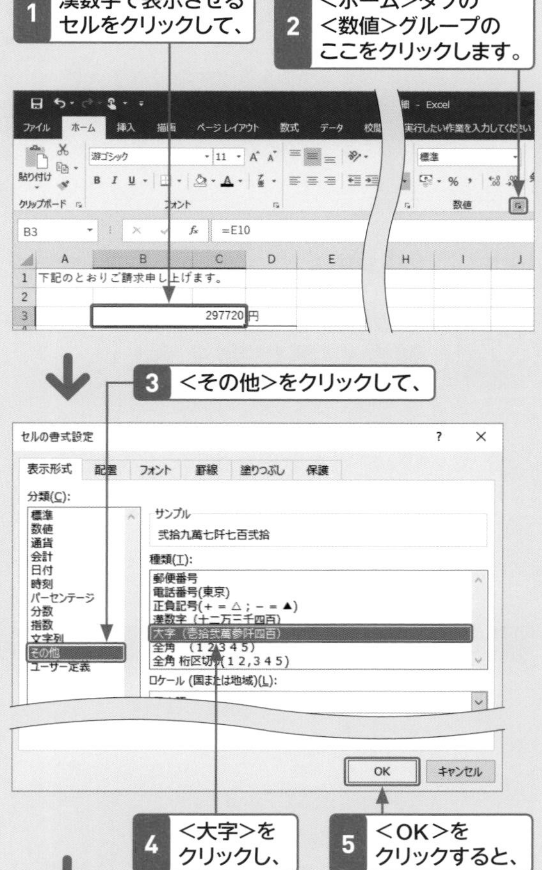

重要度 ★★★ 表示形式の設定

Q 0689 パーセントや通貨記号を外したい!

A セルの表示形式を「標準」に変更します。

数値に設定したパーセントや通貨記号を解除するには、セルの表示形式を「標準」に変更します。目的のセル範囲を選択して、<ホーム>タブの<数値の書式>(Excel 2013/2010では<表示形式>)から<標準>をクリックするか、<セルの書式設定>ダイアログボックスの<表示形式>タブで<標準>をクリックします。

1 記号を解除したいセル範囲を選択して、

2 <ホーム>タブの<数値の書式>のここをクリックし、

3 <標準>をクリックすると、

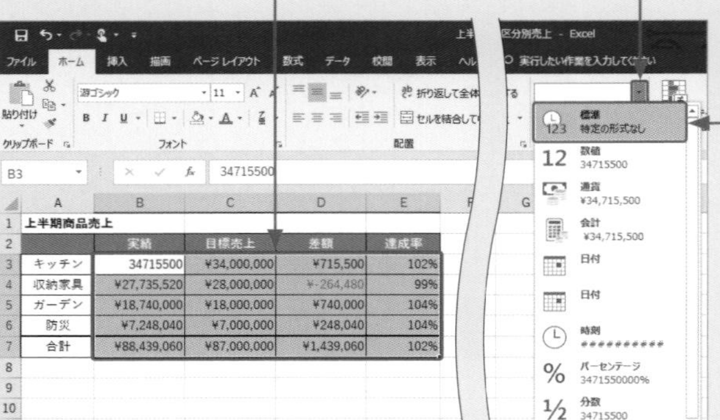

4 セルの表示形式が標準に戻り、記号が解除されます。

	A	B	C	D	E
1	上半期商品売上				
2		実績	目標売上	差額	達成率
3	キッチン	34715500	34000000	715500	1.02104412
4	収納家具	27735520	28000000	-264480	0.99055429
5	ガーデン	18740000	18000000	740000	1.04111111
6	防災	7248040	7000000	248040	1.03543429
7	合計	88439060	87000000	1439060	1.01654092

重要度 ★★★ 表示形式の設定

Q 0690 通貨記号を別な記号に変えたい!

A <通貨表示形式>から通貨記号を指定します。

通貨記号を変更するには、セルをクリックして、<ホーム>タブの<通貨表示形式>から目的の記号を選択します。<通貨表示形式>のメニューにない記号を使いたい場合は、メニューの最下段で<その他の通貨表示形式>をクリックして、<セルの書式設定>ダイアログボックスで選択します。

1 通貨記号を変えたいセルをクリックして、

2 <ホーム>タブの<通貨表示形式>のここをクリックし、

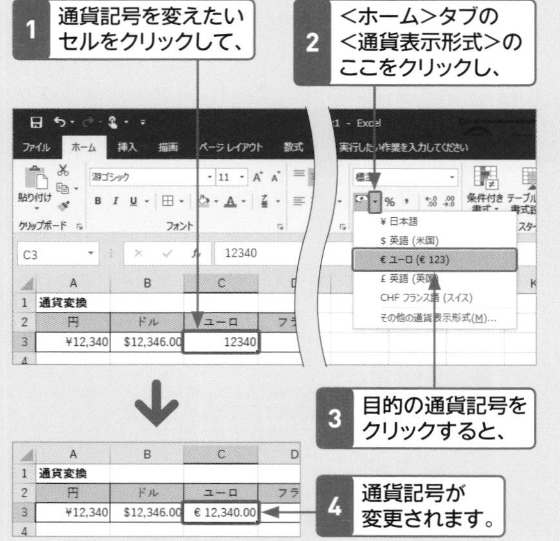

3 目的の通貨記号をクリックすると、

4 通貨記号が変更されます。

● その他の通貨表示形式を選択する

1 ここをクリックして、

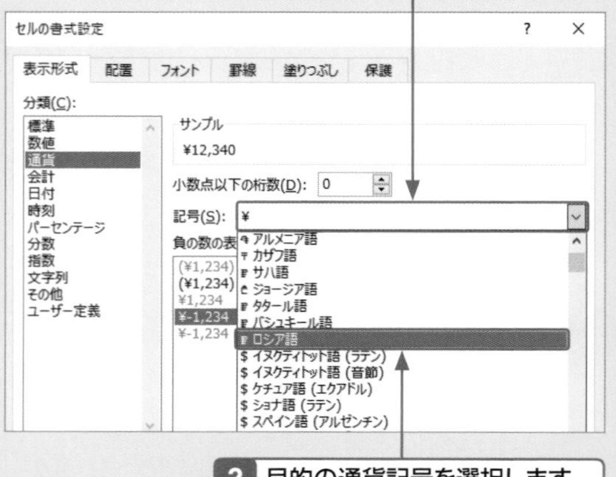

2 目的の通貨記号を選択します。

重要度 ★★★ 表示形式の設定

Q 0691 数値を小数点で揃えて表示したい！

A ユーザー定義の表示形式を「0.???」のように設定します。

数値を小数点で揃えたい場合は、＜セルの書式設定＞ダイアログボックスで、「0.???」というユーザー定義の表示形式を作成します。「?」は、小数点以下の桁数を表します。

1 <セルの書式設定>ダイアログボックスを表示して<ユーザー定義>をクリックします。

2 <種類>に「0.???」と入力して、

3 <OK>をクリックすると、

4 数値が小数点で揃います。

	A	B
1	地区	前年比
2	北日本	1.13
3	東日本	0.9
4	西日本	1.062

→

	A	B
1	地区	前年比
2	北日本	1.13
3	東日本	0.9
4	西日本	1.062

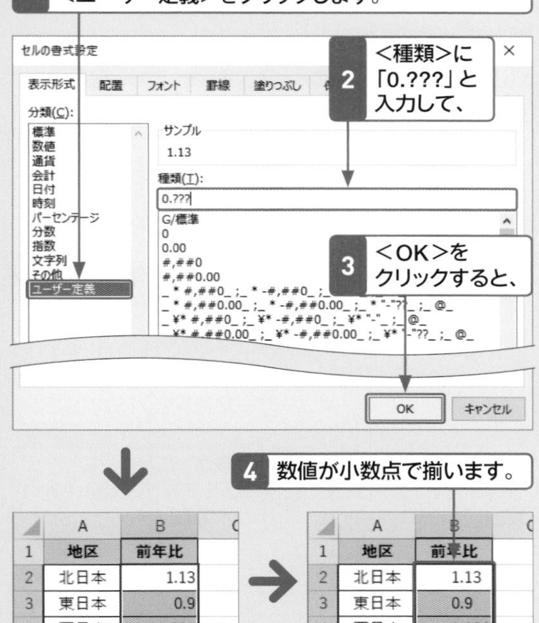

重要度 ★★★ 表示形式の設定

Q 0692 ユーザー定義の表示形式をほかのブックでも使いたい！

A ユーザー定義の表示形式が設定されたセルをコピーします。

ユーザー定義の表示形式をほかのブックでも利用したい場合は、表示形式を設定したセルをコピーして、目的のブックに貼り付けます。

重要度 ★★★ 表示形式の設定

Q 0693 日付を和暦で表示したい！

A ＜表示形式＞の＜日付＞で日付の種類を指定します。

「年」「月」「日」を表す数値を「/」（スラッシュ）や「-」（ハイフン）で区切って入力すると、自動的に「日付」の表示形式が設定されます。日付を「令和1年5月15日」や「R1.5.15」のように和暦で表示するには、＜セルの書式設定＞ダイアログボックスの＜日付＞で設定します。

1 日付を入力したセルをクリックして、

2 <ホーム>タブの<数値>グループのここをクリックします。

3 <日付>をクリックして、

4 <カレンダーの種類>を<和暦>に設定し、

5 和暦の日付表示をクリックします。

6 <OK>をクリックすると、

7 日付が和暦で表示されます。

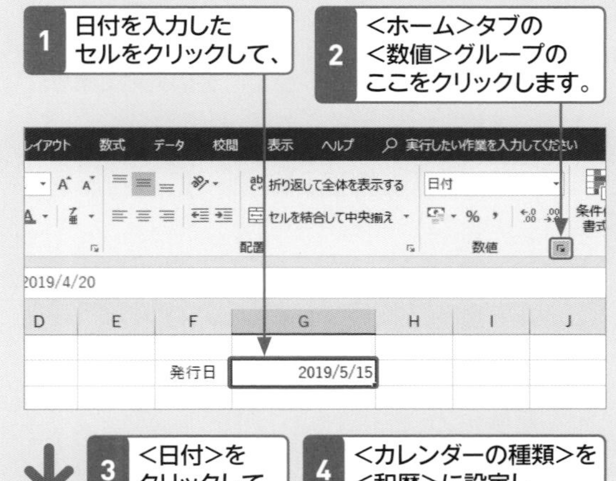

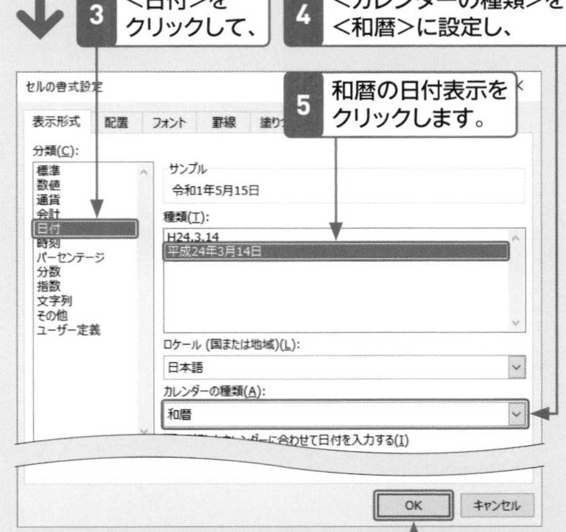

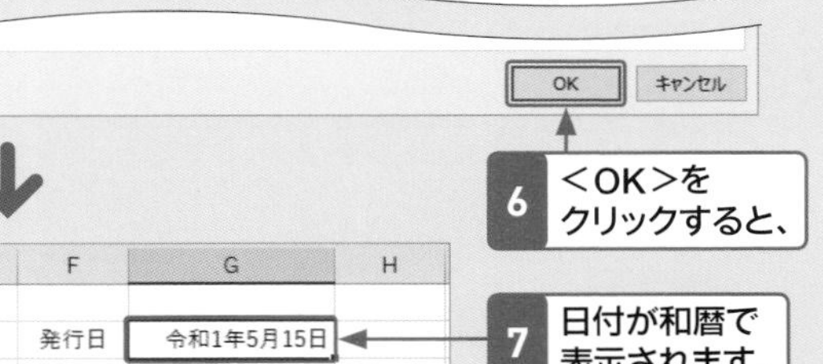

重要度 ★★★　表示形式の設定

Q 0694 24時間を超える時間を表示したい！

A ユーザー定義の表示形式を「[h]:mm」と設定します。

セルに「時刻」の表示形式が設定されていると、「28:00」のような時刻は、24時間差し引かれて「4:00」あるいは「4:00:00」と表示されます。24時間を超えた時刻をそのまま表示したい場合は、「[h]:mm」というユーザー定義の表示形式を作成します。

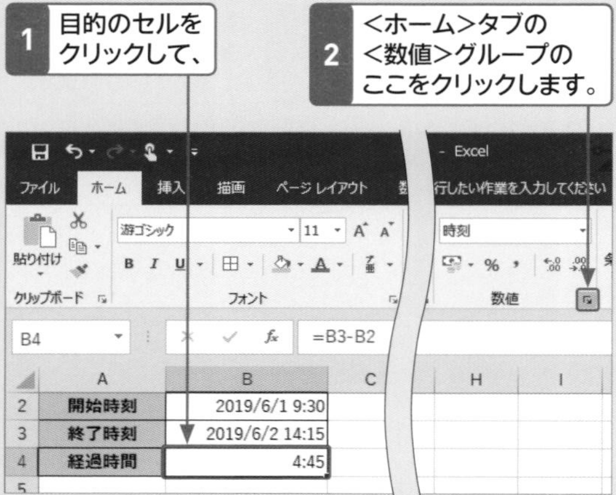

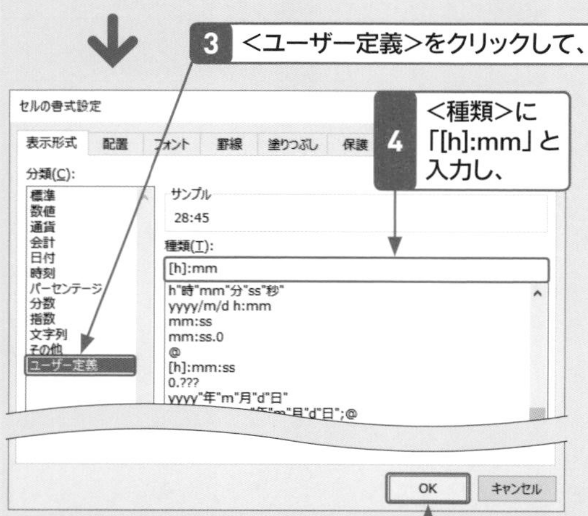

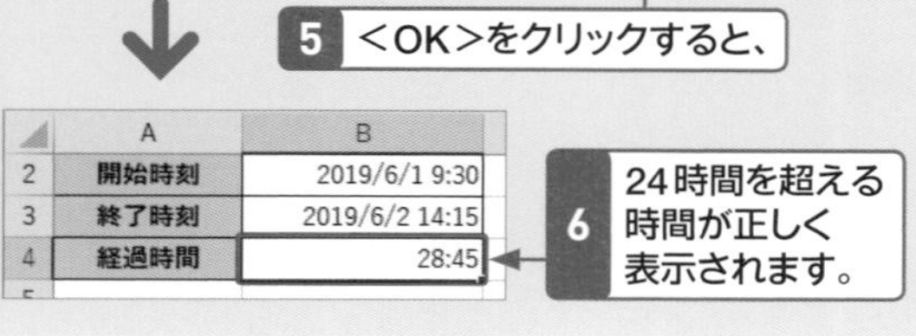

重要度 ★★★　表示形式の設定

Q 0695 24時間以上の時間を「○日◇時△分」と表示したい！

A ユーザー定義の表示形式を「d"日"h"時"mm"分"」と設定します。

たとえば、28:45時間を「1日4時45分」のように、日付を使った形式で表示するには、「d"日"h"時"mm"分"」というユーザー定義の表示形式を作成します。

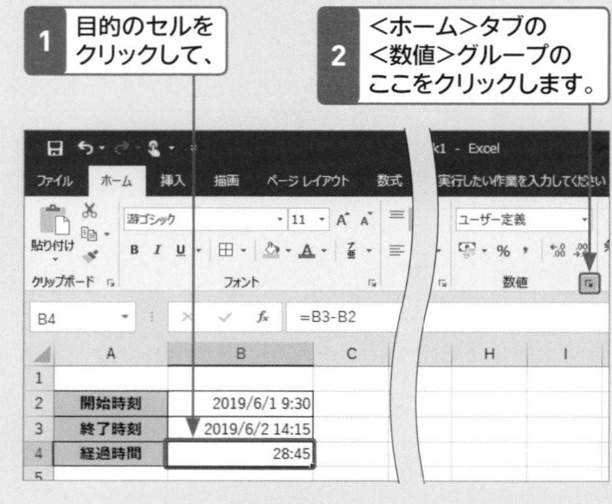

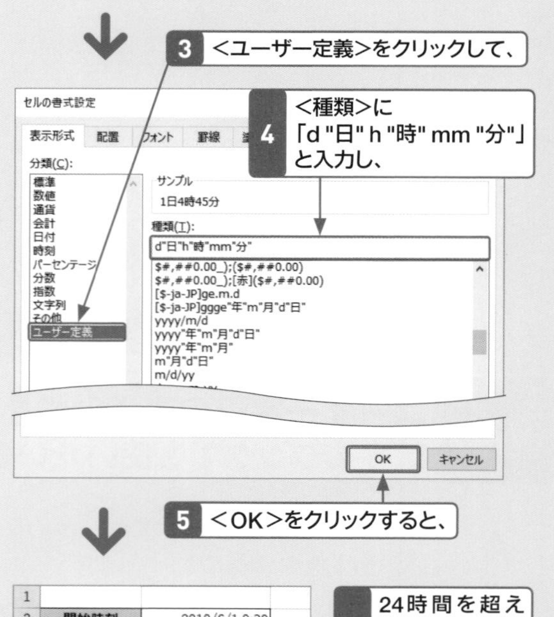

重要度 ★★★　表示形式の設定

Q 0696 時間を「分」で表示したい!

A ユーザー定義の表示形式を「[mm]」と設定します。

たとえば、1時間30分を「90分」、2時間15分を「135分」などの「分」に換算して表示するには、<セルの書式設定>ダイアログボックスで「[mm]」というユーザー定義の表示形式を作成します。

1 目的のセル範囲を選択して、

2 ＜ホーム＞タブの＜数値＞グループのここをクリックします。

3 ＜ユーザー定義＞をクリックして、

4 ＜種類＞に「[mm]」と入力し、

5 ＜OK＞をクリックすると、

6 時間が分に換算されて表示されます。

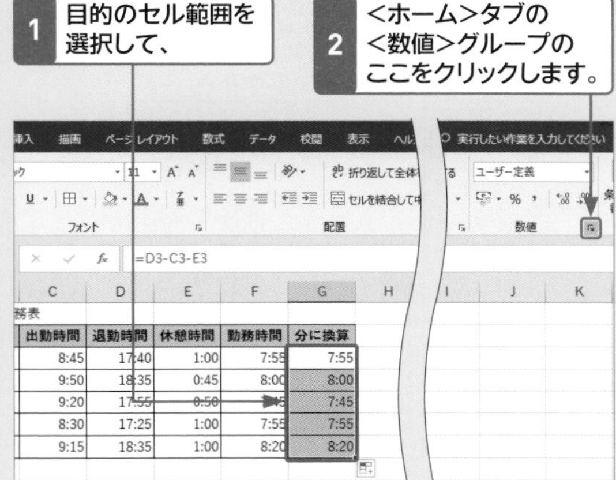

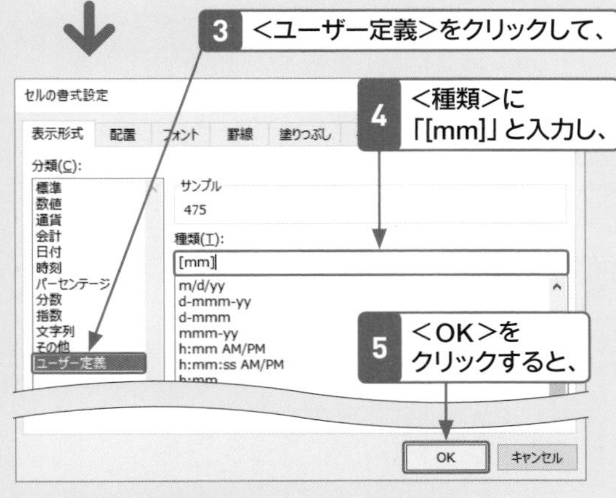

重要度 ★★★　表示形式の設定

Q 0697 「年／月」という形式で日付を表示したい!

A ユーザー定義の表示形式を「yyyy/m」と設定します。

「2019/4」などと、4桁の西暦年数と月数だけの日付を表示したい場合は、「yyyy/m」というユーザー定義の表示形式を作成します。表示形式における「yyyy」は4桁の西暦を、「m」は月数を、「d」は日付を表す書式記号です。

4 ＜種類＞に「yyyy/m」と入力し、

5 ＜OK＞をクリックすると、

6 4桁の西暦と月数だけが表示されます。

基本と入力 11
編集 12
書式 13
計算 14
関数 15
グラフ 16
データベース 17
印刷 18
ファイル 19
連携・共同編集 20

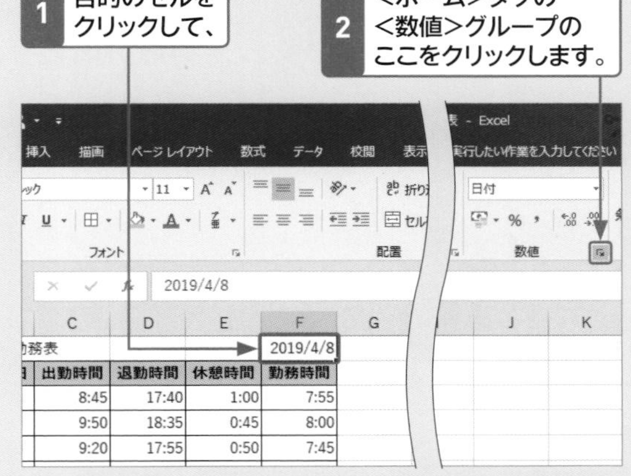

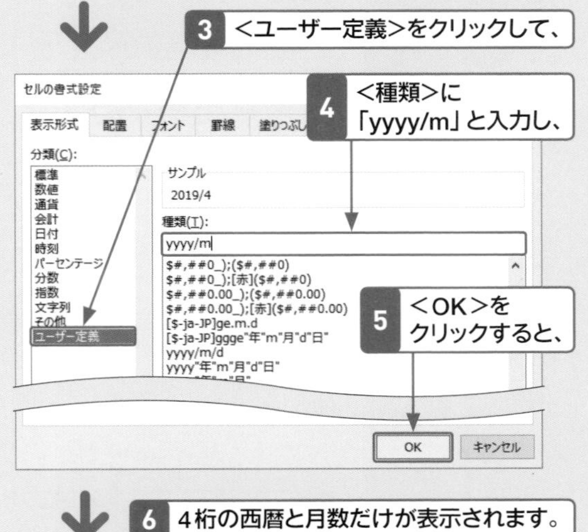

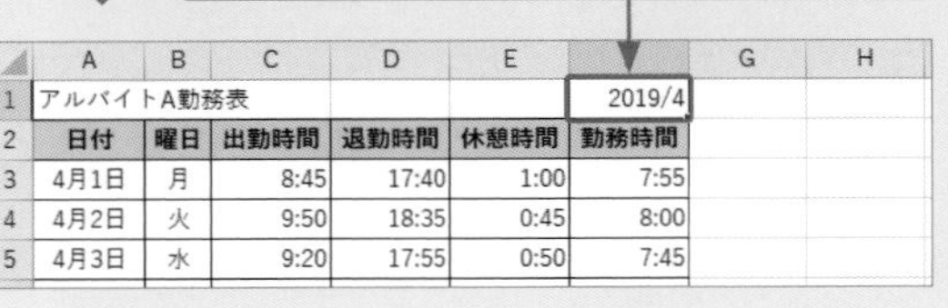

重要度 ★★★　表示形式の設定

Q 0698 「月」「日」をそれぞれ2桁で表示したい！

A ユーザー定義の表示形式を「mm/dd」と設定します。

「04/01」のように、1桁の「月」「日」の先頭に0を付けてそれぞれを2桁で表示するには、「mm/dd」というユーザー定義の表示形式を作成します。「m」は月数を、「d」は日付を表す書式記号です。

1 目的のセル範囲を選択して、

2 <ホーム>タブの<数値>グループのここをクリックします。

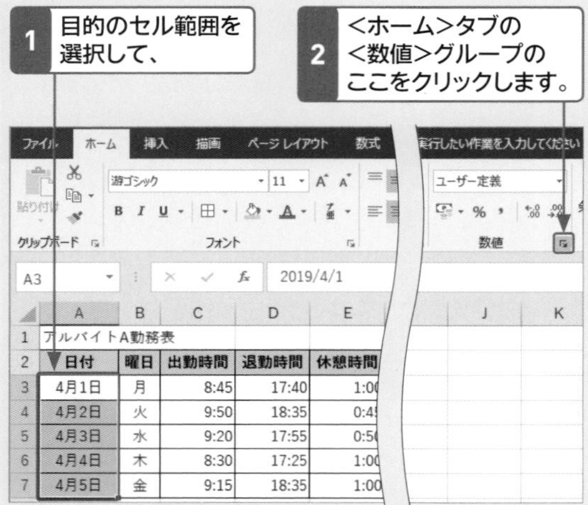

3 <ユーザー定義>をクリックして、

4 <種類>に「mm/dd」と入力し、

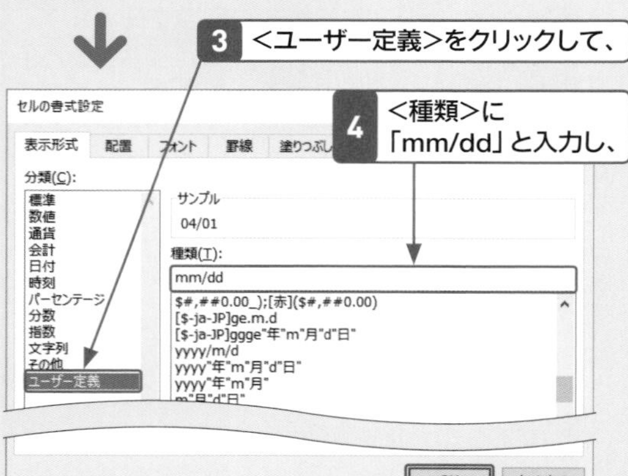

5 <OK>をクリックすると、

6 「月」「日」がそれぞれ2桁で表示されます。

重要度 ★★★　表示形式の設定

Q 0699 日付に曜日を表示したい！

A ユーザー定義の表示形式を「m "月" d"日" (aaa) 」のように設定します。

「4月8日（月）」「4月8日（月曜日）」のように、セルに入力された日付をもとに曜日を表示するには、「m "月" d "日" (aaa) 」というユーザー定義の表示形式を作成します。「aaa」は、曜日を表す書式記号です。そのほかの曜日を表す書式記号については、下表を参照してください。

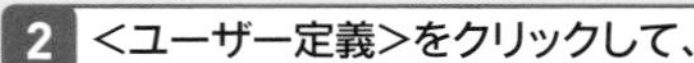

3 <種類>に「m "月" d "日" (aaa)」と入力し、

4 <OK>をクリックすると、

5 日付に曜日が表示されます。

	A	B	C	D	E
1	アルバイトA勤務表				
2	日付	出勤時間	退勤時間	休憩時間	勤務時間
3	4月1日(月)	8:45	17:40	1:00	7:55
4	4月2日(火)	9:50	18:35	0:45	8:00
5	4月3日(水)	9:20	17:55	0:50	7:45
6	4月4日(木)	8:30	17:25	1:00	7:55
7	4月5日(金)	9:15	18:35	1:00	8:20

●曜日を表す書式記号

書式記号	表示される曜日
aaa	日本語（日～土）
aaaa	日本語（日曜日～土曜日）
ddd	英語（Sun～Sat）
dddd	英語（Sunday～Saturday）

重要度 ★★★ 表示形式の設定

Q 0700 通貨記号の位置を揃えたい!

A セルの表示形式を「会計」に設定します。

数値の桁数にかかわらず、通貨記号の位置を揃えたいときは、目的のセル範囲を選択して、<ホーム>タブの<数値の書式>(Excel 2013/2010では<表示形式>)から<会計>をクリックして、表示形式を「会計」に設定します。通貨記号と数値の間に空白が挿入され、数値の末尾にも空白が挿入されます。

2 <ホーム>タブの<数値の書式>のここをクリックし、

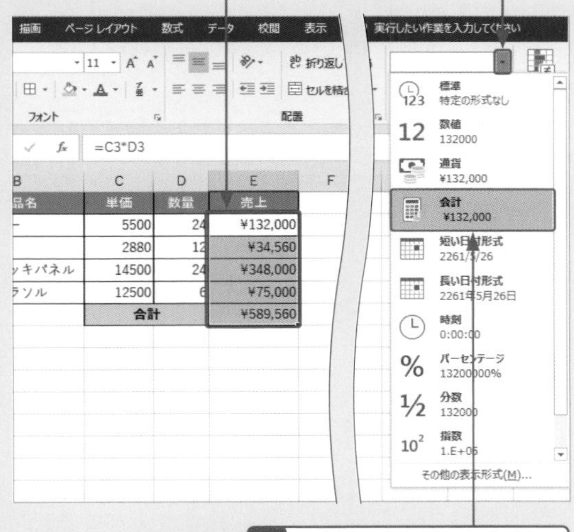

3 <会計>をクリックすると、

	A	B	C	D	E	F
2	商品番号	商品名	単価	数量	売上	
3	TH304	プランター	5500	24	¥ 132,000	
4	TH305	飾り棚	2880	12	¥ 34,560	
5	TH308	ウッドデッキパネル	14500	24	¥ 348,000	
6	TH309	ウッドパラソル	12500	6	¥ 75,000	
7			合計		¥ 589,560	
8						
9						
10						

4 数値の桁数に関係なく通貨記号の位置が揃います。

重要度 ★★★ 表示形式の設定

Q 0701 秒数を1/100まで表示したい!

A ユーザー定義の表示形式を「h:mm:ss.00」と設定します。

セルに「1:23:45.60」のように1/100秒までの時間を入力すると、標準では時間と1/100秒の数字が省略され、「23:45.6」と表示されます。時間と1/100秒の数字を表示するには、「h:mm:ss.00」というユーザー定義の表示形式を作成します。

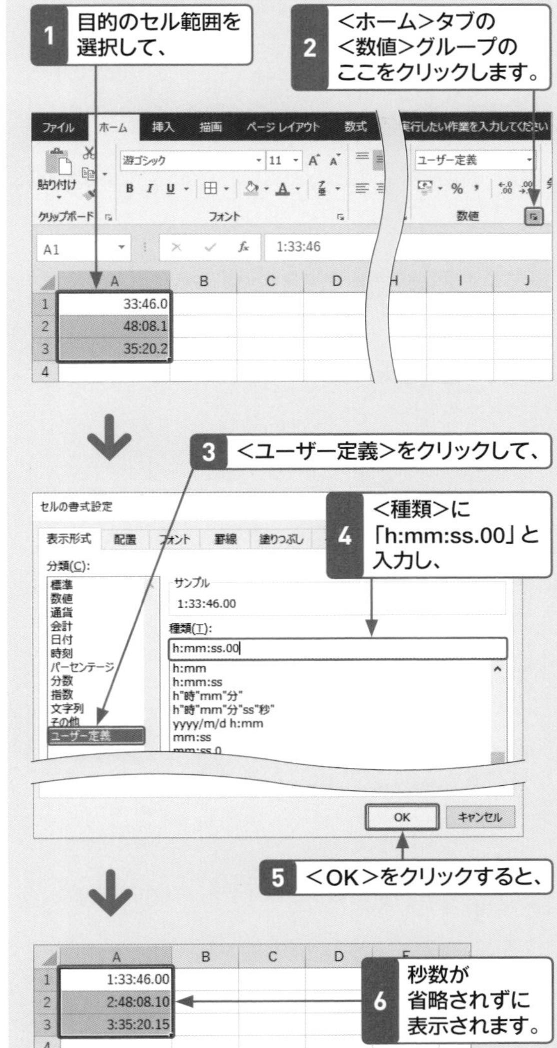

基本と入力 11
編集 12
書式 13
計算 14
関数 15
グラフ 16
データベース 17
印刷 18
ファイル 19
連携・共同編集 20

重要度 ★★★　表示形式の設定

Q 0702 数値を「125」千円のように千単位で表示したい！

A ユーザー定義の表示形式を「#,##0,」と設定します。

大きな数字を扱う場合、「1234567」を「1,234」千円や「123」万円などと「千」や「百万」円単位で表示したほうが見やすくなる場合があります。ユーザー定義の表示形式で「#,##0,」と入力すると千単位に、「#,##0,,」と入力すると百万単位なります。

また、単位を付けて表示したいときは、「#,##0,"千円"」「#,##0,,"万円"」と入力します。

1 目的のセル範囲を選択して、

2 <ホーム>タブの<数値>グループのここをクリックします。

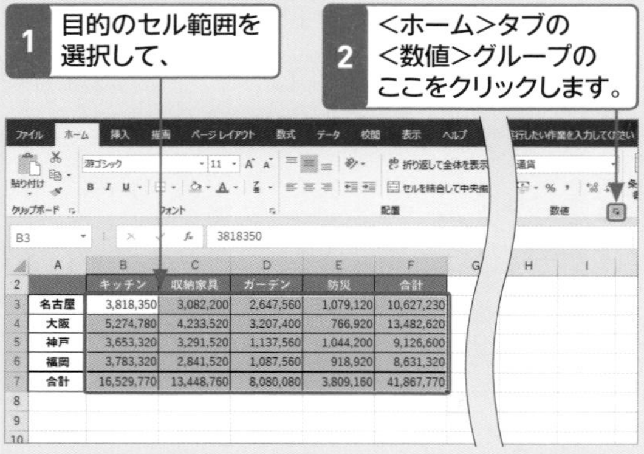

	A	B	C	D	E	F
2		キッチン	収納家具	ガーデン	防災	合計
3	名古屋	3,818,350	3,082,200	2,647,560	1,079,120	10,627,230
4	大阪	5,274,780	4,233,520	3,207,400	766,920	13,482,620
5	神戸	3,653,320	3,291,520	1,137,560	1,044,200	9,126,600
6	福岡	3,783,320	2,841,520	1,087,560	918,920	8,631,320
7	合計	16,529,770	13,448,760	8,080,080	3,809,160	41,867,770

3 <ユーザー定義>をクリックして、

4 <種類>に「#,##0,」と入力し、

5 <OK>をクリックすると、

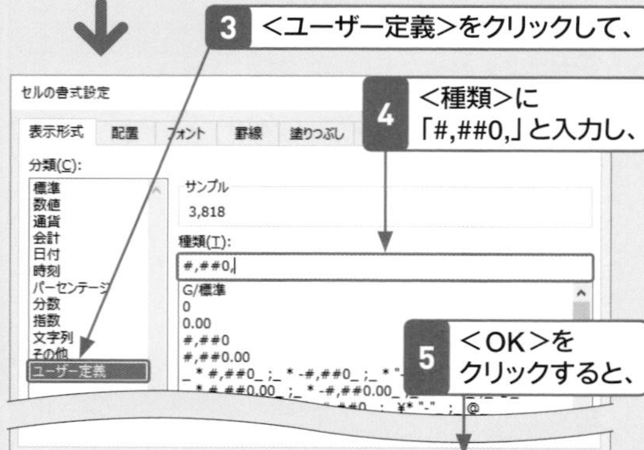

6 表示桁数が「千」単位になります。

	A	B	C	D	E	F
2		キッチン	収納家具	ガーデン	防災	合計
3	名古屋	3,818	3,082	2,648	1,079	10,627
4	大阪	5,275	4,234	3,207	767	13,483
5	神戸	3,653	3,292	1,138	1,044	9,127
6	福岡	3,783	2,842	1,088	919	8,631
7	合計	16,530	13,449	8,080	3,809	41,868

データは千単位で四捨五入されて表示されます。

重要度 ★★★　表示形式の設定

Q 0703 「○万△千円」と表示したい！

A ユーザー定義の<種類>に表示形式を設定します。

表示形式に複数の条件を指定すると、入力されたデータを指定した書式で表示することができます。たとえば、12345を1万2千円、1234567を123万5千円などと表示したい場合は、ユーザー定義の表示形式で、「[>=10000]#"万"#,"千円";#"円"」のように入力します。「;」(セミコロン)は複数の書式を区切るための書式記号です。ここでは、条件1でセルの数値が10000以上なら「万」を付け、下4桁の数値に「円」を付ける、条件2でセルの数値が1000以下の場合は、数値に「円」を付けて表示する、と設定しています。

また、「[>=10000]#"万"###"円";#"円"」と入力すると、1万2345円、123万4567円などと表示されます。

1 目的のセル範囲を選択して、<セルの書式設定>ダイアログボックスを表示します。

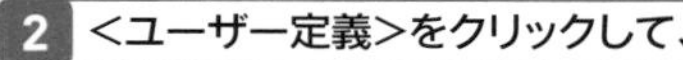

2 <ユーザー定義>をクリックして、

3 <種類>に「[>=10000]#"万"#,"千円";#"円"」と入力し、

4 <OK>をクリックすると、

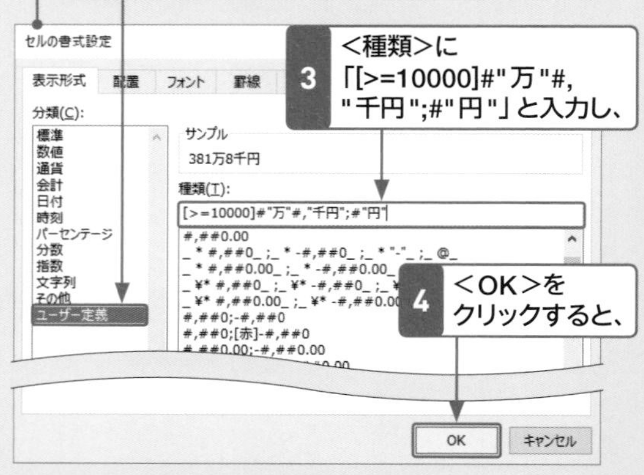

5 「○万△千円」の形式で表示されます。

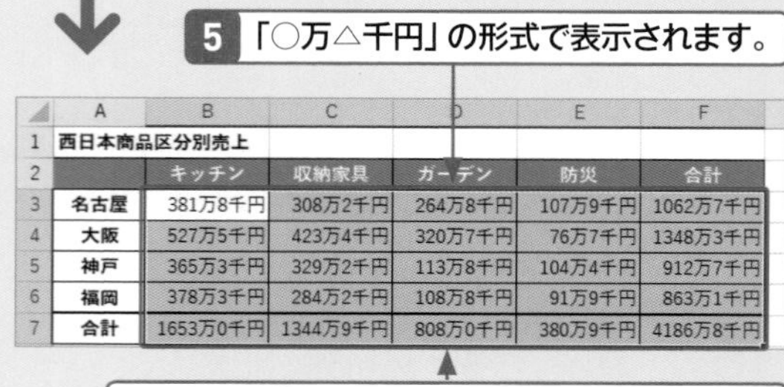

	A	B	C	D	E	F
1	西日本商品区分別売上					
2		キッチン	収納家具	ガーデン	防災	合計
3	名古屋	381万8千円	308万2千円	264万8千円	107万9千円	1062万7千円
4	大阪	527万5千円	423万4千円	320万7千円	76万7千円	1348万3千円
5	神戸	365万3千円	329万2千円	113万8千円	104万4千円	912万7千円
6	福岡	378万3千円	284万2千円	108万8千円	91万9千円	863万1千円
7	合計	1653万0千円	1344万9千円	808万0千円	380万9千円	4186万8千円

データは千単位で四捨五入されて表示されます。

重要度 ★★★　表示形式の設定

Q 0704 条件に合わせて数値に色を付けたい！

A ＜ユーザー定義＞の＜種類＞に条件を指定します。

表示形式に複数の条件を指定すると、入力されたデータを指定した書式で表示することができます。たとえば、数値が100以上の場合は青で、100未満の場合は赤で表示するには、ユーザー定義の表示形式で「[青][>=100]#,##;[赤][<100]##」と入力します。
数値の色には、黒、白、赤、緑、青、黄、紫、水色の8色が指定できます。「;」（セミコロン）は複数の書式を区切るための書式記号です。

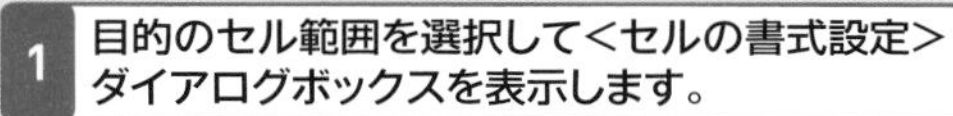

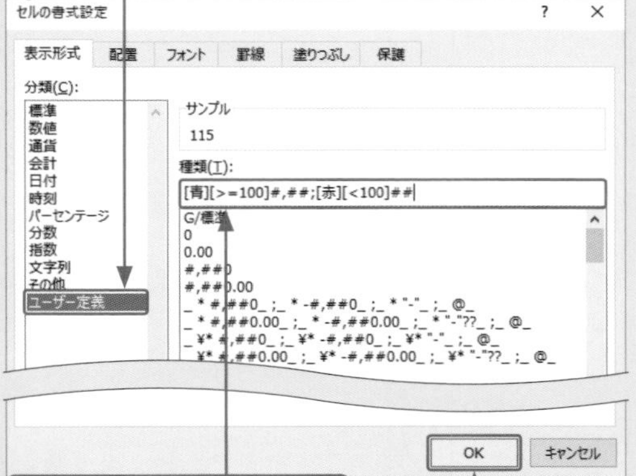

5 100以上の数値は青で、100未満の数値は赤で表示されます。

	D	E	F
1			
2	消費税	売値	在庫数
3	188	2,538	115
4	103	1,393	82
5	52	702	124
6	31	421	77
7	44	594	148
8	606	8,186	58
9			

	D	E	F
1			
2	消費税	売値	在庫数
3	188	2,538	115
4	103	1,393	82
5	52	702	124
6	31	421	77
7	44	594	148
8	606	8,186	58
9			

重要度 ★★★　表示形式の設定

Q 0705 負の値に「▲」記号を付けたい！

A 表示形式の＜数値＞で設定します。

セルに入力された数値が負の場合に、文字を赤色にすると見やすくなりますが、モノクロで印刷すると負の値がわかりにくくなります。この場合は、セルの表示形式を利用して、数値に「▲」記号を設定するとよいでしょう。

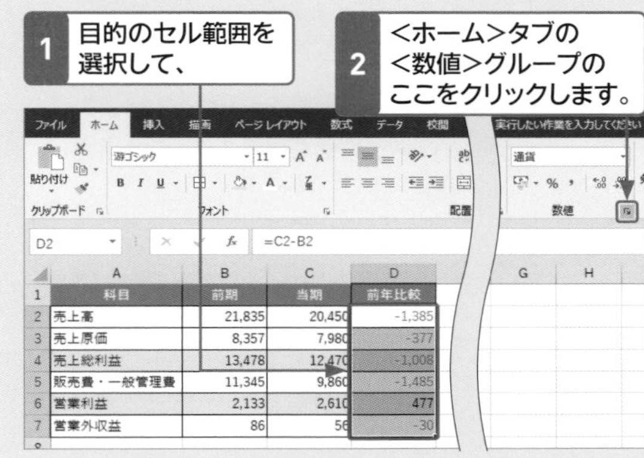

	A	B	C	D
1	科目	前期	当期	前年比較
2	売上高	21,835	20,450	-1,385
3	売上原価	8,357	7,980	-377
4	売上総利益	13,478	12,470	-1,008
5	販売費・一般管理費	11,345	9,860	-1,485
6	営業利益	2,133	2,610	477
7	営業外収益	86	56	-30

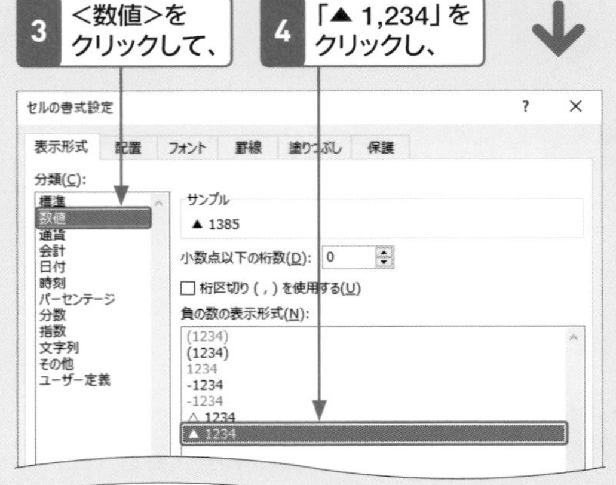

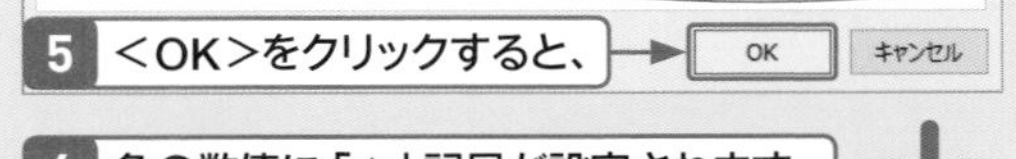

6 負の数値に「▲」記号が設定されます。

1	科目	前期	当期	前年比較
2	売上高	21835	20450	▲ 1385
3	売上原価	8357	7980	▲ 377
4	売上総利益	13478	12470	▲ 1008
5	販売費・一般管理費	11345	9860	▲ 1485
6	営業利益	2133	2610	477
7	営業外収益	86	56	▲ 30

重要度 ★★★ 表示形式の設定 ✕2010

Q 0706 電話番号の表示形式をかんたんに変更したい！

A フラッシュフィル機能を利用します。

電話番号の「03-1234-5678」を「03(1234)5678」に変更したい場合など、新たに入力し直すのは面倒です。このような場合は、「フラッシュフィル」機能を利用すると便利です。フラッシュフィルは、データをいくつか入力すると、入力したデータのパターンに従って残りのデータが自動的に入力される機能です。この機能が利用できるのは、データになんらかの一貫性がある場合に限られます。

1 表示形式を変えてデータを入力し、Enterを押します。

	A	B	C	D	E	F
1	No.	名前	郵便番号	住所	電話番号	電話番号変換
2	1	桜井　開元	232-0000	神奈川県横浜市大槻町x-x-x	045-743-0000	045(743)0000
3	2	新田　未知	273-0132	千葉県習志野市北習志野x x	047-441-0000	
4	3	森本　翔	104-0032	東京都中央区八丁堀x-x	03-3552-0000	
5	4	後藤　真実	130-0026	東京都墨田区両国x-x	03-5638-0000	
6	5	高梨　薫理	259-1217	神奈川県平塚市長持xxx	0463-35-0000	
7	6	八角　大洋	145-8502	東京都品川区西五反田x-x	03-3779-0000	
8	7	坂本　秀樹	273-0132	千葉県鎌ヶ谷市粟林x-x	047-441-0000	
9	8	西田　歩夢	180-0000	東京都武蔵野市吉祥寺西町xx	03-5215-0000	
10	9	秋生　琢磨	160-0008	東京都新宿区三栄xxx	03-5362-0000	
11	10	石川　桜	160-8584	東京都新宿区信濃町xx	03-5362-0000	

2 <データ>タブをクリックして、

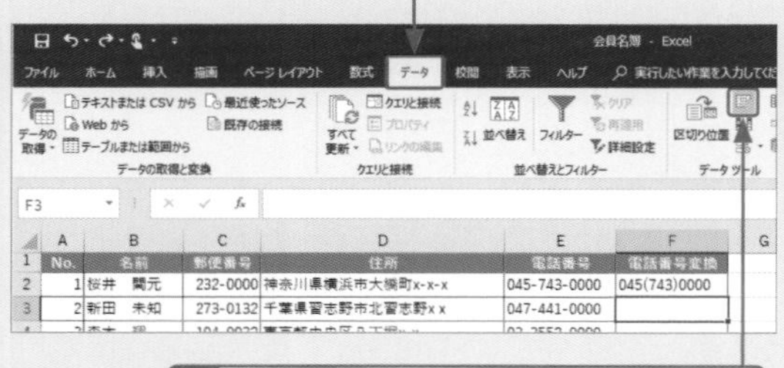

3 <フラッシュフィル>をクリックすると、

4 残りのデータが同じ形式に変換されて、自動的に入力されます。

	A	B	C	D	E	F
1	No.	名前	郵便番号	住所	電話番号	電話番号変換
2	1	桜井　開元	232-0000	神奈川県横浜市大槻町x-x-x	045-743-0000	045(743)0000
3	2	新田　未知	273-0132	千葉県習志野市北習志野x x	047-441-0000	047(441)0132
4	3	森本　翔	104-0032	東京都中央区八丁堀x-x	03-3552-0000	03(3552)0032
5	4	後藤　真実	130-0026	東京都墨田区両国x-x	03-5638-0000	03(5638)0026
6	5	高梨　薫理	259-1217	神奈川県平塚市長持xxx	0463-35-0000	0463(35)1217
7	6	八角　大洋	145-8502	東京都品川区西五反田x-x	03-3779-0000	03(3779)8502
8	7	坂本　秀樹	273-0132	千葉県鎌ヶ谷市粟林x-x	047-441-0000	047(441)0132
9	8	西田　歩夢	180-0000	東京都武蔵野市吉祥寺西町xx	03-5215-0000	03(5215)0000
10	9	秋生　琢磨	160-0008	東京都新宿区三栄xxx	03-5362-0000	03(5362)0008
11	10	石川　桜	160-8584	東京都新宿区信濃町xx	03-5362-0000	03(5362)8584

重要度 ★★★ 表示形式の設定

Q 0707 郵便番号の「-」をかんたんに表示したい！

A セルの表示形式を「郵便番号」に設定します。

住所録を大量に入力する場合、郵便番号の「-」（ハイフン）が自動的に表示されると効率的です。セルの表示形式を「郵便番号」に設定すると、「-」が自動で表示されるようになります。すでに入力したセルだけでなく、新規に入力する際も「-」が不要になります。

1 目的のセル範囲を選択して、<セルの書式設定>ダイアログボックスを表示します。

2 <その他>をクリックして、

3 <郵便番号>をクリックし、

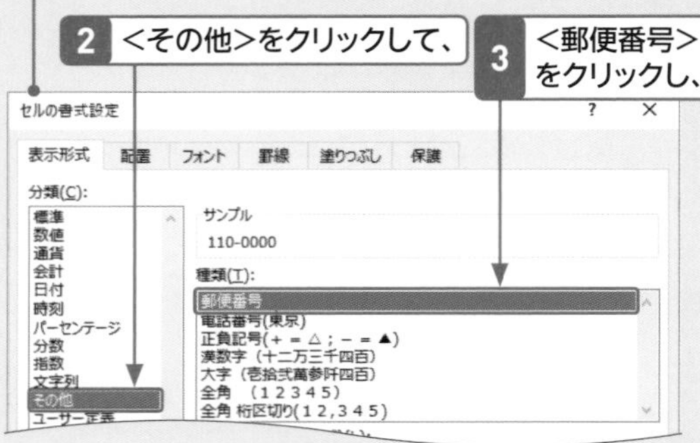

4 <OK>をクリックすると、

5 「-」が自動的に入力されます。

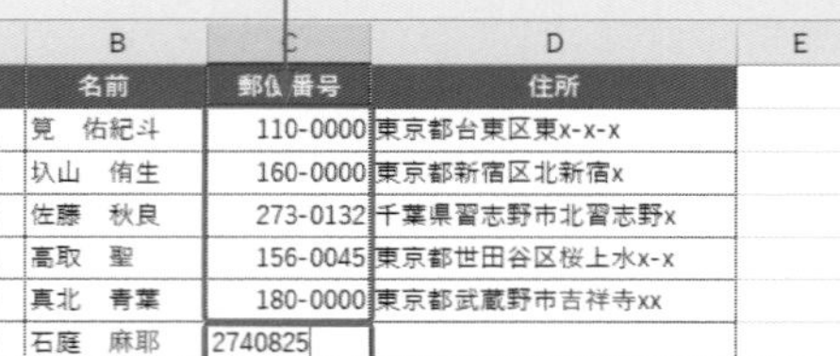

	A	B	C	D	E
1	番号	名前	郵便番号	住所	
2	101	筧　佑紀斗	110-0000	東京都台東区東x-x-x	
3	102	圦山　侑生	160-0000	東京都新宿区北新宿x	
4	103	佐藤　秋良	273-0132	千葉県習志野市北習志野x	
5	104	高取　聖	156-0045	東京都世田谷区桜上水x-x	
6	105	真北　青葉	180-0000	東京都武蔵野市吉祥寺xx	
7	106	石庭　麻耶	2740825		

6 新規に郵便番号を入力して、

7 確定すると、自動的に「-」が表示されます。

	A	B	C	D	E
1	番号	名前	郵便番号	住所	
2	101	筧　佑紀斗	110-0000	東京都台東区東x-x-x	
3	102	圦山　侑生	160-0000	東京都新宿区北新宿x	
4	103	佐藤　秋良	273-0132	千葉県習志野市北習志野x	
5	104	高取　聖	156-0045	東京都世田谷区桜上水x-x	
6	105	真北　青葉	180-0000	東京都武蔵野市吉祥寺xx	
7	106	石庭　麻耶	274-0825		

重要度 ★★★　文字列の書式設定

Q 0708 上付き文字や下付き文字を入力したい！

A <セルの書式設定>ダイアログボックスで設定します。

文字列の一部を上付き文字や下付き文字にするには、セルをダブルクリックするか、F2を押して目的の文字をドラッグして選択します。<ホーム>タブの<フォント>グループの をクリックして<セルの書式設定>ダイアログボックスを表示し、<フォント>の<文字飾り>で設定します。

なお、Excel 2019では、<上付き>や<下付き>を、クイックアクセスツールバーにコマンドとして登録することもできます。

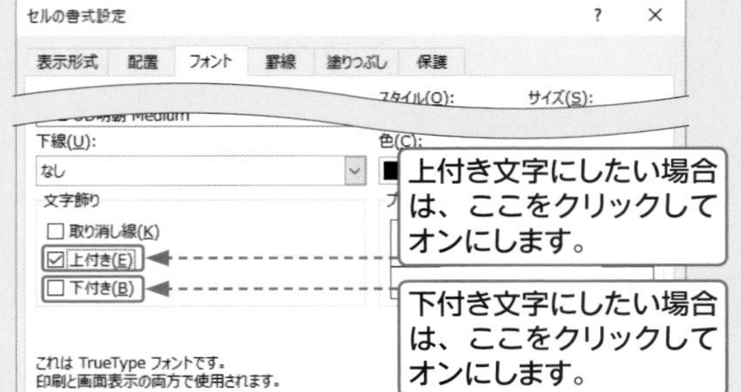

重要度 ★★★　文字列の書式設定

Q 0709 文字の大きさを部分的に変えたい！

A セルをダブルクリックして、一部の文字を選択してから設定します。

文字サイズを部分的に変更したいときは、セルをダブルクリックするか、F2を押して目的の文字をドラッグして選択し、サイズを設定します。文字サイズを変更する際、サイズにマウスポインターを合わせるだけで、その設定がすぐに反映されプレビューで確認できるので、効率的に設定できます。

1 目的の文字を選択して、<ホーム>タブの<フォントサイズ>のここをクリックします。

2 目的のサイズにマウスポインターを合わせると、

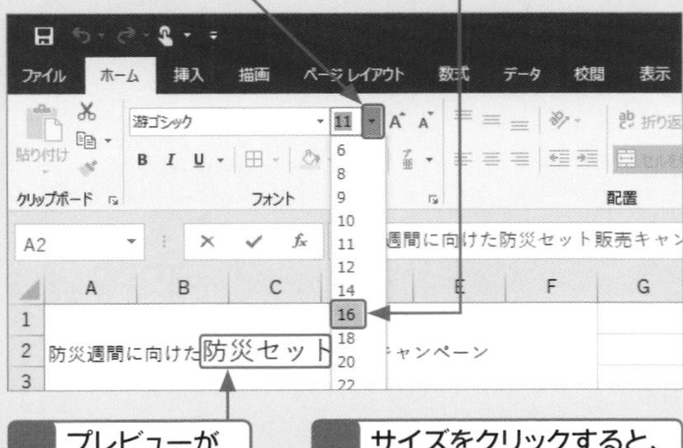

3 プレビューが表示され確認できます。

4 サイズをクリックすると、文字のサイズが部分的に変更されます。

重要度 ★★★　文字列の書式設定

Q 0710 文字の色を部分的に変えたい！

A セルをダブルクリックして、一部の文字を選択してから設定します。

文字の色を部分的に変更したいときは、セルをダブルクリックするかF2を押して、目的の文字をドラッグして選択し、色を設定します。文字色を変更する際、色にマウスポインターを合わせるだけで、その設定がすぐに反映されプレビューで確認できるので、効率的に設定できます。

1 目的の文字を選択して、<ホーム>タブの<フォントの色>のここをクリックします。

2 色にマウスポインターを合わせると、

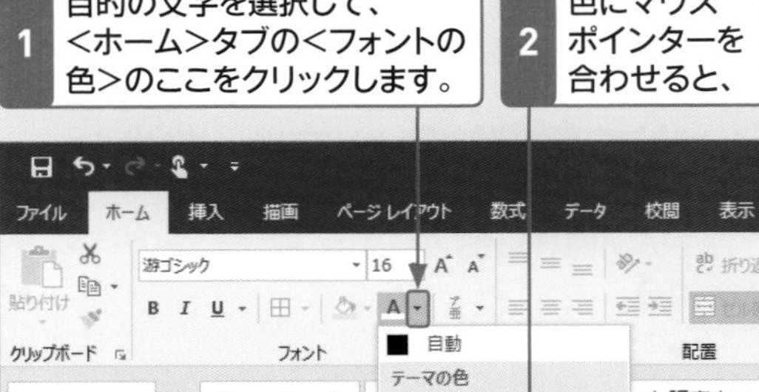

3 プレビューが表示され確認できます。

4 色をクリックすると、文字列の一部の色が変更されます。

重要度 ★★★　文字列の書式設定

Q 0711 文字列の左に1文字分の空白を入れたい！

A ＜インデントを増やす＞を利用します。

セルに入力した文字列の左に1文字分の空白を入れるには、＜ホーム＞タブの＜インデントを増やす＞(Excel 2010では＜インデント＞)をクリックします。また、インデントを解除するには、＜インデントを減らす＞(Excel 2010では＜インデント解除＞)をクリックします。1つのインデントで字下がりする幅は、標準フォントの文字サイズ1文字分です。

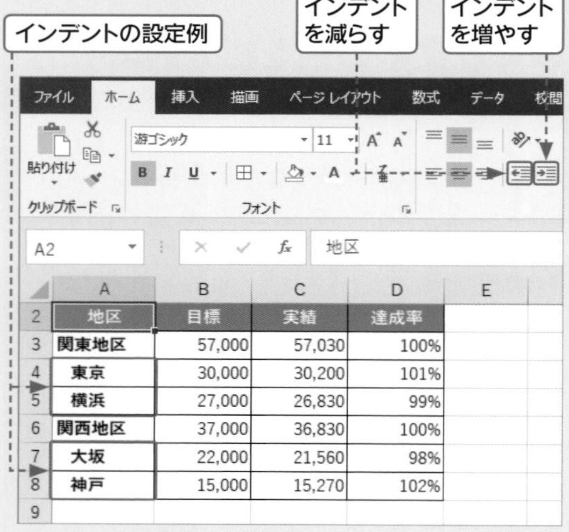

重要度 ★★★　文字列の書式設定

Q 0712 両端揃えって何？

A 行の端をセルの端に揃えて配置するための書式です。

セルに長文や英語混じりなどの文章を折り返して入力すると、折り返し位置の行末がきれいに揃わない場合があります。「両端揃え」とは、このような場合に、行の端がセルの端に揃うように文字間隔を調整する機能のことです。最終行は「左揃え」になるので、文章の見栄えをよくできます。

重要度 ★★★　文字列の書式設定

Q 0713 折り返した文字列の右端を揃えたい！

A セルの配置を両端揃えに設定します。

セル内に折り返して入力した文字列を両端揃えに設定するには、＜セルの書式設定＞ダイアログボックスの＜配置＞の＜横位置＞で設定します。

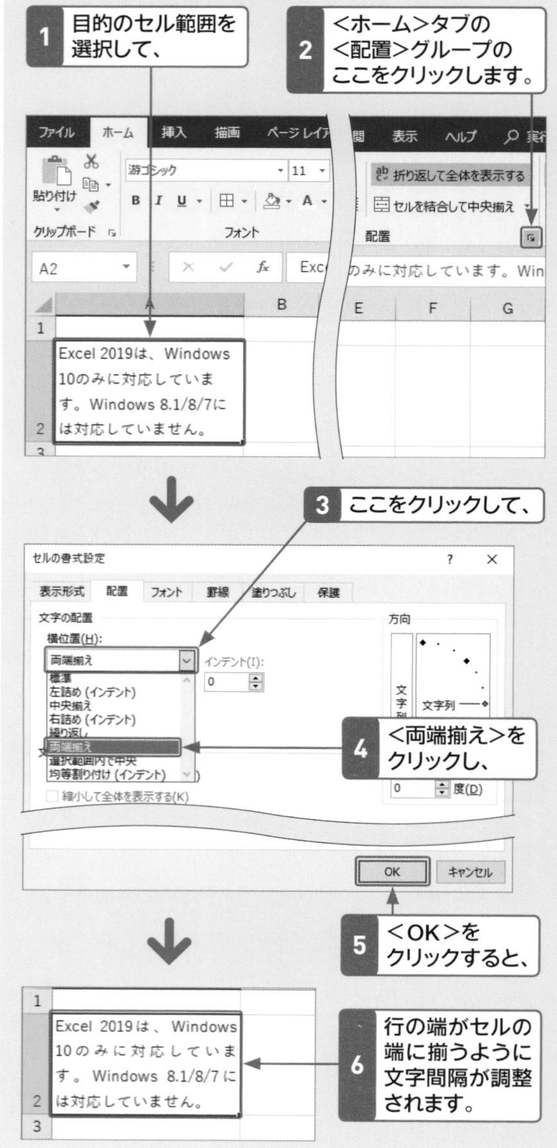

重要度 ★★★ 文字列の書式設定

Q 0714 標準フォントって何？

A Excelで使う基準のフォントです。

「標準フォント」とは、新しく作成するブックに適用されるフォントのことです。標準フォントは、<ファイル>タブをクリックして<オプション>をクリックし、<Excelのオプション>ダイアログボックスの<全般>（Excel 2013/2010では<基本設定>）で確認できます。また、変更することもできます。

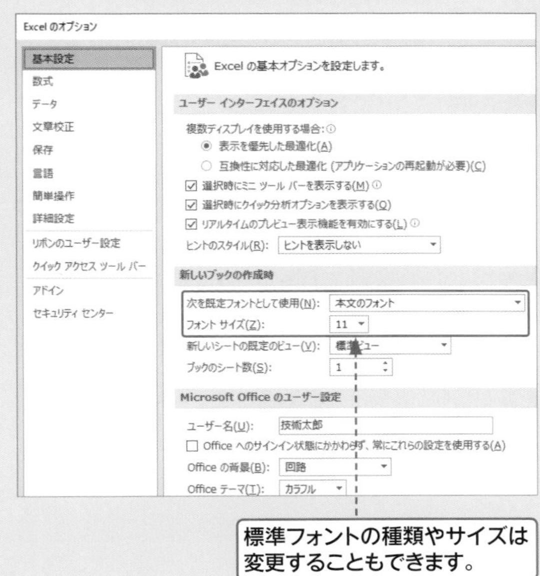

重要度 ★★★ 文字列の書式設定

Q 0715 均等割り付けって何？

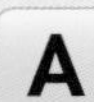

A 文字をセル幅に合わせて均等に割り付けるための書式です。

「均等割り付け」とは、セル内の文字をセル幅に合わせて均等に配置する機能のことです。見出しなどで利用すると見栄えのよい表を作成できます。<セルの書式設定>ダイアログボックスの<配置>で設定します。

重要度 ★★★ 文字列の書式設定

Q 0716 セル内に文字を均等に配置したい！

A <セルの書式設定>ダイアログボックスの<配置>で設定します。

セル内の文字を均等割り付けに設定するには、<セルの書式設定>ダイアログボックスの<配置>の<横位置>で設定します。

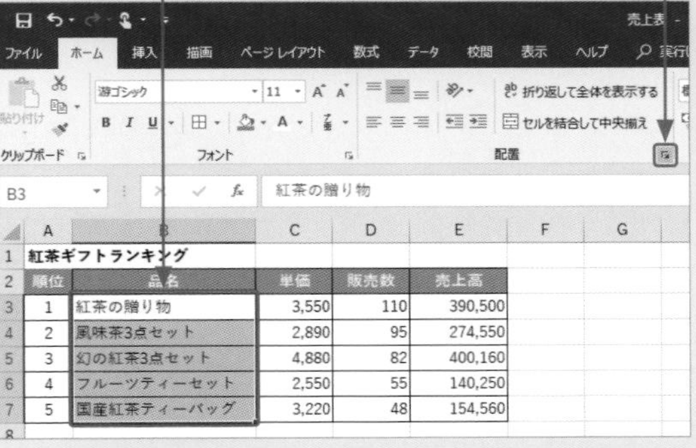

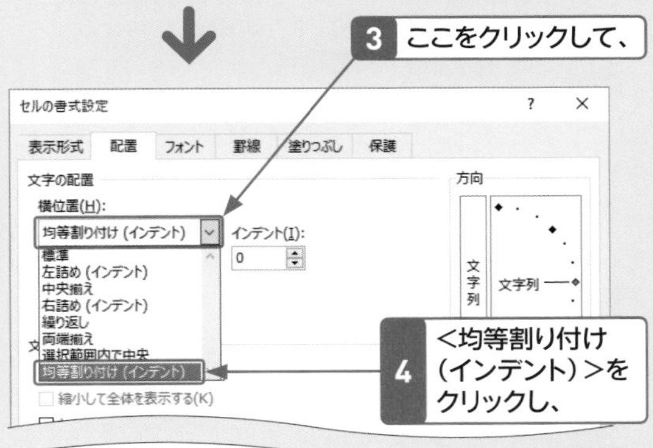

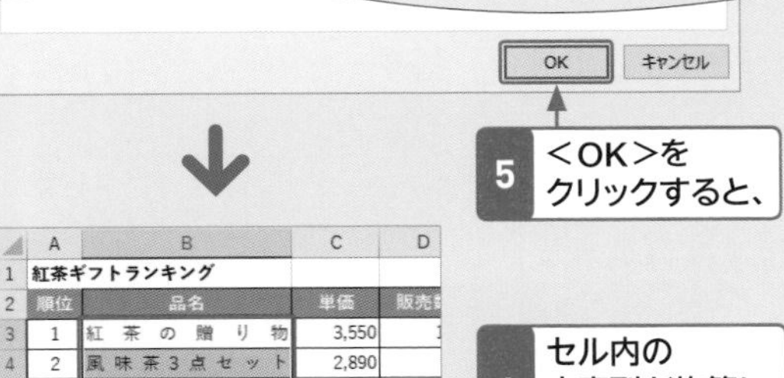

重要度 ★★★ 文字列の書式設定

Q 0717 均等割り付け時に両端に空きを入れたい！

A1 均等割り付け時に前後にスペースを入れます。

均等割り付けを設定した際に、文字の両端とセル枠との間隔を開けたい場合は、<セルの書式設定>ダイアログボックスの<配置>で<前後にスペースを入れる>をオンにします。

参照▶Q 0716

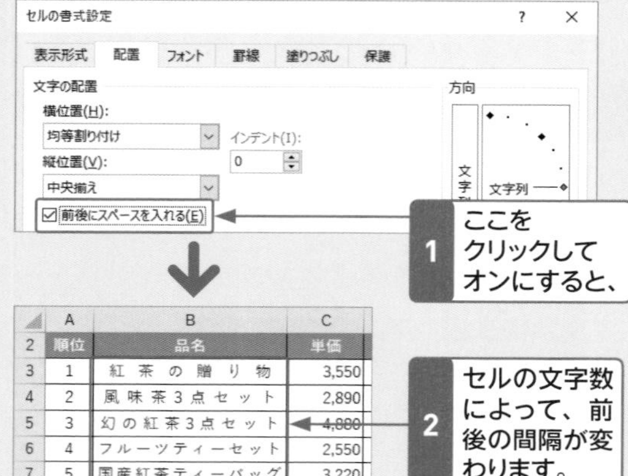

	A	B	C
2	順位	品名	単価
3	1	紅 茶 の 贈 り 物	3,550
4	2	風 味 茶 3 点 セ ッ ト	2,890
5	3	幻 の 紅 茶 3 点 セ ッ ト	4,880
6	4	フ ル ー ツ テ ィ ー セ ッ ト	2,550
7	5	国 産 紅 茶 テ ィ ー バ ッ グ	3,220

A2 均等割り付け時にインデントを設定します。

均等割り付けの設定時にインデントを設定しても、文字列の両端とセル枠との間隔を開けることができます。この方法で設定した場合は、セル内の文字数によって前後の間隔が変わることはありません。

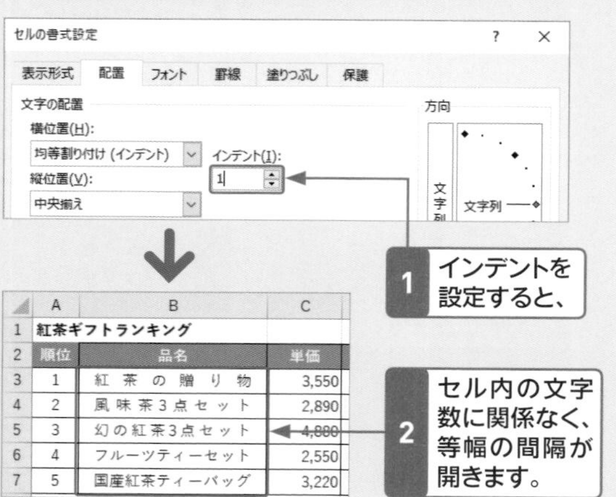

	A	B	C
1	紅茶ギフトランキング		
2	順位	品名	単価
3	1	紅 茶 の 贈 り 物	3,550
4	2	風 味 茶 3 点 セ ッ ト	2,890
5	3	幻 の 紅 茶 3 点 セ ッ ト	4,880
6	4	フルーツティーセット	2,550
7	5	国産紅茶ティーバッグ	3,220

重要度 ★★★ 文字列の書式設定

Q 0718 両端揃えや均等割り付けができない！

A 数値や日付には設定できません。

均等割り付けや両端揃えが設定できるのは、文字列だけです。「123,456」のような数値や、「2019/4/15」のような日付に均等割り付けを設定すると中央揃えに、両端揃えを設定すると左揃えで表示されます。

重要度 ★★★ 文字列の書式設定

Q 0719 セル内で文字列を折り返したい！

A <ホーム>タブの<折り返して全体を表示する>を利用します。

セル内で自動的に文字列を折り返すには、<ホーム>タブの<折り返して全体を表示する>をクリックします。行の高さは、折り返された文字列に合わせて自動的に変更されます。

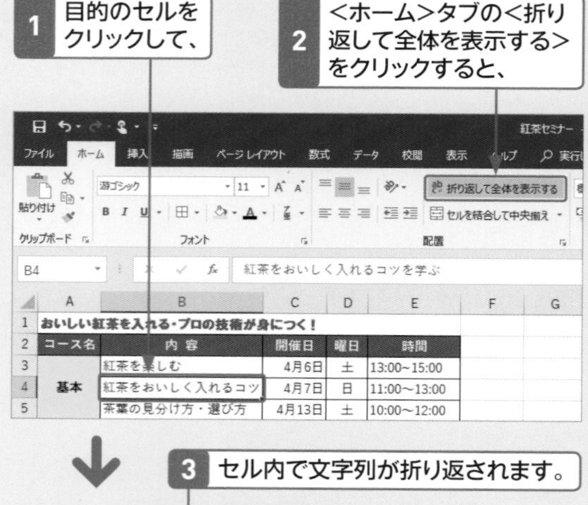

	A	B	C	D	E
1	おいしい紅茶を入れる・プロの技術が身につく！				
2	コース名	内 容	開催日	曜日	時間
3	基本	紅茶を楽しむ	4月6日	土	13:00～15:00
4		紅茶をおいしく入れるコツ	4月7日	日	11:00～13:00
5		茶葉の見分け方・選び方	4月13日	土	10:00～12:00

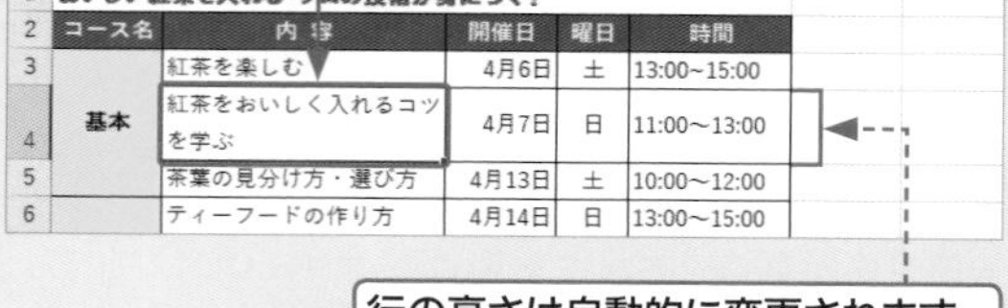

	A	B	C	D	E
1	おいしい紅茶を入れる・プロの技術が身につく！				
2	コース名	内 容	開催日	曜日	時間
3	基本	紅茶を楽しむ	4月6日	土	13:00～15:00
4		紅茶をおいしく入れるコツを学ぶ	4月7日	日	11:00～13:00
5		茶葉の見分け方・選び方	4月13日	土	10:00～12:00
6		ティーフードの作り方	4月14日	日	13:00～15:00

重要度 ★★★　文字列の書式設定

Q 0720 文字を縦書きで表示したい！

A <ホーム>タブの<方向>を利用します。

セル内の文字を縦書きで表示するには、セル範囲を選択して、<ホーム>タブの<方向>をクリックし、<縦書き>をクリックします。縦書きに設定した文字を横書きに戻すには、再度<縦書き>をクリックします。

1 目的のセル範囲をCtrlを押しながら選択します。

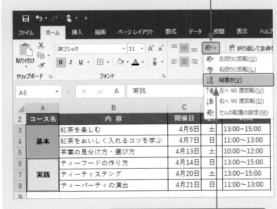

	A	B	C	D	E
2	コース名	内容	開催日	曜日	時間
3	基本	紅茶を楽しむ	4月6日	土	13:00~15:00
4		紅茶をおいしく入れるコツを学ぶ	4月7日	日	11:00~13:00
5		茶葉の見分け方・選び方	4月13日	土	10:00~12:00
6	実践	ティーフードの作り方	4月14日	日	13:00~15:00
7		ティーティステング	4月20日	土	13:00~15:00
8		ティーパーティの演出	4月21日	日	11:00~13:00

2 <ホーム>タブの<方向>をクリックして、

3 <縦書き>をクリックすると、

4 文字が縦書きで表示されます。

Q 0721 2桁の数値を縦書きにすると数字が縦になる！

A 2桁の数値の後に改行して文字を入力し、全体を中央に揃えます。

2桁以上の数値を入力したセルを縦書きに設定すると、それぞれの数字が縦に並んでしまいます。数字を横に並べたい場合は、数字を入力したあとにAltを押しながらEnterを押して改行し、続けて文字を入力します。入力が済んだら<ホーム>タブの<中央揃え>をクリックして、文字を中央に配置します。

2桁の数値を縦書きに設定すると、数字が縦に並んでしまいます。

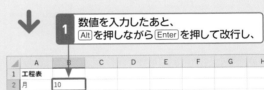

1 数値を入力したあと、Altを押しながらEnterを押して改行し、

2 次の行に文字を入力します。

3 同様の方法で必要な文字を入力し、

4 <ホーム>タブの<中央揃え>をクリックして、

5 文字を中央に配置します。

重要度 ★★★ 文字列の書式設定

Q 0722 文字を回転させたい!

A1 <ホーム>タブの<方向>を利用します。

目的のセル範囲を選択して、<ホーム>タブの<方向>をクリックすると表示されるメニューを利用すると、左や右に45度と90度の回転が設定できます。

1 目的のセル範囲を選択して、<ホーム>タブの<方向>をクリックし、

2 <左回りに回転>をクリックすると、

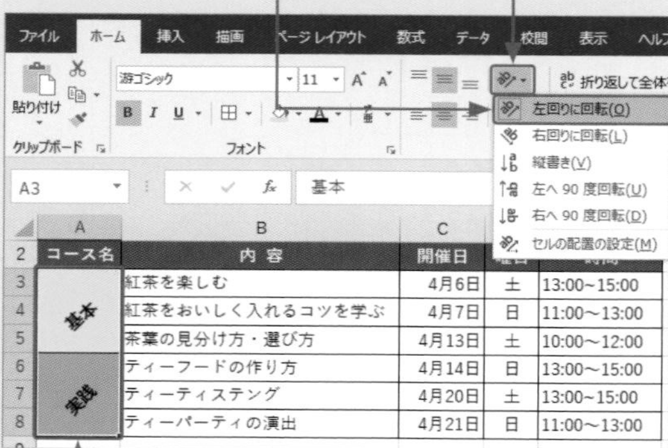

3 文字が左回りに45度回転して表示されます。

A2 <セルの書式設定>ダイアログボックスの<配置>で設定します。

<セルの書式設定>ダイアログボックスの<配置>の<方向>で角度をドラッグして指定するか、数値を直接入力して設定します。

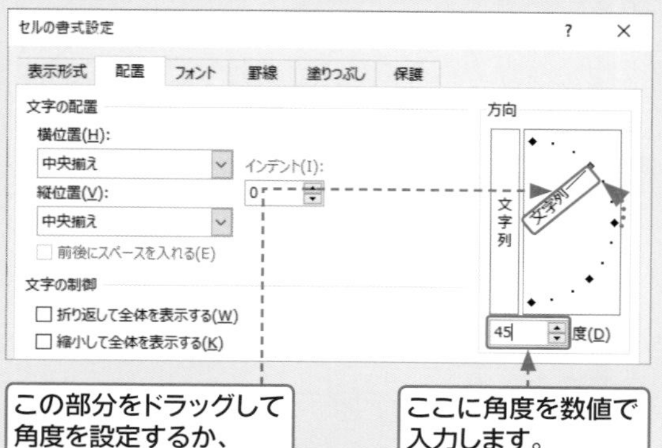

この部分をドラッグして角度を設定するか、

ここに角度を数値で入力します。

重要度 ★★★ 文字列の書式設定

Q 0723 文字を回転させることができない!

A 文字の配置の設定によっては、回転させることができません。

<セルの書式設定>ダイアログボックスの<配置>で、<横位置>を<選択範囲内で中央>または<繰り返し>に設定している場合や、<インデント>を設定している場合は、文字を回転させることができません。

文字を回転させる場合は、これらの設定を解除してから行ってください。

重要度 ★★★ 文字列の書式設定

Q 0724 文字に設定した書式をすべて解除したい!

A <セルの書式設定>ダイアログボックスで解除できます。

文字に設定したフォントやサイズ、太字などの書式をすべて解除して初期状態に戻すには、セルを選択して、<セルの書式設定>ダイアログボックスの<フォント>で設定します。ただし、文字の一部の色やサイズを変更している場合は、それぞれの設定をもとに戻す必要があります。

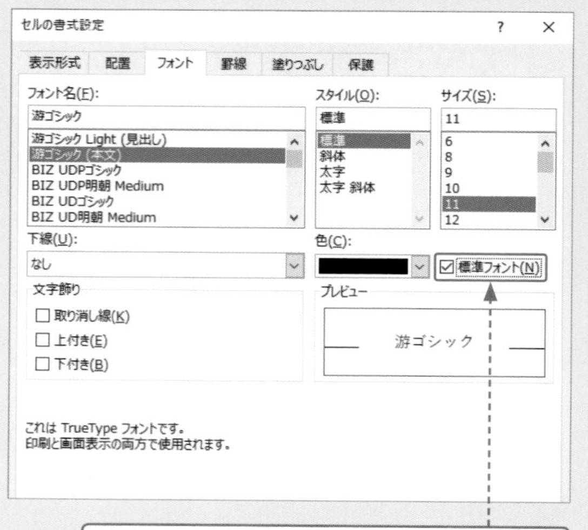

<標準フォント>をクリックしてオンにすると、文字の書式が初期状態に戻ります。

重要度 ★★★ 文字列の書式設定

Q 0725 漢字にふりがなを付けたい！

A ＜ホーム＞タブの＜ふりがなの表示／非表示＞を利用します。

セルに入力されている漢字にふりがなを付けるには、目的のセル範囲を選択して、＜ホーム＞タブの＜ふりがなの表示／非表示＞をクリックします。ふりがなは、漢字を変換する際に入力した読みに従って振られます。たとえば、「石庭」（いしば）を「いしにわ」という読みで入力していた場合、「イシバ」ではなく「イシニワ」というふりがなが表示されます。

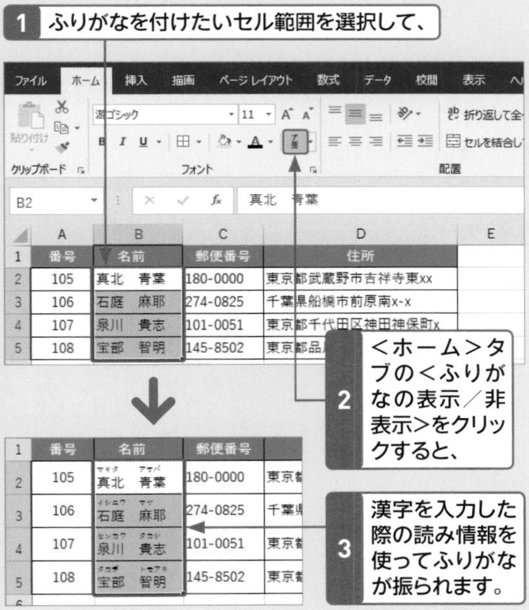

1 ふりがなを付けたいセル範囲を選択して、

2 ＜ホーム＞タブの＜ふりがなの表示／非表示＞をクリックすると、

3 漢字を入力した際の読み情報を使ってふりがなが振られます。

重要度 ★★★ 文字列の書式設定

Q 0726 ふりがなが付かない！

A ほかのアプリケーションで作成したデータをコピーした場合は付きません。

Excel以外のアプリケーションで作成したデータをコピーしたり、読み込んだりした場合は、ふりがなが表示されないことがあります。

重要度 ★★★ 文字列の書式設定

Q 0727 ふりがなを修正したい！

A ふりがなのセルをダブルクリックして修正します。

漢字を変換する際に、本来の読みと異なる読みで入力した場合は、その読みでふりがなが表示されます。ふりがなを修正するには、修正したいふりがなの表示されたセルをダブルクリックし、ふりがな部分をクリックします。

また、＜ホーム＞タブの＜ふりがなの表示／非表示＞の▾をクリックし、＜ふりがなの編集＞をクリックしても修正することができます。

参照 ▶ Q 0728

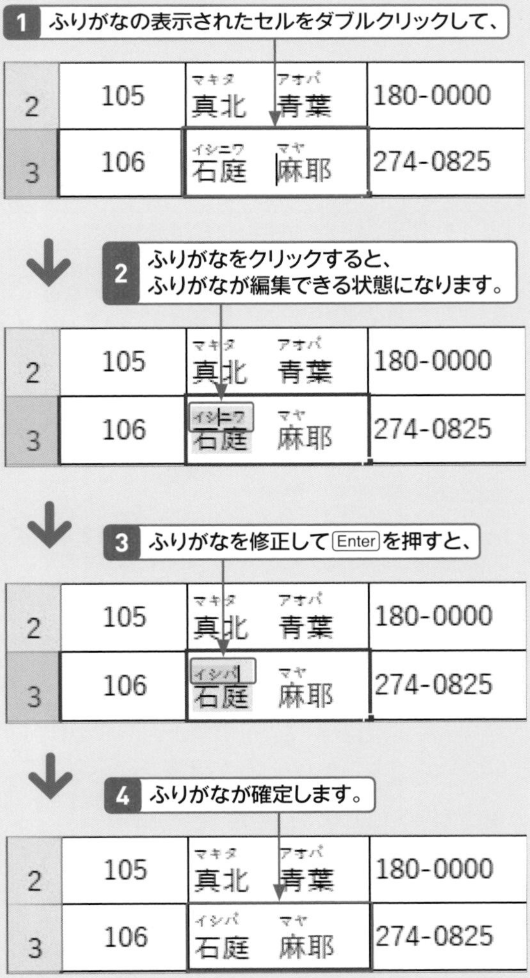

1 ふりがなの表示されたセルをダブルクリックして、

2 ふりがなをクリックすると、ふりがなが編集できる状態になります。

3 ふりがなを修正して Enter を押すと、

4 ふりがなが確定します。

重要度 ★★★ 文字列の書式設定

Q 0728 ふりがなをひらがなで表示したい!

A <ふりがなの設定>ダイアログボックスで設定します。

ふりがなをひらがなで表示するには、<ふりがなの設定>ダイアログボックスを表示して設定します。ふりがなの配置を変更することもできます。

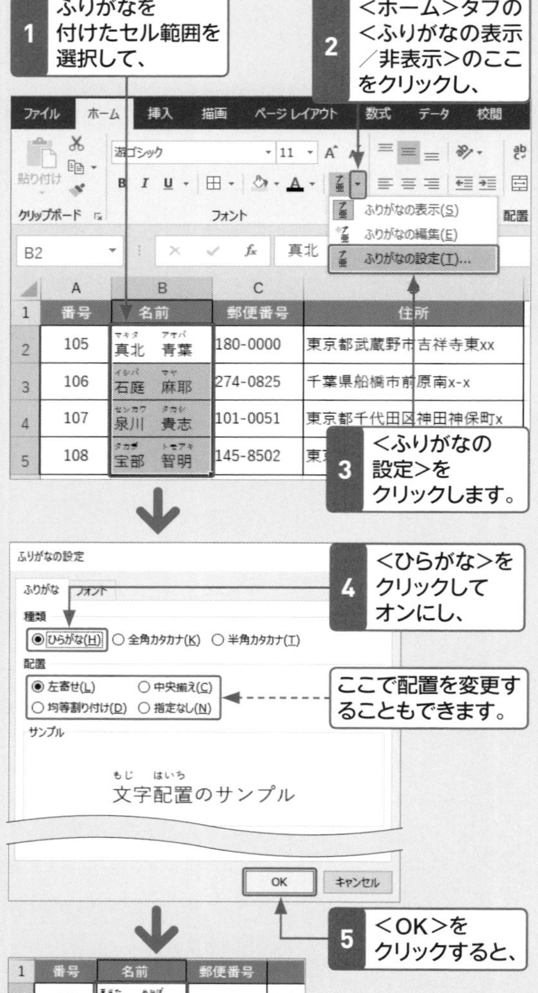

重要度 ★★★ 表の書式設定

Q 0729 セルの幅に合わせて文字サイズを縮小したい!

A <セルの書式設定>ダイアログボックスの<配置>で設定します。

セルの幅に合わせて文字サイズを縮小するには、<セルの書式設定>ダイアログボックスの<配置>で設定します。この方法で文字サイズを縮小した場合、セル幅を広げると、文字の大きさはもとに戻ります。

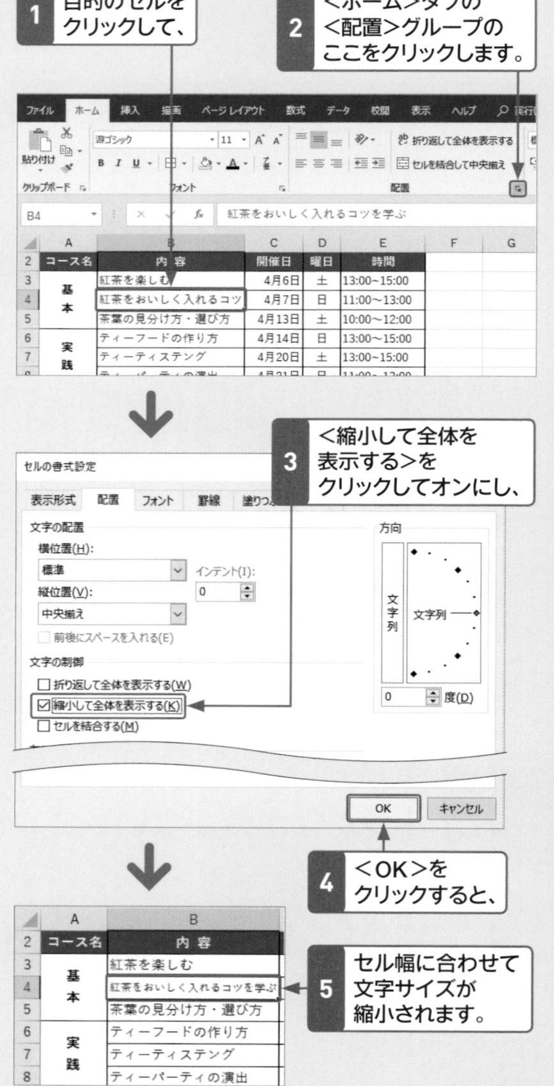

重要度 ★★★ 表の書式設定

Q 0730 書式だけコピーしたい！

A ＜書式のコピー／貼り付け＞を利用します。

同じ形式の表を作成する場合、罫線の色やセルの背景色などの設定を繰り返し行うのは手間がかかります。このような場合は、＜ホーム＞タブの＜書式のコピー／貼り付け＞を利用して、書式だけをコピーすると効率的です。また、＜貼り付けのオプション＞を使ってコピーする方法もあります。

参照▶Q 0732

1 書式をコピーするセルをクリックして、

2 ＜ホーム＞タブの＜書式のコピー／貼り付け＞をクリックし、

	A	B	C	D	E	F
1	商品番号	商品名	単価	数量	売上	
2	TH304	アップルティー	890	36	32,040	
3	TH305	ローズティー	1,250	48	60,000	
4	TH308	ハイビスカス	1,380	36	49,680	
5	TH309	プリンスミル	3,250	48	156,000	
6				消費税	23,818	
7				合計	321,538	

3 貼り付ける位置でクリックすると、

	A	B	C	D	E	F
1	商品番号	商品名	単価	数量	売上	
2	TH304	アップルティー	890	36	32,040	
3	TH305	ローズティー	1,250	48	60,000	
4	TH308	ハイビスカス	1,380	36	49,680	
5	TH309	プリンスミル	3,250	48	156,000	
6				消費税	23,818	
7				合計	321,538	

4 書式だけがコピーされます。

	A	B	C	D	E	F
1	商品番号	商品名	単価	数量	売上	
2	TH304	アップルティー	890	36	32,040	
3	TH305	ローズティー	1,250	48	60,000	
4	TH308	ハイビスカス	1,380	36	49,680	
5	TH309	プリンスミル	3,250	48	156,000	
6				消費税	23,818	
7				合計	321,538	

重要度 ★★★ 表の書式設定

Q 0731 データはそのままで書式だけを削除したい！

A ＜ホーム＞タブの＜クリア＞から＜書式のクリア＞をクリックします。

データはそのままで、表に設定した書式だけをまとめて削除したい場合は、＜ホーム＞タブの＜クリア＞から＜書式のクリア＞をクリックします。

なお、書式やデータすべてを削除する場合は＜すべてクリア＞を、書式は残してデータだけを削除する場合は＜数式と値のクリア＞をクリックします。

1 書式をクリアしたいセル範囲を選択して、

	A	B	C	D	E	F
1	明細書					
2	商品番号	商品名	単価	数量	売上	
3	TH304	アップルティー	890	36	32,040	
4	TH305	ローズティー	1,250	48	60,000	
5	TH308	ハイビスカス	1,380	36	49,680	
6	TH309	プリンスミル	3,250	48	156,000	
7				消費税	23,818	
8				合計	321,538	

2 ＜ホーム＞タブの＜クリア＞をクリックし、

3 ＜書式のクリア＞をクリックすると、

4 書式がクリアされ、データだけが残ります。

	A	B	C	D	E	F
1	明細書					
2	商品番号	商品名	単価	数量	売上	
3	TH304	アップルティー	890	36	32040	
4	TH305	ローズティー	1250	48	60000	
5	TH308	ハイビスカス	1380	36	49680	
6	TH309	プリンスミル	3250	48	156000	
7				消費税	23817.6	
8				合計	321537.6	

重要度 ★★★　表の書式設定

Q 0732 書式だけを繰り返しコピーしたい！

A1 ＜書式のコピー／貼り付け＞をダブルクリックします。

同じ書式を複数のセルに繰り返してコピーするには、コピーもとのセル範囲を選択して、＜ホーム＞タブの＜書式のコピー／貼り付け＞をダブルクリックし、貼り付け先のセルをクリックしていきます。書式のコピーを中止するには、再度＜書式のコピー／貼り付け＞をクリックするか、Escを押します。参照▶Q 0730

A2 ＜オートフィルオプション＞を利用します。

連続したセルに書式をコピーする場合は、コピーもとのセル範囲を選択してコピー範囲をドラッグし、表示される＜オートフィルオプション＞を利用します。

1 コピーもとのセル範囲を選択して、

2 コピー範囲をドラッグします。

	A	B	C	D	E
1	上半期売上実績				
2		2018年度		2019年度	
3		前年度	今年度	前年度	今年度
4	名古屋	14,320	15,500	15,500	
5	大坂	22,470	21,560	21,560	
6	神戸	14,230	15,270	15,270	
7	福岡	21,530	22,060	22,060	

3 ＜オートフィルオプション＞をクリックして、

4 ＜書式のみコピー（フィル）＞をクリックすると、

	A	B	C	D	E
1	上半期売上実績				
2		2018年度		2019年度	
3		前年度	今年度	前年度	今年度
4	名古屋	14,320	15,500	15,500	
5	名古屋	14,320	15,500	15,500	
6	名古屋	14,320	15,500	15,500	
7	名古屋	14,320	15,500	15,500	

○ セルのコピー(C)
○ 連続データ(S)
○ 書式のみコピー (フィル)(F)
○ 書式なしコピー (フィル)(O)

5 書式だけがコピーされます。

	A	B	C	D	E
1	上半期売上実績				
2		2018年度		2019年度	
3		前年度	今年度	前年度	今年度
4	名古屋	14,320	15,500	15,500	
5	大坂	22,470	21,560	21,560	
6	神戸	14,230	15,270	15,270	
7	福岡	21,530	22,060	22,060	

A3 ＜貼り付けのオプション＞を利用します。

もとのセル範囲をコピーし、＜ホーム＞タブの＜貼り付け＞をクリックしたあとに表示される＜貼り付けのオプション＞を利用します。

1 コピーもとのセル範囲を選択して、

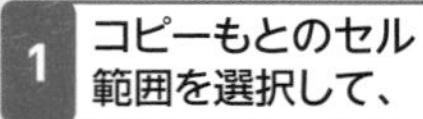

2 ＜ホーム＞タブの＜コピー＞をクリックし、

	A	B	C	D	E	F	G
2		1月	2月	3月	4月	5月	6月
3	札幌	2,940	2,410	2,350	3,120	2,880	3,850
4	仙台	3,260	2,760	3,760	3,850	3,680	4,120
5	東京	4,980	4,240	5,120	5,440	4,890	5,530
6	横浜	4,200	3,570	4,560	4,890	4,560	5,050
7	名古屋	2,050	1,880	2,530	2,860	2,870	2,650
8	大阪	3,670	3,010	3,330	3,880	3,560	4,110
9	神戸	2,450	1,980	2,540	2,750	2,460	3,090
10	福岡	3,200	2,990	3,880	4,100	3,560	4,330

3 コピー先のセルを選択して、＜ホーム＞タブの＜貼り付け＞のここをクリックします。

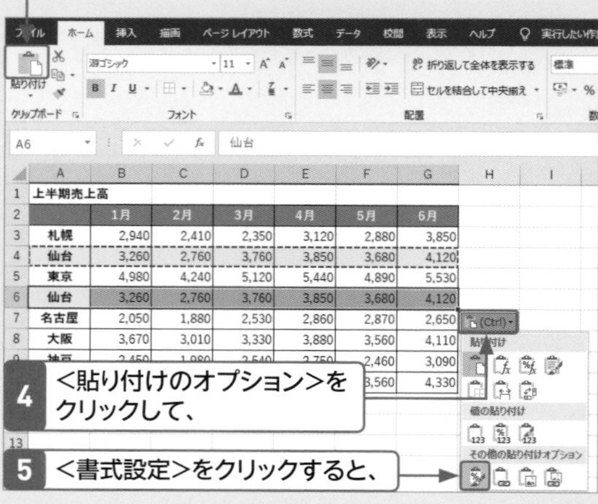

	A	B	C	D	E	F	G
1	上半期売上高						
2		1月	2月	3月	4月	5月	6月
3	札幌	2,940	2,410	2,350	3,120	2,880	3,850
4	仙台	3,260	2,760	3,760	3,850	3,680	4,120
5	東京	4,980	4,240	5,120	5,440	4,890	5,530
6	仙台	3,260	2,760	3,760	3,850	3,680	4,120
7	名古屋	2,050	1,880	2,530	2,860	2,870	2,650
8	大阪	3,670	3,010	3,330	3,880	3,560	4,110

4 ＜貼り付けのオプション＞をクリックして、

5 ＜書式設定＞をクリックすると、

6 書式だけがコピーされます。

	A	B	C	D	E	F	G
2		1月	2月	3月	4月	5月	6月
3	札幌	2,940	2,410	2,350	3,120	2,880	3,850
4	仙台	3,260	2,760	3,760	3,850	3,680	4,120
5	東京	4,980	4,240	5,120	5,440	4,890	5,530
6	横浜	4,200	3,570	4,560	4,890	4,560	5,050
7	名古屋	2,050	1,880	2,530	2,860	2,870	2,650
8	大阪	3,670	3,010	3,330	3,880	3,560	4,110

7 コピーもとのセルが選択状態にある場合は、同じ手順で書式を繰り返しコピーできます。

重要度 ★★★ 表の書式設定

Q 0733 複数のセルを1つに結合したい！

A ＜セルを結合して中央揃え＞をクリックします。

隣り合う複数のセルを1つにするには、目的のセル範囲を選択して、＜ホーム＞タブの＜セルを結合して中央揃え＞をクリックします。選択したセルにデータが入力されていた場合は、左上隅のデータが結合セルに入力されます。

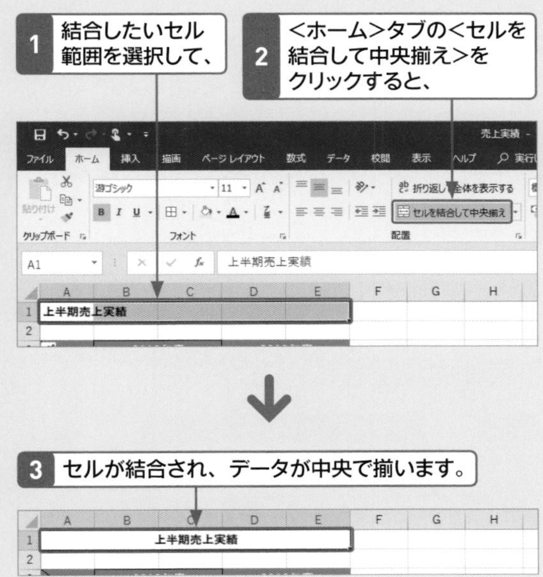

重要度 ★★★ 表の書式設定

Q 0734 セルの結合時にデータを中央に配置したくない！

A ＜セルを結合して中央揃え＞から＜セルの結合＞をクリックします。

＜ホーム＞タブの＜セルを結合して中央揃え＞を利用すると、セルに入力されていたデータが結合したセルの中央に配置されます。セルを結合してもデータを中央に配置したくない場合は、＜セルを結合して中央揃え＞から＜セルの結合＞をクリックすると、文字列を左揃えのまま結合することができます。

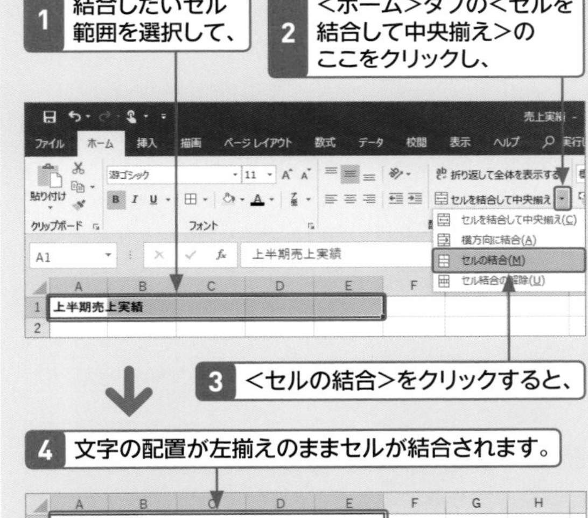

重要度 ★★★ 表の書式設定

Q 0735 同じ行のセルどうしをまとめて結合したい！

A ＜セルを結合して中央揃え＞から＜横方向に結合＞をクリックします。

行見出しの幅を広くしたい場合など、結合したセルを見出し行として使用する場合は、セルを行ごと結合すると便利です。＜セルを結合して中央揃え＞から＜横方向に結合＞をクリックすると、同じ行のセルを一気に結合することができます。

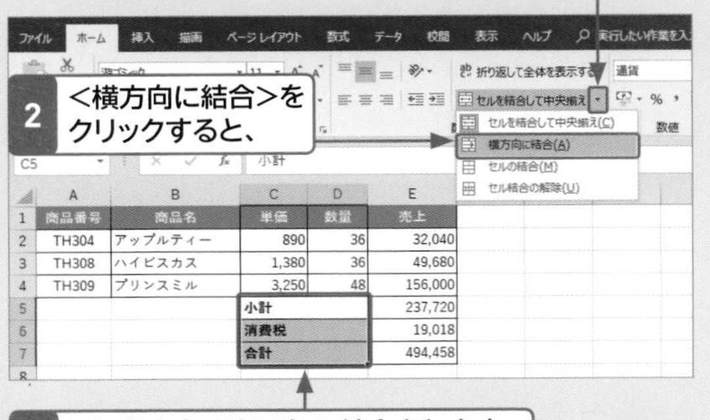

重要度 ★★★ 表の書式設定

Q 0736 セルの結合を解除したい！

A <セルを結合して中央揃え>から <セル結合の解除>をクリックします。

セルの結合を解除するには、結合されているセルを選択して、<ホーム>タブの<セルを結合して中央揃え>から<セル接合の解除>をクリックします。

1 結合を解除するセルをクリックして、

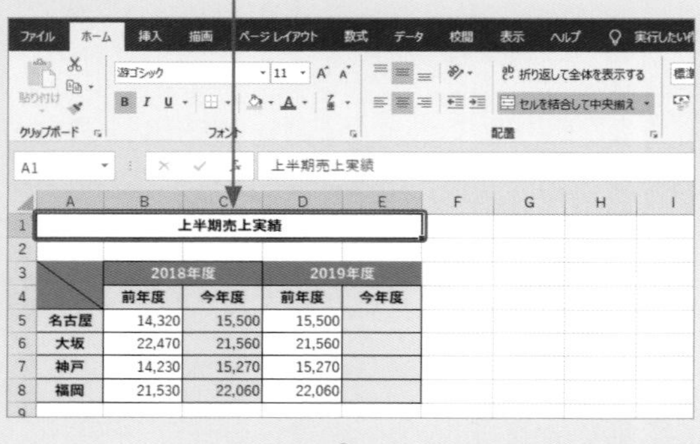

2 <ホーム>タブの<セルを結合して中央揃え>のここをクリックし、

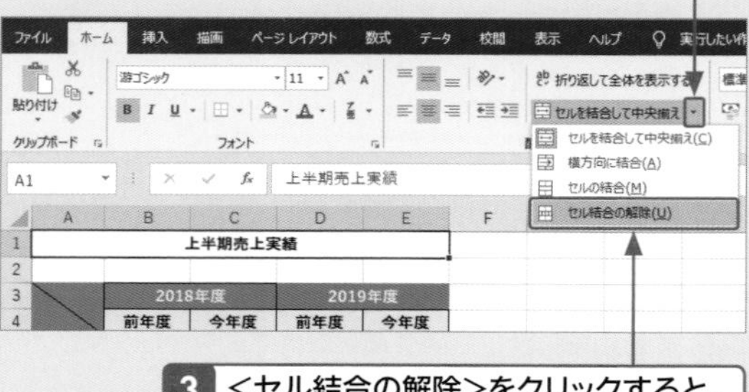

3 <セル結合の解除>をクリックすると、

4 セルの結合が解除されます。

	A	B	C	D	E
1	上半期売上実績				
2					
3		2018年度		2019年度	
4		前年度	今年度	前年度	今年度
5	名古屋	14,320	15,500	15,500	
6	大坂	22,470	21,560	21,560	
7	神戸	14,230	15,270	15,270	
8	福岡	21,530	22,060	22,060	
9					

重要度 ★★★ 表の書式設定

Q 0737 列幅の異なる表を縦に並べたい！

A 表をリンクして貼り付けます。

列幅の異なる表を縦に並べたい場合は、ほかのワークシートで作成した表をリンクして貼り付けます。表のリンク貼り付けは、ワークシートのデータを画像として貼り付ける機能で、貼り付けた画像はワークシート上の自由な位置に配置できます。貼り付け元の表のデータを修正すると、貼り付けた表にも変更が反映されます。

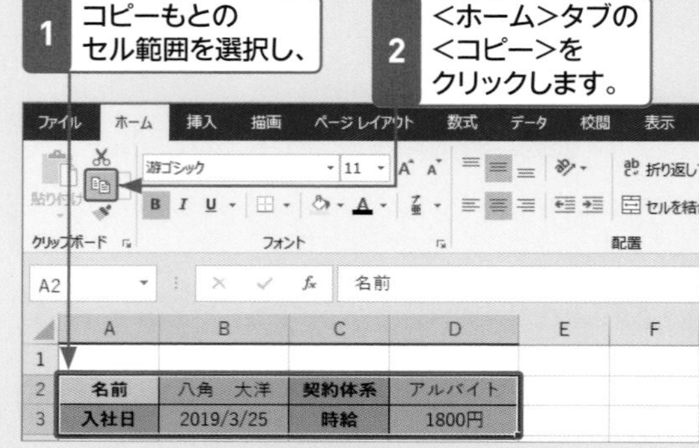

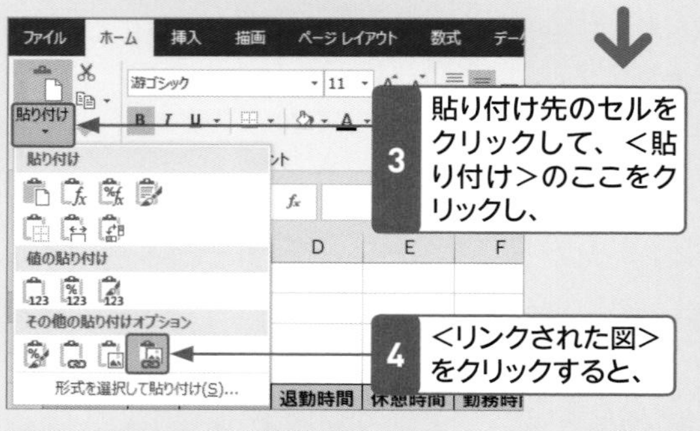

3 貼り付け先のセルをクリックして、<貼り付け>のここをクリックし、
4 <リンクされた図>をクリックすると、

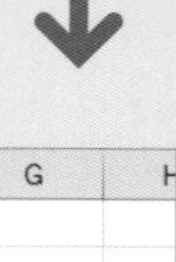

5 列幅が異なる表を縦に並べて配置することができます。

	A	B	C	D	E	F
1	勤務表					
2	名前	八角　大洋		契約体系	アルバイト	
3	入社日	2019/3/25		時給	1800円	
4						
5	日付	曜日	出勤時間	退勤時間	休憩時間	勤務時間
6	4月1日	月	8:45	17:40	1:00	7:55
7	4月2日	火	9:50	18:35	0:45	8:00
8	4月3日	水	9:20	17:55	0:50	7:45
9	4月4日	木	8:30	17:25	1:00	7:55
10	4月5日	金	9:15	18:35	1:00	8:20

重要度★★★　表の書式設定

Q 0738 表に罫線を引きたい！

A1 ＜ホーム＞タブの＜罫線＞を利用します。

セルに罫線を引くには、＜ホーム＞タブの＜罫線＞の▼をクリックして表示されるメニューから線の種類を選択します。ここでは、表全体に格子状の罫線を引きます。

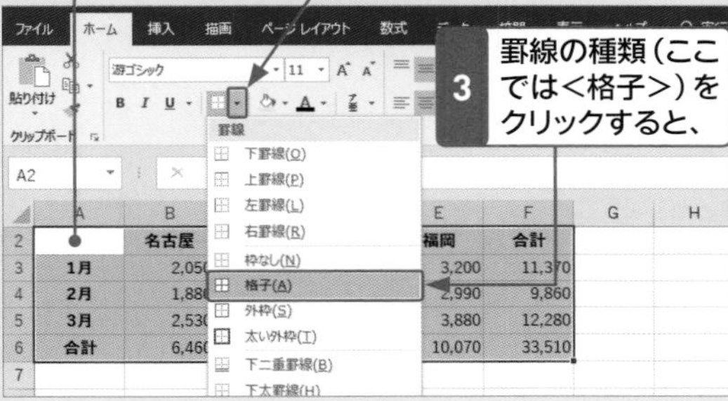

4 選択したセル範囲に格子状の罫線が引けます。

	A	B	C	D	E	F
2		名古屋	大阪	神戸	福岡	合計
3	1月	2,050	3,670	2,450	3,200	11,370
4	2月	1,880	3,010	1,980	2,990	9,860
5	3月	2,530	3,330	2,540	3,880	12,280
6	合計	6,460	10,010	6,970	10,070	33,510

A2 ＜セルの書式設定＞ダイアログボックスの＜罫線＞を利用します。

＜ホーム＞タブの＜罫線＞の▼をクリックして、＜その他の罫線＞をクリックすると、＜セルの書式設定＞ダイアログボックスの＜罫線＞が表示されます。このダイアログボックスを利用すると、スタイルの異なる罫線をまとめて引いたり、罫線の引く位置を指定して引くことができます。

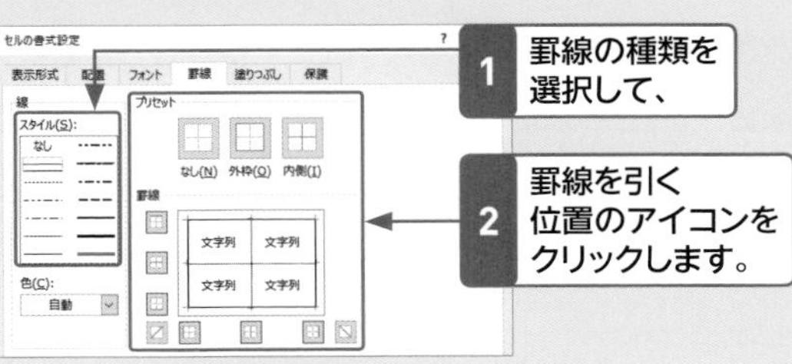

重要度★★★　表の書式設定

Q 0739 斜めの罫線を引きたい！

A1 ＜罫線＞から＜罫線の作成＞を選択してドラッグします。

斜めの罫線を引くには、＜罫線＞の▼をクリックして＜罫線の作成＞をクリックし、セル内を対角線上にドラッグします。この方法では、斜線だけでなく、マウスでドラッグした範囲に罫線を引くこともできます。

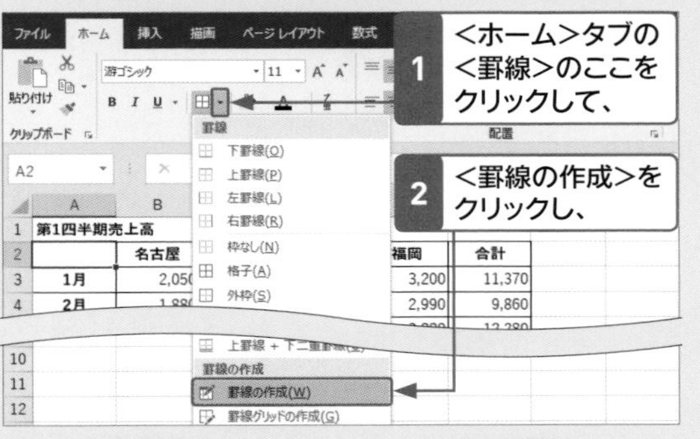

3 対角線上にドラッグします。

4 ＜罫線＞をクリックするかEscを押して、ポインターをもとに戻します。

A2 ＜セルの書式設定＞ダイアログボックスの＜罫線＞を利用します。

＜ホーム＞タブの＜罫線＞の▼をクリックして、＜その他の罫線＞をクリックすると表示される＜セルの書式設定＞ダイアログボックスの＜罫線＞を利用します。罫線の種類を選択して、斜め罫線のアイコンをクリックします。

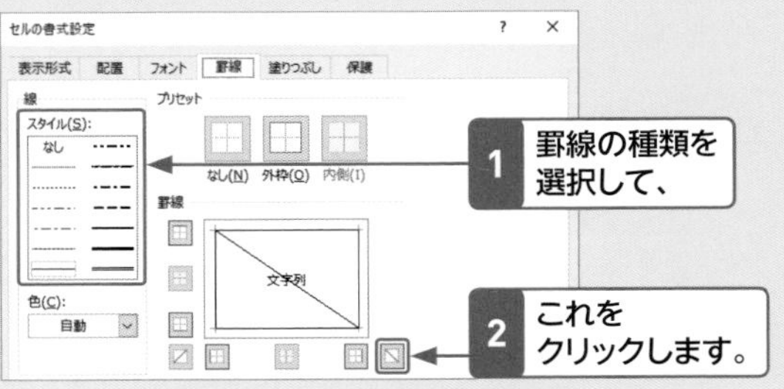

重要度 ★★★　表の書式設定

Q 0740 色付きの罫線を引きたい！

A1 <罫線>の<線の色>から色を選択します。

色付きの罫線を引くには、<ホーム>タブの<罫線>の▼をクリックし、あらかじめ<線の色>から色を選択してから、罫線を引きます。

参照▶Q 0738

1 罫線を引くセル範囲を選択して、<ホーム>タブの<罫線>のここをクリックし、

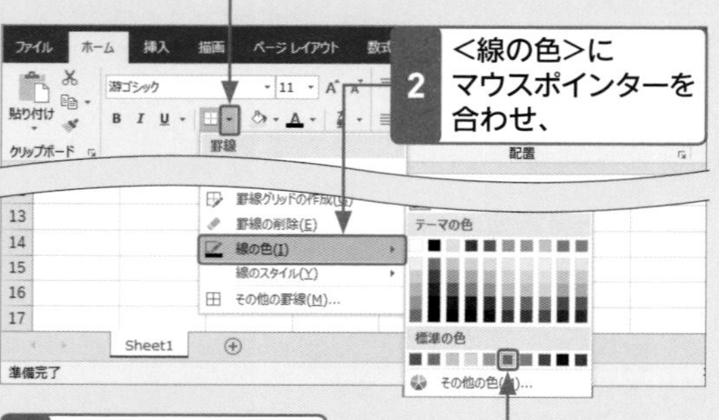

3 色をクリックします。

4 罫線を引くと、色付きの罫線が引けます。

	A	B	C	D	E	F
1	第1四半期売上高					
2		名古屋	大阪	神戸	福岡	合計
3	1月	2,050	3,670	2,450	3,200	11,370
4	2月	1,880	3,010	1,980	2,990	9,860
5	3月	2,530	3,330	2,540	3,880	12,280
6	合計	6,460	10,010	6,970	10,070	33,510

A2 <セルの書式設定>ダイアログボックスで色を選択します。

<セルの書式設定>ダイアログボックスの<罫線>で色を選択してから、罫線を引きます。

重要度 ★★★　表の書式設定

Q 0741 罫線のスタイルを変更したい！

A1 罫線を引く位置を選択して<罫線>から線のスタイルを選択します。

罫線の種類を変更するには、罫線を変更するセル範囲を選択して、<罫線>の▼をクリックし、線の種類を選択します。

1 罫線を引くセル範囲を選択して、

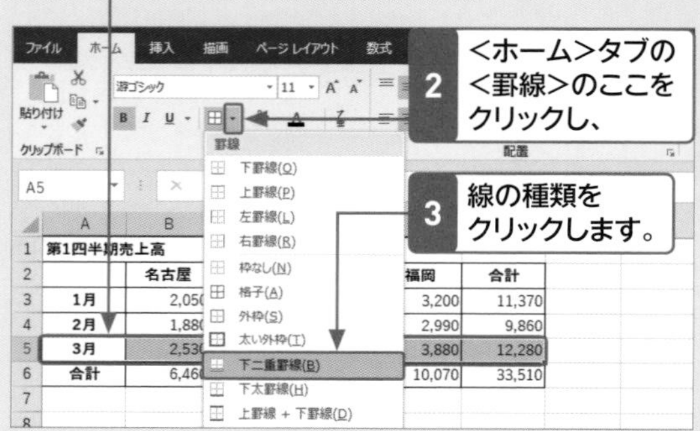

A2 <線のスタイル>から線の種類を選択してドラッグします。

<ホーム>タブの<罫線>の▼をクリックして、<線のスタイル>から線の種類を選択し、罫線を変更する位置をドラッグします。

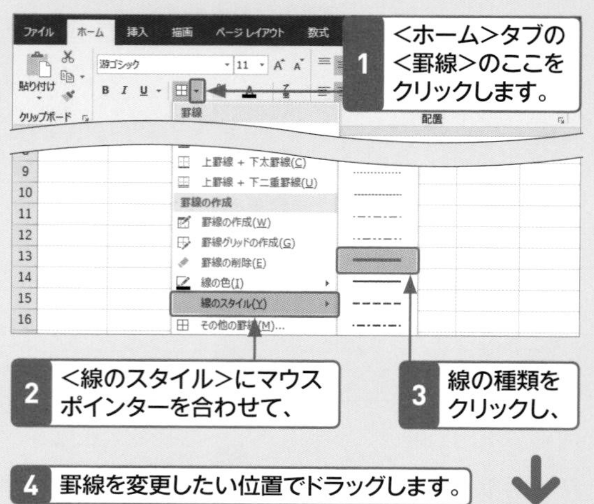

4 罫線を変更したい位置でドラッグします。

4	2月	1,880	3,010	1,980	2,990	9,860
5	3月	2,530	3,330	2,540	3,880	12,280
6	合計	6,460	10,010	6,970	10,070	33,510

重要度 ★★★　表の書式設定

Q 0742 表の外枠を太線にしたい！

A 表を選択して<罫線>から<太い外枠>をクリックします。

表の外枠だけを太線にしたいときは、まず表に格子の罫線を引きます。続いて、表を選択して、<ホーム>タブの<罫線>の ▾ をクリックし、<太い外枠>（Excel 2013/2010では<外枠太罫線>）をクリックします。

1 表に格子の罫線を設定して、表を選択します。

	A	B	C	D	E	F	G
1		第1四半期売上高					
3			名古屋	大阪	神戸	福岡	合計
4		1月	2,050	3,670	2,450	3,200	11,370
5		2月	1,880	3,010	1,980	2,990	9,860
6		3月	2,530	3,330	2,540	3,880	12,280
7		合計	6,460	10,010	6,970	10,070	33,510
8							

2 <ホーム>タブの<罫線>のここをクリックして、

罫線
- 下罫線(O)
- 上罫線(P)
- 左罫線(L)
- 右罫線(R)
- 枠なし(N)
- 格子(A)
- 外枠(S)
- 太い外枠(T)
- 下二重罫線(B)
- 下太罫線(H)
- 上罫線 + 下罫線(D)

3 <太い外枠>をクリックすると、

4 表の外枠が太線に変更されます。

	A	B	C	D	E	F	G
1		第1四半期売上高					
3			名古屋	大阪	神戸	福岡	合計
4		1月	2,050	3,670	2,450	3,200	11,370
5		2月	1,880	3,010	1,980	2,990	9,860
6		3月	2,530	3,330	2,540	3,880	12,280
7		合計	6,460	10,010	6,970	10,070	33,510
8							

重要度 ★★★　表の書式設定

Q 0743 1行おきに背景色が異なる表を作成したい！

A <オートフィルオプション>を利用します。

1行おきに背景色が異なる表を作成するには、はじめに先頭の2行に背景色を設定します。その2行分のセルを選択して、フィルハンドルをドラッグしたあと、<オートフィルオプション>をクリックして、<書式のみコピー（フィル）>をクリックします。

また、<ホーム>タブの<書式のコピー／貼り付け> のダブルクリックや、<貼り付けのオプション>、条件付き書式を利用することでも設定できます。

参照▶Q 0732, Q 0758

1 まず2行分を作成して選択し、

2 フィルハンドルをドラッグします。

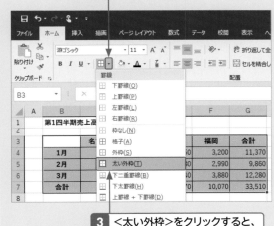

	A	B	C	D	E
2		コーヒー	紅茶	緑茶	ウーロン茶
3	6/3(月)	255	145	125	135
4	6/4(火)	221	124	112	129
5	6/5(水)	198	131	98	118
6	6/6(木)	209	148	132	121
7	6/7(金)	231	134	135	134
8	6/8(土)	199	165	118	117
9	6/9(日)	176	138	109	106

3 <オートフィルオプション>をクリックして、

	A	B	C	D	E
2		コーヒー	紅茶	緑茶	ウーロン茶
3	6/3(月)	255	145	125	135
4	6/4(火)	221	124	112	129
5	6/5(水)	187	103	99	123
6	6/6(木)	153	82	86	117
7	6/7(金)	119	61	73	111
8	6/8(土)	85	40	60	105
9	6/9(日)	51	19	47	99

- セルのコピー(C)
- 連続データ(S)
- 書式のみコピー（フィル）(F)
- 書式なしコピー（フィル）(O)
- 連続データ（日単位）(D)
- 連続データ（週日単位）(W)
- 連続データ（月単位）(M)
- 連続データ（年単位）(Y)

4 <書式のみコピー（フィル）>をクリックすると、

5 1行おきに背景色が異なる表が作成できます。

	A	B	C	D	E
2		コーヒー	紅茶	緑茶	ウーロン茶
3	6/3(月)	255	145	125	135
4	6/4(火)	221	124	112	129
5	6/5(水)	198	131	98	118
6	6/6(木)	209	148	132	121
7	6/7(金)	231	134	135	134
8	6/8(土)	199	165	118	117
9	6/9(日)	176	138	109	106
10					

重要度 ★★★ 表の書式設定

Q 0744 隣接したセルの書式を引き継ぎたくない！

A <Excelのオプション>ダイアログボックスの<詳細設定>で解除します。

Excelでは、連続したセルのうち、3行以上に背景色や文字のスタイルなどの書式が設定されている場合、それに続くセルにデータを入力すると、上のセルの罫線以外の書式が自動的に設定されます。セルの書式を引き継ぎたくない場合は、<Excelのオプション>ダイアログボックスの<詳細設定>で設定を解除できます。

3行以上に書式が設定されています。

	A	B	C	D	E	F	G
2	商品番号	商品名	単価	消費税	売値		
3	G1011	プランター（大）	5500	440	5940		
4	G1012	壁掛けプランター	2480	198	2678		
5	G1013	野菜プランター	1450	116	1566		
6	G1014	飾り棚	2880	230	3110		
7	G1015	フラワースタンド（3段）	2550	204	2754		

1 それに続くセルにデータを入力すると、上のセルの書式が自動的に設定されます。

	A	B	C	D	E	F	G
2	商品番号	商品名	単価	消費税	売値		
3	G1011	プランター（大）	5500	440	5940		
4	G1012	壁掛けプランター	2480	198	2678		
5	G1013	野菜プランター	1450	116	1566		
6	G1014	飾り棚	2880	230	3110		
7	G1015	フラワースタンド（3段）	2550	204	2754		
8	G1016						

2 <ファイル>タブをクリックして、<オプション>をクリックします。

3 <詳細設定>をクリックして、

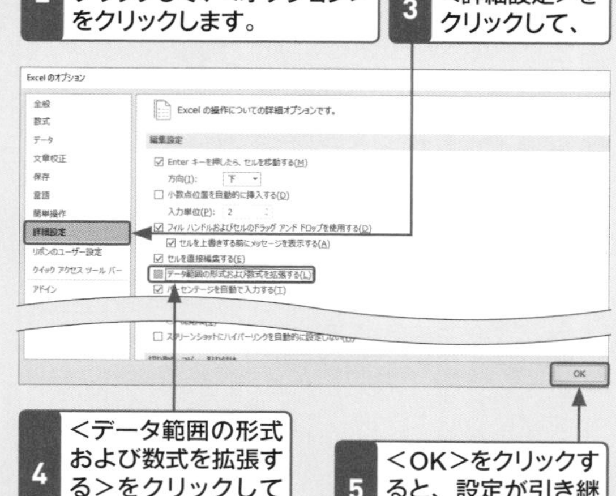

4 <データ範囲の形式および数式を拡張する>をクリックしてオフにし、

5 <OK>をクリックすると、設定が引き継がれなくなります。

重要度 ★★★ 表の書式設定

Q 0745 セルに既定のスタイルを適用したい！

A <ホーム>タブの<セルのスタイル>から設定します。

<ホーム>タブの<セルのスタイル>には、フォントやフォントサイズ、背景色、罫線などが設定されたセルのスタイルがあらかじめ用意されています。このセルのスタイルを利用すると、見栄えのするスタイルをかんたんに設定することができます。
適用したスタイルを解除する場合は、一覧から<標準>をクリックします。

1 セル範囲を選択して、

	A	B	C	D	E	F
1	ガーデン用品					
2	商品番号	商品名	単価	消費税	売値	
3	G1011	プランター（大）	5500	440	5940	
4	G1012	壁掛けプランター	2480	198	2678	

2 <ホーム>タブの<セルのスタイル>をクリックし、

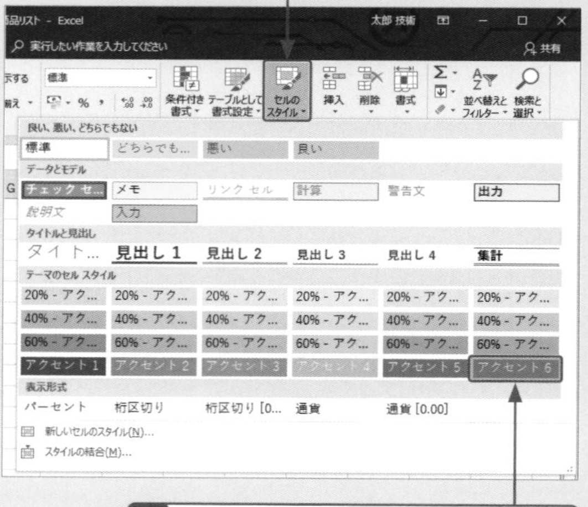

3 適用したいスタイルをクリックすると、

4 選択したスタイルがセルに設定されます。

	A	B	C	D	E	F
1	ガーデン用品					
2	商品番号	商品名	単価	消費税	売値	
3	G1011	プランター（大）	5500	440	5940	
4	G1012	壁掛けプランター	2480	198	2678	

重要度 ★★★　表の書式設定

Q 0746 オリジナルの書式を登録するには？

A ＜セルのスタイル＞の＜新しいセルのスタイル＞から登録します。

セルに設定した書式は、オリジナルの書式として保存することができます。登録したスタイルは、＜ホーム＞タブの＜セルのスタイル＞の＜ユーザー設定＞に追加されます。

参照 ▶ Q 0747

1 書式を設定したセルを選択して、

	A	B	C	D	E
1	ガーデン用品				
2	商品番号	商品名	単価	消費税	売値
3	G1011	プランター（大）	5500	440	5940
4	G1012	壁掛けプランター	2480	198	2678
5	G1013	野菜プランター	1450	116	1566

2 ＜ホーム＞タブの＜セルのスタイル＞をクリックし、

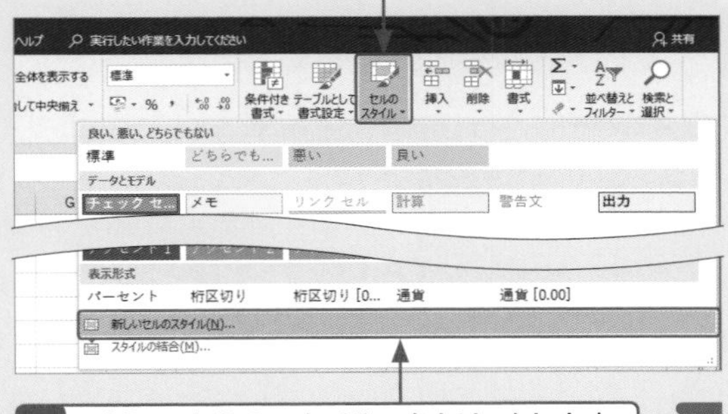

3 ＜新しいセルのスタイル＞をクリックします。

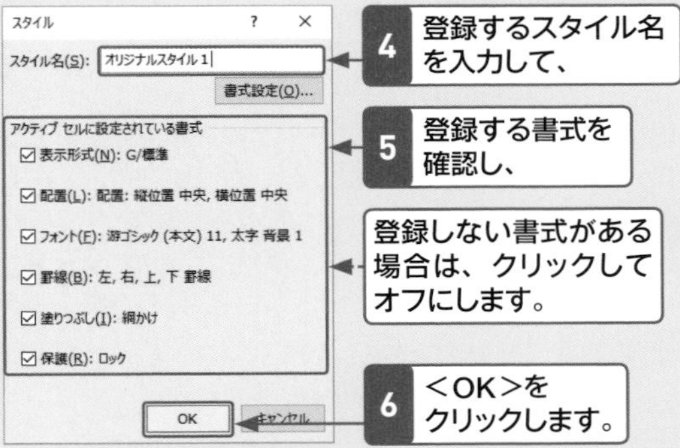

4 登録するスタイル名を入力して、

5 登録する書式を確認し、

登録しない書式がある場合は、クリックしてオフにします。

6 ＜OK＞をクリックします。

7 登録したスタイルは、スタイルの一覧に追加されます。

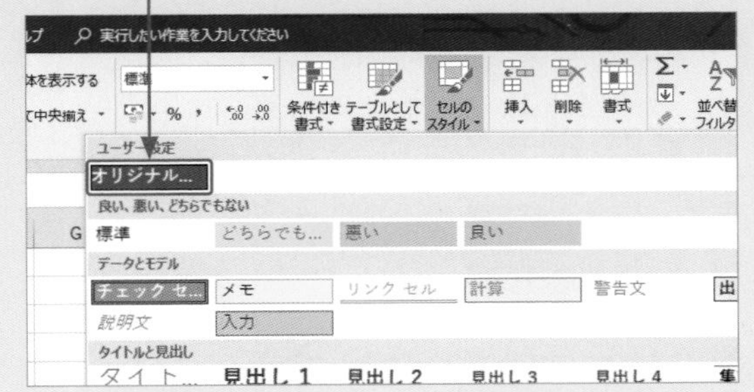

重要度 ★★★　表の書式設定

Q 0747 登録した書式を削除するには？

A 登録したスタイルを右クリックして、＜削除＞をクリックします。

登録したスタイルが不要になった場合は、＜ホーム＞タブの＜セルのスタイル＞をクリックして、登録したスタイルを右クリックし、＜削除＞をクリックします。なお、スタイルはブックに登録されるので、登録先のブックをあらかじめ表示しておく必要があります。

1 スタイルの一覧を表示して、登録したスタイルを右クリックし、

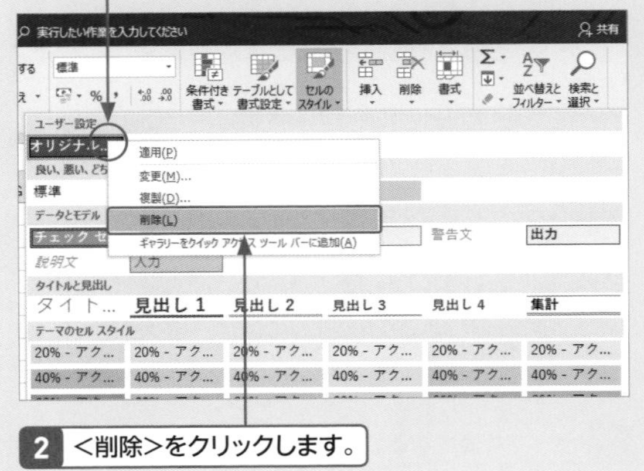

2 ＜削除＞をクリックします。

重要度 ★★★　表の書式設定

Q 0748 Officeテーマって何？

A ブック全体の配色やフォント、効果を組み合わせた書式のことです。

「Officeテーマ」とは、フォントやセルの背景色、塗りつぶしの効果などを組み合わせたものです。Officeテーマを利用すると、ブック全体の書式をすばやくかんたんに設定できます。既定のテーマは「Office」ですが、<ページレイアウト>タブの<テーマ>の一覧で変更することができます。設定したテーマは、ブック全体のワークシートに適用されます。

初期設定のテーマは「Office」に設定されています。

上半期売上実績

地域	地区	売上高
北日本	札幌	17,550
東日本	仙台	21,430
	東京	30,200
	横浜	26,830
西日本	名古屋	14,840
	大阪	21,560
	神戸	15,270
	福岡	22,060

上半期地区別売上

1 <ページレイアウト>タブをクリックして、

2 <テーマ>をクリックすると、

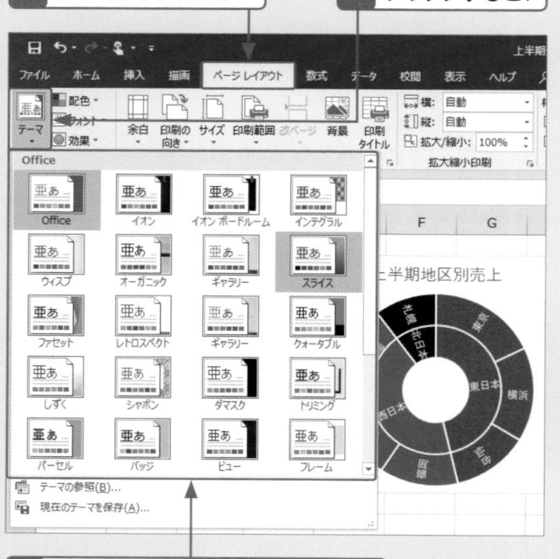

3 テーマを変更することができます。

重要度 ★★★　表の書式設定

Q 0749 テーマの配色を変更したい！

A <ページレイアウト>タブの<配色>をクリックして設定します。

テーマの配色は個別に変更できます。<ページレイアウト>タブの<配色>をクリックして、一覧から目的の配色を選択します。また、フォントも変更できます。<ページレイアウト>タブの<フォント>をクリックして一覧から選択します。

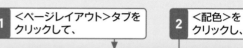

1 <ページレイアウト>タブをクリックして、

2 <配色>をクリックし、

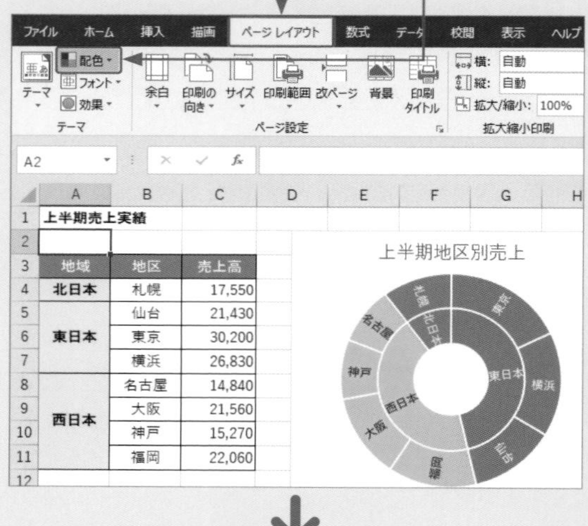

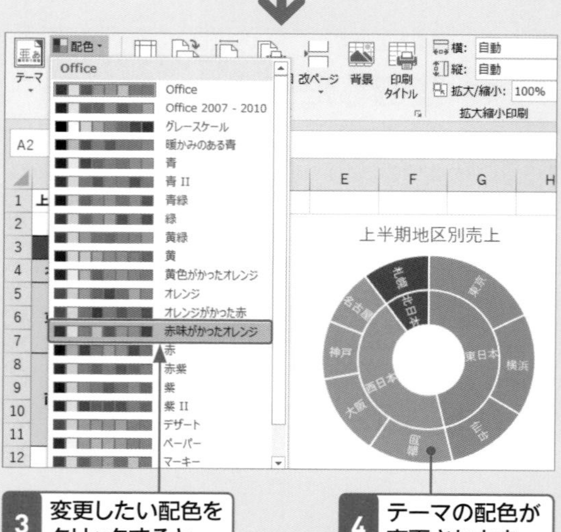

3 変更したい配色をクリックすると、

4 テーマの配色が変更されます。

重要度★★★ 表の書式設定

Q 0750 Excelのバージョンによって色やフォントが違う？

A テーマに登録されている色やフォントはExcelのバージョンによって異なります。

Excelの既定では「Office」テーマが設定されていますが、設定されている色やフォントは、Excelのバージョンによって多少異なります。そのため、異なるバージョンで作成したブックを開くと、配色やフォントが違う場合があります。配色と効果はExcel 2019/2016/2013とExcel 2010で異なります。フォントはExcel 2019/2016とExcel 2013/2010で異なります。

Excel 2019/2016の既定のフォントは「游ゴシック」、Excel 2013/2010では「MS Pゴシック」です。

配色やフォント、効果は、Officeのバージョンによって異なります。

重要度★★★ 表の書式設定

Q 0751 自分だけのテーマを作りたい！

A <テーマ>から<現在のテーマを保存>をクリックして設定します。

テーマの配色やフォント、効果などを個別に変更して設定した書式を、オリジナルのテーマとして保存することができます。保存したテーマは、<テーマ>の<ユーザー定義>に追加され、ほかのブックで利用することができます。

1 テーマの配色やフォント、効果などを個別に変更して設定します。

2 <ページレイアウト>タブをクリックして、

3 <テーマ>をクリックし、

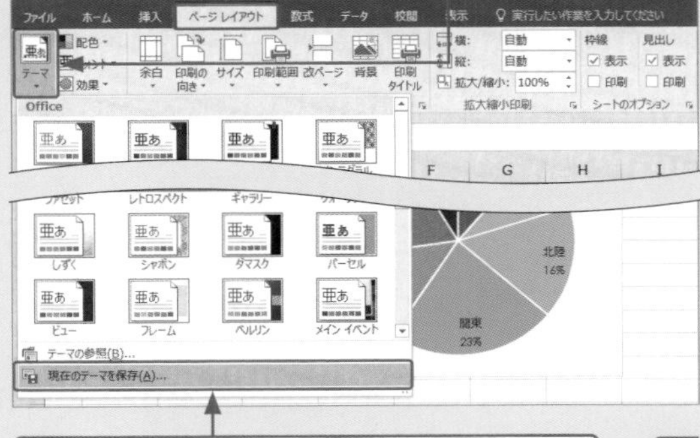

4 <現在のテーマを保存>をクリックします。

5 テーマの名前を入力して、

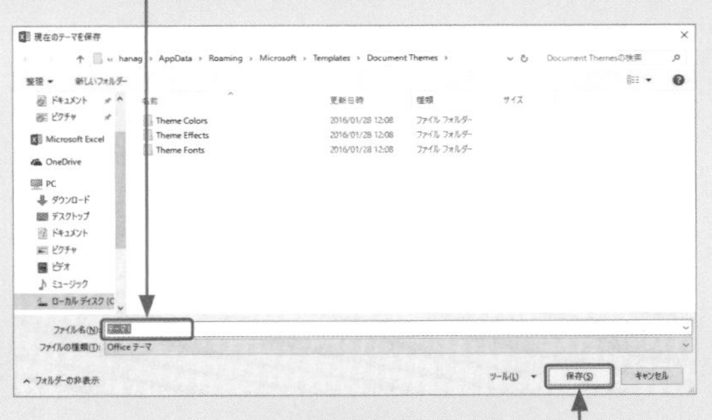

6 <保存>をクリックします。

7 保存したテーマは、<テーマ>の<ユーザー定義>に追加されます。

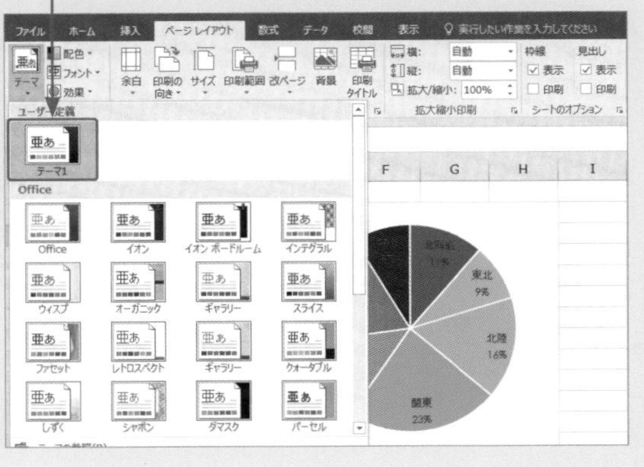

重要度 ★★★ 表の書式設定

Q 0752 表をかんたんに装飾したい!

A <テーブルとして書式設定>の一覧から設定します。

表をかんたんに装飾したい場合は、表をテーブルとして設定します。<ホーム>タブの<テーブルとして書式設定>をクリックすると、色や罫線などの書式があらかじめ設定されたスタイルの一覧が表示されます。その中から使用したいスタイルをクリックするだけで、表に見栄えのする書式が設定されます。
なお、表をテーブルとして設定すると、列見出しにフィルターボタン▼が表示されますが、不要な場合は解除することもできます。

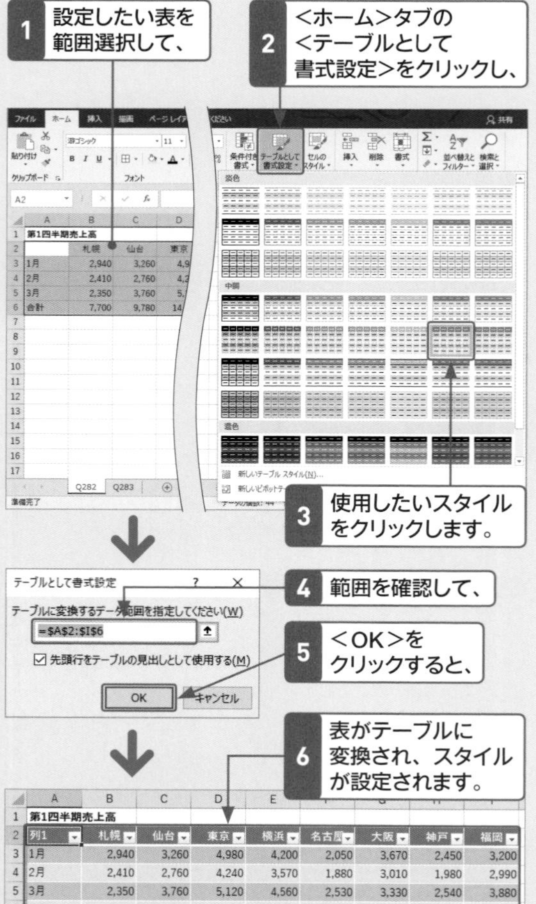

重要度 ★★★ 表の書式設定

Q 0753 表の先頭列や最終列を目立たせたい!

A 表をテーブルとして設定し、<最初の列>や<最後の列>をオンにします。

表をテーブルとして設定すると、<テーブルツール>の<デザイン>タブが表示されます。その<デザイン>タブにある<最初の列>や<最後の列>をオンにすると、表の先頭列や最終列に目立つ書式を設定できます。書式は、設定したテーブルスタイルによって異なります。また、<フィルターボタン>をオフにすると、列見出しに表示されているフィルターボタン▼を解除することもできます。

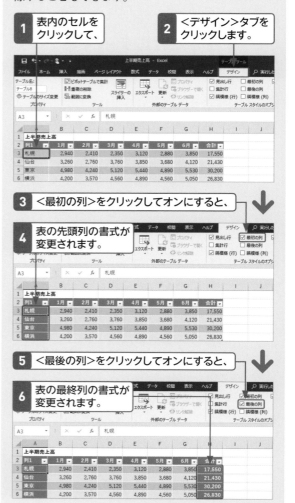

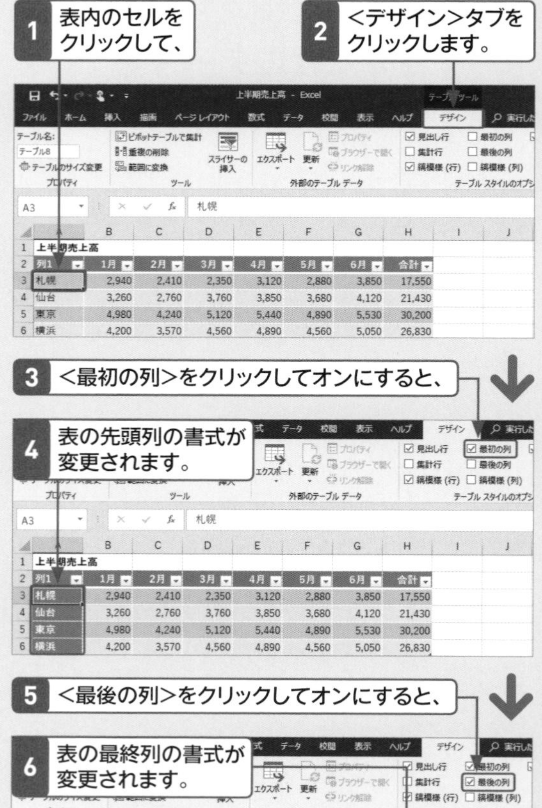

1 表内のセルをクリックして、
2 <デザイン>タブをクリックします。
3 <最初の列>をクリックしてオンにすると、
4 表の先頭列の書式が変更されます。
5 <最後の列>をクリックしてオンにすると、
6 表の最終列の書式が変更されます。
上半期売上高
最初の列
最後の列

重要度 ★★★　条件付き書式

Q 0754 条件付き書式って何？

A 指定した条件を満たすセルに書式を付ける機能のことです。

「条件付き書式」は、指定した条件に基づいてセルを強調表示したり、データを相対的に評価して視覚化したりする機能です。条件付き書式を利用すると、条件に一致するセルに書式を設定して特定のセルを目立たせたり、データを相対的に評価してカラーバーやアイコンを表示したりすることができます。同じセル範囲に複数の条件付き書式を設定することもできます。

	A	B	C	D	E	F
1	第1四半期売上					
2		札幌	仙台	東京	横浜	
3	1月	2,940	3,260	4,980	4,200	
4	2月	2,410	2,760	4,240	3,570	
5	3月	2,350	3,760	5,120	4,560	
6	合計	7,700	9,780	14,340	12,330	
7						

条件付き書式を利用して平均より大きい数値のセルに書式を設定した例

重要度 ★★★　条件付き書式

Q 0755 条件に一致するセルだけ色を変えたい！

A 条件付き書式の＜セルの強調表示ルール＞を利用します。

条件付き書式の＜セルの強調表示ルール＞を利用すると、指定した値をもとに、指定の値より大きい／小さい、指定の範囲内、指定の値に等しい、などの条件でセルに任意の書式を設定して目立たせることができます。

1 目的のセル範囲を選択して、

	A	B	C	D	E	F	G	H	I
1	第1四半期売上								
2		名古屋	大阪	神戸	福岡				
3	1月	2,050	3,670	2,450	3,200				
4	2月	1,880	3,010	1,980	2,990				
5	3月	2,530	3,330	2,540	3,880				
6	合計	6,460	10,010	6,970	10,070				

2 ＜ホーム＞タブの＜条件付き書式＞をクリックし、

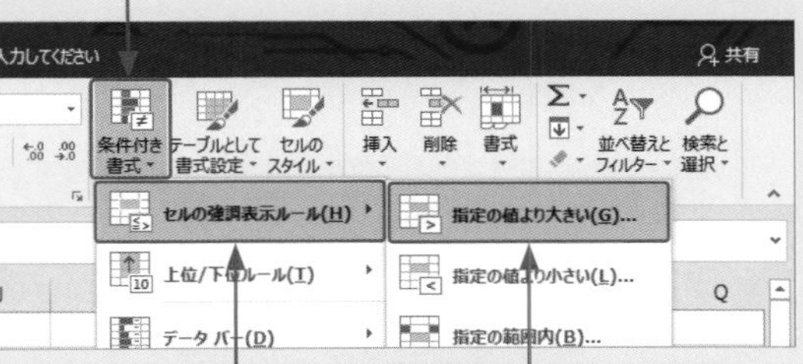

3 ＜セルの強調表示ルール＞にマウスポインターを合わせ、

4 ＜指定の値より大きい＞をクリックします。

5 基準にする数値を入力して（ここでは「3000」）、

6 ここをクリックし、

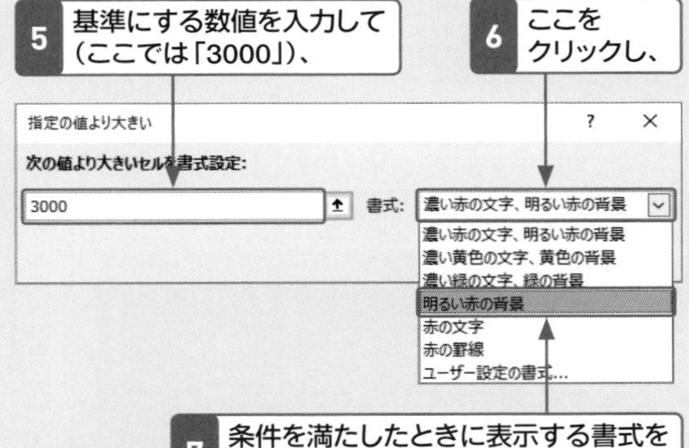

7 条件を満たしたときに表示する書式を設定します。

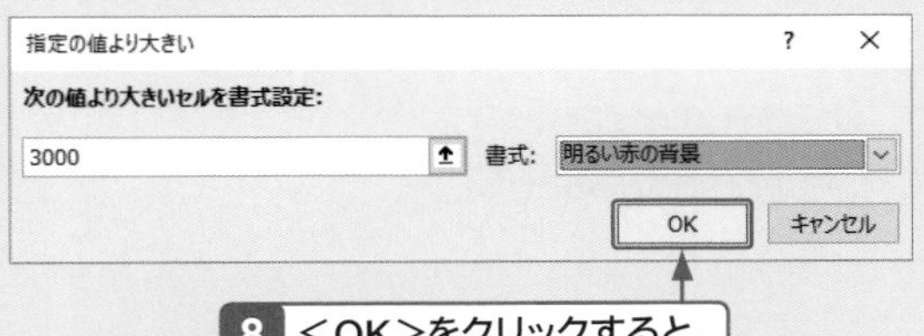

8 ＜OK＞をクリックすると、

9 3000より大きい数値に、手順7で設定した書式が表示されます。

	A	B	C	D	E	F
1	第1四半期売上					
2		名古屋	大阪	神戸	福岡	
3	1月	2,050	3,670	2,450	3,200	
4	2月	1,880	3,010	1,980	2,990	
5	3月	2,530	3,330	2,540	3,880	
6	合計	6,460	10,010	6,970	10,070	
7						

重要度 ★★★ 条件付き書式

Q 0756 数値の差や増減をひと目でわかるようにしたい!

A 条件付き書式の「データバー」や「カラースケール」などを利用します。

条件付き書式の「データバー」「カラースケール」「アイコンセット」は、ユーザーが値を指定しなくても、選択したセル範囲の値を自動計算し、データを相対評価してくれる機能です。

データバーは、値の大小に応じた長さの横棒を単色やグラデーションで表示します。カラースケールは、値の大小を色の濃淡で表示します。アイコンセットは、値の大小に応じて3〜5種類のアイコンを表示します。

● データバーを表示する

1 目的のセル範囲を選択して、

	A	B	C	D	E
1	地域別売上実績				
2		北日本	東日本	西日本	
3	第1四半期	8,652,000	26,589,100	32,568,000	
4	第2四半期	9,521,000	31,253,000	36,598,400	
5	第3四半期	8,456,200	32,564,100	38,956,200	
6	第4四半期	8,254,100	29,568,400	32,567,800	
7	合計	34,883,300	119,974,600	140,690,400	

2 <ホーム>タブの<条件付き書式>をクリックします。

3 <データバー>にマウスポインターを合わせて、

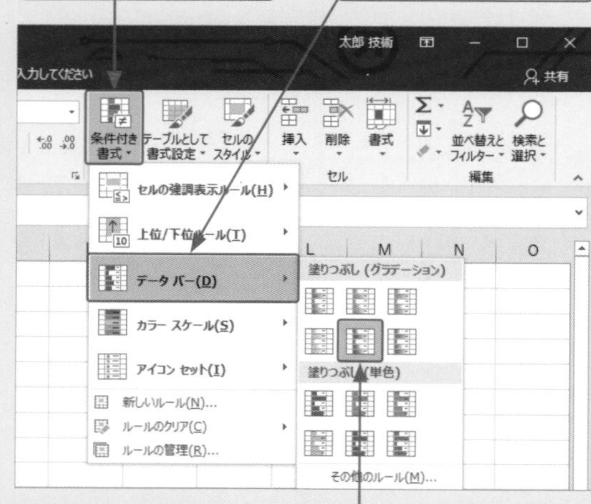

4 使用する色をクリックすると、

5 値の大小に応じた長さのカラーバーが表示されます。

	A	B	C	D
1	地域別売上実績			
2		北日本	東日本	西日本
3	第1四半期	8,652,000	26,589,100	32,568,000
4	第2四半期	9,521,000	31,253,000	36,598,400
5	第3四半期	8,456,200	32,564,100	38,956,200
6	第4四半期	8,254,100	29,568,400	32,567,800
7	合計	34,883,300	119,974,600	140,690,400

	A	B	C	D
1	売上目標と実績			
2		目標	実績	差額
3	第1四半期	67,500,000	67,809,100	309,100
4	第2四半期	78,000,000	77,372,400	-627,600
5	第3四半期	80,000,000	79,976,500	-23,500
6	第4四半期	70,000,000	70,390,300	390,300
7	合計	295,500,000	295,548,300	48,300

プラスとマイナスの数値がある場合は、マイナス、プラス間に境界線が適用されたカラーバーが表示されます。

● カラースケールを表示する

	A	B	C	D
1	地域別売上実績			
2		北日本	東日本	西日本
3	第1四半期	8,652,000	26,589,100	32,568,000
4	第2四半期	9,521,000	31,253,000	36,598,400
5	第3四半期	8,456,200	32,564,100	38,956,200
6	第4四半期	8,254,100	29,568,400	32,567,800
7	合計	34,883,300	119,974,600	140,690,400

値の大小が色の濃淡で表示されます。

● アイコンセットを表示する

	A	B	C	D
1	地域別売上実績			
2		北日本	東日本	西日本
3	第1四半期	8,652,000	26,589,100	32,568,000
4	第2四半期	9,521,000	31,253,000	36,598,400
5	第3四半期	8,456,200	32,564,100	38,956,200
6	第4四半期	8,254,100	29,568,400	32,567,800
7	合計	34,883,300	119,974,600	140,690,400

値の大小に応じたアイコンが表示されます。

Q 0757 土日の日付だけ色を変えたい！

A 条件にWEEKDAY関数を利用します。

予定表などを作成する際、日曜日や土曜日のセルに色を付けると見やすい表になります。この場合は、条件付き書式の条件にWEEKDAY関数を利用して、指定した曜日に書式を設定します。WEEKDAY関数は、日付に対応する曜日を1から7までの整数で返す関数です。

なお、手順5で入力している「WEEKDAY($A3,1)=1」の「A3」は日付が入力されているセルを、「1」（戻り値）は日曜日を指定しています（右下表参照）。

1 目的のセル範囲を選択して、

	A	B	C
2	日 付	予 定	
3	6月1日(土曜日)		
4	6月2日(日曜日)		
5	6月3日(月曜日)		
6	6月4日(火曜日)		
7	6月5日(水曜日)		
8	6月6日(木曜日)		
9	6月7日(金曜日)		
10	6月8日(土曜日)		
11	6月9日(日曜日)		
12	6月10日(月曜日)		
13			

2 <ホーム>タブの<条件付き書式>をクリックし、

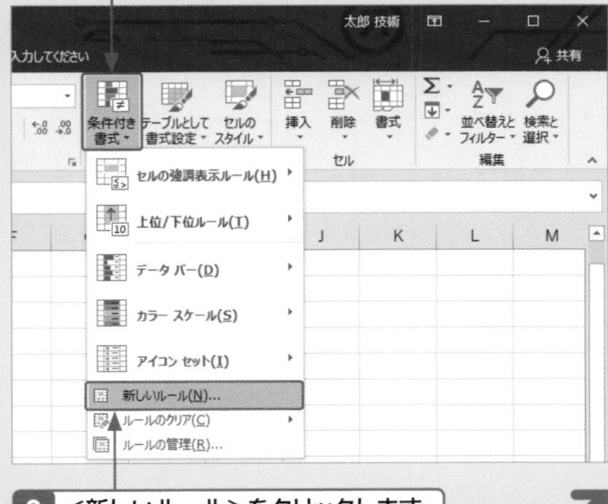

3 <新しいルール>をクリックします。

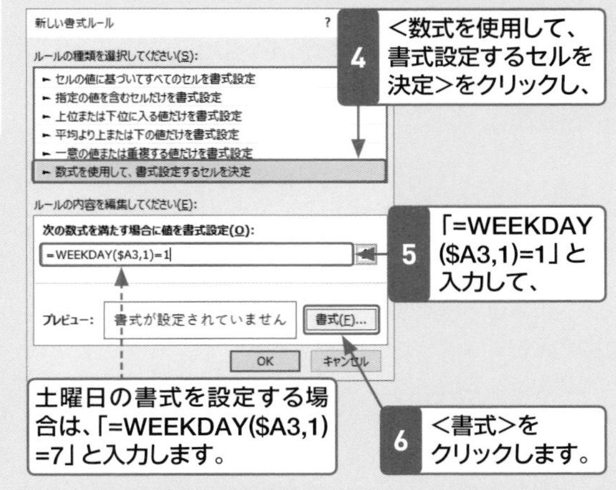

4 <数式を使用して、書式設定するセルを決定>をクリックし、

5 「=WEEKDAY($A3,1)=1」と入力して、

6 <書式>をクリックします。

土曜日の書式を設定する場合は、「=WEEKDAY($A3,1)=7」と入力します。

7 <フォント>をクリックして、

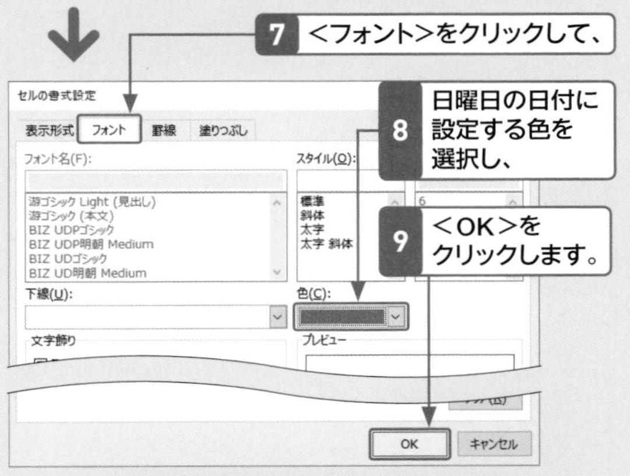

8 日曜日の日付に設定する色を選択し、

9 <OK>をクリックします。

10 <新しい書式ルール>ダイアログボックスの<OK>をクリックすると、

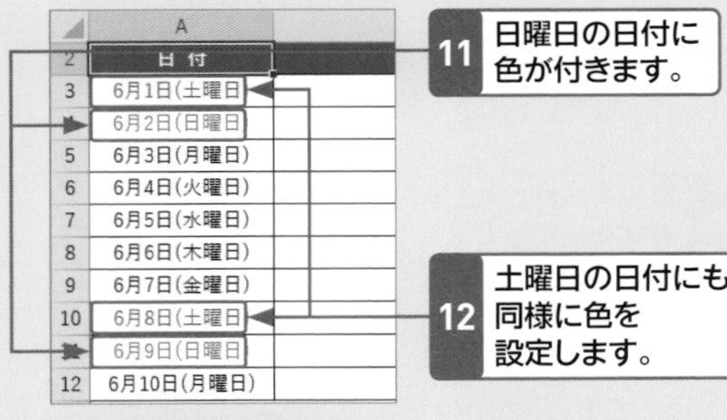

11 日曜日の日付に色が付きます。

12 土曜日の日付にも同様に色を設定します。

● 戻り値と曜日の関係

WEEKDAY関数では引数の種類が3つあり、それぞれ戻り値と曜日の対応関係が異なります。ここでは、下表の種類を指定しています。

曜日	日	月	火	水	木	金	土
戻り値	1	2	3	4	5	6	7

重要度 ★★★ 条件付き書式

Q 0758 条件に一致する行だけ色を変えたい!

A MOD関数とROW関数を組み合わせた数式を利用します。

条件付き書式で指定する条件に、MOD関数とROW関数を組み合わせた数式を入力すると、指定行ごとに書式を設定できます。たとえば、1行ごとに背景色を変更するように設定するには、「=MOD(ROW( ),2)=0」という数式を条件にします。この数式は、現在の行番号が2で割り切れるかどうかをチェックして、0であると偶数行とみなされ、書式が設定されます。奇数行に色を付ける場合は、「=MOD(ROW( ),2)=1」とします。

参照▶Q 0757

1 目的のセル範囲を選択して、<新しい書式ルール>ダイアログボックスを表示します。

2 <数式を使用して、書式設定するセルを決定>をクリックし、

新しい書式ルール

ルールの種類を選択してください(S):
- セルの値に基づいてすべてのセルを書式設定
- 指定の値を含むセルだけを書式設定
- 上位または下位に入る値だけを書式設定
- 平均より上または下の値だけを書式設定
- 一意の値または重複する値だけを書式設定
- 数式を使用して、書式設定するセルを決定

ルールの内容を編集してください(E):
次の数式を満たす場合に値を書式設定(O):
=MOD(ROW(),2)=0

プレビュー: Aaあぁアァ亜宇 書式(F)...

OK キャンセル

3 条件に「=MOD(ROW( ),2)=0」と入力します。

4 条件を満たしたときの書式を指定して、

5 <OK>をクリックすると、

6 1行ごとに背景色を設定できます。

	上半期売上高					
2		札幌	仙台	東京	横浜	合計
3	1月	2,940	3,260	4,980	4,200	15,380
4	2月	2,410	2,760	4,240	3,570	12,980
5	3月	2,350	3,760	5,120	4,560	15,790
6	4月	3,120	3,850	5,440	4,890	17,300
7	5月	2,880	3,680	4,890	4,560	16,010
8	6月	3,850	4,120	5,530	5,050	18,550
9	合計	17,550	21,430	30,200	26,830	96,010

重要度 ★★★ 条件付き書式

Q 0759 条件付き書式の条件や書式を変更したい!

A <条件付き書式ルールの管理>ダイアログボックスで変更します。

条件付き書式の条件や書式を変更したいときは、書式を設定したセル範囲を選択して、<条件付き書式ルールの管理>ダイアログボックスを表示します。変更したいルールをクリックして、<ルールの編集>をクリックすると、<書式ルールの編集>ダイアログボックスが表示されるので、条件や書式を変更します。

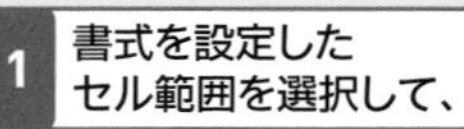

2 <ホーム>タブの<条件付き書式>をクリックし、

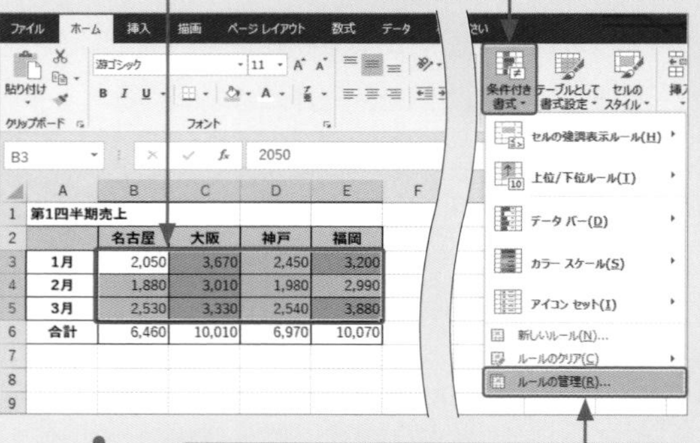

3 <ルールの管理>をクリックします。

4 変更したいルールをクリックして、

5 <ルールの編集>をクリックします。

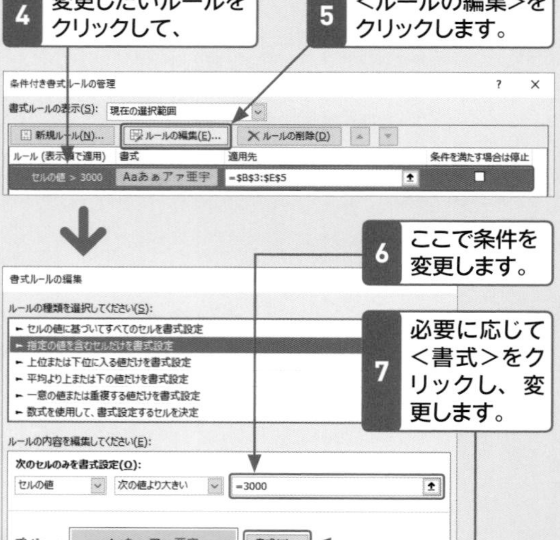

6 ここで条件を変更します。

7 必要に応じて<書式>をクリックし、変更します。

重要度 ★★★　条件付き書式

Q 0760 条件付き書式を解除したい！

A <条件付き書式>の<ルールのクリア>から解除します。

条件付き書式を解除するには、書式を設定したセル範囲を選択して、<ホーム>タブの<条件付き書式>をクリックし、<ルールのクリア>から<選択したセルからルールをクリア>をクリックします。また、セル範囲を選択せずに、<ルールのクリア>から<シート全体からルールをクリア>をクリックすると、ワークシート上のすべてのセルから条件付き書式が解除されます。

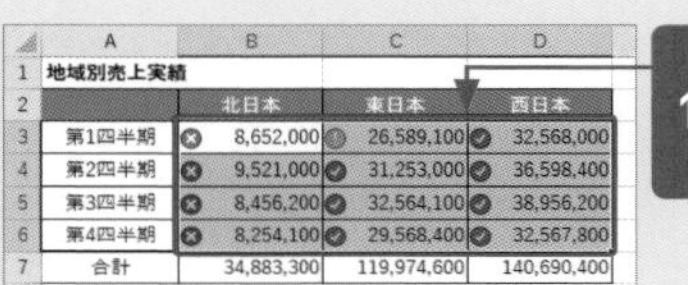

	A	B	C	D
1	地域別売上実績			
2		北日本	東日本	西日本
3	第1四半期	8,652,000	26,589,100	32,568,000
4	第2四半期	9,521,000	31,253,000	36,598,400
5	第3四半期	8,456,200	32,564,100	38,956,200
6	第4四半期	8,254,100	29,568,400	32,567,800
7	合計	34,883,300	119,974,600	140,690,400

1 書式を設定したセル範囲を選択します。

2 <ホーム>タブの<条件付き書式>をクリックして、

3 <ルールのクリア>にマウスポインターを合わせ、

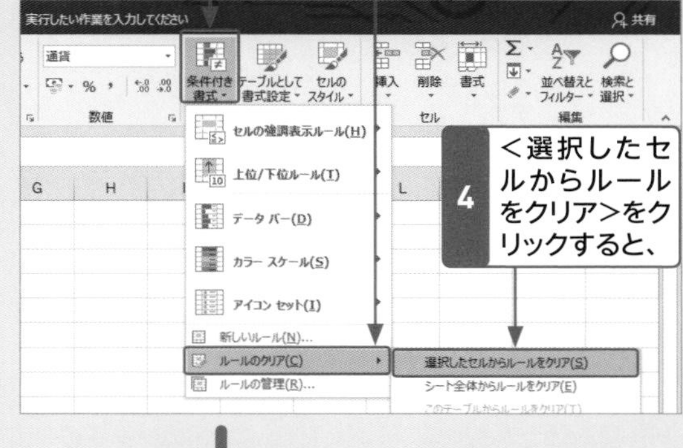

4 <選択したセルからルールをクリア>をクリックすると、

	A	B	C	D
1	地域別売上実績			
2		北日本	東日本	西日本
3	第1四半期	8,652,000	26,589,100	32,568,000
4	第2四半期	9,521,000	31,253,000	36,598,400
5	第3四半期	8,456,200	32,564,100	38,956,200
6	第4四半期	8,254,100	29,568,400	32,567,800
7	合計	34,883,300	119,974,600	140,690,400

5 条件付き書式が解除されます。

重要度 ★★★　条件付き書式

Q 0761 設定した複数条件のうち1つだけを解除したい！

A <条件付き書式ルールの管理>ダイアログボックスで変更します。

設定した複数条件のうち、1つだけを削除するには、書式を設定したセル範囲を選択して、<ホーム>タブの<条件付き書式>をクリックし、<ルールの管理>をクリックします。<条件付き書式ルールの管理>ダイアログボックスが表示されるので、解除したいルールをクリックして削除します。

1 <条件付き書式ルールの管理>ダイアログボックスを表示して、

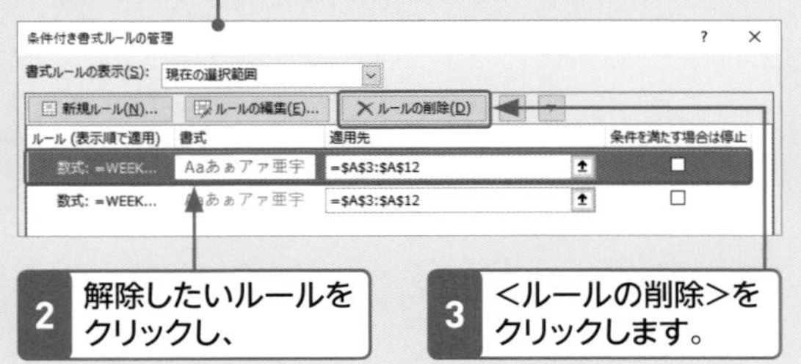

2 解除したいルールをクリックし、

3 <ルールの削除>をクリックします。

重要度 ★★★　条件付き書式

Q 0762 設定した複数条件の優先順位を変更したい！

A <条件付き書式ルールの管理>ダイアログボックスで変更します。

条件付き書式は、あとから設定した条件が優先されます。優先順位を変更したいときは、書式を設定したセル範囲を選択して、<ホーム>タブの<条件付き書式>をクリックし、<ルールの管理>をクリックすると表示される<条件付き書式ルールの管理>ダイアログボックスで設定します。

1 <条件付き書式ルールの管理>ダイアログボックスを表示して、

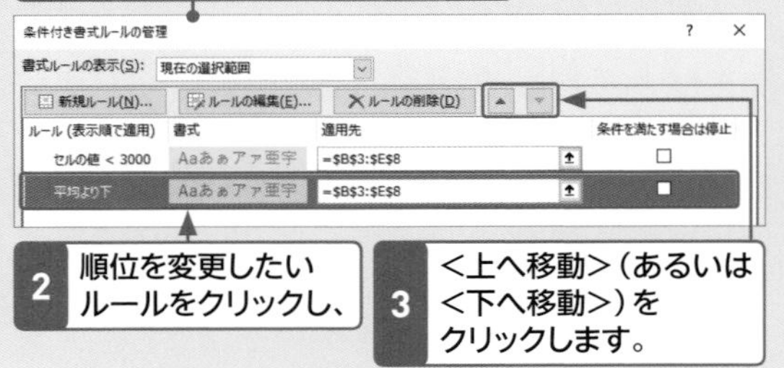

2 順位を変更したいルールをクリックし、

3 <上へ移動>（あるいは<下へ移動>）をクリックします。

重要度 ★★★　条件付き書式

Q 0763 データの追加に応じて自動で罫線を追加したい！

A 条件付き書式の条件を<空白なし>に設定します。

表にデータを追加するたびに罫線を設定するのは面倒です。条件付き書式を利用すると、データを追加するたびに罫線も自動で引かれるように設定できます。

目的のセル範囲を選択して、下の手順で<新しい書式ルール>ダイアログボックスを表示し、条件と書式を設定します。

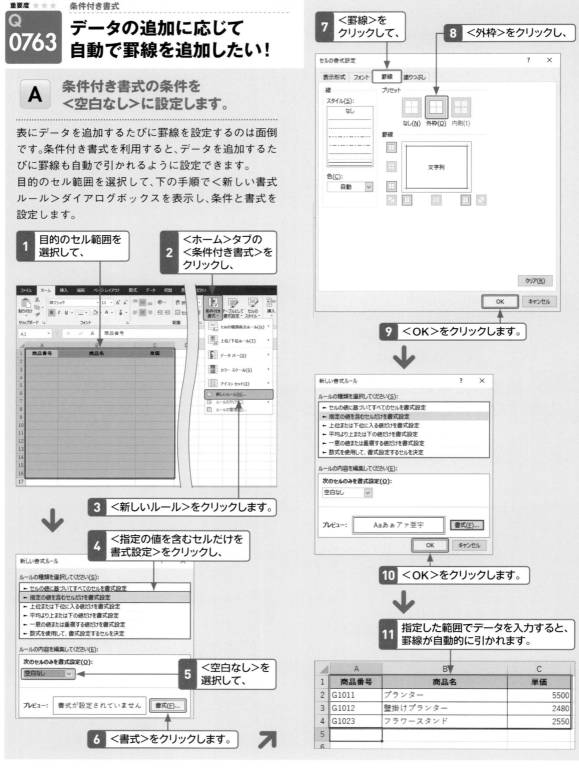

1 目的のセル範囲を選択して、

2 <ホーム>タブの<条件付き書式>をクリックし、

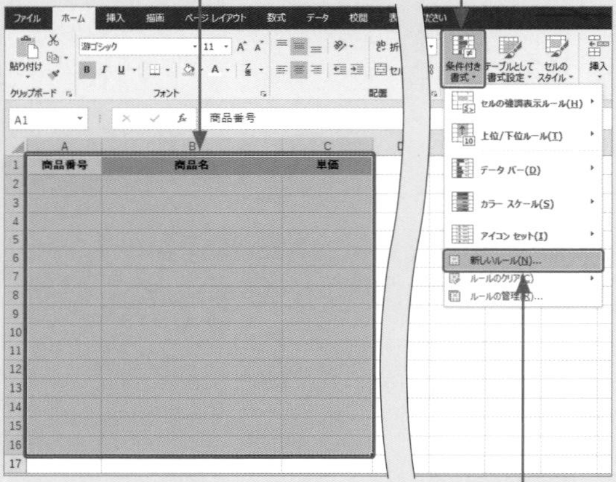

3 <新しいルール>をクリックします。

4 <指定の値を含むセルだけを書式設定>をクリックし、

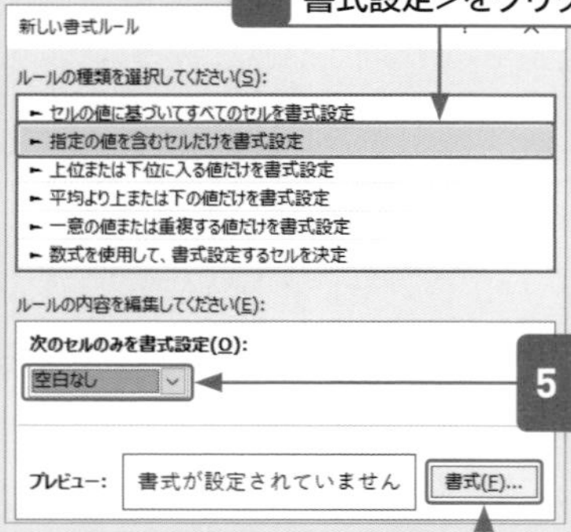

5 <空白なし>を選択して、

6 <書式>をクリックします。

7 <罫線>をクリックして、

8 <外枠>をクリックし、

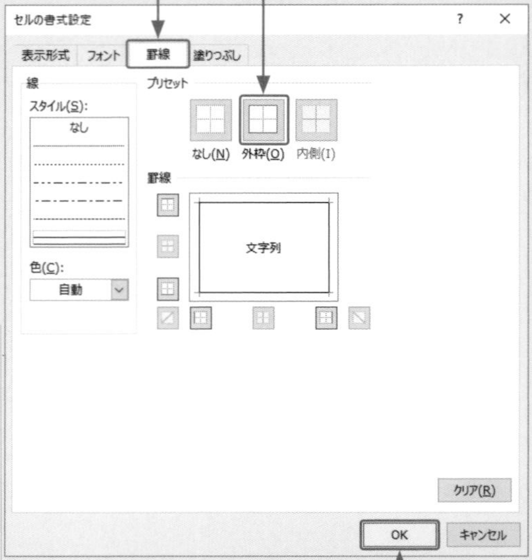

9 <OK>をクリックします。

10 <OK>をクリックします。

11 指定した範囲でデータを入力すると、罫線が自動的に引かれます。

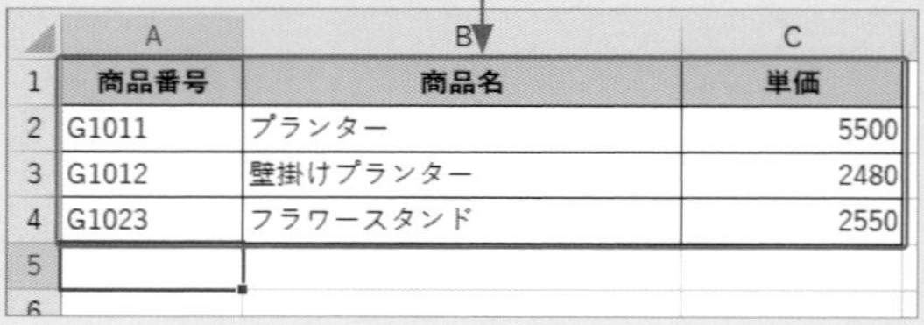

	A	B	C
1	商品番号	商品名	単価
2	G1011	プランター	5500
3	G1012	壁掛けプランター	2480
4	G1023	フラワースタンド	2550
5			
6			

第14章

Excelの計算の「こんなときどうする?」

重要度 ★★★ 数式の入力

Q 0764 数式って何？

A さまざまな計算をするための計算式のことです。

「数式」とは、さまざまな計算をするための計算式のことです。「＝」（等号）と数値、演算子と呼ばれる記号を入力して計算結果を表示します。「＝」や数値、演算子などはすべて半角で入力します。

また、数値を入力するかわりにセル参照を指定して計算することもできます。セル参照を利用すると、参照先のデータを修正したときに計算結果が自動的に更新されるので、自分で再計算する手間が省けます。

●数式の書式

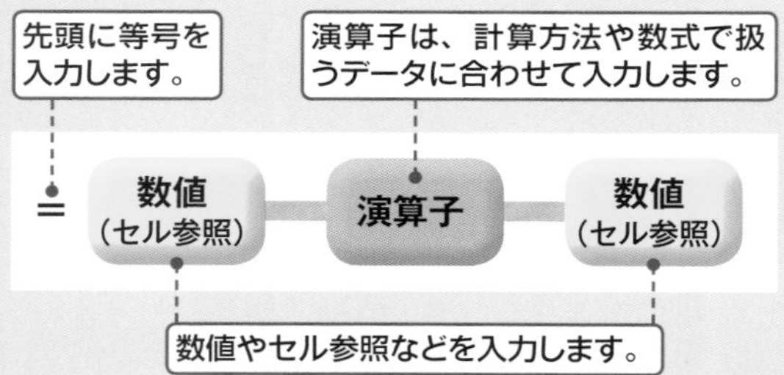

重要度 ★★★ 数式の入力

Q 0765 セル番号やセル番地って何？

A 列番号と行番号で表すセルの位置のことをいいます。

「セル番号」とは、列番号と行番号で表すセルの位置のことです。たとえば、セル番号［A1］は列「A」と行「1」の交差するセルを指します。セル番地ともいいます。

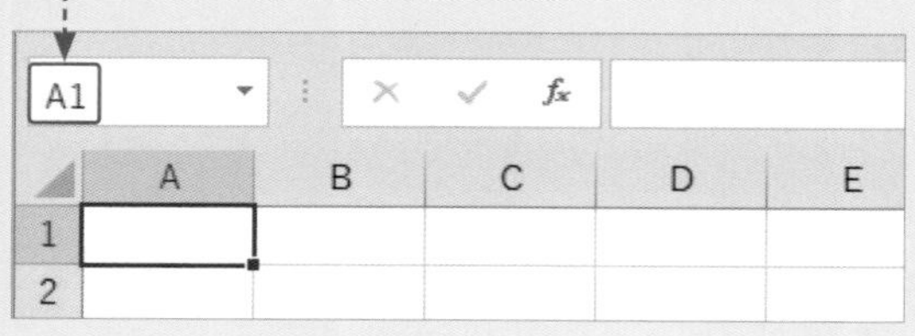

重要度 ★★★ 数式の入力

Q 0766 算術演算子って何？

A 数式の計算内容を示す記号のことです。

「算術演算子」とは、数式の中の算術演算に用いられる演算子のことです。計算を行うための算術演算子は下表のとおりです。同じ数式内に複数の種類の算術演算子がある場合は、表の上の算術演算子から順番に、優先的に計算が行われます。なお、優先順位はカッコで変更できます。

内容	記号
パーセント	%
べき乗	^
掛け算	*
割り算	/
足し算	+
引き算	−

重要度 ★★★ 数式の入力

Q 0767 3の8乗のようなべき乗を求めたい！

A 算術演算子「^」を利用します。

べき乗を求めるには、算術演算子「^」を利用して、「=3^8」のように入力して求めます。「^」は、キーボードの[^]を押します。

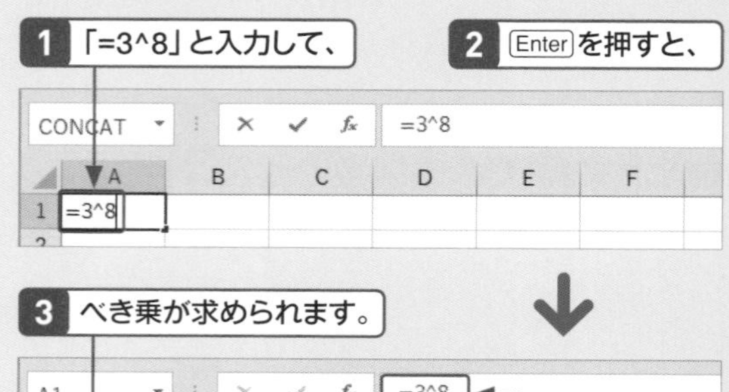

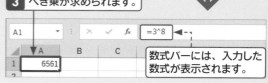

Q 0768 セル参照って何？

A 数式の中で数値のかわりにセルの位置を指定することです。

「セル参照」とは、数式の中で数値のかわりにセルの位置を指定することです。セル参照を使うと、そのセルに入力されている値を使って計算できます。セル参照には、「相対参照」「絶対参照」「複合参照」の3種類の参照方式があります（右表参照）。数式をほかのセルにコピーする際は、参照方式によってコピー後の参照先が異なります。参照方式の切り替えは、F4を使ってかんたんに行うことができます。

● 相対参照

数式「=C3/B3」が入力されています。

	A	B	C	D
1	飲料売上数			
2		目標	実績	達成率
3	コーヒー	1500	1570	=C3/B3
4	日本茶	1000	995	=C4/B4
5	紅茶	1300	1280	=C5/B5
6	中国茶	900	1020	=C6/B6
7				
8				

数式をコピーすると、参照先が自動的に変更されます。

● 絶対参照

数式「=B4/$B$7」が入力されています。

	A	B	C	D
1	飲料売上数			
2		実績	構成比	
3	コーヒー	1570	=B3/$B$7	
4	日本茶	995	=B4/$B$7	
5	紅茶	1280	=B5/$B$7	
6	中国茶	1020	=B6/$B$7	
7	合計	=SUM(B3:B6)		
8				

数式をコピーすると、「$」が付いた参照先は［B7］のまま固定されます。

参照方式	解　説
相対参照	数式が入力されているセルを基点として、ほかのセルの位置を相対的な位置関係で指定する参照方式のことです。
絶対参照	参照するセル位置を固定する参照方式のことです。セル参照を固定するには、列番号や行番号の前に「$」を付けます。
複合参照	相対参照と絶対参照を組み合わせた参照方式のことです。「列が絶対参照、行が相対参照」「列が相対参照、行が絶対参照」の2種類があります。

● 複合参照

数式「=$B4＊C$1」が入力されています。

	A	B	C	D
1		原価率	0.75	0.85
2				
3	商品名	売値	原価額	原価額
4	ティーポット	2350	=$B4*C$1	=$B4*D$1
5	ティーマグ	1130	=$B5*C$1	=$B5*D$1
6	ストレーナー	650	=$B6*C$1	=$B6*D$1
7	電気ケトル	7580	=$B7*C$1	=$B7*D$1
8				
9				
10				

数式をコピーすると、参照列と参照行だけが固定されます。

● 参照方式の切り替え

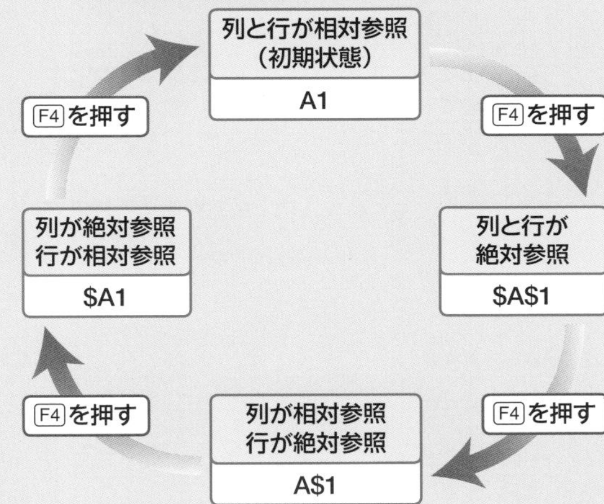

重要度 ★★★ 数式の入力

Q 0769 数式を修正したい！

A1 数式バーで修正します。

数式が入力されたセルをクリックすると、数式バーに数式が表示されます。そこで数式を修正できます。

1 セルをクリックして、

2 数式バーをクリックすると、数式を修正できます。

CONCAT | =B3+C3

	A	B	C	D	E
1	地区別売上実績				
2		1月	2月	3月	合計
3	東日本	15,380	12,980	15,790	=B3+C3
4	西日本	11,370	9,860	12,280	33,510
5	合計				

A2 セル内で修正します。

数式が入力されたセルをダブルクリックすると、セルに数式が表示されます。そこで数式を修正できます。

1 セルをダブルクリックすると、

E3 | =B3+C3

	A	B	C	D	E
1	地区別売上実績				
2		1月	2月	3月	合計
3	東日本	15,380	12,980	15,790	28,360
4	西日本	11,370	9,860	12,280	33,510
5	合計				

2 セル内で数式を修正できます。

CONCAT | =B3+C3

	A	B	C	D	E
1	地区別売上実績				
2		1月	2月	3月	合計
3	東日本	15,380	12,980	15,790	=B3+C3
4	西日本	11,370	9,860	12,280	33,510
5	合計				

重要度 ★★★ 数式の入力

Q 0770 数式を入力したセルに勝手に書式が付いた！

A 書式が設定されているセルを数式で参照しています。

数値に桁区切りスタイルや通貨スタイルなどの書式が設定されているとき、数式でそのセルを参照している場合は、計算結果にも書式が設定されます。

1 桁区切りスタイルが設定されているセルを参照した数式を入力して、

C3 | =B3+C3

	A	B	C	D	E
1	地区別売上実績				
2		東日本	西日本	合計	
3	1月	15,380	11,370	=B3+C3	
4	2月	12,980	9,860		
5	3月	15,790	12,280		

2 Enter を押すと、計算結果にも桁区切りの書式が自動的に設定されます。

D4 |

	A	B	C	D	E
1	地区別売上実績				
2		東日本	西日本	合計	
3	1月	15,380	11,370	26,750	
4	2月	12,980	9,860		
5	3月	15,790	12,280		

重要度 ★★★ 数式の入力

Q 0771 F4 を押しても参照形式が変わらない！

A 変更したいセル参照部分を選択してから F4 を押します。

参照形式を変えるには、あらかじめ変更したいセル参照部分を選択するか、そのセル参照の中にカーソルを置いておく必要があります。セルを選択するだけでは、参照形式を変えることはできません。

参照 ▶ Q 0773

重要度 ★★★ 数式の入力

Q 0772 数式をコピーしたら参照先が変わった！

A 数式のセル参照は、コピーもとの位置を基準に変更されます。

数式が入力されているセルをコピーすると、参照先のセルとの相対的な位置関係が保たれるように、セル参照が自動的に変化します。Excelの既定では、新しく作成した数式には相対参照が使用されます。

セル[B8]には、セル[B6]とセル[B7]の差額を求める数式が入力されています。

B8　=B6-B7

	A	B	C	D	E	F	G
1	第一四半期売上高						
2		札幌	仙台	東京	横浜		
3	1月	2,940	3,260	4,980	4,200		
4	2月	2,410	2,760	4,240	3,570		
5	3月	2,350	3,760	5,120	4,560		
6	上半期計	7,700	9,780	14,340	12,330		
7	売上目標	7,000	10,000	15,000	12,000		
8	差額	700					
9							

1 数式が入力されているセルを、

2 ここまでコピーします。

B8　=B6-B7

	A	B	C	D	E	F	G
1	第一四半期売上高						
2		札幌	仙台	東京	横浜		
3	1月	2,940	3,260	4,980	4,200		
4	2月	2,410	2,760	4,240	3,570		
5	3月	2,350	3,760	5,120	4,560		
6	上半期計	7,700	9,780	14,340	12,330		
7	売上目標	7,000	10,000	15,000	12,000		
8	差額	700					
9							

セル[C8]の数式がセル[C6]とセル[C7]の差額を計算する数式に変わります。

C8　=C6-C7

	A	B	C	D	E	F	G
1	第一四半期売上高						
2		札幌	仙台	東京	横浜		
3	1月	2,940	3,260	4,980	4,200		
4	2月	2,410	2,760	4,240	3,570		
5	3月	2,350	3,760	5,120	4,560		
6	上半期計	7,700	9,780	14,340	12,330		
7	売上目標	7,000	10,000	15,000	12,000		
8	差額	700	-220	-660	330		
9							

重要度 ★★★ 数式の入力

Q 0773 数式をコピーしても参照先が変わらないようにしたい！

A 絶対参照を利用します。

数式をコピーしたときに相対的な位置関係が保たれることによって、意図した計算結果にならない場合もあります。このような場合は、絶対参照を使うと参照先のセルを固定できます。

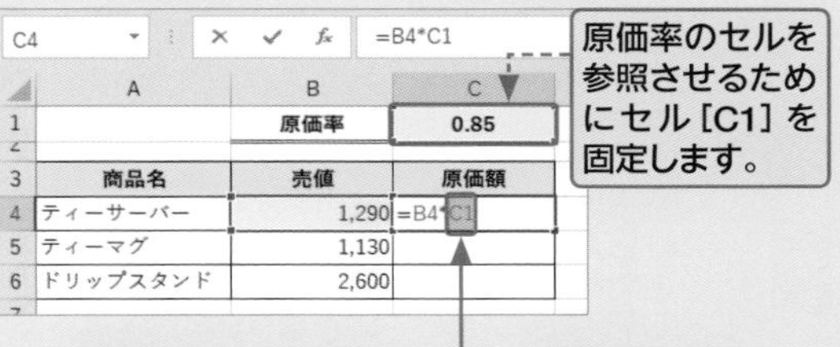

原価率のセルを参照させるためにセル[C1]を固定します。

1 参照を固定したいセル位置を選択して、

2 F4を押すと、

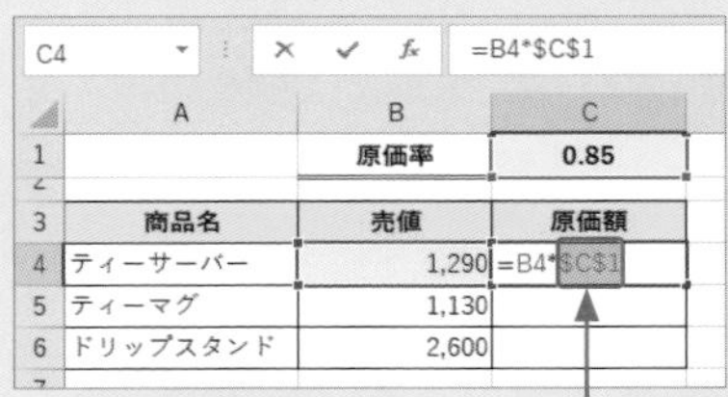

3 セル[C1]が[$C$1]の絶対参照に変わります。

C4　=B4*$C$1

	A	B	C
1		原価率	0.85
3	商品名	売値	原価額
4	ティーサーバー	1,290	1096.5
5	ティーマグ	1,130	
6	ドリップスタンド	2,600	
7			

4 Enterを押して結果を表示します。

5 セル[C4]の数式をコピーすると、

6 正しい計算結果が表示されます。

	A	B	C
1		原価率	0.85
3	商品名	売値	原価額
4	ティーサーバー	1,290	1096.5
5	ティーマグ	1,130	960.5
6	ドリップスタンド	2,600	2210

重要度 ★★★　数式の入力

Q 0774 列か行の参照先を固定したい！

A 複合参照を利用します。

列または行のいずれかの参照先を固定したまま数式をコピーしたい場合は、[$A1][A$1]のような複合参照を利用します。たとえば、列「B」に「売値」、行「1」に「原価率」を入力し、それぞれの項目が交差する位置に「原価額」を求める表を作成する場合、原価額を求める数式は常に列「B」と行「1」のセルを参照する必要があります。このような場合は、複合参照を使うと目的の結果を表示することができます。

1 「=B4」と入力して、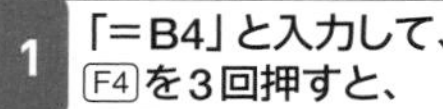を3回押すと、

2 列「B」が絶対参照、行「4」が相対参照になります。

	A	B	C	D
1		原価率	0.75	0.85
3	商品名	売値	原価額	原価額
4	ティーサーバー	1,290	=$B4	
5	ティーマグ	1,130		

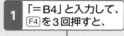

3 「＊C1」と入力して、を2回押すと、

	A	B	C	D
1		原価率	0.75	0.85
3	商品名	売値	原価額	原価額
4	ティーサーバー	1,290	=$B4*C$1	
5	ティーマグ	1,130		
6	ドリップスタンド	2,600		

4 列「C」が相対参照、行「1」が絶対参照になります。

5 Enterを押して結果を表示します。

	A	B	C	D
1		原価率	0.75	0.85
3	商品名	売値	原価額	原価額
4	ティーサーバー	1,290	967.5	1096.5
5	ティーマグ	1,130	847.5	960.5
6	ドリップスタンド	2,600	1950	2210

6 セル[C4]の数式をコピーすると、複合参照でコピーされます。

重要度 ★★★　数式の入力

Q 0775 数式が正しいのに緑色のマークが表示された！

A 数式に間違いがない場合は無視しても問題ありません。

数式をコピーした際にセルの左上に緑色のマークが表示されることがあります。これは「エラーインジケーター」といい、エラーや計算ミスの原因となりうる数式を示す警告マークです。
また、数式が正しいにもかかわらずエラーインジケーターが表示される場合もあります。そのまま表示しておいても問題ありませんが、気になるようであればエラーインジケーターを非表示にできます。

1 エラーインジケーターが表示されているセルをクリックすると、

		1月	2月	3月	目標	実績
1		1月	2月	3月	目標	実績
2	東日本	15,380	12,980	15,790	45,000	44,150
3	西日本	11,370	9,860	12,280	32,000	33,510
4	合計					

2 ＜エラーチェックオプション＞が表示されるので、クリックし、

数式は隣接したセルを使用していません
数式を更新してセルを含める(U)
このエラーに関するヘルプ(H)
エラーを無視する(I)
数式バーで編集(F)
エラー チェック オプション(O)...

3 ＜エラーを無視する＞をクリックすると、

4 エラーインジケーターが非表示になります。

重要度 ★★★ 数式の入力

Q 0776 数式の参照先を調べたい！

A カラーリファレンスを利用します。

Excelで計算ミスが起きる場合、原因としてもっとも多いのは数式の参照先の間違いです。数式が入力されているセルをダブルクリックすると、数式内のセル参照と参照先のセル範囲の枠に同じ色が付いて対応関係がわかります。この機能を「カラーリファレンス」といいます。また、セルをダブルクリックするかわりに、<数式>タブの<数式の表示>をクリックしても同様です。

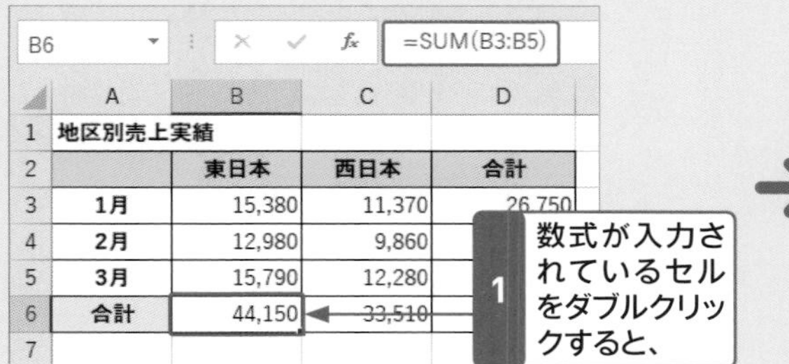

重要度 ★★★ 数式の入力

Q 0777 数式を使わずに数値を一括で変更したい！

A <形式を選択して貼り付け>ダイアログボックスを利用します。

<形式を選択して貼り付け>ダイアログボックスの<演算>を利用すると、簡単な四則演算を行うことができます。ここでは、入力済みの数値を8%割増しした値に変更してみます。

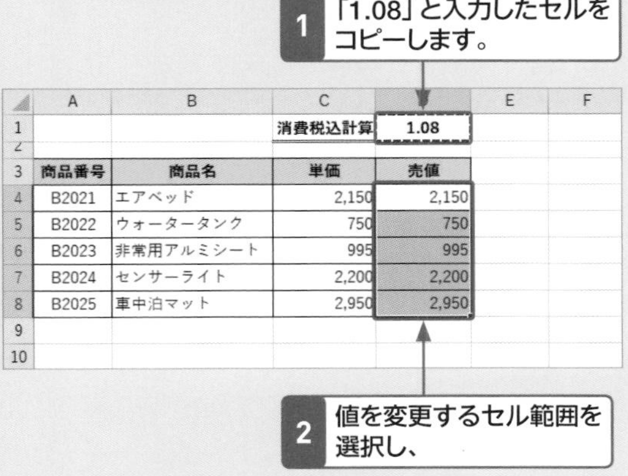

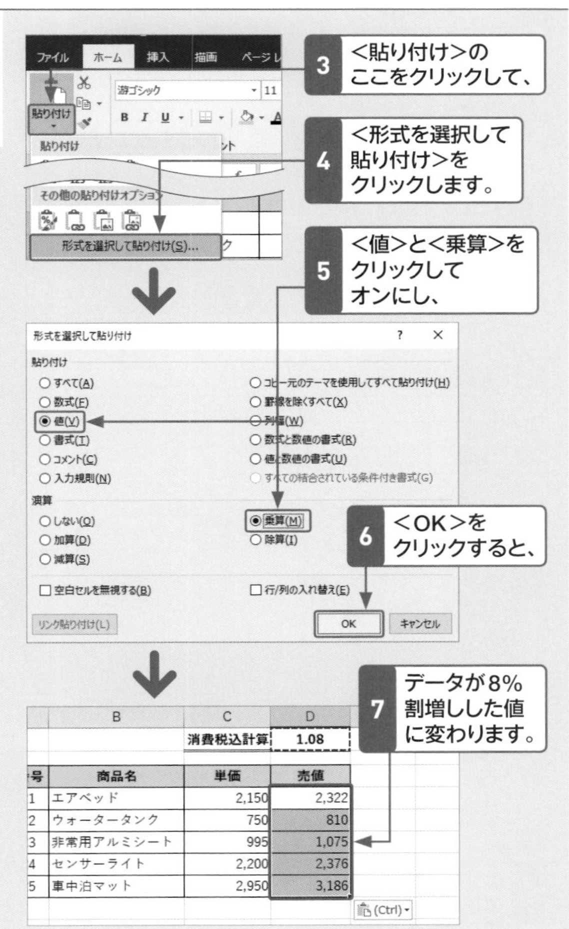

重要度 ★★★ 数式の入力

Q 0778 数式中のセル参照を修正したい！

A カラーリファレンスを利用して参照先を変更します。

数式が入力されているセルをダブルクリックすると、数式内のセル参照とそれに対応するセル範囲が同じ色の枠（カラーリファレンス）で囲まれて表示されます。参照先を変更する場合は、この枠をドラッグします。また、参照範囲を変更する場合は、枠の四隅にあるフィルハンドルをドラッグします。

● 参照先を修正する

1 数式が入力されているセルをダブルクリックすると、

fx =B3/C6

	A	B	C	D	E	F
2		四半期計	売上目標	差額	達成率	
3	名古屋	14,840	14,000	840	=B3/C6	
4	大阪	21,560	22,000	-440	0.98	
5	神戸	15,270	15,000	270	1.02	
6	福岡	22,060	22,000	60	1.00	
7						

2 数式が参照しているセル範囲が色付きの枠で表示されます。

CONCAT fx =B3/C6

	A	B	C	D	E	F
2		四半期計	売上目標	差額	達成率	
3	名古屋	14,840	14,000	840	=B3/C6	
4	大阪	21,560	22,000	-440	0.98	
5	神戸	15,270	15,000	270	1.02	
6	福岡	22,060	22,000	60	1.00	
7						

3 この枠にマウスポインターを合わせて、ポインターの形が  に変わった状態で、

4 ドラッグすると、

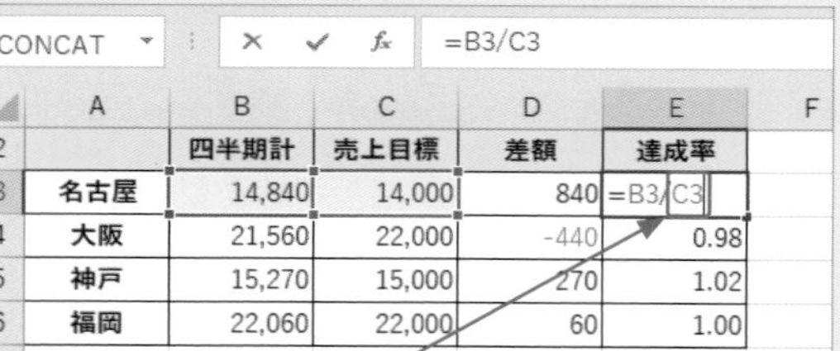

CONCAT fx =B3/C3

	A	B	C	D	E	F
2		四半期計	売上目標	差額	達成率	
3	名古屋	14,840	14,000	840	=B3/C3	
4	大阪	21,560	22,000	-440	0.98	
5	神戸	15,270	15,000	270	1.02	
6	福岡	22,060	22,000	60	1.00	
7						

5 数式の参照先が修正されます。

6 Enter を押すと、再計算されます。

● 参照範囲を変更する

1 数式が入力されているセルをダブルクリックすると、

F3 fx =SUM(B3:E3)

	A	B	C	D	E	F	G
1	第1四半期売上高						
2		1月	2月	3月	平均	合計	
3	名古屋	2,050	1,880	2,530	2,153	8,613	
4	大阪	3,670	3,010	3,330	3,337	13,347	
5	神戸	2,450	1,980	2,540	2,323	9,293	
6	福岡	3,200	2,990	3,880	3,357	13,427	
7							

2 数式が参照しているセル範囲が色付きの枠で表示されます。

CONCAT fx =SUM(B3:E3)

	A	B	C	D	E	F	G
1	第1四半期売上高						
2		1月	2月	3月	平均	合計	
3	名古屋	2,050	1,880	2,530	2,153	=SUM(B3:E3)	
4	大阪	3,670	3,010	3,330	3,337	13,347	
5	神戸	2,450	1,980	2,540	2,323	9,293	
6	福岡	3,200	2,990	3,880	3,357	13,427	
7							

3 四隅のフィルハンドルにマウスポインターを合わせて、ポインターの形が  に変わった状態で、

4 ドラッグすると、

CONCAT fx =SUM(B3:D3)

	A	B	C	D	E	F	G
1	第1四半期売上高						
2		1月	2月	3月	平均	合計	
3	名古屋	2,050	1,880	2,530	2,153	=SUM(B3:D3)	
4	大阪	3,670	3,010	3,330	3,337	13,347	
5	神戸	2,450	1,980	2,540	2,323	9,293	
6	福岡	3,200	2,990	3,880	3,357	13,427	
7							

5 数式の参照範囲が変更されます。

6 Enter を押すと、再計算されます。

F4 fx =SUM(B4:E4)

	A	B	C	D	E	F	G
1	第1四半期売上高						
2		1月	2月	3月	平均	合計	
3	名古屋	2,050	1,880	2,530	2,153	6,460	
4	大阪	3,670	3,010	3,330	3,337	13,347	
5	神戸	2,450	1,980	2,540	2,323	9,293	
6	福岡	3,200	2,990	3,880	3,357	13,427	
7							

Q 0779 セルに表示されている数値で計算したい！

A ＜Excelのオプション＞で表示桁数で計算するように設定します。

セルに表示される小数点以下の桁数を、表示形式を利用して変更すると、表示される数値は変わりますが、セルに入力されている数値自体は変わりません。したがって、計算は表示されている数値ではなく、セルに入力されている数値で行われます。

この計算を、セルに入力されている数値ではなく、セルに表示されている数値で行いたい場合には、＜ファイル＞タブをクリックして＜オプション＞をクリックし、＜Excelのオプション＞ダイアログボックスの＜詳細設定＞で＜表示桁数で計算する＞をオンに設定します。

なお、正確さが求められる計算の場合は表示形式で桁数を処理せず、ROUND関数などを使って、きちんと端数を処理するようにしましょう。

参照▶Q 0804

セル[C6]には、セル[C2]～[C5]の合計を求める数式が入力されています。

C6 =C2+C3+C4+C5

	A	B	C	D	E
1	商品番号	商品名	割引額(0.77%)		
2	G1013	壁掛けプランター	1915.76		
3	G1015	飾り棚	2201.43		
4	G1018	植木ポット	2075.15		
5	G1019	水耕栽培キット	5155.15		
6	合　計		11347.49		
7					

● 表示桁数を変更して計算すると…

表示桁数を変更しても、

通常はセルに入力されている数値をもとに計算されます。

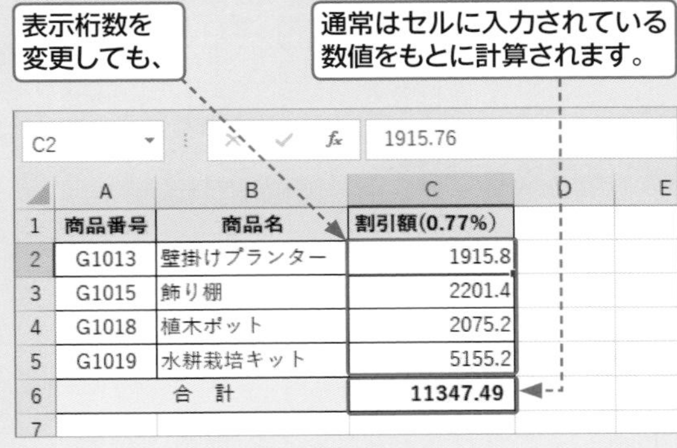

C2 1915.76

	A	B	C	D	E
1	商品番号	商品名	割引額(0.77%)		
2	G1013	壁掛けプランター	1915.8		
3	G1015	飾り棚	2201.4		
4	G1018	植木ポット	2075.2		
5	G1019	水耕栽培キット	5155.2		
6	合　計		11347.49		
7					

● セルに表示されている数値で計算する

1 ＜Excelのオプション＞ダイアログボックスを表示して、＜詳細設定＞をクリックし、

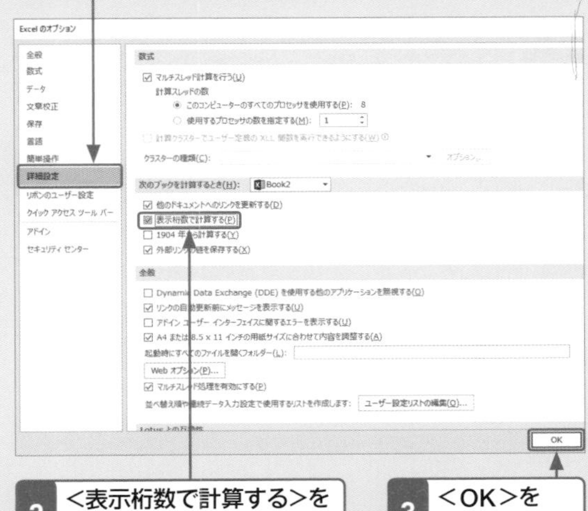

2 ＜表示桁数で計算する＞をクリックしてオンにします。

3 ＜OK＞をクリックして、

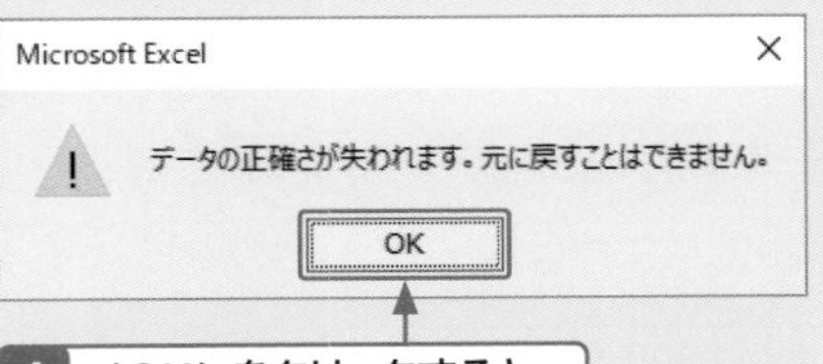

Microsoft Excel
データの正確さが失われます。元に戻すことはできません。
OK

4 ＜OK＞をクリックすると、

5 セルに表示されている数値で計算されます。

A1 商品番号

	A	B	C	D	E
1	商品番号	商品名	割引額(0.77%)		
2	G1013	壁掛けプランター	1915.8		
3	G1015	飾り棚	2201.4		
4	G1018	植木ポット	2075.2		
5	G1019	水耕栽培キット	5155.2		
6	合　計		11347.6		
7					

重要度 ★★★ セルの参照

Q 0780 ほかのワークシートのセルを参照したい!

A 「=」を入力して参照先をクリックします。

ほかのワークシートのセルを参照するには、参照元のセルに「=」を入力してから、目的のワークシートを表示し、参照したいセルをクリックします。ほかのワークシートのセルを参照すると、数式バーには「ワークシート名!セル参照」のようなリンク式が表示されます。
また、<リンク貼り付け>を利用しても、ほかのワークシートのセルを参照できます。 参照 ▶ Q 0625

1 参照元のセルに「=」を入力してから、

CONCAT　=

	A	B	C	D	E	F
2		札幌	仙台	東京	横浜	
3	第1四半期	=				
4	第2四半期					
5	第3四半期					
6	第4四半期					
7						
18						

全国　東日本　西日本

2 シート見出し(ここでは「東日本」)をクリックします。

3 参照したいセルをクリックして、

B6　=東日本!B6

	A	B	C	D	E	F
2		札幌	仙台	東京	横浜	
3	1月	2,940	3,260	4,980	4,200	
4	2月	2,410	2,760	4,240	3,570	
5	3月	2,350	3,760	5,120	4,560	
6	合計	7,700	9,780	14,340	12,330	

数式バーに「=東日本!B6」と表示されます。

4 Enter を押すと、

	A	B	C	D	E
2		札幌	仙台	東京	横浜
3	第1四半期	7,700			
4	第2四半期				
5	第3四半期				
6	第4四半期				

5 参照先のセルの値が表示されます。

重要度 ★★★ セルの参照

Q 0781 ほかのブックのセルを参照したい!

A 参照したいブックを開いてウィンドウを切り替えて操作します。

ほかのブックのセルを参照する場合は、参照するブックをあらかじめ開いておきます。数式の入力中に<表示>タブの<ウィンドウの切り替え>をクリックして、参照したいワークシートのシート見出しをクリックし、続いてセルをクリックします。ほかのブックのセルを参照すると、数式バーには「[ブック名]シート名!セル参照」のようなリンク式が表示されます。
なお、ほかのブックのセルを参照している場合は、参照先のブックを移動しないよう注意が必要です。

1 「=」を入力します。

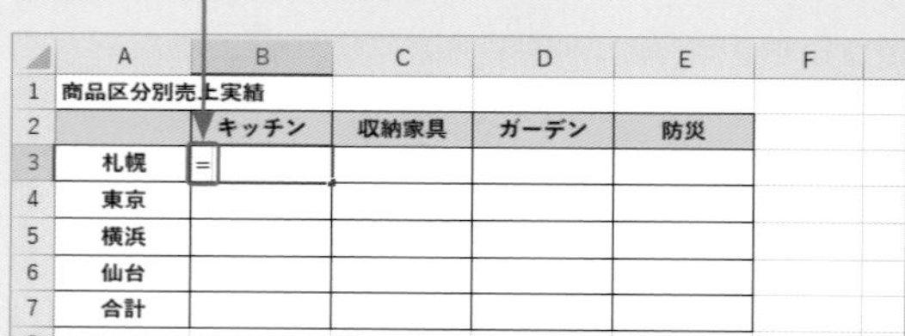

	A	B	C	D	E	F
1	商品区分別売上実績					
2		キッチン	収納家具	ガーデン	防災	
3	札幌	=				
4	東京					
5	横浜					
6	仙台					
7	合計					

2 <表示>タブをクリックして、

3 <ウィンドウの切り替え>をクリックし、

4 参照先のブックをクリックします。

5 参照したいセルをクリックして、

「[ブック名]シート名!セル参照」と表示されます。

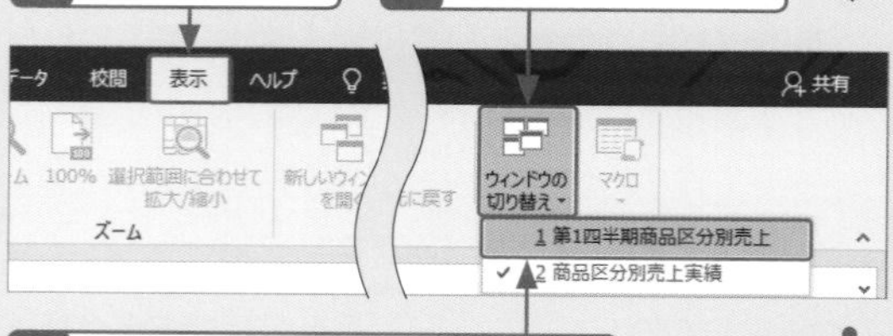

CONCAT　=[第1四半期商品区分別売上.xlsx]札幌!$B$6

	A	B	C	D	E	F
1	第1四半期商品区分別売上(札幌)					
2		キッチン	収納家具	ガーデン	防災	
3	1月	431,350	335,360	151,500	75,400	
4	2月	492,960	357,620	120,080	170,060	
5	3月	592,350	465,780	121,200	68,500	
6	合計	1,516,660	1,158,760	392,780	313,960	
7	売上平均	505,553	386,253	130,927	104,653	

6 Enter を押すと、参照先のセルの値が表示されます。

重要度 ★★★　セルの参照

Q 0782 複数のワークシートのデータを集計したい！

複数のワークシート上にある表を集計する場合は、「3-D参照」を利用します。3-D参照とは、シート見出しが連続して並んでいるワークシートの同じセル位置を、シート方向（3次元方向）のセル範囲として参照する参照方法です。3-D参照を使った計算は、複数のワークシートの同じ位置のセルを串刺ししているように見えることから、「串刺し計算」とも呼ばれます。

A 3-D参照を利用します。

1 「=SUM(」までを入力して、

CONCAT　=SUM(

	A	B	C	D	E
1	第1四半期商品区分別売上（東日本）				
2		キッチン	収納家具	ガーデン	防災
3	1月	=SUM(			
4	2月	SUM(数値1, [数値2], ...)			

2 「札幌」のシート見出しをクリックし、

3 Shift を押したまま、「横浜」のシート見出しをクリックします。

A1　=SUM('札幌:横浜'!

	A	B	C	D	E
1	第1四半期商品区分別売上（札幌）				
2		キッチン	収納家具	ガーデン	防災
3	1月	431,350	335,360	151,500	75,400
4	2月	SUM(数値1, [数値2], ...)	357,620	120,080	170,060
5	3月	592,350	465,780	121,200	68,500
6	合計	1,516,660	1,158,760	392,780	313,960

東日本　札幌　仙台　東京　横浜

4 セル[B3]をクリックして、

5 数式バーで残りの「)」を入力し、

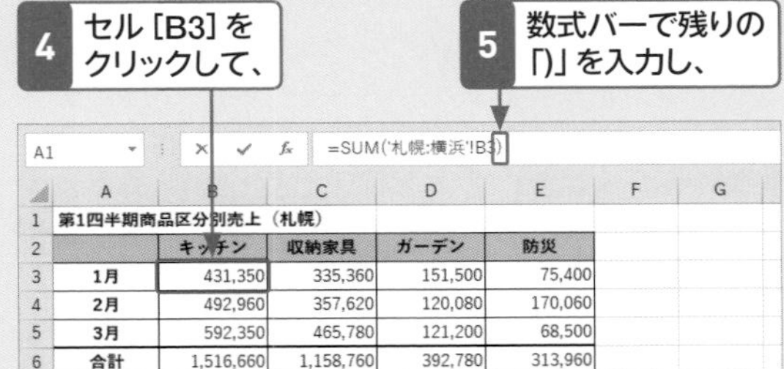
A1　=SUM('札幌:横浜'!B3)

	A	B	C	D	E
1	第1四半期商品区分別売上（札幌）				
2		キッチン	収納家具	ガーデン	防災
3	1月	431,350	335,360	151,500	75,400
4	2月	492,960	357,620	120,080	170,060
5	3月	592,350	465,780	121,200	68,500
6	合計	1,516,660	1,158,760	392,780	313,960

6 Enter を押すと、「札幌」から「横浜」までのセル[B3]の値が集計されます。

	A	B	C	D	E
1	第1四半期商品区分別売上（東日本）				
2		キッチン	収納家具	ガーデン	防災
3	1月	2,991,010			
4	2月				
5	3月				
6	合計				

東日本　札幌　仙台　東京　横浜

重要度 ★★★　セルの参照

Q 0783 3-D参照しているワークシートを移動したい！

3-D参照を使用した計算では、ワークシートを移動すると、計算結果にも影響が出ます。たとえば、上のQ 0782の例で「札幌」を「横浜」のあとに移動すると、数式の集計結果から「札幌」のデータが除かれます。逆に「仙台」と「東京」の間に「千葉」を挿入すると、「千葉」のデータも集計されます。ワークシートを移動するには、このことを考慮する必要があります。

A 3-D参照の範囲外に移動しないように注意します。

1 計算対象のワークシート（ここでは「札幌」）を範囲外に移動すると、

	A	B	C	D	E
1	第1四半期商品区分別売上（東日本）				
2		キッチン	収納家具	ガーデン	防災
3	1月	2,559,660			
4	2月	2,224,200			
5	3月	2,650,350			
6	合計	7,434,210			

東日本　仙台　東京　横浜　札幌

2 集計の対象から除かれます（上段手順6の図参照）。

3 新しいワークシート（ここでは「千葉」）を範囲内に挿入すると、

	A	B	C	D	E
1	第1四半期商品区分別売上（東日本）				
2		キッチン	収納家具	ガーデン	防災
3	1月	3,252,620			
4	2月	2,669,820			
5	3月	3,400,700			
6	合計	9,323,140			

東日本　仙台　千葉　東京　横浜　札幌

4 挿入したワークシートも集計の対象になります。

重要度 ★★★ セルの参照

Q 0784 別々のワークシートの表を1つに統合したい!

A <データ>タブの<統合>を利用します。

似たような項目どうしの表であれば、同じブック内の別シートにある表や、別のブックにある表を統合して集計することができます。<データ>タブの<統合>をクリックすると表示される<統合の設定>ダイアログボックスを利用します。

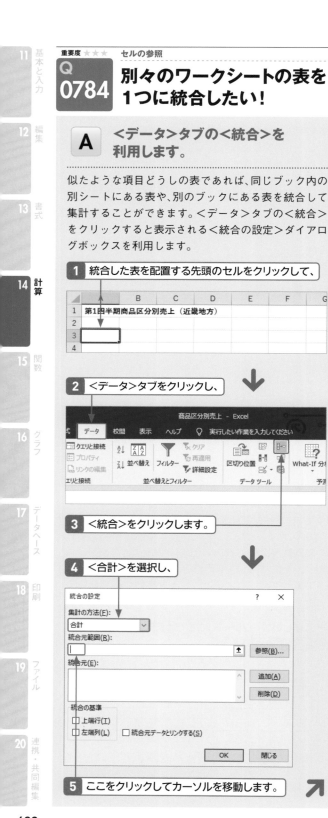

1 統合した表を配置する先頭のセルをクリックして、

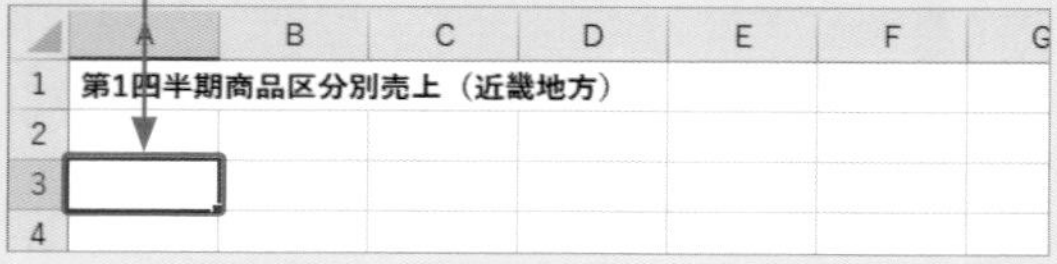

2 <データ>タブをクリックし、

3 <統合>をクリックします。

4 <合計>を選択し、

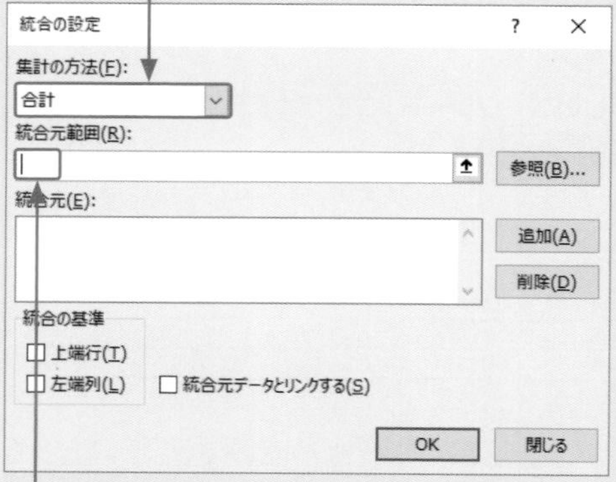

5 ここをクリックしてカーソルを移動します。

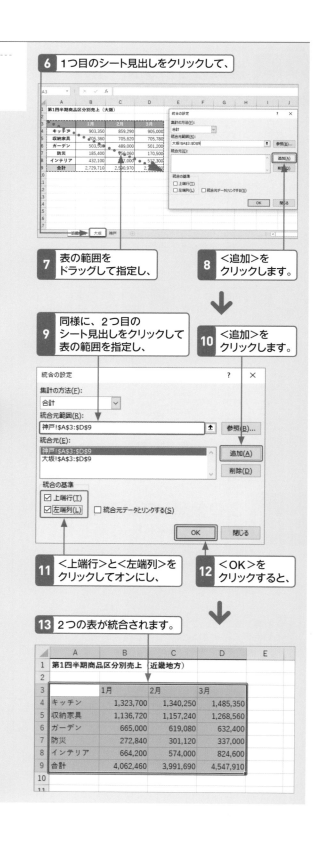

6 1つ目のシート見出しをクリックして、

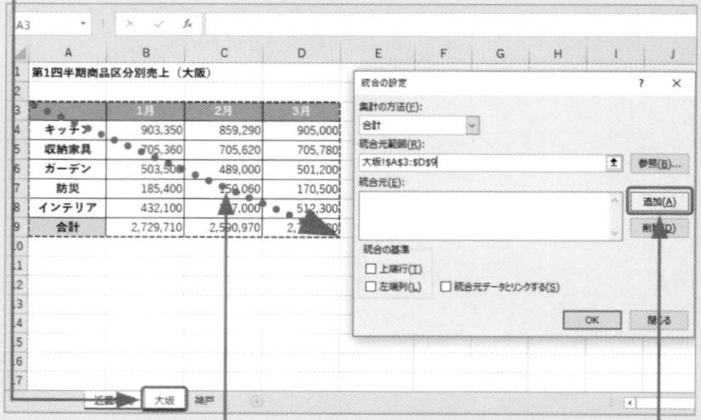

7 表の範囲をドラッグして指定し、

8 <追加>をクリックします。

9 同様に、2つ目のシート見出しをクリックして表の範囲を指定し、

10 <追加>をクリックします。

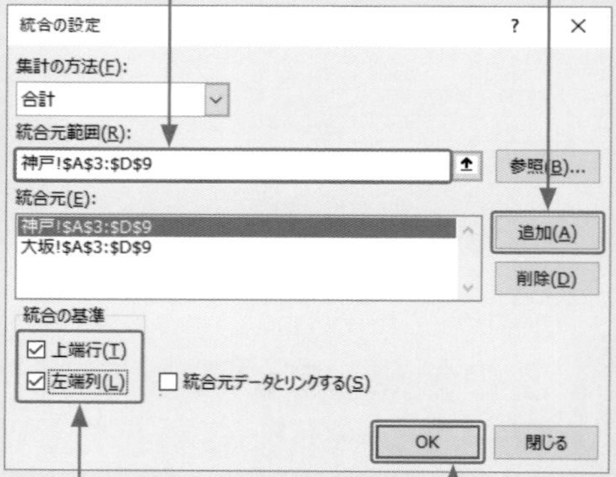

11 <上端行>と<左端列>をクリックしてオンにし、

12 <OK>をクリックすると、

13 2つの表が統合されます。

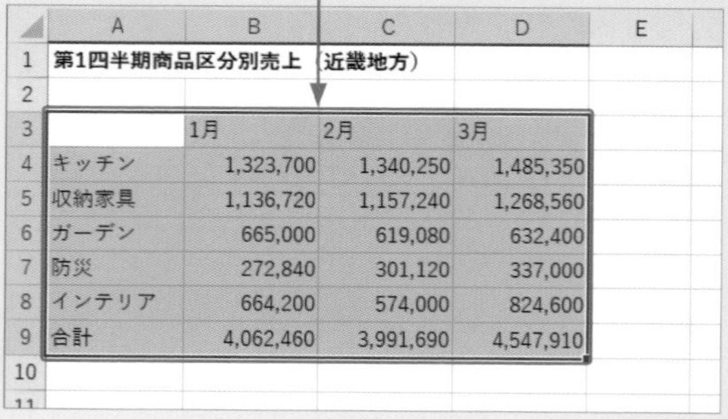

第1四半期商品区分別売上（近畿地方）

	1月	2月	3月
キッチン	1,323,700	1,340,250	1,485,350
収納家具	1,136,720	1,157,240	1,268,560
ガーデン	665,000	619,080	632,400
防災	272,840	301,120	337,000
インテリア	664,200	574,000	824,600
合計	4,062,460	3,991,690	4,547,910

重要度 ★★★　セルの参照

Q 0785 特定の項目だけ統合したい！

A あらかじめ項目名を入力した表を作成しておきます。

複数の表を統合すると、統合先の表には統合元のすべての項目が表示されます。特定の項目だけを統合したい場合は、あらかじめ統合したい項目名を入力した表を作成しておき、統合する範囲を指定して統合を実行します。この場合、合計は統合したあとに計算する必要があります。

参照▶Q 0784

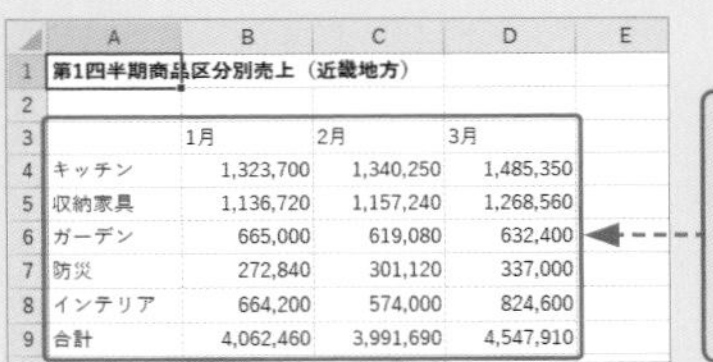

	A	B	C	D	E
1	第1四半期商品区分別売上（近畿地方）				
2					
3		1月	2月	3月	
4	キッチン	1,323,700	1,340,250	1,485,350	
5	収納家具	1,136,720	1,157,240	1,268,560	
6	ガーデン	665,000	619,080	632,400	
7	防災	272,840	301,120	337,000	
8	インテリア	664,200	574,000	824,600	
9	合計	4,062,460	3,991,690	4,547,910	

複数の表を統合すると、統合先の表には統合元のすべての項目が表示されます。

1 あらかじめ統合したい項目名を入力した表を作成します。

2 統合する範囲を選択して、

	A	B	C	D	E	F	G
1	第1四半期商品区分別売上（近畿地方）						
2							
3		1月	2月	3月			
4	キッチン						
5	収納家具						
6	ガーデン						
7	防災						
8	合計						
9							

3 統合を実行すると、指定した項目だけが統合されます。

	A	B	C	D	E	F	G
1	第1四半期商品区分別売上（近畿地方）						
2							
3		1月	2月	3月			
4	キッチン	1,323,700	1,340,250	1,485,350			
5	収納家具	1,136,720	1,157,240	1,268,560			
6	ガーデン	665,000	619,080	632,400			
7	防災	272,840	301,120	337,000			
8	合計						

重要度 ★★★　セルの参照

Q 0786 統合先のデータとリンクして最新の状態にしたい！

A 統合する際に<統合元データとリンクする>をオンにします。

統合元と統合先のデータをリンクしたいときは、<統合の設定>ダイアログボックスの<統合元データとリンクする>をオンにして統合を実行します。この方法で表を統合すると、統合先の表にアウトラインが設定されます。「アウトライン」とはデータを集計した行や列と、もとになったデータをグループ化したものです。アウトラインを展開すると、統合元の値が表示されます。この値は統合元のデータとリンクしています。

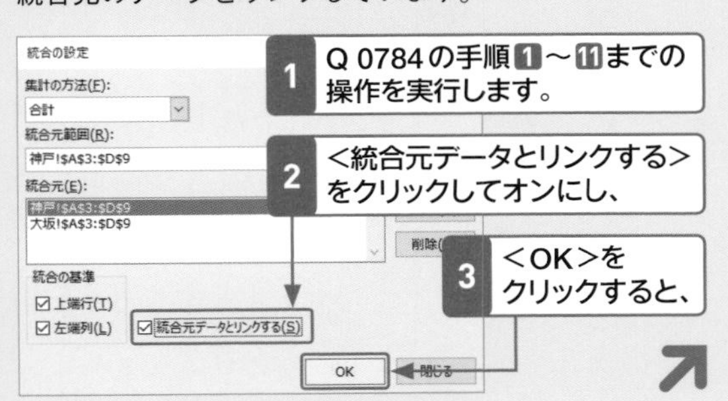

1 Q 0784の手順1～11までの操作を実行します。

2 <統合元データとリンクする>をクリックしてオンにし、

3 <OK>をクリックすると、

4 2つの表が統合されます。

アウトラインが設定されます。

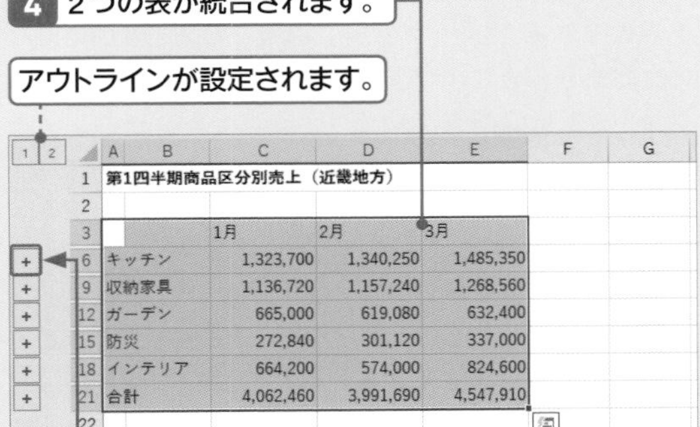

	A	B	C	D	E
1	第1四半期商品区分別売上（近畿地方）				
2					
3			1月	2月	3月
6		キッチン	1,323,700	1,340,250	1,485,350
9		収納家具	1,136,720	1,157,240	1,268,560
12		ガーデン	665,000	619,080	632,400
15		防災	272,840	301,120	337,000
18		インテリア	664,200	574,000	824,600
21		合計	4,062,460	3,991,690	4,547,910
22					
23					

5 ここをクリックすると、

6 統合元のデータとリンクした値が表示されます。

	A	B	C	D	E
1	第1四半期商品区分別売上（近畿地方）				
2					
3			1月	2月	3月
4		商品区分別	420,350	480,960	580,350
5		商品区分別	903,350	859,290	905,000
6		キッチン	1,323,700	1,340,250	1,485,350
9		収納家具	1,136,720	1,157,240	1,268,560
12		ガーデン	665,000	619,080	632,400
15		防災	272,840	301,120	337,000
18		インテリア	664,200	574,000	824,600
21		合計	4,062,460	3,991,690	4,547,910
22					

重要度 ★★★ セルの参照

Q 0787 「リンクの自動更新が無効にされました」と表示された！

A <コンテンツの有効化>をクリックします。

参照先のブックが閉じている状態で、そのブックを参照している別のブックを開くと、右図のように「リンクの自動更新が無効にされました」というセキュリティの警告メッセージが表示されます。この場合は、<コンテンツの有効化>をクリックすると自動更新が有効になり、参照先のデータが反映されます。

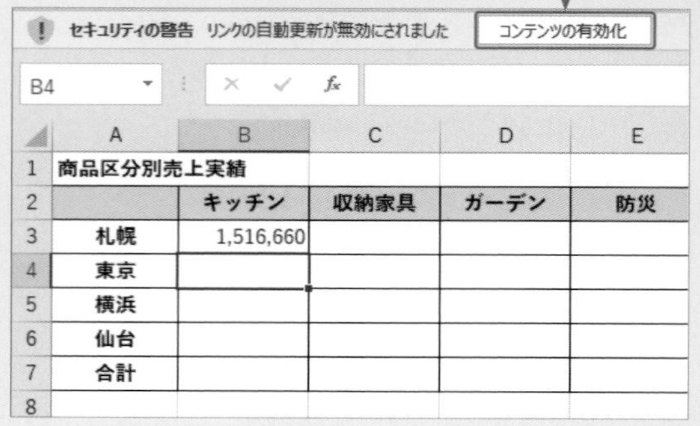

重要度 ★★★ セルの参照

Q 0788 「外部ソースへのリンクが含まれている」と表示された！

A <更新する>をクリックしてリンクを更新します。

参照先を含んだブックを別の場所に移動した場合、リンク式を含んだブックを開くと、「外部ソースへのリンクが1つ以上含まれています」というメッセージが表示されます。この場合は、<更新する>をクリックして<リンクの編集>をクリックし、リンクもとを変更すると、リンクが更新されます。

なお、手順3で<続行>をクリックして、<データ>タブの<リンクの編集>をクリックしても、同様に設定することができます。

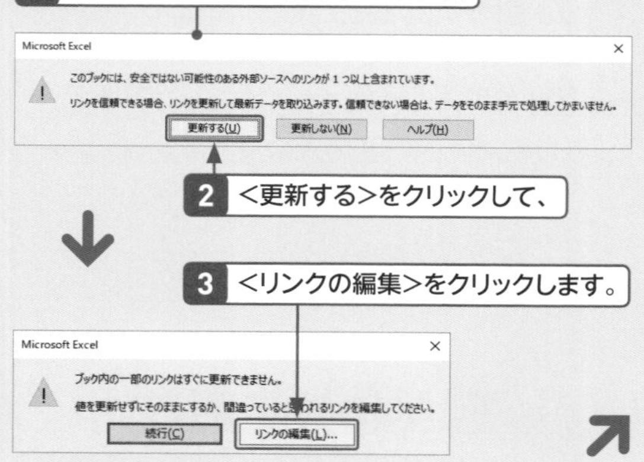

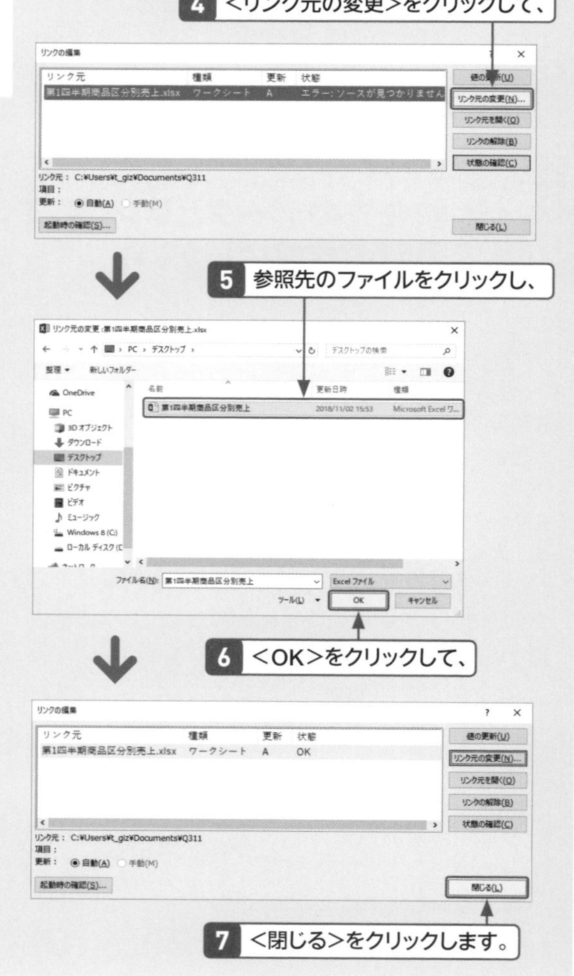

重要度★★★　セルの参照

Q 0789 計算結果をかんたんに確認したい！

A ステータスバーで確認できます。

数値が入力されたセル範囲を選択すると、選択した範囲の平均、データの個数、合計がステータスバーに表示されます。なお、最大値や最小値、数値の個数などを表示することもできます。ステータスバーを右クリックして、表示されたメニューで設定します。

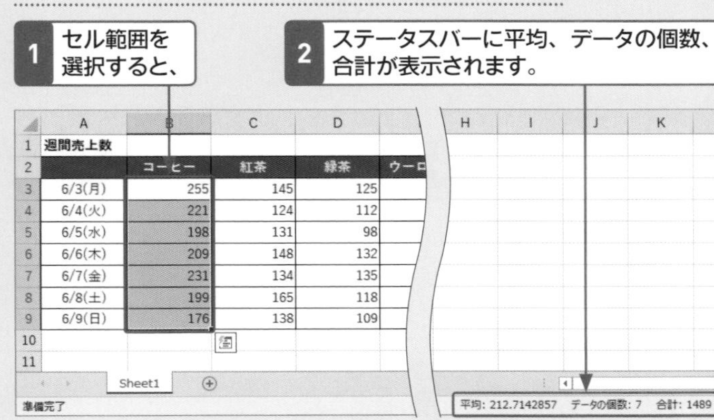

	A	B	C	D
1	週間売上数			
2		コーヒー	紅茶	緑茶
3	6/3(月)	255	145	125
4	6/4(火)	221	124	112
5	6/5(水)	198	131	98
6	6/6(木)	209	148	132
7	6/7(金)	231	134	135
8	6/8(土)	199	165	118
9	6/9(日)	176	138	109

ステータスバーを右クリックして、<最大値>や<最小値>、<数値の個数>などを表示することもできます。

重要度★★★　セルの参照

Q 0790 データを変更したのに再計算されない！

A1 計算方法を「自動」に設定します。

数式やデータを変更しても計算結果が更新されない場合は、再計算方法が「手動」に設定されている可能性があります。この場合は、F9 を押すと再計算が実行されます。また、計算方法を「自動」に変更するには、<数式>タブをクリックして<計算方法の設定>をクリックし、<自動>をオンにします。

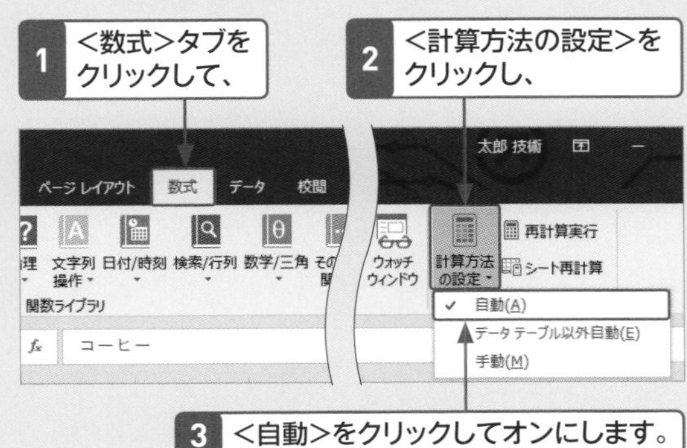

A2 データを一括して再計算します。

ブックに多数の数式が設定されていると、再計算に時間がかかる場合があります。このような場合は、計算方法を「自動」に設定して、すべてのデータを変更したあとにF9を押すと、データを一括して再計算できます。また、<数式>タブの<再計算実行>をクリックするとブック全体の再計算が、<シート再計算>をクリックすると現在のワークシートの再計算が実行されます。

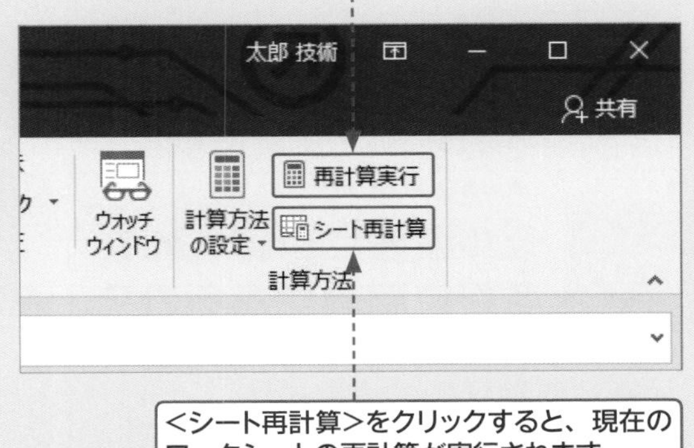

11 基本と入力 / 12 編集 / 13 書式 / 14 計算 / 15 関数 / 16 グラフ / 17 データベース / 18 印刷 / 19 ファイル / 20 連携・共同編集

重要度 ★★★　名前の参照

Q 0791 セル範囲に名前を付けるには？

A1 ＜名前ボックス＞に名前を入力します。

数式から頻繁に参照するセル範囲がある場合は、セル範囲に名前を付けて、セル参照のかわりにその名前を利用すると便利です。セル範囲に名前を付けるには、目的のセル範囲を選択して、＜名前ボックス＞に名前を入力します。この方法で設定した場合、名前の適用範囲はブックになります。

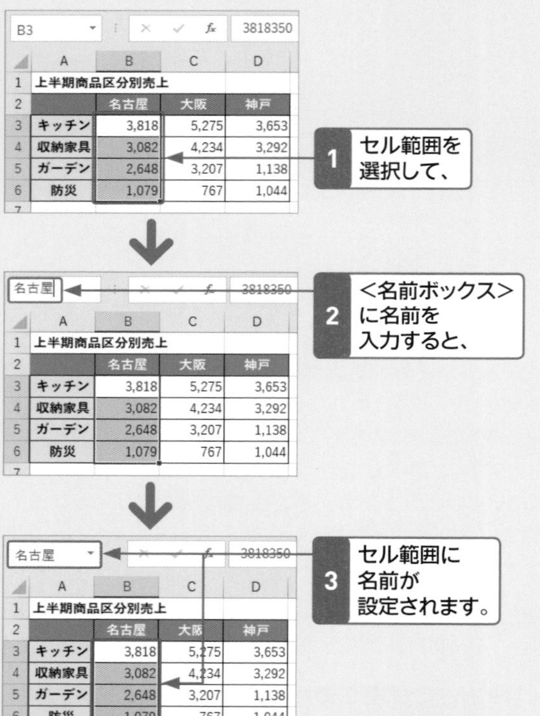

A2 ＜数式＞タブの＜名前の定義＞を利用します。

＜数式＞タブの＜名前の定義＞をクリックすると表示される＜新しい名前＞ダイアログボックスを利用します。この方法で設定した場合は、名前の適用範囲をブックかワークシートから選択できます。

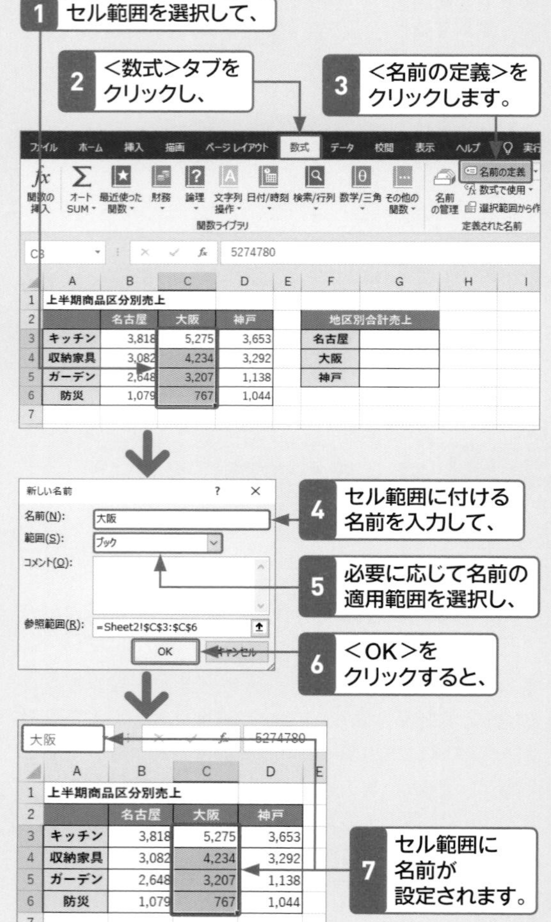

重要度 ★★★　名前の参照

Q 0792 セル範囲に付けられる名前に制限はあるの？

A 付けられない名前や利用できない文字があります。

セル範囲には、「A1」、「$A$1」のようなセル参照と同じ形式の名前を付けることはできません。そのほかにも、次のような制限があります。

- 名前の先頭に数字は使えない
- Excelの演算子として使用されている記号、スペース、感嘆符（！）は使えない
- 同じブック内で同じ名前は付けられない

重要度 ★★★　名前の参照

Q 0793 セル範囲に付けた名前を数式で利用したい！

A 引数にセル範囲に付けた名前を指定します。

セル範囲に名前を付けておくと、数式の中でセル参照のかわりに利用できます。名前は直接入力することもできますが、<数式>タブの<数式で使用>をクリックし、表示される一覧から選択するとかんたんに入力できます。

参照▶Q 0791

セル範囲［B3:B6］に「名古屋」という名前を付けておきます。

1 計算結果を表示するセルに「=SUM(」と入力します。

2 <数式>タブをクリックして、

3 <数式で使用>をクリックし、

4 <名古屋>をクリックすると、

5 セル範囲の名前が入力されます。

6 「)」を入力して、

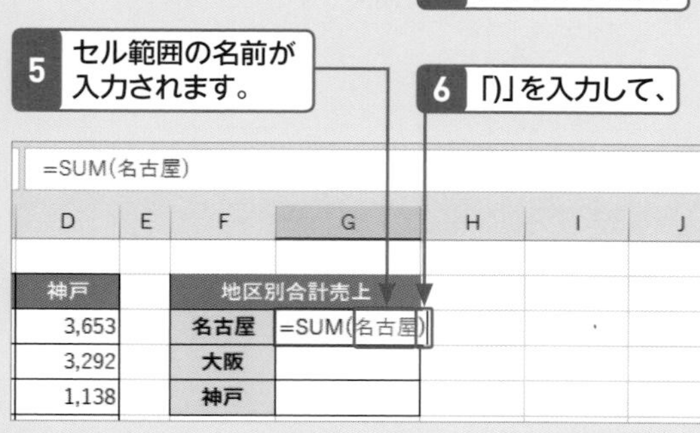

7 Enter を押すと、結果が表示されます。

重要度 ★★★　名前の参照

Q 0794 表の見出しをセル範囲の名前にしたい！

A <選択範囲から名前を作成>ダイアログボックスを利用します。

<数式>タブから<選択範囲から作成>をクリックすると表示される<選択範囲から名前を作成>ダイアログボックスを利用すると、表の列見出しや行見出しから名前を自動的に作成することができます。

1 見出しを含めて表を範囲選択します。

2 <数式>タブをクリックして、

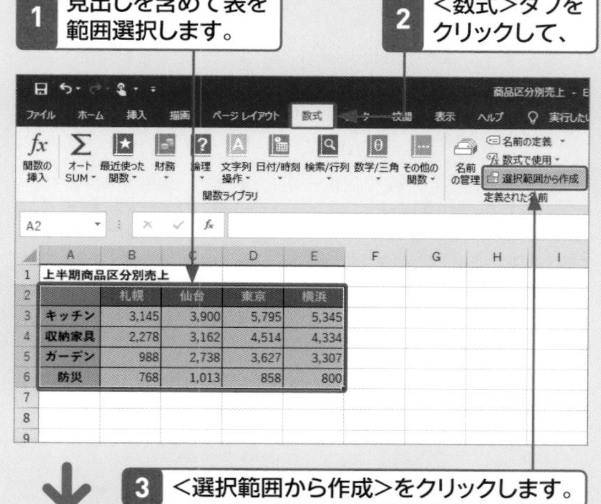

3 <選択範囲から作成>をクリックします。

選択範囲から名前を作成

以下に含まれる値から名前を作成:

☑ 上端行(T)
☐ 左端列(L)
☐ 最下行(B)
☐ 右端列(R)

OK　キャンセル

4 セル範囲に付ける名前（ここでは<上端行>）をクリックしてオンにし、

5 <OK>をクリックすると、

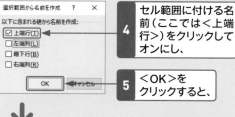

6 表の列見出しがセル範囲の名前として設定されます。

A2

横浜
札幌
仙台
東京

	A	B	C	D	E
1		区分別売上			
2		札幌	仙台	東京	横浜
3	キッチン	3,145	3,900	5,795	5,345
4	収納家具	2,278	3,162	4,514	4,334
5	ガーデン	988	2,738	3,627	3,307
6	防災	768	1,013	858	800

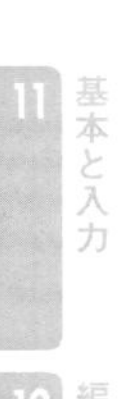

重要度 ★★★　名前の参照

Q 0795 数式で使っている名前の参照範囲を変更したときは？

A <名前の管理>ダイアログボックスを表示してセル範囲を編集します。

名前を付けたセル範囲に新しいデータを追加したり、削除したりしたときは、<名前の管理>ダイアログボックスを表示して、編集したい名前をクリックし、セル範囲を指定し直します。数式で使っている名前の参照範囲を変更すると、数式の結果も自動的に変更されます。

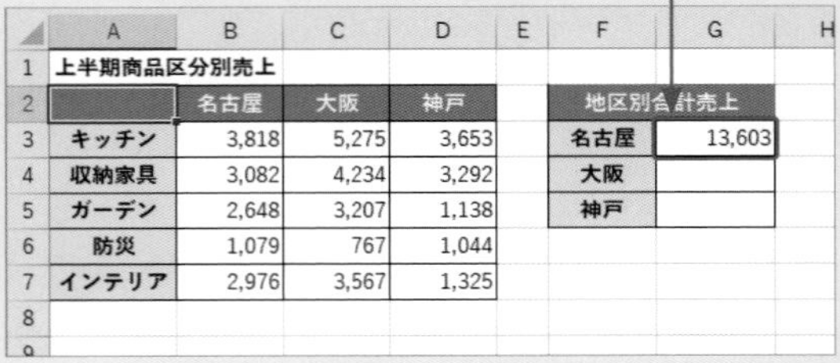

下の例では、セル［B3:B6］に付けた「名前屋」という名前の参照範囲をセル［B3:B7］に変更します。

参照 ▶ Q 0791

1 <数式>タブをクリックして、

2 <名前の管理>をクリックします。

セル［B3:B6］を合計しています。

3 編集したいセル範囲の名前をクリックして、

4 ここをクリックします。

<名前の管理>ダイアログボックスが縮小されました。

5 セル範囲をドラッグして指定し、

6 ここをクリックすると、

7 名前を付けたセル範囲が変更されます。

8 <閉じる>をクリックして、

9 <はい>をクリックします。

10 セル［G3］の値が自動的に変更されます。

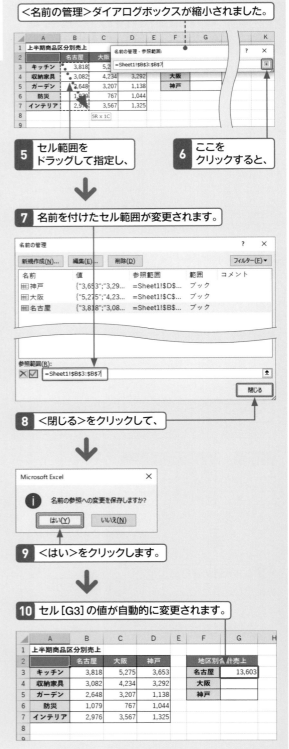

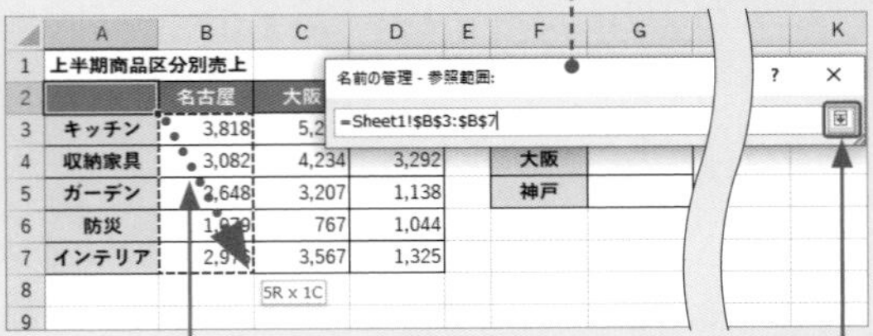

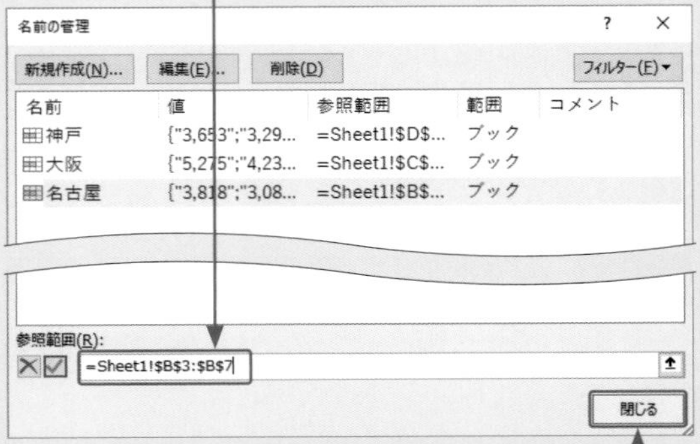

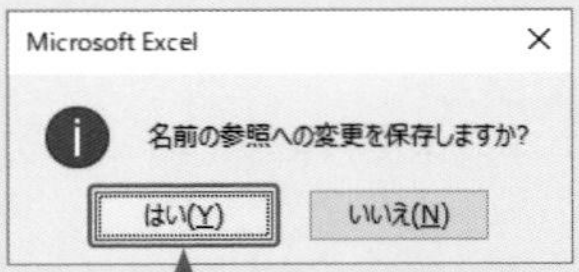

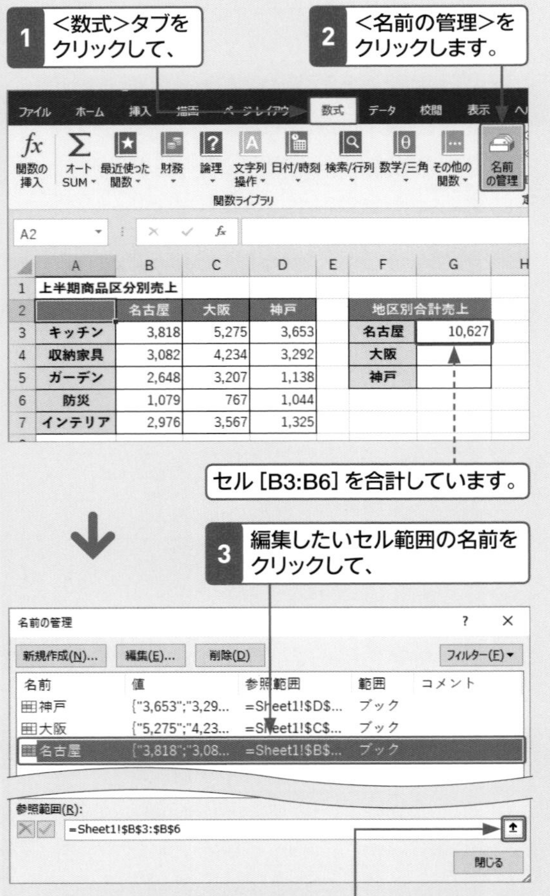

重要度 ★★★　名前の参照

Q 0796 セル範囲に付けた名前を削除したい！

A ＜名前の管理＞ダイアログボックスを利用します。

セル範囲に付けた名前を削除するには、＜数式＞タブの＜名前の管理＞をクリックして表示される＜名前の管理＞ダイアログボックスを利用します。セル範囲に付けた名前は、名前を付けたセル範囲を削除しても残ってしまうので、忘れずに削除するとよいでしょう。

1 ＜数式＞タブをクリックして、

2 ＜名前の管理＞をクリックします。

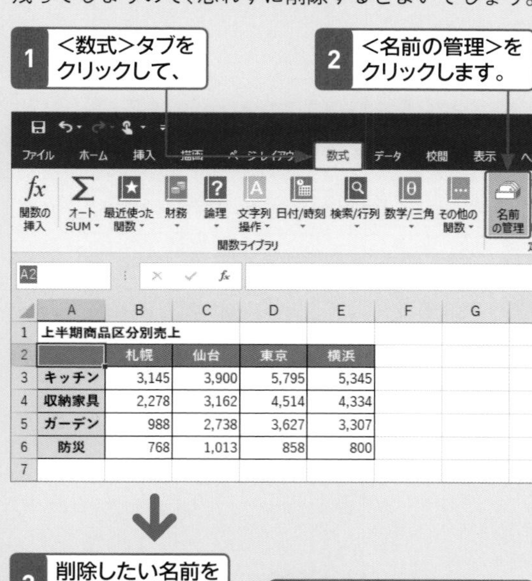

	A	B	C	D	E
1	上半期商品区分別売上				
2		札幌	仙台	東京	横浜
3	キッチン	3,145	3,900	5,795	5,345
4	収納家具	2,278	3,162	4,514	4,334
5	ガーデン	988	2,738	3,627	3,307
6	防災	768	1,013	858	800

3 削除したい名前をクリックして、

4 ＜削除＞をクリックし、

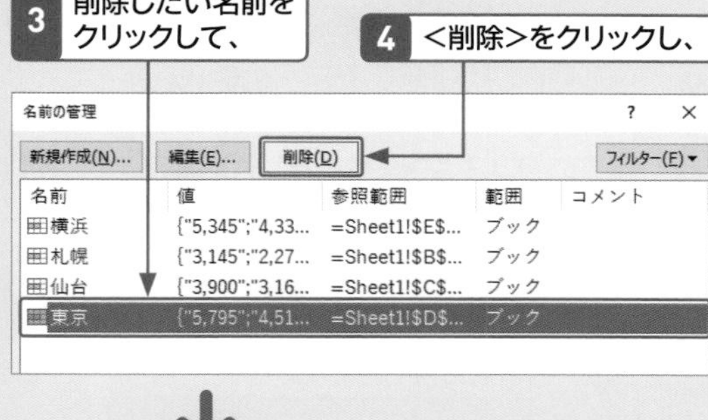

名前	値	参照範囲	範囲	コメント
横浜	{"5,345";"4,33...	=Sheet1!E...	ブック	
札幌	{"3,145";"2,27...	=Sheet1!B...	ブック	
仙台	{"3,900";"3,16...	=Sheet1!C...	ブック	
東京	{"5,795";"4,51...	=Sheet1!D...	ブック	

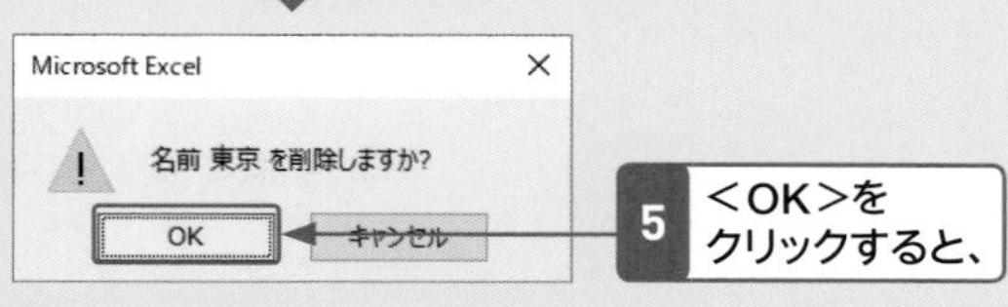

5 ＜OK＞をクリックすると、

6 セル範囲に付けた名前が削除されます。

重要度 ★★★　名前の参照

Q 0797 セル参照に列見出しや行見出しを使うには？

A 表をテーブルに変換すると使用できます。

表をテーブルに変換することで、見出し行の項目名をセル参照のかわりに使用できます。見出し名（項目名）を指定する際に、見出し名を半角の［ ］で囲んで指定します。

参照▶Q 0985

1 表をテーブルに変換します。

2 セルに「=[」と入力すると、

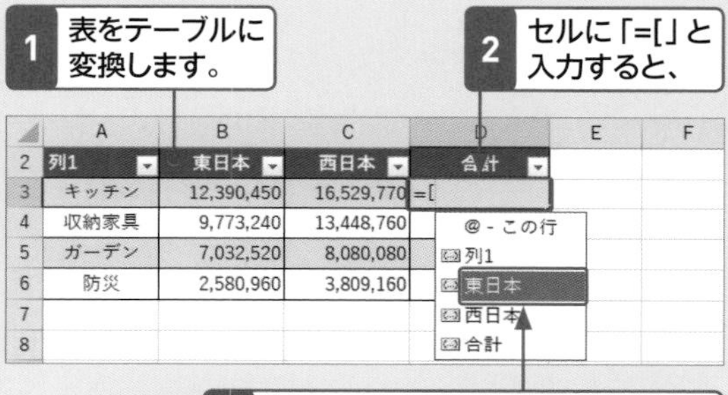

	A	B	C	D
2	列1	東日本	西日本	合計
3	キッチン	12,390,450	16,529,770	=[
4	収納家具	9,773,240	13,448,760	
5	ガーデン	7,032,520	8,080,080	
6	防災	2,580,960	3,809,160	

3 列見出しの一覧が表示されるので、「東日本」をダブルクリックします。

4 「]+[」と入力して、

	A	B	C	D
2	列1	東日本	西日本	合計
3	キッチン	12,390,450	16,529,770	=[東日本]+[
4	収納家具	9,773,240	13,448,760	
5	ガーデン	7,032,520	8,080,080	
6	防災	2,580,960	3,809,160	

5 列見出しの一覧から「西日本」をダブルクリックします。

6 「]」と入力して、

	A	B	C	D
2	列1	東日本	西日本	合計
3	キッチン	12,390,450	16,529,770	=[東日本]+[西日本]
4	収納家具	9,773,240	13,448,760	
5	ガーデン	7,032,520	8,080,080	
6	防災	2,580,960	3,809,160	

7 Enter を押すと、計算結果がまとめて表示されます。

	A	B	C	D
2	列1	東日本	西日本	合計
3	キッチン	12,390,450	16,529,770	28,920,220
4	収納家具	9,773,240	13,448,760	23,222,000
5	ガーデン	7,032,520	8,080,080	15,112,600
6	防災	2,580,960	3,809,160	6,390,120

重要度 ★★★　エラーの対処

Q 0798 エラー値の意味を知りたい！

A 原因に応じて意味と対処方法が異なります。

計算結果が正しく表示されない場合には、セル上にエラー値が表示されます。エラー値は原因に応じていくつかの種類があります。表示されたエラー値を手がかりにエラーを解決しましょう。

エラー値	原　因
#VALUE!	数式の参照先や関数の引数の型、演算子の種類などが間違っている場合に表示されます。間違っている参照先や引数などを修正すると、解決されます。
#####	セルの幅が狭くて計算結果を表示できない場合に表示されます。セルの幅を広げたり、表示する小数点以下の桁数を減らしたりすると、解決されます。 また、表示形式が「日付」や「時刻」のセルに負の数値が入力されている場合にも表示されます。
#NAME?	関数名が間違っていたり、数式内の文字を「"」で囲み忘れていたり、セル範囲の「:」が抜けていたりした場合に表示されます。関数名や数式内の文字を修正すると、解決されます。
#DIV/0!	割り算の除数（割る数）が「0」であるか、未入力で空白の場合に表示されます。除数として参照するセルの値または参照先そのものを修正すると、解決されます。
#N/A	次のような検索関数で、検索した値が検索範囲内に存在しない場合に表示されます。検索値を修正すると、解決されます。 ・LOOKUP関数 ・HLOOKUP関数 ・VLOOKUP関数 ・MATCH関数
#NULL!	セル参照が間違っていて、参照先のセルが存在しない場合に表示されます。参照しているセル範囲を修正すると、解決されます。
#NUM!	数式の計算結果がExcelで処理できる数値の範囲を超えている場合に表示されます。計算結果がExcelで処理できる数値の範囲におさまるように修正すると、解決されます。
#REF!	数式中で参照しているセルがある列や行を削除した場合に表示されます。参照先を修正すると、解決されます。

重要度 ★★★　エラーの対処

Q 0799 エラーの原因を探したい！

A <エラーチェックオプション>を利用します。

数式にエラーがあると、エラーインジケーターが表示されます。エラーが表示されたセルをクリックして<エラーチェックオプション>をクリックすると、メニューが表示され、エラーの原因を調べたり内容に応じた修正を行うことができます。ヘルプでエラーの原因を調べることもできます。

1 エラーインジケーターが表示されているセルをクリックすると、

	A	B	C	D	E	F
1	売上明細					
2	商品番号	商品名	単価	数量	売上	
3	G1011	プランター	5,500	24	132,000	
4	G1015	飾り棚	2,880		#VALUE!	
5	G1021	ウッドデッキパネル	14,500	24	348,000	
6	G1024	ウッドパラソル	12,500	6	75,000	
7			合計		#VALUE!	

2 <エラーチェックオプション>が表示されるので、クリックします。

3 <このエラーに関するヘルプ>をクリックすると、

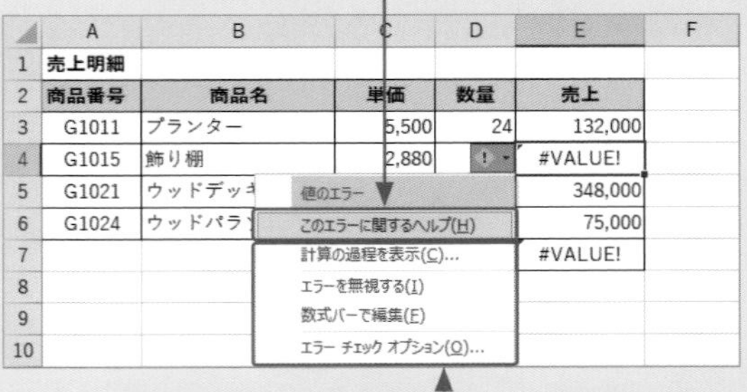

エラーの内容に応じた修正を行うことができます。

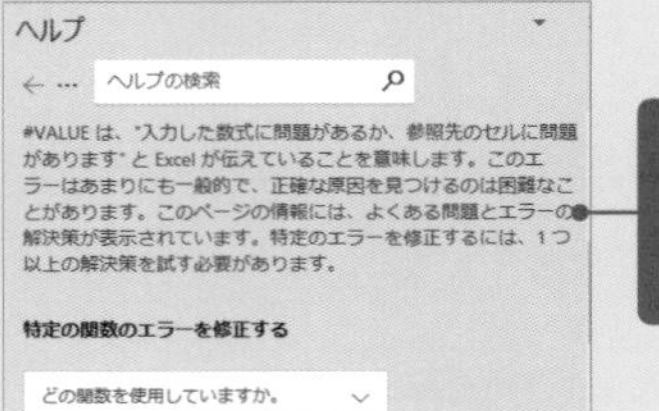

4 Excelのヘルプ画面でエラーの原因を調べることができます。

重要度★★★　エラーの対処

Q 0800 エラーのセルを見つけたい！

A エラーチェックを実行します。

エラーのセルを見つけるには、<数式>タブの<エラーチェック>をクリックします。エラーが発見されると<エラーチェック>ダイアログボックスが表示され、エラーのあるセルとエラーの原因が表示されます。

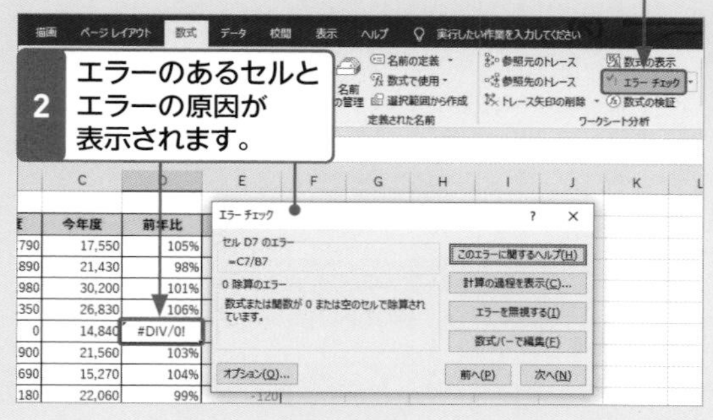

重要度★★★　エラーの対処

Q 0801 無視したエラーを再度確認したい！

A 無視したエラーをリセットします。

非表示にしたエラーを再度確認できるようにするには、<ファイル>タブから<オプション>をクリックし、<Excelのオプション>ダイアログボックスを表示します。<数式>をクリックして、<無視したエラーのリセット>をクリックすると、再表示できます。

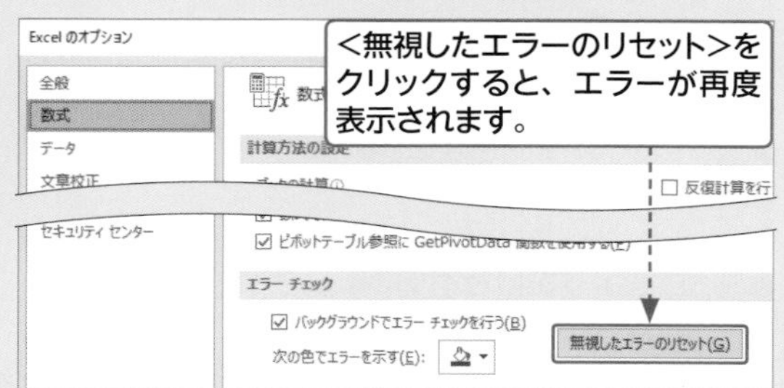

重要度★★★　エラーの対処

Q 0802 循環参照のエラーが表示された！

A 循環参照している数式を修正します。

「循環参照」とは、セルに入力した数式がそのセルを直接または間接的に参照している状態のことをいい、特別な場合を除いて正常な計算ができません。間違って循環参照している数式を入力した場合は、下の手順で循環参照しているセルを確認し、数式を修正します。

1 数式を入力し、Enterを押して確定すると、

2 循環参照が発生しているという警告のメッセージが表示されるので、＜OK＞をクリックします。

＜ヘルプ＞をクリックすると、循環参照に関するヘルプを読むことができます。

3 ＜数式＞タブをクリックして、

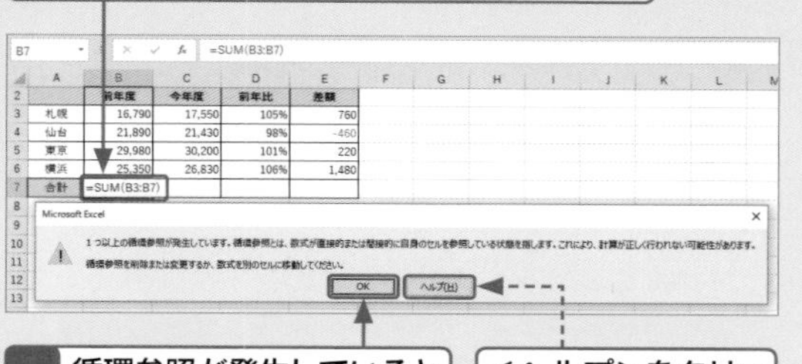

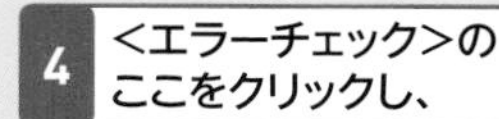

4 <エラーチェック>のここをクリックし、

5 ＜循環参照＞にマウスポインターを合わせると、

6

できます。

7 数式内の参照を修正すると、計算結果が正しく

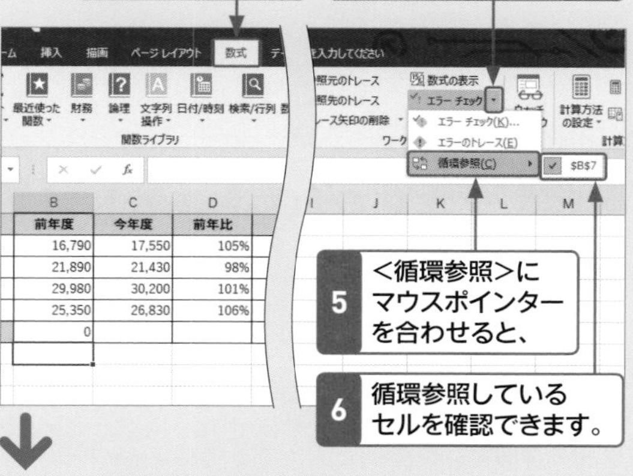

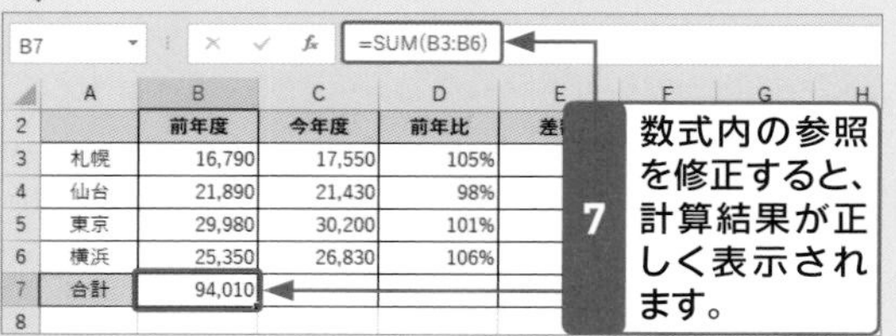

重要度 ★★★　エラーの対処

Q 0803 数式をかんたんに検証したい！

A F9とEscを利用するとかんたんに確認できます。

検証したい数式の部分を選択してF9を押すと、計算結果が表示されるので、手軽に数式を検証できます。確認したら、Escを押してもとの数式に戻ります。Enterを押すと、計算結果の状態で数式が確定されてしまうので注意が必要です。

1 検証したい数式の部分を選択してF9を押すと、

CONCAT　=IF(B3>AVERAGE($B$3:$B$7),"達成","未達成")

IF(論理式, [値が真の場合], [値が偽の場合])

	A	B	C
2	氏名	売上金額	結果
3	秋生　琢磨	346,790	成")
4	秋山　優斗	623,600	達成
5	花井　愛子	438,900	未達成
6	石川　桜	298,000	未達成
7	夏木　貴志	754,200	達成

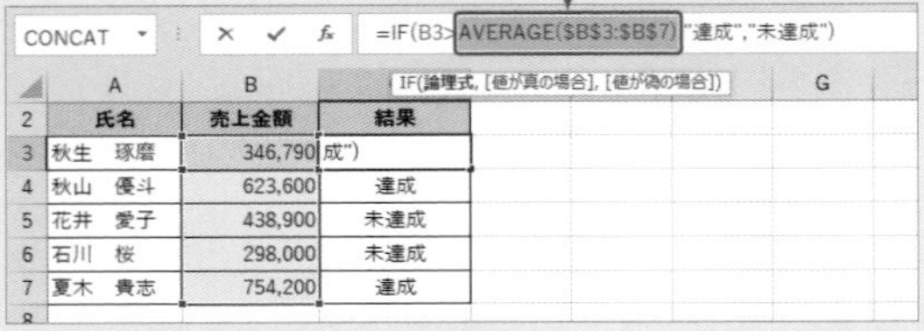

2 計算結果が表示されます。

3 検証が済んだらEscを押します。

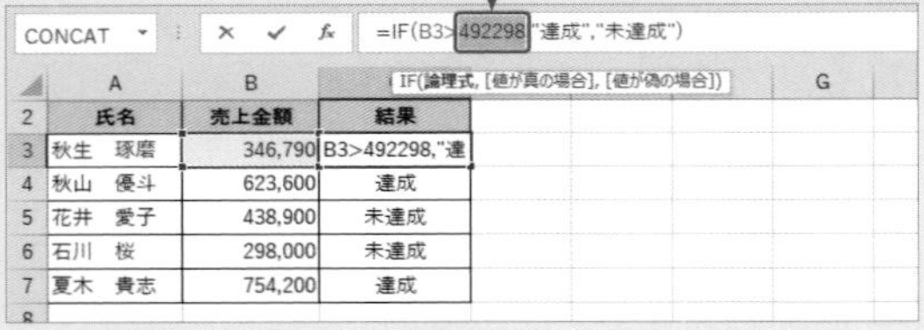

CONCAT　=IF(B3>492298,"達成","未達成")

IF(論理式, [値が真の場合], [値が偽の場合])

	A	B	C
2	氏名	売上金額	結果
3	秋生　琢磨	346,790	B3>492298,"達
4	秋山　優斗	623,600	達成
5	花井　愛子	438,900	未達成
6	石川　桜	298,000	未達成
7	夏木　貴志	754,200	達成

重要度 ★★★　エラーの対処

Q 0805 小数の誤差を何とかしたい！

A ROUND関数で数値を整数化します。

下図のように、列[C]から列[B]を減算すると、結果はそれぞれ「0.1」になりますが、IF関数を使用して判定すると、E列のように結果が異なります。これは、Excelが小数計算を行う際に発生する誤差によるものです。このような誤差に対処するには、ROUND関数で数値を整数化する方法や「表示桁数で計算する」方法などがあります。

参照 ▶ Q 0779, Q 0826

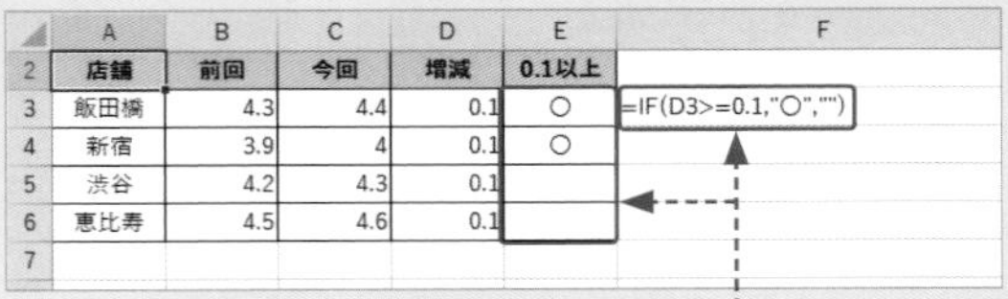

	A	B	C	D	E	F
2	店舗	前回	今回	増減	0.1以上	
3	飯田橋	4.3	4.4	0.1	○	=IF(D3>=0.1,"○","")
4	新宿	3.9	4	0.1	○	
5	渋谷	4.2	4.3	0.1		
6	恵比寿	4.5	4.6	0.1		

IF関数で判定すると、「0.1」以上にならないものがあります。

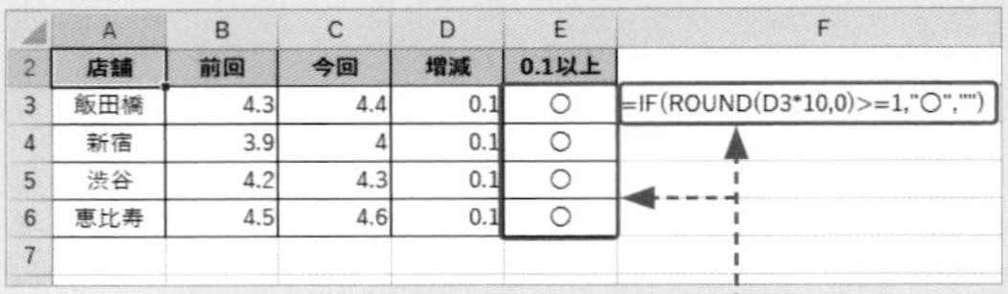

	A	B	C	D	E	F
2	店舗	前回	今回	増減	0.1以上	
3	飯田橋	4.3	4.4	0.1	○	=IF(ROUND(D3*10,0)>=1,"○","")
4	新宿	3.9	4	0.1	○	
5	渋谷	4.2	4.3	0.1	○	
6	恵比寿	4.5	4.6	0.1	○	

ROUND関数で整数化すると、正しく判定されます。

重要度 ★★★　エラーの対処

Q 0804 文字列を「0」とみなして計算したい！

A <Excelのオプション>ダイアログボックスで計算方式を変更します。

数式の参照先に文字列が入力されていると、エラー値「#VALUE!」が表示されます。エラー値が表示されないようにするには、<ファイル>タブから<オプション>をクリックして<Excelのオプション>ダイアログボックスを表示し、文字列を「0」とみなして計算されるように設定します。

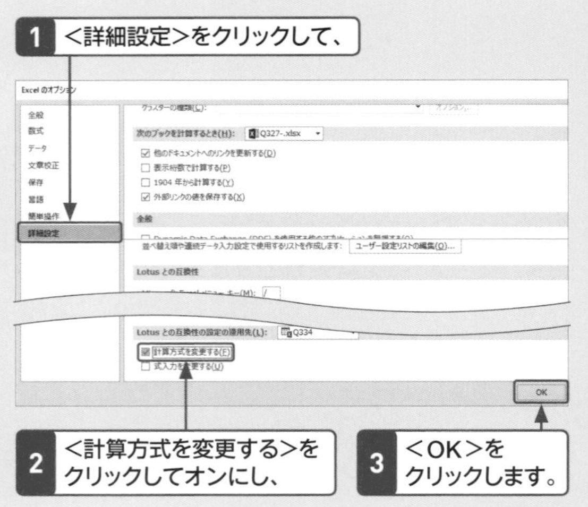

重要度★★★　エラーの対処

Q 0806 数式の計算過程を調べたい！

A ＜数式の検証＞ダイアログボックスを表示して調べます。

＜数式の検証＞ダイアログボックスを表示して＜検証＞をクリックすると、＜検証＞ボックスに数式が表示されます。＜検証＞をクリックすると、数式の計算過程を順に確認することができます。

1 エラー値が表示されたセルをクリックして、＜数式＞タブをクリックし、

2 ＜数式の検証＞をクリックします。

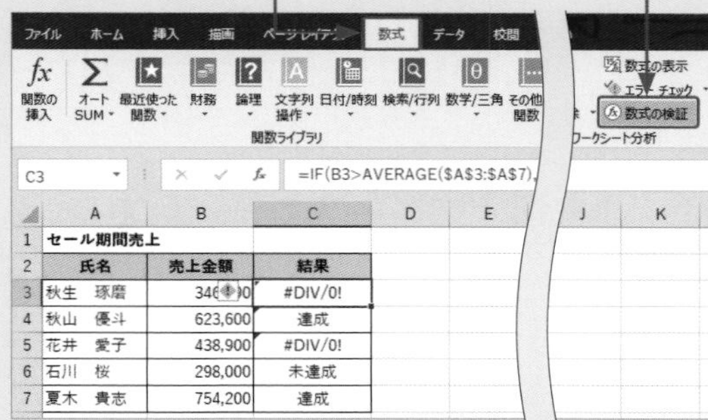

下線が引かれた部分が検証されます。

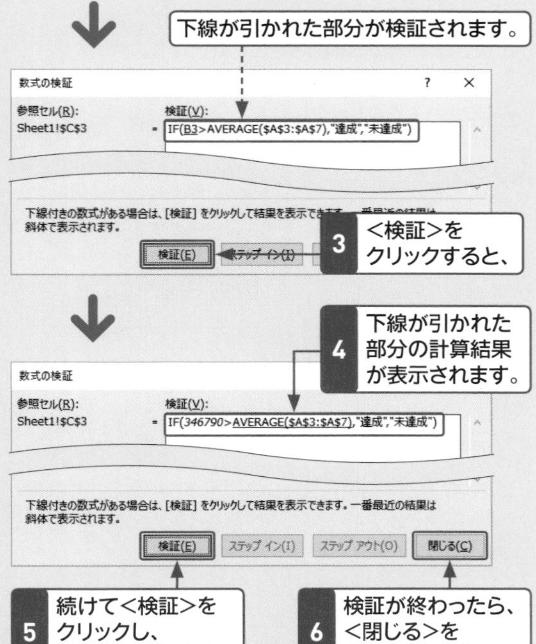

3 ＜検証＞をクリックすると、

4 下線が引かれた部分の計算結果が表示されます。

5 続けて＜検証＞をクリックし、結果を表示します。

6 検証が終わったら、＜閉じる＞をクリックします。

重要度★★★　エラーの対処

Q 0807 文字列扱いの数値は計算に使用できる？

A 一部の関数などでは使うことができません。

表示形式を「文字列」に設定してから入力した数値や、先頭に「'」(シングルクォーテーション)を付けて入力した数値は、文字列扱いの数値になります。
文字列扱いの数値は、本来は計算に使うものではありませんが、使ってもほとんどの場合正しい結果が得られます。ただし、SUM関数やAVERAGE関数で参照した場合は正しい計算結果を得ることはできません。

重要度★★★　配列数式

Q 0808 配列数式って何？

A 配列として指定された複数の値やセルを参照する数式のことです。

「配列数式」とは、複数の値やセルを参照する数式です。たとえば、セル[C3:C6]のデータとセル[D3:D6]のデータをかけた結果をセル[E3]～[E6]に求める場合、セル[E3]に「＝C3:C6＊D3:D6」という数式を入力します。Ctrl＋Shift＋Enterを押して確定すると、数式の前後が「{ }」で囲まれた配列数式になります。

1 セル範囲を選択して、「＝C3:C6＊D3:D6」と入力し({ }は入力しません)、

2 Ctrl＋Shift＋Enterを押すと、

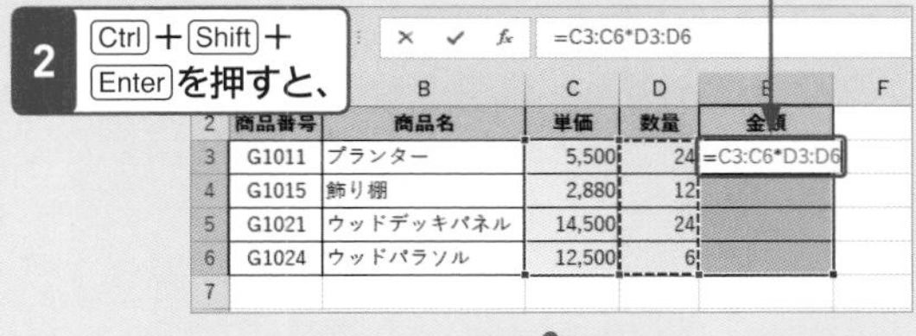

「{ }」は自動的に入力されます。

{=C3:C6*D3:D6}

商品番号	商品名	単価	数量	金額
G1011	プランター	5,500	24	132,000
G1015	飾り棚	2,880	12	34,560
G1021	ウッドデッキパネル	14,500	24	348,000
G1024	ウッドパラソル	12,500	6	75,000

3 計算結果が表示されます。

重要度 ★★★　配列数式

Q 0809 配列数式を削除したい！

配列数式を入力している場合、1つのセルの数式だけを削除することはできません。配列数式を削除するには、配列数式を入力したセル範囲を選択して Delete を押します。

A 配列数式を入力したセル範囲を選択して Delete を押します。

1 1つのセルの数式を削除しようとすると、メッセージが表示され削除できません。

2 ＜OK＞をクリックして、

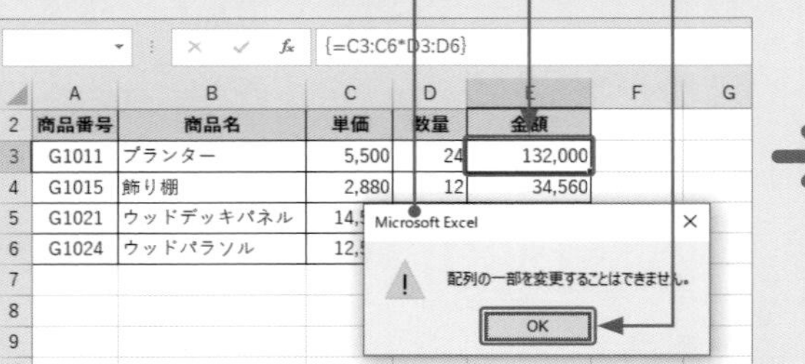

3 配列数式を入力したセル範囲を選択し、

	A	B	C	D	E	F	G
2	商品番号	商品名	単価	数量	金額		
3	G1011	プランター	5,500	24	132,000		
4	G1015	飾り棚	2,880	12	34,560		
5	G1021	ウッドデッキパネル	14,500	24	348,000		
6	G1024	ウッドパラソル	12,500	6	75,000		

4 Delete を押します。

重要度 ★★★　配列数式

Q 0810 配列数式を修正したい！

A 数式を数式バーで修正し、Ctrl＋Shift＋Enter を押して確定します。

セル範囲に配列数式を入力している場合、セル範囲中の1つのセルの数式を変更しようとすると、「配列の一部を変更することはできません。」というメッセージが表示されます。配列数式を修正する場合は、配列数式を入力したセルをクリックして数式バーで修正し、Ctrl＋Shift＋Enter を押して確定します。

1つのセルの数式を変更しようとすると、メッセージが表示され修正できません。

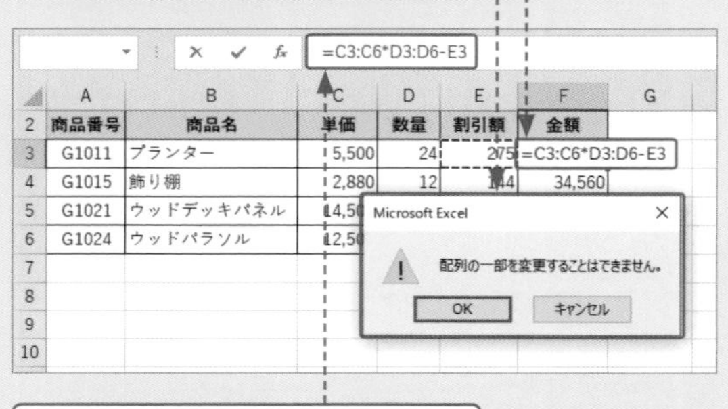

「{ }」は自動的に非表示になります。

1 配列数式が入力されているセルをクリックして、

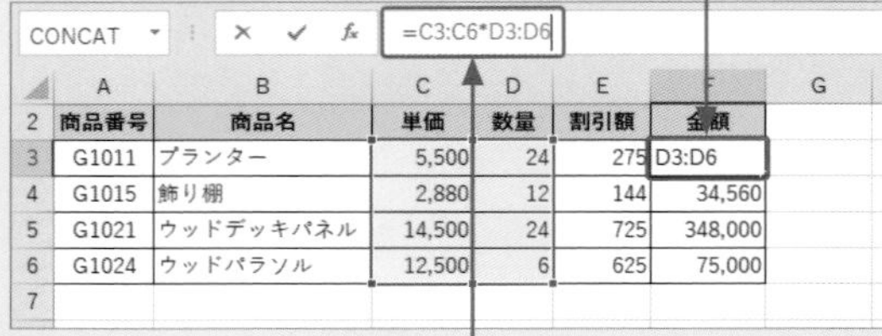

2 数式バーをクリックします。

3 数式を修正して、

4 Ctrl＋Shift＋Enter を押すと、

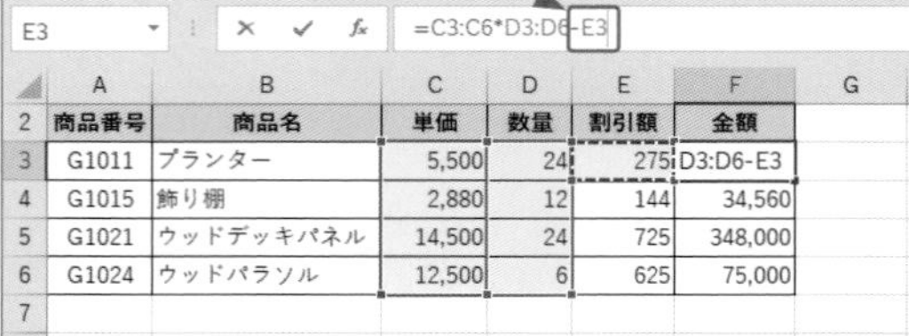

5 配列数式が修正されます。

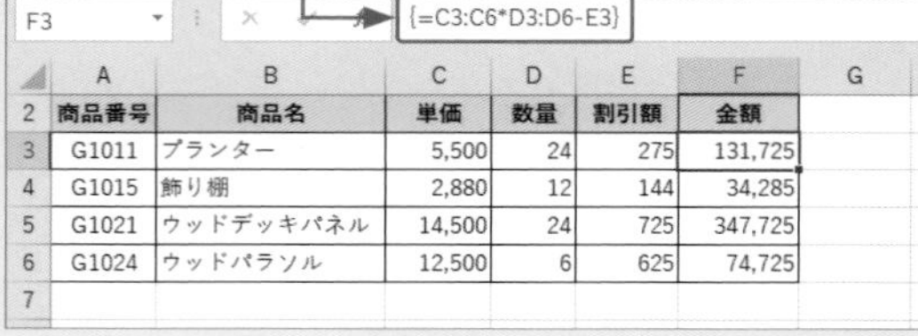

第15章

Excelの関数の「こんなときどうする?」

重要度 ★★★ 関数の基礎

Q 0811 関数って何？

A 特定の計算を行うためにあらかじめ用意されている機能のことです。

Excelでは数式を利用してさまざまな計算を行うことができますが、計算が複雑になると、指定する数値やセルが多くなり、数式がわかりにくくなる場合があります。そこで、複雑な数式のかわりとなるのが「関数」です。「関数」は、特定の計算を行うためにExcelにあらかじめ用意されている便利な機能のことです。関数を利用すれば、複雑な数式を覚えなくても、計算に必要な値を指定するだけで、簡単に計算結果を表示することができます。

● 数式で平均値を求める場合

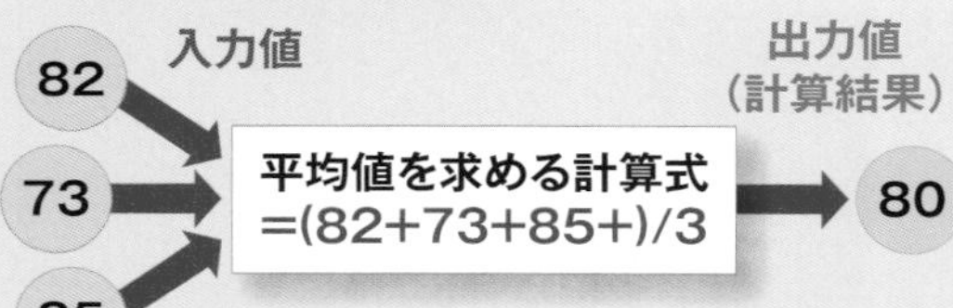

SUM | × ✓ fx | =(B3+B4+B5)/3

	A	B	C	D	E	F
1	営業担当者別販売数					
2	担当者名	防災セット1	防災セット2			
3	中川　洋一	82	75			
4	佐々木　豊	73	70			
5	坂本　優子	85	80			
6	平均販売数	=(B3+B4+B5)/3	75			
7						

● 関数を使って平均値を求める場合

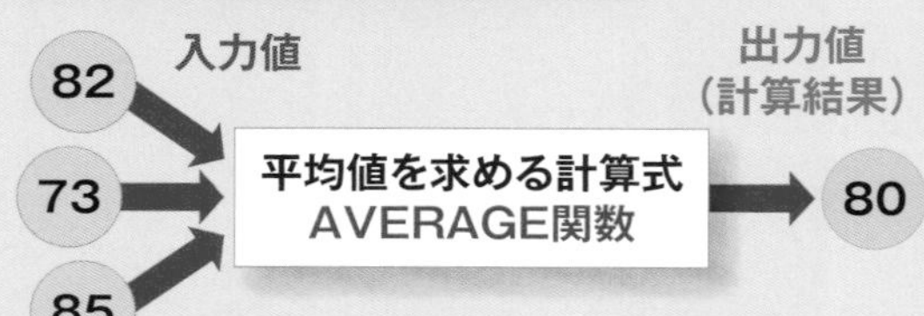

SUM | × ✓ fx | =AVERAGE(B3:B5)

	A	B	C	D	E	F
1	営業担当者別販売数					
2	担当者名	防災セット1	防災セット2			
3	中川　洋一	82	75			
4	佐々木　豊	73	70			
5	坂本　優子	85	80			
6	平均販売数	=AVERAGE(B3:B5)	75			
7						

重要度 ★★★ 関数の基礎

Q 0812 関数を記述する際のルールを知りたい！

A 必ず「=」（等号）から始まります。

関数では、入力する値を「引数（ひきすう）」、計算結果として返ってくる値を「戻り値（もどりち）」と呼びます。関数を利用するには、入力値である引数を決められた書式で記述する必要があります。

関数は、先頭に「=」（等号）を付けて関数名を入力し、後ろに引数をカッコ「( )」で囲んで指定します。引数の数が複数ある場合は、引数と引数の間を「,」（カンマ）で区切ります。引数に連続する範囲を指定する場合は、開始セルと終了セルを「:」（コロン）で区切ります。関数名や「=」「(」「)」「,」「:」などはすべて半角で入力します。

● 関数のイメージ

引数で指定された値を計算する

関数

引数
計算に必要な値を指定する

戻り値
計算結果を表示する

● 引数を「,」で区切って指定する

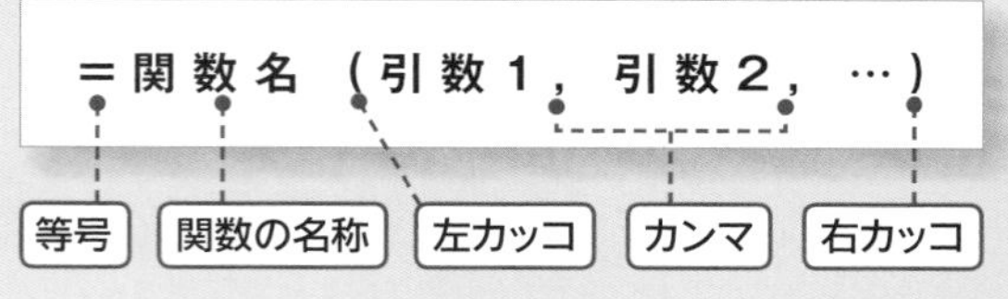

● 引数にセル範囲を指定する

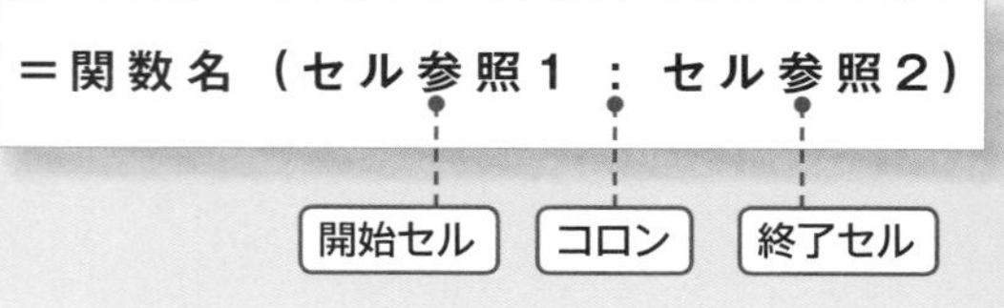

重要度 ★★★ 関数の基礎

Q 0813 新しく追加された関数を知りたい！

A Excel 2010以降に追加された主な関数は下表のとおりです。

Excelでは、バージョンアップするごとに新しい関数が追加されたり、既存の関数名が変更されたり、機能が更新されたりしています。下表にExcel 2010以降に追加された主な関数を紹介しますが、このほかにも多数の関数が追加されています。

なお、新しく追加された関数は、追加される以前のバージョンでは、使用できないので注意が必要です。

●Excel 2010以降に追加された主な関数

関数	関数の分類	バージョン
AGGREGATE	数学／三角	2010
NETWORKDAYS.INTL	日付と時刻	2010
RANK.AVG	統計	2010
STDEV.P	統計	2010
STDEV.S	統計	2010
WORKDAY.INTL	日付と時刻	2010
ARABIC	数学／三角	2013
CEILING.MATH	数学／三角	2013
DAYS	日付と時刻	2013
FLOOR.MATH	数学／三角	2013
NUMBERVALUE	文字列	2013
FORECAST.ETS	統計	2016
FORECAST.ETS.CONFINT	統計	2016
FORECAST.ETS.SEASONALITY	統計	2016
FORECAST.ETS.STAT	統計	2016
FORECAST.LINEAR	統計	2016
CONCAT	文字列操作	2019
IFS	論理	2019
MAXIFS	統計	2019
MINIFS	統計	2019
SWITCH	論理	2019
TEXTJOIN	文字列操作	2019

重要度 ★★★ 関数の基礎

Q 0814 互換性関数って何？

A 以前のバージョンとの互換性を保つために用意されている関数です。

Excelでは、バージョンアップに伴って新しい関数が追加されるとともに、既存の関数についても名前が変更されたり、機能が更新されたりしています。

「互換性関数」とは、Excel 2007以前のバージョンとの互換性を保つために、古い名前の関数が引き続き使用できるように用意されているものです。

互換性関数は、＜数式＞タブの＜その他の関数＞や、＜関数の挿入＞ダイアログボックスの＜関数の分類＞の＜互換性＞から利用できます。

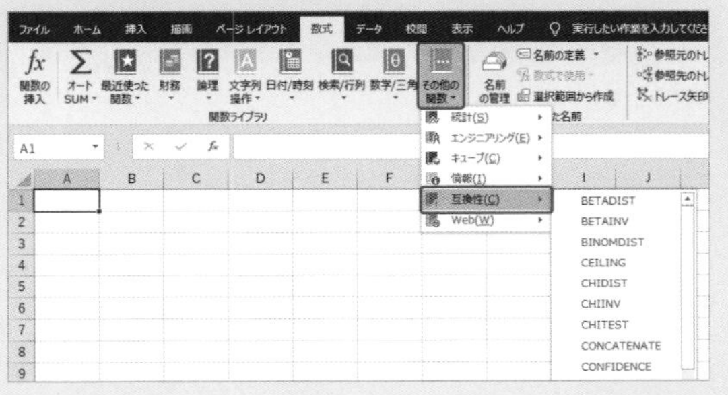

重要度 ★★★ 関数の基礎

Q 0815 自動再計算関数って何？

A ブックを開いたときに自動的に再計算される関数です。

「自動再計算関数」とは、ブックを開いたときに自動的に再計算される関数のことをいいます。自動再計算関数には、NOW、TODAY、INDIRECT、OFFSET、RANDなどがあります。これらの関数を使ったブックは、何も編集をしなくても、閉じるときに「変更内容を保存しますか？」というような確認のメッセージが表示されます。

自動再計算関数を使ったブックは、何も編集をしなくても、閉じるときに確認のメッセージが表示されます。

重要度 ★★★　関数の基礎

Q 0816 関数の入力方法を知りたい!

A ＜数式＞タブの各コマンドや数式バーのコマンドを利用します。

関数を入力するには、次の3通りの方法があります。

- ＜数式＞タブの＜関数ライブラリ＞グループのコマンドを使う。
- ＜数式＞タブや数式バーの＜関数の挿入＞コマンドを使う。
- セルや数式バーに直接関数を入力する。

入力したい関数が＜関数ライブラリ＞のどの分類にあるかを覚えてしまえば、＜関数ライブラリ＞のコマンドからすばやく関数を入力できます。関数の分類が不明な場合は、＜関数の挿入＞ダイアログボックスの＜関数の分類＞で＜すべて表示＞を選択して、一覧から選択することできます。

● ＜関数ライブラリ＞グループのコマンドを使用する

1 関数を入力するセルをクリックして、＜数式＞タブをクリックします。

2 関数の分類別のコマンド（ここでは＜その他の関数＞）をクリックして、

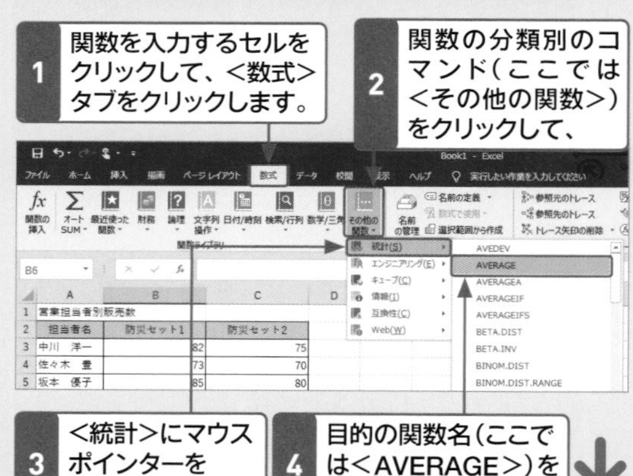

3 ＜統計＞にマウスポインターを合わせ、

4 目的の関数名（ここでは＜AVERAGE＞）をクリックします。

5 ＜関数の引数＞ダイアログボックスが表示されるので、必要な引数を入力（自動で入力された場合は確認）して、

6 ＜OK＞をクリックすると、

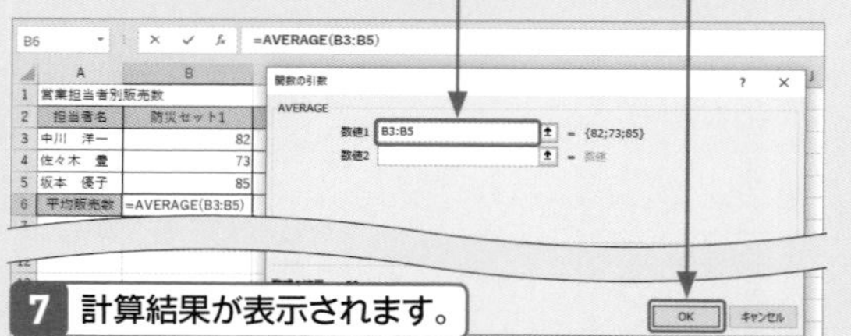

7 計算結果が表示されます。

● ＜関数の挿入＞ダイアログボックスを使用する

1 関数を入力するセルをクリックして、＜数式＞タブをクリックし、

2 ＜関数の挿入＞をクリックします。

ここをクリックしても同様です。

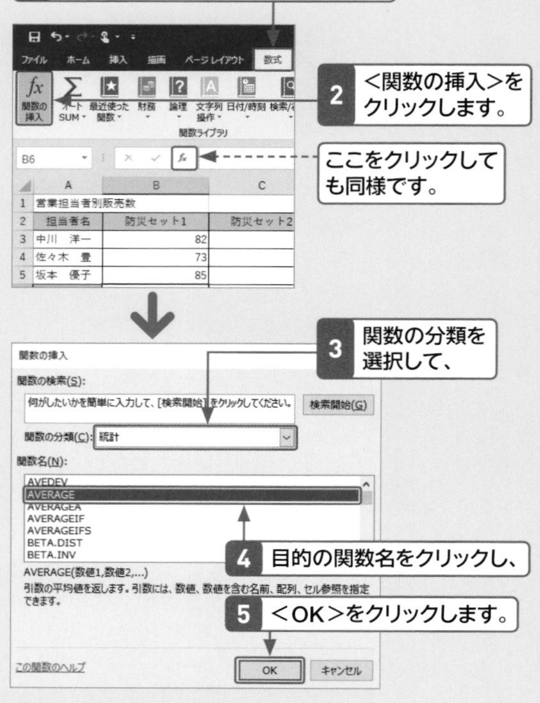

3 関数の分類を選択して、

4 目的の関数名をクリックし、

5 ＜OK＞をクリックします。

6 ＜関数の引数＞ダイアログボックスが表示されるので、同様に操作します。

● セルや数式バーに関数を直接入力する

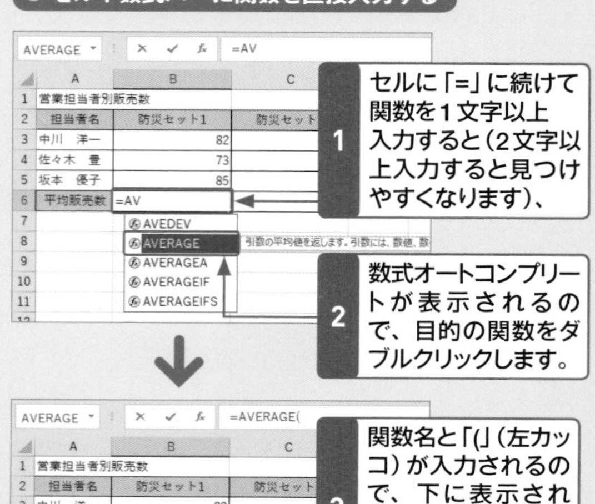

1 セルに「=」に続けて関数を1文字以上入力すると（2文字以上入力すると見つけやすくなります）、

2 数式オートコンプリートが表示されるので、目的の関数をダブルクリックします。

3 関数名と「(」（左カッコ）が入力されるので、下に表示されているヒントを参考にして引数を入力します。

重要度★★★ 関数の基礎

Q 0817 関数の種類や用途を知りたい!

A 関数の分類と機能を以下にまとめます。

<関数の挿入>ダイアログボックスの<関数の分類>では、関数が次のように機能別に分けられています。また、<数式>タブの<関数ライブラリ>にもほぼ同様の分類でコマンドが用意されています。コマンドがない関数は、<その他の関数>から選択できます。
使用したい関数がどの分類にあるかわからない場合は、使用目的を入力して検索することもできます。

参照▶Q 0818

関数の分類	機　能
財務	借入・返済、投資・貯蓄、減価償却などに関する計算
日付／時刻	日付や時刻に関する計算
数学／三角	四則演算や三角比の計算など、数学に関する計算
統計	平均値や最大値など、統計データを分析する計算
検索／行列	条件に一致するセルの値や位置の検索など
データベース	条件をもとに抽出したデータにおける、平均値や最大値などの計算
文字列操作	文字列の長さの判断や、特定の文字列の抽出など

関数の分類	機　能
論理	条件に対する真（TRUE）、偽（FALSE）の判断など
情報	セルの情報の取得など
エンジニアリング	n進数の変換や複素数の計算など、工学分野の計算
キューブ	オンライン分析処理で利用する多次元データベース「キューブ」を操作する
互換性	Excel 2007以前のバージョンと互換性のある関数
Web	インターネットやイントラネットからのデータの抽出

重要度★★★ 関数の基礎

Q 0818 どの関数を使ったらよいかわからない!

A <関数の挿入>ダイアログボックスに関数の使用目的を入力します。

<関数の挿入>ダイアログボックスを表示して、<関数の検索>にどのような計算をしたいのかを入力し、<検索開始>をクリックすると、該当する関数が一覧表示されます。検索に使用する語句は、文章にするのではなく、シンプルな語句や単語で検索すると、目的の関数を見つけやすくなります。

関数を選択すると、説明が表示されます。

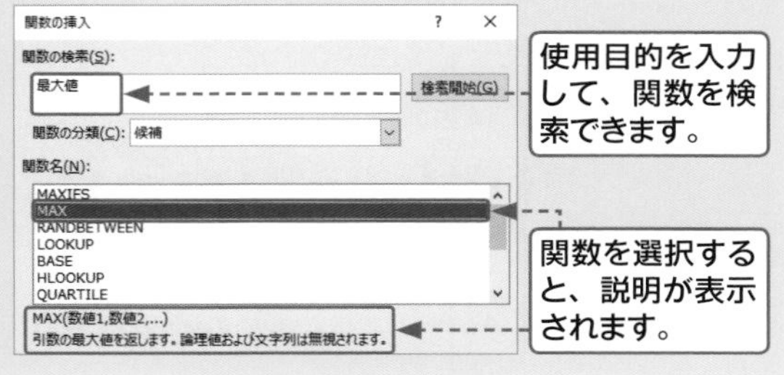

重要度★★★ 関数の基礎

Q 0819 使用したい関数のコマンドが見当たらない!

A 関数を直接セルに入力します。

DATEDIF関数など一部の関数は、<数式>タブの<関数ライブラリ>グループのコマンドや<関数の挿入>ダイアログボックスでは入力できません。このような関数は、セルに直接入力します。数式オートコンプリート機能が利用できるので、引数の入力方法を参考にできます。

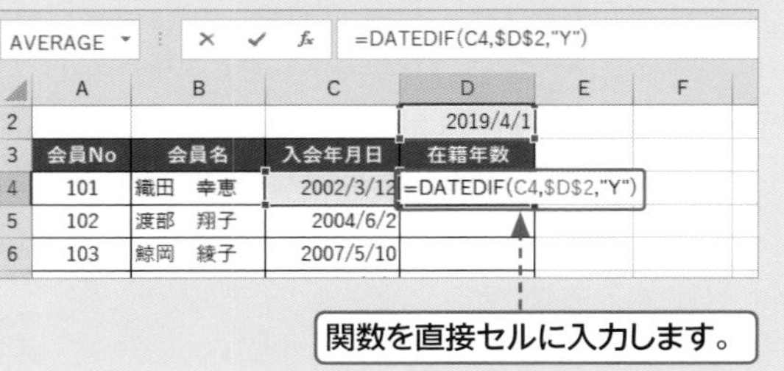

重要度 ★★★　関数の基礎

Q 0820 関数の中に関数を入力できるの？

A 2つ目以降の関数を＜関数＞ボックスから選択します。

=IF(AVERAGE($B$3:$B$7)<=B3,"○","×")のような数式を入力するには、最初にIF関数を入力したあと、2つ目のAVERAGE関数を＜関数＞ボックスから入力して、引数を指定します。さらに、数式バーをクリックしてIF関数に戻り、引数を指定します。

最初に1つ目の関数を入力します。

1 関数を入力するセルをクリックして、＜数式＞タブをクリックし、

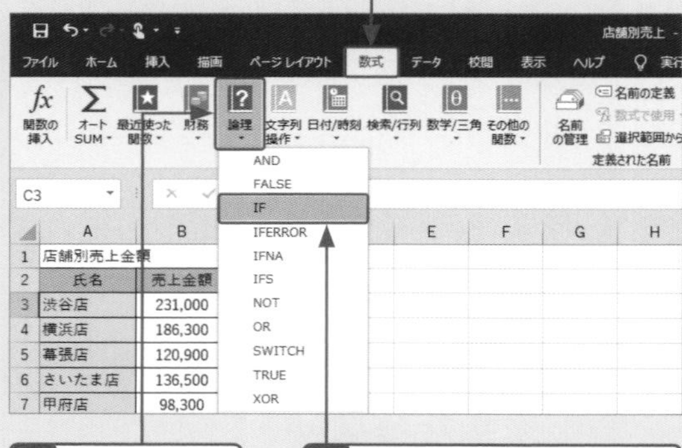

2 ＜論理＞をクリックして、

3 目的の関数（ここでは＜IF＞）をクリックします。

内側に追加する関数を入力します。

4 ＜関数＞ボックスのここをクリックして、

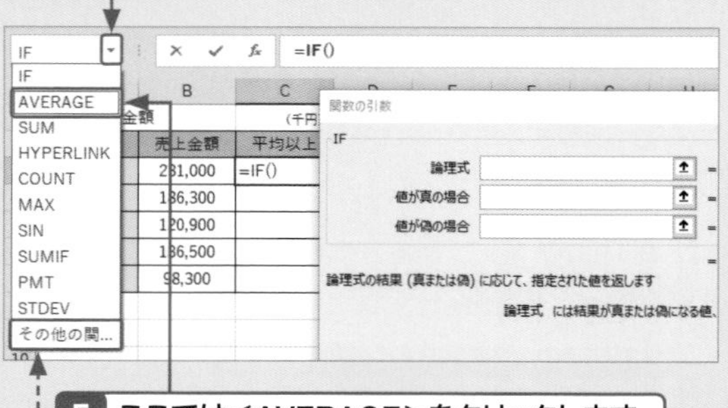

5 ここでは＜AVERAGE＞をクリックします。

一覧に目的の関数がない場合は、＜その他の関数＞をクリッして関数を選択します。

6 セル範囲をドラッグして指定し、

7 F4 を押して引数を絶対参照に切り替えます。

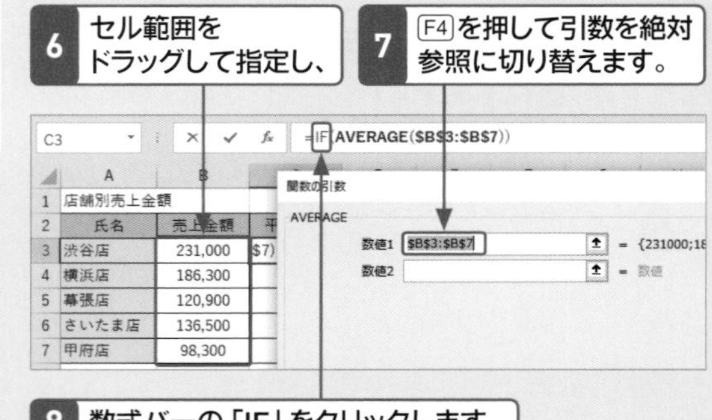

8 数式バーの「IF」をクリックします。

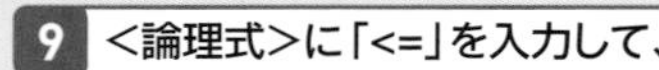

IF関数に戻って引数を指定します。

9 ＜論理式＞に「<=」を入力して、

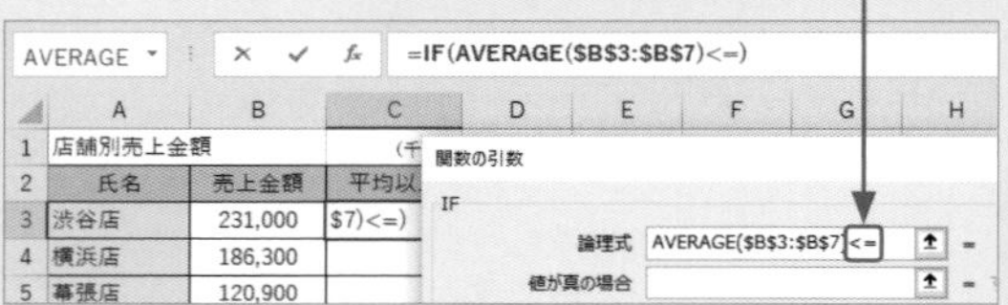

10 比較対象とするセルをクリックします。

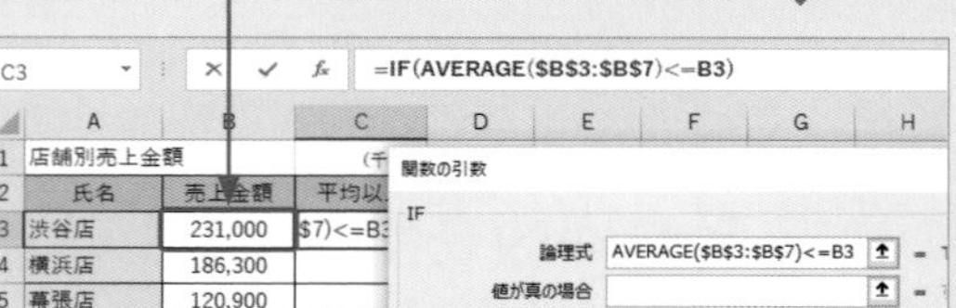

11 ＜値が真の場合＞に「○」を入力し、

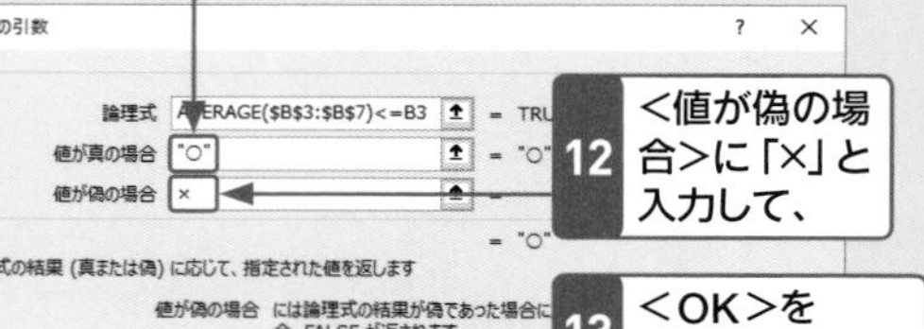

12 ＜値が偽の場合＞に「×」と入力して、

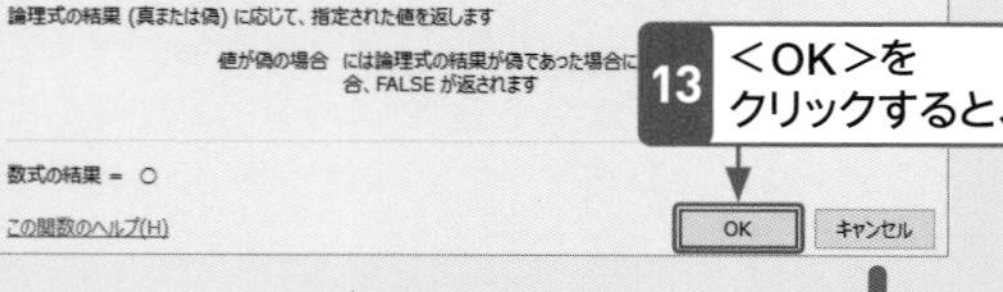

13 ＜OK＞をクリックすると、

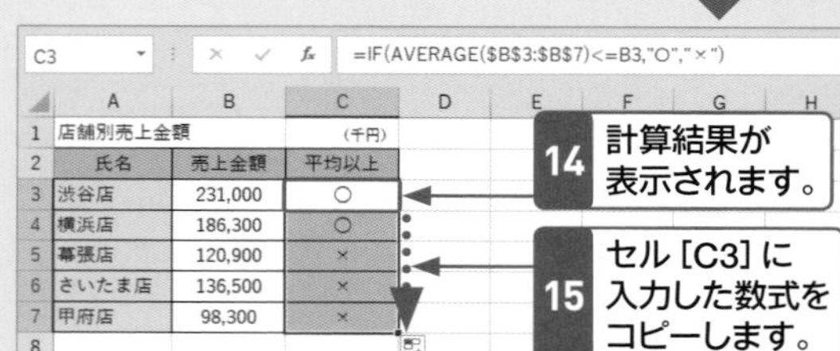

14 計算結果が表示されます。

15 セル[C3]に入力した数式をコピーします。

重要度 ★★★ 関数の基礎

Q 0821 関数や引数に何を指定するのかわからない!

A 数式オートコンプリートやヒントを利用します。

セルに関数を直接入力する際、関数や引数に何を指定するかわからなくなってしまった場合は、数式オートコンプリートやヒントを利用するとよいでしょう。

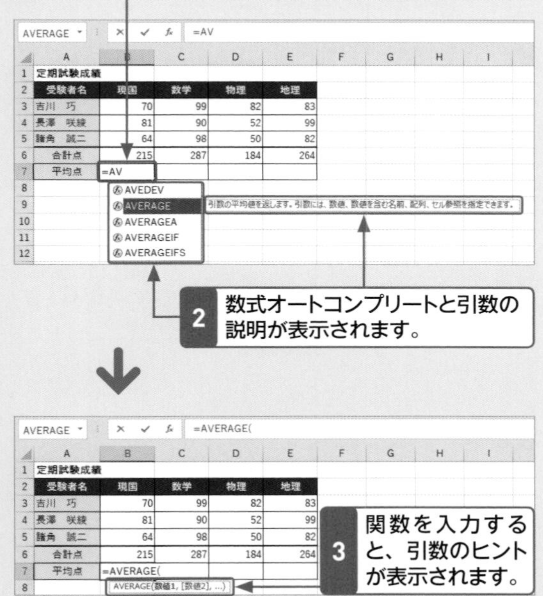

1 セルに「=」に続けて関数を1～2文字入力すると、
2 数式オートコンプリートと引数の説明が表示されます。
3 関数を入力すると、引数のヒントが表示されます。

重要度 ★★★ 関数の基礎

Q 0822 関数に読み方はあるの?

A 関数の正式な読み方は決まっていません。

Excelに用意されている関数の正式な読み方は決まっていません。一般的には、「AVERAGE関数」「TODAY関数」のような英単語そのものの関数は、辞書のとおり「アベレージ」「トゥディ」と読みます。「FV関数」のように略語の関数名の場合は、そのまま「エフブイ」と読む人が多いようです。

重要度 ★★★ 関数の基礎

Q 0823 合計や平均をかんたんに求めるには?

A <オートSUM>コマンドを利用します。

合計や平均を求める場合、SUM関数やAVERAGE関数を使用しますが、<ホーム>タブの<編集>グループや、<数式>タブの<関数ライブラリ>にある<オートSUM>を利用すると、よりかんたんに求めることができます。ここでは合計を求めてみましょう。

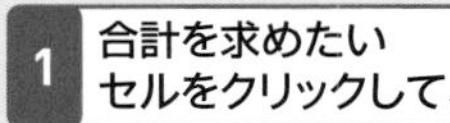

1 合計を求めたいセルをクリックして、

2 <数式>タブをクリックします。

3 <オートSUM>のここをクリックして、

4 <合計>をクリックすると、

5 計算の対象となるセル範囲が自動的に選択されます。

6 範囲に間違いがないかどうか確認して、Enterを押すと、

7 合計を求めることができます。

重要度 ★★★ 数値を丸める

0824 ROUNDDOWN、TRUNC、INT関数の違いを知りたい！

A 数値が負の数のときの値や引数を省略できるかどうかなどが違います。

TRUNC関数とINT関数はどちらも数値を指定の桁位置に合わせて切り捨てる関数です。数値が正の数の場合は同じ値が返されますが、数値が負の数のときは、異なる値が返されます。たとえば、「-3.55」という数値の場合、TRUNC関数は単純に小数部を切り捨てた「-3」を返しますが、INT関数は小数部の値に基づいて、より小さい値である「-4」を返します。
ROUNDDOWN関数も数値を切り捨てる関数ですが、TRUNC関数やINT関数のように引数「桁数」を省略できません。

=TRUNC(A2)
セル［A2］の数値を小数点以下で切り捨てた整数が求められます。

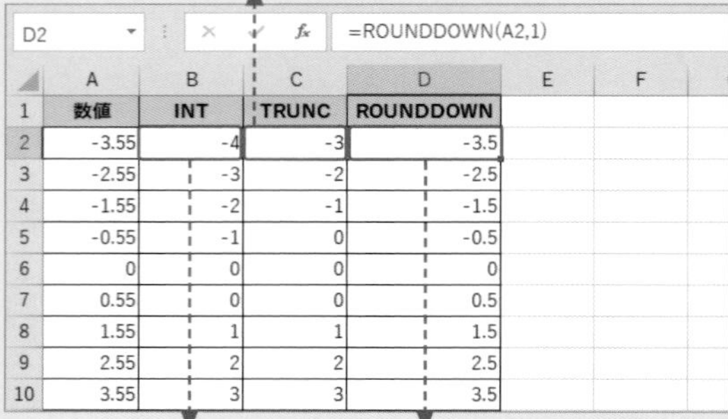

	A	B	C	D
1	数値	INT	TRUNC	ROUNDDOWN
2	-3.55	-4	-3	-3.5
3	-2.55	-3	-2	-2.5
4	-1.55	-2	-1	-1.5
5	-0.55	-1	0	-0.5
6	0	0	0	0
7	0.55	0	0	0.5
8	1.55	1	1	1.5
9	2.55	2	2	2.5
10	3.55	3	3	3.5

=INT(A2)
セル［A2］の数値を超えない最大の整数が求められます。

=ROUNDDOWN(A2,1)
セル［A2］の数値を小数点第2位以下で切り捨てた整数が求められます。

重要度 ★★★ 数値を丸める

0825 消費税を計算したい！

A INT関数を使用します。

消費税を計算するには、通常、金額に現在の税率（8%のときは「0.08」、10%のときは「0.1」）をかけて消費税額を計算し、INT関数を使用して小数点以下を切り捨てます。なお、小数点以下を切り上げる場合はROUNDUP関数を使用します。 参照▶Q 0827

1 結果を表示するセルをクリックして、＜数式＞タブをクリックし、

2 ＜数学／三角＞をクリックして、

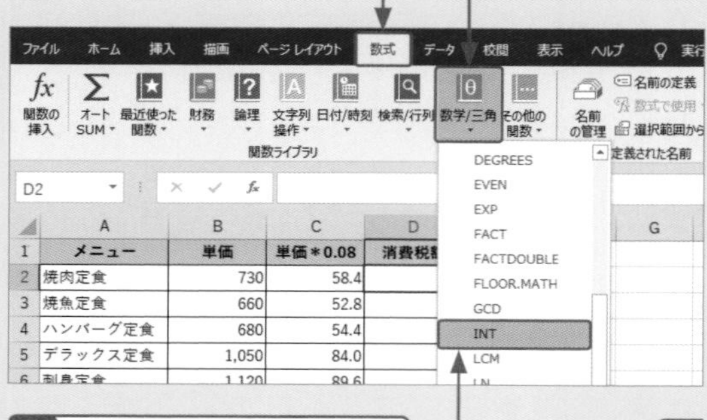

3 ＜INT＞をクリックします。

4 消費税のもとになるセルを指定して、

5 「＊0.08」（10%の場合は「＊0.1」）と入力します。

6 ＜OK＞をクリックすると、

7 消費税が計算され、小数点以下は切り捨てられます。

8 数式をほかのセルにコピーします。

	A	B	C	D
1	メニュー	単価	単価＊0.08	消費税額
2	焼肉定食	730	58.4	58
3	焼魚定食	660	52.8	52
4	ハンバーグ定食	680	54.4	54
5	デラックス定食	1,050	84.0	84
6	刺身定食	1,120	89.6	89

関数の書式 =INT(数値)

数学／三角関数 数値の小数部を切り捨てて、整数にした数値を求める。

重要度 ★★★　数値を丸める

Q 0826 数値を四捨五入したい！

A ROUND関数を使用します。

数値を四捨五入するには、ROUND関数を使用します。四捨五入する桁は、引数「桁数」で指定します。たとえば、小数点以下第2位を四捨五入して小数点以下第1位までの数値にするときは、桁数に「1」を指定します。

=ROUND(A2,1)　=ROUND(A2,3)

C5　=ROUND(A2,1)

	A	B	C	D	E	F
1	元の数値					
2	1234.56789					
4	小数点以下桁数	0	1	2	3	4
5	計算結果	1235	1234.6	1234.57	1234.568	1234.5679
6						

関数の書式 =ROUND(数値,桁数)

数学／三角関数　数値を四捨五入して指定した桁数にする。引数「桁数」には、四捨五入する桁の1つ上の桁数を指定する。

重要度 ★★★　数値を丸める

Q 0827 数値を切り上げ／切り捨てしたい！

A ROUNDUP関数とROUNDDOWN関数を使用します。

数値を切り上げるにはROUNDUP関数を、切り捨てるにはROUNDDOWN関数を使用します。それぞれの書式はROUND関数と同じです。 参照▶Q 0826

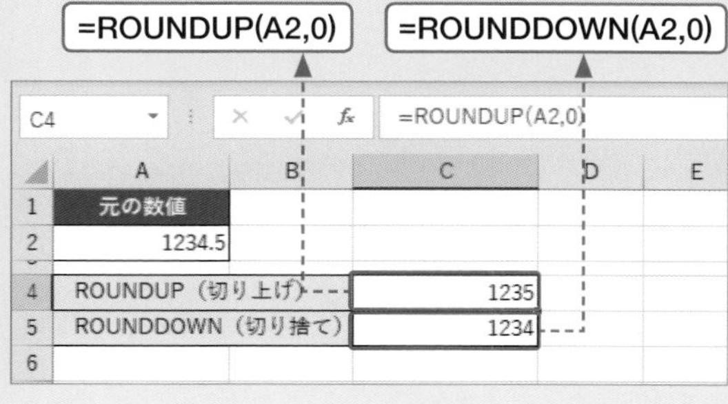

重要度 ★★★　数値を丸める

Q 0828 ROUND関数と表示形式で設定する四捨五入の違いは？

A ROUND関数では数値自体が四捨五入されます。

ROUND関数では数値自体が四捨五入されます。表示形式で小数点以下を非表示にすると四捨五入したように見えますが、セルに入力されている数値自体は変わりません。下図は、ROUND関数と表示形式で四捨五入した値をそれぞれ2倍したものです。見た目の数値は同じですが、計算結果が異なっています。

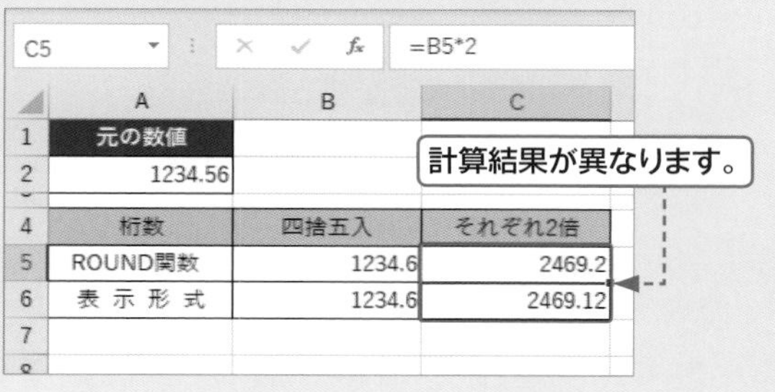

C5
=B5*2
元の数値
1234.56
計算結果が異なります。
桁数
四捨五入
それぞれ2倍
ROUND関数
1234.6
2469.2
表示形式
1234.6
2469.12

重要度 ★★★　数値を丸める

Q 0829 数値を1の位や10の位で四捨五入したい！

A ROUND関数の引数に負の数を指定します。

ROUND関数の桁数に負の数を指定すると、数値の整数部を四捨五入できます。桁数には、1の位を四捨五入する場合は「-1」、100の位を四捨五入する場合は「-3」というように、四捨五入する桁に「マイナス」を付けたものを指定します。 参照▶Q 0826

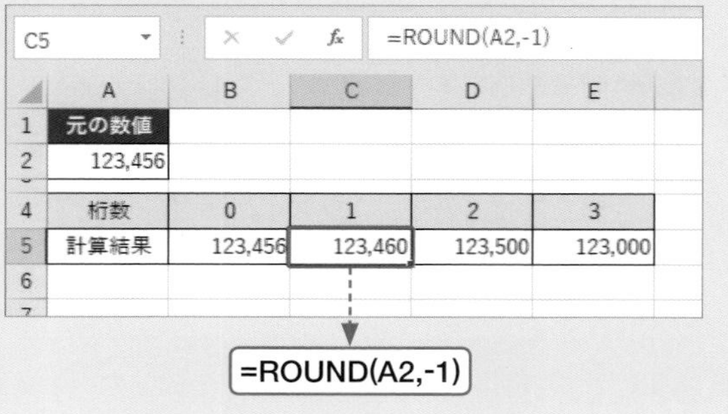

11 基本と入力
12 編集
13 書式
14 計算
15 関数
16 グラフ
17 データベース
18 印刷
19 ファイル
20 連携・共同編集

重要度 ★★★ 個数や合計を求める

Q 0830 自動的に選択されたセル範囲を変更したい！

A セル範囲をドラッグして変更します。

＜オートSUM＞を使って合計や平均などを計算すると、計算の対象となるセル範囲が自動的に選択され、破線で囲まれます。選択されたセル範囲が正しい場合は、そのまま Enter を押します。間違っている場合は、セル範囲をドラッグして変更したあと、Enter を押します。

＜オートSUM＞を使って、平均を求めています。

1 計算の対象となるセル範囲が自動的に選択されますが、範囲が間違っています。

INT　=AVERAGE(B3:B6)

	A	B	C	D	E
1	2019年度 第1四半期地域別売上				(千円)
2		東日本	東海	西日本	合計
3	4月	1,830	1,694	1,684	5,208
4	5月	1,933	1,759	1,624	5,316
5	6月	1,975	1,757	1,981	5,713
6	合計	5,738	5,210	5,289	16,237
7	月平均	=AVERAGE(B3:B6)			
8		AVERAGE(数値1, [数値2], ...)			

この場合は、合計のセルも範囲に含まれています。

2 正しいセル範囲をドラッグすると、変更できます。

B3　=AVERAGE(B3:B5)

	A	B	C	D	E
1	2019年度 第1四半期地域別売上				(千円)
2		東日本	東海	西日本	合計
3	4月	1,830	1,694	1,684	5,208
4	5月	1,933	1,759	1,624	5,316
5	6月	1,975	1,757	1,981	5,713
6	合計	5,738	5,210	5,289	16,237
7	月平均	=AVERAGE(B3:B5)			
8		AVERAGE(数値1, [数値2], ...)			

重要度 ★★★ 個数や合計を求める

Q 0831 離れたセルの合計を求めたい！

A Ctrl を押しながら2つ目以降のセルを選択します。

＜オートSUM＞を使って離れたセルの合計を求めるには、計算結果を表示したいセルをクリックして、＜オートSUM＞をクリックします。続いて、1つ目のセルを選択したあと、Ctrl を押しながら2つ目以降のセルを選択し、Enter を押します。

1 結果を表示したいセルをクリックして、

2 ＜数式＞タブをクリックし、

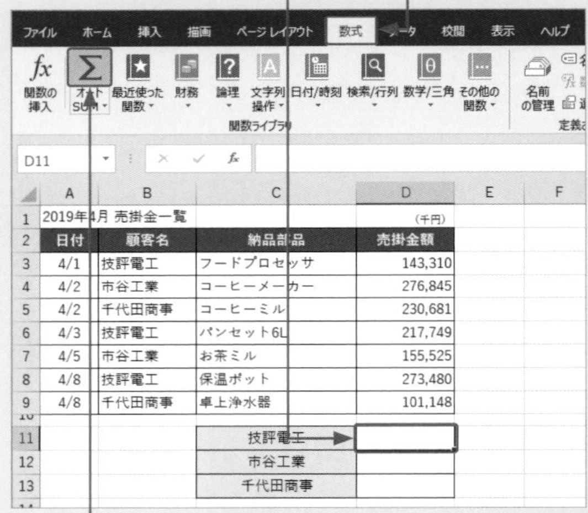

	A	B	C	D
1	2019年4月 売掛金一覧			(千円)
2	日付	顧客名	納品部品	売掛金額
3	4/1	技評電工	フードプロセッサ	143,310
4	4/2	市谷工業	コーヒーメーカー	276,845
5	4/2	千代田商事	コーヒーミル	230,681
6	4/3	技評電工	パンセット6L	217,749
7	4/5	市谷工業	お茶ミル	155,525
8	4/8	技評電工	保温ポット	273,480
9	4/8	千代田商事	卓上浄水器	101,148
11			技評電工	
12			市谷工業	
13			千代田商事	

3 ＜オートSUM＞をクリックします。

4 セル［D3］をクリックしたあと、

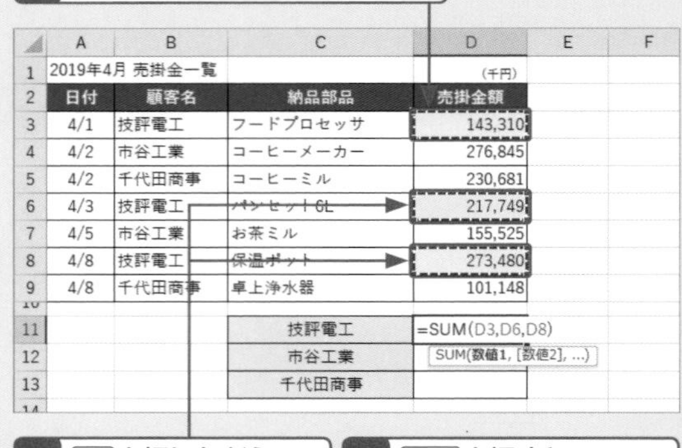

	A	B	C	D
1	2019年4月 売掛金一覧			(千円)
2	日付	顧客名	納品部品	売掛金額
3	4/1	技評電工	フードプロセッサ	143,310
4	4/2	市谷工業	コーヒーメーカー	276,845
5	4/2	千代田商事	コーヒーミル	230,681
6	4/3	技評電工	パンセット6L	217,749
7	4/5	市谷工業	お茶ミル	155,525
8	4/8	技評電工	保温ポット	273,480
9	4/8	千代田商事	卓上浄水器	101,148
11			技評電工	=SUM(D3,D6,D8)
12			市谷工業	SUM(数値1, [数値2], ...)
13			千代田商事	

5 Ctrl を押しながらセル［D6］と［D8］をクリックし、

6 Enter を押すと、選択したセルの合計が求められます。

重要度 ★★★ 個数や合計を求める

Q 0832 小計と総計を同時に求めたい！

A 小計と総計を求めるセル範囲を選択して合計します。

表の中に、小計行と総計行がある場合、これらを同時に求めることができます。Ctrl を押しながら小計行と総計行のセルをそれぞれ選択し、<数式>タブの<オートSUM>をクリックすると、選択した列の小計と総計の値が同時に求められます。

なお、セル範囲を選択する際、項目見出しを含めて選択したり、小計と合計のセル範囲を同時に選択したりすると正しく計算されないので、注意が必要です。

1 小計を表示する1つ目のセル範囲を選択します。

2 Ctrl を押しながらもう1つの小計を表示するセル範囲と、合計を表示するセル範囲をそれぞれ選択します。

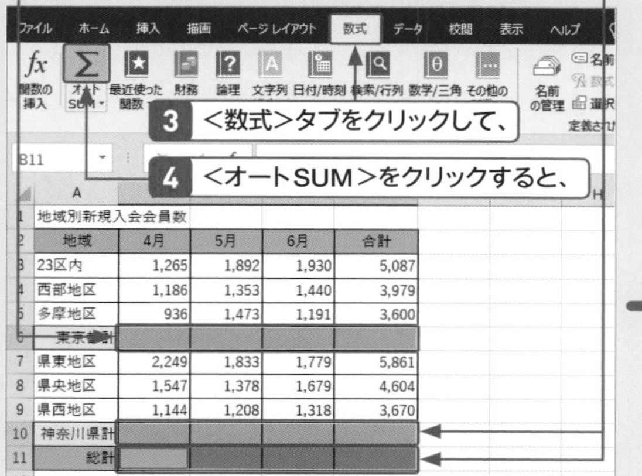

3 <数式>タブをクリックして、
4 <オートSUM>をクリックすると、

5 小計と総計の値が同時に求められます。

B11 =SUM(B10,B6)

	A	B	C	D	E
1	地域別新規入会会員数				
2	地域	4月	5月	6月	合計
3	23区内	1,265	1,892	1,930	5,087
4	西部地区	1,186	1,353	1,440	3,979
5	多摩地区	936	1,473	1,191	3,600
6	東京都計	3,387	4,718	4,561	12,666
7	県東地区	2,249	1,833	1,779	5,861
8	県央地区	1,547	1,378	1,679	4,604
9	県西地区	1,144	1,208	1,318	3,670
10	神奈川県計	4,940	4,419	4,776	14,135
11	総計	8,327	9,137	9,337	26,801

重要度 ★★★ 個数や合計を求める

Q 0833 データの増減に対応して合計を求めたい！

A SUM関数の引数に「列番号:列番号」と指定します。

SUM関数でデータを集計している場合、データが追加されると、集計するセル範囲も変更しなくてはならないので面倒です。このような場合は、引数に「C:C」のように「列番号:列番号」と指定すると、データが追加されるたびに自動的に集計結果も変更されます。

関数の書式	=SUM(数値1,数値2,…)
数学／三角関数	数値の合計を求める。

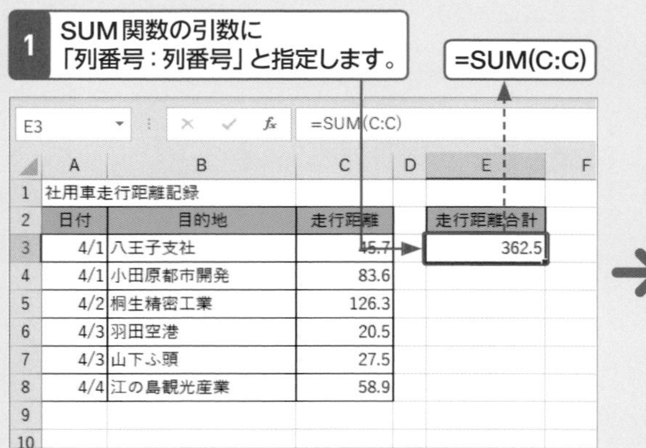

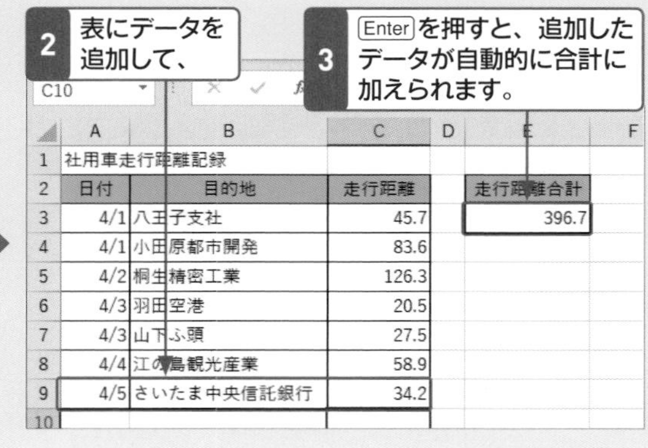

重要度 ★★★ 個数や合計を求める

Q 0834 列と行の合計をまとめて求めたい！

A 合計対象と計算結果を表示するセル範囲をまとめて選択します。

計算対象のセル範囲と計算結果を表示するセル範囲をまとめて選択し、＜数式＞タブの＜オートSUM＞をクリックすると、選択した範囲の列合計、行合計、総合計をまとめて求めることができます。

1 合計を表示するセルも含めて、セル範囲を選択します。

2 ＜数式＞タブをクリックして、

3 ＜オートSUM＞をクリックすると、

	A	B	C	D	E	F
1	教室別会員数					
2	教室名	Sクラス	中級	初級	合計	
3	渋谷本校	185	224	287		
4	お台場校	55	85	120		
5	六本木校	61	106	156		
6	品川校	121	112	162		
7	町田校	109	90	195		
8	合計					
9						

4 列と行の合計と総合計をまとめて求めることができます。

	A	B	C	D	E	F
1	教室別会員数					
2	教室名	Sクラス	中級	初級	合計	
3	渋谷本校	185	224	287	696	
4	お台場校	55	85	120	260	
5	六本木校	61	106	156	323	
6	品川校	121	112	162	395	
7	町田校	109	90	195	394	
8	合計	531	617	920	2,068	
9						

重要度 ★★★ 個数や合計を求める

Q 0835 「0」が入力されたセルを除いて平均値を求めたい！

A SUM関数とCOUNTIF関数を組み合わせます。

AVERAGE関数を使用すると、「0」も1個のデータとして計算されるため、場合によっては正しい結果が求められません。「0」を除外して平均値を求めたいときは、SUM関数とCOUNTIF関数を使用します。
下の例では、まず、SUM関数で「データ」が入力されているセル範囲［B2:B6］の合計を求めます。次に、COUNTIF関数で、セル範囲［B2:B6］の中から「0」でない数値を数えて、SUM関数で求めた合計を割っています。
なお、「<>」は、左辺と右辺が等しくないという意味を表す比較演算子です。比較演算子を検索条件に指定する場合は、文字列を指定するときと同様、「"」（ダブルクォーテーション）で囲む必要があります。比較演算子には、ほかに下表のようなものがあります。

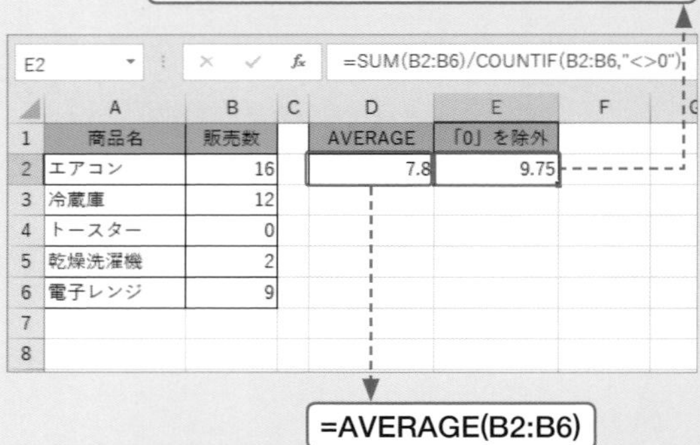

● 比較演算子

記号	意味
=	左辺と右辺が等しい
>	左辺が右辺よりも大きい
<	左辺が右辺よりも小さい
>=	左辺が右辺以上である
<=	左辺が右辺以下である
<>	左辺と右辺が等しくない

関数の書式 =COUNTIF（範囲,検索条件）

統計関数 検索条件に一致するセルの個数を数える。

Q 0836 累計を求めたい!

A 最初のセルを絶対参照にして、数式をコピーします。

行ごとに累計を求める場合は、SUM関数とセルの参照形式をうまく使いこなすと、1つの関数を入力してコピーするだけで、計算結果を求めることができます。累計を求める場合は、計算する最初のセルを絶対参照にし、開始セルはそのままに、終了セルの行番号を変化させます。

なお、下の手順4で指定する最初の累計は、計算の対象となるセルが1つしかないので、セル範囲の最初と最後は同じセル番号になります。

1 累計を求める最初のセルをクリックして、「=SUM(」と入力し、

E3　=SUM(E3

	A	B	C	D	E	F	G	H
1	日別入場者数							
2	日	曜日	午前	午後	日合計	累計数		
3	5月1日	水	1,544	1,984	3,528	=SUM(E3		
4	5月2日	木	2,283	2,088	4,371	SUM(数値1, [数値2], ...)		
5	5月3日	金	2,134	1,710	3,844			
6	5月4日	土	1,966	2,255	4,221			
7	5月5日	日	2,434	2,259	4,693			
8	5月6日	月	1,546	2,081	3,627			
9	5月7日	火	2,033	1,662	3,695			
10								

2 セル範囲の最初のセル番号を入力して、

3 F4 を押して絶対参照にします。

E3　=SUM($E$3

	A	B	C	D	E	F	G	H
1	日別入場者数							
2	日	曜日	午前	午後	日合計	累計数		
3	5月1日	水	1,544	1,984	3,528	=SUM($E$3		
4	5月2日	木	2,283	2,088	4,371	SUM(数値1, [数値2], ...)		
5	5月3日	金	2,134	1,710	3,844			
6	5月4日	土	1,966	2,255	4,221			
7	5月5日	日	2,434	2,259	4,693			
8	5月6日	月	1,546	2,081	3,627			
9	5月7日	火	2,033	1,662	3,695			
10								

4 「$3」の後ろをクリックしてから「:」を入力し、セル範囲の最後のセル番号を入力し、

5 「)」と入力します。

F3　=SUM($E$3:E3)

	A	B	C	D	E	F	G	H
1	日別入場者数							
2	日	曜日	午前	午後	日合計	累計数		
3	5月1日	水	1,544	1,984	3,528	=SUM($E$3:E3)		
4	5月2日	木	2,283	2,088	4,371			
5	5月3日	金	2,134	1,710	3,844			
6	5月4日	土	1,966	2,255	4,221			
7	5月5日	日	2,434	2,259	4,693			
8	5月6日	月	1,546	2,081	3,627			
9	5月7日	火	2,033	1,662	3,695			
10								

6 Enter を押すと、最初の累計が計算できます。

F4

	A	B	C	D	E	F	G	H
1	日別入場者数							
2	日	曜日	午前	午後	日合計	累計数		
3	5月1日	水	1,544	1,984	3,528	3,528		
4	5月2日	木	2,283	2,088	4,371			
5	5月3日	金	2,134	1,710	3,844			
6	5月4日	土	1,966	2,255	4,221			
7	5月5日	日	2,434	2,259	4,693			
8	5月6日	月	1,546	2,081	3,627			
9	5月7日	火	2,033	1,662	3,695			
10								

7 セル[F3]に入力した数式をコピーすると、

	A	B	C	D	E	F	G	H
1	日別入場者数							
2	日	曜日	午前	午後	日合計	累計数		
3	5月1日	水	1,544	1,984	3,528	3,528		
4	5月2日	木	2,283	2,088	4,371			
5	5月3日	金	2,134	1,710	3,844			
6	5月4日	土	1,966	2,255	4,221			
7	5月5日	日	2,434	2,259	4,693			
8	5月6日	月	1,546	2,081	3,627			
9	5月7日	火	2,033	1,662	3,695			
10								

8 それぞれの累計を求めることができます。

	A	B	C	D	E	F	G	H
1	日別入場者数							
2	日	曜日	午前	午後	日合計	累計数		
3	5月1日	水	1,544	1,984	3,528	3,528		
4	5月2日	木	2,283	2,088	4,371	7,899		
5	5月3日	金	2,134	1,710	3,844	11,743		
6	5月4日	土	1,966	2,255	4,221	15,964		
7	5月5日	日	2,434	2,259	4,693	20,657		
8	5月6日	月	1,546	2,081	3,627	24,284		
9	5月7日	火	2,033	1,662	3,695	27,979		
10								

重要度 ★★★　個数や合計を求める

Q 0837 データの個数を数えたい！

A COUNT関数やCOUNTA関数を用途に応じて使用します。

データの個数を数えるには、数値が入力されているセルの個数のみを数えるCOUNT関数と、空白以外のセルの個数を数えるCOUNTA関数があります。
COUNT関数は、セルに入力されたデータが数値以外の場合はカウントされません。このため、数値が表示されている場合でも、そのデータが文字列として扱われている場合はカウントされません。
また、COUNTA関数は、セルに全角や半角のスペースが入力されている場合は、正しくカウントされません。カウント数がおかしい場合は、全角や半角のスペースが入力されていないかを確認する必要があります。

● COUNT関数とCOUNTA関数を使い分ける

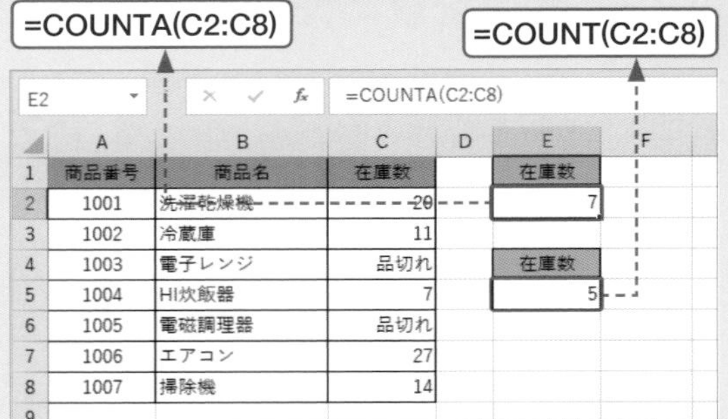

	A	B	C	D	E
1	商品番号	商品名	在庫数		在庫数
2	1001	洗濯乾燥機	20		7
3	1002	冷蔵庫	11		
4	1003	電子レンジ	品切れ		在庫数
5	1004	HI炊飯器	7		5
6	1005	電磁調理器	品切れ		
7	1006	エアコン	27		
8	1007	掃除機	14		

関数の書式　=COUNT(値1,値2,…)
統計関数　数値が入力されているセルの個数を数える。

関数の書式　=COUNTA(値1,値2,…)
統計関数　空白以外のセルの個数を数える。

重要度 ★★★　個数や合計を求める

Q 0838 条件に一致するデータが入力されたセルを数えたい！

A COUNTIF関数を使用します。

条件に一致するデータが入力されたセルの個数を数えるには、COUNTIF関数を使用します。検索条件に文字列を指定する場合は、「"」(ダブルクォーテーション)で囲む必要があります。

参照 ▶ Q 0835

「更新可」と「更新不可」の人数をそれぞれ数えています。

=COUNTIF(C2:C9,"可")

G2　=COUNTIF(C2:C9,"可")

	A	B	C	D	E	F	G
1	会員番号	会員名	更新	クラス	所属教室		更新可能人数
2	1001	山本　昌和	可	Sクラス	渋谷本校		6
3	1002	名古屋　悟	可	Aクラス	六本木校		
4	1003	諸星　卓也	不可	Bクラス	六本木校		更新不可能人数
5	1004	成沢　京子	可	Aクラス	お台場校		2
6	1005	早乙女　潤	可	Aクラス	渋谷本校		
7	1006	坂本　延江	可	Sクラス	渋谷本校		
8	1007	田代　綾子	不可	Bクラス	町田校		
9	1008	飯島　達也	可	Aクラス	お台場校		
10							

=COUNTIF(C2:C9,"不可")

重要度 ★★★　個数や合計を求める

Q 0839 「○以上」の条件を満たすデータを数えたい！

A COUNTIF関数で比較演算子を使った条件式を指定します。

「○以上」の条件を満たすセルの個数を数えるには、COUNTIF関数の検索条件に、比較演算子を使った条件式を指定します。比較演算子を検索条件に指定する場合は、文字列を指定するときと同様、「"」(ダブルクォーテーション)で囲む必要があります。

参照 ▶ Q 0835

売上が6,000万円以上の件数を数えています。

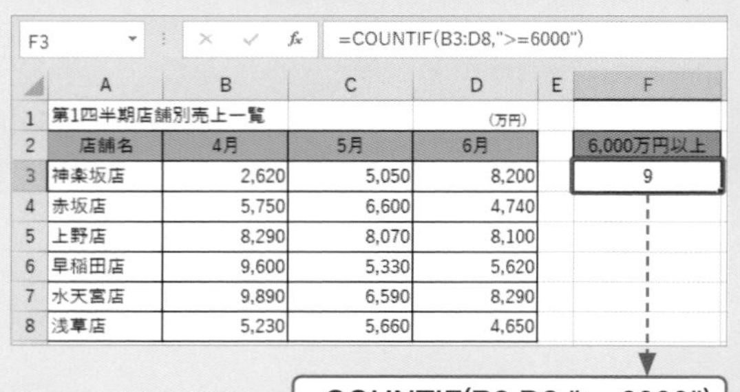

	A	B	C	D	E	F
1	第1四半期店舗別売上一覧			(万円)		
2	店舗名	4月	5月	6月		6,000万円以上
3	神楽坂店	2,620	5,050	8,200		9
4	赤坂店	5,750	6,600	4,740		
5	上野店	8,290	8,070	8,100		
6	早稲田店	9,600	5,330	5,620		
7	水天宮店	9,890	6,590	8,290		
8	浅草店	5,230	5,660	4,650		

重要度 ★★★　個数や合計を求める

Q 0840 「○○」を含む文字列の個数を数えたい！

A COUNTIF関数の条件式にワイルドカードを利用します。

「○○」を含む文字列の個数を数えるには、COUNTIF関数の検索条件に、「?」や「*」などのワイルドカードを使った条件式を指定します。「?」は任意の1文字を、「*」は0文字以上の任意の文字列を表します。検索条件に文字列を指定する場合は、「"」(ダブルクォーテーション)で囲む必要があります。 参照▶Q 0835

住所が「神奈川県」で始まる取引先の数を数えています。

C11　=COUNTIF(D2:D9,"神奈川県*")

	A	B	C	D
1	番号	取引先名	担当者	住所
2	1001	玉川商事	片岡　克己	東京都町田市原町田x-x-x
3	1002	七沢興産	山川　武信	神奈川県厚木市七沢x-x-x
4	1003	湘南海洋物流	松浦　由紀	神奈川県小田原市城廻x-x-x
5	1004	浦安興産	中島　信行	千葉県浦安市舞浜x-x-x
6	1005	片品観光開発	須藤　麻美	群馬県利根郡片品村x-x
7	1006	市谷出版企画	延岡　悟	東京都新宿区市谷屋内町x-x-x
8	1007	みなとみらい観光	上林　彩子	神奈川県横浜市西区みなとみらいx-x-x
9	1008	東京観光交通	佐々木　豊	東京都台東区池之端x-x-x
10				
11	神奈川県内の取引先		3	
12				

=COUNTIF(D2:D9,"神奈川県*")

重要度 ★★★　個数や合計を求める

Q 0841 「○以上△未満」の条件を満たすデータを数えたい！

A COUNTIFS関数を使用します。

複数の条件に一致するデータの個数を数えるには、COUNTIFS関数を使用します。比較演算子を検索条件に指定する場合は、「"」(ダブルクォーテーション)で囲む必要があります。

6,000万円以上9,000万円以下の件数を数えています。

F4　=COUNTIFS(B3:D8,"<=9000",B3:D8,">=6000")

	A	B	C	D	E	F
1	第1四半期店舗別売上一覧			(万円)		
2	店舗名	4月	5月	6月		6,000万円以上
3	神楽坂店	2,620	5,050	8,200		9,000万円以下
4	赤坂店	5,750	6,600	4,740		7
5	上野店	8,290	8,070	8,100		
6	早稲田店	9,600	5,330	5,620		
7	水天宮店	9,890	6,590	8,290		
8	浅草店	5,230	5,660	4,650		

=COUNTIFS(B3:D8,"<=9000",B3:D8,">=6000")

関数の書式　=COUNTIFS(検索条件範囲1,検索条件1,検索条件範囲2,検索条件2,…)

統計関数　複数条件に一致するセルの個数を数える。

重要度 ★★★　個数や合計を求める

Q 0842 条件を満たすデータの合計を求めたい！

A SUMIF関数を使用します。

条件を満たすセルの数値の合計を求めるには、SUMIF関数を使用します。SUMIF関数は、指定した範囲の中から検索条件に一致するデータを検索して、検索結果に対応する数値データの合計を求める関数です。

右の例では、範囲に検索の対象となるセル範囲[B8:B20]を、検索条件に「玉川商事」が入力されたセル[B2]を、合計範囲に合計する数値が入力されたセル範囲[D8:D20]を指定しています。ここでは、式をコピーしてもずれないように範囲を絶対参照で指定しています。

取引先別の売上合計を求めています。

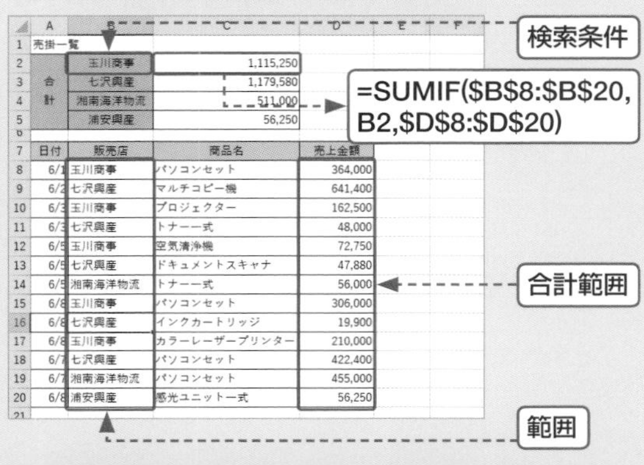

	A	B	C	D
1	売掛一覧			
2	合計	玉川商事	1,115,250	
3		七沢興産	1,179,580	
4		湘南海洋物流	511,000	
5		浦安興産	56,250	
6				
7	日付	販売店	商品名	売上金額
8	6/1	玉川商事	パソコンセット	364,000
9	6/2	七沢興産	マルチコピー機	641,400
10	6/3	玉川商事	プロジェクター	162,500
11	6/3	七沢興産	トナー一式	48,000
12	6/5	玉川商事	空気清浄機	72,750
13	6/5	七沢興産	ドキュメントスキャナ	47,880
14	6/5	湘南海洋物流	トナー一式	56,000
15	6/8	玉川商事	パソコンセット	306,000
16	6/8	七沢興産	インクカートリッジ	19,900
17	6/8	玉川商事	カラーレーザープリンター	210,000
18	6/7	七沢興産	パソコンセット	422,400
19	6/7	湘南海洋物流	パソコンセット	455,000
20	6/8	浦安興産	感光ユニット一式	56,250

関数の書式　=SUMIF(範囲,検索条件,合計範囲)

数学／三角関数　検索条件に一致するセルの値の合計を求める。

重要度 ★★★ 個数や合計を求める

Q 0843 複数の条件を満たすデータの合計を求めたい！

A SUMIFS関数を使用します。

SUMIF関数が検索条件を1つしか指定できないのに対して、複数の条件を指定し、それらすべてを満たしたセルに対応する数値の合計を求めるには、SUMIFS関数を使用します。

下の例では、セル範囲[B5:B18]のデータが「玉川商事」と、セル範囲[C5:C18]のデータが「パソコンセット」の両方を満たした場合に、セル範囲[D5:D18]に入力された数値の中で条件を満たした行の数値を合計しています。

玉川商事のパソコンセットの売掛合計を求めています。

条件1　条件2　=SUMIFS(D5:D18,B5:B18,A2,C5:C18,C2)

D2　=SUMIFS(D5:D18,B5:B18,A2,C5:C18,C2)

	A	B	C	D	E
1	取引先		納品商品	売掛合計	
2	玉川商事		パソコンセット	646,400	
3					
4	日付	取引先	納品商品	売掛金額	
5	6/1	玉川商事	パソコンセット	199,800	
6	6/1	湘南海洋物流	マルチコピー機	498,000	
7	6/2	玉川商事	トナー一式	49,800	
8	6/3	浦安興産	マルチコピー機	378,000	
9	6/3	湘南海洋物流	プロジェクター	74,800	
10	6/5	玉川商事	パソコンセット	256,800	
11	6/7	七沢興産	マルチコピー機	298,000	
12	6/7	玉川商事	プロジェクター	64,800	
13	6/8	七沢興産	トナー一式	54,800	
14	6/8	湘南海洋物流	空気清浄機	27,800	
15	6/8	浦安興産	ドキュメントスキャナ	69,800	
16	6/9	七沢興産	トナー一式	32,800	
17	6/10	玉川商事	パソコンセット	189,800	
18	6/12	七沢興産	インクカートリッジ	12,800	
19					

条件範囲1　条件範囲2　合計対象範囲

関数の書式 =SUMIFS(合計対象範囲,条件範囲1,条件1,条件範囲2,条件2,…)

数学／三角関数　指定した条件に一致する数値の合計を求める。

重要度 ★★★ 個数や合計を求める

Q 0844 複数の条件を満たすデータの平均を求めたい！

A AVERAGEIFS関数を使用します。

複数の条件を満たしたセルに対応する数値の平均を求めるには、AVERAGEIFS関数を使用します。

下の例では、セル範囲[B5:B18]のデータが「七沢興産」と、セル範囲[C5:C18]のデータが「トナー一式」の両方を満たした場合に、セル範囲[D5:D18]に入力された数値の中で条件を満たした行の数値の平均を求めます。

なお、ここでは複数の条件を指定していますが、指定する条件が1つの場合は、AVERAGEIF関数を使用します。たとえば、七沢興産の平均売上高を求める場合は、=AVERAGEIF(B5:B18,D5:D18,"七沢興産")のように入力します。

七沢興産のトナー一式の売掛平均高を求めています。

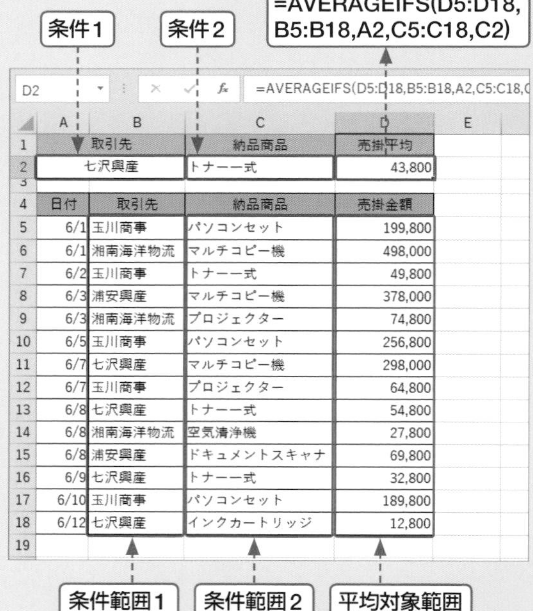

	A	B	C	D	E
1	取引先		納品商品	売掛平均	
2	七沢興産		トナー一式	43,800	
3					
4	日付	取引先	納品商品	売掛金額	
5	6/1	玉川商事	パソコンセット	199,800	
6	6/1	湘南海洋物流	マルチコピー機	498,000	
7	6/2	玉川商事	トナー一式	49,800	
8	6/3	浦安興産	マルチコピー機	378,000	
9	6/3	湘南海洋物流	プロジェクター	74,800	
10	6/5	玉川商事	パソコンセット	256,800	
11	6/7	七沢興産	マルチコピー機	298,000	
12	6/7	玉川商事	プロジェクター	64,800	
13	6/8	七沢興産	トナー一式	54,800	
14	6/8	湘南海洋物流	空気清浄機	27,800	
15	6/8	浦安興産	ドキュメントスキャナ	69,800	
16	6/9	七沢興産	トナー一式	32,800	
17	6/10	玉川商事	パソコンセット	189,800	
18	6/12	七沢興産	インクカートリッジ	12,800	
19					

関数の書式 =AVERAGEIFS(平均対象範囲,条件範囲1,条件1,条件範囲2,条件2,…)

数学／三角関数　指定した条件に一致する数値の平均を求める。

重要度 ★★★　個数や合計を求める

Q 0845 別表で条件を指定して、データの合計を求めたい！

A DSUM関数を使用します。

データベース形式の表から複数の条件を満たすデータの合計を求めるには、DSUM関数を使用します。データベース形式の表とは、列ごとに同じ種類のデータが入力されて、先頭行に列見出が入力されている一覧表のことです。

下の例では、検索対象となるセル範囲［A4:D18］から、別表のセル範囲［A1:C2］で指定した条件でデータを抽出し、集計対象となる列のフィールド名［D4］の値を合計しています。なお、別表の条件表の項目名は、データベース表と同じ項目名にする必要があります。

6/3～6/7の売掛合計を求めています。

条件

=DSUM(A4:D18,D4,A1:C2)

D2　=DSUM(A4:D18,D4,A1:C2)

	A	B	C	D	E
1	日付		日付	期間売掛合計	
2	>=2019/6/3		<=2019/6/7	1,072,400	
3					
4	日付	取引先	納品商品	売掛金額	
5	6/1	玉川商事	パソコンセット	199,800	
6	6/1	湘南海洋物流	マルチコピー機	498,000	
7	6/2	玉川商事	トナー一式	49,800	
8	6/3	浦安興産	マルチコピー機	378,000	
9	6/3	湘南海洋物流	プロジェクター	74,800	
10	6/5	玉川商事	パソコンセット	256,800	
11	6/7	七沢興産	マルチコピー機	298,000	
12	6/7	玉川商事	プロジェクター	64,800	
13	6/8	七沢興産	トナー一式	54,800	
14	6/8	湘南海洋物流	空気清浄機	27,800	
15	6/8	浦安興産	ドキュメントスキャナ	69,800	
16	6/9	七沢興産	トナー一式	32,800	
17	6/10	玉川商事	パソコンセット	189,800	
18	6/12	七沢興産	インクカートリッジ	12,800	

データベース（検索対象）　フィールド（集計対象）

関数の書式 =DSUM(データベース,フィールド,条件)

データベース関数　条件を満たすデータをデータベース（検索範囲）から抽出して、合計する。

データベース：検索対象になるデータベース形式の表を指定する。

フィールド：集計対象のフィールド名を指定する。

条件：検索条件を設定したセル範囲を指定する。

重要度 ★★★　個数や合計を求める

Q 0846 別表で条件を指定して、データの個数を数えたい！

A DCOUNT関数を使用します。

データベース形式の表から複数の条件を満たすデータの個数を求めるには、DCOUNT関数を使用します。

下の例では、検索対象となるセル範囲［A4:D18］から、別表のセル範囲［A1:C2］で指定した条件でデータを抽出し、集計対象となるフィールド名［D4］の値を数えています。なお、別表の条件表の項目名は、データベースの表と同じ項目名にする必要があります。

浦安興産の50,000円以上の売掛件数を求めています。

条件

=DCOUNT(A4:D18,D4,A1:C2)

D2　=DCOUNT(A4:D18,D4,A1:C2)

	A	B	C	D	E
1	取引先		売掛金額	該当数	
2	浦安興産		>=50000	2	
3					
4	日付	取引先	納品商品	売掛金額	
5	6/1	玉川商事	パソコンセット	199,800	
6	6/1	湘南海洋物流	マルチコピー機	498,000	
7	6/2	玉川商事	トナー一式	49,800	
8	6/3	浦安興産	マルチコピー機	378,000	
9	6/3	湘南海洋物流	プロジェクター	74,800	
10	6/5	玉川商事	パソコンセット	256,800	
11	6/7	七沢興産	マルチコピー機	298,000	
12	6/7	玉川商事	プロジェクター	64,800	
13	6/8	七沢興産	トナー一式	54,800	
14	6/8	湘南海洋物流	空気清浄機	27,800	
15	6/8	浦安興産	ドキュメントスキャナ	69,800	
16	6/9	七沢興産	トナー一式	32,800	
17	6/10	玉川商事	パソコンセット	189,800	
18	6/12	七沢興産	インクカートリッジ	12,800	

データベース（検索対象）　フィールド（集計対象）

関数の書式 =DCOUNT(データベース,フィールド,条件)

データベース関数　条件を満たすデータをデータベースから抽出して、数を数える。

データベース：検索対象になるデータベース形式の表を指定する。

フィールド：集計対象のフィールド名を指定する。

条件：検索条件を設定したセル範囲を指定する。

重要度 ★★★　個数や合計を求める

Q 0847 乱数を求めたい！

A RAND関数を使用します。

「乱数」とは、名前のとおりランダムな数のことです。乱数を求めるにはRAND関数を使用します。
なお、RAND関数で求めた乱数は、ワークシートが再計算されるたびに変化するので、乱数を固定しておきたい場合は、コピーして値のみを貼り付けておく必要があります。乱数は、プレゼントの当選者を無作為に決めるときなどによく利用されます。 参照▶Q 0622

乱数を作成し、プレゼントの当選者を無作為に決めます。

C2　=RAND()

	A	B	C	D
1	No	応募者名	乱数	
2	1	山中　達也	0.395713488	
3	2	江原　幸子	0.978466903	
4	3	東山　金治	0.284125138	
5	4	長澤　陽子	0.295468811	
6	5	長谷部　徹	0.879350807	
7	6	松下　麻耶	0.327942506	
8	7	工藤　伸二	0.350375336	

=RAND()

表全体を乱数の大きい順（あるいは小さい順）に並べ替えて当選者を決めます。

A1　No

	A	B	C	D	E	F
1	No	応募者名	乱数	当落判定		
2	3	東山　金治	0.164675503	当選		
3	4	長澤　陽子	0.417816527	当選		
4	7	工藤　伸二	0.543695105	当選		
5	6	松下　麻耶	0.753422386			
6	2	江原　幸子	0.847379939			
7	5	長谷部　徹	0.850766023			
8	1	山中　達也	0.932171809			

乱数が表示された列をコピーして、値のみを貼り付けています。

関数の書式 =RAND()

数学／三角関数　0以上1未満の乱数を作成する。ワークシートが再計算されるたびに新しい乱数に変化する。

重要度 ★★★　条件分岐

Q 0848 条件によって表示する文字を変えたい！

A IF関数を使用します。

指定した条件を満たすかどうかで処理を振り分けるには、IF関数を使用します。引数「論理式」に「もし～ならば」という条件を指定し、条件が満たす場合は「真の場合」を、成立しない場合は「偽の場合」を実行します。

売上金額が500,000千円以上の場合は「達成」、500,000千円未満の場合は「未達成」と表示しています。

=IF(C3>=500000,"達成","未達成")

D3　=IF(C3>=500000,"達成","未達成")

	A	B	C	D	E	F
1	営業成績一覧（月間目標金額：500,000千円）			(千円)		
2	社員番号	営業社員名	売上金額	目標金額		
3	A1001	東山　金治	821,300	達成		
4	A1002	長澤　陽子	367,000	未達成		
5	A1003	工藤　伸二	295,800	未達成		
6	A1004	松下　麻耶	733,100	達成		
7	A1005	江原　幸子	635,400	達成		
8	A1006	長谷部　徹	577,900	達成		
9	A1007	山中　達也	363,000	未達成		
10						

関数の書式 =IF(論理式,真の場合,偽の場合)

論理関数　条件を満たすときは「真の場合」、満たさないときは「偽の場合」を返す。

重要度 ★★★　条件分岐

Q 0849 IF関数で条件を満たしているのに値が表示されない！

条件式に指定した参照先のセルの数値が正しいか確認します。

IF関数を使用して、たとえば「A1=0」が真か偽かを判別する場合、セル［A1］に「0.0001」のようなゼロではない数値が入力されていても、セルの表示形式によっては「0」と表示されることがあります。この場合は、見かけ上は条件が満たされていても、実際には条件が満たされていないので、こういうことが起きます。

重要度 ★★★　条件分岐

Q 0850 IF関数を使って3段階の評価をしたい！

A IF関数を2つ組み合わせます。

IF関数では、1つの条件の判定結果に応じて処理を2段階に振り分けます。3段階に振り分けたい場合は、IF関数の中にさらにIF関数を指定します。

下の例では、最初のIF関数で、列「C」の値が250以上か未満かを判定し、250以上（TRUE）なら「A」が表示されます。250未満（FALSE）の場合は、2番目のIF関数で数値が200以上か未満かを判定し、200以上なら「B」を表示し、200未満なら「C」を表示するように指定しています。

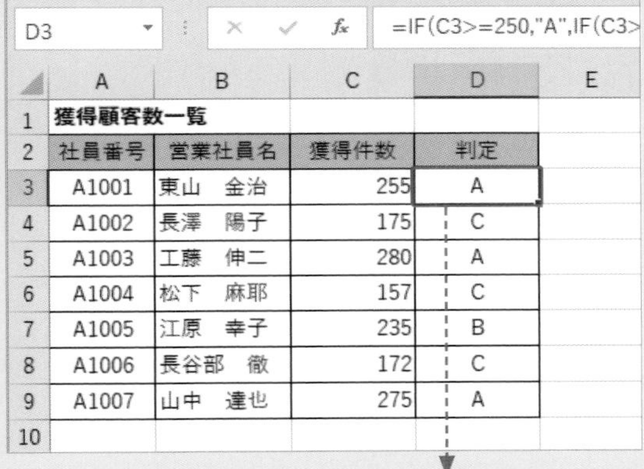

件数が250件以上の場合は「A」、200件以上250件未満は「B」、200件未満は「C」を表示しています。

D3　=IF(C3>=250,"A",IF(C3>

	A	B	C	D	E
1	獲得顧客数一覧				
2	社員番号	営業社員名	獲得件数	判定	
3	A1001	東山　金治	255	A	
4	A1002	長澤　陽子	175	C	
5	A1003	工藤　伸二	280	A	
6	A1004	松下　麻耶	157	C	
7	A1005	江原　幸子	235	B	
8	A1006	長谷部　徹	172	C	
9	A1007	山中　達也	275	A	
10					

=IF(C3>=250,"A",IF(C3>=200,"B","C"))

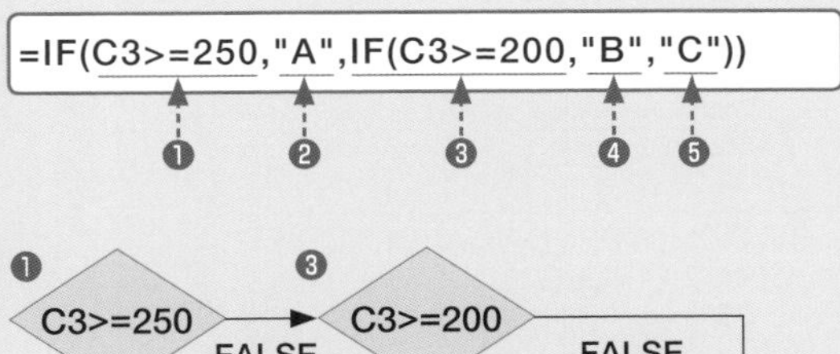

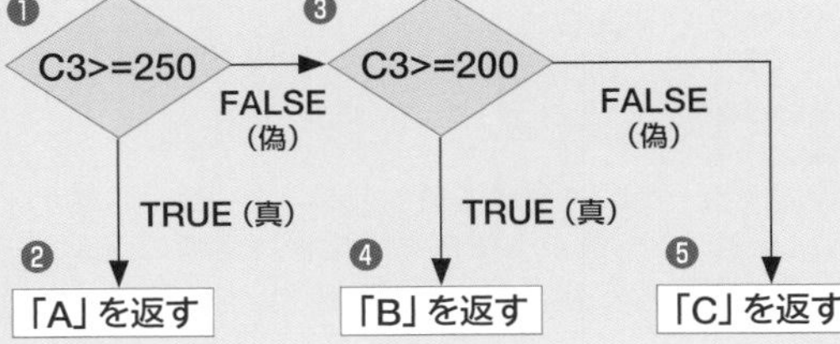

重要度 ★★★　条件分岐

Q 0851 複数の条件を指定して結果を求めたい！

A IF関数にAND関数やOR関数を組み合わせます。

「AかつB」や「AまたはB」のような複数の条件を設定したい場合は、IF関数にAND関数やOR関数を組み合わせます。AND関数は、指定した複数の条件をすべて満たすかどうかを判定します。OR関数は、指定した複数の条件のいずれかを満たすかどうかを判定します。

D3　=IF(AND(B3>=80,C3>=

	A	B	C	D	E
1	材料試験（両方80点以上）				
2	材料番号	強度試験	耐久性試験	評価	
3	S01	61	60		
4	S02	62	86		
5	S03	99	87	◎	
6	S04	71	78		
7	S05	87	97	◎	
8	S06	91	51		
9	S07	90	62		

=IF(AND(B3>=80,C3>=80),"◎","")

D3　=IF(OR(B3>=80,C3>=80

	A	B	C	D	E
1	材料試験（いずれか80点以上）				
2	材料番号	強度試験	耐久性試験	評価	
3	S01	61	60		
4	S02	62	86	◎	
5	S03	99	87	◎	
6	S04	71	78		
7	S05	87	97	◎	
8	S06	91	51	◎	
9	S07	90	62	◎	

=IF(OR(B3>=80,C3>=80),"◎","")

関数の書式 =AND(論理式1,論理式2,…)

論理関数　すべての条件が満たされたとき真を返す。

関数の書式 =OR(論理式1,論理式2,…)

論理関数　1つでも条件が満たされたとき真を返す。

重要度 ★★★ 条件分岐 2016 2013 2010

Q 0852 条件に応じて3種類以上の結果を求めたい!

A IFS関数を使用します。

1つのデータに対して3種類以上の条件で比較し、条件に応じて結果を求めたい場合はIFS関数を使用します。従来はIF関数の引数にIF関数を使用する「入れ子」を使用する必要があったため、数式が複雑になりがちでしたが、IFS関数を使用することで数式がかんたんになります。

なお、IFS関数では、IF関数のように条件が偽の場合の値は指定できず、必ず何らかの条件を指定する必要があります。ここでは、最後の引数に「TRUE」を指定した例と、条件を指定した例を紹介します。 参照▶Q 0850

点数が90点以上の場合は「A」、80点以上は「B」、60点以上は「C」、それ以外は「不合格」と表示しています。

	A	B	C	D	E	F	G
1	検定試験結果						
2	番号	氏名	点数	評価			
3	1001	藤本 信也	92	A			
4	1002	鈴木 直美	71	C			
5	1003	戸塚 拓海	85	B			
6	1004	新藤 直行	98	A			
7	1005	村上 紗香	54	不合格			
8	1006	佐々木 愛	63	C			
9	1007	松浦 真理	46	不合格			

=IFS(C3>=90,"A",C3>=80,"B",C3>=60,"C",TRUE,"不合格")

	A	B	C	D	E	F	G
1	検定試験結果						
2	番号	氏名	点数	評価			
3	1001	藤本 信也	92	A			
4	1002	鈴木 直美	71	C			
5	1003	戸塚 拓海	85	B			
6	1004	新藤 直行	98	A			
7	1005	村上 紗香	54	不合格			
8	1006	佐々木 愛	63	C			
9	1007	松浦 真理	46	不合格			

=IFS(C3>=90,"A",C3>=80,"B",C3>=60,"C",C3<60,"不合格")

関数の書式 IFS(論理式1,値が真の場合1,論理式2,値が真の場合2,…)

論理関数 最初に条件を満たした論理式に対応する値を返す。

重要度 ★★★ 条件分岐 2016 2013 2010

Q 0853 複数の条件に応じて異なる結果を求めたい!

A SWITCH関数を使用します。

SWITCH関数は、式に一致する値を検索し、対応する結果を返す関数です。一致する値がない場合は任意の既定値を、既定値がない場合は#N/Aを返します。

下の例では、WEEKDAY関数を使って数値化した曜日をSWITCH関数を使用して比較することで、日付に対応する曜日を表示しています。

また、日曜日と土曜日は「定休日」、それ以外は「営業日」のように表示させることもできます。何も表示させたくない場合は「""」と入力します。 参照▶Q 0757

日付に対応する曜日を表示しています。

	A	B	C	D	E	F	G
1	日付	曜日					
2	2019年7月10日	水曜					
3	2019年7月11日	木曜					
4	2019年7月12日	金曜					
5	2019年7月13日	土曜					
6	2019年7月14日	日曜					
7	2019年7月15日	月曜					
8	2019年7月16日	火曜					

=SWITCH(WEEKDAY(A2),1,"日曜",2,"月曜",3,"火曜",4,"水曜",5,"木曜",6,"金曜",7,"土曜")

土曜と日曜は定休日、
それ以外は営業日と表示しています。

	A	B	C	D	E	F	G
1	日付	曜日					
2	2019年7月10日	営業日					
3	2019年7月11日	営業日					
4	2019年7月12日	営業日					
5	2019年7月13日	定休日					
6	2019年7月14日	定休日					
7	2019年7月15日	営業日					
8	2019年7月16日	営業日					

=SWITCH(WEEKDAY(A2),1,"定休日",7,"定休日","営業日")

関数の書式 SWITCH(式,値1,結果1,値2,結果2,…)

論理関数 式に一致する値を検索し、一致する値の結果を返す。一致する値がない場合は任意の既定値を、既定値がない場合は#N/Aを返す。

重要度★★★　条件分岐

Q 0854 上位30%に含まれる値に印を付けたい！

A IF関数とPERCENTILE.INC関数を組み合わせます。

試験結果や売上高の上位30%以内にあるデータを知りたい場合は、IF関数とPERCENTILE.INC関数を組み合わせます。PERCENTILE.INC関数では、最高を100%、最低を0%としたときに、全体の中の相対的な位置を百分率で求めることができます。下の例では、下位から70%にあたる値を求めるために、引数「率」に「0.7」と入力し、配列のセルは絶対参照にしています。

売上高の上位30%に含まれるデータに☆を表示しています。

C3　=IF(PERCENTILE.INC($B$3:$B$8,0.7)<=B

	A	B	C	D	E	F
1	検定試験結果					
2	受験者名	点数	上位30%			
3	藤本　信也	92	☆			
4	鈴木　直美	71				
5	戸塚　拓海	85				
6	新藤　直行	98	☆			
7	村上　紗香	54				
8	佐々木　愛	63				

=IF(PERCENTILE.INC($B$3:$B$8,0.7)<=B3,"☆","")

関数の書式　=PERCENTILE.INC(配列,率)

統計関数　範囲内の値をもとに、指定した割合に位置する値を求める。

重要度★★★　条件分岐

Q 0855 エラー値を表示したくない！

A IFERROR関数を使用します。

IFERROR関数を使用すると、セルに表示されるエラー値を指定した文字列に置き換えることができます。また、下の例で「"要確認"」を「""」とすると、エラー値を空白文字列に置き換えることができます。

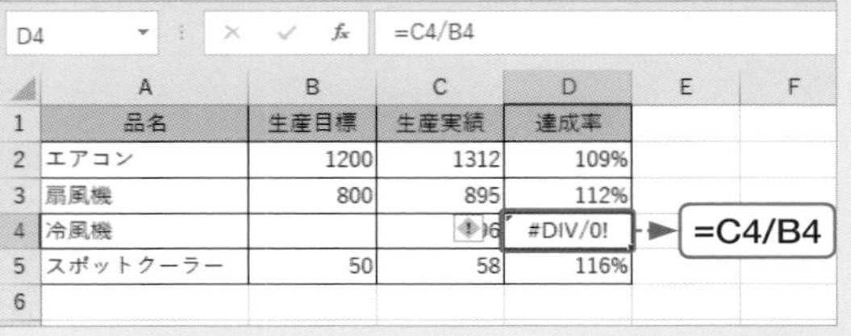

D4　=C4/B4

	A	B	C	D	E	F
1	品名	生産目標	生産実績	達成率		
2	エアコン	1200	1312	109%		
3	扇風機	800	895	112%		
4	冷風機		96	#DIV/0!		
5	スポットクーラー	50	58	116%		
6						

=C4/B4

D4　=IFERROR(C4/B4,"要確認")

	A	B	C	D	E	F
1	品名	生産目標	生産実績	達成率		
2	エアコン	1200	1312	109%		
3	扇風機	800	895	112%		
4	冷風機		96	要確認		
5	スポットクーラー	50	58	116%		
6						

=IFERROR(C4/B4,"要確認")

関数の書式　IFERROR(値,エラーの場合の値)

論理関数　式がエラーの場合は指定した値を表示し、エラーでない場合は計算の結果を表示する。

重要度★★★　条件分岐

Q 0856 条件を満たさない場合に空白を表示したい！

A IF関数とISBLANK関数を組み合わせます。

参照先のセルにデータが入力されていない場合、参照元のセルには「0」と表示されます。この「0」を表示しないようにするには、IF関数、ISBLANK関数、空白文字列「""」を組み合わせた数式を入力します。

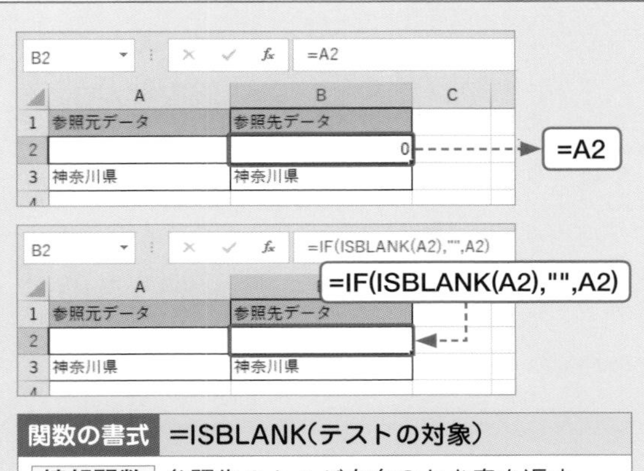

B2　=A2

	A	B	C
1	参照元データ	参照先データ	
2		0	
3	神奈川県	神奈川県	

=A2

B2　=IF(ISBLANK(A2),"",A2)

	A	B
1	参照元データ	参照先データ
2		
3	神奈川県	神奈川県

=IF(ISBLANK(A2),"",A2)

関数の書式　=ISBLANK(テストの対象)

情報関数　参照先のセルが空白のとき真を返す。

重要度 ★★★　条件分岐

Q 0857 データが入力されているときだけ合計を表示したい！

A IF関数にCOUNT関数とSUM関数を組み合わせます。

合計を表示するセルにSUM関数が設定されていると、データが未入力の場合に「0」と表示されます。データが入力されているときだけ合計を表示したいときは、IF関数にCOUNT関数とSUM関数を組み合わせます。右図のように、COUNT関数で、指定したセル範囲にデータが入力されているかを確認し、入力されているときだけSUM関数で合計を表示します。

参照▶Q 0837

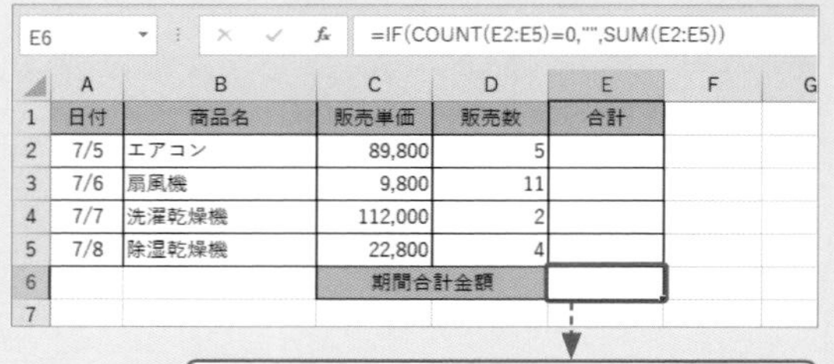
E6　=IF(COUNT(E2:E5)=0,"",SUM(E2:E5))

	A	B	C	D	E
1	日付	商品名	販売単価	販売数	合計
2	7/5	エアコン	89,800	5	
3	7/6	扇風機	9,800	11	
4	7/7	洗濯乾燥機	112,000	2	
5	7/8	除湿乾燥機	22,800	4	
6			期間合計金額		

=IF(COUNT(E2:E5)=0,"",SUM(E2:E5))

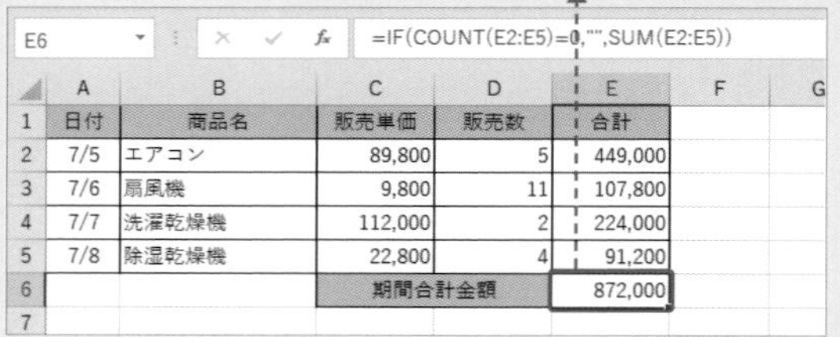
E6　=IF(COUNT(E2:E5)=0,"",SUM(E2:E5))

	A	B	C	D	E
1	日付	商品名	販売単価	販売数	合計
2	7/5	エアコン	89,800	5	449,000
3	7/6	扇風機	9,800	11	107,800
4	7/7	洗濯乾燥機	112,000	2	224,000
5	7/8	除湿乾燥機	22,800	4	91,200
6			期間合計金額		872,000

重要度 ★★★　日付や時間の計算

Q 0858 シリアル値って何？

A 日付と時刻を管理するための数値のことです。

「シリアル値」とは、Excelで日付と時刻を管理するための数値です。日付のシリアル値は「1900年1月1日」から「9999年12月31日」までの日付に「1～2958465」が割り当てられています。時刻の場合は、「0時0分0秒」から「翌日の0時0分0秒」までの24時間に0から1までの値が割り当てられます。日付と時刻をいっしょに表すこともでき、「2019年4月1日12時」のシリアル値は「43556.5」になります。
シリアル値を確認したい場合は、セルに日付や時刻を入力したあと、表示形式を「標準」や「数値」に変更します。

● 日付のシリアル値

1900/1/1	1900/1/2	…	2019/9/1	2019/9/2
1	2		43709	43710

● 時刻のシリアル値

0:00	6:00	12:00	18:00	24:00
0	0.25	0.5	0.75	1

重要度 ★★★　日付や時間の計算

Q 0859 経過日数や経過時間を求めたい！

A 終了日から開始日または、終了時刻から開始時刻を引きます。

経過日数や経過時間を求めるには、「=B3-A3」のような数式を入力して、終了日から開始日または、終了時刻から開始時刻を引きます。
なお、日付の引き算を行った際に、「日付」の表示形式が自動的に設定された場合は、表示形式を「標準」に変更します。時刻の引き算の場合は、結果が24時間以内なら表示形式は「時刻」のままでかまいません。

=B4-A4

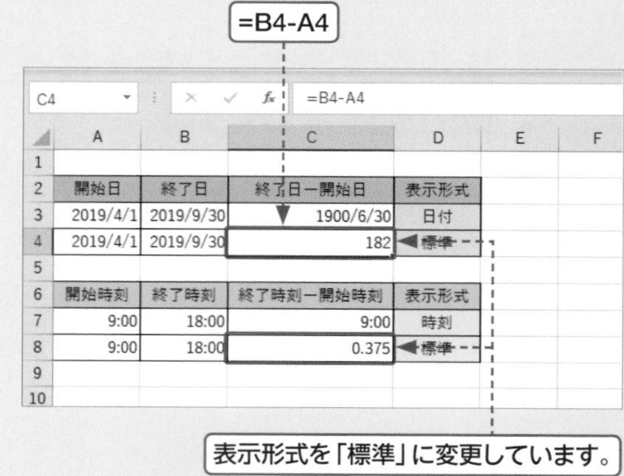
C4　=B4-A4

	A	B	C	D
1				
2	開始日	終了日	終了日ー開始日	表示形式
3	2019/4/1	2019/9/30	1900/6/30	日付
4	2019/4/1	2019/9/30	182	標準
5				
6	開始時刻	終了時刻	終了時刻ー開始時刻	表示形式
7	9:00	18:00	9:00	時刻
8	9:00	18:00	0.375	標準

表示形式を「標準」に変更しています。

重要度 ★★★ 日付や時間の計算

Q 0860 数式に時間を直接入力して計算したい！

A 日付や時刻を表す文字列を「"」で囲みます。

数式の中に日付や時刻のデータを直接入力するには、日付や時刻を表す文字列を半角の「"」（ダブルクォーテーション）で囲んで入力します。

D2 =B2-A2-"0:45"

	A	B	C	D	E
1	始業時間	終業時間	休憩時間	勤務時間	
2	8:45	17:30	0:45	8:00	
3					

=B2-A2-"0:45"

重要度 ★★★ 日付や時間の計算

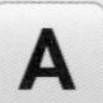

Q 0861 日付や時間計算を行うと「####…」が表示される！

A 計算結果が負の値になっているか、セル幅が不足しています。

日付計算や時間計算の結果がエラー値「####…」で表示される場合は、計算結果が負の値などのシリアル値の範囲を超えた値になっているか、表示する値に対してセル幅が不足し、計算結果を表示できない可能性があります。数式に間違いがないかどうかを確認し、数式に問題がないときはセル幅を広げます。

重要度 ★★★ 日付や時間の計算

Q 0862 時間を15分単位で切り上げたい！

A CEILING.MATH関数を使用します。

時間を15分単位で切り上げるときは、CEILING.MATH（Excel 2010ではCEILING）関数を使用します。引数「基準値」に「"0.15"」と直接時間を指定すると、15分単位で表示できます。基準値を変えると、15分単位以外にも利用できます。なお、計算結果にはシリアル値が表示されるので、表示形式を「時刻」に変更する必要があります。

=CEILING.MATH(C2,"0:15")

D2 =CEILING.MATH(C2,"0:15")

	A	B	C	D	E	F
1	日付	曜日	勤務時間	15分切り上げ		
2	6月3日	月	6:23	6:30		
3	6月4日	火	8:11	8:15		
4	6月5日	水	7:21	7:30		
5	6月6日	木	9:17	9:30		
6	6月7日	金	8:34	8:45		

表示形式を「時刻」に変更しています。

関数の書式 =CEILING.MATH(数値,基準値,モード)

数学／三角関数 数値を基準値の倍数の中でもっとも近い数値に切り上げる。「モード」は、数値が負数の場合に指定する。Excel 2010ではCEILINGを使う。

重要度 ★★★ 日付や時間の計算

Q 0863 時間を15分単位で切り捨てたい！

A FLOOR.MATH関数を使用します。

時間を15分単位で切り捨てるときは、FLOOR.MATH（Excel 2010ではFLOOR）関数を使用します。引数「基準値」に「"0.15"」と直接時間を指定すると、15分単位で表示できます。基準値を変えると、15分単位以外にも利用できます。なお、計算結果にはシリアル値が表示されるので、表示形式を「時刻」に変更する必要があります。

=FLOOR.MATH(C2,"0:15")

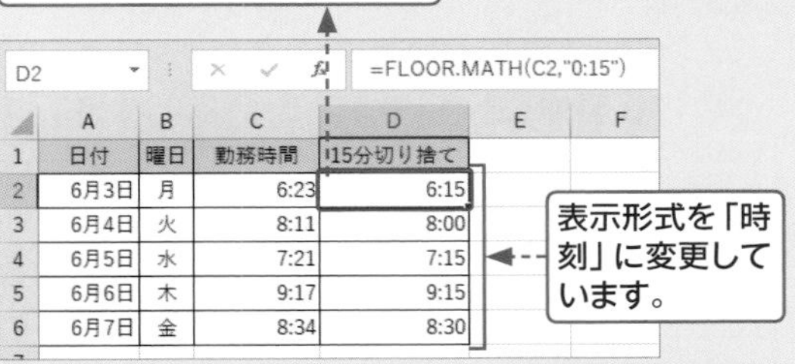

D2 =FLOOR.MATH(C2,"0:15")

	A	B	C	D	E	F
1	日付	曜日	勤務時間	15分切り捨て		
2	6月3日	月	6:23	6:15		
3	6月4日	火	8:11	8:00		
4	6月5日	水	7:21	7:15		
5	6月6日	木	9:17	9:15		
6	6月7日	金	8:34	8:30		

表示形式を「時刻」に変更しています。

関数の書式 =FLOOR.MATH(数値,基準値,モード)

数学／三角関数 数値を基準値の倍数の中でもっとも近い数値に切り捨てる。「モード」は、数値が負数の場合に指定する。Excel 2010ではFLOORを使う。

重要度★★★ 日付や時間の計算

Q 0864 日付から「月」と「日」を取り出したい！

A MONTH関数やDAY関数を使用します。

日付や時刻が入力されているセルから「月」を取り出すにはMONTH関数を、「日」を取り出すにはDAY関数を使用します。

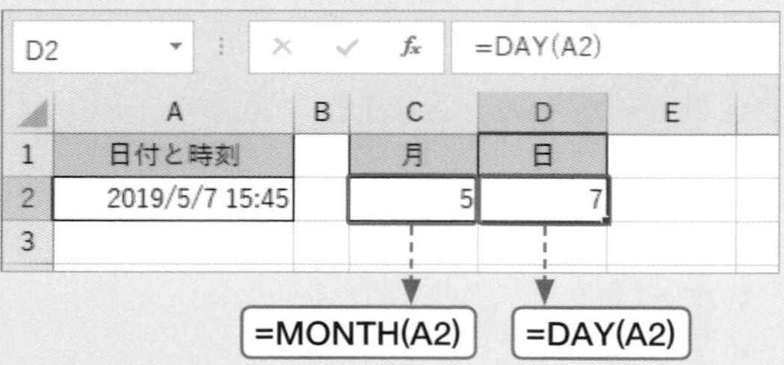

関数の書式 =MONTH(シリアル値)

日付／時刻関数 シリアル値に対応する月を1〜12の範囲の数値で取り出す。

関数の書式 =DAY(シリアル値)

日付／時刻関数 シリアル値に対応する日を1〜31までの整数で取り出す。

重要度★★★ 日付や時間の計算

Q 0865 時刻から「時間」と「分」を取り出したい！

A HOUR関数やMINUTE関数を使用します。

日付や時刻が入力されているセルから「時間」を取り出すにはHOUR関数を、「分」を取り出すにはMINUTE関数を使用します。

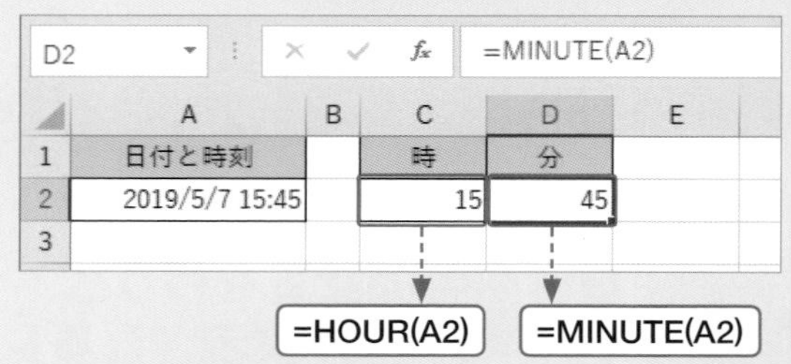

関数の書式 =HOUR(シリアル値)

日付／時刻関数 時刻を0(午前0時)〜23(午後11時)の範囲の整数で取り出す。

関数の書式 =MINUTE(シリアル値)

日付／時刻関数 分を0〜59の範囲の整数で取り出す。

重要度★★★ 日付や時間の計算

Q 0866 指定した月数後の月末の日付を求めたい！

A EOMONTH関数を使用します。

基準となる日付から指定した数か月前、あるいは数か月後の月末の日付を求めるには、EOMONTH関数を使用します。月末の日付が30日や31日といったようにバラバラでも問題ありません。右の例では、買掛日の日付から指定期間後の決済日を求めています。なお、計算結果にはシリアル値が表示されるので、セルの表示形式を「日付」に変更しておく必要があります。

関数の書式 =EOMONTH(開始日,月)

日付／時刻関数 開始日から指定した月数後、月数前の月末の日を求める。

重要度 ★★★　日付や時間の計算

Q 0867 別々のセルの数値から日付や時刻データを求めたい！

A DATE関数やTIME関数を使用します。

別々のセルに入力された「年」「月」「日」から日付データを求めるにはDATE関数を、「時」「分」「秒」から時刻データを求めるにはTIME関数を使用します。日付と時刻を右図のようにプラスすると、日付と時刻をいっしょにしたデータを求めることもできます。
TIME とDATEの表示形式は、＜セルの書式設定＞ダイアログボックスの＜ユーザー定義＞で変更します。

関数の書式 =DATE(年,月,日)

日付／時刻関数 年、月、日の数値を組み合わせて、日付を求める。

関数の書式 =TIME(時,分,秒)

日付／時刻関数 時、分、秒の数値を組み合わせて、時刻を求める。

=DATE(A2,B2,C2)

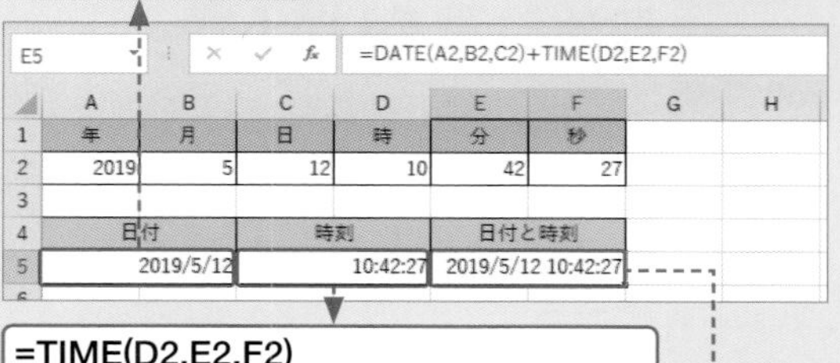

E5　=DATE(A2,B2,C2)+TIME(D2,E2,F2)

	A	B	C	D	E	F	G	H
1	年	月	日	時	分	秒		
2	2019	5	12	10	42	27		
3								
4	日付		時刻		日付と時刻			
5	2019/5/12		10:42:27		2019/5/12 10:42:27			

=TIME(D2,E2,F2)
表示形式を「h:mm:ss」に変更しています。

=DATE(A2,B2,C2)+TIME(D2,E2,F2)
表示形式を「yyyy/m/d h:mm:ss」に変更しています。

● 表示形式を「yyyy/m/d h:mm:ss」に変更する

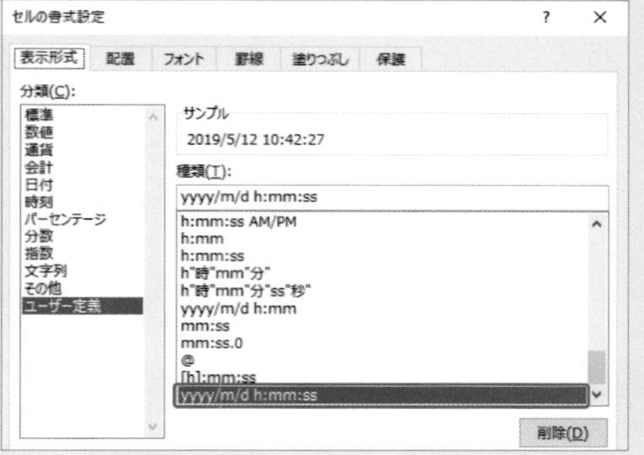

重要度 ★★★　日付や時間の計算

Q 0868 生年月日から満60歳に達する日を求めたい！

DATE関数、YEAR関数、MONTH関数、DAY関数を組み合わせます。

退職日の計算などに用いるために、生年月日から満60歳に達する日の前日や月末日を求めるには、DATE関数、YEAR関数、MONTH関数、DAY関数を組み合わせた数式を入力します。ここでは、生年月日をもとに、満60歳の誕生日の前日と、満60歳になる月の月末日を求めます。

参照 ▶ Q 0864, Q 0867

関数の書式 =YEAR(シリアル値)

日付／時刻関数 シリアル値に対応する年を1900～9999の範囲の整数で取り出す。

生年月日をもとに、満60歳に達する前日を求めています。

D2　=DATE(YEAR(B2)+60,MONTH(B2),DAY(B2)-1)

	A	B	C	D	E	F	G
1	氏名	生年月日	入社日	60歳月前日			
2	原　喜三郎	1960/6/11	1982/4/1	2020/6/10			
3	山崎　由紀子	1961/7/7	1983/10/1	2021/7/6			
4	中島　杏美	1963/8/12	1988/7/1	2023/8/11			
5	野中　重明	1968/2/1	1990/4/1	2028/1/31			

=DATE(YEAR(B2)+60,MONTH(B2),DAY(B2)-1)

生年月日をもとに、満60歳に達する月末日を求めています。

D2　=DATE(YEAR(B2)+60,MONTH(B2)+1,0)

	A	B	C	D	E	F	G
1	氏名	生年月日	入社日	60歳月末日			
2	原　喜三郎	1960/6/11	1982/4/1	2020/6/30			
3	山崎　由紀子	1961/7/7	1983/10/1	2021/7/31			
4	中島　杏美	1963/8/12	1988/7/1	2023/8/31			
5	野中　重明	1968/2/1	1990/4/1	2028/2/29			

=DATE(YEAR(B2)+60,MONTH(B2)+1,0)

重要度 ★★★ 日付や時間の計算

Q 0869 時給計算をしたい！

A 時刻を表すシリアル値を時間単位の数値に変換します。

「時給×時間」で給与計算をする場合、セルに時間を「9:15」のように入力すると、計算にシリアル値が使われるため、給与が正しく計算されません。時給計算をするときは、時刻を表すシリアル値を時間単位の数値に変換する必要があります。

時間単位の数値に変換するには、シリアル値の1が24時間に相当することを利用して、シリアル値を24倍します。このとき数式を入力したセルの表示形式が「時刻」に設定されるので、表示形式を「標準」や「数値」に変更します。

参照▶Q 0862

表示形式を「標準」に変更しています。

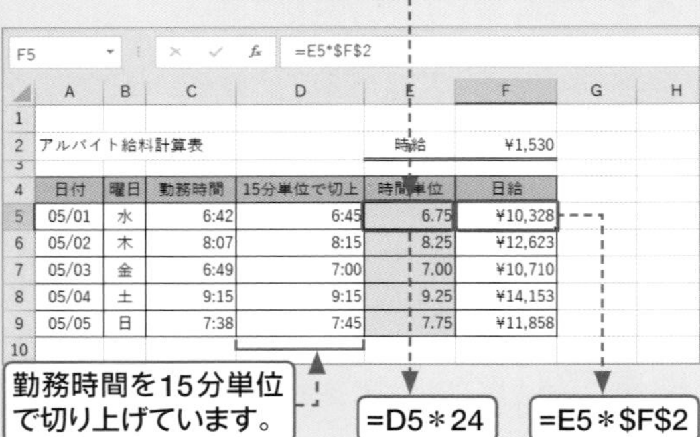

日付	曜日	勤務時間	15分単位で切上	時間単位	日給
05/01	水	6:42	6:45	6.75	¥10,328
05/02	木	8:07	8:15	8.25	¥12,623
05/03	金	6:49	7:00	7.00	¥10,710
05/04	土	9:15	9:15	9.25	¥14,153
05/05	日	7:38	7:45	7.75	¥11,858

重要度 ★★★ 日付や時間の計算

Q 0870 30分単位で時給を計算したい！

A FLOOR.MATH関数を使用します。

30分未満を「0」、30分以上を「0.5」として時間単位の数値を求めるには、数値を指定した数の倍数に切り捨てるFLOOR.MATH（Excel 2010ではFLOOR）関数を使用します。上の**Q 0869**を例にとると、「=FLOOR.MATH(E5＊24,0.5)」のように、時間単位に変換した数値を0.5単位で切り捨てることにより求めることができます。

参照▶Q 0863

重要度 ★★★ 日付や時間の計算

Q 0871 2つの日付間の年数、月数、日数を求めたい！

A DATEDIF関数を使用します。

在籍年数や在籍日数などの経過年数や経過月数は、月や年によって日数が異なるため、単純に日付どうしを引き算しても求められません。経過年数や経過月数を計算するには、DATEDIF関数を使用します。この関数は、＜関数の挿入＞ダイアログボックスや＜関数ライブラリ＞からは入力できないので、セルに直接入力する必要があります。

DATEDIF関数では、下表のように戻り値の単位と種類を引数「単位」で指定することによって、期間を年数、月数、日数で求めることができます。

単位	戻り値の単位と種類
"Y"	期間内の満年数
"M"	期間内の満月数
"D"	期間内の満日数
"YM"	1年未満の月数
"YD"	1年未満の日数
"MD"	1カ月未満の日数

入会年月日から、在籍年数、在籍月数を求めています。

=DATEDIF(C5,$D$2,"M")

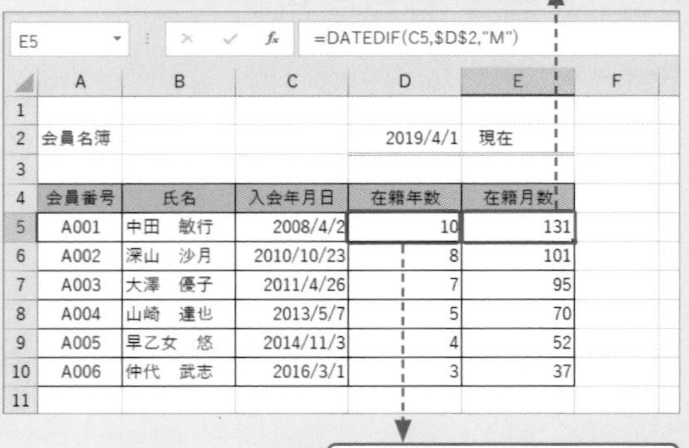

会員番号	氏名	入会年月日	在籍年数	在籍月数
A001	中田　敏行	2008/4/2	10	131
A002	深山　沙月	2010/10/23	8	101
A003	大澤　優子	2011/4/26	7	95
A004	山崎　達也	2013/5/7	5	70
A005	早乙女　悠	2014/11/3	4	52
A006	仲代　武志	2016/3/1	3	37

=DATEDIF(C5,$D$2,"Y")

関数の書式 =DATEDIF(開始日,終了日,単位)

日付／時刻関数　開始日から終了日までの月数や年数を求める。

重要度 ★★★　日付や時間の計算

Q 0872 期間を「○○年△△カ月」と表示したい！

A DATEDIF関数を使用します。

1つのセルに「○○年△△カ月」と表示したいときは、DATEDIF関数で年数と月数を別々に求め、「&」で結合します。

右の例では、前半のDATEDIF関数で在籍期間の満年数を、後半のDATEDIF関数で在籍期間のうち1年未満の月数を求めています。

参照▶Q 0871

会員の在籍期間を求めて、「○○年△△カ月」と表示しています。

D5　=DATEDIF(C5,$C$2,"Y")&"年"&DATEDIF(C5,$C$2,"YM")&"

	A	B	C	D	E	F	G	H
1								
2	会員名簿		2019/4/1	現在				
3								
4	会員番号	氏名	入会年月日	在籍期間				
5	A001	中田　敏行	2008/4/2	10年11カ月				
6	A002	深山　沙月	2010/10/23	8年5カ月				
7	A003	大澤　優子	2011/4/26	7年11カ月				
8	A004	山崎　達也	2013/5/7	5年10カ月				
9	A005	早乙女　悠	2014/11/3	4年4カ月				
10	A006	仲代　武志	2016/3/1	3年1カ月				

=DATEDIF(C5,$C$2,"Y")&"年"
&DATEDIF(C5,$C$2,"YM")&"カ月"

重要度 ★★★　日付や時間の計算

Q 0873 休業日などを除いた指定日数後の日付を求めたい！

A WORKDAY関数を使用します。

商品を受注してから、10営業日後に納品する場合など、土、日、祭日などを除いた稼働日数を指定して納品期日を求めるには、WORKDAY関数を使用します。引数「祭日」は省略できますが、指定する場合は、あらかじめ休業日などの一覧表を作成し、そのセル範囲を指定します。「祭日」を省略した場合は、土日のみが除かれます。

注文確定日から、祝日を除いた10営業日後の納品予定日を求めています。

=WORKDAY(A4,10,$D$4:$D$5)

B4　=WORKDAY(A4,10,$D$4:$D$5)

	A	B	C	D	E	F	G
1	納品予定日確認						
2	＊注文確定日から10営業日後に納品						
3	注文確定日	納品予定日		祝日			
4	2019/9/5	2019/9/20		2019/9/16			
5	2019/9/12	2019/9/30		2019/9/23			
6	2019/9/17	2019/10/2					
7	2019/9/23	2019/10/7					
8	2019/9/25	2019/10/9					

表示形式は「日付」になっています。

関数の書式 =WORKDAY(開始日,日数,祭日)

日付／時刻関数　指定した日から稼働日数だけ前後した日付を求める。

重要度 ★★★　日付や時間の計算

Q 0874 勤務日数を求めたい！

A NETWORKDAYS関数を使用します。

土、日や祭日、休日などを除いた勤務日数を求めるには、NETWORKDAYS関数を使用します。引数「祭日」は省略できますが、指定する場合は、あらかじめ休日などの一覧表を作成し、そのセル範囲を指定します。「祭日」を省略した場合は、土日のみが除かれます。

休日を除いた勤務日数を求めています。

B5　=NETWORKDAYS($D$1,$D$2,C5:D5)

	A	B	C	D	E	F
1	アルバイト勤務表		開始日	2019/7/1		
2			終了日	2019/8/31		
3						
4	氏名	勤務日数	休み（土日除く）			
5	佐伯　重信	43	7月24日	8月12日		
6	坂本　真紀	43	7月10日	8月13日		
7	山崎　敏夫	45				
8	内田　優子	43	7月16日	8月9日		
9	渡辺　尚幸	44	7月31日			
10	森田　智花	43	7月19日	8月23日		
11						

=NETWORKDAYS($D$1,$D$2,C5:D5)

関数の書式 =NETWORKDAYS(開始日,終了日,祭日)

日付／時刻関数　2つの日付を指定して、その間の稼働日数を求める。

重要度 ★★★ 日付や時間の計算

Q 0875 指定した月数後の日付を求めたい！

A EDATE関数を使用します。

基準となる日付から指定した数か月前、あるいは数か月後の日付を求めるには、EDATE関数を使用します。なお、計算結果にはシリアル値が表示されるので、あらかじめセルの表示形式を「日付」に変更しておく必要があります。

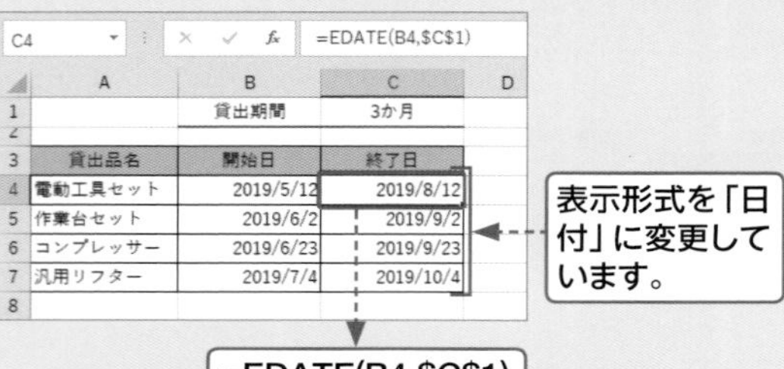

関数の書式 =EDATE(開始日,月)

日付／時刻関数 指定した月数前、月数後の日付を求める。

重要度 ★★★ 日付や時間の計算

Q 0876 今日の日付や時刻を入力したい！

A TODAY関数やNOW関数を使用します。

現在の日付を表示するにはTODAY関数を、現在の日付を含めた時刻を表示するにはNOW関数を使用します。これらの関数は、ブックを開いたり、再計算を行ったりすると最新の日付に更新されます。入力時の日付を残しておきたい場合は、関数ではなく文字として日付を直接入力するとよいでしょう。

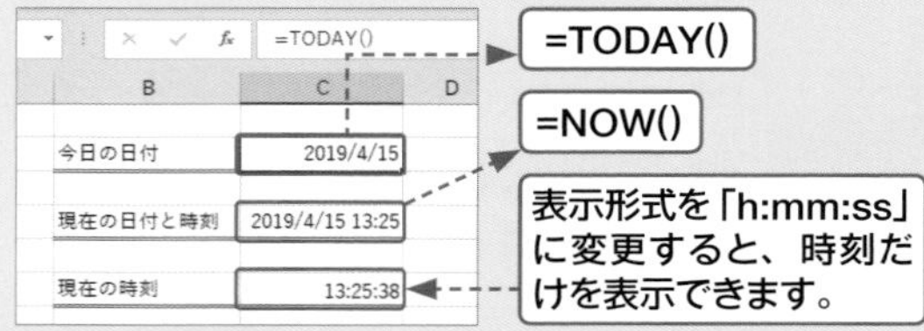

関数の書式 =TODAY()

日付／時刻関数 現在の日付を表示する。

関数の書式 =NOW()

日付／時刻関数 現在の日付と時刻を表示する。

重要度 ★★★ データの検索と抽出

Q 0877 商品番号を指定してデータを取り出したい！

A VLOOKUP関数を使用します。

商品番号などを入力すると、対応する商品名や価格などの情報がセルに表示されるようにするには、VLOOKUP関数を使用します。VLOOKUP関数は、範囲を指定して該当する値を取り出す関数です。VLOOKUP関数で検索する表は、次のルールに従って作成する必要があります。

- 表の左端列に検索対象のデータを入力し、VLOOKUP関数が返すデータを検索対象の列より右の列に入力する。
- 検索範囲の列のデータを重複させない（重複するデータがある場合は、より上の行にあるデータが検索されます）。
- 検索対象のデータが数値の場合は昇順に並べ替えるか、引数「検索方法」を「FALSE（0）」にする。

商品リスト表から、セル[E3]に入力した商品番号の商品名を表示しています。

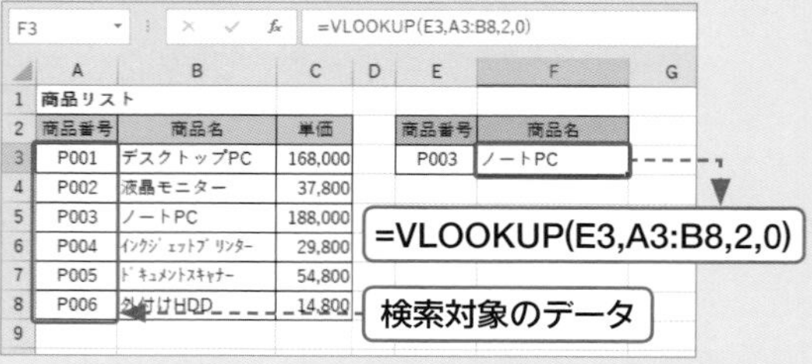

関数の書式 =VLOOKUP(検索値,範囲,列番号,検索方法)

検索／行列関数 指定した範囲（検索する表）から特定の値を検索し、指定した列のデータを取り出す。

重要度★★★ データの検索と抽出

Q 0878 VLOOKUP関数で「検索方法」を使い分けるには？

A データの内容によって使い分けます。

VLOOKUP関数は、引数「検索方法」に「TRUE」（あるいは「1」）を指定するか、「FALSE」（あるいは「0」）を指定するかで検索方法を使い分けることができます。

- FALSE／0
  引数「検索値」と完全に一致する値だけを検索します。一致する値が見つからないときは、エラー値「#N/A」が表示されます。
  「FALSE」あるいは「0」の指定は、完全に一致するものだけを検索し、一致するものがない場合にはエラー値を表示させる、いわゆる「一致検索」に利用します。この場合は、検索範囲のデータを昇順に並べ替えておく必要はありません。

- TRUE／1
  引数「検索値」と一致する値がない場合は、引数「検索値」未満でもっとも大きい値を検索します。引数を省略したときは、TRUE(1)とみなされます。
  「TRUE」あるいは「1」の指定は、完全に一致するものがない場合には、その値を超えない近似値を返させる、いわゆる「近似検索」に利用します。この場合は、検索範囲のデータを昇順に並べ替えておく必要があります。昇順に並べ替えておかないと、結果が正しく表示されません。

関数の種類	VLOOKUP、HLOOKUP	
検索の種類	一致検索	近似検索
引数の指定	FALSEまたは0	TRUEまたは1。省略も可
検索値が完全に一致するデータがある場合	検索値が完全に一致したデータが抽出される。	
検索値が完全に一致するデータがない場合	エラー値「#N/A」が表示される。	検索値未満でもっとも大きい値が求められる。
データの並べ方	検索範囲の左端列のデータを「昇順」に並べ替えておく必要はない。	検索範囲の左端列のデータを「昇順」に並べ替えておく必要がある。

重要度★★★ データの検索と抽出

Q 0879 VLOOKUP関数で「#N/A」を表示したくない！

A IFERROR関数を使用します。

VLOOKUP関数で検索を行った際、検索値が存在しない場合にエラー値「#N/A」が表示されます。エラー値を表示したくない場合は、IFERROR関数を使用し、検索値が存在するときは関数の結果を表示し、検索値が存在しないときにエラーが表示されないようにします。下の例では、セル[F6]に検索値が見つからない場合に、「""」を表示する（何も表示しない）ように指定しています。

参照▶Q 0855, Q 0877

セル[F6]にエラー値「#N/A」が表示されないようにしています。

=VLOOKUP(E3,A3:B8,2,0)

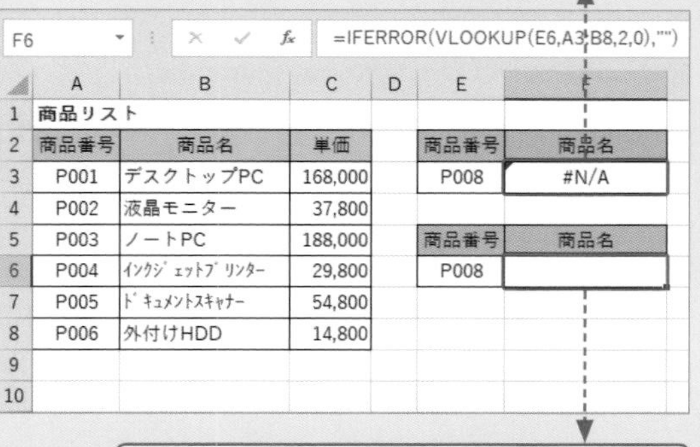

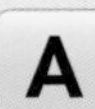

=IFERROR(VLOOKUP(E6,A3:B8,2,0),"")

重要度★★★ データの検索と抽出

Q 0880 ほかのワークシートの表を検索範囲にしたい！

A 検索範囲にワークシート名を追加します。

VLOOKUP関数では、ほかのワークシートにある表も検索できます。ほかのワークシートを検索する場合は、範囲に「ワークシート名!セル範囲」の形式で検索範囲を指定します。

参照▶Q 0780

重要度 ★★★ データの検索と抽出

Q 0881 異なるセル範囲から検索したい！

A VLOOKUP関数とINDIRECT関数を組み合わせます。

検索対象の表を切り替えながら検索したい場合は、あらかじめ参照する表に範囲名を付けておき、この範囲名を利用することで、参照する表を切り替えられるようにします。

下の例では、2つの表にそれぞれ「備品」と「消耗品」という範囲名を付けています。VLOOKUP関数の引数「範囲」にINDIRECT関数を指定し、セル［B2］の文字列をセル範囲に変換して、商品番号に一致する商品名や価格を取り出します。

参照▶Q 0791, Q 0877

セル［B2］に「備品」と入力して、商品番号に対応する商品名と価格を表示します。

B4　=VLOOKUP(B3,INDIRECT(B2),2,0)

	A	B	C	D	E	F	G
1	商品検索			備品			
2	商品区分	備品		商品番号	商品名	価格	
3	商品番号	1003		1001	デスクトップPC	168,000	
4	商品名	プリンター		1002	ノートPC	228,000	
5	価格	27,800		1003	プリンター	27,800	
6							
7				消耗品			
8				商品番号	商品名	価格	
9				1001	インクセット	6,980	
10				1002	コピー用紙	798	
11				1003	高級名刺用紙	1,280	
12							

備品

消耗品

=VLOOKUP(B3,INDIRECT(B2),2,0)

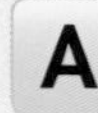

セル［B2］に「消耗品」と入力して、商品番号に対応する商品名と価格を表示します。

B5　=VLOOKUP(B3,INDIRECT(B2),3,0)

	A	B	C	D	E	F	G
1	商品検索			備品			
2	商品区分	消耗品		商品番号	商品名	価格	
3	商品番号	1003		1001	デスクトップPC	168,000	
4	商品名	高級名刺用紙		1002	ノートPC	228,000	
5	価格	1,280		1003	プリンター	27,800	
6							
7				消耗品			
8				商品番号	商品名	価格	
9				1001	インクセット	6,980	
10				1002	コピー用紙	798	
11				1003	高級名刺用紙	1,280	
12							

=VLOOKUP(B3,INDIRECT(B2),3,0)

関数の書式	=INDIRECT(参照文字列,参照形式)
検索／行列関数	参照先を切り替える。

重要度 ★★★ データの検索と抽出

Q 0882 検索範囲のデータが横に並んでいる表を検索したい！

A HLOOKUP関数を使用します。

VLOOKUP関数は表を縦（列）方向に検索する関数です。検索範囲のデータを横（行）方向に検索する場合は、HLOOKUP関数を使用します。書式や使い方は、行と列の違いだけでVLOOKUP関数とほぼ同じです。

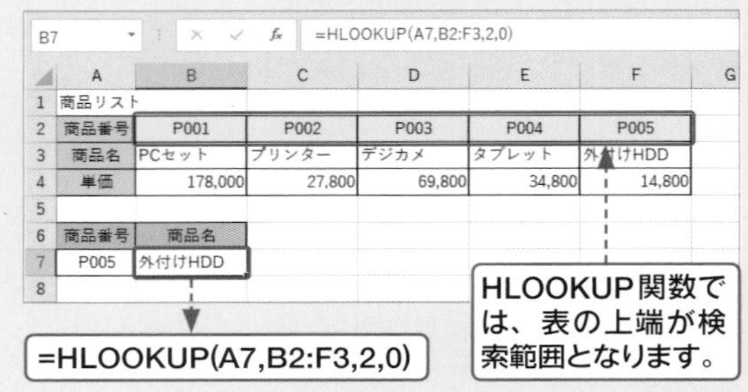

B7　=HLOOKUP(A7,B2:F3,2,0)

	A	B	C	D	E	F	G
1	商品リスト						
2	商品番号	P001	P002	P003	P004	P005	
3	商品名	PCセット	プリンター	デジカメ	タブレット	外付けHDD	
4	単価	178,000	27,800	69,800	34,800	14,800	
5							
6	商品番号	商品名					
7	P005	外付けHDD					
8							

重要度 ★★★ データの検索と抽出

Q 0883 最大値や最小値を求めたい！

A MAX関数やMIN関数を使用します。

成績の最高点や売上の最高額などを求めたい場合は、MAX関数を使用します。また、最低点や最低額などを求めたい場合は、MIN関数を使用します。関数の書式は、MAX関数、MIN関数とも同じです。

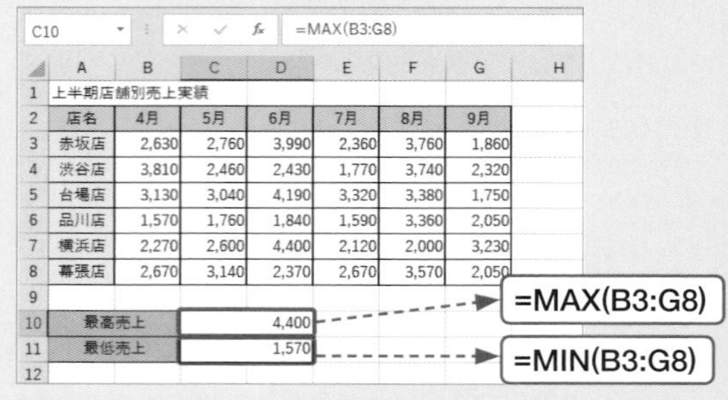

C10　=MAX(B3:G8)

	A	B	C	D	E	F	G	H
1	上半期店舗別売上実績							
2	店名	4月	5月	6月	7月	8月	9月	
3	赤坂店	2,630	2,760	3,990	2,360	3,760	1,860	
4	渋谷店	3,810	2,460	2,430	1,770	3,740	2,320	
5	台場店	3,130	3,040	4,190	3,320	3,380	1,750	
6	品川店	1,570	1,760	1,840	1,590	3,360	2,050	
7	横浜店	2,270	2,600	4,400	2,120	2,000	3,230	
8	幕張店	2,670	3,140	2,370	2,670	3,570	2,050	
9								
10	最高売上		4,400					
11	最低売上		1,570					
12								

関数の書式	=MAX(数値1,数値2,…)
統計関数	最大値を求める。

重要度 ★★★　データの検索と抽出

Q 0884 順位を求めたい！

A RANK.EQ関数や RANK.AVG関数を使用します。

データの順序を変えずに、売上高や試験の成績などに順位を振りたい場合は、RANK.EQ関数やRANK.AVG関数を使用します。RANK.EQ関数は、数値が同じ順位にある場合、それぞれ同じ順位で表示されます。RANK.AVG関数では、その個数に応じた平均の順位が表示されます。

なお、数値の大きい順に番号を振る場合は、引数の「順序」は省略できます。

● RANK.EQ関数を使う

F3　=RANK.EQ(E3,$E$3:$E$8)

	A	B	C	D	E	F
1	第1四半期売上成績					(千円)
2	店舗名	4月	5月	6月	合計	順位
3	赤坂店	2,630	2,760	3,990	9,380	2
4	渋谷店	3,810	2,460	2,430	8,700	4
5	台場店	3,130	3,040	4,190	10,360	1
6	品川店	1,570	1,760	1,840	5,170	6
7	横浜店	2,270	2,600	4,510	9,380	2
8	幕張店	2,670	3,140	2,370	8,180	5

=RANK.EQ(E3,$E$3:$E$8)

● RANK.AVG関数を使う

F3　=RANK.AVG(E3,$E$3:$E$8)

	A	B	C	D	E	F
1	第1四半期売上成績					(千円)
2	店舗名	4月	5月	6月	合計	順位
3	赤坂店	2,630	2,760	3,990	9,380	2.5
4	渋谷店	3,810	2,460	2,430	8,700	4
5	台場店	3,130	3,040	4,190	10,360	1
6	品川店	1,570	1,760	1,840	5,170	6
7	横浜店	2,270	2,600	4,510	9,380	2.5
8	幕張店	2,670	3,140	2,370	8,180	5

=RANK.AVG(E3,$E$3:$E$8)

関数の書式 =RANK.EQ(数値,範囲,順序)

統計関数　順位を求める。数値が同じ順位にある場合は、その中でもっとも高い順位で表示する。

重要度 ★★★　データの検索と抽出

Q 0885 ほかのワークシートにあるセルの値を取り出したい！

A INDIRECT関数を使用します。

ほかのワークシートにあるデータを別のワークシートに取り出す場合、通常は「=北海道!B6」のように指定しますが、この方法だと、そのつどシート名を入力する手間が面倒です。この場合は、下のようにセル［A3］に入力した「赤坂店」を利用して、セル［A3］と合計値が入力されているワークシートのセル番地［B6］を「&」で結合し、「A3&"!B6"」という参照用の文字を作成します。これをINDIRECT関数の引数にして、数式をコピーすれば、ワークシートのデータをまとめて表示できます。

参照▶Q 0881

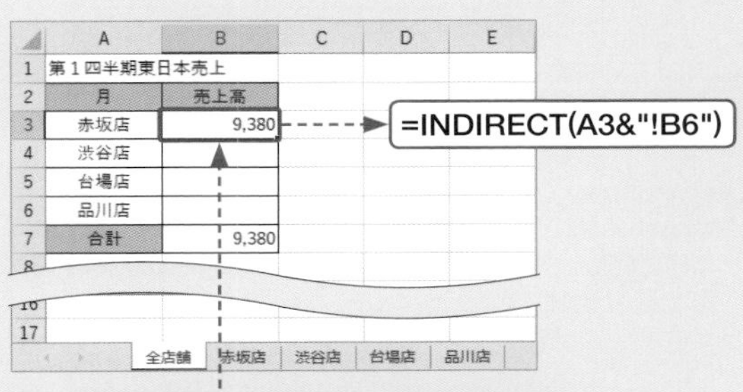

別々のワークシートにある売上高を１つのワークシートにまとめて表示します。

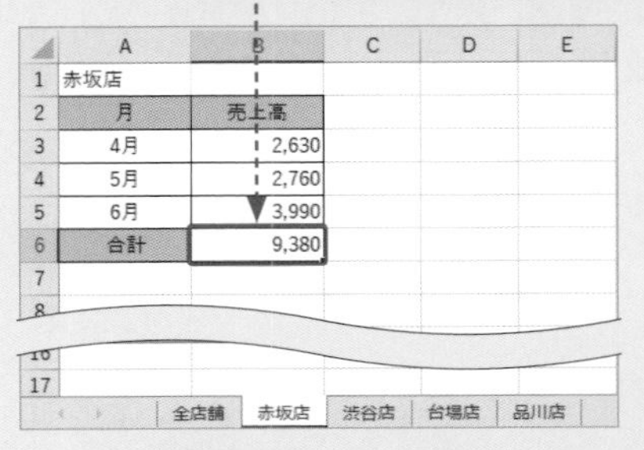

赤坂店
月
売上高
4月
2,630
5月
2,760
6月
3,990
合計
9,380
全店舗
赤坂店
渋谷店
台場店
品川店

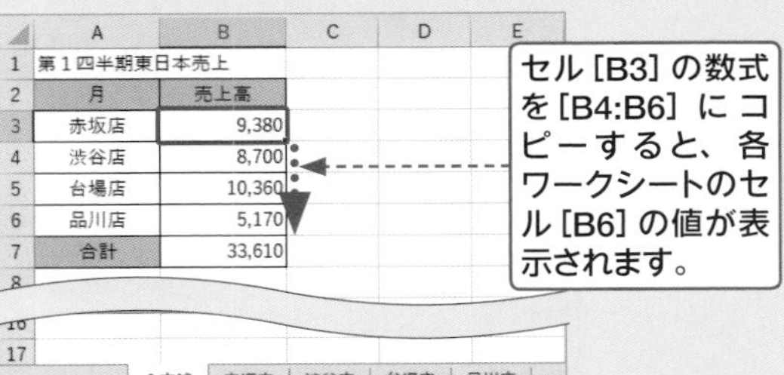

11 基本と入力　12 編集　13 書式　14 計算　15 関数　16 グラフ　17 データベース　18 印刷　19 ファイル　20 連携・共同編集

重要度 ★★★ 文字列の操作

Q 0886 ふりがなを取り出したい！

A PHONETIC関数を使用します。

PHONETIC関数を使用すれば、漢字を入力したときの読み情報を取り出して、ふりがなとして表示することができます。ただし、本来とは異なる読みで入力した場合は、その読みが表示されるので、もとのセルのふりがなを修正する必要があります。 参照▶Q 0727

=PHONETIC(B2)

C2 =PHONETIC(B2)

	A	B	C	D	E
1	番号	取引先	フリガナ	担当者	フリガナ
2	A01	市谷観光	イチガヤカンコウ	訓　美智也	クン　ミチヤ
3	A02	飯田橋商事	イイダバシショウジ	忽奈　晴見	コツナ　ハルミ
4	A03	牛込電工	ウシゴメデンコウ	斉藤　隼	サイトウ　シュン
5	A04	神楽坂印刷	カグラザカインサツ	高務　真宙	タカツカサ　マヒロ
6	A05	富士見工機	フジミコウキ	山生　健太	ヤマセ　ケンタ
7	A06	千代田企画	チヨダキカク	和南城　裕	ワナジョウ　ユウ

関数の書式 =PHONETIC(参照)

情報関数 指定したセル範囲から文字列の読み情報を取り出す。

重要度 ★★★ 文字列の操作

Q 0887 文字列の文字数を数えたい！

A LEN関数を使用します。

文字列の文字数を数えたい場合は、LEN関数を使用します。文字数は、大文字や小文字、記号などの種類に関係なく、1文字としてカウントされます。空白文字も1文字としてカウントされます。

=LEN(E2)

F2 =LEN(E2)

	D	E	F	G	H
1	郵便番号	住所	文字数		
2	231-0021	神奈川県横浜市中区日本大通	13		
3	253-0002	神奈川県茅ヶ崎市高田	10		
4	220-0011	神奈川県横浜市西区高島	11		
5	216-0005	神奈川県川崎市宮前区土橋	12		
6	240-0022	神奈川県横浜市保土ケ谷区西久保町	16		
7	212-0001	神奈川県川崎市幸区小向東芝町	14		
8					

関数の書式 =LEN(文字列)

文字列操作関数 文字列の数を数える。半角と全角の区別なく、1文字を1として処理する。

重要度 ★★★ 文字列の操作

Q 0888 全角文字を半角文字にしたい！

A ASC関数を使用すると、まとめて変換できます。

データに半角文字と全角文字が混在している場合、ASC関数を使用すると、全角の英数カナ文字を半角の英数カナ文字にまとめて変換できます。Excelには、文字をまとめて変換する関数が用意されているので、用途に応じて使用するとよいでしょう。関数の書式は、ASC関数と同じです。

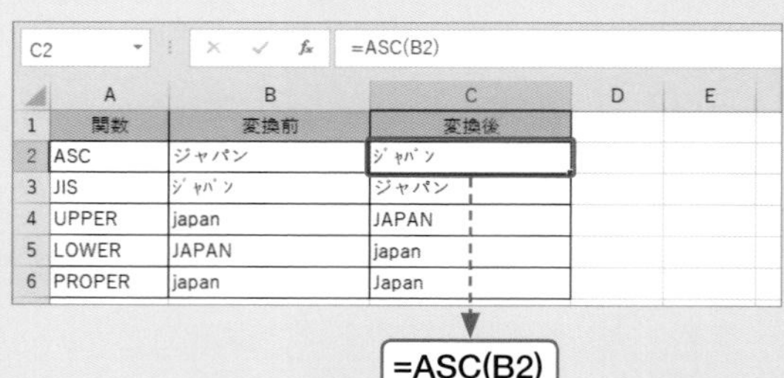

C2 =ASC(B2)

	A	B	C	D	E
1	関数	変換前	変換後		
2	ASC	ジャパン	ｼﾞｬﾊﾟﾝ		
3	JIS	ｼﾞｬﾊﾟﾝ	ジャパン		
4	UPPER	japan	JAPAN		
5	LOWER	JAPAN	japan		
6	PROPER	japan	Japan		

=ASC(B2)

関数の書式 =ASC(文字列)

文字列操作関数 全角の英数カナを半角の英数カナに変換する。

● 文字を変換する主な関数

関数	説　明
ASC	全角の英数カナを半角の英数カナに変換します。
JIS	半角の英数カナを全角の英数カナに変換します。
UPPER	文字列に含まれる英字をすべて大文字に変換します。
LOWER	文字列に含まれる英字をすべて小文字に変換します。
PROPER	文字列中の各単語の先頭文字を大文字に変換します。

重要度 ★★★　文字列の操作

Q 0889 文字列から一部の文字を取り出したい！

A LEFT関数、MID関数、RIGHT関数を使用します。

文字列から一部の文字を取り出したい場合は、LEFT関数、MID関数、RIGHT関数を使用します。取り出す位置によって使用する関数を使い分けます。

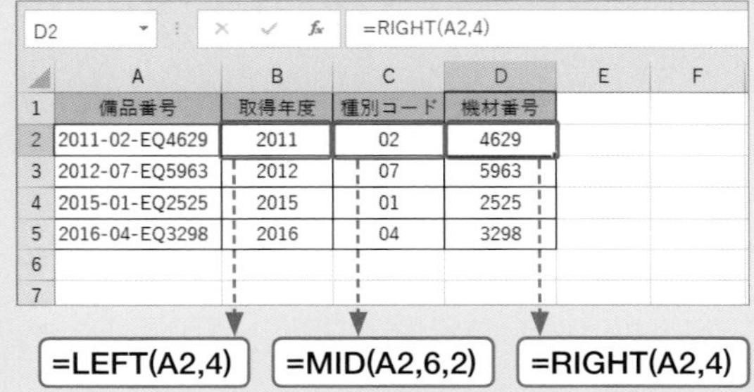

=LEFT(A2,4)　=MID(A2,6,2)　=RIGHT(A2,4)

関数の書式 =LEFT(文字列,文字数)

文字列操作関数　文字列の左端から指定数分の文字を取り出す。

関数の書式 =MID(文字列,開始位置,文字数)

文字列操作関数　文字列の任意の位置から指定数分の文字を取り出す。

関数の書式 =RIGHT(文字列,文字数)

文字列操作関数　文字列の右端から指定数分の文字を取り出す。

重要度 ★★★　文字列の操作

Q 0890 指定した文字を別の文字に置き換えたい！

A SUBSTITUTE関数を使用します。

文字列から特定の文字を検索して、別の文字に置き換えたい場合は、SUBSTITUTE関数を使用します。
下の例のように文字を置き換えるほかに、検索文字列に半角あるいは全角スペースを、置換文字列に空白文字「""」を入力すると、セル内の不要なスペースを削除することもできます。 参照▶Q 0895

「開発部」を「研究開発部」に置き換えています。

E4　=SUBSTITUTE(C4,"開発部","研究開発部")

	A	B	C	D	E
1					
2	社員配属先一覧				
3	社員番号	氏名	所属部署		新部署
4	S0001	清川　速雄	広報部		広報部
5	S0002	中村　梓	開発部		研究開発部
6	S0003	時任　史郎	営業部		営業部
7	S0004	早川　隆二	開発部		研究開発部
8	S0005	大出　尚子	営業部		営業部
9	S0006	渡部　咲江	広報部		広報部

=SUBSTITUTE(C4,"開発部","研究開発部")

関数の書式 =SUBSTITUTE(文字列,検索文字列,置換文字列,置換対象)

文字列操作関数　特定の文字列を検索し、別の文字列に置き換える。

重要度 ★★★　文字列の操作

Q 0891 セル内の改行を削除して1行のデータにしたい！

A CLEAN関数を使用します。

Alt を押しながら Enter を押すと、セル内で改行することができますが、この改行は表示されない特殊な改行文字で指定されています。CLEAN関数を使用すると、セル内に含まれている改行文字などの表示や印刷されない特殊な文字をまとめて削除することができます。

=CLEAN(C2)

D2　=CLEAN(C2)

	C	D
1	住所1	住所2
2	神奈川県横浜市西区桜木町xx 桜木町駅前ビル	神奈川県横浜市西区桜木町xx桜木町駅前ビル
3	神奈川県横浜市中区日本大通xx 中華街振興センター	神奈川県横浜市中区日本大通xx中華街振興センター
4	神奈川県横浜市南区日枝町xx 三ノ宮ハイツ	神奈川県横浜市南区日枝町xx三ノ宮ハイツ
5		

関数の書式 =CLEAN(文字列)

文字列操作関数　改行文字などの印刷できない文字を削除する。

重要度 ★★★　文字列の操作　2016 2013 2010

Q 0892 別々のセルに入力した文字を1つにまとめたい！

A CONCAT関数を使用します。

別々のセルに入力した文字を結合して1つのセルにまとめるには、CONCAT関数を使用します。Excel 2016まではCONCATENATE関数を使用して、結合するセルをそれぞれ指定する必要がありましたが、CONCAT関数では、セル範囲を指定することができるようになりました。なお、CONCATENATE関数は互換性関数としてExcel 2019でも使用できます。

出欠席一覧を1つの文字列に結合しています。

CONCATENATE関数を使用する場合は、結合するセルをすべて指定する必要があります。

M4　=CONCATENATE(B4,C4,D4,E4,F4,G4,H4,I4,J4,K4)

	A	B	C	D	E	F	G	H	I	J	K	L	M
1													
2	名前	出欠席表（出席＝○、欠席＝×）											出欠席表(結合)
3		1	2	3	4	5	6	7	8	9	10		
4	清川　速雄	×	○	○	○	×	○	×	○	○	○		×○○○×○×○○○
5	中村　梓	×	○	○	○	○	×	×	×	○	○		×○○○○×××○○
6	時任　史郎	×	×	○	○	○	○	×	○	×	○		××○○○○×○×○
7	早川　隆二	○	○	○	×	○	○	×	○	○	○		○○○×○○×○○○
8	大出　尚子	×	○	○	○	○	×	○	×	×	×		×○○○○×○×××
9	渡部　咲江	×	○	○	×	○	×	○	×	○	○		×○○×○×○×○○

=CONCATENATE(B4,C4,D4,E4,F4,G4,H4,I4,J4,K4)

CONCAT関数を使用すると、セル範囲を指定して結合することができます。

M4　=CONCAT(B4:K4)

	A	B	C	D	E	F	G	H	I	J	K	L	M
1													
2	名前	出欠席表（出席＝○、欠席＝×）											出欠席表(結合)
3		1	2	3	4	5	6	7	8	9	10		
4	清川　速雄	×	○	○	○	×	○	×	○	○	○		×○○○×○×○○○
5	中村　梓	×	○	○	○	○	×	×	×	○	○		×○○○○×××○○
6	時任　史郎	×	×	○	○	○	○	×	○	×	○		××○○○○×○×○
7	早川　隆二	○	○	○	×	○	○	×	○	○	○		○○○×○○×○○○
8	大出　尚子	×	○	○	○	○	×	○	×	×	×		×○○○○×○×××
9	渡部　咲江	×	○	○	×	○	×	○	×	○	○		×○○×○×○×○○

=CONCAT(B4:K4)

関数の書式　CONCAT(テキスト1,テキスト2,…)

文字列操作関数　複数の文字列を結合して1つの文字列にまとめる。

重要度 ★★★　文字列の操作　2016 2013 2010

Q 0893 区切り記号を入れて文字列を結合したい！

A TEXTJOIN関数を使用します。

複数のセルの文字を結合して1つの文字列にするときに区切り記号を入れたい場合は、TEXTJOIN関数を使用します。TEXTJOIN関数では、結合するセル範囲内に空白のセルがある場合、そのセルを無視するかどうかをTRUEまたはFALSEで指定することができます。空白のセルを無視するときはTRUE（または1）を、無視しないときはFALSE（または0）を指定します。

出欠席一覧を区切り記号（:）を入れた1つの文字列に結合しています。

=TEXTJOIN(" : ",TRUE,B4:K4)

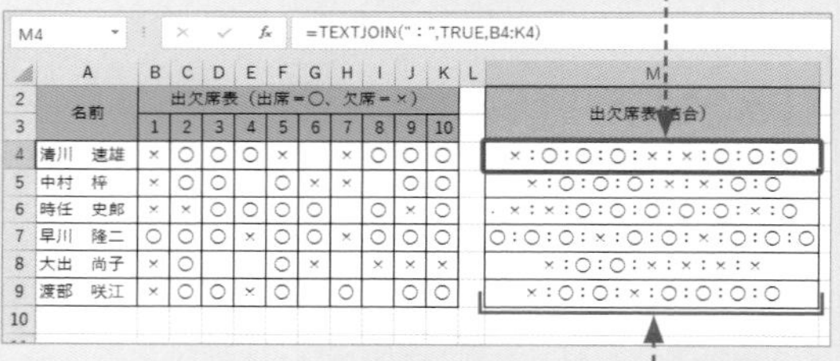

M4　=TEXTJOIN(" : ",TRUE,B4:K4)

	A	B	C	D	E	F	G	H	I	J	K	L	M
2	名前	出欠席表（出席＝○、欠席＝×）											出欠席表(結合)
3		1	2	3	4	5	6	7	8	9	10		
4	清川　速雄	×	○	○	○	×		×	○	○	○		×:○:○:○:×:×:○:○:○
5	中村　梓	×	○	○		○	×	×		○	○		×:○:○:○:×:×:○:○
6	時任　史郎	×	×	○	○	○	○		○	×	○		×:×:○:○:○:○:○:×:○
7	早川　隆二	○	○	○	×	○	○	×	○	○	○		○:○:○:×:○:○:×:○:○:○
8	大出　尚子	×	○			○	×		×	×	×		×:○:○:×:×:×:×
9	渡部　咲江	×	○	○	×	○		○		○	○		×:○:○:×:○:○:○:○
10													

空白セルを無視して結合した場合は、空白セルは結合されません。

=TEXTJOIN(":",FALSE,B4:K4)

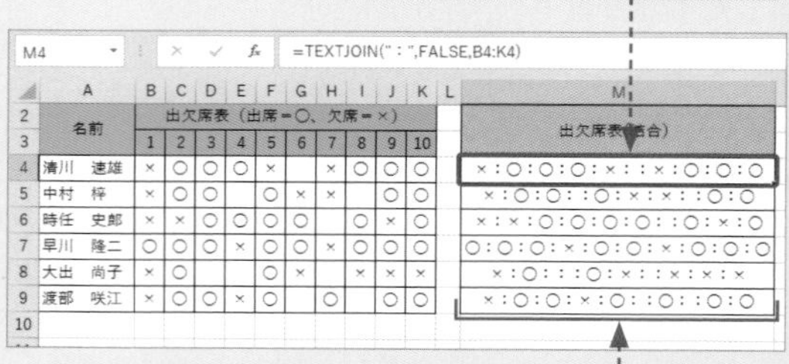

M4　=TEXTJOIN(" : ",FALSE,B4:K4)

	A	B	C	D	E	F	G	H	I	J	K	L	M
2	名前	出欠席表（出席＝○、欠席＝×）											出欠席表(結合)
3		1	2	3	4	5	6	7	8	9	10		
4	清川　速雄	×	○	○	○	×		×	○	○	○		×:○:○:○:×::×:○:○:○
5	中村　梓	×	○	○		○	×	×		○	○		×:○:○::○:×:×::○:○
6	時任　史郎	×	×	○	○	○	○		○	×	○		×:×:○:○:○:○::○:×:○
7	早川　隆二	○	○	○	×	○	○	×	○	○	○		○:○:○:×:○:○:×:○:○:○
8	大出　尚子	×	○			○	×		×	×	×		×:○:::○:×::×:×:×
9	渡部　咲江	×	○	○	×	○		○		○	○		×:○:○:×:○::○::○:○
10													

空白セルを無視せずに結合した場合は、空白セルの分まで区切り記号が入った形で結合されます。

関数の書式　TEXTJOIN(区切り文字,空のセルは無視,テキスト1,テキスト2,…)

文字列操作関数　複数の文字列を区切り文字を挿入して1つの文字列にまとめる。

重要度 ★★★ 文字列の操作

Q 0894 2つのセルのデータを1セル2行にまとめたい!

A CHAR関数と&演算子を組み合わせます。

別々のセルに入力したデータを連結して1つのセルに表示し、読みやすいように2行にしたい、この場合は、文字列連結演算子の「&」を使って2つの文字列を結合し、CHAR関数を使用して改行文字を指定します。CHAR関数で改行を表す文字コードは「10」です。
なお、実際に2行に表示するには、結果を表示するセルに<ホーム>タブの<折り返して全体を表示する>を設定する必要があります。

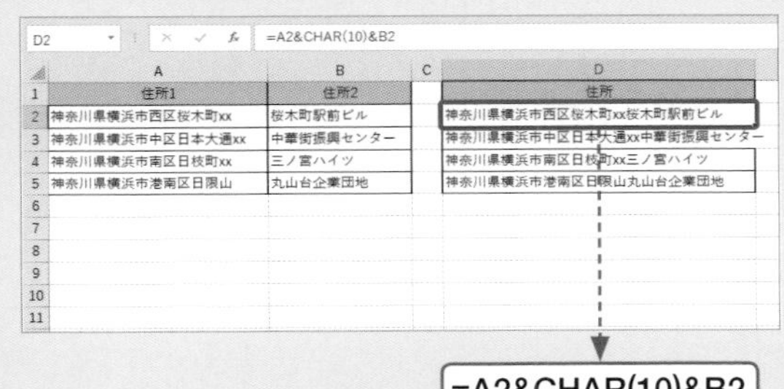
=A2&CHAR(10)&B2

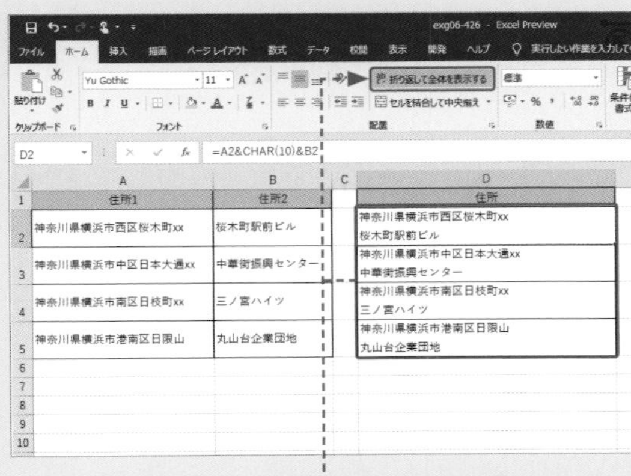
<ホーム>タブの<折り返して全体を表示する>をクリックして、折り返します。

関数の書式 =CHAR(数値)

文字列操作関数 文字コードを表す数値に対応した文字を表示する。

重要度 ★★★ 文字列の操作

Q 0895 セル内の不要なスペースを取り除きたい!

A TRIM関数やSUBSTITUTE関数を使用します。

文字列の前後や間の不要なスペースを取り除きたい場合は、TRIM関数やSUBSTITUTE関数を使用します。TRIM関数は、単語間のスペースを1つ残して不要なスペースを取り除きます。SUBSTITUTE関数は、文字列から余分なスペースを取り除きます。
なお、それぞれの関数はともに全角・半角を問わず、スペースを1文字として扱います。 参照▶Q 0890

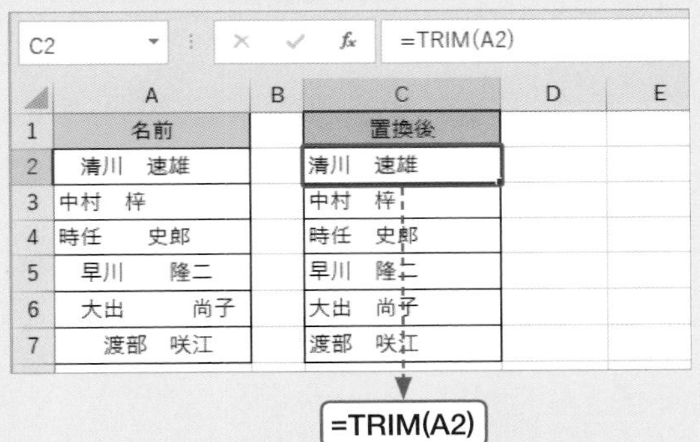
単語間のスペースを1つ残して不要なスペースを取り除きます。
=TRIM(A2)

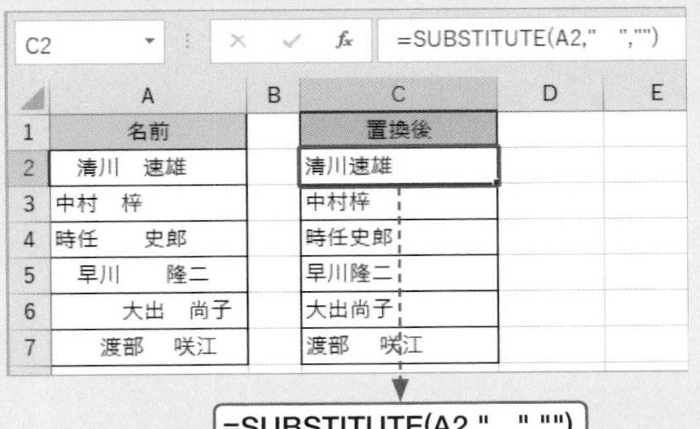
スペースをすべて取り除きます。
=SUBSTITUTE(A2,"　","")

関数の書式 =TRIM(文字列)

文字列操作関数 単語間のスペースを1つずつ残して、不要なスペースを削除する。

重要度 ★★★ 文字列の操作

Q 0896 住所録から都道府県名だけを取り出したい！

A IF関数にMID関数とLEFT関数を組み合わせます。

都道府県名の文字数は、神奈川県、和歌山県、鹿児島県だけが4文字で、残りはすべて3文字です。これを前提に、IF関数とMID関数を使って、先頭から4文字目が「県」かどうかを調べます。

4文字目が県であれば先頭から4文字分を、そうでなければ3文字分をLEFT関数で取り出せば、都道府県名を取り出せます。都道府県名を除いた残りは、SUBSTITUTE関数を使って取り出すことができます。

参照▶Q 0889, Q 0890

住所の左から4番目が「県」であれば左から4文字分を、そうでない場合は左から3文字分を表示します。

C2 =IF(MID(A2,4,1)="県",LEFT(A2,4),LEFT(A2

	A	B	C	D	E	F
1	住所		都道府県名			
2	東京都品川区東大井		東京都			
3	北海道名寄市東一条南		北海道			
4	神奈川県横浜市西区北軽井沢		神奈川県			
5	静岡県静岡市葵区安西		静岡県			
6	栃木県宇都宮市富士見が丘		栃木県			
7	滋賀県大津市蓮池町		滋賀県			
8	京都府福知山市山野口		京都府			
9	広島県福山市横尾町		広島県			
10						

=IF(MID(A2,4,1)="県",LEFT(A2,4),LEFT(A2,3))

都道府県名を除いた残りを取り出します。

D2 =SUBSTITUTE(A2,C2,"")

	A	B	C	D
1	住所		都道府県名	住所
2	東京都品川区東大井		東京都	品川区東大井
3	北海道名寄市東一条南		北海道	名寄市東一条南
4	神奈川県横浜市西区北軽井沢		神奈川県	横浜市西区北軽井沢
5	静岡県静岡市葵区安西		静岡県	静岡市葵区安西
6	栃木県宇都宮市富士見が丘		栃木県	宇都宮市富士見が丘
7	滋賀県大津市蓮池町		滋賀県	大津市蓮池町
8	京都府福知山市山野口		京都府	福知山市山野口
9	広島県福山市横尾町		広島県	福山市横尾町
10				

=SUBSTITUTE(A2,C2,"")

重要度 ★★★ 文字列の操作

Q 0897 氏名の姓と名を別々のセルに分けたい！

A LEFT関数にFIND関数を、RIGHT関数にLEN関数とFIND関数を組み合わせます。

同じセルに入力されている氏名を「姓」と「名」に分けて別々のセルに表示したい場合は、姓と名が区切られているスペースを基準に取り出すことができます。

姓は、FIND関数で姓と名の間に入力されているスペースの位置を調べ、そこから1文字分を引いて、その左側の文字をLEFT関数で取り出します。名は、氏名の文字数をLEN関数で求め、そこからスペースの位置を引いた数をRIGHT関数で取り出します。

参照▶Q 0887, Q 0889

● 「姓」を取り出す

C2 =LEFT(B2,FIND("　",B2)-1)

	A	B	C	D	E	F
1	社員番号	名前	姓	名		
2	101	清川　速雄	清川			
3	102	中村　梓	中村			
4	103	時任　史郎	時任			
5	104	早川　隆二	早川			
6	105	大出　尚子	大出			
7	106	渡部　咲江	渡部			
8						

=LEFT(B2,FIND(" ",B2)-1)

● 「名」を取り出す

D2 =RIGHT(B2,LEN(B2)-FIND("　",B2))

	A	B	C	D	E	F
1	社員番号	名前	姓	名		
2	101	清川　速雄	清川	速雄		
3	102	中村　梓	中村	梓		
4	103	時任　史郎	時任	史郎		
5	104	早川　隆二	早川	隆二		
6	105	大出　尚子	大出	尚子		
7	106	渡部　咲江	渡部	咲江		
8						

=RIGHT(B2,LEN(B2)-FIND(" ",B2))

関数の書式 =FIND(検索文字列,対象,開始位置)

文字列操作関数 指定した文字列が最初に現れる位置を検索する。

第16章

Excelのグラフの「こんなときどうする?」

Q 0898 グラフを作成したい!

A1 <挿入>タブの<おすすめグラフ>を利用します。

Excel 2013以降では、<挿入>タブの<おすすめグラフ>を利用して、表の内容に適したグラフを作成することができます。また、グラフを作成すると表示される<グラフツール>の<デザイン>と<書式>タブを利用して、レイアウトを変更したり、グラフのスタイルを変更したりと、さまざまな編集を行うことができます。

1 グラフのもとになるセル範囲を選択して、

2 <挿入>タブをクリックし、

3 <おすすめグラフ>をクリックします。

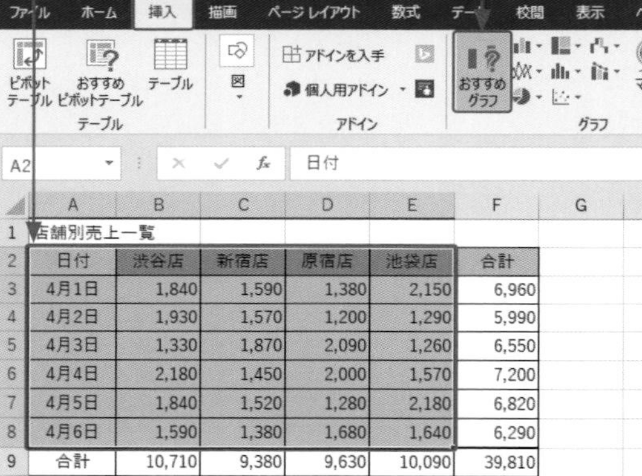

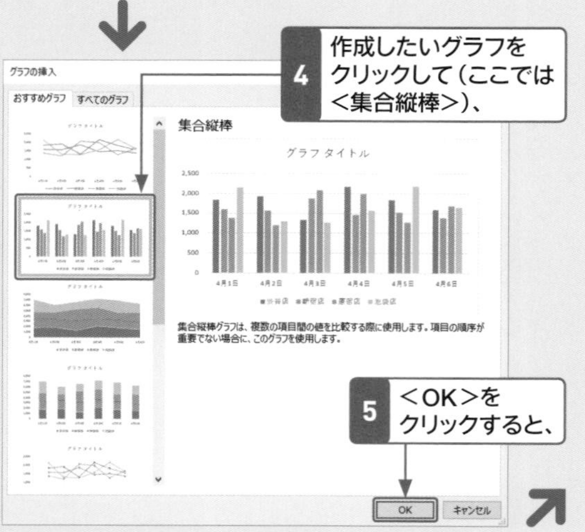

4 作成したいグラフをクリックして(ここでは<集合縦棒>)、

5 <OK>をクリックすると、

6 グラフが作成されます。

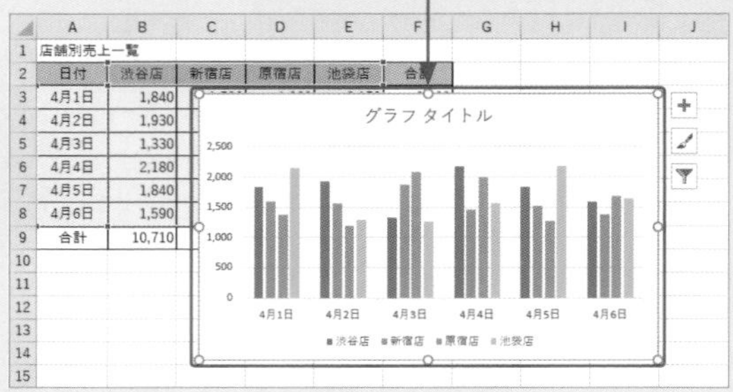

7 クリックしてタイトルを入力し、

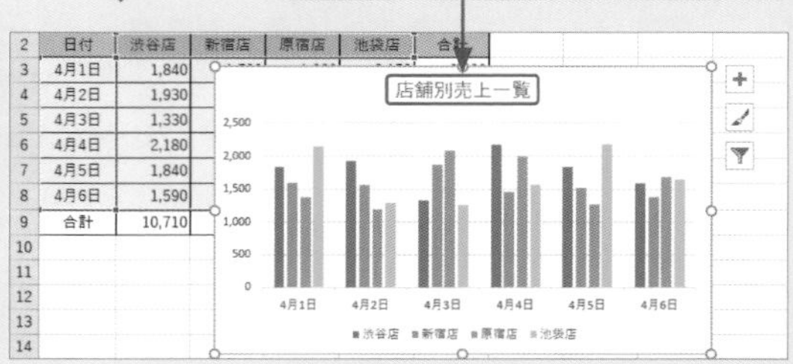

8 タイトル以外をクリックすると、タイトルが表示されます。

A2 <挿入>タブの<グラフ>グループにあるコマンドを利用します。

<挿入>タブの<グラフ>グループに用意されているグラフの種類別のコマンドを利用します。グラフの種類に対応したコマンドをクリックして、目的のグラフを選択すると、基本となるグラフが作成されます。この方法は、Excel 2010以降で利用できます。

1 作成したいグラフのコマンドをクリックして、

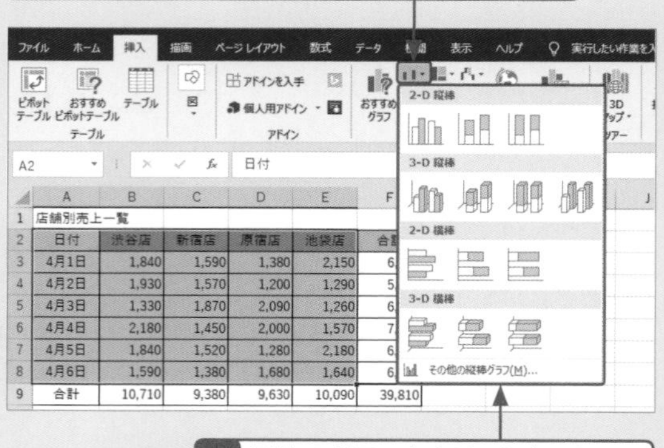

2 目的のグラフをクリックすると、基本となるグラフが作成されます。

重要度★★★　グラフの作成

Q 0899 作りたいグラフがコマンドに見当たらない！

A <グラフの挿入>ダイアログボックスの<すべてのグラフ>から選択します。

<おすすめグラフ>や<挿入>タブの<グラフ>グループに作りたいグラフのコマンドが見当たらない場合は、<グラフの挿入>ダイアログボックスの<すべてのグラフ>を利用します。<グラフの挿入>ダイアログボックスは、<挿入>タブの<おすすめグラフ>をクリックするか、<グラフ>グループの をクリックすると表示できます。

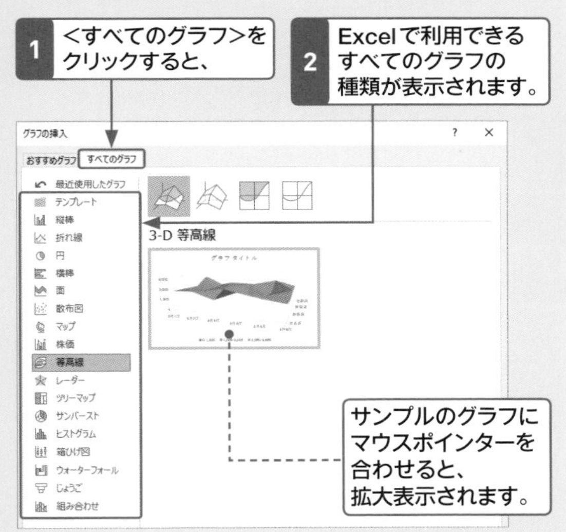

重要度★★★　グラフの作成

Q 0900 グラフのレイアウトを変更したい！

A <デザイン>タブの<クイックレイアウト>を利用します。

グラフ全体のレイアウトは、グラフをクリックすると表示される<デザイン>タブの<クイックレイアウト>から変更できます。Excel 2010の場合は、<デザイン>タブの<グラフのレイアウト>の一覧から変更できます。なお、レイアウトを変更すると、それまでに設定していた書式が変更されてしまう場合があります。レイアウトの変更は、書式を設定する前に行うとよいでしょう。

1 <デザイン>タブの<クイックレイアウト>をクリックして、

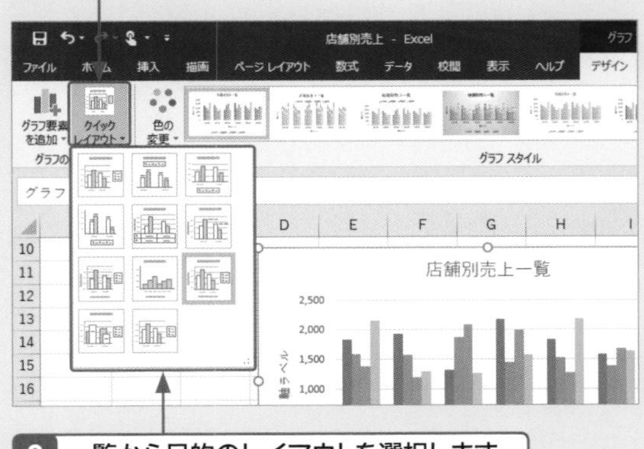

2 一覧から目的のレイアウトを選択します。

重要度★★★　グラフの作成

Q 0901 グラフの種類を変更したい！

A <グラフの種類の変更>ダイアログボックスを利用します。

グラフを作成したあとでも、グラフの種類を変更できます。<デザイン>タブの<グラフの種類の変更>をクリックするか、グラフを右クリックして<グラフの種類の変更>をクリックすると表示される<グラフの種類の変更>ダイアログボックスで変更します。

<グラフの種類の変更>をクリックをして変更します。

重要度 ★★★　グラフの作成

Q 0902 ほかのブックやワークシートからグラフを作成したい！

A 何も表示されていないグラフを作成してからデータ範囲を指定します。

ほかのブックやワークシートの表からグラフを作成するには、データエリアを選択せずに、＜挿入＞タブの＜グラフ＞グループのコマンドを利用して、何も表示されていないグラフを作成し、下の手順で操作します。

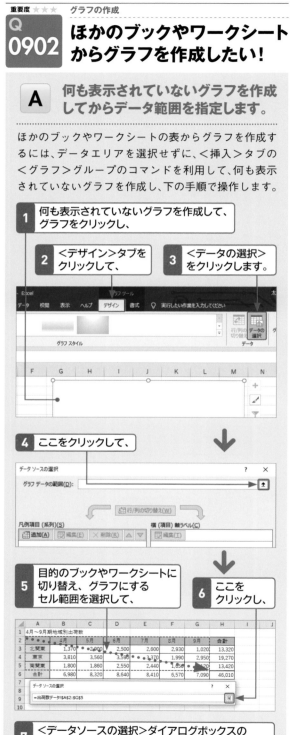

1 何も表示されていないグラフを作成して、グラフをクリックし、

2 ＜デザイン＞タブをクリックして、

3 ＜データの選択＞をクリックします。

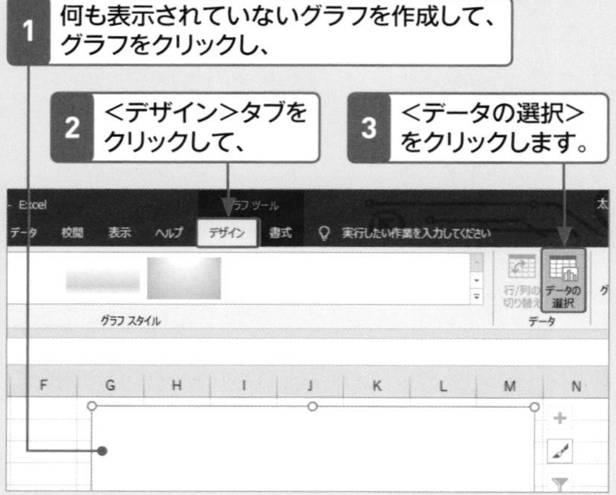

4 ここをクリックして、

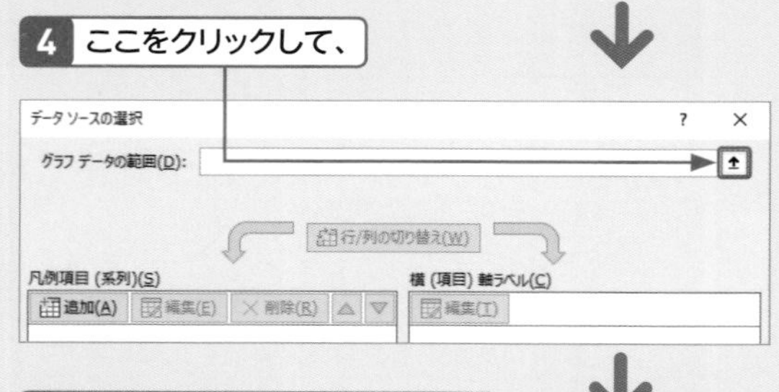

5 目的のブックやワークシートに切り替え、グラフにするセル範囲を選択して、

6 ここをクリックし、

	A	B	C	D	E	F	G	H
1	4月～9月期地域別出荷数							
2		4月	5月	6月	7月	8月	9月	合計
3	北関東	1,370	2,000	2,500	2,600	2,930	1,020	13,320
4	東京	3,810	3,560	3,590	3,370	1,990	2,950	19,270
5	南関東	1,800	1,860	2,550	2,440	1,650	[illegible]	13,420
6	合計	6,980	8,320	8,640	8,410	6,570	7,090	46,010

データ ソースの選択

=出荷数データ!$A$2:$G$5

7 ＜データソースの選択＞ダイアログボックスの＜OK＞をクリックすると、グラフが作成できます。

重要度 ★★★　グラフの作成

Q 0903 グラフをほかのワークシートに移動したい！

A ＜グラフの移動＞ダイアログボックスを利用します。

作成したグラフを別のワークシートやグラフシートに移動するには、グラフをクリックして＜デザイン＞タブの＜グラフの移動＞をクリックし、グラフの移動先を指定します。

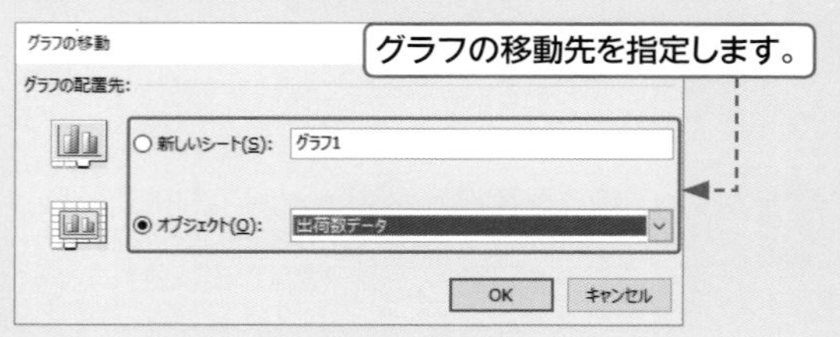

重要度 ★★★　グラフの作成

Q 0904 グラフを白黒できれいに印刷したい！

A ＜デザイン＞タブの＜色の変更＞で白黒印刷に適した色に変更します。

色分けされたグラフを白黒プリンターで印刷すると、内容が判別しにくくなってしまうことがあります。この場合は、＜デザイン＞タブの＜色の変更＞で、白黒印刷に適した色に設定しましょう。Excel 2010の場合は、＜デザイン＞タブの＜グラフのスタイル＞から白黒印刷に適したスタイルを選択します。 参照 ▶ Q 0910

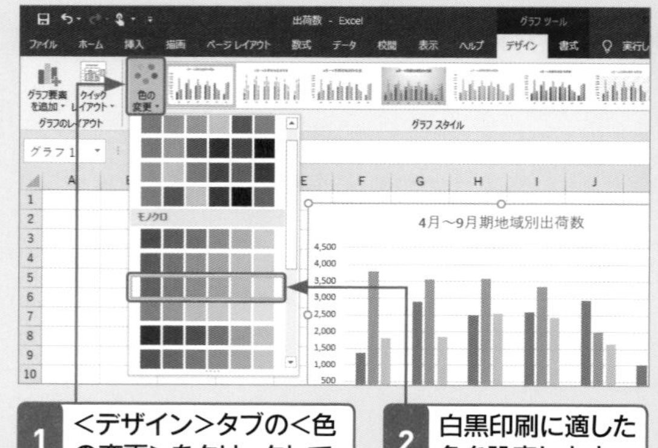

重要度 ★★★ グラフの作成 2010

Q 0905 グラフの右に表示されるコマンドは何に使うの？

A グラフ要素やグラフのスタイルなどを編集するコマンドです。

グラフを作成してクリックすると、グラフの右上に<グラフ要素><グラフスタイル><グラフフィルター>の3つのコマンドが表示されます。それぞれのコマンドをクリックすると、メニューが表示され、グラフ要素の追加・削除・変更や、グラフスタイルの変更、グラフに表示する系列やカテゴリの編集などが行えます。

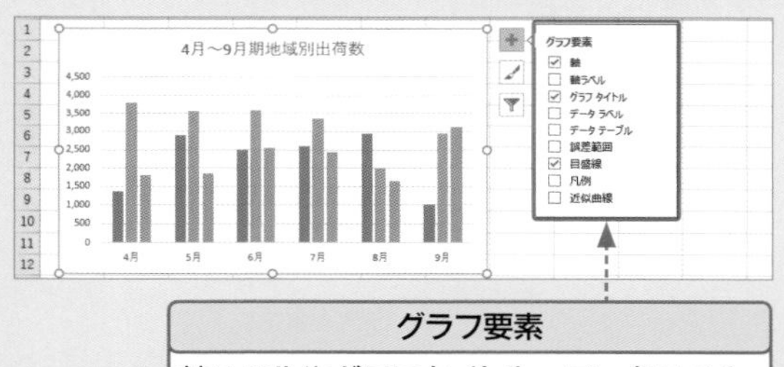

グラフ要素
軸ラベルやグラフタイトル、データラベル、目盛線などの追加や削除、変更ができます。

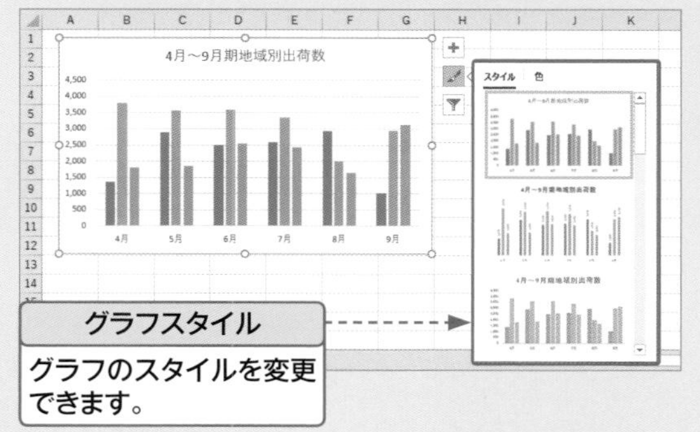

グラフスタイル
グラフのスタイルを変更できます。

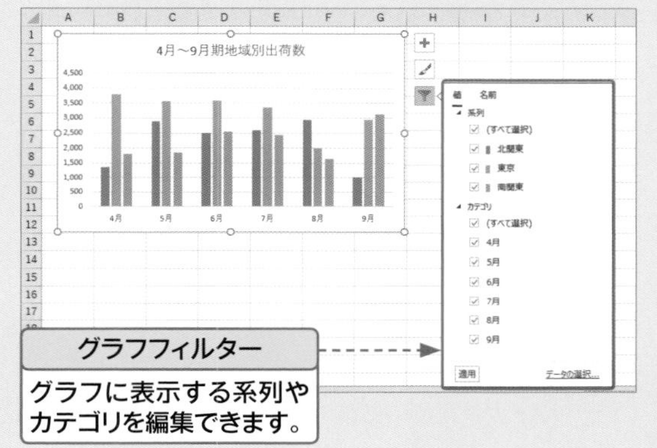

グラフフィルター
グラフに表示する系列やカテゴリを編集できます。

重要度 ★★★ グラフ要素の編集

Q 0906 グラフの要素名を知りたい！

A 各要素にマウスポインターを合わせると名前が表示されます。

グラフを構成する部品のことを「グラフ要素」といいます。グラフ要素にはそれぞれ名前が付いており、マウスポインターを合わせると、名前がポップヒントで表示されます。グラフ要素は個別に編集できます。

縦（値）軸　グラフタイトル　グラフエリア　凡例

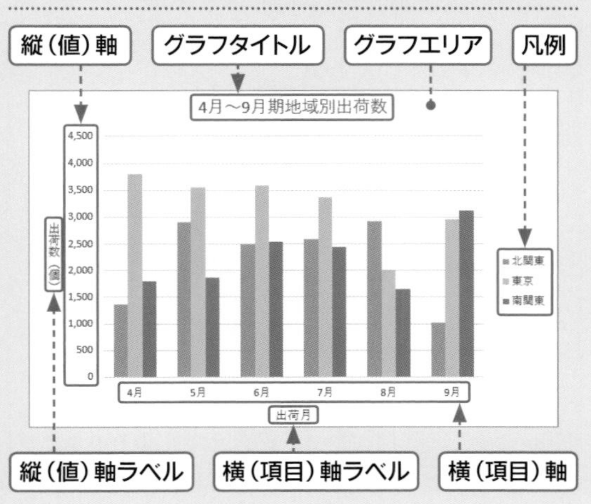

縦（値）軸ラベル　横（項目）軸ラベル　横（項目）軸

プロットエリア　データ系列　データマーカー

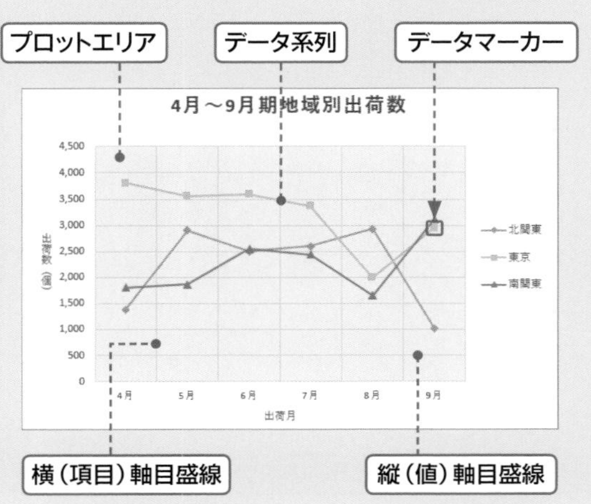

横（項目）軸目盛線　縦（値）軸目盛線

重要度 ★★★ グラフ要素の編集

Q 0907 グラフ内の文字サイズや色などを変更したい!

A <ホーム>タブの各コマンドを利用します。

グラフ内の文字サイズやフォントを変更したり、グラフに背景色を設定したりする場合は、グラフをクリックして、<ホーム>タブの<フォント>グループにある各コマンドを利用します。グラフ内の文字列や数値には、個別に書式を設定できます。

それぞれのコマンドを利用してグラフの書式を変更します。

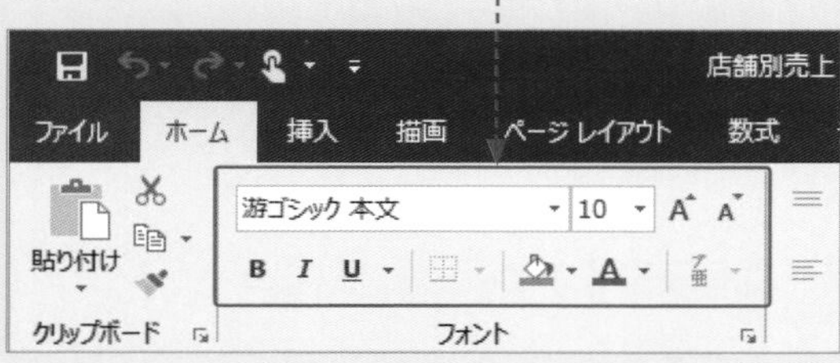

重要度 ★★★ グラフ要素の編集

Q 0908 グラフのサイズを変更したい!

A グラフの周囲に表示されるハンドルをドラッグします。

グラフエリアをクリックすると周囲にハンドルが表示されます。このハンドルにマウスポインターを合わせてドラッグします。ただし、グラフシートに作成したグラフのサイズは変更できません。

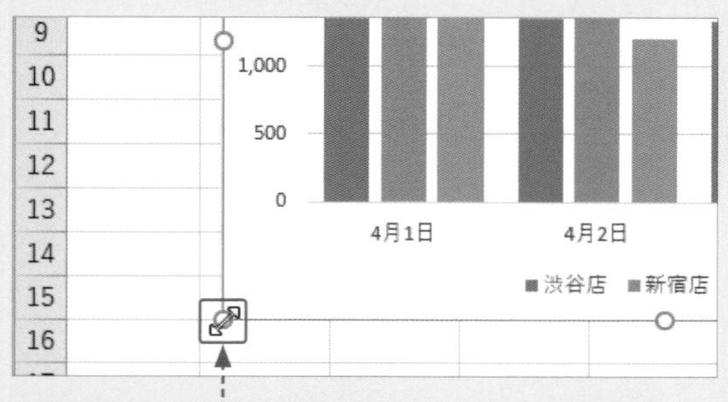

周囲に表示されるハンドルをドラッグします。

重要度 ★★★ グラフ要素の編集

Q 0909 非表示にしたデータもグラフに含めたい!

A 非表示の行と列のデータを表示するように設定します。

もとデータの表の列や行を非表示にすると、グラフの内容も表示されなくなります。非表示にした列や行のデータをグラフに反映させたい場合は、下の手順で操作します。

列[B]～[D]を非表示にしています。

1 グラフをクリックして、

2 <デザイン>タブをクリックし、

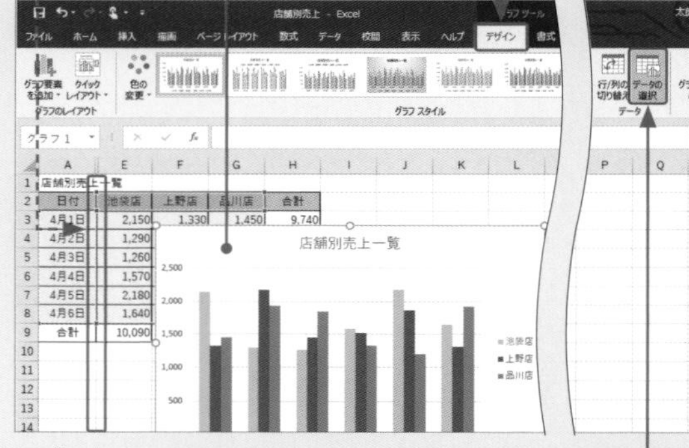

3 <データの選択>をクリックします。

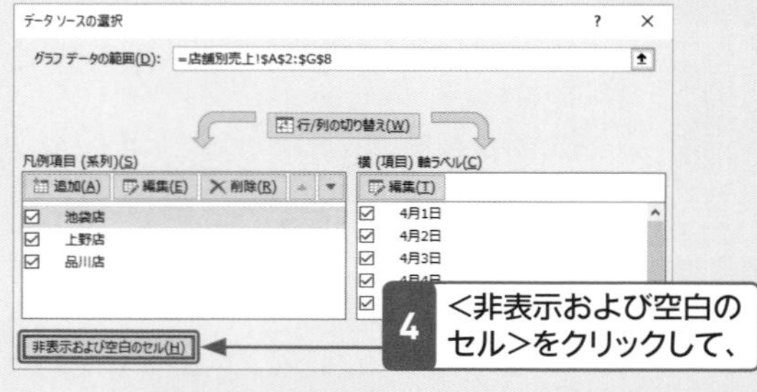

4 <非表示および空白のセル>をクリックして、

5 <非表示の行と列のデータを表示する>をクリックしてオンにし、

6 <<OK>をクリックします。

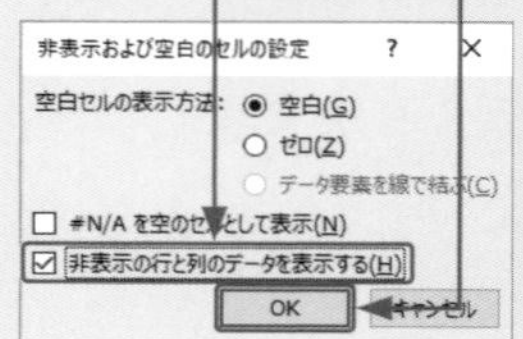

7 <データソースの選択>ダイアログボックスの<OK>をクリックすると、非表示セルのデータがグラフに表示されます。

重要度 ★★★　グラフ要素の編集

Q 0910 グラフのスタイルを変更したい！

A ＜グラフスタイル＞からスタイルを適用します。

Excelには、グラフの色やスタイル、背景色などの書式があらかじめ設定された「グラフスタイル」が用意されています。グラフスタイルは、＜デザイン＞タブの＜グラフスタイル＞や、グラフの右上に表示される＜グラフスタイル＞から設定できます。

● Excel 2019/2016/2013の場合

1 グラフをクリックして、

2 ＜デザイン＞タブをクリックし、

＜グラフスタイル＞から設定することもできます。

3 ＜グラフスタイル＞の＜その他＞をクリックします。

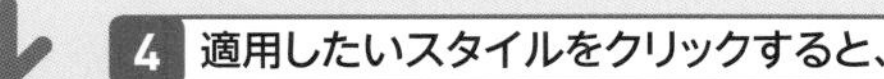

4 適用したいスタイルをクリックすると、

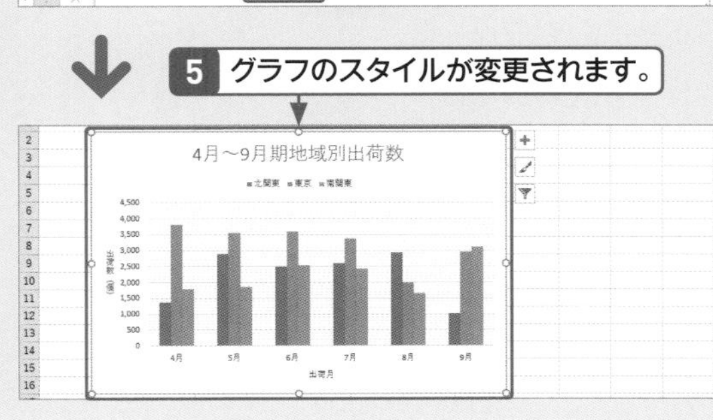

5 グラフのスタイルが変更されます。

● Excel 2010の場合

1 グラフをクリックして、

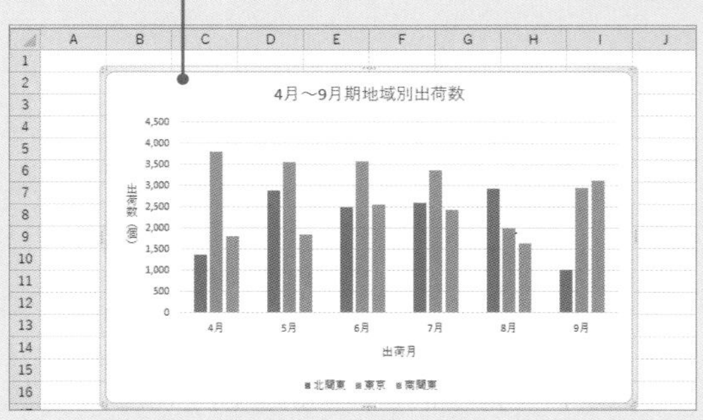

2 ＜デザイン＞タブをクリックし、

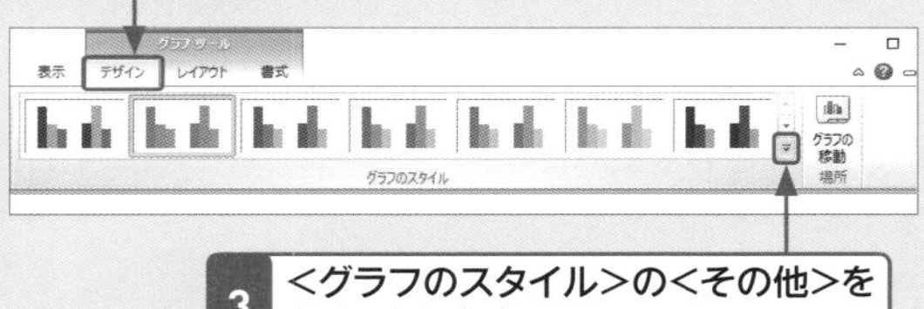

3 ＜グラフのスタイル＞の＜その他＞をクリックします。

4 適用したいスタイルをクリックすると、

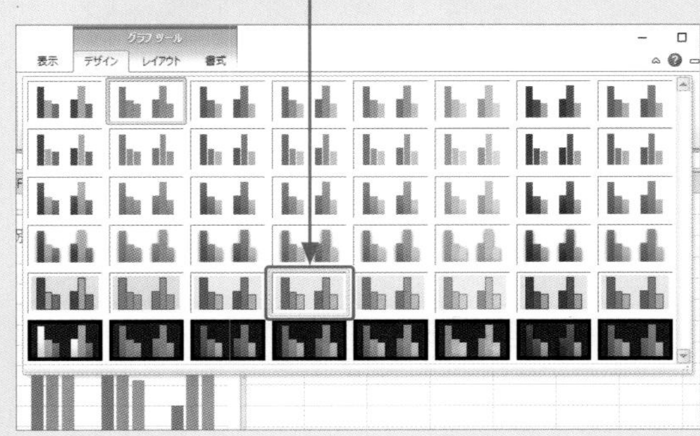

5 スタイルが変更されます。

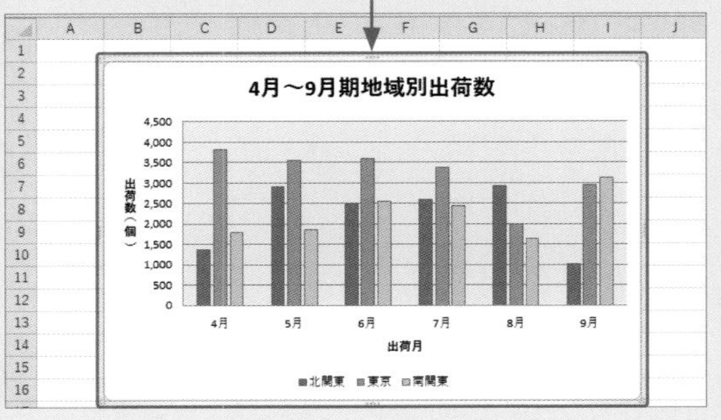

重要度 ★★★ グラフ要素の編集

Q 0911 データ系列やデータ要素を選択したい！

A クリックの回数で選択します。

データ系列を選択するには、データマーカーのどれかをクリックして、同じデータ系列に属するすべてのデータマーカー上にハンドルが表示された状態にします。データ要素を選択するには、まずデータ系列を選択してから、選択したいデータマーカーをクリックします。結果的に1つのデータマーカーを2回クリックすることになりますが、クリックの間隔が短すぎると、ダブルクリックとみなされてデータ要素を選択できないので注意が必要です。

1 1回目のクリックでデータ系列が選択され、

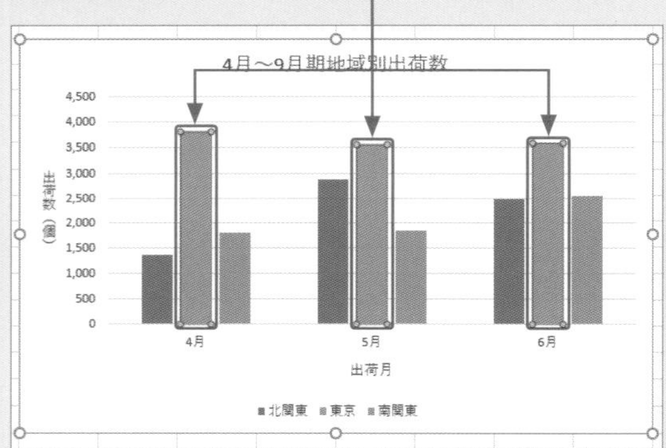

2 2回目のクリックでデータ要素（データマーカー）が選択されます。

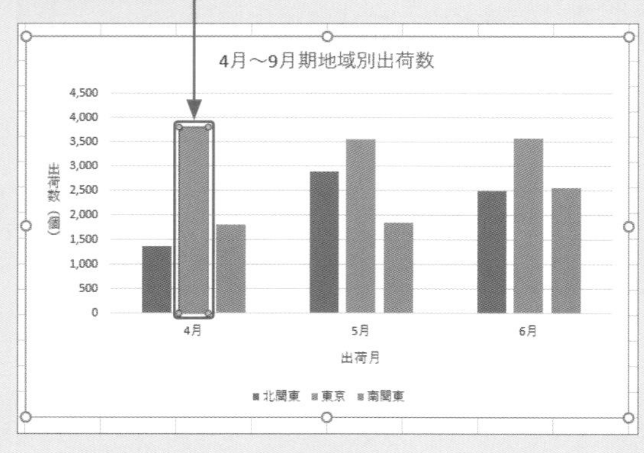

重要度 ★★★ グラフ要素の編集

Q 0912 グラフ要素がうまく選択できない！

A ＜グラフ要素＞の一覧から選択します。

グラフ要素がうまく選択できない場合は、グラフをクリックして、＜書式＞タブの＜現在の選択範囲＞グループにある＜グラフ要素＞（Excel 2010では＜グラフの要素＞）の一覧から選択します。

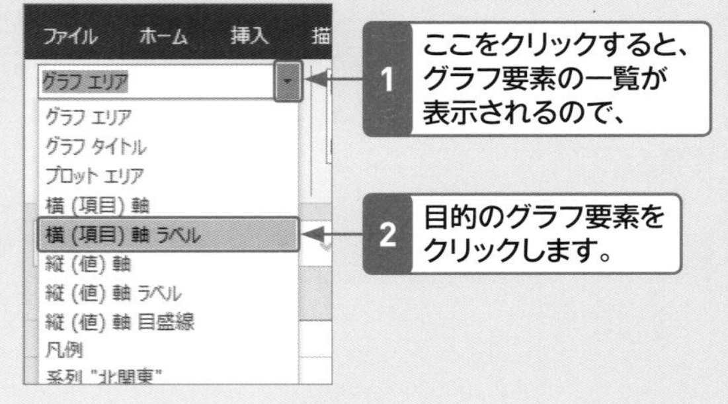

重要度 ★★★ グラフ要素の編集

Q 0913 凡例の場所を移動したい！

A ドラッグ操作で移動できます。

基本のグラフでは、凡例はグラフの下側に表示されますが、ドラッグ操作でグラフの右側に配置したり、プロットエリア内に配置したりすることができます。凡例のほかに、グラフタイトルなどの一部のグラフ要素もドラッグ操作で移動できます。

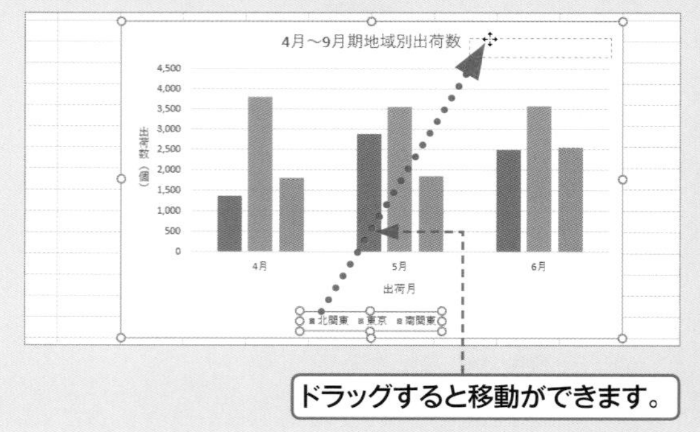

重要度 ★★★　グラフ要素の編集

Q 0914 グラフにタイトルを表示したい！

A1 ＜デザイン＞タブの＜グラフ要素を追加＞から設定します。

Excel 2019/2016/2013では、基本のグラフにタイトルが表示されていますが、レイアウトによっては、表示されない場合もあります。この場合は、＜デザイン＞タブの＜グラフ要素を追加＞から設定します。

1 ＜デザイン＞タブの＜グラフ要素を追加＞をクリックします。

2 ＜グラフタイトル＞にマウスポインターを合わせ、

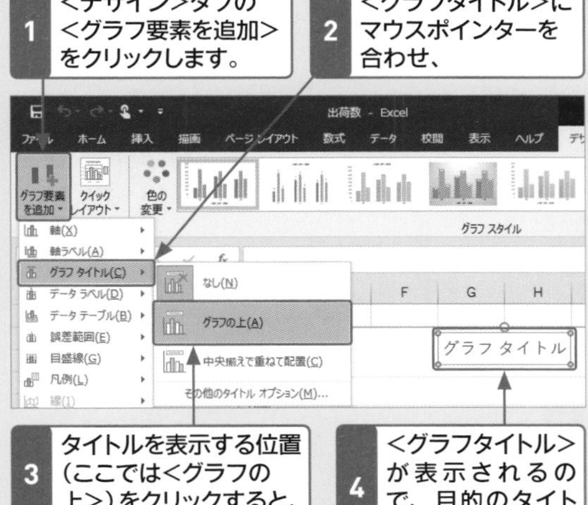

3 タイトルを表示する位置（ここでは＜グラフの上＞）をクリックすると、

4 ＜グラフタイトル＞が表示されるので、目的のタイトルを入力します。

A2 ＜レイアウト＞タブの＜グラフタイトル＞から設定します。

Excel 2010の場合は、基本のグラフにタイトルが表示されていません。Excel 2010でタイトルを表示するには、＜レイアウト＞タブの＜グラフタイトル＞から設定します。

1 グラフをクリックして＜レイアウト＞タブをクリックし、

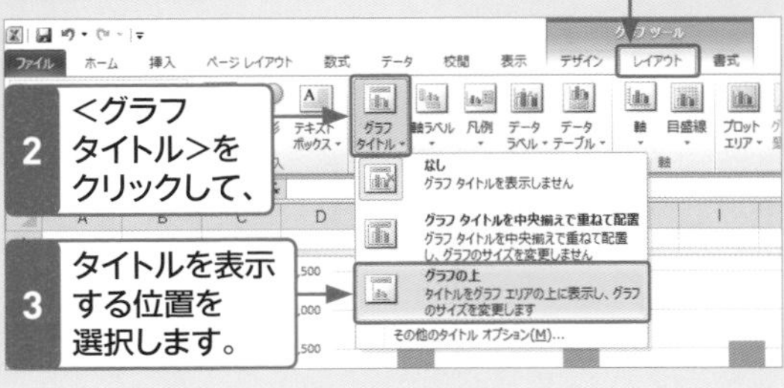

2 ＜グラフタイトル＞をクリックして、

3 タイトルを表示する位置を選択します。

重要度 ★★★　グラフ要素の編集

Q 0915 グラフタイトルと表のタイトルをリンクさせたい！

A 数式バーに「=」を入力して、リンクさせたいセルをクリックします。

通常、グラフタイトルは直接入力しますが、指定したセルとリンクさせることもできます。もとデータの表のタイトルとグラフタイトルをリンクさせておくと、表のタイトルが変更されると同時にグラフタイトルも変更されるので便利です。

1 グラフタイトルをクリックして、

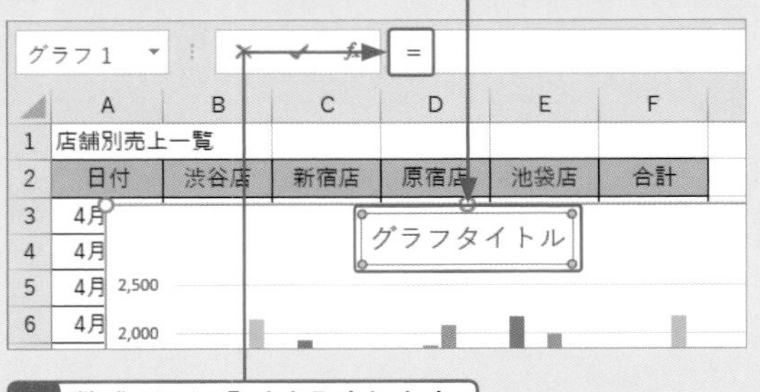

2 数式バーに「=」を入力します。

3 リンクさせるセルをクリックして、

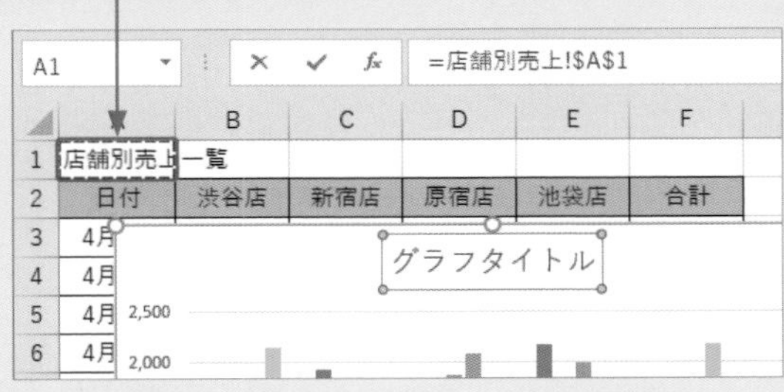

4 Enter を押すと、

5 表のタイトルがグラフタイトルに表示されます。

重要度 ★★★ グラフ要素の編集

Q 0916 軸ラベルを追加したい!

A1 <デザイン>タブの<グラフ要素を追加>から設定します。

Excel 2019/2016/2013で軸ラベルを追加するには、グラフのレイアウトを変更するほかに、<デザイン>タブの<グラフ要素を追加>や、グラフの右上に表示される<グラフ要素>から設定できます。ラベルの文字の向きは、初期状態では横向きに表示されますが、縦向きに変更することもできます。 参照▶Q 0930

1 グラフをクリックして、<デザイン>タブをクリックします。

2 <グラフ要素を追加>をクリックして、

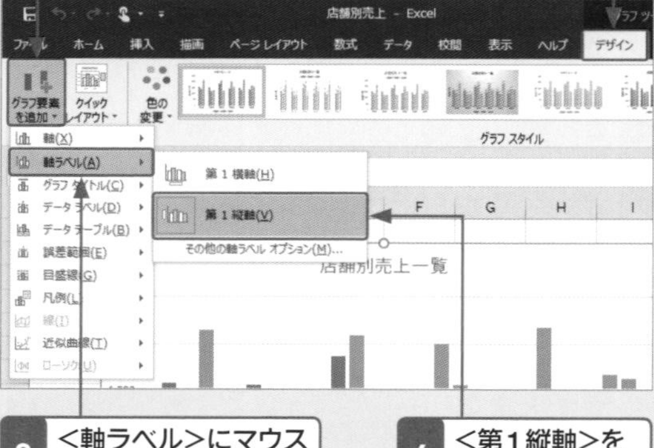

3 <軸ラベル>にマウスポインターを合わせ、

4 <第1縦軸>をクリックします。

5 軸ラベルエリアが追加されるので、

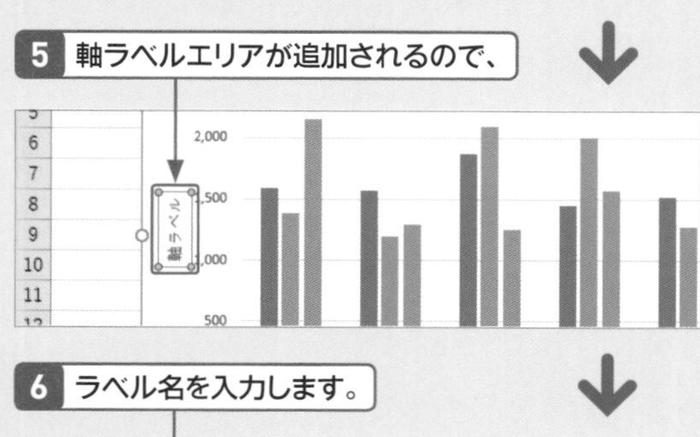

6 ラベル名を入力します。

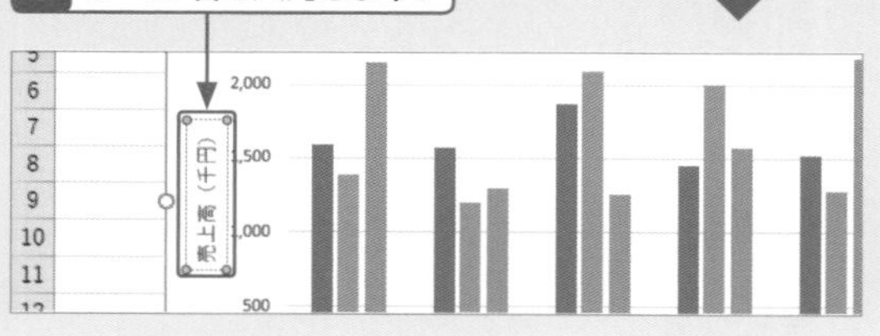

A2 <レイアウト>タブの<軸ラベル>から設定します。

Excel 2010で軸ラベルを追加するには、<レイアウト>タブの<軸ラベル>をクリックして、<主縦軸ラベル>からラベルの種類を選択します。Excel 2010の場合は、メニューから縦書きを選択できます。

1 グラフをクリックして、<レイアウト>タブをクリックします。

2 <軸ラベル>をクリックして、

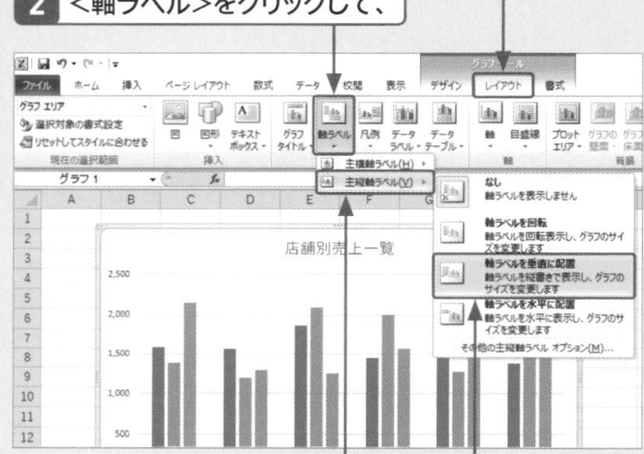

3 <主縦軸ラベル>にマウスポインターを合わせ、

4 <軸ラベルを垂直に配置>をクリックします。

5 軸ラベルエリアが追加されるので、

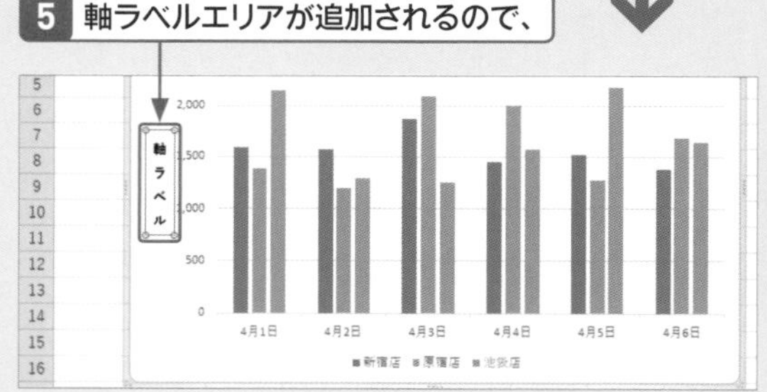

6 ラベル名を入力します。

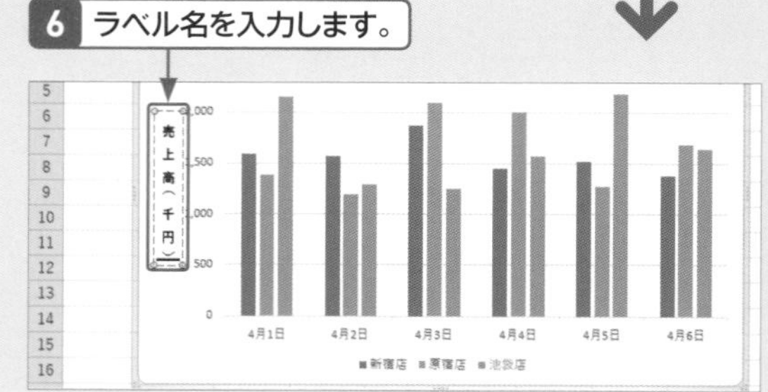

重要度 ★★★ グラフ要素の編集

Q 0917 折れ線グラフの線が途切れてしまう!

A 空白セルの前後のデータ要素を線で結びます。

もとデータの中に空白セルがあると、折れ線グラフが途切れてしまうことがあります。この場合は、空白セルを無視して前後のデータ要素を線で結ぶことができます。グラフをクリックして<デザイン>タブの<データの選択>をクリックし、<データソースの選択>ダイアログボックスから設定します。

もとデータに空白セルがあると、

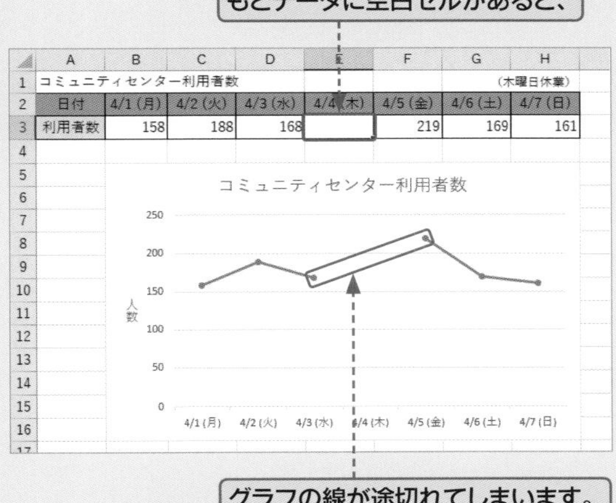

グラフの線が途切れてしまいます。

1 グラフをクリックして、

2 <デザイン>タブをクリックし、

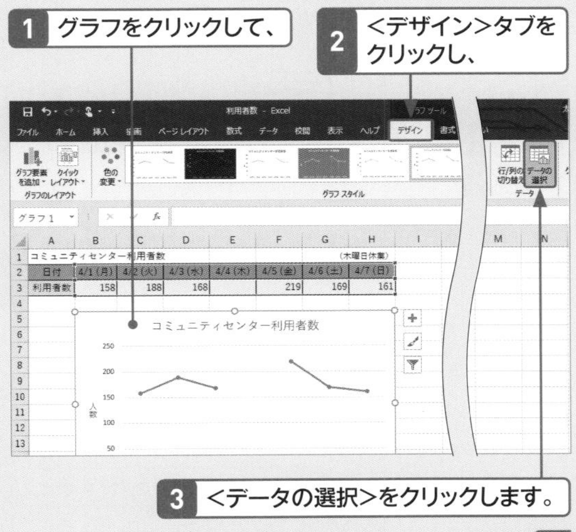

3 <データの選択>をクリックします。

4 <非表示および空白のセル>をクリックして、

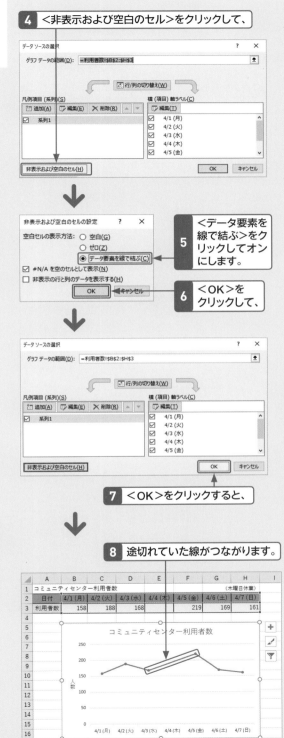

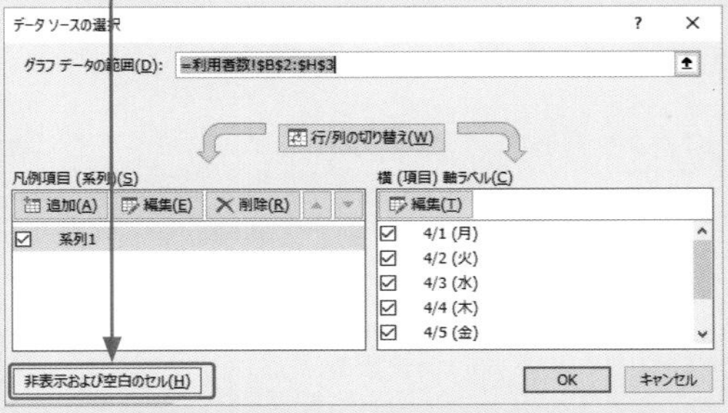

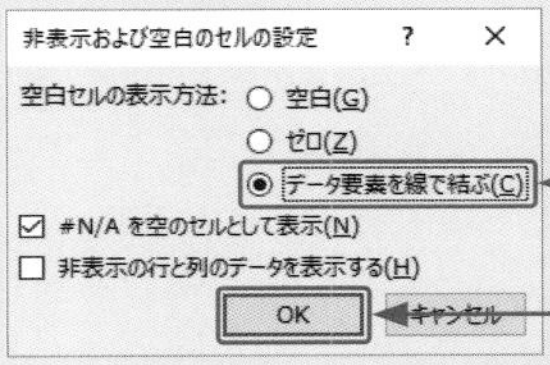

5 <データ要素を線で結ぶ>をクリックしてオンにします。

6 <OK>をクリックして、

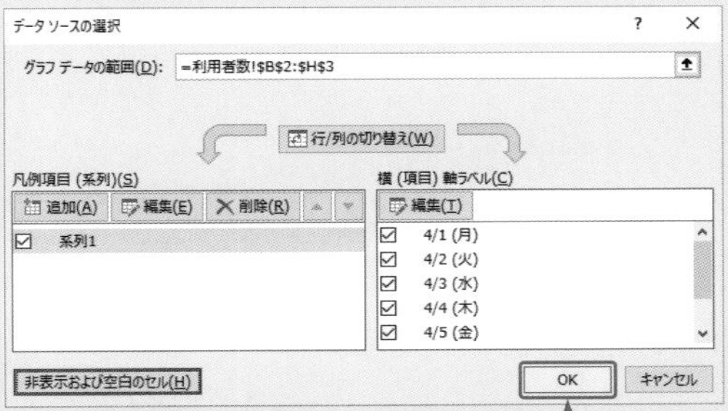

7 <OK>をクリックすると、

8 途切れていた線がつながります。

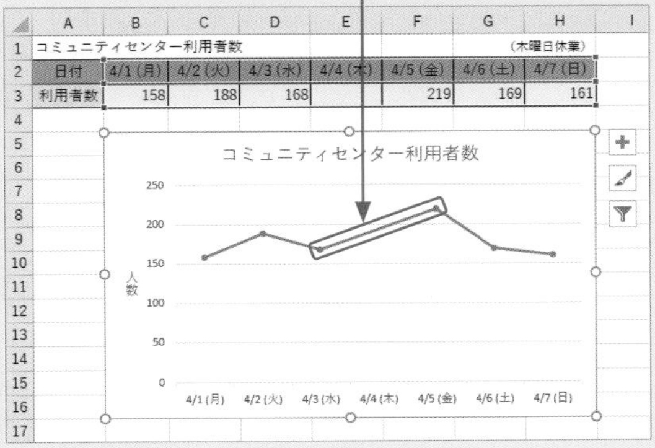

重要度 ★★★　グラフ要素の編集

Q 0918 マイナスの場合にグラフの色を変えたい！

A <データ系列の書式設定>作業ウィンドウで色を指定します。

Excel 2019/2016/2013では、<データ系列の書式設定>作業ウィンドウを表示し、<系列のオプション>の塗りつぶしで<負の値を反転する>をオンにしてそれぞれの色を設定します。

Excel 2010の場合は、<データ系列の書式設定>ダイアログボックスの<塗りつぶし>で設定します。

参照▶Q 0936

1 <データ系列の書式設定>作業ウィンドウを表示して、<塗りつぶしと線>をクリックします。

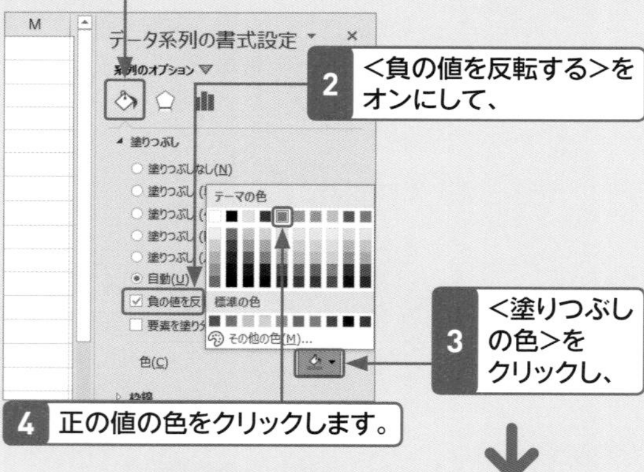

2 <負の値を反転する>をオンにして、

3 <塗りつぶしの色>をクリックし、

4 正の値の色をクリックします。

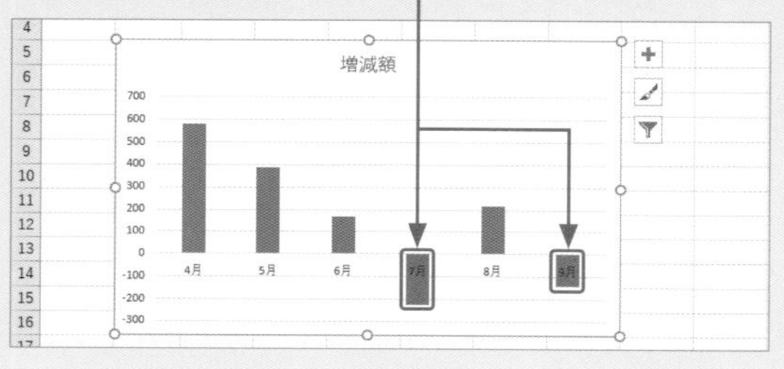

5 負の値の<塗りつぶしの色>をクリックして、

6 負の値の色をクリックすると、

7 グラフの負の値の色が変更されます。

重要度 ★★★　もとデータの変更

Q 0919 凡例に表示される文字を変更したい！

A <データソースの選択>ダイアログボックスで編集します。

凡例に表示される内容は、もとの表のデータがそのまま表示されるため、長すぎてバランスが悪くなることがあります。この場合は、<データソースの選択>ダイアログボックスを表示して、凡例に表示する文字を編集します。

参照▶Q 0909

1 <データソースの選択>ダイアログボックスを表示して、変更する凡例項目をクリックし、

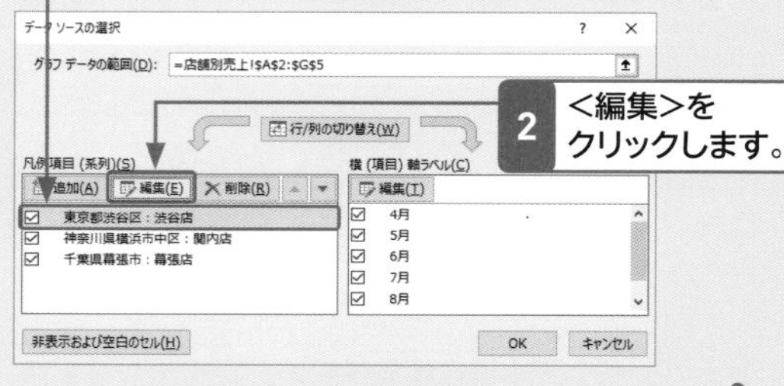

2 <編集>をクリックします。

3 凡例に表示したい文字を入力して、

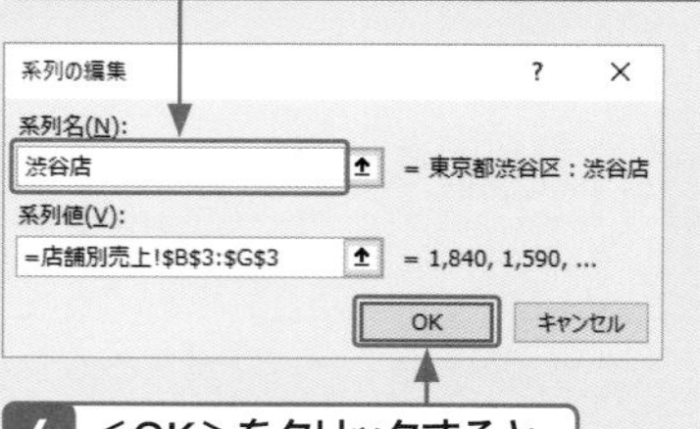

4 <OK>をクリックすると、

5 凡例に表示される文字が変更されます。

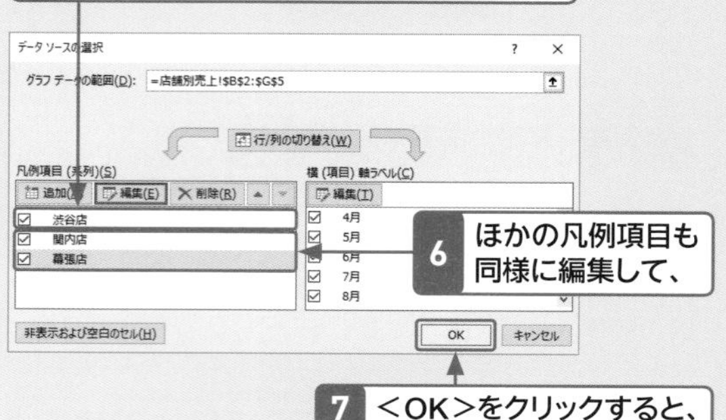

6 ほかの凡例項目も同様に編集して、

7 <OK>をクリックすると、

8 凡例に表示される文字が変更されます。

重要度 ★★★ もとデータの変更

Q 0920 グラフのもとデータの範囲を変更したい！

A カラーリファレンスの枠をドラッグします。

グラフをクリックすると、グラフのもとデータがカラーリファレンスで囲まれます。カラーリファレンスの四隅に表示されるハンドルをドラッグすると、データを追加したり削除したりできます。

1 グラフをクリックすると、もとデータがカラーリファレンスで囲まれます。

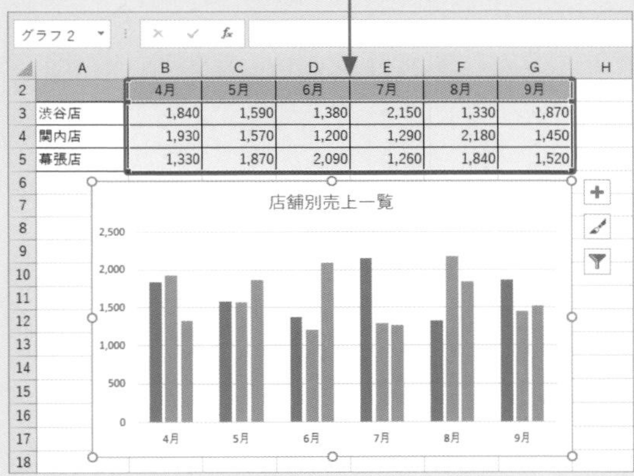

2 カラーリファレンスの四隅のハンドルをドラッグすると、

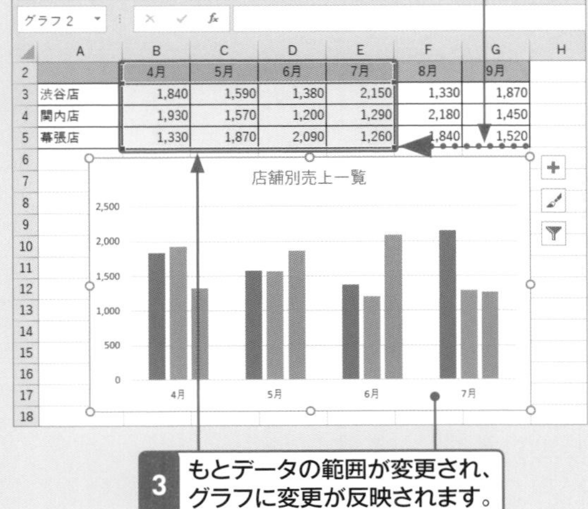

3 もとデータの範囲が変更され、グラフに変更が反映されます。

重要度 ★★★ もとデータの変更

Q 0921 別のワークシートにあるもとデータの範囲を変更したい！

A <データソースの選択>ダイアログボックスを利用します。

ほかのブックやワークシートの表からグラフを作成した場合は、もとデータの範囲を変更する際にカラーリファレンスは利用できません。この場合は、<データソースの選択>ダイアログボックスを利用します。

1 グラフをクリックして、

2 <デザイン>タブをクリックし、

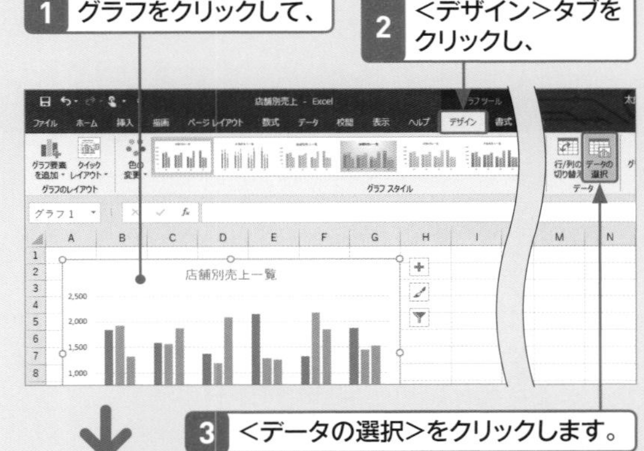

3 <データの選択>をクリックします。

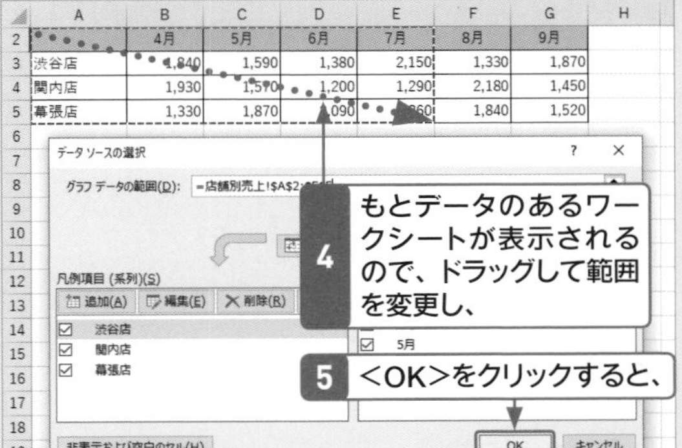

4 もとデータのあるワークシートが表示されるので、ドラッグして範囲を変更し、

5 <OK>をクリックすると、

6 グラフに変更が反映されます。

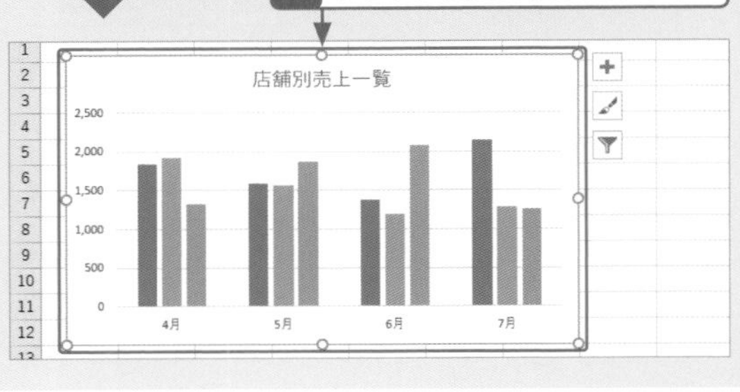

重要度 ★★★　もとデータの変更

Q 0922 横（項目）軸の項目名を変更したい！

A ＜軸ラベル＞ダイアログボックスに項目名を入力します。

もとデータを変更せずに、グラフに表示する横（項目）軸の項目名を変更したい場合は、＜データソースの選択＞ダイアログボックスを表示して、下の手順で操作します。なお、手順2で入力する項目名は「{ }」で囲み、文字列は「"」（半角ダブルクォーテーション）でくくります。複数の項目を入力する場合は、文字列を「,」（カンマ）で区切ります。

参照▶Q 0921

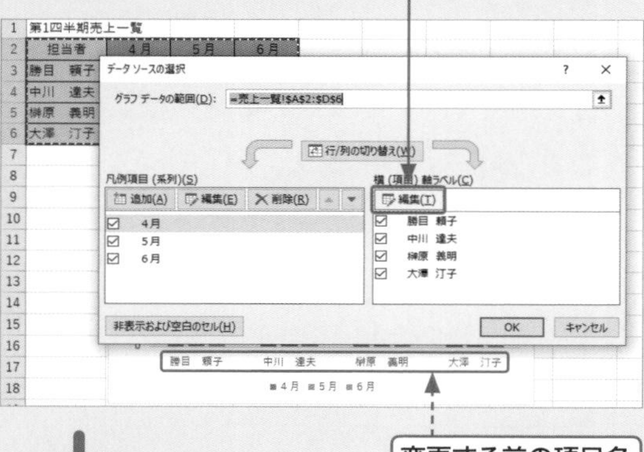

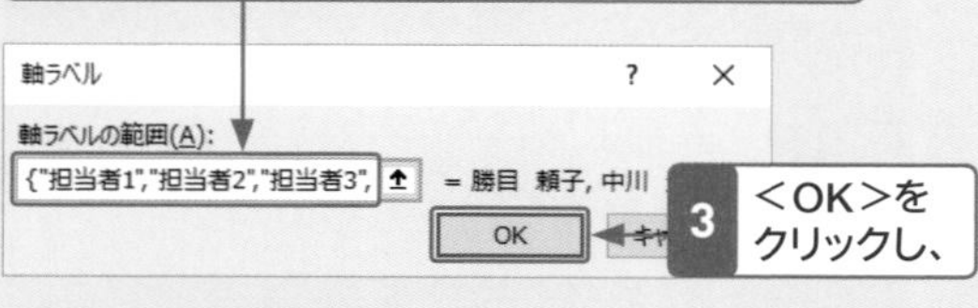

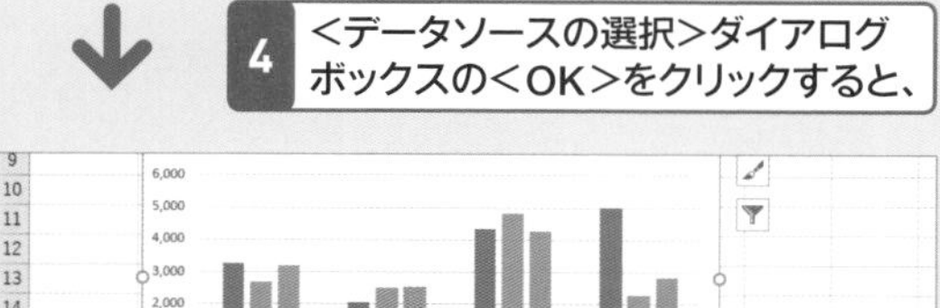

重要度 ★★★　もとデータの変更

Q 0923 データ系列と項目を入れ替えたい！

A ＜デザイン＞タブの＜行／列の切り替え＞をクリックします。

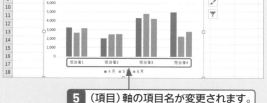

グラフを作成する際、初期設定では、表の列数より行数が多い場合は列がデータ系列に、行数より列数が多い場合は行がデータ系列になります。グラフを作成したあとでデータ系列を入れ替えたい場合は、＜デザイン＞タブの＜行／列の切り替え＞をクリックします。

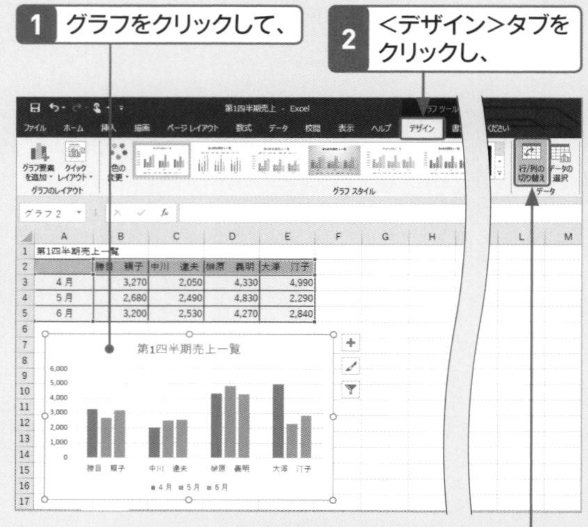

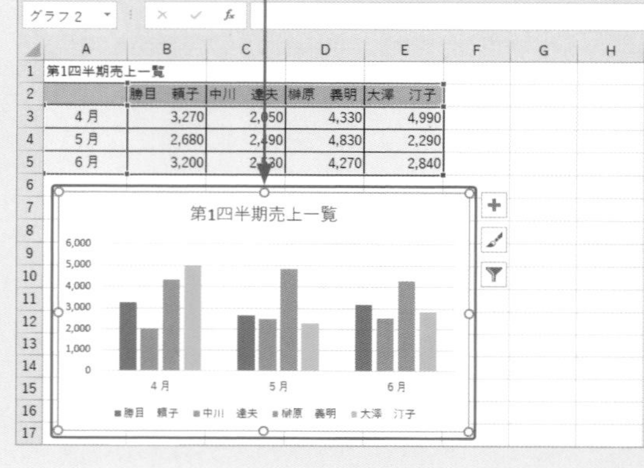

重要度 ★★★　もとデータの変更

Q 0924 横（項目）軸を階層構造にしたい！

横（項目）軸を階層構造にしたい場合は、もとデータの表に項目を追加して、データの範囲を指定し直します。凡例に階層構造を表示することもできます。

参照 ▶ Q 0920

A 追加したい項目をもとデータに追加して、範囲を指定し直します。

1 もとデータに項目を追加して、

2 データの範囲を指定し直すと、

	A	B	C	D	E	F	G	H
1	第1四半期店舗別セットメニュー売上							
2			渋谷店			新宿店		
3			4月	5月	6月	4月	5月	6月
4	モーニング	Aセット	22,410	22,890	21,090	20,580	27,600	22,780
5		Bセット	22,690	23,370	25,130	26,790	29,860	24,080
6	ランチ	Aセット	41,440	38,220	46,940	34,540	43,350	44,720
7		Bセット	48,150	39,600	34,730	31,440	39,690	36,560
8								

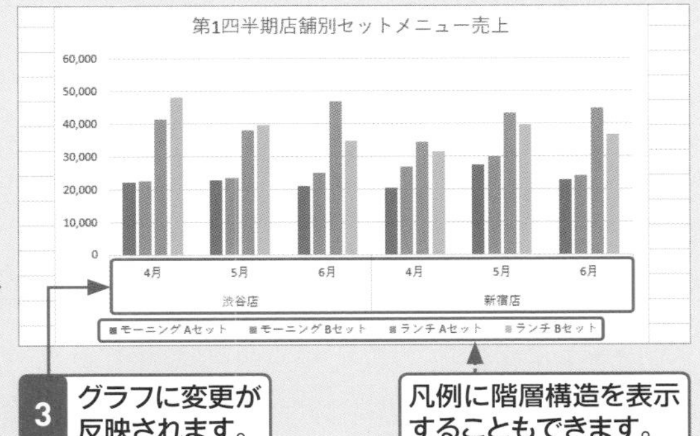

3 グラフに変更が反映されます。

凡例に階層構造を表示することもできます。

重要度 ★★★　もとデータの変更

Q 0925 2つの表から1つのグラフを作成したい！

A ＜データソースの選択＞ダイアログボックスを利用します。

本来なら1つであるべき表を2つに分割して並べている場合、通常の方法では不自然なグラフが作成されてしまいます。分割されている表からグラフを作成するには、はじめに、連続しているデータからグラフを作成し、あとから＜データソースの選択＞ダイアログボックスを利用してほかの表を追加します。

1 グラフをクリックして、

2 ＜デザイン＞タブをクリックし、

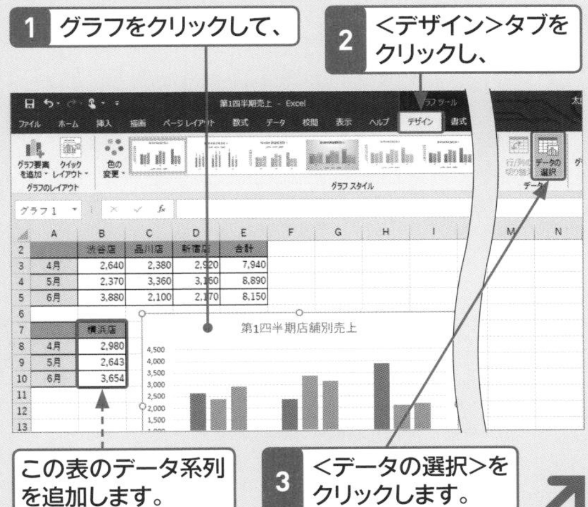

この表のデータ系列を追加します。

3 ＜データの選択＞をクリックします。

4 ＜追加＞をクリックして、

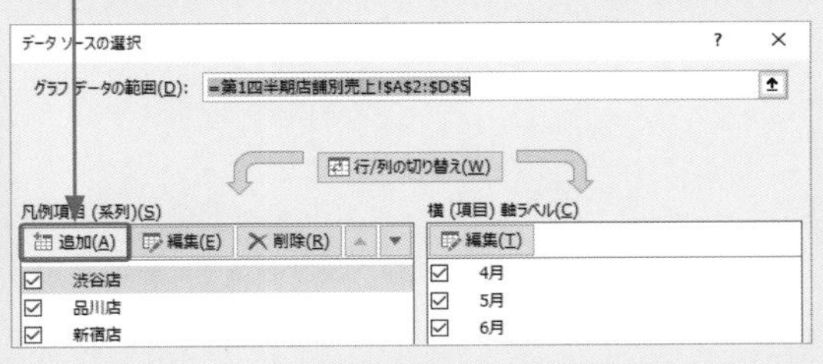

5 ＜系列名＞に、追加する表の見出しのセル番号を指定し、

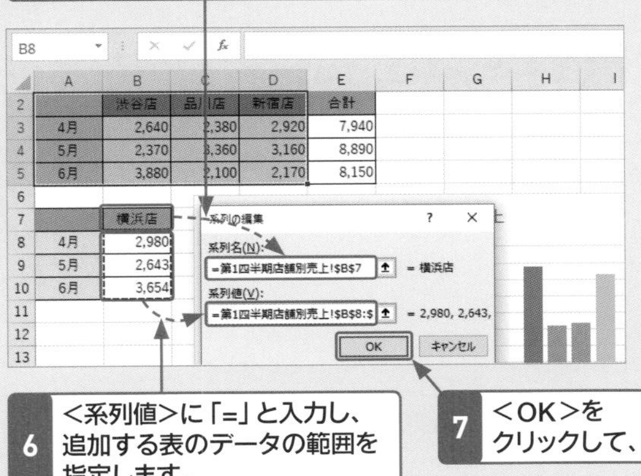

6 ＜系列値＞に「=」と入力し、追加する表のデータの範囲を指定します。

7 ＜OK＞をクリックして、

8 ＜データソースの選択＞ダイアログボックスの＜OK＞をクリックすると、ほかの表のデータがグラフに追加されます。

重要度★★★　もとデータの変更

Q 0926 見出しの数値がデータ系列になってしまう！

A 表の項目名が数値データの場合に起きる現象です。

項目名が数値データの表からグラフを作成すると、横（項目）軸に反映されるはずのデータがデータ系列になってしまうことがあります。この場合は、<デザイン>タブの<データの選択>をクリックして、<データソースの選択>ダイアログボックスを表示し、下の手順で修正します。

横（項目）軸に反映されるはずのデータが、データ系列になっています。

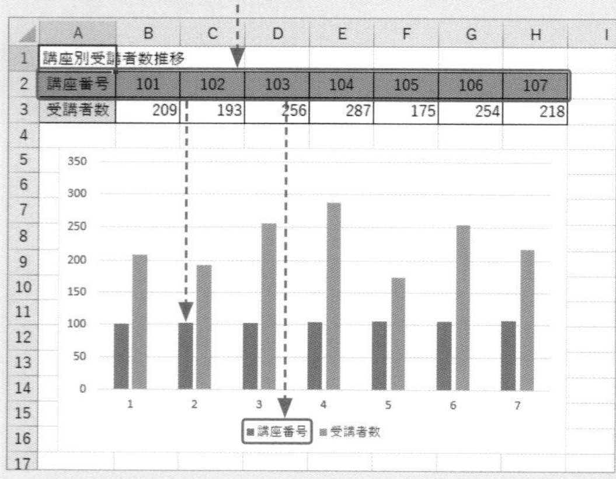

1 <データソースの選択>ダイアログボックスを表示して、<講座番号>をクリックし、

2 <削除>をクリックします。

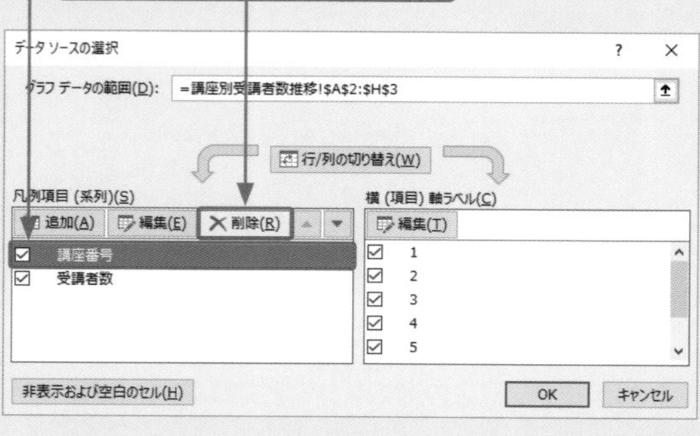

3 <編集>をクリックして、

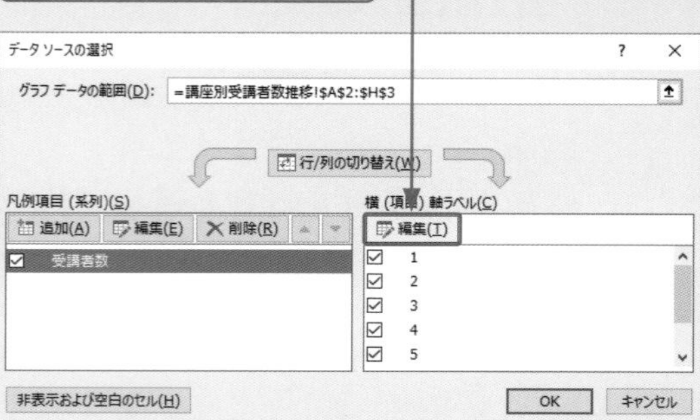

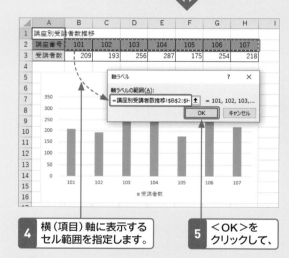

4 横（項目）軸に表示するセル範囲を指定します。

5 <OK>をクリックして、

6 <データソースの選択>ダイアログボックスの<OK>をクリックすると、

7 グラフが修正されます。

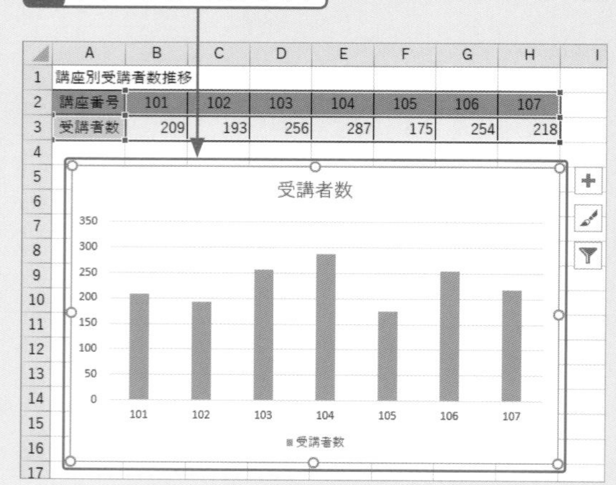

重要度 ★★★　もとデータの変更

Q 0927 離れたセル範囲を1つのデータ系列にしたい！

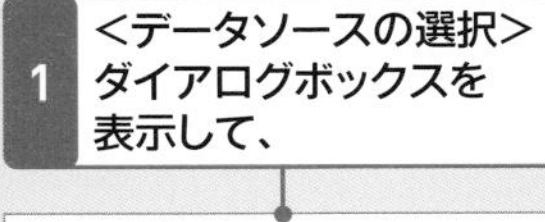

A Ctrl を押しながら離れたセル範囲を選択します。

離れたセル範囲を1つのデータ系列にするには、グラフの作成後、<デザイン>タブの<データの選択>をクリックして、<データソースの選択>ダイアログボックスを表示し、下の手順で操作します。

1 <データソースの選択>ダイアログボックスを表示して、

2 ここをクリックします。

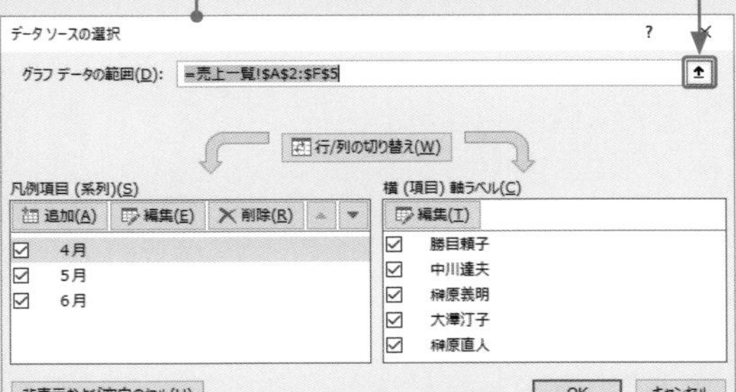

3 最初のセル範囲を選択したあと、

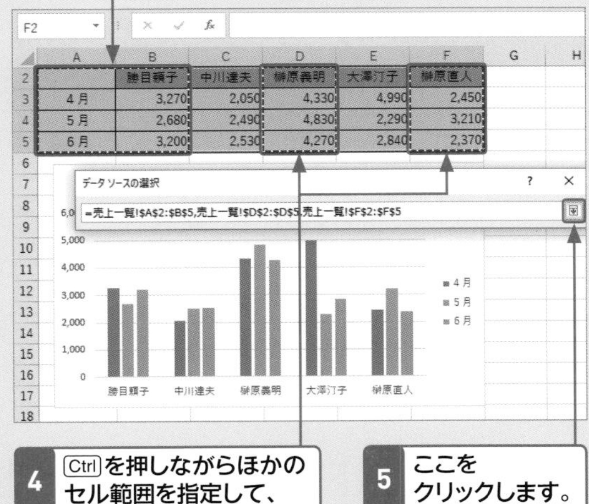

	A	B	C	D	E	F
2		勝目賴子	中川達夫	榊原義明	大澤汀子	榊原直人
3	4月	3,270	2,050	4,330	4,990	2,450
4	5月	2,680	2,490	4,830	2,290	3,210
5	6月	3,200	2,530	4,270	2,840	2,370

4 Ctrl を押しながらほかのセル範囲を指定して、

5 ここをクリックします。

6 <データソースの選択>ダイアログボックスの<OK>をクリックすると、データ範囲が変更されます。

重要度 ★★★　軸の書式設定

Q 0928 縦(値)軸の表示単位を千や万単位にしたい！

A <軸の書式設定>作業ウィンドウで表示単位を設定します。

縦(値)軸に表示される数値の桁数が多くてグラフが見づらくなる場合は、<軸の書式設定>作業ウィンドウを表示して、<表示単位>を変更します。
Excel 2010の場合は、<軸の書式設定>ダイアログボックスの<軸のオプション>で設定します。

参照▶Q 0929

1 <軸の書式設定>作業ウィンドウを表示します。

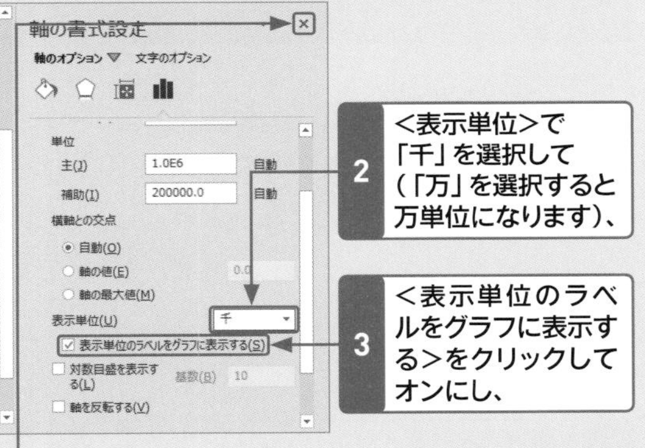

2 <表示単位>で「千」を選択して(「万」を選択すると万単位になります)、

3 <表示単位のラベルをグラフに表示する>をクリックしてオンにし、

4 <閉じる>をクリックします。

5 縦(値)軸の単位が変更されます。

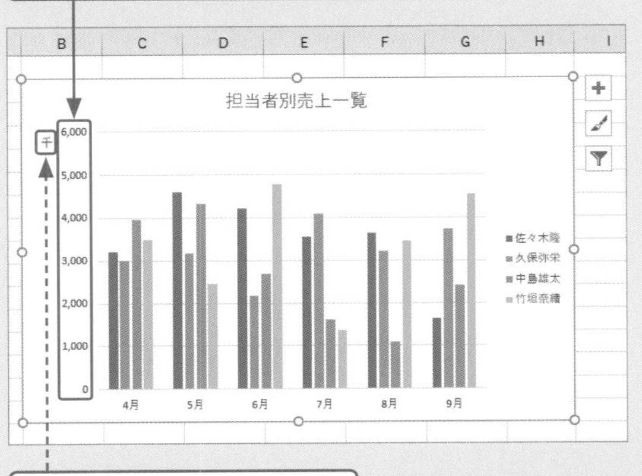

文字の向きを変更しています。

重要度 ★★★ 軸の書式設定

Q 0929 縦(値)軸の範囲を変更したい!

A1 <軸の書式設定>作業ウィンドウで最大値や最小値を指定します。

縦(値)軸の範囲は、初期設定ではもとデータの表に入力されている数値に応じて自動的に設定されます。Excel 2019/2016/2013で縦(値)軸の範囲を変更するには、<軸の書式設定>作業ウィンドウの<軸のオプション>で設定します。

1 縦(値)軸をクリックして、

2 <書式>タブをクリックし、

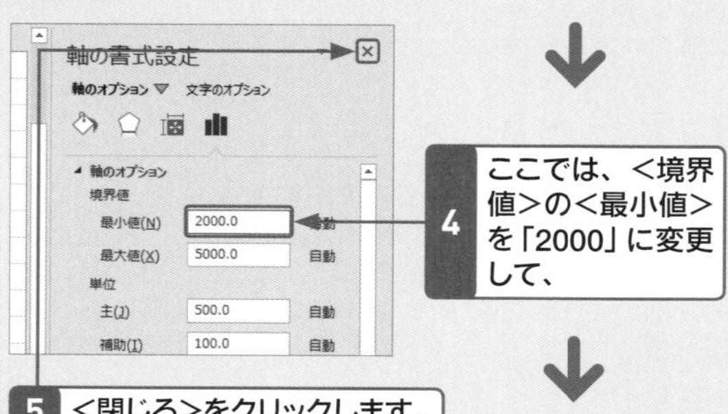

3 <選択対象の書式設定>をクリックします。

4 ここでは、<境界値>の<最小値>を「2000」に変更して、

5 <閉じる>をクリックします。

6 縦(値)軸の目盛の範囲が変更されます。

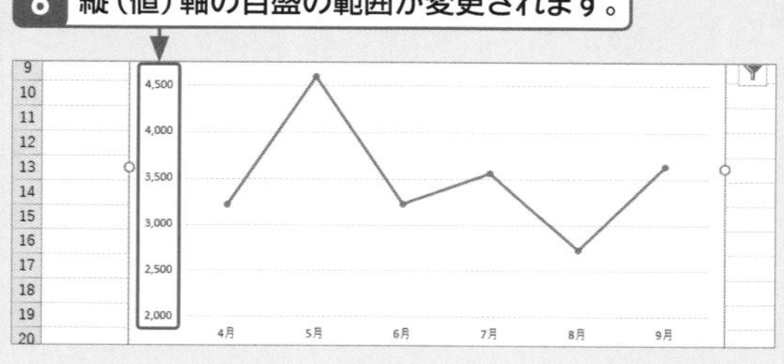

A2 <軸の書式設定>ダイアログボックスで最大値や最小値を指定します。

Excel 2010の場合は、<軸の書式設定>ダイアログボックスの<軸のオプション>で設定します。

1 縦(値)軸をクリックして、

2 <書式>タブをクリックし、

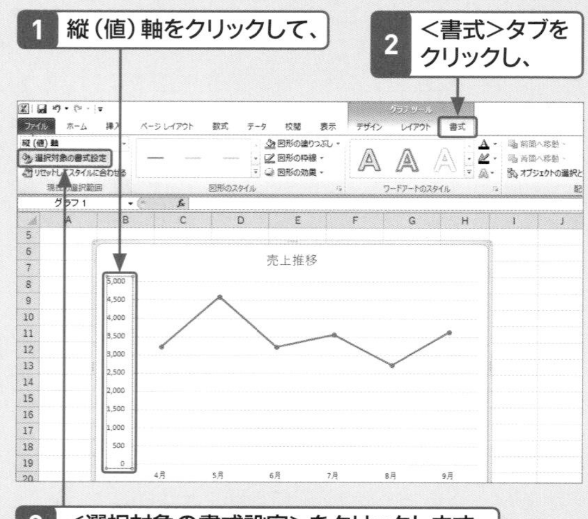

3 <選択対象の書式設定>をクリックします。

4 <軸のオプション>の<最小値>の<固定>をクリックしてオンにし、

5 数値を変更して、

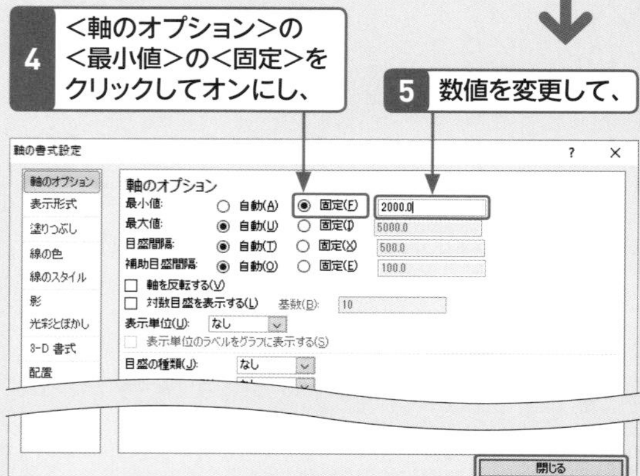

6 <閉じる>をクリックすると、

7 縦(値)軸の目盛の範囲が変更されます。

重要度 ★★★　軸の書式設定

Q 0930 縦(値)軸ラベルの文字を縦書きにしたい!

A <軸ラベルの書式設定>作業ウィンドウで設定します。

グラフに表示した縦(値)軸ラベルの向きを変更するには、<軸ラベルの書式設定>作業ウィンドウの<文字のオプション>で設定します。
Excel 2010の場合は、軸ラベルを表示する際に文字方向を選択できますが、変更する場合は、<軸ラベルの書式設定>ダイアログボックスの<配置>で設定します。

1 縦(値)軸ラベルをクリックして、

2 <書式>タブをクリックし、

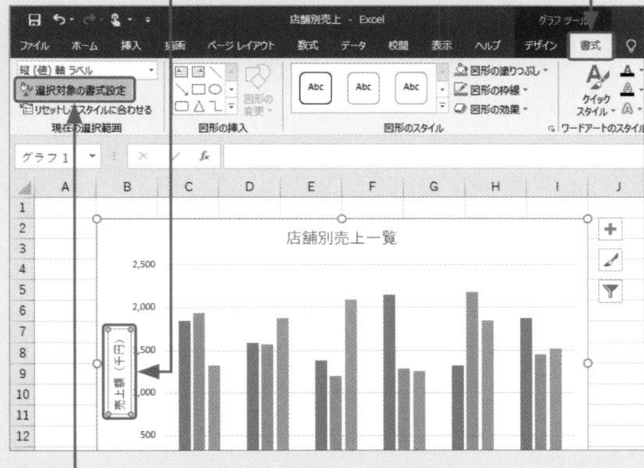

3 <選択対象の書式設定>をクリックします。

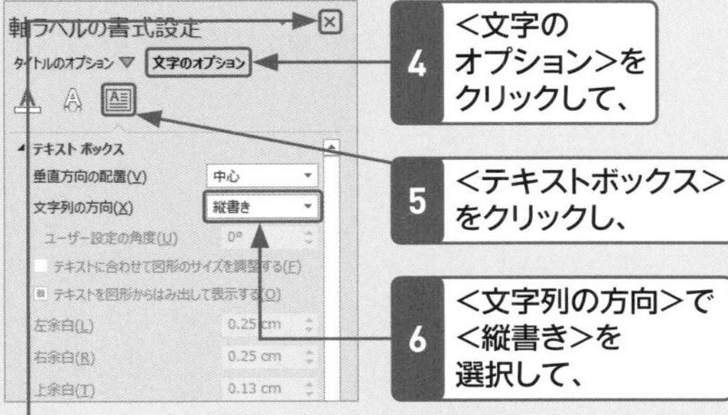

4 <文字のオプション>をクリックして、

5 <テキストボックス>をクリックし、

6 <文字列の方向>で<縦書き>を選択して、

7 <閉じる>をクリックします。

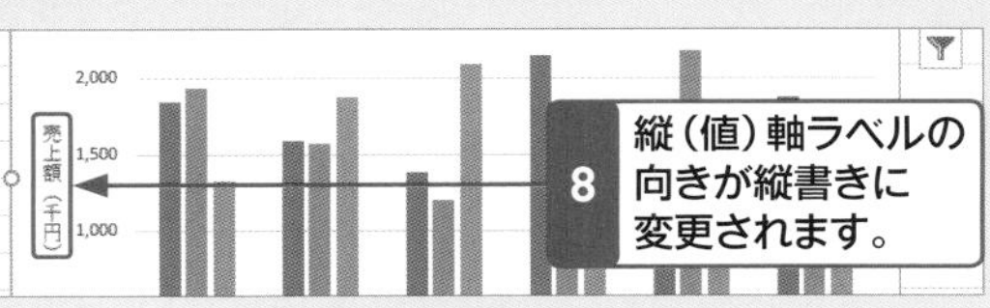

8 縦(値)軸ラベルの向きが縦書きに変更されます。

重要度 ★★★　軸の書式設定

Q 0931 縦(値)軸の数値の通貨記号を外したい!

A <軸の書式設定>作業ウィンドウの<表示形式>で設定します。

もとの表の数値が通貨形式で表示されているときは、グラフの縦(値)軸にも通貨形式が踏襲されます。表示形式を変更するには、<軸の書式設定>作業ウィンドウの<表示形式>で設定します。

1 縦(値)軸ラベルをクリックして、

2 <書式>タブをクリックし、

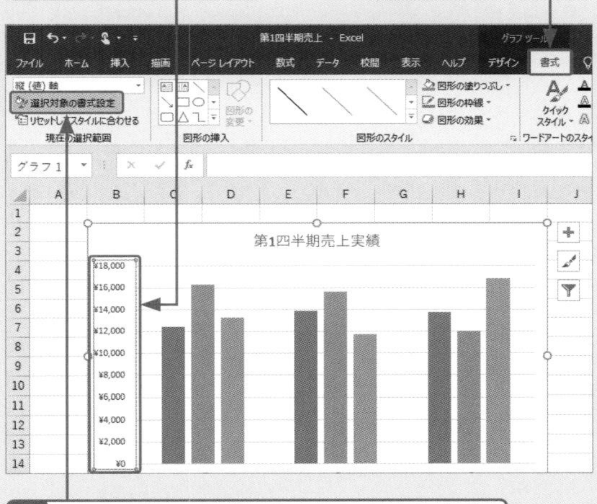

3 <選択対象の書式設定>をクリックします。

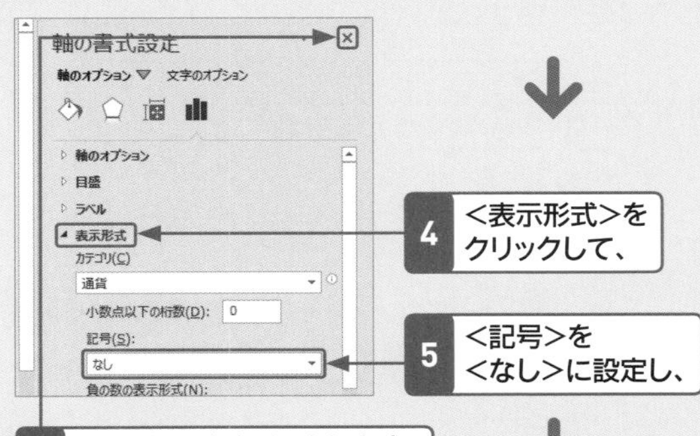

4 <表示形式>をクリックして、

5 <記号>を<なし>に設定し、

6 <閉じる>をクリックします。

7 記号が解除されます。

重要度 ★★★ 軸の書式設定

Q 0932 横(項目)軸の項目の間隔を1つ飛ばして表示したい!

A <軸の書式設定>作業ウィンドウの<ラベル>で設定します。

横(項目)軸の項目が多いときは、項目の間隔を1つ、あるいは2つ飛ばしにすることができます。横(項目)軸をクリックして、<軸の書式設定>作業ウィンドウを表示して設定します。

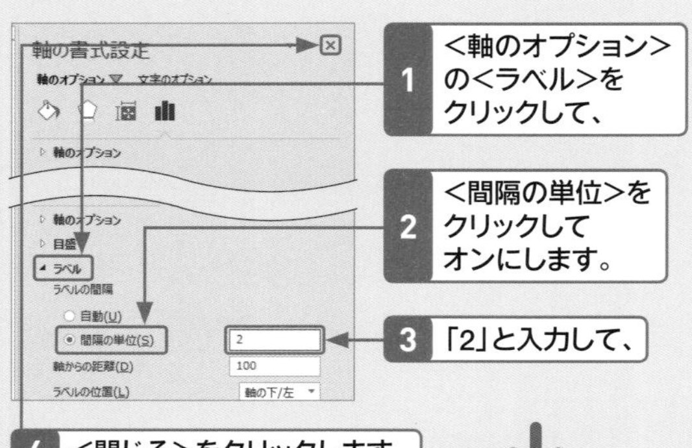

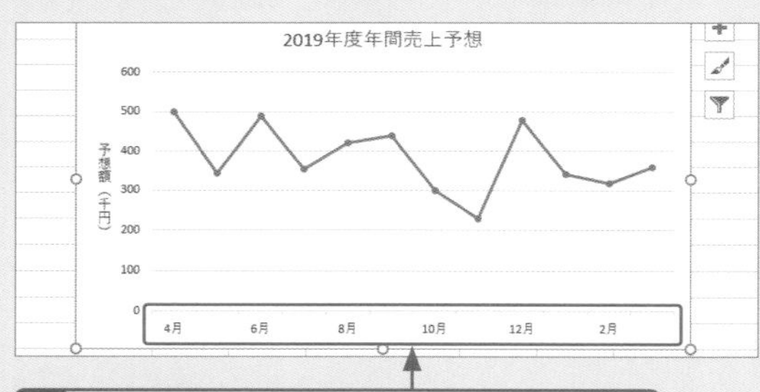

重要度 ★★★ 軸の書式設定

Q 0933 時系列の横(項目)軸の目盛を時間単位にできる?

A 時間を設定することはできません。

<軸の書式設定>作業ウィンドウの<軸のオプション>では、軸に表示する日付の範囲や間隔などを設定できます。ただし、間隔の単位として選択できるのは「日」「月」「年」だけです。「時間」の選択はできません。

重要度 ★★★ 軸の書式設定

Q 0934 横(項目)軸にも目盛線を表示したい!

A1 <デザイン>タブの<グラフ要素を追加>から設定します。

グラフの初期設定では、縦(値)軸目盛線(横方向の目盛線)だけが表示されていますが、横(項目)軸にも目盛線(縦方向の目盛線)を付けることができます。Excel 2019/2016/2013では、<デザイン>タブの<グラフ要素を追加>から設定します。

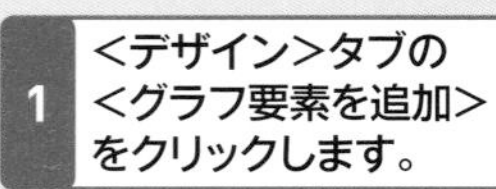

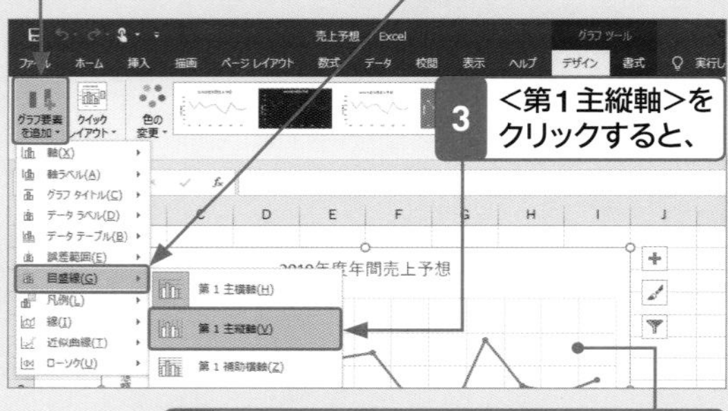

A2 <レイアウト>タブの<目盛線>から設定します。

Excel 2010の場合は、<レイアウト>タブの<目盛線>をクリックして、<主縦軸目盛線>から表示したい目盛線を選択します。

重要度 ★★★ 軸の書式設定

Q 0935 日付データの抜けがグラフに反映されてしまう!

A 横(項目)軸が日付軸になっているのが原因です。テキスト軸に変更します。

もとの表の項目に日付が入力されていると、軸の種類が自動的に日付軸に設定されます。日付軸は一定間隔ごとに日付を表示する軸なので、もとデータにない日付も表示されます。もとデータにない日付を表示させないようにするには、横(項目)軸をクリックして、<軸の書式設定>作業ウィンドウを表示し、<軸の種類>を<テキスト軸>に設定します。

もとデータに入力されていない日付も、

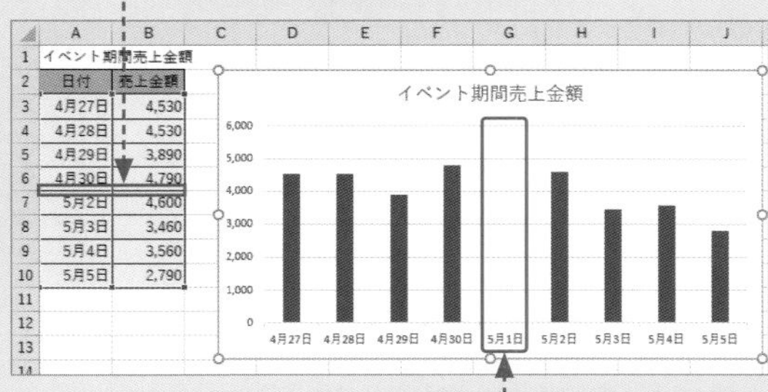

グラフには表示されます。

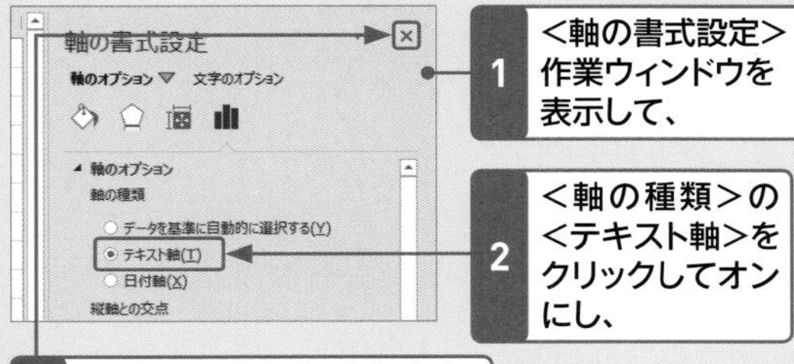

3 <閉じる>をクリックします。

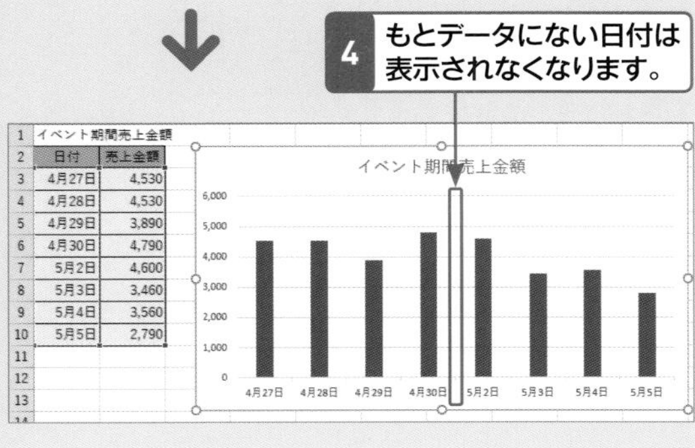

重要度 ★★★ グラフの書式

Q 0936 棒グラフの棒の幅を変更したい!

A <データ系列の書式設定>作業ウィンドウで変更します。

棒グラフの棒の幅を変更するには、<データ系列の書式設定>作業ウィンドウを表示して、<系列のオプション>の<要素の間隔>で調整します。間隔が0%に近くなるほど棒グラフの要素の幅は広くなります。

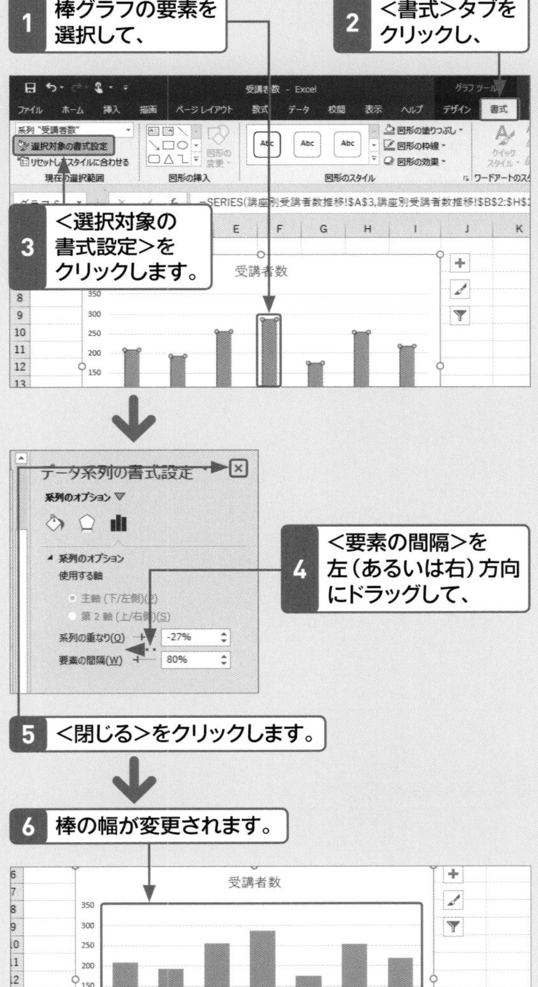

重要度 ★★★ グラフの書式

Q 0937 棒グラフの棒の間隔を変更したい！

A ＜データ系列の書式設定＞作業ウィンドウで変更します。

棒グラフの棒の間隔を変更するには、＜データ系列の書式設定＞作業ウィンドウを表示して、＜系列のオプション＞の＜系列の重なり＞で調整します。

1 棒グラフの要素を選択して、

2 ＜書式＞タブをクリックし、

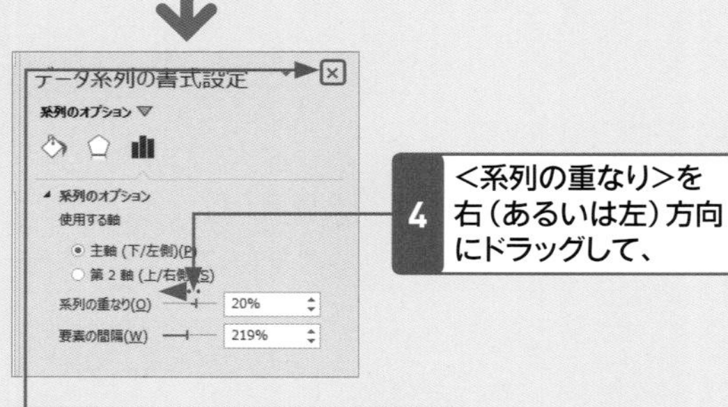

3 ＜選択対象の書式設定＞をクリックします。

4 ＜系列の重なり＞を右（あるいは左）方向にドラッグして、

5 ＜閉じる＞をクリックします。

6 棒の間隔が変更されます。

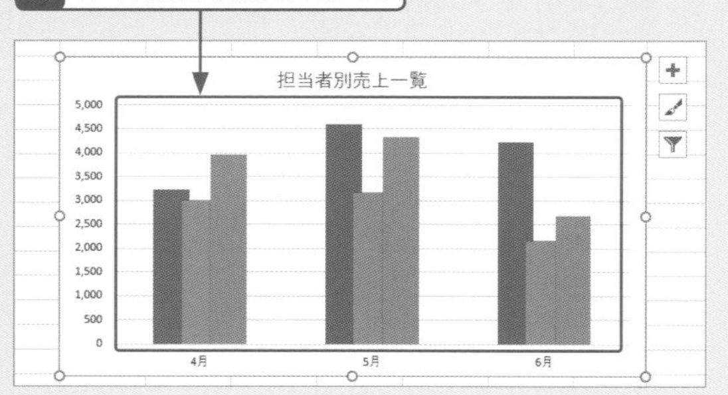

重要度 ★★★ グラフの書式

Q 0938 棒グラフの並び順を変えたい！

A ＜データソースの選択＞ダイアログボックスで並べ替えます。

もとデータの表の並び順を変更せずに、棒グラフの並び順を変更するには、＜データソースの選択＞ダイアログボックスを表示して、＜凡例項目（系列）＞で設定します。

1 グラフをクリックして、

2 ＜デザイン＞タブをクリックし、

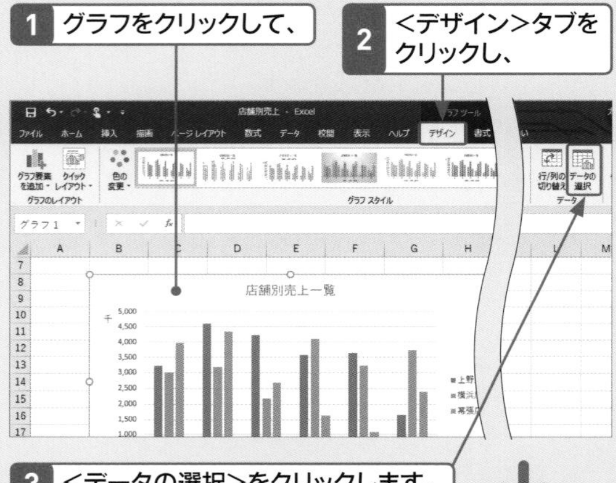

3 ＜データの選択＞をクリックします。

4 並べ替えたい項目をクリックし、

5 ＜上へ移動＞や＜下へ移動＞をクリックして、項目を並べ替えます。

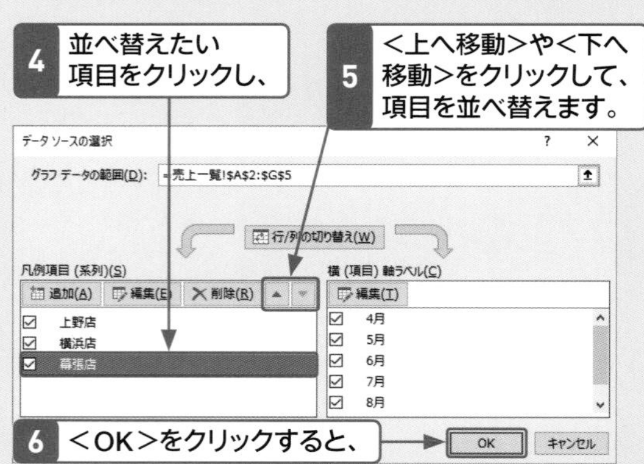

6 ＜OK＞をクリックすると、

7 棒グラフの並び順が変更されます。

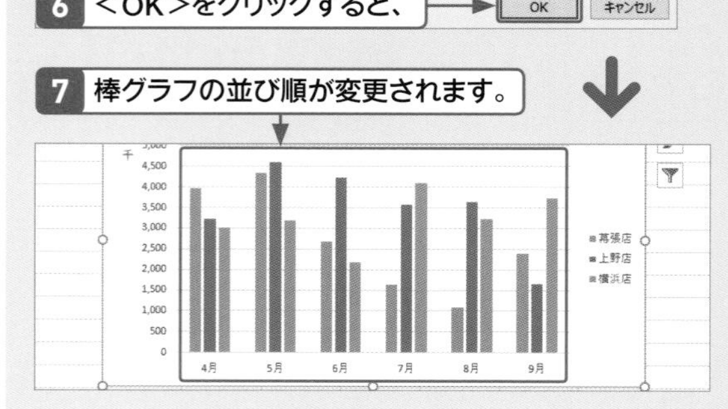

重要度★★★ グラフの書式

Q 0939 棒グラフの色を変更したい!

A1 <色の変更>の一覧から変更します。

Excel 2019/2016/2013では、色とスタイルをカスタマイズする<色の変更>コマンドが用意されています。<デザイン>タブの<色の変更>から設定します。Excel 2010の場合は、<デザイン>タブの<グラフのスタイル>でデータ系列の色を変えることができます。

1 グラフをクリックして、

2 <デザイン>タブをクリックし、

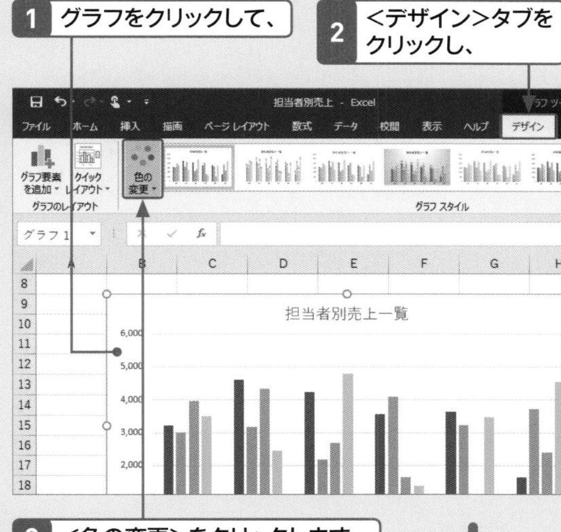

3 <色の変更>をクリックします。

4 変更したい色のパターンをクリックすると、

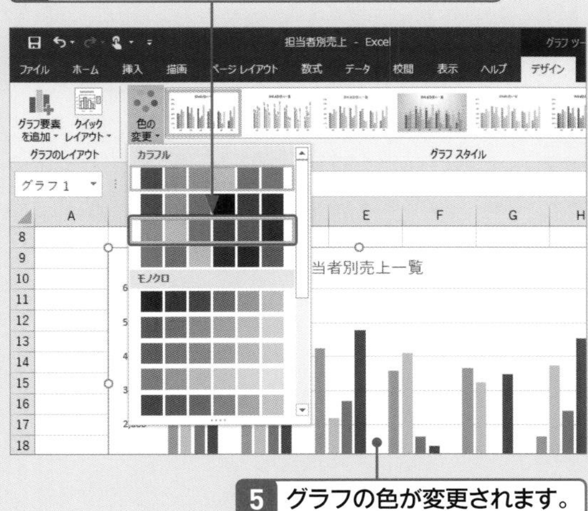

5 グラフの色が変更されます。

A2 <書式>タブの<図形の塗りつぶし>で変更します。

グラフ要素の色や線のスタイルを個別に変更するには、変更したいデータ系列やデータ要素をクリックして、<書式>タブの<図形の塗りつぶし>や<図形の枠線>をクリックし、目的の色を選択します。

データ系列の色を変更する

1 変更したいデータ系列をクリックして、

2 <書式>タブをクリックします。

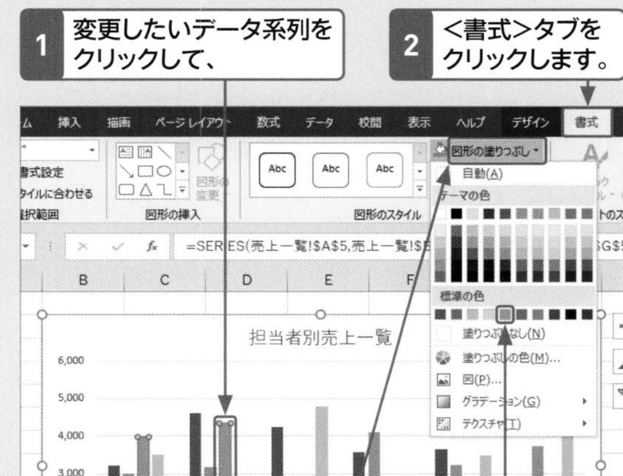

3 <図形の塗りつぶし>をクリックして、

4 目的の色をクリックすると、

5 選択した系列の色が変わります。

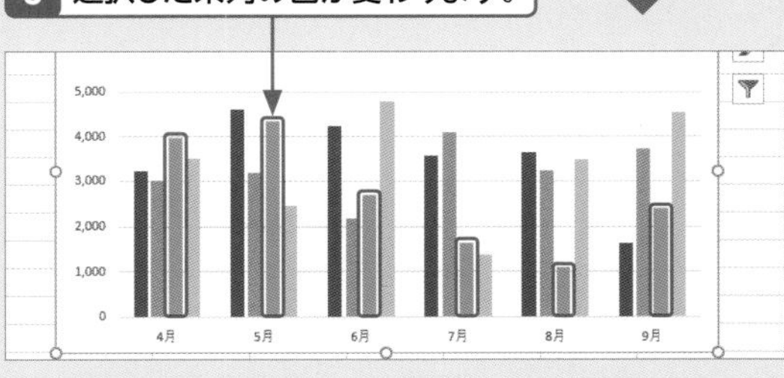

データ要素の色を変更する

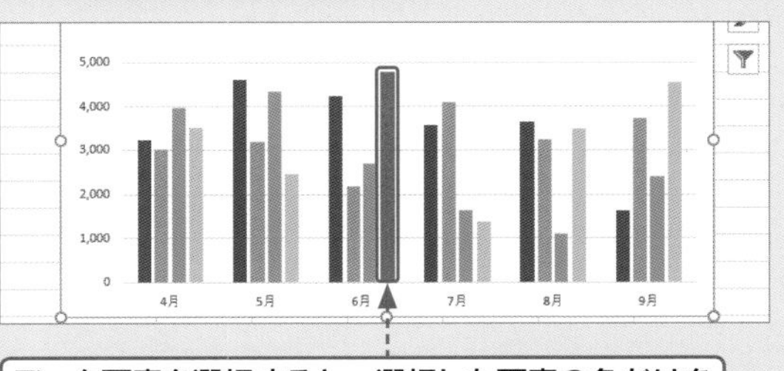

データ要素を選択すると、選択した要素の色だけを変えることができます。

11 基本と入力
12 編集
13 書式
14 計算
15 関数
16 グラフ
17 データベース
18 印刷
19 ファイル
20 連携・共同編集

重要度 ★★★　グラフの書式

Q 0940 横棒グラフで縦（項目）軸の順序を逆にするには？

横棒グラフを作成すると、縦（項目）軸のデータはもとデータの並び順と上下逆で表示されます。もとデータのとおりに項目を並べたい場合は、<軸の書式設定>作業ウィンドウの<軸のオプション>で軸を反転します。

A <軸の書式設定>作業ウィンドウで軸を反転します。

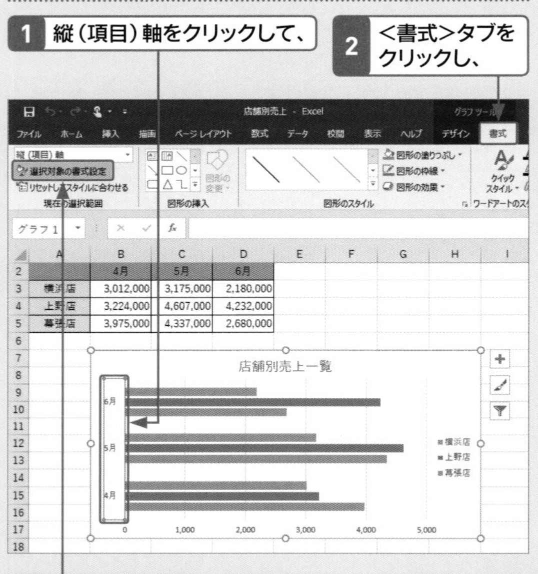

	A	B	C	D
2		4月	5月	6月
3	横浜店	3,012,000	3,175,000	2,180,000
4	上野店	3,224,000	4,607,000	4,232,000
5	幕張店	3,975,000	4,337,000	2,680,000

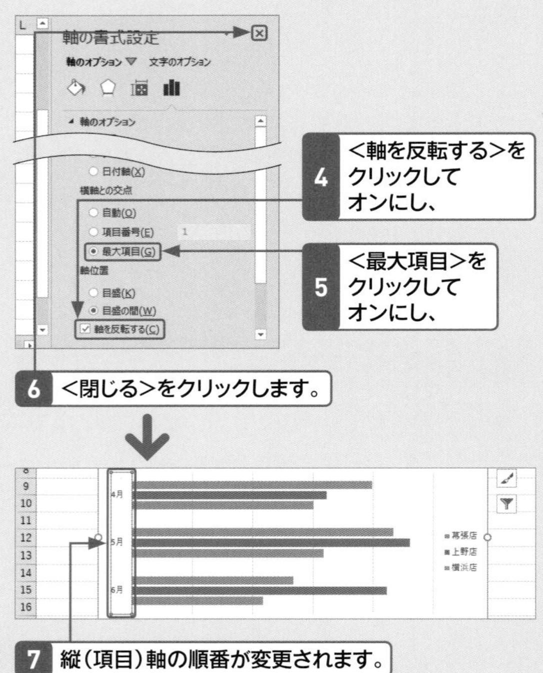

重要度 ★★★　グラフの書式

Q 0941 折れ線グラフをプロットエリアの両端に揃えたい！

初期設定では、折れ線グラフの始点と終点はプロットエリアの両端から離れていますが、軸の設定を変更することで、始点と終点をプロットエリアの両端に揃えることができます。横（項目）軸をクリックして、<書式>タブの<選択対象の書式設定>をクリックし、<軸の書式設定>作業ウィンドウで設定します。

A 横（項目）軸の表示位置を<目盛>に合わせます。

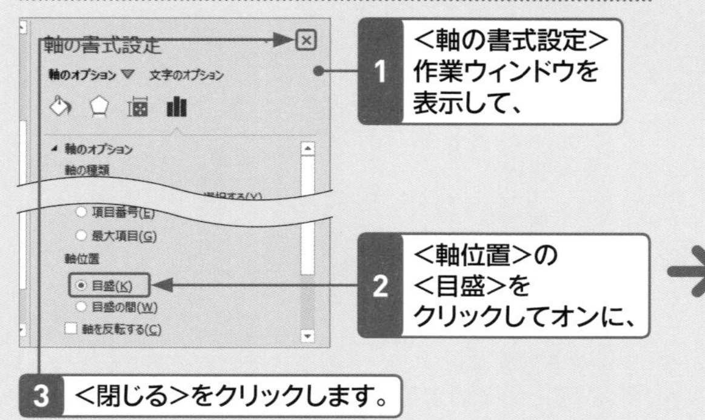

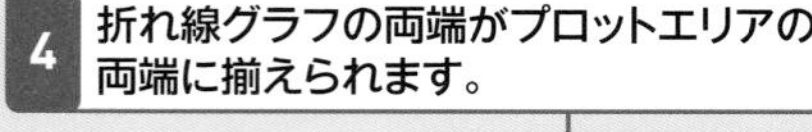

4 折れ線グラフの両端がプロットエリアの両端に揃えられます。

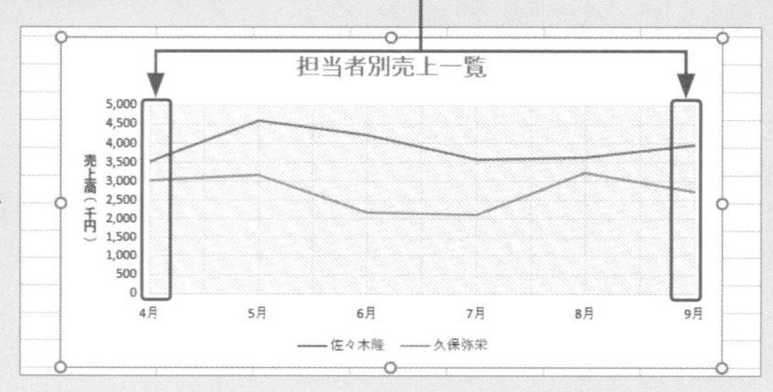

重要度 ★★★　グラフの書式

Q 0942 折れ線グラフのマーカーと項目名を結ぶ線を表示したい!

A1 <デザイン>タブの<グラフ要素を追加>から設定します。

Excel 2019/2016/2013で折れ線グラフのデータマーカーと横(項目)軸を結ぶ線(降下線)を表示するには、＜デザイン＞タブの＜グラフ要素を追加＞から設定します。表示される一覧で＜なし＞をクリックすると、降下線を非表示にできます。

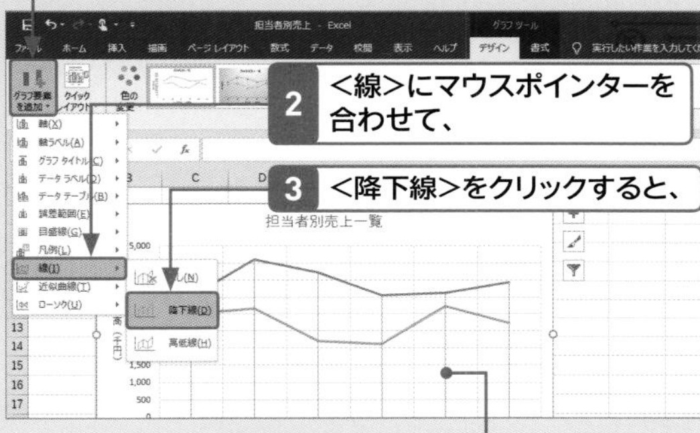

A2 <レイアウト>タブの<線>から設定します。

Excel 2010の場合は、＜レイアウト＞タブの＜線＞から＜降下線＞をクリックします。

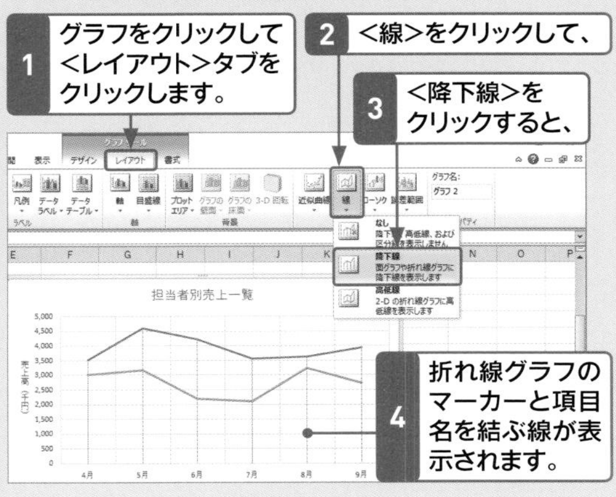

1 グラフをクリックして<レイアウト>タブをクリックします。
2 <線>をクリックして、
3 <降下線>をクリックすると、
4 折れ線グラフのマーカーと項目名を結ぶ線が表示されます。

重要度 ★★★　グラフの書式

Q 0943 100%積み上げグラフに区分線を表示したい!

A1 <デザイン>タブの<グラフ要素を追加>から設定します。

「100%積み上げ横棒グラフ」や「100%積み上げ縦棒グラフ」などの場合、区分線を表示すると、データの比較がしやすくなります。Excel 2019/2016/2013で区分線を表示するには、＜デザイン＞タブの＜グラフ要素を追加＞から設定します。表示される一覧で＜なし＞をクリックすると、区分線を非表示にできます。

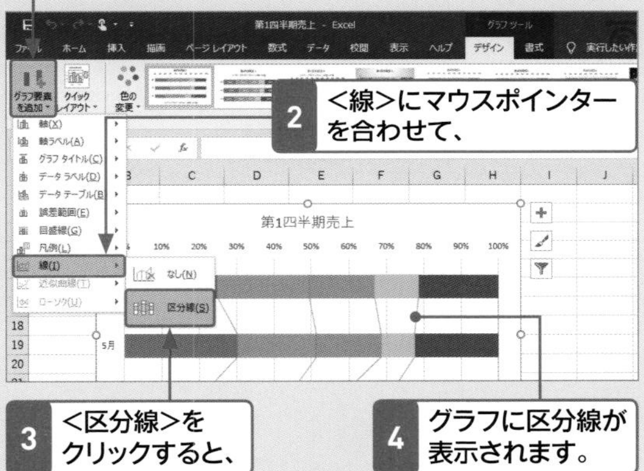

A2 <レイアウト>タブの<線>から設定します。

Excel 2010の場合は、＜レイアウト＞タブの＜線＞から＜区分線＞をクリックします。

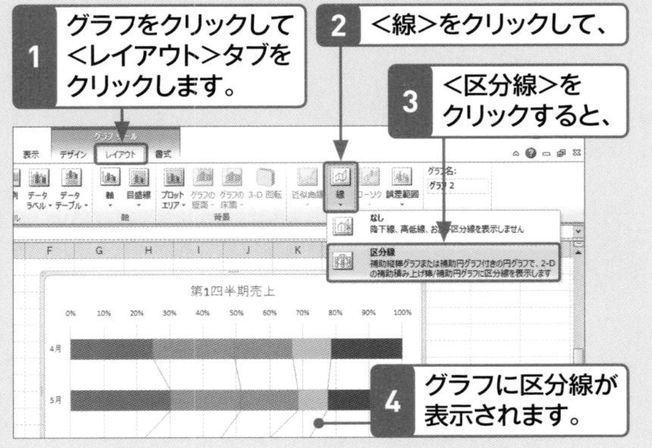

重要度 ★★★ グラフの書式

Q 0944 グラフ内にもとデータの数値を表示したい！

A1 <デザイン>タブの<グラフ要素を追加>からデータラベルを表示します。

「データラベル」は、データ系列にもとデータの値や系列名などを表示するラベルのことをいいます。グラフにデータラベルを表示すると、グラフから正確なデータを読み取ることができるようになります。

1 <デザイン>タブの<グラフ要素を追加>をクリックします。
2 <データラベル>をクリックして、
3 表示位置（ここでは<上>）をクリックすると、
4 データラベルが表示されます。

A2 <レイアウト>タブの<データラベル>からデータラベルを表示します。

Excel 2010の場合は、<レイアウト>タブの<データラベル>からデータラベルの表示位置を選択します。

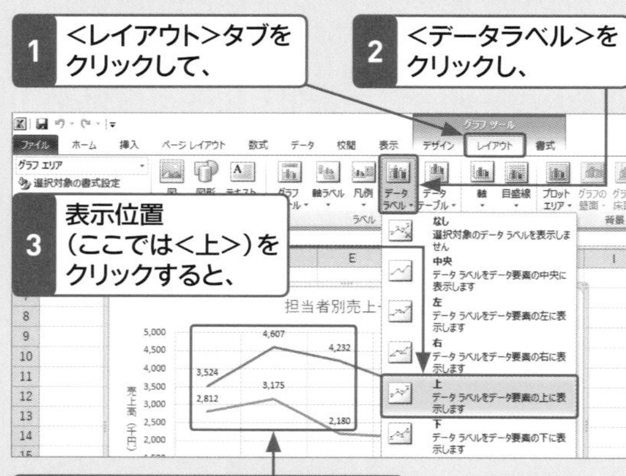

1 <レイアウト>タブをクリックして、
2 <データラベル>をクリックし、
3 表示位置（ここでは<上>）をクリックすると、
4 データラベルが表示されます。

重要度 ★★★ グラフの書式

Q 0945 特定のデータ系列にだけ数値を表示したい！

A 表示したいデータ系列だけを選択してデータラベルを表示します。

特定のデータ系列やデータマーカーにだけもとデータの数値を表示したい場合は、表示したいデータ系列またはデータマーカーだけを選択して、<データラベル>を表示します。

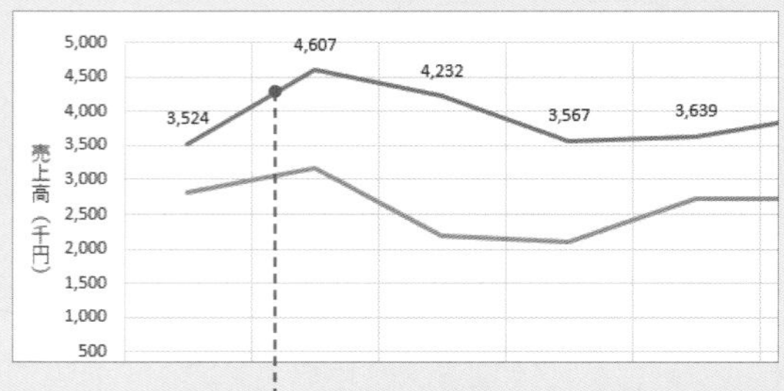

重要度 ★★★ グラフの書式

Q 0946 データラベルを移動したい！

A データラベルをドラッグします。

すべてのラベルの位置を移動したい場合はすべてのラベルを、特定のラベルだけを移動したい場合は移動したいラベルだけを選択し、任意の位置にドラッグします。ここでは、特定のラベルだけを移動してみます。

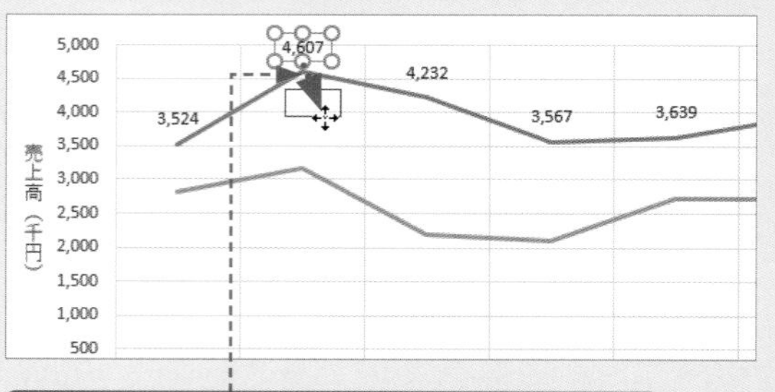

特定のデータラベルを選択して、任意の位置にドラッグすると、データラベルが移動できます。

重要度★★★　グラフの書式

Q 0947 データラベルの表示位置を変更したい！

A <デザイン>タブの<データラベル>で設定します。

すべてのグラフ要素のデータラベルの位置を変更する場合はグラフエリアを、指定した系列や特定の要素だけの位置を変更したい場合は目的の要素を選択します。続いて、<デザイン>タブの<グラフ要素の追加>から<データラベル>をクリックして位置を指定します。Excel 2010の場合は、<レイアウト>タブの<データラベル>をクリックして位置を指定します。

参照▶Q 0944

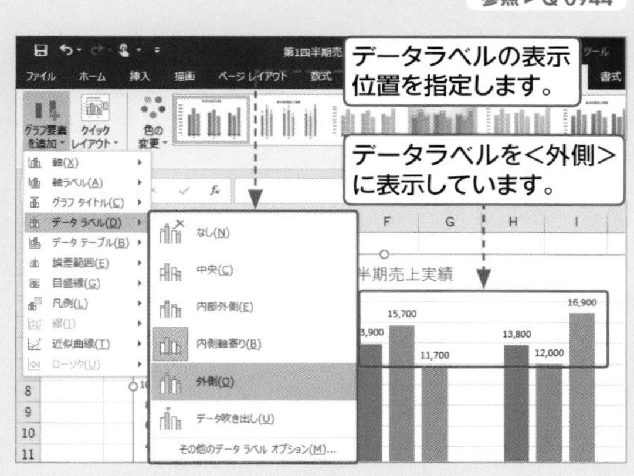

● 中央に表示

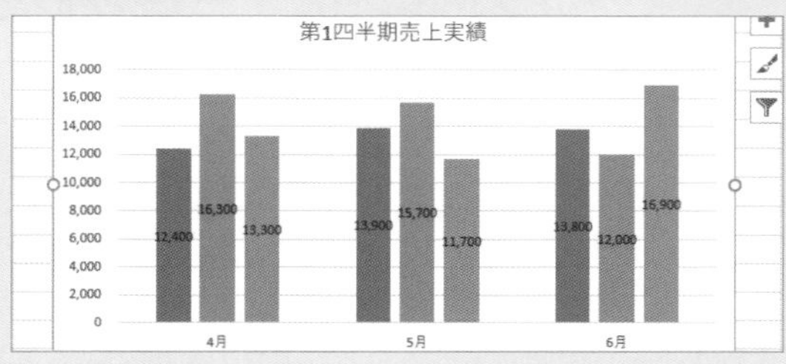

● 内部外側に表示

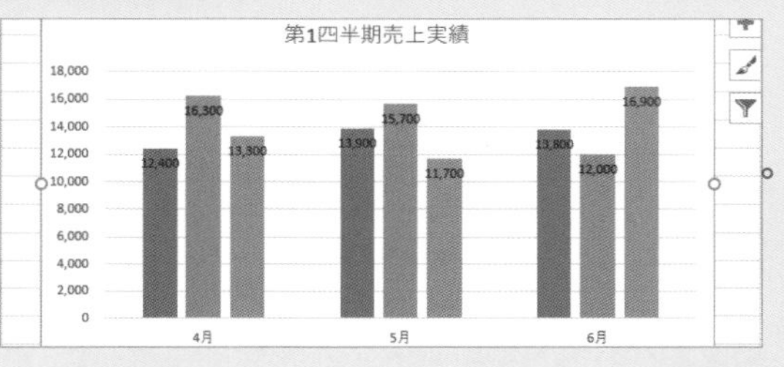

● 内側軸寄りに表示

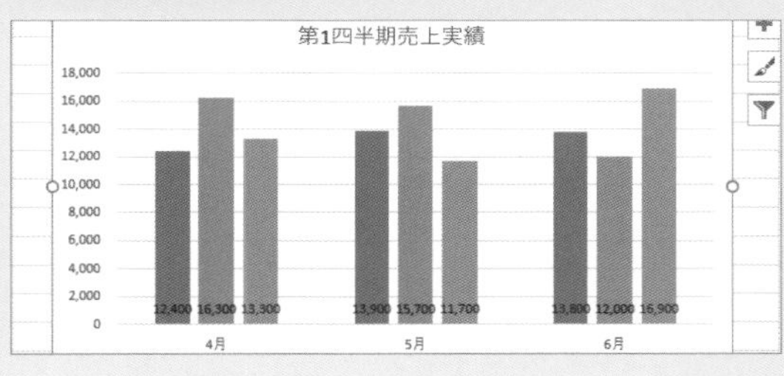

重要度★★★　グラフの書式

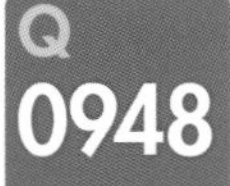

Q 0948 データラベルに表示する内容を変更したい！

A <データラベルの書式設定>作業ウィンドウで設定します。

データラベルに表示される内容は、<データラベルの書式設定>作業ウィンドウで設定できます。データラベルを右クリックして、<データラベルの書式設定>をクリックすると、<データラベルの書式設定>作業ウィンドウが表示されます。

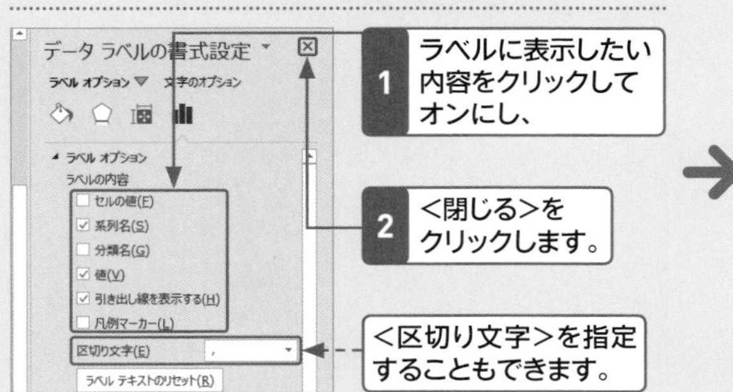

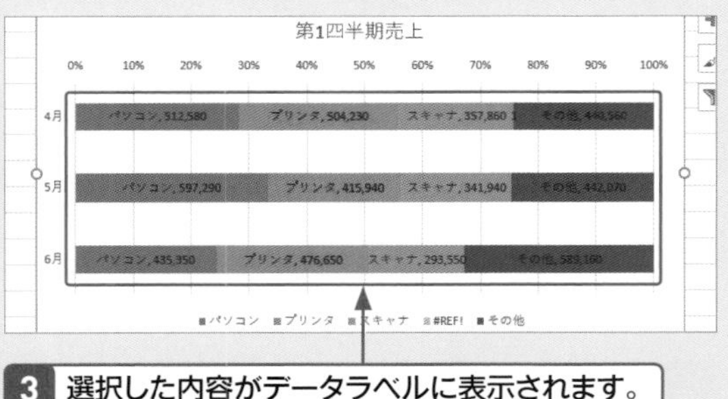

重要度 ★★★　グラフの書式

Q 0949 グラフ内にもとデータの表を表示したい！

A データテーブルを表示します。

グラフの下には、データテーブルという形でもとデータの表を表示できます。グラフと同時に正確な数値も示したい場合に利用するとよいでしょう。データテーブルを表示するには、＜デザイン＞タブの＜グラフ要素を追加＞から設定します。
Excel 2010の場合は、＜レイアウト＞タブの＜データテーブル＞から設定します。

1 グラフをクリックして、＜デザイン＞タブをクリックします。

2 ＜グラフ要素を追加＞をクリックして、

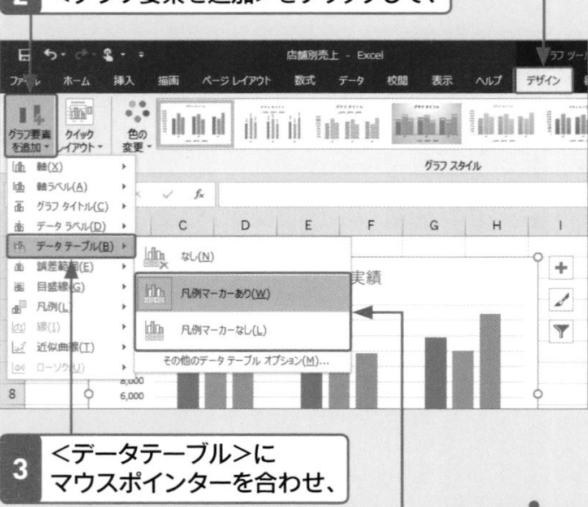

3 ＜データテーブル＞にマウスポインターを合わせ、

4 ＜凡例マーカーなし＞（あるいは＜凡例マーカーあり＞）をクリックすると、

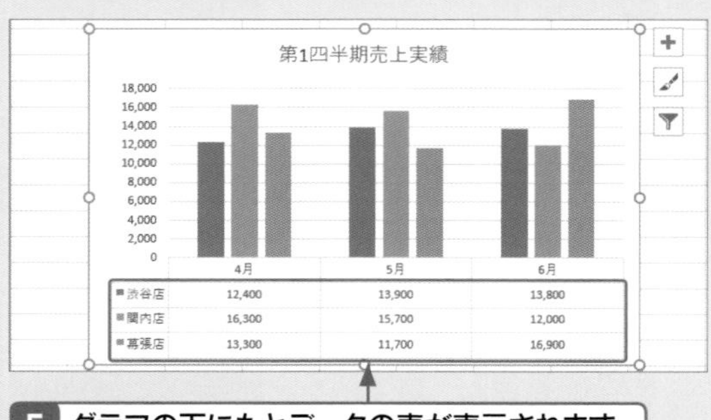

5 グラフの下にもとデータの表が表示されます。

重要度 ★★★　グラフの書式

Q 0950 円グラフに項目名とパーセンテージを表示したい！

A ＜データラベルの書式設定＞作業ウィンドウで設定します。

円グラフに項目名とパーセンテージを表示するには、グラフをクリックして、＜デザイン＞タブの＜グラフ要素を追加＞をクリックし、＜データラベル＞から＜その他のデータラベルオプション＞をクリックすると表示される＜データラベルの書式設定＞作業ウィンドウで設定します。
Excel 2010の場合は、＜レイアウト＞タブの＜データラベル＞から＜その他のデータラベルオプション＞をクリックします。

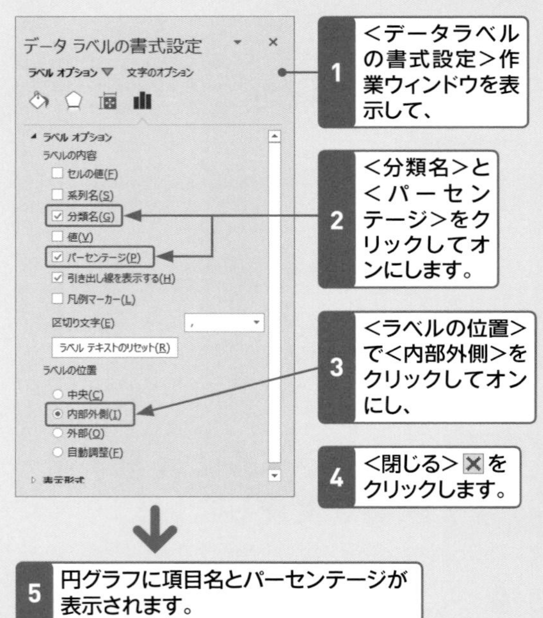

1 ＜データラベルの書式設定＞作業ウィンドウを表示して、

2 ＜分類名＞と＜パーセンテージ＞をクリックしてオンにします。

3 ＜ラベルの位置＞で＜内部外側＞をクリックしてオンにし、

4 ＜閉じる＞✕をクリックします。

5 円グラフに項目名とパーセンテージが表示されます。

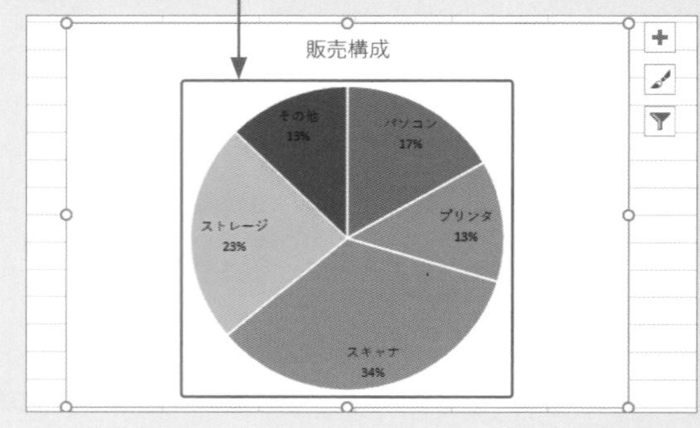

重要度 ★★★　グラフの書式

Q 0951 グラフをテンプレートとして登録したい！

A 登録したいグラフをテンプレートとして保存します。

作成したグラフはテンプレートとして登録できます。グラフを登録しておくと、同じスタイルのグラフを作成する場合、書式を一から設定する手間が省けます。テンプレートの登録と、登録したテンプレートを使用するには、下の手順で操作します。

● グラフをテンプレートとして登録する

1 登録するグラフを右クリックして、

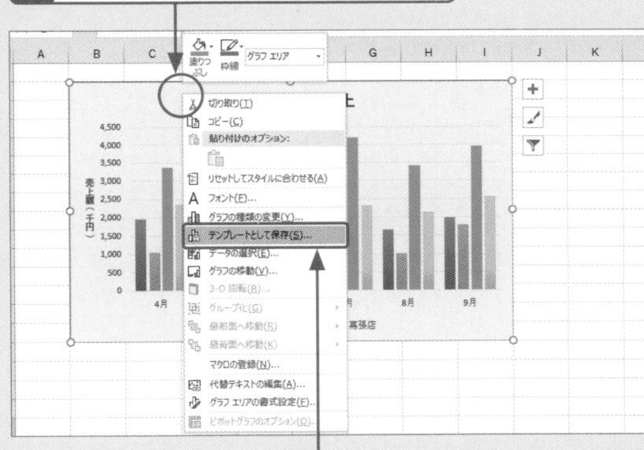

2 <テンプレートとして保存>をクリックします。

Excel 2010の場合は、<デザイン>タブをクリックして、<テンプレートとして保存>をクリックします。

3 テンプレート名を入力して、

保存先が自動的に選択されます。

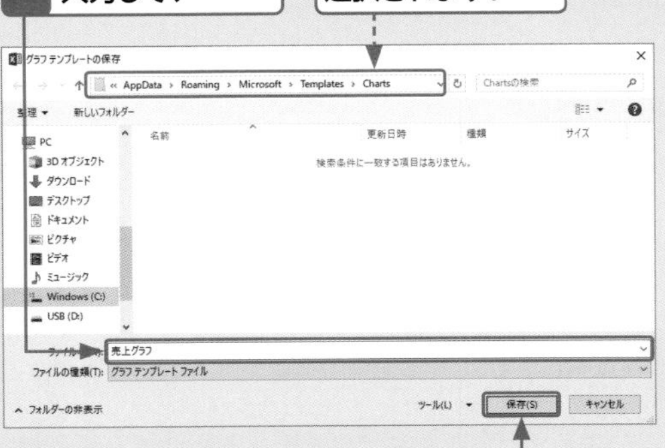

4 <保存>をクリックすると、テンプレートとして登録されます。

● 登録したテンプレートを使用する

1 グラフのもとになるセル範囲を選択して、

2 <挿入>タブをクリックし、

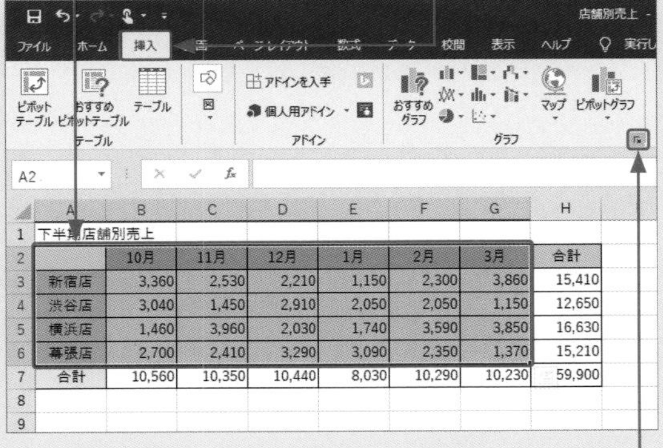

	10月	11月	12月	1月	2月	3月	合計
新宿店	3,360	2,530	2,210	1,150	2,300	3,860	15,410
渋谷店	3,040	1,450	2,910	2,050	2,050	1,150	12,650
横浜店	1,460	3,960	2,030	1,740	3,590	3,850	16,630
幕張店	2,700	2,410	3,290	3,090	2,350	1,370	15,210
合計	10,560	10,350	10,440	8,030	10,290	10,230	59,900

3 <グラフ>グループのここをクリックします。

4 <すべてのグラフ>をクリックして（Excel 2010の場合は不要）、

5 <テンプレート>をクリックし、

6 使用するテンプレートをクリックします。

7 <OK>をクリックすると、

8 テンプレートのスタイルに合わせたグラフが作成できます。

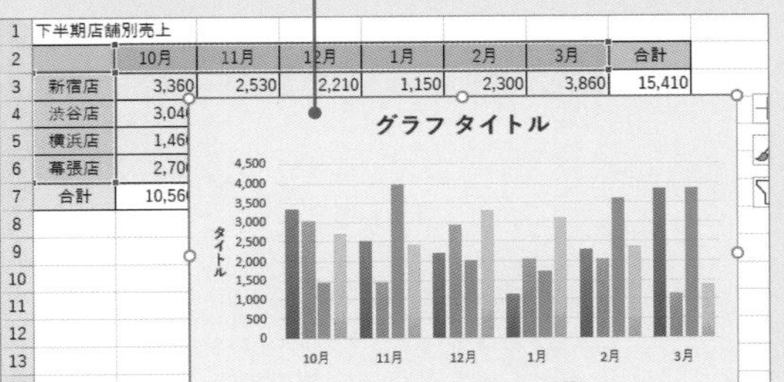

重要度 ★★★　高度なグラフの作成　2016 2013 2010

Q 0952 Excel2019で追加されたグラフには何があるの？

A じょうごグラフとマップグラフが追加されています。

Excel 2019では、じょうごグラフとマップグラフの2種類のグラフが追加されました。これらのグラフは、<挿入>タブの<グラフ>グループのコマンドや<おすすめグラフ>から作成することができます。ここでは、<グラフ>グループのコマンドから作成する方法を紹介します。

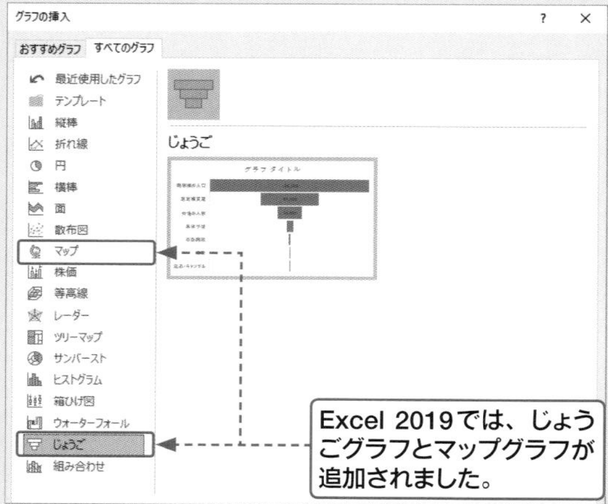

● じょうごグラフを作成する

1 グラフにする範囲を選択して、

2 <挿入>タブのここをクリックし、

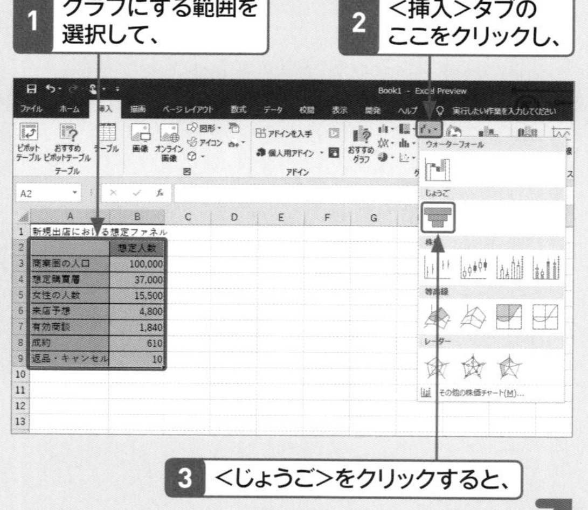

新規出店における想定ファネル
想定人数
商業圏の人口 100,000
想定購買層 37,000
女性の人数 15,500
来店予想 4,800
有効商談 1,840
成約 610
返品・キャンセル 10
ウォーターフォール
じょうご
株価
等高線
レーダー

3 <じょうご>をクリックすると、

4 じょうごグラフが作成されます。

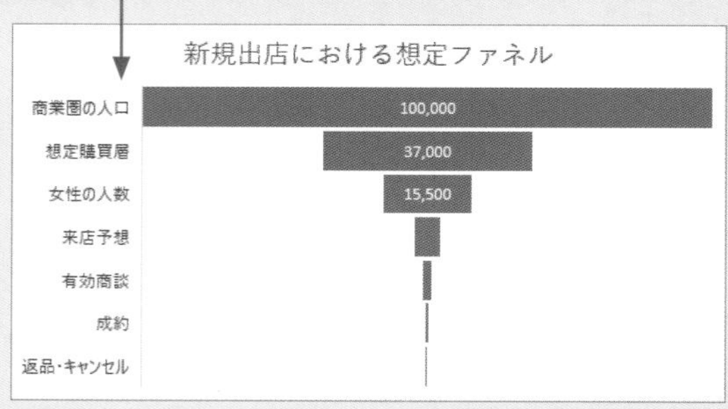

じょうごグラフは、段階ごとの相対的な数値の変化を表す場合に利用します。たとえば、新規出店する際、出店地の商業県人口から実際に購買に結びつく人数を想定する場合などに用いられます。

● マップグラフを作成する

1 グラフにする範囲を選択して、

2 <挿入>タブの<マップ>をクリックし、

国名	人数
アメリカ	426,206
中華人民共和国	124,162
オーストラリア	97,223
タイ王国	72,754
カナダ	70,025
イギリス	62,887
ブラジル	52,426

3 <塗り分けマップ>をクリックすると、

4 マップグラフが作成されます。

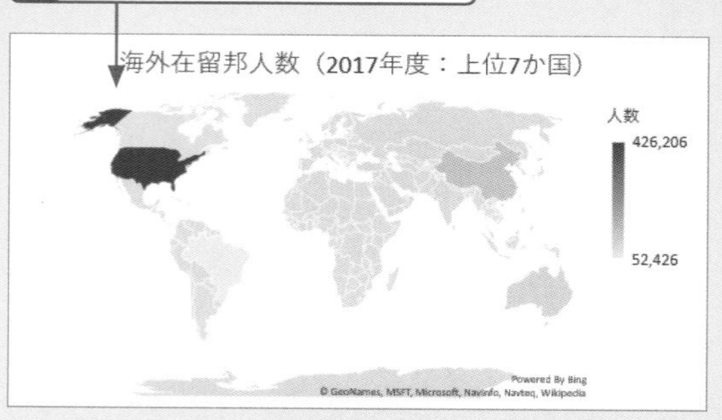

マップグラフは、各国の人口やGDPなどのデータを地図上に表示させることができます。国や地域、都道府県、市区町村、郵便番号など、データに地理的な領域がある場合に使用します。

第17章

Excelのデータベースの「こんなときどうする?」

重要度 ★★★ データの並べ替え

Q 0953 Excelをデータベースソフトとして使いたい!

Excelで並べ替えや抽出、集計などのデータベース機能を利用するには、表を「データベース形式」で作成する必要があります。データベース形式の表とは、列ごとに同じ種類のデータが入力されていて、先頭行に列の見出しとなる列見出し（列ラベル）が入力されている一覧表のことです。データベースでは、それぞれの列を「フィールド」、1件分のデータを「レコード」と呼びます。

A 表をデータベース形式で作成します。

● データベース形式の表

	A	B	C	D	E	F	G
1	名前	所属部署	入社日	社員	郵便番号	住所	電話番号
2	桜庭　義明	総務部	1990/4/1	社員	112-0001	東京都文京区白山xx-xx	03-1234-xxxx
3	中本　浩二	人事部	1996/10/1	社員	220-0011	神奈川県横浜市西区高島xx-xx	045-311-xxxx
4	水上　裕子	経理部	1998/4/1	社員	116-0011	東京都荒川区西尾久xx-xx	03-5000-xxxx
5	吉川　栄一	商品部	2000/4/1	社員	101-0021	東京都千代田区外神田xx-xx	03-3000-xxxx
6	朝元　彩子	商品部	2003/10/1	社員	252-0011	神奈川県座間市相武台xx-xx	042-300-xxxx
7	中川　明美	企画制作部	2005/4/1	社員	152-0022	東京都目黒区柿の木坂xx-xx	03-2222-xxxx
8	清水　清明	総務部	2009/1/5	社員	132-0022	東京都江戸川区中央xx-xx	03-5275-xxxx
9	松浦　咲夜	企画制作部	2011/4/1	社員	112-0011	東京都文京区千石xx-xx	03-3333-xxxx
10	藤原　良純	営業部	2011/10/1	社員	210-0011	神奈川県川崎市川崎区富士見xx	044-300-xxxx
11	長谷川　隆	商品部	2012/10/1	社員	140-0001	東京都品川区北品川xx-xx	03-2000-xxxx
12	大澤　澄江	営業部	2015/4/1	社員	233-0001	神奈川県横浜市港南区上大岡東	045-800-xxx
13	玉川　由紀	営業部	2015/6/1	社員	114-0011	東京都北区昭和町xx-xx	03-2345-xxxx
14	斎藤　昭雄	商品部	2016/4/1	社員	253-0022	神奈川県茅ヶ崎市松浪xx-xx	042-500-xxxx
15							
16	名前	所属部署	入社日	形態	郵便番号	住所	電話番号
17	鈴木　健司	商品部	2014/5/25	パート	160-0001	東京都新宿区片町xx-xx	03-3700-xxxx
18	秋野　陽子	営業部	2015/10/10	バイト	202-0001	東京都西東京市ひばりが丘xx-x	042-123-xxxx
19	相沢　直美	商品部	2016/9/15	バイト	130-0011	東京都墨田区石原xx-xx	03-3552-xxxx
20	佐瀬　英雄	営業部	2017/2/1	バイト	194-0021	東京都町田市中町xx-xx	042-100-xxxx

重要度 ★★★ データの並べ替え

Q 0954 データを昇順や降順で並べ替えたい!

データを並べ替えるには、並べ替えの基準とするフィールドのセルをクリックして、<データ>タブの<昇順>あるいは<降順>をクリックします。昇順では0〜9、A〜Z、日本語の順で、降順はその逆の順で並べ替えられます。日本語は漢字、ひらがな、カタカナの順に並べ替えられます。アルファベットの大文字と小文字は区別されません。

A <データ>タブの<昇順>あるいは<降順>を利用します。

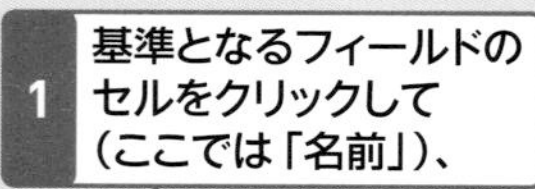

2 <データ>タブをクリックし、

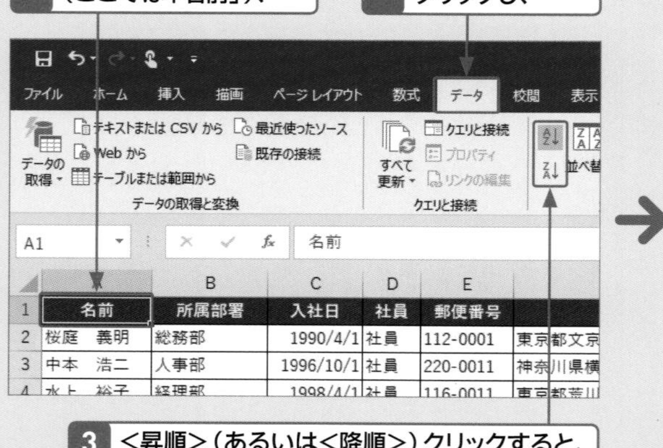

3 <昇順>（あるいは<降順>）クリックすると、

4 選択したセルを含むフィールドを基準にして、表全体が昇順（あるいは降順）に並べ替えられます。

A1 名前

	A	B	C	D	E	F
1	名前	所属部署	入社日	社員	郵便番号	住所
2	朝元　彩子	商品部	2003/10/1	社員	252-0011	神奈川県座間市相武台xx-xx
3	大澤　澄江	営業部	2015/4/1	社員	233-0001	神奈川県横浜市港南区上大岡東
4	斎藤　昭雄	商品部	2016/4/1	社員	253-0022	神奈川県茅ヶ崎市松浪xx-xx
5	桜庭　義明	総務部	1990/4/1	社員	112-0001	東京都文京区白山xx-xx
6	清水　清明	総務部	2009/1/5	社員	132-0022	東京都江戸川区中央xx-xx
7	玉川　由紀	営業部	2015/6/1	社員	114-0011	東京都北区昭和町xx-xx
8	中川　明美	企画制作部	2005/4/1	社員	152-0022	東京都目黒区柿の木坂xx-xx
9	中本　浩二	人事部	1996/10/1	社員	220-0011	神奈川県横浜市西区高島xx-xx
10	長谷川　隆	商品部	2012/10/1	社員	140-0001	東京都品川区北品川xx-xx
11	藤原　良純	営業部	2011/10/1	社員	210-0011	神奈川県川崎市川崎区富士見xx
12	松浦　咲夜	企画制作部	2011/4/1	社員	112-0011	東京都文京区千石xx-xx
13	水上　裕子	経理部	1998/4/1	社員	116-0011	東京都荒川区西尾久xx-xx
14	吉川　栄一	商品部	2000/4/1	社員	101-0021	東京都千代田区外神田xx-xx
15						
16	名前	所属部署	入社日	形態	郵便番号	住所
17	鈴木　健司	商品部	2014/5/25	パート	160-0001	東京都新宿区片町xx-xx

重要度★★★　データの並べ替え

Q 0955 複数条件でデータを並べ替えたい!

A 並べ替えのレベルを追加して指定します。

複数の条件でデータを並べ替えるには、<データ>タブの<並べ替え>をクリックすると表示される<並べ替え>ダイアログボックスで、<レベルの追加>をクリックし、並べ替えの条件を設定する行を追加します。最大で64の条件を設定できます。
複数条件で並べる場合は、優先順位の高い列から並べ替えの設定をするとよいでしょう。

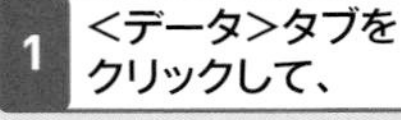

1 <データ>タブをクリックして、

2 <並べ替え>をクリックします。

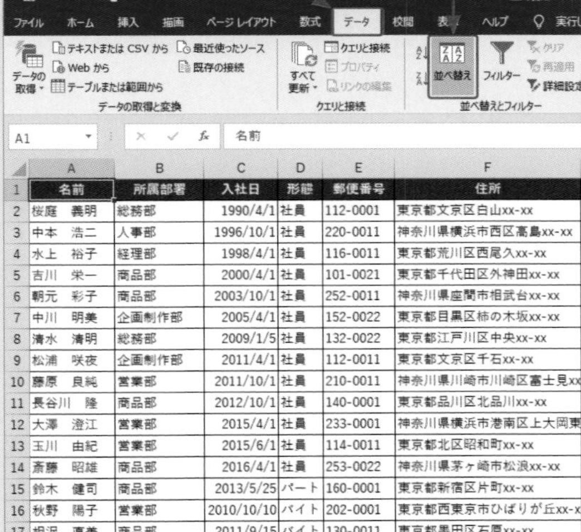

	A	B	C	D	E	F
1	名前	所属部署	入社日	形態	郵便番号	住所
2	桜庭　義明	総務部	1990/4/1	社員	112-0001	東京都文京区白山xx-xx
3	中本　浩二	人事部	1996/10/1	社員	220-0011	神奈川県横浜市西区高島xx-xx
4	水上　裕子	経理部	1998/4/1	社員	116-0011	東京都荒川区西尾久xx-xx
5	吉川　栄一	商品部	2000/4/1	社員	101-0021	東京都千代田区外神田xx-xx
6	朝元　彩子	商品部	2003/10/1	社員	252-0011	神奈川県座間市相武台xx-xx
7	中川　明美	企画制作部	2005/4/1	社員	152-0022	東京都目黒区柿の木坂xx-xx
8	清水　清明	総務部	2009/1/5	社員	132-0022	東京都江戸川区中央xx-xx
9	松浦　咲夜	企画制作部	2011/4/1	社員	112-0011	東京都文京区千石xx-xx
10	藤原　良純	営業部	2011/10/1	社員	210-0011	神奈川県川崎市川崎区富士見xx
11	長谷川　隆	商品部	2012/10/1	社員	140-0001	東京都品川区北品川xx-xx
12	大澤　澄江	営業部	2015/4/1	社員	233-0001	神奈川県横浜市港南区上大岡東
13	玉川　由紀	営業部	2015/6/1	社員	114-0011	東京都北区昭和町xx-xx
14	斎藤　昭雄	商品部	2016/4/1	社員	253-0022	神奈川県茅ヶ崎市松浪xx-xx
15	鈴木　健司	商品部	2013/5/25	パート	160-0001	東京都新宿区片町xx-xx
16	秋野　陽子	営業部	2010/10/10	バイト	202-0001	東京都西東京市ひばりが丘xx-x
17	相沢　直美	商品部	2011/9/15	バイト	130-0011	東京都墨田区石原xx-xx

3 ここをクリックして、

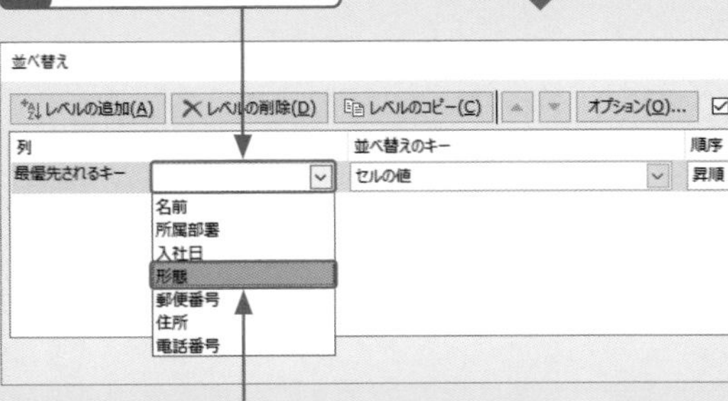

4 最初に並べ替えをするフィールド名（ここでは「形態」）を指定し、

5 並べ替えのキーと順序を指定します。

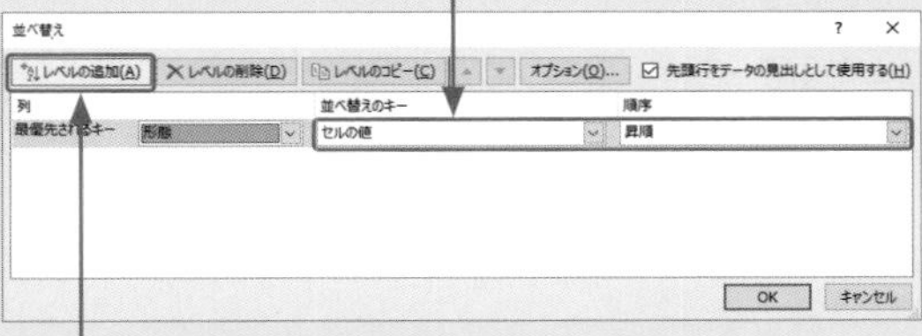

6 <レベルの追加>をクリックして、

7 2番目に並べ替えをするフィールド名（ここでは「入社日」）を指定し、

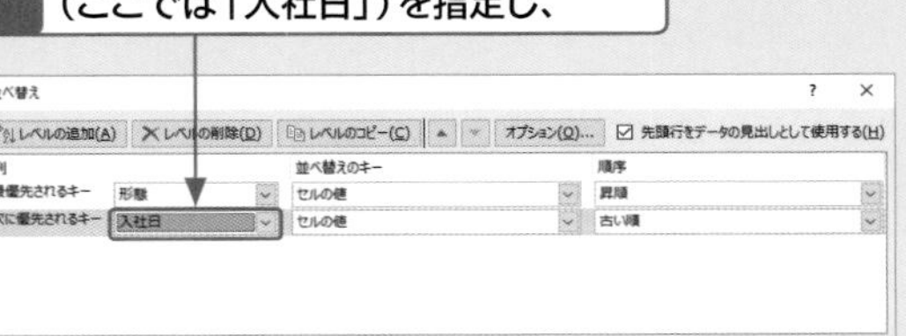

8 並べ替えのキーと順序を指定します。

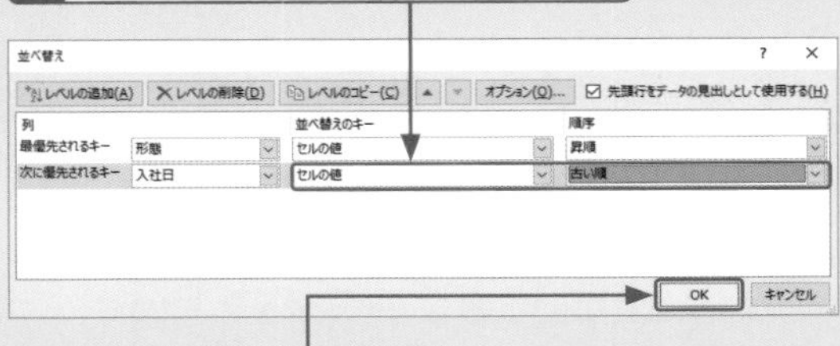

9 <OK>をクリックすると、

10 指定した2つのフィールドを基準に並べ替えられます（ここでは「形態」と「入社日」）。

	A	B	C	D	E	F
1	名前	所属部署	入社日	形態	郵便番号	住所
2	桜庭　義明	総務部	1990/4/1	社員	112-0001	東京都文京区白山xx-xx
3	中本　浩二	人事部	1996/10/1	社員	220-0011	神奈川県横浜市西区高島xx-xx
4	水上　裕子	経理部	1998/4/1	社員	116-0011	東京都荒川区西尾久xx-xx
5	吉川　栄一	商品部	2000/4/1	社員	101-0021	東京都千代田区外神田xx-xx
6	朝元　彩子	商品部	2003/10/1	社員	252-0011	神奈川県座間市相武台xx-xx
7	中川　明美	企画制作部	2005/4/1	社員	152-0022	東京都目黒区柿の木坂xx-xx
8	清水　清明	総務部	2009/1/5	社員	132-0022	東京都江戸川区中央xx-xx
9	松浦　咲夜	企画制作部	2011/4/1	社員	112-0011	東京都文京区千石xx-xx
10	藤原　良純	営業部	2011/10/1	社員	210-0011	神奈川県川崎市川崎区富士見xx
11	長谷川　隆	商品部	2012/10/1	社員	140-0001	東京都品川区北品川xx-xx
12	大澤　澄江	営業部	2015/4/1	社員	233-0001	神奈川県横浜市港南区上大岡東
13	玉川　由紀	営業部	2015/6/1	社員	114-0011	東京都北区昭和町xx-xx
14	斎藤　昭雄	商品部	2016/4/1	社員	253-0022	神奈川県茅ヶ崎市松浪xx-xx
15	鈴木　健司	商品部	2013/5/25	パート	160-0001	東京都新宿区片町xx-xx
16	秋野　陽子	営業部	2010/10/10	バイト	202-0001	東京都西東京市ひばりが丘xx-x
17	相沢　直美	商品部	2011/9/15	バイト	130-0011	東京都墨田区石原xx-xx
18	佐瀬　英雄	営業部	2017/2/1	バイト	194-0021	東京都町田市中町xx-xx
19						

重要度 ★★★ データの並べ替え

Q 0956 「すべての結合セルを同じサイズにする必要がある」と表示された！

A 結合を解除するか、同じ数の結合セルで表を構成します。

「この操作を行うには、すべての結合セルを同じサイズにする必要があります。」というメッセージは、データベース形式の表の一部のセルが結合されているときに表示されます。並べ替えを実行するためには、結合を解除する必要があります。

なお、下図のように、すべてのフィールドが横2セルなど、同じ数の結合セルで構成されているときは、並べ替えを行うことができます。

● 並べ替えができない表

	A	B	C	D	E	F
1	店舗別売上一覧					
2	店舗名		4月	5月	6月	
3	新宿店南口店		4,893,800	2,744,000	3,822,000	
4	明治神宮前店		2,982,100	5,556,700	1,956,800	
5	横浜駅西口店		2,532,500	5,051,800	3,220,700	
6	箱根湯本口店		3,525,800	5,369,100	2,399,400	
7						

● 並べ替えができる表

	A	B	C	D	E	F	G	H	I
1	店舗別売上一覧								
2	店舗名		4月		5月		6月		
3	新宿店南口店		4,893,800		2,744,000		3,822,000		
4	明治神宮前店		2,982,100		5,556,700		1,956,800		
5	横浜駅西口店		2,532,500		5,051,800		3,220,700		
6	箱根湯本口店		3,525,800		5,369,100		2,399,400		
7									

重要度 ★★★ データの並べ替え

Q 0957 表の一部しか並べ替えができない！

A 空白行または空白列がないか確認し、あれば削除しましょう。

並べ替えを実行した際、表の一部しか並べ替えられない場合は、表の途中に空白の列か行が挿入されている可能性があります。空白の列や行が挿入されていると、その前後の表は別の表として認識されるため、アクティブセル（選択中のセル）があるほうのデータしか並べ替えられません。すべてのデータを並べ替えの対象とするには、空白の列または行を削除して、再度並べ替えを実行しましょう。

重要度 ★★★ データの並べ替え

Q 0958 数値が正しい順番で並べ替えられない！

A セルの表示形式を「標準」または「数値」に変更します。

数値が入力されているセルの表示形式が「文字列」になっていて、大文字で入力されていると、「500」と「1000」では先頭の数字が大きい「500」のほうが後になります。正しい順番で並べ替えるには、セルの表示形式を「標準」または「数値」に変更します。

重要度 ★★★ データの並べ替え

Q 0959 氏名が五十音順に並べ替えられない！

A 間違った読み情報が登録されている可能性があります。

Excelでは、データの入力時に自動的に記録される読み情報に従って漢字が並べ替えられます。正しい読み順にならない場合は、異なった読みで入力したか、ほかのソフトで入力したデータをコピーするなどして、読み情報がない可能性があります。

読み情報が間違っていたり、読み情報がない部分を探して漢字を入力し直すか、ふりがなを修正すると、正しい順で並べ替えられるようになります。読み情報を確認するには、PHONETIC関数を利用して、セルから読み情報を取り出します。

参照 ▶ Q 0727, Q 0886

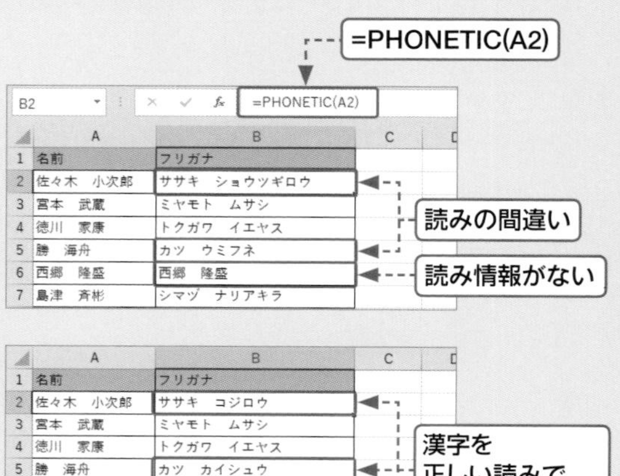

重要度 ★★★ データの並べ替え

Q 0960 読み情報は正しいのに並べ替えができない！

A <並べ替えオプション>ダイアログボックスの設定を変更します。

読み情報は間違っていないのに正しい読み順で並べ替えられない場合は、<並べ替えオプション>ダイアログボックスの設定が間違っている可能性があります。<データ>タブの<並べ替え>をクリックして、<並べ替え>ダイアログボックスを表示し、<オプション>をクリックして、<並べ替えオプション>ダイアログボックスで<ふりがなを使う>をオンにします。

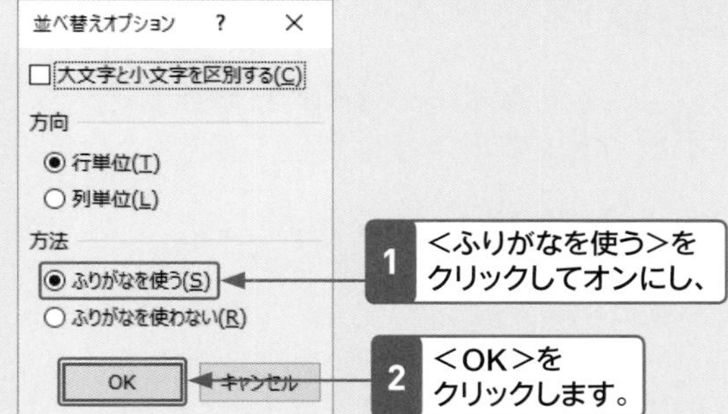

重要度 ★★★ データの並べ替え

Q 0961 複数のセルを1つとみなして並べ替えたい！

A セルのデータを「&」で結合して、ほかのセルに表示します。

複数のセルに入力されている英数字のデータを1つのデータとみなして並べ替えるには、複数のセルのデータを「&」で結合して、別のセルに表示する必要があります。

たとえば、列「A」と列「B」のデータを1つとみなして並べ替えたい場合は、ほかのセルに「=A1&B1」と入力して列全体にコピーし、このフィールドをキーにして並べ替えを実行します。

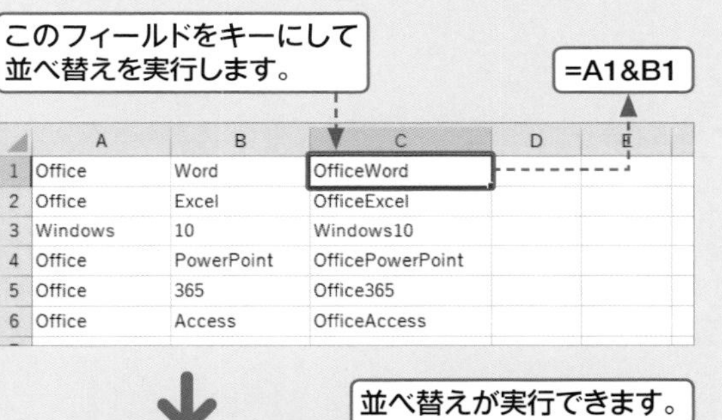

	A	B	C	D	E
1	Office	Word	OfficeWord		
2	Office	Excel	OfficeExcel		
3	Windows	10	Windows10		
4	Office	PowerPoint	OfficePowerPoint		
5	Office	365	Office365		
6	Office	Access	OfficeAccess		

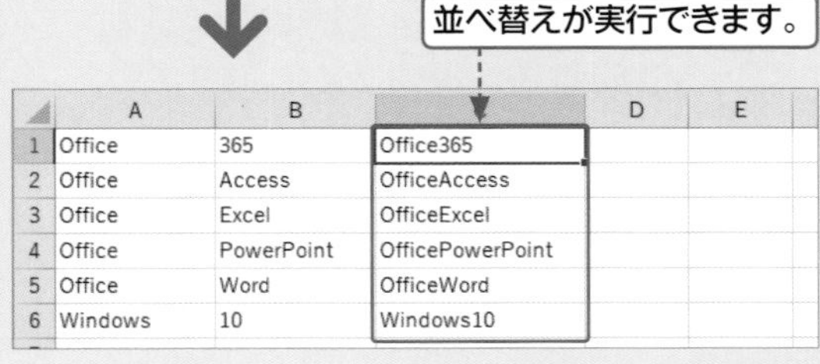

	A	B	C	D	E
1	Office	365	Office365		
2	Office	Access	OfficeAccess		
3	Office	Excel	OfficeExcel		
4	Office	PowerPoint	OfficePowerPoint		
5	Office	Word	OfficeWord		
6	Windows	10	Windows10		

重要度 ★★★ データの並べ替え

Q 0962 並べ替える前の順序に戻したい！

A あらかじめ表に連番を入力しておきましょう。

並べ替えをした直後では、クイックアクセスツールバーの<元に戻す>をクリックすると戻すことができます。いつでも並べ替えを行う前の状態に戻せるようにしたい場合は、あらかじめ連番を入力した列を作成しておきます。連番を入力した列を基準に「昇順」で並べ替えることで、もとの順序に戻すことができます。連番の列を普段使用しない場合は、列を非表示にしておくことができます。

参照▶Q 0641

	A	B	C	D	E	F
1	No	名前	所属部署	入社日	形態	郵便番号
2	1	桜庭　義明	総務部	1990/4/1	社員	112-0001
3	2	中本　浩二	人事部	1996/10/1	社員	220-0011
4	3	水上　裕子	経理部	1998/4/1	社員	116-0011
5	4	吉川　栄一	商品部	2000/4/1	社員	101-0021
6	5	朝元　彩子	商品部	2003/10/1	社員	252-0011
7	6	中川　明美	企画制作部	2005/4/1	社員	152-[illegible]
8	7	清水　清明	総務部	2009/1/5	社員	132[illegible]
9	8	松浦　咲夜	企画制作部	2011/4/1	社員	112[illegible]
10	9	藤原　良純	営業部	2011/10/1	社員	210[illegible]
11	10	長谷川　隆	商品部	2012/10/1	社員	140[illegible]
12	11	大澤　澄江	営業部	2015/4/1	社員	233-0001
13	12	玉川　由紀	営業部	2015/6/1	社員	114-0011
14	13	斎藤　昭雄	商品部	2016/4/1	社員	253-0022
15	14	鈴木　健司	商品部	2013/5/25	パート	160-0001
16	15	秋野　陽子	営業部	2010/10/10	バイト	202-0001
17	16	相沢　直美	商品部	2011/9/15	バイト	130-0011
18	17	佐瀬　英雄	営業部	2017/2/1	バイト	194-0021

連番を入力した列をあらかじめ作成しておきます。

重要度 ★★★ データの並べ替え

Q 0963 見出しの行がない表を並べ替えたい！

A <先頭行をデータの見出しとして使用する>をオフにします。

見出しの行（列見出し）がない表を並べ替えると、先頭行だけが無視されて並べ替えの対象にならないことがあります。先頭行も含めて並べ替えるには、<データ>タブの<並べ替え>をクリックして、<並べ替え>ダイアログボックスを表示し、<先頭行をデータの見出しとして使用する>をオフにして、並べ替えを実行します。

1 <先頭行をデータの見出しとして使用する>をクリックしてオフにすると、

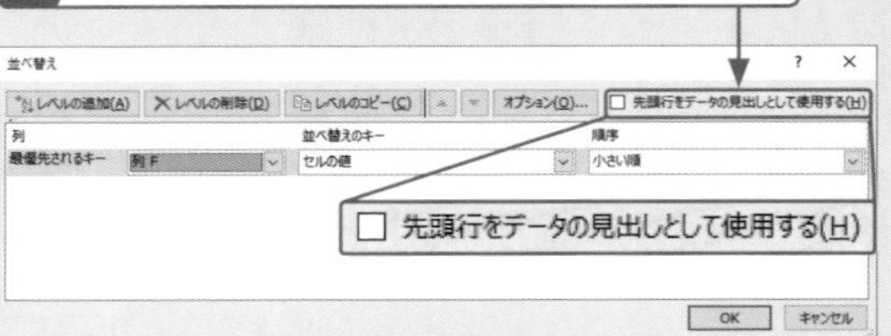

2 先頭行も並べ替えの対象になります。

	A	B	C	D	E	F
1	8月	356,700	273,300	312,700	356,600	1,299,300
2	9月	334,200	256,900	474,000	551,000	1,616,100
3	5月	504,300	268,400	416,700	429,200	1,618,600
4	6月	216,900	542,300	588,800	278,500	1,626,500
5	4月	466,700	380,500	429,700	415,000	1,691,900
6	7月	305,000	508,200	501,800	551,600	1,866,600
7						

重要度 ★★★ データの並べ替え

Q 0964 見出しの行まで並べ替えられてしまった！

A <先頭行をデータの見出しとして使用する>をオンにします。

見出しの行（列見出し）がデータと一緒に並べ替えられてしまう場合は、<並べ替え>ダイアログボックスの<先頭行をデータの見出しとして使用する>がオフになっていることが考えられます。クリックしてオンに切り替えます。

参照▶Q 0963

	A	B	C	D	E	F	G
1	8月	356,700	273,300	312,700	356,600	1,299,300	
2	9月	334,200	256,900	474,000	551,000	1,616,100	
3	5月	504,300	268,400	416,700	429,200	1,618,600	
4	6月	216,900	542,300	588,800	278,500	1,626,500	
5	4月	466,700	380,500	429,700	415,000	1,691,900	
6	7月	305,000	508,200	501,800	551,600	1,866,600	
7	月	新宿店	横浜店	幕張店	さいたま店	合計	

	A	B	C	D	E	F	G
1	月	新宿店	横浜店	幕張店	さいたま店	合計	
2	8月	356,700	273,300	312,700	356,600	1,299,300	
3	9月	334,200	256,900	474,000	551,000	1,616,100	
4	5月	504,300	268,400	416,700	429,200	1,618,600	
5	6月	216,900	542,300	588,800	278,500	1,626,500	
6	4月	466,700	380,500	429,700	415,000	1,691,900	
7	7月	305,000	508,200	501,800	551,600	1,866,600	

重要度 ★★★ データの並べ替え

Q 0965 横方向にデータを並べ替えたい！

A <並べ替えオプション>ダイアログボックスで設定します。

横方向にデータを並べ替えるには、<データ>タブの<並べ替え>をクリックして、<並べ替え>ダイアログボックスを表示します。続いて、<オプション>をクリックして、<並べ替えオプション>ダイアログボックスで<列単位>をオンにします。

こうして並べ替えを行うと、1列が1レコードとみなされ、データを列単位で並べ替えることができます。

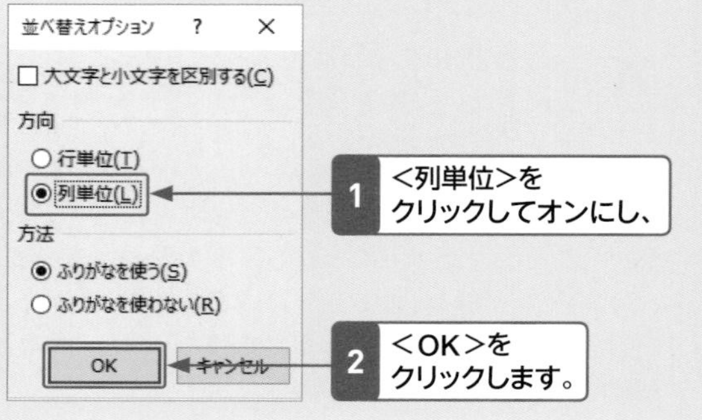

重要度 ★★★ データの並べ替え

Q 0966 オリジナルの順序で並べ替えたい！

A <ユーザー設定リスト>に並び順を登録しておきます。

文字列を読み以外の順序で並べ替えるには、あらかじめ並び順を登録しておく必要があります。
<並べ替え>ダイアログボックスの<順序>で<ユーザー設定リスト>を選択して、<ユーザー設定リスト>ダイアログボックスを表示し、並び順を登録します。

1 <データ>タブをクリックして、

2 <並べ替え>をクリックします。

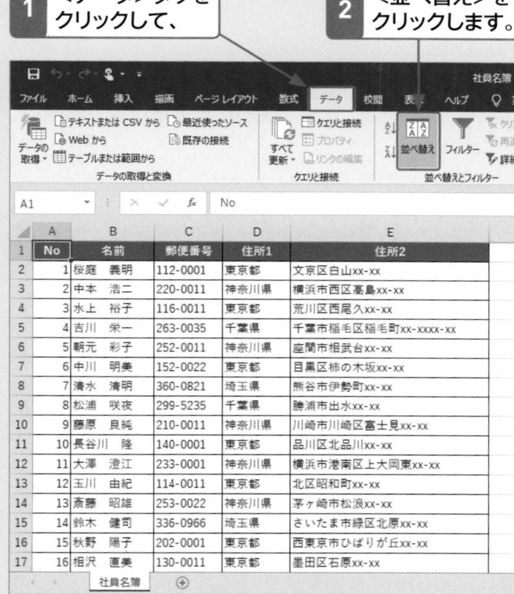

3 ここをクリックして、

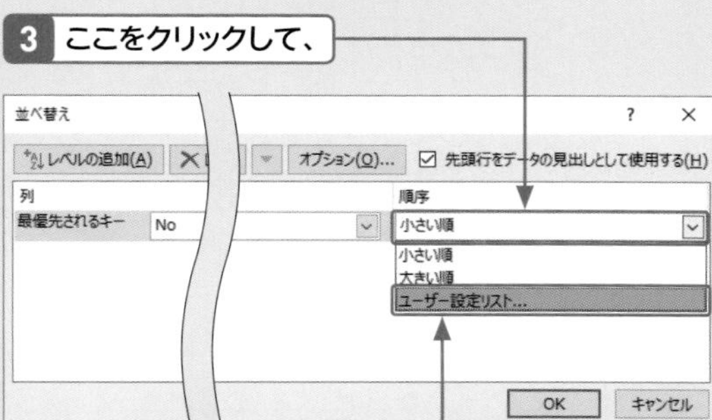

4 <ユーザー設定リスト>をクリックし、

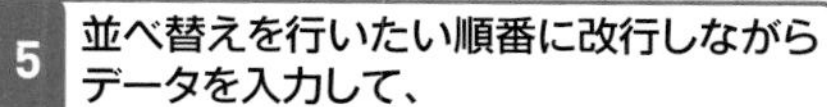

5 並べ替えを行いたい順番に改行しながらデータを入力して、

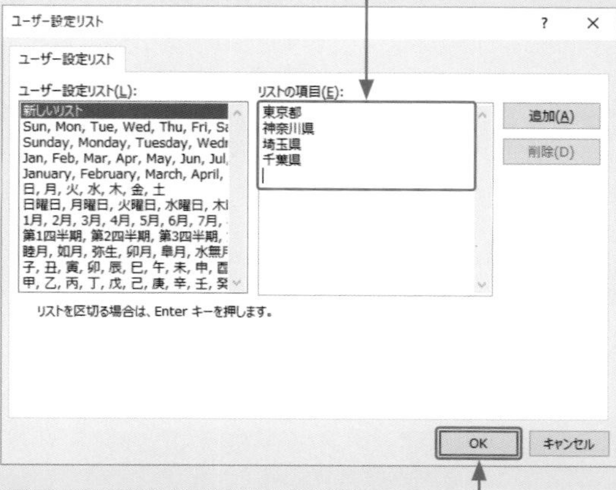

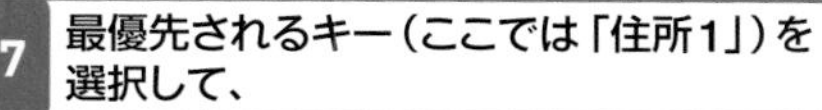

6 <OK>をクリックします。

7 最優先されるキー（ここでは「住所1」）を選択して、

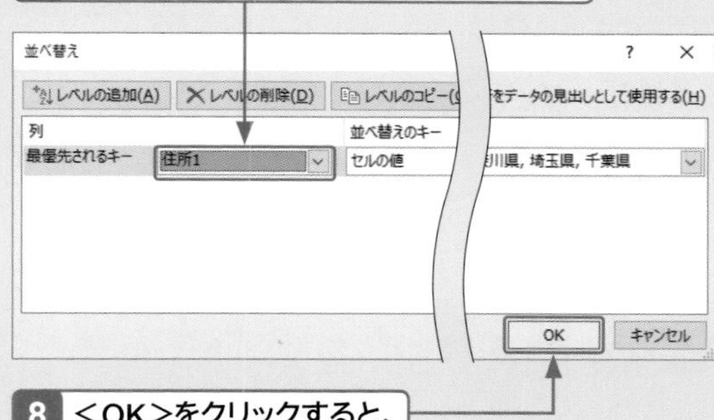

8 <OK>をクリックすると、

9 登録したリストの順に表全体が並べ替えられます。

	A	B	C	D	E
1	No	名前	郵便番号	住所1	住所2
2	1	桜庭　義明	112-0001	東京都	文京区白山xx-xx
3	3	水上　裕子	116-0011	東京都	荒川区西尾久xx-xx
4	6	中川　明美	152-0022	東京都	目黒区柿の木坂xx-xx
5	10	長谷川　隆	140-0001	東京都	品川区北品川xx-xx
6	12	玉川　由紀	114-0011	東京都	北区昭和町xx-xx
7	15	秋野　陽子	202-0001	東京都	西東京市ひばりが丘xx-xx
8	16	相沢　直美	130-0011	東京都	墨田区石原xx-xx
9	17	佐瀬　英雄	194-0021	東京都	町田市中町xx-xx
10	2	中本　浩二	220-0011	神奈川県	横浜市西区高島xx-xx
11	5	朝元　彩子	252-0011	神奈川県	座間市相武台xx-xx
12	9	藤原　良純	210-0011	神奈川県	川崎市川崎区富士見xx-xx
13	11	大澤　澄江	233-0001	神奈川県	横浜市港南区上大岡東xx-xx
14	13	斎藤　昭雄	253-0022	神奈川県	茅ヶ崎市松浪xx-xx
15	7	清水　清明	360-0821	埼玉県	熊谷市伊勢町xx-xx
16	14	鈴木　健司	336-0966	埼玉県	さいたま市緑区北原xx-xx
17	4	吉川　栄一	263-0035	千葉県	千葉市稲毛区稲毛町xx-xxxx-xx
18	8	松浦　咲夜	299-5235	千葉県	勝浦市出水xx-xx

重要度 ★★★　データの並べ替え

Q 0967 表の一部だけを並べ替えたい！

A 目的の範囲を選択して並べ替えを行います。

表の一部だけを並べ替えるには、並べ替えを行いたい範囲を選択した状態で、並べ替えを実行します。

1 並べ替えたいセル範囲を選択して、

2 ＜データ＞タブをクリックし、

3 ＜並べ替え＞をクリックします。

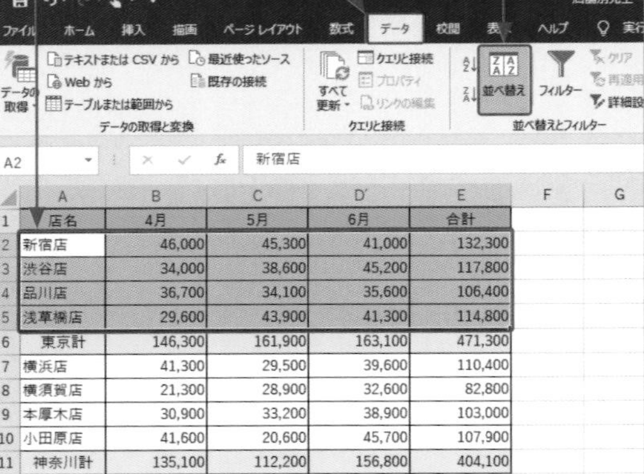

	A	B	C	D	E
1	店名	4月	5月	6月	合計
2	新宿店	46,000	45,300	41,000	132,300
3	渋谷店	34,000	38,600	45,200	117,800
4	品川店	36,700	34,100	35,600	106,400
5	浅草橋店	29,600	43,900	41,300	114,800
6	東京計	146,300	161,900	163,100	471,300
7	横浜店	41,300	29,500	39,600	110,400
8	横須賀店	21,300	28,900	32,600	82,800
9	本厚木店	30,900	33,200	38,900	103,000
10	小田原店	41,600	20,600	45,700	107,900
11	神奈川計	135,100	112,200	156,800	404,100

4 並べ替える条件を指定して、

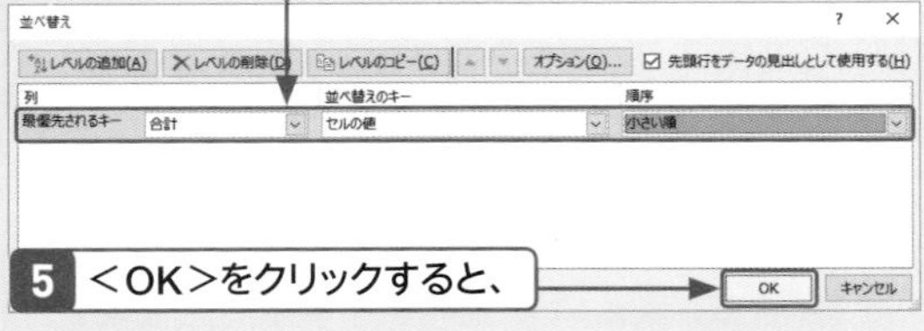

5 ＜OK＞をクリックすると、

6 選択した範囲だけが並べ替えられます。

	A	B	C	D	E
1	店名	4月	5月	6月	合計
2	品川店	36,700	34,100	35,600	106,400
3	浅草橋店	29,600	43,900	41,300	114,800
4	渋谷店	34,000	38,600	45,200	117,800
5	新宿店	46,000	45,300	41,000	132,300
6	東京計	146,300	161,900	163,100	471,300
7	横浜店	41,300	29,500	39,600	110,400
8	横須賀店	21,300	28,900	32,600	82,800
9	本厚木店	30,900	33,200	38,900	103,000
10	小田原店	41,600	20,600	45,700	107,900
11	神奈川計	135,100	112,200	156,800	404,100

重要度 ★★★　オートフィルター

Q 0968 特定の条件を満たすデータだけを表示したい！

A オートフィルターを利用します。

データベース形式の表から特定の条件を満たすデータだけを取り出したい場合は、「オートフィルター」を利用します。表内のいずれかのセルをクリックして、＜データ＞タブの＜フィルター＞をクリックすると、オートフィルターが利用できるようになります。

1 データベース形式の表内のセルをクリックして、

2 ＜データ＞タブをクリックし、

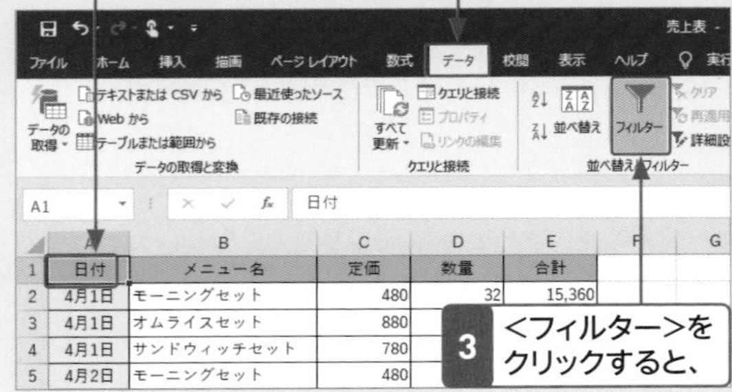

	A	B	C	D	E
1	日付	メニュー名	定価	数量	合計
2	4月1日	モーニングセット	480	32	15,360
3	4月1日	オムライスセット	880		
4	4月1日	サンドウィッチセット	780		
5	4月2日	モーニングセット	480		

3 ＜フィルター＞をクリックすると、

4 オートフィルターが設定されます。

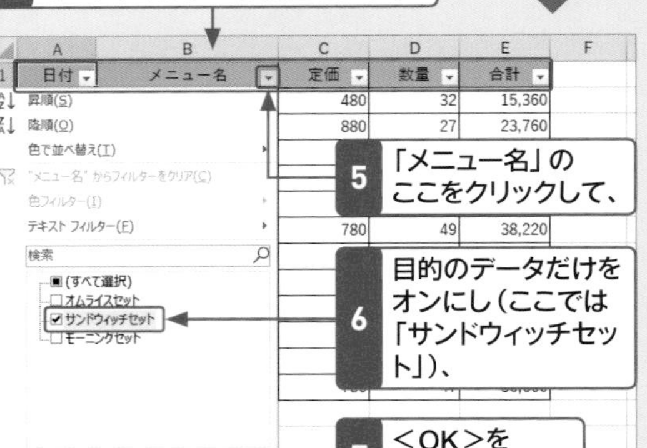

5 「メニュー名」のここをクリックして、

6 目的のデータだけをオンにし（ここでは「サンドウィッチセット」）、

7 ＜OK＞をクリックすると、

8 指定したデータを含むレコード（行）だけが表示されます。

	A	B	C	D	E
1	日付	メニュー名	定価	数量	合計
4	4月1日	サンドウィッチセット	780	50	39,000
7	4月2日	サンドウィッチセット	780	49	38,220
10	4月3日	サンドウィッチセット	780	34	26,520
13	4月4日	サンドウィッチセット	780	47	36,660

重要度 ★★★　オートフィルター

Q 0969 オートフィルターって何？

A 指定した条件を満たすレコードを抽出して表示する機能です。

「オートフィルター」とは、任意のフィールドに含まれるデータのうち、指定した条件に合ったものだけを表示する機能のことです。日付、テキスト、数値など、さまざまなフィルターを利用することができます。複数の条件を指定してデータを抽出することもできます。

重要度 ★★★　オートフィルター

Q 0970 抽出したデータを降順や昇順で並べ替えたい！

A オートフィルターの＜昇順＞を利用します。

データの抽出だけでなく、並べ替えもオートフィルターで行うことができます。並べ替えを行うには、目的のフィールドの ▼ をクリックし、一覧から＜降順＞（あるいは＜昇順＞）をクリックします。一覧に表示される項目は、並べ替えを行うデータの種類によって変わります。

参照 ▶ Q 0968

1 「合計」のここをクリックして、

2 ＜降順＞をクリックすると、

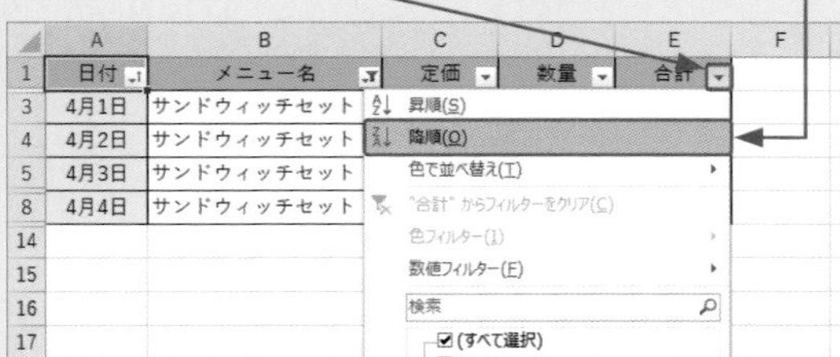

3 抽出したデータが合計の降順で並べ替えられます。

	A	B	C	D	E
1	日付	メニュー名	定価	数量	合計
3	4月1日	サンドウィッチセット	780	50	39,000
4	4月2日	サンドウィッチセット	780	49	38,220
5	4月4日	サンドウィッチセット	780	47	36,660
8	4月3日	サンドウィッチセット	780	34	26,520
14					

重要度 ★★★　オートフィルター

Q 0971 上位や下位「○位」までのデータを表示したい！

A ＜数値フィルター＞から＜トップテン＞を選択します。

フィールドに入力されているデータをもとに、上位または下位、平均より上、平均より下などのデータを抽出して表示するには、＜数値フィルター＞を利用します。ここでは、合計が上位5位までのデータを表示します。

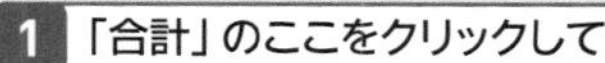
1 「合計」のここをクリックして、

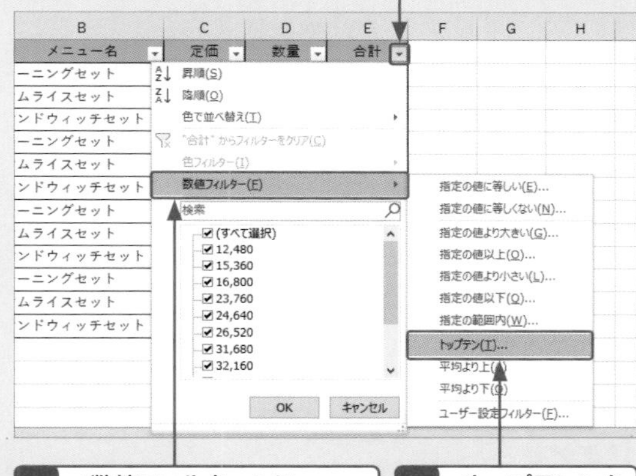

2 ＜数値フィルター＞にマウスポインターを合わせ、

3 ＜トップテン＞をクリックします。

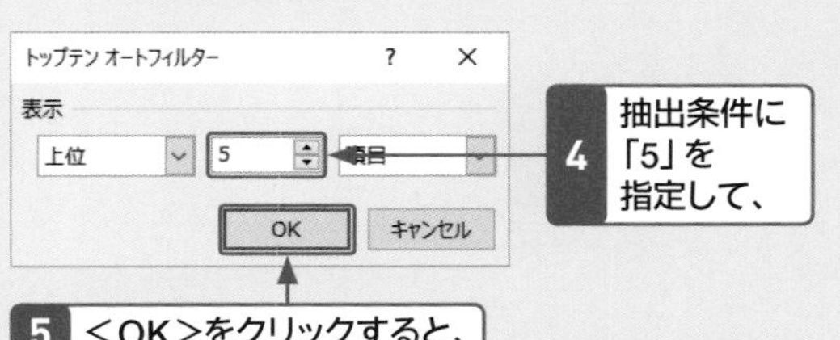

4 抽出条件に「5」を指定して、

5 ＜OK＞をクリックすると、

6 合計が上位5位までのデータが表示されます。

	A	B	C	D	E
1	日付	メニュー名	定価	数量	合計
4	4月1日	サンドウィッチセット	780	50	39,000
5	4月2日	モーニングセット	480	67	32,160
7	4月2日	サンドウィッチセット	780	49	38,220
12	4月4日	オムライスセット	880	54	47,520
13	4月4日	サンドウィッチセット	780	47	36,660
14					

重要度 ★★★ オートフィルター

Q 0972 オートフィルターが正しく設定できない！

A 空白行または空白列がないか確認し、あれば削除します。

データベース形式の表の中で、オートフィルターが設定されているフィールドと設定されていないフィールドが混在している場合は、どこかで表が分割されていることが考えられます。表の中に空白の行や列がないかを確認し、不要なものは削除します。

オートフィルターが設定されていません。

	A	B	C	D	E	F	G
1	日付	メニュー名		定価	数量	合計	
2	4月1日	モーニングセット		480	32	15,360	
3	4月1日	オムライスセット		880	27	23,760	
4	4月1日	サンドウィッチセット		780	50	39,000	
5	4月2日	モーニングセット		480	67	32,160	
6	4月2日	オムライスセット		880	36	31,680	
7	4月2日	サンドウィッチセット		780	49	38,220	

この空白列を削除します。

重要度 ★★★ オートフィルター

Q 0973 条件を満たすデータだけをコピーしたい！

A オートフィルターでデータを抽出している状態でコピー、貼り付けします。

オートフィルターで指定した条件を満たすデータだけを表示し、その状態でコピー、貼り付けを実行すると、表示中のデータだけがコピーされます。

1 データが抽出された状態で表をコピーして、

	A	B	C	D	E	F	G
1	日付	メニュー名	定価	数量	合計		
4	4月1日	サンドウィッチセット	780	50	39,000		
5	4月2日	モーニングセット	480	67	32,160		
7	4月2日	サンドウィッチセット	780	49	38,220		
12	4月4日	オムライスセット	880	54	47,520		
13	4月4日	サンドウィッチセット	780	47	36,660		

2 目的の位置に貼り付けます。

	A	B	C	D	E	F	G
1	日付	メニュー名	定価	数量	合計		
2	4月1日	サンドウィッチセット	780	50	39,000		
3	4月2日	モーニングセット	480	67	32,160		
4	4月2日	サンドウィッチセット	780	49	38,220		
5	4月4日	オムライスセット	880	54	47,520		
6	4月4日	サンドウィッチセット	780	47	36,660		

重要度 ★★★ オートフィルター

Q 0974 指定の値以上のデータを取り出したい！

A <数値フィルター>から条件を指定します。

○○以上や以下、未満などの条件でデータを抽出したい場合は、オートフィルターの<数値フィルター>から条件を指定します。「○○以上」という場合は、<指定の値以上>を選択します。

1 「合計金額」のここをクリックして、

2 <数値フィルター>にマウスポインターを合わせ、

3 <指定の値以上>をクリックします。

4 抽出条件を指定して（ここでは「37000」）、

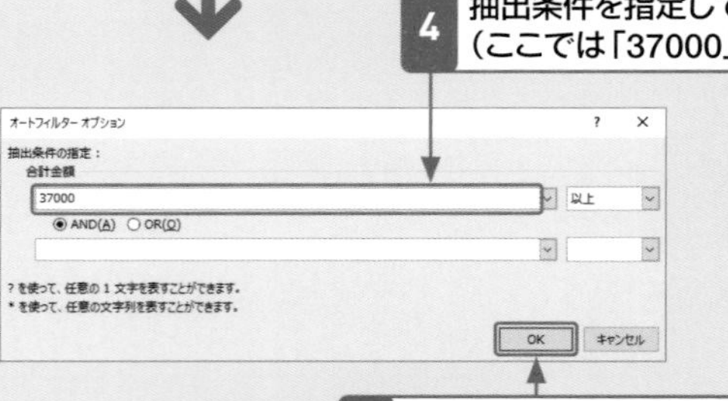

5 <OK>をクリックすると、

6 該当するデータが表示されます。

	A	B	C	D	E	F
1	日付	メニュー名	定価	数量	合計金額	
4	4月1日	サンドウィッチセット	780	50	39,000	
7	4月2日	サンドウィッチセット	780	49	38,220	
12	4月4日	オムライスセット	880	54	47,520	
15	4月5日	オムライスセット	880	65	57,200	

重要度 ★★★　オートフィルター

Q 0975 「8/1日以上」の条件でデータが取り出せない！

A 年数も含めて指定します。

Excelでは、年数を省略して「8/1」などと入力すると、「今年の8/1」とみなされます。そのため、データの「8/1」が「2018/8/1(前年の8/1)」だった場合、そのデータは抽出されません。
データを正しく取り出すには、<オートフィルターオプション>ダイアログボックスで日付を指定する際、「2018/8/1」のように年数まで指定する必要があります。

重要度 ★★★　オートフィルター

Q 0976 抽出を解除したい！

A フィルターをクリアします。

オートフィルターでデータを抽出すると、フィルターボタンの表示が に変わります。このボタンをクリックして、フィルターを解除します。また、<データ>タブの<フィルター>をクリックすると、抽出と同時にフィルターも解除できます。

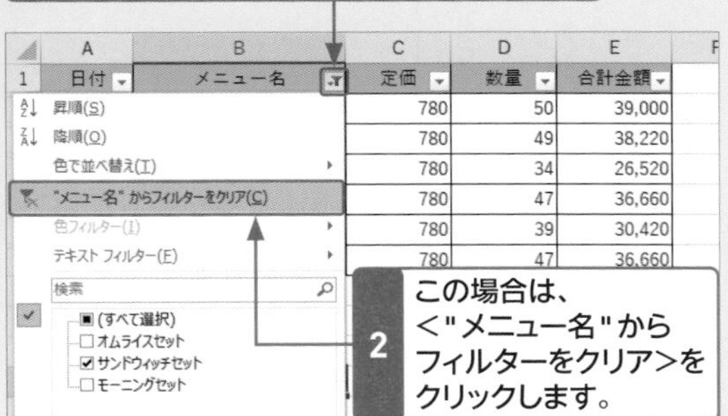

重要度 ★★★　オートフィルター

Q 0977 見出し行にオートフィルターが設定できない！

A 見出し行を含めずに表の範囲を選択している可能性があります。

表にオートフィルターを作成する際に、見出し行を含めずに表の範囲を選択したり、見出し行以外の行番号を選択した状態で作成すると、表の見出し行にオートフィルターが設定できません。
この場合は、<データ>タブの<フィルター>をクリックしてオートフィルターの設定を解除し、設定し直します。

見出し行を含めないで表を選択した場合や、

	A	B	C	D	E	F
1	日付	メニュー名	定価	数量	合計金額	
2	4月1日	モーニングセット	480	32	15,360	
3	4月1日	オムライスセット	880	27	23,760	
4	4月1日	サンドウィッチセット	780	50	39,000	
5	4月2日	モーニングセット	480	67	32,160	
6	4月2日	オムライスセット	880	36	31,680	
7	4月2日	サンドウィッチセット	780	49	38,220	
8	4月3日	モーニングセット	480	35	16,800	
9	4月3日	オムライスセット	880	28	24,640	
10	4月3日	サンドウィッチセット	780	34	26,520	
11	4月4日	モーニングセット	480	26	12,480	

行見出し以外の行番号が選択された状態でオートフィルターを作成すると、

	A	B	C	D	E	F
1	日付	メニュー名	定価	数量	合計金額	
2	4月1日	モーニングセット	480	32	15,360	
3	4月1日	オムライスセット	880	27	23,760	
4	4月1日	サンドウィッチセット	780	50	39,000	
5	4月2日	モーニングセット	480	67	32,160	
6	4月2日	オムライスセット	880	36	31,680	
7	4月2日	サンドウィッチセット	780	49	38,220	
8	4月3日	モーニングセット	480	35	16,800	
9	4月3日	オムライスセット	880	28	24,640	
10	4月3日	サンドウィッチセット	780	34	26,520	
11	4月4日	モーニングセット	480	26	12,480	

見出し行にオートフィルターが設定されません。

	A	B	C	D	E	F
1	日付	メニュー名	定価	数量	合計金額	
2	4月1日	モーニングセット	4		15,3	
3	4月1日	オムライスセット	880	27	23,760	
4	4月1日	サンドウィッチセット	780	50	39,000	
5	4月2日	モーニングセット	480	67	32,160	
6	4月2日	オムライスセット	880	36	31,680	
7	4月2日	サンドウィッチセット	780	49	38,220	
8	4月3日	モーニングセット	480	35	16,800	
9	4月3日	オムライスセット	880	28	24,640	
10	4月3日	サンドウィッチセット	780	34	26,520	
11	4月4日	モーニングセット	480	26	12,480	

重要度 ★★★ オートフィルター

Q 0978 もっと複雑な条件でデータを抽出するには？

A 抽出条件を入力した表を抽出対象の表とは別に作成します。

より複雑な条件でデータを抽出したい場合は、抽出条件を指定するための表を別途作成します。その際、先頭行にはデータベース形式の表と同じ列見出しを入力し、その下に抽出条件を入力します。

抽出条件を2行にわけて入力すると、「1行目の条件または2行目の条件」を満たすデータが抽出されます。

1 先頭行に列見出し、その下に抽出条件を入力した別の表を作成します。

2 <データ>タブをクリックして、

3 <詳細設定>をクリックします。

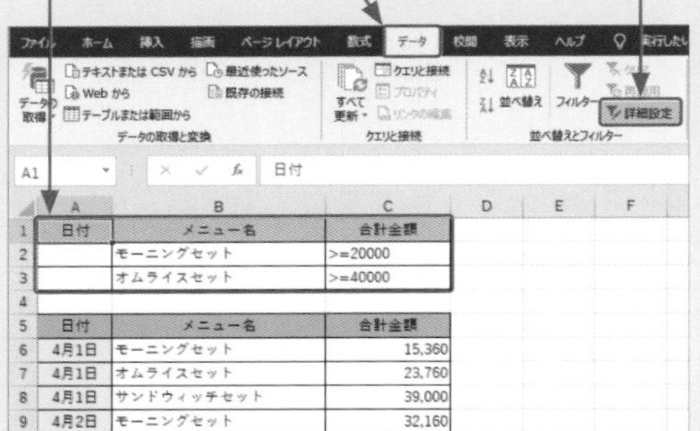

	A	B	C	D	E	F
1	日付	メニュー名	合計金額			
2		モーニングセット	>=20000			
3		オムライスセット	>=40000			
4						
5	日付	メニュー名	合計金額			
6	4月1日	モーニングセット	15,360			
7	4月1日	オムライスセット	23,760			
8	4月1日	サンドウィッチセット	39,000			
9	4月2日	モーニングセット	32,160			

4 <選択範囲内>をクリックしてオンにし、

5 抽出対象表のセル範囲を指定します。

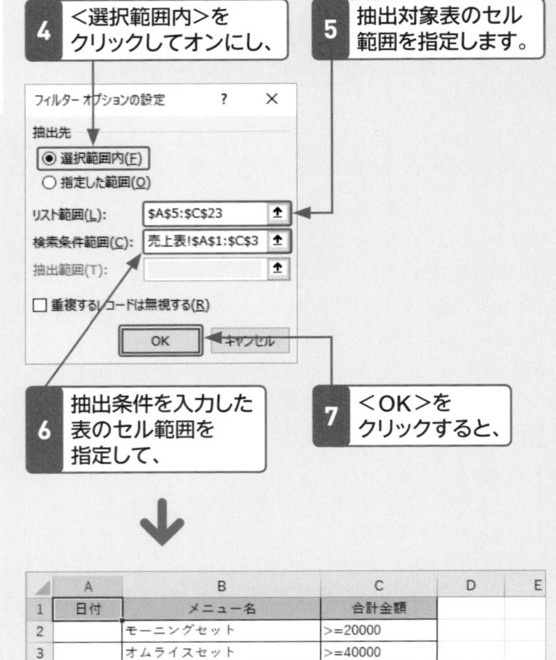

6 抽出条件を入力した表のセル範囲を指定して、

7 <OK>をクリックすると、

	A	B	C	D	E
1	日付	メニュー名	合計金額		
2		モーニングセット	>=20000		
3		オムライスセット	>=40000		
4					
5	日付	メニュー名	合計金額		
9	4月2日	モーニングセット	32,160		
16	4月4日	オムライスセット	47,520		
19	4月5日	オムライスセット	57,200		
21	4月6日	モーニングセット	27,840		
24					
25					

8 条件を満たすデータだけが表示されます。

重要度 ★★★ オートフィルター

Q 0979 オートフィルターで空白だけを表示したい！

A 抽出条件の表で条件のセルに「=」のみを入力します。

オートフィルターでデータが入力されていないセルだけを表示するには、抽出条件を指定する表で、条件を設定するセルに「=」のみを入力してデータを抽出します。逆にデータが入力されているセルだけを表示したい場合は、「<>」を入力します。

参照 ▶ Q 0978

1 条件を指定するセルに「=」のみを入力して抽出すると、

	A	B	C	D	E
1	日付	メニュー名	合計金額		
2			=		
3					
4	日付	メニュー名	合計金額		
5	4月1日	モーニングセット	15,360		
6	4月1日	オムライスセット	23,760		
7	4月1日	サンドウィッチセット	39,000		
8	4月2日	モーニングセット	32,160		

2 空白セルを含むデータだけが表示されます。

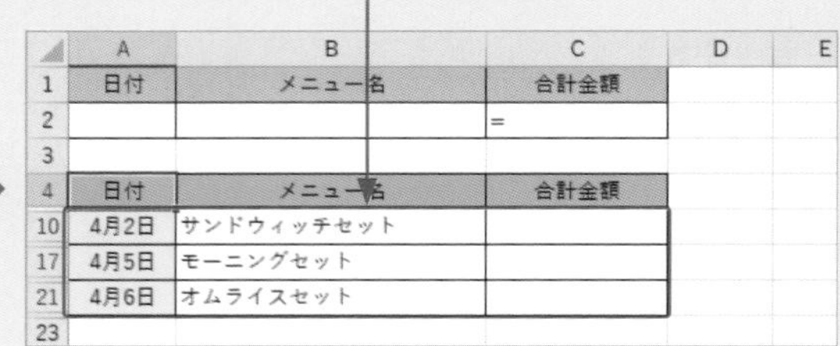

	A	B	C	D	E
1	日付	メニュー名	合計金額		
2			=		
3					
4	日付	メニュー名	合計金額		
10	4月2日	サンドウィッチセット			
17	4月5日	モーニングセット			
21	4月6日	オムライスセット			
23					

重要度 ★★★ オートフィルター

Q 0980 オートフィルターを複数の表で設定したい！

通常は、オートフィルターを同じワークシート上にある複数の表で同時に利用することはできませんが、テーブルを作成すると、複数の表でオートフィルターを同時に利用できます。

参照 ▶ Q 0985

A テーブルを作成して オートフィルタを設定します。

1 オートフィルターでデータを取り出している場合でも、

2 ほかのテーブルでオートフィルターを利用できます。

	A	B	C	D	E
1	日付	メニュー名	定価	数量	合計金額
2	4月1日	モーニングセット	480	32	15,360
5	4月2日	モーニングセット	480	67	32,160
8	4月3日	モーニングセット	480	35	16,800
11	4月4日	モーニングセット	480	26	12,480
14					
15	日付	メニュー名	定価	数量	合計金額
17	4月5日	オムライスセット	880	65	57,200
20	4月6日	オムライスセット	880	34	29,920
23	4月7日	オムライスセット	880	51	44,880
26	4月8日	オムライスセット	880	41	36,080

重要度 ★★★ データの重複

Q 0981 データを重複なく取り出したい！

A <フィルターオプションの設定> ダイアログボックスを利用します。

フィールドに入力されているデータを重複しないように取り出すには、以下の手順で<フィルターオプションの設定>ダイアログボックスを表示し、<重複するレコードは無視する>をオンにして抽出を実行します。

1 <データ>タブをクリックして、

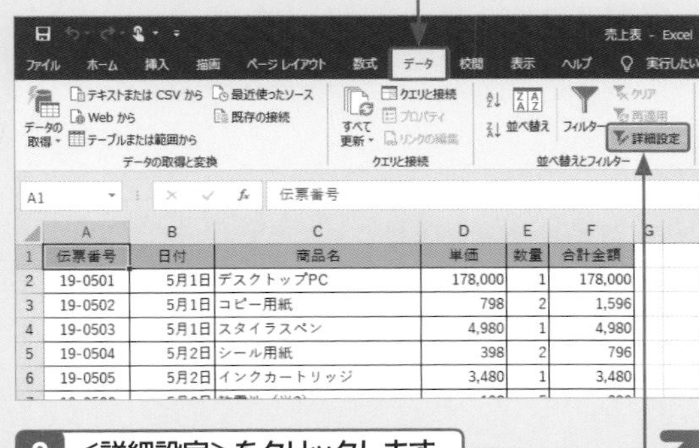

2 <詳細設定>をクリックします。

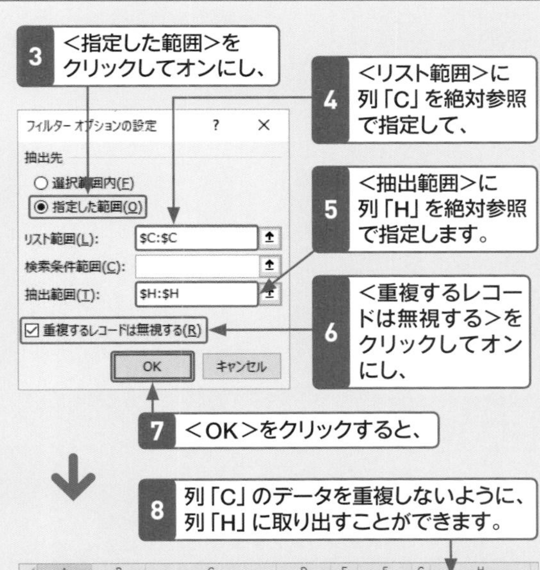

8 列「C」のデータを重複しないように、列「H」に取り出すことができます。

	A	B	C	D	E	F	G	H
1	伝票番号	日付	商品名	単価	数量	合計金額		商品名
2	19-0501	5月1日	デスクトップPC	178,000	1	178,000		デスクトップPC
3	19-0502	5月1日	コピー用紙	798	2	1,596		コピー用紙
4	19-0503	5月1日	スタイラスペン	4,980	1	4,980		スタイラスペン
5	19-0504	5月2日	シール用紙	398	2	796		シール用紙
6	19-0505	5月2日	インクカートリッジ	3,480	1	3,480		インクカートリッジ
7	19-0506	5月2日	乾電池（単3）	198	5	990		乾電池（単3）
8	19-0507	5月3日	マウスパッド	518	2	1,036		マウスパッド
9	19-0508	5月3日	ワイヤレスマウス	1,780	2	3,560		ワイヤレスマウス
10	19-0509	5月4日	モニタークリーナー	748	1	748		モニタークリーナー
11	19-0510	5月4日	不織布クリーナー	248	5	1,240		不織布クリーナー
12	19-0511	5月4日	コピー用紙	798	2	1,596		
13	19-0512	5月5日	シール用紙	398	1	398		
14	19-0513	5月5日	インクカートリッジ	3,480	2	6,960		
15	19-0514	5月5日	乾電池（単3）	198	3	594		

重要度 ★★★ データの重複

Q 0982 重複するデータをチェックしたい！

A 条件付き書式の<重複する値>を利用します。

条件付き書式を利用すると、重複データをチェックすることができます。<セルの強調表示ルール>から<重複する値>をクリックして設定します。

1 重複データをチェックするセル範囲を選択します。

2 <ホーム>タブの<条件付き書式>をクリックして、

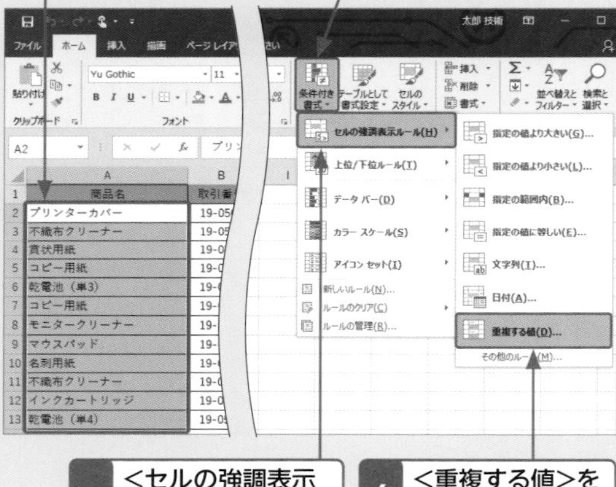

3 <セルの強調表示ルール>にマウスポインター合わせ、

4 <重複する値>をクリックします。

5 <重複>を選択して、

6 設定する書式を指定し、

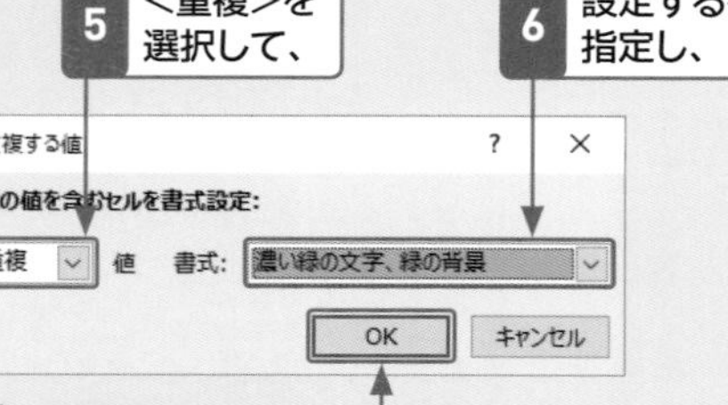

7 <OK>をクリックすると、

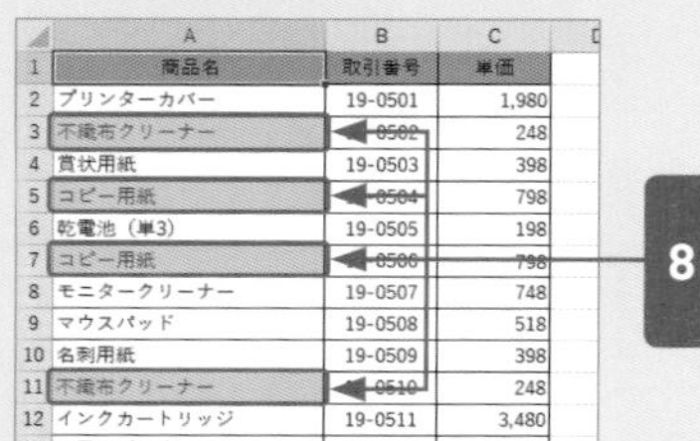

8 重複しているデータに書式が設定されます。

重要度 ★★★ データの重複

Q 0983 重複行を削除したい！

A <データ>タブの<重複の削除>を利用します。

重複行を削除するには、<データ>タブの<重複の削除>を利用します。この方法で重複行を削除する場合、どのデータが重複しているかは明示されません。完全に同じデータだけが削除されるように、<重複の削除>ダイアログボックスでオンにする項目に注意しましょう。

1 表内のセルをクリックして、

2 <データ>タブをクリックし、

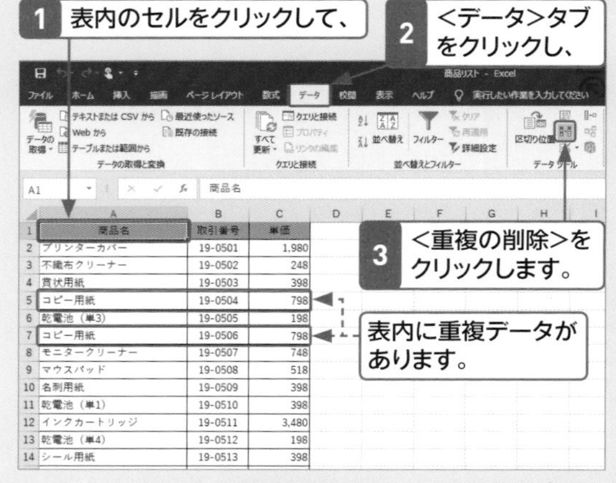

3 <重複の削除>をクリックします。

表内に重複データがあります。

4 重複を調べたい項目をクリックしてオンにし、

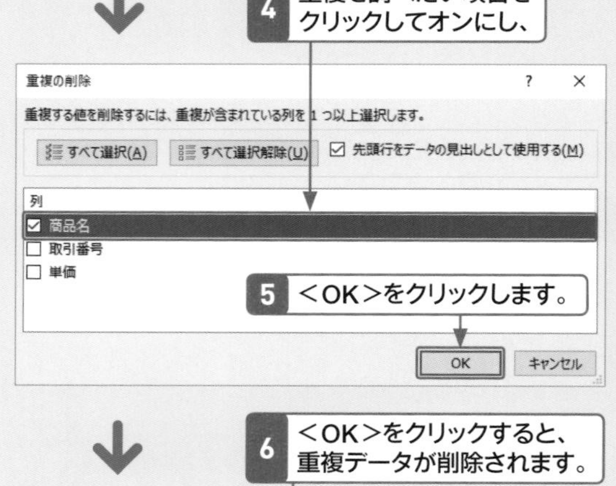

5 <OK>をクリックします。

6 <OK>をクリックすると、重複データが削除されます。

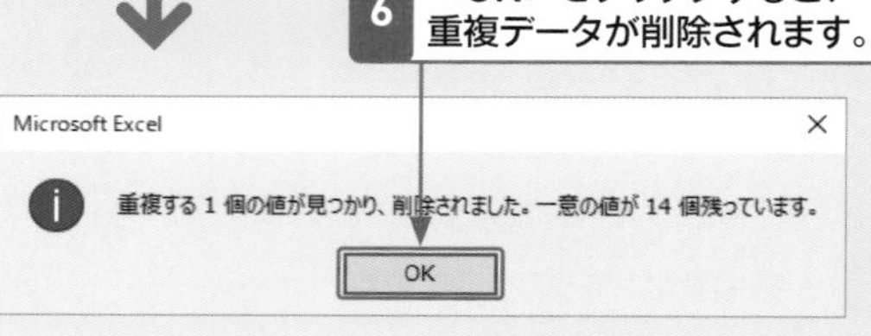

Microsoft Excel
重複する 1 個の値が見つかり、削除されました。一意の値が 14 個残っています。
OK

重要度 ★★★　テーブル

Q 0984 テーブルって何？

A データを効率的に管理するための機能です。

「テーブル」は、表をより効率的に管理するための機能です。表をテーブルに変換すると、データの追加や集計、抽出などがすばやく行えます。また、書式が設定済みのテーブルスタイルを利用すると、見栄えのする表をかんたんに作成することができます。

テーブルを作成すると、オートフィルターを利用するためのボタンが表示され、表にスタイルが設定されます。

	A	B	C	D	E	F
1	日付	メニュー名	定価	数量	合計金額	
2	4月1日	モーニングセット	480	32	15,360	
3	4月1日	オムライスセット	880	27	23,760	
4	4月1日	サンドウィッチセット	780	50	39,000	
5	4月2日	モーニングセット	480	67	32,160	
6	4月2日	オムライスセット	880	36	31,680	
7	4月2日	サンドウィッチセット	780	49	38,220	
8	4月3日	モーニングセット	480	35	16,800	
9	4月3日	オムライスセット	880	28	24,640	
10	4月3日	サンドウィッチセット	780	34	26,520	
11	4月4日	モーニングセット	480	26	12,480	
12	4月4日	オムライスセット	880	54	47,520	
13	4月4日	サンドウィッチセット	780	47	36,660	
14	4月5日	モーニングセット	480	37	17,760	
15	4月5日	オムライスセット	880	65	57,200	
16	4月5日	サンドウィッチセット	780	39	30,420	

重要度 ★★★　テーブル

Q 0985 テーブルを作成したい！

A <挿入>タブの<テーブル>を使用します。

データベース形式の表からテーブルを作成するには、表内のセルをクリックして、<挿入>タブの<テーブル>から設定します。また、<ホーム>タブの<テーブルとして書式設定>から作成することもできます。

参照▶Q 0752

1 表内のいずれかのセルをクリックして、

2 <挿入>タブをクリックし、

3 <テーブル>をクリックします。

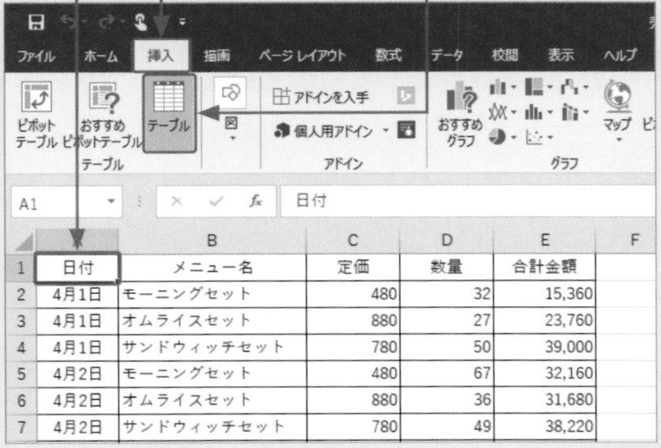

	A	B	C	D	E	F
1	日付	メニュー名	定価	数量	合計金額	
2	4月1日	モーニングセット	480	32	15,360	
3	4月1日	オムライスセット	880	27	23,760	
4	4月1日	サンドウィッチセット	780	50	39,000	
5	4月2日	モーニングセット	480	67	32,160	
6	4月2日	オムライスセット	880	36	31,680	
7	4月2日	サンドウィッチセット	780	49	38,220	

4 テーブルに変換するデータ範囲を確認して、

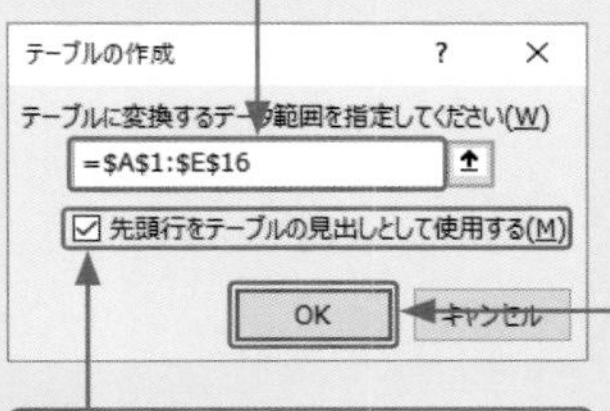

5 <先頭行をテーブルの見出しとして使用する>をクリックしてオンにし、

6 <OK>をクリックすると、

7 テーブルが作成されます。

	A	B	C	D	E	F
1	日付	メニュー名	定価	数量	合計金額	
2	4月1日	モーニングセット	480	32	15,360	
3	4月1日	オムライスセット	880	27	23,760	
4	4月1日	サンドウィッチセット	780	50	39,000	
5	4月2日	モーニングセット	480	67	32,160	
6	4月2日	オムライスセット	880	36	31,680	
7	4月2日	サンドウィッチセット	780	49	38,220	
8	4月3日	モーニングセット	480	35	16,800	
9	4月3日	オムライスセット	880	28	24,640	
10	4月3日	サンドウィッチセット	780	34	26,520	
11	4月4日	モーニングセット	480	26	12,480	
12	4月4日	オムライスセット	880	54	47,520	
13	4月4日	サンドウィッチセット	780	47	36,660	
14	4月5日	モーニングセット	480	37	17,760	
15	4月5日	オムライスセット	880	65	57,200	

データ部分に2色の背景色が付き、列見出しにフィルターボタンが表示されます。

重要度 ★★★ テーブル

Q 0986 テーブルに新しいデータを追加したい！

A1 テーブルの最終行の真下にデータを入力します。

作成したテーブルの下に新しいデータを追加するには、テーブルの最終行の真下の行に新しいデータを入力します。

1 テーブルの最終行の真下のセルにデータを入力し、Tab を押して確定すると、

15	4月5日	オムライスセット	880	65	57,200
16	4月5日	サンドウィッチセット	780	39	30,420
17	2019/4/6				
18					

2 テーブルの最終行に、自動的に新しい行が追加されます。

15	4月5日	オムライスセット	880	65	57,200
16	4月5日	サンドウィッチセット	780	39	30,420
17	4月6日				0
18					

A2 テーブルの途中にデータを追加します。

テーブルの途中に新しいデータを追加する場合は、追加したい行を選択して、<ホーム>タブの<挿入>をクリックします。

1 データを追加したい行の行番号をクリックして、

2 <ホーム>タブの<挿入>をクリックすると、

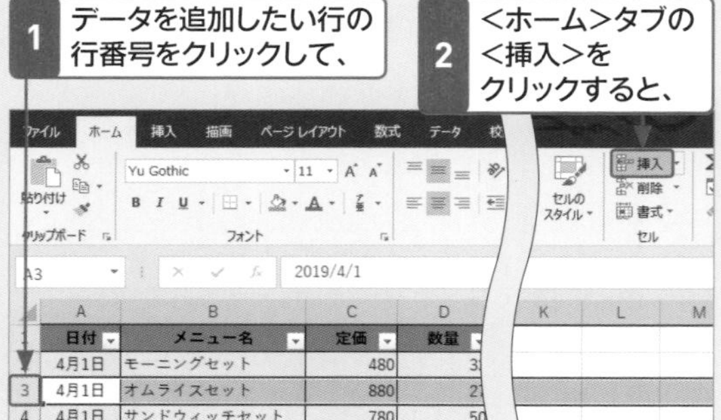

3 テーブルに行が挿入されます。

	A	B	C	D	E	F	G
1	日付	メニュー名	定価	数量	合計金額		
2	4月1日	モーニングセット	480	32	15,360		
3					0		
4	4月1日	オムライスセット	880	27	23,760		

重要度 ★★★ テーブル

Q 0987 テーブルに集計行を表示したい！

A <デザイン>タブの<集計行>をオンにします。

テーブルに集計行を表示するには、<デザイン>タブの<集計行>をクリックします。表示された集計行のセルをクリックすると ▾ ボタンが表示され、クリックすると一覧から集計方法を選択できます。

1 テーブル内のセルをクリックして、

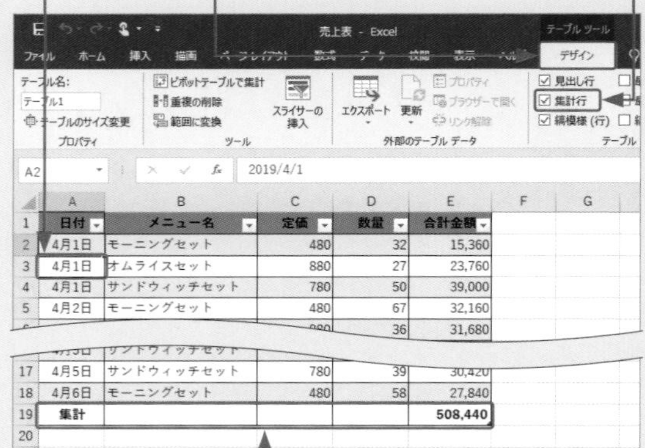

4 集計行が作成されます。

5 集計したい列のセルをクリックして（ここでは「数量」）、

	日付	メニュー名	定価	数量	合計金額	F
16	4月5日	サンドウィッチセット	780	39	30,420	
17	4月5日	サンドウィッチセット	780	39	30,420	
18	4月6日	モーニングセット	480	58	27,840	
19	集計				508,440	

なし
平均
個数
数値の個数
最大
最小
合計
標本標準偏差
標本分散
その他の関数...

6 ここをクリックし、

7 <合計>をクリックすると、

8 数量の合計が表示されます。

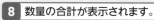

	日付	メニュー名	定価	数量	合計金額	F
16	4月5日	サンドウィッチセット	780	39	30,420	
17	4月5日	サンドウィッチセット	780	39	30,420	
18	4月6日	モーニングセット	480	58	27,840	
19	集計			723	508,440	
20						

重要度 ★★★　テーブル

Q 0988 テーブルにスタイルを設定したい！

A ＜デザイン＞タブの＜テーブルスタイル＞で設定します。

表をテーブルに変換すると、＜テーブルツール＞の＜デザイン＞タブが表示されます。＜デザイン＞タブの＜テーブルスタイル＞には、色や罫線などの書式があらかじめ設定されたスタイルがたくさん用意されており、かんたんに設定できます。
また、テーブルスタイルの一覧の最下行にある＜クリア＞をクリックすると、テーブルスタイルが解除されます。

1 テーブル内のセルをクリックして、

2 ＜デザイン＞タブをクリックし、

3 ＜テーブルスタイル＞の＜その他＞をクリックします。

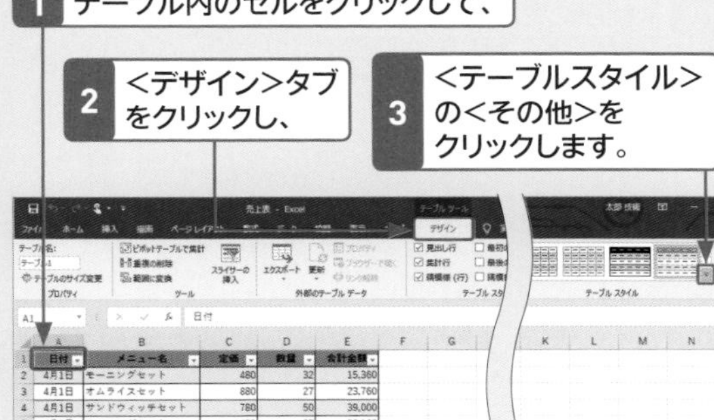

4 設定したいスタイルをクリックすると、

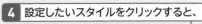

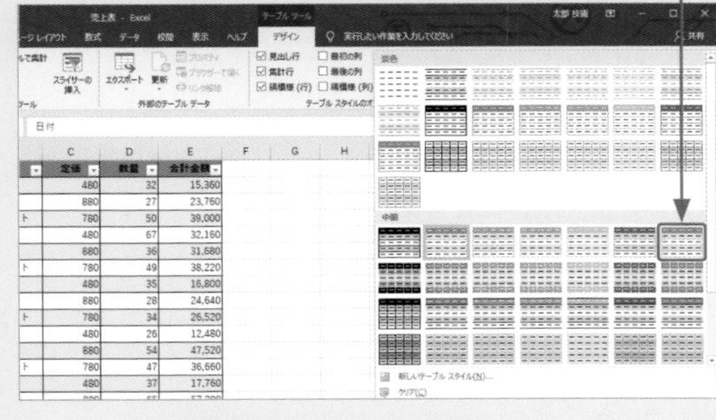

5 選択したスタイルがテーブルに適用されます。

	A	B	C	D	E
1	日付	メニュー名	定価	数量	合計金額
2	4月1日	モーニングセット	480	32	15,360
3	4月1日	オムライスセット	880	27	23,760
4	4月1日	サンドウィッチセット	780	50	39,000
5	4月2日	モーニングセット	480	67	32,160
6	4月2日	オムライスセット	880	36	31,680
7	4月2日	サンドウィッチセット	780	49	38,220
8	4月3日	モーニングセット	480	35	16,800
9	4月3日	オムライスセット	880	28	24,640
10	4月3日	サンドウィッチセット	780	34	26,520
11	4月4日	モーニングセット	480	26	12,480

重要度 ★★★　テーブル　2010

Q 0989 テーブルのデータをかんたんに絞り込みたい！

A スライサーを挿入してデータを絞り込みます。

Excel 2019/2016/2013では、テーブルにスライサーを挿入すると、項目をクリックするだけで、データをかんたんに絞り込むことができます。

1 テーブル内のセルをクリックして、

2 ＜デザイン＞タブをクリックし、

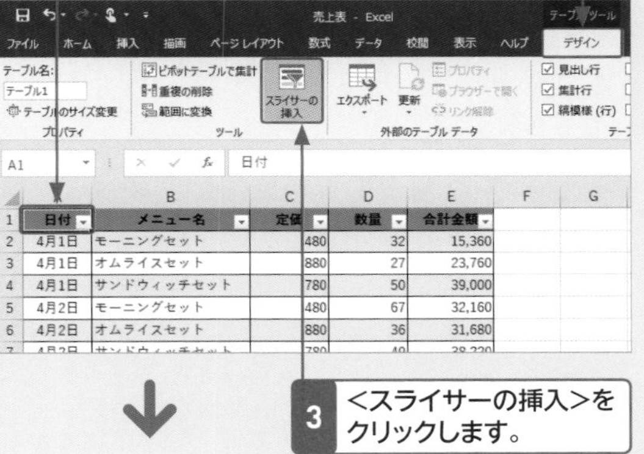

3 ＜スライサーの挿入＞をクリックします。

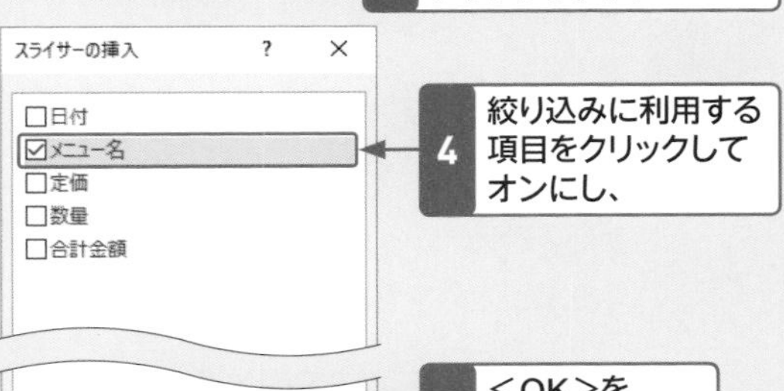

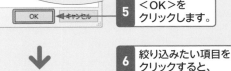

4 絞り込みに利用する項目をクリックしてオンにし、

5 ＜OK＞をクリックします。

6 絞り込みたい項目をクリックすると、

7 該当するデータだけが表示されます。

ここをクリックすると、絞り込みが解除されます。

重要度 ★★★ テーブル

Q 0990 テーブルにフィールドを追加したい！

A ＜ホーム＞タブの＜挿入＞を利用します。

テーブル内にフィールド（列）を追加するには、フィールドを追加する列の右側の列番号をクリックして、＜ホーム＞タブの＜挿入＞をクリックします。

1 列番号をクリックして、

2 ＜ホーム＞タブの＜挿入＞をクリックします。

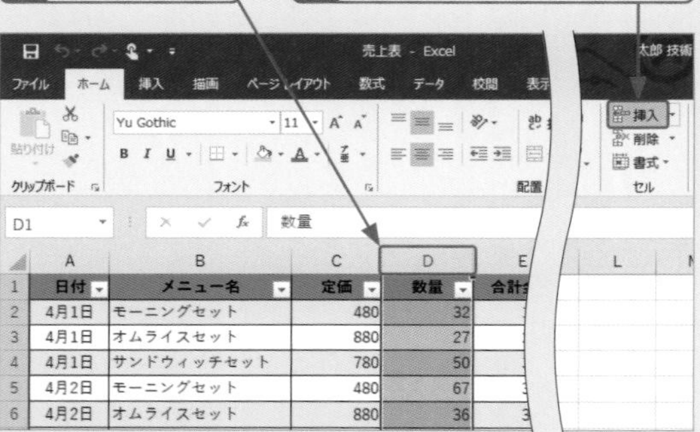

重要度 ★★★ テーブル

Q 0991 テーブルを通常の表に戻したい！

A ＜デザイン＞タブの＜範囲に変換＞を利用します。

テーブルを通常のデータベース形式の表に戻すには、テーブル内のいずれかのセルをクリックした状態で、＜デザイン＞タブの＜範囲に変換＞をクリックします。ただし、セルの背景色は保持されます。

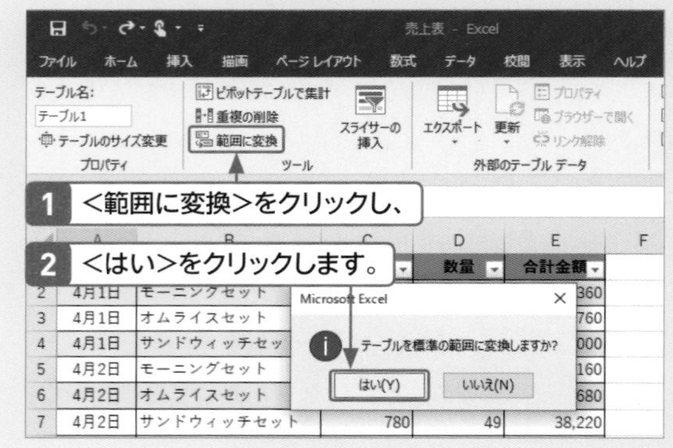

重要度 ★★★ ピボットテーブル

Q 0992 ピボットテーブルって何？

A 特定のフィールドを取り出して表を集計する機能のことです。

「ピボットテーブル」とは、データベース形式の表から特定のフィールド（項目）を取り出して、さまざまな種類の表を作成する機能のことです。ピボットテーブルを利用すると、表の構成を入れ替えたり、集計項目を絞り込むなどして、さまざまな視点からデータを分析できます。

1 データベース形式の表を利用すると、

	A	B	C	D	E	F
1	日付	担当者	商品名	単価	数量	売上金額
2	7月1日	中島敏夫	ポロシャツ	2,680	17	45,560
3	7月1日	松下奈緒	ブルゾン	3,250	39	126,750
4	7月1日	山本昌一	Tシャツ	1,980	18	35,640
5	7月1日	岩本綾香	ポロシャツ	2,680	20	53,600
6	7月1日	中島敏夫	パーカー	3,250	12	39,000
7	7月1日	太田悟志	ジーンズ	3,280	16	52,480
8	7月2日	中島敏夫	ブルゾン	3,250	30	97,500
9	7月2日	太田悟志	Tシャツ	1,980	37	73,260
10	7月2日	山本昌一	パーカー	3,250	37	120,250
11	7月2日	太田悟志	ジャケット	5,760	27	155,520
12	7月2日	松下奈緒	ジーンズ	3,280	16	52,480
13	7月2日	岩本綾香	パーカー	3,250	38	123,500
14	7月2日	中島敏夫	ジーンズ	9,980	29	289,420
15	7月3日	松下奈緒	ポロシャツ	2,680	18	48,240
16	7月3日	中島敏夫	ブルゾン	3,250	27	87,750
17	7月3日	太田悟志	ダウンベスト	9,980	30	299,400
18	7月3日	山本昌一	ジーンズ	3,280	32	104,960
19	7月3日	松下奈緒	ジャケット	5,760	24	138,240
20	7月4日	松下奈緒	ジーンズ	3,280	30	98,400

2 さまざまな種類の表を作成して、違った視点からデータを分析することができます。

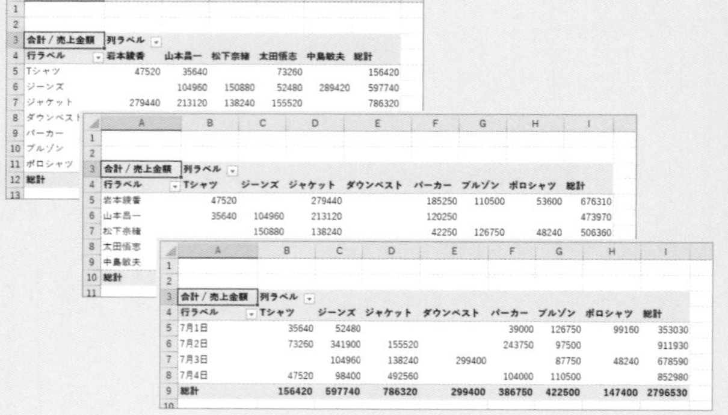

重要度 ★★★　ピボットテーブル

Q 0993 ピボットテーブルを作成したい！

ピボットテーブルを作成するには、はじめに、フィールドが何も設定されていない空のピボットテーブルを作成します。続いて、<ピボットテーブルのフィールドリスト>から必要なフィールドを追加していきます。

A <挿入>タブの<ピボットテーブル>を利用します。

1 データベース形式の表内のセルをクリックして、

2 <挿入>タブをクリックし、

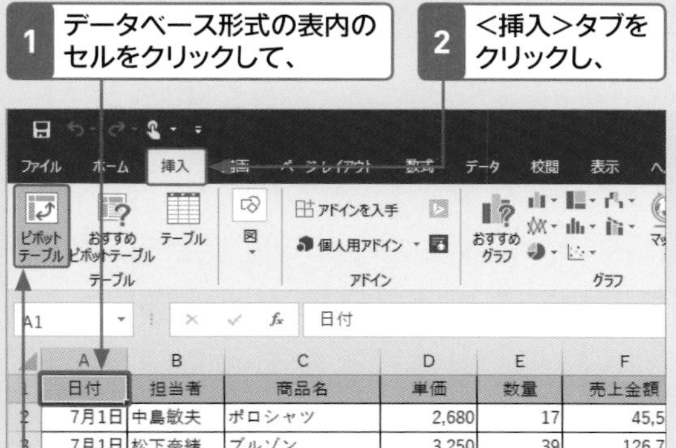

3 <ピボットテーブル>をクリックします。

4 ピボットテーブルを作成する範囲を確認して、

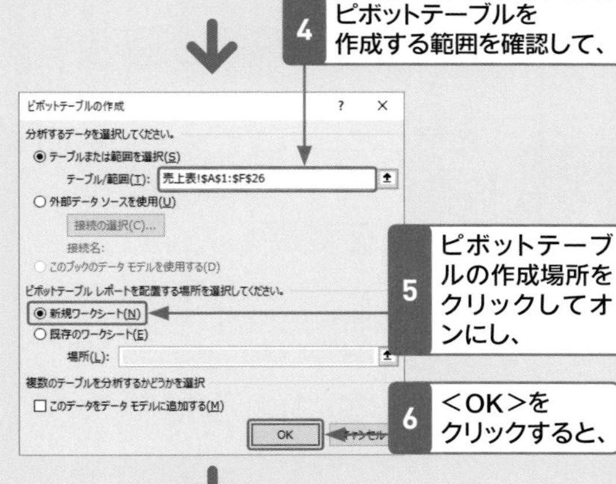

5 ピボットテーブルの作成場所をクリックしてオンにし、

6 <OK>をクリックすると、

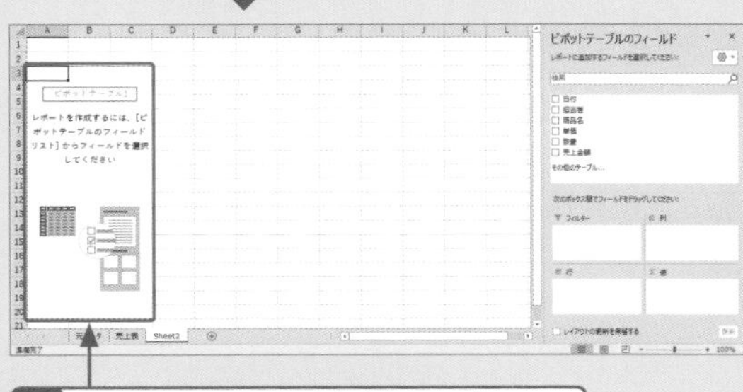

7 フィールドが何も設定されていない空のピボットテーブルが作成されます。

8 <ピボットテーブルのフィールドリスト>で「担当者」をクリックしてオンにすると、

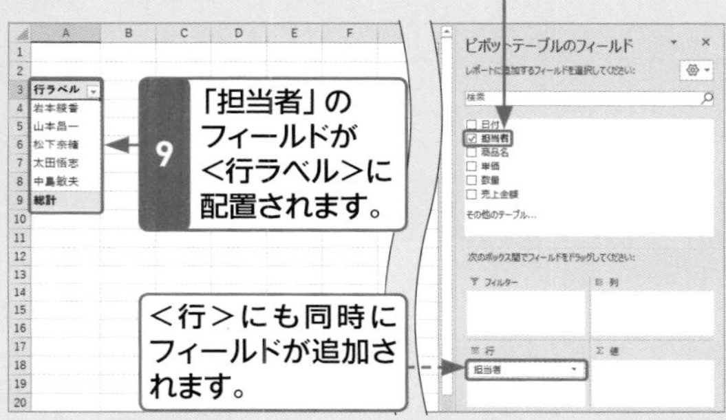

9 「担当者」のフィールドが<行ラベル>に配置されます。

<行>にも同時にフィールドが追加されます。

10 「商品名」と「売上金額」をクリックしてオンにします。

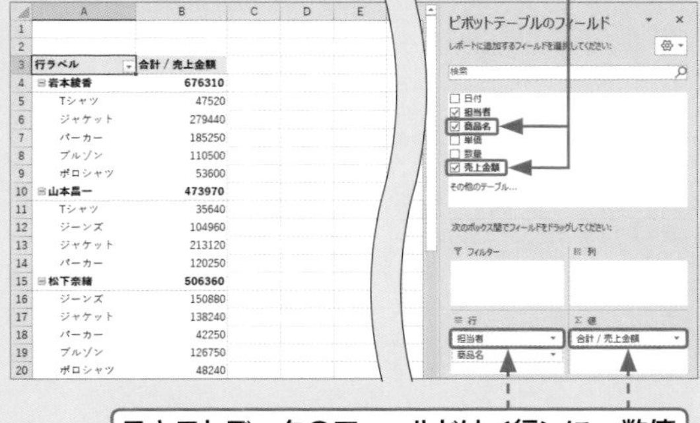

テキストデータのフィールドは<行>に、数値データのフィールドは<値>に追加されます。

11 「担当者」をドラッグして<列>に移動すると、

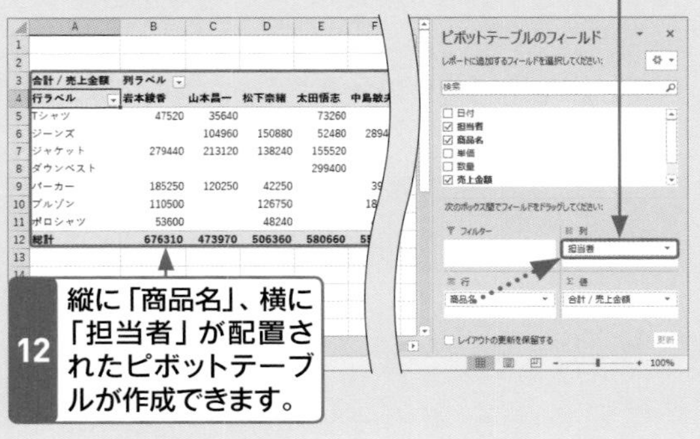

12 縦に「商品名」、横に「担当者」が配置されたピボットテーブルが作成できます。

重要度 ★★★　ピボットテーブル　✕2010

Q 0994 ピボットテーブルを かんたんに作成するには？

A ＜挿入＞タブの＜おすすめピボットテーブル＞を利用します。

Excel 2019/2016/2013では、＜おすすめピボットテーブル＞ダイアログボックスから目的のピボットテーブルを作成することができます。

1 データベース形式の表内のセルをクリックして、

2 ＜挿入＞タブをクリックし、

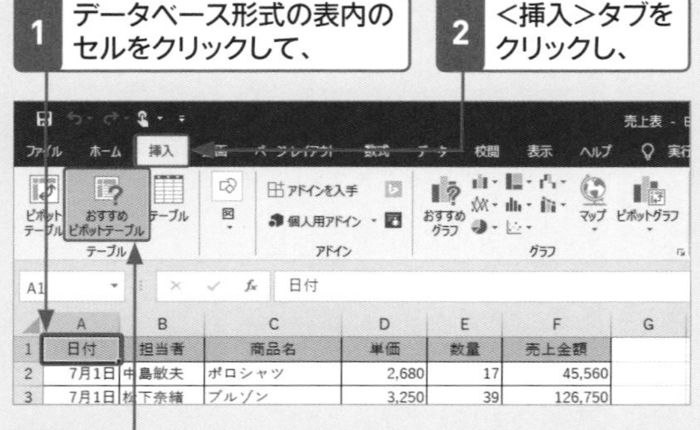

3 ＜おすすめピボットテーブル＞をクリックします。

4 作成したいピボットテーブルをクリックして、

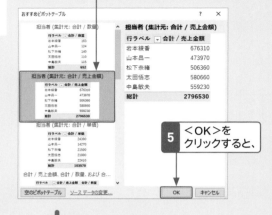

おすすめピボットテーブル

担当者 (集計元: 合計 / 数量)

担当者 (集計元: 合計 / 売上金額)

担当者 (集計元: 合計 / 単価)

合計 / 売上金額、合計 / 数量、および 合...

担当者 (集計元: 合計 / 売上金額)

行ラベル	合計 / 売上金額
岩本綾香	676310
山本昌一	473970
松下奈緒	506360
太田悟志	580660
中島敏夫	559230
総計	2796530

空のピボットテーブル　ソース データの変更...　OK　キャンセル

5 ＜OK＞をクリックすると、

	A	B
3	行ラベル	合計 / 売上金額
4	岩本綾香	676310
5	山本昌一	473970
6	松下奈緒	506360
7	太田悟志	580660
8	中島敏夫	559230
9	総計	2796530

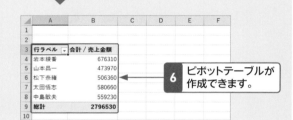

6 ピボットテーブルが作成できます。

重要度 ★★★　ピボットテーブル

Q 0995 フィールドリストが 表示されない！

A ＜分析＞タブの＜フィールドリスト＞をクリックします。

ピボットテーブルをクリックして、＜分析＞（Excel 2010では＜オプション＞）タブの＜フィールドリスト＞をクリックすると、フィールドリストが表示されます。

＜フィールドリスト＞をクリックすると、表示と非表示が切り替わります。

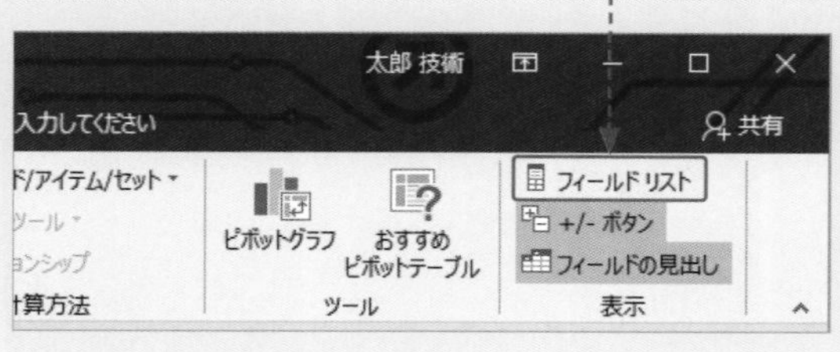

重要度 ★★★　ピボットテーブル

Q 0996 ピボットテーブルの データを変更したい！

A もとの表のデータを変更して、＜更新＞をクリックします。

ピボットテーブルでは直接データを変更できません。データを変更するには、もとになったデータベース形式の表のデータを変更し、＜分析＞（Excel 2010では＜オプション＞）タブの＜更新＞をクリックします。

もとになったデータベース形式の表を変更したあと、＜更新＞をクリックします。

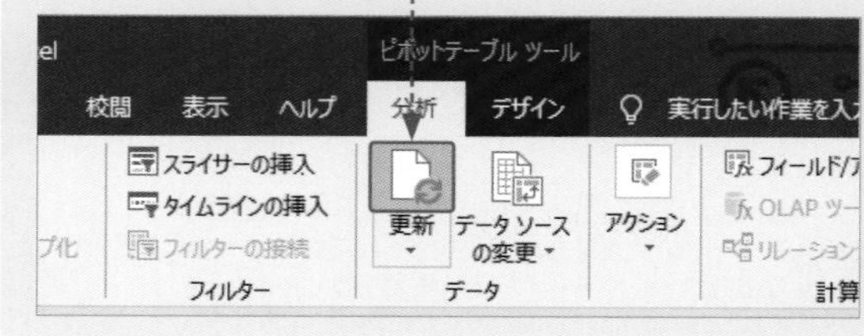

重要度★★★　ピボットテーブル

Q 0997 ピボットテーブルの行と列を入れ替えたい！

A ＜ピボットテーブルのフィールドリスト＞のボックス間で移動します。

ピボットテーブルの行と列を入れ替えるなど、配置を変更する場合は、＜ピボットテーブルのフィールドリスト＞のボックス間で移動するフィールドをドラッグします。また、フィールドを削除する場合は、フィールドをフィールドリストの外へドラッグします。

ここでは、「担当者」と「商品名」をドラッグして入れ替えます。

1 フィールドをクリックして、

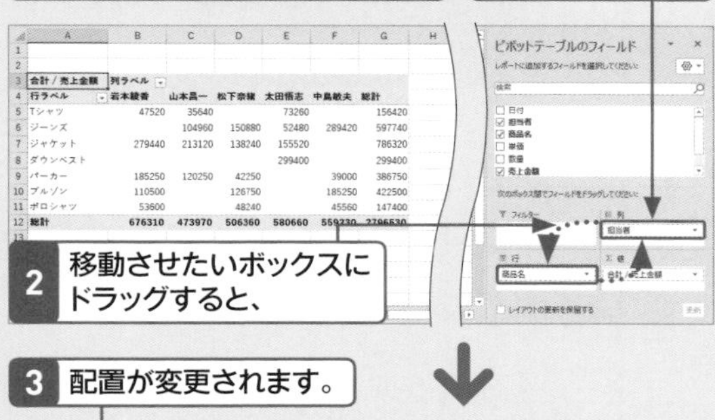

2 移動させたいボックスにドラッグすると、

3 配置が変更されます。

	A	B	C	D	E	F	G	H	I
3	合計 / 売上金額	列ラベル							
4	行ラベル	Tシャツ	ジーンズ	ジャケット	ダウンベスト	パーカー	ブルゾン	ポロシャツ	総計
5	岩本綾香	47520		279440		185250	110500	53600	676310
6	山本昌一	35640	104960	213120		120250			473970
7	松下奈緒		150880	138240		42250	126750	48240	506360
8	太田悟志	73260	52480	155520	299400				580660
9	中島敏夫		289420			39000	185250	45560	559230
10	総計	156420	597740	786320	299400	386750	422500	147400	2796530

重要度★★★　ピボットテーブル

Q 0998 同じフィールドが複数表示された！

A 全角と半角の違いなどに注意して、もとデータを修正します。

文字の全角と半角が混在していたり、日付が間違っていたりすると、別のデータと認識されるため、同じフィールドが複数表示される場合があります。
グループ化してまとめることもできますが、置換機能などを利用してデータを修正したほうが安全です。もとのデータを修正して、ピボットテーブルを更新しましょう。

参照▶Q 0996

重要度★★★　ピボットテーブル　2010

Q 0999 タイムラインって何？

A 日付フィールドのデータをすばやく絞り込むことができる機能です。

Excel 2019/2016/2013では、年や四半期、月、日ごとのデータをすばやく絞り込むことのできる「タイムライン」機能が利用できます。タイムラインを利用するには、日付として書式設定されているフィールドが必要です。

1 ピボットテーブル内のセルをクリックして、

2 ＜分析＞タブをクリックし、

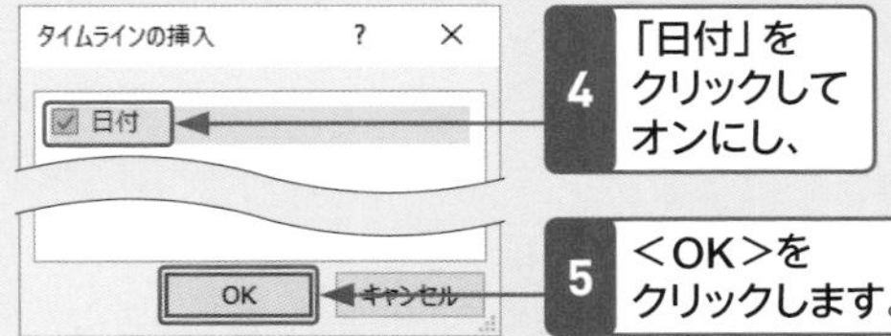

3 ＜タイムラインの挿入＞をクリックします。

タイムラインの挿入

日付

OK　キャンセル

4 「日付」をクリックしてオンにし、

5 ＜OK＞をクリックします。

6 タイムラインで絞り込みたい期間をクリック（あるいは）ドラッグすると、

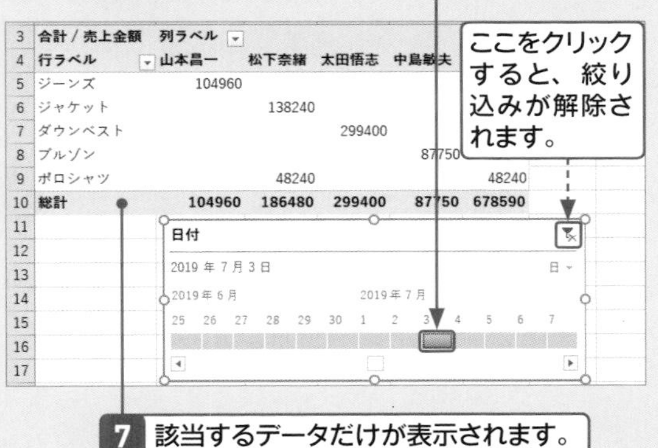

7 該当するデータだけが表示されます。

重要度 ★★★ ピボットテーブル

Q 1000 特定のフィールドのデータだけを表示したい！

A フィルターボタンをクリックして設定します。

ピボットテーブルのフィールドの中から特定のフィールドのデータだけを表示するには、目的のフィールドの ▼ をクリックして一覧を表示し、表示したい項目だけをオンにします。ここでは、「商品名」を絞り込んでみます。

1 ここをクリックして、

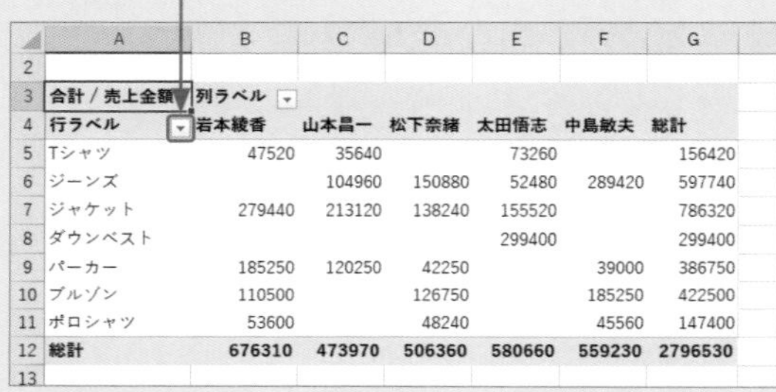

合計 / 売上金額	列ラベル					
行ラベル	岩本綾香	山本昌一	松下奈緒	太田悟志	中島敏夫	総計
Tシャツ	47520	35640		73260		156420
ジーンズ		104960	150880	52480	289420	597740
ジャケット	279440	213120	138240	155520		786320
ダウンベスト				299400		299400
パーカー	185250	120250	42250		39000	386750
ブルゾン	110500		126750		185250	422500
ポロシャツ	53600		48240		45560	147400
総計	676310	473970	506360	580660	559230	2796530

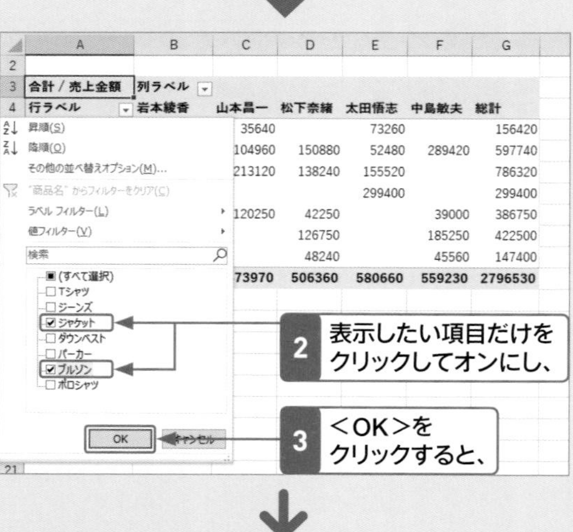

4 選択した商品名のデータだけが表示されます。

合計 / 売上金額	列ラベル					
行ラベル	岩本綾香	山本昌一	松下奈緒	太田悟志	中島敏夫	総計
ジャケット	279440	213120	138240	155520		786320
ブルゾン	110500		126750		185250	422500
総計	389940	213120	264990	155520	185250	1208820

重要度 ★★★ ピボットテーブル

Q 1001 スライサーって何？

A データの絞り込みをかんたんに行える機能です。

「スライサー」とは、集計項目を絞り込める機能です。絞り込みに利用する項目を選択してスライサーを挿入すると、クリックするだけでかんたんに該当する項目だけを絞り込むことができます。

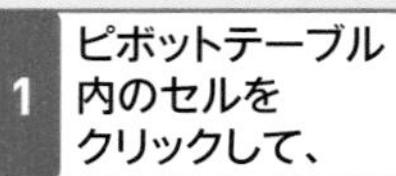

2 <分析>（Excel 2010では<オプション>）タブをクリックし、

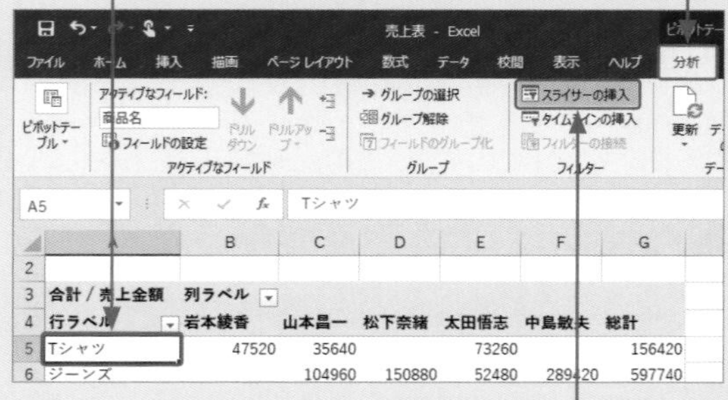

3 <スライサーの挿入>（Excel 2010では<スライサー>）をクリックします。

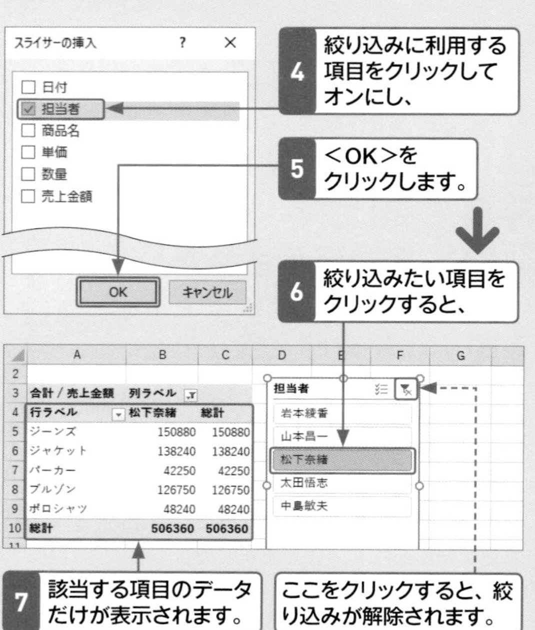

合計 / 売上金額	列ラベル	
行ラベル	松下奈緒	総計
ジーンズ	150880	150880
ジャケット	138240	138240
パーカー	42250	42250
ブルゾン	126750	126750
ポロシャツ	48240	48240
総計	506360	506360

Q 1002 項目ごとにピボットテーブルを作成したい！

A レポートフィルターフィールドを利用して作成します。

担当者別や商品名別といったフィールド（項目）ごとにピボットテーブルを作成するには、まず、<フィルター>ボックスにアイテムを表示します。続いて、<レポートフィルターページの表示>ダイアログボックスを利用して、1つのピボットテーブルをフィールドごとの表に展開します。ここでは、「担当者」ごとにピボットテーブルを作成します。

1 「担当者」のフィールドを<フィルター>ボックスにドラッグすると、

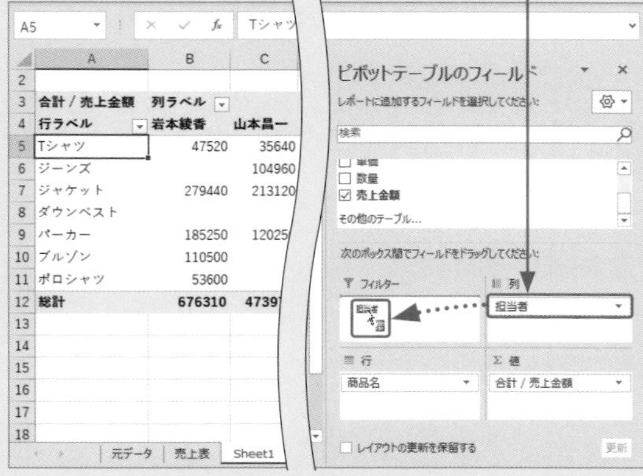

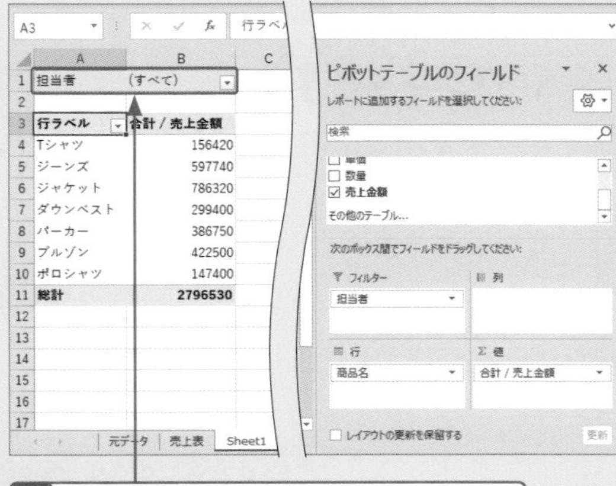

2 「担当者」フィールドがフィルターフィールドとして配置されます。

3 <分析>（Excel 2010では<オプション>）タブをクリックして、

4 <ピボットテーブル>をクリックし、

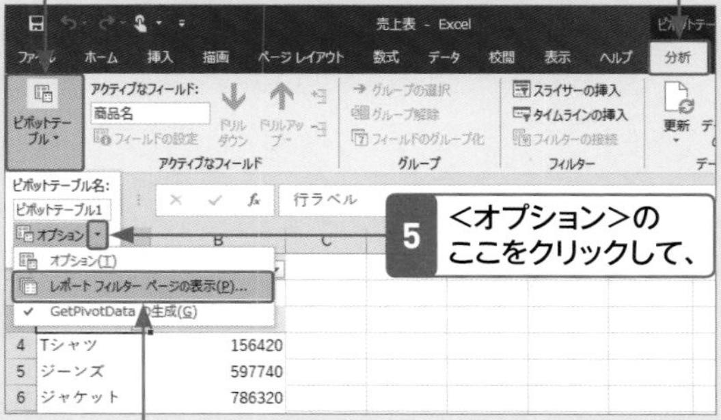

5 <オプション>のここをクリックして、

6 <レポートフィルターページの表示>をクリックします。

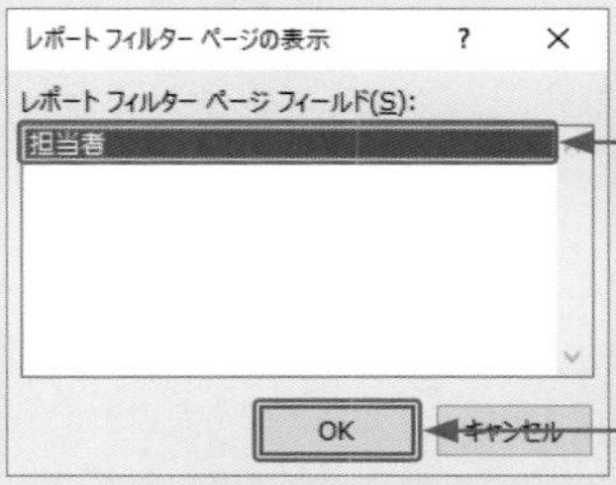

7 「担当者」をクリックして、

8 <OK>をクリックすると、

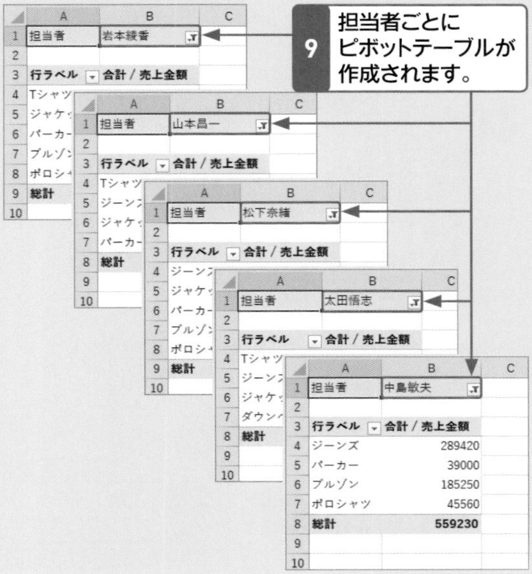

9 担当者ごとにピボットテーブルが作成されます。

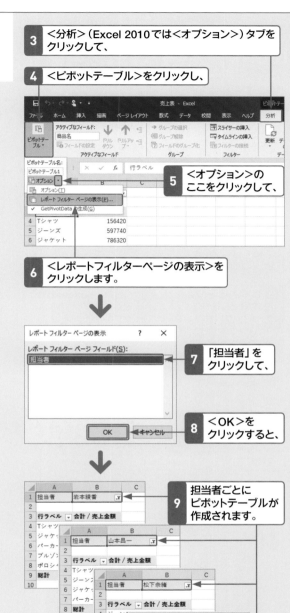

重要度 ★★★　ピボットテーブル

Q 1003 ピボットテーブルをもとデータごとコピーしたい！

A コピーしたあとで、参照するセル範囲を指定し直します。

ピボットテーブルは、もとの表といっしょにほかのブックにコピーできますが、ピボットテーブルはコピー後も前のブックのデータを参照しています。コピーした表のデータを参照させるようにするには、<ピボットテーブルの移動>ダイアログボックスで、参照するセル範囲を指定し直す必要があります。

ピボットテーブルともとの表を新規ブックにコピーしています。

1 ピボットテーブル内のセルをクリックして、

2 <分析>（Excel 2010では<オプション>）タブをクリックし、

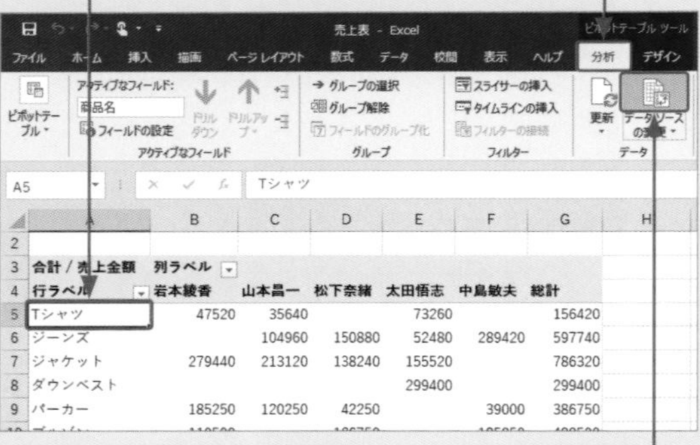

3 <データソースの変更>をクリックします。

4 コピーしたブックに切り替えて、

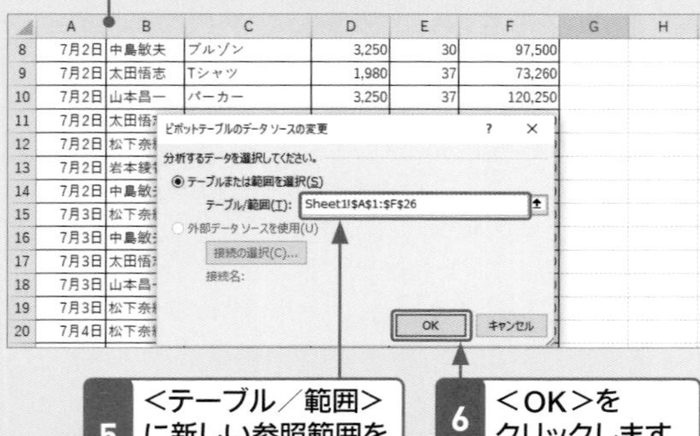

5 <テーブル／範囲>に新しい参照範囲を指定し、

6 <OK>をクリックします。

重要度 ★★★　ピボットテーブル

Q 1004 集計された項目の内訳が見たい！

A 集計結果が入力されているセルをダブルクリックします。

ピボットテーブルの集計結果が入力されているセルをダブルクリックすると、その内訳を一覧表示したワークシートが新しいシート名で自動的に挿入されます。このワークシートは完全に独立しているので、編集したり削除したりしても、もとのピボットテーブルには影響ありません。

1 この集計結果をダブルクリックすると、

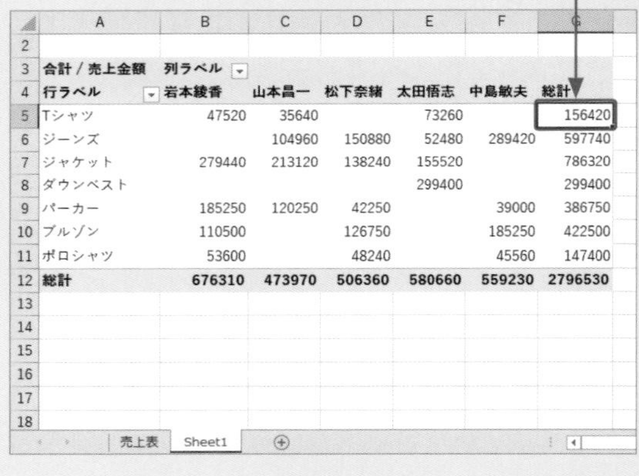

合計 / 売上金額	列ラベル					
行ラベル	岩本綾香	山本昌一	松下奈緒	太田悟志	中島敏夫	総計
Tシャツ	47520	35640		73260		156420
ジーンズ		104960	150880	52480	289420	597740
ジャケット	279440	213120	138240	155520		786320
ダウンベスト				299400		299400
パーカー	185250	120250	42250		39000	386750
ブルゾン	110500		126750		185250	422500
ポロシャツ	53600		48240		45560	147400
総計	676310	473970	506360	580660	559230	2796530

2 ダブルクリックしたセルのデータの詳細が表示されます。

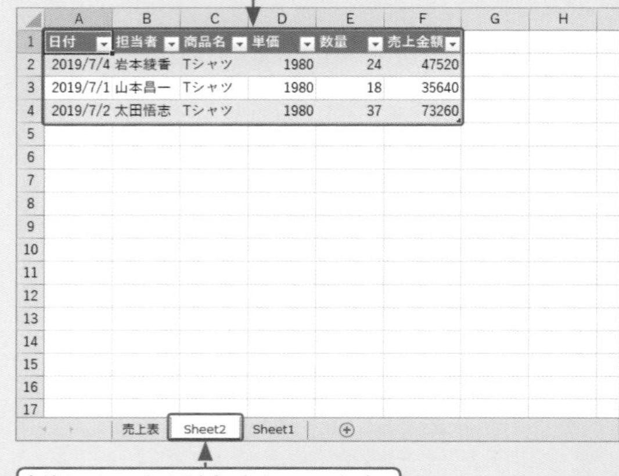

日付	担当者	商品名	単価	数量	売上金額
2019/7/4	岩本綾香	Tシャツ	1980	24	47520
2019/7/1	山本昌一	Tシャツ	1980	18	35640
2019/7/2	太田悟志	Tシャツ	1980	37	73260

新規にシートが追加されています。

重要度★★★　ピボットテーブル

Q 1005 日付のフィールドを月ごとにまとめたい！

A1 日付のフィールドを<行>か<列>に配置します。

数か月分の日付が入力されているフィールドをグループ化する場合、Excel 2019/2016では、日付が入力されているフィールドを<行>ボックスか<列>ボックスに配置すると、自動的に月ごとにグループ化されます。月以外の単位でグループ化する場合は、右の方法で設定します。

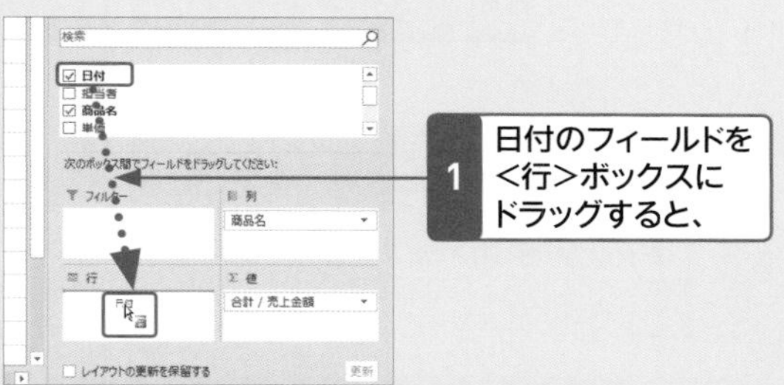

2 日付のフィールドが<行ラベル>に配置され、月ごとにグループ化されます。

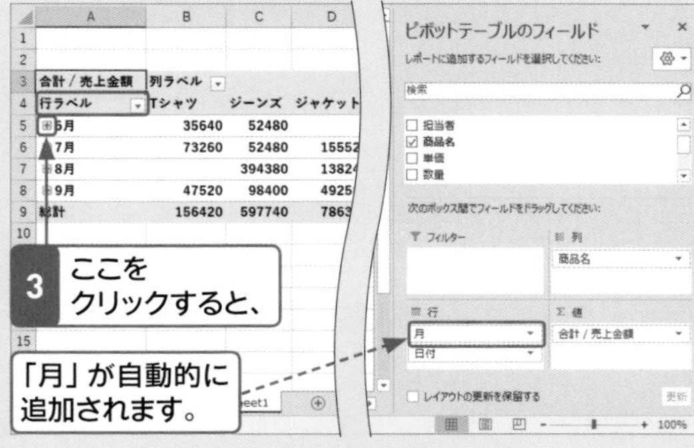

4 月のデータが展開されます。

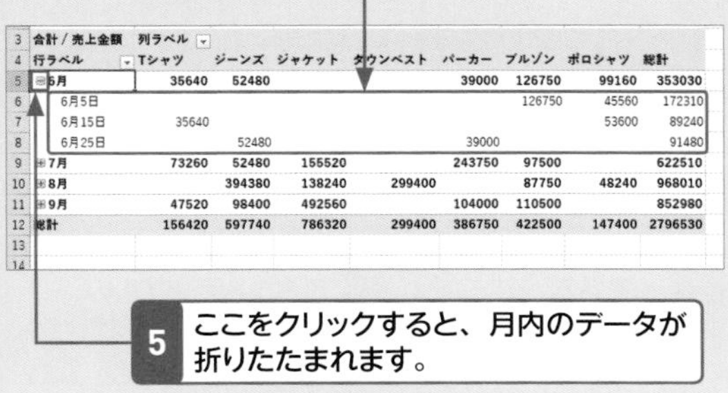

5 ここをクリックすると、月内のデータが折りたたまれます。

A2 日付のフィールドをグループ化します。

Excel 2013/2010の場合は、<グループ化>ダイアログボックスを表示して、グループ化する単位を指定します。また、Excel 2019/2016でも、月以外の単位でグループ化する場合は、この方法で設定します。

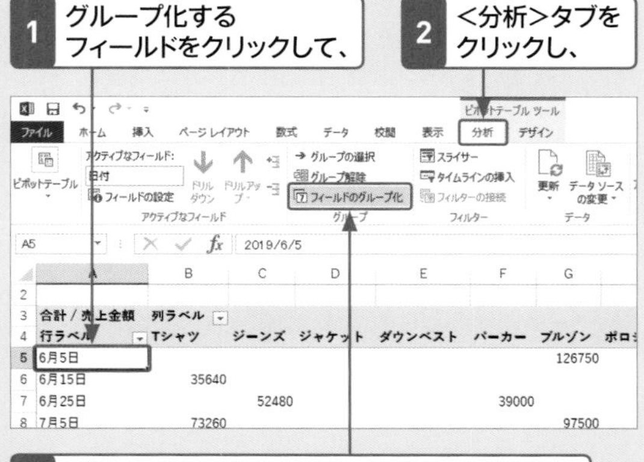

1 グループ化するフィールドをクリックして、
2 <分析>タブをクリックし、
3 <フィールドのグループ化>をクリックします。

Excel 2010の場合は、<オプション>タブの<グループフィールド>をクリックします。

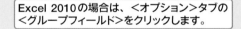

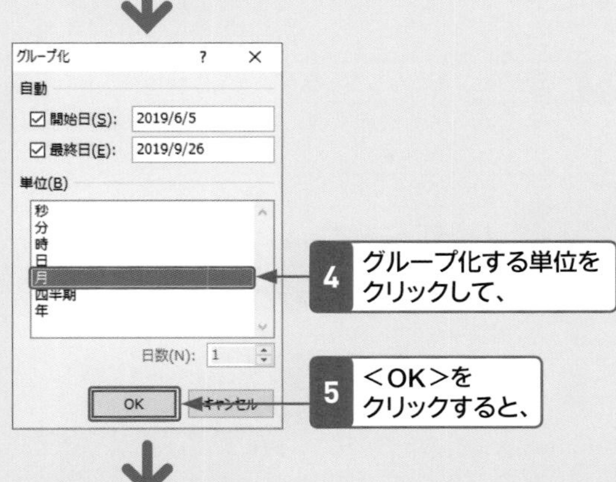

6 月ごとにグループ化されます。

	A	B	C	D	E	F	G
3	合計 / 売上金額	列ラベル					
4	行ラベル	Tシャツ	ジーンズ	ジャケット	ダウンベスト	パーカー	ブルゾン
5	6月	35640	52480			39000	12675
6	7月	73260	52480	155520		243750	9750
7	8月		394380	138240	299400		8775
8	9月	47520	98400	492560		104000	11050
9	総計	156420	597740	786320	299400	386750	42250

重要度 ★★★ ピボットテーブル

Q 1006 ピボットテーブルのデザインを変更したい！

A ＜ピボットテーブルスタイル＞を利用します。

ピボットテーブルには、色や罫線などの書式があらかじめ設定されたピボットテーブルスタイルがたくさん用意されています。スタイルを設定するには、＜デザイン＞タブの＜ピボットテーブルスタイル＞から選択します。また、ピボットテーブルスタイルの一覧の最下行にある＜クリア＞をクリックすると、スタイルが解除されます。

1 ピボットテーブル内のセルをクリックして、

2 ＜デザイン＞タブをクリックし、

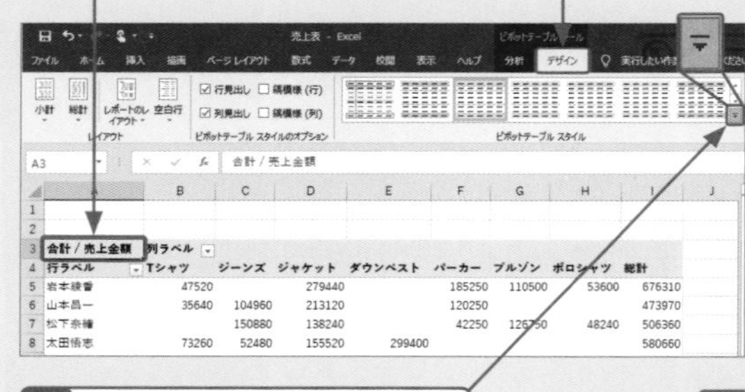

3 ＜その他＞をクリックします。

4 設定したいスタイルをクリックすると、

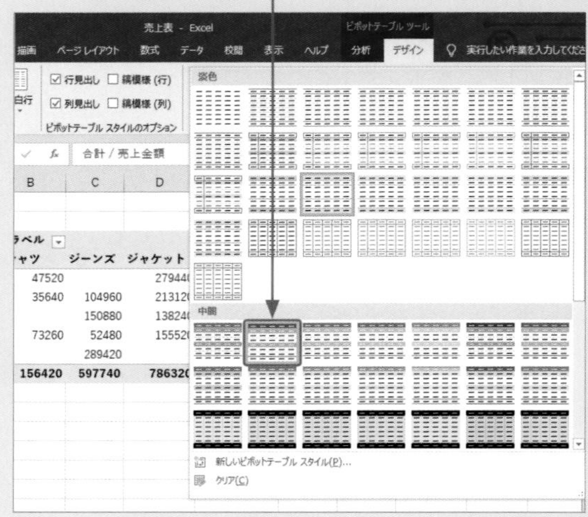

5 ピボットテーブルにスタイルが適用されます。

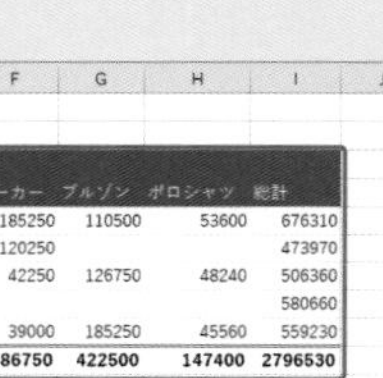

重要度 ★★★ ピボットテーブル

Q 1007 ピボットテーブルを通常の表に変換したい！

A ピボットテーブルをコピーして、値だけを貼り付けます。

ピボットテーブルを通常の表に変換するには、コピーと貼り付けを利用します。はじめに、ピボットテーブル全体を選択して＜ホーム＞タブの＜コピー＞をクリックします。続いて、コピー先のセルをクリックして＜貼り付け＞の下の部分をクリックし、＜値＞をクリックします。セルの幅やスタイルなどはコピーされませんので、必要に応じて設定します。

1 ピボットテーブルをコピーして、＜貼り付け＞のここをクリックし、

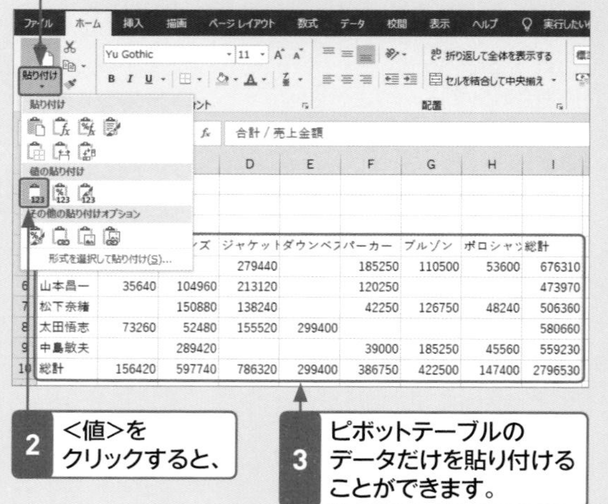

2 ＜値＞をクリックすると、

3 ピボットテーブルのデータだけを貼り付けることができます。

重要度★★★ ピボットテーブル

Q 1008 ピボットグラフを作成したい！

A ＜分析＞タブの＜ピボットグラフ＞を利用します。

ピボットテーブルから作成するグラフを「ピボットグラフ」といいます。ピボットテーブルに表示したフィールドやアイテムを変更すると、その変更がすぐにピボットグラフにも反映されます。

3 <ピボットグラフ>をクリックします。

4 グラフの種類をクリックして、

5 目的のグラフをクリックし、

6 <OK>をクリックすると、

7 ピボットグラフが作成されます。

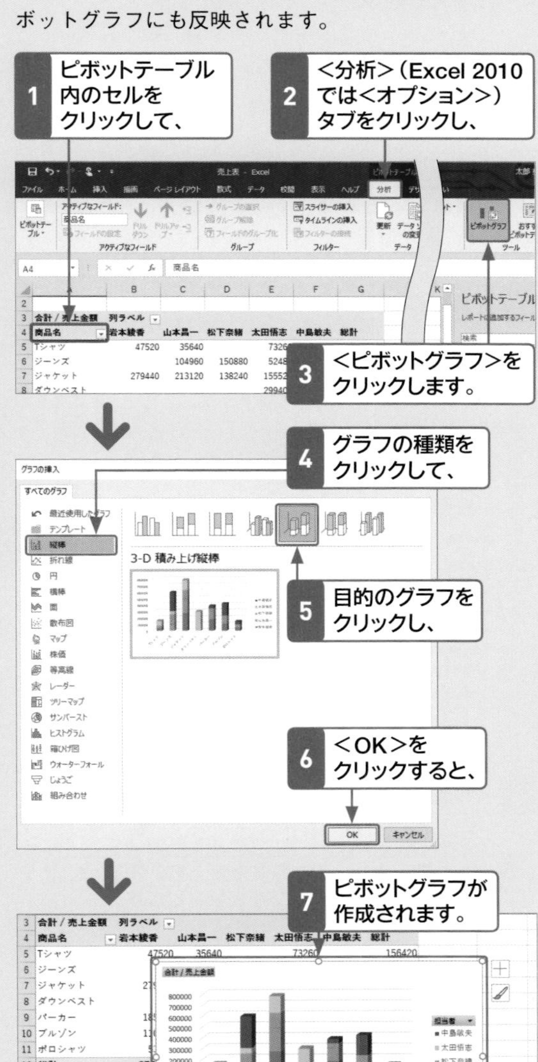

重要度★★★ ピボットテーブル

Q 1009 ピボットグラフでデータを絞り込みたい！

A フィールドボタンを利用します。

ピボットテーブルの結果をグラフにすると、凡例や軸、値にフィールドボタンが自動的に追加されます。これらのボタンを利用して、表示するデータを絞り込むことができます。ここでは、「担当者」で絞り込んでみます。

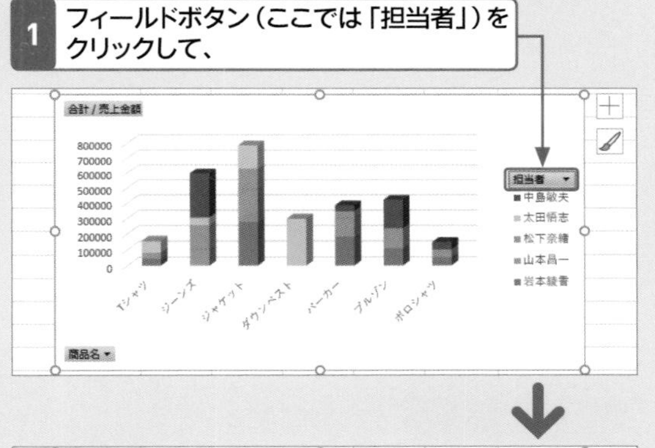

1 フィールドボタン（ここでは「担当者」）をクリックして、

2 表示するデータのみをクリックしてオンにし、

3 <OK>をクリックすると、

4 データが絞り込まれます。

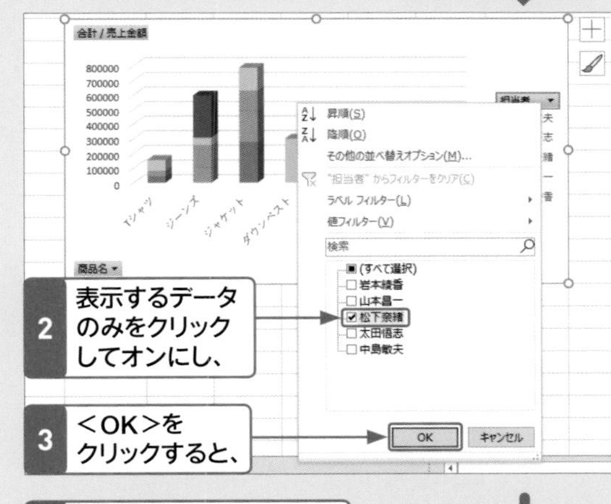

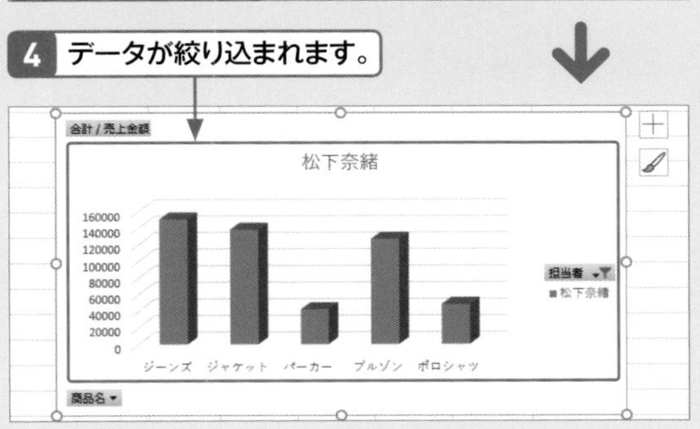

重要度 ★★★　データの分析　2013　2010

Q 1010 データをもとに今後の動向を予測したい！

A ＜データ＞タブの＜予測シート＞から予測ワークシートを作成します。

Excel 2019/2016では、時系列のデータをもとに、将来の予測をかんたんに求めることができます。下の例のように、売上データを選択して、＜データ＞タブの＜予測シート＞をクリックすると、予測値を計算したテーブルと、予測グラフが新しいワークシートに作成されます。なお、日付や時刻などのデータは、一定の間隔で入力されている必要があります。

予測シートを利用すると、将来の売上高や商品在庫の必要量、消費動向などをかんたんに予測できます。

1 時系列データを入力したセル範囲を選択して、

	A	B	C	D	E	F	G	H
1	売上金額	(千円)						
2	日付	売上金額						
3	5月1日	13,620						
4	5月2日	12,640						
5	5月3日	14,660						
6	5月4日	13,540						
7	5月5日	15,100						
8	5月6日	16,180						
9	5月7日	14,920						
10	5月8日	14,780						
11	5月9日	16,750						
12	5月10日	15,400						
13								

2 ＜データ＞タブをクリックし、

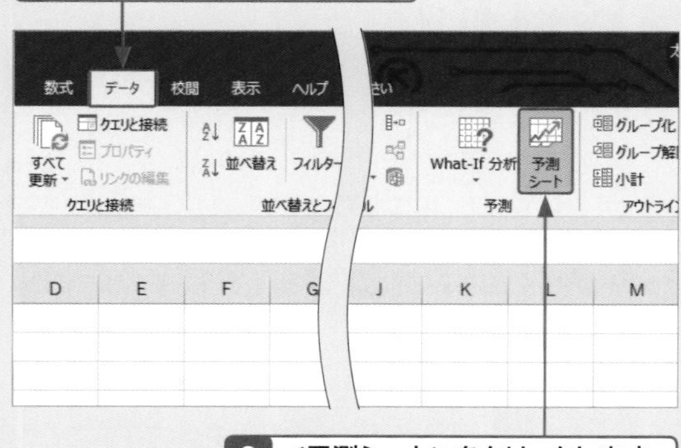

3 ＜予測シート＞をクリックします。

4 ＜予測終了＞のここをクリックして、

5 終了日を指定します。

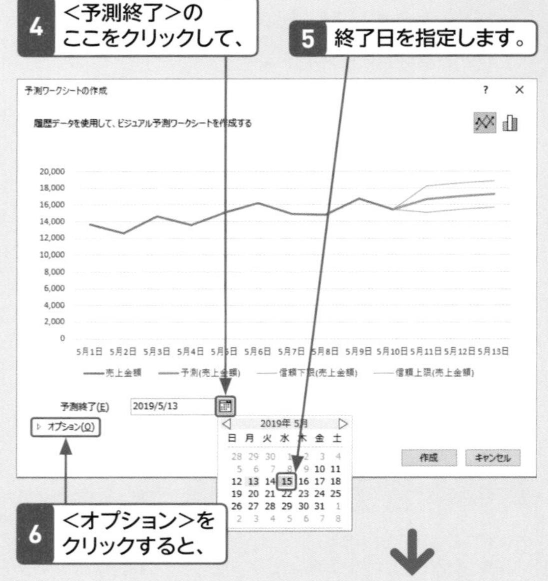

6 ＜オプション＞をクリックすると、

7 予測の詳細設定を変更することができます。

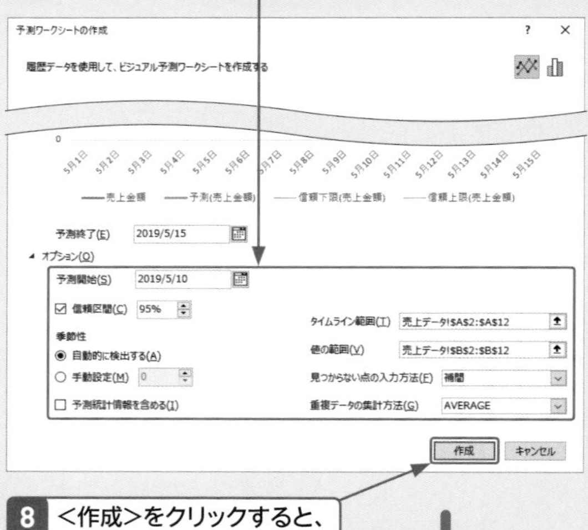

8 ＜作成＞をクリックすると、

9 新しいワークシートに将来の売上高を予測したテーブルと、予測グラフが表示されます。

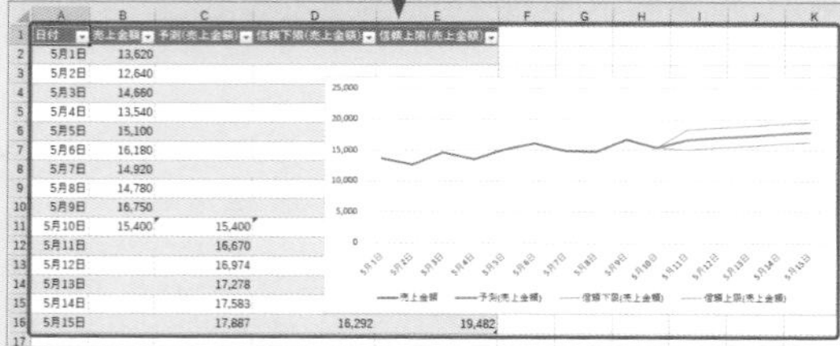

	A	B	C	D	E
1	日付	売上金額	予測(売上金額)	信頼下限(売上金額)	信頼上限(売上金額)
2	5月1日	13,620			
3	5月2日	12,640			
4	5月3日	14,660			
5	5月4日	13,540			
6	5月5日	15,100			
7	5月6日	16,180			
8	5月7日	14,920			
9	5月8日	14,780			
10	5月9日	16,750			
11	5月10日	15,400	15,400		
12	5月11日		16,670		
13	5月12日		16,974		
14	5月13日		17,278		
15	5月14日		17,583		
16	5月15日		17,887	16,292	19,482

重要度★★★ データの分析 2013 2010

Q 1011 予測シートのグラフを棒グラフにしたい！

A <予測ワークシートの作成>ダイアログボックスで作成します。

予測ワークシートを作成すると、既定では折れ線グラフで予測グラフが作成されます。棒グラフで作成したい場合は、<データ>タブの<予測シート>をクリックすると表示される<予測ワークシートの作成>ダイアログボックスで<縦棒グラフの作成>をクリックします。

参照▶Q 1010

1 <データ>タブの<予測シート>をクリックして、<予測ワークシートの作成>ダイアログボックスを表示します。

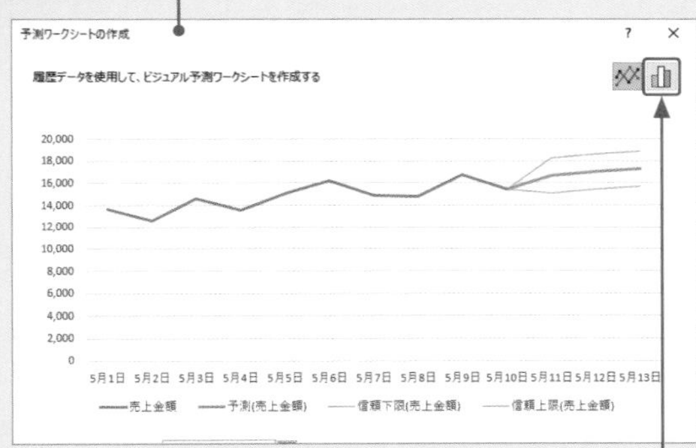

2 <縦棒グラフの作成>をクリックすると、

3 グラフが縦棒グラフに変更されるので、

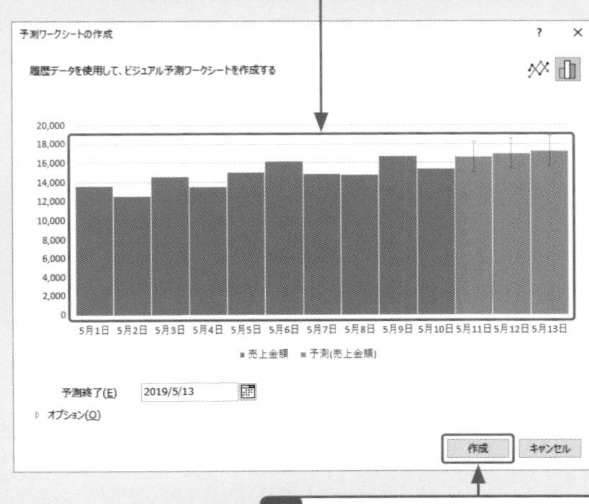

4 <作成>をクリックします。

重要度★★★ データの分析 2013 2010

Q 1012 予測の上限と下限を非表示にしたい！

A <予測ワークシートの作成>ダイアログボックスのオプションで設定します。

<予測ワークシートの作成>ダイアログボックスで<オプション>をクリックすると、予測の詳細設定を変更することができます。予測の上限と下限を非表示にしたい場合は、<信頼区間>をクリックしてオフにします。

参照▶Q 1010

1 <データ>タブの<予測シート>をクリックして、<予測ワークシートの作成>ダイアログボックスを表示します。

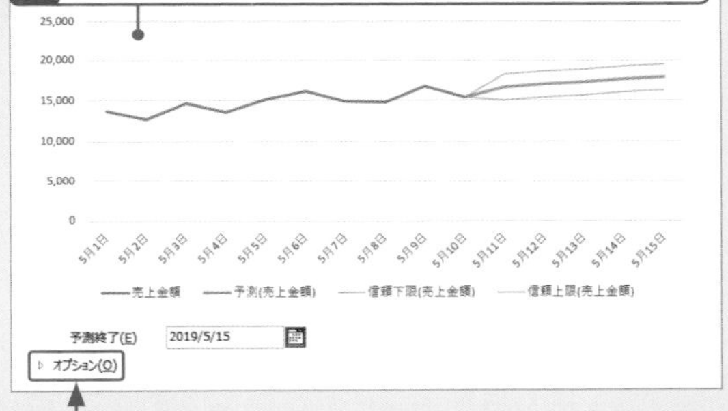

2 <オプション>をクリックして、

3 <信頼区間>をクリックしてオフにすると、

4 予測の上限と下限が非表示になります。

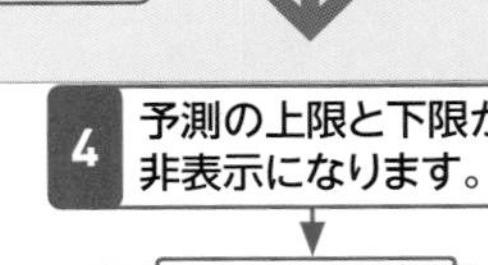

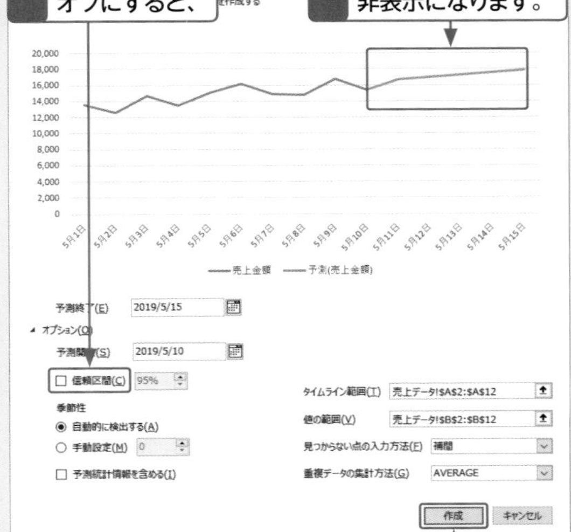

5 <作成>をクリックします。

重要度 ★★★　自動集計

Q 1013 データをグループ化して自動集計したい！

A ＜データ＞タブの＜小計＞を利用します。

データをグループ化して集計するには、Excelに用意されている自動集計機能を利用します。あらかじめ集計するフィールドを基準に表を並べ替えておき、＜データ＞タブの＜小計＞を利用すると、データベース形式の表に集計や総計の行を自動挿入して、データを集計することができます。また、自動的にアウトラインが作成されます。「アウトライン」とは、データを集計した行や列と、もとになったデータをグループ化したものです。アウトラインが作成されると、行番号や列番号の外側に「アウトライン記号」が表示されます。

ここでは、担当者ごとに「数量」と「金額」を集計します。

1 集計の基準とするフィールドをクリックします。

2 ＜データ＞タブをクリックして、

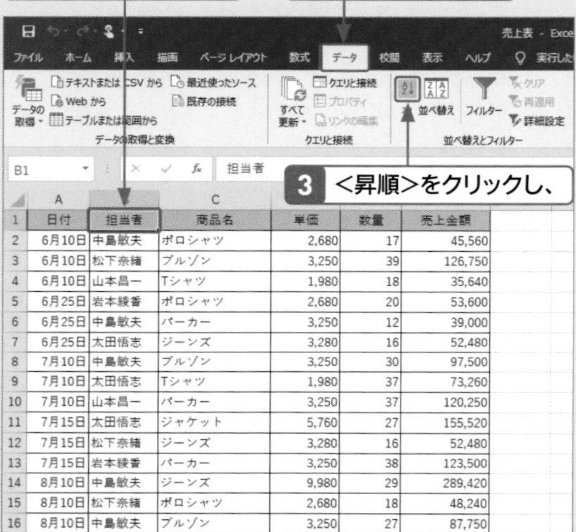

	A	B	C	D	E	F
1	日付	担当者	商品名	単価	数量	売上金額
2	6月10日	中島敏夫	ポロシャツ	2,680	17	45,560
3	6月10日	松下奈緒	ブルゾン	3,250	39	126,750
4	6月10日	山本昌一	Tシャツ	1,980	18	35,640
5	6月25日	岩本綾香	ポロシャツ	2,680	20	53,600
6	6月25日	中島敏夫	パーカー	3,250	12	39,000
7	6月25日	太田悟志	ジーンズ	3,280	16	52,480
8	7月10日	中島敏夫	ブルゾン	3,250	30	97,500
9	7月10日	太田悟志	Tシャツ	1,980	37	73,260
10	7月10日	山本昌一	パーカー	3,250	37	120,250
11	7月15日	太田悟志	ジャケット	5,760	27	155,520
12	7月15日	松下奈緒	ジーンズ	3,280	16	52,480
13	7月15日	岩本綾香	パーカー	3,250	38	123,500
14	8月10日	中島敏夫	ジーンズ	9,980	29	289,420
15	8月10日	松下奈緒	ポロシャツ	2,680	18	48,240
16	8月10日	中島敏夫	ブルゾン	3,250	27	87,750

4 集計の基準とするフィールドをもとに表全体を並べ替えます。

5 ＜データ＞タブをクリックして、

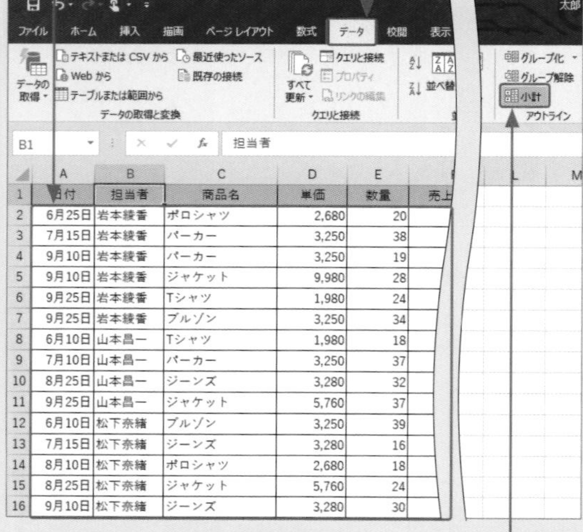

	A	B	C	D	E
1	日付	担当者	商品名	単価	数量
2	6月25日	岩本綾香	ポロシャツ	2,680	20
3	7月15日	岩本綾香	パーカー	3,250	38
4	9月10日	岩本綾香	パーカー	3,250	19
5	9月10日	岩本綾香	ジャケット	9,980	28
6	9月25日	岩本綾香	Tシャツ	1,980	24
7	9月25日	岩本綾香	ブルゾン	3,250	34
8	6月10日	山本昌一	Tシャツ	1,980	18
9	7月10日	山本昌一	パーカー	3,250	37
10	8月25日	山本昌一	ジーンズ	3,280	32
11	9月25日	山本昌一	ジャケット	5,760	37
12	6月10日	松下奈緒	ブルゾン	3,250	39
13	7月15日	松下奈緒	ジーンズ	3,280	16
14	8月10日	松下奈緒	ポロシャツ	2,680	18
15	8月25日	松下奈緒	ジャケット	5,760	24
16	9月10日	松下奈緒	ジーンズ	3,280	30

6 ＜小計＞をクリックし、

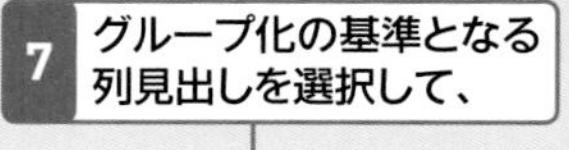

7 グループ化の基準となる列見出しを選択して、

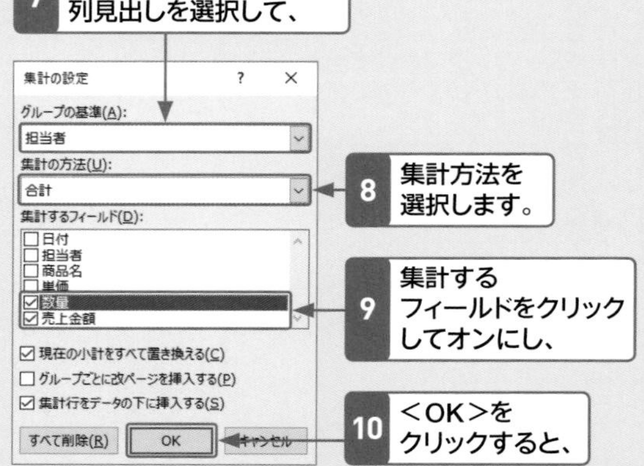

11 集計や総計行が自動的に追加され、合計が計算されます。

	A	B	C	D	E	F
7	9月25日	岩本綾香	ブルゾン	3,250	34	110,500
8		岩本綾香 集計			163	676,310
9	6月15日	山本昌一	Tシャツ	1,980	18	35,640
10	7月15日	山本昌一	パーカー	3,250	37	120,250
11	8月25日	山本昌一	ジーンズ	3,280	32	104,960
12	9月25日	山本昌一	ジャケット	5,760	37	213,120
13		山本昌一 集計			124	473,970
14	6月5日	松下奈緒	ブルゾン	3,250	39	126,750
15	7月25日	松下奈緒	ジーンズ	3,280	16	52,480
16	8月5日	松下奈緒	ポロシャツ	2,680	18	48,240
17	8月25日	松下奈緒	ジャケット	5,760	24	138,240
18	9月5日	松下奈緒	ジーンズ	3,280	30	98,400
19	9月15日	松下奈緒	パーカー	3,250	13	42,250
20		松下奈緒 集計			140	506,360
21	6月25日	太田悟志	ジーンズ	3,280	16	52,480
22	7月5日	太田悟志	Tシャツ	1,980	37	73,260
23	7月15日	太田悟志	ジャケット	5,760	27	155,520
24	8月15日	太田悟志	ダウンベスト	9,980	30	299,400
25		太田悟志 集計			110	580,660
26	6月5日	中島敏夫	ポロシャツ	2,680	17	45,560
27	6月25日	中島敏夫	パーカー	3,250	12	39,000
28	7月5日	中島敏夫	ブルゾン	3,250	30	97,500
29	8月5日	中島敏夫	ジーンズ	9,980	29	289,420
30	8月15日	中島敏夫	ブルゾン	3,250	27	87,750
31		中島敏夫 集計			115	559,230
32		総計			652	2,796,530

アウトラインが自動的に作成されます。

重要度 ★★★　自動集計

Q 1014 自動集計の集計結果だけ表示したい！

A アウトライン記号をクリックして、詳細データを非表示にします。

小計や総計を自動集計すると、ワークシートの左側に「アウトライン記号」が表示されます。アウトライン記号を利用すると、詳細データを隠して集計行や総計行だけにするなどの表示／非表示をかんたんに切り替えることができます。

1 ここをクリックすると、

	A	B	C	D	E	F
1	日付	担当者	商品名	単価	数量	売上金額
2	6月15日	岩本綾香	ポロシャツ	2,680	20	53,600
3	7月25日	岩本綾香	パーカー	3,250	38	123,500
4	9月5日	岩本綾香	パーカー	3,250	19	61,750
5	9月15日	岩本綾香	ジャケット	9,980	28	279,440
6	9月25日	岩本綾香	Tシャツ	1,980	24	47,520
7	9月25日	岩本綾香	ブルゾン	3,250	34	110,500
8		岩本綾香 集計			163	676,310
9	6月15日	山本昌一	Tシャツ	1,980	18	35,640
10	7月15日	山本昌一	パーカー	3,250	37	120,250
11	8月25日	山本昌一	ジーンズ	3,280	32	104,960
12	9月25日	山本昌一	ジャケット	5,760	37	213,120
13		山本昌一 集計			124	473,970
14	6月5日	松下奈緒	ブルゾン	3,250	39	126,750

2 集計行だけが表示されます。

	A	B	C	D	E	F
1	日付	担当者	商品名	単価	数量	売上金額
8		岩本綾香 集計			163	676,310
13		山本昌一 集計			124	473,970
20		松下奈緒 集計			140	506,360
25		太田悟志 集計			110	580,660
31		中島敏夫 集計			115	559,230
32		総計			652	2,796,530

3 ここをクリックすると、

4 クリックしたグループの詳細データが表示されます。

	A	B	C	D	E	F
1	日付	担当者	商品名	単価	数量	売上金額
2	6月15日	岩本綾香	ポロシャツ	2,680	20	53,600
3	7月25日	岩本綾香	パーカー	3,250	38	123,500
4	9月5日	岩本綾香	パーカー	3,250	19	61,750
5	9月15日	岩本綾香	ジャケット	9,980	28	279,440
6	9月25日	岩本綾香	Tシャツ	1,980	24	47,520
7	9月25日	岩本綾香	ブルゾン	3,250	34	110,500
8		岩本綾香 集計			163	676,310
13		山本昌一 集計			124	473,970
20		松下奈緒 集計			140	506,360

5 ここをクリックすると、すべてのデータが表示されます。

重要度 ★★★　自動集計

Q 1015 アウトライン記号を削除したい！

A アウトラインをクリアします。

アウトライン記号を削除するには、＜データ＞タブの＜グループの解除＞から＜アウトラインのクリア＞をクリックします。

1 ＜グループの解除＞のここをクリックして、

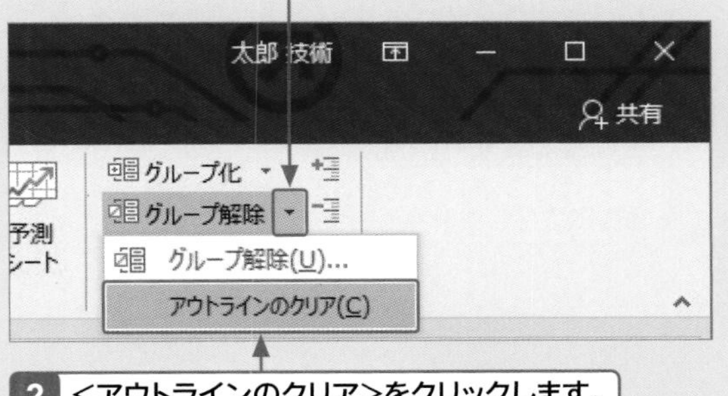

2 ＜アウトラインのクリア＞をクリックします。

重要度 ★★★　自動集計

Q 1016 自動集計を解除したい！

A ＜集計の設定＞ダイアログボックスを利用します。

自動集計によって挿入された集計行や総計行を解除するには、＜データ＞タブの＜小計＞をクリックして、＜集計の設定＞ダイアログボックスを表示し、＜すべて削除＞をクリックします。 参照▶Q 1013

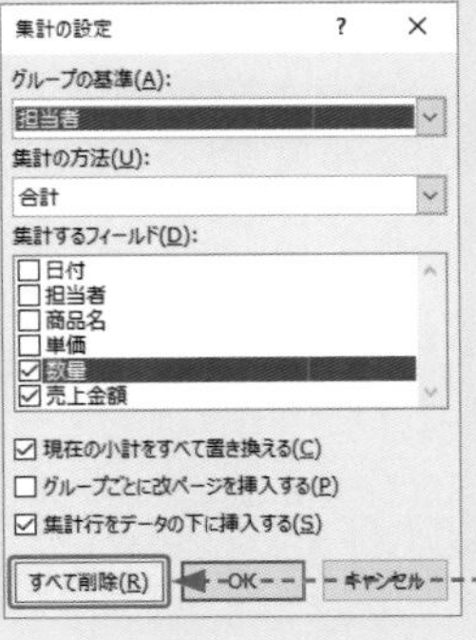

＜すべて削除＞をクリックすると、集計がクリアできます。

重要度 ★★★　自動集計

Q 1017 折りたたんだ集計結果だけをコピーしたい！

A ＜可視セル＞だけをコピーします。

アウトライン機能を利用すると、詳細データを非表示にして集計行だけを表示することができます。この集計行だけをコピーして別の場所に貼り付けたい場合、通常にコピー、貼り付けを実行すると、折りたたまれたデータもいっしょにコピーされてしまいます。
表示されている集計結果だけをコピーしたい場合は、以下の手順で可視セルだけをコピーします。

参照 ▶ Q 1013

1 アウトライン機能を利用して詳細データを非表示にし、集計行だけを表示します。

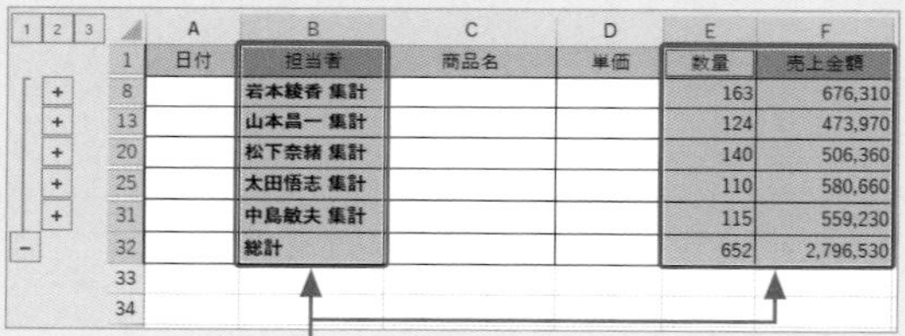

	A	B	C	D	E	F
1	日付	担当者	商品名	単価	数量	売上金額
8		岩本綾香 集計			163	676,310
13		山本昌一 集計			124	473,970
20		松下奈緒 集計			140	506,360
25		太田悟志 集計			110	580,660
31		中島敏夫 集計			115	559,230
32		総計			652	2,796,530
33						
34						

2 コピーする範囲を選択して、

3 ＜ホーム＞タブの＜検索と選択＞をクリックし、

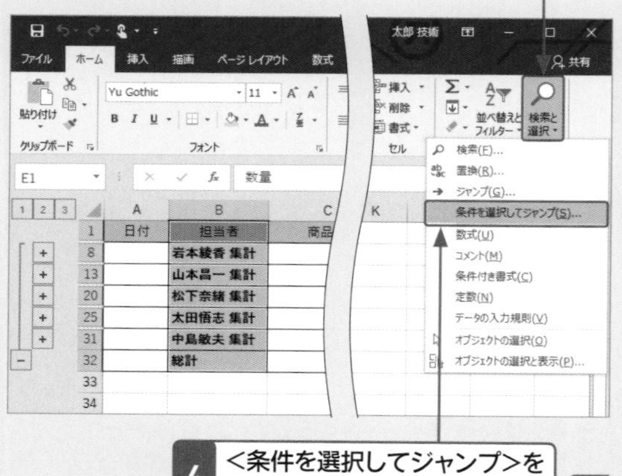

4 ＜条件を選択してジャンプ＞をクリックします。

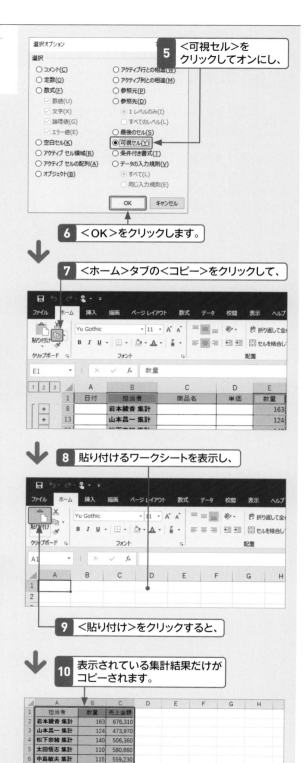

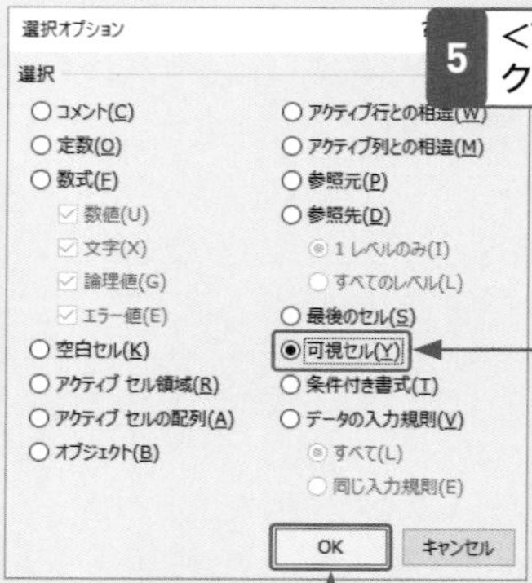

5 ＜可視セル＞をクリックしてオンにし、

6 ＜OK＞をクリックします。

7 ＜ホーム＞タブの＜コピー＞をクリックして、

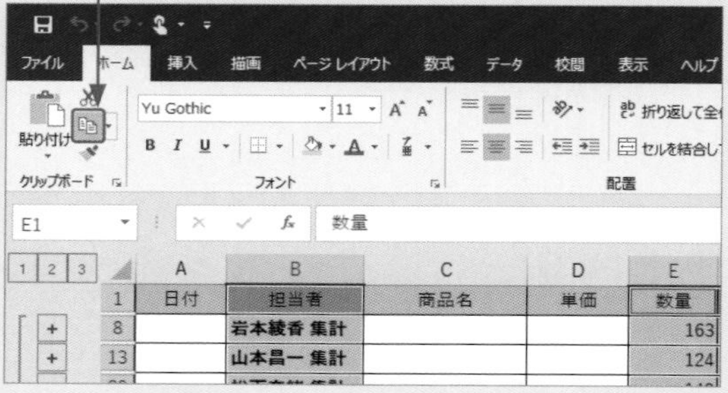

8 貼り付けるワークシートを表示し、

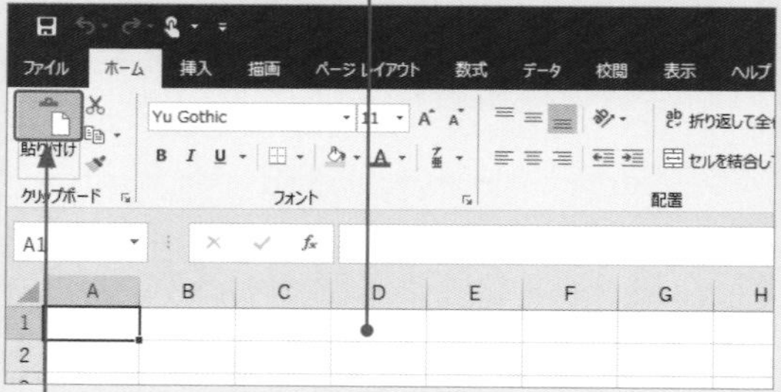

9 ＜貼り付け＞をクリックすると、

10 表示されている集計結果だけがコピーされます。

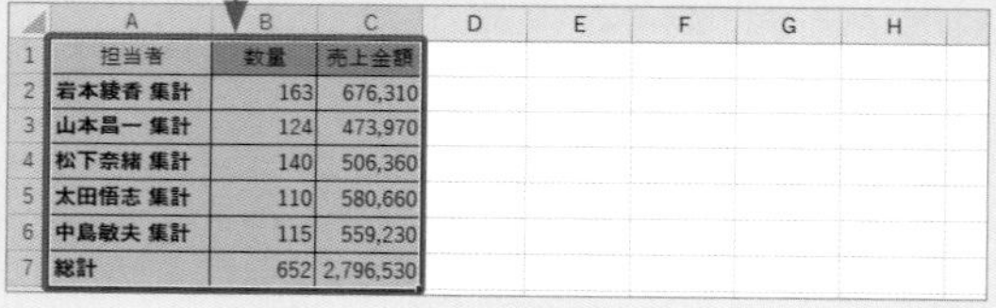

	A	B	C
1	担当者	数量	売上金額
2	岩本綾香 集計	163	676,310
3	山本昌一 集計	124	473,970
4	松下奈緒 集計	140	506,360
5	太田悟志 集計	110	580,660
6	中島敏夫 集計	115	559,230
7	総計	652	2,796,530

第18章

Excelの印刷の「こんなときどうする?」

重要度 ★★★　ページの印刷

Q 1018 印刷イメージを確認したい!

A <ファイル>タブをクリックして、<印刷>をクリックします。

実際に印刷する前に印刷結果のイメージを確認しておくと、意図したとおりの印刷ができます。印刷プレビューは、<印刷>画面で確認できます。

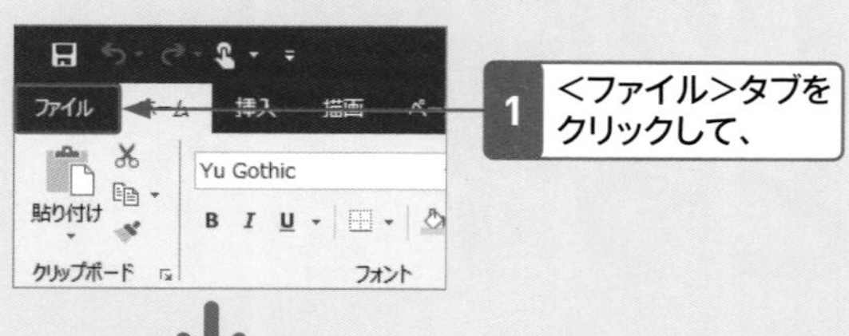

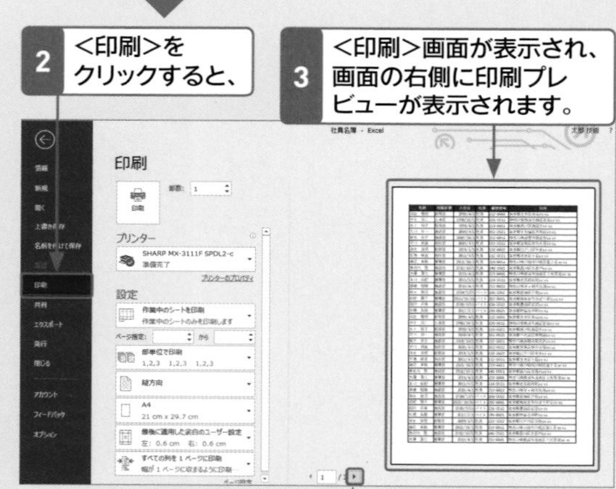

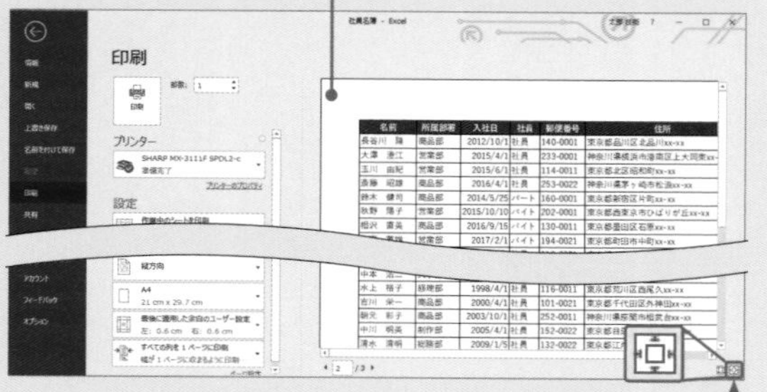

重要度 ★★★　ページの印刷

Q 1019 用紙の中央に表を印刷したい!

A <ページ設定>ダイアログボックスの<余白>で設定します。

用紙の中央に表を印刷するには、下の手順で<ページ設定>ダイアログボックスを表示して、<余白>で設定します。<ページ設定>ダイアログボックスは、<印刷>画面の最下段にある<ページ設定>をクリックしても表示されます。

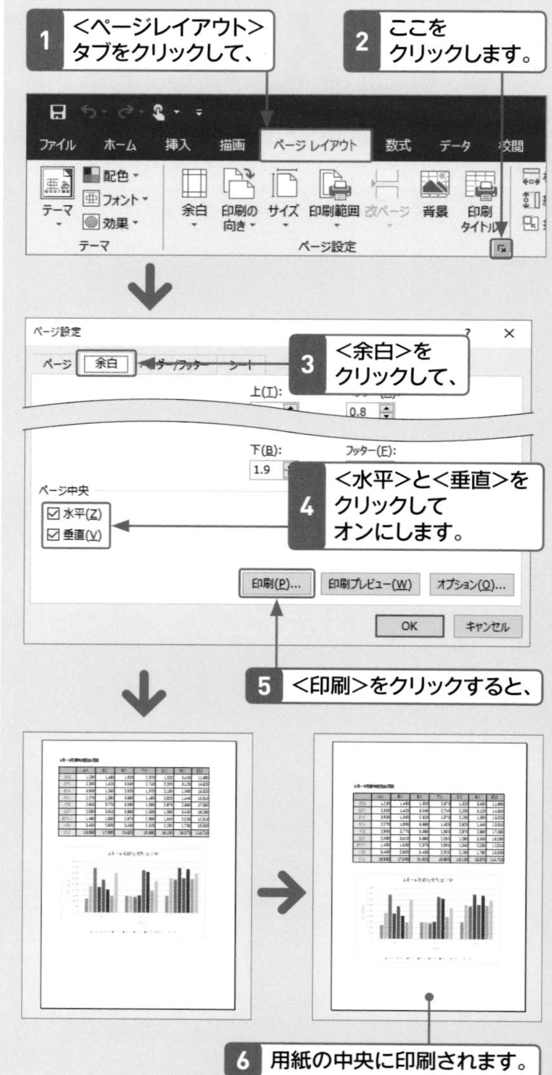

重要度 ★★★ ページの印刷

Q 1020 指定した範囲だけを印刷したい!

A1 印刷範囲を設定しておきます。

特定のセル範囲だけをいつも印刷する場合は、印刷するセル範囲を「印刷範囲」として設定しておきます。ワークシート内に複数の印刷範囲を設定した場合は、それぞれが異なる用紙に印刷されます。

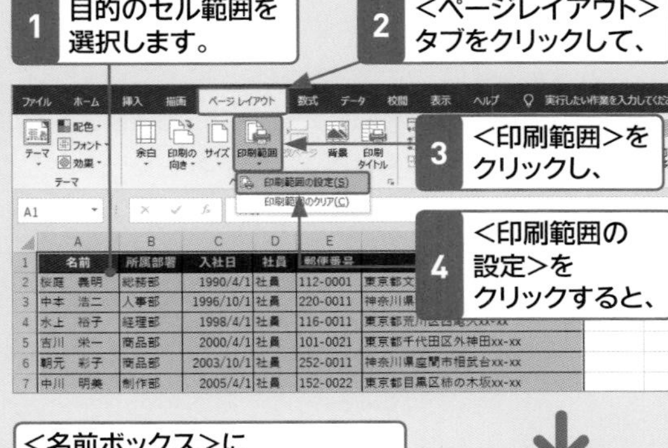

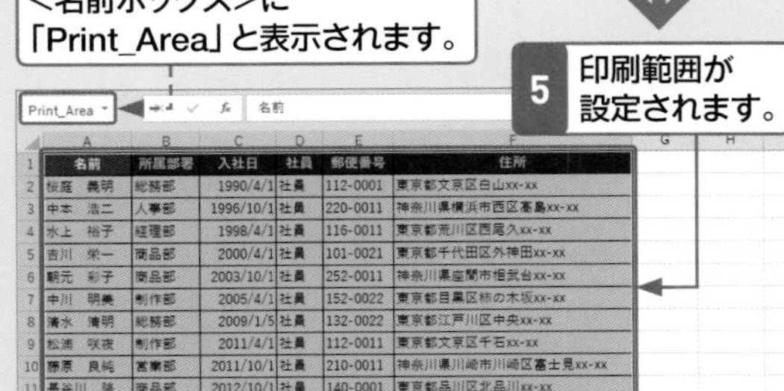

A2 選択したセル範囲だけを印刷します。

特定のセルを一度だけ印刷する場合は、印刷するセル範囲を選択して<ファイル>タブから<印刷>をクリックし、下の手順で選択した部分を印刷します。

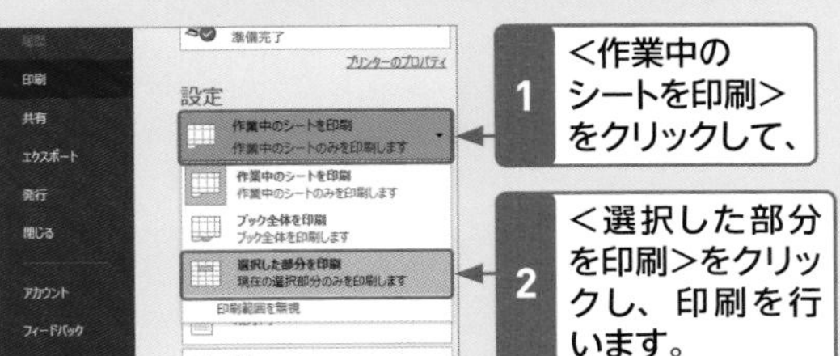

1 <作業中のシートを印刷>をクリックして、
2 <選択した部分を印刷>をクリックし、印刷を行います。

重要度 ★★★ ページの印刷

Q 1021 印刷範囲を変更したい!

A 再度、印刷範囲を設定します。

印刷範囲を変更するには、目的のセル範囲を選択し直し、再度<ページレイアウト>タブの<印刷範囲>をクリックして、<印刷範囲の設定>をクリックします。

重要度 ★★★ ページの印刷

Q 1022 指定した印刷範囲を解除したい!

A 印刷範囲をクリアします。

印刷範囲を解除するには、印刷範囲が設定されているワークシートを表示して、印刷範囲をクリアします。あらかじめセル範囲を指定する必要はありません。

4月～9月期地域別出荷数

	4月	5月	6月	7月	8月	9月	合計
茨城	1,230	1,480	1,520	2,870	1,320	3,430	11,850
群馬	2,300	1,420	3,040	2,740	2,200	3,120	14,820
栃木	3,930	1,390	2,920	1,570	2,150	1,060	13,020
埼玉	2,270	1,550	3,980	1,450	2,820	1,440	13,510
千葉	2,900	3,770	3,080	1,590	2,870	2,880	17,090
東京	2,050	3,610	3,880	2,030	1,280	3,430	16,280
神奈川	1,450	1,930	2,970	2,590	1,340	2,230	12,510
山梨	3,450	2,800	3,430	2,020	2,150	1,780	15,630
合計	19,580	17,950	24,820	16,860	16,130	19,370	114,710

印刷範囲が設定されています。

4 印刷範囲が解除され、印刷範囲を示していた線が消えます。

4月～9月期地域別出荷数

	4月	5月	6月	7月	8月	9月	合計
茨城	1,230	1,480	1,520	2,870	1,320	3,430	11,850
群馬	2,300	1,420	3,040	2,740	2,200	3,120	14,820
栃木	3,930	1,390	2,920	1,570	2,150	1,060	13,020
埼玉	2,270	1,550	3,980	1,450	2,820	1,440	13,510
千葉	2,900	3,770	3,080	1,590	2,870	2,880	17,090
東京	2,050	3,610	3,880	2,030	1,280	3,430	16,280
神奈川	1,450	1,930	2,970	2,590	1,340	2,230	12,510
山梨	3,450	2,800	3,430	2,020	2,150	1,780	15,630
合計	19,580	17,950	24,820	16,860	16,130	19,370	114,710

重要度★★★ ページの印刷

Q 1023 白紙のページが印刷されてしまう!

A 白紙のページにスペースが入力されている可能性があります。

白紙のページが印刷される場合、何も入力されていないと思っても、ワークシートのどこかのセルにスペースが入力されていたり、文字がはみ出ていたりする可能性があります。このような場合は、印刷したいページに印刷範囲を設定して、印刷するとよいでしょう。

参照▶Q 1020

重要度★★★ ページの印刷

Q 1024 特定の列や行、セルを印刷しないようにしたい!

A 印刷しない列や行、セルを非表示にします。

特定の列や行を印刷しないようにするには、対象の列や行を非表示にして印刷を行います。
特定のセルを印刷したくない場合は、印刷したくないセル内の文字色を白に変更してから印刷します。また、セルに背景色を設定している場合は、文字を同じ色に変更してから印刷します。印刷が終了したら、設定をもとに戻します。

参照▶Q 0641

非表示にした行や列は印刷されません。

	A	E	F	G
1	名前	郵便番号	住所	
2	桜庭　義明	112-0001	東京都文京区白山xx-xx	
3	中本　浩二	220-0011	神奈川県横浜市西区高島xx-xx	
4	水上　裕子	116-0011	東京都荒川区西尾久xx-xx	
5	吉川　栄一	101-0021	東京都千代田区外神田xx-xx	
6	朝元　彩子	252-0011	神奈川県座間市相武台xx-xx	
7	中川　明美	152-0022	東京都目黒区柿の木坂xx-xx	
8	清水　清明	132-0022	東京都江戸川区中央xx-xx	
9	松浦　咲夜	112-0011	東京都文京区千石xx-xx	
10	藤原　良純	210-0011	神奈川県川崎市川崎区富士見xx-xx	
11	長谷川　隆	140-0001	東京都品川区北品川xx-xx	
12	大澤　澄江	233-0001	神奈川県横浜市港南区上大岡東xx-xx	
13	玉川　由紀	114-0011	東京都北区昭和町xx-xx	
14	斎藤　昭雄	253-0022	神奈川県茅ヶ崎市松浪xx-xx	
15	鈴木　健司	160-0001	東京都新宿区片町xx-xx	
16	秋野　陽子	202-0001	東京都西東京市ひばりが丘xx-xx	
17	相沢　直美	130-0011	東京都墨田区石原xx-xx	

社員名簿

重要度★★★ ページの印刷

Q 1025 大きい表を1ページに収めて印刷したい!

A1 <ファイル>タブの<印刷>から設定します。

1ページに収まらない大きな表を1ページに印刷するには、<ファイル>タブをクリックして、<印刷>をクリックし、下の手順で設定します。列や行だけがはみ出している場合は、<すべての列を1ページに印刷>または<すべての行を1ページに印刷>を選択しても1ページに収めることができます。

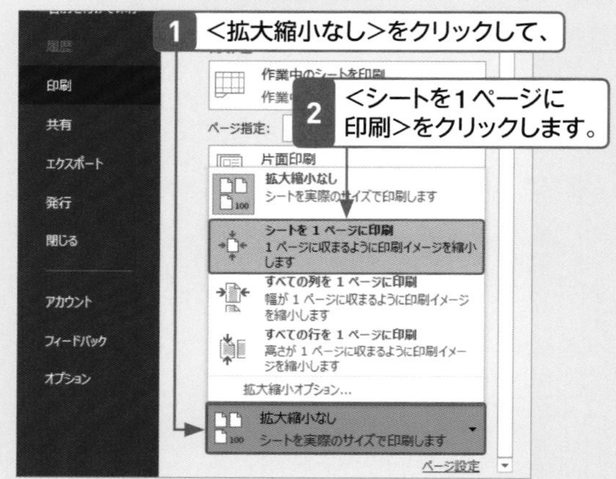

A2 <ページ設定>ダイアログボックスの<ページ>で設定します。

<ページ設定>ダイアログボックスの<ページ>を表示し、下の手順で操作します。

参照▶Q 1019

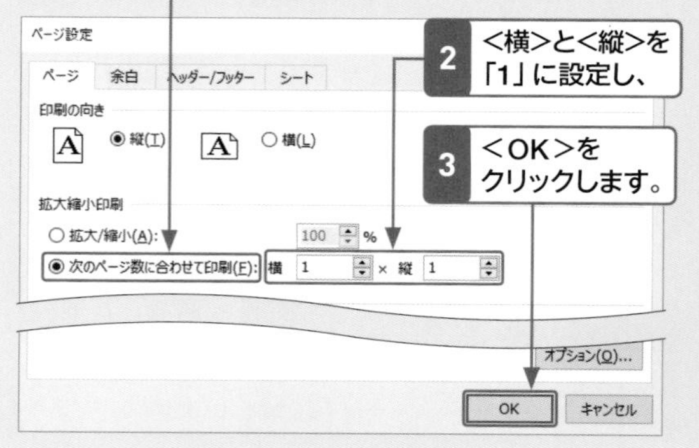

Q 1026 小さい表を拡大して印刷したい！

A1 ＜ページレイアウト＞タブで拡大率を指定します。

1ページ分の大きさに満たない小さな表を拡大して印刷するには、＜ページレイアウト＞タブの＜拡大／縮小＞に拡大率を指定して印刷します。

1 ＜ページレイアウト＞タブをクリックして、

2 ＜拡大／縮小＞で拡大率を指定します。

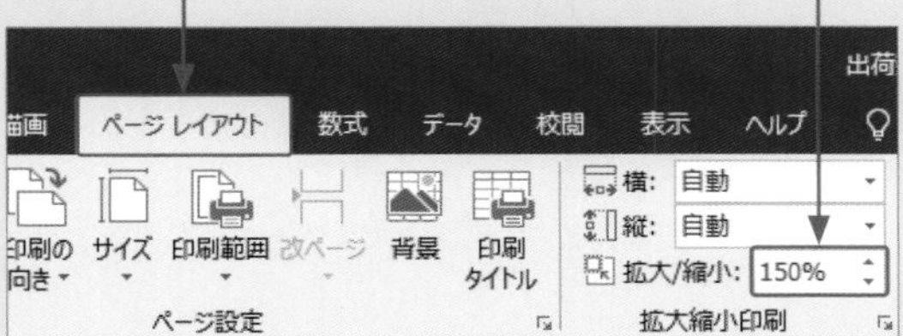

A2 ＜ページ設定＞ダイアログボックスで拡大率を指定します。

＜ページ設定＞ダイアログボックスの＜ページ＞を表示して、＜拡大／縮小＞で拡大率を指定して印刷します。

参照▶Q 1019

1 ＜拡大/縮小＞をクリックしてオンにし、

2 拡大率を指定して、

3 ＜OK＞をクリックします。

Q 1027 余白を減らして印刷したい！

A1 ＜ページレイアウト＞タブの＜余白＞で設定します。

余白を狭くするには、＜ページレイアウト＞タブの＜余白＞をクリックして、表示される一覧から＜狭い＞をクリックします。

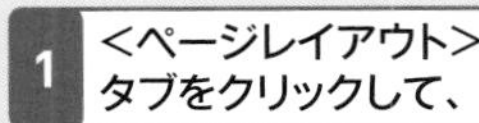

2 ＜余白＞をクリックし、

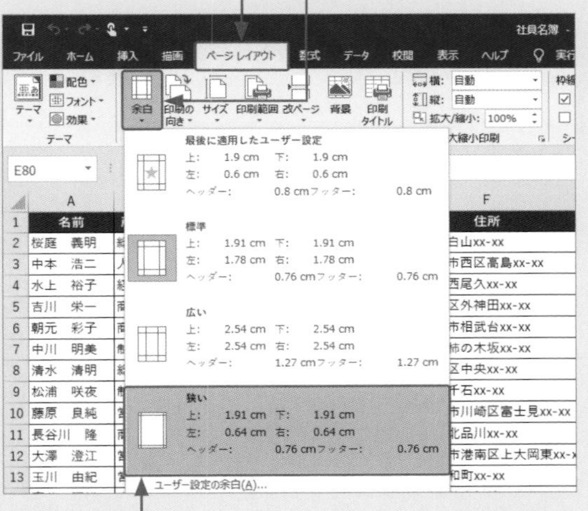

3 ＜狭い＞をクリックします。

A2 ＜ページ設定＞ダイアログボックスの＜余白＞で設定します。

＜ページ設定＞ダイアログボックスの＜余白＞を表示して、＜上＞＜下＞＜左＞＜右＞の数値を小さくします。

参照▶Q 1019

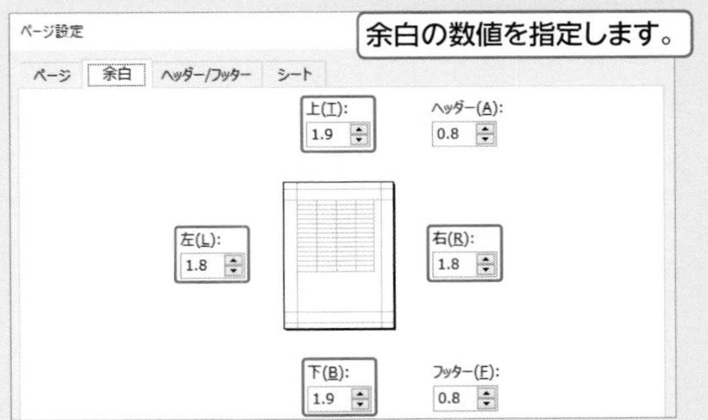

重要度 ★★★ 大きな表の印刷

Q 1028 改ページ位置を変更したい！

A 改ページプレビューを表示して、改ページ位置を変更します。

1ページに収まらない大きな表を印刷した場合、初期設定では、収まり切らなくなった位置で自動的に改ページされます。改ページ位置を変更するには、改ページプレビューを利用します。

なお、画面の表示が小さくて破線が見づらい場合は、表示倍率を変更します。 参照 ▶ Q 0676

1 <表示>タブをクリックして、

2 <改ページプレビュー>をクリックします。

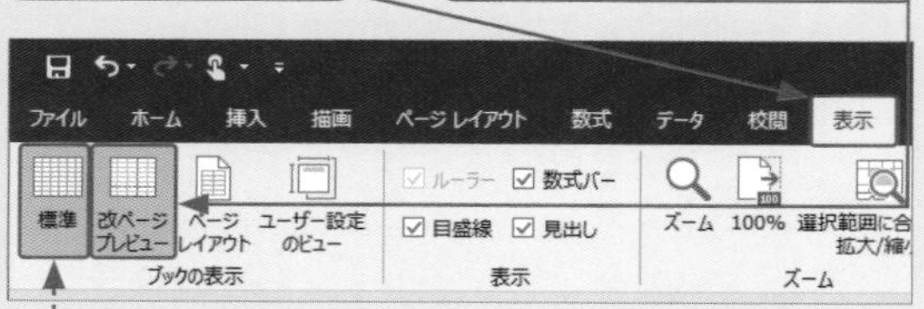

標準ビューに戻すときは、<標準>をクリックします。

3 改ページ位置を示す破線にマウスポインターを合わせて、

	A	B	C	D	E	F
34	レモンティー	201	113	157	212	113
35	アイスコーヒー	286	122	103	206	228
36	アイスティー	221	259	135	214	174
37	ココア	268	286	320	207	126
38	アイスココア	273	148	231	159	268
39	オレンジジュース	126	230	110	306	336
40	アップルジュース	165	102	227	172	184
41	グリーンティー	96	88	88	94	77
42	ホットミルク	54	75	91	85	58

4 ドラッグすると、改ページ位置が変更できます。

	A	B	C	D	E	F
34	レモンティー	201	113	157	212	113
35	アイスコーヒー	286	122	103	206	228
36	アイスティー	221	259	135	214	174
37	ココア	268	286	320	207	126
38	アイスココア	273	148	231	159	268
39	オレンジジュース	126	230	110	306	336
40	アップルジュース	165	102	227	172	184
41	グリーンティー	96	88	88	94	77
42	ホットミルク	54	75	91	85	58
43	合計	1,821	1,652	1,715	1,756	1,668
44						
45	神奈川：みなとみらい店					

重要度 ★★★ 大きな表の印刷

Q 1029 指定した位置で改ページして印刷したい！

A <ページレイアウト>タブで改ページを挿入します。

任意の位置で改ページしたい場合は、改ページしたい位置の直下の行を選択して改ページを挿入します。

1 改ページしたい位置の直下の行番号をクリックして、

2 <ページレイアウト>タブをクリックします。

3 <改ページ>をクリックして、

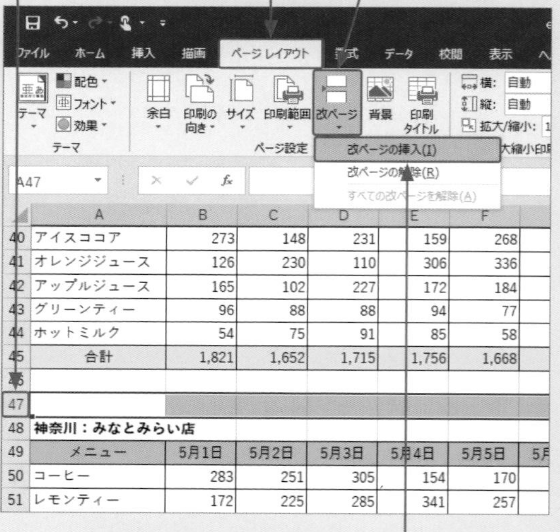

	A	B	C	D	E	F
40	アイスココア	273	148	231	159	268
41	オレンジジュース	126	230	110	306	336
42	アップルジュース	165	102	227	172	184
43	グリーンティー	96	88	88	94	77
44	ホットミルク	54	75	91	85	58
45	合計	1,821	1,652	1,715	1,756	1,668
46						
47						
48	神奈川：みなとみらい店					
49	メニュー	5月1日	5月2日	5月3日	5月4日	5月5日
50	コーヒー	283	251	305	154	170
51	レモンティー	172	225	285	341	257

4 <改ページの挿入>をクリックすると、

5 改ページ位置が設定されます。

	A	B	C	D	E	F
40	アイスココア	273	148	231	159	268
41	オレンジジュース	126	230	110	306	336
42	アップルジュース	165	102	227	172	184
43	グリーンティー	96	88	88	94	77
44	ホットミルク	54	75	91	85	58
45	合計	1,821	1,652	1,715	1,756	1,668
46						
47						
48	神奈川：みなとみらい店					
49	メニュー	5月1日	5月2日	5月3日	5月4日	5月5日
50	コーヒー	283	251	305	154	170
51	レモンティー	172	225	285	341	257

改ページ位置にはグレーの線が表示されます。

重要度★★★ 大きな表の印刷

Q 1030 改ページ位置を解除したい！

A <改ページ>から改ページを解除します。

設定した改ページ位置を解除するには、改ページが設定されている線の直下のセルや行を選択して、下の手順で解除します。なお、位置を指定せずに<すべての改ページを解除>をクリックすると、設定しているすべての改ページが解除されます。

1 改ページが設定されている線の直下の行番号をクリックして、

2 <ページレイアウト>タブをクリックします。

3 <改ページ>をクリックして、

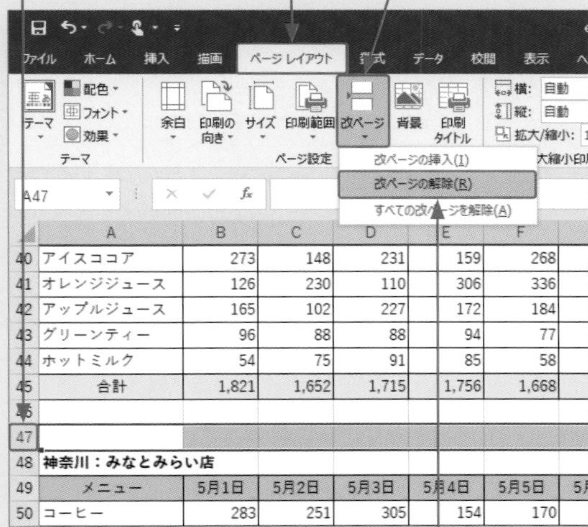

	A	B	C	D	E	F
40	アイスココア	273	148	231	159	268
41	オレンジジュース	126	230	110	306	336
42	アップルジュース	165	102	227	172	184
43	グリーンティー	96	88	88	94	77
44	ホットミルク	54	75	91	85	58
45	合計	1,821	1,652	1,715	1,756	1,668
46						
47						
48	神奈川：みなとみらい店					
49	メニュー	5月1日	5月2日	5月3日	5月4日	5月5日
50	コーヒー	283	251	305	154	170

4 <改ページの解除>をクリックすると、

5 改ページが解除されます。

	A	B	C	D	E	F
40	アイスココア	273	148	231	159	268
41	オレンジジュース	126	230	110	306	336
42	アップルジュース	165	102	227	172	184
43	グリーンティー	96	88	88	94	77
44	ホットミルク	54	75	91	85	58
45	合計	1,821	1,652	1,715	1,756	1,668
46						
47						
48	神奈川：みなとみらい店					
49	メニュー	5月1日	5月2日	5月3日	5月4日	5月5日
50	コーヒー	283	251	305	154	170

重要度★★★ 大きな表の印刷

Q 1031 印刷されないページがある！

A 印刷範囲が正しく設定されていない可能性があります。

印刷されないページがある場合は、設定した印刷範囲の外にデータを追加した可能性があります。この場合は、新しく追加したデータも印刷範囲として設定し直します。

参照▶Q 1020

印刷範囲が設定されています。

3	東京：六本木ヒルズ店								
4	メニュー	5月1日	5月2日	5月3日	5月4日	5月5日	5月6日	5月7日	合計
5	コーヒー	214	277	209	327	289	234	102	1,652
6	レモンティー	161	324	347	210	334	138	148	1,662
7	アイスコーヒー	333	330	174	128	158	219	268	1,610
8	アイスティー	226	157	281	306	276	150	228	1,624
9	ココア	234	197	143	289	108	128	190	1,289
10	アイスココア	244	182	310	284	301	269	297	1,887
11	オレンジジュース	229	155	334	232	109	170	322	1,551
12	アップルジュース	167	232	171	228	157	166	187	1,308
13	グリーンティー	55	99	50	68	77	85	50	484
14	ホットミルク	97	70	90	64	81	88	97	587
15	合計	1,960	2,023	2,109	2,136	1,890	1,647	1,889	13,654
16	目標数	1,150	2,496	1,620	2,727	1,038	2,404	1,310	12,746
17	達成率	59%	123%	77%	128%	55%	146%	69%	93%
18									

印刷範囲外に追加したデータは、印刷されません。

重要度★★★ 大きな表の印刷

Q 1032 ページを指定して印刷したい！

A <印刷>画面で印刷したいページを指定します。

目的のページだけを印刷するには、<ファイル>タブから<印刷>をクリックして<印刷>画面を表示し、<ページ指定>に開始ページと終了ページを入力して印刷を行います。

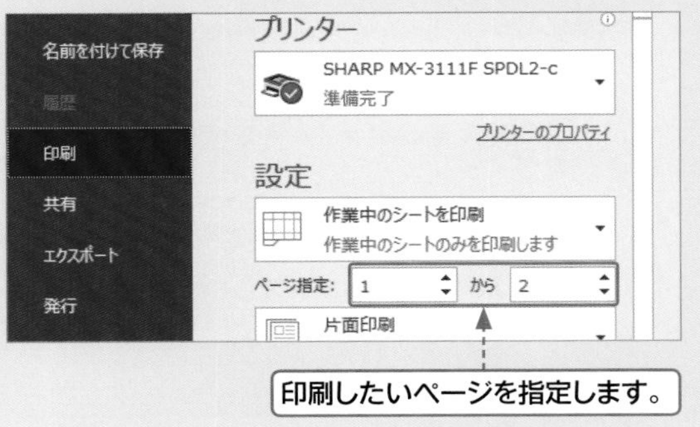

印刷したいページを指定します。

重要度 ★★★　大きな表の印刷

Q 1033 すべてのページに見出し行を印刷したい！

A 印刷したい見出し行をタイトル行に設定します。

複数のページにまたがる表を印刷するとき、2ページ目以降にも表見出しや見出し行を表示すると、わかりやすくなります。すべてのページに表見出しや見出し行を付けて印刷するには、＜ページレイアウト＞タブの＜印刷タイトル＞をクリックして、＜ページ設定＞ダイアログボックスで設定します。

1 ＜ページ設定＞ダイアログボックスの＜シート＞をクリックします。

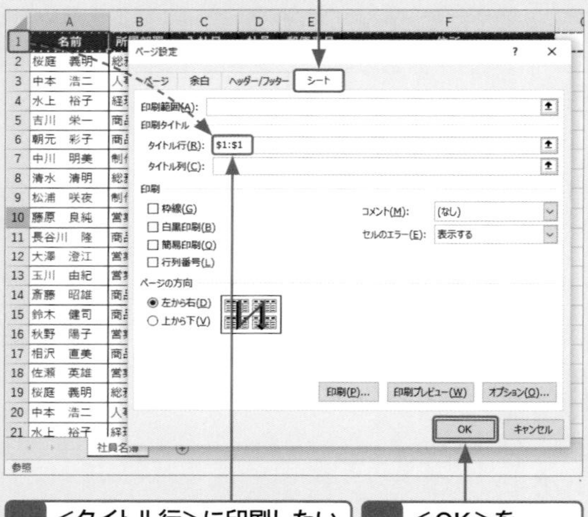

2 ＜タイトル行＞に印刷したい見出し行を指定して、

3 ＜OK＞をクリックすると、

4 見出し行がすべてのページに印刷されます。

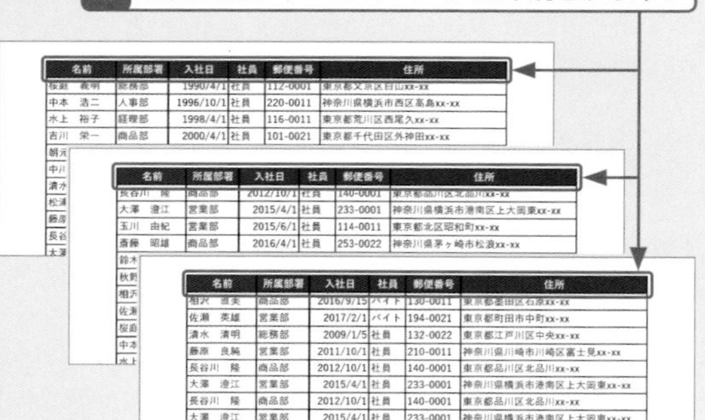

重要度 ★★★　大きな表の印刷

Q 1034 はみ出した列や行をページ内に収めて印刷したい！

A ＜印刷＞画面の＜拡大縮小なし＞から設定します。

印刷したときに行や列が少しだけページからはみ出してしまう場合は、列や行をページに収まるように縮小します。＜ファイル＞タブをクリックして＜印刷＞をクリックし、＜印刷＞画面で設定します。

1 ＜印刷＞画面を表示して、

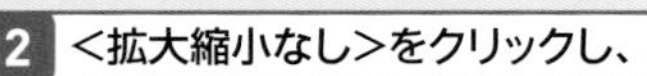

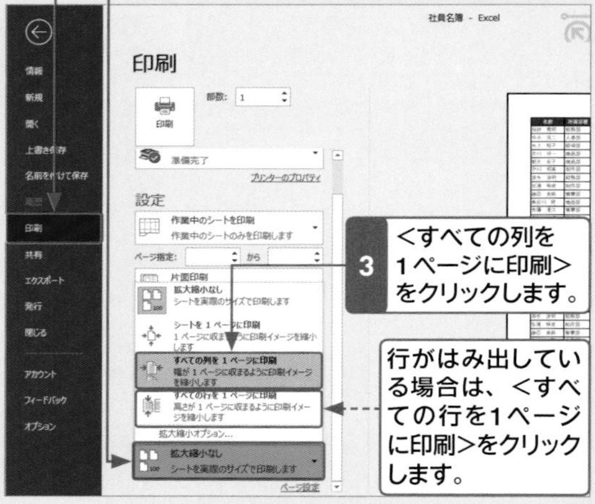

3 ＜すべての列を1ページに印刷＞をクリックします。

行がはみ出している場合は、＜すべての行を1ページに印刷＞をクリックします。

4 印刷を行うと、はみ出した列がページ内に収まります。

重要度 ★★★ ヘッダー／フッター

Q 1035 すべてのページに表のタイトルを印刷したい！

A ヘッダーやフッターに表のタイトルを入力します。

すべてのページに表のタイトルを印刷するには、ヘッダーやフッターを利用します。シートの上部余白に印刷される情報を「ヘッダー」、下部余白に印刷される情報を「フッター」といいます。
下の手順でページレイアウトビューを表示し、タイトルを印刷するエリアをクリックして、タイトルを入力します。フッターやヘッダーのエリアは、左側、中央部、右側の3つのブロックに分かれています。

1 <表示>タブをクリックして、

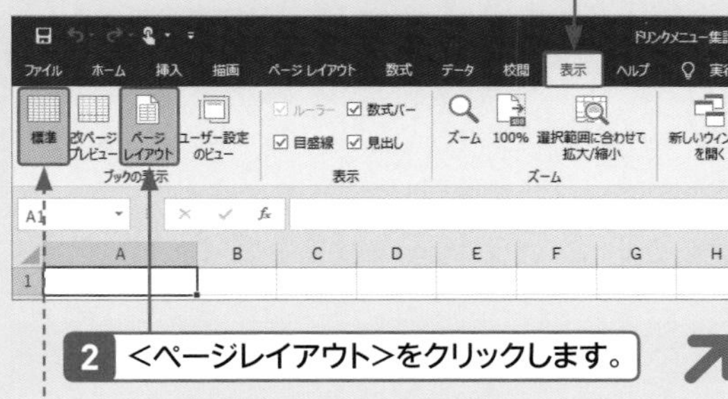

2 <ページレイアウト>をクリックします。

標準ビューに戻すときは、<標準>をクリックします。

3 タイトルを印刷するエリアをクリックして（ここでは左側）、タイトルを入力し、

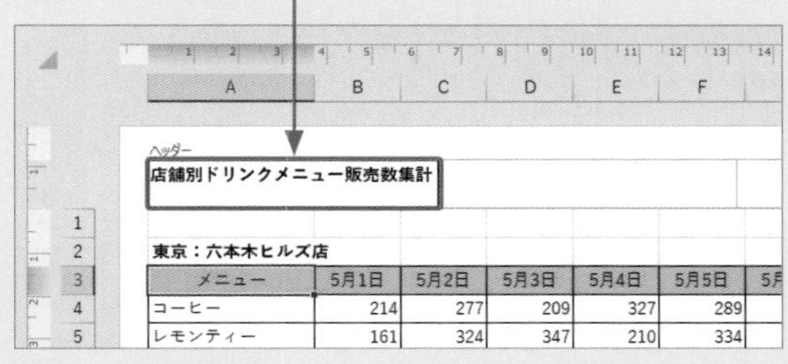

4 ヘッダーエリア以外をクリックします。

すべてのページに表のタイトルが印刷されます。

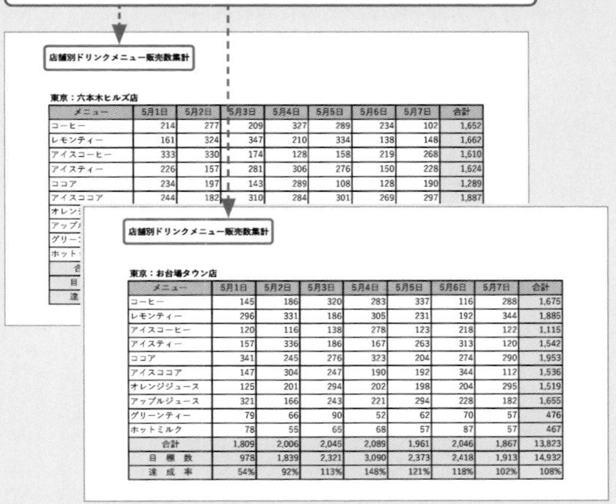

店舗別ドリンクメニュー販売数集計

東京：六本木ヒルズ店

メニュー	5月1日	5月2日	5月3日	5月4日	5月5日	5月6日	5月7日	合計
コーヒー	214	277	209	327	289	234	102	1,652
レモンティー	161	324	347	210	334	138	148	1,662
アイスコーヒー	333	330	174	128	158	219	268	1,610
アイスティー	226	157	281	306	276	150	228	1,624
ココア	234	197	143	289	108	128	190	1,289
アイスココア	244	182	310	284	301	269	297	1,887

店舗別ドリンクメニュー販売数集計

東京：お台場タウン店

メニュー	5月1日	5月2日	5月3日	5月4日	5月5日	5月6日	5月7日	合計
コーヒー	145	186	320	283	337	116	288	1,675
レモンティー	296	331	186	305	231	192	344	1,885
アイスコーヒー	120	116	138	278	123	218	122	1,115
アイスティー	157	336	186	167	263	313	120	1,542
ココア	341	245	276	323	204	274	290	1,953
アイスココア	147	304	247	190	192	344	112	1,536
オレンジジュース	125	201	294	202	198	204	295	1,519
アップルジュース	321	166	243	221	294	228	182	1,655
グリーンティー	79	66	90	52	62	70	57	476
ホットミルク	78	55	65	68	57	87	57	467
合計	1,809	2,006	2,045	2,089	1,961	2,046	1,867	13,823
目標数	978	1,839	2,321	3,090	2,373	2,418	1,913	14,932
達成率	54%	92%	113%	148%	121%	118%	102%	108%

重要度 ★★★ ヘッダー／フッター

Q 1036 ファイル名やワークシート名を印刷したい！

A ヘッダーやフッターにファイル名やワークシート名を設定します。

ファイル名やワークシート名を印刷するには、ヘッダーやフッターを利用します。ページレイアウトビューの<デザイン>タブにあるコマンドを利用すると、ファイル名やワークシート名だけでなく、現在の日付や時刻、画像などを挿入したり、任意の文字や数値を直接入力したりすることもできます。

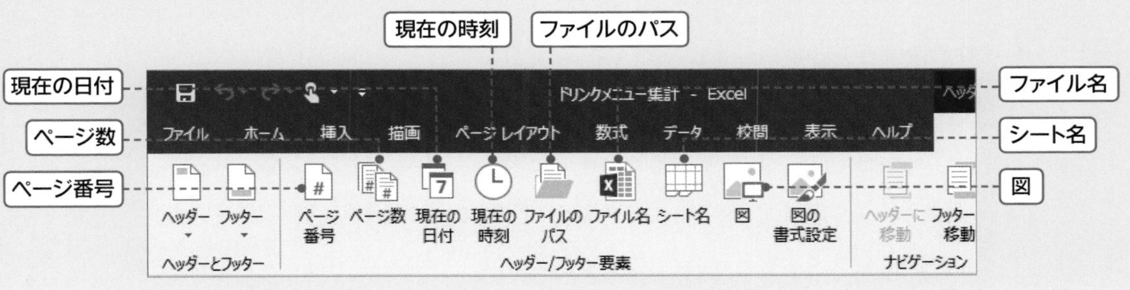

重要度 ★★★ ヘッダー／フッター

Q 1037 「ページ番号／総ページ数」を印刷したい！

A <デザイン>タブの<ページ番号>と<ページ数>を利用します。

ページ番号を「1／3」のように印刷するには、<表示>タブの<ページレイアウト>をクリックして、ページレイアウトビューを表示し、ページ番号を挿入するエリアをクリックして、下の手順で操作します。

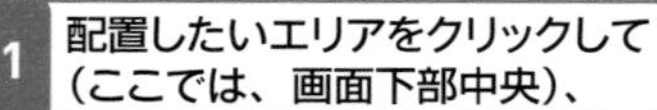

1 配置したいエリアをクリックして（ここでは、画面下部中央）、

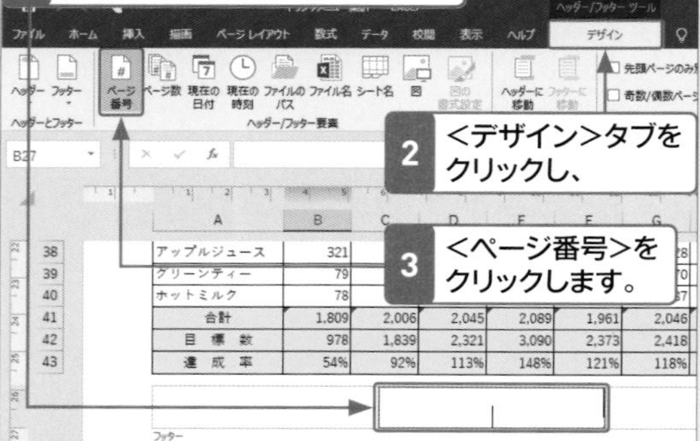

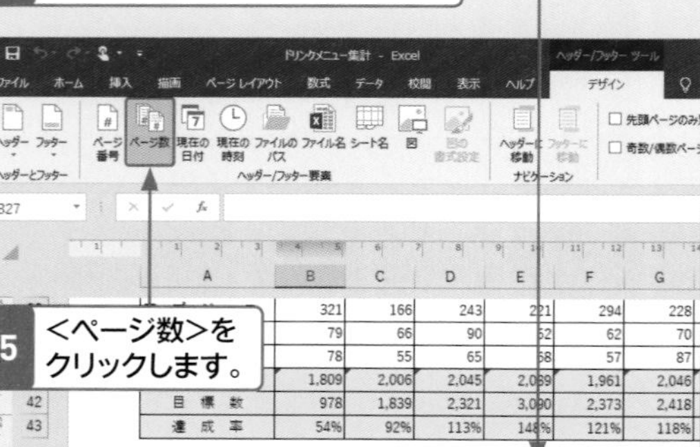

6 ヘッダーエリア以外をクリックすると、「ページ番号／総ページ数」のフッターが表示されます。

	A	B	C	D	E	F	G
38	アップルジュース	321	166	243	221	294	228
39	グリーンティー	79	66	90	52	62	70
40	ホットミルク	78	55	65	68	57	87
41	合計	1,809	2,006	2,045	2,089	1,961	2,046
42	目標数	978	1,839	2,321	3,090	2,373	2,418
43	達成率	54%	92%	113%	148%	121%	118%

1/3

重要度 ★★★ ヘッダー／フッター

Q 1038 ページ番号のフォントを指定したい！

A1 <ホーム>タブの<フォント>グループで指定します。

ヘッダーやフッターに入力した要素は、セル内の文字と同様、フォントやフォントサイズ、文字色などを設定できます。<ホーム>タブの<フォント>グループで設定します。

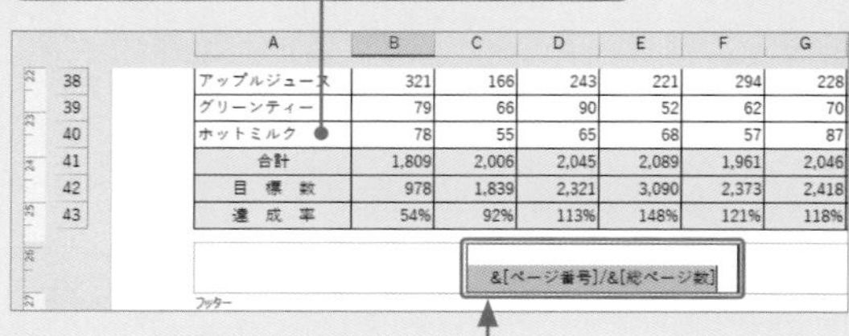

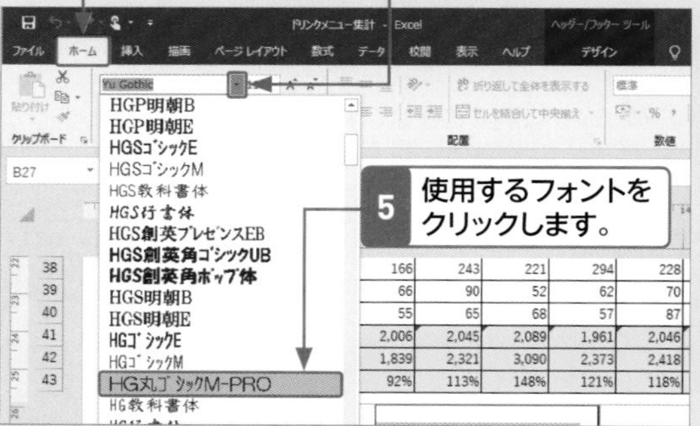

A2 ミニツールバーを利用します。

文字列をドラッグして選択すると表示されるミニツールバーで設定します。

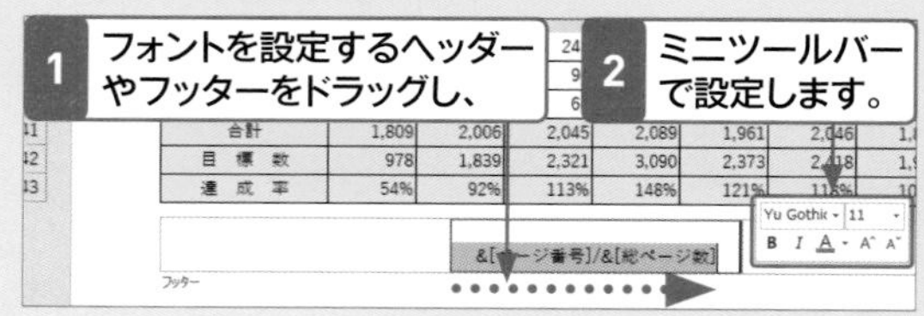

1 フォントを設定するヘッダーやフッターをドラッグし、
2 ミニツールバーで設定します。
&[ページ番号]/&[総ページ数]

重要度 ★★★　ヘッダー／フッター

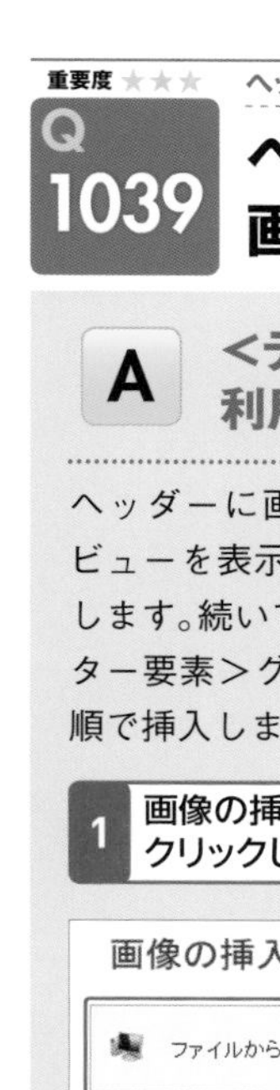

Q 1039 ヘッダーに画像を挿入したい！

A <デザイン>タブの<図>を利用します。

ヘッダーに画像を挿入するには、ページレイアウトビューを表示して、画像を挿入するエリアをクリックします。続いて、<デザイン>タブの<ヘッダー／フッター要素>グループの<図>をクリックして、下の手順で挿入します。

参照▶Q 1035, Q 1036

1 画像の挿入もと（ここでは<ファイルから>）をクリックして、

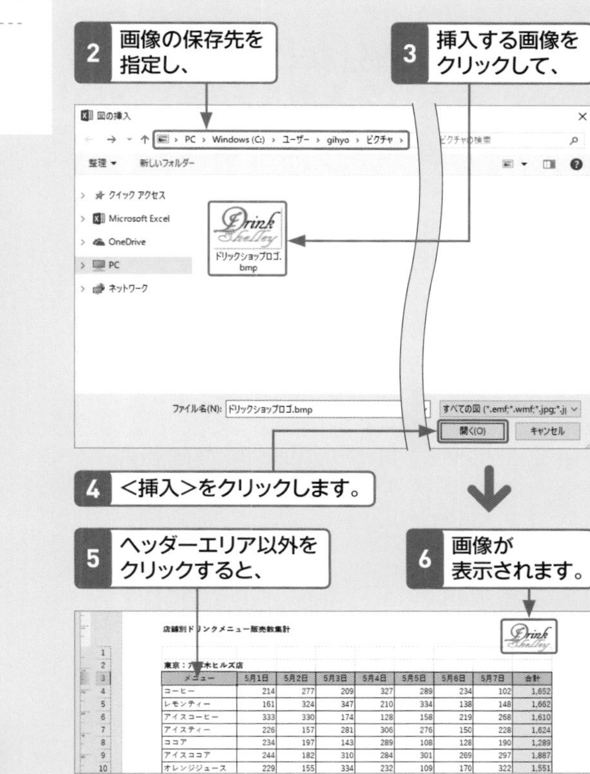

メニュー	5月1日	5月2日	5月3日	5月4日	5月5日	5月6日	5月7日	合計
コーヒー	214	277	209	327	289	234	102	1,652
レモンティー	161	324	347	210	334	138	148	1,662
アイスコーヒー	333	330	174	128	158	219	268	1,610
アイスティー	226	157	281	306	276	150	228	1,624
ココア	234	197	143	289	108	128	190	1,289
アイスココア	244	182	310	284	301	269	297	1,887
オレンジジュース	229	155	334	232	109	170	322	1,551

重要度 ★★★　ヘッダー／フッター

Q 1040 ヘッダーに挿入した画像のサイズを変えたい！

A <デザイン>タブの<図の書式設定>を利用します。

ヘッダーに挿入した画像のサイズを変更するには、<表示>タブの<ページレイアウト>をクリックして、ページレイアウトビューを表示し、挿入した画像をクリックして、下の手順で設定します。

1 ヘッダーに挿入された「& [図]」をクリックします。

2 <デザイン>タブをクリックして、

3 <図の書式設定>をクリックすると、

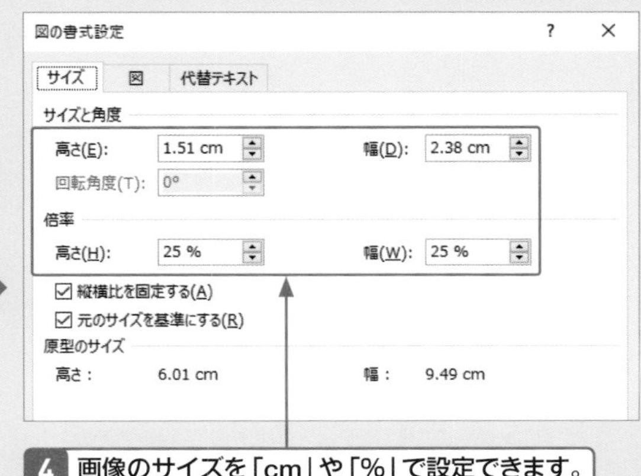

4 画像のサイズを「cm」や「%」で設定できます。

重要度 ★★★ ヘッダー／フッター

Q 1041 「社外秘」などの透かしを入れて印刷したい!

A プリンターの機能を利用します。

使用しているプリンターによっては、文書の背景に文字を薄く印刷する機能が用意されています。この機能を利用すると、社外秘、回覧、コピー厳禁などの文字を印刷することができます。なお、設定方法はプリンターによって異なります。解説書などで確認しましょう。プリンターにこの機能がない場合は、ペイント3Dなどの画像編集ソフトで作成した画像を挿入して印刷できます。

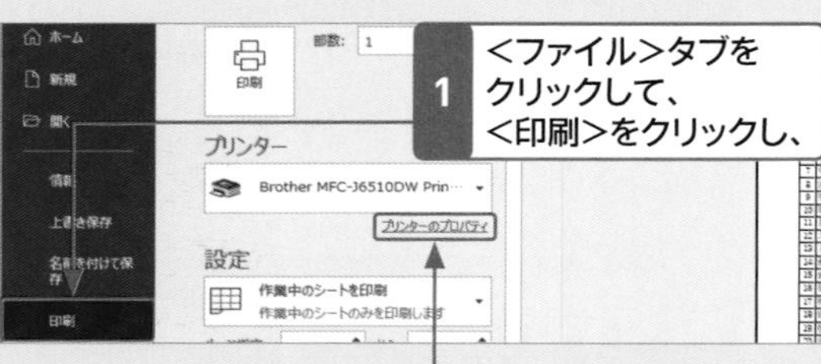

1 <ファイル>タブをクリックして、<印刷>をクリックし、
2 <プリンターのプロパティ>をクリックします。

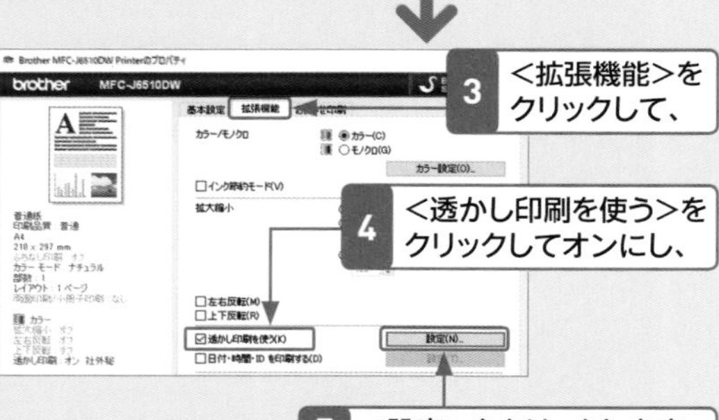

3 <拡張機能>をクリックして、
4 <透かし印刷を使う>をクリックしてオンにし、
5 <設定>をクリックします。

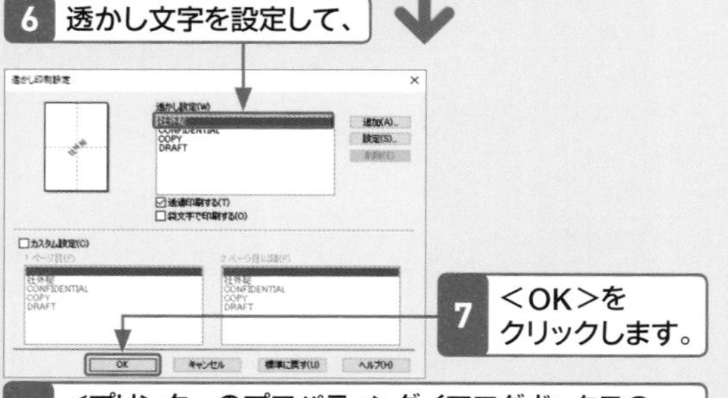

7 <OK>をクリックします。
8 <プリンターのプロパティ>ダイアログボックスの<OK>をクリックして、印刷を行います。

重要度 ★★★ ヘッダー／フッター

Q 1042 ワークシートの背景に画像を印刷したい!

A ヘッダーに画像を挿入し、改行して位置を移動します。

ワークシートの背景に画像を印刷するには、ヘッダーに画像を挿入し、挿入した画像に改行を入力して位置を移動します。下の例では文字を挿入していますが、写真なども同様の手順で挿入することができます。

参照▶Q 1039

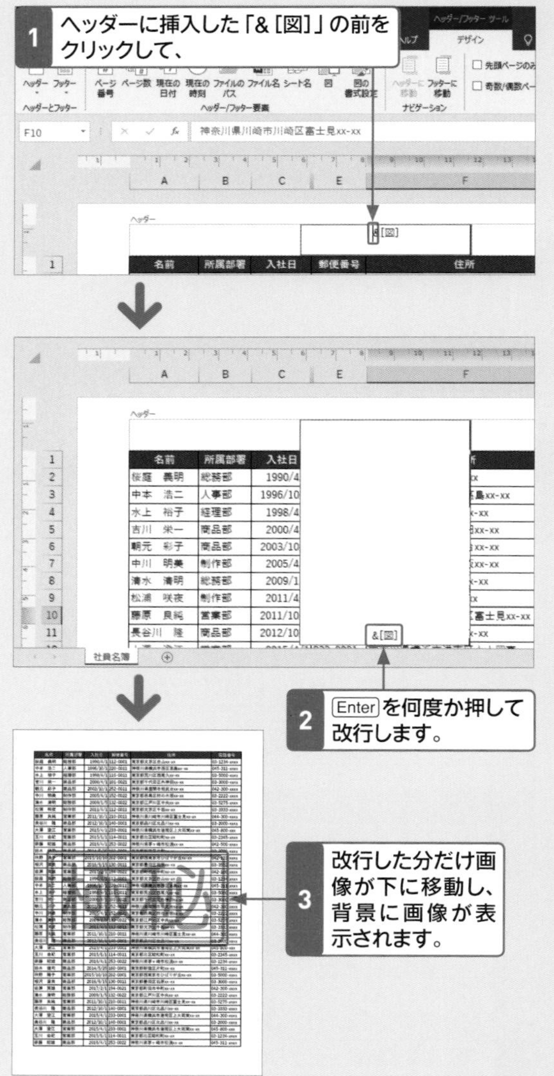

1 ヘッダーに挿入した「&[図]」の前をクリックして、
2 Enter を何度か押して改行します。
3 改行した分だけ画像が下に移動し、背景に画像が表示されます。

重要度 ★★★　ヘッダー／フッター

Q 1043 先頭のページ番号を「1」以外にしたい！

A ＜ページ設定＞ダイアログボックスでページ番号を指定します。

ページ番号を印刷するように設定している場合、通常は「1」からページ番号が振られます。先頭のページ番号を「1」以外にするには、＜ページ設定＞ダイアログボックスの＜ページ＞を表示して、番号を指定します。

参照 ▶ Q 1019, Q 1036

フッターにページ番号を挿入しておきます。

1 ＜ページ設定＞ダイアログボックスの＜ページ＞を表示します。

2 先頭のページ番号を「2」と入力して、

4 先頭のページ番号が変更されます。

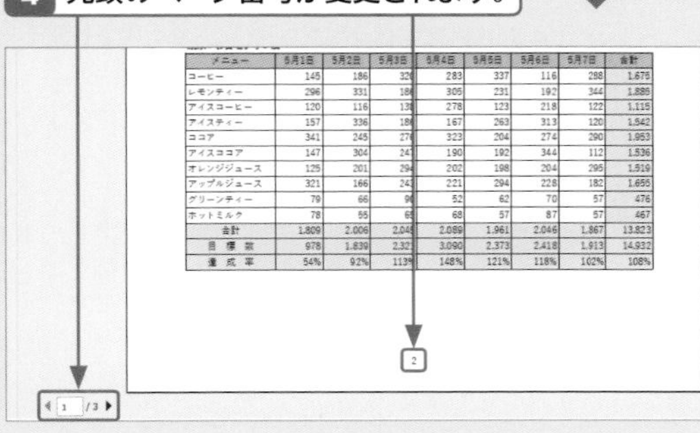

メニュー	5月1日	5月2日	5月3日	5月4日	5月5日	5月6日	5月7日	合計
コーヒー	145	186	320	283	337	116	288	1,675
レモンティー	296	331	18[illegible]	305	231	192	344	1,886
アイスコーヒー	120	116	139	278	123	218	122	1,115
アイスティー	157	336	18[illegible]	167	263	313	120	1,542
ココア	341	245	276	323	204	274	290	1,953
アイスココア	147	304	247	190	192	344	112	1,536
オレンジジュース	125	201	294	202	198	204	295	1,519
アップルジュース	321	166	243	221	294	228	182	1,655
グリーンティー	79	66	96	52	62	70	57	476
ホットミルク	78	55	65	68	57	87	57	467
合計	1,809	2,006	2,045	2,089	1,961	2,046	1,867	13,823
目標数	978	1,839	2,321	3,090	2,373	2,418	1,913	14,932
達成率	54%	92%	113%	148%	121%	118%	102%	108%

重要度 ★★★　印刷の応用

Q 1044 印刷範囲や改ページ位置を見ながら作業したい！

A1 改ページプレビューを利用します。

＜表示＞タブの＜改ページプレビュー＞をクリックして改ページプレビューを表示すると、現在の印刷範囲や改ページ位置を確認しながらデータの入力などが行えるほか、改ページ位置を変更することもできます。

改ページ位置を示す破線が表示されます。

	A	B	C	E	F	G	H
35	佐瀬　英雄	営業部	2017/2/1	194-0021	東京都町田市中町xx-xx		
36	清水　清明	総務部	2009/1/5	132-0022	東京都江戸川区中央xx-xx		
37	藤原　良純	営業部	2011/10/1	210-0011	神奈川県川崎市川崎区富士見xx-xx		
38	長谷川　隆	商品部	2012/10/1	140-0001	東京都品川区北品川xx-xx		
39	大澤　澄江	営業部	2015/4/1	233-0001	神奈川県横浜市港南区上大岡東xx-xx		
40	長谷川　隆	商品部	2012/10/1	140-0001	東京都品川区北品川xx-xx		
41	大澤　澄江	営業部	2015/4/1	233-0001	神奈川県横浜市港南区上大岡東xx-xx		
42	玉川　由紀	営業部	2015/6/1	114-0011	東京都北区昭和町xx-xx		
43	斎藤　昭雄	商品部	2016/4/1	253-0022	神奈川県茅ヶ崎市松浪xx-xx		
44	鈴木　健司	商品部	2014/5/25	160-0001	東京都新宿区片町xx-xx		
45	秋野　陽子	営業部	2015/10/10	202-0001	東京都西東京市ひばりが丘xx-xx		
46	相沢　直美	商品部	2016/9/15	130-0011	東京都墨田区石原xx-xx		
47	佐瀬　英雄	営業部	2017/2/1	194-0021	東京都町田市中町xx-xx		
48	桜庭　義明	総務部	1990/4/1	112-0001	東京都文京区白山xx-xx		
49	中本　浩二	人事部	1996/10/1	220-0011	神奈川県横浜市西区高島xx-xx		
50	水上　裕子	経理部	1998/4/1	116-0011	東京都荒川区西尾久xx-xx		
51	桜庭　義明	総務部	1990/4/1	112-0001	東京都文京区白山xx-xx		

社員名簿

印刷されない範囲はグレーで表示されます。

A2 ページレイアウトビューを利用します。

＜表示＞タブの＜ページレイアウト＞をクリックしてページレイアウトビューを表示すると、列の幅や高さを個別に変更したり、表の横幅や高さ、拡大／縮小率を変更したりすることができます。

列の幅や行の高さを調整できます。

表の横幅や高さ、拡大／縮小率を変更できます。

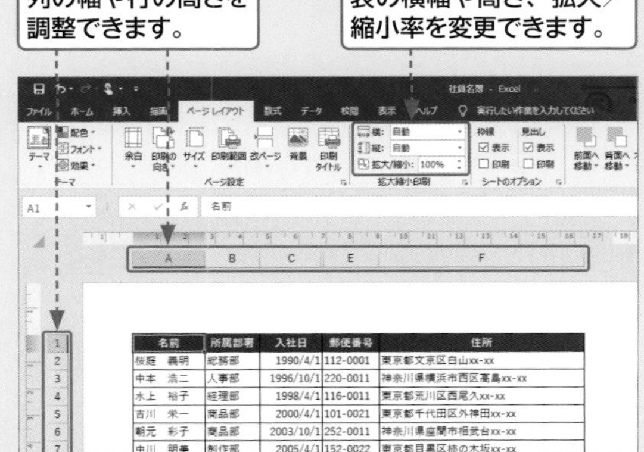

	名前	所属部署	入社日	郵便番号	住所
2	桜庭　義明	総務部	1990/4/1	112-0001	東京都文京区白山xx-xx
3	中本　浩二	人事部	1996/10/1	220-0011	神奈川県横浜市西区高島xx-xx
4	水上　裕子	経理部	1998/4/1	116-0011	東京都荒川区西尾久xx-xx
5	吉川　栄一	商品部	2000/4/1	101-0021	東京都千代田区外神田xx-xx
6	朝元　彩子	商品部	2003/10/1	252-0011	神奈川県座間市相武台xx-xx
7	中川　明美	制作部	2005/4/1	152-0022	東京都目黒区柿の木坂xx-xx

重要度 ★★★ 印刷の応用

Q 1045 印刷範囲や改ページ位置の破線などが表示されない！

A 改ページプレビューや印刷プレビューに切り替えます。

新しいブックやワークシートを作成した直後は、標準ビューに印刷範囲や改ページ位置を示す破線や直線が表示されません。この場合は、いったん改ページプレビューや印刷プレビューに切り替えてから、再び標準ビューにすると表示されます。

この操作を行っても表示されない場合は、<ファイル>タブをクリックして<オプション>をクリックし、以下の手順で表示させます。

1 <詳細設定>をクリックして、

2 <改ページを表示する>をクリックしてオンにし、

3 <OK>をクリックします。

4 印刷範囲を示す破線や線が表示されます。

重要度 ★★★ 印刷の応用

Q 1046 白黒プリンターできれいに印刷したい！

A <ページ設定>ダイアログボックスで<白黒印刷>を設定します。

背景色や文字色を設定した表を白黒プリンターで印刷すると、色を設定した部分が網点になり、文字が読みにくくなります。この場合は、<ページ設定>ダイアログボックスの<シート>を表示して、<白黒印刷>をオンにすると、白黒印刷に適したデザインに変更され、白黒プリンターでも見やすい表が印刷できます。

参照 ▶ Q 0904, Q 1019

1 <ページ設定>ダイアログボックスの<シート>を表示します。

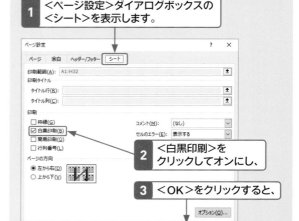

2 <白黒印刷>をクリックしてオンにし、

3 <OK>をクリックすると、

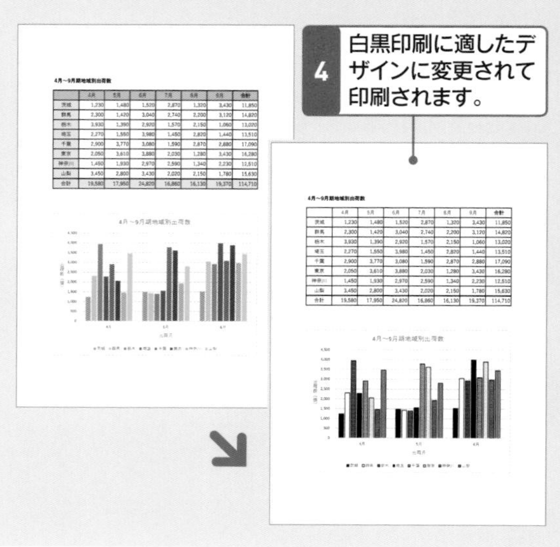

4 白黒印刷に適したデザインに変更されて印刷されます。

重要度★★★ 印刷の応用

Q 1047 行番号や列番号も印刷したい！

A <ページレイアウト>タブの<見出し>で設定します。

ワークシートに行番号や列番号も付けて印刷するには、<ページレイアウト>タブの<見出し>の<印刷>をオンにして、印刷を行います。

をクリックして、

2 <見出し>の<印刷>をクリックしてオンにします。

3 印刷を行うと、行列番号も印刷されます。

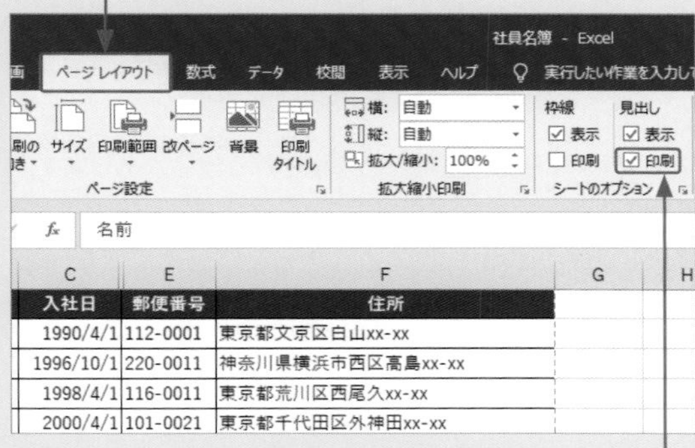

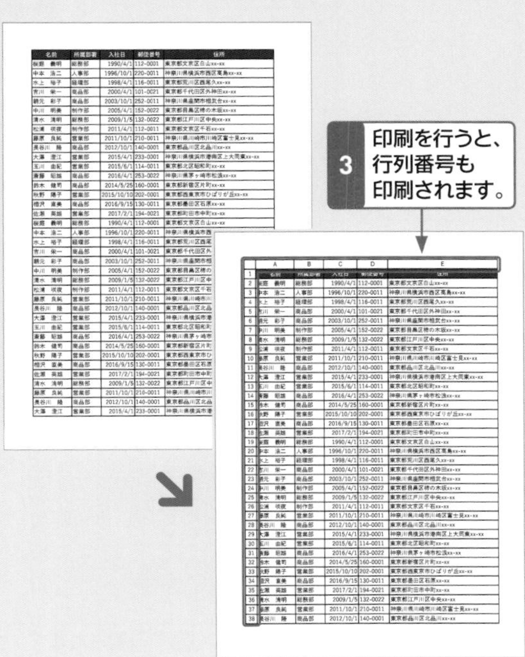

重要度★★★ 印刷の応用

Q 1048 URLに表示される下線を印刷したくない！

A <セルのスタイル>から下線を印刷しないように設定します。

セルにメールアドレスやホームページのURLを入力すると、入力オートフォーマット機能により自動的にハイパーリンクが設定され、文字が青色で下線が付いて表示されます。ハイパーリンクの下線を印刷したくない場合は、下の手順で下線を<なし>に設定します。

1 <ホーム>タブの<セルのスタイル>をクリックして、

2 <データとモデル>の<ハイパーリンク>を右クリックし、

3 <変更>をクリックします。

4 <書式設定>をクリックして、

5 <フォント>をクリックし、

6 <下線>を<なし>に設定して、

7 <OK>をクリックします。

8 <スタイル>ダイアログボックスの<OK>をクリックして、印刷を行います。

編集 12

書式 13

計算 14

関数 15

グラフ 16

データベース 17

印刷 18

ファイル 19

連携・共同編集 20

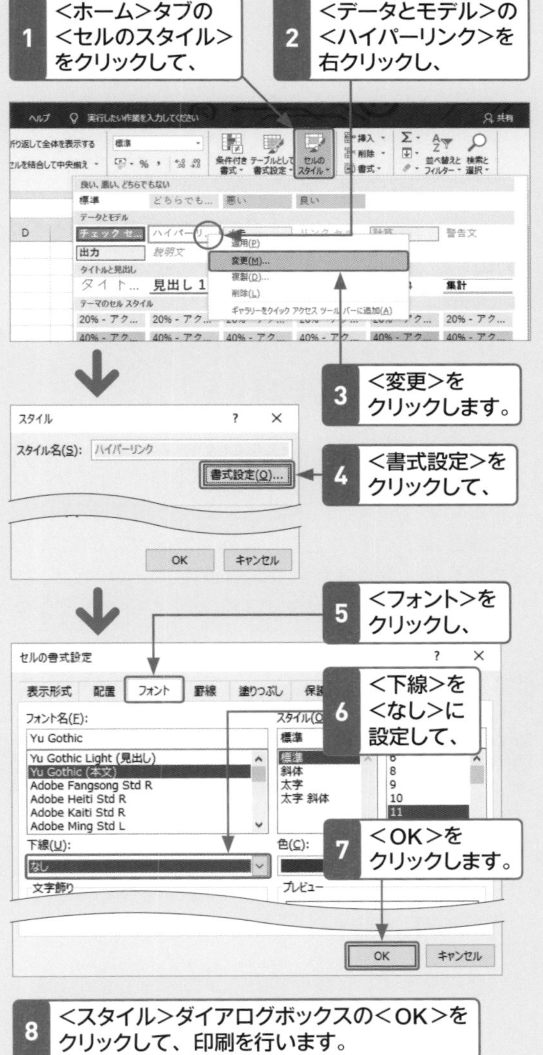

重要度 ★★★ 印刷の応用

Q 1049 印刷すると数値の部分が「###…」などになる!

A フォントを変更したり、セルの幅を変更したりしましょう。

セルの幅が、数値が表示されるぎりぎりの幅に設定されていると、画面上では正しく表示されていても、「###…」などと印刷される場合があります。このような場合は、フォントの種類やサイズを変更したり、セルの幅を広げたりして印刷を行います。また、印刷の前には必ず印刷結果のイメージを確認しましょう。

● Excelのワークシート

	A	B	C	D	E	F	G
1	第一四半期店舗別売上一覧						
2		4月	5月	6月	合計		
3	水戸店	3,738,300	5,096,900	4,454,200	13,289,400		
4	前橋店	4,741,800	6,200,000	4,475,300	15,417,100		
5	宇都宮店	2,683,100	5,321,800	5,094,200	13,099,100		
6	大宮店	3,968,000	4,149,800	2,998,100	11,115,900		
7	合　計	15,131,200	20,768,500	17,021,800	52,921,500		
8							

画面上では表示されていても、

● 印刷結果

第一四半期店舗別売上一覧

	4月	5月	6月	合計
水戸店	3,738,300	5,096,900	4,454,200	13,289,400
前橋店	4,741,800	6,200,000	4,475,300	15,417,100
宇都宮店	2,683,100	5,321,800	5,094,200	13,099,100
大宮店	3,968,000	4,149,800	2,998,100	11,115,900
合　計	#######	#######	#######	52,921,500

「###…」などと印刷される場合があります。

重要度 ★★★ 印刷の応用

Q 1050 印刷時だけ枠線を付けて印刷したい!

A <ページレイアウト>タブの<枠線>で設定します。

ワークシート上で罫線を設定していなくても、<ページレイアウト>タブの<枠線>の<印刷>をオンにして印刷すると、印刷時に枠線を印刷できます。
この場合、表の左側や上側に空列や空行があると、その部分のセルにも枠が付いて印刷されてしまいます。これを避けたい場合は、印刷したい部分だけを印刷範囲として設定しておくとよいでしょう。 参照 ▶ Q 1020

1 <ページレイアウト>タブをクリックして、

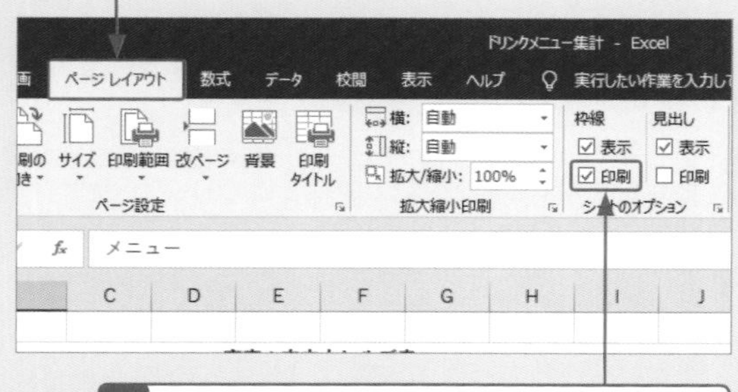

2 <枠線>の<印刷>をクリックしてオンにし、印刷を行います。

● 印刷範囲が設定されていない場合

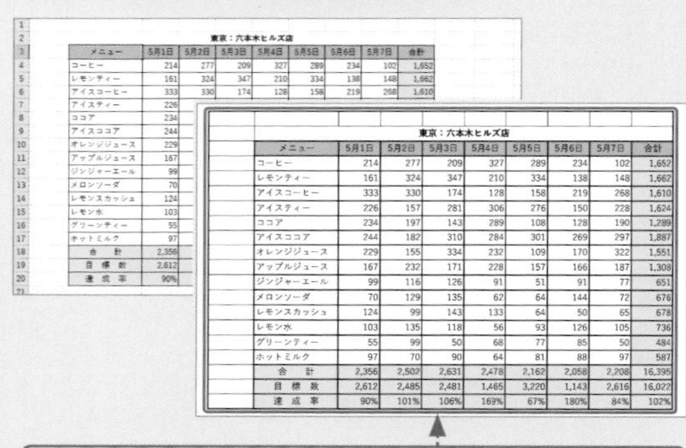

空列や空行の部分も含めて、枠線付きで印刷されます。

● 印刷範囲が設定されている場合

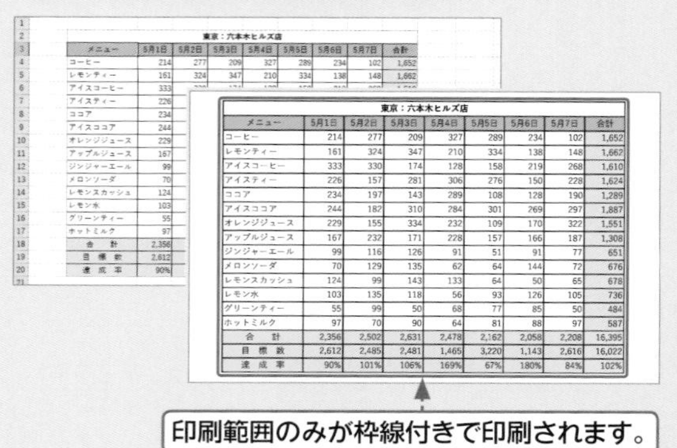

印刷範囲のみが枠線付きで印刷されます。

重要度 ★★★　印刷の応用

Q 1051 複数のワークシートをまとめて印刷したい！

A 印刷したいワークシートをグループ化します。

複数のワークシートをまとめて印刷するには、印刷したいワークシートのシート見出しを、Ctrlを押しながらクリックして選択し（グループ化し）、印刷を行います。

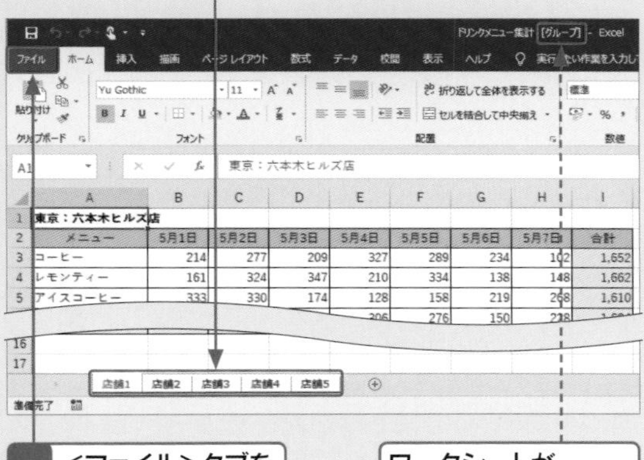

1 印刷したいワークシートの見出しを Ctrlを押しながらクリックして選択します。
2 <ファイル>タブをクリックして、
ワークシートがグループ化されます。

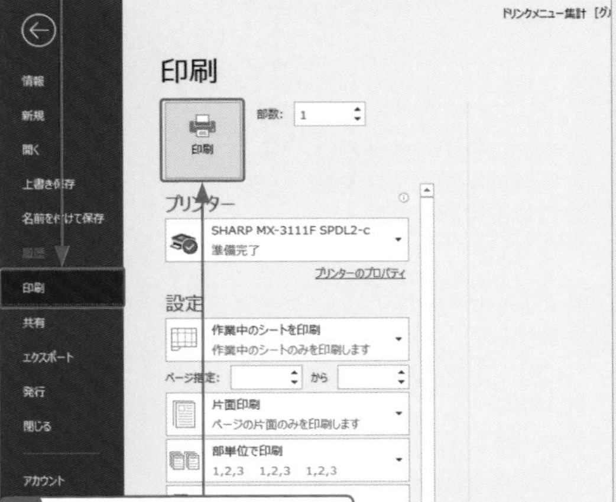

3 <印刷>をクリックし、
4 <印刷>をクリックします。
<次のページ>をクリックすると、選択したシートを確認できます。

重要度 ★★★　印刷の応用

Q 1052 印刷プレビューにグラフしか表示されない！

A グラフを選択した状態で表示している可能性があります。

印刷プレビューにグラフしか表示されない場合は、グラフを選択した状態で、印刷プレビューを表示している可能性があります。編集画面に戻り、ワークシートをクリックしてから、再び印刷プレビューを表示します。

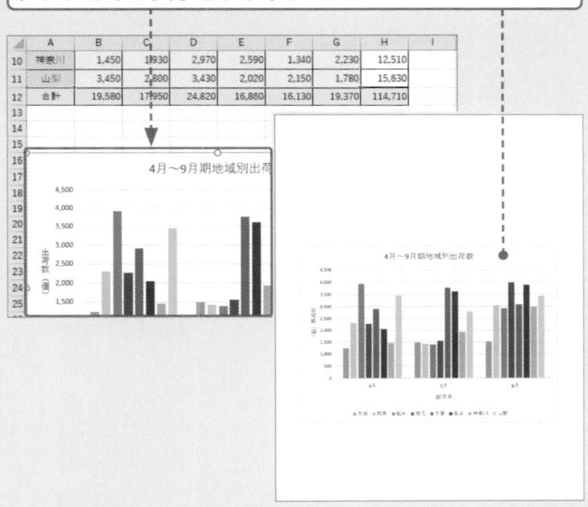

グラフを選択した状態で印刷プレビューを表示すると、グラフだけが表示されます。

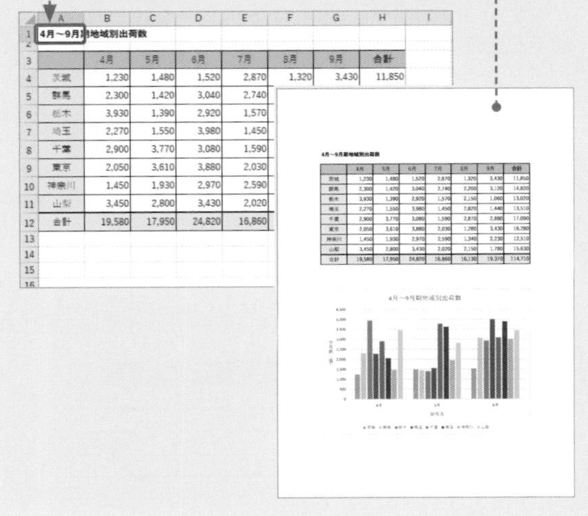

ワークシートの任意のセルをクリックして印刷プレビューを表示すると、ワークシート全体が表示されます。

重要度 ★★★　印刷の応用

Q 1053 セルのエラー値を印刷したくない!

A ＜ページ設定＞ダイアログボックスで印刷しないように設定します。

セルに表示されたエラー値は、通常では印刷されてしまいます。エラー値を印刷したくない場合は、＜ページ設定＞ダイアログボックスの＜シート＞を表示して、セルのエラーを印刷しないように設定します。

参照▶Q 1019

1 ここをクリックして、

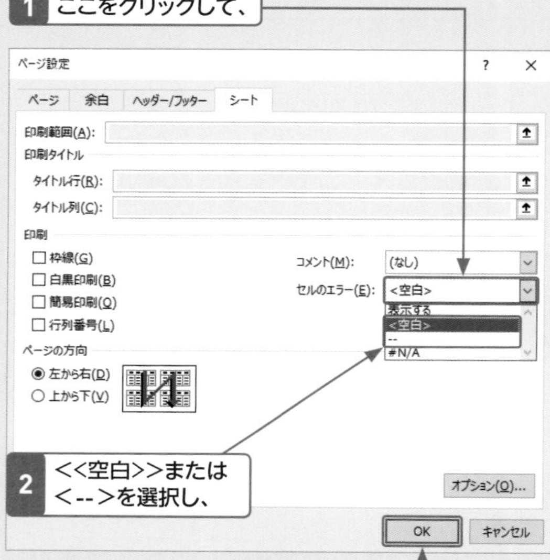

2 ＜＜空白＞＞または＜--＞を選択し、

3 ＜OK＞をクリックして印刷を行います。

● ＜＜空白＞＞を選択した場合

第3四半期販売実績：六本木ヒルズ店

メニュー	実販売数	目標数	達成率
コーヒー	74,330	70,000	106%
レモンティー	49,841	45,000	111%
ホットミルク	19,239	20,000	96%
アイスコーヒー	未販売	未設定	

● ＜--＞を選択した場合

第3四半期販売実績：六本木ヒルズ店

メニュー	実販売数	目標数	達成率
コーヒー	74,330	70,000	106%
レモンティー	49,841	45,000	111%
ホットミルク	19,239	20,000	96%
アイスコーヒー	未販売	未設定	--

重要度 ★★★　印刷の応用

Q 1054 1つのワークシートに複数の印刷設定を保存したい!

A ＜ユーザー設定のビュー＞ダイアログボックスを利用します。

1つのシートに複数の印刷設定を保存するには、＜表示＞タブの＜ユーザー設定のビュー＞をクリックして、＜ユーザー設定のビュー＞ダイアログボックスを表示し、下の手順で設定します。

1 ＜ユーザー設定のビュー＞ダイアログボックスを表示して、

2 ＜追加＞をクリックし、

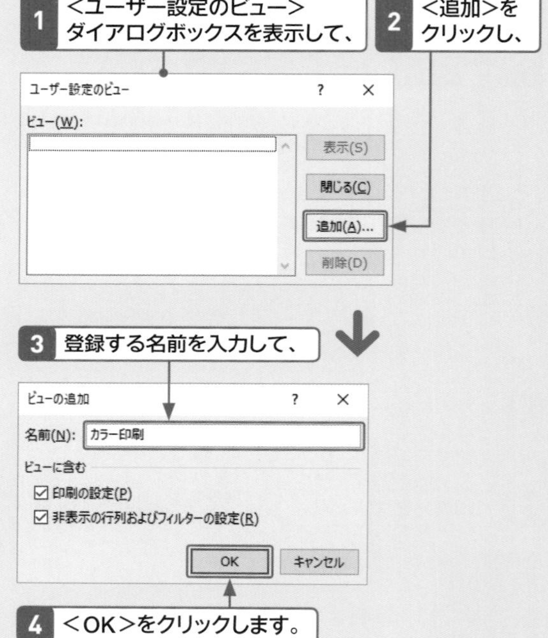

3 登録する名前を入力して、

4 ＜OK＞をクリックします。

5 別の印刷の設定を行い、同様の手順で、名前を付けて登録します。

6 ＜ユーザー設定のビュー＞ダイアログボックスを表示して、利用したい設定をクリックし、

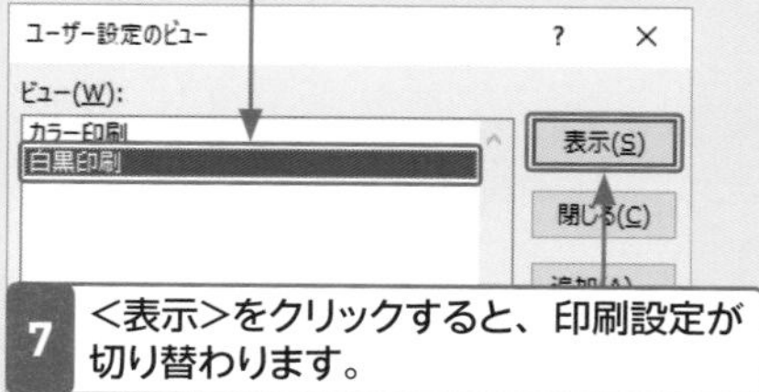

7 ＜表示＞をクリックすると、印刷設定が切り替わります。

重要度 ★★★　印刷の応用

Q 1055 行や列見出しの印刷設定ができない！

A <印刷>画面からは設定できません。

<印刷>画面の<ページ設定>をクリックすると表示される<ページ設定>ダイアログボックスの<シート>からは、印刷範囲や印刷タイトルを設定できません。これらの設定を行うには、<ページレイアウト>タブの<ページ設定>グループの をクリックして、<ページ設定>ダイアログボックスを表示します。

参照▶Q 1019

1 <印刷>画面で<ページ設定>をクリックすると、

2 これらの設定を行うことはできません。

重要度 ★★★　印刷の応用

Q 1056 ブック全体を印刷したい！

A <印刷>画面の<ブック全体を印刷>を利用します。

ブックにあるすべてのワークシートを印刷するには、<印刷>画面を表示して、<作業中のシートを印刷>をクリックし、<ブック全体を印刷>をクリックして印刷します。また、ワークシートをグループ化してから印刷しても、ブック全体を印刷できます。

参照▶Q 1051

1 <ファイル>タブをクリックして、<印刷>をクリックします。

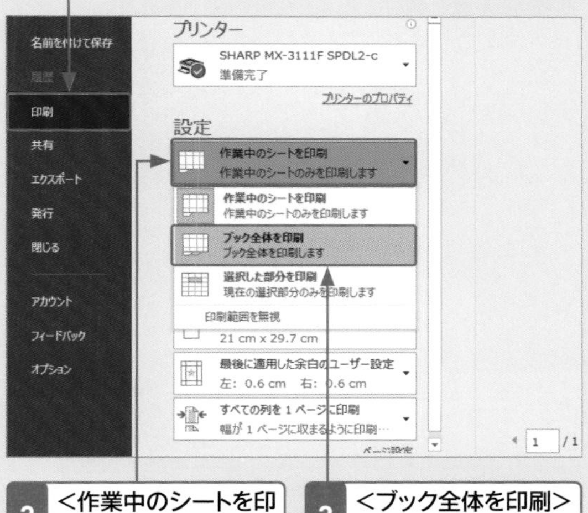

2 <作業中のシートを印刷>をクリックして、

3 <ブック全体を印刷>をクリックします。

重要度 ★★★　印刷の応用

Q 1057 印刷の設定を保存したい！

A 印刷の設定を行ったブックをテンプレートとして保存します。

よく使う印刷の設定を保存しておくには、印刷の設定を行ったブックをテンプレートとして保存します。以降は作成したテンプレートを利用してブックを作成すると、印刷の設定を利用できます。

参照▶Q 1105

Q 1058 1部ずつ仕分けして印刷したい！

A <印刷>画面の<部単位で印刷>を利用します。

複数の部数を印刷する場合、「部単位で印刷」すると、1部ずつページ順で印刷されるので、印刷後に仕分けする手間が省けます。

1 印刷部数を指定して、

2 <部単位で印刷>をクリックし、

情報
新規
開く
上書き保存
名前を付けて保存
履歴
印刷
共有
エクスポート
発行
閉じる

印刷
印刷 部数: 2
プリンター
SHARP MX-3111F SPDL2-c
準備完了
プリンターのプロパティ
設定
作業中のシートを印刷
作業中のシートのみを印刷します
ページ指定: から
部単位で印刷
1,2,3 1,2,3 1,2,3
縦方向

3 <印刷>をクリックすると、

4 1部ずつ仕分けして印刷されます。

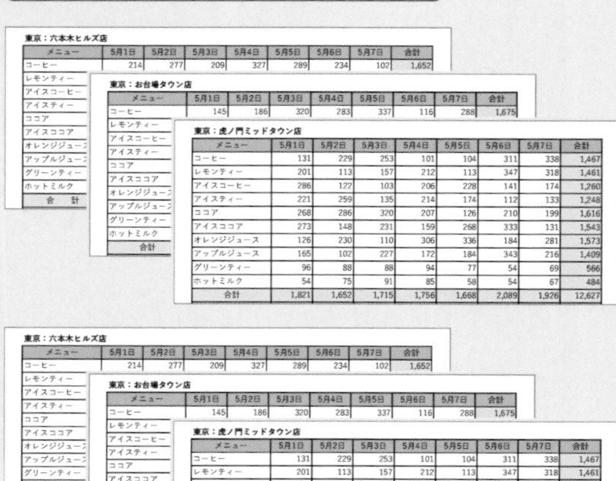

東京：六本木ヒルズ店

メニュー	5月1日	5月2日	5月3日	5月4日	5月5日	5月6日	5月7日	合計
コーヒー	214	277	209	327	289	234	102	1,652
レモンティー								
アイスコーヒー								
アイスティー								
ココア								
アイスココア								
オレンジジュース								
アップルジュース								
グリーンティー								
ホットミルク								
合計								

東京：お台場タウン店

メニュー	5月1日	5月2日	5月3日	5月4日	5月5日	5月6日	5月7日	合計
コーヒー	145	186	320	283	337	116	288	1,675
レモンティー								
アイスコーヒー								
アイスティー								
ココア								
アイスココア								
オレンジジュース								
アップルジュース								
グリーンティー								
ホットミルク								
合計								

東京：虎ノ門ミッドタウン店

メニュー	5月1日	5月2日	5月3日	5月4日	5月5日	5月6日	5月7日	合計
コーヒー	131	229	253	101	104	311	338	1,467
レモンティー	201	113	157	212	113	347	318	1,461
アイスコーヒー	286	122	103	206	228	141	174	1,260
アイスティー	221	259	135	214	174	112	133	1,248
ココア	268	286	320	207	126	210	199	1,616
アイスココア	273	148	231	159	268	333	131	1,543
オレンジジュース	126	230	110	306	336	184	281	1,573
アップルジュース	165	102	227	172	184	343	216	1,409
グリーンティー	96	88	88	94	77	54	69	566
ホットミルク	54	75	91	85	58	54	67	484
合計	1,821	1,652	1,715	1,756	1,668	2,089	1,926	12,627

Q 1059 用紙の両面に印刷したい！

A プリンターが両面印刷に対応していれば印刷できます。

使用しているプリンターが両面印刷に対応している場合は、<印刷>画面で<両面印刷>を選択すると、両面印刷ができます。なお、プリンターによっては、あらかじめ<プリンターのプロパティ>ダイアログボックスで両面印刷の設定をしておく必要があります。

1 <ファイル>タブから<印刷>をクリックして、<プリンターのプロパティ>をクリックします。

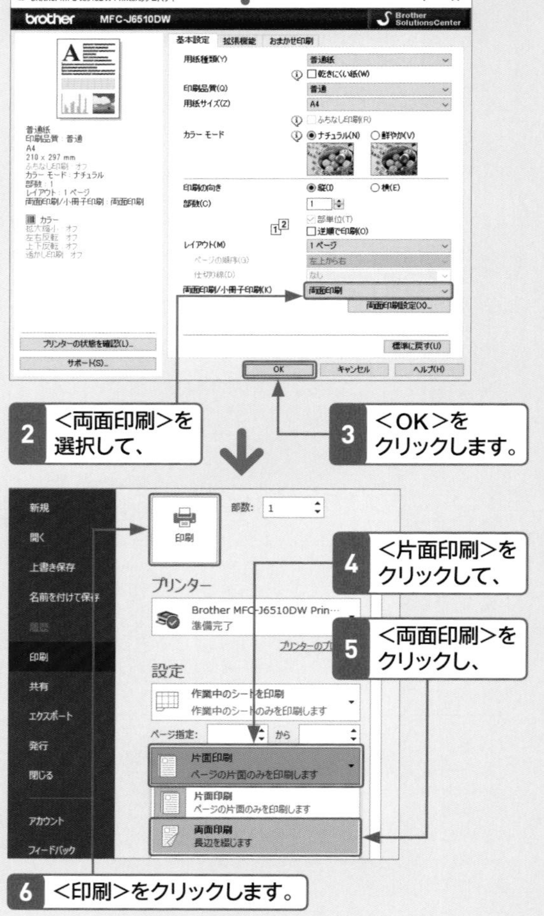

第19章

Excelのファイルの「こんなときどうする?」

重要度 ★★★ ファイルを開く

Q 1060 保存されているブックを開きたい!

A <ファイルを開く>ダイアログボックスでブックを指定します。

パソコンに保存したブックを開くには、<ファイルを開く>ダイアログボックスを表示して、ブックを保存した場所とファイル名を指定して開きます。
Excel 2010の場合は、下の手順1の操作で<ファイルを開く>ダイアログボックスが表示されます。

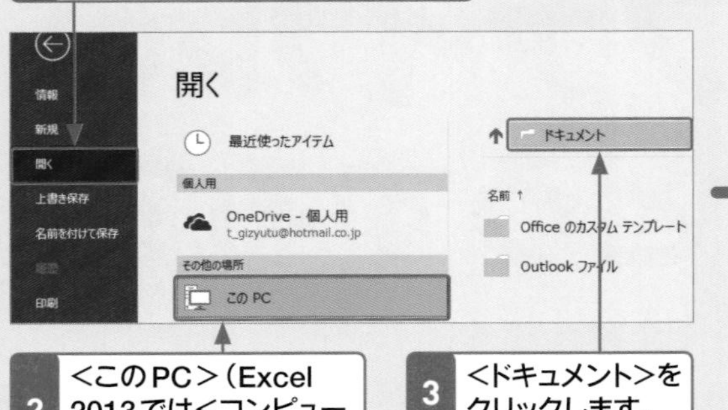

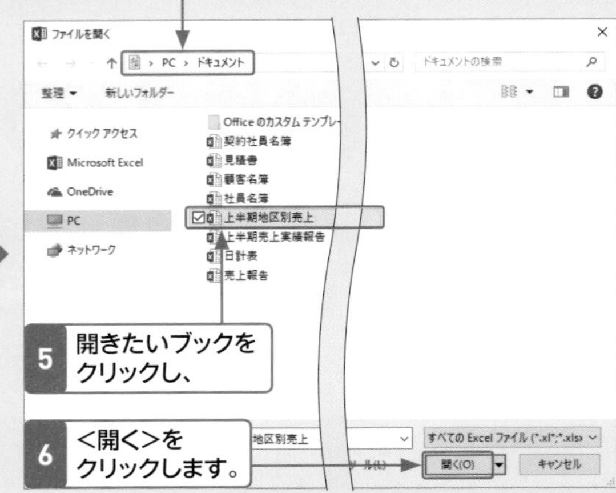

重要度 ★★★ ファイルを開く ✕2010

Q 1061 OneDriveに保存したブックを開きたい!

A <ファイル>タブの<開く>からOneDriveを開きます。

OneDriveは、マイクロソフトが無償で提供しているオンラインストレージサービス(データの保管場所)です。OfficeにMicrosoftアカウントでサインインしていると、OneDriveを通常のフォルダーと同様に利用することができます。 参照▶Q 1095

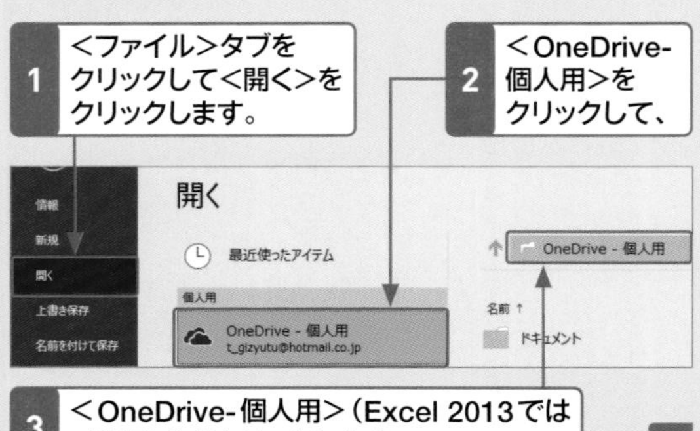

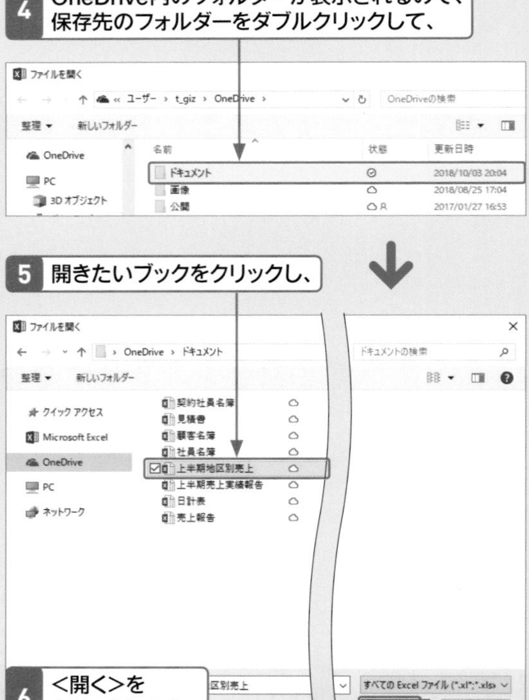

重要度 ★★★　ファイルを開く

Q 1062 ファイルを開こうとしたらパスワードを要求された！

A 開くためのパスワードを入力します。

ファイルを開こうとしたとき、パスワードの入力を促すメッセージが表示される場合があります。これは、ファイルの作成者がパスワードを設定しているためです。ファイルを開くには、ファイルの作成者にパスワードを問い合わせます。
パスワードには、ファイルを開くためのパスワードと、上書き保存を許可するためのパスワードの2つがあります。上書き保存のパスワードが設定されたファイルは、パスワードを知らなくても、読み取り専用として開くことができます。

参照▶Q 1087

● ファイルを開くためのパスワード

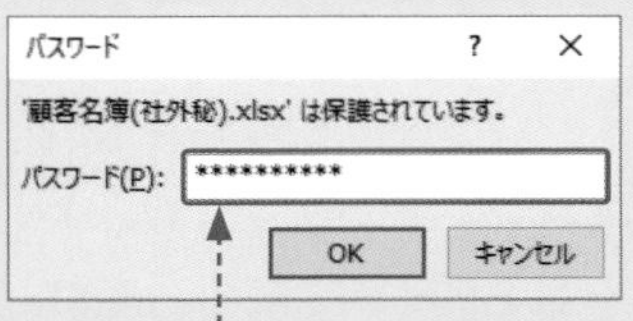

ファイルを開くには、ここにパスードを入力します。

● ファイルを上書き保存するためのパスワード

1 ＜読み取り専用＞をクリックすると、

パスワード
ファイル '顧客名簿(社外秘).xlsx' は次のユーザーによって保護されています:
技評太郎
上書き保存するにはパスワードが必要です。または読み取り専用で開いてください。
パスワード(P):
読み取り専用(R)　OK　キャンセル

2 読み取り専用としてファイルが開かれます。

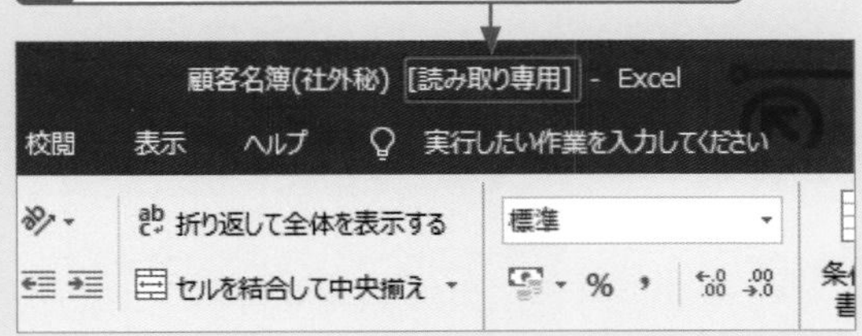

重要度 ★★★　ファイルを開く

Q 1063 パスワードを入力したら間違えていると表示された！

A 大文字と小文字の違いなどパスワードの入力ミスが原因です。

パスワードは大文字と小文字が区別されるので、大文字と小文字の違いに注意して、再度パスワードを入力します。また、ひらがな入力モードにしている場合、そのままでは入力できません。半角英数入力モードに変更してからパスワードを入力します。
それでもパスワードが間違っていると表示される場合は、ファイルの作成者に再度確認しましょう。

正しいパスワードを入力しないと、警告のメッセージが表示されます。

重要度 ★★★　ファイルを開く

Q 1064 起動時に指定したファイルを開きたい！

A <Excelのオプション>ダイアログボックスで指定します。

Excelの起動時に指定したファイルを開きたい場合は、＜ファイル＞タブから＜オプション＞をクリックし、＜Excelのオプション＞ダイアログボックスを表示します。＜詳細設定＞をクリックして、＜起動時にすべてのファイルを開くフォルダー＞に、ブックを保存したフォルダーを指定します。

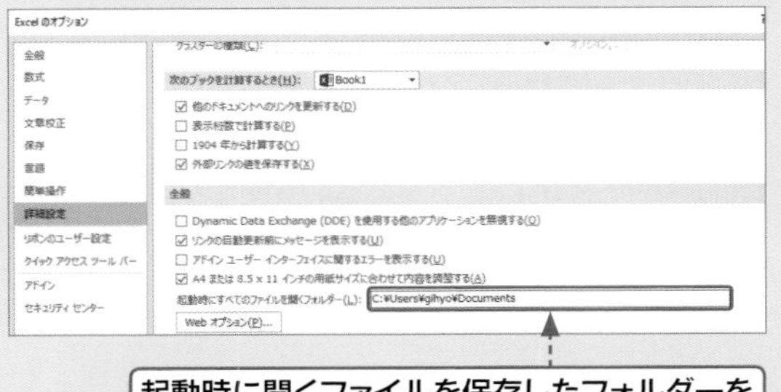

起動時に開くファイルを保存したフォルダーを指定します。

重要度 ★★★ ファイルを開く

Q 1065 ファイルが「ロックされています」と表示された！

A ネットワーク上で別の人がファイルを開いています。

「(ファイル名)は編集のためロックされています。」というメッセージは、開こうとしたファイルがネットワーク上でほかの人に使用されているときに表示されます。＜読み取り専用＞をクリックすると、「読み取り専用」としてブックが開きます。
また、＜通知＞をクリックすると、ほかのユーザーがブックを閉じた時点で、読み取り専用が解除され、編集ができるようになります。

使用中のファイル
上半期地区別売上.xlsx は編集のためロックされています。
使用者は '技評 花子' です。
[読み取り専用] で開いてください。読み取り専用で開き、他の人がファイルの使用を終了したときに通知を受け取るには、[通知] をクリックします。
読み取り専用(R)
通知(N)
キャンセル
＜読み取り専用＞をクリックすると、読み取り専用でブックが開きます。
＜通知＞をクリックすると、ほかのユーザーがブックを閉じたときに読み取り専用が解除されます。

重要度 ★★★ ファイルを開く

Q 1066 最近使用したブックをかんたんに開きたい！

A ＜最近使ったアイテム＞から開きます。

最近使用したブックは、＜ファイル＞タブから＜開く＞をクリックし、＜最近使ったアイテム＞(Excel 2013では＜最近使ったブック＞)から開くことができます。一覧にはブックが開いた順番に表示されており、古い順から削除されますが、固定しておくこともできます。Excel 2010の場合は、＜ファイル＞タブから＜最近使用したファイル＞をクリックします。

参照 ▶ Q 1068

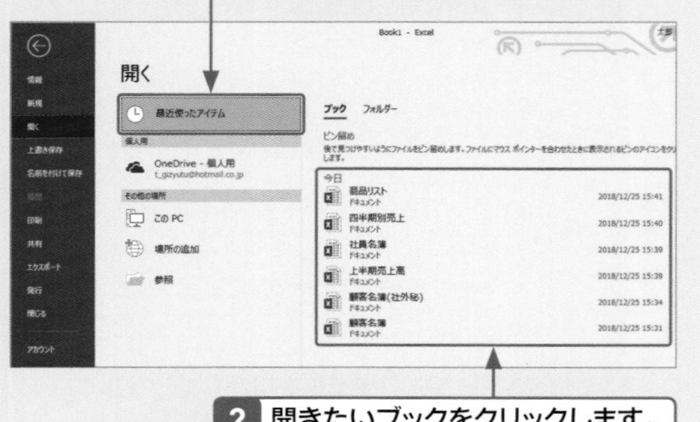

重要度 ★★★ ファイルを開く

Q 1067 もとのブックをコピーして開きたい！

A ＜ファイルを開く＞ダイアログボックスの＜コピーとして開く＞を利用します。

パソコンに保存してあるブックをコピーして開きたい場合は、＜ファイルを開く＞ダイアログボックスでファイルの保存先とブックを指定し、＜コピーとして開く＞をクリックします。コピーとして開いたブックはファイル名の前に「コピー」と表示されます。

参照 ▶ Q 1060

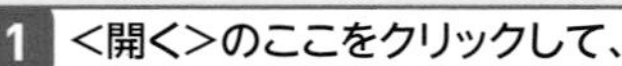

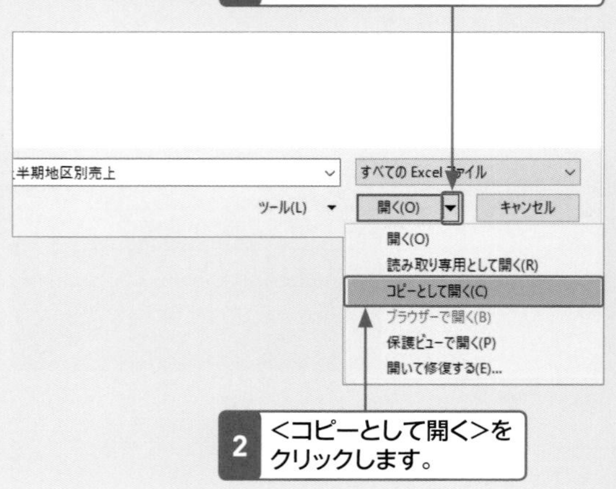

重要度 ★★★ ファイルを開く

Q 1068 最近使用したブックを一覧に固定したい！

A <最近使ったアイテム>のファイル名横のピンマークを利用します。

Excelでブックを開くと、開いた順番に<最近使ったアイテム>（Excel 2010では<最近使用したファイル>）にブック名が表示されます。再度同じブックを開く場合は、その一覧からすばやく開くことができますが、ほかのブックを開くと古いファイルから順に一覧から削除されてしまいます。ブックを<最近使ったアイテム>の一覧から削除されないようにするには、ブックを固定しておきます。

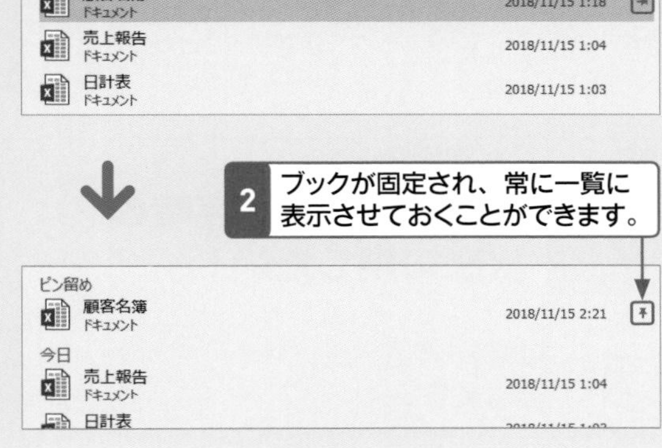
1 一覧から削除したくないブック名のここをクリックすると、
今日
顧客名簿
ドキュメント
2018/11/15 1:18
売上報告
ドキュメント
2018/11/15 1:04
日計表
ドキュメント
2018/11/15 1:03
2 ブックが固定され、常に一覧に表示させておくことができます。
ピン留め
顧客名簿
ドキュメント
2018/11/15 2:21
今日
売上報告
ドキュメント
2018/11/15 1:04
日計表

重要度 ★★★ ファイルを開く

Q 1069 最近使用したブックをクリックしても開かない！

A 削除または移動されたか、ファイル名が変わっています。

ブックを閉じたあとで、ファイル名を変更したり、ファイルを移動したりすると、<最近使ったアイテム>（Excel 2010では<最近使用したファイル>）の一覧から開くことはできません。ファイルを削除していなければ、<ファイルを開く>ダイアログボックスから開くことができます。 参照▶Q 1060

重要度 ★★★ ファイルを開く

Q 1070 壊れたファイルを開くには？

A ファイルを開くときに修復できます。

<ファイルを開く>ダイアログボックスの<開いて修復する>を利用すると、可能な限りファイルを修復したり、修復不可能な場合はデータ（数式と値）だけを取り出したりすることができます。 参照▶Q 1060

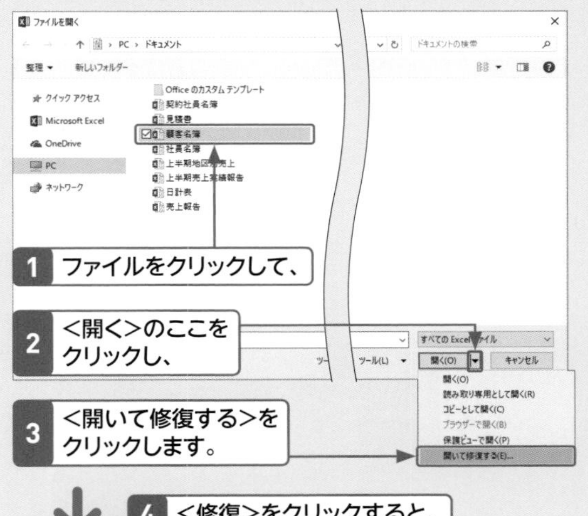
ファイルを開く
PC › ドキュメント
整理 ▼ 新しいフォルダー
クイック アクセス
Microsoft Excel
OneDrive
PC
ネットワーク
Office のカスタム テンプレート
契約社員名簿
見積書
顧客名簿
社員名簿
上半期地区別売上
上半期売上実績報告
日計表
売上報告
1 ファイルをクリックして、
2 <開く>のここをクリックし、
すべての Excel ファイル
ツール(L)
開く(O)
キャンセル
開く(O)
読み取り専用として開く(R)
コピーとして開く(C)
ブラウザーで開く(B)
保護ビューで開く(P)
開いて修復する(E)...
3 <開いて修復する>をクリックします。
4 <修復>をクリックすると、

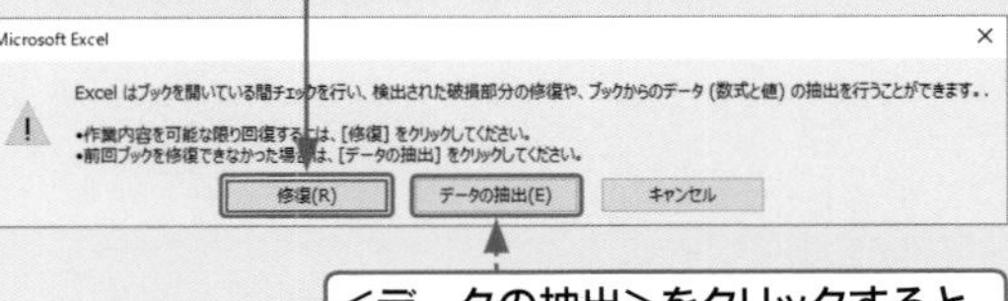
Microsoft Excel
Excel はブックを開いている間チェックを行い、検出された破損部分の修復や、ブックからのデータ（数式と値）の抽出を行うことができます。
•作業内容を可能な限り回復するには、[修復] をクリックしてください。
•前回ブックを修復できなかった場合は、[データの抽出] をクリックしてください。
修復(R)
データの抽出(E)
キャンセル
<データの抽出>をクリックすると、データが抽出できます。

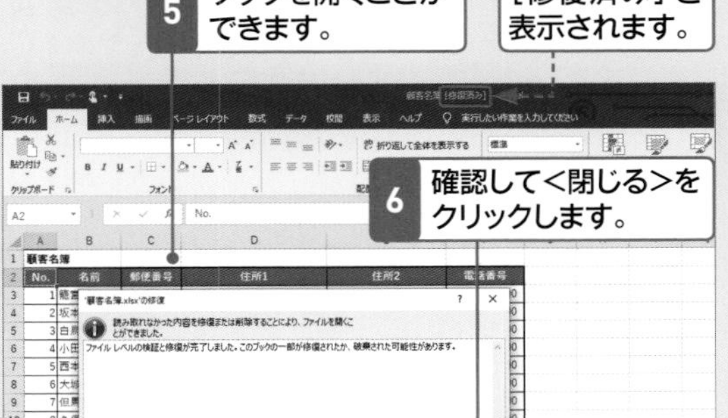
5 ブックを開くことができます。
［修復済み］と表示されます。
6 確認して<閉じる>をクリックします。
顧客名簿
'顧客名簿.xlsx'の修復
読み取れなかった内容を修復または削除することにより、ファイルを開くことができました。
ファイル レベルの検証と修復が完了しました。このブックの一部が修復されたか、破棄された可能性があります。
閉じる(C)

重要度 ★★★ ファイルを開く

Q 1071 Excelブック以外のファイルを開きたい!

A ファイルを開くときにファイル形式を選択します。

テキストファイルやXML ファイルなど、Excel ブック以外のファイルを開くには、<ファイルを開く>ダイアログボックスを表示して、下の手順で目的のファイルを開きます。テキストファイルを開いた場合は、<テキストファイルウィザード>が表示されます。

参照▶Q 1060, Q 1097

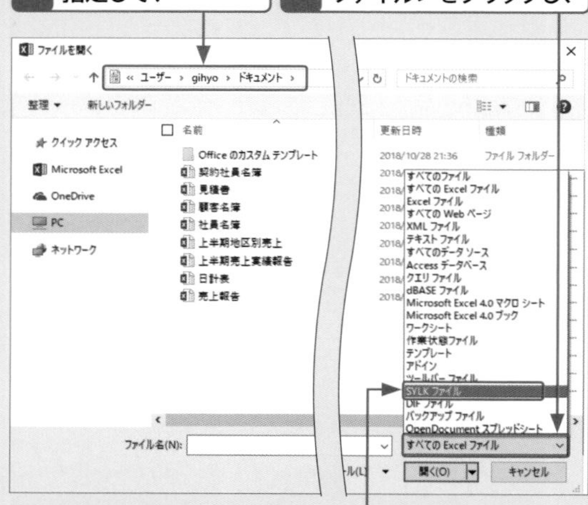
1 ファイルの保存先を指定して、
2 <すべてのExcel ファイル>をクリックし、
3 開きたいファイルの形式をクリックします。

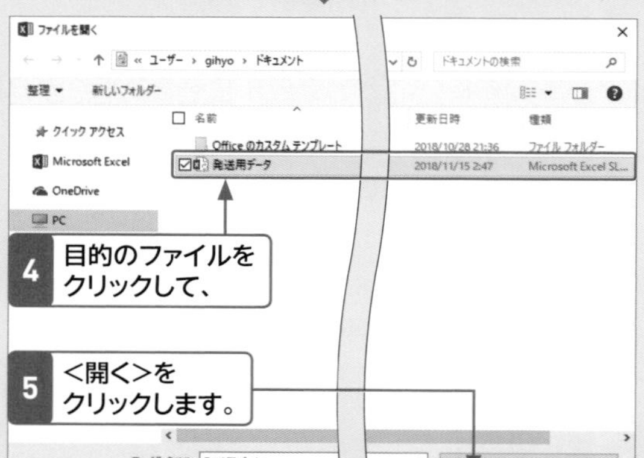
4 目的のファイルをクリックして、
5 <開く>をクリックします。

重要度 ★★★ ファイルを開く

Q 1072 ブックがどこに保存されているかわからない!

A エクスプローラー画面の検索ボックスを利用します。

ブックの保存場所を忘れてしまった場合は、エクスプローラー画面を表示して、検索したい場所を指定します。検索ボックスにファイル名、あるいはファイル名の一部を入力してEnter押すと、入力したキーワードに該当するブックが検索されます。

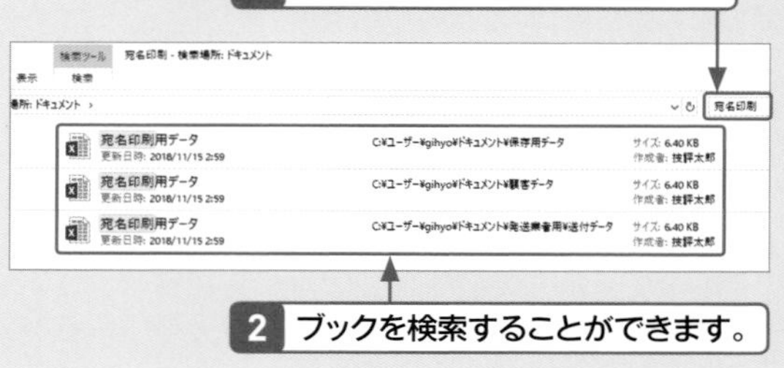
1 ここにキーワードを入力すると、
2 ブックを検索することができます。

重要度 ★★★ ファイルを開く

Q 1073 ブックを前回保存時の状態に戻したい!

A 自動保存されたバージョンから戻します。

Excelには、ブックを自動保存する機能が標準で用意されており、初期設定では10分ごとに保存されます。作業中のブックを前回保存時の状態に戻したい場合は、<ファイル>タブをクリックして、<情報>画面を表示し、<ブックの管理>欄に表示されている一覧から戻したいバージョンをクリックし、<復元>をクリックします。なお、自動保存の間隔は変更することができます。

参照▶Q 1082

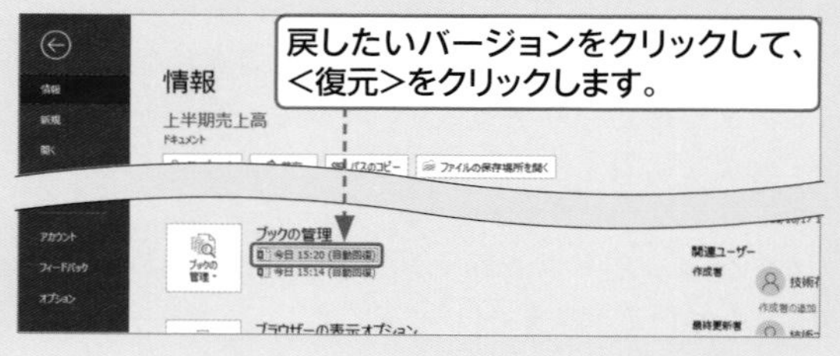
戻したいバージョンをクリックして、<復元>をクリックします。
情報
上半期売上高
ブックの管理

Q 1074 Excelの調子が悪いときはどうする？

A Officeの修復を行います。

Officeの安定度は高く、滅多なことでは不安定になることはありませんが、ほかのアプリケーションソフトとの競合やユーザーが行った操作が原因で、何らかのトラブルに見舞われることはありえます。このような場合は、Officeの修復を行いましょう。<コントロールパネル>を表示して、下の手順で操作します。

● Windows 10の場合

1 <スタート>をクリックして、

2 <Windowsシステムツール>をクリックし、

3 <コントロールパネル>をクリックします。

検索ボックスに「コントロールパネル」と入力して検索することもできます。

4 <プログラムのアンインストール>をクリックして、

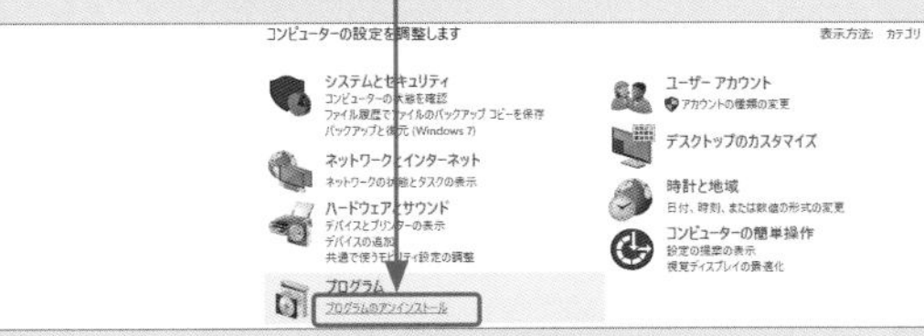

5 インストールされているOffice をクリックし、

6 <変更>をクリックします。

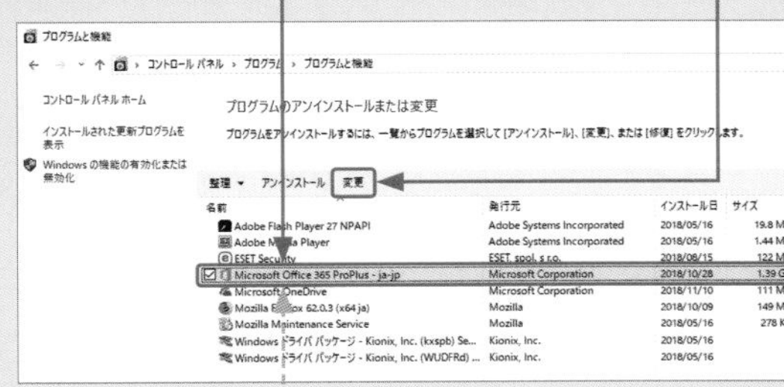

表示されるOfficeアプリケーション名は、インストールされているパッケージによって異なります。

7 <クイック修復>（あるいは<オンライン修復>）をクリックしてオンにします。

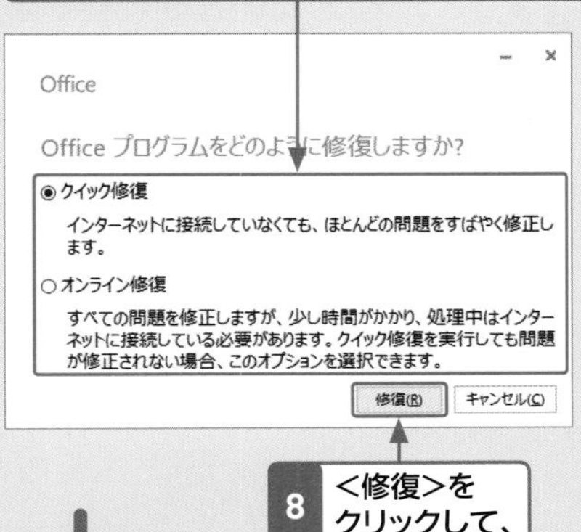

8 <修復>をクリックして、

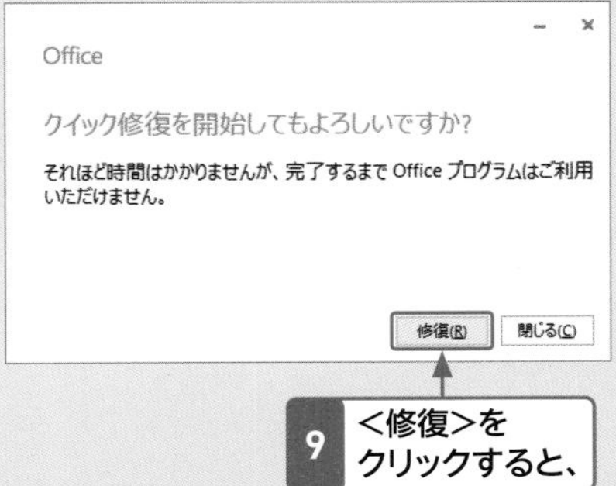

9 <修復>をクリックすると、

10 Officeの修復が実行されます。

● Windows 8.1/8の場合

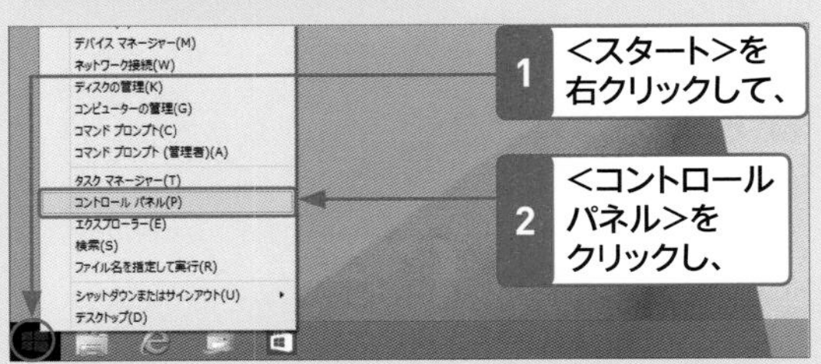

1 <スタート>を右クリックして、

2 <コントロールパネル>をクリックし、

3 Windows 10の場合の手順4以降を参考に操作します。

重要度 ★★★　ファイルを開く

Q 1075 旧バージョンで作成したブックは開けるの？

A 問題なく開くことができます。

旧バージョンのExcelで作成したファイルも、ファイルのアイコンをダブルクリックしたり、＜ファイルを開く＞ダイアログボックスで指定したりして開くことができます。開いたブックを新しいバージョン形式に変換することもできます。

参照▶Q 1078

重要度 ★★★　ファイルを開く

Q 1076 「互換モード」って何？

A 旧バージョンのファイルの互換性をチェックするモードです。

Excel 2019/2016でExcel 97-2003形式のファイルを開くと、タイトルバーに「互換モード」と表示されます。これは、そのExcelファイルが、旧バージョンのExcelで開いた際に機能が大きく損なわれたり、再現性が低下したりする原因となるような、互換性の問題がないかどうかを確認するためのものです。

開いたファイルを旧バージョンのExcelで編集する必要がある場合は、互換モードのままで編集するとよいでしょう。

タイトルバーに表示されたファイル名の後ろに、[互換モード] と表示されます。

重要度 ★★★　ファイルを開く

Q 1077 ファイルを開いたら「保護ビュー」と表示された！

A 問題のないファイルとわかっている場合は編集を有効にします。

電子メールで送られてきたExcelファイルを開いたときなど、画面の上部に「保護ビュー」と表示されたメッセージバーが表示される場合があります。これは、パソコンをウイルスなどの不正なプログラムから守るための機能です。

ファイルを見るだけの場合は保護ビューのままでも構いませんが、ファイルに問題がないとわかっている場合で、編集や印刷が必要な場合は、＜編集を有効にする＞をクリックします。

ファイルを開くと、「保護ビュー」というメッセージバーが表示されました。

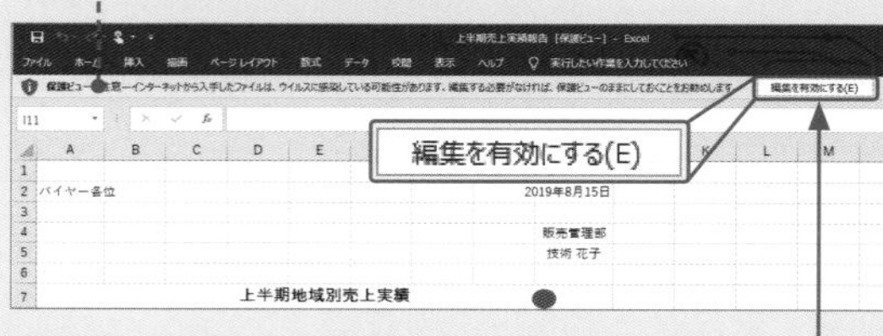

1 ＜編集を有効にする＞をクリックすると、

2 「保護ビュー」の表示がなくなり、編集ができるようになります。

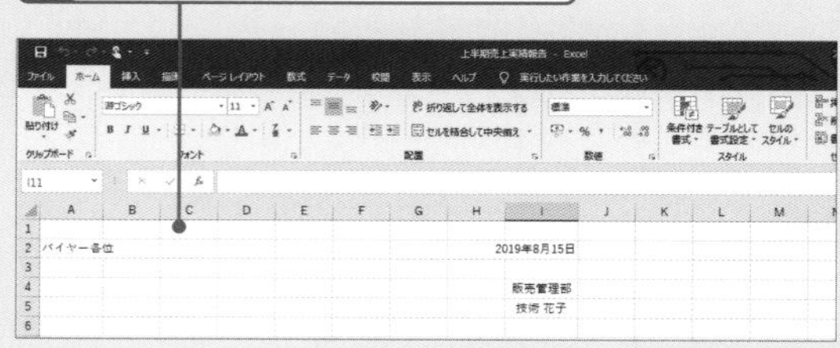

手順1で「保護ビュー」の右横のメッセージをクリックすると、保護ビューに関する詳細を確認することができます。

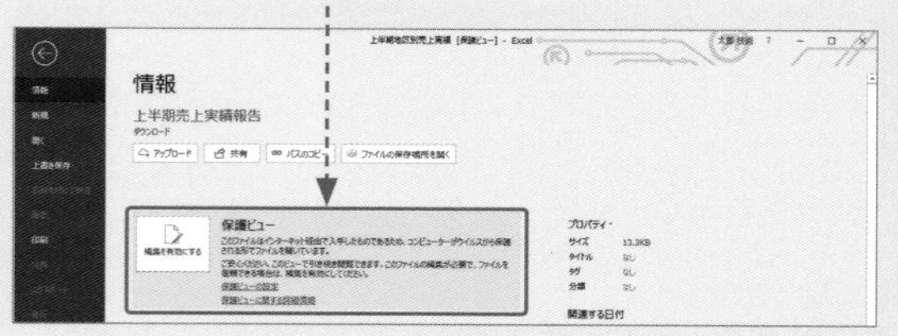

重要度 ★★★　ブックの保存

Q 1078 旧バージョンのブックを新しいバージョンで保存し直したい！

A <ファイル>タブの<情報>からファイルを変換します。

Excel 97-2003形式のブックを開くと「互換モード」になりますが、Excel 2010以降の新機能を使用して編集した場合、互換モードでは正しく保存されません。この場合は、旧バージョンのブックを現在のファイル形式に変換します。

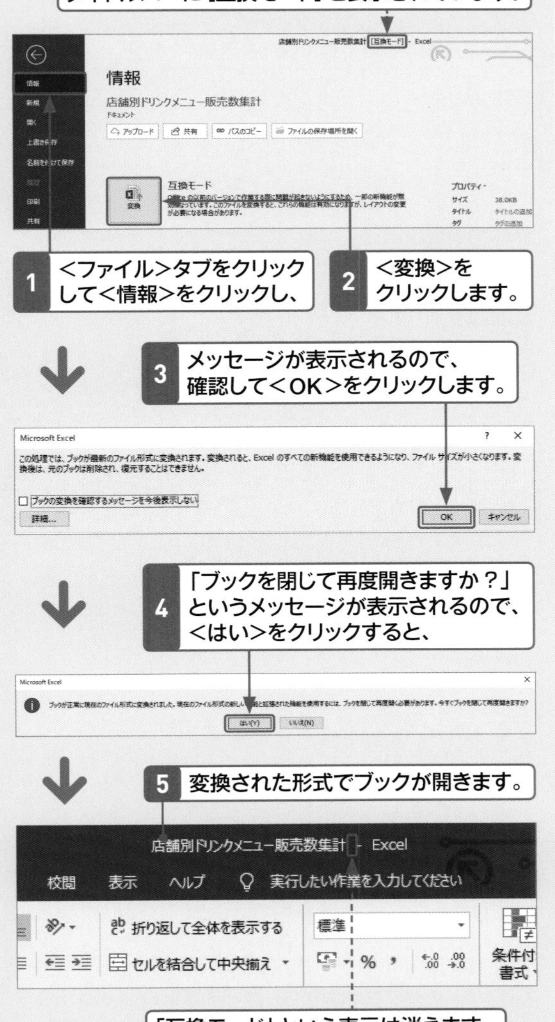

重要度 ★★★　ブックの保存

Q 1079 古いバージョンでも開けるように保存したい！

A 保存形式を<Excel 97-2003ブック>にします。

Excel 2010以降で作成したブックを旧バージョンのExcelで開けるようにするには、<名前を付けて保存>ダイアログボックスで<ファイルの種類>を<Excel 97-2003ブック>にして保存します。

1 <名前を付けて保存>ダイアログボックスを表示して、

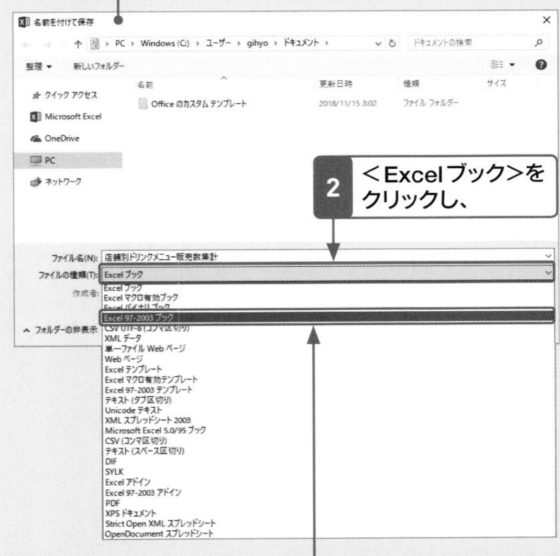

3 <Excel 97-2003ブック>をクリックします。

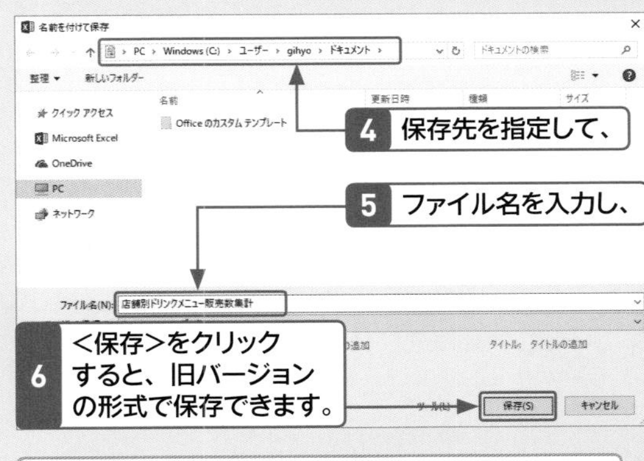

<互換性チェック>ダイアログボックスが表示された場合は、Q 1080を参照してください。

重要度 ★★★　ブックの保存

Q 1080 <互換性チェック>って何？

A 以前のバージョンでサポートされていない機能があるかをチェックします。

Excel 2010以降で追加された機能を使用したブックを旧バージョンの形式で保存しようとすると、<互換性チェック>ダイアログボックスが表示され、問題のある箇所が指摘されます。<続行>をクリックすると保存できますが、サポートされていない機能は反映されず、使用した情報は削除されるか、旧バージョンのExcelの最も近い書式に変換されます。

また、互換性のチェックを手動で行うこともできます。<ファイル>タブをクリックして<情報>画面を表示し、<問題のチェック>をクリックして、<互換性チェック>をクリックします。

1 <互換性チェック>ダイアログボックスが表示された場合は、

2 内容を確認して<続行>をクリックするか、<キャンセル>をクリックして互換性の問題に対処します。

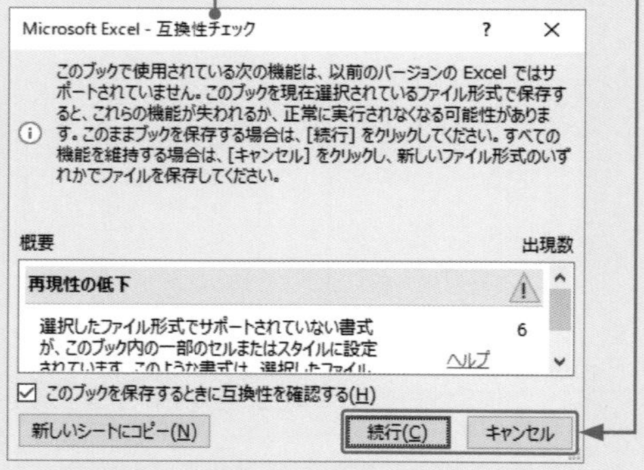

● <情報>画面から互換性をチェックする

1 <問題のチェック>をクリックして、

2 <互換性チェック>をクリックします。

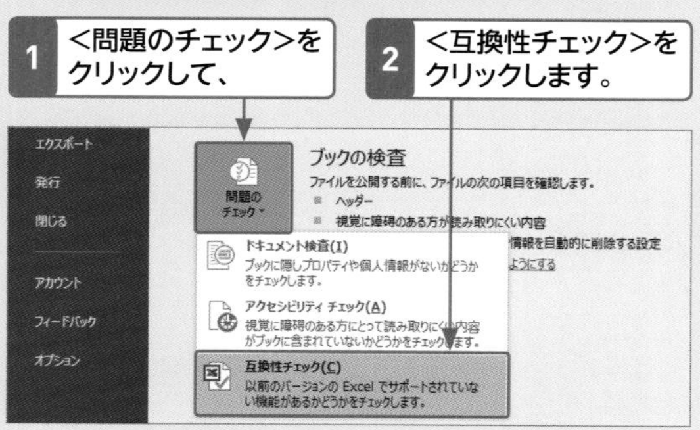

重要度 ★★★　ブックの保存

Q 1081 ブックをPDFファイルとして保存したい！

A <ファイル>タブの<エクスポート>から保存します。

Excel文書をPDF形式で保存すると、Excelを持っていない人ともExcel文書を共有することができます。

PDFファイルは、アドビシステムズ社によって開発された電子文書の規格の1つで、レイアウトや書式、画像などがそのまま保持されるので、OSの種類に依存せずに、同じ見た目で文書を表示できます。
> **4** 保存先を指定して、
>
> **5** ファイル名を入力します。
>
> **6** ファイルの種類が「PDF」になっていることを確認して、

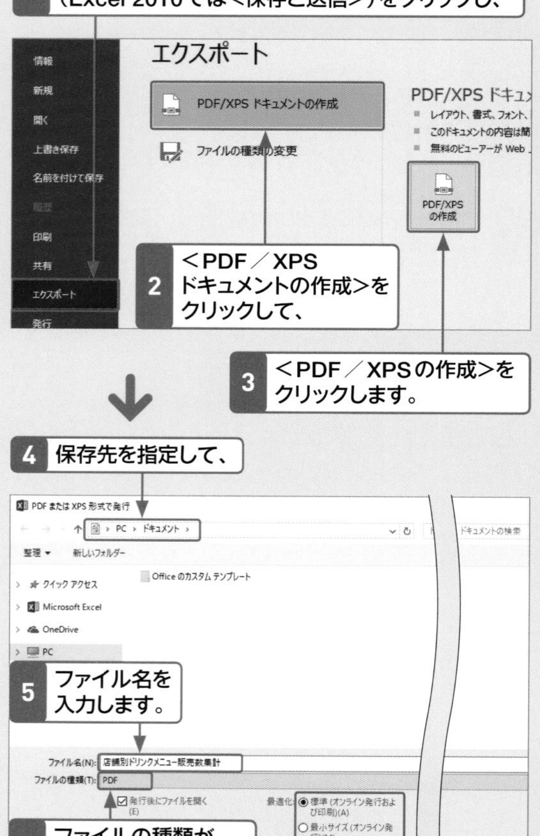

7 PDFのサイズを指定し、

8 <発行>をクリックします。

重要度★★★　ブックの保存

Q 1082 作業中のブックを自動保存したい！

A 標準で自動保存の機能が用意されています。

Excelには、ブックを自動保存する機能が標準で用意されています。ユーザーが特に操作しなくても、開いているファイルが10分ごとに自動保存され、不正終了した場合は、次の起動時に＜ドキュメントの回復＞作業ウィンドウから復旧できます。また、4日以内であれば、保存し忘れたブックを回復することもできます。自動保存する間隔は、＜Excelのオプション＞ダイアログボックスの＜保存＞で変更することもできます。

参照▶Q 1092

自動保存の間隔は変更できます。

重要度★★★　ブックの保存

Q 1083 変更していないのに「変更内容を保存しますか？」と聞かれる！

A 自動再計算の関数が使われています。

ファイルを開いて閉じただけなのに、「変更内容を保存しますか？」というメッセージが表示される場合は、TODAY関数やNOW関数といった、ファイルを開いた時点で再計算される関数が使われていると考えられます。＜保存しない＞をクリックしても問題ありません。

参照▶Q 0815

この文書の場合はTODAY関数を使用しているため、ファイルを開いただけで再計算されます。

重要度★★★　ブックの保存

Q 1084 既定で保存されるフォルダーの場所を変えたい！

A ＜Excelのオプション＞ダイアログボックスで保存先を指定します。

初期設定では、ユーザーフォルダー内のドキュメントフォルダーが保存先に指定されています。

既定で保存されるフォルダーの場所を変更するには、＜Excelのオプション＞ダイアログボックスの＜保存＞を表示し、＜既定でコンピューターに保存する＞をオンにして、＜既定のローカルファイルの保存場所＞（Excel 2010では＜既定のファイルの場所＞）に保存先のフォルダーのパス（フォルダーの場所を表す文字列）を入力します。

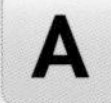

1 ＜既定でコンピューターに保存する＞をクリックしてオンにし、

2 保存先のフォルダーのパスを入力します。

重要度 ★★★ ブックの保存

Q 1085 バックアップファイルを作りたい！

A ＜名前を付けて保存＞ダイアログボックスから設定します。

バックアップファイルを作成する設定にすると、ファイルを上書き保存した際に古いファイルがバックアップファイルとして保存されます。何らかの理由でファイルが壊れた場合に、バックアップファイルを開いて1つ前の状態に復帰できます。

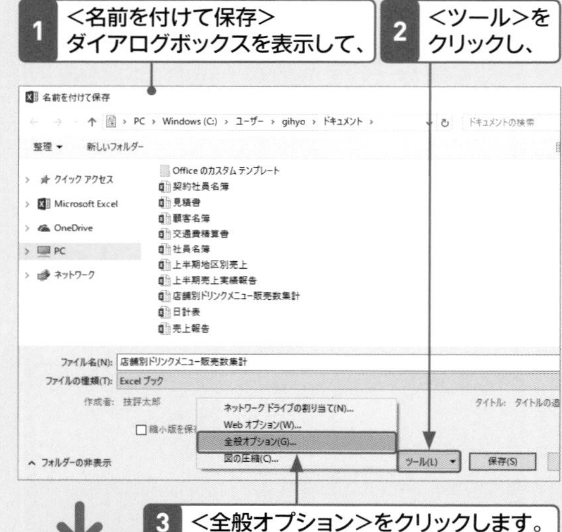

全般オプション
- ☑ バックアップ ファイルを作成する(B)
- ファイルの共有
- 読み取りパスワード(O):
- 書き込みパスワード(M):
- ☐ 読み取り専用を推奨する(R)
- OK キャンセル

4 ＜バックアップファイルを作成する＞をクリックしてオンにし、

5 ＜OK＞をクリックします。

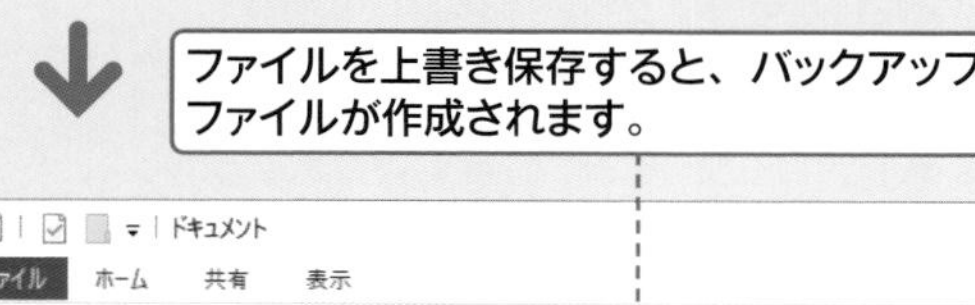

ファイルを上書き保存すると、バックアップファイルが作成されます。

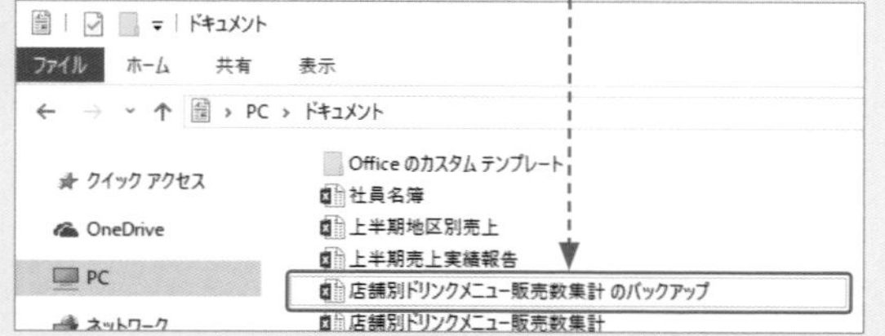

重要度 ★★★ ブックの保存

Q 1086 ファイル名に使えない文字は？

A 「/」「?」など9種類の記号が使用できません。

Windowsでは、ファイル名に以下の半角記号は使用できません。ただし、全角記号であれば使用できます。

¥（円記号）	"（ダブルクォーテーション）
?（疑問符）	<（不等号）
:（コロン）	>（不等号）
¦（縦棒）	*（アスタリスク）
/（スラッシュ）	

重要度 ★★★ ブックの保存

Q 1087 ファイルにパスワードを設定したい！

A ＜全般オプション＞ダイアログボックスを利用します。

パスワードを設定するには、＜名前を付けて保存＞ダイアログボックスから＜全般オプション＞ダイアログボックスを表示して、パスワードを入力します。パスワードには、ブックを開くために必要な「読み取りパスワード」と、ブックを上書き保存するために必要な「書き込みパスワード」があります。

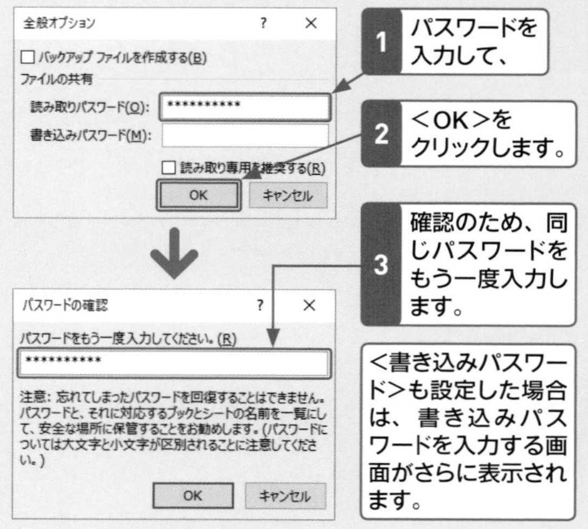

重要度 ★★★ ブックの保存

Q 1088 ブックを開かずに内容を確認したい!

A1 ブックの保存時に縮小版をいっしょに保存しておきます。

ブックを保存するときに縮小版をいっしょに保存しておくと、<ファイルを開く>ダイアログボックスやエクスプローラー画面でファイルのプレビューを表示できます。この場合、ファイルの表示方法を<大アイコン>や<特大アイコン>にすると、見やすくなります。

1 <名前を付けて保存>ダイアログボックスを表示して、ファイルの保存先を指定します。

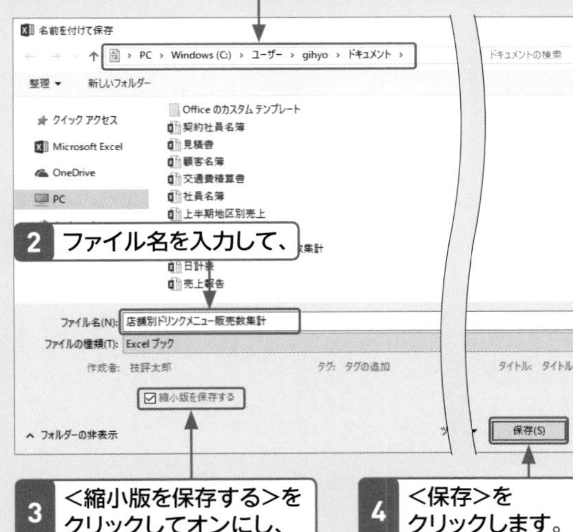

2 ファイル名を入力して、

3 <縮小版を保存する>をクリックしてオンにし、

4 <保存>をクリックします。

5 エクスプローラーを表示して、<表示>タブをクリックします。

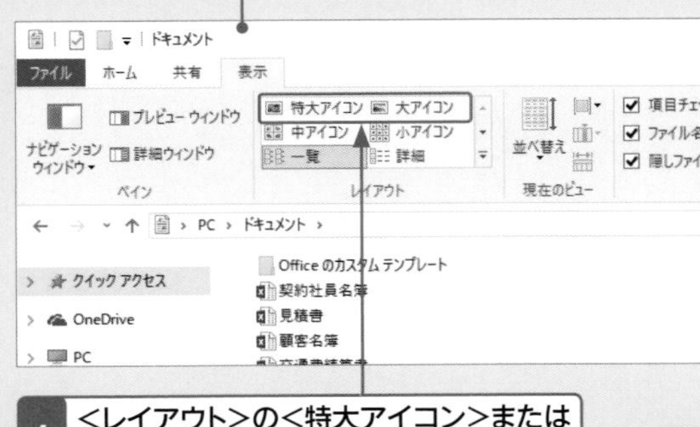

6 <レイアウト>の<特大アイコン>または<大アイコン>をクリックすると、

7 アイコンのかわりに縮小版がプレビューされます。

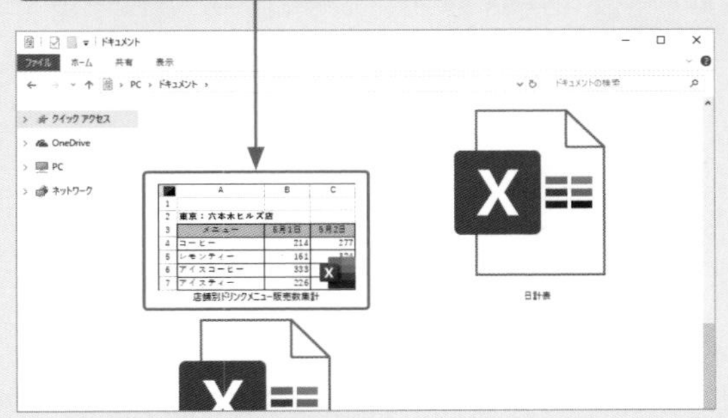

A2 プレビューウィンドウを表示します。

エクスプローラーでプレビューウィンドウを表示する設定にすると、ファイルの中身を確認できます。
エクスプローラーを表示して、<表示>タブをクリックし、<プレビューウィンドウ>をクリックします。

1 <表示>タブをクリックして、

2 <プレビューウィンドウ>をクリックします。

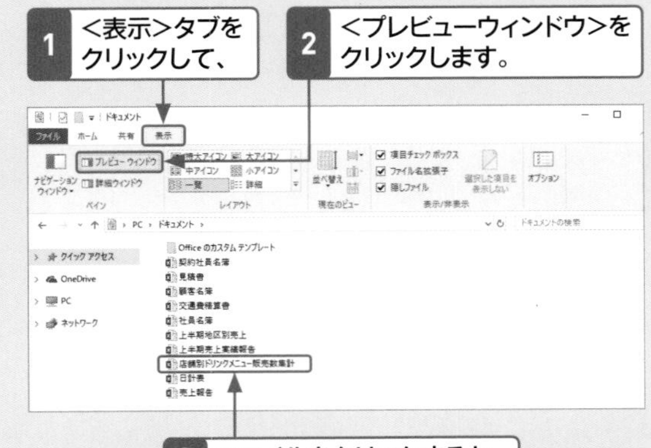

3 ファイルをクリックすると、

4 ファイルの中身がプレビューされます。

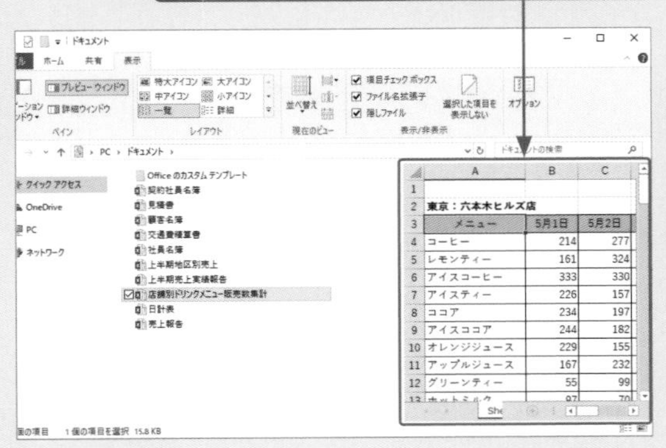

重要度 ★★★　ブックの保存

Q 1089 上書き保存ができない！

A ブックが読み取り専用として開かれています。

ブックを読み取り専用で開いている場合、タイトルバーに[読み取り専用]と表示され、上書き保存ができません。読み取り専用で開いているブックを保存するには、＜名前を付けて保存＞ダイアログボックスを表示して、新しい名前を付けて保存します。

重要度 ★★★　ブックの保存

Q 1090 ブックをテキストファイルとして保存したい！

A 保存する際にテキスト形式を選択します。

Excelのブックをテキスト形式で保存するには、＜名前を付けて保存＞ダイアログボックスを表示して、＜ファイルの種類＞で、タブやカンマ、スペース区切りなどの目的のテキスト形式を選択して保存します。
なお、保存するテキスト形式の種類やExcelのバージョンによっては、手順3のあとに確認のメッセージが表示される場合があります。その場合は、＜はい＞や＜OK＞をクリックします。

1 ＜Excelブック＞をクリックして、

2 目的のテキスト形式をクリックし、

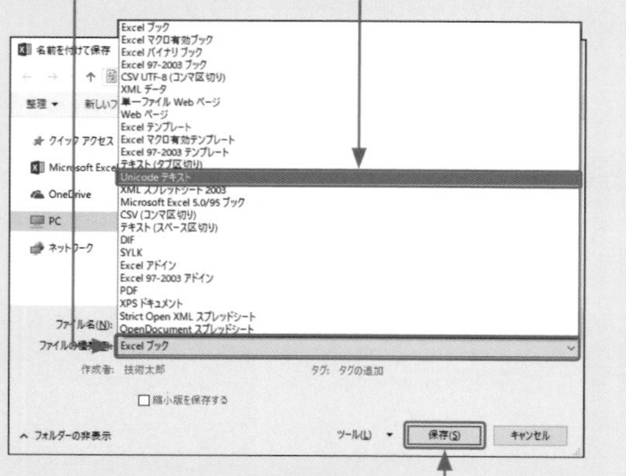

3 ＜保存＞をクリックします。

重要度 ★★★　ブックの保存

Q 1091 ファイルから個人情報を削除したい！

A ＜ドキュメント検査＞ダイアログボックスを利用します。

ファイルのプロパティには、ファイルの作成者や作成日時、更新日時などの情報が記録されています。これらの情報を見られたくない場合は、下の手順で＜ドキュメント検索＞ダイアログボックスを表示して、＜検査＞をクリックし、削除したい項目欄の＜すべて削除＞をクリックします。

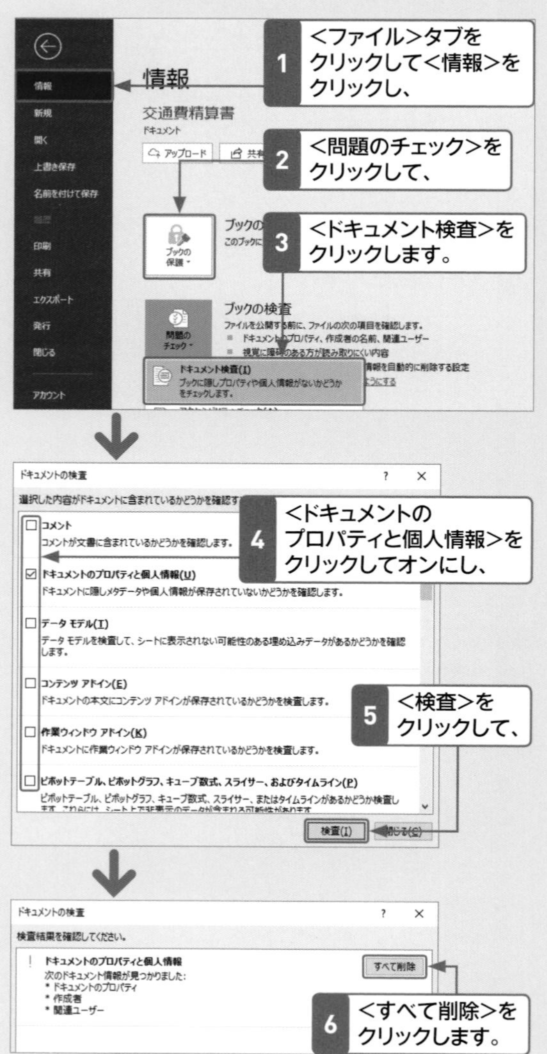

重要度★★★ ブックの保存

Q 1092 前回保存し忘れたブックを開きたい!

A 4日以内であればブックを回復できます。

Excelの初期設定では、ブックが10分ごとに自動保存されています。また、保存しないで終了した場合、最後に自動保存されたバージョンを残すように設定されています。これらの機能により、作成したブックを保存せずに閉じた場合や、編集内容を上書き保存せずに閉じた場合、4日以内であれば復元ができます。

参照▶Q 1082

● 保存を忘れたブックを回復する

1 <ファイル>タブをクリックして、<開く>をクリックし、

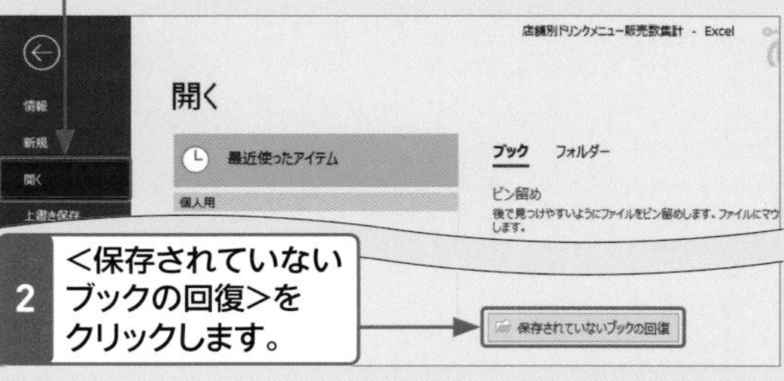

2 <保存されていないブックの回復>をクリックします。

3 <ファイルを開く>ダイアログボックスが表示されるので、開きたいブックをクリックして、<開く>をクリックします。

● 編集内容の上書き保存を忘れたファイルを開く

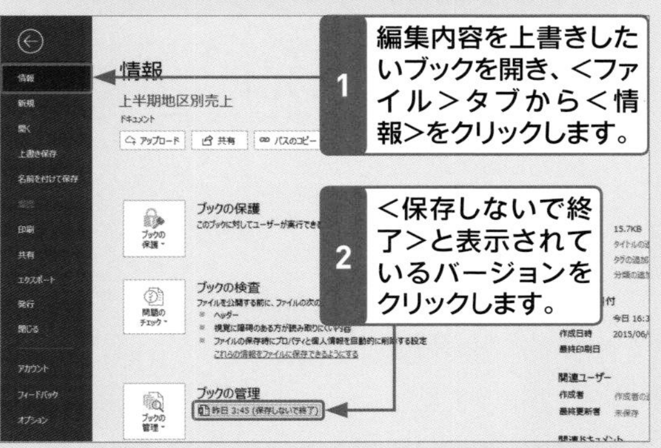

1 編集内容を上書きしたいブックを開き、<ファイル>タブから<情報>をクリックします。

2 <保存しないで終了>と表示されているバージョンをクリックします。

3 表示された画面の<元に戻す>をクリックすると、自動保存されたバージョンで上書きされます。

重要度★★★ ブックの保存

Q 1093 使用したブックの履歴を他人に見せたくない!

A <Excelのオプション>ダイアログボックスの<詳細設定>で設定します。

最近使用したブックの履歴を他人に見られたくない場合は、<Excelのオプション>ダイアログボックスの<詳細設定>を表示して、<最近使ったブックの一覧に表示するブックの数>(Excel 2010では<最近使用したドキュメントの一覧に表示するドキュメントの数>)を「0」に設定します。

<最近使ったブックの一覧に表示するブックの数>を「0」に設定します。

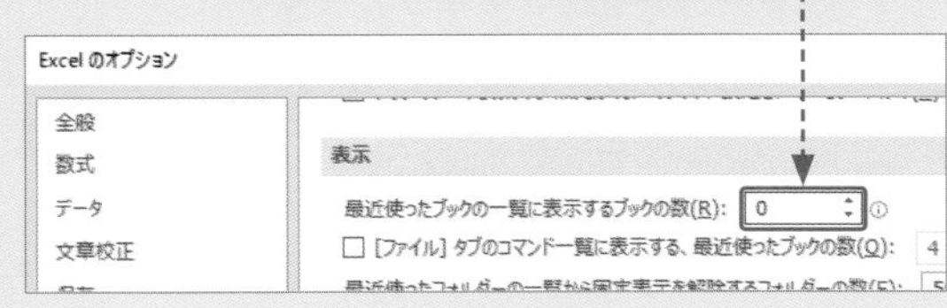

重要度★★★ ブックの保存

Q 1094 「作成者」や「最終更新者」の名前を変更したい!

A <Excelのオプション>ダイアログボックスの<全般>で変更します。

ファイルのプロパティに表示される「作成者」や「最終更新者」の名前は、Officeに設定されているユーザー名です。ユーザー名を変更するには、<Excelのオプション>ダイアログボックスの<全般>(Excel 2013/2010では<基本設定>)を表示して、<ユーザー名>で設定します。

<ユーザー名>を変更します。

重要度 ★★★ ブックの保存

Q 1095 Excelのブックをインターネット上に保存したい！

A OneDriveを利用します。

OfficeにMicrosoftアカウントでサインインしていると、OneDriveを通常のフォルダーと同様に利用することができます。

1 ＜ファイル＞タブをクリックして、＜名前を付けて保存＞をクリックします。

2 ＜OneDrive-個人用＞をクリックして、

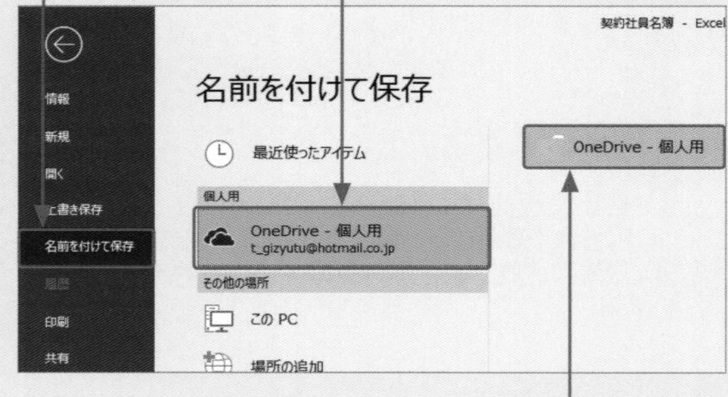

3 ＜OneDrive-個人用＞（Excel 2013では＜参照＞）をクリックします。

Excel 2010では、＜ファイル＞タブ→＜保存と送信＞→＜Webに保存＞→＜マイドキュメント＞→＜名前を付けて保存＞の順にクリックします。

4 OneDrive内のフォルダーが表示されるので、＜ドキュメント＞をダブルクリックします。

5 ファイル名を入力して、

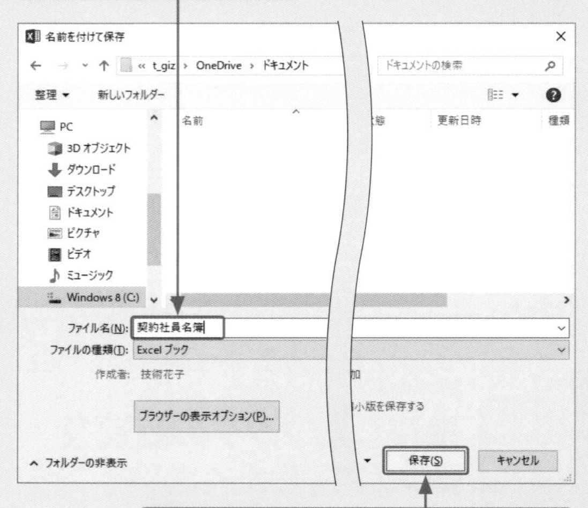

6 ＜保存＞をクリックすると、ファイルがOneDrive上に保存されます。

重要度 ★★★ ファイル形式

Q 1096 Excelでテキスト形式のファイルは利用できる？

A 7種類のテキスト形式ファイルに対応しています。

Excelで利用可能なテキスト形式は右の7種類です。よく使われるのは、テキスト（タブ区切り）形式とCSV（カンマ区切り）形式です。利用できる形式は、＜名前を付けて保存＞ダイアログボックスの＜ファイルの種類＞や、＜ファイルを開く＞ダイアログボックスの＜すべてのExcelファイル＞から確認できます。

ファイル形式（拡張子）	内　容
テキスト（タブ区切り）（.txt）	データをタブで区切るファイル形式です。
Unicodeテキスト（.txt）	文字をUnicodeで保存するファイル形式です。データはタブで区切られます。
CSV/CSV UTF-8（カンマ区切り）（.csv）	データを「,」（カンマ）で区切るファイル形式です。
テキスト（スペース区切り）（.prn）	データを半角スペースで区切るファイル形式です。
DIF（.dif）	数式や一部の書式を保存できるファイル形式です。表計算ソフト間でデータをやりとりする際に利用されます。
SYLK（.slk）	

重要度 ★★★ ファイル形式

テキストファイルを Excelに読み込みたい！

A ＜テキストファイルウィザード＞を利用します。

Excelでテキスト形式のファイルを開くには、＜ファイルを開く＞ダイアログボックスを表示して、＜すべてのExcel ファイル＞をクリックします。Excel で読み込めるファイルの一覧が表示されるので、一覧から＜テキストファイル＞をクリックし、下の手順で読み込みます。ここでは、タブで区切られたテキストデータをExcelで開きます。

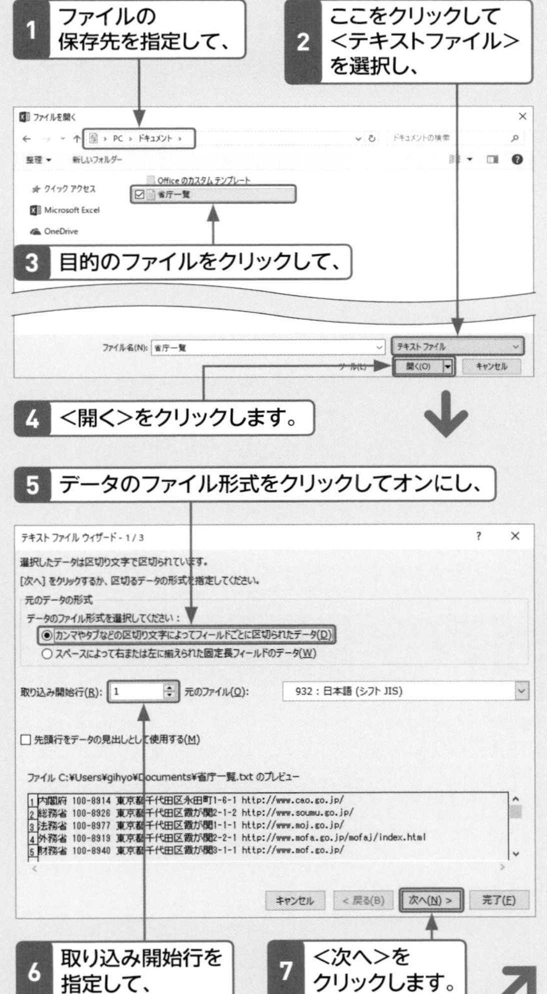

8 区切り文字を指定して、

テキスト ファイル ウィザード - 2 / 3
フィールドの区切り文字を指定してください。[データのプレビュー] ボックスには区切り位置が表示されます。
区切り文字：タブ(T) / セミコロン(M) / カンマ(C) / スペース(S) / その他(O)
連続した区切り文字は 1 文字として扱う(R)
文字列の引用符(Q): "
データのプレビュー(P)

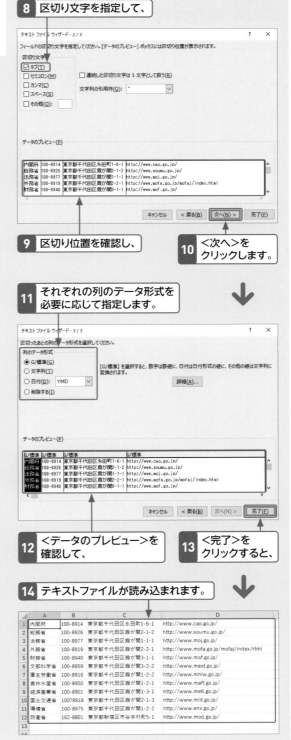

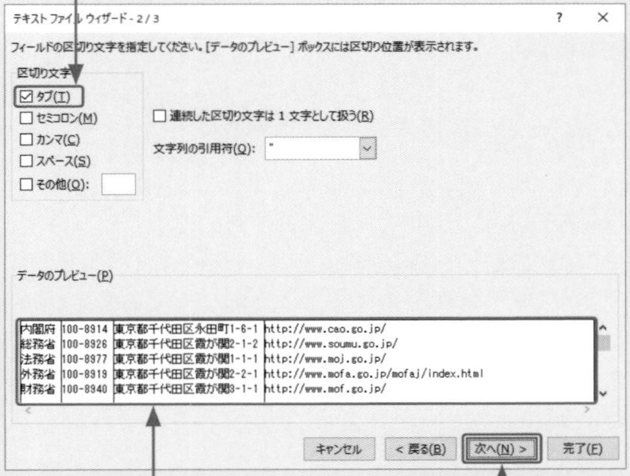

9 区切り位置を確認し、

10 ＜次へ＞をクリックします。

11 それぞれの列のデータ形式を必要に応じて指定します。

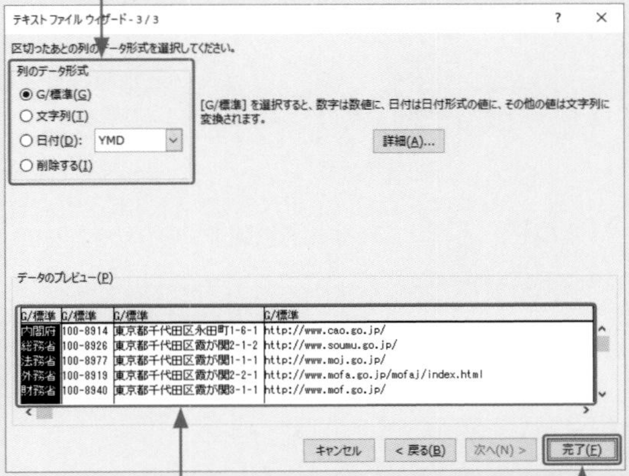

テキスト ファイル ウィザード - 3 / 3
区切ったあとの列のデータ形式を選択してください。
列のデータ形式：G/標準(G) / 文字列(T) / 日付(D): YMD / 削除する(I)
[G/標準] を選択すると、数字は数値に、日付は日付形式の値に、その他の値は文字列に変換されます。
詳細(A)...
データのプレビュー(P)

12 ＜データのプレビュー＞を確認して、

13 ＜完了＞をクリックすると、

14 テキストファイルが読み込まれます。

	A	B	C	D
1	内閣府	100-8914	東京都千代田区永田町1-6-1	http://www.cao.go.jp/
2	総務省	100-8926	東京都千代田区霞が関2-1-2	http://www.soumu.go.jp/
3	法務省	100-8977	東京都千代田区霞が関1-1-1	http://www.moj.go.jp/
4	外務省	100-8919	東京都千代田区霞が関2-2-1	http://www.mofa.go.jp/mofaj/index.html
5	財務省	100-8940	東京都千代田区霞が関3-1-1	http://www.mof.go.jp/
6	文部科学省	100-8959	東京都千代田区霞が関3-2-2	http://www.mext.go.jp/
7	厚生労働省	100-8916	東京都千代田区霞が関1-2-2	http://www.mhlw.go.jp/
8	農林水産省	100-8950	東京都千代田区霞が関1-2-1	http://www.maff.go.jp/
9	経済産業省	100-8901	東京都千代田区霞が関1-3-1	http://www.meti.go.jp/
10	国土交通省	100?8918	東京都千代田区霞が関2-1-3	http://www.mlit.go.jp/
11	環境省	100-8975	東京都千代田区霞が関1-2-2	http://www.env.go.jp/
12	防衛省	162-8801	東京都新宿区市谷本村町5-1	http://www.mod.go.jp/
13				

重要度★★★ ファイル形式

Q 1098 保存されているファイルの形式がわからない！

A 拡張子を表示します。

「拡張子」とは、ファイル名の後半部分の「.」(ピリオド)のあとに続く文字列のことです。Windowsの初期設定では、拡張子は表示されないようになっています。通常はファイルのアイコンを見ればファイル形式を判断できますが、よりわかりやすくしたい場合は拡張子を表示しましょう。

1 任意のフォルダーを表示して、<表示>タブをクリックします。

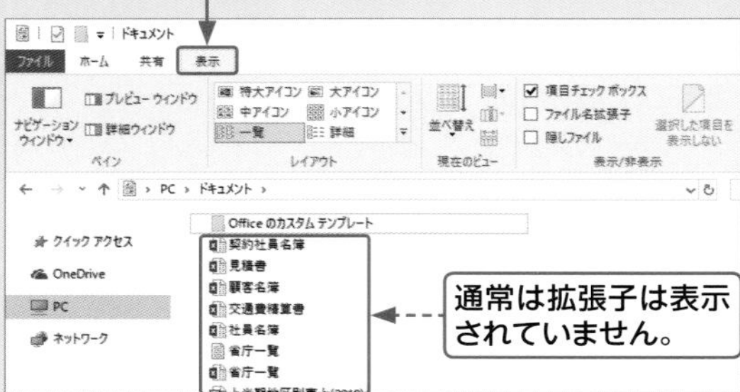

通常は拡張子は表示されていません。

2 <ファイル名拡張子>をクリックしてオンにすると、

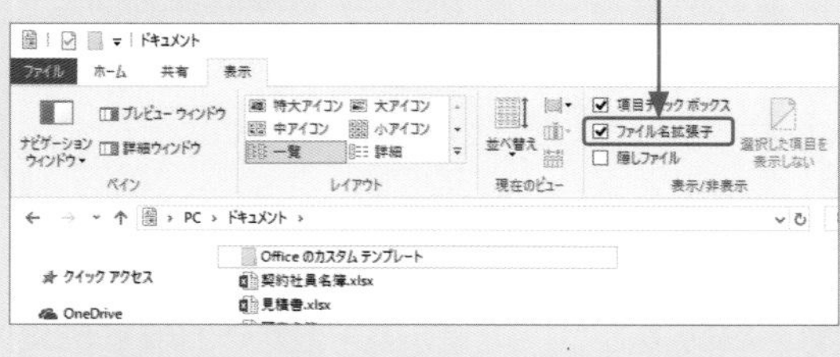

3 ファイル名に拡張子が表示されます。

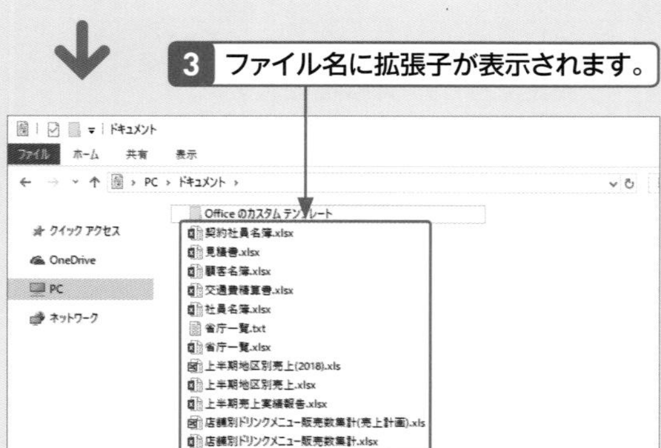

重要度★★★ ファイルの作成

Q 1099 新しいブックをかんたんに作りたい！

A クイックアクセスツールバーに<新規作成>コマンドを追加します。

新しいブックを作成する場合、通常は、<ファイル>タブをクリックして<新規>(Excel 2010では<新規作成>)をクリックし、<空白のブック>をクリックします。もっとかんたんに作成したい場合は、クイックアクセスツールバーに<新規作成>コマンドを追加するとよいでしょう。

参照▶Q 0025, Q 0027

1 <クイックアクセスツールバーのユーザー設定>をクリックして、

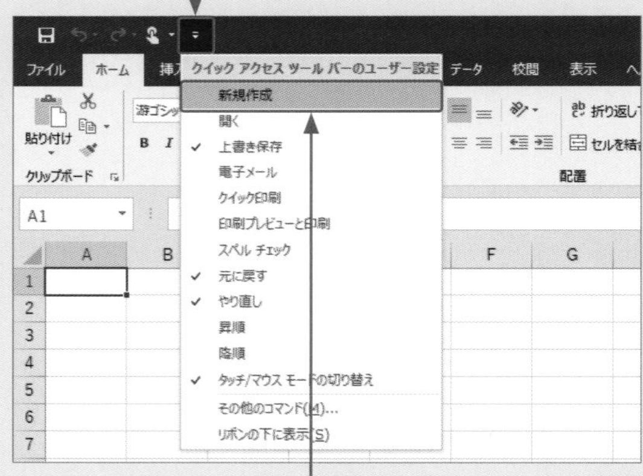

2 <新規作成>をクリックすると、

3 クイックアクセスツールバーに<新規作成>が表示されます。このコマンドをクリックすると、

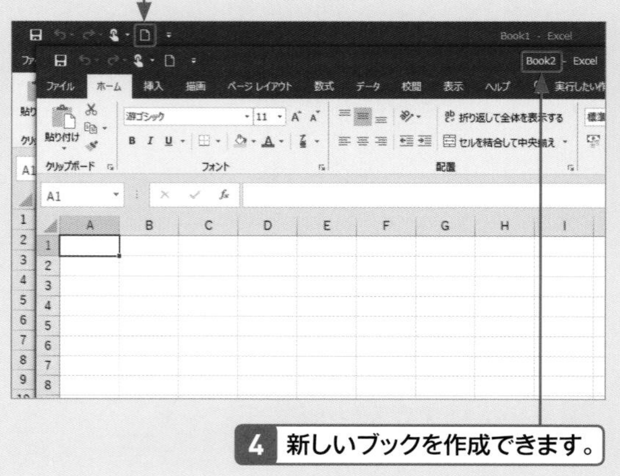

4 新しいブックを作成できます。

重要度 ★★★ ファイルの作成

Q 1100 年賀状ソフトで作成した住所録を読み込みたい！

A 年賀状作成ソフトで住所録をCSV形式で保存します。

年賀状作成ソフトで作成した住所録をExcelで読み込むには、CSV形式やテキスト形式などのファイル形式で住所録を保存します。Excelでは、＜ファイルを開く＞ダイアログボックスからCSV形式のファイルをそのまま読み込むことができます。年賀状作成ソフトでの保存方法については、ソフトに付属の解説書などを参照してください。

参照 ▶ Q 1097

重要度 ★★★ ファイルの作成

Q 1101 ブックを新規作成したときのワークシート数を変えたい！

A ＜Excelのオプション＞ダイアログボックスで枚数を指定します。

Excel 2019/2016/2013の初期設定では、ブックを新規作成したときに表示されるシートの枚数は1枚（Excel 2010では3枚）です。

表示されるシートの枚数を変更するには、＜ファイル＞タブから＜オプション＞をクリックし、＜Excelのオプション＞ダイアログボックスの＜全般＞（Excel 2013/2010では＜基本設定＞）で、＜ブックのシート数＞に枚数を指定し、＜OK＞をクリックします。

ブックを新規作成したときのシート数を指定します。

重要度 ★★★ ファイルの作成

Q 1102 Excelを起動せずに新しいブックを作りたい！

A フォルダー内で右クリックして＜新規作成＞から作成します。

Excelを起動していない状態で新しいブックを作成するには、ブックを作成する場所をエクスプローラーなどで開いて、下の手順で作成します。

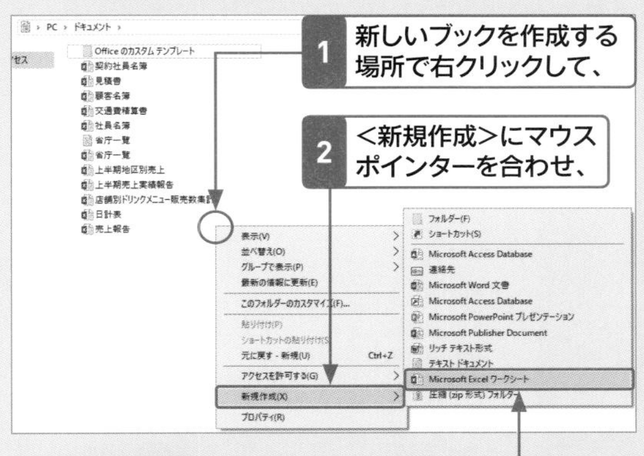
1 新しいブックを作成する場所で右クリックして、
2 ＜新規作成＞にマウスポインターを合わせ、

3 ＜Microsoft Excel ワークシート＞（Excel 2013では＜Microsoft Excel Worksheet＞）をクリックすると、

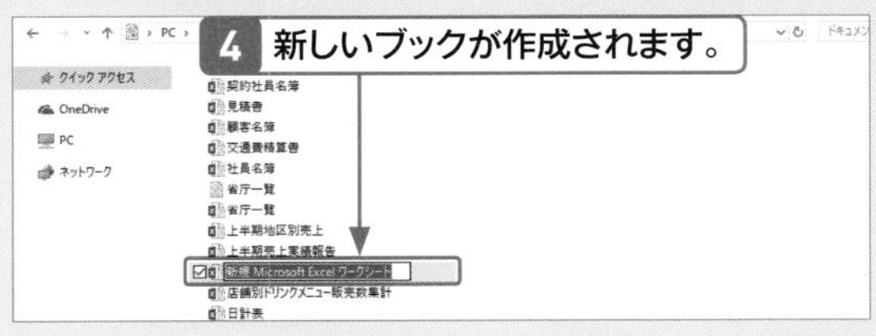
4 新しいブックが作成されます。

重要度 ★★★ ファイルの作成

Q 1103 テンプレートって何？

A ひな形として使えるファイルのことです。

テンプレートとは、新しいブックを作成する際のひな形となるファイルのことです。テンプレートを利用すると、書式や数式などがあらかじめ設定された状態の文書を簡単に作成することができます。

参照 ▶ Q 1104

重要度 ★★★ ファイルの作成

Q 1104 テンプレートを使いたい!

A1 <新規>画面で目的のテンプレートを選択します。

Excel 2019/2016/2013でテンプレートを利用するには、<ファイル>タブから<新規>をクリックします。テンプレートは、キーワードで検索するほかに、<検索の候補>で目的の項目をクリックすると表示される一覧から選択できます。

1 キーワード(ここでは「報告書」)を入力して、

2 <検索の開始>をクリックします。

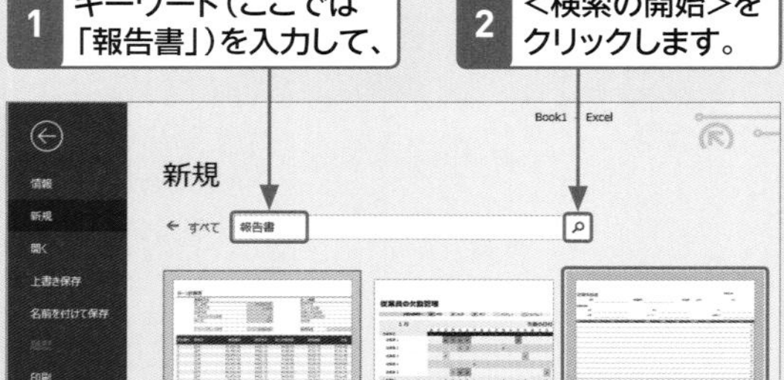

3 テンプレートが検索されるので、使用したいテンプレートをクリックして、

4 <作成>をクリックすると、

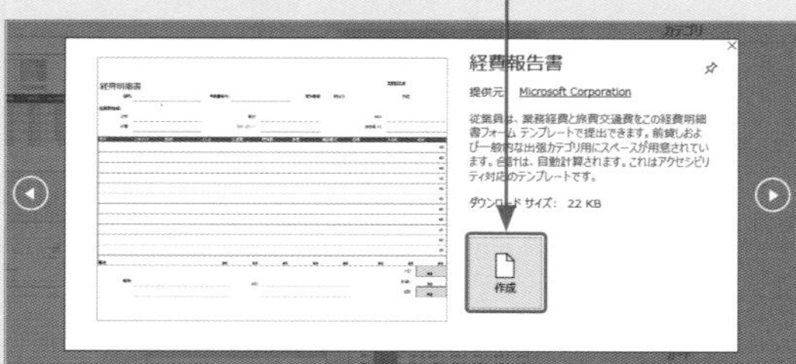

5 テンプレートがダウンロードされます。

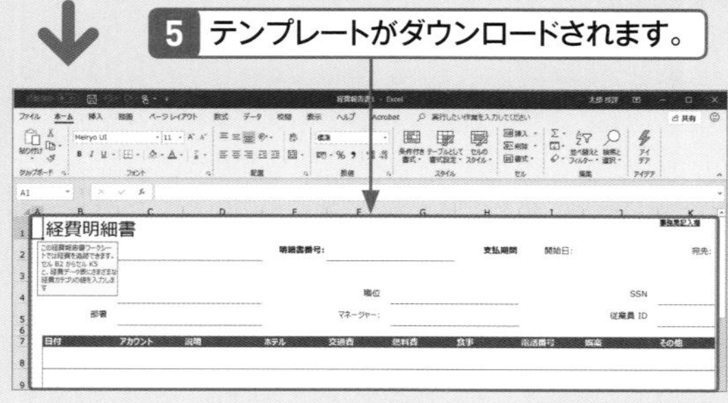

A2 <新規作成>画面で目的のテンプレートを選択します。

Excel 2010でテンプレートを利用するには、<ファイル>タブから<新規作成>をクリックします。あらかじめExcelに用意されているテンプレートを使う場合は、<ホーム>から選択します。<Office.comテンプレート>から選択すると、マイクロソフトのWebサイトからダウンロードされます。

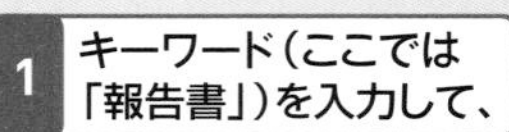

1 キーワード(ここでは「報告書」)を入力して、

2 <検索の開始>をクリックします。

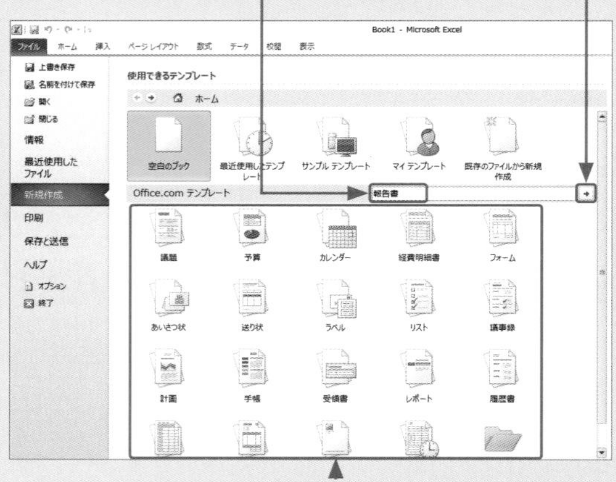

テンプレートの種類から選択することもできます。

3 テンプレートが検索されるので、使用したいテンプレートをクリックして、

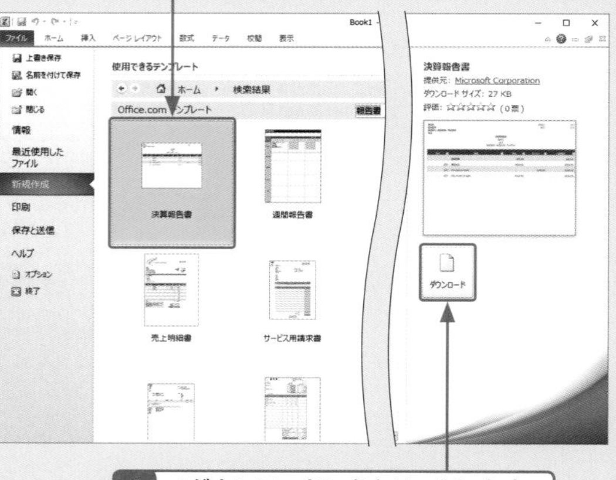

4 <ダウンロード>をクリックします。

重要度 ★★★　ファイルの作成

Q 1105 オリジナルのテンプレートを登録したい！

A ファイル形式を<Excelテンプレート>にして保存します。

オリジナルのテンプレートを登録するには、ブックを保存する際に、<名前を付けて保存>ダイアログボックスで、<ファイルの種類>を<Excelテンプレート>にして保存します。Excel 2019/2016/2013では、<Officeのカスタムテンプレート>フォルダーに、Excel 2010では<templates>フォルダーに保存されます。

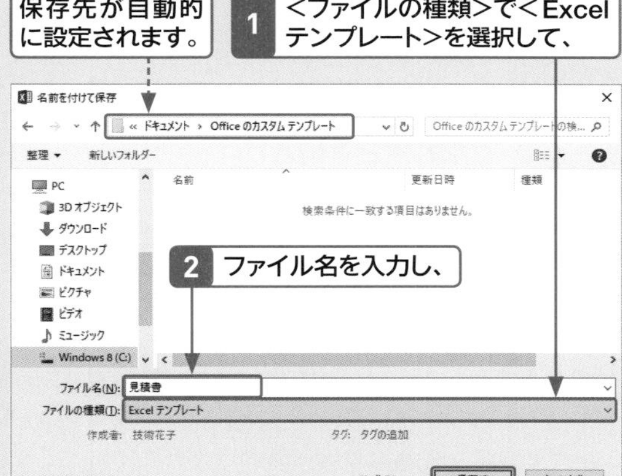

保存したテンプレートは<新規>画面の<お勧めのテンプレート>の<個人用>から選択できます。

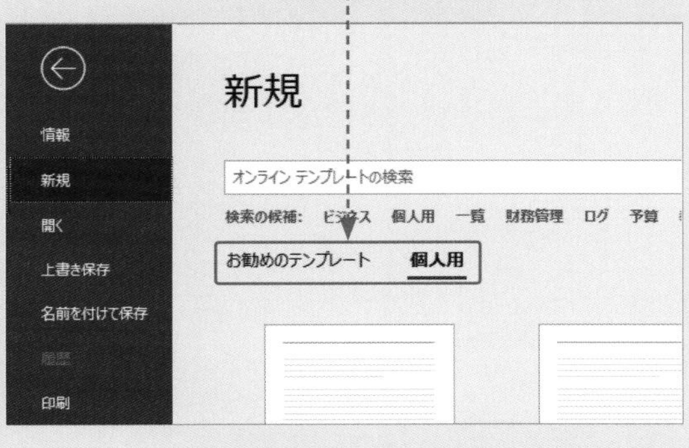

Excel 2010の場合は、<マイテンプレート>から選択できます。

重要度 ★★★　ファイルの作成

Q 1106 登録したテンプレートを削除したい！

A1 <Officeのカスタムテンプレート>から削除します。

登録したテンプレートを削除するには、Excel 2019/2016/2013では、エクスプローラーなどで<ドキュメント>フォルダーを表示して、<Officeのカスタムテンプレート>フォルダーから削除します。

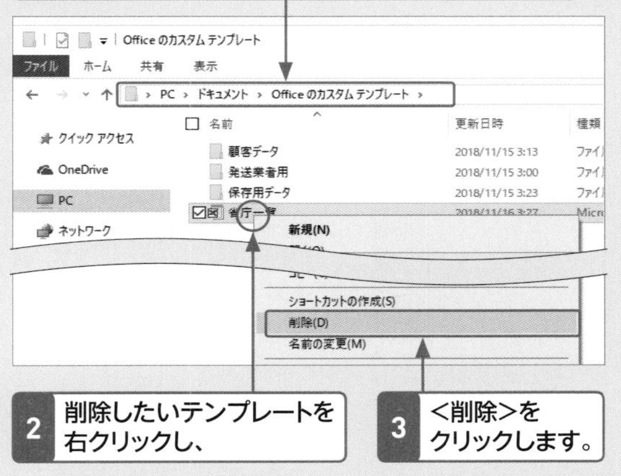

A2 <マイテンプレート>から削除します。

Excel 2010の場合は、<マイテンプレート>をクリックして<新規>ダイアログボックスから削除します。

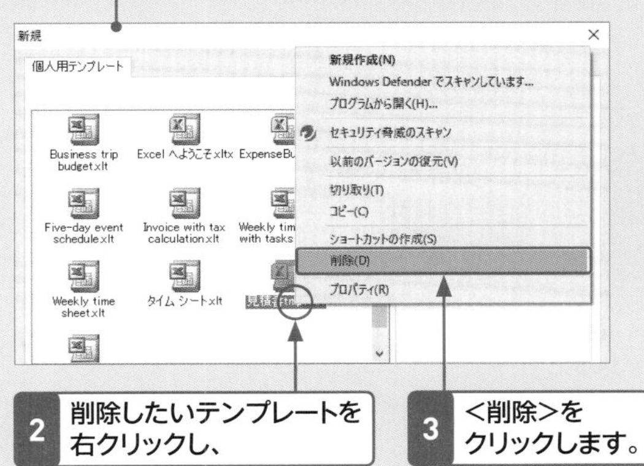

1 <新規>ダイアログボックスを表示して、
2 削除したいテンプレートを右クリックし、
3 <削除>をクリックします。

重要度 ★★★ ファイルの作成

Q 1107 ファイルの名前を変更したい！

A ファイルを右クルックして、<名前の変更>をクリックします。

ファイルの名前を変更するには、ファイルの保存先フォルダーを開いて、ファイル名を右クリックし、<名前の変更>をクリックします。ファイル名が変更できるようになるので、変更したい名前を入力します。ただし、ファイルを開いている状態では変更できません。

1 ファイルの保存先フォルダーを開きます。

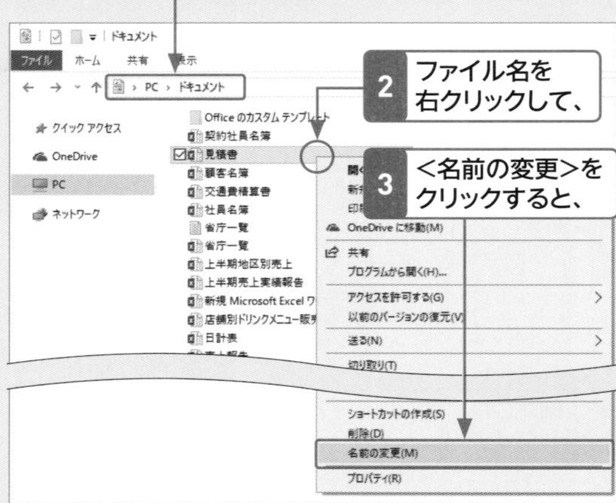

4 ファイル名が反転します。

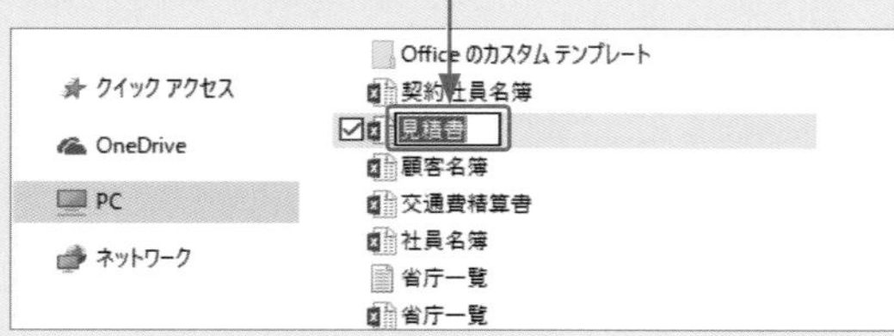

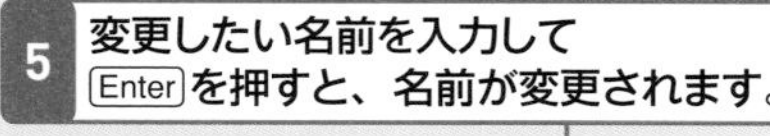

5 変更したい名前を入力して Enter を押すと、名前が変更されます。

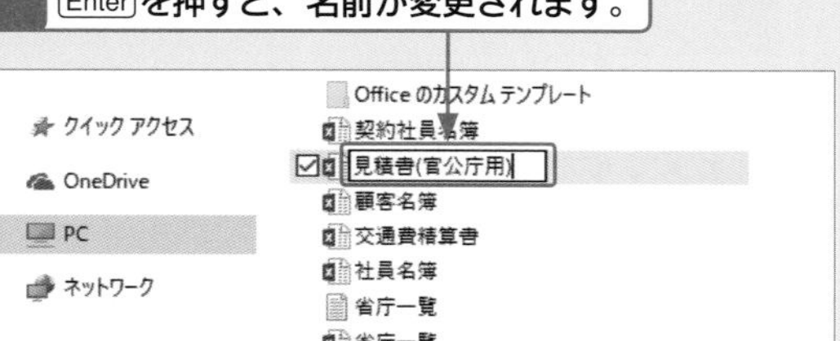

重要度 ★★★ マクロ

Q 1108 マクロって何？

A Excelで行う操作を自動化するものです。

「マクロ」とは、Excelで行う一連の操作を記録して、自動的に実行できるようにする機能のことです。頻繁に行う作業をマクロとして登録しておくことで作業が効率化され、操作ミスも防げます。

Excelでは、<表示>タブの<マクロ>を利用するか、<開発>タブを利用して、マクロを作成します。

参照▶Q 1110

重要度 ★★★ マクロ

Q 1109 「マクロが無効にされました。」と表示された！

A <コンテンツの有効化>をクリックします。

マクロを使うことで作業を効率化できますが、反面、その機能を悪用してファイルの削除やデータの改ざんなどが行われることがあります。このため、マクロを含むファイルを開いた場合は警告が表示されます。

自分が作成したファイルや安全性が確認されているファイルの場合は、<コンテンツの有効化>をクリックすると、マクロを使用できるようになります。

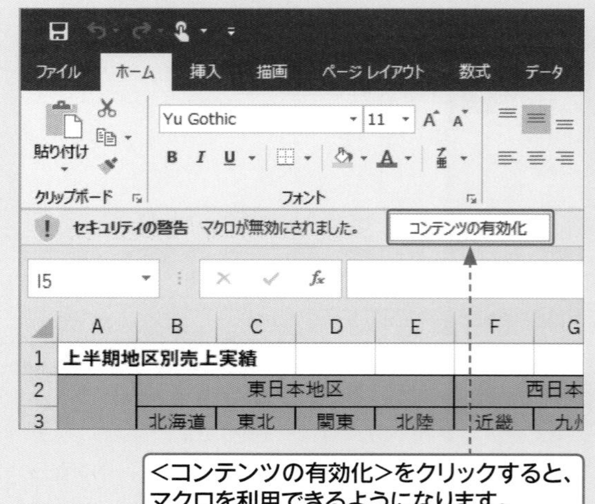

<コンテンツの有効化>をクリックすると、マクロを利用できるようになります。

マクロを記録したい！

A Excelでの操作をマクロとして記録します。

マクロを利用するには、Excelで行う一連の操作をマクロとして記録します。マクロの記録は、<表示>タブの<マクロ>を利用しても行えますが、<開発>タブを表示するほうが効率的です。

<開発>タブを表示するには、<Excelのオプション>ダイアログボックスの<リボンのユーザー設定>で<開発>をオンにして、<OK>をクリックします。

ここでは、合計を計算するマクロを作成します。なお、下の手順4ではマクロの保存先を<作業中のブック>にしていますが、<個人用マクロブック>を選択すると、Excelを使用する際に常にそのマクロを実行することができるようになります。

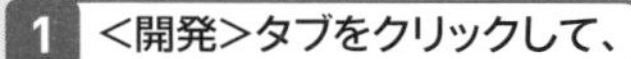

2 <マクロの記録>をクリックします。

3 <マクロ名>を入力して、

4 マクロの保存先を選択し、

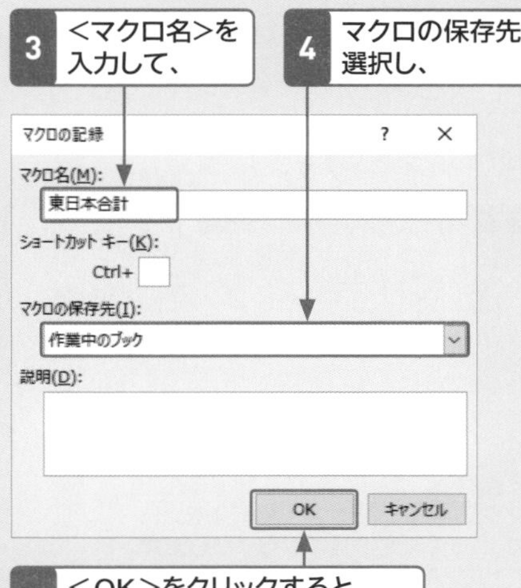

5 <OK>をクリックすると、マクロの記録が開始されます。

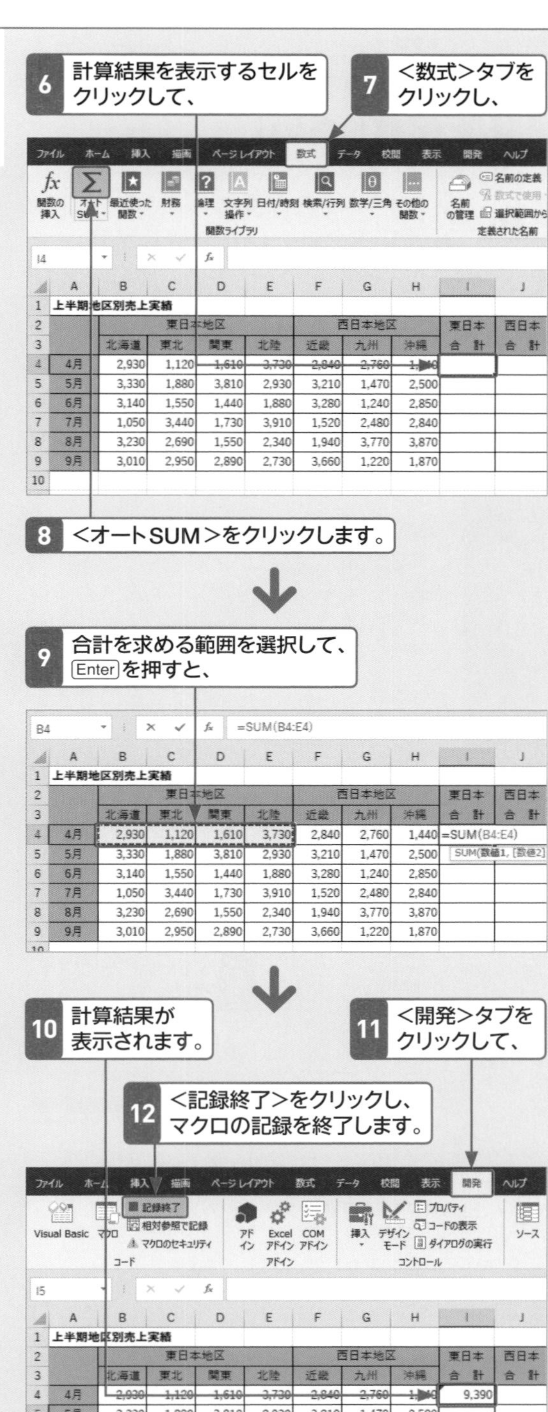

11 基本と入力
12 編集
13 書式
14 計算
15 関数
16 グラフ
17 データベース
18 印刷
19 ファイル
20 連携・共同編集

重要度 ★★★ マクロ

Q 1111 マクロを記録したブックを保存したい！

A ファイルの種類を<Excelマクロ有効ブック>にして保存します。

マクロを記録したブックを保存する際は、ファイルの種類を通常の<Excelブック>ではなく、<Excelマクロ有効ブック>にして保存します。

1 <ファイル>タブをクリックして、<名前を付けて保存>をクリックし、

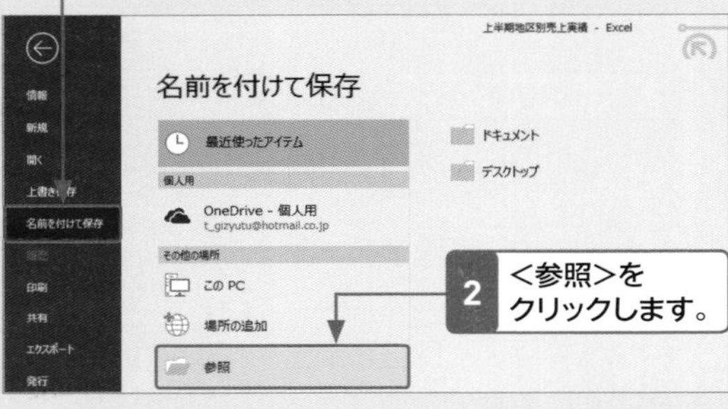

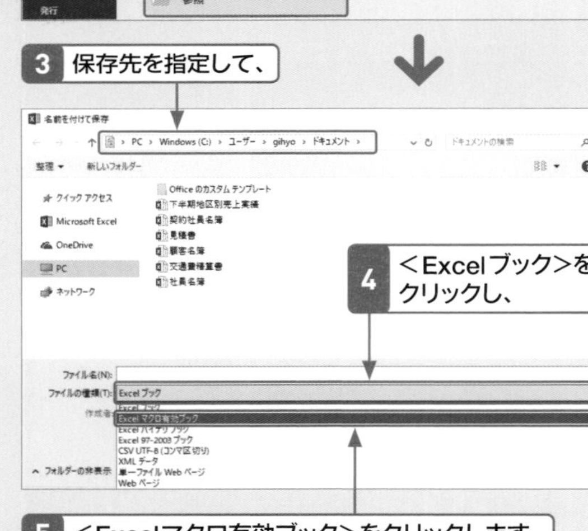

5 <Excelマクロ有効ブック>をクリックします。

6 ファイル名を入力して、

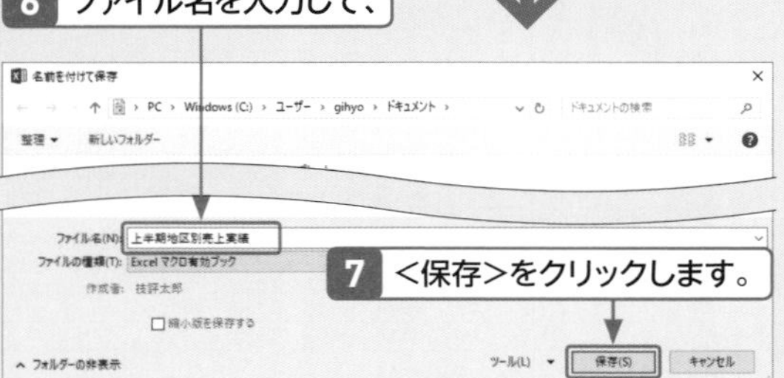

重要度 ★★★ マクロ

Q 1112 マクロに操作を記録できない！

A 一部の機能やExcel以外の操作は記録できません。

いくつかの機能はマクロに記録されません。たとえば、ダイアログボックスの表示や非表示、タブの最小化や移動、文字の変換操作は記録されません。また、Windowsの操作や、Excel以外のアプリケーションで行った操作も記録されません。

重要度 ★★★ マクロ

Q 1113 記録したマクロを実行したい！

A <マクロ>ダイアログボックスから実行したいマクロを選択します。

特定のブックに保存したマクロを実行するには、マクロを保存したブックと対象のワークシートを表示して、<開発>タブの<マクロ>をクリックし、<マクロ>ダイアログボックスで実行したいマクロを指定します。<開発>タブを表示していない場合は、<表示>タブの<マクロ>をクリックします。
不要になったマクロを削除する場合も、このダイアログボックスから実行できます。

1 <マクロ>ダイアログボックスを表示して、

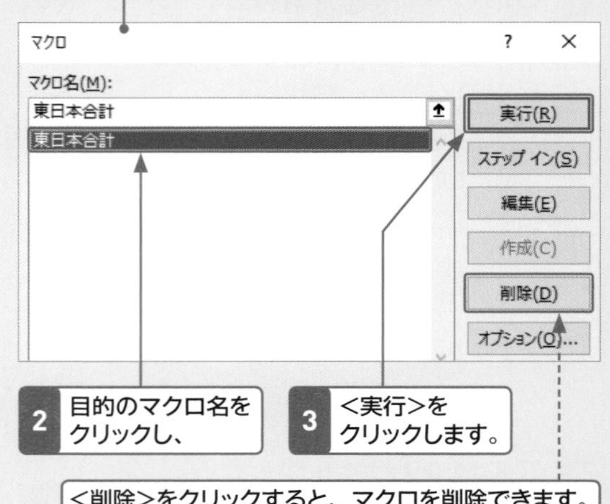

第20章

Excelの連携・共同編集の「こんなときどうする?」

重要度 ★★★ ワークシートの保護

Q 1114 ワークシート全体を変更されないようにしたい!

A 「シートの保護」を設定します。

特定のワークシートのデータが変更されたり、削除されたりしないようにするには、「シートの保護」を設定します。<校閲>タブの<シートの保護>をクリックすると表示される<シートの保護>ダイアログボックスで設定します。初期設定では、セル範囲の選択だけが許可されていますが、必要に応じて許可する操作を設定できます。パスワードは省略可能です。

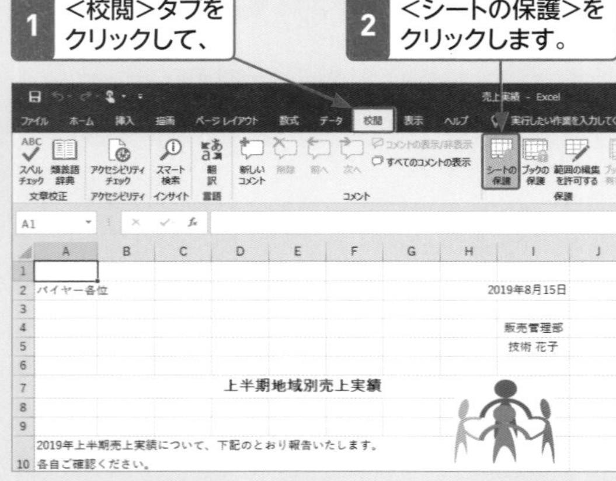

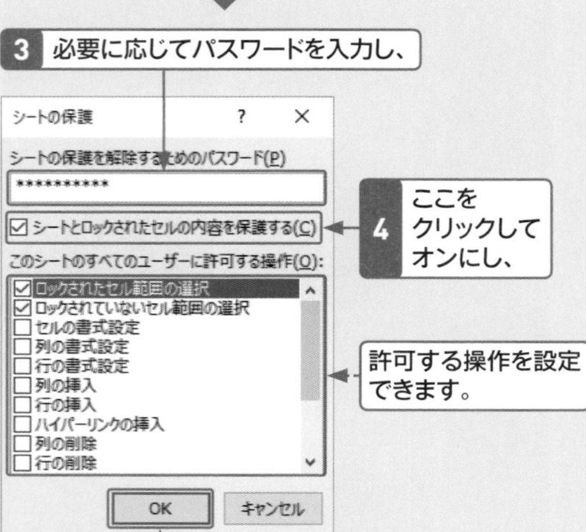

5 <OK>をクリックします。

重要度 ★★★ ワークシートの保護

Q 1115 ワークシートの保護を解除したい!

A <校閲>タブの<シート保護の解除>をクリックします。

ワークシートの保護を必要としなくなった場合など、シートの保護を解除するには、<校閲>タブの<シート保護の解除>をクリックします。シートの保護を設定する際にパスワードを入力した場合は、パスワードの入力が要求されるので、パスワードを入力します。

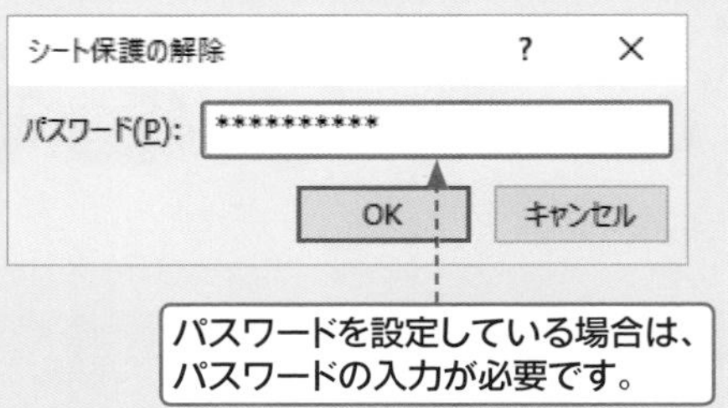

重要度 ★★★ ワークシートの保護

Q 1116 ワークシートの保護を解除するパスワードを忘れた!

A セルの内容をコピーして別のワークシートに貼り付けます。

ワークシートの保護を解除するパスワードを忘れてしまうと、そのワークシートの保護を解除できませんが、セル範囲の選択が許可されていれば、データのコピーは可能です。ほかのブックにセル範囲をコピーして、データを利用できるようにします。

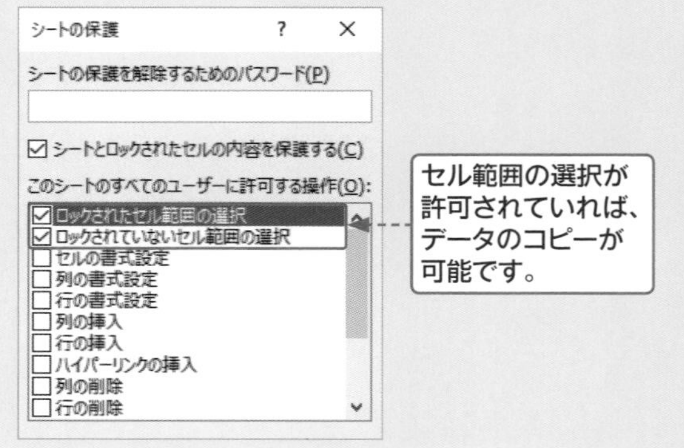

重要度 ★★★　ワークシートの保護

Q 1117 特定の人だけセル範囲を編集できるようにしたい！

A 編集を許可するパスワードを設定してからワークシートを保護します。

ワークシートを保護すると、すべてのセルの編集ができなくなりますが、特定のセル範囲だけ編集を許可することもできます。特定のセル範囲の編集を許可するパスワードを設定してからワークシートを保護すると、パスワードを知っている人だけが編集可能になります。

1 編集を可能にするセル範囲を選択します。

2 <校閲>タブをクリックして、

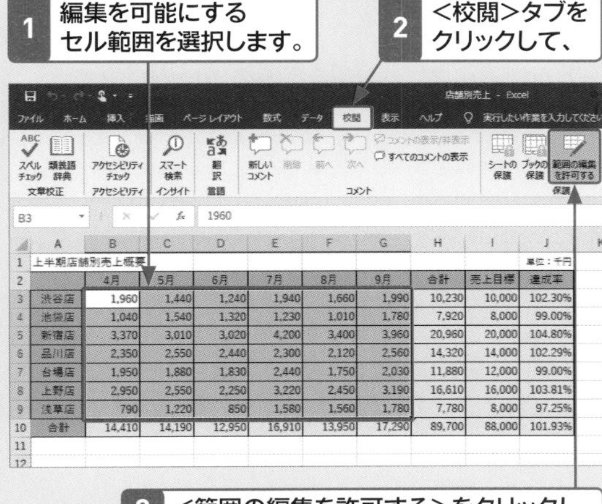

	A	B	C	D	E	F	G	H	I	J
1	上半期店舗別売上概要									単位：千円
2		4月	5月	6月	7月	8月	9月	合計	売上目標	達成率
3	渋谷店	1,960	1,440	1,240	1,940	1,660	1,990	10,230	10,000	102.30%
4	池袋店	1,040	1,540	1,320	1,230	1,010	1,780	7,920	8,000	99.00%
5	新宿店	3,370	3,010	3,020	4,200	3,400	3,960	20,960	20,000	104.80%
6	品川店	2,350	2,550	2,440	2,300	2,120	2,560	14,320	14,000	102.29%
7	台場店	1,950	1,880	1,830	2,440	1,750	2,030	11,880	12,000	99.00%
8	上野店	2,950	2,550	2,250	3,220	2,450	3,190	16,610	16,000	103.81%
9	浅草店	790	1,220	850	1,580	1,560	1,780	7,780	8,000	97.25%
10	合計	14,410	14,190	12,950	16,910	13,950	17,290	89,700	88,000	101.93%

3 <範囲の編集を許可する>をクリックし、

4 <新規>をクリックします。

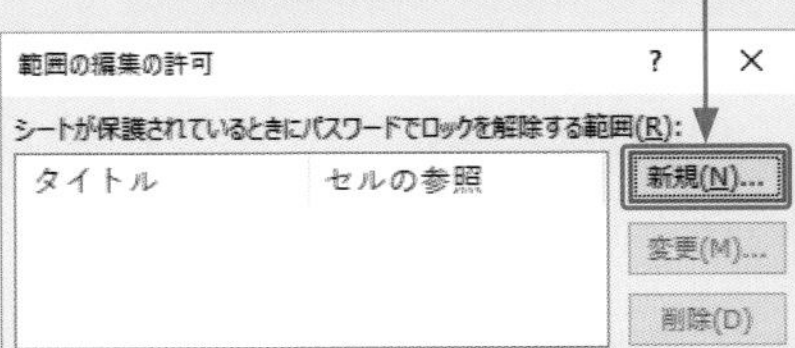

5 タイトルを入力して、

6 編集を許可するセル範囲を確認し、

7 パスワードを入力して、

8 <OK>をクリックします。

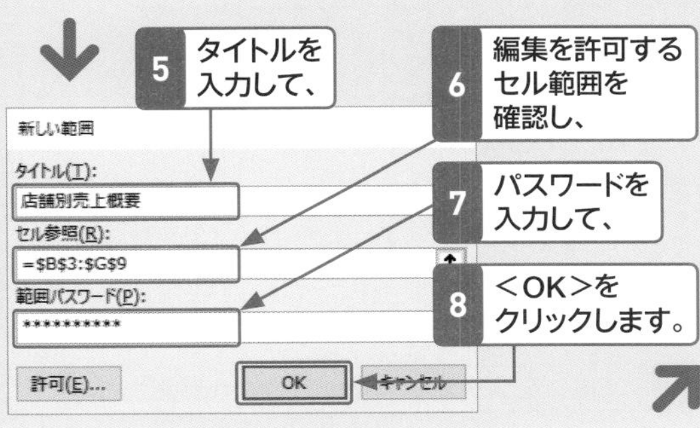

9 確認のために同じパスワードを入力して、

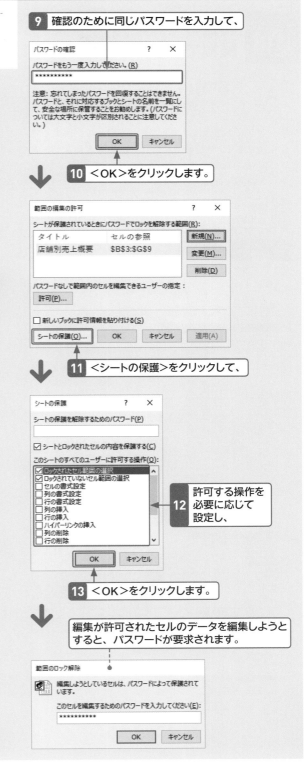

パスワードの確認
パスワードをもう一度入力してください。(R)
****
注意：忘れてしまったパスワードを回復することはできません。パスワードと、それに対応するブックとシートの名前を一覧にして、安全な場所に保管することをお勧めします。(パスワードについては大文字と小文字が区別されることに注意してください。)
OK　キャンセル

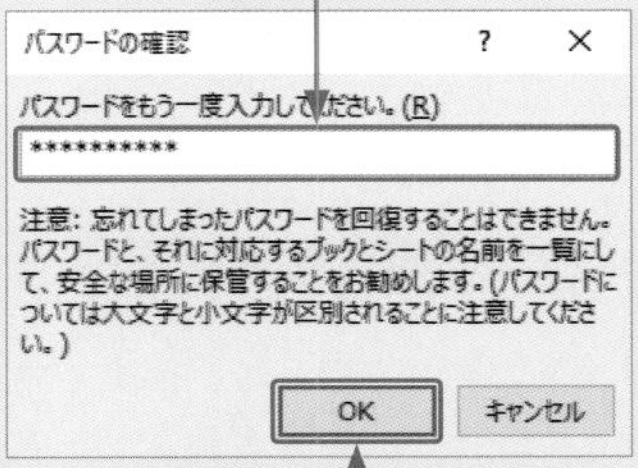

10 <OK>をクリックします。

範囲の編集の許可
シートが保護されているときにパスワードでロックを解除する範囲(R):
タイトル　セルの参照
店舗別売上概要　$B$3:$G$9
新規(N)...　変更(M)...　削除(D)
パスワードなしで範囲内のセルを編集できるユーザーの指定：
許可(P)...
新しいブックに許可情報を貼り付ける(S)
シートの保護(O)...　OK　キャンセル　適用(A)

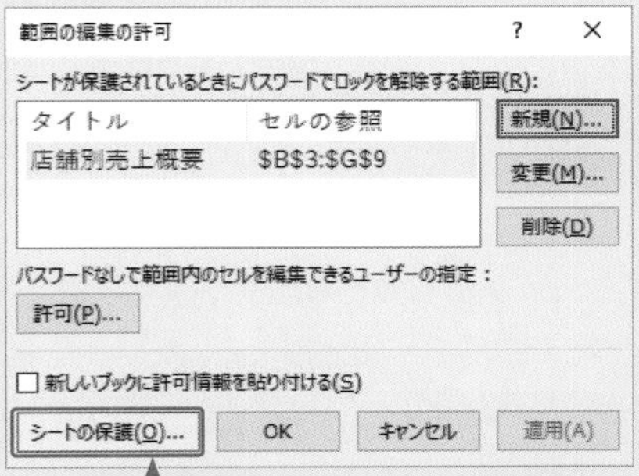

11 <シートの保護>をクリックして、

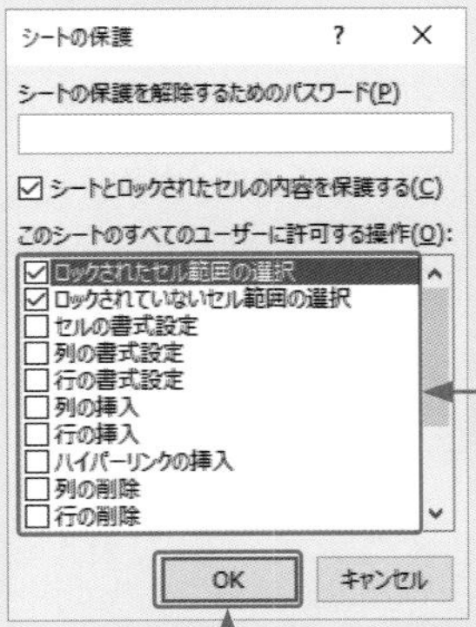

シートの保護
シートの保護を解除するためのパスワード(P)
シートとロックされたセルの内容を保護する(C)
このシートのすべてのユーザーに許可する操作(O):
ロックされたセル範囲の選択
ロックされていないセル範囲の選択
セルの書式設定
列の書式設定
行の書式設定
列の挿入
行の挿入
ハイパーリンクの挿入
列の削除
行の削除
OK　キャンセル

12 許可する操作を必要に応じて設定し、

13 <OK>をクリックします。

編集が許可されたセルのデータを編集しようとすると、パスワードが要求されます。

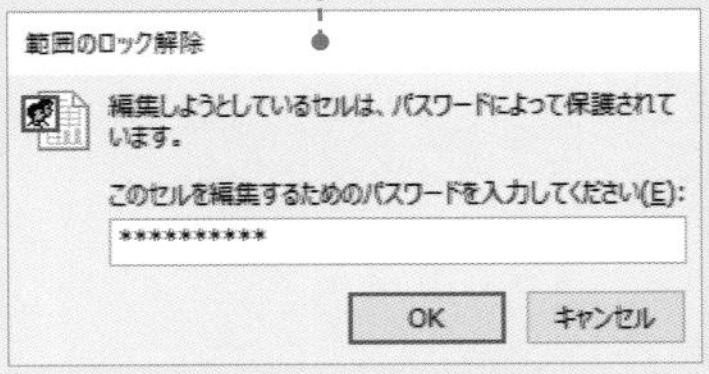

範囲のロック解除
編集しようとしているセルは、パスワードによって保護されています。
このセルを編集するためのパスワードを入力してください(E):
****
OK　キャンセル

重要度 ★★★ ワークシートの保護

Q 1118 特定のセル以外編集できないようにしたい！

A 特定のセルだけロックを解除して、ワークシートを保護します。

ワークシートを保護すると、すべてのセルが編集できなくなります。特定のセルだけを編集できるようにするには、あらかじめそのセルのロックを解除してから、シートの保護を設定します。 参照▶Q 1114

1 編集を可能にするセル範囲を選択して、

2 ＜ホーム＞タブの＜書式＞をクリックし、

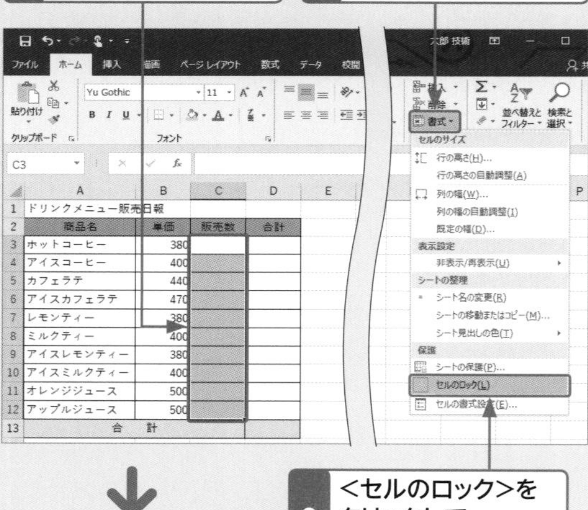

3 ＜セルのロック＞をクリックして、ロックを解除します。

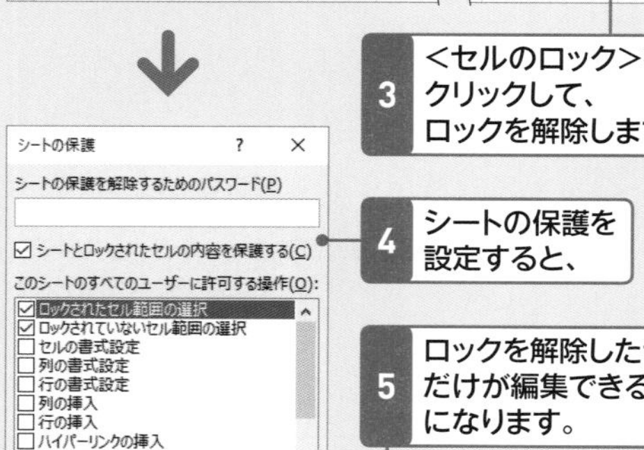

4 シートの保護を設定すると、

5 ロックを解除したセルだけが編集できるようになります。

6 ロックされているセルを編集しようとすると、メッセージが表示されます。

重要度 ★★★ ワークシートの保護

Q 1119 ワークシートの構成を変更できないようにしたい！

A 「ブックの保護」を設定します。

ワークシートの移動や削除、追加など、ワークシートの構成を変更できないようにするには、ブックを保護します。＜校閲＞タブの＜ブックの保護＞をクリックして、＜シート構成とウィンドウの保護＞ダイアログボックスで設定します。

ブックの保護を解除するには、再度＜ブックの保護＞をクリックし、必要に応じてパスワードを入力します。

1 ＜校閲＞タブをクリックして、

2 ＜ブックの保護＞をクリックします。

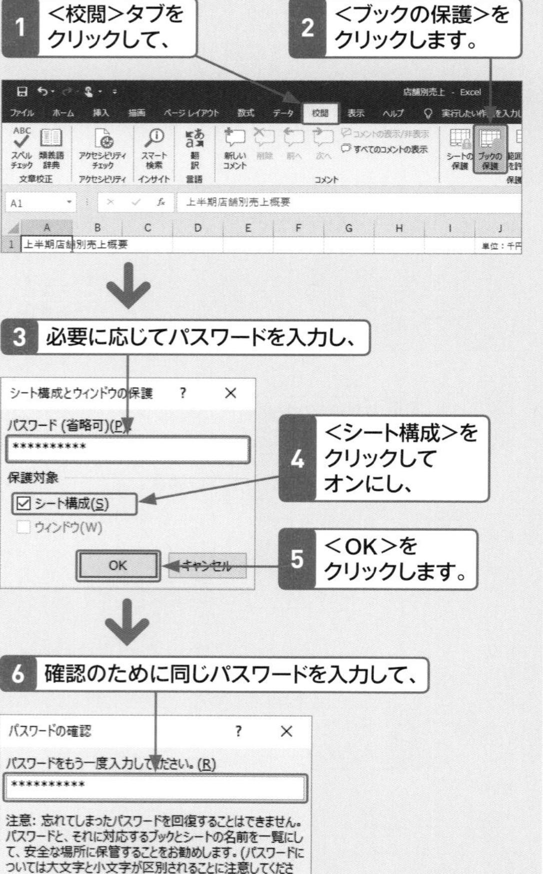

3 必要に応じてパスワードを入力し、

4 ＜シート構成＞をクリックしてオンにし、

5 ＜OK＞をクリックします。

6 確認のために同じパスワードを入力して、

7 ＜OK＞をクリックすると、ブックが保護されます。

重要度 ★★★ コメント

Q 1120 セルに影響されないメモを付けたい！

A セルにコメントを挿入します。

セルに影響されないメモを付けたいときは、「コメント」を利用します。セルにコメントを挿入すると、Excel 2019の初期設定では常に表示された状態になります。Excel 2016以前では、通常は画面上に表示されず、セルにマウスポインターを合わせたときにコメントが表示されます。コメントを挿入したセルには右上に赤い三角マークが表示されます。

1 コメントを挿入するセルをクリックして、

2 <校閲>タブをクリックし、

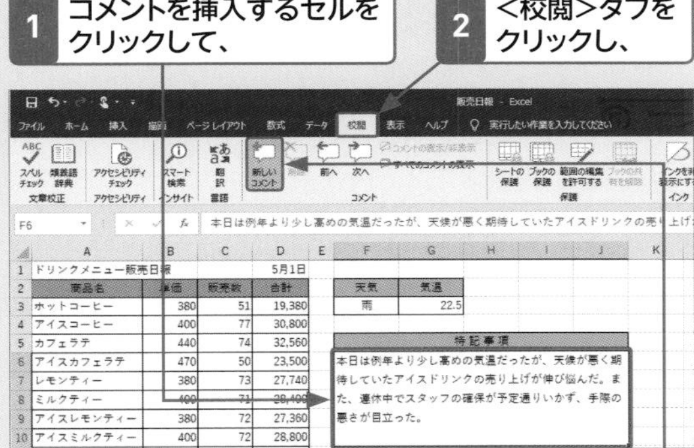

3 <新しいコメント>をクリックします。

Excel 2013/2010の場合は、<コメントの挿入>をクリックします。

4 吹き出し状の枠が表示されるので、コメントの内容を入力して、

5 枠の外をクリックします。

6 コメントの付けたセルには赤い三角マークが表示されます。

重要度 ★★★ コメント

Q 1121 コメントの表示／非表示を切り替えたい！

A <コメントの表示／非表示>や<すべてのコメントの表示>で切り替えます。

コメントの表示／非表示は、<校閲>タブの<コメントの表示／非表示>あるいは<すべてのコメントの表示>で切り替えることができます。前者は、コメントの表示／非表示を個別に切り替えます。後者は、シート内のすべてのコメントの表示／非表示を切り替えます。

<コメントの表示／非表示>や<すべてのコメントの表示>で切り替えます。

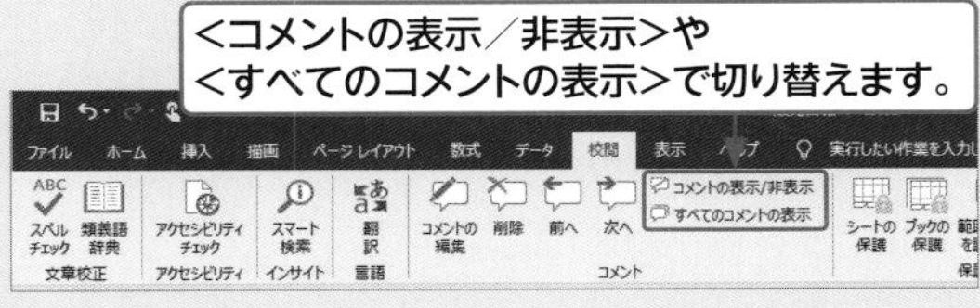

重要度 ★★★ コメント

Q 1122 コメント付きでワークシートを印刷したい！

A <ページ設定>ダイアログボックスで設定します。

ワークシートをコメント付きで印刷するには、コメントを表示して、<ページ設定>ダイアログボックスの<シート>で印刷されるように設定します。

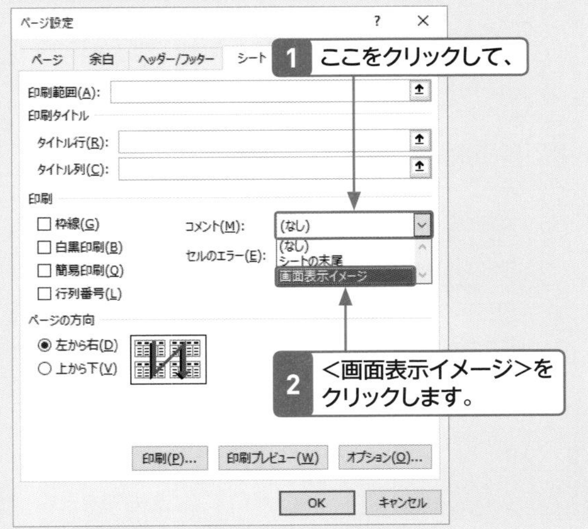

1 ここをクリックして、

2 <画面表示イメージ>をクリックします。

重要度 ★★★　コメント

Q 1123 コメントを編集したい！

A ＜校閲＞タブの＜コメントの編集＞を利用します。

コメントを付けたセルをクリックして、＜校閲＞タブの＜コメントの編集＞をクリックすると、コメント内にカーソルが表示され、内容が編集できるようになります。また、コメントを削除するには、コメントを表示して、＜削除＞をクリックします。 参照▶Q 1121

1 修正したいコメントを付けたセルをクリックして、

2 ＜校閲＞タブをクリックし、

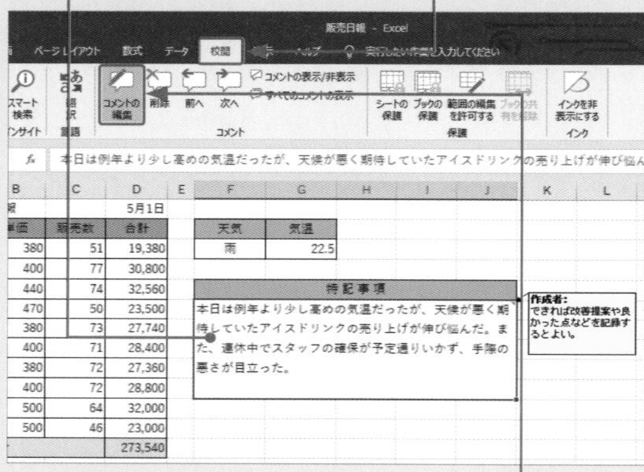

3 ＜コメントの編集＞をクリックします。

4 コメント内にカーソルが表示され、コメントが編集できるようになります。

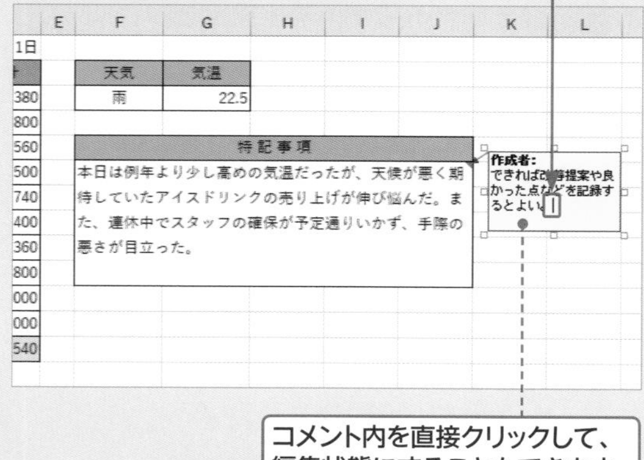

コメント内を直接クリックして、編集状態にすることもできます。

重要度 ★★★　コメント

Q 1124 コメントのサイズや位置を変えたい！

A ハンドルをドラッグしたり、枠をドラッグしたりします。

コメントを付けたセルをクリックして、＜校閲＞タブの＜コメントの編集＞をクリックすると、コメントの周囲に枠とハンドルが表示されます。サイズを変更するにはいずれかのハンドルをドラッグします。

コメントを移動するには枠をドラッグします。ただし、＜すべてのコメントの表示＞がオフの状態でセルにマウスポインターを合わせたときは、常に同じ位置に表示されます。

● コメントのサイズを調整する

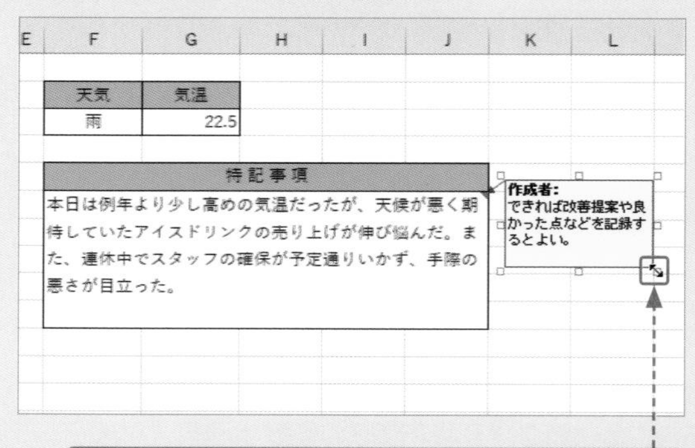

ハンドルをドラッグすると、サイズを変更できます。

● コメントを移動する

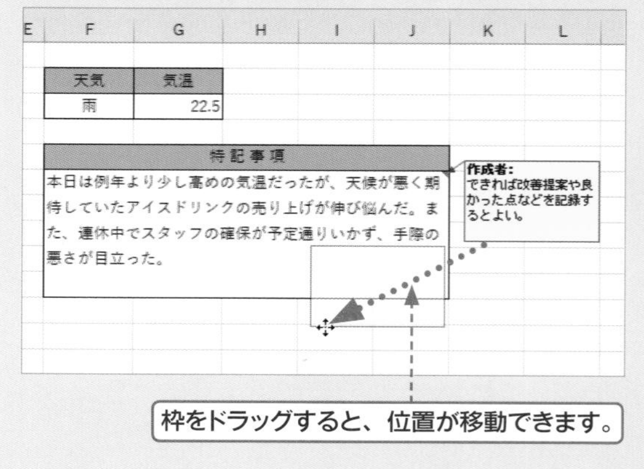

枠をドラッグすると、位置が移動できます。

重要度 ★★★　アプリの連携

Q 1125 Excelの住所録をはがきの宛名印刷に使いたい！

A Wordの「はがき宛名面印刷ウィザード」を利用します。

Excelでは、はがきの宛名印刷を行うことができません。Excelで作成した住所録をはがきの宛名印刷に使う場合は、Wordの＜差し込み文書＞タブの＜はがき印刷＞から＜宛名面の作成＞をクリックして、「はがき宛名面印刷ウィザード」を起動し、差し込み印刷を行います。詳しくは、Wordの解説書を参照してください。

重要度 ★★★　アプリの連携

Q 1126 テキストファイルのデータをワークシートにコピーしたい！

A ＜貼り付けのオプション＞を利用します。

カンマ（,）区切りのテキストファイルのデータをコピーして、Excelに貼り付けると、1行分のデータが1つのセルにコピーされてしまいます。これを各セルに分けて表示するには、貼り付けたあとに表示される＜貼り付けのオプション＞を利用します。

1 カンマ（,）区切りのテキストデータをExcelに貼り付けると、1行分のデータが1つのセルにコピーされます。

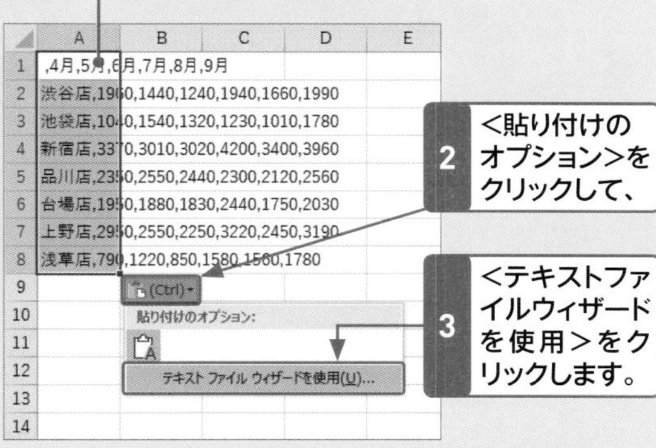

4 ＜テキストファイルウィザード＞ダイアログボックスが表示されるので、画面の指示に従って操作します。

重要度 ★★★　ブックの共有

Q 1127 ネットワーク上のブックを同時に編集したい！

A ブックを共有ブックとして設定します。

ネットワーク上のブックを複数のユーザーが同時に編集できるようにするには、＜校閲＞タブの＜ブックの共有＞をクリックして、ブックを共有ブックとして設定します。共有を設定したブックは、[共有]モードで表示されます。

なお、Excel 2019で**Q 1133**までの「ブックの共有」機能を使うには、＜ブックの共有（レガシ）＞＜変更の追跡（レガシ）＞＜共有の保護（レガシ＞など、必要なコマンドを追加する必要があります。 参照▶Q 0027

1 ＜校閲＞タブをクリックして、

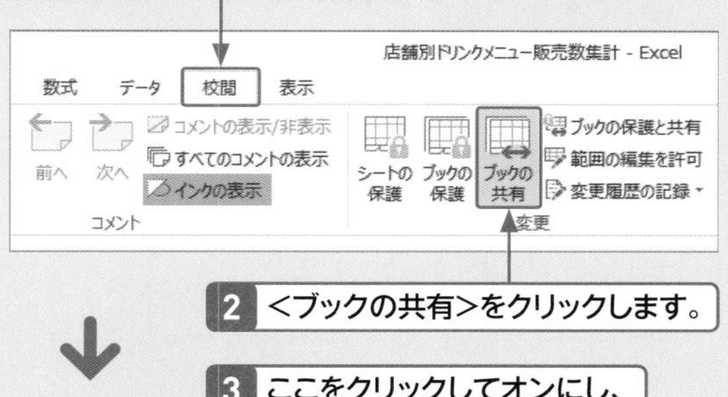

3 ここをクリックしてオンにし、

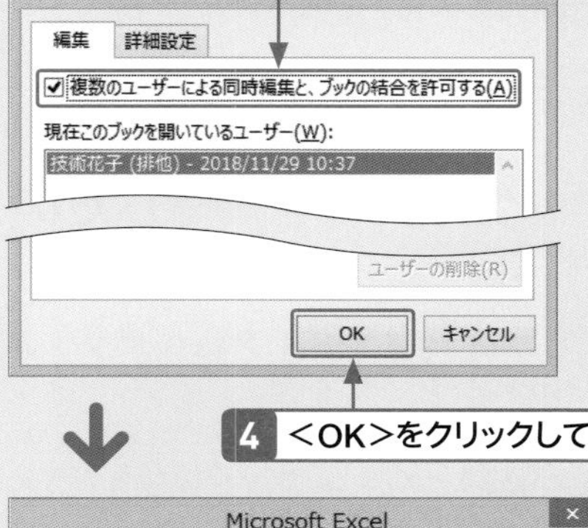

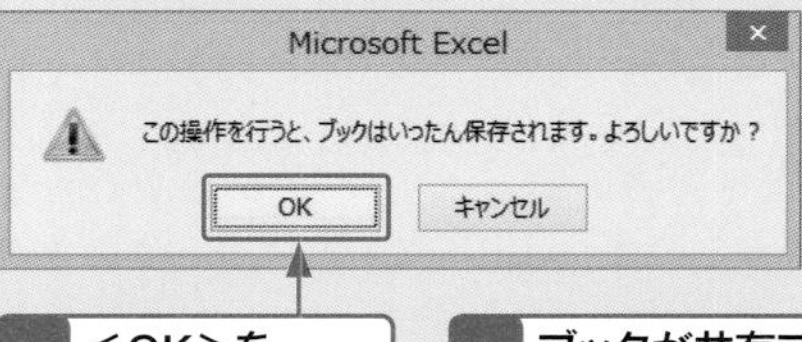

5 ＜OK＞をクリックすると、

6 ブックが共有ブックとして保存されます。

重要度 ★★★　ブックの共有

Q 1128 ほかのユーザーが行った変更内容を知りたい！

A 共有ブックを上書き保存します。

ほかのユーザーが行った変更を知りたい場合は、開いている共有ブックを上書き保存します。変更があった場合は、上書き保存後にメッセージが表示され、変更されたセルの左上に三角のマークが表示されます。マークはユーザーごとに異なる色で表示されます。

1 共有ブックが変更された場合は、上書き保存後にメッセージが表示されるので、＜OK＞をクリックします。

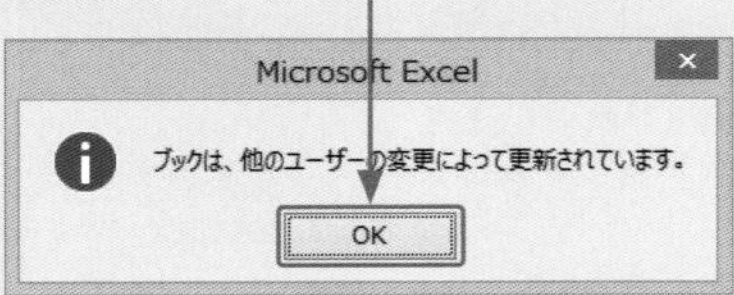

2 変更されたセルには、マークが表示されます。

3	メニュー	5月1日	5月2日	5月3日	5月4日	5月5日	5月6日	5月7日
4	コーヒー	[illegible]	277	209	[illegible]	[illegible]	234	102
5	レモンティー	[illegible]	324	357	[illegible]	[illegible]	138	148
6	アイスコーヒー	333	330	174	[illegible]	[illegible]	219	268
7	アイスティー	226	157	281	[illegible]	[illegible]	150	228
8	ココア	234	197	143	289	108	128	190

技術太郎、2018/11/29 10:44:
セル D5 の '347.00' が '357.00' に変更されました。

3 マークが表示されたセルにマウスポインターを合わせると、変更内容が確認できます。

重要度 ★★★　ブックの共有

Q 1129 ブックの共有を解除したい！

A ＜ブックの共有＞ダイアログボックスで解除します。

ブックの共有を解除するには、＜ブックの共有＞ダイアログボックスを表示します。ほかのユーザーがブックを開いていないかどうかを確認してから、＜複数のユーザーによる同時編集と、ブックの結合を許可する＞をクリックしてオフにします。なお、ブックの共有を解除すると変更履歴が削除されるので、必要であれば保存しておきます。

参照▶Q 1127, Q 1131

重要度 ★★★　ブックの共有

Q 1130 すべての変更箇所を確認したい！

A ＜校閲＞タブの＜変更履歴の記録＞から確認します。

ブックを共有ブックに設定すると、自動的に変更履歴が記録されます。自分の変更を含めたすべての変更箇所を確認するには、以下の手順で＜変更箇所の表示＞ダイアログボックスを表示し、変更箇所を画面に表示するように設定します。

1 ＜校閲＞タブをクリックして、

2 ＜変更履歴の記録＞をクリックし、

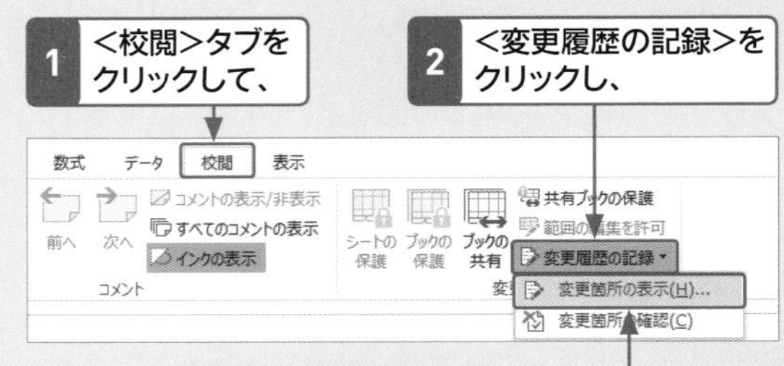

3 ＜変更箇所の表示＞をクリックします。

4 ＜変更日＞で＜すべて＞を選択し、

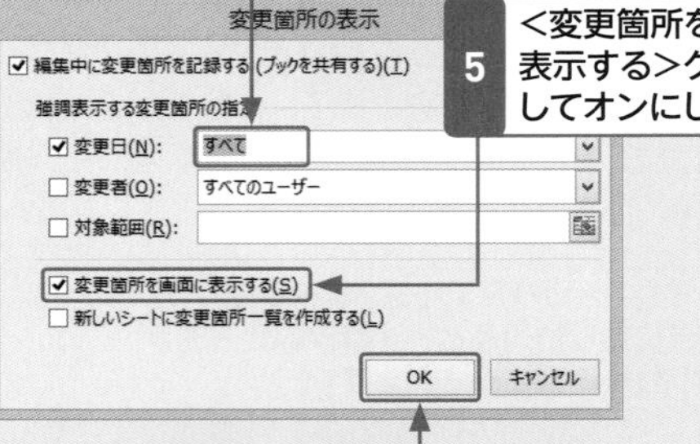

5 ＜変更箇所を画面に表示する＞クリックしてオンにします。

6 ＜OK＞をクリックすると、

7 変更されたすべてのセルにマークが表示され、

8 マウスポインターを合わせると変更内容を確認できます。

	A	B	C	D	E	F	G	H
2	東京：六本木ヒルズ店							
3	メニュー	5月1日	5月2日	5月3日	5月4日	5月5日	5月6日	5月7E
4	コーヒー	214	277	209	327	289	234	1
5	レモンティー	161	324	357	210	334	138	1
6	アイスコーヒー	333	330	174	128	158	219	2
7	アイスティー	226	157	281	306	[illegible]	[illegible]	2
8	ココア	234	197	143	285	[illegible]	[illegible]	1
9	アイスココア	244	182	310	284	[illegible]	[illegible]	2
10	オレンジジュース	229	155	334	232	[illegible]	[illegible]	3
11	アップルジュース	167	232	171	228	157	166	1
12	グリーンティー	55	99	50	68	77	85	

技術花子、2018/11/29 10:53:
セル E8 の '289.00' が '285.00' に変更されました。

重要度 ★★★　ブックの共有

Q 1131 ブックの変更履歴を保存したい!

A 新しいシートに変更箇所の一覧を表示します。

共有ブックの設定を解除すると、保存されていた変更履歴はすべて消去されます。変更に関する情報を保存しておきたい場合は、共有ブックの設定を解除する前に、<変更箇所の表示>ダイアログボックスを表示して、変更箇所の一覧を作成します。
ただし、共有を解除すると一覧も消去されるので、解除前にその内容を別のワークシートにコピーしておきましょう。

参照▶Q 1130

1 <変更箇所の表示>ダイアログボックスを表示して、

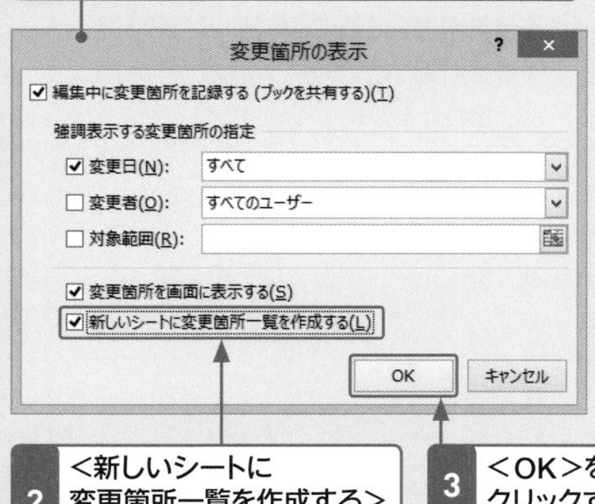

2 <新しいシートに変更箇所一覧を作成する>をクリックしてオンにし、

3 <OK>をクリックすると、

4 変更箇所の一覧が<履歴>という見出しのワークシートに作成されます。

履歴

重要度 ★★★　ブックの共有

Q 1132 ほかのユーザーが自分と同じセルを変更していたら?

A 保存時にどちらを反映させるか決めることができます。

ほかのユーザーが自分と同じセルを変更していた場合は、上書き保存時に<競合の解決>ダイアログボックスが表示され、該当するワークシート上のセルが破線で囲まれます。
このダイアログボックスで、自分とほかのユーザーのどちらの変更内容を共有ブックに反映させるかを選択できます。

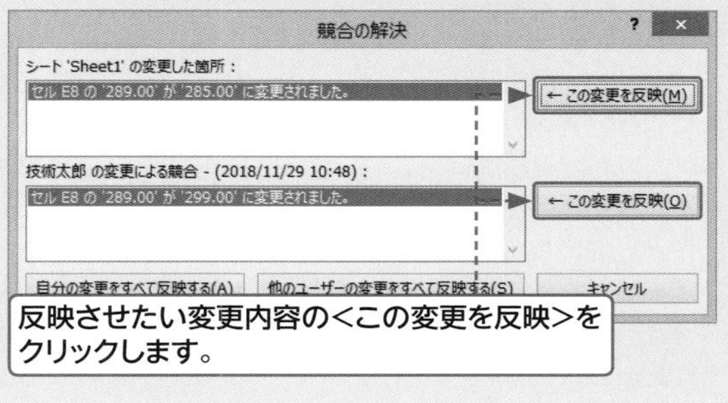

反映させたい変更内容の<この変更を反映>をクリックします。

重要度 ★★★　ブックの共有

Q 1133 ブックを共有したら利用できない機能があった!

A 共有ブックにすると、一部の機能が制限されます。

ブックを共有ブックとして設定すると、下のような機能が利用できなくなります。利用できない機能のコマンドは利用不可になります。

- ワークシートの削除
- セル範囲の挿入や削除
- 条件付き書式の設定
- セルの結合または結合されたセルの分割
- 図の挿入
- テーブルの作成
- グラフやピボットテーブルの作成
- 入力規則の設定
- ワークシートやブックの保護

Word 目的別索引

数字・アルファベット

あ行

か行

さ行

た行

な行

は行

ま行

や行

ら行

わ行

Word 用語索引

数字・アルファベット

あ行

か行

さ行

た行

な行

は行

ま行

や行

ら行

わ行

Excel 目的別索引

記号・数字・アルファベット

あ行

か行

さ行

た行

な行

は行

ま行

や行

ら行

わ行

Excel 用語索引

関数

記号・数字・アルファベット

あ行

か行

さ行

た行

な行

お問い合わせについて

本書に関するご質問については、本書に記載されている内容に関するもののみとさせていただきます。本書の内容と関係のないご質問につきましては、一切お答えできませんので、あらかじめご了承ください。また、電話でのご質問は受け付けておりませんので、必ずFAXか書面にて下記までお送りください。
なお、ご質問の際には、必ず以下の項目を明記していただきますよう、お願いいたします。

1　お名前
2　返信先の住所またはFAX番号
3　書名（今すぐ使えるかんたん Word&Excel 完全ガイドブック
　　困った解決＆便利技［2019/2016/2013/2010
　　/Office 365 対応版］）
4　本書の該当ページ
5　ご使用のOSとソフトウェアのバージョン
6　ご質問内容

なお、お送りいただいたご質問には、できる限り迅速にお答えできるよう努力いたしておりますが、場合によってはお答えするまでに時間がかかることがあります。また、回答の期日をご指定なさっても、ご希望にお応えできるとは限りません。あらかじめご了承くださいますよう、お願いいたします。

■お問い合わせの例

FAX

1 お名前
　技術　太郎
2 返信先の住所またはFAX番号
　03-XXXX-XXXX
3 書名
　今すぐ使えるかんたん
　Word&Excel 完全ガイドブック
　困った解決＆便利技［2019/2016
　/2013/2010/Office 365 対応版］
4 本書の該当ページ
　181ページ　Q 0271
5 ご使用のOSとソフトウェアのバージョン
　Windows 10 Pro
　Excel 2019
6 ご質問内容
　3-D参照で計算できない

※ご質問の際に記載いただきました個人情報は、回答後速やかに破棄させていただきます。

問い合わせ先

〒162-0846
東京都新宿区市谷左内町21-13
株式会社技術評論社　書籍編集部
「今すぐ使えるかんたん Word&Excel 完全ガイドブック
困った解決＆便利技［2019/2016/2013/2010
/Office 365 対応版］」質問係
FAX番号　03-3513-6167

URL：https://book.gihyo.jp/116

今すぐ使えるかんたん Word&Excel
完全ガイドブック 困った解決&便利技
［2019/2016/2013/2010
/Office 365 対応版］

2020年3月7日　初版　第1刷発行

著　者● AYURA＋技術評論社編集部
発行者●片岡 巌
発行所●株式会社　技術評論社
　　　　東京都新宿区市谷左内町21-13
　　　　電話　03-3513-6150　販売促進部
　　　　　　　03-3513-6160　書籍編集部
カバーデザイン●岡崎 善保（志岐デザイン事務所）
本文デザイン●リンクアップ
編集● AYURA＋技術評論社編集部
DTP ● AYURA＋技術評論社制作業務部
担当●宮崎 主哉
製本／印刷●大日本印刷株式会社

定価はカバーに表示してあります。

ISBN978-4-297-11147-2 C3055
Printed in Japan